"十四五"时期国家重点出版物出版专项规划项目

浙江昆虫志

第一卷

原尾纲 等

杜予州　主编

科学出版社

北京

内 容 简 介

本卷包含原尾纲、弹尾纲、双尾纲，昆虫纲的石蛃目、衣鱼目、蜉蝣目、蜻蜓目、襀翅目、等翅目、螳螂目、螳螂目、蛩蠊目、直翅目和革翅目，共记述浙江原尾纲 3 目 7 科 14 属 37 种、弹尾纲 4 目 14 科 51 属 107 种、双尾纲 1 目 3 科 5 属 7 种和昆虫纲 11 目 80 科 373 属 749 种（亚种），其中包括 1 新种、2 个浙江新记录属和 5 个浙江新记录种，厘定新异名 21 种；此外，对科、亚科、属和种（亚种）级阶元的主要形态特征进行了简要描述，编制了分科、分属和分种检索表，大部分物种附有分类特征图和（或）整体彩色照片。

本书可供昆虫分类学研究人员、自然保护区管理人员、大专院校生物学师生及广大昆虫爱好者阅读和参考。

图书在版编目（CIP）数据

浙江昆虫志. 第一卷, 原尾纲等 / 杜予州主编. — 北京：科学出版社，2024.11

"十四五"时期国家重点出版物出版专项规划项目

国家出版基金项目

ISBN 978-7-03-072340-6

Ⅰ. ①浙⋯　Ⅱ. ①杜⋯　Ⅲ. ①昆虫志–浙江　Ⅳ. ①Q968.225.5

中国版本图书馆 CIP 数据核字（2022）第 087068 号

责任编辑：李 悦　赵小林 / 责任校对：严 娜

责任印制：肖 兴 / 封面设计：北京蓝正合融广告有限公司

科学出版社 出版

北京东黄城根北街 16 号
邮政编码：100717
http://www.sciencep.com

北京中科印刷有限公司印刷
科学出版社发行　各地新华书店经销

*

2024 年 11 月第 一 版　开本：889×1194　1/16
2024 年 11 月第一次印刷　印张：50 3/4　插页：14
字数：1 689 000

定价：768.00 元

（如有印装质量问题，我社负责调换）

《浙江昆虫志》领导小组

主　　　任　胡　侠（2018年12月起任）
　　　　　　林云举（2014年11月至2018年12月在任）
副 主 任　吴　鸿　杨幼平　王章明　陆献峰
委　　　员　（以姓氏笔画为序）
　　　　　　王　翔　叶晓林　江　波　吾中良　何志华
　　　　　　汪奎宏　周子贵　赵岳平　洪　流　章滨森
顾　　　问　尹文英（中国科学院院士）
　　　　　　印象初（中国科学院院士）
　　　　　　康　乐（中国科学院院士）
　　　　　　何俊华（浙江大学教授、博士生导师）
组 织 单 位　浙江省森林病虫害防治总站
　　　　　　浙江农林大学
　　　　　　浙江省林学会

《浙江昆虫志》编辑委员会

总 主 编　吴　鸿　杨星科　陈学新

副总主编　（以姓氏笔画为序）

卜文俊　王　敏　任国栋　花保祯　杜予州　李后魂　李利珍
杨　定　张雅林　韩红香　薛万琦　魏美才

执行总主编　（以姓氏笔画为序）

王义平　洪　流　徐华潮　章滨森

编　　委　（以姓氏笔画为序）

卜文俊　万　霞　王　星　王　敏　王义平　王吉锐　王青云
王宗庆　王厚帅　王淑霞　王新华　牛耕耘　石福明　叶文晶
田明义　白　明　白兴龙　冯纪年　朱桂寿　乔格侠　任　立
任国栋　刘立伟　刘国卿　刘星月　齐　鑫　江世宏　池树友
孙长海　花保祯　杜　晶　杜予州　杜喜翠　李　强　李后魂
李利珍　李君健　李泽建　杨　定　杨星科　杨淑贞　肖　晖
吴　鸿　吴　琼　余水生　余建平　余晓霞　余著成　张　琴
张苏炯　张春田　张爱环　张润志　张雅林　张道川　陈　卓
陈卫平　陈开超　陈学新　武春生　范骁凌　林　坚　林美英
林晓龙　季必浩　金　沙　郑英茂　赵明水　郝　博　郝淑莲
侯　鹏　俞叶飞　姜　楠　洪　流　姚　刚　贺位忠　秦　玫
贾凤龙　钱海源　徐　骏　徐华潮　栾云霞　高大海　郭　瑞
唐　璞　黄思遥　黄俊浩　戚慕杰　彩万志　梁红斌　韩红香
韩辉林　程　瑞　程樟峰　鲁　专　路园园　薛大勇　薛万琦
魏美才

《浙江昆虫志 第一卷 原尾纲 等》
编写人员

主　编　杜予州

副主编　张道川　石福明　栾云霞　王宗庆

作者及参加编写单位（按研究类群排序）

原尾纲

　　卜　云（上海自然博物馆）

　　栾云霞（华南师范大学；中国科学院分子植物科学卓越创新中心）

　　尹文英（中国科学院分子植物科学卓越创新中心）

弹尾纲

　　潘志祥（台州学院）

　　黄骋望（中国科学院分子植物科学卓越创新中心）

双尾纲

　　卜　云（上海自然博物馆）

　　栾云霞（华南师范大学；中国科学院分子植物科学卓越创新中心）

昆虫纲

　石蛃目

　　张加勇（浙江师范大学）

　衣鱼目

　　张加勇（浙江师范大学）

　蜉蝣目

　　周长发　马振兴（南京师范大学）

　蜻蜓目

　　于　昕　黄芳婷（重庆师范大学）

襀翅目
　　杜予州　霍庆波　赵梦媛　杨钰奔（扬州大学）
等翅目
　　柯云玲　李志强（广东省科学院动物研究所）
　　张大羽　潘程远（浙江农林大学）
蜚蠊目
　　王宗庆　车艳丽　金笃婷（西南大学）
螳螂目
　　刘宪伟　朱卫兵　戴　莉（中国科学院分子植物科学卓越创新中心）
蟾目
　　刘宪伟　王瀚强（中国科学院分子植物科学卓越创新中心）
　　秦艳艳（河南大学；华东师范大学）
直翅目
　　张道川　石福明　李新江　刘浩宇　周志军
　　王　刚　王　涛　许　菲　朱启迪　李艳清
　　张博璠　陈建宇　凌　瑶　逯晓勤（河北大学）
革翅目
　　周　昕　周文豹　刘立伟（浙江自然博物院）

《浙江昆虫志》序一

浙江省地处亚热带，气候宜人，集山水海洋之地利，生物资源极为丰富，已知的昆虫种类就有 1 万多种。浙江省昆虫资源的研究历来受到国内外关注，长期以来大批昆虫学分类工作者对浙江省进行了广泛的资源调查，积累了丰富的原始资料。因此，系统地研究这一地域的昆虫区系，其意义与价值不言而喻。吴鸿教授及其团队曾多次负责对浙江天目山等各重点生态地区的昆虫资源种类的详细调查，编撰了一些专著，这些广泛、系统而深入的调查为浙江省昆虫资源的调查与整合提供了翔实的基础信息。在此基础上，为了进一步摸清浙江省的昆虫种类、分布与为害情况，2016 年由浙江省林业有害生物防治检疫局（现浙江省森林病虫害防治总站）和浙江省林学会发起，委托浙江农林大学实施，先后邀请全国几十家科研院所，300 多位昆虫分类专家学者在浙江省内开展昆虫资源的野外补充调查与标本采集、鉴定，并且系统编写《浙江昆虫志》。

历时六年，在国内最优秀昆虫分类专家学者的共同努力下，《浙江昆虫志》即将按类群分卷出版面世，这是一套较为系统和完整的昆虫资源志书，包含了昆虫纲所有主要类群，更为可贵的是，《浙江昆虫志》参照《中国动物志》的编写规格，有较高的学术价值，同时该志对动物资源保护、持续利用、有害生物控制和濒危物种保护均具有现实意义，对浙江地区的生物多样性保护、研究及昆虫学事业的发展具有重要推动作用。

《浙江昆虫志》的问世，体现了项目主持者和组织者的勤奋敬业，彰显了我国昆虫学家的执着与追求、努力与奋进的优良品质，展示了最新的科研成果。《浙江昆虫志》的出版将为浙江省昆虫区系的深入研究奠定良好基础。浙江地区还有一些类群有待广大昆虫研究者继续努力工作，也希望越来越多的同仁能在国家和地方相关部门的支持下开展昆虫志的编写工作，这不但对生物多样性研究具有重大贡献，也将造福我们的子孙后代。

印象初
河北大学生命科学学院
中国科学院院士
2022 年 1 月 18 日

《浙江昆虫志》序二

浙江地处中国东南沿海，地形自西南向东北倾斜，大致可分为浙北平原、浙西中山丘陵、浙东丘陵、中部金衢盆地、浙南山地、东南沿海平原及海滨岛屿6个地形区。浙江复杂的生态环境成就了极高的生物多样性。关于浙江的生物资源、区系组成、分布格局等，植物和大型动物都有较为系统的研究，如20世纪80年代《浙江植物志》和《浙江动物志》陆续问世，但是无脊椎动物的研究却较为零散。90年代末至今，浙江省先后对天目山、百山祖、清凉峰等重点生态地区的昆虫资源种类进行了广泛、系统的科学考察和研究，先后出版《天目山昆虫》《华东百山祖昆虫》《浙江清凉峰昆虫》等专著。1983年、2003年和2015年，由浙江省林业厅部署，浙江省还进行过三次林业有害生物普查。但历史上，浙江省一直没有对全省范围的昆虫资源进行系统整理，也没有建立统一的物种信息系统。

2016年，浙江省林业有害生物防治检疫局（现浙江省森林病虫害防治总站）和浙江省林学会发起，委托浙江农林大学组织实施，联合中国科学院、南开大学、浙江大学、西北农林科技大学、中国农业大学、中南林业科技大学、河北大学、华南农业大学、扬州大学、浙江自然博物馆等单位共同合作，开始展开对浙江省昆虫资源的实质性调查和编纂工作。六年来，在全国三百多位专家学者的共同努力下，编纂工作顺利完成。《浙江昆虫志》参照《中国动物志》编写，系统、全面地介绍了不同阶元的鉴别特征，提供了各类群的检索表，并附形态特征图。全书各卷册分别由该领域知名专家编写，有力地保证了《浙江昆虫志》的质量和水平，使这套志书具有很高的科学价值和应用价值。

昆虫是自然界中最繁盛的动物类群，种类多、数量大、分布广、适应性强，与人们的生产生活关系复杂而密切，既有害虫也有大量有益昆虫，是生态系统中重要的组成部分。《浙江昆虫志》不仅有助于人们全面了解浙江省丰富的昆虫资源，还可供农、林、牧、畜、渔、生物学、环境保护和生物多样性保护等工作者参考使用，可为昆虫资源保护、持续利用和有害生物控制提供理论依据。该丛书的出版将对保护森林资源、促进森林健康和生态系统的保护起到重要作用，并且对浙江省设立"生态红线"和"物种红线"的研究与监测，以及创建"两美浙江"等具有重要意义。

《浙江昆虫志》必将以它丰富的科学资料和广泛的应用价值为我国的动物学文献宝库增添新的宝藏。

康 乐
中国科学院动物研究所
中国科学院院士
2022年1月30日

《浙江昆虫志》前言

生物多样性是人类赖以生存和发展的重要基础，是地球生命所需要的物质、能量和生存条件的根本保障。中国是生物多样性最为丰富的国家之一，也同样面临着生物多样性不断丧失的严峻问题。生物多样性的丧失，直接威胁到人类的食品、健康、环境和安全等。国家高度重视生物多样性的保护，下大力气改善生态环境，改变生物资源的利用方式，促进生物多样性研究的不断深入。

浙江区域是我国华东地区一道重要的生态屏障，和谐稳定的自然生态系统为长三角地区经济快速发展提供了有力保障。浙江省地处中国东南沿海长江三角洲南翼，东临东海，南接福建，西与江西、安徽相连，北与上海、江苏接壤，位于北纬27°02′~31°11′，东经118°01′~123°10′，陆地面积10.55万km^2，森林面积608.12万hm^2，森林覆盖率为61.17%（按省同口径计算，含一般灌木），森林生态系统多样性较好，森林植被类型、森林类型、乔木林龄组类型较丰富。湿地生态系统中湿地植物和植被、湿地野生动物均相当丰富。目前浙江省建有数量众多、类型丰富、功能多样的各级各类自然保护地。有1处国家公园体制试点区（钱江源国家公园）、311处省级及以上自然保护地，其中27处自然保护区、128处森林公园、59处风景名胜区、67处湿地公园、15处地质公园、15处海洋公园（海洋特别保护区），自然保护地总面积1.4万km^2，占全省陆域的13.3%。

浙江素有"东南植物宝库"之称，是中国植物物种多样性最丰富的省份之一，有高等植物6100余种，在中国东南部植物区系中占有重要的地位；珍稀濒危植物众多，其中国家一级重点保护野生植物11种，国家二级重点保护野生植物104种；浙江特有种超过200种，如百山祖冷杉、普陀鹅耳枥、天目铁木等物种。陆生野生脊椎动物有790种，约占全国总数的27%，列入浙江省级以上重点保护野生动物373种，其中国家一级重点保护野生动物54种，国家二级保护野生动物138种，像中华凤头燕鸥、华南梅花鹿、黑麂等都是以浙江为主要分布区的珍稀濒危野生动物。

昆虫是现今陆生动物中最为繁盛的一个类群，约占动物界已知种类的3/4，是生物多样性的重要组成部分，在生态系统中占有独特而重要的地位，与人类具有密切而复杂的关系，为世界创造了巨大精神和物质财富，如家喻户晓的家蚕、蜜蜂和冬虫夏草等资源昆虫。

浙江集山水海洋之地利，地理位置优越，地形复杂多样，气候温和湿润，加之第四纪以来未受冰川的严重影响，森林覆盖率高，造就了丰富多样的生境类型，保存着大量珍稀生物物种，这种有利的自然条件给昆虫的生息繁衍提供了便利。昆虫种类复杂多样，资源极为丰富，珍稀物种荟萃。

浙江昆虫研究由来已久，早在北魏郦道元所著《水经注》中，就有浙江天目山的山川、霜木情况的记载。明代医药学家李时珍在编撰《本草纲目》时，曾到天目山实地考察采集，书中收有产于天目山的养生之药数百种，其中不乏有昆虫药。明代《西天目祖山志》生殖篇虫族中有山蚕、蚱蜢、蟋蟀、蛱蝶、蜻蜓、蝉等昆虫的明确记载。由此可见，自古以来，浙江的昆虫就已引起人们的广泛关注。

20世纪40年代之前，法国人郑璧尔（Octave Piel，1876~1945）（曾任上海震旦博物馆馆长）曾分别赴浙江四明山和舟山进行昆虫标本的采集，于1916年、1926年、1929年、1935年、1936年及1937年又多次到浙江天目山和莫干山采集，其中，1935~1937年的采集规模大、类群广。他采集的标本数量大、影响深远，依据他所采标本就有相关24篇文章在学术期刊上发表，其中80种的模式标本产于天目山。

浙江是中国现代昆虫学研究的发源地之一。1924年浙江省昆虫局成立，曾多次派人赴浙江各地采集昆虫标本，国内昆虫学家也纷纷来浙采集，如胡经甫、祝汝佐、柳支英、程淦藩等，这些采集的昆虫标本现保存于中国科学院动物研究所、中国科学院上海昆虫博物馆（原中国科学院上海昆虫研究所）及浙江大学。据此有不少研究论文发表，其中包括大量新种。同时，浙江省昆虫局创办了《昆虫与植病》和《浙江省昆虫局年刊》等。《昆虫与植病》是我国第一份中文昆虫期刊，共出版100多期。

20世纪80年代末至今，浙江省开展了一系列昆虫分类区系研究，特别是1983年和2003年分别进行了林业有害生物普查，分别鉴定出林业昆虫1585种和2139种。陈其瑚主编的《浙江植物病虫志 昆虫篇》（第一集 1990年，第二集 1993年）共记述26目5106种（包括蜱螨目），并将浙江全省划分成6个昆虫地理区。1993年童雪松主编的《浙江蝶类志》记述鳞翅目蝶类11科340种。2001年方志刚主编的《浙江昆虫名录》收录六足类4纲30目447科9563种。2015年宋立主编的《浙江白蚁》记述白蚁4科17属62种。2019年李泽建等在《浙江天目山蝴蝶图鉴》中记述蝴蝶5科123属247种。2020年李泽建等在《百山祖国家公园蝴蝶图鉴 第Ⅰ卷》中记述蝴蝶5科140属283种。

中国科学院上海昆虫研究所尹文英院士曾于1987年主持国家自然科学基金重点项目"亚热带森林土壤动物区系及其在森林生态平衡中的作用"，在天目山采得昆虫纲标本3.7万余号，鉴定出12目123种，并于1992年编撰了《中国亚热带土壤动物》一书，该项目研究成果曾获中国科学院自然科学奖二等奖。

浙江大学（原浙江农业大学）何俊华和陈学新教授团队在我国著名寄生蜂分类学家祝汝佐教授（1900~1981）所奠定的文献资料与研究标本的坚实基础上，开展了农林业害虫寄生性天敌昆虫资源的深入系统分类研究，取得丰硕成果，撰写专著20余册，如《中国经济昆虫志 第五十一册 膜翅目 姬蜂科》《中国动物志 昆虫纲 第十八卷 膜翅目 茧蜂科（一）》《中国动物志 昆虫纲 第二十九卷 膜翅目 螯蜂科》《中国动物志 昆虫纲 第三十七卷 膜翅目 茧蜂科（二）》《中国动物志 昆虫纲 第五十六卷 膜翅目 细蜂总科（一）》等。2004年何俊华教授又联合相关专家编著了《浙江蜂类志》，共记录浙江蜂类59科631属1687种，其中模式产地在浙江的就有437种。

浙江农林大学（原浙江林学院）吴鸿教授团队先后对浙江各重点生态地区的昆虫资源进行了广泛、系统的科学考察和研究，联合全国有关科研院所的昆虫分类学家，吴鸿教授作为主编或者参编者先后编撰了《浙江古田山昆虫和大型真菌》《华东百山祖昆虫》《龙王山昆虫》《天目山昆虫》《浙江乌岩岭昆虫及其森林健康评价》《浙江凤阳山昆虫》《浙江清凉峰昆虫》《浙江九龙山昆虫》等图书，书中发表了众多的新属、新种、中国新记录科、新记录属和新记录种。2014~2020年吴鸿教授作为总主编之一还编撰了《天目山动物志》（共 11 卷），其中记述六足类动物 32 目 388 科 5000 余种。上述科学考察以及本次《浙江昆虫志》编撰项目为浙江当地和全国培养了一批昆虫分类学人才并积累了 100 万号昆虫标本。

通过上述大型有组织的昆虫科学考察，不仅查清了浙江省重要保护区内的昆虫种类资源，而且为全国积累了珍贵的昆虫标本。这些标本、专著及考察成果对于浙江省乃至全国昆虫类群的系统研究具有重要意义，不仅推动了浙江地区昆虫多样性的研究，也让更多的人认识到生物多样性的重要性。然而，前期科学考察的采集和研究的广度和深度都不能反映整个浙江地区的昆虫全貌。

昆虫多样性的保护、研究、管理和监测等许多工作都需要有翔实的物种信息作为基础。昆虫分类鉴定往往是一项逐渐接近真理（正确物种）的工作，有时甚至需要多次更正才能找到真正的归属。过去的一些观测仪器和研究手段的限制，导致部分属种鉴定有误，现代电子光学显微成像技术及 DNA 条形码分子鉴定技术极大推动了昆虫物种的更精准鉴定，此次《浙江昆虫志》对过去一些长期误鉴的属种和疑难属种进行了系统订正。

为了全面系统地了解浙江省昆虫种类的组成、发生情况、分布规律，为了益虫开发利用和有害昆虫的防控，以及为生物多样性研究和持续利用提供科学依据，2016 年 7 月 "浙江省昆虫资源调查、信息管理与编撰" 项目正式开始实施，该项目由浙江省林业有害生物防治检疫局（现浙江省森林病虫害防治总站）和浙江省林学会发起，委托浙江农林大学组织，联合全国相关昆虫分类专家合作。《浙江昆虫志》编委会组织全国 30 余家单位 300 余位昆虫分类学者共同编写，共分 17 卷：第一卷由杜予州教授主编，包含原尾纲、弹尾纲、双尾纲，以及昆虫纲的石蛃目、衣鱼目、蜉蝣目、蜻蜓目、襀翅目、等翅目、螳螂目、䗛目、直翅目和革翅目；第二卷由花保祯教授主编，包括昆虫纲啮虫目、缨翅目、广翅目、蛇蛉目、脉翅目、长翅目和毛翅目；第三卷由张雅林教授主编，包含昆虫纲半翅目同翅亚目；第四卷由卜文俊和刘国卿教授主编，包含昆虫纲半翅目异翅亚目；第五卷由李利珍教授和白明研究员主编，包含昆虫纲鞘翅目原鞘亚目、藻食亚目、肉食亚目、牙甲总科、阎甲总科、隐翅虫总科、金龟总科、沼甲总科；第六卷由任国栋教授主编，包含昆虫纲鞘翅目花甲总科、吉丁甲总科、丸甲总科、叩甲总科、长蠹总科、郭公甲总科、扁甲总科、瓢甲总科、拟步甲总科；第七卷由杨星科和张润志研究员主编，包含昆虫纲鞘翅目叶甲总科和象甲总科；第八卷由吴鸿和杨定教授主编，包含昆虫纲双翅目长角亚目；第九卷由杨定和姚刚教授主编，包含昆虫纲双翅目短角亚目虻总科、水虻总科、食虫虻总科、舞虻总科、蚤蝇总科、蚜蝇总科、眼蝇总科、实蝇总科、小粪蝇总科、缟蝇总科、沼蝇总科、鸟蝇总科、水蝇总科、突眼蝇总科和禾蝇总科；第十卷由薛万琦和张春田教授主编，包含昆虫纲双翅目短角亚目蝇总科、狂蝇总科；第十一卷由李后魂教授主编，包含昆虫纲鳞翅目小蛾类；第十二卷由韩红香副研究员和姜楠博士主编，包含昆虫纲鳞翅目大蛾类；第十三卷由王敏和范骁凌教授主编，包含昆虫纲鳞翅目蝶类；第十四卷由魏美才教授主编，包含昆虫纲膜翅目 "广腰亚目"；第十五卷由陈学新和王义平教授主编、第十六卷、第十七卷由陈学新教授主编，这三卷内容为昆虫纲膜翅目细腰亚目[*]。17 卷共记述浙江省六足类 1 万余种，各卷所收录物种的截止时间为 2021 年 12 月。

---

[*] 因 "膜翅目细腰亚目" 物种丰富，本部分由原定 2 卷扩充为 3 卷出版。

《浙江昆虫志》各卷主编由昆虫各类群权威顶级分类专家担任，他们是各单位的学科带头人或国家杰出青年科学基金获得者、973 计划首席专家和各专业学会的理事长和副理事长等，他们中有不少人都参与了《中国动物志》的编写工作，从而有力地保证了《浙江昆虫志》整套 17 卷学术内容的高水平和高质量，反映了我国昆虫分类学者对昆虫分类区系研究的最新成果。《浙江昆虫志》是迄今为止对浙江省昆虫种类资源最为完整的科学记载，体现了国际一流水平，17 卷《浙江昆虫志》汇集了上万张图片，除黑白特征图外，还有大量成虫整体或局部特征彩色照片，这些图片精美、细致，能充分、直观地展示物种的分类形态鉴别特征。

浙江省林业局对《浙江昆虫志》的编撰出版一直给予关注，本项目在其领导与支持下获得浙江省财政厅的经费资助，并在科学考察过程中得到了浙江省各市、县（市、区）林业部门的大力支持和帮助，特别是浙江天目山国家级自然保护区管理局、浙江清凉峰国家级自然保护区管理局、宁波四明山国家森林公园、钱江源国家公园、浙江仙霞岭省级自然保护区管理局、浙江九龙山国家级自然保护区管理局、景宁望东垟高山湿地自然保护区管理局和舟山市自然资源和规划局也给予了大力协助。同时也感谢国家出版基金和科学出版社的资助与支持，保证了 17 卷《浙江昆虫志》的顺利出版。

中国科学院印象初院士和康乐院士欣然为本志作序。借此付梓之际，我们谨向以上单位和个人，以及在本项目执行过程中给予关怀、鼓励、支持、指导、帮助和做出贡献的同志表示衷心的感谢！

限于资料和编研时间等多方面因素，书中难免有不足之处，恳盼各位同行和专家及读者不吝赐教。

《浙江昆虫志》编辑委员会
2022 年 3 月

《浙江昆虫志》编写说明

  本志收录的种类原则上是浙江省内各个自然保护区和舟山群岛野外采集获得的昆虫种类。昆虫纲的分类系统参考袁锋等2006年编著的《昆虫分类学》第二版。其中，广义的昆虫纲已提升为六足总纲Hexapoda，分为原尾纲Protura、弹尾纲Collembola、双尾纲Diplura和昆虫纲Insecta。目前，狭义的昆虫纲仅包含无翅亚纲的石蛃目Microcoryphia和衣鱼目Zygentoma以及有翅亚纲。本志采用六足总纲的分类系统。考虑到编写的系统性、完整性和连续性，各卷所包含类群如下：第一卷包含原尾纲、弹尾纲、双尾纲，以及昆虫纲的石蛃目、衣鱼目、蜉蝣目、蜻蜓目、襀翅目、等翅目、蜚蠊目、螳螂目、蝼目、直翅目和革翅目；第二卷包含昆虫纲的啮虫目、缨翅目、广翅目、蛇蛉目、脉翅目、长翅目和毛翅目；第三卷包含昆虫纲的半翅目同翅亚目；第四卷包含昆虫纲的半翅目异翅亚目；第五卷、第六卷和第七卷包含昆虫纲的鞘翅目；第八卷、第九卷和第十卷包含昆虫纲的双翅目；第十一卷、第十二卷和第十三卷包含昆虫纲的鳞翅目；第十四卷、第十五卷、第十六卷和第十七卷包含昆虫纲的膜翅目。

  由于篇幅限制，本志所涉昆虫物种均仅提供原始引证，部分物种同时提供了最新的引证信息。为了物种鉴定的快速化和便捷化，所有包括2个以上分类阶元的目、科、亚科、属，以及物种均依据形态特征编写了对应的分类检索表。本志关于浙江省内分布情况的记录，除了之前有记录但是分布记录不详且本次调查未采到标本的种类外，所有种类都尽可能反映其详细的分布信息。限于篇幅，浙江省内的分布信息如下所列按地级市、市辖区、县级市、县、自治县为单位按顺序编写，如浙江（安吉、临安）；由于四明山国家级自然保护区地跨多个市（县），因此，该地的分布信息保留为四明山。对于省外分布地则只写到省份、自治区、直辖市和特区等名称，参照《中国动物志》的编写规则，按顺序排列。对于国外分布地则只写到国家或地区名称，各个国家名称参照国际惯例按顺序排列，以逗号隔开。浙江省分布地名称和行政区划资料截至2020年，具体如下。

  湖州：吴兴、南浔、德清、长兴、安吉
  嘉兴：南湖、秀洲、嘉善、海盐、海宁、平湖、桐乡
  杭州：上城、下城、江干、拱墅、西湖、滨江、萧山、余杭、富阳、临安、桐庐、淳安、建德
  绍兴：越城、柯桥、上虞、新昌、诸暨、嵊州
  宁波：海曙、江北、北仑、镇海、鄞州、奉化、象山、宁海、余姚、慈溪
  舟山：定海、普陀、岱山、嵊泗
  金华：婺城、金东、武义、浦江、磐安、兰溪、义乌、东阳、永康
  台州：椒江、黄岩、路桥、三门、天台、仙居、温岭、临海、玉环
  衢州：柯城、衢江、常山、开化、龙游、江山
  丽水：莲都、青田、缙云、遂昌、松阳、云和、庆元、景宁、龙泉
  温州：鹿城、龙湾、瓯海、洞头、永嘉、平阳、苍南、文成、泰顺、瑞安、乐清

目 录

原尾纲 PROTURA

第一章　蚖目 Acerentomata ·· 2
　　一、夕蚖科 Hesperentomidae ·· 2
　　　　1. 沪蚖属 *Huhentomon* Yin, 1977 ·· 2
　　二、始蚖科 Protentomidae ·· 4
　　　　2. 新康蚖属 *Neocondeellum* Tuxen et Yin, 1982 ·· 4
　　三、檗蚖科 Berberentulidae ·· 9
　　　　3. 多腺蚖属 *Polyadenum* Yin, 1980 ··· 9
　　　　4. 格蚖属 *Gracilentulus* Tuxen, 1963 ·· 10
　　　　5. 肯蚖属 *Kenyentulus* Tuxen, 1981 ·· 11
　　　　6. 巴蚖属 *Baculentulus* Tuxen, 1977 ·· 16
　　四、蚖科 Acerentomidae ·· 19
　　　　7. 线毛蚖属 *Filientomon* Rusek, 1974 ··· 19

第二章　华蚖目 Sinentomata ·· 21
　　五、富蚖科 Fujientomidae ·· 21
　　　　8. 富蚖属 *Fujientomon* Imadaté, 1964 ··· 21
　　六、华蚖科 Sinentomidae ··· 23
　　　　9. 华蚖属 *Sinentomon* Yin, 1965 ·· 23

第三章　古蚖目 Ensentomata ·· 25
　　七、古蚖科 Eosentomidae ·· 25
　　　　10. 中国蚖属 *Zhongguohentomon* Yin, 1979 ··· 25
　　　　11. 古蚖属 *Eosentomon* Berlese, 1908 ·· 26
　　　　12. 异蚖属 *Anisentomon* Yin, 1977 ·· 36
　　　　13. 拟异蚖属 *Pseudanisentomon* Zhang et Yin, 1984 ······································ 39
　　　　14. 新异蚖属 *Neanisentomon* Zhang et Yin, 1984 ··· 44

弹尾纲 COLLEMBOLA

第四章　原蚱目 Poduromorpha ··· 47
　　八、疣蚱科 Neanuridae ·· 47
　　　　15. 颚毛蚱属 *Crossodonthina* Yosii, 1954 ·· 48
　　　　16. 裂叶蚱属 *Lobellina* Yosii, 1956 ·· 49
　　　　17. 奇刺蚱属 *Friesea* von Dalla Torre, 1895 ·· 49
　　　　18. 并叶蚱属 *Paralobella* Cassagnau et Deharveng, 1984 ································· 50
　　　　19. 少疣蚱属 *Yuukianura* Yosii, 1955 ··· 51
　　　　20. 拟亚蚱属 *Pseudachorutes* Tullberg, 1871 ·· 52
　　九、球角蚱科 Hypogastruridae ·· 54
　　　　21. 泡角蚱属 *Ceratophysella* Börner, 1932 ·· 54
　　　　22. 球角蚱属 *Hypogastrura* Bourlet, 1839 ··· 57
　　　　23. 威蚱属 *Willemia* Börner, 1901 ·· 57
　　　　24. 奇蚱属 *Xenylla* Tullberg, 1869 ·· 58
　　十、棘蚱科 Onychiuridae ··· 60

25. 棘䖸属 *Onychiurus* Gervais, 1841 ·············· 60
26. 滨棘䖸属 *Thalassaphorura* Bagnall, 1949 ·············· 61
27. 异棘䖸属 *Allonychiurus* Yoshii, 1995 ·············· 62
28. 李氏棘䖸属 *Leeonychiurus* Sun et Arbea, 2014 ·············· 63
29. 棘皮䖸属 *Protaphorura* Absolon, 1901 ·············· 64
30. 原棘䖸属 *Orthonychiurus* Stach, 1954 ·············· 64
31. 宝岛䖸属 *Formosanonychiurus* Weiner, 1986 ·············· 65

十一、土䖸科 Tullbergiidae ·············· 66
32. 美土䖸属 *Mesaphorura* Börner, 1901 ·············· 66
33. 沙生土䖸属 *Psammophorura* Thibaud et Weiner, 1994 ·············· 67

第五章　短角圆䖸目 Neelipleona ·············· 68
十二、短角䖸科 Neelidae ·············· 68
34. 小短䖸属 *Neelides* Caroli, 1912 ·············· 68

第六章　愈腹目 Symphypleona ·············· 70
十三、附圆䖸科 Sminthurididae ·············· 70
35. 吉氏圆䖸属 *Yosiides* Massoud et Betsch, 1972 ·············· 70

十四、卡天圆䖸科 Katiannidae ·············· 72
36. 小圆䖸属 *Sminthurinus* Börner, 1901 ·············· 72

十五、齿棘圆䖸科 Arrhopalitidae ·············· 74
37. 齿棘圆䖸属 *Arrhopalites* Börner, 1906 ·············· 74

十六、圆䖸科 Sminthuridae ·············· 75
38. 针圆䖸属 *Sphyrotheca* Börner, 1906 ·············· 75

十七、羽圆䖸科 Dicyrtomidae ·············· 77
39. 环节圆䖸属 *Ptenothrix* Börner, 1906 ·············· 77
40. 羽圆䖸属 *Dicyrtoma* Bourlet, 1842 ·············· 77

第七章　长角䖸目 Entomobryomorpha ·············· 79
十八、等节䖸科 Isotomidae ·············· 79
41. 德䖸属 *Desoria* Nicolet, 1841 ·············· 80
42. 符䖸属 *Folsomia* Willem, 1902 ·············· 81
43. 裔符䖸属 *Folsomides* Stach, 1922 ·············· 85
44. 类符䖸属 *Folsomina* Denis, 1931 ·············· 87
45. 等节䖸属 *Isotoma* Bourlet, 1839 ·············· 88
46. 小等䖸属 *Isotomiella* Bagnall, 1939 ·············· 88
47. 德拉等䖸属 *Isotomodella* Martynova, 1967 ·············· 92
48. 似等䖸属 *Isotomodes* Linnaniemi, 1907 ·············· 92
49. 陷等䖸属 *Isotomurus* Börner, 1903 ·············· 93
50. 前等䖸属 *Parisotoma* Bagnall, 1940 ·············· 93
51. 原等䖸属 *Proisotoma* Börner, 1901 ·············· 94
52. 伪等䖸属 *Pseudisotoma* Handschin, 1924 ·············· 95
53. 短尾䖸属 *Scutisotoma* Bagnall, 1949 ·············· 96
54. 图䖸属 *Tuvia* Grinbergs, 1962 ·············· 96

十九、异齿䖸科 Oncopoduridae ·············· 98
55. 中华异齿䖸属 *Sinoncopodura* Yu, Zhang et Deharveng, 2014 ·············· 98

二十、鳞䖸科 Tomoceridae ·············· 99
56. 鳞䖸属 *Tomocerus* Nicolet, 1842 ·············· 99
57. 单齿鳞䖸属 *Monodontocerus* Yosii, 1955 ·············· 101

二十一、长角䖸科 Entomobryidae ·············· 103

58. 尖瘤蚖属 *Acrocyrtus* Yosii, 1959 ··· 103
59. 拟裸长角蚖属 *Coecobrya* Yosii, 1956 ··· 104
60. 长角蚖属 *Entomobrya* Rondani, 1861 ··· 105
61. 刺齿蚖属 *Homidia* Börner, 1906 ··· 106
62. 鳞齿蚖属 *Lepidodens* Zhang *et* Pan, 2016 ··· 116
63. 盐长蚖属 *Salina* MacGillivray, 1894 ··· 116
64. 裸长角蚖属 *Sinella* Brook, 1882 ··· 117
65. 柳蚖属 *Willowsia* Shoebotham, 1917 ··· 119

双尾纲 DIPLURA

第八章 双尾目 Diplura ··· 122
二十二、康蚁科 Campodeidae ··· 122
66. 鳞蚁属 *Lepidocampa* Oudemans, 1890 ··· 122
67. 美蚁属 *Metriocampa* Silvestri, 1912 ··· 123
68. 康蚁属 *Campodea* Westwood, 1842 ··· 125
二十三、副铗蚁科 Parajapygidae ··· 127
69. 副铗蚁属 *Parajapyx* Silvestri, 1903 ··· 127
二十四、铗蚁科 Japygidae ··· 129
70. 偶铗蚁属 *Occasjapyx* Silvestri, 1948 ··· 129

昆虫纲 INSECTA

第九章 石蛃目 Microcoryphia ··· 132
二十五、石蛃科 Machilidae ··· 132
71. 跃蛃属 *Pedetontinus* Silvestri, 1943 ··· 132
72. 跳蛃属 *Pedetontus s. s.* Silvestri, 1911 ··· 134

第十章 衣鱼目 Zygentoma ··· 136
二十六、衣鱼科 Lepismatidae ··· 136
73. 栉衣鱼属 *Ctenolepisma* Escherich, 1905 ··· 136

第十一章 蜉蝣目 Ephemeroptera ··· 138
二十七、古丝蜉科 Siphluriscidae ··· 140
74. 古丝蜉属 *Siphluriscus* Ulmer, 1920 ··· 140
二十八、短丝蜉科 Siphlonuridae ··· 141
75. 短丝蜉属 *Siphlonurus* Eaton, 1868 ··· 141
二十九、等蜉科 Isonychiidae ··· 143
76. 等蜉属 *Isonychia* Eaton, 1871 ··· 143
三十、扁蜉科 Heptageniidae ··· 145
77. 亚非蜉属 *Afronurus* Lestage, 1924 ··· 145
78. 高翔蜉属 *Epeorus* Eaton, 1881 ··· 148
79. 扁蜉属 *Heptagenia* Walsh, 1863 ··· 149
80. 赞蜉属 *Paegniodes* Eaton, 1881 ··· 150
81. 溪颏蜉属 *Rhithrogena* Eaton, 1881 ··· 151
三十一、四节蜉科 Baetidae ··· 153
82. 四节蜉属 *Baetis* Leach, 1815 ··· 153
83. 花翅蜉属 *Baetiella* Uéno, 1931 ··· 154
84. 突唇蜉属 *Labiobaetis* Novikova *et* Kluge, 1987 ··· 155

85. 二翅蜉属 *Cloeon* Leach, 1815 ·· 156
三十二、小蜉科 Ephemerellidae ··· 158
86. 弯握蜉属 *Drunella* Needham, 1905 ·· 158
87. 大鳃蜉属 *Torleya* Lestage, 1917 ·· 159
88. 带肋蜉属 *Cincticostella* Allen, 1971 ··· 160
89. 亮蜉属 *Teloganopsis* Ulmer, 1939 ·· 162
三十三、越南蜉科 Vietnamellidae ·· 164
90. 越南蜉属 *Vietnamella* Tshernova, 1972 ··· 164
三十四、晚蜉科 Teloganodidae ··· 166
91. 晚蜉属 *Teloganodes* Eaton, 1882 ·· 166
三十五、细蜉科 Caenidae ·· 167
92. 细蜉属 *Caenis* Stephens, 1835 ·· 167
三十六、细裳蜉科 Leptophlebiidae ··· 169
93. 宽基蜉属 *Choroterpes* Eaton, 1881 ··· 169
94. 柔裳蜉属 *Habrophlebiodes* Ulmer, 1920 ··· 171
95. 拟细裳蜉属 *Paraleptophlebia* Lestage, 1917 ··· 171
三十七、河花蜉科 Potamanthidae ·· 173
96. 似河花蜉属 *Potamanthodes* Ulmer, 1920 ·· 173
三十八、蜉蝣科 Ephemeridae ··· 175
97. 蜉蝣属 *Ephemera* Linnaeus, 1758 ··· 175
三十九、新蜉科 Neoephemeridae ·· 178
98. 小河蜉属 *Potamanthellus* Lestage, 1931 ·· 178

第十二章　蜻蜓目 Odonata ··· 179
A. 均翅亚目 Zygoptera ·· 179
四十、色蟌科 Calopterygidae ··· 180
99. 暗色蟌属 *Atrocalopteryx* Dumont, Vanfleteren, De Jonckheere et Weekers, 2005 ··· 180
100. 单脉色蟌属 *Matrona* Selys, 1853 ··· 181
101. 基色蟌属 *Archineura* Kirby, 1894 ·· 182
102. 闪色蟌属 *Caliphaea* Hagen in Selys, 1859 ·· 182
103. 绿色蟌属 *Mnais* Selys, 1853 ··· 183
104. 宛色蟌属 *Vestalaria* May, 1935 ··· 183
四十一、溪蟌科 Euphaeidae ··· 185
105. 尾溪蟌属 *Bayadera* Selys, 1853 ·· 185
106. 异翅溪蟌属 *Anisopleura* Selys, 1853 ·· 186
107. 溪蟌属 *Euphaea* Selys, 1840 ··· 186
四十二、大溪蟌科 Philogangidae ··· 188
108. 大溪蟌属 *Philoganga* Kirby, 1890 ··· 188
四十三、隼蟌科 Chlorocyphidae ··· 189
109. 阳鼻蟌属 *Heliocypha* Fraser, 1949 ··· 189
110. 鼻蟌属 *Rhinocypha* Rambur, 1842 ··· 189
四十四、蟌科 Coenagrionidae ··· 191
111. 狭翅蟌属 *Aciagrion* Selys, 1891 ·· 191
112. 异痣蟌属 *Ischnura* Charpentier, 1840 ··· 192
113. 尾蟌属 *Paracercion* Weekers et Dumont, 2004 ··· 193
114. 小蟌属 *Agriocnemis* Selys, 1877 ·· 194
115. 黄蟌属 *Ceriagrion* Selys, 1876 ··· 195

116. 螅属 *Coenagrion* Kirby, 1890··················197
117. 斑螅属 *Pseudagrion* Selys, 1876··················197

四十五、扇螅科 Platycnemididae··················199
118. 长腹扇螅属 *Coeliccia* Kirby, 1890··················199
119. 狭扇螅属 *Copera* Kirby, 1890··················200
120. 扇螅属 *Platycnemis* Burmeister, 1839··················200
121. 丽扇螅属 *Calicnemia* Strand, 1928··················200
122. 微桥螅属 *Prodasineura* Cowley, 1934··················201

四十六、丝螅科 Lestidae··················203
123. 印丝螅属 *Indolestes* Fraser, 1922··················203

四十七、综螅科 Synlestidae··················204
124. 华综螅属 *Sinolestes* Needham, 1930··················204
125. 绿综螅属 *Megalestes* Selys, 1862··················204

四十八、扁螅科 Platystictidae··················206
126. 原扁螅属 *Protosticta* Selys, 1885··················206

四十九、山螅科 Megapodagrionidae··················207
127. 扇山螅属 *Rhipidolestes* Ris, 1912··················207
128. 凸尾山螅属 *Mesopodagrion* McLachlan, 1896··················207

B. 差翅亚目 Anisoptera··················209

五十、蜓科 Aeshnidae··················209
129. 伟蜓属 *Anax* Leach, 1815··················210
130. 蜓属 *Aeshna* Fabricius, 1775··················211
131. 长尾蜓属 *Gynacantha* Rambur, 1842··················211
132. 多棘蜓属 *Polycanthagyna* Fraser, 1933··················212
133. 黑额蜓属 *Planaeschna* McLachlan, 1896··················212
134. 佩蜓属 *Periaeschna* Martin, 1908··················213
135. 绿蜓属 *Aeschnophlebia* Selys, 1883··················214

五十一、春蜓科 Gomphidae··················215
（一）春蜓亚科 Gomphinae··················215
136. 亚春蜓属 *Asiagomphus* Asahina, 1985··················216
137. 长腹春蜓属 *Gastrogomphus* Needham, 1941··················217
138. 猛春蜓属 *Labrogomphus* Needham, 1931··················217
139. 缅春蜓属 *Burmagomphus* Williamson, 1907··················218
140. 曦春蜓属 *Heliogomphus* Laidlaw, 1922··················219
141. 异春蜓属 *Anisogomphus* Selys, 1858··················220
142. 闽春蜓属 *Fukienogomphus* Chao, 1954··················220
143. 棘尾春蜓属 *Trigomphus* Bartenev, 1911··················221
144. 华春蜓属 *Sinogomphus* May, 1935··················221
145. 尖尾春蜓属 *Stylogomphus* Fraser, 1922··················222
146. 戴春蜓属 *Davidius* Selys, 1878··················222
147. 纤春蜓属 *Leptogomphus* Selys, 1878··················223
148. 长足春蜓属 *Merogomphus* Martin, 1904··················224

（二）钩尾春蜓亚科 Onychogomphinae··················224
149. 日春蜓属 *Nihonogomphus* Oguma, 1926··················225
150. 环尾春蜓属 *Lamelligomphus* Fraser, 1922··················225
151. 弯尾春蜓属 *Melligomphus* Chao, 1990··················226
152. 蛇纹春蜓属 *Ophiogomphus* Selys, 1854··················227

（三）林春蜓亚科 Lindeniinae ··· 227
    153. 叶春蜓属 *Ictinogomphus* Cowley, 1934 ································ 227
    154. 新叶春蜓属 *Sinictinogomphus* Fraser, 1939 ························ 228
    155. 小叶春蜓属 *Gomphidia* Selys, 1854 ······································ 228
（四）哈春蜓亚科 Hageniinae ·· 229
    156. 施春蜓属 *Sieboldius* Selys, 1854 ·· 229
五十二、大蜓科 Cordulegastridae ··· 231
    157. 圆臀大蜓属 *Anotogaster* Selys, 1854 ······································ 231
五十三、裂唇蜓科 Chlorogomphidae ··· 232
    158. 裂唇蜓属 *Chlorogomphus* Selys, 1854 ··································· 232
五十四、伪蜻科 Corduliidae ·· 233
    159. 毛伪蜻属 *Epitheca* Burmeister, 1839 ····································· 233
    160. 中伪蜻属 *Macromidia* Martin, 1907 ······································ 233
    161. 异伪蜻属 *Idionyx* Hagen, 1867 ··· 234
五十五、蜻科 Libellulidae ·· 235
    162. 锥腹蜻属 *Acisoma* Rambur, 1842 ·· 236
    163. 疏脉蜻属 *Brachydiplax* Brauer, 1868 ···································· 236
    164. 黄翅蜻属 *Brachythemis* Brauer, 1868 ···································· 237
    165. 红蜻属 *Crocothemis* Brauer, 1868 ··· 237
    166. 多纹蜻属 *Deielia* Kirby, 1889 ··· 238
    167. 蜻属 *Libellula* Linnaeus, 1758 ··· 238
    168. 宽腹蜻属 *Lyriothemis* Brauer, 1868 ······································ 239
    169. 灰蜻属 *Orthetrum* Newman, 1833 ··· 240
    170. 玉带蜻属 *Pseudothemis* Kirby, 1889 ····································· 243
    171. 黄蜻属 *Pantala* Hagen, 1861 ·· 244
    172. 赤蜻属 *Sympetrum* Newman, 1833 ·· 244
    173. 丽翅蜻属 *Rhyothemis* Hagen, 1867 ·· 246
    174. 斜痣蜻属 *Tramea* Hagen, 1861 ·· 247
    175. 红小蜻属 *Nannophya* Rambur, 1842 ····································· 248
    176. 斑小蜻属 *Nannophyopsis* Lieftinck, 1935 ····························· 248
    177. 脉蜻属 *Neurothemis* Brauer, 1867 ·· 248
    178. 曲缘蜻属 *Palpopleura* Rambur, 1842 ··································· 249
    179. 褐蜻属 *Trithemis* Brauer, 1868 ·· 249
    180. 虹蜻属 *Zygonyx* Hagen, 1867 ·· 250
    181. 细腰蜻属 *Zyxomma* Rambur, 1842 ·· 250
五十六、大伪蜻科 Macromiidae ··· 252
    182. 丽大伪蜻属 *Epophthalmia* Burmeister, 1839 ························· 252
    183. 大伪蜻属 *Macromia* Rambur, 1842 ······································· 252

第十三章 襀翅目 Plecoptera ··· 254
五十七、卷襀科 Leuctridae ··· 254
（一）卷襀亚科 Leuctrinae ·· 255
    184. 拟卷襀属 *Paraleuctra* Hanson, 1941 ····································· 255
    185. 诺襀属 *Rhopalopsole* Klapálek, 1912 ···································· 257
五十八、叉襀科 Nemouridae ··· 266
（一）倍叉襀亚科 Amphinemurinae ··· 266
    186. 倍叉襀属 *Amphinemura* Ris, 1902 ·· 266
    187. 印叉襀属 *Indonemoura* Baumann, 1975 ································ 277

188. 中叉襀属 *Mesonemoura* Baumann, 1975 ·· 280
(二) 叉襀亚科 Nemourinae ·· 281
189. 叉襀属 *Nemoura* Latreille, 1796··· 281
五十九、襀科 Perlidae ··· 285
(一) 钮襀亚科 Acroneuriinae ··· 285
190. 黄襀属 *Flavoperla* Chu, 1929·· 285
191. 扣襀属 *Kiotina* Klapálek, 1907··· 286
192. 华钮襀属 *Sinacroneuria* Yang *et* Yang, 1995 ····························· 287
(二) 襀亚科 Perlinae ··· 292
193. 新襀属 *Neoperla* Needham, 1905·· 292
194. 襟襀属 *Togoperla* Klapálek, 1907 ·· 297
195. 剑襀属 *Agnetina* Klapálek, 1907·· 299
196. 钩襀属 *Kamimuria* Klapálek, 1907··· 300
197. 纯襀属 *Paragnetina* Klapálek, 1907··· 301
六十、网襀科 Perlodidae ·· 303
(一) 同襀亚科 Isoperlinae ·· 303
198. 同襀属 *Isoperla* Banks, 1906·· 303
199. 拟同襀属 *Parisoperla* Huo *et* Du, 2020···································· 304
六十一、扁襀科 Peltoperlidae ··· 305
(一) 小扁襀亚科 Microperlinae ·· 305
200. 小扁襀属 *Microperla* Chu, 1928·· 305
六十二、刺襀科 Styloperlidae ··· 307
201. 刺襀属 *Styloperla* Wu, 1935··· 307

第十四章 等翅目 Isoptera ·· 308

六十三、古白蚁科 Archotermopsidae·· 309
202. 原白蚁属 *Hodotermopsis* Holmgren, 1911 ································ 309
六十四、木白蚁科 Kalotermitidae ·· 311
203. 堆砂白蚁属 *Cryptotermes* Banks, 1906 ···································· 311
204. 楹白蚁属 *Incisitermes* Krishna, 1961 ······································ 312
六十五、鼻白蚁科 Rhinotermitidae ·· 313
205. 乳白蚁属 *Coptotermes* Wasmann, 1896 ··································· 313
206. 散白蚁属 *Reticulitermes* Holmgren, 1913 ································· 317
六十六、白蚁科 Termitidae ·· 327
207. 土白蚁属 *Odontotermes* Holmgren, 1910 ································· 327
208. 大白蚁属 *Macrotermes* Holmgren, 1909 ·································· 330
209. 亮白蚁属 *Euhamitermes* Holmgren, 1912 ································· 332
210. 华扭白蚁属 *Sinocapritermes* Ping *et* Xu, 1986 ·························· 332
211. 近扭白蚁属 *Pericapritermes* Silvestri, 1914 ······························ 334
212. 钩扭白蚁属 *Pseudocapritermes* Kemner, 1934 ··························· 336
213. 弧白蚁属 *Arcotermes* Fan, 1983·· 337
214. 棘白蚁属 *Nasopilotermes* Gao, Lam *et* Owen, 1992 ···················· 337
215. 夏氏白蚁属 *Xiaitermes* Gao *et* He, 1993 ·································· 338
216. 象白蚁属 *Nasutitermes* Dudley, 1890 ······································ 339
217. 华象白蚁属 *Sinonasutitermes* Li, 1986 ···································· 342
218. 奇象白蚁属 *Mironasutitermes* Gao *et* He, 1988 ························· 343
219. 钝颚白蚁属 *Ahmaditermes* Akhtar, 1975 ·································· 345

第十五章	蜚蠊目 Blattodea	349
	六十七、姬蠊科 Ectobiidae	350
	（一）姬蠊亚科 Blattellinae	350
	220. 小蠊属 *Blattella* Caudell, 1903	350
	221. 乙蠊属 *Sigmella* Hebard, 1940	352
	222. 亚蠊属 *Asiablatta* Asahina, 1985	353
	223. 玛拉蠊属 *Malaccina* Hebard, 1929	354
	224. 拟歪尾蠊属 *Episymploce* Bey-Bienko, 1950	355
	（二）拟叶蠊亚科 Pseudophyllodromiinae	361
	225. 巴蠊属 *Balta* Tepper, 1893	362
	226. 丘蠊属 *Sorineuchora* Caudell, 1927	363
	227. 玛蠊属 *Margattea* Shelford, 1911	364
	228. 全蠊属 *Allacta* Saussure et Zehntner, 1895	366
	六十八、蜚蠊科 Blattidae	368
	（一）蜚蠊亚科 Blattinae	368
	229. 大蠊属 *Periplaneta* Burmeister, 1838	368
	六十九、地鳖蠊科 Corydiidae	370
	（一）地鳖亚科 Corydiinae	370
	230. 真鳖蠊属 *Eucorydia* Hebard, 1929	370
	七十、硕蠊科 Blaberidae	372
	（一）光蠊亚科 Epilamprinae	372
	231. 大光蠊属 *Rhabdoblatta* Kirby, 1903	372
	（二）球蠊亚科 Perisphaerinae	376
	232. 冠蠊属 *Pseudoglomeris* Brunner von Wattenwyl, 1893	376
	七十一、褶翅蠊科 Anaplectidae	378
	233. 褶翅蠊属 *Anaplecta* Burmeister, 1838	378
第十六章	螳螂目 Mantodea	379
	七十二、花螳科 Hymenopodidae	379
	（一）姬螳亚科 Acromantinae	379
	234. 姬螳属 *Acromantis* Saussure, 1870	380
	235. 原螳属 *Anaxarcha* Stål, 1877	380
	（二）奇叶螳亚科 Phyllothelyinae	382
	236. 奇叶螳属 *Phyllothelys* Wood-Mason, 1877	382
	（三）花螳亚科 Hymenopodinae	383
	237. 眼斑螳属 *Creobroter* Serville, 1839	383
	238. 齿螳属 *Odontomantis* Saussure, 1871	384
	239. 巨腿螳属 *Hestiasula* Saussure, 1871	385
	七十三、细足螳科 Thespidae	387
	（一）小翅螳亚科 Pseudomiopteriginae	387
	240. 古细足螳属 *Palaeothespis* Tinkham, 1937	387
	七十四、虹翅螳科 Iridopterygidae	388
	（一）短螳亚科 Nanomantinae	388
	241. 柔螳属 *Sceptuchus* Hebard, 1920	388
	242. 纤柔螳属 *Leptomantella* Uvarov, 1940	389
	七十五、螳科 Mantidae	390
	（一）跳螳亚科 Amelinae	390
	243. 哈跳螳属 *Hapalopeza* Stål, 1877	390

244. 异跳螳属 *Amantis* Giglio-Tos, 1915 ··· 391
(二) 螳亚科 Mantinae ··· 392
245. 螳属 *Mantis* Linnaeus, 1758 ··· 392
246. 静螳属 *Statilia* Stål, 1877 ··· 393
247. 大刀螳属 *Tenodera* Burmeister, 1838 ··· 394
248. 斧螳属 *Hierodula* Burmeister, 1838 ··· 396

第十七章　䗛目 Phasmida ··· 400
七十六、䗛科 Phasmatidae ··· 400
(一) 短角棒䗛亚科 Clitumninae ··· 400
249. 短肛䗛属 *Ramulus* Saussure, 1862 ··· 401
250. 长肛䗛属 *Entoria* Stål, 1875 ··· 406
251. 喙尾䗛属 *Rhamphophasma* Brunner von Wattenwyl, 1893 ··· 408
七十七、长角棒䗛科 Lonchodidae ··· 410
(一) 长角棒䗛亚科 Lonchodinae ··· 410
252. 皮䗛属 *Phraortes* Stål, 1875 ··· 410
(二) 长角枝䗛亚科 Necrosciinae ··· 417
253. 棘䗛属 *Neohirasea* Rehn, 1904 ··· 418
254. 突臀䗛属 *Scionecra* Karny, 1923 ··· 419
255. 扁健䗛属 *Planososibia* Seow-Choen, 2016 ··· 420
256. 管䗛属 *Sipyloidea* Brunner von Wattenwyl, 1893 ··· 421
257. 蔷䗛属 *Asceles* Redtenbacher, 1908 ··· 422
258. 副华枝䗛属 *Parasinophasma* Chen et He, 2006 ··· 423
259. 小异䗛属 *Micadina* Redtenbacher, 1908 ··· 425
260. 华枝䗛属 *Sinophasma* Günther, 1940 ··· 427

第十八章　直翅目 Orthoptera ··· 433
A. 蝗亚目 Caelifera ··· 434
Ⅰ. 蝗总科 Acridoidea ··· 434
七十八、锥头蝗科 Pyrgomorphidae ··· 435
261. 负蝗属 *Atractomorpha* Saussure, 1862 ··· 435
七十九、斑腿蝗科 Catantopidae ··· 437
262. 野蝗属 *Fer* Bolívar, 1918 ··· 438
263. 芋蝗属 *Gesonula* Uvarov, 1940 ··· 439
264. 伪稻蝗属 *Pseudoxya* Yin et Liu, 1987 ··· 440
265. 稻蝗属 *Oxya* Serville, 1831 ··· 441
266. 籼蝗属 *Oxyina* Hollis, 1975 ··· 446
267. 卵翅蝗属 *Caryanda* Stål, 1878 ··· 447
268. 舟形蝗属 *Lemba* Huang, 1983 ··· 451
269. 蔗蝗属 *Hieroglyphus* Krauss, 1877 ··· 452
270. 板胸蝗属 *Spathosternum* Krauss, 1877 ··· 453
271. 腹露蝗属 *Fruhstorferiola* Willemse, 1922 ··· 454
272. 蹦蝗属 *Sinopodisma* Chang, 1940 ··· 459
273. 小蹦蝗属 *Pedopodisma* Zheng, 1980 ··· 463
274. 棉蝗属 *Chondracris* Uvarov, 1923 ··· 464
275. 黄脊蝗属 *Patanga* Uvarov, 1923 ··· 465
276. 凸额蝗属 *Traulia* Stål, 1873 ··· 466
277. 十字蝗属 *Epistaurus* Bolívar, 1889 ··· 468
278. 胸斑蝗属 *Apalacris* Walker, 1870 ··· 468

279. 斜翅蝗属 *Eucoptacra* Bolívar, 1902	469
280. 外斑腿蝗属 *Xenocatantops* Dirsh, 1953	470
281. 斑腿蝗属 *Catantops* Schaum, 1853	472
282. 直斑腿蝗属 *Stenocatantops* Dirsh, 1953	473
283. 星翅蝗属 *Calliptamus* Serville, 1831	474
284. 长夹蝗属 *Choroedocus* Bolívar, 1914	475
285. 黑背蝗属 *Eyprepocnemis* Fieber, 1853	476
286. 素木蝗属 *Shirakiacris* Dirsh, 1957	477

八十、斑翅蝗科 Oedipodidae ... 479
- 287. 踵蝗属 *Pternoscirta* Saussure, 1884 ... 479
- 288. 车蝗属 *Gastrimargus* Saussure, 1884 ... 481
- 289. 飞蝗属 *Locusta* Linnaeus, 1758 ... 482
- 290. 草绿蝗属 *Parapleurus* Fischer, 1853 ... 483
- 291. 绿纹蝗属 *Aiolopus* Fieber, 1853 ... 484
- 292. 异距蝗属 *Heteropternis* Stål, 1873 ... 485
- 293. 小车蝗属 *Oedaleus* Fieber, 1853 ... 486
- 294. 疣蝗属 *Trilophidia* Stål, 1873 ... 490

八十一、网翅蝗科 Arcypteridae ... 492
- 295. 竹蝗属 *Ceracris* Walker, 1870 ... 492
- 296. 雷篦蝗属 *Rammeacris* Willemse, 1951 ... 495
- 297. 雏蝗属 *Chorthippus* Fieber, 1852 ... 496
- 298. 斜窝蝗属 *Epacromiacris* Willemse, 1933 ... 498

八十二、剑角蝗科 Acrididae ... 500
- 299. 小夏蝗属 *Paragonista* Willemse, 1932 ... 500
- 300. 鸣蝗属 *Mongolotettix* Rehn, 1928 ... 501
- 301. 佛蝗属 *Phlaeoba* Stål, 1860 ... 502
- 302. 夏蝗属 *Gonista* Bolívar, 1898 ... 505
- 303. 剑角蝗属 *Acrida* Linnaeus, 1758 ... 506
- 304. 蟋蚓蝗属 *Gelastorhinus* Brunner-Wattenwyl, 1893 ... 508

II. 蚱总科 Tetrigoidea ... 510

八十三、枝背蚱科 Cladonotidae ... 510
- 305. 澳汉蚱属 *Austrohancockia* Günther, 1938 ... 510

八十四、蚱科 Tetrigidae ... 512
- 306. 尖顶蚱属 *Teredorus* Hancock, 1907 ... 512
- 307. 蚱属 *Tetrix* Latreille, 1802 ... 514
- 308. 突顶蚱属 *Exothotettix* Zheng et Jiang, 1993 ... 517
- 309. 台蚱属 *Formosatettix* Tinkham, 1937 ... 518
- 310. 拟台蚱属 *Formosatettixoides* Zheng, 1994 ... 520
- 311. 悠背蚱属 *Euparatettix* Hancock, 1904 ... 521
- 312. 突眼蚱属 *Ergatettix* Kirby, 1914 ... 523

八十五、刺翼蚱科 Scelimenidae ... 525
- 313. 刺翼蚱属 *Scelimena* Serville, 1838 ... 525
- 314. 伴鳄蚱属 *Paragavialidium* Zheng, 1994 ... 526
- 315. 羊角蚱属 *Criotettix* Bolívar, 1887 ... 528
- 316. 优角蚱属 *Eucriotettix* Hebard, 1930 ... 529

八十六、短翼蚱科 Metrodoridae ... 531
- 317. 波蚱属 *Bolivaritettix* Günther, 1939 ... 531

III. 蜢总科 Eumastacoidea ·· 533
八十七、脊蜢科 Chorotypidae ··· 533
318. 秦蜢属 *China* Burr, 1899 ··· 533
319. 乌蜢属 *Erianthus* Stål, 1875 ··· 534
八十八、枕蜢科 Episactidae ··· 536
320. 比蜢属 *Pielomastax* Chang, 1937 ·· 536

B. 螽亚目 Ensifera ·· 539
IV. 螽斯总科 Tettigonioidea ··· 539
八十九、螽斯科 Tettigoniidae ··· 539
（一）螽斯亚科 Tettigoniinae ··· 540
321. 螽斯属 *Tettigonia* Linnaeus, 1758 ·· 540
322. 蝈螽属 *Gampsocleis* Fieber, 1852 ·· 541
323. 寰螽属 *Atlanticus* Scudder, 1894 ·· 541
（二）草螽亚科 Conocephalinae ··· 544
324. 草螽属 *Conocephalus* Thunberg, 1815 ··· 544
325. 锥尾螽属 *Conanalus* Tinkham, 1943 ··· 548
326. 优草螽属 *Euconocephalus* Karny, 1907 ·· 548
327. 古猛螽属 *Palaeoagraecia* Ingrisch, 1998 ··· 549
328. 拟矛螽属 *Pseudorhynchus* Serville, 1838 ·· 550
329. 锥头螽属 *Pyrgocorypha* Stål, 1873 ·· 551
330. 钩顶螽属 *Ruspolia* Schulthess, 1898 ·· 551
（三）似织螽亚科 Hexacentrinae ·· 552
331. 似织螽属 *Hexacentrus* Serville, 1831 ··· 553
（四）迟螽亚科 Lipotactinae ··· 554
332. 迟螽属 *Lipotactes* Brunner v. W., 1898 ··· 554
（五）蛩螽亚科 Meconematinae ··· 555
333. 异饰尾螽属 *Acosmetura* Liu, 2000 ·· 556
334. 刺膝螽属 *Cyrtopsis* Bey-Bienko, 1962 ··· 557
335. 副饰尾螽属 *Paracosmetura* Liu, 2000 ·· 559
336. 吟螽属 *Phlugiolopsis* Zeuner, 1940 ··· 560
337. 拟饰尾螽属 *Pseudocosmetura* Liu, Zhou et Bi, 2010 ·· 561
338. 华穹螽属 *Sinocyrtaspis* Liu, 2000 ·· 563
339. 异杉螽属 *Athaumaspis* Wang et Liu, 2014 ··· 564
340. 涤螽属 *Decma* Gorochov, 1993 ·· 564
341. 优剑螽属 *Euxiphidiopsis* Gorochov, 1993 ··· 565
342. 库螽属 *Kuzicus* Gorochov, 1993 ·· 568
343. 拟库螽属 *Pseudokuzicus* Gorochov, 1993 ··· 570
344. 大蛩螽属 *Megaconema* Gorochov, 1993 ··· 571
345. 大畸螽属 *Macroteratura* Gorochov, 1993 ··· 572
346. 剑螽属 *Xiphidiopsis* Redtenbacher, 1891 ·· 573
347. 东栖螽属 *Eoxizicus* Gorochov, 1993 ··· 574
348. 栖螽属 *Xizicus* Gorochov, 1993 ·· 578
349. 格螽属 *Grigoriora* Gorochov, 1993 ·· 580
350. 斑背螽属 *Nigrimacula* Shi, Bian et Zhou, 2016 ·· 581
351. 纤畸螽属 *Leptoteratura* Yamasaki, 1982 浙江新记录 ··· 582
352. 小蛩螽属 *Microconema* Liu, 2005 浙江新记录 ··· 583
九十、露螽科 Phaneropteridae ··· 585

（一）拟叶螽亚科 Pseudophyllinae ... 585
    353. 覆翅螽属 *Tegra* Walker, 1870 ... 585
    354. 丽叶螽属 *Orophyllus* Beier, 1954 ... 586
    355. 翡螽属 *Phyllomimus* Stål, 1873 ... 587
（二）纺织娘亚科 Mecopodinae ... 588
    356. 纺织娘属 *Mecopoda* Serville, 1831 ... 588
（三）露螽亚科 Phaneropterinae ... 589
    357. 鼓鸣螽属 *Bulbistridulous* Xia *et* Liu, 1991 ... 590
    358. 斜缘螽属 *Deflorita* Bolívar, 1906 ... 591
    359. 条螽属 *Ducetia* Stål, 1874 ... 592
    360. 掩耳螽属 *Elimaea* Stål, 1874 ... 592
    361. 半掩耳螽属 *Hemielimaea* Brunner v. W., 1878 ... 598
    362. 绿螽属 *Holochlora* Stål, 1873 ... 599
    363. 平背螽属 *Isopsera* Brunner v. W., 1878 ... 600
    364. 桑螽属 *Kuwayamaea* Matsumura *et* Shiraki, 1908 ... 602
    365. 环螽属 *Letana* Walker, 1869 ... 603
    366. 奇螽属 *Mirollia* Stål, 1873 ... 604
    367. 似褶缘螽属 *Paraxantia* Liu *et* Kang, 2009 ... 606
    368. 露螽属 *Phaneroptera* Serville, 1831 ... 607
    369. 安螽属 *Prohimerta* Hebard, 1922 ... 608
    370. 秦岭螽属 *Qinlingea* Liu *et* Kang, 2007 ... 609
    371. 糙颈螽属 *Ruidocollaris* Liu, 1993 ... 610
    372. 华绿螽属 *Sinochlora* Tinkham, 1945 ... 612

V. 沙螽总科 Stenopelmatoidea ... 615
  九十一、蟋螽科 Gryllacrididae ... 615
    373. 烟蟋螽属 *Capnogryllacris* Karny, 1937 ... 616
    374. 真蟋螽属 *Eugryllacris* Karny, 1937 ... 617
    375. 叉蟋螽属 *Furcilarnaca* Gorochov, 2004 ... 618
    376. 同蟋螽属 *Homogryllacris* Liu, 2007 ... 619
    377. 黑蟋螽属 *Melaneremus* Karny, 1937 ... 619
    378. 缺翅原蟋螽属 *Apterolarnaca* Gorochov, 2004 ... 620
    379. 杆蟋螽属 *Phryganogryllacris* Karny, 1937 ... 622

VI. 驼螽总科 Rhaphidophoroidea ... 625
  九十二、驼螽科 Rhaphidophoridae ... 625
    380. 突灶螽属 *Diestramima* Storozhenko, 1990 ... 625
    381. 芒灶螽属 *Diestrammena* Brunner von Wattenwyl, 1888 ... 627
    382. 拟裸灶螽属 *Gymnaetoides* Qin, Liu *et* Li, 2017 ... 627
    383. 巨疾灶螽属 *Megatachycines* Zhu, Shi *et* Zhou, 2022 ... 628
    384. 拟疾灶螽属 *Pseudotachycines* Qin, Liu *et* Li, 2017 ... 629
    385. 疾灶螽属 *Tachycines* Adelung, 1902 ... 630

VII. 蟋蟀总科 Grylloidea ... 635
  九十三、蟋蟀科 Gryllidae ... 635
  （一）蛣蟋亚科 Eneopterinae ... 636
    386. 金蟋属 *Xenogryllus* Bolívar, 1890 ... 636
  （二）纤蟋亚科 Euscyrtinae ... 636
    387. 贝蟋属 *Beybienkoana* Gorochov, 1988 ... 637
    388. 纤蟋属 *Euscyrtus* Guérin-Méneville, 1844 ... 638

389. 长额蟋属 *Patiscus* Stål, 1877 ········· 638
(三) 蟋蟀亚科 Gryllinae ········· 639
 390. 甲蟋属 *Acanthoplistus* Saussure, 1877 ········· 639
 391. 哑蟋属 *Goniogryllus* Chopard, 1936 ········· 640
 392. 真姬蟋属 *Eumodicogryllus* Gorochov, 1986 ········· 641
 393. 拟姬蟋属 *Comidoblemmus* Storozhenko et Paik, 2009 ········· 642
 394. 灶蟋属 *Gryllodes* Saussure, 1874 ········· 642
 395. 蟋蟀属 *Gryllus* Linnaeus, 1758 ········· 643
 396. 素蟋属 *Mitius* Gorochov, 1985 ········· 643
 397. 姬蟋属 *Modicogryllus* Chopard, 1961 ········· 644
 398. 冷蟋属 *Svercacheta* Gorochov, 1993 ········· 644
 399. 棺头蟋属 *Loxoblemmus* Saussure, 1877 ········· 645
 400. 大蟋属 *Tarbinskiellus* Gorochov, 1983 ········· 647
 401. 油葫芦属 *Teleogryllus* Chopard, 1961 ········· 648
 402. 斗蟋属 *Velarifictorus* Randell, 1964 ········· 649
(四) 树蟋亚科 Oecanthinae ········· 651
 403. 树蟋属 *Oecanthus* Serville, 1831 ········· 651
(五) 长蟋亚科 Pentacentrinae ········· 653
 404. 长蟋属 *Pentacentrus* Saussure, 1878 ········· 653
(六) 兰蟋亚科 Landrevinae ········· 654
 405. 杜兰蟋属 *Duolandrevus* Kirby, 1906 ········· 654
 406. 兰蟋属 *Landreva* Walker, 1869 ········· 655
(七) 额蟋亚科 Itarinae ········· 655
 407. 拟长蟋属 *Parapentacentrus* Shiraki, 1930 ········· 655
(八) 距蟋亚科 Podoscirtinae ········· 656
 408. 匝须蟋属 *Zamunda* Gorochov, 2007 ········· 656
 409. 片蟋属 *Truljalia* Gorochov, 1985 ········· 657
 410. 维蟋属 *Valiatrella* Gorochov, 2005 ········· 658
(九) 铁蟋亚科 Sclerogryllinae ········· 658
 411. 铁蟋属 *Sclerogryllus* Gorochov, 1985 ········· 658
九十四、癞蟋科 Mogoplistidae ········· 660
(一) 癞蟋亚科 Mogoplistinae ········· 660
 412. 奥蟋属 *Ornebius* Guérin-Méneville, 1844 ········· 660
九十五、蛛蟋科 Phalangopsidae ········· 662
(一) 扩胸蟋亚科 Cachoplistinae ········· 662
 413. 似芫蟋属 *Meloimorpha* Walker, 1870 ········· 662
九十六、蛉蟋科 Trigonidiidae ········· 663
(一) 针蟋亚科 Nemobiinae ········· 663
 414. 双针蟋属 *Dianemobius* Vickery, 1973 ········· 663
 415. 奇针蟋属 *Speonemobius* Chopard, 1924 ········· 664
 416. 异针蟋属 *Pteronemobius* Jacobson, 1904 ········· 665
 417. 灰针蟋属 *Polionemobius* Gorochov, 1983 ········· 665
(二) 蛉蟋亚科 Trigonidiinae ········· 666
 418. 突蛉蟋属 *Amusurgus* Brunner von Wattenwyl, 1893 ········· 667
 419. 墨蛉蟋属 *Homoeoxipha* Saussure, 1874 ········· 668
 420. 斜蛉蟋属 *Metioche* Stål, 1877 ········· 668
 421. 斯蛉蟋属 *Svistella* Gorochov, 1987 ········· 669

422. 蛉蟋属 *Trigonidium* Rambur, 1838 ································ 670
VIII. 蝼蛄总科 Gryllotalpoidea ································ 672
　　九十七、蝼蛄科 Gryllotalpidae ································ 672
　　　（一）蝼蛄亚科 Gryllotalpinae ································ 672
　　　423. 蝼蛄属 *Gryllotalpa* Latreille, 1802 ································ 672

第十九章　革翅目 Dermaptera ································ 674
I. 大尾螋总科 Pygidicranoidea ································ 675
　　九十八、大尾螋科 Pygidicranidae ································ 675
　　　424. 瘤螋属 *Challia* Burr, 1904 ································ 675
　　九十九、丝尾螋科 Diplatyidae ································ 677
　　　425. 单突丝尾螋属 *Haplodiplatys* Hincks, 1955 ································ 677
　　　426. 丝尾螋属 *Diplatys* Serville, 1831 ································ 677
II. 肥螋总科 Anisolabidoidea ································ 680
　　一〇〇、肥螋科 Anisolabididae ································ 680
　　　427. 小肥螋属 *Euborellia* Burr, 1910 ································ 680
　　　428. 殖肥螋属 *Gonolabis* Burr, 1900 ································ 683
　　　429. 肥螋属 *Anisolabis* Fieber, 1853 ································ 684
　　一〇一、蠼螋科 Labiduridae ································ 686
　　　430. 钳螋属 *Forcipula* Bolívar, 1897 ································ 686
　　　431. 纳蠼螋属 *Nala* Zacher, 1910 ································ 687
　　　432. 蠼螋属 *Labidura* Lench, 1815 ································ 689
III. 球螋总科 Forficuloidea ································ 691
　　一〇二、苔螋科 Spongiphoridae ································ 691
　　　433. 姬苔螋属 *Labia* Leach, 1815 ································ 691
　　一〇三、垫跗螋科 Chelisochidae ································ 693
　　　434. 首垫跗螋属 *Proreus* Burr, 1907 ································ 693
　　　435. 垫跗螋属 *Chelisoches* Scudder, 1876 ································ 694
　　一〇四、球螋科 Forficulidae ································ 695
　　　436. 张球螋属 *Anechura* Scudder, 1876 ································ 695
　　　437. 山球螋属 *Oreasiobia* Semenov, 1936 ································ 697
　　　438. 异螋属 *Allodahlia* Verhoeff, 1902 ································ 697
　　　439. 拟乔球螋属 *Paratimomenus* Steinmann, 1974 ································ 698
　　　440. 乔球螋属 *Timomenus* Burr, 1907 ································ 699
　　　441. 慈螋属 *Eparchus* Burr, 1907 ································ 701
　　　442. 垂缘螋属 *Eudohrnia* Burr, 1907 ································ 703
　　　443. 球螋属 *Forficula* Linnaeus, 1758 ································ 703

参考文献 ································ 706
中名索引 ································ 754
学名索引 ································ 769
图版

原尾纲 PROTURA

原尾纲 Protura，统称原尾虫。体型微小，细长如梭，体长 0.5–2.0 mm，多为 1 mm 左右，身体分为 3 个部分。头部呈卵形或梨形，无触角和眼，具 1 对假眼，口器内颚式。胸部分 3 节，着生有 3 对胸足；足由 6 节组成；前足跗节（可简称为前跗）极为长大，着生形态多样的感觉毛，行走时向头部前方高举，司感觉功能；部分种类中胸和后胸各有气孔 1 对。腹部 12 节，腹部第 I–III 节腹面分别具有 1 对腹足；腹部末端无尾须；雌雄外生殖器结构相似，生殖孔位于第 XI 和 XII 节。

原尾虫为增节变态。个体发育包括受精卵、前幼虫（腹部 9 节）、第 I 幼虫（腹部 9 节）、第 II 幼虫（腹部 10 节）、童虫（腹部 12 节）和成虫阶段。原尾虫终生生活在土壤中，喜欢生活在富含腐殖质的土壤中，是典型的土壤动物。原尾虫分布广泛，适应性强，在森林湿润的土壤里、苔藓植物中、腐朽的木材、树洞，以及白蚁和小型哺乳动物的巢穴中均可以发现原尾虫。

原尾虫的分布遍及全世界，除南极洲外，各大陆的五个气候带和六大动物地理区均有发现。我国原尾虫种类以东洋区成分占绝对优势，约占总数的 90%。

原尾纲现行的分类系统由尹文英于 1999 年提出。按照该系统，原尾纲分为蚖目、华蚖目和古蚖目 3 个目，蚖目包括夕蚖科、始蚖科、㦸蚖科、蚖科、日本蚖科和囊腺蚖科 6 个科，华蚖目包括富蚖科和华蚖科 2 个科，古蚖目包括古蚖科和旭蚖科 2 个科，目前除囊腺蚖科仅在欧洲分布外，其余 9 个科在我国均有分布。本志编写依据为尹文英（1999）《中国动物志 节肢动物门 原尾纲》的分类系统。

目前世界已知原尾纲 3 目 10 科 77 属 830 余种，中国记录 3 目 9 科 44 属 217 种，浙江分布 3 目 7 科 14 属 37 种。

分目检索表

1. 中、后胸背板两侧无气孔 ·· **蚖目 Acerentomata**
- 中、后胸背板两侧各生气孔 1 对 ··· 2
2. 假眼小或中等大小，突出体表；中、后胸背板有中刚毛 1 对 ························· **古蚖目 Ensentomata**
- 假眼较大，不突出体表；中、后胸背板无中刚毛 ··· **华蚖目 Sinentomata**

第一章 蚖目 Acerentomata

主要特征：无气孔和气管系统，头部假眼突出；颚腺管的中部常有不同形状的"萼"和花饰及膨大部分或突起；3 对胸足均为 2 节，或者第 II、III 胸足 1 节；腹部第 VIII 节前缘有 1 条腰带，生有栅纹或不同程度退化；第 VIII 腹节背板两侧具有 1 对腹腺开口，覆盖有栉梳；雌性外生殖器简单，端阴刺多呈短锥状；雄性外生殖器长大，端阳刺细长。

分布：世界广布。世界已知 6 科 64 属 463 种，中国记录 5 科 34 属 116 种，浙江分布 4 科 7 属 15 种。

分科检索表

1. 假眼梨形，中裂"S"形；颚腺管中部的萼膨大为香肠状 ·· 夕蚖科 Hesperentomidae
- 假眼圆形无中裂；颚腺管中部的萼球形或心形 ·· 2
2. 假眼多数具有后杆；颚腺管中部具有光滑的球形萼 ······································· 始蚖科 Protentomidae
- 假眼无后杆；颚腺管中部具有心形萼 ·· 3
3. 萼光滑无花饰 ··· 檗蚖科 Berberentulidae
- 萼部生有多瘤的花饰或其他附属物 ·· 蚖科 Acerentomidae

一、夕蚖科 Hesperentomidae

主要特征：身体细长；假眼常呈梨形，中部有纵贯的"S"形中隔；颚腺管细长，中部常膨大成香肠状或袋状的萼部，在袋的远端生有极微小的、花椰菜状的花饰；前胸足跗节的感觉毛常呈柳叶状或者短棒状；第 I–III 腹足均为 2 节，各生 4 刚毛（夕蚖属 *Hesperentomon*），或第 I–II 腹足 2 节，第 III 腹足为 1 节（尤蚖属 *Ionescuellum*），或第 I 腹足 2 节，第 II–III 腹足均为 1 节（沪蚖属 *Huhentomon*）；第 VIII 腹节前缘的腰带简单而无纵纹；栉梳为长方形；雌性外生殖器的端阴刺为尖锥状。

分布：主要分布于全北区、东洋区。世界已知 3 属 30 种，中国记录 2 属 17 种，浙江分布 1 属 1 种。

1. 沪蚖属 *Huhentomon* Yin, 1977

Huhentomon Yin, 1977a: 85. Type species: *Huhentomon plicatunguis* Yin, 1977.

主要特征：体形粗壮，黄褐色；假眼长卵形；颚腺为均匀管状，极长；前足跗节粗壮，为黄褐色，感器大多为短棒状；第 I 对腹足 2 节，各生 4 根刚毛；第 II–III 对腹足均为 1 节，各生 3 根刚毛；腹部第 VIII 节腰带退化，栅纹稀疏不全。

分布：东洋区。世界已知 1 种，中国记录 1 种，浙江分布 1 种。

（1）褶爪沪蚖 *Huhentomon plicatunguis* Yin, 1977（图 1-1）

Huhentomon plicatunguis Yin, 1977a: 85.

主要特征：体长 1015–1276 μm；假眼长 16 μm，呈长卵形，具厚边和长而微弯的中裂，头眼比＝8；

颚腺为均匀管状，极长，中部为后部长的 3.5 倍，远端有 1 个微小的花饰；下颚须上生有 2 根粗短的感觉毛，下唇须顶端生 1 簇刚毛；前足跗节长 85 μm，爪长 25.6 μm，跗爪比＝3.3，垫爪比＝0.06；前足跗节背面感器 *t-1* 细小，*t-3* 短棒形；外侧感器 *a–g* 均为短棒状，长度相似；内侧感器 *a'*、*b'-1*、*c'-1* 为短棒状，*c'-2* 长而尖，*b'-2* 缺失，基端比＝0.45。第 I 对腹足 2 节，各生 4 根刚毛；第 II–III 对腹足均为 1 节，各生 3 根刚毛；腹部第 VIII 节腰带退化，栅纹稀疏不全；栉梳长方形，生有 6 枚不规则的尖齿；雌性外生殖器宽大，端阴刺尖细。成虫胸、腹部毛序见表 1-1。

分布：浙江（杭州、上虞、舟山）、江苏、上海、安徽；日本。

表 1-1　褶爪沪蚖 *Huhentomon plicatunguis* Yin, 1977 胸部和腹部毛序简表

部位	胸部			腹部									
	I	II	III	I	II–III	IV	V–VI	VII	VIII	IX	X	XI	XII
背面	4	$\frac{6}{14}$	$\frac{6}{14}$	$\frac{4}{10}$	$\frac{8}{12}$	$\frac{8}{12}$	$\frac{8}{12}$	$\frac{8}{14}$	$\frac{8}{14}$	14	10	6	9
腹面	$\frac{2-2}{6}$	$\frac{4-2}{5}$	$\frac{6-2}{5}$	$\frac{4}{4}$	$\frac{4}{5}$	$\frac{4}{9}$	$\frac{4}{9}$	$\frac{4}{9}$	$\frac{2}{9}$	6	6	6	8

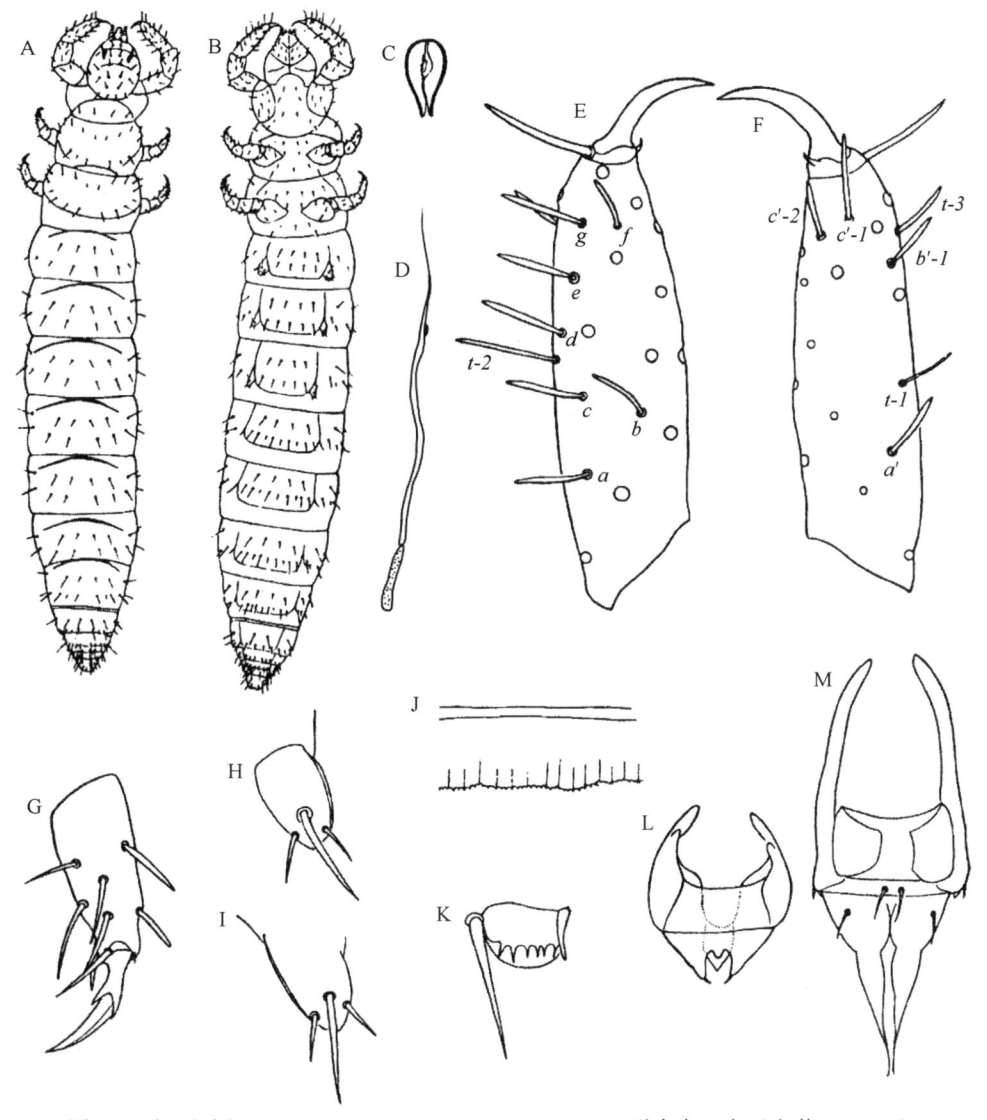

图 1-1　褶爪沪蚖 *Huhentomon plicatunguis* Yin, 1977（引自卜云和尹文英，2014a）

A. 成虫背面观；B. 成虫腹面观；C. 假眼；D. 颚腺；E. 前跗外侧面观；F. 前跗内侧面观；G. 后跗侧面观；H. 第 II 腹足；I. 第 III 腹足；J. 第 VIII 腹节腰带；K. 栉梳；L. 雌性外生殖器；M. 雄性外生殖器

二、始蚖科 Protentomidae

主要特征：体形较为粗笨，口器稍尖细，大颚顶端不具齿；下颚须和下唇须均较短；颚腺管近盲端具有光滑的球形萼；前足跗节感器多数呈柳叶形或短棒状；第 I–II 腹足 2 节，第 III 腹足 1 节或者 2 节；后胸背板具有 2 对或 1 对前排刚毛，腹节背板前排刚毛不同程度地减少。

分布：古北区、东洋区、新北区。世界已知 6 属 44 种，中国记录 4 属 12 种，浙江分布 1 属 4 种。

2. 新康蚖属 *Neocondeellum* Tuxen *et* Yin, 1982

Neocondeellum Tuxen *et* Yin, 1982: 235. Type species: *Condeellum brachytarsum* Yin, 1977.

主要特征：假眼圆形较小，头眼比＝14–18，具短而粗的后杆；颚腺管中部为球形萼；第 I–II 腹足 2 节，各生 4 根刚毛；第 III 腹足 1 节，生 3 根刚毛；前足跗节感器有退化缺失，仅有少数感器保留。

分布：古北区、东洋区、新北区。世界已知 10 种，中国记录 6 种，浙江分布 4 种。

分种检索表

1. 前胸背板生 2 对刚毛 ··· 短跗新康蚖 *N. brachytarsum*
- 前胸背板生 3 对刚毛 ··· 2
2. 腹部第 II–VI 节背板前排刚毛 3 对（A1、2、5）······································· 长跗新康蚖 *N. dolichotarsum*
- 腹部第 II–VI 节背板前排刚毛少于 3 对 ·· 3
3. 腹部第 II–VI 节背板前排刚毛 1 对（A1）··· 金色新康蚖 *N. chrysallis*
- 腹部第 II–VI 节背板前排刚毛 2 对（A1、2）·· 乌岩新康蚖 *N. wuyanense*

（2）短跗新康蚖 *Neocondeellum brachytarsum* (Yin, 1977)（图 1-2）

Condeellum brachytarsum Yin, 1977b: 433.

Neocondeellum brachytarsum: Tuxen & Yin, 1982: 236.

主要特征：体形粗短，淡黄色，前足跗节和腹部后端呈棕黄色；体长 678–812 μm；头椭圆形；假眼长 8–9 μm，头眼比＝13–16；颚腺萼部球形，后部腺管弯曲；下颚须亚端节具有 1 个宽短的柳叶形感器；前跗长 37–45 μm，爪长 11–15 μm，跗爪比＝3.3–3.8，中垫长 3–4 μm，垫爪比＝0.20–0.23，基端比＝0.87–1.3；前跗背面感器 *t-1* 和 *t-2* 细长，*t-3* 柳叶形；外侧感器 *a* 和 *b* 剑状，*b* 较短，*c*、*d*、*e* 和 *g* 缺失，*f* 短小，柳叶形；内侧面感器 *a'* 柳叶形，短小；腹部第 VIII 节栉梳后缘生有 4–8 枚尖齿；雌性外生殖器具尖细的腹突和端阴刺。成虫胸、腹部毛序见表 1-2。

分布：浙江（杭州）、吉林、辽宁、北京、河南、陕西、江苏、上海、安徽、湖北、湖南、重庆、四川、贵州。

表 1-2 短跗新康蚖 *Neocondeellum brachytarsum* (Yin, 1977)胸部和腹部毛序简表

部位	胸部			腹部									
	I	II	III	I	II–III	IV–V	VI	VII	VIII	IX	X	XI	XII
背面	4	$\frac{6}{16}$	$\frac{6}{14}$	$\frac{6}{12}$	$\frac{4}{14}$	$\frac{4}{14}$	$\frac{4}{14}$	$\frac{4}{18}$	$\frac{6}{12}$	14	12	8	9
腹面	$\frac{2-2}{6}$	$\frac{6-2}{4}$	$\frac{8-2}{4}$	$\frac{4}{4}$	$\frac{4}{5}$	$\frac{4}{8}$	$\frac{4}{9}$	$\frac{4}{9}$	6	4	4	6	8

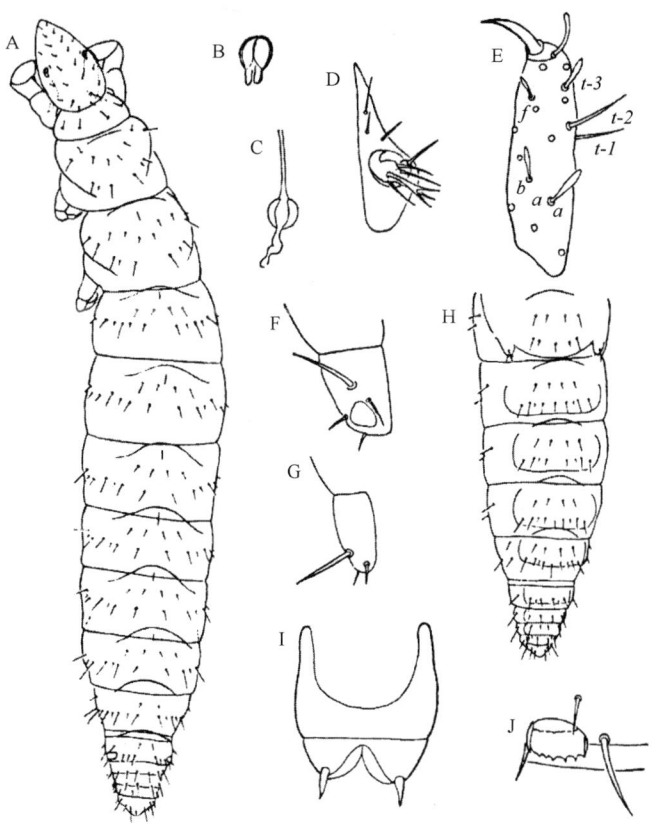

图 1-2　短跗新康蚖 *Neocondeellum brachytarsum* (Yin, 1977)（引自尹文英，1999）
A. 成虫背面观；B. 假眼；C. 颚腺；D. 下唇须；E. 前跗外侧面观；F. 第 II 腹足；G. 第 III 腹足；H. 第 III–XII 腹节腹板；I. 雌性外生殖器；J. 栉梳

（3）长跗新康蚖 *Neocondeellum dolichotarsum* (Yin, 1977)（图 1-3）

Condeellum dolichotarsum Yin, 1977b: 436.

Neocondeellum dolichotarsum: Tuxen & Yin, 1982: 236.

主要特征：体形粗短，黄色，前足跗节和腹部后端呈棕黄色；体长 783–943 μm；头椭圆形，长 96–125 μm；假眼长 6–7 μm，头眼比＝16–18；颚腺管中部具球形弯，近基部腺管短而中部略膨大，盲端为小球形；前跗长 51–58 μm，爪长 16–19 μm，跗爪比＝3.0–3.4，中垫长 3–3.5 μm，垫爪比＝0.18–0.20；前跗背面感器 *t-1* 和 *t-2* 细长，*t-3* 棍棒状；外侧感器 *a*、*b* 和 *f*，以及内侧感器 *a'* 均为棒状，其中 *a* 较粗大。第 VIII 腹节的栉梳后缘生 8–10 枚尖齿；雌性外生殖器的端阴刺尖细。成虫胸、腹部毛序见表 1-3。

分布：浙江（德清、杭州、江山）、江苏、上海、安徽、湖南、四川、贵州。

表 1-3　长跗新康蚖 *Neocondeellum dolichotarsum* (Yin, 1977) 胸部和腹部毛序简表

部位	胸部			腹部									
	I	II	III	I	II–III	IV–V	VI	VII	VIII	IX	X	XI	XII
背面	6	$\frac{6}{16}$	$\frac{6}{14}$	$\frac{6}{12}$	$\frac{6}{14}$	$\frac{6}{14}$	$\frac{6}{14}$	$\frac{6}{18}$	$\frac{6}{14}$	14	12	10	9
腹面	$\frac{2-4}{6}$	$\frac{6-2}{4}$	$\frac{8-2}{4}$	$\frac{4}{4}$	$\frac{4}{5}$	$\frac{4}{8}$	$\frac{4}{9}$	$\frac{4}{9}$	6	4	4	6	8

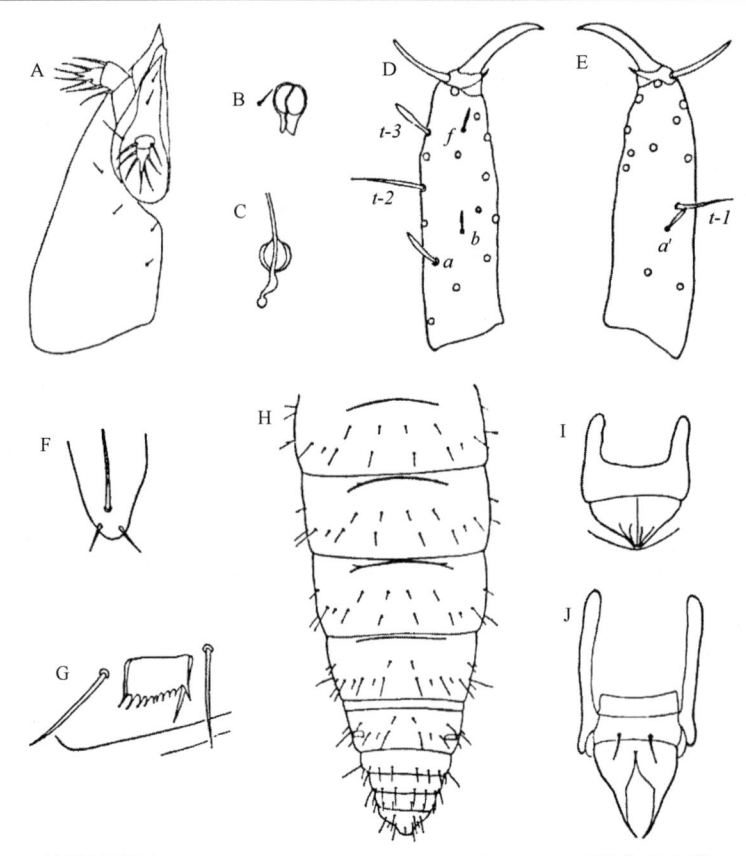

图 1-3　长跗新康蚖 Neocondeellum dolichotarsum (Yin, 1977)（引自尹文英，1999）
A. 下颚须和下唇须；B. 假眼；C. 颚腺；D. 前跗外侧面观；E. 前跗内侧面观；F. 第 III 腹足；G. 栉梳；H. 第 IV–XII 腹节背板；I. 雌性外生殖器；J. 雄性外生殖器

（4）金色新康蚖 Neocondeellum chrysallis (Imadaté et Yin, 1979)（图 1-4）

Condeellum chrysallis Imadaté et Yin, 1979: 320.
Neocondeellum chrysallis: Tuxen & Yin, 1982: 236.

主要特征：体形粗壮；体长 830–960 μm；头卵圆形，长 100–110 μm，前端具短喙；假眼圆形，明显分成左右两部分，并具有较短的后杆，长 6 μm，头眼比＝16–18；颚腺管中部具桃形弯，近基部腺管扭曲转折，末端膨大为小球形；前跗长 45–48 μm，爪长 14–16 μm，跗爪比＝3.0–3.4，中垫长 3 μm，垫爪比＝0.19–0.21；前跗背面感器 t-1 和 t-2 尖细，t-3 棍棒状，基端比＝1.1；外侧感器 a 与 t-3 形状相同，b 和 f 短小；第 VIII 腹节的栉梳后缘生 8–10 枚尖齿；雌性外生殖器的端阴刺尖细。成虫胸、腹部毛序见表 1-4。

分布：浙江（杭州、开化）、安徽、江西、湖南。

表 1-4　金色新康蚖 Neocondeellum chrysallis (Imadaté et Yin, 1979) 胸部和腹部毛序简表

部位	胸部			腹部									
	I	II	III	I	II–III	IV–V	VI	VII	VIII	IX	X	XI	XII
背面	6	$\frac{6}{16}$	$\frac{6}{14}$	$\frac{2}{12}$	$\frac{2}{14}$	$\frac{2}{14}$	$\frac{2}{14}$	$\frac{4}{18}$	$\frac{6}{12}$	12	10	6	9
腹面	$\frac{2-4}{6}$	$\frac{6-2}{4}$	$\frac{8-2}{4}$	$\frac{4}{4}$	$\frac{4}{5}$	$\frac{4}{8}$	$\frac{4}{9}$	$\frac{4}{9}$	6	4	4	6	6

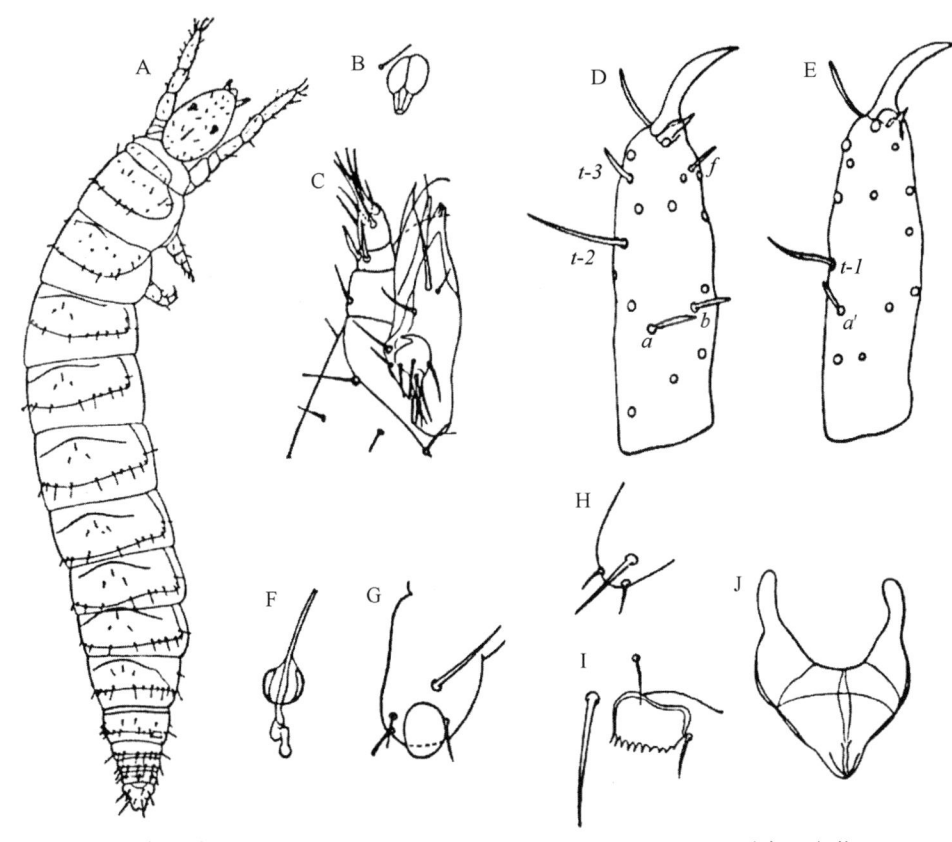

图 1-4　金色新康蚖 Neocondeellum chrysallis (Imadaté et Yin, 1979)（引自尹文英，1999）

A. 成虫背面观；B. 假眼；C. 口器；D. 前跗外侧面观；E. 前跗内侧面观；F. 颚腺；G. 第 II 腹足；H. 第 III 腹足；I. 栉梳；J. 雌性外生殖器

（5）乌岩新康蚖 Neocondeellum wuyanense Yin et Imadaté, 1991（图 1-5）

Neocondeellum wuyanense Yin et Imadaté, 1991: 1.

主要特征：体形粗短，体长 820–930 μm；头卵圆形，长 100 μm；假眼近圆形，具有后杆，长 8–9 μm，头眼比=15；颚腺管较短，中部具有球形萼；前跗粗短，长 48–52 μm，爪较细，跗爪比=2.5，中垫短，垫爪比=0.15；前跗背面感器 $t\text{-}1$ 细长，基端比=0.9–1.0，$t\text{-}2$ 长度接近 $t\text{-}1$ 的 2/3，$t\text{-}3$ 宽短；外侧感器 a 与 b 形状长度相似，f 和 $t\text{-}3$ 形状和长度相似，为 7 μm；a' 非常短，不到 a 长度的一半，$\beta 1$ 和 $\delta 4$ 感觉毛状，非常短；第 VIII 腹节的栉梳后缘生 10 枚尖齿；雌性外生殖器的端阴刺尖细。成虫胸、腹部毛序见表 1-5。

分布：浙江（江山、泰顺）。

表 1-5　乌岩新康蚖 Neocondeellum wuyanense Yin et Imadaté, 1991 胸部和腹部毛序简表

部位	胸部			腹部									
	I	II	III	I	II–III	IV–V	VI	VII	VIII	IX	X	XI	XII
背面	6	$\dfrac{6}{14}$	$\dfrac{6}{14}$	$\dfrac{6}{12}$	$\dfrac{4}{14}$	$\dfrac{4}{14}$	$\dfrac{6}{14}$	$\dfrac{4}{18}$	$\dfrac{6}{14}$	14	12	8	9
腹面	$\dfrac{2-4}{6}$	$\dfrac{6-2}{4}$	$\dfrac{8-2}{4}$	$\dfrac{4}{4}$	$\dfrac{4}{5}$	$\dfrac{4}{8}$	$\dfrac{4}{9}$	$\dfrac{4}{9}$	$\dfrac{0}{6}$	6	4	6	6

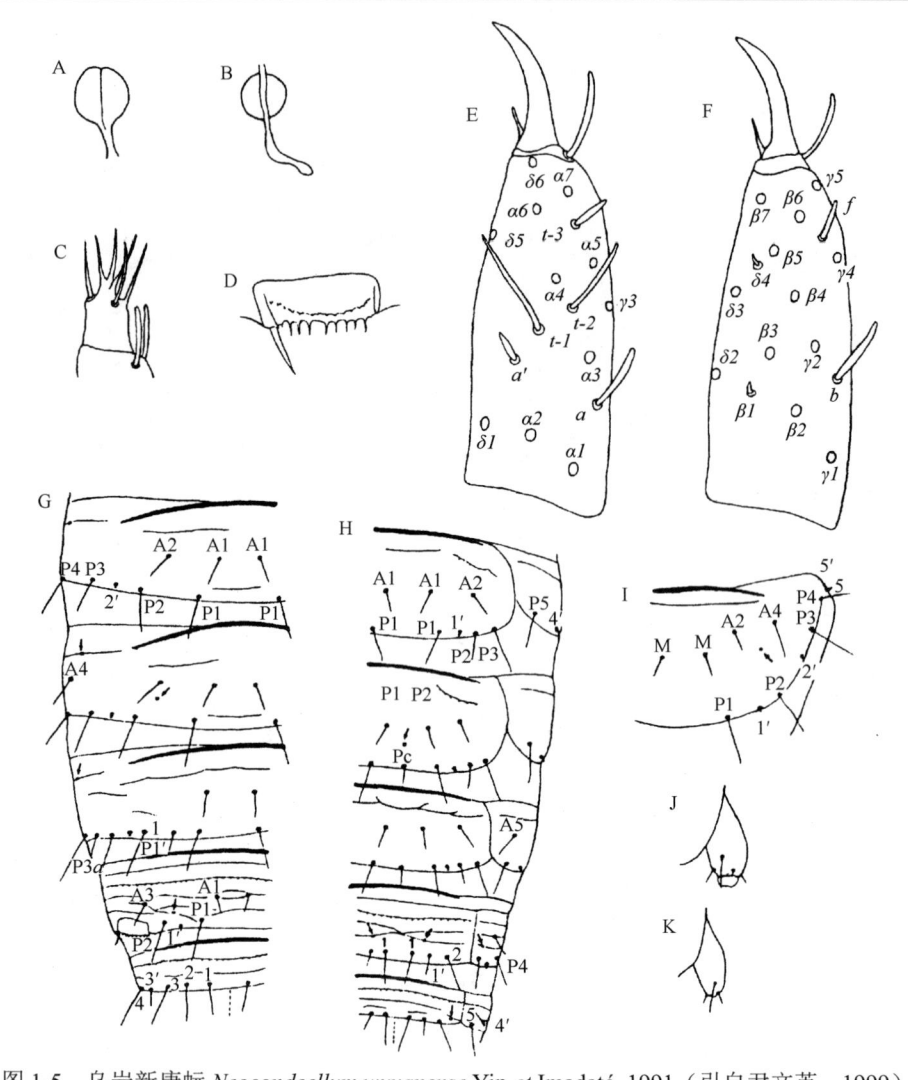

图 1-5　乌岩新康蚖 *Neocondeellum wuyanense* Yin *et* Imadaté, 1991（引自尹文英，1999）
A. 假眼；B. 颚腺；C. 下颚须；D. 栉梳；E. 前跗背面观；F. 前跗腹面观；G. 腹部第 V–IX 背面观；H. 腹部第 V–IX 腹面观；I. 中胸背面观；J. 第 II 腹足；K. 第 III 腹足

三、䗐蚖科 Berberentulidae

主要特征：身体较粗壮，成虫的腹部后端常呈土黄色；口器较小，上唇一般不突出成喙，下唇须退化成 1–3 根刚毛或者 1 根感器；颚腺管细长，具简单而光滑的心形萼；假眼圆或椭圆形，有中隔；中胸和后胸背板生前刚毛 2 对和中刚毛 1 对；第 I 对腹足 2 节，各生 4 根刚毛，第 II–III 对腹足 1 节，各生 2 或者 1 根刚毛；第 VIII 腹节前缘的腰带纵纹明显或不同程度退化或变形。

分布：世界广布。世界已知 29 属 165 种，中国记录 13 属 56 种，浙江分布 4 属 9 种。

分属检索表

1. 颚腺管基部腺管为 3 分支 ·· 多腺蚖属 *Polyadenum*
- 颚腺管基部腺管不分支 ·· 2
2. 第 VIII 腹节腰带上的栅纹清晰 ·· 格蚖属 *Gracilentulus*
- 第 VIII 腹节腰带上的栅纹退化不见 ··· 3
3. 颚腺管细长，沿基部腺管上有 2–3 个念珠状膨大处 ··· 肯蚖属 *Kenyentulus*
- 颚腺管平直，沿基部腺管上无念珠状膨大处 ··· 巴蚖属 *Baculentulus*

3. 多腺蚖属 *Polyadenum* Yin, 1980

Polyadenum Yin, 1980: 408. Type species: *Polyadenum sinensis* Yin, 1980.

主要特征：头部具短喙，下唇须由 3 根刚毛和 1 根感器组成；颚腺的基部腺管为 3 条细长的腺管，在萼的基部汇合成 1 条腺管；前跗背面感器 *t-1* 为鼓槌形，外侧感器 *a–e* 均细长，*b*、*c*、*d* 感器大致同排，*f* 位于 *e* 和 *g* 的中间；内侧感器 *a'* 位于 *t-1* 和 *t-2* 之间，缺 *b'* 感器，*c'* 细长；第 VIII 腹节腹板生 1 排 4 根刚毛；栉梳后缘平直，生 9–10 枚尖齿；雌性外生殖器的端阴刺尖锥状。

分布：东洋区。世界已知 1 种，中国记录 1 种，浙江分布 1 种。

（6）中华多腺蚖 *Polyadenum sinensis* Yin, 1980（图 1-6）

Polyadenum sinensis Yin, 1980: 408.

主要特征：身体浅黄色；体长 1165–1250 μm；头卵圆形，前端具短喙；假眼较小，略呈圆形，长 10 μm，头眼比＝13–14；下唇须由 3 根刚毛和 1 根感器组成；颚腺特殊，基部为 3 根形状相似、长短不一的腺管，每管的盲端略膨大成球形，在萼的基部汇合成 1 条细管，萼的远端常有形状不一的突起；前跗长 100–106 μm，爪长 24–27 μm，跗爪比＝4，中垫较长，垫爪比＝0.17；前跗背面感器 *t-1* 鼓槌状，基端比＝0.5，*t-2* 细长，*t-3* 矛形，外侧感器 *a* 超过 *d*，*b* 稍长，*g* 甚粗，内侧感器 *a'* 较粗，*b'* 缺失，*c'* 细长；第 VIII 腹节的腰带栅纹不明显，栉梳后缘生 9–10 枚尖齿；雌性外生殖器的端阴刺尖锥状。成虫胸、腹部毛序见表 1-6。

分布：浙江（杭州）、上海、安徽。

表 1-6　中华多腺蚖 *Polyadenum sinensis* Yin, 1980 胸部和腹部毛序简表

部位	胸部			腹部									
	I	II	III	I	II–III	IV–V	VI	VII	VIII	IX	X	XI	XII
背面	4	$\frac{6}{16}$	$\frac{6}{16}$	$\frac{6}{14}$	$\frac{6}{16}$	$\frac{6}{16}$	$\frac{6(8)}{16}$	$\frac{6}{16}$	$\frac{6-8}{8}$	14	12	6	9
腹面	$\frac{4-4}{6}$	$\frac{7-2}{4}$	$\frac{7-2}{4}$	$\frac{3}{4}$	$\frac{3}{5}$	$\frac{3}{8}$	$\frac{3}{8}$	$\frac{3}{8}$	4	4	4	6	6

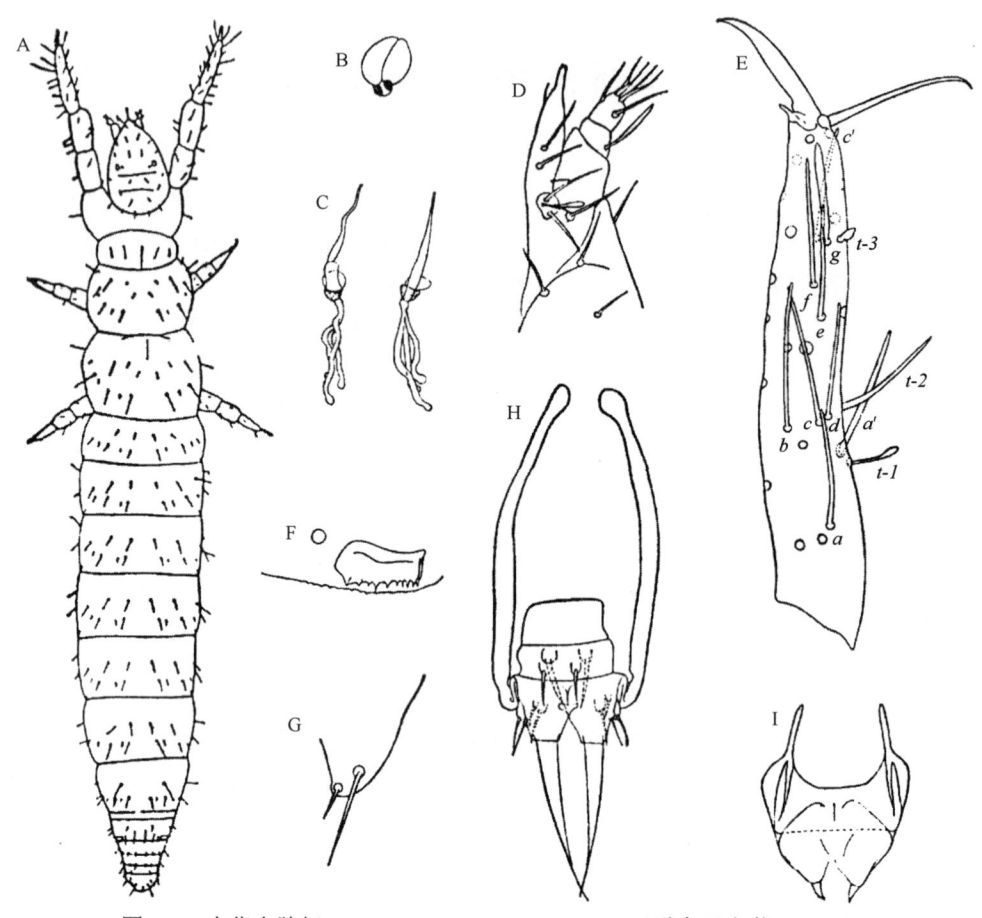

图 1-6 中华多腺蚖 *Polyadenum sinensis* Yin, 1980（引自尹文英，1999）
A. 成虫背面观；B. 假眼；C. 颚腺；D. 下颚须和下唇须；E. 前跗外侧面观；F. 栉梳；G. 第 III 腹足；H. 雄性外生殖器；I. 雌性外生殖器

4. 格蚖属 *Gracilentulus* Tuxen, 1963

Gracilentulus Tuxen, 1963: 89. Type species: *Acerentulus gracilis* Berlese, 1908.

主要特征：下唇须生 3 根刚毛和 1 根感器；颚腺管较短而简单，在心形萼的基侧腺管平直；前足跗节背面感器 *t-1* 为棍棒状，内、外侧感器均细长，常缺 *b'* 感器；第 VIII 腹节腰带上的栅纹明显而排列细密；栉梳略呈长方形，后缘具有小齿；雌性外生殖器的基内骨常较短，具尖锥状端阴刺。

分布：全北区、东洋区。世界已知 19 种，中国记录 4 种，浙江分布 1 种。

（7）梅坞格蚖 *Gracilentulus meijiawensis* Yin *et* Imadaté, 1979（图 1-7）

Gracilentulus meijiawensis Yin *et* Imadaté, 1979: 2.

主要特征：体长 1200–1300 μm；头椭圆形，长 122–124 μm；假眼较小，圆形，长 8–9 μm，头眼比＝13–16；下唇须具 3 根刚毛和 1 根细长呈剑状感器；颚腺较短而平直，萼简单光滑，近基部腺管短，盲端稍膨大；前跗长 94–102 μm，爪长 24–27 μm，跗爪比＝3.7–3.9，中垫极短，垫爪比＝0.07；前跗背面感器 *t-1* 鼓槌状，基端比＝0.42，*t-2* 细长，*t-3* 小而粗钝，外侧感器 *a* 细长，*b* 极长，顶端达 *f* 的基部，*c* 和 *d* 长度相仿，*e* 较短，*f* 和 *g* 均细长，顶端均超过爪的基部；内侧感器 *a'* 粗大，*b'* 缺失，*c'* 细长；第 VIII 腹节的腰带发达，栅纹细密；栉梳长方形，后缘平直，生 12 枚尖齿；雌性外生殖器的端阴刺尖细。成虫胸、腹部毛序见表1-7。

分布：浙江（德清、杭州）、江苏、上海、安徽、江西、湖南、云南。

表1-7 梅坞格蚖 *Gracilentulus meijiawensis* Yin *et* Imadaté, 1979 胸部和腹部毛序简表

部位	胸部			腹部									
	I	II	III	I	II–III	IV–V	VI	VII	VIII	IX	X	XI	XII
背面	4	$\frac{6}{16}$	$\frac{6}{16}$	$\frac{6}{12}$	$\frac{6}{16}$	$\frac{6}{16}$	$\frac{8}{16}$	$\frac{6}{18}$	$\frac{6-8}{8}$	14	12	6	9
腹面	$\frac{4-4}{6}$	$\frac{7-2}{4}$	$\frac{7-2}{4}$	$\frac{3}{4}$	$\frac{3}{5}$	$\frac{3}{8}$	$\frac{3}{8}$	$\frac{3}{8}$	4	4	4	6	6

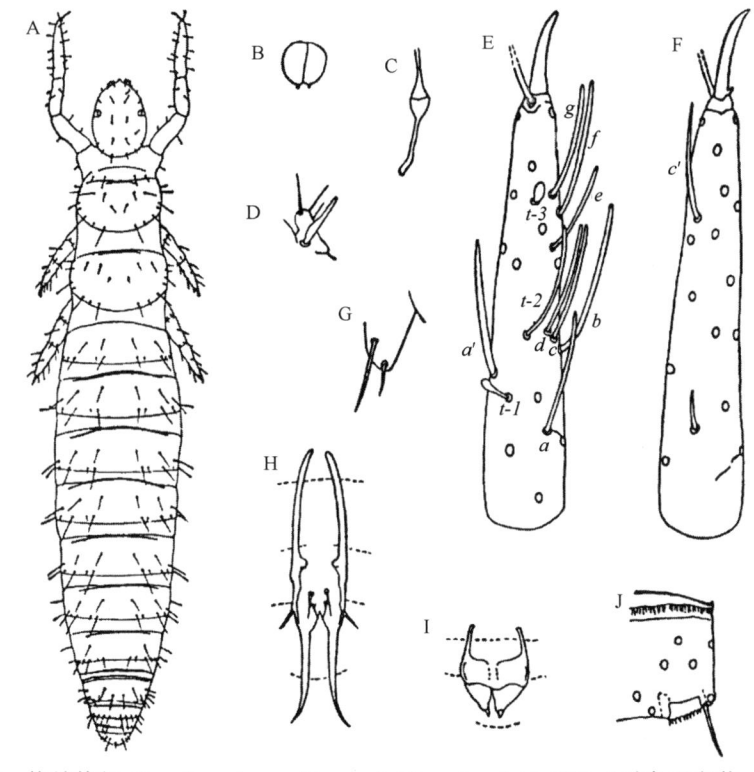

图1-7 梅坞格蚖 *Gracilentulus meijiawensis* Yin *et* Imadaté, 1979（引自尹文英，1999）
A. 成虫背面观；B. 假眼；C. 颚腺；D. 下唇须；E. 前跗外侧面观；F. 前跗内侧面观；G. 第III腹足；H. 雄性外生殖器；I. 雌性外生殖器；J. 腰带和栉梳

5. 肯蚖属 *Kenyentulus* Tuxen, 1981

Kenyentulus Tuxen, 1981: 135. Type species: *Acerentulus kenyanus* Condé, 1948.

主要特征：下唇须生3根刚毛和1根感器；颚腺管较长，萼为简单的心形，沿其基部腺管上有2–3个念珠状膨大部；前跗背面感器 *t-1* 为鼓槌形，外侧感器通常短小；具有内侧感器 *b'*；第VIII腹节腰带上无栅纹或者只有一半栅纹，或极不明显；第VIII腹节腹板仅有1排4根刚毛；雌性外生殖器的端阴刺尖细。

分布：古北区、东洋区、旧热带区。世界已知43种，中国记录31种，浙江分布5种。

分种检索表

1. 腹部II–VI节背板后排具9对刚毛 ·· 长腺肯蚖 ***K. dolichadeni***
- 腹部II–VI节背板后排具8对刚毛 ··· 2

2. 颚腺管萼部远侧光滑 ··· 3
- 颚腺管萼部远侧具有不规则突起或纤毛状突起 ·· 4
3. 前跗外侧感器 b 短，末端位于 $γ2$ 与 $γ3$ 毛之间 ··· 日本肯蚖 **K. japonicus**
- 前跗外侧感器 b 较长，末端可达或超过 $γ3$ 毛基部 ··· 三治肯蚖 **K. sanjianus**
4. 腹部第 VII 节背板后排刚毛 9 对；颚腺管萼部远侧具有纤毛状突起 ····································· 毛萼肯蚖 **K. ciliciocalyci**
- 腹部第 VII 节背板后排刚毛 8 对；颚腺管萼部远侧具有不规则突起 ··································· 河南肯蚖 **K. henanensis**

（8）长腺肯蚖 Kenyentulus dolichadeni Yin, 1987（图 1-8）

Kenyentulus dolichadeni Yin, 1987: 152.

主要特征：体长 1250–1300 μm；头长 125–140 μm，宽 85–80 μm；假眼卵圆形，长 12 μm，头眼比＝10–12；颚腺管的萼细长，萼呈心形，远端有数个不规则突起，沿细长的基部腺管有 2 膨大处，盲端略膨大；前跗长 85–86 μm，爪长 22–24 μm，跗爪比＝3.3–3.5，中垫短，垫爪比＝0.08；前跗背面感器 t-1 棒状，基端比＝0.62–0.68，t-2 细长，t-3 较长大，外侧感器 a 较粗大，b 短而尖细，c 甚长，顶端可达 e 的基部，d 短于 c，e 和 f 靠近，二者均细长，g 较短而粗；内侧感器 a' 粗大，b' 和 c' 均细长；第 VIII 腹节的腰带仅中部有 1 条带细齿的波纹，无栅纹；栉梳长方形，后缘生 5–6 枚小齿；雌性外生殖器的端阴刺尖锥状。成虫胸、腹部毛序见表 1-8。

分布：浙江（金华、庆元）、江西、湖北、海南、广西、四川、贵州。

表 1-8 长腺肯蚖 *Kenyentulus dolichadeni* Yin, 1987 胸部和腹部毛序简表

部位	胸部			腹部								
	I	II	III	I	II–III	IV–V	VI	VII	VIII	IX	X	XI	XII
背面	4	$\frac{6}{16}$	$\frac{6}{16}$	$\frac{6}{12}$	$\frac{6}{18}$	$\frac{6}{18}$	$\frac{8(6)}{18}$	$\frac{6}{18}$	$\frac{6-8}{8}$	14	12	6	9
腹面	$\frac{4-2}{6}$	$\frac{7-2}{4}$	$\frac{7-2}{4}$	$\frac{3}{4}$	$\frac{3}{5}$	$\frac{3}{8}$	$\frac{3}{8}$	$\frac{3}{8}$	4	4	4	6	6

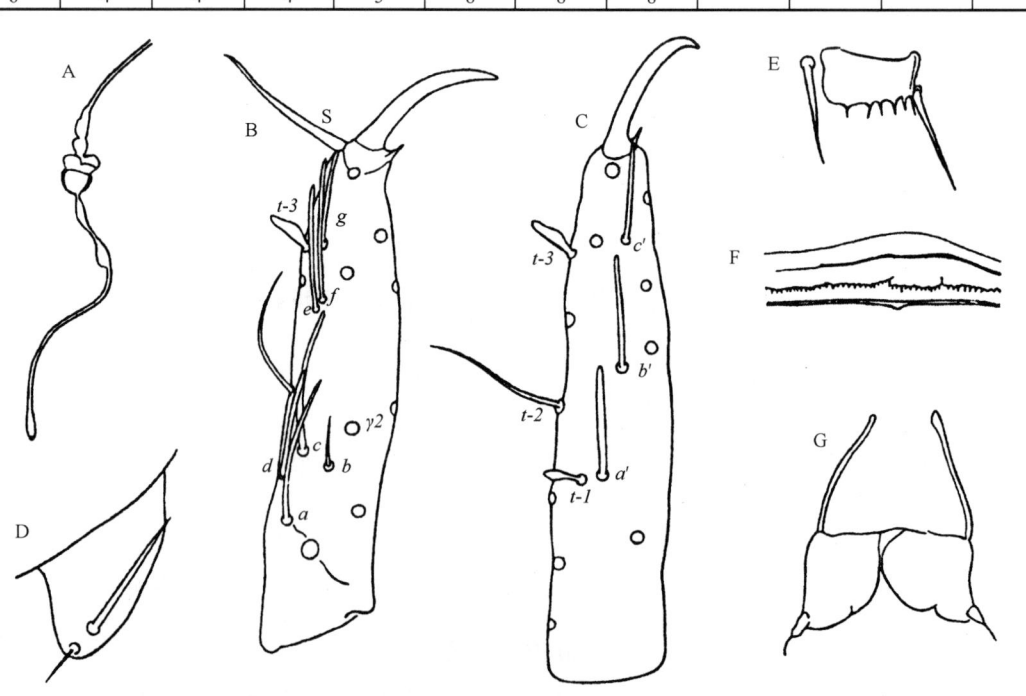

图 1-8 长腺肯蚖 *Kenyentulus dolichadeni* Yin, 1987（引自尹文英，1999）
A. 颚腺；B. 前跗外侧面观；C. 前跗内侧面观；D. 第 III 腹足；E. 栉梳；F. 腰带；G. 雌性外生殖器

（9）日本肯蚖 *Kenyentulus japonicus* (Imadaté, 1961)（图 1-9）

Acerentulus japonicus Imadaté, 1961: 230.
Kenyentulus japonicus: Tuxen, 1981: 135.

主要特征：体长 600–900 μm；头长 93–102 μm；假眼圆形，长 7–8 μm，头眼比＝12–14；颚腺管的萼光滑，远端无明显突起，沿基部腺管有 2 膨大处，盲端不膨大；前跗长 45–60 μm，爪长 15–27 μm，跗爪比＝3.2–3.5，中垫短，垫爪比＝0.11–0.14；前跗背面感器 *t-1* 棍棒状，基端比＝0.47–0.56，*t-2* 细长，*t-3* 矛形，外侧感器 *a* 稍粗大，*b* 甚短小，顶端达不到 γ3 的基部，*c* 和 *d* 长度相仿，*e* 和 *f* 靠近，*f* 和 *g* 均细长，顶端不超过爪的基部；内侧感器 *a'* 粗钝，*b'* 和 *c'* 均细长；第 VIII 腹节的腰带不发达，无栅纹；栉梳宽扁，后缘生 10 枚细齿；雌性外生殖器的端阴刺尖锥状。成虫胸、腹部毛序见表 1-9。

分布：浙江（德清、海盐、杭州、上虞、嵊泗、开化）、陕西、江苏、上海、安徽、江西、湖南、海南、四川、贵州、云南；日本。

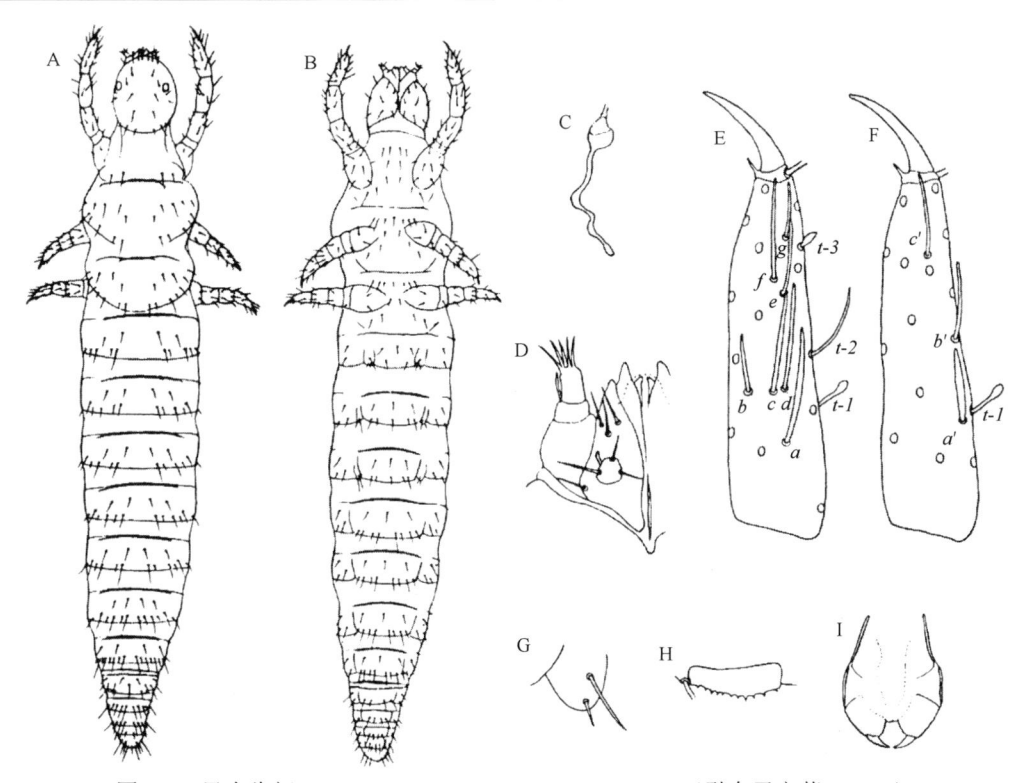

表 1-9 日本肯蚖 *Kenyentulus japonicus* (Imadaté, 1961) 胸部和腹部毛序简表

部位	胸部			腹部									
	I	II	III	I	II–III	IV–V	VI	VII	VIII	IX	X	XI	XII
背面	4	$\frac{6}{16}$	$\frac{6}{16}$	$\frac{6}{12}$	$\frac{6}{16}$	$\frac{6}{16}$	$\frac{6}{16}$	$\frac{6}{18(16)}$	$\frac{6-7(8)}{8}$	14(12)	12	4(6)	9
腹面	$\frac{4-2}{6}$	$\frac{7-2}{4}$	$\frac{7-2}{4}$	$\frac{3}{4}$	$\frac{3}{5}$	$\frac{3}{8}$	$\frac{3}{8}$	$\frac{3}{8}$	4	4	4	4(6)	6

图 1-9 日本肯蚖 *Kenyentulus japonicus* (Imadaté, 1961)（引自尹文英，1999）
A. 成虫背面观；B. 成虫腹面观；C. 颚腺；D. 口器；E. 前跗外侧面观；F. 前跗内侧面观；G. 第 III 腹足；H. 栉梳；I. 雌性外生殖器

（10）三治肯蚖 *Kenyentulus sanjianus* (Imadaté, 1965)（图 1-10）

Gracilentulus sanjianus Imadaté, 1965: 263.
Kenyentulus sanjianus: Tuxen, 1981: 135.

主要特征：体长 820–970 μm；头长 100–114 μm；假眼圆形，长 8–9 μm，头眼比＝12.5–14；颚腺管细长，萼简单光滑，近基部腺管有 2 膨大处；前跗长 72–77 μm，爪长 24 μm，跗爪比＝3.0–3.2，中垫短，3–4 μm；前跗背面感器 *t-1* 棍棒状，基端比＝0.5，*t-2* 细长，*t-3* 矛形，外侧感器 *a* 顶端约可达 *t-2* 基部，*b* 较长，顶端可达或超过 *γ3* 的基部，*c* 和 *d* 长度相仿，*e* 和 *f* 靠近，*g* 稍短，顶端可达爪的基部；第 VIII 腹节的腰带退化无栅纹；栉梳略呈长方形，后缘生 10 枚小齿；雌性外生殖器的端阴刺尖细。成虫胸、腹部毛序见表 1-10。

分布：浙江（杭州）、湖北、江西、湖南、云南；文莱。

表 1-10 三治肯蚖 *Kenyentulus sanjianus* (Imadaté, 1965) 胸部和腹部毛序简表

部位	胸部			腹部									
	I	II	III	I	II–III	IV–V	VI	VII	VIII	IX	X	XI	XII
背面	4	6/16	6/16	6/12	6/16	6/16	6/16	6/18	6–7/8	14	12	6	9
腹面	4–2/6	5–2/4	7–2/4	3/4	3/5	3/8	3/8	3/8	4	4	4	6	6

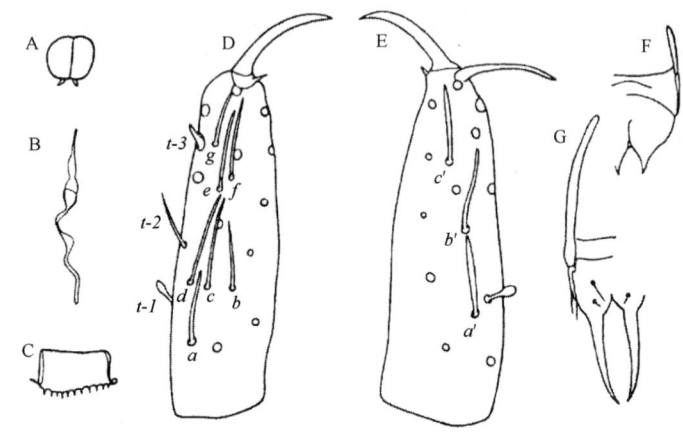

图 1-10 三治肯蚖 *Kenyentulus sanjianus* (Imadaté, 1965)（引自尹文英，1999）
A. 假眼；B. 颚腺；C. 栉梳；D. 前跗外侧面观；E. 前跗内侧面观；F. 雌性外生殖器；G. 雄性外生殖器

（11）毛萼肯蚖 *Kenyentulus ciliciocalyci* Yin, 1987（图 1-11）

Kenyentulus ciliciocalyci Yin, 1987: 153.

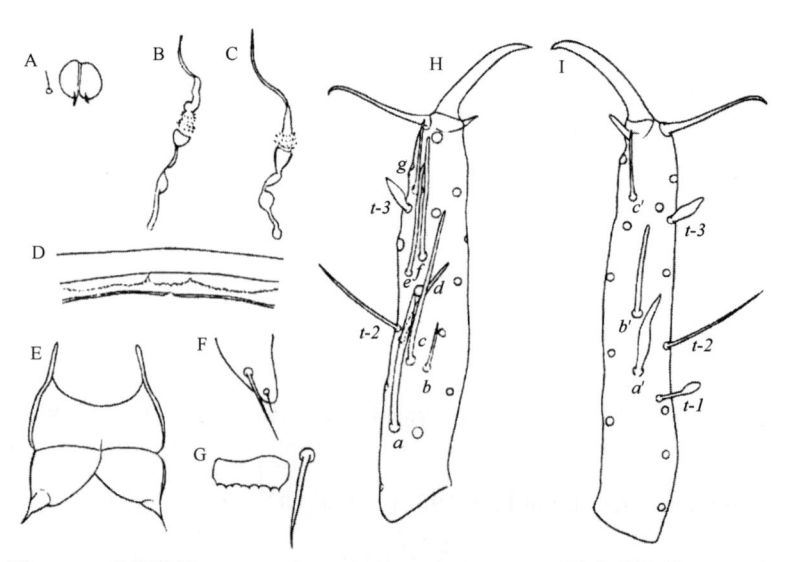

图 1-11 毛萼肯蚖 *Kenyentulus ciliciocalyci* Yin, 1987（引自尹文英，1999）
A. 假眼；B、C. 颚腺；D. 腰带；E. 雌性外生殖器；F. 第 III 腹足；G. 栉梳；H. 前跗外侧面观；I. 前跗内侧面观

主要特征：体长 700–1000 μm；头长 77–104 μm；假眼圆形，长 6–8 μm，头眼比=11–14；颚腺管上的萼简单光滑，其远侧生有许多放射状的细小如纤毛的突起，沿基部腺管有 2 膨大处；前跗长 50–70 μm，爪长 16–23 μm，跗爪比=3.0–3.2，中垫短，长 3 μm；前跗背面感器 *t-1* 鼓槌状，基端比=0.45–0.56，*t-2* 细长，*t-3* 矛形，外侧感器 *a* 粗大，*b* 细小，顶端略超过 *γ2* 的基部，*c* 甚长，顶端可达或超过 *f* 的基部，*e* 和 *f* 靠近，*g* 短粗，顶端可达爪的基部；第 VIII 腹节的腰带退化无栅纹，仅中部有 1 条具细齿的波纹；栉梳长形，后缘生 7–8 枚小齿；雌性外生殖器的端阴刺尖细。成虫胸、腹部毛序见表 1-11。

分布：浙江（德清、杭州、余姚、江山）、湖南、广东、海南、香港、重庆、四川、贵州、云南。

表 1-11 毛萼肯蚖 *Kenyentulus ciliciocalyci* Yin, 1987 胸部和腹部毛序简表

部位	胸部			腹部								
	I	II	III	I	II–III	IV–V	VI	VII	VIII	IX	X	XI	XII
背面	4	$\frac{6}{16}$	$\frac{6}{16}$	$\frac{6}{12}$	$\frac{6}{16}$	$\frac{6}{16}$	$\frac{6}{16}$	$\frac{6}{18}$	$\frac{6-7}{8}$	14	12	6	9
腹面	$\frac{4-2}{6}$	$\frac{7(5)-2}{4}$	$\frac{7(5)-2}{4}$	$\frac{3}{4}$	$\frac{3}{5}$	$\frac{3}{8}$	$\frac{3}{8}$	$\frac{3}{8}$	4	4	4	6	6

（12）河南肯蚖 *Kenyentulus henanensis* Yin, 1983（图 1-12）

Kenyentulus henanensis Yin, 1983: 367.

主要特征：体长 750–800 μm；头长 72–78 μm；假眼椭圆形，有中隔，长 9 μm，头眼比=8.0–8.7；颚腺管纤细，萼心形，其远侧生有许多大小不一的突起，沿基部腺管有 2 膨大处，近盲端的 1 段腺管较粗，盲端膨大成球形；前跗长 48–54 μm，爪长 14–15 μm，跗爪比=3.5–3.6，中垫甚长，4–5 μm；前跗背面感器 *t-1* 鼓槌状，基端比=0.5–0.6，*t-2* 尖细，*t-3* 叶芽形，外侧感器 *a* 极长大，顶端可达 *f* 的基部，*b* 短而尖细，顶端仅达 *γ2* 的基部，*c* 与 *d* 均细长，顶端超过 *f* 的基部，*e* 和 *f* 长度相仿，*g* 较短，内侧感器均较短钝；第 VIII 腹节的腰带无栅纹，仅有 1 排细密的浅齿在腰带的后缘；栉梳扁长，后缘生 4–6 枚不规则的尖齿；雌性外生殖器的端阴刺尖锥状。成虫胸、腹部毛序见表 1-12。

分布：浙江（杭州）、宁夏、湖北、江西、湖南、海南、贵州、云南。

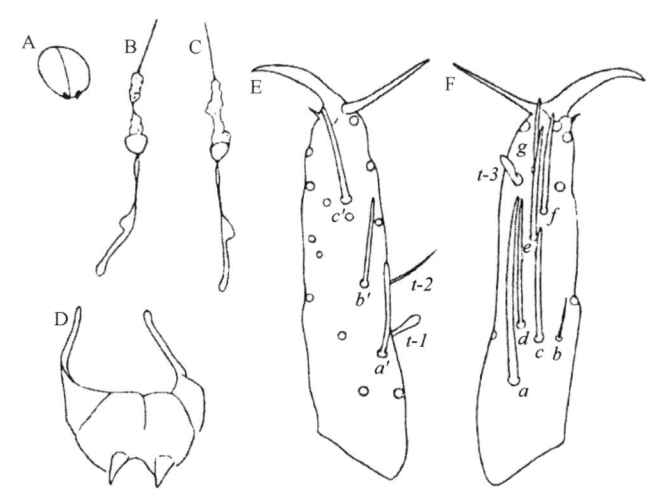

图 1-12 河南肯蚖 *Kenyentulus henanensis* Yin, 1983（引自尹文英，1999）
A. 假眼；B，C. 颚腺；D. 雌性外生殖器；E. 前跗内侧面观；F. 前跗外侧面观

表 1-12　河南肯蚖 Kenyentulus henanensis Yin, 1983 胸部和腹部毛序简表

部位	胸部			腹部								
	I	II	III	I	II–III	IV–V	VI	VII	VIII	IX	X	XI	XII
背面	4	$\frac{6}{16}$	$\frac{6}{16}$	$\frac{6}{12}$	$\frac{6}{16}$	$\frac{6}{16}$	$\frac{6}{16}$	$\frac{6}{16}$	$\frac{6-7}{8}$	12	10	6	9
腹面	$\frac{4-2}{6}$	$\frac{5-2}{4}$	$\frac{7-2}{4}$	$\frac{3}{4}$	$\frac{3}{5}$	$\frac{3}{8}$	$\frac{3}{8}$	$\frac{3}{8}$	4	4	4	6	6

6. 巴蚖属 *Baculentulus* Tuxen, 1977

Baculentulus Tuxen, 1977: 601. Type species: *Berberentulus becki* Tuxen, 1976.

主要特征：下唇须生 3 根刚毛和 1 根感器；颚腺管平直，萼心形，简单无花饰；前足跗节背面感器 *t-1* 为鼓槌形；第 II–III 对腹足各生 1 长刚毛和 1 甚短小刚毛；第 VIII 腹节腰带上无栅纹，栉梳为稍斜的长方形。

分布：世界广布。世界已知 40 种，中国记录 11 种，浙江分布 2 种。

（13）天目山巴蚖 *Baculentulus tienmushanensis* (Yin, 1963)（图 1-13）

Acerentulus tienmushanensis Yin, 1963: 268.

Baculentulus tienmushanensis: Yin, 1999: 222.

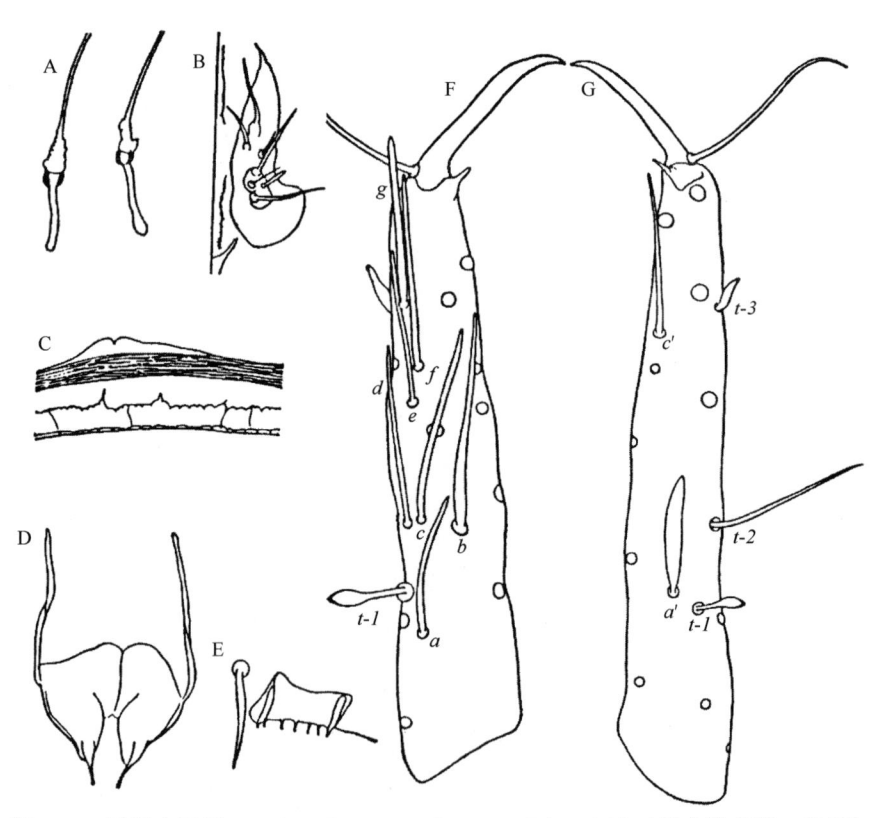

图 1-13　天目山巴蚖 *Baculentulus tienmushanensis* (Yin, 1963)（引自尹文英，1999）
A. 颚腺；B. 下唇须；C. 腰带；D. 雌性外生殖器；E. 栉梳；F. 前跗外侧面观；G. 前跗内侧面观

主要特征：体长 800–1400 μm；头长 96–130 μm；假眼近圆形，长 8–12 μm，头眼比＝12–14；颚腺管短而平直，萼为心形，远侧具不规则的突起，腺管盲端不膨大或稍膨大；前跗长 70–96 μm，爪长 24–30 μm，跗爪比＝3.3–3.6，中垫长 3–4 μm；前跗背面感器 *t-1* 鼓槌状，基端比＝0.5，*t-2* 细长，*t-3* 芽形，外侧感器

a 细长，*b* 长而粗，顶端接近 *g* 的基部，*c* 与 *d* 靠近，*e* 和 *f* 细长，*f* 的顶端不超过爪的基部，*g* 较短而长，顶端超过爪的基部，内侧感器 *a'* 甚粗大，*b'* 缺失，*c'* 细长；第 VIII 腹节的腰带无栅纹，仅在中部有 1 条排成波浪形的小齿；栉梳长方形，后缘生 6–8 枚小齿；雌性外生殖器的端阴刺尖细。成虫胸、腹部毛序见表 1-13。

分布：浙江（德清、杭州、余姚、嵊泗、开化、江山、庆元、景宁、泰顺）、辽宁、内蒙古、河北、河南、陕西、宁夏、上海、安徽、湖北、江西、湖南、重庆、四川、贵州、云南。

表 1-13 天目山巴蚖 *Baculentulus tienmushanensis* (Yin, 1963) 胸部和腹部毛序简表

部位	胸部			腹部								
	I	II	III	I	II–III	IV–V	VI	VII	VIII	IX	X	XI	XII
背面	4	$\frac{6}{16}$	$\frac{6}{16}$	$\frac{6}{12}$	$\frac{6}{16}$	$\frac{6}{16}$	$\frac{8}{16}$	$\frac{6}{16}$	$\frac{6-8}{8}$	14	12	6	9
腹面	$\frac{4-4}{6}$	$\frac{7-2}{4}$	$\frac{7-2}{4}$	$\frac{3}{4}$	$\frac{3}{5}$	$\frac{3}{8}$	$\frac{3}{8}$	$\frac{3}{8}$	4	4	4	6	6

（14）土佐巴蚖 *Baculentulus tosanus* (Imadaté et Yosii, 1959) （图 1-14）

Acerentulus tosanus Imadaté et Yosii, 1959: 20.
Baculentulus tosanus: Tuxen, 1977: 602.

主要特征：体长 800–1030 μm；头长 88–100 μm；假眼较小，长 6–7 μm，头眼比 =14–15；颚腺管较短，萼小而光滑，紧靠萼远侧具有 2–3 个突起，基部腺管短而平直；前跗长 69–74 μm，爪长 18–20 μm，跗爪比 =3.5–4.0，中垫甚短；前跗背面感器 *t-1* 鼓槌状，基端比 =0.5–0.6，*t-2* 细长，*t-3* 细长芽形，外侧感器 *a*、*b*、*c*、*d* 长度相仿，*b* 与 *c* 同排，*d* 的位置远，*e* 较短，*f* 细长的顶端接近爪的基部，*g* 稍粗壮，顶端约与 *f* 相同，内侧感器 *a'* 粗大，呈梭形，*b'* 缺失，*c'* 细长；第 VIII 腹节的腰带无栅纹；栉梳斜长方形，后缘生 8–10 枚小齿；雌性外生殖器的端阴刺尖细。成虫胸、腹部毛序见表 1-14。

分布：浙江（杭州）、台湾、海南、贵州；日本。

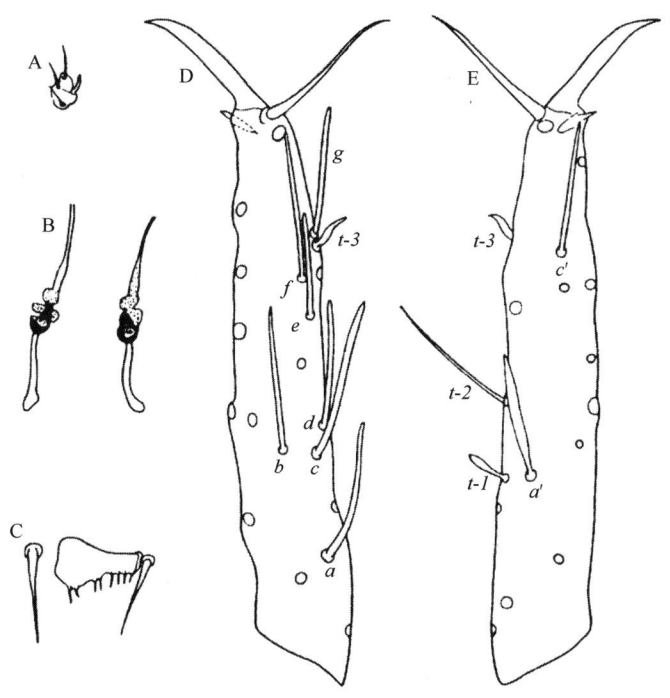

图 1-14 土佐巴蚖 *Baculentulus tosanus* (Imadaté et Yosii, 1959)（引自尹文英，1999）
A. 下唇须；B. 颚腺；C. 栉梳；D. 前跗外侧面观；E. 前跗内侧面观

表 1-14 土佐巴蚖 *Baculentulus tosanus* (Imadaté *et* Yosii, 1959)胸部和腹部毛序简表

部位	胸部			腹部										
	I	II	III	I	II–III	IV–V	VI	VII	VIII	IX	X	XI	XII
背面	4	$\frac{6}{16}$	$\frac{6}{16}$	$\frac{6}{12}$	$\frac{6}{16}$	$\frac{6}{16}$	$\frac{8}{16}$	$\frac{6}{18}$	$\frac{6-8}{8}$	14	12	6	9
腹面	$\frac{4-4}{6}$	$\frac{7-2}{4}$	$\frac{7-2}{4}$	$\frac{3}{4}$	$\frac{3}{5}$	$\frac{3}{8}$	$\frac{3}{8}$	$\frac{3}{8}$	4	4	4	6	6

四、蚖科 Acerentomidae

主要特征：体型较为大且粗壮，口器常尖细，上唇的中部常向前延伸成喙；下唇须生有 1 根感器和 1 簇刚毛；假眼圆形或扁圆形，有中隔无后杆；颚腺管上生心形萼，萼上无花饰，仅有 1 个光滑的盔状附属物；前足跗节上的感器数目和形状均较稳定，$t\text{-}1$ 为线形、棍棒形或鼓槌形；前跗远端的爪内侧有时生有内悬片，爪垫一般较短，中跗和后跗的爪舟形并具发达的套膜和较长的中垫；腹部第 I 对腹足 2 节，分别生 4 根刚毛，第 II–III 对腹足 1 节，分别生 3 根或 2 根刚毛；第 VIII 腹节前缘的腰带常具发达的栅纹；雌性外生殖器具有尖锥状的端阴刺。

分布：古北区、东洋区。世界已知 11 属 155 种，中国记录 8 属 14 种，浙江分布 1 属 1 种。

7. 线毛蚖属 *Filientomon* Rusek, 1974

Filientomon Rusek, 1974: 269. Type species: *Acerentulus lubricus takanawanus* Imadaté, 1956.

主要特征：颚腺管细长，萼光滑无花饰，背侧生有单一的盔状附属物；中胸背板生 3 对前排刚毛（A2、3、4），后胸背板生 4 对前排刚毛（A2、3、4、5）；前跗背面感器 $t\text{-}1$ 为线形，a' 位于 $t\text{-}1$ 的远侧或平排；第 II–III 对腹足 1 节，各生 2 长度相仿的刚毛；第 VIII 腹节腰带上栅纹细密清晰，腹板生 1 排 4 根刚毛；雌性外生殖器具有尖锥状的端阴刺。

分布：全北区、东洋区。世界已知 10 种，中国记录 3 种，浙江分布 1 种。

（15）高绳线毛蚖 *Filientomon takanawanum* (Imadaté, 1956)（图 1-15）

Acerentulus lubricus takanawanus Imadaté, 1956: 105.
Acerentulus takanawana: Imadaté & Yosii, 1959: 39.
Filientomon takanawanum: Rusek, 1974: 269.

主要特征：体长 1200–1600 μm；头长 151–163 μm；假眼较小，宽大于长，头眼比＝17–20；颚腺管较细小，萼简单光滑，背面生有 1 个椭圆形的盔状附属物，基部腺管短，盲端不膨大；前跗长 100–120 μm，爪长 40–44 μm，具有 1 个微小的内悬片，跗爪比＝2.4–2.9，中垫较短小；前跗背面感器 $t\text{-}1$ 线形，基端比＝0.6–0.7，$t\text{-}2$ 细长，$t\text{-}3$ 矛形，外侧感器 a 细长，顶端可达 d 的基部，b 极长，与 c 平排，d 位于 c 和 e 之间，f 与 g 靠近，二者的顶端均超过爪的基部；内侧感器 a' 稍粗大，b' 缺失，c' 细长；第 VIII 腹节的腰带栅纹清晰；栉梳后缘向后突出成弧形长方形，生 15–20 枚尖齿；雌性外生殖器的端阴刺尖细。成虫胸、腹部毛序见表 1-15。

分布：浙江（杭州）、吉林、河北、山西、陕西、安徽；朝鲜，韩国，日本。

表 1-15 高绳线毛蚖 *Filientomon takanawanum* (Imadaté, 1956)胸部和腹部毛序简表

部位	胸部 I	胸部 II	胸部 III	腹部 I	腹部 II	腹部 III	腹部 IV–V	腹部 VI	腹部 VII	腹部 VIII	IX	X	XI	XII
背面	4	$\frac{8}{16}$	$\frac{10}{16}$	$\frac{8}{12}$	$\frac{10}{16(18)}$	$\frac{10}{18}$	$\frac{10}{18}$	$\frac{10}{18}$	$\frac{12}{18}$	$\frac{8-7}{8}$	14	10	6	9
腹面	$\frac{4-4}{6}$	$\frac{5-2}{4}$	$\frac{7-2}{4}$	$\frac{3}{4}$	$\frac{5(3)}{5}$	$\frac{5(3)}{5}$	$\frac{6(5)}{8}$	$\frac{6(5)}{9}$	$\frac{5}{9}$	4	4	4	6	6

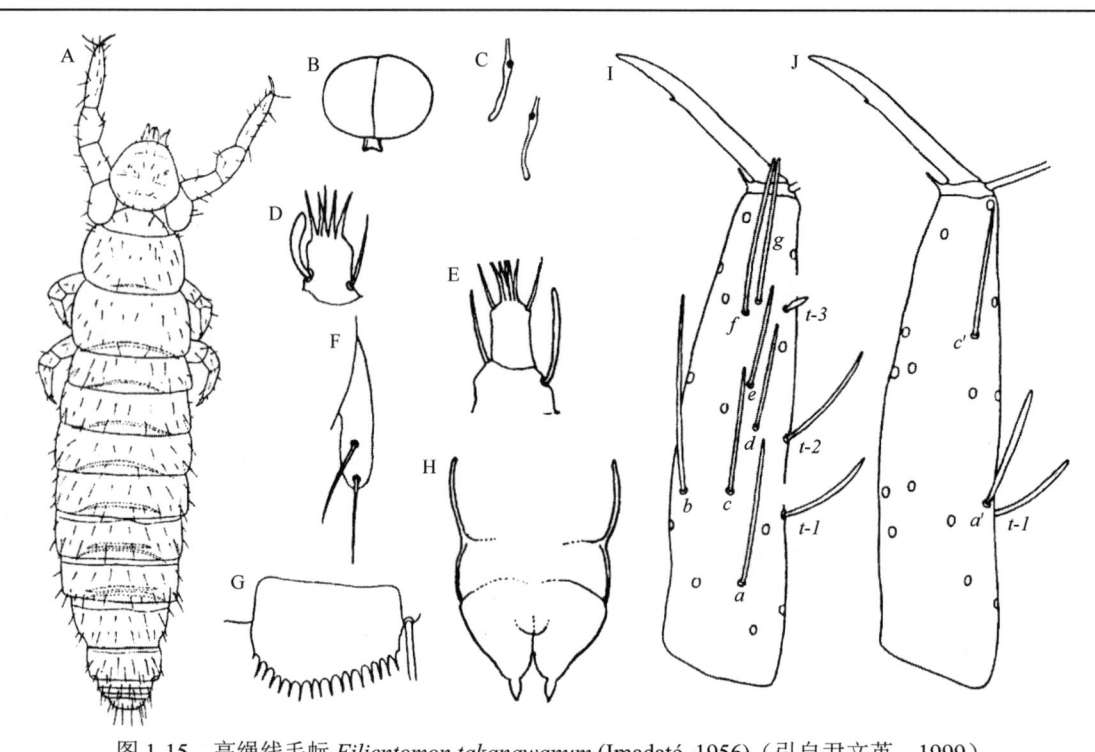

图 1-15 高绳线蚖 *Filientomon takanawanum* (Imadaté, 1956)（引自尹文英，1999）
A. 成虫背面观；B. 假眼；C. 颚腺；D. 下唇须；E. 下颚须；F. 第 III 腹足；G. 栉梳；H. 雌性外生殖器；I. 前跗外侧面观；J. 前跗内侧面观

第二章 华蚖目 Sinentomata

主要特征：中胸和后胸背板上缺中刚毛，不生气孔或各生 1 对气孔，但气孔内缺气管氅。口器较小，无喙或具短喙。假眼甚大，不突出，无假眼腔。颚腺简单如细管。前足跗节背面感器 *t-1* 为平直的线形或较粗大的棍棒状，内、外侧感器的形状和长短悬殊，中垫较长。腹部第 I–VII 节腹板前排刚毛 2 对。第 VIII 腹节前缘无具栅纹的腰带，背面两侧的腹腺孔外有简单的盖，或在边缘生锯齿。雌性外生殖器基内骨简单，与其后的围阴器之间界线不明显，无腹片，端阴刺或为简单的短柱状，或有分支。雄性外生殖器的基内骨甚长，末端的端阳刺细长或较粗短。

分布：古北区、东洋区。世界已知 2 科 2 属 5 种，中国记录 2 科 2 属 2 种，浙江分布 2 科 2 属 2 种。

五、富蚖科 Fujientomidae

主要特征：中胸和后胸背板上缺中刚毛，不生气孔；口器较小，无喙或具有短喙；颚腺简单如细管，无膨大的萼和其他附属物；3 对腹足均为 2 节；假眼大而简单，不突出，边界不很清晰；下唇须生 3 刚毛，缺 S 感器；腹部第 I–VII 节背板前排具有中央刚毛，腹板前排具有 2 对刚毛。

分布：东洋区。世界已知 1 属 2 种，中国记录 1 属 1 种，浙江分布 1 属 1 种。

8. 富蚖属 *Fujientomon* Imadaté, 1964

Fujientomon Imadaté, 1964: 65. Type species: *Fujientomon primum* Imadaté, 1964.

主要特征：中胸和后胸背板上缺中刚毛，不生气孔；口器较小，无喙或具有短喙；颚腺简单如细管，无膨大的萼和其他附属物；3 对腹足均为 2 节；假眼大而简单，不突出，边界不很清晰；下唇须生 3 刚毛，缺 S 感器；腹部第 I–VII 节背板前排具有中央刚毛，腹板前排具有 2 对刚毛。

分布：东洋区。世界已知 2 种，中国记录 1 种，浙江分布 1 种。

（16）双腰富蚖 *Fujientomon dicestum* Yin, 1977（图 2-1）

Fujientomon dicestum Yin, 1977b: 431.

主要特征：体长 980–1100 μm；头长 90–100 μm，宽 75–80 μm；具有短喙，长 12–15 μm；假眼大，略呈椭圆形，不突出表面，简单而无中裂；前足跗节长 80–85 μm，爪长 17–19 μm，跗爪比＝5。中垫甚长，约 15 μm，垫爪比＝0.75；前跗背面感器 *t-1* 短而粗，基端比＝1.5，*t-2* 棍棒形，*t-3* 较细小；外侧感器 *a* 火焰状，*b* 和 *c* 均细长，*d* 短小，*e* 和 *g* 均为柳叶形，*f* 细长；内侧感器仅有 *a'*，*b'* 和 *c'* 缺失。腹部第 VI 节后面和第 VII 节前部有 10 横纹和细齿组成的横纹带，腹部第 VIII 节背板也有护裙状横带；栉梳简单，边缘具有 15 枚小齿；雌性外生殖器的端阴刺短突状。成虫胸、腹部毛序见表 2-1。

分布：浙江（杭州）、宁夏、江苏、上海、安徽、海南、云南。

表 2-1　双腰富蚖 *Fujientomon dicestum* Yin, 1977 胸部和腹部毛序简表

部位	胸部			腹部									
	I	II	III	I	II–III	IV–V	VI	VII	VIII	IX	X	XI	XII
背面	4	$\frac{2}{12}$	$\frac{2}{12}$	$\frac{7}{8}$	$\frac{7}{8}$	$\frac{7}{10}$	$\frac{7}{10}$	$\frac{9}{10}$	$\frac{6}{12}$	10	10	10	9
腹面	$\frac{2-2}{6}$	$\frac{4-2}{4}$	$\frac{4-2}{4}$	$\frac{4}{4}$	$\frac{4}{4}$	$\frac{4}{6}$	$\frac{4}{6}$	$\frac{4}{6}$	$\frac{4}{4}$	4	4	8	12

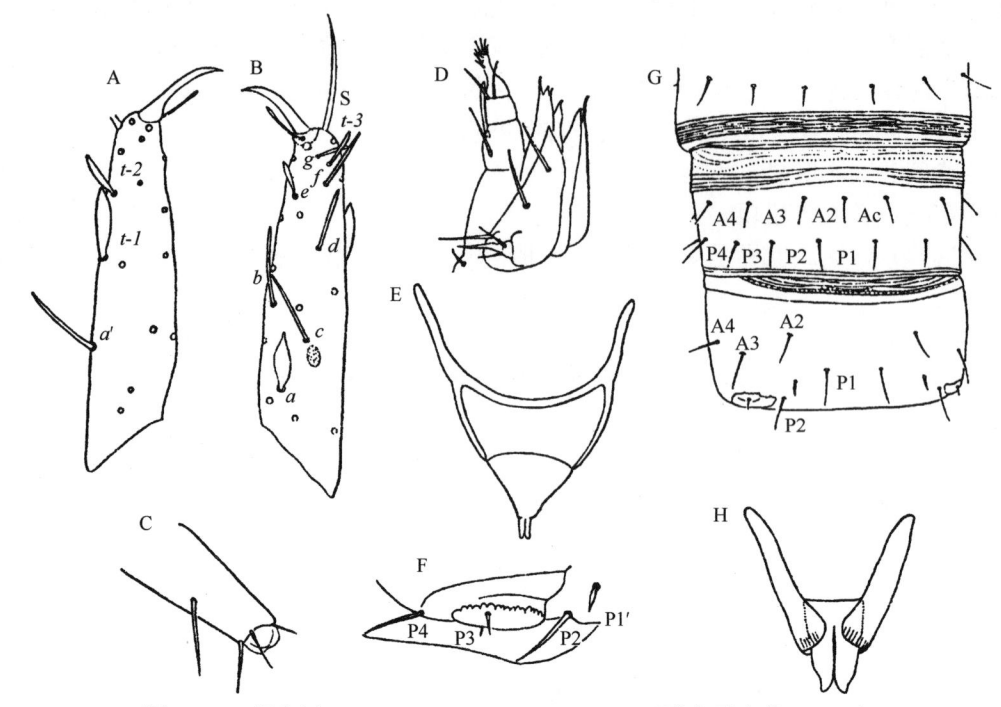

图 2-1　双腰富蚖 *Fujientomon dicestum* Yin, 1977（引自尹文英，1999）

A. 前跗内侧面观；B. 前跗外侧面观；C. 第 III 腹足；D. 口器；E. 雌性外生殖器；F. 第 VIII 节背面两侧的腹腺孔和栉梳；G. 腹部第 VI–VIII 背面观；H. 雄性前成虫外生殖器

六、华蚖科 Sinentomidae

主要特征：全身呈红褐色，有光泽；表皮骨化极强，形成坚硬的外骨骼；中胸和后胸背板不生中央刚毛，两侧各生1对气孔，孔内无气管瓮；第I对腹足2节，分别生4根刚毛；第II–III对腹足1节，分别生2刚毛，长度相仿；腹部I–VII节背板后排有中央毛，腹板前排刚毛2对；第VIII腹节前缘无具栅纹的腰带，背板两侧的腹腺孔上有简单的盖，但无栉梳和小齿；雌性外生殖器的基内骨细长，末端的端阴刺锥形或略分叉，雄性外生殖器的基内骨细长而平直。

分布：古北区、东洋区。世界已知1属3种，中国记录1属1种，浙江分布1属1种。

9. 华蚖属 *Sinentomon* Yin, 1965

Sinentomon Yin, 1965a: 187. Type species: *Sinentomon erythranum* Yin, 1965.

主要特征：全身呈红褐色，有光泽；表皮骨化极强，形成坚硬的外骨骼；中胸和后胸背板不生中央刚毛，两侧各生1对气孔，孔内无气管瓮；第I对腹足2节，分别生4根刚毛；第II–III对腹足1节，分别生2刚毛，长度相仿；腹部I–VII节背板后排有中央毛，腹板前排刚毛2对；第VIII腹节前缘无具栅纹的腰带，背板两侧的腹腺孔上有简单的盖，但无栉梳和小齿；雌性外生殖器的基内骨细长，末端的端阴刺锥形或略分叉，雄性外生殖器的基内骨细长而平直。

分布：古北区、东洋区。世界已知3种，中国记录1种，浙江分布1种。

（17）红华蚖 *Sinentomon erythranum* Yin, 1965（图 2-2）

Sinentomon erythranum Yin, 1965a: 187.

主要特征：活虫色泽鲜艳，全身呈红褐色；表皮骨化极强，形成坚硬的外骨骼；体长 1200–1450 μm；头甚长，141–147 μm，略呈三角形；假眼位于头的两侧近前端1/3处，极宽大而不突出，长 19–20 μm，宽约 30 μm，头眼比=6.5–7.5，假眼表面具有微凸的横行线纹 7–13 条；下颚须顶端生1簇刚毛，亚端节无感器，下唇须2节，基节生2刚毛；中、后胸背板中部两侧各生1对圆形的气孔，直径 6–7 μm，但孔内无气管瓮；前胸足粗壮，前跗长 74–81 μm，爪长 17–20 μm，跗爪比=3.8–4.4，中垫长，约为爪长的一半；前跗背面感器 *t-1* 短而粗壮，*t-2* 细长，*t-3* 线形较长，外侧感器 *a* 短而尖，*b* 和 *c* 均细长，*d* 较短，*e* 短而尖，*f* 与 *g* 稍长；内侧感器 *a'* 和 *b'* 均短而尖，*c'-1* 较粗大，*c'-2* 稍短小；第VIII腹节前缘无腰带，两侧的腺孔上有盖，但无小齿；雌性外生殖器的基部为筒状，端阴刺由尾片向后伸长的两片侧片包被。成虫胸、腹部毛序见表 2-2。

分布：浙江（杭州）、江苏、上海、安徽、湖南、福建、广东、海南、广西、贵州、云南。

表 2-2 红华蚖 *Sinentomon erythranum* Yin, 1965 胸部和腹部毛序简表

部位	胸部			腹部								
	I	II	III	I	II–III	IV–VI	VII	VIII	IX	X	XI	XII
背面	4	$\frac{8}{11}$	$\frac{8}{11}$	$\frac{6}{15}$	$\frac{12}{19}$	$\frac{12}{19}$	$\frac{12}{19}$	$\frac{8}{13}$	12	10	0	9
腹面	$\frac{6-2}{4}$	$\frac{6-2}{4}$	$\frac{6-2}{4}$	$\frac{4}{5}$	$\frac{4}{5}$	$\frac{4}{7}$	$\frac{4}{7}$	$\frac{2}{7(9)}$	7	7	6	8

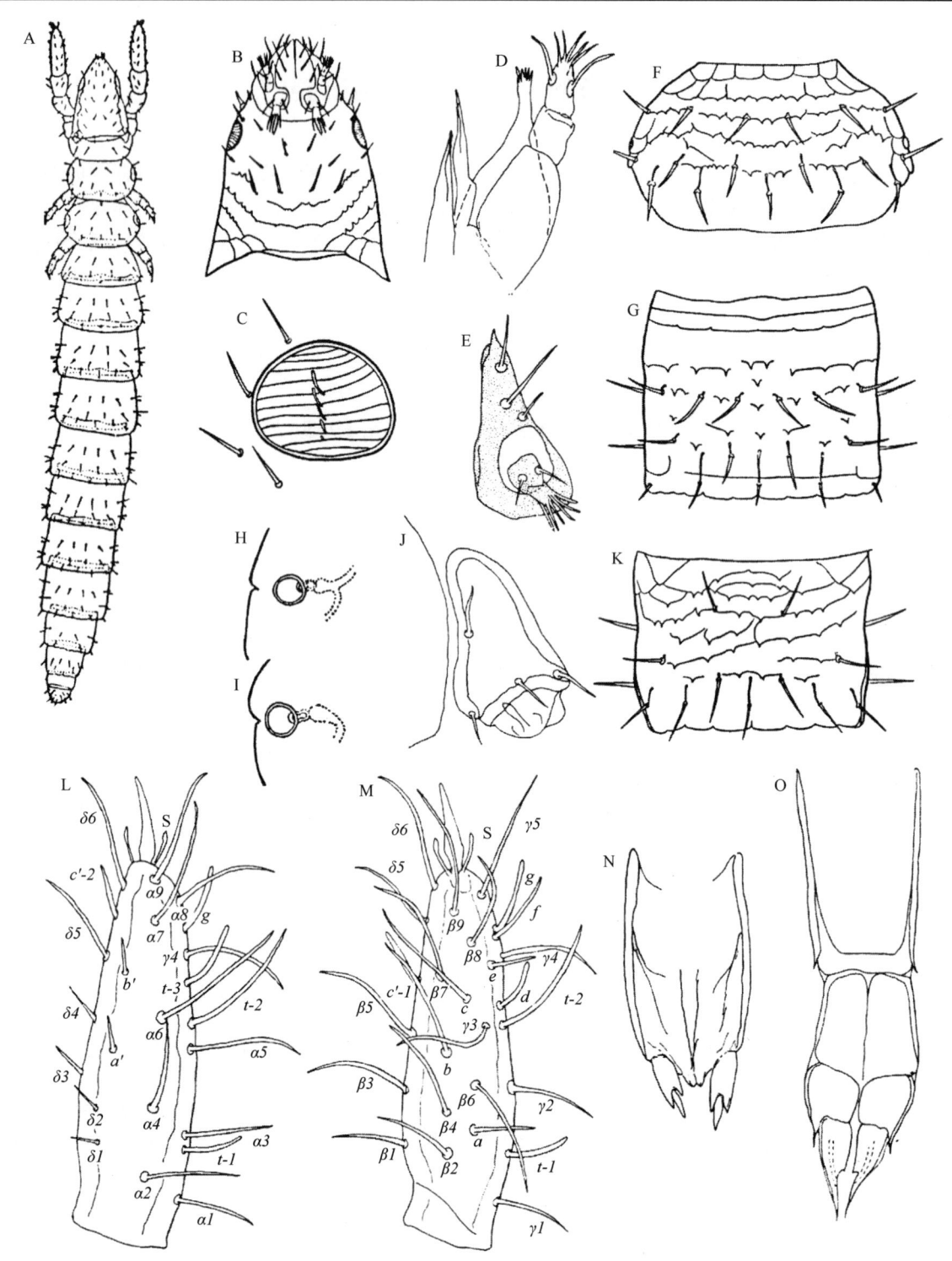

图 2-2 红华蚖 *Sinentomon erythranum* Yin, 1965（引自尹文英，1999）

A. 成虫背面观；B. 头部腹面观；C. 假眼；D. 下颚和下颚须；E. 下唇须；F. 第 II 胸节背板；G. 第 VIII 腹节背板；H. 中胸气孔；I. 后胸气孔；J. 第 I 腹足；K. 第 VIII 腹节腹板；L. 前跗内侧面观；M. 前跗外侧面观；N. 雌性外生殖器；O. 雄性外生殖器

第三章　古蚖目 Ensentomata

主要特征：中胸和后胸背板上有中刚毛，两侧各生1对气孔，气孔内生有气管荚（旭蚖科 Antelientomidae 无气孔）；口器较宽而平直，一般不突出成喙；大颚顶端较粗钝并具有小齿；颚腺细长无萼，膨大部常忽略不见；假眼较小而突出，有假眼腔；前足跗节上的感器 f 和 b' 常常各生2根；前跗的爪垫几乎与爪长相仿；中跗和后跗均具爪，但无套膜；3对腹足均为2节，各生5根刚毛；第 VIII 腹节前缘无腰带，两侧的腹腺孔上盖小而简单，无具齿的栉梳；雌性外生殖器常有腹片和细长的刺状端阴刺。

分布：世界广布。世界已知2科11属363种，中国记录2科8属99种，浙江分布1科5属20种。

七、古蚖科 Eosentomidae

主要特征：中胸和后胸背板两侧各生1对气孔，气孔内生有气管荚；口器较宽而平直，一般不突出成喙；大颚顶端较粗钝并具有小齿；颚腺细长无萼，膨大部常忽略不见；假眼较小而突出，有假眼腔；前足跗节上的感器 f 和 b' 常常各生2根；前跗的爪垫几乎与爪长相仿；中跗和后跗均具爪，但无套膜；3对腹足均为2节，各生5根刚毛；第 VIII 腹节前缘无腰带，两侧的腹腺孔上盖小而简单，无具齿的栉梳；雌性外生殖器常有腹片和细长的刺状端阴刺。

分布：世界广布。世界已知10属360种，中国记录6属96种，浙江分布5属20种。

分属检索表

1. 前足跗节上有 e 和 g 感器 ··· 2
- 前足跗节上缺 e 感器，有 g 感器 ··· 3
2. 前足跗节上感器 e 和 g 均为短小的梭形 ·· 中国蚖属 *Zhongguohentomon*
- 前足跗节上感器 e 和 g 均为匙形 ·· 古蚖属 *Eosentomon*
3. 腹部第 X 或 XI 节背板上有1对形状特殊的大刺或粗大的刚毛 ···································· 异蚖属 *Anisentomon*
- 腹部第 X 或 XI 节背板上无特殊的大刺 ··· 4
4. 第 VIII 腹节背板刚毛式为 6/9 ··· 拟异蚖属 *Pseudanisentomon*
- 第 VIII 腹节背板刚毛式为 6/8 ··· 新异蚖属 *Neanisentomon*

10. 中国蚖属 *Zhongguohentomon* Yin, 1979

Zhongguohentomon Yin, 1979: 77. Type species: *Zhongguohentomon magnum* Yin, 1979.

主要特征：体型较大，前足跗节背面感器 $t\text{-}1$ 为短小的鼓槌状，e 和 g 均短小，略呈梭形；腹部第 II–VII 节背板各具5对前排刚毛；第 VIII 腹节后排刚毛 P3 位于腹腺孔外的表皮上，腹板具有1对刚毛；雌性外生殖器缺腹片，具有1对乳头状突起和1对简单的端阴刺。

分布：东洋区。世界已知2种，中国记录2种，浙江分布1种。

（18）大中国蚖 *Zhongguohentomon magnum* Yin, 1979（图 3-1）

Zhongguohentomon magnum Yin, 1979: 77.

主要特征：体长 1200–1450 μm；表皮骨化较强，内骨发达，全身呈土黄色；头长 150 μm；假眼长 12.5 μm，头眼比＝12；前跗长 115–120 μm，爪长 18 μm，跗爪比＝6.4–6.7，垫爪比＝0.8；前跗背面感器 *t-1* 短棒状，基端比＝1.0，*t-2* 细长，*t-3* 非常粗大；外侧感器 *a* 长 10 μm，*e* 和 *g* 为短小梭形；内侧感器 *a'* 较长，*b'-2* 粗大，*c'* 较长；气孔较大，直径 5–6 μm，各具 2 个弧形的气管窦；雌性外生殖器的基内骨两侧支骨化较强，刺突末端钝圆，腹面有 1 对乳头状突起连接纤细的端阴刺。成虫胸、腹部毛序见表 3-1。

分布：浙江（杭州）、上海。

表 3-1　大中国蚖 *Zhongguohentomon magnum* Yin, 1979 胸部和腹部毛序简表

部位	胸部			腹部									
	I	II	III	I	II–III	IV	V–VI	VII	VIII	IX	X	XI	XII
背面	4	$\frac{6}{16}$	$\frac{6}{14(16)}$	$\frac{4}{10}$	$\frac{10}{14(16)}$	$\frac{10}{16}$	$\frac{10}{16}$	$\frac{10}{16}$	$\frac{6}{9}$	10	10	8	7(9)
腹面	$\frac{4-2}{6}$	$\frac{6-2}{6}$	$\frac{6-4}{6}$	$\frac{4}{4}$	$\frac{6}{4}$	$\frac{6}{10}$	$\frac{6}{10}$	$\frac{6}{10}$	$\frac{2}{7}$	4	4	8	12

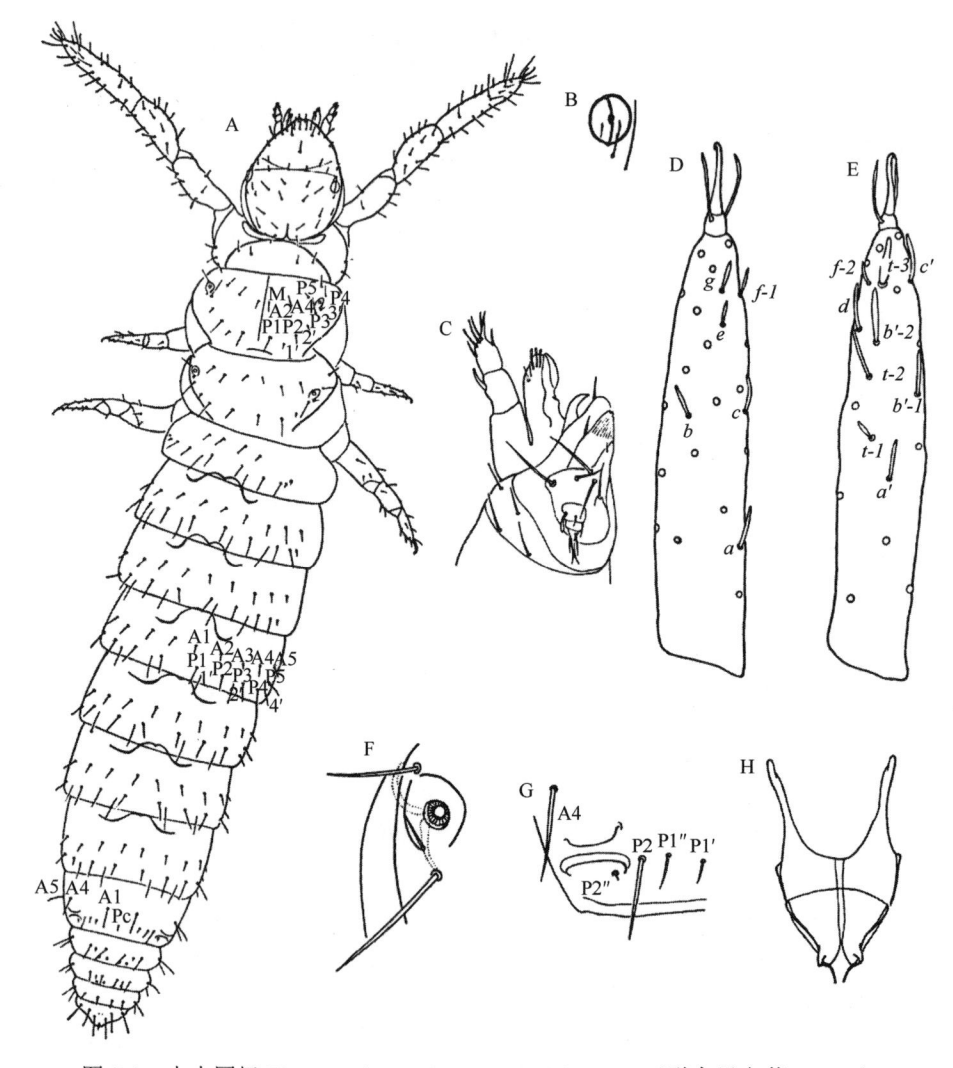

图 3-1　大中国蚖 *Zhongguohentomon magnum* Yin, 1979（引自尹文英，1999）

A. 成虫背面观；B. 假眼；C. 口器；D. 前跗外侧面观；E. 前跗内侧面观；F. 后胸气孔；G. 腹部第 VIII 节背面的腹腺孔；H. 雌性外生殖器

11. 古蚖属 *Eosentomon* Berlese, 1908

Eosentomon Berlese, 1908: 18. Type species: *Eosentomon transitorium* Berlese, 1908.

主要特征：假眼圆形或椭圆形，简单无中隔或有中隔，或具 2–5 条纵行线纹及 1–3 个小泡；前足跗节背面感器 e 和 g 俱全，且均呈匙形；中胸和后胸背板两侧各有 1 对气孔，孔内常有 2 个气管龛；腹部 IV–VII 节背板前排刚毛常缺 1–4 对；雌性外生殖器有 1 对腹片，是由数根形状不同的骨片组成，向后延伸成细长的端阴刺。

分布：世界广布。世界已知 309 种，中国记录 63 种，浙江分布 10 种。

分种检索表

1. 第 VIII 腹节腹板生 2 排刚毛，有前排刚毛 1 对 ·· 2
- 第 VIII 腹节腹板生 1 排刚毛，无前排刚毛 ··· 7
2. 第 IX–X 腹节腹板各生 2 对刚毛 ·· 3
- 第 IX–X 腹节腹板各生 3 对刚毛 ·· 4
3. 气孔直径较大（5–7 μm），孔内各生气管龛 2 个 ······································ 上海古蚖 *E. shanghaiense*
- 气孔直径较小（3–3.5 μm），孔内各生气管龛 1 个 ······································· 单龛古蚖 *E. unirecessum*
4. 第 VII 腹节背板生 4 对前排刚毛（A1、2、4、5） ··· 异形古蚖 *E. dissimilis*
- 第 VII 腹节背板生 3 对前排刚毛（A2、4、5） ·· 5
5. 第 V–VI 腹节背板生 4 对前排刚毛（A1、2、4、5） ··· 东方古蚖 *E. orientale*
- 第 V–VI 腹节背板生 5 对前排刚毛（A1–A5） ·· 6
6. 假眼特大，长约 15 μm，表面有 3 条线纹 ·· 大眼古蚖 *E. megaglenum*
- 假眼较小，长小于 15 μm，表面无线纹 ··· 短身古蚖 *E. brevicorpusculum*
7. 第 VII 腹节背板生 2 对前排刚毛（A4、5） ·· 8
- 第 VII 腹节背板仅生 1 对前排刚毛（A5） ··· 9
8. 第 VI 腹节背板生 4 对前排刚毛（A1、2、4、5） ··· 栖霞古蚖 *E. chishiaense*
- 第 VI 腹节背板生 2 对前排刚毛（A4、5） ·· 珠目古蚖 *E. margarops*
9. 第 V–VI 腹节背板生 3 对前排刚毛（A1、4、5） ·· 普通古蚖 *E. commune*
- 第 V–VI 腹节背板生 2 对前排刚毛（A4、5） ··· 樱花古蚖 *E. sakura*

（19）上海古蚖 *Eosentomon shanghaiense* Yin, 1979（图 3-2）

Eosentomon shanghaiensis Yin, 1979: 80.

Eosentomon shanghaiense: Zhang, 2000: 22.

主要特征：体长 580–590 μm；头长 99 μm；假眼长 8 μm，头眼比＝12；前跗长 68 μm，爪长 12–13 μm，跗爪比＝5.2–5.7，垫爪比＝0.8；前跗背面感器 *t-1* 棒状，基端比＝0.89，外侧感器 *a* 较长，*e* 和 *g* 均为匙形；内侧感器 *b'-1* 缺失；气孔较大，直径 6–7 μm，各具 2 个粗大的气管龛；雌性外生殖器上的头片形如扭曲的螺纹，端阴刺细长。成虫胸、腹部毛序见表 3-2。

分布：浙江（杭州、余姚、泰顺、开化、景宁）、上海、安徽、江西、贵州。

表 3-2　上海古蚖 *Eosentomon shanghaiense* Yin, 1979 胸部和腹部毛序简表

部位	胸部			腹部								
	I	II	III	I	II–III	IV	V–VI	VII	VIII	IX	X	XI	XII
背面	4	$\frac{6}{16}$	$\frac{6}{16}$	$\frac{4}{10}$	$\frac{10}{16}$	$\frac{10}{16}$	$\frac{8}{16}$	$\frac{6}{16}$	$\frac{6}{9}$	8	8	6	9
腹面	$\frac{6-2}{6}$	$\frac{6-2}{6}$	$\frac{6-4}{8}$	$\frac{4}{4}$	$\frac{6}{4}$	$\frac{6}{10}$	$\frac{6}{10}$	$\frac{6}{10}$	$\frac{2}{7}$	4	4	8	12

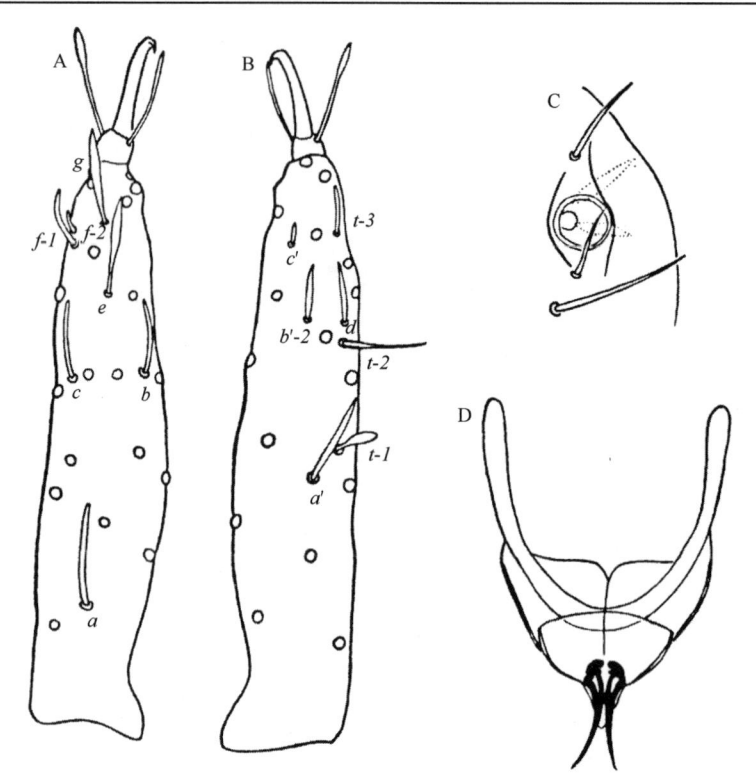

图 3-2　上海古蚖 *Eosentomon shanghaiense* Yin, 1979（引自尹文英，1999）
A. 前跗外侧面观；B. 前跗内侧面观；C. 后胸气孔；D. 雌性外生殖器

（20）单龛古蚖 *Eosentomon unirecessum* Yin, 1979（图 3-3）

Eosentomon unirecessum Yin, 1979: 81.

主要特征：体长 820–900 μm；头长 93 μm；假眼较大，长 12–14 μm，有中隔，头眼比＝7–8；前跗长 64 μm，爪长 10–12 μm，跗爪比＝5.3–6.4，垫爪比＝0.8；前跗背外侧感器 *e* 和 *g* 均为匙形；内侧感器 *b'-1* 和 *b'-2* 均有；气孔极小，直径 3–3.5 μm，各具 1 个气管龛；雌性外生殖器基内骨两侧支较粗壮，腹突上的头片向中线弯曲，端阴刺纤细且较短。成虫胸、腹部毛序见表 3-3。

分布：浙江（杭州）、上海。

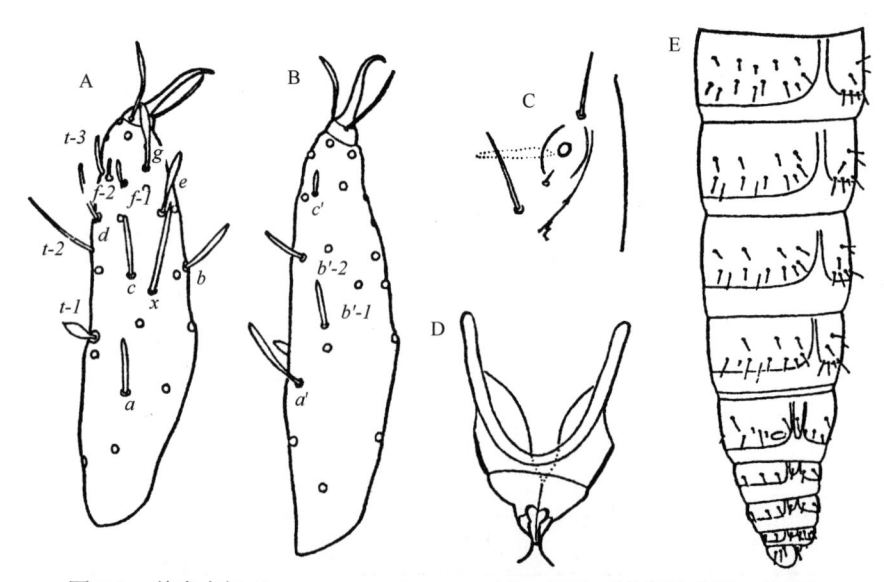

图 3-3　单龛古蚖 *Eosentomon unirecessum* Yin, 1979（引自尹文英，1999）
A. 前跗外侧面观；B. 前跗内侧面观；C. 中胸气孔和气管龛；D. 雌性外生殖器；E. 腹部第 IV–XII 节背侧面观

表3-3 单龛古蚖 *Eosentomon unirecessum* Yin, 1979 胸部和腹部毛序简表

部位	胸部			腹部								
	I	II	III	I	II–III	IV	V–VI	VII	VIII	IX	X	XI	XII
背面	4	$\frac{6}{16}$	$\frac{6}{16}$	$\frac{4}{10}$	$\frac{10}{16}$	$\frac{10}{16}$	$\frac{8}{16}$	$\frac{6}{16}$	$\frac{6}{9}$	8	8	8	9
腹面	$\frac{6-2}{6}$	$\frac{6-2}{6}$	$\frac{6-4}{8}$	$\frac{4}{4}$	$\frac{6}{4}$	$\frac{6}{10}$	$\frac{6}{10}$	$\frac{6}{10}$	$\frac{2}{7}$	4	4	8	12

（21）异形古蚖 *Eosentomon dissimilis* Yin, 1979（图3-4）

Eosentomon dissimilis Yin, 1979: 83.

主要特征：体长800–986 μm；头长96–102 μm；假眼长8–12 μm，头眼比＝12–13；前跗长64–70 μm，爪长10–13 μm，跗爪比＝5.4–6.4，中垫长9–11 μm，垫爪比＝0.89；基端比＝0.9–1.0，外侧感器 e 和 g 均为匙形；内侧感器具有 b'-1 和 b'-2；气孔较大，直径5–6 μm，各具2个气管龛；雌性外生殖器的基内骨两侧支较长，头片斜向中线弯曲，端阴刺细长。成虫胸、腹部毛序见表3-4。

分布：浙江（杭州）、陕西、青海、上海、安徽、湖南、贵州。

表3-4 异形古蚖 *Eosentomon dissimilis* Yin, 1979 胸部和腹部毛序简表

部位	胸部			腹部								
	I	II	III	I	II–III	IV	V–VI	VII	VIII	IX	X	XI	XII
背面	4	$\frac{6}{16}$	$\frac{6}{16}$	$\frac{4}{10}$	$\frac{10}{16}$	$\frac{10}{16}$	$\frac{8}{16}$	$\frac{8}{16}$	$\frac{6}{9}$	8	8	8	9
腹面	$\frac{6-2}{6}$	$\frac{6-2}{6}$	$\frac{6-4}{8}$	$\frac{4}{4}$	$\frac{6}{4}$	$\frac{6}{10}$	$\frac{6}{10}$	$\frac{6}{10}$	$\frac{2}{7}$	6	6	8	12

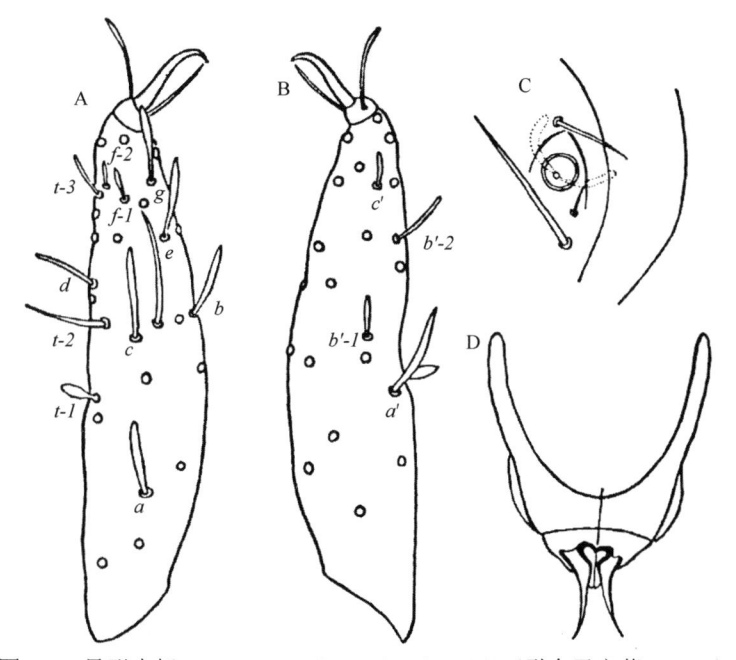

图3-4 异形古蚖 *Eosentomon dissimilis* Yin, 1979（引自尹文英，1999）
A. 前跗外侧面观；B. 前跗内侧面观；C. 后胸气孔；D. 雌性外生殖器

（22）东方古蚖 *Eosentomon orientale* Yin, 1965（图3-5）

Eosentomon orientalis Yin, 1965b: 82.
Eosentomon orientale: Szeptycki, 2007: 147.

主要特征：体长 800–924 μm；头长 90–102 μm；假眼长 10–13 μm，具有 2 条线纹，头眼比＝8–10；前跗长 60–74 μm，爪长 10–12 μm，跗爪比＝5.0–6.0；前跗背面感器 t-1 较短，中部和顶部膨大，基端比＝0.8，t-2 尖细，t-3 较长；外侧感器 a 与 b 长度相仿，c 较长，d 长大而粗钝，e 和 g 均为匙形，f-1 柳叶形，f-2 甚短小；内侧感器 a' 较短而稍阔，b'-1 和 b'-2 均存在，c' 缺失；中跗中垫短小，后跗中垫甚长；气孔直径 5–6 μm。成虫胸、腹部毛序见表 3-5。

分布：浙江（杭州、余姚、舟山、开化）、辽宁、陕西、宁夏、江苏、上海、安徽、湖北、江西、湖南、广东、海南、广西、重庆、四川、贵州。

表 3-5　东方古蚖 *Eosentomon orientale* Yin, 1965 胸部和腹部毛序简表

部位	胸部			腹部									
	I	II	III	I	II–III	IV	V–VI	VII	VIII	IX	X	XI	XII
背面	4	6/16	6/16	4/10	10/16	10/16	8/16	6/16	6/9	8	8	4	9
腹面	6-2/6	6-2/6	6-4/8	4/4	6/4	6/10	6/10	6/10	2/7	6	6	8	12

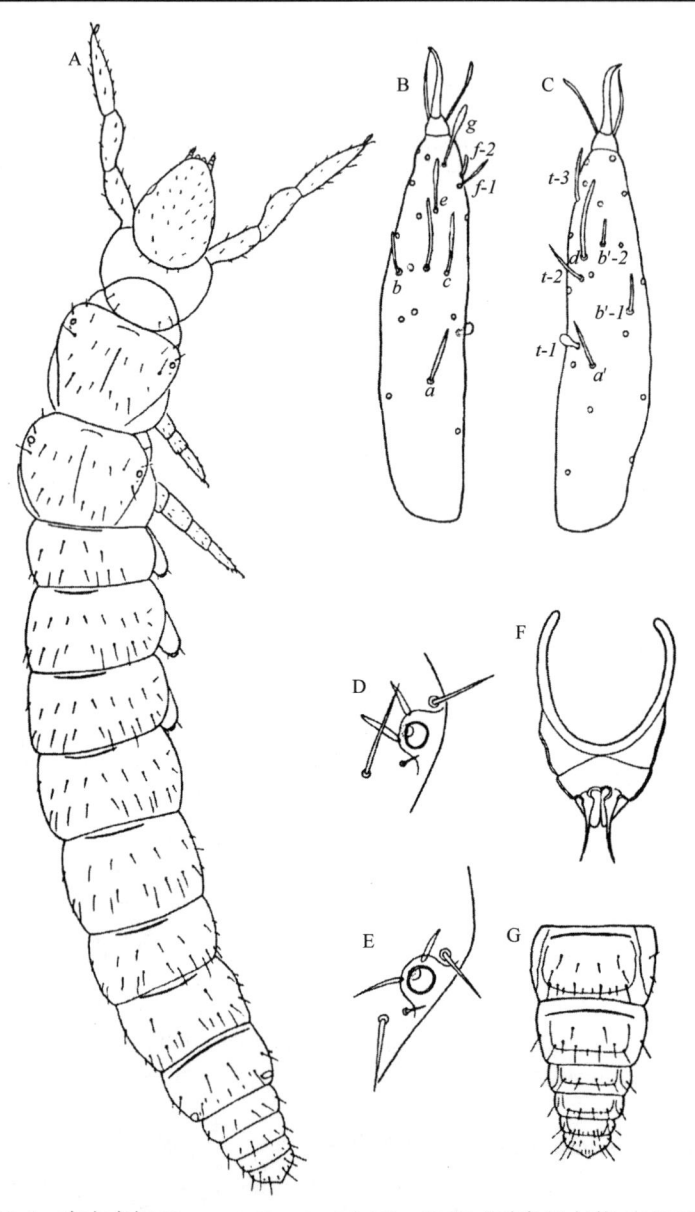

图 3-5　东方古蚖 *Eosentomon orientale* Yin, 1965（引自尹文英，1999）
A. 成虫背面观；B. 前跗外侧面观；C. 前跗内侧面观；D. 中胸气孔；E. 后胸气孔；F. 雌性外生殖器；G. 第 VII–XII 腹节腹板

（23）大眼古蚖 *Eosentomon megaglenum* Yin, 1990（图3-6）

Eosentomon megaglenum Yin, 1990: 110.

主要特征：体长700–900 μm；头近圆形，宽60–75 μm；口器部分向前突出；假眼特大，椭圆形，具中隔和两侧2条短线纹，长14–16 μm，头眼比=4.5–5.0；前跗长50–59 μm，爪长10–13 μm，跗爪比=4.5–5.3；基端比=0.8–0.9，外侧感器 a、b 与 c 长度相仿，d 较粗大，e 和 g 均为匙形，f-1 短小，f-2 甚短，顶端钝圆；内侧感器 b'-1 和 b'-2 长度相仿；c' 甚短小；中足爪垫极短小，后足爪垫长；气孔直径5–6 μm；雌性外生殖器的基内骨较长大，头片与腹片弯成"S"形，端阴刺较短。成虫胸、腹部毛序见表3-6。

分布：浙江（开化）、陕西、宁夏、江苏、上海、湖北、湖南、四川、贵州、云南。

表3-6 大眼古蚖 *Eosentomon megaglenum* Yin, 1990 胸部和腹部毛序简表

部位	胸部 I	胸部 II	胸部 III	腹部 I	腹部 II–III	腹部 IV	腹部 V–VI	腹部 VII	腹部 VIII	腹部 IX	腹部 X	腹部 XI	腹部 XII
背面	4	$\frac{6}{16}$	$\frac{6}{16}$	$\frac{4}{10}$	$\frac{10}{16}$	$\frac{10}{16}$	$\frac{10}{16}$	$\frac{6}{16}$	$\frac{6}{9}$	8	8	8	9
腹面	$\frac{6-2}{6}$	$\frac{6-2}{6}$	$\frac{6-4}{8}$	$\frac{4}{4}$	$\frac{6}{4}$	$\frac{6}{10}$	$\frac{6}{10}$	$\frac{6}{10}$	$\frac{2}{7}$	6	6	8	12

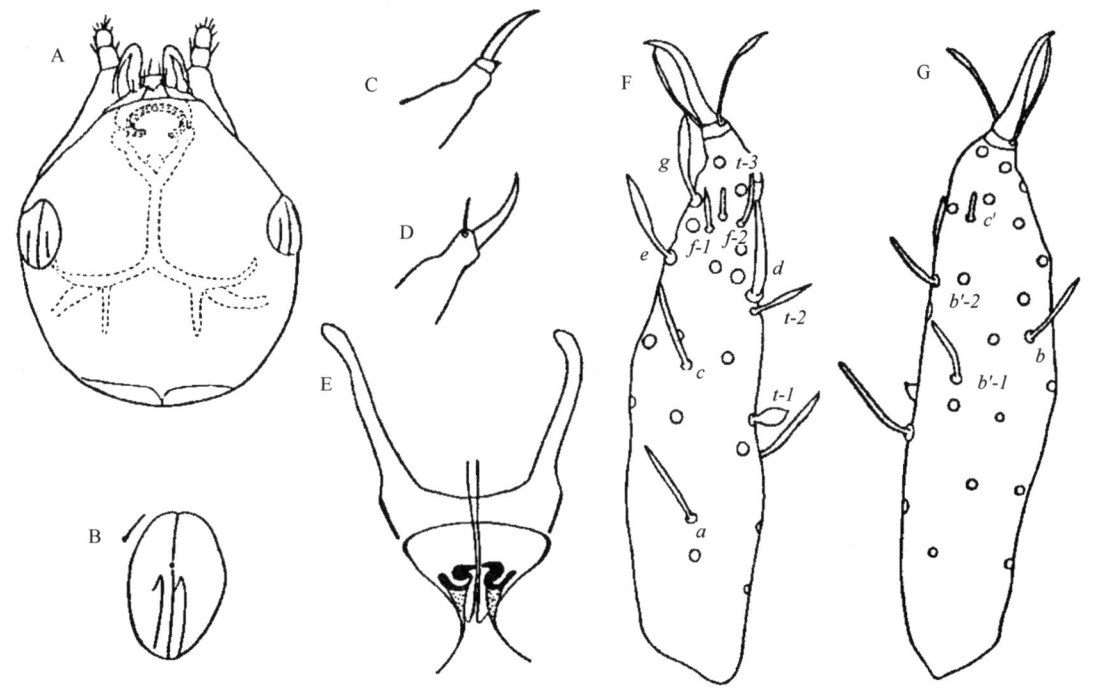

图3-6 大眼古蚖 *Eosentomon megaglenum* Yin, 1990（引自尹文英，1999）
A. 头部背面观；B. 假眼；C. 中爪；D. 后爪；E. 雌性外生殖器；F. 前跗外侧面观；G. 前跗内侧面观

（24）短身古蚖 *Eosentomon brevicorpusculum* Yin, 1965（图3-7）

Eosentomon brevicorpusculum Yin, 1965b: 83.

主要特征：体长630–754 μm；头长77–80 μm；假眼长8–10 μm，头眼比=8–10；前跗长50–56 μm，爪长8–10 μm，跗爪比=5.0–5.6；基端比=0.88，外侧感器 a 较短，b 与 c 长度相仿，e 和 g 均为匙形，f-1 短而尖，f-2 甚短小；内侧感器 a' 中部较粗，b'-1 粗钝，b'-2 较细弱，c' 甚短小；气孔直径5–6 μm。成虫胸、腹部毛序见表3-7。

分布：浙江（德清、杭州）、辽宁、河北、山西、山东、河南、陕西、江苏、上海、安徽、湖北、江西、湖南、福建、广东、广西、重庆、四川、贵州。

表 3-7 短身古蚖 *Eosentomon brevicorpusculum* Yin, 1965 胸部和腹部毛序简表

部位	胸部 I	胸部 II	胸部 III	腹部 I	腹部 II–III	腹部 IV	腹部 V–VI	腹部 VII	腹部 VIII	腹部 IX	腹部 X	腹部 XI	腹部 XII
背面	4	$\frac{6}{16}$	$\frac{6}{16}$	$\frac{4}{10}$	$\frac{10}{16}$	$\frac{10}{16}$	$\frac{10}{16}$	$\frac{6}{16}$	$\frac{6}{9}$	8	8	8	9
腹面	$\frac{6-2}{6}$	$\frac{6-2}{6}$	$\frac{6-4}{8}$	$\frac{4}{4}$	$\frac{6}{4}$	$\frac{6}{10}$	$\frac{6}{10}$	$\frac{6}{10}$	$\frac{2}{7}$	6	6	8	12

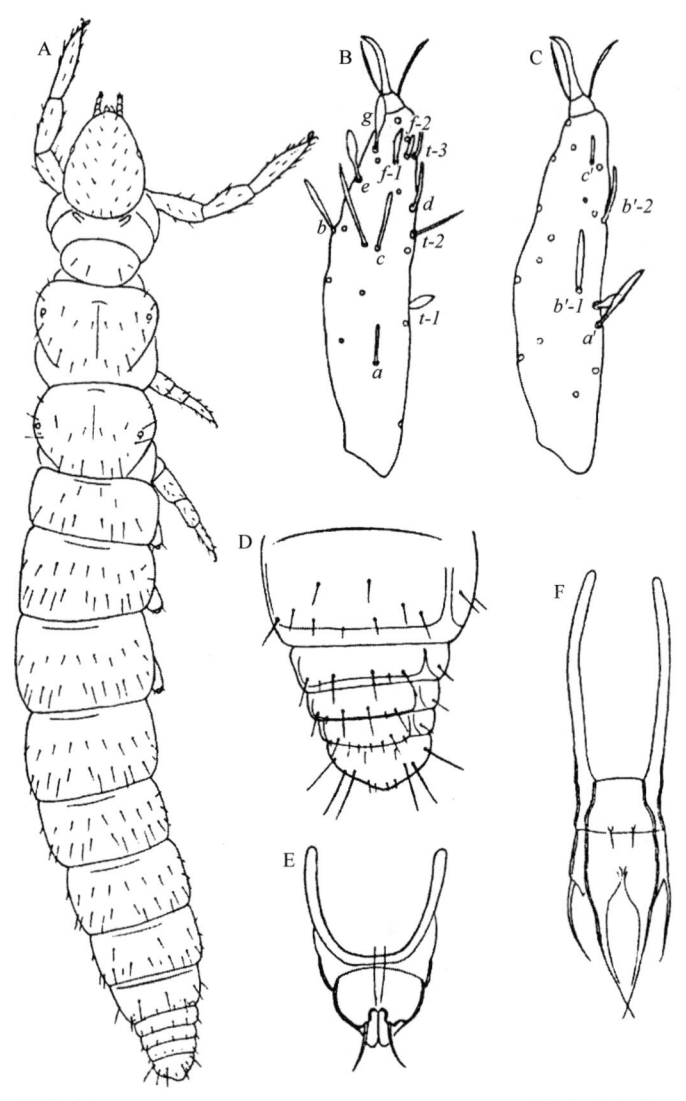

图 3-7 短身古蚖 *Eosentomon brevicorpusculum* Yin, 1965（引自尹文英，1999）
A. 成虫背面观；B. 前跗外侧面观；C. 前跗内侧面观；D. 第 VIII–XII 腹节背板；E. 雌性外生殖器；F. 雄性外生殖器

（25）栖霞古蚖 *Eosentomon chishiaense* Yin, 1965（图 3-8）

Eosentomon chishiaensis Yin, 1965b: 74.
Eosentomon chishiaense: Szeptycki, 2007: 127.

主要特征：体长 1160–1280 μm；头长 133–160 μm；假眼长 14–16 μm，头眼比=8–10；前跗长 100–120 μm，

爪长 16–20 μm，跗爪比＝5.2–6.0；前跗背面感器 *t-1* 为短槌形，顶部膨大，基端比＝1.1–1.2，*t-2* 细长，*t-3* 较短小；外侧感器 *a* 较长，*b* 短于 *a*，*c* 甚长大，*d* 较短而稍粗，*e* 和 *g* 均为匙形，*f-1* 和 *f-2* 长度相仿；内侧感器 *a'* 的中部稍膨大，*b'-1* 和 *b'-2* 的形状和长度相仿，*c'* 短而粗；中、后跗的中垫均短小。成虫胸、腹部毛序见表 3-8。

分布：浙江（杭州）、陕西、江苏、上海、安徽、湖北、湖南、广东。

表 3-8 栖霞古蚖 *Eosentomon chishiaense* Yin, 1965 胸部和腹部毛序简表

部位	胸部			腹部								
	I	II	III	I	II–III	IV	V–VI	VII	VIII	IX	X	XI	XII
背面	4	$\frac{6}{16}$	$\frac{6}{16}$	$\frac{4}{8}$	$\frac{10}{16}$	$\frac{10}{16}$	$\frac{8}{16}$	$\frac{4}{16(18)}$	$\frac{6}{9}$	8	8	8	9
腹面	$\frac{6-2}{6}$	$\frac{6-2}{6}$	$\frac{6-4}{8}$	$\frac{4}{4}$	$\frac{6}{4}$	$\frac{6}{10}$	$\frac{6}{10}$	$\frac{6}{10}$	$\frac{0}{7}$	4	4	8	12

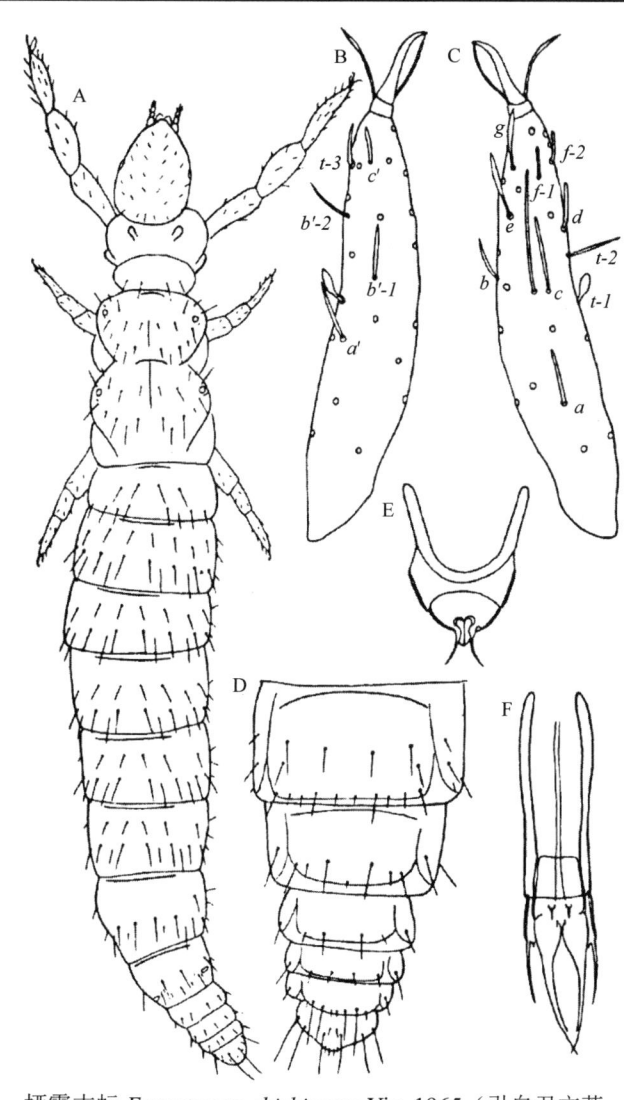

图 3-8 栖霞古蚖 *Eosentomon chishiaense* Yin, 1965（引自尹文英，1999）
A. 成虫背面观；B. 前跗内侧面观；C. 前跗外侧面观；D. 第 VII–XII 腹节腹板；E. 雌性外生殖器；F. 雄性外生殖器

（26）珠目古蚖 *Eosentomon margarops* Yin et Zhang, 1982（图 3-9）

Eosentomon margarops Yin et Zhang, 1982: 80.

主要特征：体长 1000–1280 μm；头长 120–125 μm，宽 80–85 μm；假眼长 10 μm，生有 5 条线纹和 3 个圆珠，头眼比＝12–12.5；前跗长 80–95 μm，跗爪比＝5.1–5.5；前跗背面感器 *t-1* 顶部膨大如锤，基端比＝1.1–1.2，*t-2* 短刚毛状，*t-3* 较长；外侧感器 *a*、*b* 正常，*c* 稍长于 *a*，*d* 较短而粗，*e* 和 *g* 均为匙形，*f-1* 顶端稍膨大，*f-2* 短小；内侧感器 *a'* 的中部稍膨大，*b'-1* 和 *b'-2* 的形状与长度相仿，*c'* 末端可达 *δ*6 的基部；中、后跗的中垫均短小；雌性外生殖器的腹片呈"S"形，端阴刺细长。成虫胸、腹部毛序见表 3-9。

分布：浙江（江山）、江西、湖南、福建、广东、广西、四川、贵州、云南。

表 3-9　珠目古蚖 *Eosentomon margarops* Yin et Zhang, 1982 胸部和腹部毛序简表

部位	胸部 I	胸部 II	胸部 III	腹部 I	II–III	IV–V	VI–VII	VIII	IX	X	XI	XII
背面	4	6/16	6/16	4/10	10/16	8/16	4/16	6/9	8	8	8	9
腹面	6−2/6	6−2/6	6−4/8	4/4	6/4	6/10	6/10	0/7	4	4	8	12

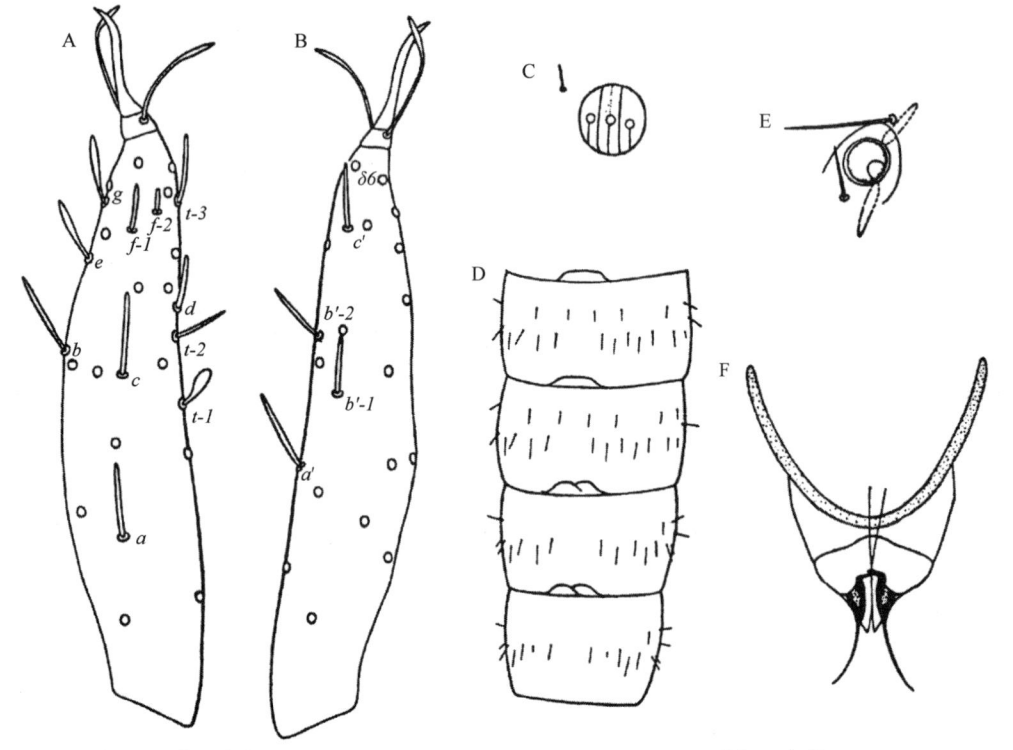

图 3-9　珠目古蚖 *Eosentomon margarops* Yin et Zhang, 1982（引自尹文英，1999）
A. 前跗外侧面观；B. 前跗内侧面观；C. 假眼；D. 第 IV–VII 腹节背面观；E. 中胸气孔；F. 雌性外生殖器

（27）普通古蚖 *Eosentomon commune* Yin, 1965（图 3-10）

Eosentomon communis Yin, 1965b: 72.

Eosentomon commune: Szeptycki, 2007: 128.

主要特征：体长 1093–1261 μm；头呈卵形，长 118–135 μm；前跗长 96–102 μm，爪长 19–21 μm，跗爪比＝4.6–5.3；前跗背面感器 *t-1* 短棍状，基端比＝1.0，*t-2* 细长，*t-3* 短小如棒；外侧感器 *a* 中等长度，*b* 与 *c* 几乎等长，*e* 和 *g* 均为匙形；内侧感器 *a'* 中部略膨大，*b'-1* 和 *b'-2* 长度约相等，*c'* 短小；中、后跗的中垫均极短小。成虫胸、腹部毛序见表 3-10。

分布：浙江（德清、杭州、余姚、开化、江山、舟山、泰顺）、江苏、上海、安徽、湖北、江西、湖南、

四川、贵州、云南。

表 3-10 普通古蚖 *Eosentomon commune* Yin, 1965 胸部和腹部毛序简表

部位	胸部			腹部								
	I	II	III	I	II–III	IV	V–VI	VII	VIII	IX	X	XI	XII
背面	4	$\frac{6}{16}$	$\frac{6}{16}$	$\frac{4}{10}$	$\frac{10}{16}$	$\frac{10}{16}$	$\frac{6}{16}$	$\frac{2}{16}$	$\frac{6}{9}$	8	8	8	9
腹面	$\frac{6-2}{6}$	$\frac{6-2}{6}$	$\frac{6-4}{8}$	$\frac{4}{4}$	$\frac{6}{4}$	$\frac{6}{10}$	$\frac{6}{10}$	$\frac{6}{10}$	$\frac{0}{7}$	4	4	8	12

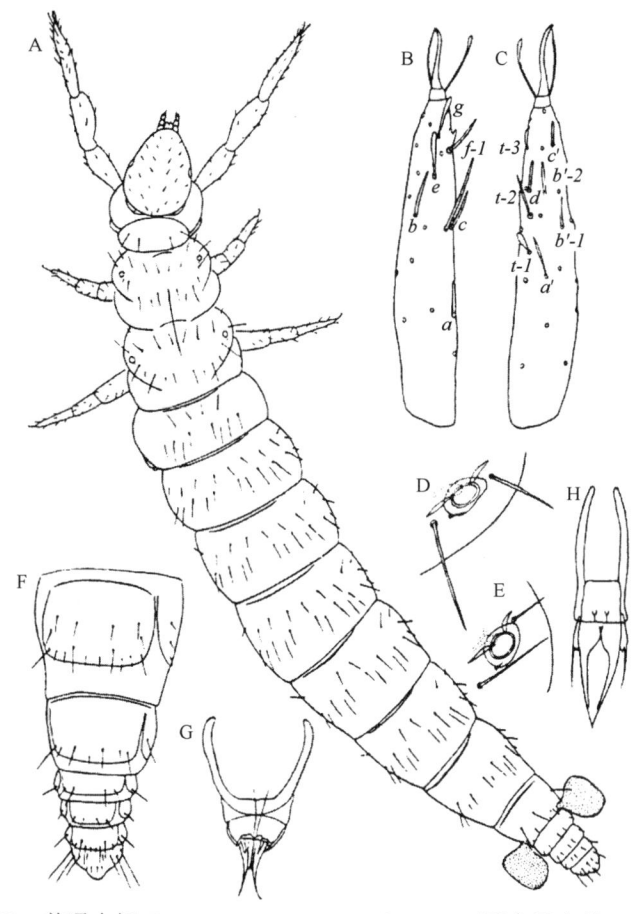

图 3-10 普通古蚖 *Eosentomon commune* Yin, 1965（引自尹文英，1999）
A. 成虫背面观；B. 前跗外侧面观；C. 前跗内侧面观；D. 中胸气孔；E. 后胸气孔；F. 第 VII–XII 腹节腹板；G. 雌性外生殖器；H. 雄性外生殖器

（28）樱花古蚖 *Eosentomon sakura* Imadaté et Yosii, 1959（图 3-11）

Eosentomon sakura Imadaté et Yosii, 1959: 7.

主要特征：体长 1000–1400 μm；头长 110–120 μm；假眼长 11–12 μm，头眼比＝10–11；前跗长 85–100 μm，爪长 14–18 μm，跗爪比＝5.0–6.0，垫爪比＝0.9–1.0；前跗背面感器 t-1 中部膨大成纺锤形，基端比＝1.1–1.3，t-2 细长，t-3 棍状；外侧感器 a 正常，b 与 c 长度相仿，f-1 尖细且较长，f-2 短小，e 和 g 均为匙形；内侧感器 a' 中部略膨大，b'-1 和 b'-2 长度约相等，c' 短小；中、后跗的中垫均短小，气孔直径 7.0 μm。成虫胸、腹部毛序见表 3-11。

分布：浙江（杭州、余姚、嵊泗、开化、江山、庆元、景宁、泰顺）、江苏、上海、安徽、湖北、江西、湖南、福建、台湾、广东、海南、香港、广西、四川、贵州、云南；日本。

表 3-11 樱花古蚖 *Eosentomon sakura* Imadaté et Yosii, 1959 胸部和腹部毛序简表

部位	胸部			腹部									
	I	II	III	I	II–III	IV	V–VI	VII	VIII	IX	X	XI	XII
背面	4	$\frac{6}{16}$	$\frac{6}{16}$	$\frac{4}{10}$	$\frac{10}{16}$	$\frac{10}{16}$	$\frac{4}{16}$	$\frac{2}{16}$	$\frac{6}{9}$	8	4(2)	4	9
腹面	$\frac{6-2}{6}$	$\frac{6-2}{6}$	$\frac{6-4}{8}$	$\frac{4}{4}$	$\frac{6}{4}$	$\frac{6}{10}$	$\frac{6}{10}$	$\frac{6}{10}$	$\frac{0}{7}$	4	4	8	12

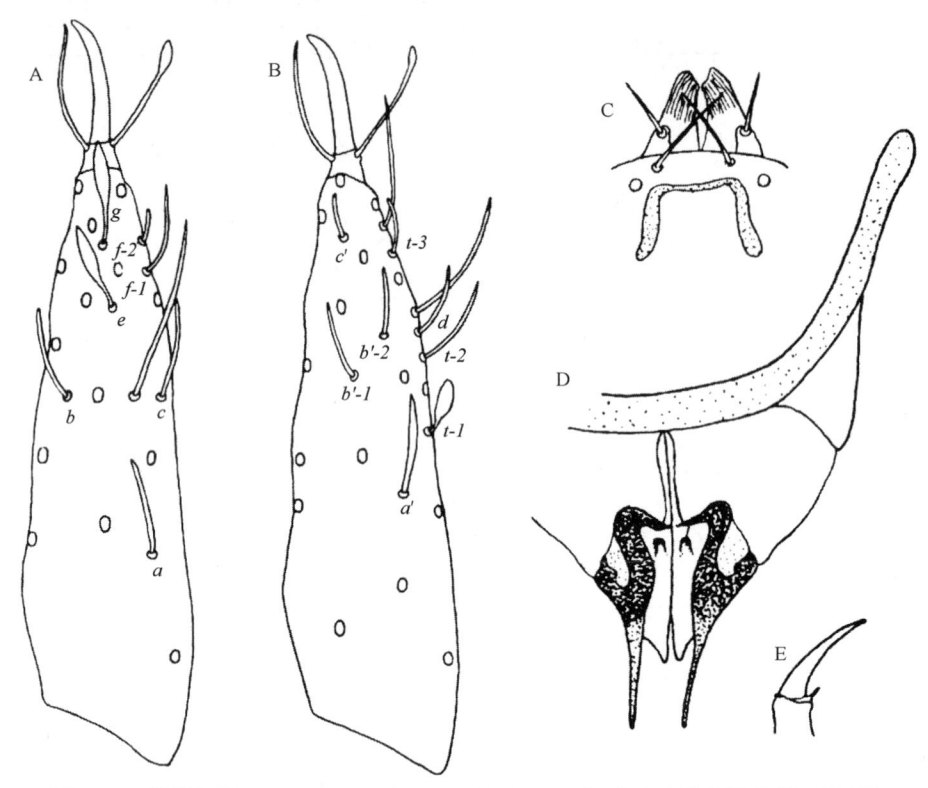

图 3-11 樱花古蚖 *Eosentomon sakura* Imadaté et Yosii, 1959（引自尹文英，1999）
A. 前跗外侧面观；B. 前跗内侧面观；C. 头前端；D. 雌性外生殖器；E. 后爪和中垫

12. 异蚖属 *Anisentomon* Yin, 1977

Anisentomon Yin, 1977a: 90. Type species: *Eosentomon chinensis* Yin, 1965.

主要特征：体型较小；前足跗节背面感器 e 缺失，g 为匙形，$f-1$ 短小槌形；中胸和后胸的气孔甚小，直径 2–3 μm；腹部第 II–VII 节腹板前排刚毛 4 对（A1、2、3、4），第 VIII 节腹板的刚毛式为 2/7；第 X 或第 XI 节背板生有 1 对特大的刺或者粗大的刚毛；雌性外生殖器较简单，端阴刺细长。

分布：古北区、东洋区。世界已知 5 种，中国记录 5 种，浙江分布 3 种。

分种检索表

1. 腹部第 X 节背板具有弯曲成"了"字形的大刺 ································· 中国异蚖 *A. chinensis*
- 腹部第 X 或 XI 节背板具有平直的大刺 ··· 2
2. 大刺位于腹部第 X 节背板刚毛 2 的位置 ··································· 异毛异蚖 *A. heterochaitum*
- 大刺位于腹部第 XI 节背板刚毛 1 的位置 ··································· 巨刺异蚖 *A. magnispinosum*

（29）中国异虮 *Anisentomon chinensis* (Yin, 1965)（图 3-12）

Eosentomon chinensis Yin, 1965b: 76.
Anisentomon chinensis: Yin, 1977a: 90.

主要特征：体长 550–720 μm；头长 70 μm，宽 55 μm；假眼长 10 μm，具 3 条纵纹，头眼比＝7；前跗长 46–50 μm，爪长 7 μm，跗爪比＝6.6–7.1；前跗背面感器 *t-1* 中部膨大，呈纺锤形，基端比＝0.9–1.0，*t-2* 为短棍形，*t-3* 短小；外侧感器 *a*、*b* 和 *c* 长度和形状相似，*d* 较短，*e* 缺失，*g* 粗大成匙形，*f-1* 短棍形，*f-2* 极短小；内侧感器 *a′* 较粗而长，*b′-1* 较长，*b′-2* 和 *t-2* 的形状相仿；中、后胸的气孔甚小，直径 2–3 μm；腹部第 X 节背板中央具有 1 对粗大的弯曲成"了"字形的大刺，长 20 μm；雌性外生殖器缺弯曲的头片，腹片呈"Y"形，端阴刺细长。成虫胸、腹部毛序见表 3-12。

分布：浙江（杭州）、上海。

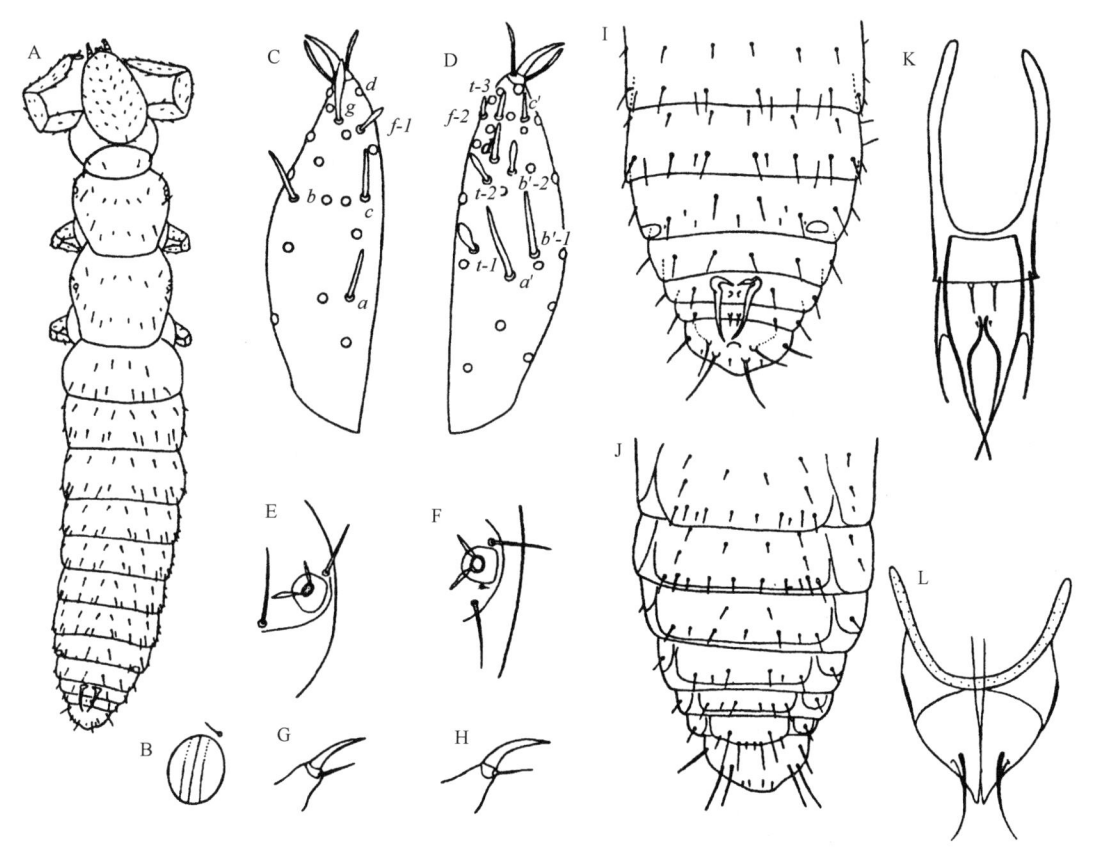

表 3-12 中国异虮 *Anisentomon chinensis* (Yin, 1965)胸部和腹部毛序简表

部位	胸部			腹部									
	I	II	III	I	II–III	IV	V–VI	VII	VIII	IX	X	XI	XII
背面	4	$\frac{6}{16}$	$\frac{6}{16}$	$\frac{4}{8}$	$\frac{8}{12}$	$\frac{8}{16}$	$\frac{8}{16}$	$\frac{8}{16}$	$\frac{6}{9}$	8	**2+6**	8	9
腹面	$\frac{6-2}{6}$	$\frac{6-2}{6}$	$\frac{6-4}{8}$	$\frac{4}{4}$	$\frac{6}{4}$	$\frac{6}{10}$	$\frac{6}{10}$	$\frac{6}{10}$	$\frac{2}{7}$	6	6	8	12

注：表中加粗的数字代表特殊的大刺。本章余同

图 3-12 中国异虮 *Anisentomon chinensis* (Yin, 1965)（引自尹文英，1999）
A. 成虫背面观；B. 假眼；C. 前跗外侧面观；D. 前跗内侧面观；E. 中胸气孔；F. 后胸气孔；G. 中爪和爪垫；H. 后爪和爪垫；I. 第 VI–XII 腹节背板；J. 第 VI–XII 腹节腹板；K. 雄性外生殖器；L. 雌性外生殖器

(30) 异毛异虮 *Anisentomon heterochaitum* Yin, 1977（图 3-13）

Anisentomon heterochaitum Yin, 1977a: 90.

主要特征：体长 530–742 μm；头长 70–74 μm；假眼长 8–9 μm，头眼比＝8–9；前跗长 46–48 μm，爪长 7.3 μm，跗爪比＝6.3–6.6；前跗背面感器 t-1 中部膨大如短槌，基端比＝0.9–1.0，t-2 为短刚毛状，t-3 短小；外侧感器 a 稍短于 b 和 c，d 较短而稍粗，e 缺失，g 较长大，近顶顶部 2/3 膨大为匙形，f-1 短棍状，近顶部稍膨大，f-2 极短小；内侧感器 a' 较短，b'-1 和 c' 的长度相仿；中、后胸的气孔小，直径 2.6–3.2 μm，各具 2 根粗大的气管筐；腹部第 X 节背板的第 2 对刚毛特化为长大而平直的大刺，长 14–17 μm；雌性外生殖器的腹片为 "Y" 形，头片略呈 "S" 形。成虫胸、腹部毛序见表 3-13。

分布：浙江（德清、杭州）、上海。

表 3-13 异毛异虮 *Anisentomon heterochaitum* Yin, 1977 胸部和腹部毛序简表

部位	胸部			腹部									
	I	II	III	I	II–III	IV	V–VI	VII	VIII	IX	X	XI	XII
背面	4	6/16	6/16	4/10	8/14	8/16	8/16	8/16	6/9	8	2+2+4	8	9
腹面	6–2/6	6–2/6	6–4/8	4/4	6/4	6/10	6/10	6/10	2/7	6	6	8	12

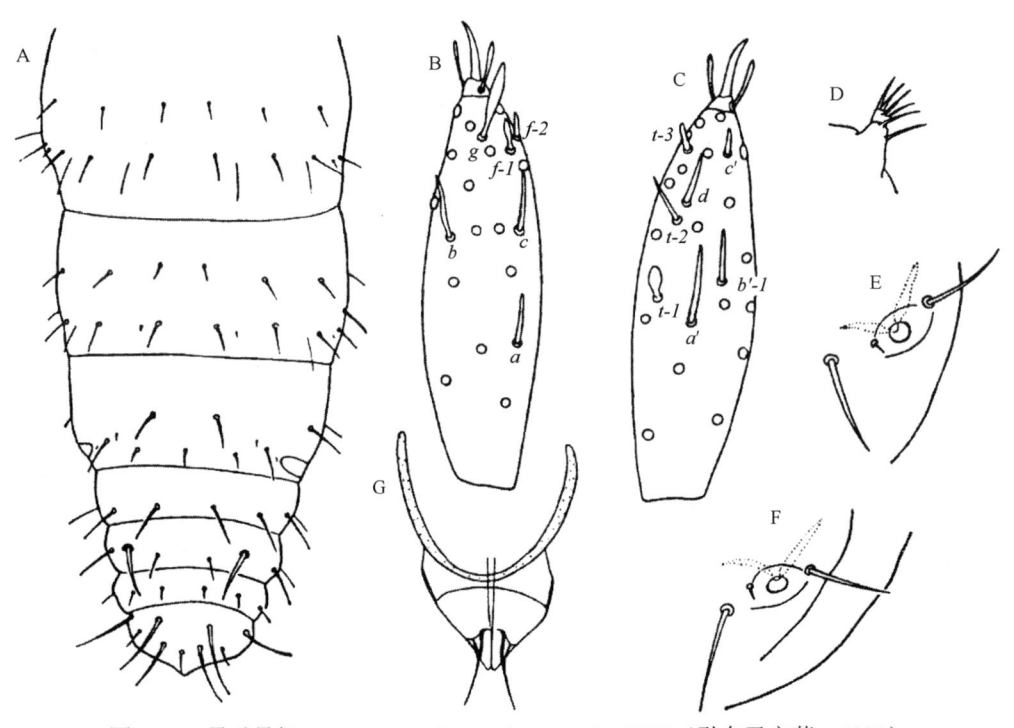

图 3-13 异毛异虮 *Anisentomon heterochaitum* Yin, 1977（引自尹文英，1999）
A. 第 VI–XII 腹节背板；B. 前跗外侧面观；C. 前跗内侧面观；D. 下唇须；E. 中胸气孔；F. 后胸气孔；G. 雌性外生殖器

(31) 巨刺异虮 *Anisentomon magnispinosum* (Yin, 1965)（图 3-14）

Eosentomon magnispinosum Yin, 1965b: 78.
Anisentomon magnispinosum: Yin, 1977a: 92.

主要特征：体长 650–742 μm；头长 80–90 μm；假眼长 10–11 μm，具 3 条线纹，头眼比＝8–9；前跗

长 46–48 μm, 爪长 6–7 μm, 跗爪比＝6.7–7.2; 前跗背面感器 *t-1* 顶端膨大如槌, 基端比＝0.9–1.0, *t-2* 短刚毛状, *t-3* 短棍状; 外侧感器 *a* 稍短于 *b* 和 *c*, *d* 较短而粗, *e* 缺失, *g* 较粗大, 匙形, *f-1* 短棍状, *f-2* 极短小; 内侧感器 *a'* 较短, 中部略宽, *b'-1*、*b'-2* 和 *c'* 的长度相仿; 中、后胸足的中垫均长, 气孔较小, 直径 2–3 μm; 腹部第 XI 节背板中央 1 对刚毛为粗大平直大刺, 长 11–20 μm; 雌性外生殖器的腹片为"Y"形, 头片略向内弯曲成弧形, 端阴刺细长。成虫胸、腹部毛序见表 3-14。

分布: 浙江（杭州）、河南、陕西、江苏、四川。

表 3-14 巨刺异蚖 *Anisentomon magnispinosum* (Yin, 1965) 胸部和腹部毛序简表

部位	胸部			腹部									
	I	II	III	I	II–III	IV	V–VI	VII	VIII	IX	X	XI	XII
背面	4	$\frac{6}{16}$	$\frac{6}{16}$	$\frac{4}{8}$	$\frac{8}{16}$	$\frac{8}{16}$	$\frac{8}{16}$	$\frac{8}{16}$	$\frac{6}{9}$	8	8	2+6	9
腹面	$\frac{6-2}{6}$	$\frac{6-2}{6}$	$\frac{6-4}{8}$	$\frac{4}{4}$	$\frac{6}{4}$	$\frac{6}{10}$	$\frac{6}{10}$	$\frac{6}{10}$	$\frac{2}{7}$	6	6	8	12

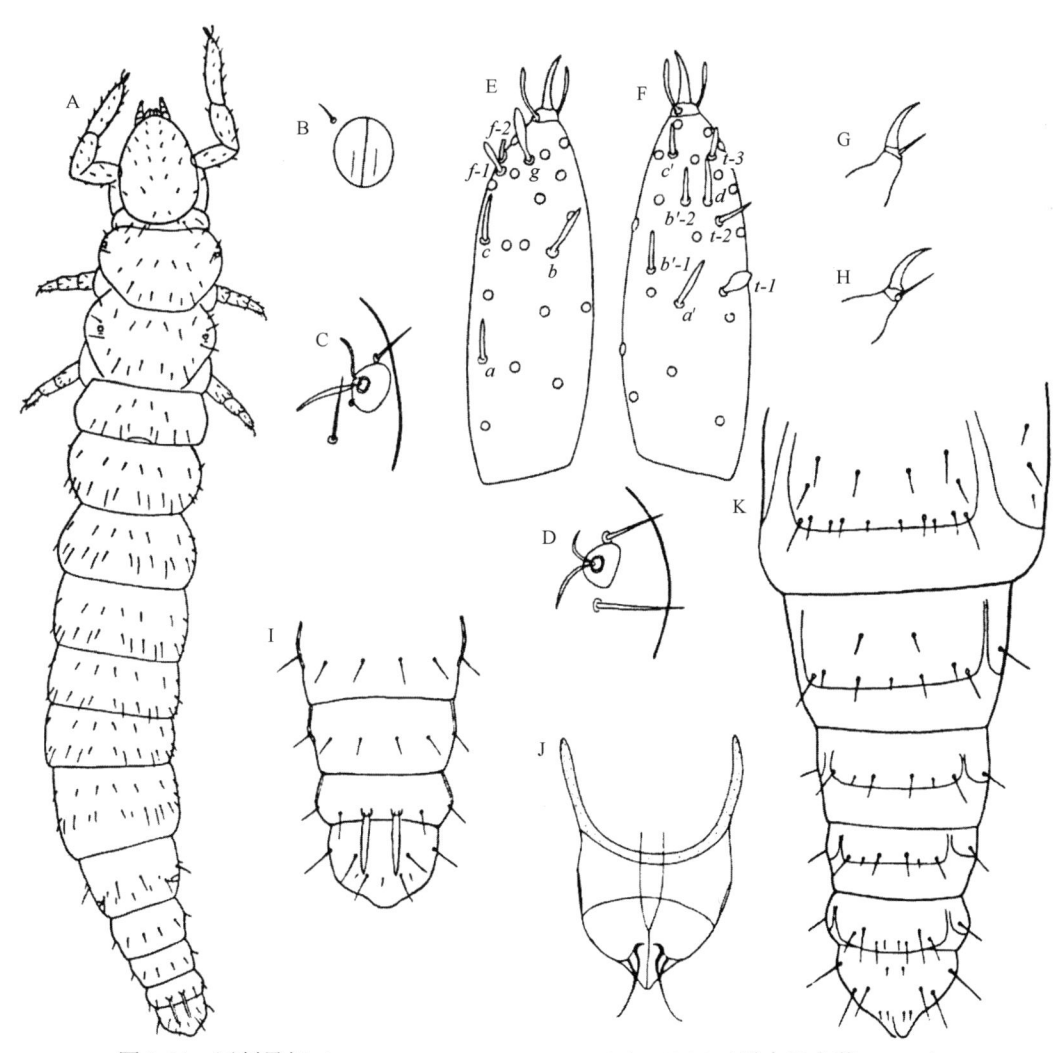

图 3-14 巨刺异蚖 *Anisentomon magnispinosum* (Yin, 1965)（引自尹文英, 1999）
A. 成虫背面观; B. 假眼; C. 中胸气孔; D. 后胸气孔; E. 前跗外侧面观; F. 前跗内侧面观; G. 中爪和爪垫; H. 后爪和爪垫; I. 第 IX–XII 腹节背板; J. 雌性外生殖器; K. 第 VII–XII 腹节腹板

13. 拟异蚖属 *Pseudanisentomon* Zhang et Yin, 1984

Pseudanisentomon Zhang et Yin, 1984: 64. Type species: *Anisentomon songkiangensis* Yin, 1977.

主要特征：小型或中型种类，假眼简单或具线纹和小泡；前足跗节背面感器 e 缺失，g 为匙形，t-2 多为柳叶形或刚毛形，f-1 近顶端稍膨大成槌形；腹部 II–VII 节背板前排刚毛 5 对或 4 对，其中至少 V–VII 节背板前排刚毛常为 4 对；第 VIII 腹节腹板刚毛式多为 2/7；雌性外生殖器基内骨常较长大，腹片多呈"S"形，或较为简单平直缺头片，端阴刺细长。

分布：古北区、东洋区。世界已知 22 种，中国记录 18 种，浙江分布 5 种。

分种检索表

1. 第 IX–X 腹节腹板生 2 对刚毛 ······ 佘山拟异蚖 *P. sheshanense*
- 第 IX–X 腹节腹板生 3 对刚毛 ······ 2
2. 体型大，体长 1100–1450 μm，前跗长 80 μm 以上 ······ 3
- 体型小，体长 750–1000 μm，前跗长 70 μm 以下 ······ 4
3. 雌性外生殖器的头片为不弯曲的尖刺状 ······ 梅花拟异蚖 *P. meihwa*
- 雌性外生殖器的头片略向中线弯曲成弧形，体片分成数块 ······ 皖拟异蚖 *P. wanense*
4. 第 II–IV 腹节背板具有 5 对前排刚毛，气孔较小 ······ 小孔拟异蚖 *P. minystigmum*
- 第 II–IV 腹节背板具有 4 对前排刚毛，气孔较大 ······ 三纹拟异蚖 *P. trilinum*

（32）佘山拟异蚖 *Pseudanisentomon sheshanense* (Yin, 1965)（图 3-15）

Eosentomon sheshanensis Yin, 1965b: 77.

Pseudanisentomon sheshanensis: Zhang & Yin, 1984: 66.

Pseudanisentomon sheshanense: Szeptycki, 2007: 177.

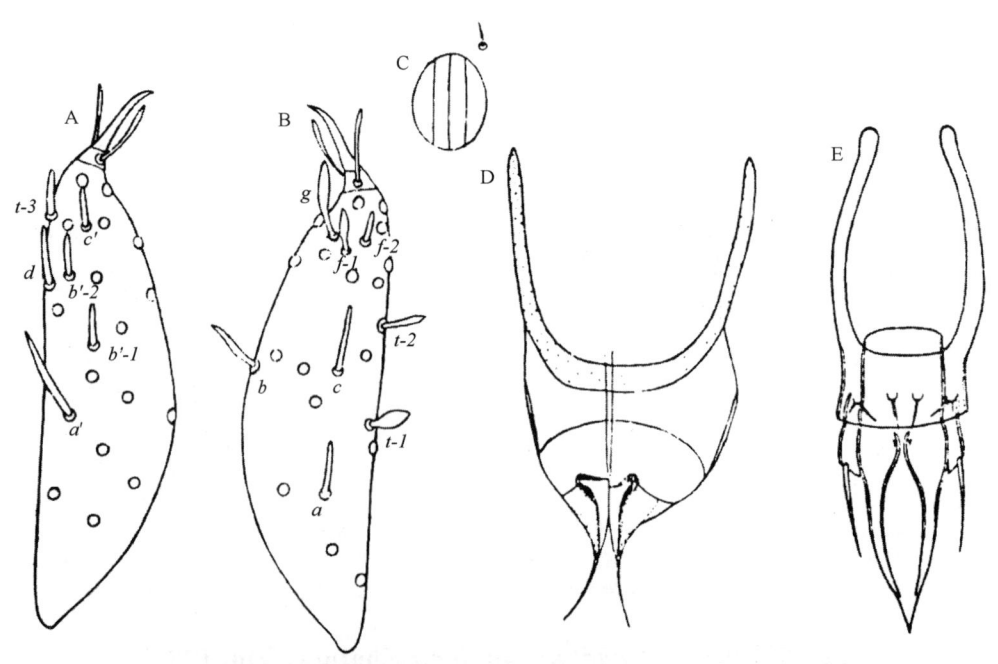

主要特征：体长 680–750 μm；头长 96 μm；假眼长 10–11 μm，具 3 条线纹，头眼比 = 8.7–9.6；前跗长 54–62 μm，爪长 9–10 μm，跗爪比 = 5.5–6.0；前跗背面感器 t-1 顶端膨大如槌，基端比 = 1.0–1.1，t-2 柳叶形，t-3 较短；外侧感器 a 较短，b 与 c 长度相仿，d 较粗，e 缺失，g 为粗大的匙形，f-1 顶端略膨大，f-2 短小；内侧感器 a' 长大，中部略宽大，b'-1 和 c' 均较短小，b'-2 柳叶形；中、后胸足的爪垫均长，气孔较

图 3-15　佘山拟异蚖 *Pseudanisentomon sheshanense* (Yin, 1965)（引自尹文英，1999）
A. 前跗内侧面观；B. 前跗外侧面观；C. 假眼；D. 雌性外生殖器；E. 雄性外生殖器

小，直径 2.5–3.5 μm；腹部第 XI 节背板中央 1 对刚毛为粗大平直大刺，长 11–20 μm；雌性外生殖器的头片弯曲如"蛇头"，端阴刺细长。成虫胸、腹部毛序见表 3-15。

分布：浙江（杭州）、上海、湖南、云南。

表 3-15　佘山拟异蚖 *Pseudanisentomon sheshanense* (Yin, 1965)胸部和腹部毛序简表

部位	胸部			腹部								
	I	II	III	I	II–III	IV	V–VI	VII	VIII	IX	X	XI	XII
背面	4	$\frac{6}{16}$	$\frac{6}{16}$	$\frac{4}{8}$	$\frac{8}{14}$	$\frac{8}{16}$	$\frac{8}{16}$	$\frac{8}{16}$	$\frac{6}{9}$	8	8	8	9
腹面	$\frac{6-2}{6}$	$\frac{6-2}{6}$	$\frac{6-4}{8}$	$\frac{4}{4}$	$\frac{6}{4}$	$\frac{6}{10}$	$\frac{6}{10}$	$\frac{6}{10}$	$\frac{2}{7}$	4	4	8	12

（33）梅花拟异蚖 *Pseudanisentomon meihwa* (Yin, 1965)（图 3-16）

Eosentomon meihwa Yin, 1965b: 80.

Pseudanisentomon meihwa: Zhang & Yin, 1984: 69.

主要特征：体长 1327–1425 μm；头长 140–150 μm；假眼近圆形，头眼比＝12–13；前跗长 115–121 μm，爪长 15–17 μm，跗爪比＝7.0–7.6；前跗背面感器 *t-1* 短小，顶端膨大如球，基端比＝1.0–1.1，*t-2* 尖细，*t-3* 短小；外侧感器 *a* 较短，*b* 长大，*c* 短于 *b*，*d* 较粗，*e* 缺失，*g* 为匙形，*f-1* 顶端略膨大成棍棒形，*f-2* 短小；内侧感器 *a'* 中部较宽，*b'-1* 短于 *b'-2*，*b'-2* 尖形，*c'* 稍短小；中、后胸足的爪垫均长，气孔直径 5.0 μm；雌性外生殖器的头片不弯曲，平直向前如尖锥，端阴刺细长。成虫胸、腹部毛序见表 3-16。

分布：浙江（杭州、舟山）、河南、江苏、上海、安徽、湖南、贵州。

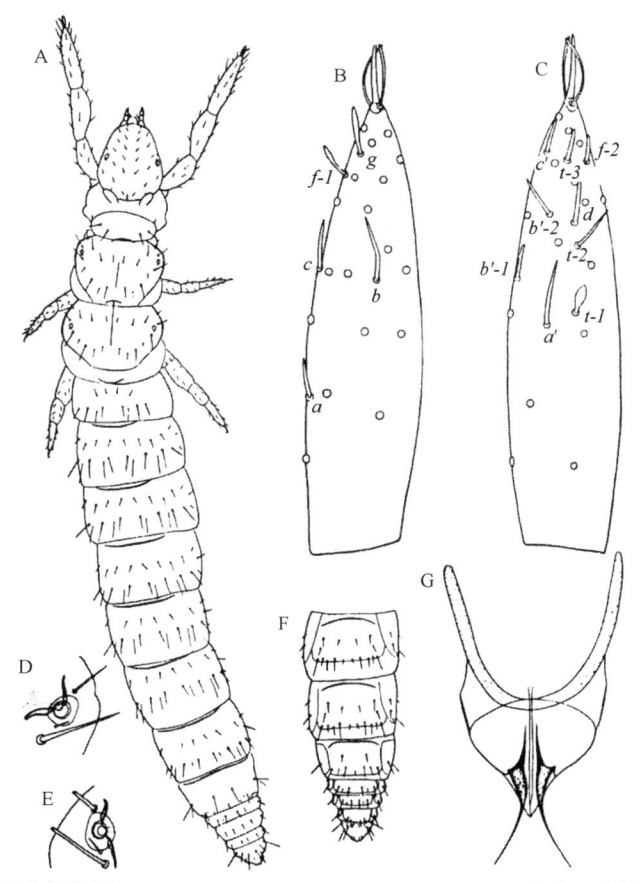

图 3-16　梅花拟异蚖 *Pseudanisentomon meihwa* (Yin, 1965)（引自尹文英，1999）
A. 成虫背面观；B. 前跗外侧面观；C. 前跗内侧面观；D. 中胸气孔；E. 后胸气孔；F. 第 VI–XII 腹节腹板；G. 雌性外生殖器

表 3-16　梅花拟异蚖 *Pseudanisentomon meihwa* (Yin, 1965)胸部和腹部毛序简表

部位	胸部			腹部									
	I	II	III	I	II–III	IV	V–VI	VII	VIII	IX	X	XI	XII
背面	4	$\frac{6}{16}$	$\frac{6}{16}$	$\frac{4}{8}$	$\frac{10}{16}$	$\frac{10}{16}$	$\frac{8}{16}$	$\frac{8}{16}$	$\frac{6}{9}$	8	8	8	9
腹面	$\frac{6-2}{6}$	$\frac{6-2}{6}$	$\frac{6-4}{8}$	$\frac{4}{4}$	$\frac{6}{4}$	$\frac{6}{10}$	$\frac{6}{10}$	$\frac{6}{10}$	$\frac{2}{7}$	6	6	8	12

（34）皖拟异蚖 *Pseudanisentomon wanense* Zhang, 1987（图 3-17）

Pseudanisentomon wanense Zhang, 1987: 125.

主要特征：体长 1123–1324 μm，成虫腹部末端淡黄褐色；头长 125–131 μm；假眼具 5 条纵纹和 3 个小球近圆形，头眼比=9–10；前跗长 98–108 μm，跗爪比=5.8–6.0，垫爪比=0.9–1.0；前跗背面感器 *t-1* 纺锤状，顶端膨大如球，基端比=0.9–1.0，*t-2* 刚毛状，*t-3* 短小；外侧感器 *e* 缺失，*f-1* 顶端略膨大成棍棒形，*g* 为匙形，*f-2* 短小；内侧感器 *a'* 中部较宽，*b'-1* 存在，*c'* 短小；中、后胸足的爪垫均长，气孔直径 5.0–6.0 μm，各具 2 个气管龛；雌性外生殖器具有明显的侧端片，头片平滑地向中缘弯曲，体片似乎被分成 3 条块，端阴刺尖细。成虫胸、腹部毛序见表 3-17。

分布：浙江（杭州、舟山、开化、江山）、安徽。

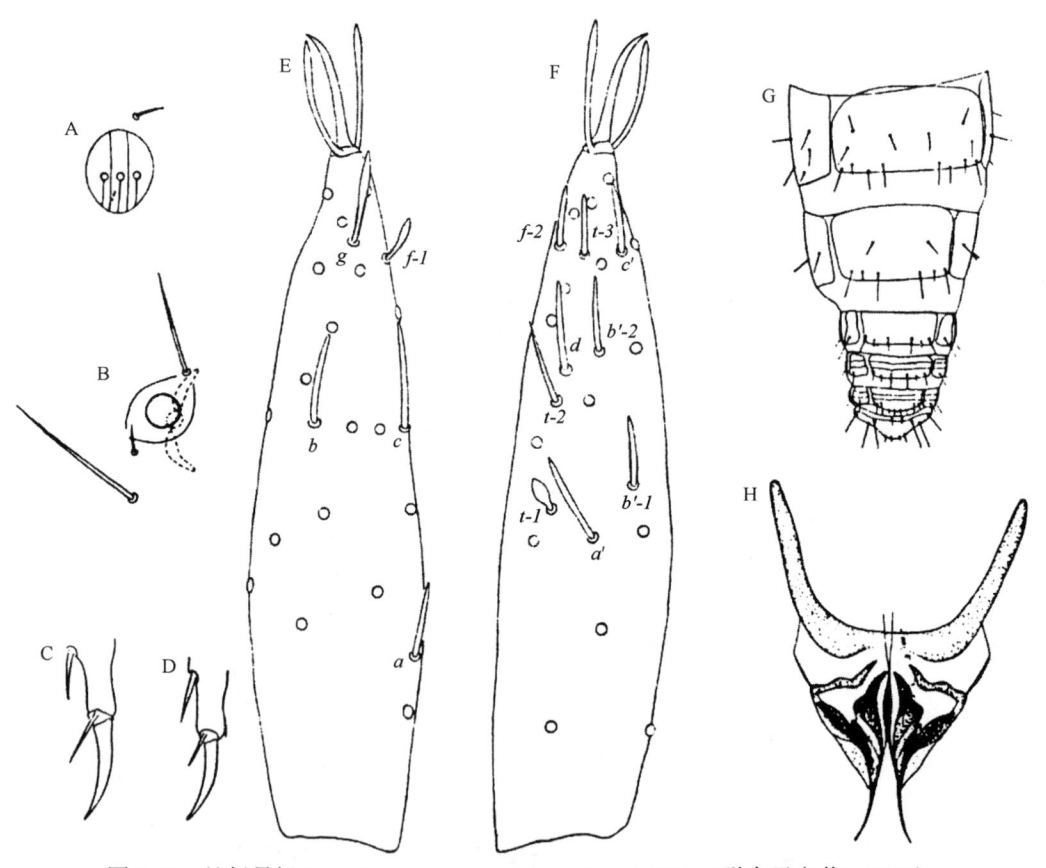

图 3-17　皖拟异蚖 *Pseudanisentomon wanense* Zhang, 1987（引自尹文英，1999）
A. 假眼；B. 中胸气孔；C. 中爪和中垫；D. 后爪和中垫；E. 前跗外侧面观；F. 前跗内侧面观；G. 第 VII–XII 腹节腹板；H. 雌性外生殖器

第三章 古蚖目 Ensentomata 七、古蚖科 Eosentomidae

表 3-17 皖拟异蚖 *Pseudanisentomon wanense* Zhang, 1987 胸部和腹部毛序简表

部位	胸部			腹部									
	I	II	III	I	II–III	IV	V–VI	VII	VIII	IX	X	XI	XII
背面	4	$\frac{6}{16}$	$\frac{6}{16}$	$\frac{4}{8}$	$\frac{10}{16}$	$\frac{10}{16}$	$\frac{8}{16}$	$\frac{8}{16}$	$\frac{6}{9}$	8	8	8	9
腹面	$\frac{6-2}{6}$	$\frac{6-2}{6}$	$\frac{6-4}{8}$	$\frac{4}{4}$	$\frac{6}{4}$	$\frac{6}{10}$	$\frac{6}{10}$	$\frac{6}{10}$	$\frac{2}{7}$	6	6	8	12

（35）小孔拟异蚖 *Pseudanisentomon minystigmum* (Yin, 1979)（图 3-18）

Eosentomon minystigmum Yin, 1979: 83.

Pseudanisentomon minystigmum: Zhang & Yin, 1984: 68.

主要特征：体长 750–850 μm；头长 80–90 μm；假眼具 3 条线纹，长 9 μm，头眼比＝9–10；前跗长 50–55 μm，跗爪比＝5.4–5.8；前跗背面感器 t-1 尖梨形，基端比＝0.9–1.0，t-2 柳叶形，t-3 小棍状；外侧感器 a、b 和 c 长度相仿，d 较粗壮，e 缺失，f-1 柳叶形，f-2 短小，g 呈较粗大的匙形；内侧感器 a' 较长大，b'-1 细小，b'-2 柳叶形，c' 短小；中、后胸足的爪垫均长，气孔很小，直径 2.5–3.5 μm，各具 2 个气管宽；雌性外生殖器的基内骨长大，头片呈蛇头状，端阴刺细长。成虫胸、腹部毛序见表 3-18。

分布：浙江（杭州、开化、江山）、宁夏、江苏、上海、安徽、湖北、福建、云南。

表 3-18 小孔拟异蚖 *Pseudanisentomon minystigmum* (Yin, 1979) 胸部和腹部毛序简表

部位	胸部			腹部									
	I	II	III	I	II–III	IV	V–VI	VII	VIII	IX	X	XI	XII
背面	4	$\frac{6}{16}$	$\frac{6}{16}$	$\frac{4}{10}$	$\frac{10}{16}$	$\frac{10}{16}$	$\frac{8}{16}$	$\frac{8}{16}$	$\frac{6}{9}$	8	8	8	9
腹面	$\frac{6-2}{6}$	$\frac{6-2}{6}$	$\frac{6-4}{8}$	$\frac{4}{4}$	$\frac{6}{4}$	$\frac{6}{10}$	$\frac{6}{10}$	$\frac{6}{10}$	$\frac{2}{7}$	6	6	8	12

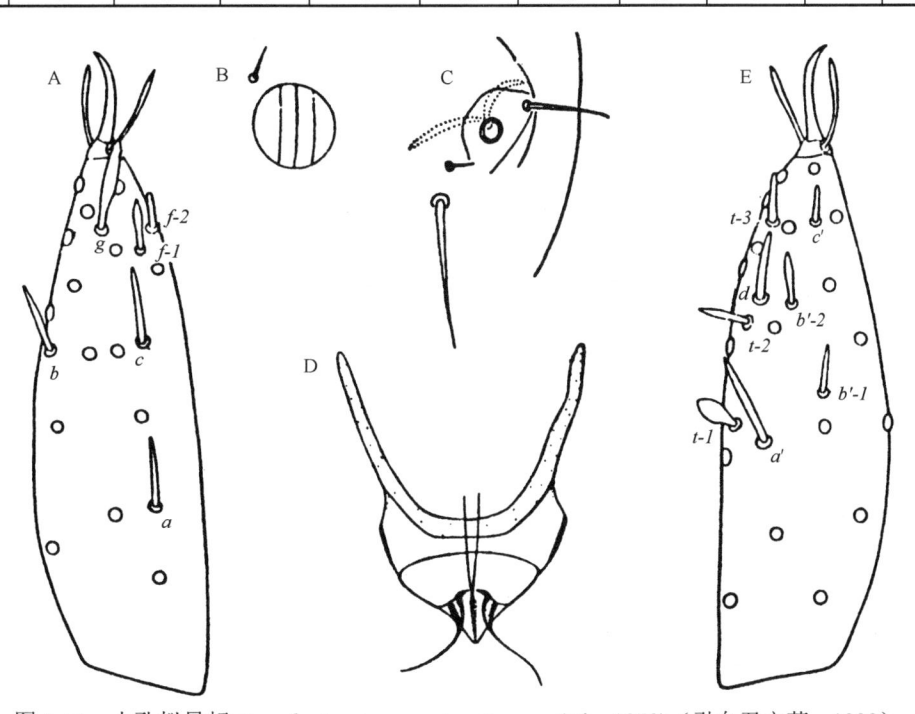

图 3-18 小孔拟异蚖 *Pseudanisentomon minystigmum* (Yin, 1979)（引自尹文英，1999）
A. 前跗外侧面观；B. 假眼；C. 后胸气孔；D. 雌性外生殖器；E. 前跗内侧面观

(36) 三纹拟异蚖 *Pseudanisentomon trilinum* (Zhang et Yin, 1981)（图 3-19）

Anisentomon trilinum Zhang et Yin, 1981: 174.
Pseudanisentomon trilinum: Zhang & Yin, 1984: 69.

主要特征：体长 800–1000 μm；头长 75–80 μm，宽 60–65 μm；假眼具 3 条线纹，长 8 μm，头眼比＝9–10；前跗长 55–58 μm，跗爪比＝5.8–6.4；前跗背面感器 t-1 膨大，基端比＝0.8–0.9，t-2 柳叶形；外侧感器 a 较小，d 较粗壮，e 缺失，f-1 远端略膨大，g 呈较粗大的匙形；内侧感器 a' 中部略宽，b'-1 短小，b'-2 柳叶形，c' 缺失；中、后胸足的爪垫均短小，气孔直径 3.5–4.0 μm；雌性外生殖器腹片为"S"形，头片呈蛇头状，端阴刺细长。成虫胸、腹部毛序见表 3-19。

分布：浙江（杭州、开化、江山）、江西、福建、广东、广西、四川、贵州、云南。

表 3-19 三纹拟异蚖 *Pseudanisentomon trilinum* (Zhang et Yin, 1981) 胸部和腹部毛序简表

部位	胸部 I	II	III	腹部 I	II–III	IV	V–VI	VII	VIII	IX	X	XI	XII
背面	4	$\frac{6}{16}$	$\frac{6}{16}$	$\frac{4}{10}$	$\frac{8}{16}$	$\frac{8}{16}$	$\frac{8}{16}$	$\frac{8}{16}$	$\frac{6}{9}$	8	8	8	9
腹面	$\frac{6-2}{6}$	$\frac{6-2}{6}$	$\frac{6-4}{8}$	$\frac{4}{4}$	$\frac{6}{4}$	$\frac{6}{10}$	$\frac{6}{10}$	$\frac{6}{10}$	$\frac{2}{7}$	6	6	8	12

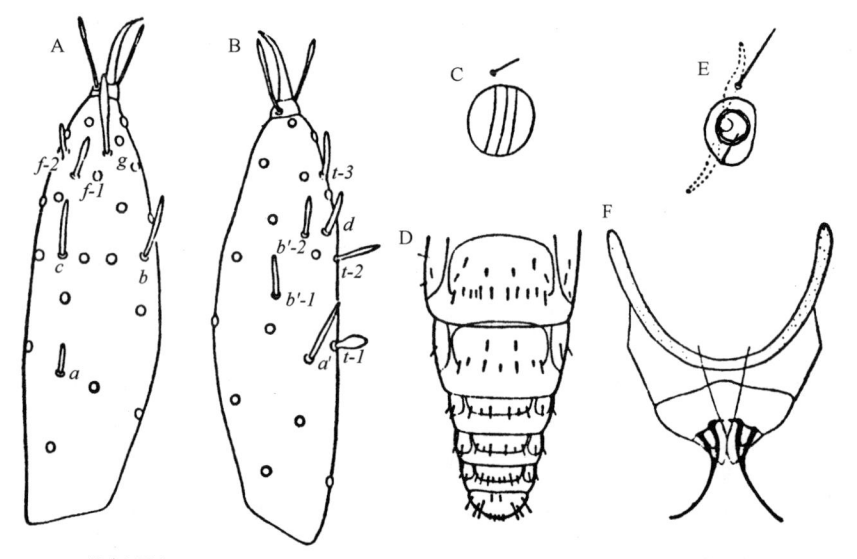

图 3-19 三纹拟异蚖 *Pseudanisentomon trilinum* (Zhang et Yin, 1981)（引自尹文英，1999）
A. 前跗外侧面观；B. 前跗内侧面观；C. 假眼；D. 第 VII–XII 腹节腹板；E. 中胸气孔；F. 雌性外生殖器

14. 新异蚖属 *Neanisentomon* Zhang et Yin, 1984

Neanisentomon Zhang et Yin, 1984: 61. Type species: *Neanisentomon guicum* Zhang et Yin, 1984.

主要特征：体形细长，属小型种类；第 VIII 腹节背板后排缺 Pc 刚毛，刚毛式为 6/8；腹板刚毛式为 2/7；假眼简单或具线纹；前跗外侧感器 e 缺失，g 为匙形，内侧常缺 b'-1、b'-2 和 c'；中、后胸的气孔甚小，直径 2–3 μm；雌性外生殖器简单，无弯曲的头片，仅 1 对较短的蝌蚪状端阴刺。

分布：东洋区。世界已知 4 种，中国记录 4 种，浙江分布 1 种。

（37）天目新异蚖 *Neanisentomon tienmunicum* Yin, 1990（图 3-20）

Neanisentomon tienmunicum Yin, 1990: 107.

主要特征：体长 920–1080 μm；头长 90–100 μm；假眼椭圆形，具有 2 根长纵纹和中间的 3 根短纵纹，头眼比＝10–11；前跗长 50–65 μm，爪长 14–16 μm，跗爪比＝3.7–4.6，垫爪比＝0.9；前跗背面感器 *t-1* 火炬状，基端比＝0.75–0.8，*t-2* 柳叶形，*t-3* 较长；外侧感器 *a*、*b* 和 *c* 长度相仿，*d* 甚长大，*e* 缺失，*f-1* 顶端稍膨大，*f-2* 极小，*g* 为匙形；内侧感器 *a'* 长大，*b'-1*、*b'-2* 和 *c'* 缺失；中、后胸足的爪垫均长，气孔直径 2.5–3.0 μm；雌性外生殖器基内骨甚短，缺头片，端阴刺较短。成虫胸、腹部毛序见表 3-20。

分布：浙江（杭州）。

表 3-20　天目新异蚖 *Neanisentomon tienmunicum* Yin, 1990 胸部和腹部毛序简表

部位	胸部			腹部									
	I	II	III	I	II–III	IV	V–VI	VII	VIII	IX	X	XI	XII
背面	4	$\frac{6}{16}$	$\frac{6}{16}$	$\frac{4}{10}$	$\frac{10}{16}$	$\frac{10}{16}$	$\frac{10}{16}$	$\frac{6}{16}$	$\frac{6}{8}$	8	8	8	9
腹面	$\frac{6-2}{6}$	$\frac{6-2}{6}$	$\frac{6-4}{8}$	$\frac{4}{4}$	$\frac{6}{4}$	$\frac{6}{10}$	$\frac{6}{10}$	$\frac{6}{10}$	$\frac{2}{7}$	6	6	8	12

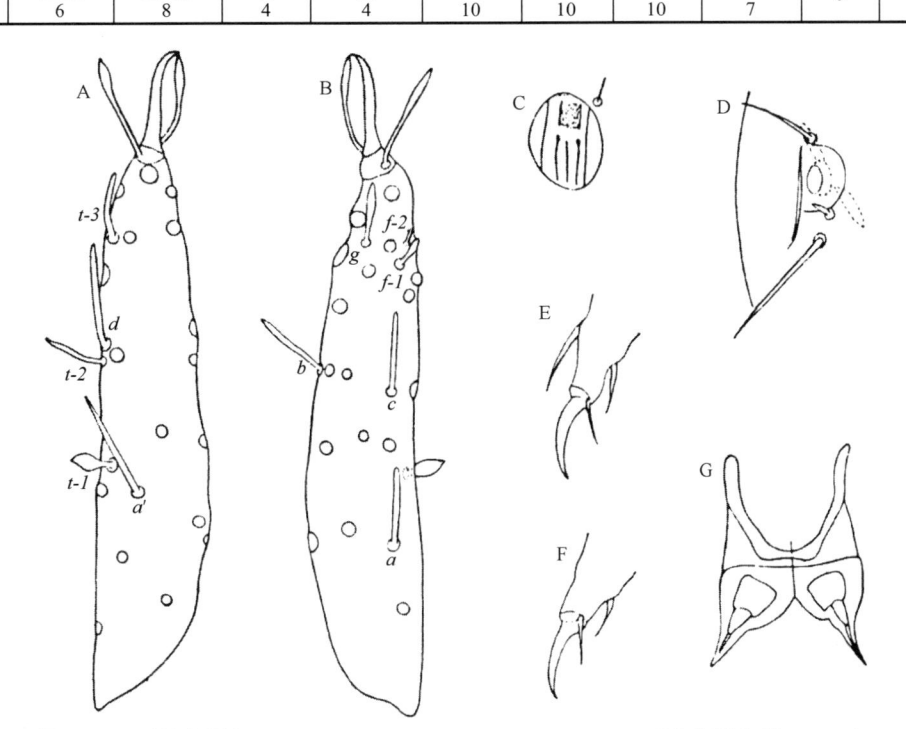

图 3-20　天目新异蚖 *Neanisentomon tienmunicum* Yin, 1990（引自尹文英，1999）
A. 前跗内侧面观；B. 前跗外侧面观；C. 假眼；D. 中胸气孔；E. 中爪和中垫；F. 后爪和中垫；G. 雌性外生殖器

弹尾纲 COLLEMBOLA

弹尾纲俗称跳虫、弹尾虫，是一类小型至微型的六足节肢动物，一般体长为 1–3 mm，无翅。因其腹部第 IV 节腹面具弹器，腹部第 III 节腹面具握弹器，能弹跳而得名；同时，其腹部第 I 节腹面具腹管，而明显区别于其他六足动物。弹尾纲虫体为长纺锤形（原䖴目和长角䖴目）或球形（愈腹目和短角圆䖴目）；部分类群身体背面具假眼。头部具 1 对触角，触角 4 节，第 IV 节末端具端泡；小眼 0–8，有的类群具角后器；口器内口式，具大、小颚，有的类群臼齿盘退化。胸部 3 节，有的类群前胸退化，有的类群前胸向前突出，盖在头部；每一胸节腹面着生 1 对足，分基节、转节、股节、胫跗节，末端具大、小爪，有的小爪退化。腹部 6 节，愈合或分离，部分类群腹部第 VI 节背面具肛刺。体表色斑明显或无，具刚毛，刚毛形态多变，有的特化成感觉毛、陷毛、鳞片。

弹尾纲为表变态。孵化后幼虫不断蜕皮，一般蜕皮 5 次左右后性成熟，有的种类蜕皮可达 52 次。随着蜕皮的进行，体表刚毛数量会增多。弹尾虫雌雄异体，少数具有性二型现象；多数类群为两性生殖，雄性产下精包被雌性拾起完成受精；少数类群（如土䖴属 *Tullbergia*）营孤雌生殖。弹尾纲大多数喜好荫凉、潮湿、有机质丰富的土壤表层至低矮灌木丛，有的类群可在低温（雪地）或高温（夏威夷 54℃的火山口）环境下生存。弹尾纲最喜嗜真菌、孢子和腐败的植物，多数植食性，少数肉食性。主要生活于表层土壤和枯枝落叶层中，是土壤生态系统的消费者和分解者，在土壤有机物的分解和转化、土壤的形成和发育、土壤结构和理化性状的改善等方面均发挥重要作用，是环境质量评估的重要指示生物之一。

弹尾纲是很古老的动物类群，最早的化石标本来自于距今 3.8 亿年前的泥盆纪中期。弹尾纲在地球上广泛分布，从低海拔的海边潮间带到高海拔的珠穆朗玛峰（6400 m 处），从低纬度的赤道区域到高纬度的地球两极均有分布。目前世界已知弹尾纲 4 目 31 科 652 属约 8574 种，中国记录 4 目 18 科 121 属 597 种，浙江分布 4 目 14 科 51 属 107 种。

分目检索表

1. 腹部分节明显，身体长条形 ·· 2
- 腹部分节不明显，身体近球形 ·· 3
2. 前胸背板明显 ··· 原䖴目 **Poduromorpha**
- 前胸背板退化 ··· 长角䖴目 **Entomobryomorpha**
3. 触角与头等长或长 ··· 愈腹目 **Symphypleona**
- 触角比头短 ·· 短角圆䖴目 **Neelipleona**

第四章 原䖴目 Poduromorpha

主要特征：身体长纺锤形。多数体色均一，呈白色、黑色、黄色、紫色或红色，少数种类具色斑。部分类群具角后器，小眼 8 个或退化。上唇具 3 排毛。躯干分节明显；胸部分 3 节，前胸背板发达；腹部分 6 节。表皮颗粒状明显。弹器退化，跳跃能力弱，腹部第 IV 节肛刺有或无，部分类群身体背部两侧具伪孔。

生物学：大多数种类喜生活于潮湿、阴暗、有机质丰富的表层土或枯枝落叶层中，部分类群可生活于水面。主要以孢子和有机质碎屑为食，少数类群因生活于蘑菇等真菌的伞盖中，取食孢子和菌丝，而被认为农业害虫。

分布：世界广布。世界已知 11 科 333 属 3342 种，中国记录 7 科 48 属 196 种，浙江分布 4 科 19 属 28 种。

分科检索表

1. 大颚无或退化，若有，则无臼齿盘 ·· 疣䖴科 Neanuridae
- 大颚有且发达，具臼齿盘 ··· 2
2. 头部与躯干背面无假眼 ·· 球角䖴科 Hypogastruridae
- 头部与躯干背面具假眼 ··· 3
3. 触角第 III 节感器被强壮的锥形乳突遮挡 ·· 棘䖴科 Onychiuridae
- 触角第 III 节感器部分被微弱的表皮遮挡 ·· 土䖴科 Tullbergiidae

八、疣䖴科 Neanuridae

主要特征：体色为单一的红色、蓝色、黄色、紫罗兰色或白色，少数为双色种，偶尔有三色种。小眼为 0–8 个。角后器有或无。触角分为 4 节，等于或短于头直径。触角第 IV 节具单裂、双裂或三裂的端泡。大颚退化且不具臼齿盘，若有，则无臼齿盘。小颚有或无小齿和带边的大膜片。体表具疣。刚毛分普通刚毛和感觉毛两种。大爪具 0–3 个内侧齿。腹管短，具 4+4 或 5+5 根刚毛。弹器发达或退化，端节若有，则膜片小于 3 个。握弹器有或完全退化，最多具 3 齿。

分布：世界广布。世界已知 167 属 1419 种，中国记录 24 属 61 种，浙江分布 6 属 9 种。

分属检索表

1. 弹器消失；触角第 IV 节具 8 根感觉毛；腹部第 VI 节二裂状或平截状 ··· 2
- 弹器有或无；触角第 IV 节感觉毛不为 8 根；腹部第 VI 节不为二裂状和平截状 ······································· 5
2. 腹部第 I–V 节背疣 Di 退化 ·· 少疣䖴属 Yuukianura
- 腹部第 I–V 节背疣 Di 不退化 ··· 3
3. 大颚为流苏状或羽状，多齿 ·· 颚毛䖴属 Crossodonthina
- 大颚非流苏状或羽状，少齿 ··· 4
4. 腹部第 II–IV 节侧疣具感觉毛 ·· 并叶䖴属 Paralobella
- 腹部第 II–IV 节侧疣无感觉毛 ·· 裂叶䖴属 Lobellina

5. 小颚头三角状，具肛刺 ·· 奇刺䖴属 *Friesea*
- 小颚头非三角状，无肛刺 ·· 拟亚䖴属 *Pseudachorutes*

15. 颚毛䖴属 *Crossodonthina* Yosii, 1954

Crossodonthina Yosii, 1954: 791. Type species: *Crossodonthina nipponica* Yosii, 1954.

主要特征：体长 2–3 mm，活体无蓝色色素，多数为红色。小眼退化。口器下口式。唇锥不发达，大颚多齿状、梳状或流苏状，具多纤细刚毛。小颚针状。身体上的疣粒圆形，头部背疣 Di 具 1–2 根刚毛，腹部 I–IV 的背疣 Di 具 2–4 根刚毛。腹管刚毛 4+4。大爪内侧具 1–3 个齿，小爪和粘毛无。弹器退化。

分布：古北区、东洋区。世界已知 12 种，中国记录 8 种，浙江分布 2 种。

（38）二齿颚毛䖴 *Crossodonthina bidentata* Luo *et* Chen, 2009（图 4-1）

Crossodonthina bidentata Luo *et* Chen, 2009: 57.

主要特征：体长可达 2.2 mm。活体红色。小眼 2+2，无色且相互分离。眼区疣具 3 根刚毛。触角第 III–IV 节背面愈合，端泡三裂叶状。上唇毛序为 2/52。下唇具 2 个下唇器，亚颏和颏各具 4 根刚毛。大颚延长，有 2 个发达的基部齿和 3 个流苏状弯曲分支。小颚头分叉，内侧支具 2 个端部小齿，外侧支端部具分支。胫跗节 I、II、III 分别具 19、19、18 根刚毛。大爪具 1 内齿，基部颗粒状；小爪和粘毛无。腹管刚毛 4+4。弹器退化，具 5 根刚毛。

分布：浙江（临安、新昌、诸暨、黄岩、天台、龙湾、永嘉、泰顺）。

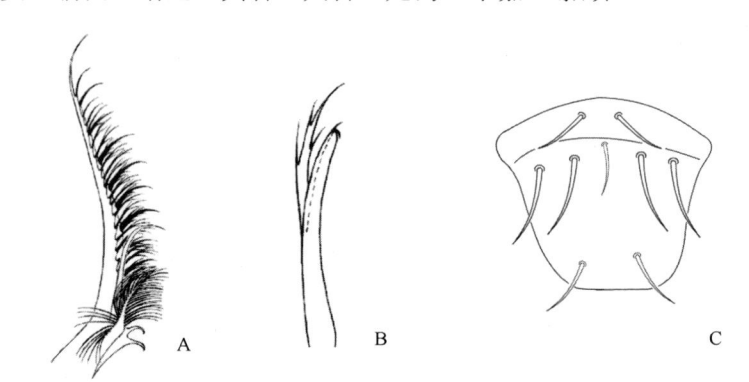

图 4-1 二齿颚毛䖴 *Crossodonthina bidentata* Luo *et* Chen, 2009（引自 Luo and Chen，2009）
A. 大颚；B. 小颚；C. 上唇

（39）天童山颚毛䖴 *Crossodonthina tiantongshana* Xiong, Chen *et* Yin, 2005（图 4-2）

Crossodonthina tiantongshana Xiong, Chen *et* Yin, 2005: 545.

主要特征：体长可达 3 mm。活体亮红色。小眼 3+3，眼区着色浅。触角第 III–IV 节背面愈合，端泡三裂叶状。上唇毛序为 0/22。下唇器具 2（3）根刚毛，亚颏和颏各具 4 根刚毛。大颚头延长，有 2 个流苏状分支，1 光滑鞭和 5 个基部齿。小颚头具 2 分支，内侧支具 2 个端齿和 1 中间齿，外侧支又分成 3 亚支，内侧亚支端部纤毛化。胫跗节 I、II、III 分别具 19、19、18 根刚毛。大爪内侧具 1–3 分叉齿。小爪和粘毛无。腹管刚毛 4+4。弹器退化，具 3 根刚毛。

分布：浙江（鄞州、天台、永嘉、乐清）。

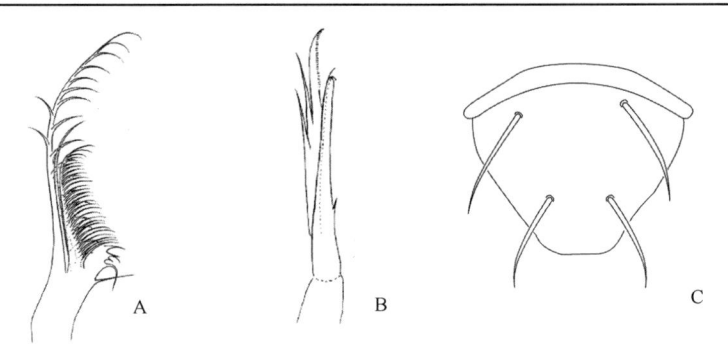

图 4-2　天童山颚毛䖴 *Crossodonthina tiantongshana* Xiong, Chen et Yin, 2005（引自 Xiong et al., 2005）
A. 大颚；B. 小颚；C. 上唇

16. 裂叶䖴属 *Lobellina* Yosii, 1956

Lobella (*Lobellina*) Yosii, 1956b: 613. Type species: *Lobella roseola* Yosii, 1954.
Lobelina: Cassagnau, 1983: 15.

主要特征：身体无色斑，小眼 3+3，黑色。疣发达。上唇毛序为 0/22。小颚针状。大颚具 3 齿或多齿。背部大刚毛变宽，成对排列，端部圆钝。小感觉毛毛序为 2+ms, 2/11111。腹部第 I 节侧疣无额外感觉毛。胸部第 II–III 节背部内侧疣 Di 具 2 根大刚毛（Di$_1$ 和 Di$_2$）和 1 根小刚毛。腹部第 V 节具 2+2 或 3+3 个疣，外侧疣 De 与侧疣 Dl 愈合或独立。

分布：古北区、东洋区，少量分布于新热带区。世界已知 23 种，中国记录 2 种，浙江分布 1 种。

（40）愈疣裂叶䖴 *Lobellina fusa* Jiang, Wang et Xia, 2018（图 4-3）

Lobellina fusa Jiang, Wang et Xia, 2018: 4.

主要特征：体长可达 3.7 mm。活体红色。小眼 3+3，黑色。触角第 III–IV 背面愈合，端泡三裂叶状。头部内侧疣 Di 愈合。上唇毛序为 0/22。下唇具 7 根刚毛和 2 个微小的感器。大颚具 3 个主齿，顶端主齿分成 4 个小端齿。小颚具 2 个愈合的针状膜片，其中 1 个具 2 个小端齿。大爪具 1 内齿，无侧齿。小爪无。腹管刚毛 4+4。弹器退化，具 3 根刚毛。

分布：浙江（临安）。

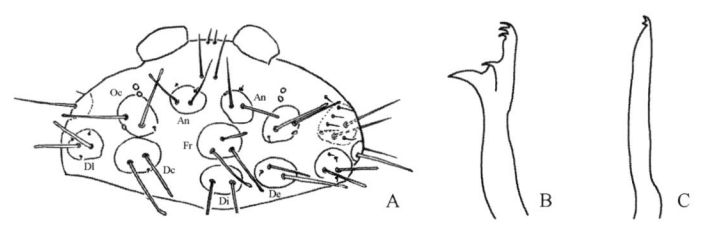

图 4-3　愈疣裂叶䖴 *Lobellina fusa* Jiang, Wang et Xia, 2018（引自 Jiang et al., 2018）
A. 头部毛序；B. 大颚；C. 小颚

17. 奇刺䖴属 *Friesea* von Dalla Torre, 1895

Friesea von Dalla Torre, 1895: 23. Type species: *Triaena mirabilis* Tullberg, 1871.

主要特征：小颚三角形，具 2 个锯齿状的膜片。大颚刀状，具大齿。角后器和小爪无。弹器不同程度退化，齿节最多具 3 根刚毛；握弹器退化，最多具 2+2 齿。肛刺 2–8 根。

分布：世界广布。世界已知 191 种，中国记录 7 种，浙江分布 2 种。

(41) 太平洋奇刺蚖 *Friesea pacifica* (Yosii, 1958)（图 4-4）

Conotelsa pacifica Yosii, 1958: 683.
Friesea pacifica: Salmon, 1964: 266.

主要特征：体长 1.8 mm。体表具不规则灰紫色，触角和足着色深，弹器灰色。小眼 8+8。触角与头径比为 2：2.5；触角第 IV 节端泡三裂叶状，具 6 根弯曲的感觉毛。无角后器。大颚具多个端部齿；小颚具锯齿状的小膜片，无齿。大爪内侧淡色，无颗粒状和齿。无小爪和粘毛。弹器齿节具 3 根刚毛。肛刺 5 根。

分布：浙江（临安、黄岩）、福建、海南；日本。

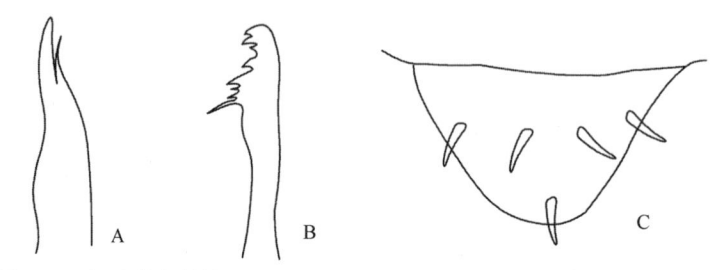

图 4-4　太平洋奇刺蚖 *Friesea pacifica* (Yosii, 1958)（引自 Yosii，1958）
A. 大颚；B. 小颚；C. 肛刺

(42) 日本奇刺蚖 *Friesea japonica* Yosii, 1954（图 4-5）

Friesea japonica Yosii, 1954: 782.

主要特征：体长可达 1 mm。体白色，背部具蓝色斑。小眼 8+8。触角比头径短。触角第 III 节与第 IV 节愈合；第 III 节具 5 根感觉毛；触角第 IV 节端泡单裂，具 4–5 根感觉毛。角后器无。大颚具 7–8 个齿。小颚具 2 个锯齿状的膜片。胫跗节无膨大的粘毛。大爪内侧无齿，小爪无。弹器退化，齿节具 2–3 根刚毛。握弹器具 2+2 齿，无刚毛。肛刺 3 根。

分布：浙江（泰顺）；日本，印度。

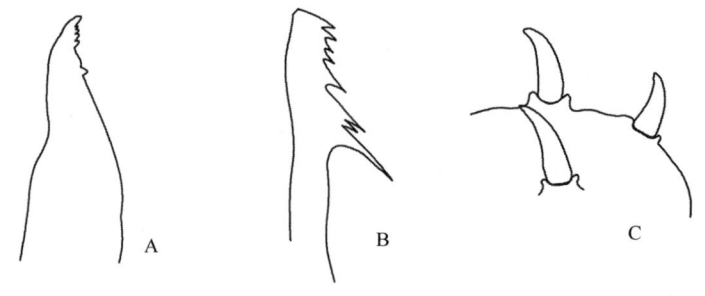

图 4-5　日本奇刺蚖 *Friesea japonica* Yosii, 1954（引自 Yosii，1954）
A. 大颚；B. 小颚；C. 肛刺

18. 并叶蚖属 *Paralobella* Cassagnau *et* Deharveng, 1984

Paralobella Cassagnau *et* Deharveng, 1984: 9. Type species: *Paralobella orousseti* Cassagnau *et* Deharveng, 1984.

主要特征：体长可达 3 mm。小眼 3+3。多数种体红色。头背面具 2 个弱的、相互独立的触角疣 An，上唇毛序为 0/22，大颚具 3 个主齿，小颚针状，眼区疣 Oc 具 3 根刚毛，具额疣 Fr，腹部第 I–IV 节的侧疣具 1 根感觉毛，腹部第 V 节的背外侧疣 De 与背侧疣 Dl 愈合。

分布：古北区、东洋区。世界已知 13 种，中国记录 3 种，浙江分布 2 种。

（43）天目并叶蚖 *Paralobella tianmuna* Jiang, Wang *et* Xia, 2018（图 4-6）

Paralobella tianmuna Jiang, Wang *et* Xia, 2018: 8.

主要特征：体长可达 3 mm。活体为红色。小眼 3+3。触角第 IV 节端泡三裂叶状。上唇圆形，毛序为 0/22。大颚具 7 个齿。小颚针状，端部具 2 个钩状齿。头背部额疣 Fr 具刚毛 O，触角疣具 4 根刚毛。大爪具 1 内侧齿，无侧齿。腹管刚毛 4+4。弹器退化，具 3 根刚毛，无小刚毛。

分布：浙江（临安）。

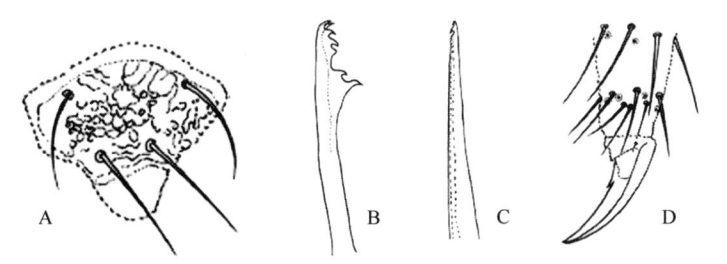

图 4-6　天目并叶蚖 *Paralobella tianmuna* Jiang, Wang *et* Xia, 2018（引自 Jiang et al., 2018）
A. 上唇；B. 大颚；C. 小颚；D. 爪

（44）沼泽并叶蚖 *Paralobella palustris* Jiang, Luan *et* Yin, 2012（图 4-7）

Paralobella palustris Jiang, Luan *et* Yin, 2012: 71.

主要特征：体长可达 3 mm。活体为红色。小眼 3+3，相互分离。触角第 III–IV 节背面愈合，端泡三裂叶状。上唇毛序为 0/22。下唇具下唇器 2 个和 11 根刚毛。大颚延长，具基部齿和 3 个端部分支，左侧上支具 5 个齿，右侧上支具 7 个齿；中支具 4 个齿；下支具 3 齿。小颚针状，小颚头具 2 膜片，短膜片具 2 钩，长膜片具 4 个小齿。大爪具 1 内齿，基部颗粒状。小爪和粘毛无。腹管刚毛 4+4。弹器退化，具 3 根刚毛。

分布：浙江（临安）。

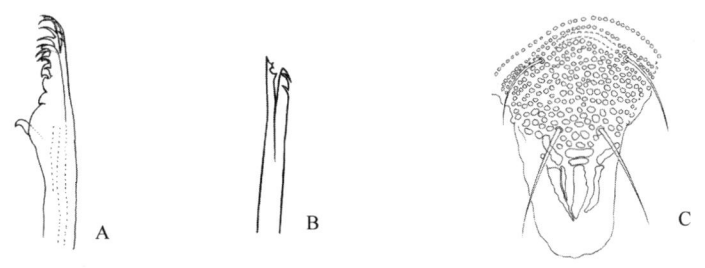

图 4-7　沼泽并叶蚖 *Paralobella palustris* Jiang, Luan *et* Yin, 2012（引自 Jiang et al., 2012）
A. 大颚；B. 小颚；C. 上唇

19. 少疣蚖属 *Yuukianura* Yosii, 1955

Protanura Yosii, 1953: 70. Type species: *Protanura aphoruroides* Yosii, 1953.

Yuukianura Yosii, 1955b: 384.

主要特征：身体纤细；背内侧疣 Di 退化，仅为毛；其他疣也非常不发达；大颚具 6 齿；小颚具 3 齿，内颚叶纤细并呈流苏状。

分布：古北区、东洋区。世界已知 7 种，中国记录 1 种，浙江分布 1 种。

（45）希拉少疣虮 *Yuukianura aphoruroides* (Yosii, 1953)（图 4-8）

Protanura aphoruroides Yosii, 1953: 69.
Yuukianura aphoruroides: Yosii, 1955b: 384.

主要特征：体长可达 2 mm。体白色，侧面具黑色斑，体表小颗粒状。小眼 3+3，黑色。无角后器。触角比头径短。触角第 III–IV 节背面愈合。大颚具 6 齿。小颚头具 3 个端齿和流苏状膜片。大爪具 1 内侧齿。小爪退化。

分布：浙江（临安）。

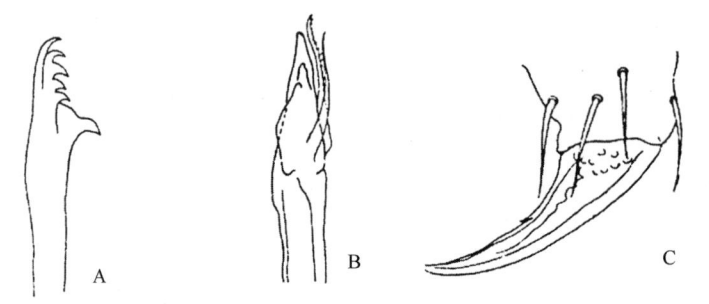

图 4-8 希拉少疣虮 *Yuukianura aphoruroides* (Yosii, 1953)（引自 Yosii，1953）
A. 大颚；B. 小颚；C. 爪

20. 拟亚虮属 *Pseudachorutes* Tullberg, 1871

Pseudachorutes Tullberg, 1871: 155. Type species: *Pseudachorutes subcrassus* Tullberg, 1871.

主要特征：小眼 8+8。多数为红色。角后器具 6–15 个圆形或椭圆形疣。大颚无臼齿盘，端部具 1 排 2–10 个齿，少数具 2 排；小颚钩状，偶尔端部分成 2 个细尖结构；偶尔为 3–4 个疣；握弹器具 3+3 齿，无刚毛；弹器发达；端节长，端部具勺状上翻，多数为齿节的一半长。

分布：世界广布。世界已知 119 种，中国记录 7 种，浙江分布 1 种。

（46）陈氏拟亚虮 *Pseudachorutes cheni* Shi, Jiang *et* Pan, 2008（图 4-9）

Pseudachorutes cheni Shi, Jiang *et* Pan, 2008: 57.

主要特征：体长可达 2.15 mm。身体红色。小眼 8+8。头背部毛光滑、短小。角后器具 14–17 个棒状突起。触角第 III–IV 节背面愈合，端泡三裂叶状。上唇毛序为 4/352；前端窄、圆，无刺状刚毛和短感觉毛。大颚具 3 齿，中间齿最小。小颚钩针状，无小齿。大爪具 1 内齿。小爪和粘毛无。腹管刚毛 4+4。握弹器齿 3+3，无刚毛。端节无外侧和内侧膜片，齿节具 6 根刚毛。

分布：浙江（椒江、黄岩、三门、温岭、临海、永嘉、泰顺、乐清）。

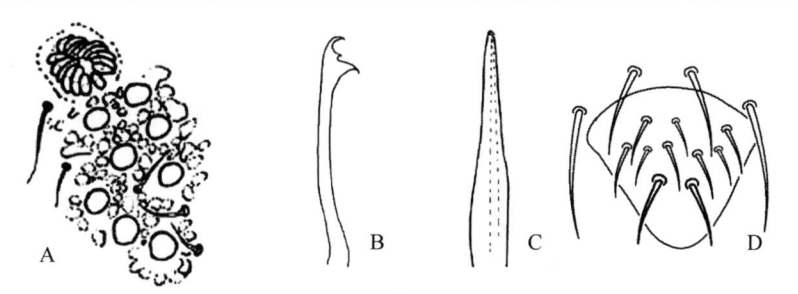

图 4-9　陈氏拟亚䖴 *Pseudachorutes cheni* Shi, Jiang *et* Pan, 2008（引自 Shi et al., 2008）
A. 角后器和眼区；B. 大颚；C. 小颚；D. 上唇

九、球角䖴科 Hypogastruridae

主要特征：体长 0.25–4.5 mm，身体呈纺锤形。体刚毛稀少，表皮有明显颗粒。具色素，但是在土栖或洞穴生活的种类色素较淡。头部有 2 根较短触角，常短于头壳长度。触角第 IV 节顶端具 1 个可伸缩的泡状突起，呈单瓣、双瓣或三瓣状。小眼 0–8。角后器由数量不定的多个泡状突起组成，少数类群无角后器。咀嚼式口器，具有强壮的上颚和发达的颚臼盘（除了 *Microgastrura* 的上颚略微愈合）。胸部第 I 节背板可见。躯干背部无伪孔。多数具 2 根肛刺。

分布：世界广布。世界已知 44 属 717 种，中国记录 6 属 41 种，浙江分布 4 属 9 种。

分属检索表

1. 小眼 8+8 ·· 2
- 小眼 5+5，或无眼 ·· 3
2. 背板刚毛大多分化，容易区分；肛刺通常较长 ·· 泡角䖴属 *Ceratophysella*
- 背板刚毛几乎等长；肛刺通常较短 ·· 球角䖴属 *Hypogastrura*
3. 小眼 5+5；无角后器；有色素 ·· 奇䖴属 *Xenylla*
- 无眼；有角后器；无色素 ··· 威䖴属 *Willemia*

21. 泡角䖴属 *Ceratophysella* Börner, 1932

Ceratophysella Börner in *Brohmer*, 1932: 136. Type species: *Podura armata* Nicolet, 1842.

主要特征：体长 0.7–2.2 mm。体色多样，灰色、蓝色、紫色、棕色至黑色。刚毛分化较明显，能简单区分小毛和大毛。眼通常 8+8，具包含 4 个泡状突起的角后器。爪上具明显的内齿，最多 2 个侧齿。握弹器通常具 4+4 齿。有强壮的弹器。肛刺通常发达，基部有长乳突。

分布：世界广布，多数种类分布于全北区。世界已知 140 种，中国记录 15 种，浙江分布 5 种。

分种检索表

1. 头部两侧在额部均有 1 个角膜状结构 ··· 中华泡角䖴 *C. sinensis*
- 头部两侧在额部没有角膜状结构 ·· 2
2. 体表颗粒明显，在背板上有粗糙颗粒构成的显著区域 ··· 颗粒泡角䖴 *C. granulata*
- 体表颗粒没有在背板上构成显著区域 ·· 3
3. 第 V 腹节背板无针状刚毛 ·· 具齿泡角䖴 *C. denticulata*
- 第 V 腹节背板有 1–2 根针状刚毛 ·· 4
4. 第 V 腹节背板有 1 根针状刚毛 ·· 三刺泡角䖴 *C. liguladorsi*
- 第 V 腹节背板有 2 根针状刚毛 ·· 四刺泡角䖴 *C. duplicispinosa*

（47）具齿泡角䖴 *Ceratophysella denticulata* (Bagnall, 1941)（图 4-10）

Achorutes denticulatus Bagnall, 1941: 218.
Ceratophysella denticulata: Stach, 1949: 118.

主要特征：体长 1.2–1.8 mm。体蓝灰色。大小刚毛略微分化，部分刚毛锯齿状。触角第 IV 节有 1 个简单构造的顶端泡。胫跗节 I–III 各有 1 根明显的粘毛。爪上有 1 个内齿和 2 个侧齿。弹器齿节上有 7 根刚毛，中间 2–3 根粗壮且有锯齿。有肛刺，几乎与爪的内缘等长，肛刺位于较长乳突上。

分布：浙江（临安）、山东、陕西、宁夏、江苏、上海、海南；世界广布。

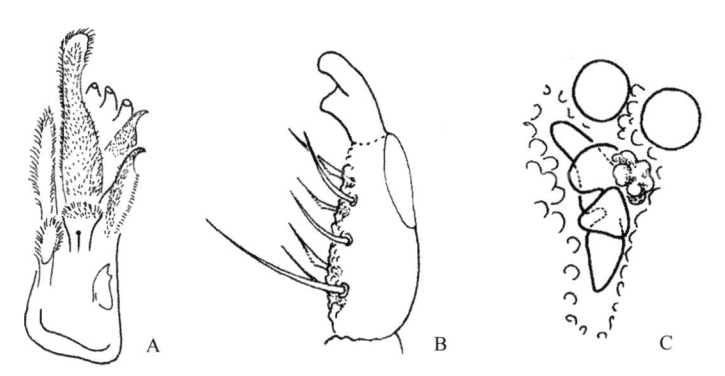

图 4-10　具齿泡角蚖 *Ceratophysella denticulata* (Bagnall, 1941)（引自 Fjellberg，1998）
A. 大颚；B. 弹器、齿节和端节；C. 角后器和部分小眼

（48）四刺泡角蚖 *Ceratophysella duplicispinosa* (Yosii, 1954)（图 4-11）

Hypogastrura duplicispinosa Yosii, 1954: 781.

Ceratophysella duplicispinosa: Babenko et al., 1994: 125.

主要特征：体长不超过 1.5 mm。体色介于紫灰至绿灰色之间，有黑色斑点。大小刚毛显著分化，大刚毛锯齿状。触角第 IV 节有 1 个三瓣状的顶端感泡。爪上有 1 个内齿和 2 个侧齿。弹器齿节上有 7 根刚毛，中间 2 根粗壮。在第 V 腹节背板上有 2 根针状刚毛。有较长肛刺，长度约为爪的 1.5 倍。

分布：浙江（临安）、上海、湖南、福建、广东；俄罗斯、日本。

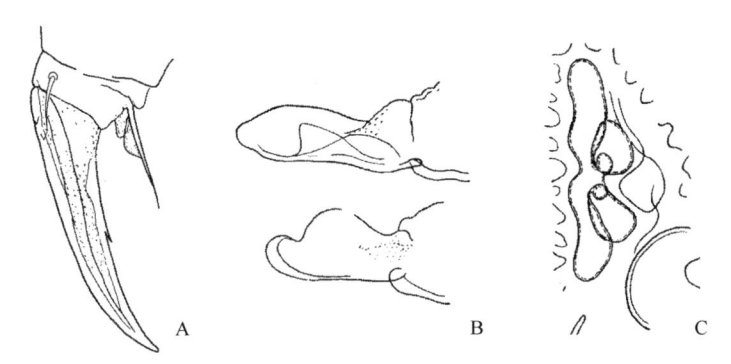

图 4-11　四刺泡角蚖 *Ceratophysella duplicispinosa* (Yosii, 1954)（引自 Yosii，1954）
A. 中足爪；B. 端节；C. 角后器

（49）颗粒泡角蚖 *Ceratophysella granulata* Stach, 1949（图 4-12）

Ceratophysella granulata Stach, 1949: 133.

主要特征：体长 1.5–1.8 mm。体蓝灰色。体表颗粒明显，在背板上有粗糙颗粒构成的显著区域。大小刚毛显著分化，大刚毛多数光滑，同时在泡角蚖属中算是相当长的。触角第 IV 节有 1 个简单构造的顶端感泡。角后器有 1 个很大的副泡。胫跗节 I–III 各有 1 根明显的粘毛。爪上有 1 个内齿和 2 个侧齿。弹器齿节上有 7 根刚毛，基部那根较长，是其余的 2 倍长。有肛刺，较弯曲，几乎与爪等长。

分布：浙江（杭州）；古北区。

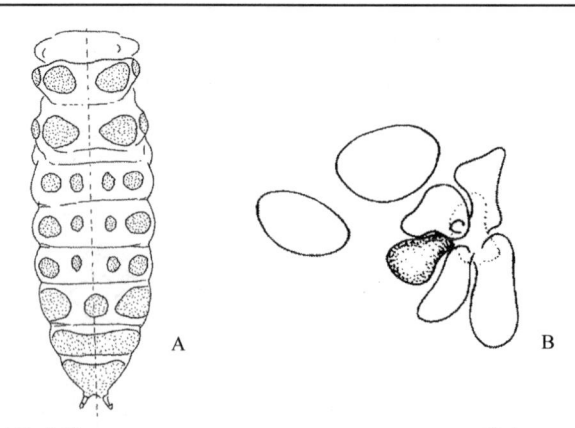

图 4-12 颗粒泡角蚖 *Ceratophysella granulata* Stach, 1949（引自 Fjellberg，1998）
A. 体背粗糙颗粒区域的分布；B. 角后器和部分小眼

（50）三刺泡角蚖 *Ceratophysella liguladorsi* (Lee, 1974)（图 4-13）

Hypogastrura liguladorsi Lee, 1974: 95.
Ceratophysella liguladorsi: Babenko et al., 1994: 132.

主要特征：体长不超过 1.8 mm。体亮灰色到紫灰色。体表有细小颗粒。大小刚毛显著分化。触角第 IV 节有 1 个小的、多数情况下为三瓣状的顶端感泡。胫跗节 I–III 各有 1 根明显的粘毛。爪上有 1 个内齿和 2 个侧齿。弹器齿节上有 7 根刚毛，中间 2–4 根粗壮且有锯齿，端节长度为齿节的一半。多数情况下，在第 V 腹节背板上有 1 根形态多变的针状刚毛。肛刺形态多变，多数情况下强壮，比爪长，肛刺位于较长乳突上。

分布：浙江（临安）、上海、湖南；俄罗斯，韩国，印度尼西亚。

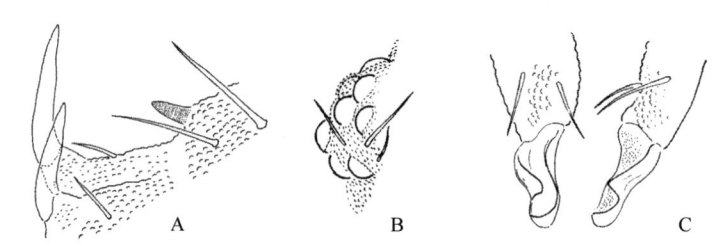

图 4-13 三刺泡角蚖 *Ceratophysella liguladorsi* (Lee, 1974)（引自 Lee，1974）
A. 针状刚毛和肛刺；B. 眼区；C. 端节

（51）中华泡角蚖 *Ceratophysella sinensis* Stach, 1964（图 4-14）

Ceratophysella sinensis Stach, 1964: 5.

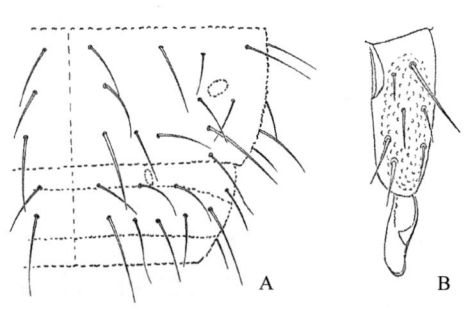

图 4-14 中华泡角蚖 *Ceratophysella sinensis* Stach, 1964（引自 Stach，1964）
A. 腹部第 IV 和 V 节；B. 弹器、齿节和端节

主要特征：体长不超过 2 mm。体深棕色。有体表颗粒。大小刚毛分化不明显。头部两侧在额部均有 1

个角膜状结构。胫跗节 I–III 各有 1 根不明显的粘毛。弹器齿节上有 7 根刚毛，基部那根较长，是其余的 2 倍长。齿节是端节的 2.25 倍。肛刺约为爪长的 3/4，基部位于乳突上。

分布：浙江（临安）；日本。

22. 球角䖴属 *Hypogastrura* Bourlet, 1839

Hypogastrura Bourlet, 1839: 404. Type species: *Hypogastrura aquatica* Bourlet, 1839.

主要特征：体长 0.6–2.7 mm。体色多样，灰色、蓝色、紫色、棕色至黑色。背板上大、小刚毛难以区分。眼通常 8+8，角后器有 4 个泡状突起。爪长，通常具 1 个小内齿，少数有侧齿。有小爪，长度达到爪内缘一半。握弹器 3+3 或 4+4 齿。有强壮的弹器。具肛刺，通常较小，多数基部有乳突。

分布：世界广布，多数种类分布于全北区。世界已知 169 种，中国记录 10 种，浙江分布 1 种。

（52）吉井氏球角䖴 *Hypogastrura yosii* Stach, 1964（图 4-15）

Hypogastrura yosii Stach, 1964: 3.

主要特征：体长 0.7–1 mm。体蓝棕色。有粗糙的体表颗粒，除第 V 腹节颗粒较大外，其余部分大小均匀。体表刚毛小而光滑，仅第 V 和第 VI 腹节上的大小刚毛能够区别。触角第 IV 节有 1 个简单构造的顶端感泡。胫跗节 I–III 各有 1 根明显的粘毛。爪上没有小齿。弹器齿节上有 7 根刚毛，基部那根较长，长度约为齿节的一半。端节短，外侧有 1 不明显的薄层。肛刺很短，基部在发达的乳突上。

分布：浙江（杭州）、上海。

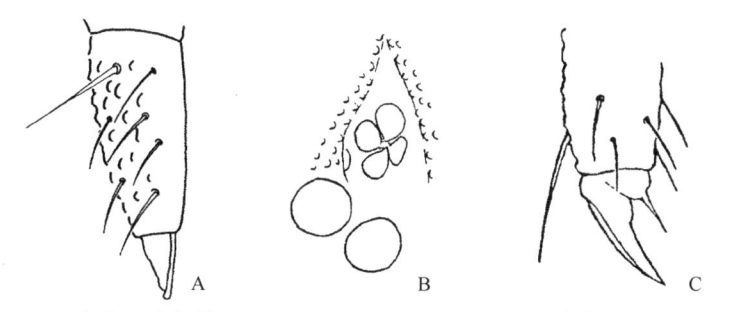

图 4-15 吉井氏球角䖴 *Hypogastrura yosii* Stach, 1964（引自 Stach，1964）
A. 弹器齿节和端节；B. 角后器和部分小眼；C. 第 III 足端部

23. 威䖴属 *Willemia* Börner, 1901

Willemia Börner, 1901a: 428. Type species: *Willemia anophthalma* Börner, 1901.

主要特征：体型较小，体长 0.25–1 mm。没有色素。没有眼。有角后器，角后器根据种类由 4–21 个泡状突起组成。爪短而壮，无齿。小爪很小。无握弹器和弹器。具有 2 个微型的肛刺，基部有小型或无乳突。

分布：世界广布。世界已知 48 种，中国记录 3 种，浙江分布 1 种。

（53）朝鲜威䖴 *Willemia koreana* Thibaud *et* Lee, 1994（图 4-16）

Willemia koreana Thibaud *et* Lee, 1994: 39.

主要特征：体长 0.25–0.4 mm。无色素。背板上大、小刚毛难以区分。触角第 IV 节有 1 个简单构造的顶端感泡。角后器通常由 6 个简单泡状突起组成，极少数情况下 7 或 8 个。小爪无或是愈合成一个小针状的突起。有 2 根很小的肛刺，同第 III 爪的比例为 2∶5。

分布：浙江（宁波）；韩国。

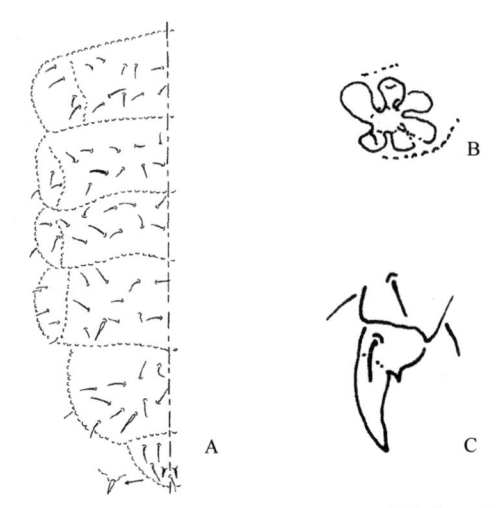

图 4-16　朝鲜威蚖 *Willemia koreana* Thibaud *et* Lee, 1994（引自 Thibaud and Lee，1994）
A. 腹部背面毛序；B. 角后器；C. 爪

24. 奇蚖属 *Xenylla* Tullberg, 1869

Xenylla Tullberg, 1869: 11. Type species: *Xenylla maritima* Tullberg, 1869.

主要特征：体长 0.4–2 mm。体色通常为深蓝色。5+5 眼，少数种类 4+4 眼。无角后器。爪上有小齿，少数无。无小爪。握弹器极少数没有，通常具 3+3 或 2+2 齿。弹器极少数没有，有弹器的情况下有以下 3 种情况：①齿节与端节分离；②齿节与端节愈合成端齿节；③端节退化消失。肛刺 2 根，少数无。

分布：世界广布。世界已知 138 种，中国记录 4 种，浙江分布 2 种。

（54）勃氏奇蚖 *Xenylla boerneri* Axelson, 1905（图 4-17）

Xenylla boerneri Axelson, 1905: 789.

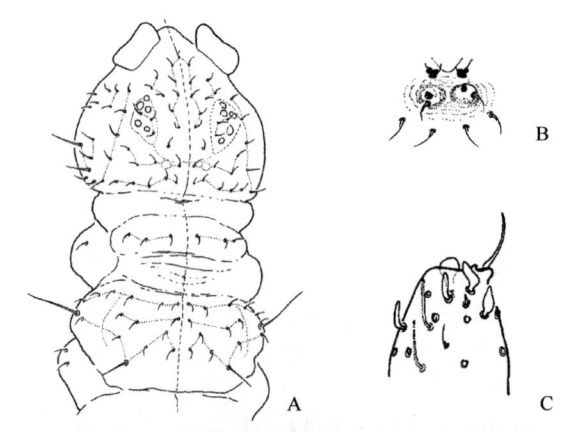

图 4-17　勃氏奇蚖 *Xenylla boerneri* Axelson, 1905（引自 Fjellberg，1998）
A. 头部至第 II 胸节背面毛序；B. 握弹器和弹器突起；C. 触角第 IV 节感器

主要特征：体长 0.4–0.7 mm。体蓝色。体表有不规则的颗粒。触角第 IV 节有 1 个简单构造的顶端感泡。5+5 眼，无角后器。胫跗节 I–III 各有 2 根明显的圆柱形粘毛。爪上无小齿，无小爪。握弹器 2+2 齿。有极度退化的弹器，仅有弹器基和齿节，无端节；齿节长度约为第 III 爪内缘的一半，齿节上仅有 1 根短刚毛。有很小的肛刺，着生在和肛刺一样小的乳突上。

分布：浙江（临安）；俄罗斯，立陶宛，波兰，乌克兰。

（55）短刺奇虮 *Xenylla brevispina* **Kinoshita, 1916**

Xenylla brevispina Kinoshita, 1916: 495.

主要特征：体长 1–1.5 mm。胫跗节 I–III 各有 2 根明显的圆柱形粘毛。爪上无小齿。握弹器 3+3 齿。有弹器，端节与齿节分离，齿节上 2 根刚毛。端节比齿节短，在距基部 1/4 的腹面处有 1 小齿。有很小的肛刺，着生在不发达的乳突上。

分布：浙江（杭州、天台）；韩国，日本，尼泊尔。

十、棘䖴科 Onychiuridae

主要特征：多数体长 1–2.5 mm。身体长形，背腹略扁平。体毛稀少，刚毛简单、光滑，表皮有粗糙颗粒。多数种类体表无色素，少数种类具有黄色色素。在头部和身体上有假眼，不同种类假眼的位置和数量有很大差异。头部有 1 对棒状触角，较短，分 4 节。触角第 III 节感器由 2 根小感觉毛及周围的护卫毛组成，小感觉毛形态多样，呈圆形、圆锥形或桑葚形。触角第 IV 节顶端无感觉泡，亚顶端有凹陷，凹陷内长有小乳突。无眼。角后器形态多样，多数种类角后器狭长，并由 2 排平行的多个小泡组成，两端小泡闭合，少数种类单泡或无泡。胫跗节无棒状粘毛。弹器退化，多数种类无弹器或仅余 1 个小突起。肛刺有或无。

分布：世界广布。世界已知 53 属 696 种，中国记录 16 属 91 种，浙江分布 7 属 8 种。

分属检索表

1. 弹器退化为 1 个不分裂的褶突 ·· 棘皮䖴属 *Protaphorura*
- 弹器退化成有细密颗粒的区域 ·· 2
2. 弹器区域后方有 2+2 或 1+1 刚毛，按 1 行分布 ·· 3
- 弹器区域后方有 2+2 齿节刚毛，按 2 行分布 ·· 6
3. 无肛刺 ·· 原棘䖴属 *Orthonychiurus*
- 有肛刺 ·· 4
4. 角后器由 12–14 个复合小泡组成 ·· 宝岛䖴属 *Formosanonychiurus*
- 角后器由超过 20 个复杂小泡组成 ·· 5
5. 角后器由 20 多个复杂小泡组成 ·· 棘䖴属 *Onychiurus*
- 角后器由超过 50 个复杂小泡组成 ·· 李氏棘䖴属 *Leeonychiurus*
6. 角后器由复杂小泡组成 ·· 异棘䖴属 *Allonychiurus*
- 角后器由简单小泡组成 ·· 滨棘䖴属 *Thalassaphorura*

25. 棘䖴属 *Onychiurus* Gervais, 1841

Onychiurus Gervais, 1841: 372. Type species: *Podura ambulans* Linnaeus, 1758.

主要特征：体长 0.7–4 mm。体自纺锤形到宽椭圆形。无色素，白色或乳白色。有假眼，假眼可见明显的几丁质边缘。小颚须单根，周边 2 颚须毛。无眼，角后器由复杂的小泡组成，小泡中有次生的突起。胸部第 II、III 节有侧面小感觉毛。弹器基本退化，少数仅余 1 个小突起。肛刺有或无。

分布：世界广布。世界已知 42 种，中国记录 3 种，浙江分布 1 种。

（56）杭州棘䖴 *Onychiurus hangchowensis* Stach, 1964（图 4-18）

Onychiurus hangchowensis Stach, 1964: 8.

主要特征：体长 1.8 mm。体白色，表皮有颗粒，背部颗粒相对细密，仅在头部和胸节侧面有较粗糙的颗粒。有假眼，假眼式为背面 32/123/33343，腹面 1/000/0101。角后器由 22 个复杂小泡组成。爪上无小齿。单侧腹管基部有 6 根短刚毛。无弹器。有肛刺。

分布：浙江（杭州）。

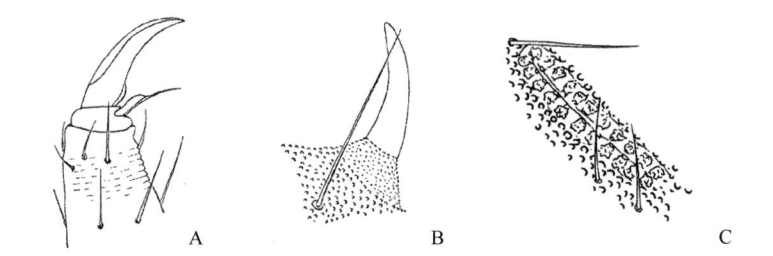

图 4-18 杭州棘䖴 *Onychiurus hangchowensis* Stach, 1964（引自 Stach，1964）
A. 足端部；B. 肛刺；C. 角后器

26. 滨棘䖴属 *Thalassaphorura* Bagnall, 1949

Thalassaphorura Bagnall, 1949a: 503. Type species: *Onychiurus thalassophilus* Bagnall, 1937.

主要特征：角后器由简单小泡组成。上唇须 7 刚毛。下唇须类型为 AC 型或 A 型，护卫毛是 6 根，g_6 缺失。头部背面有 d_0 刚毛。腹部末端有肛刺。胫跗节毛序简化，T_2–T_3 缺失。弹器完全愈合，退化成有细密颗粒的区域，弹器区域毛序为 2+2 齿节刚毛，按 2 行分布。

分布：世界广布。世界已知 67 种，中国记录 28 种，浙江分布 2 种。

（57）利富滨棘䖴 *Thalassaphorura lifouensis* (Thibaud et Weiner, 1997)（图 4-19）

Allaphorura lifouensis Thibaud et Weiner, 1997: 72.
Thalassaphorura lifouensis: Pomorski, 2002: 461.

主要特征：体长 0.65–0.80 mm。身体呈圆柱形。假眼式为背面 32/233/33343，腹部 11/000/01120。触角第 III 节感器由 5 个乳突、5 护卫毛、2 感觉瓣和 2 感觉棒组成。小颚须单根，有 1 基部毛和 2 颚须毛。上唇毛序 4/142。爪上无侧齿。腹管前面 1+1 刚毛，侧端 6+6 刚毛，后面 2+2 刚毛。弹器退化成有细密颗粒的区域，后方有 2+2 齿节刚毛，排成 2 行。

分布：浙江（舟山）、吉林、山东；新喀里多尼亚。

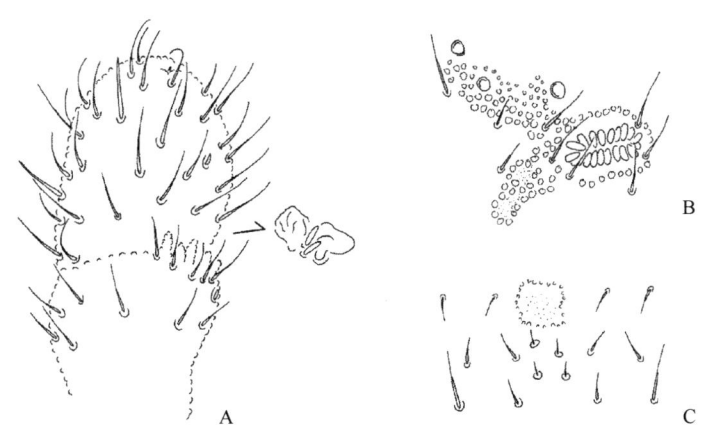

图 4-19 利富滨棘䖴 *Thalassaphorura lifouensis* (Thibaud et Weiner, 1997)（引自 Thibaud and Weiner，1997）
A. 触角第 III、IV 节；B. 角后器和头部假眼；C. 腹部第 IV 节腹面弹器区域

（58）西湖滨棘䖴 *Thalassaphorura xihuensis* Sun et Li, 2015（图 4-20）

Thalassaphorura xihuensis Sun et Li, 2015: 265.

主要特征：体长 0.72–1.05 mm。身体呈圆柱形，有位于乳突上的肛刺。假眼式为背面 32/233/33343，腹面 11/000/01120。触角第 III 节感器由 4 个乳突、5 护卫毛、2 感觉瓣和 2 感觉棒组成。角后器由 20–24 个简单小泡排成 2 排环绕中轴。头部背面有 d_0 刚毛。小颚须单根，有 1 基部毛和 2 颚须毛。上唇毛序 4/142。爪上无齿。腹管前面 1+1 刚毛，侧端 6+6 刚毛，后面 2+2 刚毛。弹器退化成有细密颗粒的区域，后方有 2+2 齿节刚毛，排成 2 行。弹器基具 1 行刚毛。

分布：浙江（杭州）。

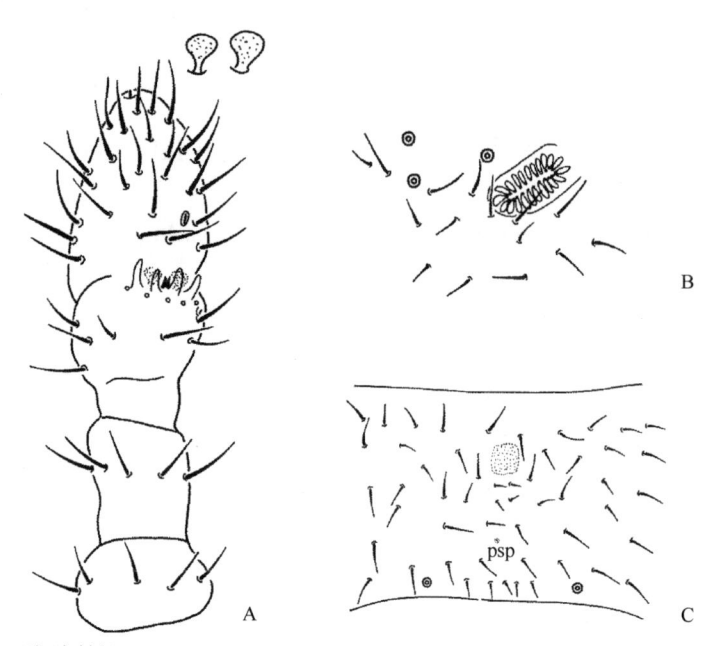

图 4-20 西湖滨棘蚖 *Thalassaphorura xihuensis* Sun et Li, 2015（引自 Sun and Li，2015）
A. 触角及端泡；B. 角后器和头部假眼；C. 腹部第 IV 节腹面毛序（psp 表示伪孔）

27. 异棘蚖属 *Allonychiurus* Yoshii, 1995

Allonychiurus Yoshii, 1995: 8. Type species: *Onychiurus flavescens* Kinoshita, 1916.

主要特征：有假眼。头部有中央毛 d_0。上唇毛序通常 4/342。角后器由复合小泡构成。弹器退化成有细密颗粒的区域，后方有齿节刚毛，通常 2+2，排成 2 行。齿节刚毛后有 1 行或多行弹器基刚毛。有肛刺，长在乳突上。

分布：古北区、东洋区、新北区。世界已知 21 种，中国记录 8 种，浙江分布 1 种。

（59）浙江异棘蚖 *Allonychiurus zhejiangensis* Chang et Sun, 2016（图 4-21）

Allonychiurus zhejiangensis Chang et Sun, 2016: 430.

主要特征：体长 1.13–1.35 mm。体白色。头部有中央毛 d_0。小颚须单根，基部 1 刚毛，周边 2 颚须毛。上唇毛序 2/342。假眼式为背面 32/022/33353，腹面 12/000/21120。爪上无齿。腹管侧端 6+6 刚毛。弹器退化成有细密颗粒的区域，后方有 4 齿节刚毛，按 2 行分布。弹器基具 2 行刚毛。有肛刺，基部具乳突。

分布：浙江（杭州）。

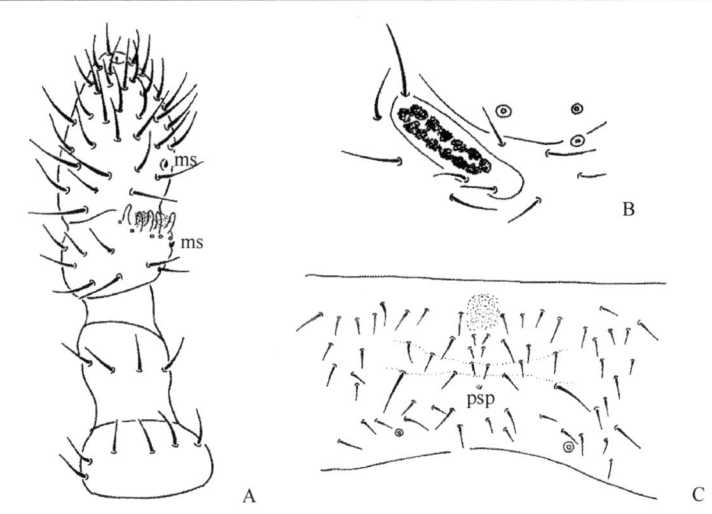

图 4-21　浙江异棘䖴 *Allonychiurus zhejiangensis* Chang *et* Sun, 2016（引自 Chang and Sun，2016）
A. 触角（ms 表示微感觉毛）；B. 角后器和头部假眼；C. 腹部第 IV 节腹面毛序（psp 表示伪孔）

28. 李氏棘䖴属 *Leeonychiurus* Sun *et* Arbea, 2014

Leeonychiurus Sun *et* Arbea, 2014: 116. Type species: *Leeonychiurus fusongensis* Sun *et* Arbea, 2014.

主要特征：体为圆柱形，体表颗粒均匀而细密。头部中央毛 d_0 有或无。角后器由复合小泡组成。胫跗节末端毛轮 11 根刚毛。弹器退化成有细密颗粒的区域，后方有 1 行 4 齿节刚毛。弹器基具 3 行刚毛。有肛刺，基部具明显的乳突。

分布：古北区、东洋区、新北区。世界已知 8 种，中国记录 3 种，浙江分布 1 种。

（60）奇角李氏棘䖴 *Leeonychiurus antennalis* (Sun *et* Zhang, 2012)（图 4-22）

Onychiurus antennalis Sun *et* Zhang, 2012: 1900.
Leeonychiurus antennalis: Sun & Arbea, 2014: 117.

主要特征：体长 1.5–1.8 mm。假眼式为背面 32/122/33343，腹面 11/000/01010。角后器由 52–60 个复合小泡组成，按 2 行排列。头部有中央毛 d_0。上唇毛序为 4/342。小颚须单根，1 基部毛和 2 颚须毛。胫跗节末端毛轮 11 根刚毛。爪上无齿。腹管仅有 7–8 根侧端刚毛。弹器退化成有细密颗粒的区域，后方有 1 行 4 齿节刚毛。弹器基具 3 行刚毛。有肛刺，基部具明显的乳突。

分布：浙江（杭州）。

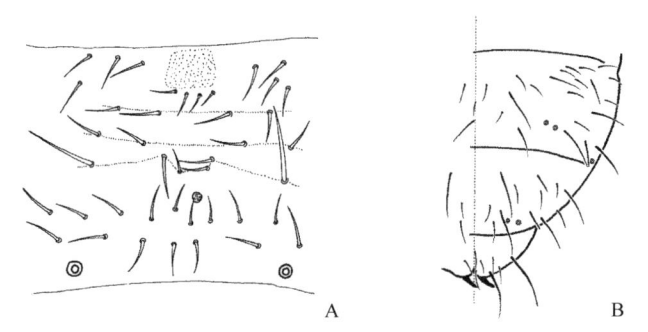

图 4-22　奇角李氏棘䖴 *Leeonychiurus antennalis* (Sun *et* Zhang, 2012)（引自 Sun and Zhang，2012）
A. 腹部第 IV 节腹面毛序；B. 腹部第 IV–VI 节背面毛序

29. 棘皮䖢属 *Protaphorura* Absolon, 1901

Protaphorura Absolon, 1901: 387. Type species: *Lipura armata* Tullberg, 1869.

主要特征：角后器由很多简单小泡组成。上唇须有 9 根刚毛。下唇须类型为 A 型，邻近区域有 6–8 刚毛，7 护卫毛，基部区域 4+6 刚毛。小颚须简单，周边 2 颚须毛。头部背面没有 d_0 毛。头部腹面仅有 1+1 假眼。多数种类亚基节仅有 1 假眼。每块胸节腹板都有刚毛，通常为 1–2–2。第 II、III 胸节具侧面小感觉毛。胫跗节为全毛序。弹器退化为 1 个不分裂的褶突。有肛刺。

分布：世界广布。世界已知 136 种，中国记录 16 种，浙江分布 1 种。

（61）食棘皮䖢 *Protaphorura armata* (Tullberg, 1869)（图 4-23）

Lipura armata Tullberg, 1869: 18.
Protaphorura armata: Börner, 1909: 102.

主要特征：体长可达 1.8 mm。体白色。角后器由大约 30 个光滑、简单的小泡组成。假眼式为背面 33/023/33343，腹面 1/000/00000。触角第 I 节 10–11 刚毛。亚基节 5–6 刚毛。胫跗节具有完全的毛序。爪上无齿。弹器区域有 1 个明显的、不分裂的褶突。肛刺弯曲而纤细，约与第 III 足上爪的内缘等长。

分布：浙江（杭州）、上海、湖南；世界广布。

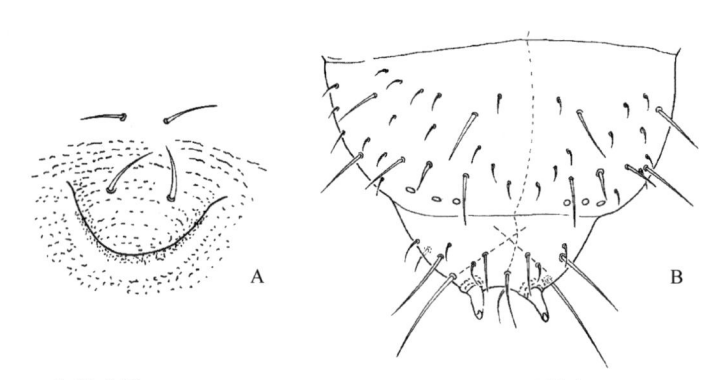

图 4-23　食棘皮䖢 *Protaphorura armata* (Tullberg, 1869)（引自 Fjellberg，1998）
A. 弹器退化成的褶突；B. 腹部第 V 和第 VI 节背面毛序

30. 原棘䖢属 *Orthonychiurus* Stach, 1954

Orthonychiurus Stach, 1954: 26. Type species: *Onychiurus rectopapillatus* Stach, 1933.

主要特征：体长 0.7–4 mm，多数种类 1–2 mm。身体宽椭圆形至纺锤形。无色素，白色或乳白色，表皮上有颗粒。有假眼，假眼可见明显的几丁质边缘。无眼，角后器由复杂的小泡组成，小泡中有次生的突起。有小爪。无弹器，弹器区域有 1+1 刚毛。无肛刺。第 VI 腹节有 1 根中央毛。

分布：世界广布。世界已知 28 种，中国记录 3 种，浙江分布 1 种。

（62）白原棘䖢 *Orthonychiurus folsomi* (Schäffer, 1900)（图 4-24）

Aphorura folsomi Schäffer, 1900: 249.
Orthonychiurus folsomi: Jordana et al., 1997: 807.

主要特征：体长 1.8 mm 左右。体白色。角后器长椭圆形，由 10–12 个复杂小泡组成，小泡中有次生突起。有假眼，体背假眼式为 32/022/3333(4)2。爪上无内齿，有侧齿，小爪无基叶，几乎与爪内缘等长。无弹器。无肛刺。具有生殖力的雄性在第 II 腹节腹面中部有 4 根特化的刚毛，粗壮、针刺状，带有棘或锯齿。无生殖力的雄性则是简单的匕首状刚毛或刺。

分布：浙江（杭州）、吉林、河北、云南、西藏；日本，欧洲，北美洲，澳大利亚。

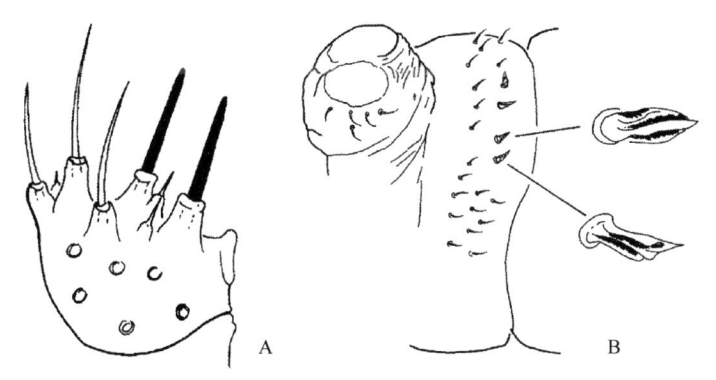

图 4-24　白原棘蚖 *Orthonychiurus folsomi* (Schäffer, 1900)（引自 Fjellberg，1998）
A. 下唇毛；B. 具生殖力雄性第 II 腹节腹面中部特化的刚毛

31. 宝岛蚖属 *Formosanonychiurus* Weiner, 1986

Formosanonychiurus Weiner, 1986: 93. Type species: *Onychiurus formosanus* Denis, 1929.

主要特征：体表有明显的颗粒，特别是在头部和胸部侧面更明显。有假眼，假眼可见明显的几丁质边缘。角后器由 12–14 个复合小泡组成。无弹器。有肛刺，相对较小，没有乳突。感毛毛序为 2/011/22222。

分布：古北区、东洋区。世界已知 2 种，中国记录 1 种，浙江分布 1 种。

（63）宝岛蚖 *Formosanonychiurus formosanus* (Denis, 1929)（图 4-25）

Onychiurus formosanus Denis, 1929: 307.
Formosanonychiurus formosanus: Weiner, 1986: 93.

主要特征：体长 2.0 mm 左右。体白色。该种属于 *fimetarius* 群。触角第 III 节感觉窝外围是 5 个乳突，内部感器光滑而厚实，通常略有弯曲，有时形状不规则。角后器由复杂小泡组成。爪上无侧齿和内齿。无弹器。有肛刺，相对较短而小，有着很小或几乎没有乳突。假眼式为 0, 2, 2/3-4, 3-4, 3-4, 3-4, 3, 0。

分布：浙江（湖州）、上海、台湾。

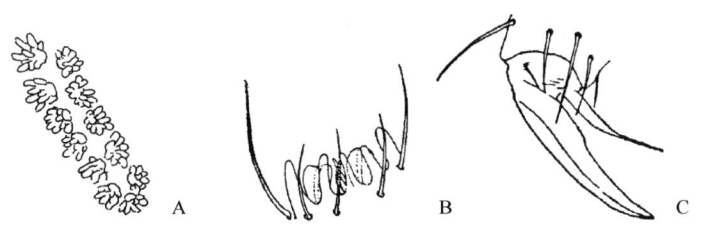

图 4-25　宝岛蚖 *Formosanonychiurus formosanus* (Denis, 1929)（引自 Denis，1929）
A. 角后器；B. 触角第 III 节感觉窝；C. 第 III 足端部

十一、土蚖科 Tullbergiidae

主要特征：大多数体型微小，体长 0.4–1.5 mm，多数不足 1 mm，少数体长达 4 mm，如 *Tullbergia arctica* Lubbock。身体狭长，背腹略扁平。多数种类无色素。体壁上通常有尺寸相似的细小颗粒，在腹部最后一节背面有相对粗糙的体壁颗粒区域。在头部和身体上有假眼，通常分为 4 种类型，假眼数量根据种类有所差异。触角第 III 节感器裸露，有 2（0–4）个相对弯曲的感觉棒。无眼，通常有复杂多变的角后器。胫跗节刚毛简单，爪上通常无齿，小爪通常高度愈合或消失。腹管通常 6+6 刚毛，少数种类更少。握弹器、弹器完全退化。多数种类第 IV 腹节末端有 1 对肛刺，少数种类有更多的肛刺或类似肛刺的结构。

分布：世界广布。世界已知 33 属 200 余种，中国记录 2 属 3 种，浙江分布 2 属 2 种。

32. 美土蚖属 *Mesaphorura* Börner, 1901

Mesaphorura Börner, 1901b: 1. Type species: *Mesaphorura krausbsueri* Börner, 1901.

主要特征：体长 0.4–1.2 mm，通常小于 1 mm。体细长，无色素，体表颗粒细密，通常有或多或少的颗粒粗糙区域。大、小刚毛在头部和胸部区分不明显，在腹板上能够明显区分。假眼为圆形或星形，体背假眼式为 11/011/10011。触角第 III 节感器有 2 个相向弯曲的略大感觉棒，第 IV 节有 5 根粗壮感毛。角后器长椭圆形，由 18–55 个杆状小泡组成，杆状小泡位于表皮凹陷中。腹管 6+6 刚毛。

分布：主要分布于古北区，部分种类世界广布。世界已知 56 种，中国记录 2 种，浙江分布 1 种。

（64）吉井氏美土蚖 *Mesaphorura yosiii* (Rusek, 1967)（图 4-26）

Tullbergia yosiii Rusek, 1967: 191.
Mesaphorura yosiii: Rusek, 1973: 79.

主要特征：体长约 0.66 mm。无色素，体表颗粒均匀、粗糙。大小刚毛分化不是特别明显。假眼圆形，内部呈星形，体背假眼式为 11/011/10011。角后器约为头部假眼的 1.7 倍长，由 2 排 36 个小泡组成。第 V 腹节背板 p₃ 毛为纺锤状感器。第 VI 腹节背板上有新月形的褶皱。有肛刺，位于较小突起上，长度略短于第 III 足的爪。此种仅发现雌性个体。

分布：浙江（杭州、绍兴、衢州）、山东、江苏、上海、湖南、广东、海南、云南、西藏；世界广布。

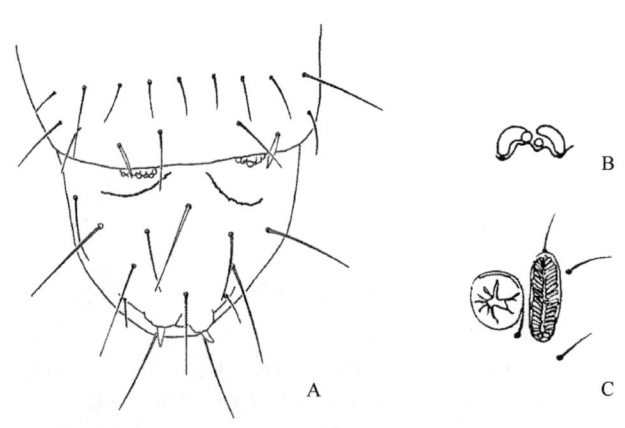

图 4-26 吉井氏美土蚖 *Mesaphorura yosiii* (Rusek, 1967)（引自 Rusek，1967）
A. 第 V–VI 腹节背面毛序；B. 触角第 III 节感觉棒；C. 角后器和假眼

33. 沙生土蚖属 *Psammophorura* Thibaud *et* Weiner, 1994

Psammophorura Thibaud *et* Weiner, 1994: 8. Type species: *Psammophorura gedanica* Thibaud *et* Weiner, 1994.

主要特征：体白色。触角长度不超过头部对角线。假眼有 2 种类型，头部和第 V 腹节的呈星形，第 II–IV 腹节的呈新月形。体背假眼式为 11/011/11111。刚毛分化不明显。腹部第 VI 节背面有细微的修饰区域，呈新月形，由不同体壁颗粒形成。

分布：世界广布。世界已知 3 种，中国记录 1 种，浙江分布 1 种。

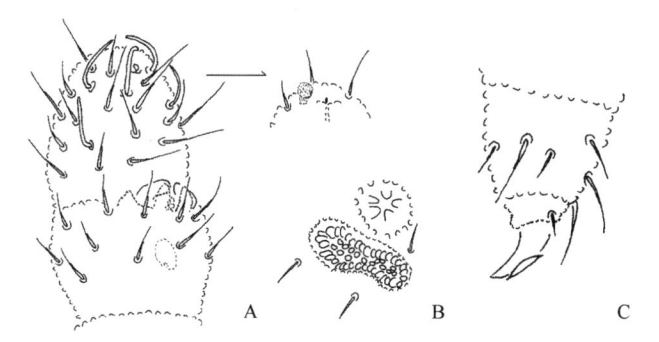

（65）新喀里多尼亚沙生土蚖 *Psammophorura neocaledonica* Thibaud *et* Weiner, 1997（图 4-27）

Psammophorura neocaledonica Thibaud *et* Weiner, 1997: 77.

主要特征：体长 0.39–0.45 mm。体白色，体壁上有强壮颗粒。腹部第 VI 节背面有 1 对由不同颗粒形成的新月形区域。体背假眼式为 11/011/11111，假眼分 2 种类型，头部和第 V 腹节的呈星形，第 II–IV 腹节的呈新月形。无眼，角后器由约 50 个囊泡组成。第 I–III 胸节腹面分别有 0+0、1+1、1+1 刚毛。胫跗节上都是 11 刚毛，爪上没有齿，背部附有硬套状结构，小爪无。腹管 4+4 刚毛。

分布：浙江（舟山）、山东、福建；越南，马达加斯加，瓦努阿图共和国，新喀里多尼亚。

图 4-27　新喀里多尼亚沙生土蚖 *Psammophorura neocaledonica* Thibaud *et* Weiner, 1997（引自 Thibaud and Weiner，1997）

A. 触角第 III–IV 节及端泡；B. 角后器和头部前端假眼；C. 第 I 足胫跗节和爪

第五章　短角圆䖴目 Neelipleona

主要特征：身体球形。体长 0.3–1.0 mm；无明显的色斑，以棕、褐、黑色为多。触角 4 节，比头径短。无小眼和鳞片。胸部与腹部愈合。弹器发达。身体表面具白色、红色、黑色、金色等颗粒状色斑。大颚具臼齿和 4–7 个端齿。下唇基部刚毛数量多变，外颚须具 1 根护卫毛或无。弹器基无前侧刚毛；齿节基部短而粗，端部细而长；端节锥形，内侧锯齿状。握弹器具短而圆的前后叶，无刚毛。腹管发达，成虫具 2 对端部刚毛。

生物学：短角圆䖴目的种类喜生活在阔叶林腐殖质丰富的地表和洞穴，喜阴暗环境，从海边到海拔 3000 m 均有分布。

分布：世界广布。世界已知 1 科 6 属 59 种，中国记录 1 科 2 属 6 种，浙江分布 1 科 1 属 1 种。

十二、短角䖴科 Neelidae

主要特征：身体球形，个体小，通常为 0.5 mm 左右，小眼无，触角比头径短，感觉区位于大腹，小腹退化并隐藏于腹面。

分布：世界广布。世界已知 6 属 59 种，中国记录 2 属 6 种，浙江分布 1 属 1 种。

34. 小短䖴属 *Neelides* Caroli, 1912

Neelides Caroli, 1912: 2. Type species: *Neelides folsomi* Caroli, 1912.

主要特征：体长约 0.5 mm。体深灰到黑色。表皮具星状突起。上唇无前缘器。触角第 III–IV 节不愈合。躯干具 20+20 感觉毛，3+3 管状感觉毛和 4+4 "豆形" 感觉毛。感觉区退化，内侧无特化刚毛。腹部第 IV 节具 4–5 对纤毛状刚毛。弹器基具 1+1 纤毛状刚毛，顶端关节突具凹陷。齿节无中间关节突。大爪内侧后中膜片具小齿。握弹器具 2+2 齿。

分布：世界广布。世界已知 7 种，中国记录 1 种，浙江分布 1 种。

(66) 微小短䖴 *Neelides minutus* (Folsom, 1901)（图 5-1）

Neelus minutus Folsom, 1901: 221.
Neelides minutus: Bonet, 1947: 133.

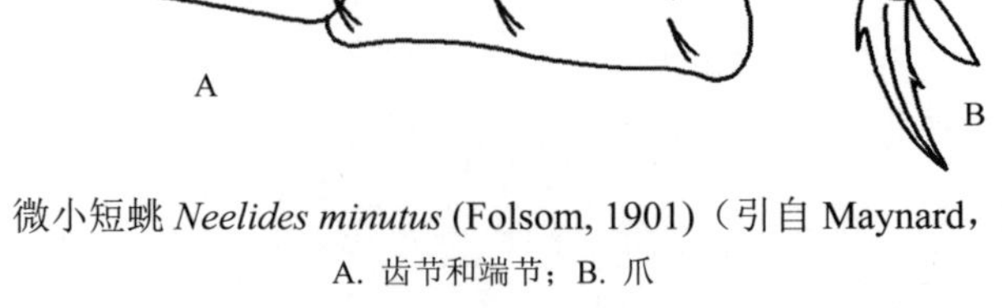

图 5-1　微小短䖴 *Neelides minutus* (Folsom, 1901)（引自 Maynard, 1951）
A. 齿节和端节；B. 爪

主要特征：体长可达 0.5 mm。体蓝灰到灰黑色。无小眼。触角 4 节。大爪具 1 外侧基部大齿和 1 内侧中间小齿；小爪长矛状，无齿。腹管发达。弹器基与齿节等长；齿节背面具 3 对刺；端节比齿节短，具细皱褶。头与躯干仅具少量刚毛。触角与足具散布的短小刚毛。

分布：浙江（临安、鄞州、仙居、鹿城、瓯海、永嘉）、吉林；世界广布。

第六章 愈腹目 Symphypleona

主要特征：体长可达 4 mm。体色为纯白到黑，或为多变的色斑或条纹状。身体分成头、大腹和小腹 3 部分；其中大腹为胸部第 II 至腹部第 IV 或第 V 节的愈合，小腹为腹部第 V–VI 节或仅第 VI 节。小眼为 0–8 个。触角比头径长或等长；具触角第 III 节器。上唇刚毛 4/5/5。大腹最多具 3 对陷毛。大爪常具内侧和外侧齿，小爪常具 1–2 个内齿和鞭丝。腹管发达，基部具 1–2 对刚毛。握弹器具 4+4 或 3+3 齿。弹器发达。

生物学：愈腹目的种类喜生活在枯枝落叶层表层、低矮植物或树上、干燥的地表、潮间带、洞穴等生境中，以孢子和有机质碎屑为食。繁殖时具有复杂的求偶行为和精包转移技术。

分布：世界广布。世界已知 9 科 113 属 1173 种，中国记录 6 科 18 属 56 种，浙江分布 5 科 6 属 11 种。

分科检索表

1. 雌性成虫无肛附器；雄性常具触角抱握器 ··· 附圆䖴科 Sminthurididae
- 雌性成虫有肛附器；雄性很少具触角抱握器 ··· 2
2. 肛附器指向后方或者肛门 ··· 3
- 肛附器指向生殖孔 ··· 4
3. 触角第 IV 节比第 III 节长，第 III 与第 IV 节形成弯曲 ·· 圆䖴科 Sminthuridae
- 触角第 IV 节比第 III 节短，第 II 与第 III 节形成弯曲 ··· 羽圆䖴科 Dicyrtomidae
4. 小眼 6+6 到 8+8；胫跗节具楔形刚毛 ··· 卡天圆䖴科 Katiannidae
- 小眼最多为 4+4；胫跗节无楔形刚毛 ··· 齿棘圆䖴科 Arrhopalitidae

十三、附圆䖴科 Sminthurididae

主要特征：体长可达 1 mm，雌性大于雄性。雄性中，部分胸部第 II 节具 1 对囊泡，触角第 IV 很少分亚节，且触角第 II–III 节特化成抱握器。雌性中，触角第 IV 节分成 7–8 亚节。雌性触角第 IV 节具环状结构或分成 7–8 个亚节。多数属的第 III 对胫跗节后侧具 3 根粘毛。

分布：世界广布。世界已知 12 属 157 种，中国记录 4 属 5 种，浙江分布 1 属 1 种。

35. 吉氏圆䖴属 *Yosiides* Massoud *et* Betsch, 1972

Yosiides Massoud *et* Betsch, 1972: 62. Type species: *Sminthuridea himachal* Yosii, 1966.

主要特征：小型跳虫，体长不足 1 mm。小眼少于 8，小眼中间具 1 对小囊突。上唇毛序 6/554，前缘具 4 个突起。握弹器具 3 齿侧支和基部 2 根刚毛。弹器基具 6 根刚毛；齿节具刚毛；端节具齿和刚毛。

分布：古北区、东洋区。世界已知 2 种，中国记录 1 种，浙江分布 1 种。

(67) 中华吉氏圆䖴 *Yosiides chinensis* Itoh *et* Zhao, 1993（图 6-1）

Yosiides chinensis Itoh *et* Zhao, 1993: 31.

主要特征：雌性体长 0.5 mm，雄性 0.3 mm。底色黄白色，头和身体边缘散布有紫色色素；雌性个体在背部中间具 1 条宽而不规则的深色纵纹，雄性个体无。小眼 6+6。上唇毛序 6/554，上唇前缘具 4 根刺状刚毛。大爪具顶端内侧齿和外缘锯齿；小爪尖，雌性鞭丝超过大爪。第 III 对胫跗节具 1 根粗刚毛和 2 个瘤状突起。腹管具 1+1 刚毛。握弹器三分叉，侧支具 2 根前侧刚毛。齿节前侧具 13 根刚毛，按 3322111 排列；端节顶端膨大，内侧膜片具 6 个齿，外侧膜片具 8 个缺刻，具端节毛。

分布：浙江（临安）。

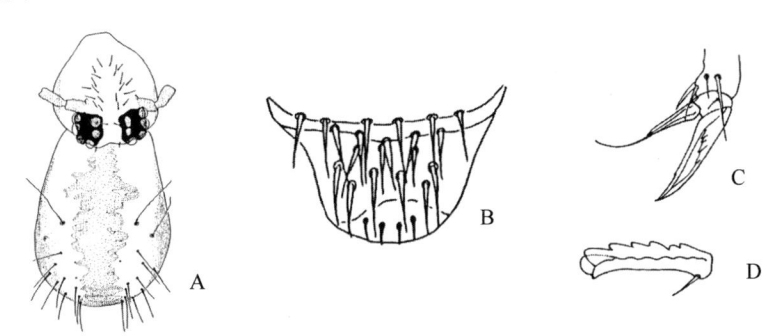

图 6-1　中华吉氏圆䖴 *Yosiides chinensis* Itoh et Zhao, 1993（引自 Itoh and Zhao, 1993）
A. 雌性色斑；B. 上唇；C. 后足；D. 端节

十四、卡天圆䖴科 Katiannidae

主要特征：小型到中型跳虫，体长 0.5–2.0 mm，体为灰黄色到深黑色，雄性比雌性小。通常有 4 对陷毛（A、B、C、D）。肛附器分成多支，指向生殖孔。触角第 III 节具表皮乳突。第 II 和 III 转节具着生于椭圆形毛窝的短刚毛。齿节具不同数量的刚毛，排列模式是分种的依据。

分布：世界广布。世界已知 21 属 218 种，中国记录 2 属 9 种，浙江分布 1 属 3 种。

36. 小圆䖴属 *Sminthurinus* Börner, 1901

Sminthurinus Börner, 1901c: 99. Type species: *Smynthurus aureus* Lubbock, 1862.

主要特征：体长为 0.5–2.0 mm。头部与腹部具正常刚毛。触角第 III 节基部一半具简单或分成 2–4 叶的乳突。触角第 IV 节不分亚节。陷毛 4 对，具转节器，腹管囊光滑，握弹器具 4+4 齿，雌性个体腹部第 IV 节具叉状刚毛 a0，端节不具刚毛。

分布：世界广布。世界已知 98 种，中国记录 6 种，浙江分布 3 种。

分种检索表

1. 齿节基部具 5 根近缘刚毛 ·· 浅色小圆䖴 *S. pallescens*
- 齿节基部具 4 根近缘刚毛 ·· 2
2. 身体具宽深色的体侧带，头额区具黑色斑 ····································· 东方小圆䖴 *S. orientalis*
- 头和身体黑紫色，头部和腹部第 IV–VI 节腹面具白色区块 ················· 北京小圆䖴 *S. pekinensis*

（68）东方小圆䖴 *Sminthurinus orientalis* Stach, 1964（图 6-2）

Sminthurinus orientalis Stach, 1964: 21.

主要特征：体球形，雌雄体长分别可达 0.8 mm。底色为污黄色，体侧具深棕色色素，背部前半部分具宽而不规则的灰色斑和 1 个明显的褐色斑。头侧深色，额区具黑色斑。小眼 8+8。头背部具短刚毛。触角第 III 节基部具分 4 叶乳突和 2 个杆状感器。大爪较小，仅端节的一半长。胫跗节具 3 根纤细而弯曲的粘毛。弹器发达；齿节具 7 根后侧刚毛；端节直，外侧膜片光滑，内侧膜片具齿状，无刚毛。

分布：浙江（临安）、江苏。

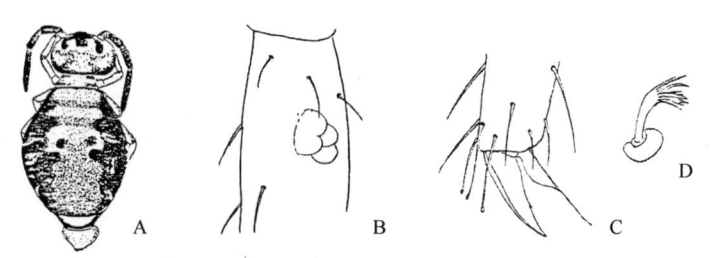

图 6-2 东方小圆䖴 *Sminthurinus orientalis* Stach, 1964（引自 Stach, 1964）
A. 色斑；B. 触角第 III 节；C. 后足；D. 肛附器

（69）北京小圆䖴 *Sminthurinus pekinensis* Stach, 1964（图 6-3）

Sminthurinus pekinensis Stach, 1964: 22.

主要特征：体球形，雌性体长 1.2 mm。底色白色，整体具黑紫色色素分布，头部和腹部第 IV–VI 节腹面具白色区块。腹部第 VI 节中间具 1 对眼斑状黑点。腹部第 V 节明显区分于第 IV 和第 VI 节。小眼 8+8。触角第 III 节基部具明显分 4 叶的乳突，感器具 2 根杆状感觉毛。触角第 IV 节不分亚节，端部具 1 个乳突。大爪具端部内侧齿和 1 个不明显的基部齿。胫跗节具 3 根粘毛。弹器发达，比触角长；齿节具 5 根背面、4 根外侧和 3 根内侧后方刚毛；端节具光滑外缘和具齿状内缘，无刚毛。

分布：浙江（临安）、江苏。

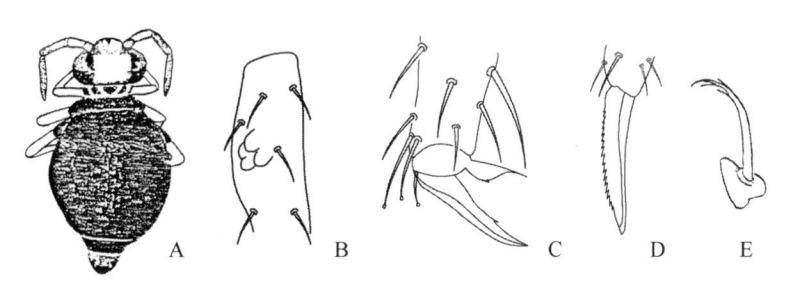

图 6-3 北京小圆蚖 *Sminthurinus pekinensis* Stach, 1964（引自 Stach, 1964）
A. 色斑；B. 触角第 III 节；C. 后爪；D. 端节；E. 肛附器

（70）浅色小圆蚖 *Sminthurinus pallescens* Yosii, 1970（图 6-4）

Sminthurinus pallescens Yosii, 1970: 22.

主要特征：雌性体长 0.8 mm。体褐黄色，背部较浅，触角蓝色，眼区黑色。触角第 III 节乳突细微或不分叶，第 III 节感器具 2 根短杆状感觉毛；触角第 IV 节不分亚节。头顶被 2 条光滑沟分成 3 部分。上唇毛序为 6/554，前缘具 4 个乳突。大腹具光滑的小刚毛。胫跗节具 5 根端部粘毛。大爪具 1 个内侧齿。握弹器具 4 齿。弹器短；弹器基背面具 2+2 或 4+4 根刚毛；齿节基部具 5 根刚毛；端节长，端部钝，外侧光滑，内侧缘具不规则齿。

分布：浙江（临安）、江苏、上海、云南；日本。

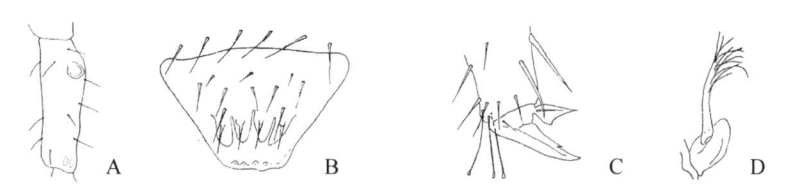

图 6-4 浅色小圆蚖 *Sminthurinus pallescens* Yosii, 1970（引自 Yosii, 1970）
A. 触角第 III 节；B. 上唇；C. 后足；D. 肛附器

十五、齿棘圆蚖科 Arrhopalitidae

主要特征：体球形。腹部第 V 节部分愈合到第 VI 节。胫跗节次生刚毛 FSa 有或无。腹部第 I 节刚毛 p 位于陷毛 B 之前。腹部第 VI 节毛序退化。腹部第 VI 节背面和侧面的围肛毛不完全。陷毛 4 根，大腹部的 3 根陷毛排列成直角或直线。

分布：世界广布。世界已知 3 属 152 种，中国记录 1 属 6 种，浙江分布 1 属 1 种。

37. 齿棘圆蚖属 *Arrhopalites* Börner, 1906

Arrhopalites Börner, 1906: 182. Type species: *Sminthurus caecus* Tullberg, 1871.

主要特征：雌性体长 0.5–1.4 mm，雄性较小。体白色，部分种具黑色或红色眼区和灰、褐、紫、黄或红色色素分布。腹部第 V 节部分愈合到第 VI 节。小眼 1+1 或 2+2。触角第 IV 节分成 4–12 亚节。陷毛 4 根，陷毛 A、B、C 呈直角排列。第 II–III 转节具转节器。3 对大爪不同程度加宽，具内齿和侧齿各 1 个；小爪具外侧齿和端部鞭丝。腹管具 2–3 对刚毛。握弹器具 4+4 齿和 2 根刚毛。部分种齿节刚毛呈刺状。雌性具发达的肛附器。

分布：除北美洲大部、南美洲北部和非洲大部外，世界广布。世界已知 50 种，中国记录 6 种，浙江分布 1 种。

（71）哈贝齿棘圆蚖 *Arrhopalites habei* Yosii, 1956（图 6-5）

Arrhopalites habei Yosii, 1956a: 98.

主要特征：体长 1 mm。底白色，具红褐色色素分布，眼区为深褐色。小眼 1+1。触角第 III 节无感器，第 IV 节分 7 亚节。大腹前端具少量刚毛，后部具大量小刚毛。大爪 I 不具齿，小爪 I 具基部 1 个角齿；大爪 II–III 具内齿；小爪 II–III 具基部宽膜和 1 个角齿，亚端部细丝状。握弹器具 3+3 齿，具基部 1 根小刚毛。弹器基具 6+6 根后侧刚毛；端节具细锯齿状后外缘。

分布：浙江（临安）、青海、江苏、西藏；韩国，日本，尼泊尔。

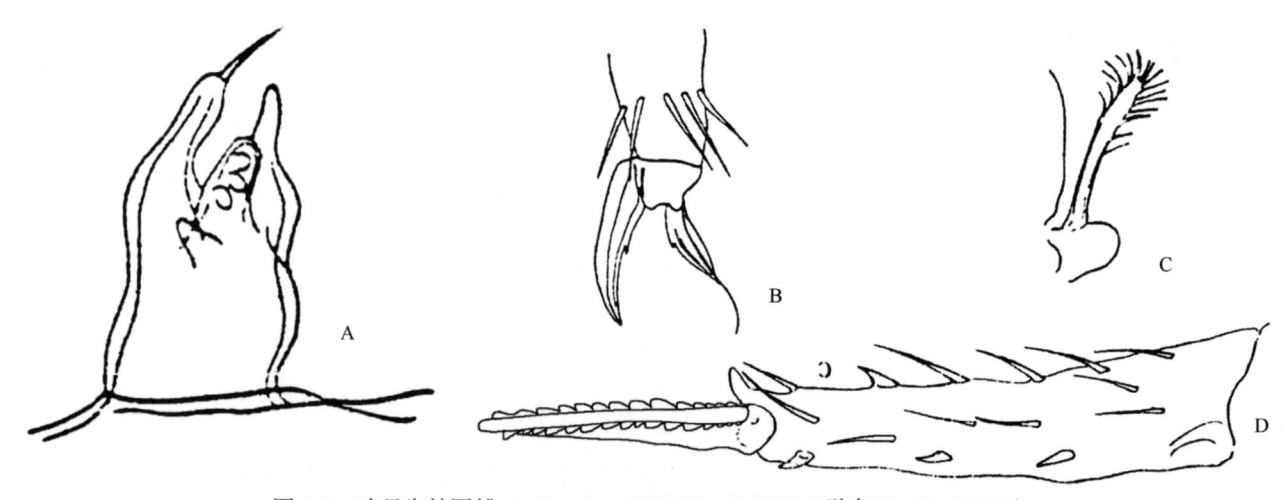

图 6-5 哈贝齿棘圆蚖 *Arrhopalites habei* Yosii, 1956（引自 Yosii, 1956a）
A. 握弹器；B. 后足；C. 肛附器；D. 齿节和端节

十六、圆䖴科 Sminthuridae

主要特征：小型到大型跳虫，体长可达 4 mm。小眼通常 8+8。触角第 IV 节比第 III 节长，并在第 III 与第 IV 节之间形成弯曲。亚基节 III 端部常具 1 或 2 根小刚毛。大爪具膜和 1 对基部侧齿；小爪端部细线形态多变。

分布：世界广布。世界已知 32 属 263 种，中国记录 6 属 14 种，浙江分布 1 属 3 种。

38. 针圆䖴属 *Sphyrotheca* Börner, 1906

Sphyrotheca Börner, 1906: 183. Type species: *Sminthurus multifasciata* Reuter, 1881.

主要特征：体长不超过 2 mm。头顶和大腹部具短或长刺。胸部第 II 节无囊泡。成虫具 4 根陷毛，其中陷毛 B 最短。触角比身体短；第 III 节感器完全暴露或内陷；第 IV 节分成 12 亚节。第 III 转节具后侧 1 根刺。第 I 股节具前侧弯曲刚毛；第 III 股节后侧内里具 1 根正常刚毛。胫跗节背面仅具直刚毛。

分布：古北区、新北区、旧热带区、新热带区。世界已知 48 种，中国记录 5 种，浙江分布 3 种。

分种检索表

1. 齿节前侧毛序为 3, 2……1，小爪超过大爪端部，端节顶端刺状 ················· 刺端针圆䖴 *S. spinimucronata*
- 齿节前侧毛序为 4, (3)1，小爪未及大爪端部，端节顶端非刺状 ·· 2
2. 头部直立刚毛鳞片状 ·· 渡边针圆䖴 *S. watanabei*
- 头部直立刚毛非鳞片状 ··· 多纹针圆䖴 *S. multifasciata*

（72）刺端针圆䖴 *Sphyrotheca spinimucronata* Itoh *et* Zhao, 1993（图 6-6）

Sphyrotheca spinimucronata Itoh *et* Zhao, 1993: 33.

主要特征：体长可达 0.9 mm。底白色，散布紫色；背、腹面灰色。小眼 8+8。头顶毛刺状并具细密锯齿。胸部囊泡无。转节具 6 根刚毛，其中 1 根头钝且呈匕首状。胫跗节无粘毛。大爪 III 具 1 内齿。小爪 III 具 1 内侧基部齿，端部鞭丝与大爪等长。握弹器具 3+3 齿，前支顶端具 4 小刚毛。弹器基前缘光裸，后缘具 7+7 简单毛；齿节前侧具 3, 2……1 刚毛；端节端部刺状，具深缺刻，外缘光滑，内缘不规则锯齿状。肛附器顶 1/2 弱羽状。

分布：浙江（临安）。

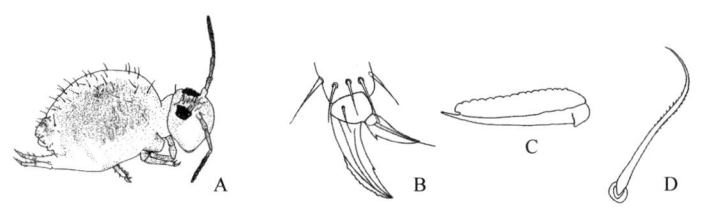

图 6-6 刺端针圆䖴 *Sphyrotheca spinimucronata* Itoh *et* Zhao, 1993（引自 Itoh and Zhao, 1993）
A. 色斑；B. 后足；C. 端节；D. 肛附器

（73）渡边针圆䖴 *Sphyrotheca watanabei* Itoh *et* Yin, 2002（图 6-7）

Sphyrotheca watanabei Itoh *et* Yin, 2002: 62.

主要特征：体长可达 0.95 mm。底黄色，背部中间具"U"形斑。小眼 8+8。头顶区刚毛鳞片状。触角比身体短。上唇毛序为 6/554。胸部第 II 节背面具 2+2 钝刚毛，侧面无胸部囊泡。陷毛 A 和 B 短，C 和 D 长。股节具 12 根刚毛。大爪稍弯曲，具内侧齿 1 个；小爪柳叶状，无角齿，鞭丝尖。握弹器具 3+3 齿，前侧支具 4 根顶端刚毛。端节船状，内侧锯齿状，外侧光滑，顶端内陷，无刚毛。肛附器仅顶端 1/3 内侧微羽状。

分布：浙江（临安）。

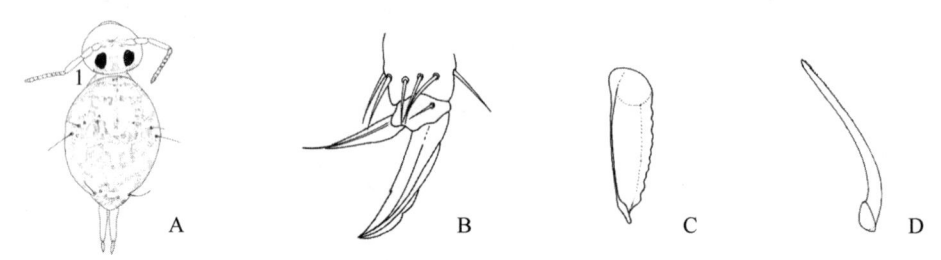

图 6-7　渡边针圆蚖 *Sphyrotheca watanabei* Itoh et Yin, 2002（引自 Itoh and Yin，2002）
A. 色斑；B. 后足；C. 端节；D. 肛附器

（74）多纹针圆蚖 *Sphyrotheca multifasciata* (Reuter, 1881)（图 6-8）

Sminthurus multifasciata Reuter, 1881: 203.

Sphyrotheca multifasciata: Börner, 1906: 183.

主要特征：底黄色，大腹部或多或少具深蓝色纹，触角、足和弹器淡紫色，眼区深色。头顶具粗糙而钝的刺。小眼 8+8。触角第 IV 节具 10 亚节。躯干具皱纹和纤细的刚毛。大爪具内侧小齿，微弱的膜；小爪短面光滑，端部鞭丝薄，长度多变。握弹器具 4 齿。端节内缘光滑。

分布：浙江（临安、天台、仙居）、江苏；日本，欧洲，美国。

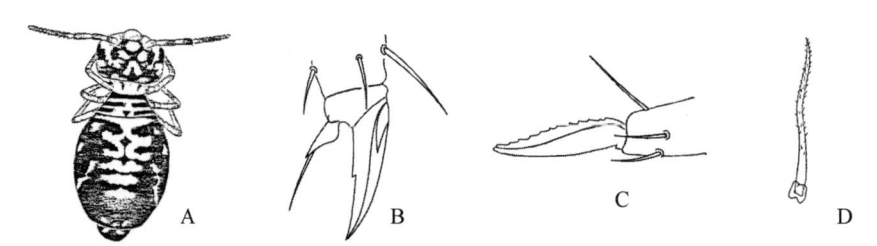

图 6-8　多纹针圆蚖 *Sphyrotheca multifasciata* (Reuter, 1881)（引自 Börner，1909）
A. 色斑；B. 后足；C. 端节；D. 肛附器

十七、羽圆蚖科 Dicyrtomidae

主要特征：中型跳虫，体球形，成虫体长 1–3 mm。体色从灰黄到深褐紫色。小眼 8+8。触角第 IV 节不及第 III 节一半长。大腹部具刚毛 4 根，部分毛特化成杯状感觉毛。陷毛 3–4 对。大爪不具膜片，具 1–2 个内齿；小爪纤细，具 1 个角齿和亚端部鞭丝，形态多变，常超过大爪。握弹器具 3+3 齿和 1+1 基部角。端节直并纤细，无刚毛，两侧缘具齿。小腹刚毛发育完全，肛附器形态多变。

分布：世界广布。世界已知 8 属 207 种，中国记录 5 属 22 种，浙江分布 2 属 3 种。

39. 环节圆蚖属 *Ptenothrix* Börner, 1906

Ptenothrix Börner, 1906: 184. Type species: *Podura atra* Linnaeus, 1758.

主要特征：触角第 III 节的端部和整个第 IV 节分亚节。大腹无瘤突。头部、大腹前部和腹部第 IV 节具刺，大腹后部具 2 排纵向的短刺。陷毛 4 根，A 位于乳突上。新圆蚖毛无。胫跗节 III 后侧具 2 根锯齿状刚毛。大爪不具膜片。握弹器具 3+3 齿和 1+1 基角。齿节内、外缘锯齿状。

分布：世界广布。世界已知 88 种，中国记录 9 种，浙江分布 1 种。

（75）具齿环节圆蚖 *Ptenothrix denticulata* (Folsom, 1899)（图 6-9）

Papirius denticulatus Folsom, 1899: 268.
Ptenothrix catena var. *denticulata*: Börner, 1909: 129.

主要特征：体长 2 mm。底白灰色；触角红蓝色；头顶具明显的横纹；躯干前侧中间具 1 对纵纹；后侧具 2 对横纹，在中间以"U"形斑相连。上唇毛序 6/554。大腹前端刚毛 5+5，呈"W"形排列。胫跗节 III 后侧具 2 根细锯齿状刚毛。第 III 大爪纤细，具 2 内齿、1 小外齿和多对侧齿。第 III 小爪具齿，鞭丝膨大，比大爪长。齿节具基部羽毛状刚毛 E_1 和 E_2，J_1 锯齿状。端节内外侧细锯齿状，顶端具缺刻。肛附器光滑。

分布：浙江（临安）、江苏；韩国，日本。

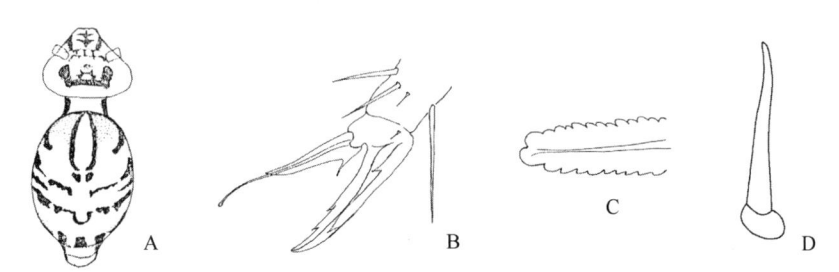

图 6-9 具齿环节圆蚖 *Ptenothrix denticulata* (Folsom, 1899)（引自 Li, 2008）
A. 色斑；B. 后足；C. 端节；D. 肛附器

40. 羽圆蚖属 *Dicyrtoma* Bourlet, 1842

Dicyrtoma Bourlet, 1842: 23. Type species: *Papirius fuscus* Lubbock, 1873.

主要特征：头背部、大腹前侧和腹部第 IV 节具刺状短刚毛。头后方刚毛对 1（g）刺状，刚毛对 2（h）

和 3（i）为小刺状。大腹部无突出囊。陷毛 3 对（A、B、C），A 着生于乳突上。无新圆跳毛。第 III 胫跗节具锯齿状刚毛。大爪无膜片。齿节内、外侧具锯齿状，无刚毛。

分布：除非洲和南美洲的北部与南部之外广布。世界已知 29 种，中国记录 3 种，浙江分布 2 种。

（76）格林伯格羽圆䖴 *Dicyrtoma grinbergsi* Stebaeva, 1966（图 6-10）

Dicyrtoma grinbergsi Stebaeva, 1966: 10.

主要特征：体长可达 1.26 mm。体黄色到橙色，斑纹两侧对称；触角第 I–II 节浅黄色，第 III–IV 节深紫色；大腹中间橙色，身体两侧具紫色的横纹，小腹浅紫色。小眼 8+8。上唇毛序为 6/554，前缘具 4 个乳突。触角第 III 节基部与端部分别具 6 和 4 根杯状感觉毛。小爪鞭丝细尖，短于大爪。腹管前侧具 1+1 端部刚毛和侧面刚毛。弹器基后侧刚毛 8 根，前侧无；齿节具 23 根刚毛，其中 4 根光滑，前侧刚毛按 3，2，1，1……1 排列。肛附器弱。

分布：浙江（临安）；俄罗斯。

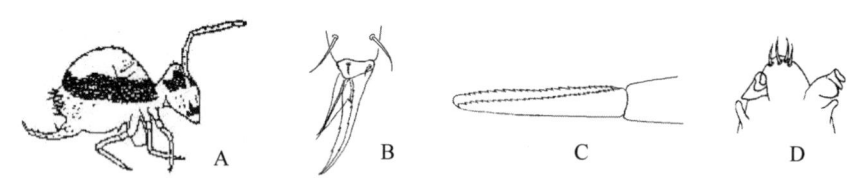

图 6-10 格林伯格羽圆䖴 *Dicyrtoma grinbergsi* Stebaeva, 1966（引自 Li，2012）
A. 色斑；B. 后足；C. 端节；D. 握弹器

（77）巴基斯坦羽圆䖴 *Dicyrtoma pakistanica* Yosii et Ashraf, 1965（图 6-11）

Dicyrtoma pakistanica Yosii et Ashraf, 1965: 28.

主要特征：体长可达 1.3 mm。体浅黄色；触角第 I 节棕色，第 II–IV 节紫色；大腹部前 2/3 具窄的纵向斑纹，后 1/3 具宽的紫色斑纹；小腹具 2 个大的和 2 个小的白色圈；小眼 8+8。上唇毛序为 6/554，前缘具 4 个椭圆形乳突。陷毛 3+3，呈角度排列。小爪鞭丝细尖，长度可达大爪。腹管前侧和侧面具 1+1 短刚毛。弹器基后侧刚毛 8 根，前侧无；齿节后侧刚毛 22 根，前侧刚毛按 3，2，1，1……1 排列。肛附器光滑。

分布：浙江（临安）；巴基斯坦。

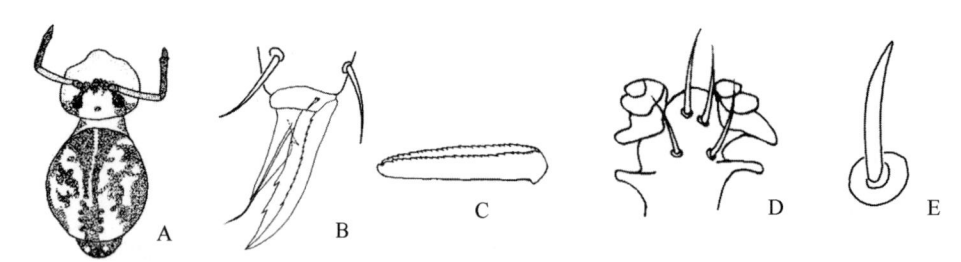

图 6-11 巴基斯坦羽圆䖴 *Dicyrtoma pakistanica* Yosii et Ashraf, 1965（引自 Li，2012）
A. 色斑；B. 后足；C. 端节；D. 握弹器；E. 肛附器

第七章 长角䖸目 Entomobryomorpha

主要特征：身体长纺锤形，体表色素分布均匀或形成明显的斑纹，体被形态多样的刚毛。触角明显长于头部，第 III、IV 节腹面不愈合。小眼 0–8，眼区深色。大、小颚均发达。胸部第 I 节退化，第 II–III 节发达。腹部背板分节明显，部分腹节常具陷毛。腹管发达。弹器极少退化，长短不一。

生物学：分布广，可生活于海水和淡水、地下和地上及植物表面；食性复杂，多数以孢子、有机质碎屑为食，少数肉食性。大多数种类雌雄同型，少数雌雄性二型，无求偶行为。

分布：世界广布。世界已知 4 总科 10 科 200 属 4000 多种，中国记录 3 总科 4 科 53 属 339 种，浙江分布 3 总科 4 科 25 属 67 种。

分总科和科检索表

1. 腹部第 IV 节是第 III 节长的 1.5 倍以下；无鳞片；具光滑刚毛或单侧纤毛状刚毛，多侧纤毛状刚毛多数端部尖（等节䖸总科 Isotomoidea）··等节䖸科 Isotomidae
- 腹部第 IV 节是第 III 节长的 1.5 倍以上；鳞片有或无；多数刚毛纤毛状，多侧纤毛状刚毛端部平截或膨大 ············· 2
2. 眼区后陷毛有，腹部第 II/III 节具 2/3 根陷毛（长角䖸总科 Entomobryidea）··········长角䖸科 Entomobryidae
- 眼区后陷毛无，腹部第 II/III 节具 0–1/1–2 根陷毛（鳞䖸总科 Tomoceroidea）··· 3
3. 体长不大于 1.5 mm，小眼最多 4+4，齿节内侧刺仅位于顶端 1/4 ······································异齿䖸科 Oncopoduridae
- 体长不短于 2 mm，小眼最多 8+8，齿节内侧无刺或位于基部 1/2 ··鳞䖸科 Tomoceridae

十八、等节䖸科 Isotomidae

主要特征：体长 0.3–9 mm，多数体形狭长，少数宽扁。具有多种类型的刚毛，无鳞片，刚毛数量根据种类自稀少至浓密不等，具光滑刚毛或单侧纤毛状刚毛，多侧纤毛状刚毛多数端部尖。体壁光滑，少数种类体表呈颗粒或网状结构。具有色素，但是在土栖或洞穴生活的种类色素较淡。触角几乎与头壳等长或略长。小眼 0–8。角后器种类多样、大小不一，少数缺失。口器为咀嚼式。前胸无背板和刚毛。腹部分 6 节，通常各体节间区分明显且第 III 与第 IV 腹节背板几乎等长，少数种类腹节末端 2–3 节愈合或分节不明显。弹器形态多样，部分种类弹器缺失或是部分愈合。少数类群具肛刺或类似突起结构，形态多样、数量不等，或在成年后消失。

分布：世界广布。世界已知 113 属 1400 余种，中国记录 31 属 89 种，浙江分布 14 属 29 种。

分属检索表

1. 腹部有肛刺 ··图䖸属 *Tuvia*
- 腹部无肛刺 ··· 2
2. 腹部第 IV–VI 节愈合 ··· 3
- 腹部第 IV–VI 节分离或至少第 IV 和第 V 节分离 ·· 4
3. 头部无角后器、无眼 ···类符䖸属 *Folsomina*
- 头部有角后器，有或无眼 ··符䖸属 *Folsomia*
4. 无角后器，无眼 ··小等䖸属 *Isotomiella*
- 有角后器 ·· 5

5. 腹部第 V 节愈合，仅留下一小部分刚毛和感器	似等䖴属 *Isotomodes*
- 腹部第 V 节背板上有很多刚毛	6
6. 弹器基前面无刚毛	7
- 弹器基前面有刚毛	8
7. 无眼	德拉等䖴属 *Isotomodella*
- 有眼	裔符䖴属 *Folsomides*
8. 弹器基前面 1+1 刚毛	9
- 弹器基前面很多刚毛	10
9. 腹部上的小感觉毛在 p 排，小感觉毛毛序 10/000 或 00/000	原等䖴属 *Proisotoma*
- 腹部第 I–III 节上的小感觉毛在 p 排之前，小感觉毛毛序 11/111	短尾䖴属 *Scutisotoma*
10. 腹部第 II–IV 节上有具细密纤毛的陷毛	陷等䖴属 *Isotomurus*
- 腹部第 II–IV 节无陷毛	11
11. 腹部第 V、VI 节愈合，胫跗节有明显膨大的粘毛	伪等䖴属 *Pseudisotoma*
- 腹部第 V、VI 节分离，胫跗节无粘毛	12
12. 单侧最多 5 眼	前等䖴属 *Parisotoma*
- 单侧 6–8 眼	13
13. 弹器基前面顶端有特化刚毛，自微弱变粗到针状不等	等节䖴属 *Isotoma*
- 弹器基前面顶端无粗壮的刚毛	德䖴属 *Desoria*

41. 德䖴属 *Desoria* Nicolet, 1841

Desoria Nicolet, 1841: 126. Type species: *Desoria saltans* Nicolet in Desor, 1841.

主要特征：体壁色素种类多样，体色变化多。小眼 8+8，少数种类 6+6。小颚须简单、二分叉或三分叉。胫跗节无粘毛，爪上通常具齿。腹管前部具刚毛。弹器发达，弹器基前面具刚毛。齿节狭长，背面有细圆齿。端节 3–4 齿，少数 5 齿。腹部第 V、VI 节分离，少数种类愈合。

分布：世界广布，多数种类分布于全北区，在北方更常见。世界已知 101 种，中国记录 4 种，浙江分布 2 种。

(78) 奇齿德䖴 *Desoria imparidentata* (Stach, 1964)（图 7-1）

Isotoma imparidentata Stach, 1964: 13.
Desoria imparidentata: Potapov, 2001: 134.

图 7-1 奇齿德䖴 *Desoria imparidentata* (Stach, 1964)（引自 Stach，1964）
A. 足顶端；B. 弹器端部

主要特征：体长 1.5 mm。淡黄色，背板中部有黑色的不连续、不规则的色素带，体侧、触角和足部黑色。大刚毛很长，比第 V、VI 腹节背板还长，在前面有 3–4 个不显著的锯齿。8+8 眼，角后器宽，长度约为眼的 2/3。爪上有强壮的侧齿和 2 个模糊的内齿，小爪有着宽阔的内叶。弹器基前面顶端无粗壮或针状刚毛。齿节顶端的那根刚毛几乎是端节的 2 倍长。端节 3 齿，后面 2 齿一前一后位于同一条轴线上。

分布：浙江（杭州）。

（79）三刺德蚖 *Desoria trispinata* (MacGillivray, 1896)（图 7-2）

Isotoma trispinata MacGillivray, 1896: 51.
Desoria trispinata: Thibaud, 1977: 269.

主要特征：体长至多 1.3 mm。有色素，蓝色或偏紫的蓝色，背板上有黑色斑纹。小颚须三叉，下唇须 e₇ 护卫毛丢失。小眼 8+8。胫跗节顶端毛序为 8 根刚毛，爪上无内齿，但有着极小的侧齿。腹管前面 4–5+4–5 刚毛，侧端 3+3，后面 5–6 刚毛。握弹器上 5–6 刚毛。有弹器，弹器基前面有 2+2 短的顶端刚毛。齿节有很多褶皱，后面有 14–16 根刚毛，顶端刚毛长。端节 3 齿，端节上无刚毛。腹部第 V、VI 节分离。

分布：浙江（宁波）、河北；世界广布。

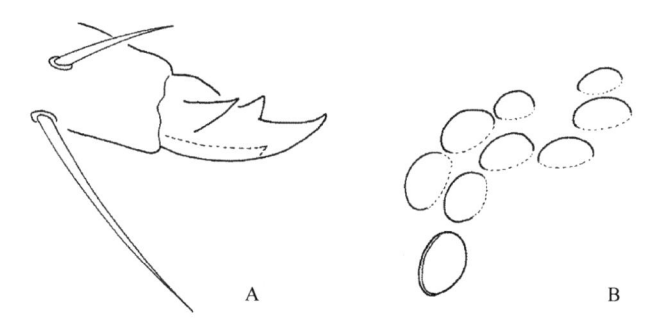

图 7-2　三刺德蚖 *Desoria trispinata* (MacGillivray, 1896)（引自 Fjellberg，2007）
A. 端节和齿节顶端；B. 角后器和眼

42. 符蚖属 *Folsomia* Willem, 1902

Folsomia Willem, 1902: 280. Type species: *Folsomia candida* Willem, 1902.

主要特征：体长条状，白色或有不同程度的蓝色、黑色色素。触角末端无感觉泡。外颚叶具 4 颚须毛。有角后器，眼有或无。几乎所有种头部腹面的中轴毛序在 4+4 到 5+5 的范围内。第 I、II 胸节腹面无刚毛。有弹器，包括齿节和端节。弹器基前面至少有 1+1 刚毛，齿节自基部向端部变狭窄，背侧有细小的圆齿状凹痕。腹部第 IV–VI 腹节愈合。

分布：世界广布。世界已知 181 种，中国记录 26 种，浙江分布 6 种。

分种检索表

1. 有眼 ·· 2
- 无眼 ·· 4
2. 4+4 眼，单侧眼前后分离，3 只在前 1 只在后 ·· 八眼符蚖 *F. octoculata*
- 1+1 眼 ··· 3
3. 腹管侧端 4+4 刚毛，齿节后面 6 刚毛 ·· 二眼符蚖 *F. diplophthalma*

\- 腹管侧端 3+3 刚毛，齿节后面 5 刚毛 ··· 似符蚖 *F. similis*
4. 白色，但是在头部和身体上有不规则的黑色斑点 ··· 小点符蚖 *F. minipunctata*
\- 白色，无色素 ··· 5
5. 弹器基前面 2+2 刚毛 ·· 内眼符蚖 *F. inoculata*
\- 弹器基前面 16–32 刚毛 ··· 白符蚖 *F. candida*

（80）白符蚖 *Folsomia candida* Willem, 1902（图 7-3）

Folsomia candida Willem, 1902: 280.

主要特征：体长差异大，成虫 0.9–2.5 mm。体白色，无色素。大刚毛相对较长，在大型个体中有时在前面有少量纤毛。无眼，角后器椭圆形。小颚须分叉，周边 4 颚须毛。爪有或无内齿，无侧齿，小爪有时候有着小的顶端细丝。第 III 胸节腹面中部有 2–3 刚毛。腹管侧端 9–16 刚毛，后面 7–12 刚毛。握弹器 4+4 齿，1 刚毛。有较长弹器，弹器基前面有 16–32 刚毛，其中有着显著的 1+1 较大的顶部刚毛。齿节前面 20–40 刚毛，后面多数 7–10 刚毛。端节 2 齿。

分布：浙江（杭州）、内蒙古、宁夏、湖北、湖南、福建、广东、贵州、西藏；世界广布。

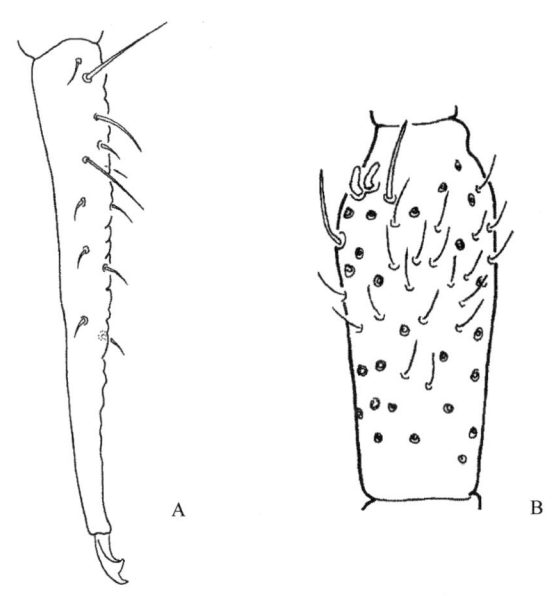

图 7-3 白符蚖 *Folsomia candida* Willem, 1902（引自 Fjellberg，2007）
A. 齿节和端节；B. 触角第 III 节，示感觉毛

（81）二眼符蚖 *Folsomia diplophthalma* (Axelson, 1902)（图 7-4）

Isotoma diplophthalma Axelson, 1902: 106.
Folsomia diplophthalma: Axelson, 1907: 106.

主要特征：体长不超过 1.4 mm。除眼斑外体表无色素。1+1 眼，有角后器，长度超过第 I 节触角的宽度。小颚须分叉，周边 4 颚须毛。爪上有侧齿。胸节腹面无刚毛。腹管侧端 4+4 刚毛。有弹器，弹器基前面通常 4+4 纵向排列的 2 列刚毛，刚毛数量变异幅度较大，单列数量为 2–6。齿节前面 15（14–17）刚毛，后面 6 刚毛。

分布：浙江（杭州）、吉林、陕西、江苏、上海、湖北；全北区。

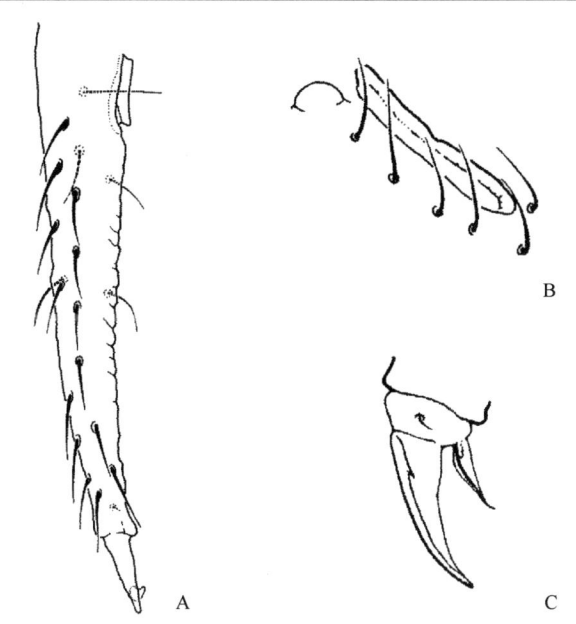

图 7-4　二眼符䖴 *Folsomia diplophthalma* (Axelson, 1902)（引自 Potapov and Dunger，2000）
A. 齿节和端节；B. 角后器和眼；C. 爪

（82）内眼符䖴 *Folsomia inoculata* Stach, 1947（图 7-5）

Folsomia inoculata Stach, 1947: 145.

主要特征：体长不超过 1.9 mm。无色素。无眼，角后器狭长，长度稍稍超过第 I 节触角的宽度。小颚须分叉，周边 4 颚须毛。爪上无齿。第 III 胸节腹面 3+3 刚毛。腹管侧端 5–6 刚毛，后面 6–8 刚毛。握弹器 4+4 齿，1 刚毛。有弹器，弹器基前面 2+2 刚毛。齿节前面 8–12 刚毛，后面 4（3+1）刚毛，中部的那根刚毛有时缺失，齿节基部钩状结构极为发达。端节 2 齿。

分布：浙江（杭州）、湖南、云南；古北区。

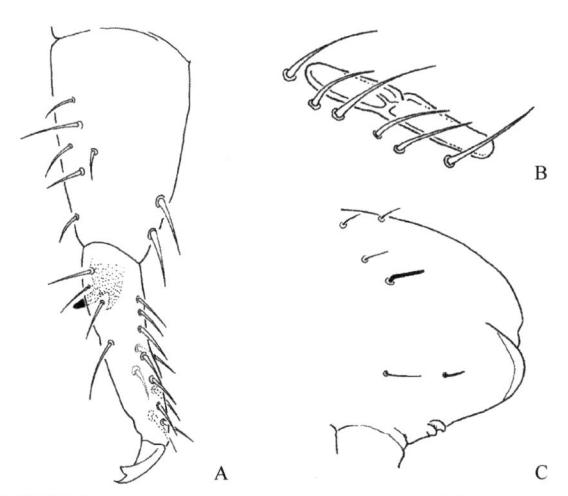

图 7-5　内眼符䖴 *Folsomia inoculata* Stach, 1947（引自 Fjellberg，2007）
A. 弹器；B. 角后器；C. 腹部第 IV–VI 节感觉毛

（83）小点符䖴 *Folsomia minipunctata* Zhao *et* Tamura, 1992（图 7-6）

Folsomia minipunctata Zhao *et* Tamura, 1992: 18.

主要特征：体长约 1.0 mm。体白色，头部和体上有不规则的黑色斑点。触角第 IV 节有 10 根感毛。无眼，角后器狭长，两端圆钝，中部收缩，整个角后器呈二瓣状。爪上无齿，小爪约为爪长一半，胫跗节没有粗壮的毛。腹管侧端 3+3 刚毛，后面 6 刚毛。握弹器 4 齿，1 刚毛。有弹器，弹器基前侧有两列纵排的 3+3 刚毛。齿节前侧 9–10 刚毛，后侧 3 刚毛。端节 2 齿。第 IV 腹节具 1+1 圆钝的感器。

分布：浙江（杭州、温州）。

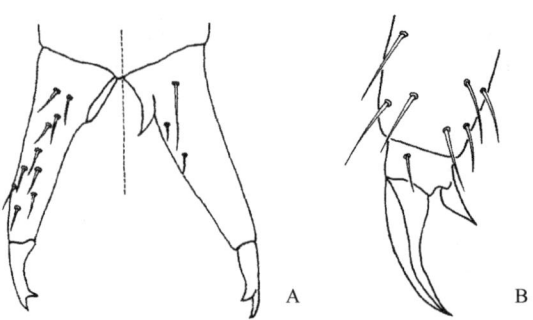

图 7-6　小点符䖨 *Folsomia minipunctata* Zhao *et* Tamura, 1992（引自 Zhao and Tamura，1992）
A. 齿节毛序，腹面（左）和背面（右）；B. 第 III 足顶端

（84）八眼符䖨 *Folsomia octoculata* **Handschin, 1925**（图 7-7）

Folsomia octoculata Handschin, 1925: 226.

主要特征：体长可达 2.0 mm。体色多变，自苍白色到带斑点的棕灰色，再到浅蓝色。大刚毛中等长度到相当长。上唇毛序 4/554。小眼 4+4，单侧 4 只小眼分成前后分离的 2 组，3 只在前 1 只在后。角后器狭长，中间收缩，约为触角第 I 节宽度的 1.5 倍长。爪上有侧齿。握弹器 4+4 齿，1 刚毛（某些描述中为 2 或 3 刚毛）。具弹器，弹器基前侧 2+2 刚毛，齿节通常前侧 9 刚毛，后侧 5 刚毛，端节 2 齿。

分布：浙江（杭州、宁波）、吉林、辽宁、湖北、湖南、福建、广东、海南、广西、贵州、云南；韩国，日本，印度，印度尼西亚，美国（夏威夷）。

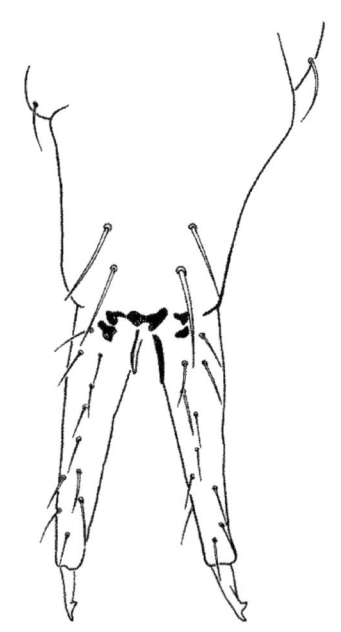

图 7-7　八眼符䖨 *Folsomia octoculata* Handschin, 1925 弹器腹面（引自 Handschin，1925）

（85）似符䖨 *Folsomia similis* **Bagnall, 1939**（图 7-8）

Folsomia similis Bagnall, 1939: 57.

主要特征：体长不超过 1.2 mm。体白色，有黑色色素颗粒散布在身体上。1+1 有色素聚集的眼，角后器相对狭长、中间收缩，长度超过触角第 I 节宽度，有时候内缘有变化多样的齿。爪上无齿。腹管侧端 3+3 刚毛。握弹器 4+4 齿，1 刚毛。有弹器，弹器基前面 4+4 刚毛，按 1+1、2+2、1+1 分布，顶端那对刚毛较强壮。齿节前面 15（12–16）刚毛，后面 5 刚毛。端节 2 齿。

分布：浙江（杭州）、江苏；全北区。

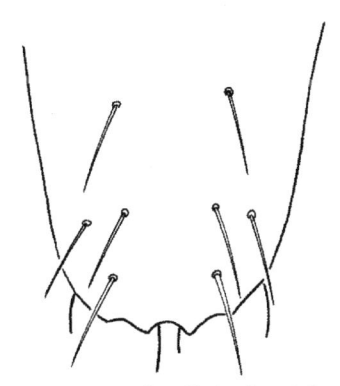

图 7-8　似符䖴 *Folsomia similis* Bagnall, 1939 弹器基腹面（引自 Christiansen and Bellinger, 1998）

43. 裔符䖴属 *Folsomides* Stach, 1922

Folsomides Stach, 1922: 17. Type species: *Folsomides parvulus* Stach, 1922.

主要特征：体长不足 1 mm，多数体形为细长的圆柱形。几乎无色素，一般仅眼区有色素，少数种类有很深的色素。上唇 2 根前刚毛，小颚须单根或分叉，周围 3 颚须毛。有眼，1+1 到 6+6。爪简单，无齿。胸部腹面无刚毛。腹管侧端 3+3 刚毛，后面 2 刚毛。有弹器，多数短小，弹器基前面无刚毛，齿节前面 0–3 刚毛，后面 2–6 刚毛，端节有或无。

分布：世界广布。世界已知 68 种，中国记录 3 种，浙江分布 3 种。

分种检索表

1. 1+1 到 2+2 眼 ··· 小裔符䖴 *F. parvulus*
- 5+5 眼 ··· 2
2. 握弹器 4+4 齿，齿节与端节分离 ·· 角裔符䖴 *F. angularis*
- 握弹器 3+3 齿，齿节与端节愈合 ·· 拟角裔符䖴 *F. pseudangularis*

（86）角裔符䖴 *Folsomides angularis* (Axelson, 1905)（图 7-9）

Isotoma angularis Axelson, 1905: 791.

Folsomides angularis: Gisin, 1943: 161.

主要特征：体长不超过 0.6 mm，身体相对粗短。除眼区有色斑外其余部分白色。小眼 5+5，角后器偏长，通常后方有 2 根刚毛。小颚须分叉。胫跗节 I–III 的刚毛数量分别为 20、20、22。握弹器 4+4 齿（极少数情况下 4+3 齿），1 刚毛。有弹器，齿节前侧 1 刚毛，后侧 3（2）刚毛。端节 2 齿，有轻度变化，亚顶端的齿通常带有 1 个微弱的侧叶。

分布：浙江（杭州）、内蒙古；俄罗斯，芬兰，乌克兰，波兰，挪威，法国，葡萄牙，墨西哥。

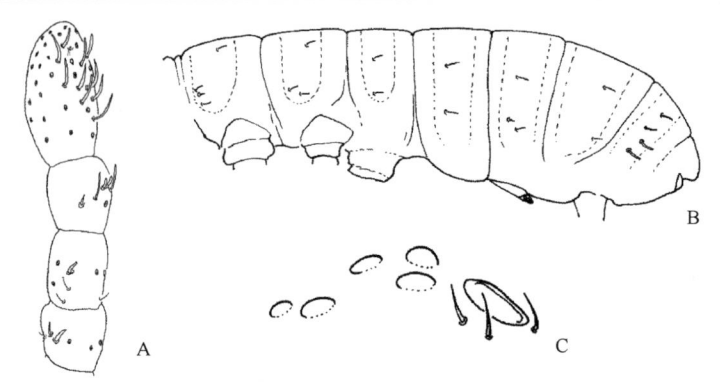

图 7-9　角裔符蚖 *Folsomides angularis* (Axelson, 1905)（引自 Fjellberg，2007）
A. 触角，示感器；B. 胸部及腹部，示感觉毛；C. 眼和角后器

（87）小裔符蚖 *Folsomides parvulus* Stach, 1922（图 7-10）

Folsomides parvulus Stach, 1922: 17.

主要特征：体长不超过 0.9 mm，体形像试管。除眼下的黑斑外身体上无色素。小眼 1+1 到 2+2，如果单侧有 2 眼，前后分离（极少数情况下前后眼相近）。角后器狭长，后面 3 刚毛。小颚须分叉。胫跗节 I–III 分别有 20、20、22 刚毛。握弹器 3+3 齿，无刚毛。有弹器，弹器基后侧通常 7+7 刚毛，有时候 6+6 刚毛。端节同齿节愈合，端齿节前侧无刚毛，后侧 3 刚毛，少数情况下 2 刚毛，端节 2 齿。小感觉毛毛序为 10/001。

分布：浙江（杭州）、吉林、上海、湖北、湖南、四川、贵州；世界广布。

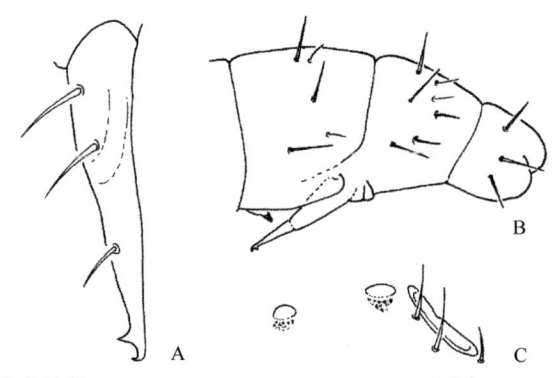

图 7-10　小裔符蚖 *Folsomides parvulus* Stach, 1922（引自 Fjellberg，2007）
A. 齿节和端节；B. 腹部第 IV–VI 节大刚毛和感觉毛毛序；C. 角后器和眼

（88）拟角裔符蚖 *Folsomides pseudangularis* Chen, 1985（图 7-11）

Folsomides pseudangularis Chen, 1985: 185.

图 7-11　拟角裔符蚖 *Folsomides pseudangularis* Chen, 1985（引自 Chen，1985）
A. 弹器背面；B. 角后器和眼

主要特征：体长 0.53–0.6 mm。体灰色，表皮光滑。触角第 IV 节具 10 余根感觉毛。小眼 5+5，角后器椭圆形，中间有不明显内陷，长度是眼的 3 倍。爪上无齿，小爪为爪长的 2/5–1/2。腹管侧端 3+3 刚毛，后面 2 刚毛。握弹器 3+3 齿，1 刚毛或无。有弹器，弹器基后侧 9+9 刚毛。端节与齿节愈合，端齿节前侧 1 刚毛，后侧 2 刚毛，端节 2 齿。小感觉毛毛序为 10/001。

分布：浙江（杭州）。

44. 类符䖴属 *Folsomina* Denis, 1931

Folsomina Denis, 1931: 128. Type species: *Folsomina onychiurina* Folsom, 1931.

主要特征：体白色，长条状。触角第 IV 节有 2 个椭圆形感器，粗短而膨大，背面各有 3 条肋骨状拱起，周边有 4 个粗壮的感器，以及一些略粗的感器。头部无角后器、无眼。上唇毛序 4/554，下颚须分叉，下唇须 e 只有 6 根护卫毛。有爪，爪上无齿。有弹器，弹器基前面 1+1 刚毛，端节 1 或 2 齿。腹部第 IV–VI 节愈合。

分布：世界广布。世界已知 5 种，中国记录 3 种，浙江分布 2 种。

(89) 棘类符䖴 *Folsomina onychiurina* Denis, 1931（图 7-12）

Folsomina onychiurina Denis, 1931: 128.

主要特征：体长不超过 0.5 mm。体白色。触角第 IV 节椭圆形感器相对较短、较圆。小颚须不分叉，周边 4 颚须毛。爪上无齿。胸节腹面无刚毛。腹管前面 1+1 刚毛，侧端 4+4 刚毛，后面 4 刚毛。有弹器，弹器基前面 1+1 刚毛。齿节前面 17–22 刚毛，后面 6 刚毛（基部 4 根，中部 2 根），仅基部有 2 根刚毛很明显。端节单齿，镰刀状。

分布：浙江（杭州、宁波）、山西、江苏、上海、湖南、广东、海南、四川、贵州、西藏；世界广布。

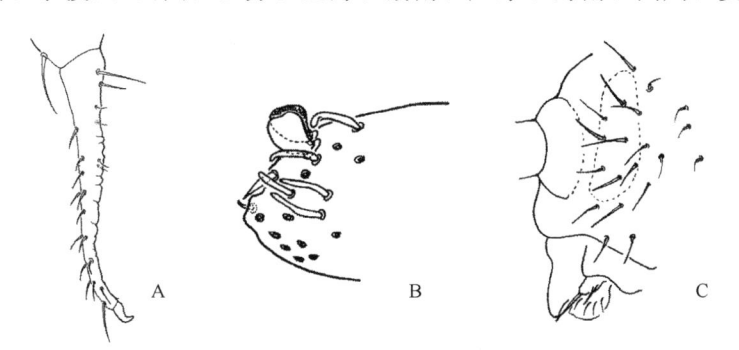

图 7-12 棘类符䖴 *Folsomina onychiurina* Denis, 1931（引自 Fjellberg，2007）
A. 齿节和端节；B. 触角第 IV 节端部；C. 头前部

(90) 乌岩类符䖴 *Folsomina wuyanensis* Zhao et Tamura, 1992（图 7-13）

Folsomina wuyanensis Zhao et Tamura, 1992: 17.

主要特征：体长约 0.59 mm。体白色。触角第 IV 节有 2 个椭圆形感器，周边 5 根较钝的感觉毛。爪上无齿，小爪长度约为爪长一半，胫跗节上无粘毛。腹管前面 1+1 刚毛，侧端 4+4 刚毛，后面 4 刚毛。有弹器，弹器基前面 1+1 刚毛。齿节前面 21 刚毛，后面 3 刚毛。端节单齿，镰刀状。

分布：浙江（温州）。

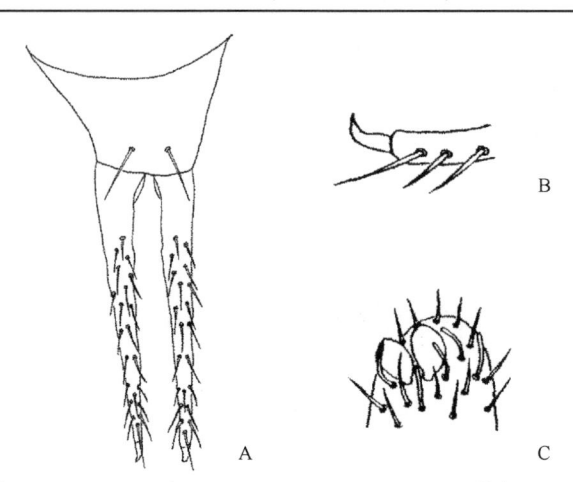

图 7-13　乌岩类符虮 *Folsomina wuyanensis* Zhao *et* Tamura, 1992（引自 Zhao and Tamura，1992）
A. 弹器腹面；B. 端节；C. 触角第Ⅳ节端部

45. 等节虮属 *Isotoma* Bourlet, 1839

Isotoma Bourlet, 1839: 399. Type species: *Isotoma viridis* Bourlet, 1839.

主要特征：大型种类。体表色素多变，经常形成特殊的花纹。刚毛众多、分化明显，能很好地区分刚毛和大刚毛，大刚毛上有适度至密集的锯齿。小颚须分叉。小眼 8+8，角后器比眼小。爪上有 2 内齿，有侧齿，胫跗节没有粘毛。腹管上有很多刚毛。有发达的弹器，弹器基前面顶端有特化刚毛，自微弱变粗到针状不等。齿节长而渐窄，后面基部有很多刚毛。端节通常 3 齿，个别种群的顶端具 1 个迷你齿。

分布：主要分布于全北区，亚洲种类众多。世界已知 76 种，中国记录 5 种，浙江分布 1 种。

（91）刺尾等节虮 *Isotoma spinicauda* Bonet, 1930（图 7-14）

Isotoma spinicauda Bonet, 1930: 249.

主要特征：体长最多达 5 mm。有色素，身体上有着黑色斑点和条纹。小眼 8+8，角后器长度为眼的一半。腹管和握弹器上的刚毛较多。弹器基前端有 6–11 特化的针状刚毛。端节一般 3 齿，有时候会再增加 1 个小齿。

分布：浙江（宁波）、甘肃；乌兹别克斯坦，哈萨克斯坦，巴基斯坦，印度，阿富汗。

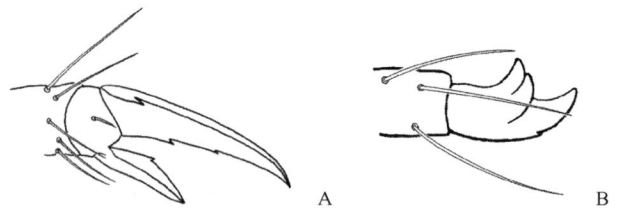

图 7-14　刺尾等节虮 *Isotoma spinicauda* Bonet, 1930（引自 Bonet，1930）
A. 足端部；B. 端节

46. 小等虮属 *Isotomiella* Bagnall, 1939

Isotomiella Bagnall, 1939: 95. Type species: *Isotoma minor* Schäffer, 1896.

主要特征：中等体型。无色素。触角第 IV 节有 6 个强烈膨大成厚实叶片状的感器，以及一些稍粗壮的普通感器。小颚须分叉，周边 3–4 颚须毛，极少数种类具 2 颚须毛。无眼，无角后器。爪上无齿。有弹器，弹器基前面具 1+1 到 18 刚毛。齿节长度自中等到很长都有，背侧有圆齿状凹痕。端节多数 2–3 齿，少数种类单齿。腹部第 V、VI 节愈合。

分布：除了澳大利亚和南北两极，世界广布。世界已知 54 种，中国记录 8 种，浙江分布 7 种。

分种检索表

1. 齿节后面 5 刚毛	2
- 齿节后面 6 或 7 刚毛	3
2. 齿节前面 40–45 刚毛	巴里小等蚖 *I. barisan*
- 齿节前面 28–32 刚毛	莱氏小等蚖 *I. leksawasdii*
3. 齿节后面 7 刚毛	马德拉小等蚖 *I. madeirensis*
- 齿节后面 6 刚毛	4
4. 齿节前面 47–54 刚毛	硬毛小等蚖 *I. hirsuta*
- 齿节前面少于 47 刚毛	5
5. 腹管侧端 4+4 刚毛	茵他侬小等蚖 *I. inthanonensis*
- 腹管侧端多于 4+4 刚毛	6
6. 齿节前面 32 刚毛	对称齿小等蚖 *I. symetrimucronata*
- 齿节前面至少 36 刚毛	微小等蚖 *I. minor*

（92）巴里小等蚖 *Isotomiella barisan* Deharveng *et* Suhardjono, 1994（图 7-15）

Isotomiella barisan Deharveng *et* Suhardjono, 1994: 315.

主要特征：体长不超过 0.9 mm。大刚毛长而硬直，带有明显的纤毛。触角第 IV 节的 6 感器 S1–S6 卵圆形膨大。小颚须分叉，周围 4 颚须毛。腹管前面 3+3 刚毛，侧端 4+4 刚毛，后面 2+2 刚毛。握弹器 4+4 齿，1 刚毛。齿节狭长，前面 40–45 刚毛，后面 5 刚毛。端节 3 齿。第 II 胸节至第 IV 腹节毛序 11/3334–5。

分布：浙江（杭州）；印度尼西亚。

图 7-15 巴里小等蚖 *Isotomiella barisan* Deharveng *et* Suhardjono, 1994 齿节（引自 Gao and Potapov，2011）

（93）硬毛小等蚖 *Isotomiella hirsuta* Bedos *et* Deharveng, 1994（图 7-16）

Isotomiella hirsuta Bedos *et* Deharveng, 1994: 452.

图 7-16 硬毛小等蚖 *Isotomiella hirsuta* Bedos *et* Deharveng, 1994（引自 Gao and Potapov，2011）
A. 弹器腹面；B. 上唇毛序

主要特征：体长 0.9–1.15 mm，雌性比雄性大。大刚毛有明显纤毛，直而长。触角第 IV 节的 6 感器 S1–S6 长卵圆形且几乎等长。小颚须分叉，周边 4 颚须毛。第 III 胫跗节上无粗壮粘毛。腹管前面 3+3 刚毛，侧端 4+4 刚毛，后面 2+2 刚毛。握弹器 4+4 齿，1 刚毛。弹器基前面 12–14 刚毛，齿节前面 47–54 刚毛，后面 6 刚毛，端节 3 齿，较短。

分布：浙江（宁波）、贵州；泰国。

(94) 茵他侬小等蚖 *Isotomiella inthanonensis* Bedos *et* Deharveng, 1994（图 7-17）

Isotomiella inthanonensis Bedos *et* Deharveng, 1994: 455.

主要特征：体长 0.6 mm。背面表皮上仅有初级颗粒，无坑洼。大刚毛有明显纤毛，直而长。触角第 IV 节的 6 感器 S1–S6 卵圆形膨大且几乎等长。小颚须分叉，周边 4 颚须毛。第 III 胫跗节上无粗壮粘毛。腹管前面 3+3 刚毛，侧端 4+4 刚毛，后面 2+2 刚毛。握弹器 4+4 齿，1 刚毛。弹器基前面 12–13 刚毛，齿节前面 29–38 刚毛，后面 6 刚毛，端节 3 齿，较短。

分布：浙江（宁波）；泰国。

图 7-17　茵他侬小等蚖 *Isotomiella inthanonensis* Bedos *et* Deharveng, 1994（引自 Bedos and Deharveng，1994）
A. 弹器，齿节背面（上）和腹面（下）；B. 触角第 IV 节，示感器

(95) 莱氏小等蚖 *Isotomiella leksawasdii* Bedos *et* Deharveng, 1994（图 7-18）

Isotomiella leksawasdii Bedos *et* Deharveng, 1994: 456.

主要特征：体长 0.87 mm。背面表皮上仅有初级颗粒，无凹陷。大刚毛较长，有明显纤毛。触角第 IV 节的 6 感器 S1–S6 长卵圆形且几乎等长。小颚须分叉，周边 4 颚须毛。第 III 胫跗节上无粗壮粘毛。腹管相对较长，前面 3+3 刚毛，侧端 4+4 刚毛，后面 2+2 刚毛。握弹器 4+4 齿，1 刚毛。弹器基前面 10–13 刚毛，齿节前面 28–32 刚毛，后面 5 刚毛。端节相对较大，3 齿，端齿长。

分布：浙江（宁波）；泰国。

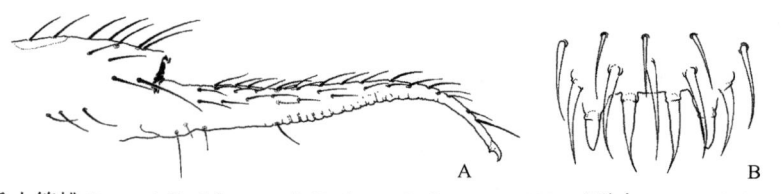

图 7-18　莱氏小等蚖 *Isotomiella leksawasdii* Bedos *et* Deharveng, 1994（引自 Gao and Potapov，2011）
A. 弹器腹面；B. 上唇毛序

(96) 马德拉小等蚖 *Isotomiella madeirensis* Gama, 1959（图 7-19）

Isotomiella madeirensis Gama, 1959: 29.

主要特征：体长约 1.0 mm。爪上无齿，小爪细而尖。胫跗节上无针状刚毛。握弹器 4+4 齿，1 刚毛。弹器基前侧通常有 11–13 根刚毛，常见为 2+2、2+2、1+1、1–3 排列。弹器基侧面 4+4 刚毛。齿节后面 7 刚毛。端节 3 齿。

分布：浙江（衢州）；葡萄牙。

图 7-19　马德拉小等䗴 *Isotomiella madeirensis* Gama, 1959 弹器基腹面（引自 Gamma，1959）

（97）微小等䗴 *Isotomiella minor* (Schäffer, 1896)（图 7-20）

Isotoma minor Schäffer, 1896: 182.
Isotomiella minor: Yosii, 1939: 349.

主要特征：体长 0.7–1.1 mm。体白色。部分刚毛有锯齿，大刚毛长、有锯齿。小颚须分叉，周边 4 颚须毛。爪上无齿，小爪细而尖。胫跗节上无针状刚毛。腹管长，侧端刚毛多，后面 2+2 刚毛。握弹器 4+4 齿，1 刚毛。弹器基前面 5+5 至 6+6 刚毛，侧面 3+3 刚毛。齿节长，为弹器基的 2.5–3.0 倍，前面至少 36 刚毛，后面 6 刚毛。端节 3 齿。

分布：浙江（杭州）、宁夏、上海、湖北、湖南、广东、贵州、云南；世界广布。

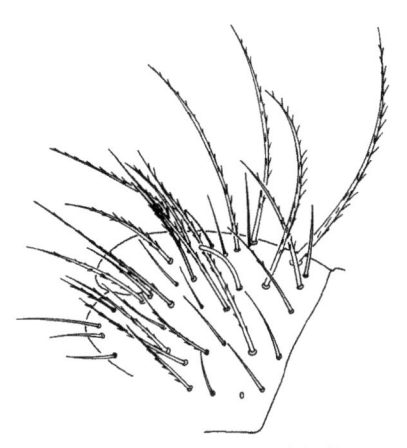

图 7-20　微小等䗴 *Isotomiella minor* (Schäffer, 1896)腹部第 V–VI 节（引自 Barra，1968）

（98）对称齿小等䗴 *Isotomiella symetrimucronata* Najt *et* Thibaud, 1987（图 7-21）

Isotomiella symetrimucronata Najt *et* Thibaud, 1987: 207.

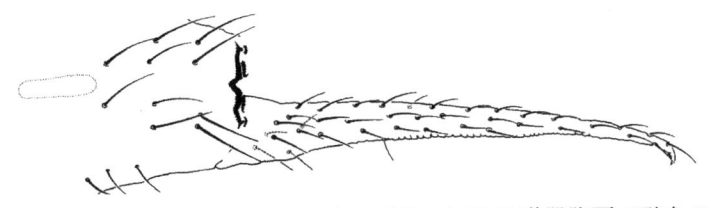

图 7-21　对称齿小等䗴 *Isotomiella symetrimucronata* Najt *et* Thibaud, 1987 弹器腹面（引自 Gao and Potapov，2011）

主要特征：体长约 0.6 mm。体白色，表皮颗粒细密。爪上无齿，胫跗节上无针状刚毛。腹管侧端共

16 刚毛。握弹器 4+4 齿，1 刚毛。弹器基前面 10 刚毛，按 2+2、2+2、1+1 排列，侧面 4 刚毛。齿节长，前面 32 刚毛，后面 6 刚毛。端节 3 齿，两侧齿对称。

分布：浙江（杭州、衢州）、宁夏、江苏、海南、贵州、云南；厄瓜多尔。

47. 德拉等䖴属 *Isotomodella* Martynova, 1967

Isotomodella Martynova, 1967: 37. Type species: *Isotomodella pusilla* Martynova, 1967.

主要特征：体形细长，体长不足 0.5 mm。无色素，体表颗粒不明显。触角第 IV 节无宽大的感器，顶端无感泡。无眼。胫跗节无顶端膨大的粘毛。有退化的弹器，但弹器各部分俱在，弹器基前面无刚毛，齿节很短，刚毛少。腹部第 V 和第 VI 节分离，无肛刺。普通刚毛和大刚毛都很短。腹部 I–III 节上的感毛在体节中段位置。

分布：全北区，主要分布于中亚和挪威的山上。世界已知 6 种，中国记录 1 种，浙江分布 1 种。

（99）浙江德拉等䖴 *Isotomodella zhejiangensis* (Chen, 1985)（图 7-22）

Pseudanurophorus zhejiangensis Chen, 1985: 183.
Isotomodella zhejiangensis: Potapov & Stebaeva, 2002: 443.

主要特征：体长 0.41–0.5 mm。体白色，表皮光滑。刚毛细小，无明显大刚毛。触角第 IV 节上具 13–15 明显的感毛，无顶端感泡。无眼，有宽椭圆形角后器。爪上无齿，小爪尖刃形，约为爪长的一半。腹管侧端 3+3 刚毛，后面 2+2 刚毛。握弹器、弹器消失。

分布：浙江（宁波）。

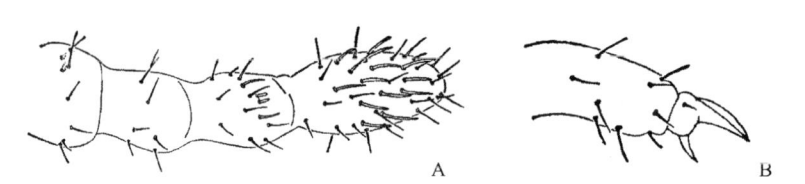

图 7-22 浙江德拉等䖴 *Isotomodella zhejiangensis* (Chen, 1985)（引自 Chen，1985）
A. 触角；B. 第 III 足端部

48. 似等䖴属 *Isotomodes* Linnaniemi, 1907

Isotomodes Linnaniemi, 1907: 129. Type species: *Isotoma producta* Axelson, 1906.

主要特征：身体细长，腹部末端陡峭或圆钝，第 V 腹节愈合，仅留下一小部分刚毛和感器。背板上有中等尺寸大刚毛，仅腹部第 V 节上的较长。背板中部的感觉毛位于末排刚毛 p 排之内或略微靠前。体白色。无眼。胫跗节的粘毛顶端不膨大。有短小弹器，弹器基前面无刚毛，端节 2 齿。

分布：世界广布。世界已知 35 种，中国记录 2 种，浙江分布 1 种。

（100）蓝似等䖴 *Isotomodes fiscus* Christiansen *et* Bellinger, 1980（图 7-23）

Isotomodes fiscus Christiansen *et* Bellinger, 1980: 549.

主要特征：体长不超过 0.9 mm。角后器后缘外有 7 根刚毛。腹管侧端 4+4 刚毛。握弹器 3+3 齿。有弹器，齿节前面 2-3 刚毛，后面 2 刚毛。

分布：浙江（杭州）、内蒙古、宁夏、上海、福建；美国。

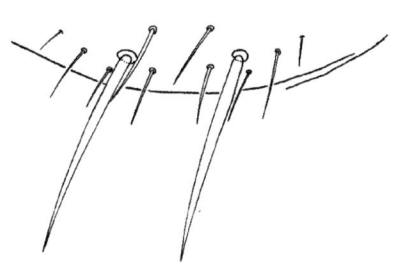

图 7-23 蓝似等蚖 *Isotomodes fiscus* Christiansen *et* Bellinger, 1980 第 V 腹节毛序（背面）（引自 Christiansen and Bellinger，1980）

49. 陷等蚖属 *Isotomurus* Börner, 1903

Isotomurus Börner, 1903: 171. Type species: *Podura palustris* Müller, 1776.

主要特征：体型多数较大（超过 2 mm），少数中等。多数种类体壁有近似六边形的颗粒结构。刚毛小而密，有些可能呈纤毛状，大刚毛普遍纤毛状。多数情况下在腹部第 II-IV 节上有具细密纤毛的陷毛，有些种类第 II 节上无陷毛，某些情况下陷毛也可能丢失。小颚须分叉，周边 4 颚须毛。小眼 8+8，角后器小而简单。爪根据种类有多种类型，胫跗节 II 和 III 经常有带纤毛的大刚毛。腹管前面和后面有很多刚毛，而侧端只有很少的刚毛。除少数以外，握弹器上有很多刚毛。有很长的弹器，各部分都分布有浓密而均匀的刚毛。齿节有小圆齿或极少数有小瘤。端节 4 齿，有或无刚毛。

分布：世界广布。世界已知 68 种，中国记录 6 种，浙江分布 1 种。

（101）沼生陷等蚖 *Isotomurus palustris* (Müller, 1776)（图 7-24）

Podura palustris Müller, 1776: 184.
Isotomurus palustris: Börner, 1903: 171.

主要特征：体长 2.0-3.4 mm。体色由黄棕色至略带绿色，背板中部有不连续的黑色条带，尤其位于腹部第 III 节，背板侧面有斑点和微弱的条带。大刚毛有纤毛，有陷毛，陷毛在第 II-IV 腹节上的毛序为 331。小眼 8+8，角后器约为眼的 0.8 倍长。爪上有侧齿，小爪有或无齿，胫跗节上有 3-5 根带纤毛的大刚毛。腹管侧端 3+3 刚毛。握弹器上 14-35 刚毛。端节 4 齿，无刚毛。

分布：浙江（杭州）、北京、江苏、上海；世界广布。

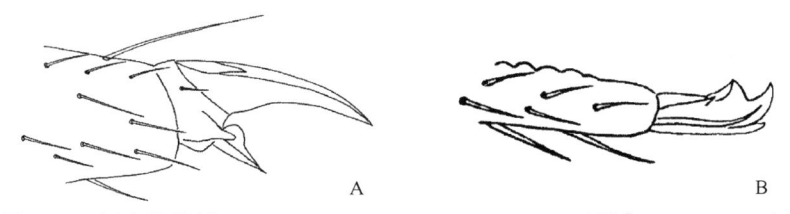

图 7-24 沼生陷等蚖 *Isotomurus palustris* (Müller, 1776)（引自 Stach，1964）
A. 足前端；B. 弹器前端

50. 前等蚖属 *Parisotoma* Bagnall, 1940

Parisotoma Bagnall, 1940: 171. Type species: *Isotoma notabilis* Schäffer, 1896.

主要特征：通常体长不超过 1 mm。体色较浅。触角第 IV 节有 4 根明显粗壮的感器和一些刚毛状的感器。小眼有或无，最多 5+5 眼，有较宽的角后器。小颚须分 3 叉，周边 4 颚须毛。胫跗节无粘毛。腹管侧端 2+2 或 3+3（极少数 4+4）刚毛。握弹器上有少量刚毛。有弹器，弹器基前面无针状刚毛。齿节后面有小褶皱，通常 7 刚毛。端节紧凑，通常 3 齿，极少数 4 齿。腹部第 V、VI 节分离。

分布：世界广布。世界已知 27 种，中国记录 3 种，浙江分布 1 种。

（102）若狭町前等蚖 *Parisotoma hyonosenensis* (Yosii, 1939)（图 7-25）

Isotoma hyonosenensis Yosii, 1939: 378.

Parisotoma hyonosenensis: Potapov, 2001: 383.

主要特征：体长约 1.0 mm。体色苍白，身体上随机分布有黑色色素。触角第 IV 节有 4 根粗壮的感器。小眼 2+2，单侧眼前后分离且后眼大小约为前眼的一半。角后器椭圆形，长度约同触角第 I 节的宽度相当。爪上有很小的侧齿。腹管前面 6 刚毛，侧端 3+3 刚毛，后面 3 刚毛。握弹器 4+4 齿，2 刚毛。有弹器，齿节略长于弹器基 2 倍长度，端节 3 齿。

分布：浙江（杭州、宁波）、上海；俄罗斯，朝鲜。

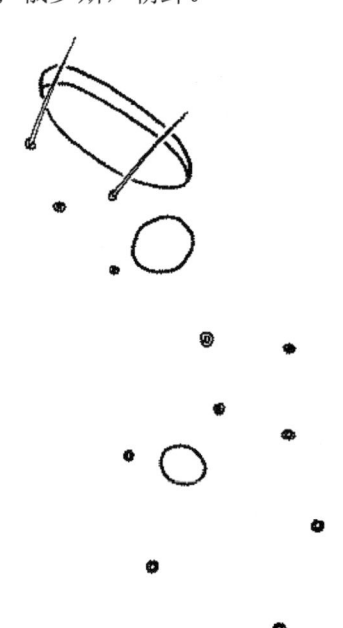

图 7-25　若狭町前等蚖 *Parisotoma hyonosenensis* (Yosii, 1939)眼和角后器

51. 原等蚖属 *Proisotoma* Börner, 1901

Proisotoma Börner, 1901c: 134. Type species: *Isotoma minuta* Tullberg, 1871.

主要特征：体形普通或狭长，所有体节均分离，大小不等。体色多样，灰白到黑色。表皮上或有微弱的网状结构或皱褶，但无次级颗粒结构。小颚须单根，周边 4 颚须毛，上唇毛序 3/554，下唇须 e 的护卫毛不全，e_4 和 e_7 缺失。有或无眼，最多 8+8 眼。爪简单，无齿。有弹器，弹器基前面 1+1 刚毛，齿节前面 4–6 刚毛，后面 3–7 刚毛，端节 2–3 齿。小感觉毛毛序 10/000 或 00/000，腹部上的小感觉毛在 p 排。

分布：世界广布。世界已知 78 种，中国记录 2 种，浙江分布 1 种。

（103）微小原等䖴 *Proisotoma minuta* (Tullberg, 1871)（图 7-26）

Isotoma minuta Tullberg, 1871: 152.
Proisotoma minuta: Börner, 1903: 139.

主要特征：体长不超过 1.1 mm。多数灰色。小眼 8+8，等大，角后器呈宽大的椭圆形，没有收缩，大小为眼的 3-4 倍。小颚须单根，周边 4 颚须毛。爪上无齿，胫跗节上有 1 根相当长但并不膨大的粘毛。第 III 胸节腹面有 1-2 刚毛。腹管侧端 4+4 刚毛，后面 6 刚毛。握弹器 4+4 齿，1 刚毛。有弹器，弹器基前面 1+1 刚毛。齿节前面 6 刚毛（基部 1 根，中部 2 根，顶部 3 根），背面有小圆齿状皱褶，6 刚毛（基部 3 根，中部 2 根，亚顶端 1 根）。端节 3 齿。

分布：浙江（杭州）、黑龙江、吉林、内蒙古、河北、山东、宁夏；世界广布。

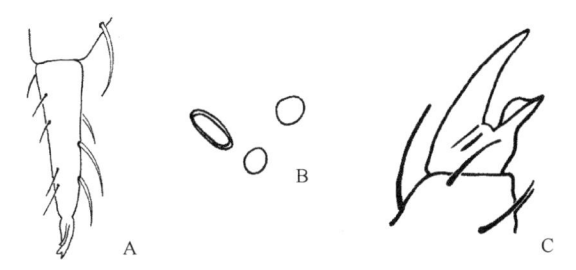

图 7-26 微小原等䖴 *Proisotoma minuta* (Tullberg, 1871)（引自 Womersley，1934）
A. 弹器；B. 角后器和部分眼；C. 足前端

52. 伪等䖴属 *Pseudisotoma* Handschin, 1924

Pseudisotoma Handschin, 1924: 111. Type species: *Isotoma sensibilis* Tullberg, 1876.

主要特征：中等体型，腹部第 V、VI 节愈合。体色多变。小颚须 3 分叉，周围 3-4 颚须毛。小眼 6+6 或 8+8。胫跗节有明显膨大的粘毛，1-3 不等。胸部腹面无刚毛。有较长的弹器，弹器基前面有或无针状刚毛，齿节自基部向端部变狭窄，背侧有细小的圆齿状凹痕，端节 3 齿。

分布：主要分布于全北区。世界已知 8 种，中国记录 1 种，浙江分布 1 种。

（104）敏感伪等䖴 *Pseudisotoma sensibilis* (Tullberg, 1876)（图 7-27）

Isotoma sensibilis Tullberg, 1876: 36.
Pseudisotoma sensibilis: Agrell, 1939: 8.

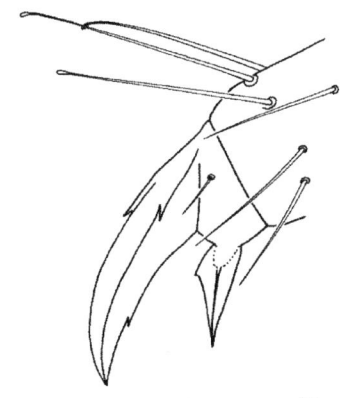

图 7-27 敏感伪等䖴 *Pseudisotoma sensibilis* (Tullberg, 1876) 第 III 足前端（引自 Potapov，2001）

主要特征：体长不超过 1.7 mm。体色多变，灰色、蓝色、绿色或几乎全黑。大刚毛有明显锯齿。小眼 8+8，G 和 H 小，角后器几乎和眼等大。爪上有很小的内齿，有时消失，侧齿明显，小爪上有内齿。胫跗节 I–III 分别有 2、3、3 棍棒状的粘毛，长度几乎与爪内缘相等。握弹器 4+4 齿，刚毛很多。有弹器，弹器基前面有少许刚毛，弹器基增厚的部位简单，端节 3 齿。

分布：浙江（杭州）、江西；全北区。

53. 短尾䖴属 *Scutisotoma* Bagnall, 1949

Scutisotoma Bagnall, 1949b: 535. Type species: *Proisotoma titusi* Folsom, 1937.

主要特征：中等体型，各体节分离。体色较深，黑色居多。上唇毛序 4/554，小颚须一般分叉，周边 4 颚须毛，下唇须 e 的护卫毛完整，极少数 e_7 缺失。具小眼，5+5 到 8+8。爪简单，无齿。有弹器，弹器基前面 1+1 刚毛，少数缺失，齿节多变，端节 2–3 齿，极少数完全消失。小感觉毛毛序完整，11/111，腹部第 I–III 节上的小感觉毛在 p 排之前。

分布：主要分布于全北区。世界已知 34 种，中国记录 3 种，浙江分布 1 种。

（105）三毛短尾䖴 *Scutisotoma trichaetosa* Huang et Potapov, 2012（图 7-28）

Scutisotoma trichaetosa Huang et Potapov, 2012: 45.

主要特征：体长不超过 1 mm。体色紫灰，附肢末端灰白，表皮上只有初级颗粒。大刚毛较短，稍有分化。小颚须分叉，周围 4 颚须毛。小眼 8+8，G 和 H 较小，角后器长椭圆形，为眼的 2–3 倍长。爪简单，无内齿。胫跗节 I–III 分别有 1、2、2 明显棍棒状的粘毛，长度几乎与爪内缘相等。腹管侧端 4+4（3，5）刚毛，后面 5（4）刚毛。握弹器 4+4 齿，1 刚毛。弹器基前面有 1 对顶端刚毛，齿节前面 8–9（6，10）刚毛，后面 8–9 刚毛。端节 3 齿，无分层。

分布：浙江（杭州）。

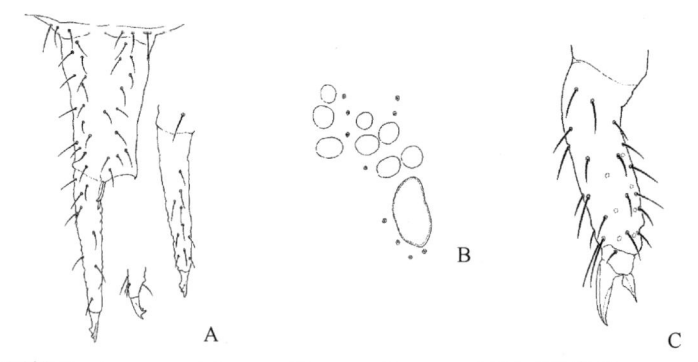

图 7-28　三毛短尾䖴 *Scutisotoma trichaetosa* Huang et Potapov, 2012（引自 Huang and Potapov, 2012）
A. 弹器；B. 角后器和眼；C. 第 III 足胫跗节和爪

54. 图䖴属 *Tuvia* Grinbergs, 1962

Tuvia Grinbergs, 1962: 61. Type species: *Tuvia prima* Grinbergs, 1962.

主要特征：身体圆柱形，末端狭长，体长不超过 1.4 mm。体壁有细微网状结构。触角第 IV 节顶端有感泡。小眼 8+8。爪无齿，有小爪，胫跗节上粘毛顶端尖或略微膨大。有弹器，弹器基前端无刚毛，端节圆钝，与齿节愈合或丢失。腹部 IV–VI 节明显分节，在第 V 节有 2 根肛刺，第 VI 节有 3 根肛刺。

分布：仅分布于古北区的中国、俄罗斯和蒙古国。世界已知 3 种，中国记录 2 种，浙江分布 1 种。

（106）中国图䖴 *Tuvia chinensis* Chen *et* Yin, 1983（图 7-29）

Tuvia chinensis Chen *et* Yin, 1983: 173.

主要特征：体长 1.0–1.2 mm。体深灰色，腹面和附肢较浅，表皮上有粗糙颗粒。小眼 8+8，角后器宽，约为眼的 3 倍长。爪上无内齿，小爪约为爪长的一半。胫跗节上无棍棒状粘毛。胸节腹面无刚毛。腹管侧端 4+4 刚毛，后面 4–5 刚毛。握弹器 3+3 齿，1 刚毛。弹器基前面无刚毛，后面 8+8 刚毛，齿节 3 刚毛，无端节。第 V 腹节上 2 肛刺，第 VI 腹节上 3 肛刺。

分布：浙江（宁波）。

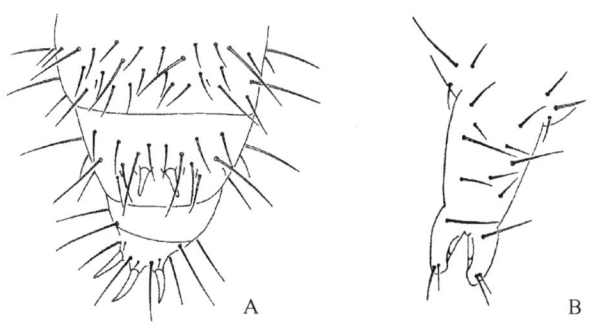

图 7-29　中国图䖴 *Tuvia chinensis* Chen *et* Yin, 1983（引自 Chen and Yin, 1983）
A. 腹部第 IV–VI 节背面毛序；B. 弹器腹面

十九、异齿蚖科 Oncopoduridae

主要特征：个体短小。触角通常短，洞穴种会达到头径的 2 倍。腹部第 IV 节与第 III 节等长或长。小眼无或 4+4。头部背面无陷毛。转节器无。弹器齿节分成两部分，具刺和钩状或普通刚毛；端节长于 1/3 齿节，具少量鳞片和刚毛，无基部齿。身体覆盖有不连续纵脊的透明鳞片。

分布：世界广布。世界已知 3 属 55 种，中国记录 1 属 1 种，浙江分布 1 属 1 种。

55. 中华异齿蚖属 *Sinoncopodura* Yu, Zhang *et* Deharveng, 2014

Sinoncopodura Yu, Zhang *et* Deharveng, 2014: 2. Type species: *Sinoncopodura nana* Yu, Zhang *et* Deharveng, 2014.

主要特征：体型小，约 0.6 mm。无小眼。触角 4 节，不分亚节，与头等长；触角第 IV 节端泡无。角后器念珠状。上唇刚毛着生于发达的乳突上，第 1 排刚毛三分叉。大爪无基部外侧齿。弹器齿节无鳞片、刺和钩等特化刚毛。胫跗节缺少膨大刚毛。弹器端节延长，具 1 根光滑刚毛。鳞片具不连续的纵脊。

分布：古北区。世界已知 1 种，中国记录 1 种，浙江分布 1 种。

（107）小中华异齿蚖 *Sinoncopodura nana* Yu, Zhang *et* Deharveng, 2014（图 7-30）

Sinoncopodura nana Yu, Zhang *et* Deharveng, 2014: 3.

主要特征：体长约 0.6 mm，无色素，具透明鳞片。无小眼，角后器发达。触角与头等长。大颚头具 5/6 个齿。上唇具 2+2/332 根刚毛，其中 2+2 为羽状刚毛，其余为光滑刚毛。头背面具大量鳞片和小刚毛。胫跗节 I–III 分别具 21、21、22 根刚毛，粘毛光滑且头尖，大爪和小爪无齿。腹管前后侧无刚毛，侧瓣具 3 根光滑刚毛。握弹器 4+4，无刚毛和鳞片。弹器端节背面具 6 个齿，具 1 根基部外侧的光滑毛。

分布：浙江（庆元）。

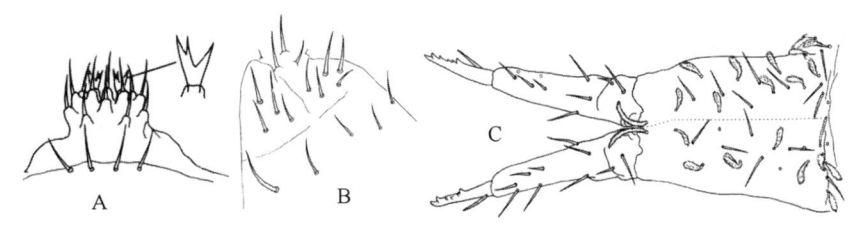

图 7-30 小中华异齿蚖 *Sinoncopodura nana* Yu, Zhang *et* Deharveng, 2014（引自 Yu et al.，2014）
A. 上唇；B. 下唇；C. 弹器

二十、鳞䖴科 Tomoceridae

主要特征：触角不分亚节，第 III 节极度退化或延长（具环），具鳞片，长度变化较大。角后器无或很弱，或出现在低龄幼体中。小眼 0–8。上唇前缘具 4 个弯曲的乳突。大颚端部左/右分别具 4/5 个齿，小颚头具 3 点齿和 6 个膜片，小颚须具三分叉须，1 根基叶刚毛和 4 根亚基叶刚毛。足刚毛复杂，具转节-股节器，大爪具 2 个侧齿和 3–6 个内齿，部分洞穴种内齿退化或无。部分种握弹器具鳞片。弹器基背面刚毛多数为光滑且尖，少数为钝刚毛，鳞片有或无，背、腹两面都具中央沟。齿节具内缘齿或无。

分布：世界广布。世界已知 16 属 200 种，中国记录 5 属 81 种，浙江分布 2 属 7 种。

56. 鳞䖴属 *Tomocerus* Nicolet, 1842

Macrotoma Bourlet, 1839: 387. Type species: *Macrotoma minor* Lubbock, 1862.

Tomocerus Nicolet, 1842: 67.

Tomocerus Yosii, 1955b: 394.

主要特征：体长和体色多变。小眼 6+6 或无。角后器有或无。转节-胫跗节器具 1，1 根刚毛。齿节无内侧基部尖的鳞片和外侧基部发达的刚毛，刺形态多变。端节具 2 个基部齿和 2 背部膜片，外侧齿具细齿。

分布：除了南美洲和非洲，其他地区广布。世界已知 100 种，中国记录 58 种，浙江分布 5 种。

分种检索表

1. 触角为体长的 1.2–1.3 倍 ·· 秦氏鳞䖴 *T. qinae*
- 触角不及体长的一半 ··· 2
2. 大爪内侧齿 5 个或更多 ··· 3
- 大爪内侧齿少于 5 个 ··· 4
3. 握弹器具 8–12 根光滑刚毛 ··· 陈氏鳞䖴 *T. cheni*
- 握弹器具 4–7（9）根光滑刚毛 ··· 针毛鳞䖴 *T. spinulus*
4. 小爪具 1 内齿 ··· 紫鳞䖴 *T. violaceus*
- 小爪无内齿 ··· 木下氏鳞䖴 *T. kinoshitai*

（108）紫鳞䖴 *Tomocerus violaceus* Yosii, 1956（图 7-31）

Tomocerus violaceus Yosii, 1956a: 91.

主要特征：体长最大 2.4 mm。身体浅灰色，触角蓝色，鳞片无色。触角短，长度为体长的 0.35–0.40 倍。小眼 6+6。胫跗节 I–III 内侧分别具 0、0、2 根特化大毛，具 2、2、6 根非钝化但明显加粗的大毛。大爪极细长，内齿最多 5 个。小爪宽，具 1 内齿。粘毛末端膨大为铲状。握弹器无鳞，具 1–2 根刚毛。弹器基背面无鳞。齿节刺简单型，刺式为 5–9/4–5，I。端节外侧背膜片具 3–7 个间齿，端齿与亚端齿近等大。躯干大毛及陷毛基部无护卫小毛。

分布：浙江（鄞州、仙居）、广西；日本，韩国，朝鲜。

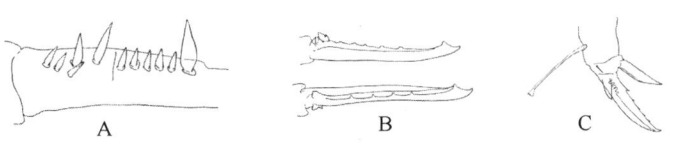

图 7-31　紫鳞䖴 *Tomocerus violaceus* Yosii, 1956（引自 Yosii, 1967）

A. 齿节；B. 端节；C. 后足

（109）陈氏鳞䖴 *Tomocerus cheni* Ma *et* Christiansen, 1998（图 7-32）

Tomocerus cheni Ma *et* Christiansen, 1998: 47.

主要特征：体长可达 3.6 mm。身体底色灰黄；头部黑色，具不规则无色斑；胸部和腹部第 I 节前缘具不规则的色斑；腹部第 V 和 VI 节有时具色斑。触角为体长的 0.5–0.8 倍。小眼 6+6。上唇前缘具 4 针状刚毛。大爪内侧具 5–7 齿；小爪具 1 外侧齿和 1–2 内侧齿。粘毛顶端竹片状。握弹器具 8–12 根光滑刚毛。腹管具鳞片，侧瓣约具 70 根光滑刚毛。端节延长，具大量纤毛状刚毛，背面外侧膜片具 5–7 个小齿，亚端齿与端齿等大。

分布：浙江（天台）；安徽。

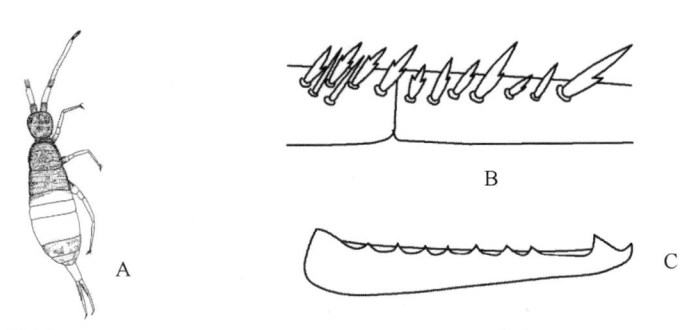

图 7-32　陈氏鳞䖴 *Tomocerus cheni* Ma *et* Christiansen, 1998（引自 Ma and Christiansen，1998）
A. 色斑；B. 齿节；C. 端节

（110）木下氏鳞䖴 *Tomocerus kinoshitai* Yosii, 1954（图 7-33）

Tomocerus kinoshitai Yosii, 1954: 810.

主要特征：体长可达 3.5 mm。身体底色灰，触角紫色。触角长为体长的 0.5 倍。小眼 6+6。头前区具 2、2 根大毛。胫跗节 I–III 内侧分别具 0、0、2（5）根特化大毛。大爪内齿 1–2 个。小爪无内外齿。粘毛细弱，末端膨大为铲状。握弹器无鳞。弹器基背面具 2+2、1 根显著大毛。齿节刺式为 3/1, II，基部刺内侧具 1–2 根刺状小毛；端亚节基部背面具 5–8 根刺状小毛。端节外侧背膜片具 0–4 个间齿。躯干大毛及陷毛基部无护卫小毛。

分布：浙江（鄞州、天台、仙居）、吉林、江西、湖南、福建、重庆、四川；俄罗斯，日本。

图 7-33　木下氏鳞䖴 *Tomocerus kinoshitai* Yosii, 1954（引自 Yosii，1967）
A. 头背部毛序；B. 后足；C. 齿节；D. 端节

（111）秦氏鳞䖴 *Tomocerus qinae* Yu, 2016（图 7-34，图版 I-1）

Tomocerus qinae Yu in Yu et al., 2016: 126.

主要特征：体长 3.1–4.5 mm。身体底色黄。胸部 II 节到腹部第 I 节侧面具宽深色带。小眼 6+6。无角后器。触角为体长的 1.2–1.3 倍。上唇前缘具 4 个乳突。大爪具 4–6 个内侧齿；小爪具 0–1 个内侧小齿。跗端节具 1+1 刚毛。腹管前后侧具鳞片；侧瓣无鳞片。握弹器前侧具 2–4 个鳞片。弹器基腹面具鳞片。齿节背面具羽状刚毛，腹面具鳞片。端节基部外齿具小齿，亚端节明显大于端齿，外侧膜片具 5–9 个齿。

分布：浙江（杭州、鄞州、天台、仙居、丽水）、江苏。

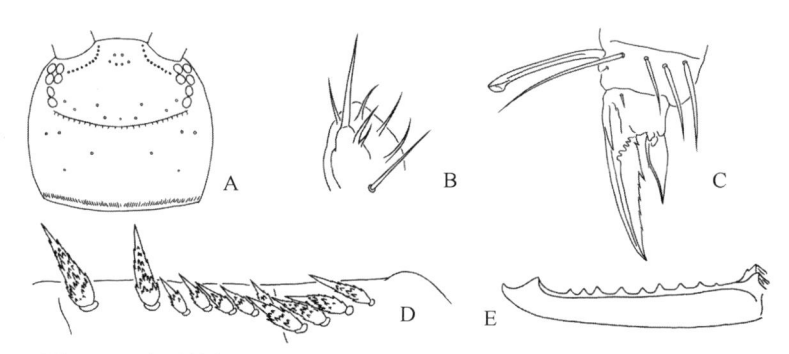

图 7-34 秦氏鳞䖴 *Tomocerus qinae* Yu, 2016（引自 Yu et al., 2016）
A. 头背部毛序；B. 小颚外叶；C. 后足；D. 齿节；E. 端节

（112）针毛鳞䖴 *Tomocerus spinulus* Chen *et* Christiansen, 1998（图 7-35）

Tomocerus spinulus Chen *et* Christiansen, 1998: 51.

主要特征：体长可达 2.7 mm。身体底色灰黄，具蓝紫色色素；触角第 IV 节黑色。触角为体长的 0.5 倍。小眼 6+6。上唇前缘具 4 根向后的针状毛。大爪具 5–6 个内侧齿；小爪具 1 个内侧齿。粘毛竹片状。胫跗节腹面具渐细的刺状刚毛。转节器具 1/1 根光滑刚毛。握弹器具 4–7（9）根光滑刚毛。腹管具鳞片。齿节刺具小齿，无膨大的鳞片或外侧针状刚毛；端节具大量纤毛状刚毛，外侧膜片具 3–6 个小齿，基部外侧齿具小齿。

分布：浙江（天台）、安徽。

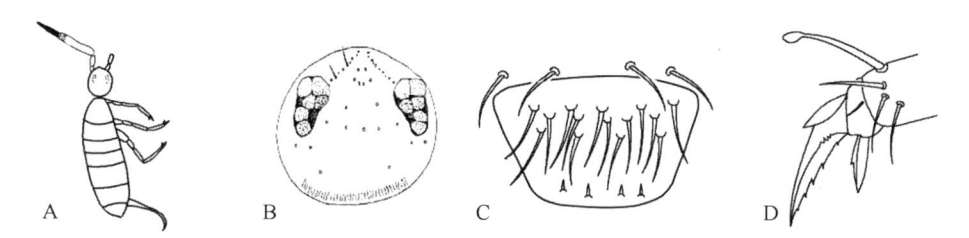

图 7-35 针毛鳞䖴 *Tomocerus spinulus* Chen *et* Christiansen, 1998（引自 Chen and Christiansen，1998）
A. 体色；B. 头背部毛序；C. 上唇；D. 后足

57. 单齿鳞䖴属 *Monodontocerus* Yosii, 1955

Monodontocerus Yosii, 1955b: 394. Type species: *Monodontocerus modificatus* Yosii, 1955.

主要特征：体中至大型。身体灰色到橙色。小眼 6+6，较小。触角 4 节，第 III 节比第 IV 节长，且具环纹。转节-胫跗节器具 1，1 根刚毛。第 III 对足具转节内侧刺状刚毛。弹器齿节具基部刺，无内侧基部尖的鳞片和外侧基部发达的刚毛，齿节刺结构复杂，具基部的小齿；端节具基部 1 齿和 2 背部膜片。

分布：古北区。世界已知 7 种，中国记录 4 种，浙江分布 2 种。

（113）乐清单齿鳞䖴 *Monodontocerus leqingensis* Sun *et* Liang, 2009（图 7-36）

Monodontocerus leqingensis Sun *et* Liang, 2009: 32.

主要特征：体长 1.6–2.6 mm。身体底色灰黄，眼区黑色，触角第 III–IV 节蓝紫色。小眼 6+6。触角是头径的 3.27 倍。第 I–III 胫跗节腹面分别具 0、0、2–3 根钝刺状刚毛。大爪内侧具 2–3 个齿。小爪尖矛形，无内侧与外侧齿。握弹器和腹管不具鳞片。弹器齿节外侧基部无发达刚毛和内侧基部鳞片；齿节刺三分叉。端节具 1 个基部齿，外侧膜片具 3–4 个小齿。

分布：浙江（临安、仙居、庆元、永嘉、乐清）。

图 7-36　乐清单齿鳞蚖 *Monodontocerus leqingensis* Sun *et* Liang, 2009（引自 Sun and Liang，2009）
A. 体色；B. 头背部毛序；C. 后足；D. 齿节；E. 端节

（114）多型单齿蚖 *Monodontocerus modificatus* Yosii, 1955（图 7-37）

Monodontocerus modificatus Yosii, 1955b: 397.

主要特征：体长最大 3.5 mm。触角为体长的一半。身体浅黄色，鳞片褐色。小眼 6+6。头前区具 2，2 根大毛。胫跗节 I–III 内侧分别具 0、0、0–2 根特化毛。大爪具内齿 3–5 个。小爪具 1 内齿。粘毛不发达，末端略膨大。腹管前后面均有鳞片。握弹器无鳞，4+4 齿，具 1 根刚毛。弹器基背面具鳞。齿节刺复合型，褐色，刺式为 5–6/2–5，I，1–3，I。端节具单个基齿，外侧背膜片具 1–6 个小间齿。躯干大毛和陷毛基部均无护卫小毛。

分布：浙江（临海）；日本。

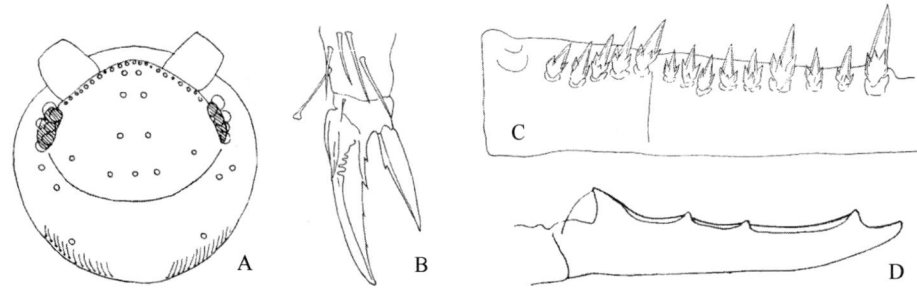

图 7-37　多型单齿蚖 *Monodontocerus modificatus* Yosii, 1955（引自 Yosii，1967）
A. 头背部毛序；B. 后足；C. 齿节；D. 端节

二十一、长角䖴科 Entomobryidae

主要特征：身体细长，腹部第 IV 节明显长于第 III 节。有或无明显色斑。体被大量纤毛状刚毛。鳞片有或无。触角 4 节，明显长过头部；触角第 IV 节顶端常具 1 端泡。角后器无。小眼 0–8。上唇毛序 455/4。后足转节器发达。胫跗节末端外侧均有 1 根粘毛。大爪通常具 2 成对内齿、0–2 不成对内齿、2 侧齿及 1 外齿。小爪外缘具齿或光滑，内缘光滑或折成一角。握弹器 4+4 齿和 1 根刚毛。弹器齿节圆齿状，齿节内侧具或无刺；端节通常具 1 或 2 齿，端节刺 1 或无。腹部第 II–IV 节陷毛序 2, 3, 2 (3)。

分布：世界广布。世界已知 53 属 1914 种，中国记录 16 属 168 种，浙江分布 8 属 30 种。

分属检索表

1. 腹部第 IV 节大于等于腹部第 I–III 节的 2 倍长 ·· 盐长䖴属 *Salina*
- 腹部第 IV 节小于腹部第 I–III 节的 2 倍长 ·· 2
2. 身体具鳞片 ·· 3
- 身体不具鳞片 ··· 5
3. 鳞片圆；齿节基部内侧具尖瘤状突起 ·· 尖瘤䖴属 *Acrocyrtus*
- 鳞片尖；齿节基部内侧无尖瘤状突起 ·· 4
4. 齿节腹面具鳞片 ·· 鳞齿䖴属 *Lepidodens*
- 齿节腹面不具鳞片 ··· 柳䖴属 *Willowsia*
5. 小眼 8+8，小爪楔状 ·· 6
- 小眼 6+6 或更少，小爪尖矛形 ··· 7
6. 成虫腹部第 IV 节前缘具 1 排"眉毛"状刚毛，齿节内侧具刺 ············ 刺齿䖴属 *Homidia*
- 成虫腹部第 IV 节前缘无 1 排"眉毛"状刚毛，齿节内侧无刺 ·············· 长角䖴属 *Entomobrya*
7. 端节二齿状 ·· 裸长角䖴属 *Sinella*
- 端节单齿状 ·· 拟裸长角䖴属 *Coecobrya*

58. 尖瘤䖴属 *Acrocyrtus* Yosii, 1959

Lepidocyrtus Bourlet, 1939: 340. Type species: *Lepidocyrtus* (*Acrocyrtus*) *malayanus* Yosii, 1959.
Acrocyrtus Yosii, 1959 in Yoshii & Suhardjono, 1989: 44. Type species: *Acrocyrtus zhujiensis* Xu, Pan *et* Zhang, 2013.

主要特征：小眼 8+8。具钝圆鳞片，鳞片上细密脊状突出，齿节无鳞片。触角 4 节，第 IV 节端泡无。齿节基部内侧具尖的瘤状突，端节具 2 齿，具端节刺。

分布：古北区、东洋区、澳洲区。世界已知 28 种，中国记录 3 种，浙江分布 2 种。

（115）诸暨尖瘤䖴 *Acrocyrtus zhujiensis* Xu, Pan *et* Zhang, 2013（图 7-38，图版 I-2）

Acrocyrtus zhujiensis Xu, Pan *et* Zhang, 2013: 3.

主要特征：体长可达 0.9 mm。身体底色灰黄，腹部第 III 节两侧具深色斑。小眼 8+8，眼区刚毛 s 光滑，r 和 v 特化成鳞片。上唇前缘具 4 个齿状突起；唇基刚毛从后到前为 3, 1, 4。"颈"前缘具 16 根刺状刚毛。腹部第 II 节刚毛 a2、第 III 节刚毛 im 和第 IV 节刚毛 C1p 纤毛状。大爪内侧内 4 个齿。

分布：浙江（诸暨、永嘉）。

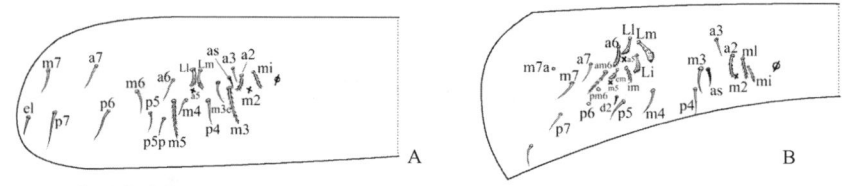

图 7-38 诸暨尖瘤䖴 *Acrocyrtus zhujiensis* Xu, Pan *et* Zhang, 2013（引自 Xu et al., 2013）
A. 腹部第 II 节背部毛序；B. 腹部第 III 节背部毛序

（116）边界尖瘤䖴 *Acrocyrtus finis* Xu, Pan *et* Zhang, 2013（图 7-39，图版 I-3）

Acrocyrtus finis Xu, Pan *et* Zhang, 2013: 9.

主要特征：体长可达 1.2 mm。身体底色黄到浅褐；腹部 III 节两侧和第 IV 节后缘两侧具深色斑，触角淡紫色。具钝圆鳞片。小眼 8+8，眼区刚毛 s 光滑，r 和 v 特化成鳞片。上唇前缘具 4 个齿状突起。"颈"前缘具 16 根刺状刚毛。腹部第 II 节刚毛 a2、第 III 节刚毛 im 和第 IV 节刚毛 C1p 光滑。

分布：浙江（天台、仙居、临海、鹿城、永嘉）。

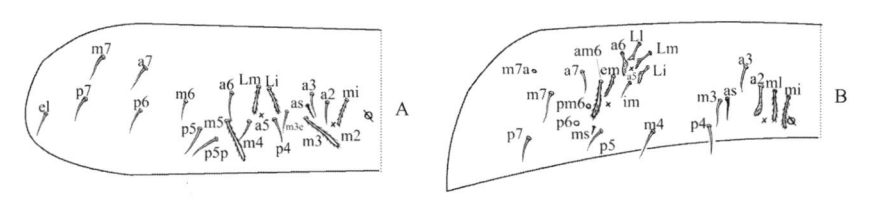

图 7-39 边界尖瘤䖴 *Acrocyrtus finis* Xu, Pan *et* Zhang, 2013（引自 Xu et al., 2013）
A. 腹部第 II 节背部毛序；B. 腹部第 III 节背部毛序

59. 拟裸长角䖴属 *Coecobrya* Yosii, 1956

Sinella (*Coecobrya*) Yosii, 1956b: 624. Type species: *Sinella* (*Coecobrya*) *akiyoshiana* Yosii, 1956.
Coecobrya: Deharveng, 1990: 282.

主要特征：体长可达 2.45 mm。身体无色或色浅。无鳞片。小眼 0–3 个。4 根唇前毛光滑；上唇唇凹"U"形，无乳突。下唇刚毛 M、E、L_1、L_2 光滑；小颚须护卫毛 3 根。触角第 IV 节无端泡。转节器具 7–30 根刺状刚毛。弹器齿节无刺；端节具镰刀状单齿，端节刺通常伸至近端节顶端。

分布：世界广布。世界已知 70 种，中国记录 8 种，浙江分布 1 种。

（117）岛屿拟裸长角䖴 *Coecobrya islandica* Shi *et* Pan, 2015（图 7-40，图版 I-4）

Coecobrya islandica Shi *et* Pan, 2015: 82.

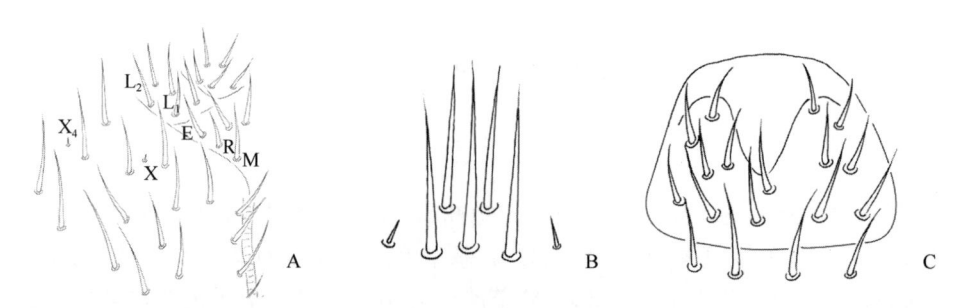

图 7-40 岛屿拟裸长角䖴 *Coecobrya islandica* Shi *et* Pan, 2015（引自 Shi and Pan, 2015）
A. 下唇；B. 唇基毛序；C. 上唇

主要特征：体长可达 1.4 mm。身体白色。小眼无。触角为头径长的 1.1–1.3 倍。下唇 M、E、R、L$_1$、L$_2$ 为光滑刚毛，X 和 X$_4$ 为光滑刺状小刚毛。上唇基具 5 根光滑刚毛。大爪内侧具 3 个齿。小爪外侧具 1 大齿。粘毛尖，短于小爪。腹部第 IV 节为第 III 节的 2.5 倍长。腹部第 IV 节后侧中间具 4 根刚毛。弹器基具光滑刚毛。胫跗节内侧无光滑刚毛。

分布：浙江（洞头）。

60. 长角䖴属 *Entomobrya* Rondani, 1861

Degeeria Nicolet, 1841: 70. Type species: *Degeeria muscorum* Nicolet, 1842.

Entomobrya Rondani, 1861: 40. Type species: *Entomobrya muscorum* (Nicolet, 1842).

主要特征：身体通常具明显体色条纹。无鳞片。小眼 8+8。上唇唇凹"U"形；乳突发达，锥状或每个具 2–3 根刺状突起。触角第 IV 节具端泡，不分叶或分成两叶。转节器发达。粘毛末端通常膨大平截。弹器齿节内侧无刺；端节具 2 齿，大小相若；具端节刺。

分布：世界广布。世界已知 287 种，中国记录 16 种，浙江分布 2 种。

(118) 铜长角䖴 *Entomobrya aino* (Matsumura *et* Ishida, 1931)（图 7-41）

Seira aino Matsumura *et* Ishida, 1931: 1491.

Entomobrya aino: Yosii, 1954: 778.

主要特征：体长不超 2.3 mm。触角为头长的 2.5 倍。从头部到腹部第 II 节侧面具纵条纹，后胸至腹部第 II 节中央具 1 纵条纹，第 III 节、第 IV 节中间和后缘、第 V 节中后缘具横条纹，股节基部和股节后半部分有体色。触角端泡不分叶。唇前具 4 根纤刚毛；每个乳突为圆形突起。下唇毛序 M$_1$M$_2$R$_1$R$_2$EL$_1$L$_2$。粘毛略短于大爪。大爪内缘具 3 小齿。小爪尖矛形，外缘光滑。腹管前侧具 3+3 根大毛。齿节光滑部分为端节长的 1.5 倍。

分布：浙江（临安）；韩国，日本。

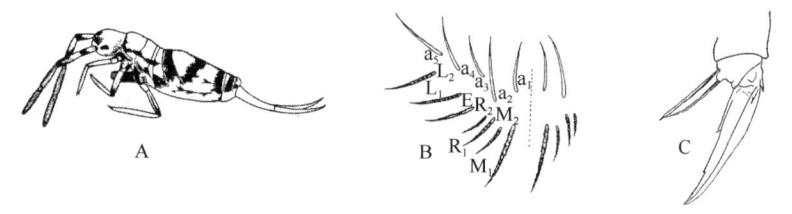

图 7-41　铜长角䖴 *Entomobrya aino* (Matsumura *et* Ishida, 1931)（引自 Lee and Park, 1992）
A. 色斑；B. 下唇；C. 后足

(119) 黑长角䖴 *Entomobrya proxima* Folsom, 1924（图 7-42，图版 I-5）

Entomobrya proxima Folsom, 1924: 507.

主要特征：体长不超 2.0 mm。触角为头长的 2.6 倍。身体均匀分布着黑色素。触角端泡经常分为两叶。唇前具 4 根光滑刚毛；每个乳突具 2 个小刺突起。下唇毛序 MREL$_1$L$_2$。转节器具 10 根刺状刚毛。粘毛略短于大爪。大爪内缘具 4 齿。小爪尖矛形，外缘光滑。腹管前侧具约 20 根具纤刚毛，后侧具 8 根光滑毛，侧瓣具 8–9 根光滑毛。齿节光滑部分为端节长的 1.8 倍。

分布：浙江（临安、椒江、三门、天台、仙居、鹿城、洞头、永嘉、泰顺、庆元）、吉林、河北、江苏、上海、广东；日本，新加坡，印度尼西亚，新几内亚。

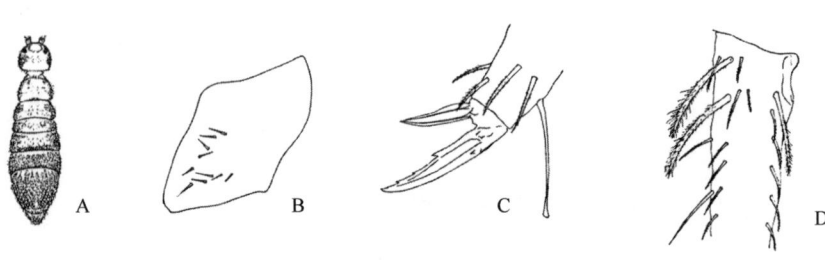

图 7-42 黑长角蚖 *Entomobrya proxima* Folsom, 1924（引自 Yosii, 1965）
A. 色斑；B. 转节；C. 后足；C. 齿节

61. 刺齿蚖属 *Homidia* Börner, 1906

Entomobrya (*Homidia*) Börner, 1906: 173. Type species: *Entomobrya cingula* Börner, 1906: 174.
Homidia Denis, 1929: 167. Type species: *Homidia cingula* (Börner, 1906).

主要特征：身体通常具明显体色条纹。无鳞片。小眼 8+8。4 根唇前毛光滑；上唇唇凹 "U" 或 "V" 形，乳突缺失或退化成 4 个横条纹状。下唇刚毛 E 和 L_1 常光滑；小颚须护卫毛 3 根。触角第 IV 节具端泡，分成两叶。转节器极为发达，具 30 根以上刺状刚毛。胫跗节粘毛末端平截状。弹器齿节内侧具刺；端节具 2 齿，基齿明显大于端齿；具端节刺。第 IV 腹节具 1 横排 "眉毛" 刚毛。

分布：古北区、东洋区、新北区。世界已知 72 种，中国记录 39 种，浙江分布 18 种。

分种检索表

1. 腹部第 III 节具深色宽横纹	2
- 腹部第 III 节无或仅具后缘窄横纹	8
2. 头背面后侧中间具 "Y" 状无色斑	仙居刺齿蚖 *H. xianjuensis*
- 头背面后侧中间无 "Y" 状无色斑	3
3. 腹部第 IV 节后侧一半具深色素连续分布	四毛刺齿蚖 *H. quadriseta*
- 腹部第 IV 节后侧仅具不连续斑纹	4
4. 胸部第 III 节无中间深色横带	5
- 胸部第 III 节具中间深色横带	6
5. 胸部第 II–III 两侧纵纹窄，下唇刚毛 L_1 光滑	泛刺齿蚖 *H. laha*
- 胸部第 II–III 两侧纵纹宽，下唇刚毛 L_1 纤毛状	索氏刺齿蚖 *H. sauteri*
6. 胸部第 III 节横带连续	中华刺齿蚖 *H. sinensis*
- 胸部第 III 节横带不连续	7
7. 胸部第 II 节具 2 个中央深色斑	四斑刺齿蚖 *H. quadrimaculata*
- 胸部第 II 节无中央深色斑	类刺齿蚖 *H. similis*
8. 躯干背面无明显的色素分布	9
- 躯干背面具明显的色素分布	10
9. 腹部第 IV 节后侧中间仅 1 根大刚毛，第 III 节中间具 2 根大刚毛	单毛刺齿蚖 *H. unichaeta*
- 腹部第 IV 节后侧中间具 2（3）根大刚毛，第 III 节中间仅 1 根大刚毛	乔顿刺齿蚖 *H. jordanai*
10. 胸部中间具纵向斑纹	11
- 胸部中间无纵向斑纹	14

11.	躯干背面具 3 条从胸部到腹部的纵纹	纵纹刺齿跳 *H. socia*
-	躯干背面无 3 条从胸部到腹部的纵纹	12
12.	下唇无膨大成叶状的刚毛，刚毛 M 仅 1 根	雁荡刺齿跳 *H. yandangensis*
-	下唇具膨大成叶状的刚毛，刚毛 M 具 2 根	13
13.	胸部两侧无纵向色斑，下唇刚毛 M$_2$、L$_1$、L$_2$ 膨大	三角斑刺齿跳 *H. triangulimacula*
-	胸部两侧具纵向色斑，下唇刚毛 M$_2$、L$_1$、L$_2$ 不膨大	叶毛刺齿跳 *H. latifolia*
14.	腹部第 IV 节具横纹	15
-	腹部第 IV 节不具横纹	17
15.	腹部第 IV 节仅后缘具 1 窄横纹	金边刺齿跳 *H. phjongjangica*
-	腹部第 IV 节具 2 条宽横纹	16
16.	腹部第 IV 节后一侧中间具 6 根大刚毛	台湾刺齿跳 *H. formosana*
-	腹部第 IV 节后一侧中间具 9 根大刚毛	六毛刺齿跳 *H. hexaseta*
17.	胸部第 II 节中间具 2 斑，腹部第 IV 节后一侧中间具 14–17 根大刚毛	天台刺齿跳 *H. tiantaiensis*
-	胸部第 II 节中间无斑，腹部第 IV 节后一侧中间具 3 根大刚毛	张氏刺齿跳 *H. zhangi*

（120）台湾刺齿跳 *Homidia formosana* Uchida, 1943（图 7-43，图版 I-6）

Homidia sauteri var. *formosana* Uchida, 1943: 6.

主要特征：体长可达 2.91 mm。底为黄棕色。眼区深蓝色，且在眼区前具 1 个小的圆形斑；腹部第 IV 前侧具 1 条宽的深横纹、后侧具 1 条窄的深横纹，在两侧两横纹相连。下唇毛序 MRel$_1$L$_2$，侧器顶端略超过乳突 E。腹部第 I 节、第 III 节中间和第 IV 节后侧中间分别具 9、1 和 6（7）根刚毛；第 IV 节前侧一排 8–11 根刚毛呈不规则排列。小爪外缘细锯齿状；腹管后侧亚顶端和侧瓣分别具 5 根和 6–7 根光滑毛；具节内缘具 10–17 根刺。

分布：浙江（鄞州、椒江、洞头、永嘉、苍南）、台湾。

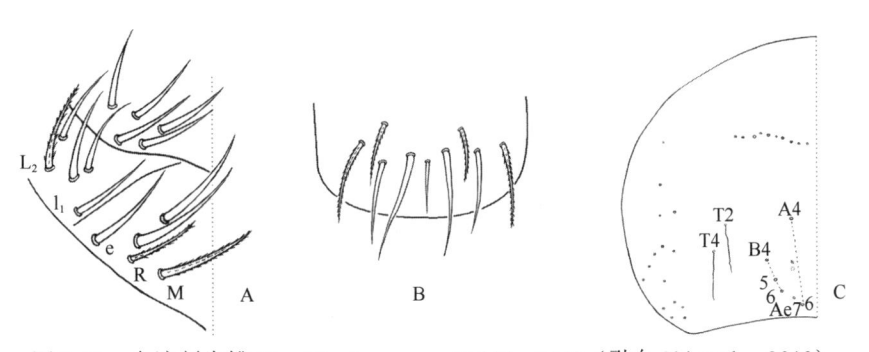

图 7-43 台湾刺齿跳 *Homidia formosana* Uchida, 1943（引自 Shi et al., 2010）
A. 下唇；B. 腹管后侧侧毛；C. 腹部第 IV 节毛序

（121）六毛刺齿跳 *Homidia hexaseta* Pan, Shi *et* Zhang, 2011（图 7-44）

Homidia hexaseta Pan, Shi *et* Zhang, 2011a: 162.

主要特征：体长可达 3.25 mm。底灰黄色；触角之间具窄深蓝色带；腹部第 IV 节具前侧宽和后侧窄的横带；腹部第 V 节后侧具浅色。头背面具 6 根 S 刚毛；下唇毛序为 MRel$_1$L$_2$，侧器顶端超过下唇须 E。腹部第 I 节具 10–12 根刚毛；第 III 节中间具 2 根刚毛；第 IV 节前缘具 10–15 根刚毛且排成不规则一行，后侧中间具 9 根（偶尔 10 根）刚毛。小爪外缘具 1 个基部细齿。腹管后侧亚顶端具 8 根光滑毛，侧瓣具 9–11 根光滑毛；齿节内缘具 37–42 根刺。

图 7-44 六毛刺齿䖴 *Homidia hexaseta* Pan, Shi *et* Zhang, 2011（引自 Pan et al., 2011a）
A. 色斑；B. 下唇；C. 腹部第 IV 节毛序

（122）乔顿刺齿䖴 ***Homidia jordanai*** **Pan, Shi *et* Zhang, 2011**（图 7-45，图版 I-7）

Homidia jordanai Pan, Shi *et* Zhang, 2011b: 23.

主要特征：体长可达 2.3 mm。底灰黄色；身体背部无色素，除了眼区深蓝色和触角第 III–IV 节淡黑色。触角是头径的 3.9–4.6 倍。下唇毛序为 MReL$_1$L$_2$，侧器顶端达到乳突 E。腹部第 I 节、第 III 节中间和第 IV 节后侧中间分别具 9、1 和 2（3）根刚毛；第 IV 节前缘具 6–9 根不规则排列的刚毛。小爪外缘细锯齿状。腹管后侧亚顶端具 6 或 5 根光滑毛，侧瓣具 6–7 根光滑毛。齿节内缘具 20–40 根刺。

分布：浙江（诸暨）。

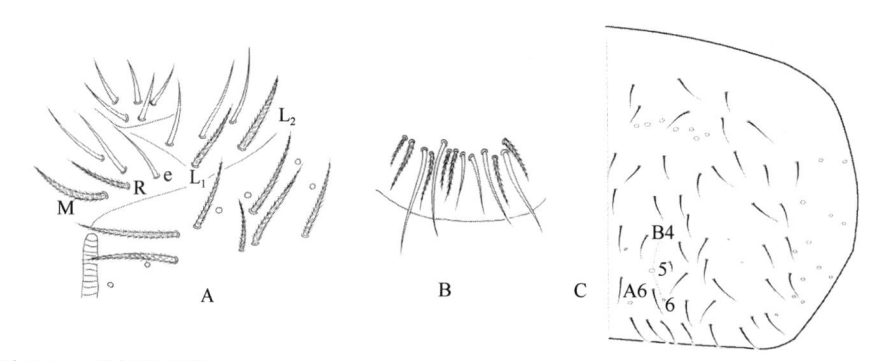

图 7-45 乔顿刺齿䖴 *Homidia jordanai* Pan, Shi *et* Zhang, 2011（引自 Pan et al., 2011b）
A. 下唇；B. 腹管后侧；C. 腹部第 IV 节毛序

（123）泛刺齿䖴 ***Homidia laha*** **Christiansen *et* Bellinger, 1992**（图 7-46，图版 I-8）

Entomobrya (*Homidia*) *laha* Christiansen *et* Bellinger, 1992: 196.

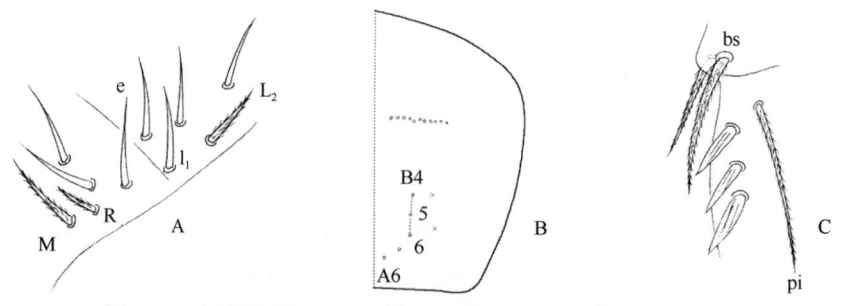

图 7-46 泛刺齿䖴 *Homidia laha* Christiansen *et* Bellinger, 1992
A. 下唇；B. 腹部第 IV 节毛序；C. 齿节

主要特征：体长可达 3.1 mm。触角为头长的 2.8–3.4 倍。黄底，具蓝紫色素；躯干两侧具纵纹；腹部第 III、VI 节各具 1 横条纹，第 IV 节具中间和后缘 2 宽横条纹；中胸前缘与后胸偶尔具 1 浅横条纹。上唇乳突圆形，不明显。下唇侧突未达乳突顶端。下唇毛序为 $MReL_1L_2$。小颚外叶基毛与小颚须等长。颏部刚毛无膨大。转节器具 11–17 根光滑刺。大爪 4 个内齿。小爪外缘锯齿状。腹管后侧具 6 根光滑刚毛；侧瓣具 6 根光滑与 5–6 根具纤刚毛。齿节内侧约具 20 根刺。

分布：浙江（广布）、吉林、北京、河北、河南、陕西、江苏、安徽、湖北、湖南、福建、广东、海南、广西、重庆；韩国，日本，美国（夏威夷）。

（124）叶毛刺齿蚖 *Homidia latifolia* Chen et Li, 1999（图 7-47）

Homidia latifolia Chen et Li, 1999: 25.

主要特征：体长可达 2.0 mm。底灰黄，具蓝色素；胸部第 II 节具 3 条纵带，中间 1 条近三角形；胸部第 III 节具 3 个深色斑；腹部第 II–III 节后缘具窄横带，第 IV 节前、后 2 条窄横带，分别被分成 2 和 3 段，侧面具细纵纹。下唇毛序为 $M_1M_2ReL_1L_2$，下唇后侧刚毛膨大成叶片状。腹部第 I 节、第 III 节中间和第 IV 节后侧中间分别具 11、2 和 3(4) 根刚毛。腹管后侧亚顶端和侧瓣分别具 8 和 7 根光滑毛；齿节内缘具 21–38 根刺。

分布：浙江（天台、仙居、临海、永嘉、洞头）、江西。

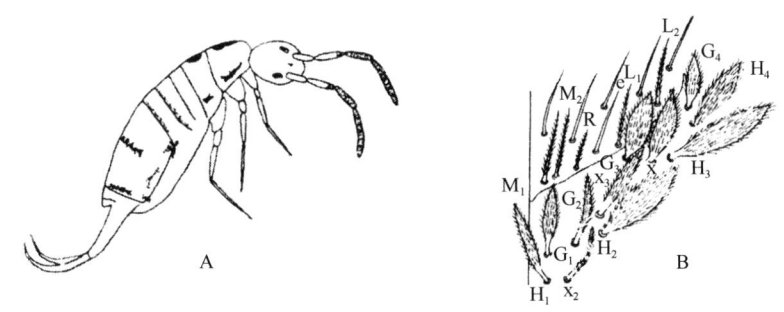

图 7-47 叶毛刺齿蚖 *Homidia latifolia* Chen et Li, 1999（引自 Chen and Li，1999）
A. 色斑；B. 下唇

（125）金边刺齿蚖 *Homidia phjongjangica* Szeptycki, 1973（图 7-48，图版 I-9）

Homidia phjongjangica Szeptycki, 1973: 32.

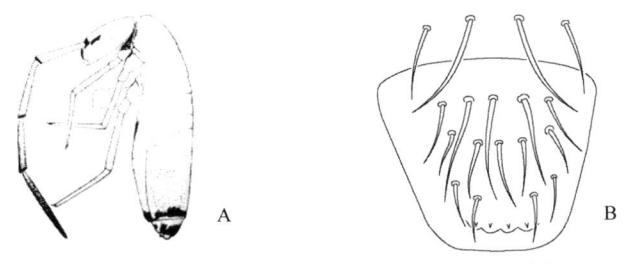

图 7-48 金边刺齿蚖 *Homidia phjongjangica* Szeptycki, 1973（引自 Szeptycki，1973）
A. 色斑；B. 上唇

主要特征：体长可达 2.1 mm。触角为头长的 2.6–4.2 倍。底白色到浅紫色；腹部第 IV 节和第 V 节的后缘各具 1 条黑色窄横纹。上唇具 4 个细小乳突。下唇毛序为 $MReL_1L_2$；有时 R 有 2 根，有时 L_1 也光滑。腹管前侧大毛 3+3，Pr 与 Ed 的连续与中央沟平行；后侧具 4–5 根光滑毛，中间 1 根通常较小或缺失。齿节内侧具 17–38 根刺。

分布：浙江（龙湾、洞头、永嘉）、吉林；韩国。

（126）四斑刺齿䖴 *Homidia quadrimaculata* Pan, 2015（图 7-49，图版 I-10）

Homidia quadrimaculata Pan, 2015: 523.

主要特征：体长可达 2.68 mm。底灰白色；胸部第 II–III 节背面中间具 4 个深色斑，侧缘具深色窄带；腹部第 III 节深色，第 IV 节中、后缘具 2 条深色横带，并在亚中间有深色纵带相连，第 V 节后缘具深色带。下唇毛序 MReI$_1$L$_2$，侧器顶端达到乳突 E。腹部第 IV 节是第 III 节长度的 5–7 倍；腹部第 I 节、第 III 节中间和第 IV 节后侧中间分别具 10、2 和 4（偶尔 6）根刚毛。小爪外缘锯齿状。腹管后侧亚顶端和侧瓣分别具 6 根光滑毛，齿节内缘具刺 47 根左右。

分布：浙江（乐清）。

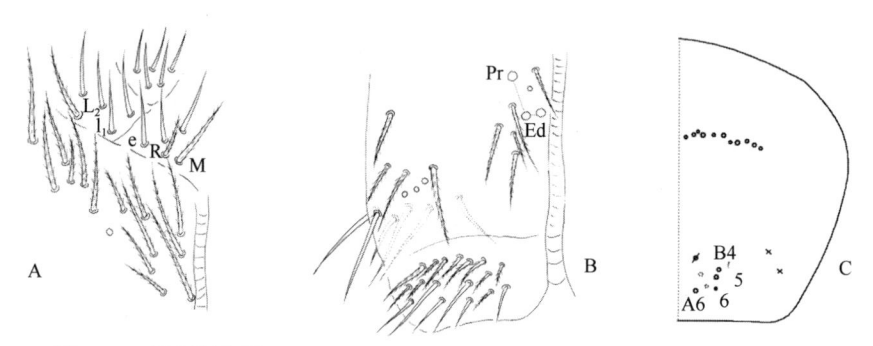

图 7-49　四斑刺齿䖴 *Homidia quadrimaculata* Pan, 2015（引自 Pan，2015）
A. 下唇；B. 腹管；C. 腹部第 IV 节毛序

（127）四毛刺齿䖴 *Homidia quadriseta* Pan, 2018（图 7-50，图版 I-11）

Homidia quadriseta Pan in Zhuo et al., 2018: 149.

主要特征：体长 1.61 mm。底灰黄色；头部前缘和侧缘浅色，腹部第 III 节整节和第 IV 节的后半节深色。唇基具 13 根刚毛，呈 4 排；下唇毛序 MReL$_1$L$_2$，下唇须侧突未达到乳突 E。腹部第 IV 节是第 III 节长的 4.9–5.9 倍，第 I 节具 10–11 根刚毛，第 III 节中间具 1 根刚毛，第 IV 节前缘具 2+2 "眉毛"，后侧中间具 3 根刚毛。小爪外缘细锯齿状。腹管后侧亚顶端具 4 根光滑毛；侧瓣具 6–7 根光滑毛。齿节具 7–8 根刺。

分布：浙江（黄岩）。

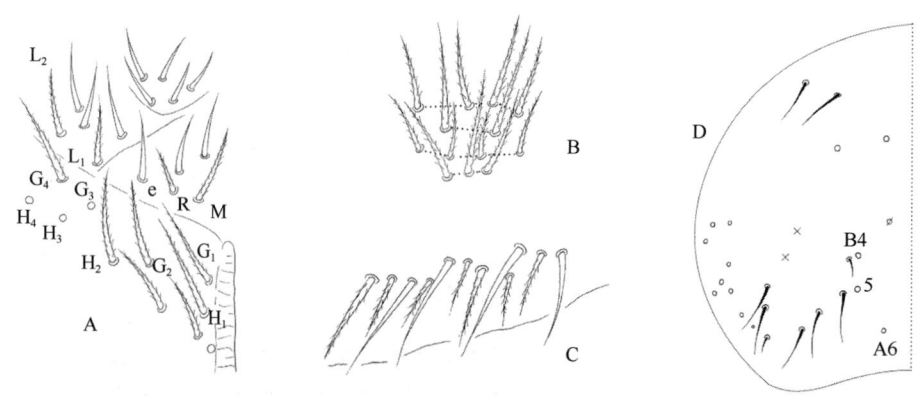

图 7-50　四毛刺齿䖴 *Homidia quadriseta* Pan, 2018（引自 Pan，2018）
A. 下唇；B. 唇基；C. 腹管后侧；D. 腹部第 IV 节毛序

（128）索氏刺齿跳 *Homidia sauteri* (Börner, 1909)（图 7-51，图版 I-12）

Entomobrya sauteri Börner, 1909: 120.
Homidia sauteri: Denis, 1929: 169.

主要特征：体长可达 2.6 mm。触角为头长的 2.7–3.1 倍。底浅黄；头部两侧，胸部第 II 节到腹部第 II 节两侧灰色；腹部第 III 节黑色，两侧后缘具 1 对空白；第 IV 节中间与后缘具 2 条黑色横纹；第 V 节后半具黑色横纹。下唇毛序为 MReL$_1$L$_2$。转节器具 33–48 根光滑刺。粘毛与大爪内缘等长。大爪具 4 个内齿。小爪外缘锯齿状。腹管后侧具 4–5 根光滑毛；侧瓣具 6–7 根光滑毛。端区伪孔 3+3，具 7–11 根纤毛状刚毛。齿节内侧约具 40 根刺。

分布：浙江（湖州、嘉兴、杭州、绍兴、宁波、台州、衢州、丽水、温州）、山西、陕西、台湾、云南；韩国，日本，印度，越南，美国。

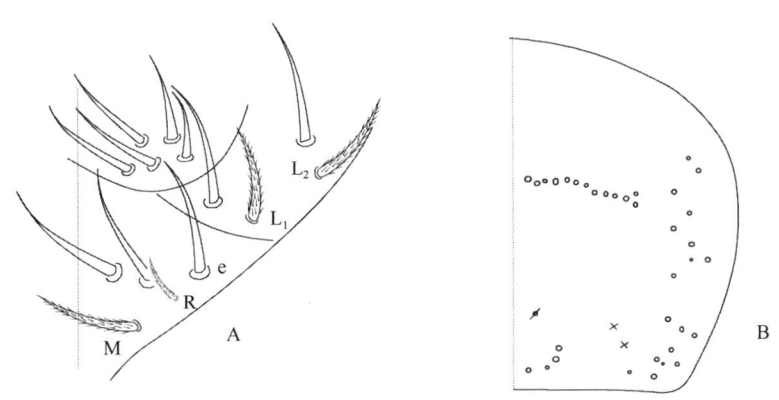

图 7-51 索氏刺齿跳 *Homidia sauteri* (Börner, 1909)
A. 下唇；B. 腹部第 IV 节毛序

（129）类刺齿跳 *Homidia similis* Szeptycki, 1973（图 7-52，图版 II-1）

Homidia similis Szeptycki, 1973: 35.

主要特征：体长可达 2.68 mm。底浅黄；胸部第 II–III 节背板边缘具纵纹，第 III 节中间具 1 梯形深色斑；腹部第 III 节具深色横带，第 IV 节中间和后缘具深色横纹，第 V 节深色。下唇毛序为 MReL$_1$L$_2$，侧突顶端不及下唇须乳突 E。腹部第 I 节、第 III 节中间和第 IV 节后侧中间分别具 12、2 和 7（9）根刚毛；第 IV 节前缘具 1 排 5–8 根不规则排列的刚毛。小爪外缘锯齿状；腹管后侧亚顶端和侧瓣分别具 4–5 和 5 根光滑毛。齿节内缘具 34 刺。

分布：浙江（永嘉）、江苏、福建；韩国。

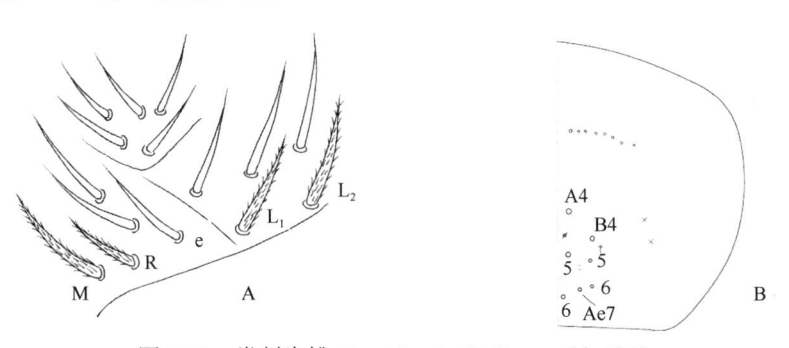

图 7-52 类刺齿跳 *Homidia similis* Szeptycki, 1973
A. 下唇；B. 部第 IV 节毛序

(130) 中华刺齿䖴 *Homidia sinensis* Denis, 1929（图 7-53，图版 II-2）

Homidia sauteri f. *sinensis* Denis, 1929: 308.
Homidia sauteri sinensis: Uchida, 1943: 7.

主要特征：体长可达 3.1 mm。触角为头长的 3.1–3.9 倍。底灰黄色；眼区后方头前部两侧具褐色不规则纵纹；后胸、腹部第 III 节、第 IV 节中间及后缘和第 V 节各具 1 深色横纹；中胸两侧具深色斑纹；腹部第 II 节具 1 中断成 3 段的窄横纹；基节具褐色斑。上唇具 4 个乳突。下唇毛序为 MReL$_1$L$_2$。下唇侧突未超过乳突 E 顶端。转节器具 36–48 根光滑刺。大爪具 4 个内齿。小爪外缘锯齿状。端区具 3 个伪孔，8–11 根具纤刚毛。齿节内侧具 23–39 根刺。

分布：浙江（广布）、河北、江苏、福建、云南；日本，越南，美国。

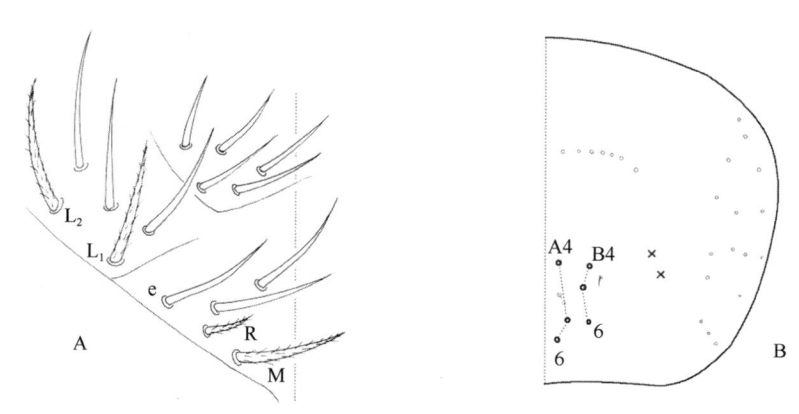

图 7-53 中华刺齿䖴 *Homidia sinensis* Denis, 1929
A. 下唇；B. 腹部第 IV 节毛序

(131) 纵纹刺齿䖴 *Homidia socia* Denis, 1929（图 7-54，图版 II-3）

Homidia socia Denis, 1929: 310.

图 7-54 纵纹刺齿䖴 *Homidia socia* Denis, 1929
A. 下唇；B. 腹部第 IV 节毛序

主要特征：体长可达 3.0 mm。触角为头长的 2.1–2.7 倍。底色乳白到浅黄；从两眼区后到腹部第 IV 节两侧具 2 条窄纵纹，从中胸到腹部第 IV 节前端背部中间具 1 条连续的深色窄色带；腹部第 IV 节后侧到第 V 节具不规则的色斑。上唇前缘具 4 个细乳突。下唇毛序 MReL$_1$L$_2$，侧突未超过乳突 E 顶端。转节器具 21–59 根光滑刺。大爪具 4 个内齿。小爪外缘锯齿状。腹管后侧具 2 根光滑毛。端区具 8–13 根纤毛状刚毛。齿节内侧具 9–43 根刺。腹部第 IV 节"眉毛"前具 1 对大毛。

此种因身体背面有 3 条纵纹而十分容易鉴定，为广布种。在浙江更多的是分布于有一定人为干扰的生境中，如农田、菜地和城市公园及居民小区中，是研究跳虫与人为干扰关系的适宜物种。其底色在不同生境中变化较大。

分布：浙江（广布）、吉林、陕西、江苏、安徽、江西、福建、台湾、广东、广西、重庆；日本，越南，美国（弗吉尼亚州、夏威夷）。

（132）天台刺齿䖵 *Homidia tiantaiensis* Chen *et* Lin, 1998（图 7-55，图版 II-4）

Homidia tiantaiensis Chen *et* Lin, 1998: 21.

主要特征：体长 2.0–2.5 mm。底灰黄，具蓝色素分布；触角第 III–IV 节深蓝色；胸部和腹部第 III 节背面各具 1 对深色斑；胸部第 II 节前缘和后侧中间，腹部第 I–III 节，以及第 V/VI 节间处各有 1 对不同形状的深色斑。下唇毛序 MRel$_1$L$_2$。腹部第 I 节、第 III 节和第 IV 节后侧中间分别具 10、2 和 14–17 根刚毛，第 IV 节前缘一排具 8–12 根刚毛且不规则排列。腹管后侧亚顶端和侧瓣各具 5 根光滑毛；齿节内缘具 29–36 根刺。

该种跳虫主要生活在农田、果园、菜地等有一定人为干扰的生境中。不同种群的体色有变化，有的底黑色，有的浅黄色，有的褐色，但胸部第 III 节中间的 1 对深色斑是稳定的。该物种是研究跳虫对人为干扰适应的理想物种。

分布：浙江（湖州、嘉兴、杭州、绍兴、衢州、宁波、舟山、金华、椒江、三门、天台、仙居、温岭、临海、玉环、鹿城、瓯海、洞头、永嘉、文成、泰顺、丽水）、江苏、安徽、湖北、江西、湖南、福建、广东、广西、重庆、贵州。

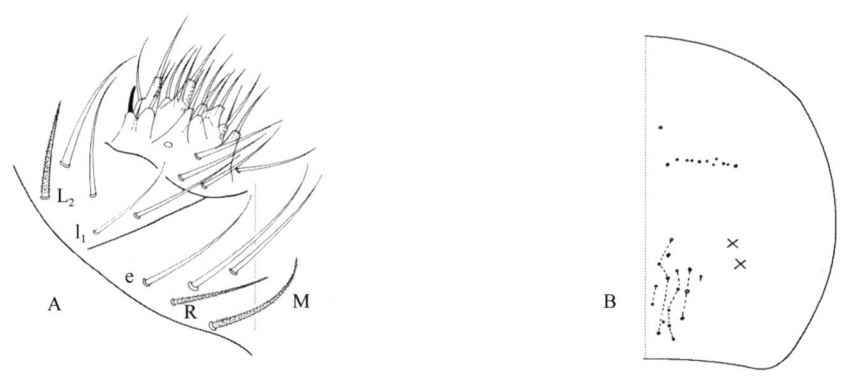

图 7-55　天台刺齿䖵 *Homidia tiantaiensis* Chen *et* Lin, 1998
A. 下唇；B. 腹部第 IV 节毛序

（133）三角斑刺齿䖵 *Homidia triangulimacula* Pan *et* Shi, 2015（图 7-56，图版 II-5）

Homidia triangulimacula Pan *et* Shi, 2015: 163.

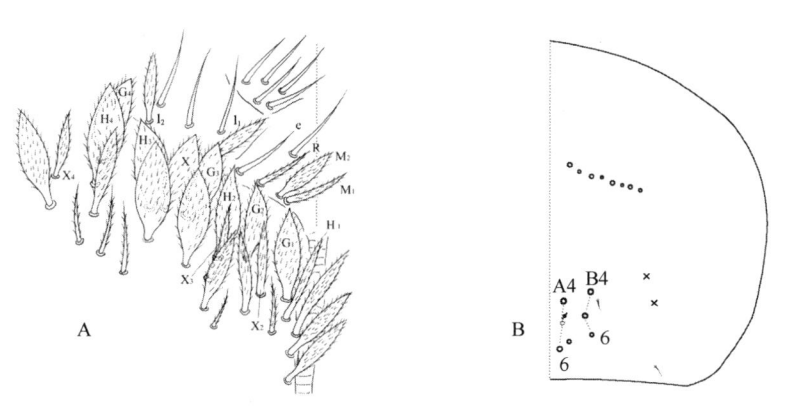

图 7-56　三角斑刺齿䖵 *Homidia triangulimacula* Pan *et* Shi, 2015（引自 Pan and Shi，2015）
A. 下唇；B. 腹部第 IV 节毛序

主要特征：体长可达 3.88 mm。底灰白色；眼区深蓝色，眼侧后具不规则黑色斑；触角间具深色带；触角第 I 和 II 节上半部黑色，第 III–IV 节全黑；胸部第 II 节中间具三角形的深色斑。上唇基具 12 根纤毛状刚毛；下唇毛序为 $M_1M_2Rel_1l_2$，下唇基及后侧刚毛膨大成叶片状；下唇须侧突未超过乳突 E。腹部第 IV 节是第 III 节长度的 5–7 倍；第 I 节具 11 根刚毛，第 III 节中间具 2 根刚毛，第 IV 节后侧中间具 6 根刚毛。小爪外缘细锯齿状。腹管后侧亚顶端具 7 或 5 根光滑毛，侧瓣具 6–8 根光滑毛。齿节内缘具 35 根刺。

分布：浙江（鄞州）。

（134）单毛刺齿蚖 *Homidia unichaeta* Pan, Shi *et* Zhang, 2010（图 7-57，图版 II-6）

Homidia unichaeta Pan, Shi *et* Zhang, 2010: 242.

主要特征：体长 1.72 mm。底黄色，除眼区深蓝色和触角浅紫色外，无其他色斑。下唇毛序为 $MRel_1L_2$；下唇须侧突顶端未超过乳突 E。腹部第 I 节具 9 根刚毛；第 III 节中间具 2 根刚毛；第 IV 节前缘具 5–7 根刚毛且排成不规则列，后侧中间具 1 根刚毛。小爪外缘光滑。腹管后侧亚顶端具 5 根（偶尔 7 根）光滑毛；侧瓣具 6 根光滑毛。齿节内缘具 19–23 根刺。

分布：浙江（临海）。

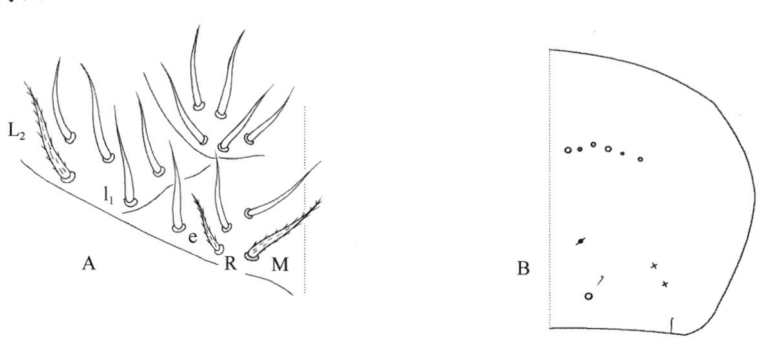

图 7-57　单毛刺齿蚖 *Homidia unichaeta* Pan, Shi *et* Zhang, 2010（引自 Pan et al., 2010）
A. 下唇；B. 腹部第 IV 节毛序

（135）仙居刺齿蚖 *Homidia xianjuensis* Wu *et* Pan, 2016（图 7-58，图版 II-7）

Homidia xianjuensis Wu *et* Pan, 2016: 100.

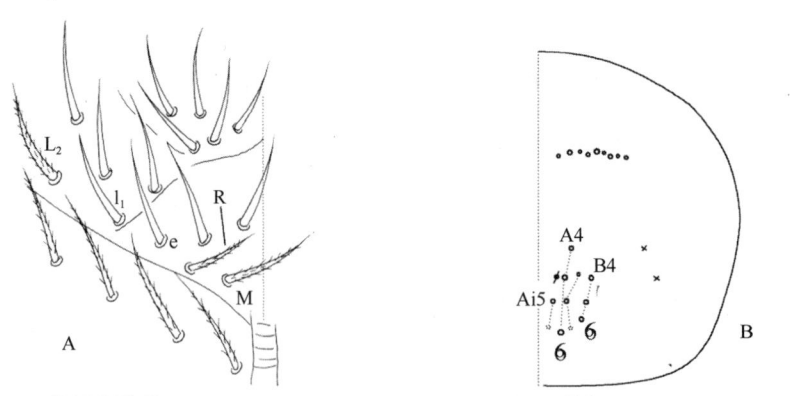

图 7-58　仙居刺齿蚖 *Homidia xianjuensis* Wu *et* Pan, 2016（引自 Wu and Pan, 2016）
A. 下唇；B. 腹部第 IV 节毛序

主要特征：体长 3 mm。底灰黄色；头部除了头背面后中间具"Y"形无色斑，整个黑色；触角第 I–II 节无色，第 III–IV 节黑色；胸部第 II 节到腹部第 I 节具侧缘纵黑纹；腹部第 I–V 具黑横纹，第 IV 节具前后 2 条。上唇基刚毛呈 3，5，4 排列。下唇毛序为 $MRel_1L_2$，下唇后侧刚毛不膨大。腹部第 IV 节为第 III 节长的 7.2–11.6 倍；第 I 节具 10 根刚毛；第 III 节中间具 2 根刚毛；第 IV 节后侧中间具 9–11 根刚毛。小爪具1基部细齿。腹管侧瓣具7–8根光滑刚毛。齿节约具38根刺。

分布：浙江（仙居）。

（136）雁荡刺齿蚼 *Homidia yandangensis* Pan, 2015（图7-59，图版II-8）

Homidia yandangensis Pan, 2015: 516.

主要特征：体长可达2.68 mm。底灰白色；眼区之间及前方、头侧后方、身体背面和足棕色，头背面中间具"V"形无色斑；胸部第II–III节中间具前窄后宽的纵向深色斑；触角从第I节到第IV节逐渐加深。下唇毛序MRel$_1$L$_2$，侧器顶端可达乳突E。腹部第IV节是第III节长度的6–7倍；第I节、第III节中间和第IV节后侧中间分别具9（10）、2和6（7）根刚毛；腹部第IV节前侧具7–10根刚毛，排成不规则的一排。大爪具4内齿，小爪外缘细锯齿状。腹管后侧和侧瓣分别具5和7–8根光滑毛。齿节内缘具刺35根左右。

分布：浙江（乐清）。

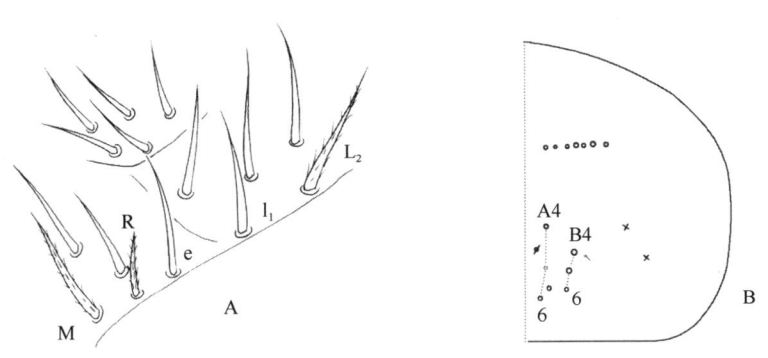

图7-59 雁荡刺齿蚼 *Homidia yandangensis* Pan, 2015（引自Pan，2015）
A. 下唇；B. 腹部第IV节毛序

（137）张氏刺齿蚼 *Homidia zhangi* Pan *et* Shi, 2012（图7-60，图版II-9）

Homidia zhangi Pan *et* Shi, 2012: 97.

主要特征：体长可达2.03 mm。底灰白到灰黄色；全身背面具浅棕色色素分布，除了头部和胸部第II–III节中间；腹部第IV节前缘具不规则的无色斑。上唇毛序MRel$_1$L$_2$，侧器顶端未达到乳突E。腹部第IV节是第III节长度的6–10倍。腹部第I节、第III节中间和第IV节后侧中间分别具10–11、2和3（4）根刚毛；腹部第IV节前侧具1排8–10根刚毛且呈不规则排列。小爪外缘细锯齿状；腹管后侧亚顶端和侧瓣分别具4和4–6根光滑毛；齿节内缘具22–40根刺。

分布：浙江（天台、仙居、临海、永嘉）。

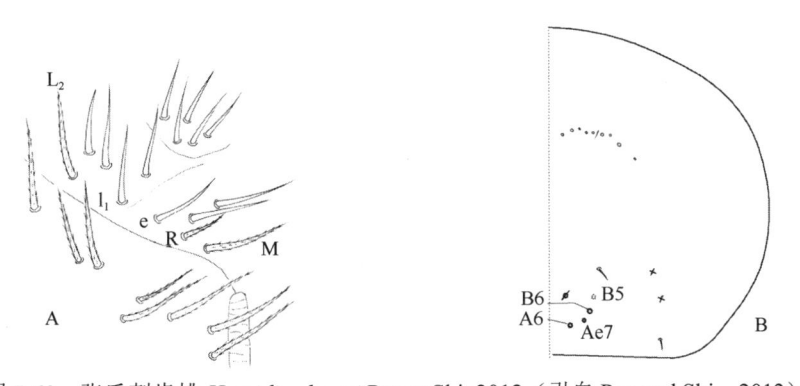

图7-60 张氏刺齿蚼 *Homidia zhangi* Pan *et* Shi, 2012（引自Pan and Shi，2012）
A. 下唇；B. 腹部第IV节毛序

62. 鳞齿蚖属 *Lepidodens* Zhang *et* Pan, 2016

Lepidodens Zhang *et* Pan, 2016: 600. Type species: *Lepidodens nigrofasciatus* Zhang *et* Pan, 2016.

主要特征：体长可达 4 mm。鳞片尖，具长脊，分布在触角第 1 节、头部、身体、足及弹器基和齿节上；齿节上的鳞片比身体其他部位的窄，且每个体节后缘的鳞片比前缘的长。触角 4 节，第 1 节基部背面具 3 根、2 根腹面的光滑刺。小眼 8+8。上唇毛序为 4/5，5，4，基部 4 根纤毛状。小爪平截。粘毛与大爪等长。齿节不具刺。

分布：古北区、东洋区。世界已知 4 种，中国记录 4 种，浙江分布 1 种。

（138）华顶鳞齿蚖 *Lepidodens huadingensis* Guo *et* Pan, 2022（图 7-61，图版 II-10）

Lepidodens huadingensis Guo et al., 2022: 81.

主要特征：体色可达 4.21 mm。自头到胸部第 III 节两侧具 1 纵向窄条纹，腹部第 II–III 节侧后缘和第 V 节前缘具不规则的短横斑。胸部第 II 节向前突出并盖于头部。上唇前缘具 4 个锥形的乳突。下唇毛序为 $M_1M_2R(R_2)EL_1L_2$，腹部第 I–III 节背部大刚毛数量为 3/6/7，腹部第 IV 节中间具 5 根大刚毛，腹管后侧具 2 根光滑刚毛。小爪锯齿状。齿节顶端的光滑区比端节长。端节双齿状，基部的刺仅可达亚顶端齿。

分布：浙江（天台）。

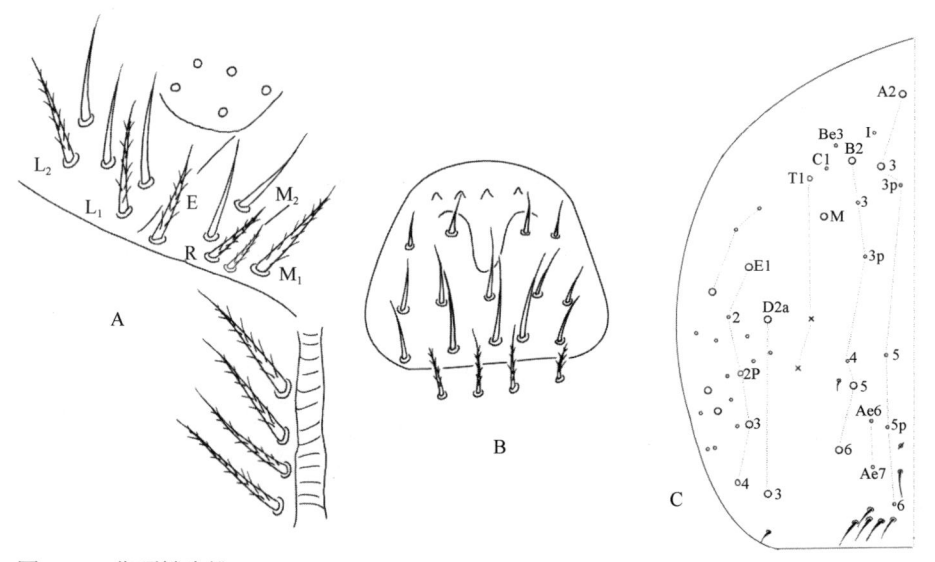

图 7-61 华顶鳞齿蚖 *Lepidodens huadingensis* Guo *et* Pan, 2022（引自 Guo et al., 2022）
A. 下唇；B. 上唇；C. 腹部第 IV 节毛序

63. 盐长蚖属 *Salina* MacGillivray, 1894

Salina MacGillivray, 1894: 107. Type species: *Salina banksi* MacGillivray, 1894.

主要特征：身体无鳞片。触角 4 节，顶端具端泡。小眼 8+8。上唇唇前毛 2 或 4 根，纤毛状；前缘乳突发达。下唇侧突与正常毛粗细相若。小颚须具 3 根护卫毛，基毛末端尖毛或钝头状。转节器发达。粘毛末端平截状。握弹器具 1 根毛。弹器齿节无刺，末端具 1 大囊状物。端节具 2–4 齿。

分布：世界广布。世界已知 90 种，中国记录 6 种，浙江分布 1 种。

（139）吉氏盐长蚖 *Salina yosii* Salmon, 1964（图 7-62，图版 II-11）

Salina yosiii Salmon, 1964: 548.

主要特征：体长不超 1.85 mm。触角为体长的 1.3 倍。头两侧的条纹一直延伸至第 I 腹节，背部每一体节均具成对不规则的小斑块。上唇唇前毛 4 根，均为具纤刚毛。转节器约具 60 根刺状刚毛。粘毛远长于大爪。大爪内缘具 4 齿。小爪内缘成 1 钝角。腹管前侧具 4+4 根大毛和多根具纤刚毛。端节具 3 齿。

分布：浙江（临安、椒江、永嘉）；印度，泰国。

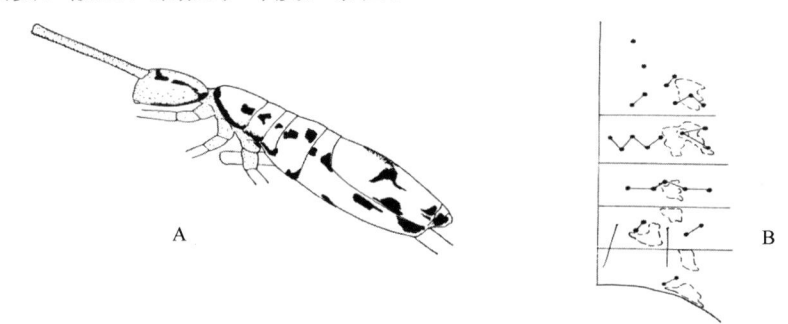

图 7-62　吉氏盐长蚖 *Salina yosii* Salmon, 1964（引自 Yosii，1961）
A. 色斑；B. 胸部第 II-腹部第 IV 节毛序

64. 裸长角蚖属 *Sinella* Brook, 1882

Sinella Brook, 1882: 541. Type species: *Sinella curviseta* Brook, 1882.

主要特征：体长可达 4.5 mm。色斑浅或无。小眼 0-6。不具鳞片。唇前具 4 根光滑刚毛，上唇无乳突；下唇刚毛 MEL_1L_2 常光滑。触角 4 节，第 IV 节顶泡常无。常具第 III 转节器。齿节无刺；端节常具基部刺。

分布：世界广布。世界已知 86 种，中国记录 25 种，浙江分布 3 种。

分种检索表

1. 小眼 1+1 ·· **寡毛裸长角蚖 S. pauciseta**
- 小眼 2+2 ··· 2
2. 小眼纵向排列 ·· **曲毛裸长角蚖 S. curviseta**
- 小眼横向排列 ·· **横眼裸长角蚖 S. transoculata**

（140）曲毛裸长角蚖 *Sinella curviseta* Brook, 1882（图 7-63，图版 II-12）

Sinella curviseta Brook, 1882: 541.

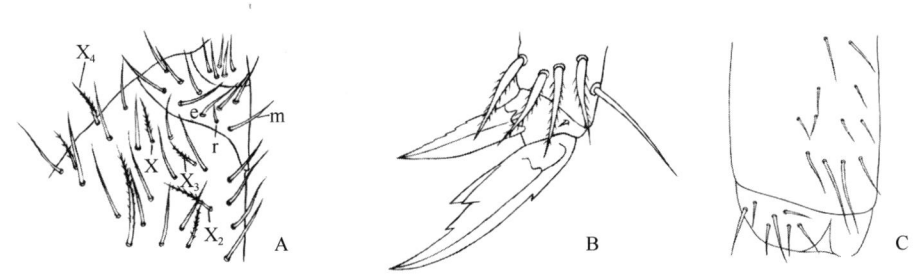

图 7-63　曲毛裸长角蚖 *Sinella curviseta* Brook, 1882（引自 Zhang，2009）
A. 下唇；B. 后足；C. 腹管侧瓣与后侧

主要特征：体长不超 2.0 mm。小眼 2+2，分离并纵向排列。触角为头长的 1.8–2.8 倍。身体仅眼区黑色。下唇毛序 mrel$_1$l$_2$；X 与 X$_{2-4}$ 纤毛状。下唇侧突粗于普通毛，末端越过乳突。转节器刺状刚毛 18–21 根。粘毛末端针状。大爪内缘具 3 齿。小爪外缘锯齿状。腹管侧瓣具 7（极少 8）根光滑毛。弹器基无光滑毛，端区具 2–3 个伪孔和 2–3 根具纤刚毛。端节 2 齿等大；端节刺可达端齿顶端。

分布：浙江（广布）、吉林、北京、山东、陕西、青海、江苏、上海、安徽、湖北、江西、湖南、福建、广东、广西、四川、贵州、云南；南亚，欧洲，北美，中美。

注：标本中，身体浅棕色，无明显色斑，2 个小眼纵向排列多数就是曲毛裸长角䖴。该物种适应能力很强，分布最为广泛，只要生境中有一定湿度就可生活其中，是实验室进行长期饲养和毒理学实验的合适物种。

（141）横眼裸长角䖴 *Sinella transoculata* Pan *et* Yuan, 2013（图 7-64，图版 II-13）

Sinella transoculata Pan *et* Yuan, 2013: 250.

主要特征：体长可达 1.16 mm。身体背面分布有棕色斑点；眼区深蓝色。小眼 2+2，分离并横向排列。触角长为头径的 1.1–2.1 倍。上唇基具 3 排 12 根光滑刚毛。下唇 mrel$_1$l$_2$ 及 X 为光滑刚毛，X$_2$ 和 X$_4$ 纤毛状，X$_3$ 无。转节器具 8–10 根光滑刺状刚毛。大爪具 3 个内侧齿。小爪尖，外缘锯齿状。腹部第 IV 节后侧中间具 3 根刚毛。腹管后侧具 2 根基部和 2 根亚端部光滑刚毛，侧瓣具 4（5）根光滑刚毛。端节刺达到亚端齿。

分布：浙江（诸暨）。

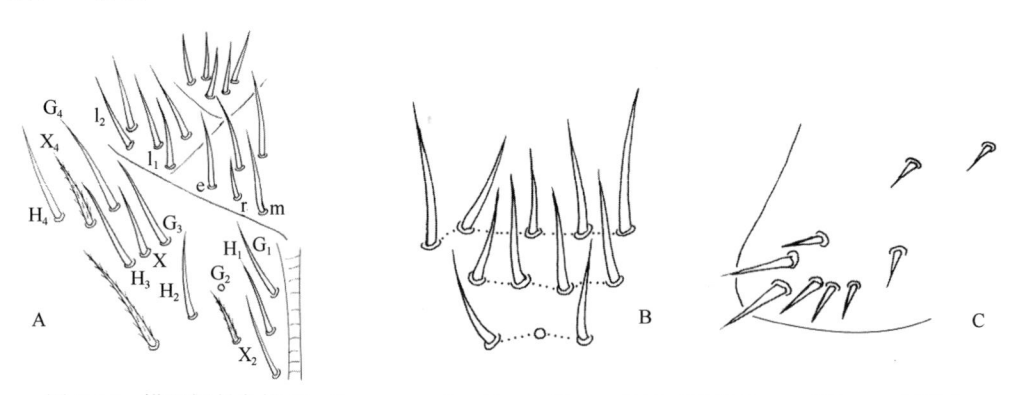

图 7-64　横眼裸长角䖴 *Sinella transoculata* Pan *et* Yuan, 2013（引自 Pan and Yuan，2013）
A. 下唇；B. 唇基毛序；C. 第 III 转节

（142）寡毛裸长角䖴 *Sinella pauciseta* Qu, Zhang *et* Chen, 2010（图 7-65）

Sinella pauciseta Qu, Zhang *et* Chen, 2010: 2538.

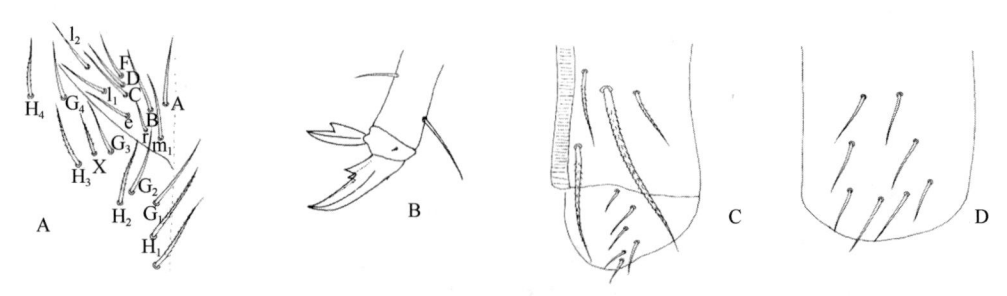

图 7-65　寡毛裸长角䖴 *Sinella pauciseta* Qu, Zhang *et* Chen, 2010（引自 Qu et al.，2010）
A. 下唇；B. 后足；C. 腹管前侧与侧瓣；D. 腹管后侧

主要特征：体长不超 1.07 mm。小眼 1+1。触角约为头长的 1.8 倍。身体仅眼区黑色。触角第 III 节感觉器内棒状感觉毛 2 和 3 普通。下唇毛序 $m_1rel_1l_2$，R/M=0.54；X 为具纤刚毛，X_2 和 X_3 缺失。下唇侧突粗于普通毛，末端越过乳突。小颚须护卫毛 3 根。胫跗节内侧特化毛纤毛状。粘毛长于小爪，末端细尖。大爪内缘仅具不等大成对内齿。小爪外缘具 1 大齿。腹管前侧具 8 根具纤刚毛，后侧具 8 根光滑毛，侧瓣具 6 根光滑毛。弹器基无光滑毛。端节 2 齿等大；端节刺伸至亚端齿顶端。

分布：浙江（泰顺）。

65. 柳蚖属 *Willowsia* Shoebotham, 1917

Willowsia Shoebotham, 1917: 425. Type species: *Seira nigromaculata* Lubbock, 1873.

主要特征：小眼 8+8。触角 4 节。鳞片尖，具基部长脊，触角和弹器腹面无鳞片（广东柳蚖 *W. guangdongensis* 除外）。陷毛具护卫毛。粘毛膨大。端节具 2 等大的齿，基部刺可达亚端齿（撒马尔罕柳蚖 *W. samarkandica* 除外）。

分布：世界广布。世界已知 35 种，中国记录 19 种，浙江分布 2 种。

（143）日本柳蚖 *Willowsia japonica* (Folsom, 1898)（图 7-66，图版 II-14）

Seira japonica Folsom, 1898: 55.
Willowsia japonica: Yosii, 1955b: 380.

主要特征：体长不超 2.0 mm。触角为头长的 2.8 倍。雌虫胸部至腹部第 II 节具侧条带，腹部第 III–VI 节后缘均具细横条带，腹部第 IV 节中央具 1 对斑纹；雄虫后胸、腹部第 II–IV 节均具深色横条带。鳞片细纺锤形。下唇毛序 $MREL_1L_2$ 纤毛状。腹部第 III 节中间具 2 根刚毛，第 IV 节后侧中间具 7 根刚毛。转节器具 14–20 根刺状刚毛。大爪内缘具 4 齿。小爪尖矛形，外缘光滑或轻微锯齿状。弹器基端区具 2 个伪孔和 4 根具纤刚毛。齿节光滑部分为端节长的 2.2–2.9 倍。

此物种雌雄性二型明显。

分布：浙江（临安、临海、洞头、永嘉、泰顺）、新疆、江苏；韩国，日本。

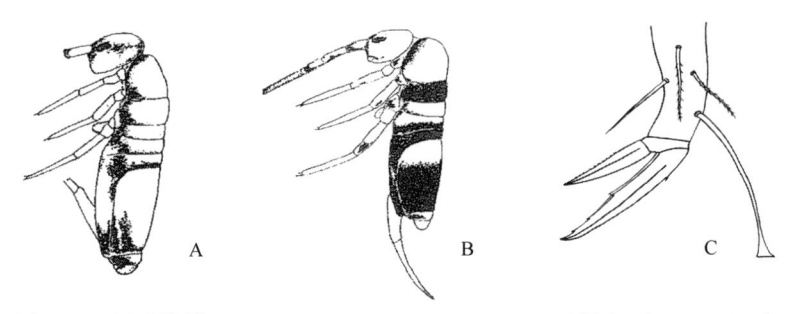

图 7-66 日本柳蚖 *Willowsia japonica* (Folsom, 1898)（引自 Zhang, 2009）
A，B. 色斑；C. 后足

（144）曲氏柳蚖 *Willowsia qui* Zhang, Chen *et* Deharveng, 2011（图 7-67）

Willowsia qui Zhang, Chen *et* Deharveng, 2011: 9.

主要特征：体长可达 1.8 mm。触角约为头长的 1.8 倍。底黄色，眼区深色，且两眼间具浅色带。鳞片纺锤形，表面条纹从基部至末端渐短。上唇基 4 根纤毛状刚毛，上唇具 4 个锥形乳突。头背部缝合处具 3 根刚毛，下唇基刚毛 $M_2REL_1L_2$ 纤毛状，下唇须侧突端部未及乳突 E。转节器具 20–22 根刺状刚毛。小爪外缘细锯齿状，粘毛膨大。腹部第 III 节中间具 3 根大刚毛，第 IV 节后侧中间具 7 根大刚毛。

分布：浙江（泰顺）。

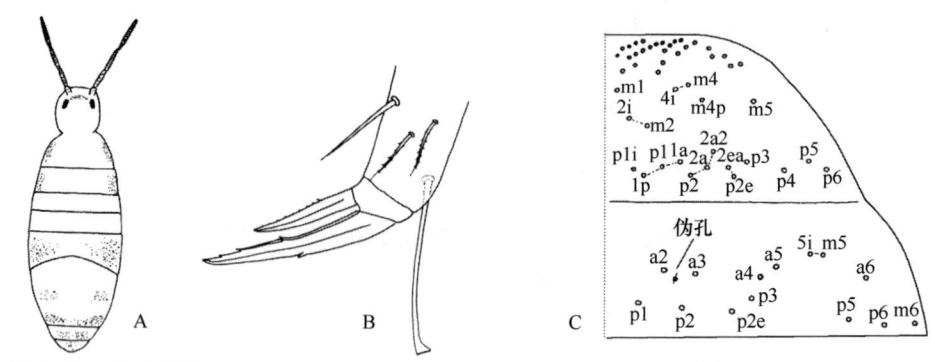

图 7-67　曲氏柳蚖 *Willowsia qui* Zhang, Chen *et* Deharveng, 2011（引自 Zhang et al., 2011）
A. 色斑；B. 后足；C. 胸部第 II–III 节背部毛序

双尾纲 DIPLURA

双尾纲 Diplura，统称双尾虫，身体细长而扁平，呈白色或淡黄色。多数种类体长 3–12 mm，少数肉食性种类可长达 60 mm。头部呈圆形或卵圆形，口器为内口式，有 1 对丝状多节触角，无单眼。胸部 3 节，各有 1 对胸足，无翅。腹部 10 节，第 I–VII 腹节腹面各有 1 对刺突。外生殖器位于第 VIII 腹节腹面后缘，尾部生有 1 对分节的尾须或几丁质化的单节尾铗，由此得名双尾虫。

表变态，一生多次蜕皮，成虫期也蜕皮，可达 40 次左右，幼虫每次蜕皮后体表刚毛数量和排序均稍有变化。喜阴暗潮湿，避光，多栖息在土表腐殖质层、枯枝落叶中、腐木中或石块下，地下 10 cm 左右的土壤中也常有发现，有些种类生活在洞穴中。

除极地外，双尾虫的分布遍及全世界，其中热带和亚热带地区种类最多。中国已发现康虮科、原铗虮科、八孔虮科、副铗虮科、铗虮科和异铗虮科 6 个科。

第八章 双尾目 Diplura

主要特征：头部圆形或椭圆形，有 1 对多节的念珠状触角，无眼，内口式咀嚼口器。胸部 3 节，3 对胸足，跗节不分节，胸气门 2–4 对。腹部 10 节，部分体节生有刺突和可伸缩的基节囊泡。外生殖器位于成虫第 VIII 腹节后缘，尾部生有 1 对分节的尾须或几丁质化的单节尾铗。

分布：世界广布。世界已知 10 科 141 属 1008 种，中国记录 6 科 26 属 53 种，浙江分布 3 科 5 属 7 种。

分科检索表

1. 尾须长而多节；腹部无气孔 ··· 康虮科 Campodeidae
- 尾须单节钳形，几丁质化；腹部第 I–VII 节有气孔 ··· 2
2. 触角无感觉毛，端节有 4 个或少数板状感器；胸气门 2 对；腹部第 I 节腹片上没有可伸缩的囊泡 ···············
 ·· 副铗虮科 Parajapygidae
- 触角第 4–6 节通常有感觉毛，端节至少有 6 个板状感器；胸气门 4 对；腹部第 I 节腹片上有 1 对可伸缩的囊泡 ···········
 ·· 铗虮科 Japygidae

二十二、康虮科 Campodeidae

主要特征：触角第 3–6 节上有感觉毛，顶部感器着生于触角端节窝中。上颚有内叶，下颚有梳。头缝完整似"Y"形，有或无鳞片。胸气门 3 对，腹部无气孔。腹部第 I 节腹片的刺突由肌肉组成，圆形。第 I 节腹片上的基节囊泡不发育。尾须长形，多节，无腺孔。

分布：世界广布。世界已知 50 属 450 种左右，中国记录 11 属 22 种，浙江分布 3 属 4 种。

分属检索表

1. 前胸背板有鳞片，其前缘无刚毛和大毛，多于 3+3 大毛 ··································· 鳞虮属 *Lepidocampa*
- 前胸背板无鳞片，其前缘有刚毛，至多 3+3 大毛，腹部背片无鳞片 ·· 2
2. 前胸背板最多有 2+2（ma，lp$_3$）2 对大毛，前跗无侧刚毛 ······························· 美虮属 *Metriocampa*
- 前胸背板有 3+3（ma，la，lp$_3$）3 对大毛，前跗有光滑的侧刚毛 ··························· 康虮属 *Campodea*

66. 鳞虮属 *Lepidocampa* Oudemans, 1890

Lepidocampa Oudemans, 1890: 76. Type species: *Lepidocampa weberi* Oudemans, 1890.

主要特征：虫体呈蜗形。除头、触角、足和尾须外，全身被有鳞片、刚毛和大毛。前胸背板多于 3+3 大毛。前跗有 2 个稍相等的侧爪和 1 个不成对的中爪，有 2 根薄片状的侧刚毛，上有短柔毛。刺突、囊泡和尾须与康虮属相似。

分布：世界广布。世界已知 16 种，中国记录 3 种，浙江分布 1 种。

(145) 韦氏鳞虮 *Lepidocampa weberi* Oudemans, 1890（图 8-1）

Lepidocampa weberi Oudemans, 1890: 76.

主要特征：体长约 3.5 mm。触角 28–33 节，长约 2 mm。前胸背板前缘无刚毛，有 6+6（mi，lp$_{1-5}$）大毛。中胸背板有 8+8（ma，la，lp$_{1-6}$）大毛。后胸背板有 7+7（mi，lp$_{1-6}$）大毛。腹部第 I 节背片无大毛，第 3 对足股节有 1 根背大毛。刺突端毛（a）羽毛状，侧端毛（sa）光滑。胫节距刺羽毛状。尾须长 2.2 mm，10–11 节。

分布：浙江（杭州）、江苏、上海、安徽、湖北、江西、湖南、广东、海南、广西、四川、贵州、云南；世界广布。

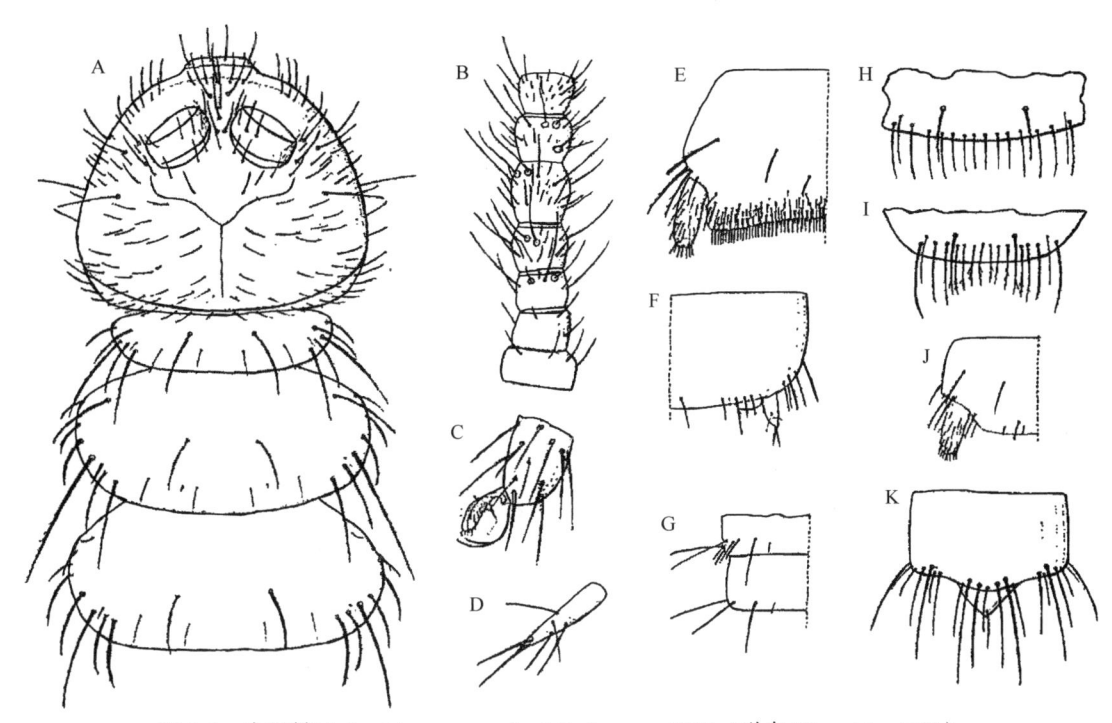

图 8-1　韦氏鳞虮 *Lepidocampa weberi* Oudemans, 1890（引自 Silvestri, 1931）
A. 头部和胸部背面观；B. 触角第 I–VII 节；C. 跗节和爪；D. 刺突；E. 第 I 腹节腹板；F. 第 II 腹节腹板；G. 第 V–VI 腹节腹板；H. 雌性第 VIII 腹节腹板；I. 雄性第 VIII 腹节腹板；J. 雌性第 I 腹节腹板；K. 第 X 腹节背板

67. 美虮属 *Metriocampa* Silvestri, 1912

Metriocampa Silvestri, 1912: 18. Type species: *Metriocampa packardi* Silvestri, 1912.

主要特征：虫体无鳞片。前胸背板有 2+2（ma，lp$_3$）大毛。腹部第 I–VII 节背片无中前（ma）大毛。爪简单，既无前跗侧刚毛，也无近基刚毛，而通常有 1 近似刚毛形的附属器。第 3 对足股节无背大毛。

分布：世界广布。世界已知 30 余种，中国记录 6 种，浙江分布 2 种。

（146）桑山美虮 *Metriocampa kuwayamae* Silvestri, 1931（图 8-2）

Metriocampa kuwayamae Silvestri, 1931: 299.

主要特征：体长 2.5–3 mm。触角 19–22 节，长 1.2 mm。尾须 2 mm，多节。前胸背板有 2+2（ma，lp$_3$）大毛。中胸背板有 2+2（ma，la）大毛。后胸背板有 1+1（ma）大毛。腹部第 I–VII 节背片无大毛，第 VIII 节背片有 1+1（lp$_3$）大毛。腹部第 I 节腹片有 5+5 大毛。有 1 对简单的爪，无中爪。前跗无侧刚毛。胫节有 1 对光滑的距刺。

分布：浙江（杭州）、吉林、辽宁、北京、山西、河南、安徽、湖南。

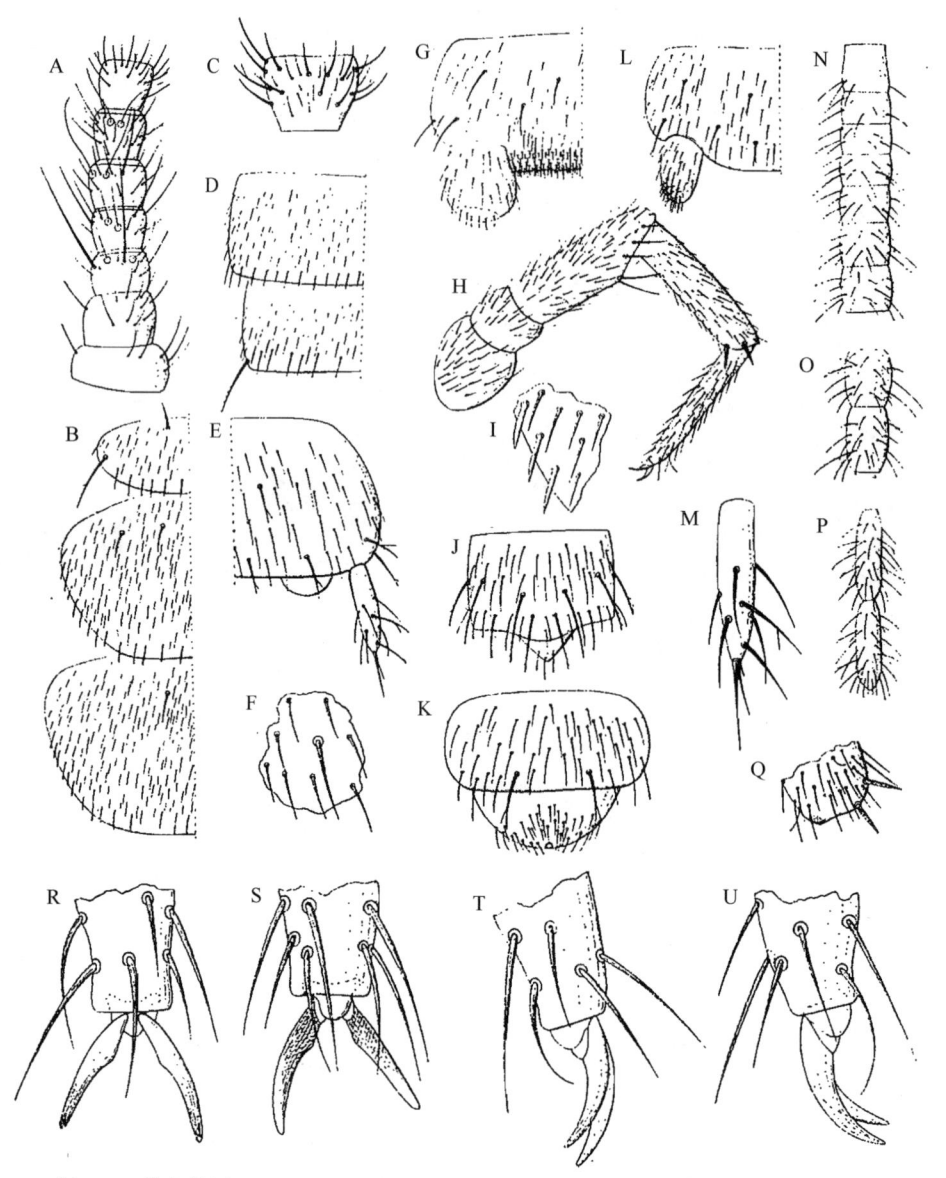

图 8-2　桑山美虮 *Metriocampa kuwayamae* Silvestri, 1931（引自 Silvestri, 1931）
A. 触角第 I–VII 节；B. 胸部背板；C. 触角第 X 节；D. 第 IX 和 X 腹节背板；E. 第 V 腹节腹板；F. 中胸背板的大毛；G. 雄性第 I 腹节腹板；H. 后足；I. 中胸背板后侧角；J. 第 X 腹节背板；K. 雄性第 X 腹节腹板及外生殖器；L. 雌性第 I 腹节腹板；M. 刺突；N. 尾须基部；O. 尾须第 XI 和 XII 节；P. 尾须末端；Q. 胫节上的大刺；R. 跗节和爪背面观；S. 跗节和爪腹面观；T. 跗节和爪外侧面观；U. 跗节和爪内侧面观

（147）乌岩岭美虮 *Metriocampa wuyanlingensis* Xie et Yang, 1991（图 8-3）

Metriocampa wuyanlingensis Xie et Yang, 1991: 96.

主要特征：体长 3.48–4.94 mm，宽 0.52–0.74 mm。全身密被短刚毛。头圆形，长 530 μm，宽 594 μm，头幅比＝0.89。触角 23–25 节，触角第 II 节外侧无棒状感器。下唇须上侧有 1 弹状感器。前胸背板有 2+2（ma，lp_3）大毛。中胸背板有 2+2（ma，la）大毛。后胸背板有 1+1（ma）大毛。腹部第 I–VII 节背片无大毛，第 VIII–IX 节背片有 2+2（lp_3，lp_4）大毛。腹部第 I–VII 节腹片各有 1 对刺突，第 VII 节刺突比其他各节刺突都大，端毛突变成 1 个爪，爪长 47 μm，侧端毛和侧毛粗壮。前跗无侧刚毛。尾须 2 mm，12–13 节。

分布：浙江（泰顺）。

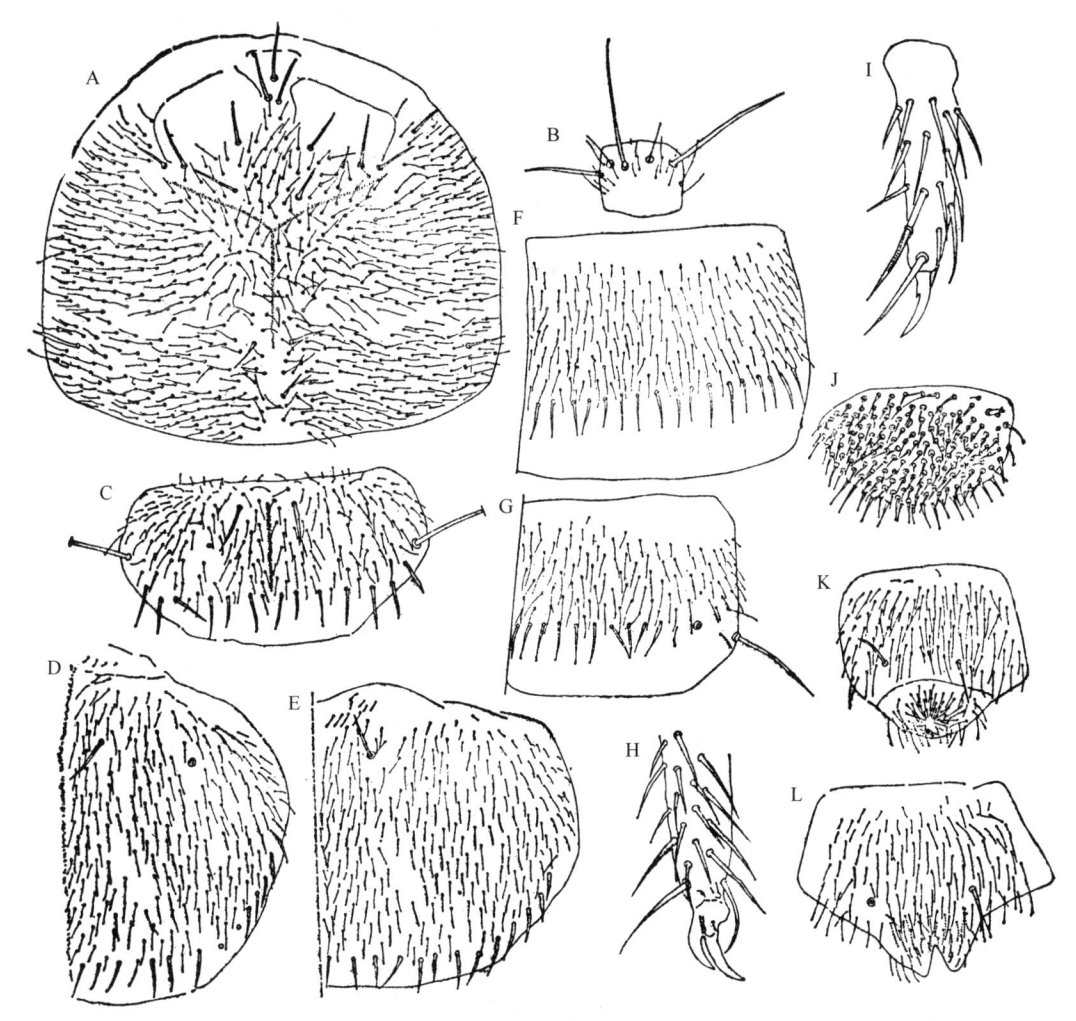

图 8-3 乌岩岭美虬 *Metriocampa wuyanlingensis* Xie et Yang, 1991（引自谢荣栋和杨毅明，1991）
A. 头部背面观；B. 触角第 III 节；C. 前胸背板；D. 中胸背板；E. 后胸背板；F. 第 IV 腹节背板；G. 第 VIII 腹节背板；H. 前跗和爪；I. 第 VII 腹节刺突；J. 下唇须；K. 雄性外生殖器；L. 雌性外生殖器

68. 康虬属 *Campodea* Westwood, 1842

Campodea Westwood, 1842: 71. Type species: *Campodea staphylinus* Westwood, 1842.

主要特征：虫体细长扁平，无鳞片，有简单刚毛和大毛。触角念珠状，多节，顶端不突出，端节比前一节长。上颚内叶能动。下唇须单节。前胸背板有 3+3（ma，la，lp$_3$）大毛。前跗有 2 个大致相等的爪，无长条纹而多在基部有横纹，无基部的跟。在前跗侧面有 2 根简单的刚毛。腹部第 I–VII 节腹片各有 1 对刺突，在第 I 节腹片上有由肌肉组成的附属器。在第 II–VII 节腹片上有基节囊泡。尾须多节，无腺管。

分布：世界广布。世界已知 180 余种，中国记录 3 种，浙江分布 1 种。

(148) 莫氏康虬 *Campodea mondainii* Silvestri, 1931（图 8-4）

Campodea mondainii Silvestri, 1931: 287.

主要特征：体长 2.5–2.8 mm。触角 21 节，长约 0.8 mm。前胸背板和中胸背板有 3+3（ma，la，lp$_3$）大毛，后胸背板有 2+2（ma，lp$_3$）大毛。前跗侧刚毛简单，呈弯曲状。胫节距刺 2 根，光滑。腹部第 I–VII

节背片有 1+1（ma）大毛。腹部第 VII 节背片后缘有 1 对 lp 毛；第 VIII 节背片后缘有 2 对 lp 大毛。腹部第 I 节腹片有 5+5 大毛。尾须长 0.9 mm，10–11 节。

分布：浙江（临安）、北京、山东、河南、江苏、安徽、湖北、湖南、广西、贵州、云南。

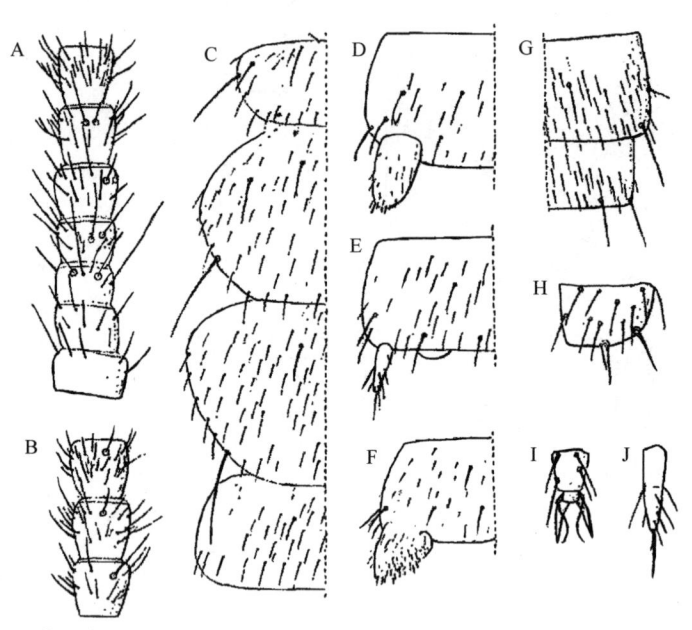

图 8-4　莫氏康虮 *Campodea mondainii* Silvestri, 1931（引自 Silvestri，1931）
A. 触角第 I–VII 节背面；B. 触角第 VI–VIII 节；C. 胸部 I–III 节背板和第 I 腹节背板；D. 雌性腹部第 I 节腹板；E. 腹部第 V 节腹板；F. 腹部第 I 节腹板，示刚毛；G. 第 VII–VIII 腹节背板；H. 第 IX 腹节背板；I. 第 III 足跗节；J. 刺突

二十三、副铗虯科 Parajapygidae

主要特征：全身无鳞片。触角无感觉毛，端节有 4 个或少数板状感器。下颚内叶只有 4 个梳状瓣。无下唇须。有不成对的中爪。胸气门 2 对，腹部第 I–VII 节有气孔。腹部刺突刺形，无端毛。腹部第 I 节没有可伸缩的囊泡，第 II–III 节有 1 对基节囊泡。腹部第 VIII–X 节几丁质化。尾铗单节呈钳形，有近基腺孔。

分布：世界广布。世界已知 4 属 60 种左右，中国记录 1 属 6 种，浙江分布 1 属 2 种。

69. 副铗虯属 *Parajapyx* Silvestri, 1903

Parajapyx Silvestri, 1903: 6. Type species: *Japyx isabellae* Grassi, 1886.

主要特征：触角无感觉毛，端节有 4 个或少数板状感器。上颚有 5 齿，在 1–4 齿之间有 3 个小齿。下颚内叶第 1 瓣长约为第 2 瓣的一半。腹部第 I 节没有可伸缩的囊泡，第 II–III 节有 1 对基节囊泡。腹部第 VIII–X 节几丁质化。尾铗单节呈钳形。

分布：世界广布。世界已知 50 余种，中国记录 6 种，浙江分布 2 种。

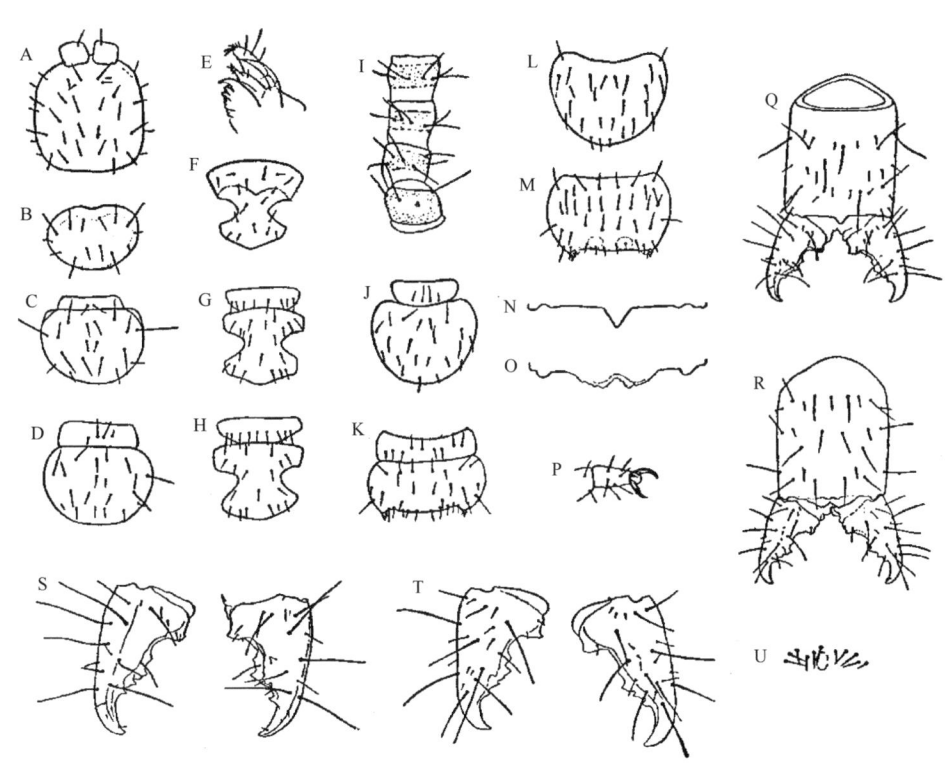

（149）黄副铗虯 *Parajapyx isabellae* (Grassi, 1886)（图 8-5）

Japyx isabellae Grassi, 1886: 11.
Parajapyx isabellae Silvestri, 1908: 396.
Parajapyx paucidentis Luan, Bu *et* Xie, 2007: 1006.

图 8-5 黄副铗虯 *Parajapyx isabellae* (Grassi, 1886)（引自周尧，1966b）
A. 头部背面；B. 前胸背板；C. 中胸背板；D. 后胸背板；E. 上颚和下颚；F. 前胸腹板；G. 中胸腹板；H. 后胸腹板；I. 触角第 I–IV 节；J. 第 I 腹节背板；K. 第 I 腹节腹板；L. 第 II 腹节背板；M. 第 II 腹节腹板；N. 第 X 腹节（臀板）背面后缘；O. 臀板腹面后缘；P. 后足末端；Q. 第 X 腹节背面；R. 第 X 腹节腹面；S. 尾铗背面；T. 尾铗腹面；U. 雌性外生殖器

主要特征：体小型，细长，体长 2.0–2.8 mm。体白色，仅末节及尾为黄褐色。头幅比＝1。触角 18 节，没有感觉毛。前胸背板有 7+7（C_{1-2}，M_{1-2}，T_{1-2}，L_1）大毛。2 个侧爪稍有差异，有不成对的中爪。腹部第 I–VII 节有刺突，囊泡只见于腹板第 II、III 节。臀尾比＝1.6。尾铗单节，左右略对称，内缘有 5 个大齿，近基部 1/3 处内陷。

分布：浙江（杭州）、吉林、北京、山东、河南、宁夏、甘肃、江苏、上海、安徽、湖北、湖南、福建、广东、广西、四川、贵州、云南；世界广布。

（150）爱媚副铗虮 *Parajapyx emeryanus* Silvestri, 1928（图 8-6）

Parajapyx emeryanus Silvestri, 1928: 77.

主要特征：体细长，2.1–3.9 mm。体白色，第 8、9 腹节淡黄色，第 10 腹节和尾铗黄褐色。触角 20 节。头椭圆形，头幅比＝1.22。前胸背板有 4+4（C_1，M_{1-2}，L_1）大毛。2 个侧爪不相等，有不成对的中爪。腹部第 I 节基节器有 1 列小毛，第 II、III 节有囊泡。臀尾比＝1.6。尾铗左右略对称，内缘有 5 个大齿，第 1 齿在近基部 1/5 处，其余 4 齿排列在 2/5–4/5 处，大小依次递减。

分布：浙江（杭州）、吉林、北京、山东、河南、宁夏、甘肃、江苏、上海、安徽、湖北、湖南、福建、广东、广西、四川、贵州、云南；日本。

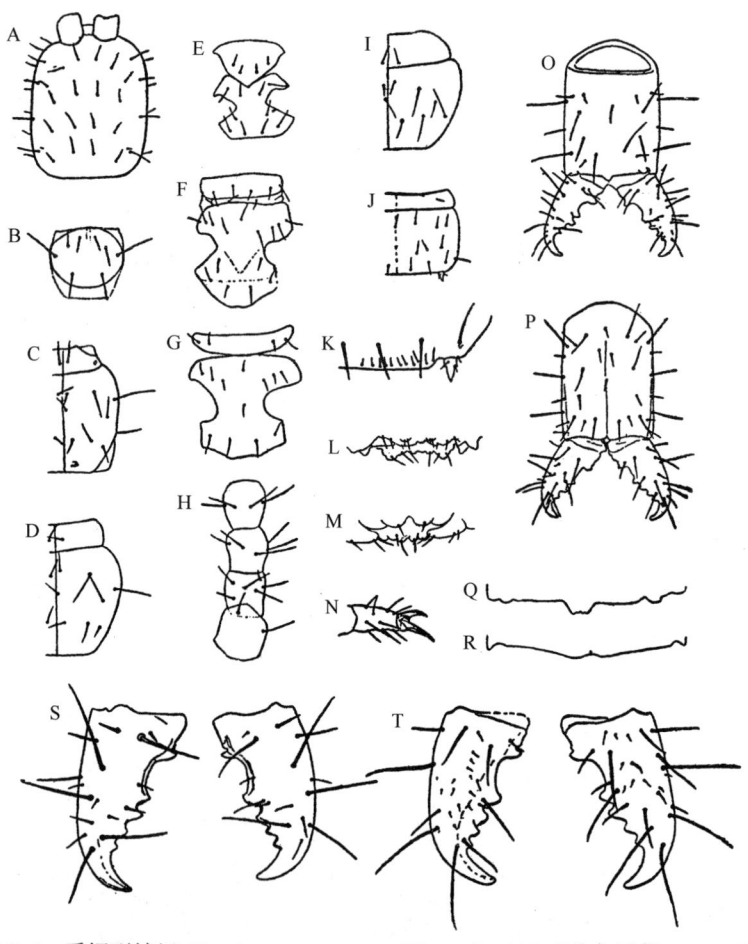

图 8-6　爱媚副铗虮 *Parajapyx emeryanus* Silvestri, 1928（引自周尧，1966b）

A. 头部背面；B. 前胸背板；C. 中胸背板；D. 后胸背板；E. 前胸腹板；F. 中胸腹板；G. 后胸腹板；H. 触角第 I–IV 节；I. 第 I 腹节背板；J. 第 I 腹节腹板；K. 第 I 腹节基节器；L. 雌性外生殖器；M. 雄性外生殖器；N. 足末端；O. 第 X 腹节背板和尾铗；P. 第 X 腹节腹板和尾铗；Q. 第 X 腹节背板后缘；R. 第 X 腹节腹板后缘；S. 尾铗背面观；T. 尾铗腹面观

二十四、铗虮科 Japygidae

主要特征：全身无鳞片。触角第 4–6 节有感觉毛，端节至少有 6 个板状感器。上颚没有能动的内叶，下颚内叶有 5 个梳状瓣。有下唇须。胸气门 4 对。前跗有中爪和侧爪。腹部第 I–VII 节有气孔，有刺突。单节尾铗骨化成钳形。腹部刺突刺形，无端毛。腹部第 I 节有 1 对基节器和 1 对可伸缩的囊泡。腹部第 VIII–X 节几丁质化。单节尾铗几丁质化，无近基腺孔。

分布：世界广布。世界已知 71 属 400 种左右，中国记录 11 属 21 种，浙江分布 1 属 1 种。

70. 偶铗虮属 *Occasjapyx* Silvestri, 1948

Occasjapyx Silvestri, 1948: 118. Type species: *Japyx americanus* MacGillivray, 1893.

主要特征：触角 24–28 节。下颚内叶第 1 瓣完整，不呈梳状。前胸背板 5+5 大毛。无盘状中腺器。尾长略对称，左尾铗有 1–2 齿，齿前有 1 排突起，齿后（或齿间与齿后）有 2 排小齿，右尾铗有 1–2 齿，1 个在基部，1 个在中后部，齿前基部和齿间有 1 排突起或小齿，齿后有小齿。

分布：古北区、东洋区。世界已知 12 种，中国记录 7 种，浙江分布 1 种。

（151）日本偶铗虮 *Occasjapyx japonicus* (Enderlein, 1907)（图 8-7）

Iapyx japonicus Enderlein, 1907: 632.

Occasjapyx japonicus: Paclt, 1957: 79.

主要特征：触角 24 节。体狭长（8–12 mm），扁平（最大宽度 1.2 mm），光滑，少毛。头略呈方形，头幅比=1.1。上、下颚包在头壳内，下唇全部露在外面。内颚叶外侧为 1 锐利能动的大钩，坚硬褐色，内侧为 5 个透明的梳状瓣。前胸背板、中胸背板和后胸背板都是 5+5 大毛。前跗有 2 侧爪和 1 中爪，中爪特别短。腹部第 I 节背片仅 1 对后缘大毛，第 II 节 4+4 大毛，第 III–VII 节各有 7+7 大毛，第 VII 节背片后侧角尖锐突出，为种的特征之一。腹部第 I–VII 节有略呈尖形的刺突和透明的囊泡。第 X 节完全骨化，背腹板完全愈合，扁平，背臀比=1.25，臀尾比=1.25。尾强骨化，弯曲成钩状，肥厚，沿中线隆起，左右尾不对称：右尾内缘锐利，基部约 1/4 处有 1 大齿，约 1/2 处也有 1 大齿，两大齿间有整齐的 8–9 个小齿，从第 2 大齿到末端有不明显的小齿约 12 个，左尾内缘约 1/4 处有 1 很大的齿，约 1/2 处有 1 三角形的大齿，两齿之间部分凹陷，背腹缘各有 1 列小齿，10 余个。

分布：浙江（杭州）、北京、河北、陕西、江苏、上海、安徽、湖北、广东、广西。

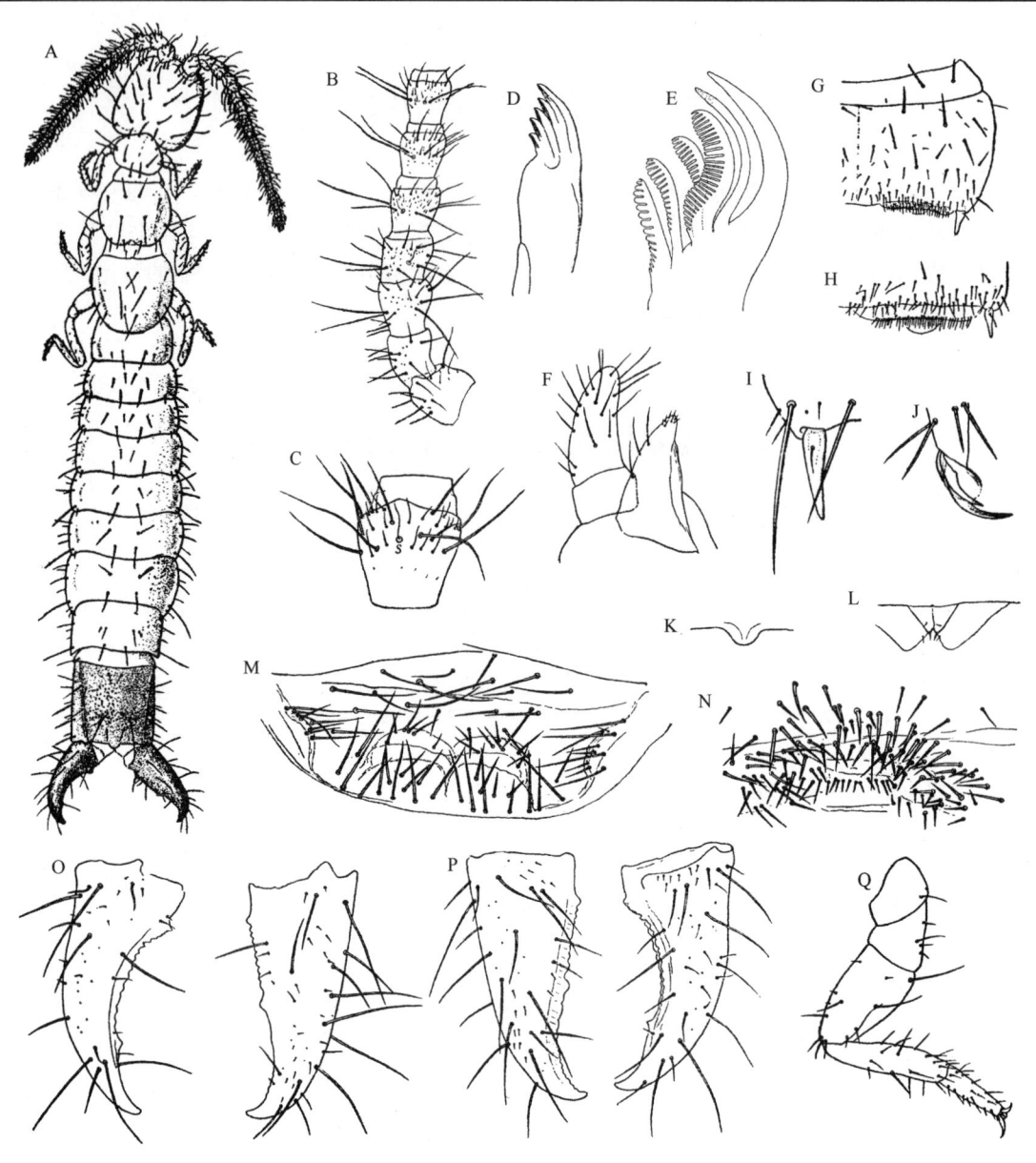

图 8-7　日本偶铗虬 *Occasjapyx japonicus* (Enderlein, 1907)（引自周尧，1966a；Enderlein，1907）
A. 整体背面观；B. 触角第 I–VII 节；C. 触角第 VI 节，示感器；D. 上颚；E. 下颚；F. 下颚须和外颚叶；G. 第 I 腹节腹面；H. 第 I 腹节的基节器；I. 刺突；J. 爪；K. 第 X 腹节背板后缘；L. 第 X 腹节腹板后缘；M. 雌性外生殖器；N. 雄性外生殖器；O. 尾铗背面观；P. 尾铗腹面观；Q. 前足

昆虫纲 INSECTA

早期分类学家把具有头、胸、腹 3 个体段，胸部具有 3 对足的节肢动物统称为"昆虫"，并归类为一个昆虫纲 Insecta。随着研究的深入，特别是近几十年来的系统发育研究表明，原来广义的昆虫纲 Insecta (*s. l.*)中的原尾虫、弹尾虫和双尾虫不是真正的昆虫，因此将原来的广义昆虫称为六足类，相应的广义昆虫纲被提升为六足总纲 Hexapoda。目前，六足总纲主要有 2 纲分类系统，即内口纲 Entognatha 和狭义昆虫纲 Insecta (*s. str.*)，以及 4 纲分类系统，即原尾纲 Protura、弹尾纲 Collembola、双尾纲 Diplura 和狭义昆虫纲。狭义昆虫纲可分为 29–32 个目。本书编写采用 4 纲分类系统。

昆虫纲 Insecta (*s. str.*)特征：昆虫的虫体大小差异很大，微小型至极大型，最小的体长只有 0.25 mm，最大的体长可超过 300 mm。体形千姿百态，有的为圆形或圆球形，有的细长如棍棒，有的宽大似叶片，有的横扁，有的侧扁等，但一般呈圆筒形。

头部通常具复眼和数目不等的单眼。触角形状多变，一般由 3 节，即柄节、梗节和鞭节组成，鞭节常分为多个亚节，除第 1 节以外其他各节均无肌肉系统，触角第 2 节（梗节）有江氏器。口器在头外，上颚与头壳有 1–2 个关节点，头内有 1 个横梁形成后幕骨。胸部通常具 2 对翅和 3 对足，足的跗节常分为若干亚节。腹部 8–11 节，在原始无翅类昆虫中，有些腹节上具成对的刺突和囊泡；在有翅类昆虫中，成虫腹部无行动的附肢，雌成虫具有由第 8 和第 9 腹节生殖突形成的产卵器，腹部第 11 节末端向后伸出分节的尾丝（较高等的昆虫后来又消失）。

昆虫纲 Insecta (*s. str.*)生物学：昆虫的变态类型较多。无翅类昆虫为表变态。有翅类昆虫一般为全变态或不全变态，有的为复变态、渐变态、过渐变态和半变态等，还有个别目为原变态，如蜉蝣目。

昆虫的生殖多为两性生殖，有些为孤雌生殖、多胚生殖、卵生、幼体生殖等。

昆虫具有各种复杂的行为和习性，如趋光性、趋化性、趋温性、趋湿性、假死性、群集性、迁飞和扩散等，有的还具拟态和保护色。

昆虫的栖境很复杂，一般为陆生，栖息于植物上或表土下，取食植物的根、茎、叶、花和果实。有的生活于室内，为害储藏物，有的寄生于人和脊椎动物体上，吸血传病；还有不少种类为水生，捕食鱼类和水生动物。

昆虫的食性异常广泛。据估计，有 48.2%的昆虫是植食性的，28%是捕食性的，2.4%是寄生性的，还有 17.3%是腐食性的。许多昆虫是重要的农林和医学害虫，也有很多种类是重要的资源昆虫和害虫天敌。

第九章 石蛃目 Microcoryphia

石蛃目 Microcoryphia 昆虫体小型，体长通常在 15 mm 以下。体近纺锤形，类似衣鱼但有点呈圆柱形，胸部较粗而向背方拱起。体表一般密被不同形状的鳞片，有金属光泽；体多为棕褐色，有的背部有黑白花斑。头部有单眼；复眼大，左右眼在体中线处相接。胸部的中足和后足的基节上通常有外叶（针突）；无翅。腹部分 11 节，有附器（伸缩囊及针突）和 3 根尾须。

石蛃为表变态。幼虫期 6 龄或 6 龄以上，成虫期继续脱皮，寿命可达 3 年。通常以幼虫或卵越冬，卵的休眠期可达 9 个月。石蛃常生活于阴暗潮湿处，如苔藓丛、草地、林区的落叶层、树皮或石下；能快速爬行，善跳跃；白天多栖息于落叶层、树皮或石下，晚上出来活动。主要取食腐败的植物、菌类等。从低纬度到高纬度均有分布。该类群与人类关系不密切，但作为最原始的昆虫类群，在昆虫的进化研究中具有重要地位。

目前世界已知石蛃目 2 科 68 属 600 余种，中国记录 2 科 8 属 30 种，浙江分布 1 科 2 属 3 种。

二十五、石蛃科 Machilidae

主要特征：头部复眼大而圆形，具 1 对多节的丝状触角，在触角的柄节和梗节具鳞片。胸部 3 节，各具胸足 1 对，足具鳞；在第 III 胸足具针突。腹部 11 节，腹板发达，三角形，第 I–VI 腹板具 1–2 对伸缩囊，雄性第 IX 腹节具阳基侧突。

分布：世界广布。世界已知 46 属 335 种，中国记录 7 属 29 种，浙江分布 2 属 3 种。

71. 跃蛃属 *Pedetontinus* Silvestri, 1943

Pedetontinus Silvestri, 1943: 283. Type species: *Pedetontinus ishii* Silvestri, 1943.

主要特征：触角鞭节无鳞；复眼圆形，宽不明显大于长；单眼鞋形，位于复眼下方，单眼间距离短于自身宽度；上颚具 4 个典型端齿；胸节一般，足下侧缘具刺状刚毛，第 II、III 胸足基节具基节针突；雄性第 I 胸足不增宽，无跗节毛丛；第 I–VII 腹节各具 1 对伸缩囊；腹节腹板呈锐角或钝角；后肢基片具刺状刚毛；腹部针突的端刺粗壮、中等大小；阳基侧突仅限于第 IX 腹节，明显分节；阳茎开口小，端开口；雄性外生殖器完全被第 IX 肢基片覆盖；产卵管初级型。

分布：古北区、东洋区，广泛分布于日本、朝鲜、韩国和中国各地。世界已知 17 种，中国记录 9 种，浙江分布 2 种。

（152）尹氏跃蛃 *Pedetontinus yinae* Zhang, Song *et* Zhou 2005（图 9-1）

Pedetontinus yinae Zhang, Song *et* Zhou, 2005: 549.

主要特征：复眼平坦，棕黑色，圆形，有 1 个占复眼 1/2 左右的巨大白斑；单眼棕黑色，鞋形，位于复眼下方，两单眼间的距离远小于单眼自身宽度；单眼宽/复眼宽：0.67。下唇须和下颚须具细小感觉毛；

触角基节长宽比约 2∶1，鞭节具 9–10 节。第 II、III 胸足具针突，其长为基节长的一半左右，第 I 胸足股节长/宽：2.00。

第 I–VII 腹板上有 1 对可以外翻的伸缩囊；第 V 腹板为锐角到直角（87°–90°），腹板长/基宽：0.62，针突约为肢基片长的 1/2；第 VII 腹节中间后缘无愈合突起；仅在第 IX 腹片上有阳茎和阳基侧突，其位置位于该腹片的 1/2 处略长些；阳基侧突明显分节，分 1+6 节，上有刚毛；阳茎和阳基侧突几乎等长。

分布：浙江（江山）。

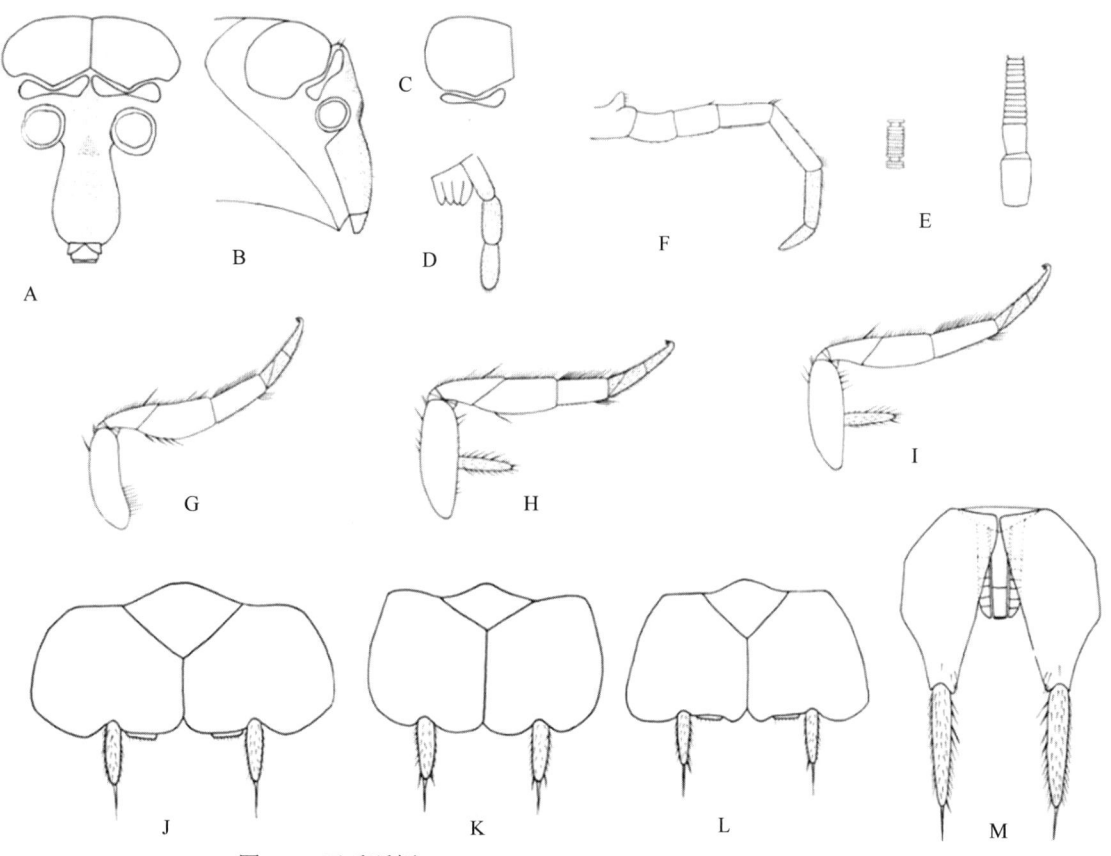

图 9-1　尹氏跃蛃 *Pedetontinus yinae* Zhang, Song *et* Zhou 2005
A. 前面观；B. 头侧面观；C. 复眼和单眼；D. 下唇须；E. 部分触角；F. 下颚须；G. 第 I 胸足；H. 第 II 胸足；I. 第 III 胸足；J. 第 V 腹板；K. 第 VII 腹板；L. 第 VIII 腹板；M. 第 IX 肢基片并显示外生殖器（雄性阳茎和阳基侧突）

（153）天目跃蛃 *Pedetontinus tianmuensis* Xue *et* Yin, 1991（图 9-2）

Pedetontinus tianmuensis Xue *et* Yin, 1991: 77.

主要特征：复眼平坦，红棕色，圆形，近中连线复眼上侧部有巨大白斑或色浅，中连线/长：0.6；长/宽：0.90–0.93；单眼红棕色，鞋形，位于复眼下方，单眼宽/复眼宽：0.65–0.72。触角基节长宽比约 2∶1，鞭节具 9 节；下唇须和下颚须具长短不一的感觉毛。胸足具鳞片和色素，第 II、III 胸足具基节针突，其长为基节长的一半左右，第 I 胸足股节长/宽：2.00。

第 I–VII 腹板上有 1 对可以外翻的伸缩囊；第 V 腹板为锐角到直角（87°–90°），腹板长/基宽：0.68，针突约为肢基片长的 1/2；第 VII 腹节中间后缘无愈合突起；仅在第 IX 腹片上有阳茎和阳基侧突，其位置位于该腹片的 1/2 处略长些；阳基侧突明显分节，分 1+6 节，上有刚毛；阳茎和阳基侧突几乎等长。

分布：浙江（临安）。

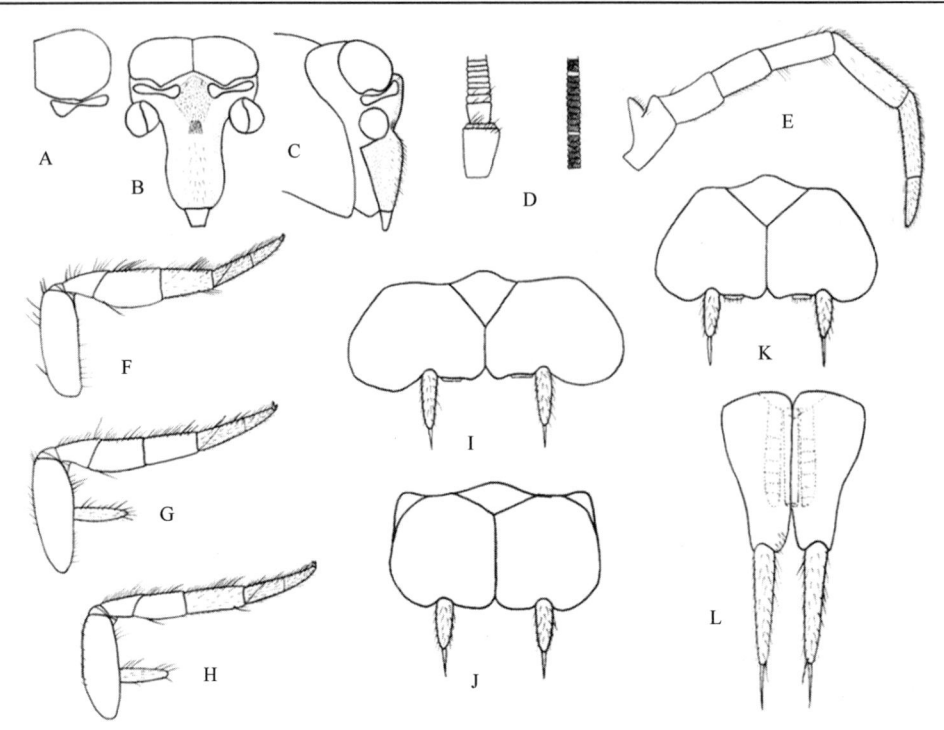

图 9-2　天目跃蛃 *Pedetontinus tianmuensis* Xue et Yin, 1991 雄性
A. 复眼和单眼；B. 头前面观；C. 头侧面观；D. 部分触角；E. 下颚须；F. 第 I 胸足；G. 第 II 胸足；H. 第 III 胸足；I. 第 V 腹板；J. 第 VIII 腹板；K. 第 VII 腹板；L. 第 IX 肢基片并显示外生殖器（雄性阳茎和阳基侧突）

72. 跳蛃属 *Pedetontus s. s.* Silvestri, 1911

Pedetontus s. s. Silvestri, 1911a: 324. Type species: *Petrobius californicus* Silvestri, 1911.

主要特征：触角鞭节无鳞；复眼圆形，复眼宽与长相等；单眼鞋形，相互较接近，两单眼间额中等隆起；上颚具有 4 个典型端齿；胸节一般，足下侧缘具刺状刚毛，第 II、III 胸足基节具针突；无跗节毛丛；雄性第 I 胸足无膨大；第 II–VI 腹节各具 2 对伸缩囊；腹板钝角；至少后部腹节肢基片上具有刺状刚毛；腹部针突的端刺细小或中等大小。阳基侧突仅限于第 IX 腹节，明显分节；阳茎开口小，端开口；雄性外生殖器完全被第 IX 肢基片覆盖；产卵管初级型；中尾丝具长毛状鳞。

分布：古北区、东洋区、新北区。世界已知 22 种，中国记录 10 种，浙江分布 1 种。

（154）浙江跳蛃 *Pedetontus* (*Verheffilis*) *zhejiangensis* Xue et Yin, 1991（图 9-3）

Pedetontus (*Verheffilis*) *zhejiangensis* Xue et Yin, 1991: 77.

主要特征：体棕红色，并有深褐色花斑，密被鳞片。头部外形和色素分布如图 9-3 所示。复眼隆起，红棕色，圆形，中连线/长：0.6；长/宽：0.93–0.95；单眼红棕色，鞋形，位于复眼下方，两单眼间靠近，其距离远小于单眼自身的宽度。单眼宽/复眼宽：0.96。胸足具鳞片和色素，第 II、III 胸足具刺突，其长为基节长的一半左右；第 III 胸足的胫节明显增长。

第 I、VI、VII 腹板上有 1 对可以外翻的伸缩囊；第 II–V 腹板上有 2 对可以外翻的伸缩囊，第 V 腹板为锐角到直角（87°–90°）；仅在第 IX 腹节上有阳茎和阳基侧突，其位于该腹片的 1/2 处略长些；阳基侧突明显分节，分 1+8 节，上有刚毛；阳茎和阳基侧突几乎等长。

分布：浙江（临安、象山、舟山、椒江、天台、温岭、青田）。

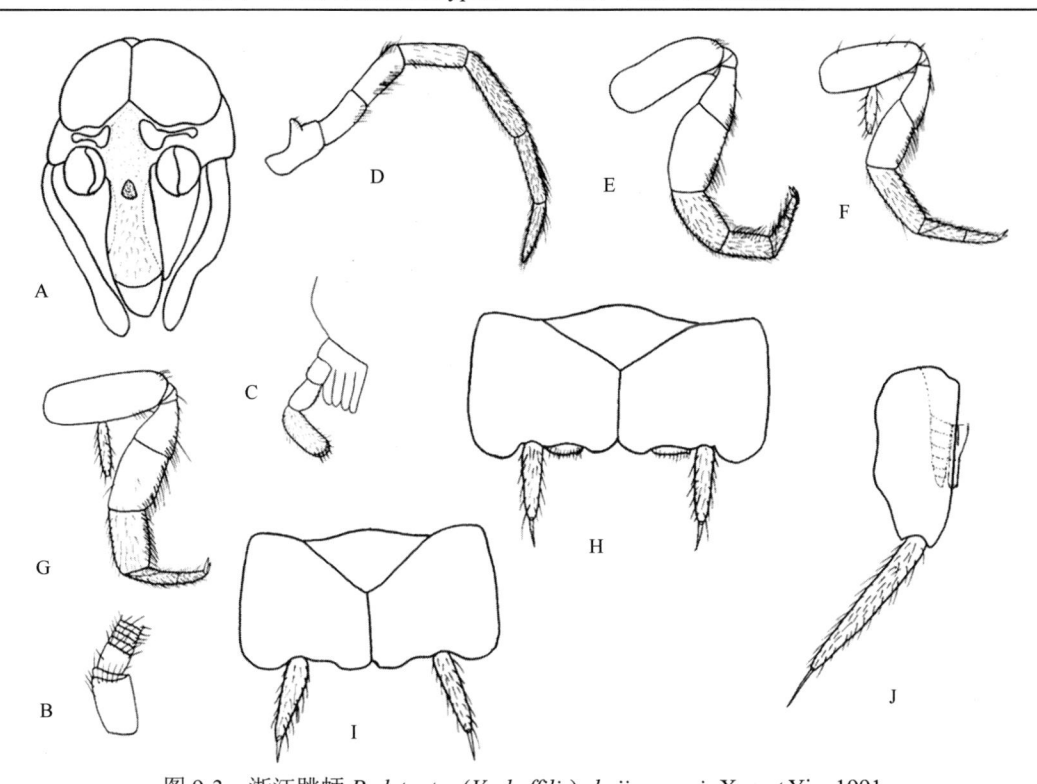

第九章 石蛃目 Microcoryphia 二十五、石蛃科 Machilidae · 135 ·

图 9-3 浙江跳蛃 *Pedetontus* (*Verheffilis*) *zhejiangensis* Xue et Yin, 1991
A. 头前面观；B. 部分触角；C. 下唇须；D. 下颚须；E. 第 I 胸足；F. 第 II 胸足；G. 第 III 胸足；H. 第 V 腹板；I. 第 VIII 腹板；J. 第 IX 肢基片并显示后产卵瓣

第十章　衣鱼目 Zygentoma

衣鱼目 Zygentoma 昆虫体长 5–20 mm，体略呈纺锤形，背腹部扁平，无翅。体表多密被不同形状的鳞片，有金属光泽，通常为褐色，室内种类多呈银灰色或银白色。若具退化的复眼，则位于额两侧，互不相连。胸足基节无针突。腹部分 11 节，有附器（伸缩囊及针突）及 1 中尾丝和 2 侧尾须。

表变态。卵的胚胎发育时间很长，从数月到 1 年不等。末期幼虫到性成熟的成虫需蜕皮 13 次或以上，性成熟后仍继续蜕皮，一生最多可达 60 次；寿命可达 2–3 年。通常以幼虫或卵越冬。室内生活的衣鱼，常栖息于板缝、纸箱、图书、字画等日用杂物中；室外喜栖息于石块、枯枝落叶丛、植物根系下或土壤中；也有些类群栖息在蚂蚁或白蚁巢中（共生）。多数种类喜阴暗潮湿温暖的环境，大多数种类白天隐蔽，晚上出来活动，在温暖的房间终年可见。衣鱼从低纬度到高纬度均有分布，对环境的耐受性较强。该类群与人类有一定的关系，常危害书籍、档案等。

目前世界已知衣鱼目 5 科 500 余种，中国记录 2 科 4 属 9 种和 1 亚种，浙江分布 1 科 1 属 1 种。

二十六、衣鱼科 Lepismatidae

主要特征：全身被鳞片，复眼左右分离，一般由 12 个小眼组成，第 VIII–IX 腹节的肢基片宽大，可遮盖产卵管或雄性生殖突。雄性生殖突较短且较为退化，具 1 对多节的丝状触角，在触角的柄节和梗节具鳞片。胸部 3 节，各具胸足 1 对，足具鳞，胸足基节无刺突。

分布：世界广布。世界已知 46 属 190 余种，中国记录 2 科 4 属 4 种和 1 亚种，浙江分布 1 属 1 种。

73. 栉衣鱼属 *Ctenolepisma* Escherich, 1905

Ctenolepisma Escherich, 1905:75. Type species: *Ctenolepisma lineata* Fabricius, 1775.

主要特征：体密被鳞片；无单眼，具复眼，两复眼左右远离；头部、胸部和腹部边缘具有棘状毛束。胸部 3 节，各具胸足 1 对，足具鳞，胸足基节无刺突。腹部第 I 节背面具有梳状毛，腹面也具梳状毛。雄性生殖器较短。

分布：世界广布。世界已知 108 种，中国记录 1 种，浙江分布 1 种。

(155) 多毛栉衣鱼 *Ctenolepisma villosa* Silvestri, 1911（图 10-1）

Ctenolepisma villosa Silvestri, 1911b: 14.

主要特征：体长 10–12 mm；头大，体密被银色鳞片；无单眼，具复眼，两复眼左右远离；头部、胸部和腹部边缘具棘状毛束。腹部第 I 节背面具梳状毛 3 对，腹面具梳状毛 2 对；第 II–VI 腹节具中等大小腹板。雄性生殖器较短。

分布：浙江、福建、广东；古北区，东洋区，新北区。

第十章 衣鱼目 Zygentoma 二十六、衣鱼科 Lepismatidae

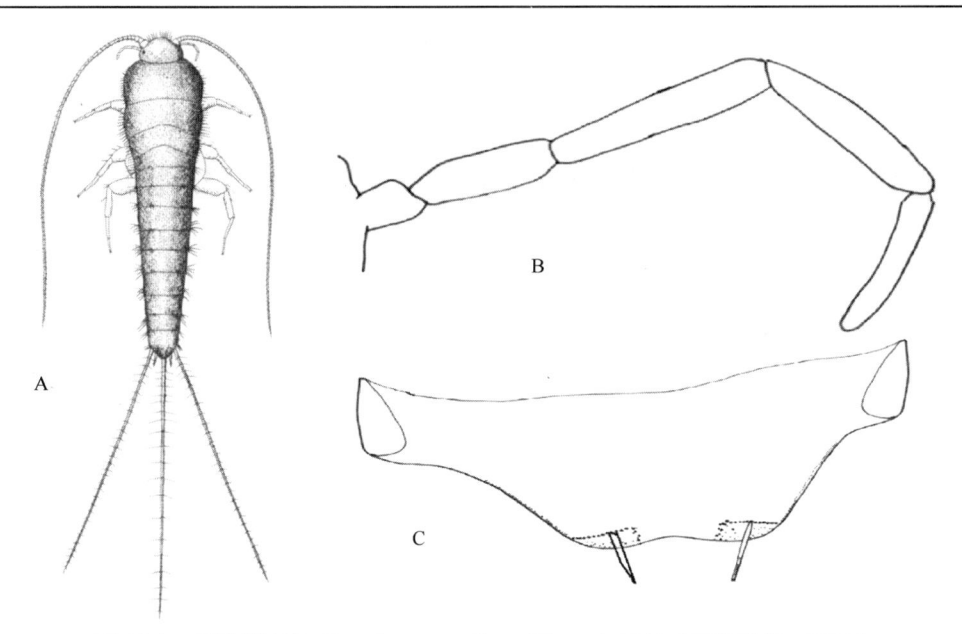

图 10-1 多毛栉衣鱼 *Ctenolepisma villosa* Silvestri, 1911（引自周尧，2001）
A. 背面图；B. 下颚须；C. 第 X 肢基片

第十一章 蜉蝣目 Ephemeroptera

蜉蝣的生活史包含 4 个阶段，分别为卵、稚虫、亚成虫与成虫。成虫体长 3.0–30.0 mm，触角刚毛状，口器退化，具膜质透明的翅 2 对（后翅往往较小，有些种类的极小或完全消失），停歇时竖立，不能折叠覆盖于体背；腹部末端具 2 或 3 根长而分节的尾丝，其长度往往为体长的 2 倍以上，少数种类只略长于身体。亚成虫的形态与成虫类似，但翅不透明，翅缘和身体表面具细毛，足、尾丝、外生殖器等结构还未发育完全。稚虫体长多在 3.0–25.0 mm，生活在水中，腹部前 7 节往往各具 1 对鳃（不同种类鳃的对数可能有变化），其形状多变、位置各异。除成对分布的腹部鳃外，蜉蝣稚虫的主要特征还有：口器为咀嚼式但多具有滤食功能，各部分都具形式不一的毛、刺、牙等；后胸小，被中胸所覆盖，背面观往往不见或不明显；腹部末端具有 2 或 3 根长而分节的尾丝（往往与体长相差不大或略有差异）；身体各处都可能具形式不一的瘤状、刺状突起。

原变态。稚虫由卵孵出，多数经过 15–25 次蜕皮后发育为末龄稚虫。末龄稚虫再羽化为具有飞行能力、脱离水环境的亚成虫。亚成虫经数小时或数天后蜕皮成为具有生殖功能的成虫（少数类群雌性的成虫阶段消失）。成虫的生活期从几小时到几天不等。在温带地区，蜉蝣羽化过程通常发生于白天，而热带地区的蜉蝣通常在黄昏后或黎明前羽化。穴居类的蜉蝣（如埃蜉属 *Ephoron*）常常会出现大规模羽化现象，在短时间内大量出现。

大多数蜉蝣为两性生殖，交尾时有婚飞行为。蜉蝣交尾行为与过程独特：雄性首先成群在空中飞行，雌性进入后被雄性从下方抱握住，雄性用延长的前足钩握在雌性翅的基部，尾部上翘、翻转后将外生殖器与雌性生殖孔对合。交尾过程通常在空中进行，完成后雄性继续进行求偶飞行直到筋疲力尽，雌性则离开婚飞队伍，立即或者经过扩散飞行后在水中产卵。

温带分布的多化性蜉蝣通常一年 2–3 代，一般为一个生长缓慢的冬季世代及 1–2 个快速生长的夏季世代。而一些分布于热带的蜉蝣物种具有极为快速的发育周期，其与季节没有明显关系且存在世代重叠，有些种类甚至可以达到一年 10 代。寒冷地区的大多数蜉蝣为单化性，少数种类具有半化性的生活史，也有 3 年一代的报道。

蜉蝣目稚虫广泛分布于全球各类淡水环境中，是淡水生态系统的重要组成部分。生活于不同类型生境的蜉蝣稚虫在形态特征、运动方式、摄食行为等方面具有很大的差异。在流水环境生活的蜉蝣往往具有扁平（如扁蜉科 Heptageniidae）或者流线型（如四节蜉科 Baetidae）的身体，它们通常贴生于底质表面或具有很强的游泳能力。而生活于底质中的穴居类蜉蝣则常常具有用于挖掘的特化结构，如挖掘足、上颚牙等。大多数蜉蝣以水中的有机碎屑及附生生物为食，滤食性种类为主，少数种类为捕食性、撕食性、刮食性与植食性等（如四节蜉科及扁蜉科的一些类群）。

截至 2020 年底，世界已知蜉蝣目 42 科 450 属 3700 余种，中国记录 23 科 76 属 320 余种，浙江分布 13 科 25 属 58 种，本志记述 40 种，其中浙江新记录种 1 个。

分科检索表（成虫）

1. 个体一般在 5.0 mm 以下；体色浅；无后翅；前翅纵脉间只有 1 根横脉，翅缘具缨毛；尾铗 1 节，阳茎合并 ··· 细蜉科 **Caenidae**
- 个体一般大于 5.0 mm；后翅可能消失；前翅纵脉间横脉多于 1 根；尾铗至少 3 节，阳茎形状多样 ················ 2
2. 前足基部具鳃丝残迹 ·· 3
- 前足基部不具鳃丝残迹 ··· 4
3. 中足基部具鳃丝残迹；后翅大于前翅的一半 ·· 古丝蜉科 **Siphluriscidae**

- 中足基部不具鳃丝残迹；后翅小于前翅的一半或极小 ··· 等蜉科 Isonychiidae
4. 前翅的 MP_2 脉与 CuA 脉在基部向后强烈弯曲 ·· 5
- 前翅的 MP_2 脉与 CuA 脉基部不弯曲 ·· 7
5. 外生殖器相对较退化；后翅的前缘突尖锐或直角状，前翅 A_1 脉不分叉 ·· 新蜉科 Neoephemeridae
- 外生殖器发达，各部分明显可见；后翅的前缘突如果尖锐则前翅 A_1 脉分叉 ·· 6
6. 前翅的 A_1 脉近端部分叉，翅面上往往具大块的色斑；尾铗第 1 节最长 ·· 河花蜉科 Potamanthidae
- 前翅的 A_1 脉不分叉，由许多横脉将其与翅后缘连接，翅面上往往具斑点；尾铗第 2 节最长 ······················· 蜉蝣科 Ephemeridae
7. 前翅的肘区（CuA-CuP）狭窄，不具闰脉，一系列横脉将 CuA 脉连接到翅后缘；2 爪相似 ············· 短丝蜉科 Siphlonuridae
- 前翅的肘区相对较大，其间具长闰脉 ·· 8
8. 前翅 CuA 脉与 CuP 脉之间具排列规则的 2 对闰脉，只具 2 根尾须 ·· 扁蜉科 Heptageniidae
- 前翅 CuA 脉与 CuP 脉之间具数目不定的排列不规则的闰脉 ·· 9
9. 前翅具明显的缘闰脉；尾铗第 2 节最长 ·· 10
- 前翅不具缘闰脉或缘闰脉不明显；尾铗第 1 节最长 ·· 11
10. 前翅的 MA_2 脉与 MP_2 脉在基部与其主干游离，缘闰脉短小但明显 ·· 四节蜉科 Baetidae
- 前翅的 MA_2 脉与 MP_2 脉在基部与其基干连接，缘闰脉单根，相对较长 ·· 小蜉科 Ephemerellidae
11. 尾铗第 1 节明显长于其他各节，端部各节非常短小 ·· 细裳蜉科 Leptophlebiidae
- 尾铗第 1 节与第 2 节约等长 ·· 12
12. 后翅圆形；前翅各主要纵脉间都具闰脉，MP_1 与 MP_2 之间至少有 3 根长闰脉 ································· 越南蜉科 Vietnamellidae
- 后翅椭圆形；前翅各主要纵脉间不具闰脉，MP_1 与 MP_2 之间只有 1 根长闰脉 ································ 晚蜉科 Teloganodidae

分科检索表（稚虫）

1. 上颚具上颚牙，头部背面观明显可见；腹部 2–7 对鳃二叉状，各枚鳃的缘部分裂成缨毛状 ··· 2
- 上颚一般不具上颚牙；腹部的鳃形态多样，但绝无上述的鳃 ·· 3
2. 胸足各部分不特化；腹部的鳃位于体侧；上颚牙只具短毛和刺；后足胫节端部不具刺突 ······················ 河花蜉科 Potamanthidae
- 胸足的股节和胫节宽扁，呈挖掘状；腹部的鳃背位；上颚牙只在基部具少量的细长毛，侧缘光滑，不具齿突，侧面观上
颚牙向上弯曲；后足胫节端部呈尖锐的突出状 ··· 蜉蝣科 Ephemeridae
3. 头部前缘具 2 对角状突出，其中 1 对大而明显 ·· 越南蜉科 Vietnamellidae
- 头顶和单眼顶部可能具程度不同的瘤突，但头前缘不具上述的角突 ··· 4
4. 腹部第 2 节无鳃 ·· 小蜉科 Ephemerellidae
- 腹部第 2 节具发育程度不同的形式多样的鳃 ··· 5
5. 腹部第 2 节的鳃明显扩大，呈卵圆形或方形，完全或几乎完全盖住后面的各对鳃 ·· 6
- 腹部第 2 节的鳃可能略大于其他各鳃，但最多盖住第 3 腹鳃的少部分 ··· 8
6. 腹部第 2 节的鳃呈卵圆形，两者在中部不接触；2 根尾须 ·· 晚蜉科 Teloganodidae
- 腹部第 2 节的鳃呈四方形，两者在中部能相互遮叠或接触；3 根尾丝 ··· 7
7. 体长在 10.0 mm 以上；第 2 对鳃在背中线处仅接触或愈合 ··· 新蜉科 Neoephemeridae
- 体长多在 5.0 mm 以下；第 2 对鳃在中部相互遮叠 ··· 细蜉科 Caenidae
8. 前足各节内侧具浓密的长毛；身体背腹厚度大于体宽；鳃大而明显 ·· 等蜉科 Isonychiidae
- 前足各节可能具细毛，但绝无上述的长毛；体形与鳃形式多样 ··· 9
9. 下颚、下唇、前足和中足的基部具丝状鳃；爪具 1 明显的指状突起 ··· 古丝蜉科 Siphluriscidae
- 下颚、下唇、前足和中足的基部不具明显的丝状鳃；爪可能具小齿但绝无上述的指状突起 ····································· 10
10. 身体各部分扁平，足关节前后式；鳃的背叶膜质片状，腹叶丝簇状 ··· 扁蜉科 Heptageniidae
- 身体不特别扁平，足关节多为背腹式；腹部的鳃形状多样，但都为单枚或背腹叶相似的两枚 ··································· 11
11 腹鳃的形状多样但一般不呈简单的膜质片状，可能为形式多样的分叉、丝状鳃 ····················· 细裳蜉科 Leptophlebiidae
- 腹鳃为膜质片状 ·· 12

12. 触角长度短于头的宽度；3 根尾丝明显，长度接近 ·· **短丝蜉科 Siphlonuridae**
- 触角长度是头宽的 3 倍以上；中尾丝往往明显短于尾须 ··· **四节蜉科 Baetidae**

二十七、古丝蜉科 Siphluriscidae

主要特征：稚虫身体呈流线型。头下口式，触角短，上唇具中缝，上颚切齿呈刀片状，下颚和下唇具鳃丝，下颚须 3 节，下唇须 4 节。前足与中足基节基部各具 1 簇鳃丝。腹部鳃 7 对，尾丝 3 根。

成虫头顶具脊状突起，雄成虫后头部具瘤突，前足与中足基部仍有鳃丝残迹，后翅大，长度大于前翅一半，前翅 CuA 脉由一系列横脉连接至翅后缘，肘区狭长。尾铗 4 节，末两节短小，中尾丝退化。

生物学：稚虫生活于沙石底质的山间水潭，通常在人为干扰较少的山区，可能以刮食藻类为生。

分布：古北区、东洋区。世界已知 1 属 1 种，中国记录 1 种，浙江分布 1 种。

74. 古丝蜉属 *Siphluriscus* Ulmer, 1920

Siphluriscus Ulmer, 1920: 61. Type species: *Siphluriscus chinensis* Ulmer, 1920.

主要特征：同科的特征。

分布：古北区、东洋区。世界已知 1 种，中国记录 1 种，浙江分布 1 种。

（156）中国古丝蜉 *Siphluriscus chinensis* Ulmer, 1920（图 11-1，图版 III-1）

Siphluriscus chinensis Ulmer, 1920: 62; Zhou & Peters, 2003: 346.

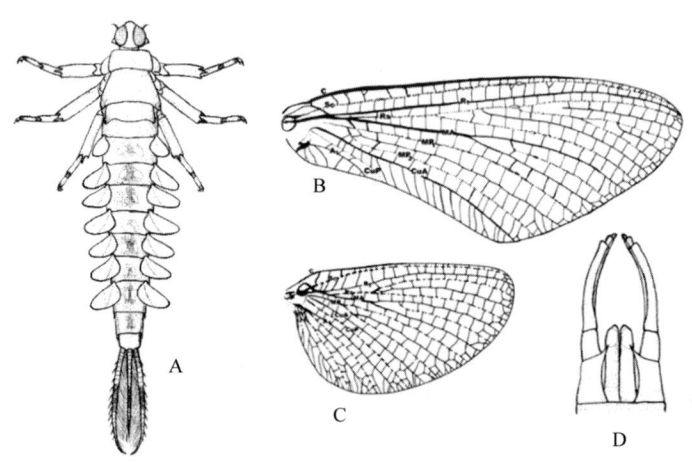

图 11-1　中国古丝蜉 *Siphluriscus chinensis* Ulmer, 1920
A. 稚虫（背面观）；B. 前翅；C. 后翅；D. 雄性外生殖器（腹面观）

主要特征：稚虫体长 22.0–24.0 mm，身体基本呈浅黄绿色，具不明显褐色斑块。各足胫节端部色深，跗节基部和端部颜色较深。腹部背板各节中部具 1 对黄色斑块，背中线两侧具 1 对深色纵纹，在 2、3、6、8、9 节背板较明显。尾丝基部及中部色深，尾须每隔 4 节的节间外侧具 1 枚刺突，共 10 枚较为明显。

雄成虫体长 23.0 mm 左右，身体呈褐色，具黄色斑纹。腹部 1–8 节各节背板具 1 对黄色斑块，中部具 1 对深色纵纹。翅无色透明，脉弱点明显。前足褐色，股节略浅于胫节和跗节，中后足的颜色略浅于前足。生殖下板凹陷明显，阳茎柱状，尾丝表面具黑色细毛。

分布：浙江（临安、庆元、龙泉、温州）、广东、广西、贵州。

二十八、短丝蜉科 Siphlonuridae

主要特征：稚虫身体鱼形，触角短，长度不及头宽。身体表面光滑，腹部各节侧后角尖锐，鳃 7 对，单片或双片，位于第 1–7 腹节背侧面，3 根尾丝，桨状。

成虫前翅较窄，CuA 脉与翅后缘之间由一些横脉相连接；后翅相对较大，MA 脉分叉点接近后翅中部；具 2 枚相似的爪，2 根尾须。

生物学：稚虫通常生活于寒冷地区的静水水域，如流速缓的小河、湖泊、水潭和流水的近岸区，捕食性或刮食性，一般在岸边石块下羽化。

分布：全北区。世界已知 4 属约 49 种，中国记录 1 属 5 种，浙江分布 1 属 1 种。

75. 短丝蜉属 *Siphlonurus* Eaton, 1868

Siphlonurus Eaton, 1868: 89. Type species: *Siphlonurus flavidus* Eaton, 1868.

主要特征：稚虫体长 10.0–20.0 mm，爪通常较长，腹部第 1–2 对鳃双片（有时 7 对鳃都为双片），鳃一般较大且密布气管。

成虫体色一般较深；复眼较大且在头顶接触；前足长度与体长接近，第 1 跗节长度为第 2 跗节长度的 3/4 至几乎等长；后翅 MP 脉在近中部分叉；阳茎通常形态复杂，具各种附属物。

分布：古北区、新北区。世界已知 20 余种，中国记录 5 种，浙江分布 1 种。

（157）戴氏短丝蜉 *Siphlonurus davidi* (Navás, 1932) 浙江新记录种（图 11-2）

Siphluriscus? *davidi* Navás, 1932: 929.
Siphlonurus davidi: Sartori & Peters, 2004: 2; Han et al., 2016: 38.

主要特征：稚虫体长 15.5–17.0 mm，体呈棕黄色，身体各部具棕黑色斑纹。股节基部和中部及跗节基部和端部具深色环纹，腹部背板外侧具 2 对褐色纵纹（外侧 1 对颜色较深），部分个体背板近中部上缘具 1 对棕色细纵纹。鳃 7 对：第 1–2 对鳃分背腹 2 片，第 3–7 对鳃形状相似且逐渐变小，单枚。

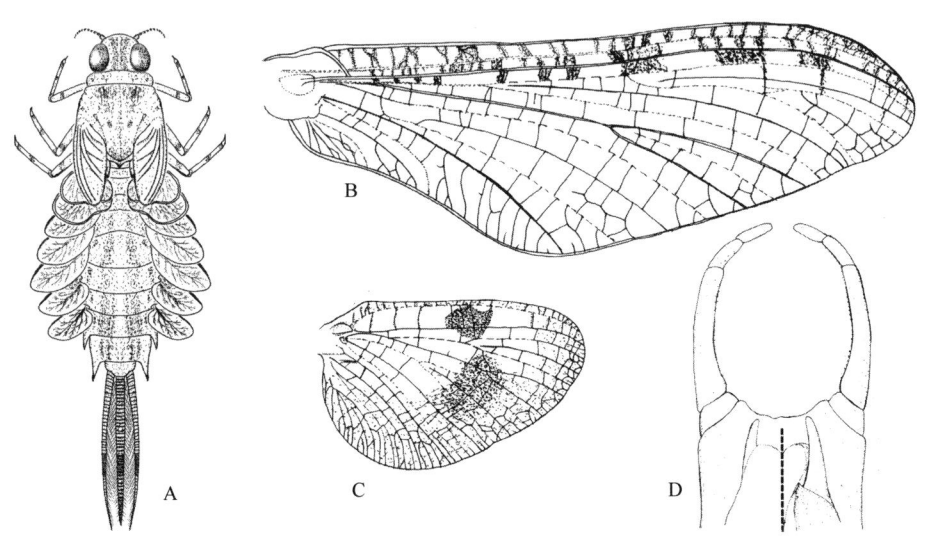

图 11-2 戴氏短丝蜉 *Siphlonurus davidi* (Navás, 1932)
A. 稚虫（背面观）；B. 前翅；C. 后翅；D. 雄性外生殖器（左：腹面观；右：背面观）

雄成虫体长 16.0–18.0 mm，前翅 15.0–16.0 mm。复眼大，于背侧接触，股节和胫节为棕黄色，跗节为棕黑色。前翅基部区域淡黄色，C、Sc、R_1 和 R_2 之间的横脉着色明显，呈深棕色。后翅横脉明显着色。R_1 中部周围及 MA 分叉点周围有明显深棕色暗斑。后翅外缘为黄色，半透明。

分布：浙江（临安）、四川。

二十九、等蜉科 Isonychiidae

主要特征：稚虫个体较大，身体流线型。触角长度为头宽的 2 倍以上，口器各部都密生细毛，下颚基部具 1 簇丝状鳃。前足基节内侧具 1 簇丝状鳃，前足股节和胫节内侧具长而密的细毛。鳃 7 对，位于 1–7 腹节背侧面，每枚鳃都具背方的单片状和腹方的丝状两部分，3 根尾丝。

成虫前翅 CuA 脉与翅后缘间具一些横脉相连，后翅 MP 脉在近翅缘分叉，前足一般色深而中后足较淡，前足基节具丝状鳃残迹。

生物学：稚虫一般生活在流水底部（如石块之间），滤食性，通过前足及口器上的细毛滤食水中的细小颗粒状食物，有捕食的报道。

分布：世界广布。世界已知 1 属 30 余种，中国记录 6 种，浙江分布 1 种。

76. 等蜉属 *Isonychia* Eaton, 1871

Isonychia Eaton, 1871: 33. Type species: *Isonychia manca* Eaton, 1871.

主要特征：同科的特征。
分布：同科的分布。

(158) 江西等蜉 *Isonychia kiangsinensis* Hsu, 1936（图 11-3，图版 III-2）

Isonychia kiangsinensis Hsu, 1936: 323.

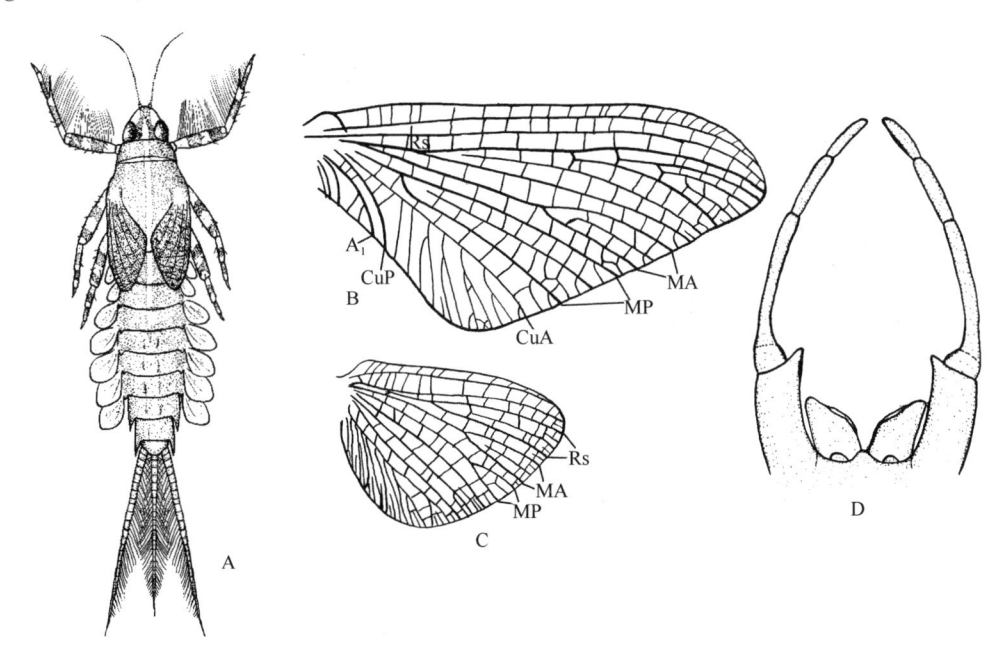

图 11-3 江西等蜉 *Isonychia kiangsinensis* Hsu, 1936
A. 稚虫（背面观）；B. 前翅；C. 后翅；D. 雄性外生殖器（腹面观）

主要特征：稚虫体长 18.5–20.0 mm，体浅红色至浅黄色，身体背中线呈白色。腹部鳃的背叶前缘骨化，边缘为锯齿状，中部具 1 条骨化线，中部及后缘中部具深褐色斑块；腹叶各鳃丝中部深褐色，其余部分为浅白色。3 根尾丝，基部色深而端部色浅。

雄成虫体长 17.0–20.0 mm。身体浅红色，胸部背板略黑，腹部背板中线两侧具不明显棒状条纹。前足股节、胫节基部一半及跗节各节连接处为深红色，其余部分为浅色，中后足色浅。中尾丝仅为尾须基部 2 或 3 节长度之和。外生殖器：尾铗 4 节，生殖下板后缘凹陷，阳茎基本呈三角形。

分布：浙江（德清、临安）、江西、福建、广西。

三十、扁蜉科 Heptageniidae

主要特征：稚虫身体各部分扁平。足的关节为前后型，腹部 1–7 节具鳃，各鳃都具背部的片状部分和腹部的丝状部分，尾丝 2 根或 3 根。

成虫前翅 CuA 脉与 CuP 脉之间具 2 对排列规则的闰脉，后翅明显，MA 脉与 MP 脉分叉。身体一般具黑色、红色或者褐色的斑纹。2 根尾须。

生物学：稚虫一般生活在流水中，在溪流的底质如石块下通常能采集到大量稚虫。以刮食性和滤食性种类为主，主要取食颗粒状藻类及腐殖质。

分布：世界广布。世界已知 33 属 590 余种，中国记录 15 属 77 种，浙江分布 5 属 11 种。

分属检索表（成虫）

1. 后翅长度是前翅长度的 1/5 左右；阳茎在生殖下板外明显分离，具大而明显的阳端突；腹部背板具典型的斑纹 ··· 赞蜉属 *Paegniodes*
- 后翅长度是前翅长度的 1/3 或更大；阳茎不具或只具较小的阳端突；腹部背板的斑纹多样，但一般不如上述的典型和统一 ··· 2
2. 阳茎干中部明显为膜质，阳端突位于阳茎的外侧或消失，两阳茎在生殖下板外一般明显分离 ············· 溪颏蜉属 *Rhithrogena*
- 阳茎干至少在两阳茎的合并部位全部骨化，阳端突存在时位于两阳茎之间，阳茎基部合并在一起 ············· 3
3. 雄成虫前足第 1 跗节的长度基本等于第 2 节；两阳茎端部往往分离较开 ·················· 高翔蜉属 *Epeorus*
- 雄成虫前足第 1 跗节的长度明显短于第 2 节；两阳茎叶完全合并或相互靠近 ·································· 4
4. 前足第 1 跗节的长度为第 2 节长度的一半左右；阳端突无或退化成薄板状 ·············· 亚非蜉属 *Afronurus*
- 前足第 1 跗节的长度为第 2 节长度的 0.3 倍或更短；阳端突尖刺状 ···························· 扁蜉属 *Heptagenia*

分属检索表（稚虫）

1. 体末只具 2 根尾须 ··· 高翔蜉属 *Epeorus*
- 体末具 2 根尾须和 1 根中尾丝（3 根尾丝） ··· 2
2. 第 1 和第 7 对鳃的膜片部分扩大，延伸到身体腹面，形成吸盘状结构 ····················· 溪颏蜉属 *Rhithrogena*
- 第 1 和第 7 对鳃的膜片部分不扩大，往往小于中间几对鳃 ··· 3
3. 第 1 对鳃的膜片部分极小，呈鳞片状 ··· 赞蜉属 *Paegniodes*
- 第 1 对鳃的膜片部分可能较小，但呈膜质片状 ··· 4
4. 下唇的侧唇舌向侧面略扩展；舌的侧叶短小，边缘平直；下颚腹面的细毛排列成 1 列 ············ 扁蜉属 *Heptagenia*
- 下唇的侧唇舌向侧面强烈扩展；舌的侧叶向侧面扩展，边缘凹陷；下颚表面的细毛散生 ············ 亚非蜉属 *Afronurus*

77. 亚非蜉属 *Afronurus* Lestage, 1924

Afronurus Lestage, 1924: 349. Type species: *Afronurus peringueyi* (Esben-Petersen, 1913).

主要特征：稚虫头壳前缘略微变厚；下颚腹面具简单的散生毛；中后足胫节具 2 排长的细毛；尾丝环节具刺；第 5 和第 6 对鳃膜质部分顶端常具 1 细长丝状突起，3 根尾丝。

雄成虫两复眼在头顶接触或几乎接触，前足跗节长于胫节，第 1 跗节通常为第 2 跗节长度的一半左右。阳茎基部合并，端部向侧后方延伸，阳端突无或退化为薄板状。

生物学：稚虫在溪流底质较易采集，是最常见的种类。稚虫通常在黄昏羽化，而亚成虫一般在中午蜕皮变为成虫。

分种检索表（成虫）

1. 阳茎分为 2 叶，具有明显的匙形阳端突 ·· 叉亚非蜉 *A. furcatus*
- 阳茎分为 2 叶，阳茎不具匙形的阳端突 ··· 2
2. 腹部各节背板两侧各具 1 黑色斜纹 ·· 苍白亚非蜉 *A. pallescens*
- 腹部各节背板两侧不具如上斜纹 ··· 3
3. 两阳茎之间中部凹陷处具 1 短小的指状突起；腹部各节背板的中央和后缘往往黑色至淡黄色 ······ 具纹亚非蜉 *A. costatus*
- 两阳茎之间无明显突起；腹部背板中央两侧呈红色 ·· 江苏亚非蜉 *A. kiangsuensis*

分种检索表（稚虫）

1. 头壳前缘无明显斑点 ·· 具纹亚非蜉 *A. costatus*
- 头壳前缘具淡色圆形斑点 ··· 2
2. 腹部背板侧缘具明显的黑褐色斜纹，至少 8–9 节背板侧后角明显呈尖锐刺状 ·················· 苍白亚非蜉 *A. pallescens*
- 腹部背板侧缘不具黑褐色斜纹，腹部背板侧后角不呈刺状 ·· 3
3. 头壳前缘及腹部呈斑驳杂色 ··· 江苏亚非蜉 *A. kiangsuensis*
- 头壳前缘及腹部具较少的浅色斑，体色明显较统一而不斑驳 ·· 叉亚非蜉 *A. furcatus*

（159）具纹亚非蜉 *Afronurus costatus* (Navás, 1936)（图 11-4A–D）

Heptagenia costata Navás, 1936: 120.
Cinygmina yixingensis Wu et You, 1986: 280.
Afronurus costatus: Ying & Zhou, 2021: 98.

主要特征：稚虫体长 6.0–10.0 mm，体通常为褐绿色，夹杂淡黄色斑点，腹部前 7 节背板各具 1 对淡黄色斑点，第 8、9 节背板基本为黄色，第 10 节背板整个为褐绿色。

雄成虫体长 8.0 mm，身体淡黄色，腹部背板中央黑褐色，夹有 1 对淡黄色斑点，其他部分淡黄色。外生殖器：阳茎基部愈合，端部两叶分离，每叶端部呈 3 个突起状。两阳茎叶中部凹陷处具 1 短小指状突起，各阳茎叶基部具 1 刺突。尾丝具红色环纹。

分布：浙江（临安、龙泉）、河南、陕西、江苏、安徽、湖北、江西、福建、海南、贵州、云南。

（160）苍白亚非蜉 *Afronurus pallescens* (Navás, 1936)（图 11-4E，图版 III-3）

Ecdyonurus pallescens Navás, 1936: 121.
Cinygmina obliquistriata You et al., 1981: 26.
Afronurus pallescens: Ying & Zhou, 2021: 95.

主要特征：稚虫体长 6.0–8.0 mm，腹部第 5、8、9 节背板中央淡黄色色斑较大，其他各节只具 1 对较小的圆形色斑，第 10 节背板整个为褐绿色，前 8 节背板两侧各具 1 对明显的黑褐色斜纹。

雄成虫体长 9.0 mm，身体浅黄色或白色，腹部各节背板两侧各具 1 对黑色斜纹。两复眼在头顶接触。外生殖器：两阳茎叶基部合并，端部分离；各阳茎叶端部又分为 2 叶且外侧叶大于内侧叶，两阳茎叶之间呈 "U" 形；阳茎叶基部各具 1 刺突。

分布：浙江（临安、庆元、龙泉、乐清）、陕西、江苏、安徽、江西、湖南、福建。

（161）江苏亚非蜉 *Afronurus kiangsuensis* (Puthz, 1971)（图 11-4F）

Ecdyonurus hyalinus Navás, 1936: 123.
Ecdyonurus kiangsuensis Puthz, 1971: 44.
Cinygmina rubromaculata You et al., 1981: 28.
Afronurus kiangsuensis: Ying & Zhou, 2021: 97.

主要特征：稚虫体长 11.0 mm 左右，体色为褐绿色与淡黄色相间的斑驳状。头背面具 6 块淡黄色斑点。腹部第 5、8、9 节背板基本为淡黄色，其他各节背板基本为褐绿色，具 1 对淡黄色圆形斑点。3 根尾丝，节间具刺。

雄成虫体长 9.0 mm 左右，身体棕黄色，腹部背板中央两侧呈红色。外生殖器：两阳茎叶基部合并，端部分离；各阳茎叶基部各具 1 刺突，端部为叉状，两阳茎叶间具"U"形凹陷；阳茎叶背面隆起成 2 个突起。尾丝具红色环纹。

分布：浙江（临安、庆元）、陕西、江苏、湖北、江西、湖南、福建、海南、广西、重庆、贵州、云南；俄罗斯。

（162）叉亚非蜉 *Afronurus furcatus* (Zhou et Zheng, 2003)（图 11-4G）

Cinygmina furcata Zhou et Zheng, 2003b: 755.
Afronurus furcatus: Zhang et al., 2021: 100.

主要特征：稚虫体长 7.0–10.0 mm，尾丝 13.0–18.0 mm，体色基本为棕黄色至棕褐色。头壳椭圆形，前缘具 4 枚小的白色斑点，触角旁具 2 枚白色斑点；后缘中部略微凹陷，复眼中部具 4 枚白色斑点。前胸背板具侧外缘突起，略宽于头部。其他特征同属征。

雄成虫体长 10.0 mm，身体棕黄色，腹部各节背板后缘黑色，侧板与腹板黄色。复眼黑色，在头顶距离非常接近，触角刚毛状。外生殖器：尾铗第 3、4 节长度之和不及第 2 节长度一半，生殖下板呈弧形凸出，阳茎基部愈合端部分开，两叶之间呈"U"形凹陷，阳茎叶端部薄，生殖孔处凹陷，呈叉状；阳茎叶腹面各具 1 匙形骨化片状阳端突，色深。尾须棕褐色。

分布：浙江（临安）、安徽、福建。

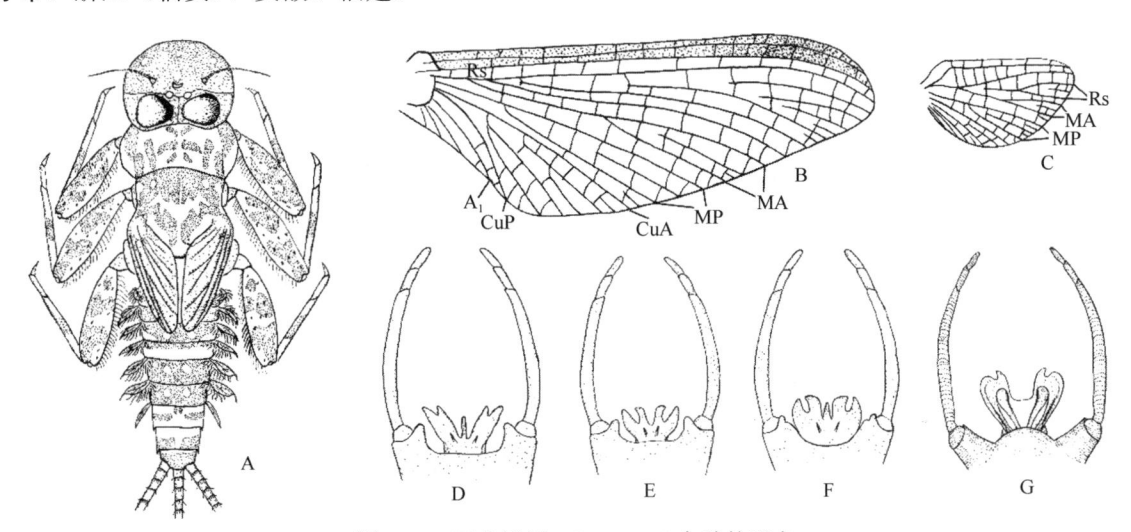

图 11-4 亚非蜉属 *Afronurus* 4 个种的形态
A–D. 具纹亚非蜉 *A. costatus*：A. 稚虫（背面观）；B. 前翅；C. 后翅；D. 雄性外生殖器（腹面观）；E–G. 其余 3 种雄性外生殖器腹面观：E. 苍白亚非蜉 *A. pallescens*；F. 江苏亚非蜉 *A. kiangsuensis*；G. 叉亚非蜉 *A. furcatus*

78. 高翔蜉属 *Epeorus* Eaton, 1881

Epeorus Eaton, 1881: 26. Type species: *Epeorus torrentium* Eaton, 1881.

主要特征：稚虫头壳前缘具 1 列较密细毛，腹部的鳃往往形成吸盘状。中尾丝退化，只可见 2 根尾须，尾须表面光滑，只在基部数节背侧具 1 列细毛。

成虫中胸背板无横缝，前足第 1 跗节长于或等于第 2 跗节。

生物学：稚虫通常生活在海拔较高且流速较快的溪流中，在石块为底质的溪流中容易被发现，通常紧趴在石块表面。

分布：世界广布。世界已知约 90 种，中国记录 17 种，浙江分布 3 种。

分种检索表（成虫）

1. 阳茎不具阳端突，阳茎叶端部具 1 长而明显的指状突起 ·· 美丽高翔蜉 *E. melli*
- 阳茎具阳端突 ··· 2
2. 阳茎侧缘突起明显，呈钩状 ·· 黑高翔蜉 *E. ngi*
- 阳茎侧缘突起小 ·· 何氏高翔蜉 *E. herklotsi*

分种检索表（稚虫）

1. 腹部背板无刺突 ·· 美丽高翔蜉 *E. melli*
- 腹部背板具成对的刺突 ··· 2
2. 第 2 对鳃的边缘线条圆滑 ·· 何氏高翔蜉 *E. herklotsi*
- 第 2 对鳃的边缘有部分明显凸起 ·· 黑高翔蜉 *E. ngi*

(163) 美丽高翔蜉 *Epeorus melli* (Ulmer, 1925)（图 11-5A–D，图版 III-4）

Thalerosphyrus melli Ulmer, 1925: 101.

Epeorus melli: Zhou, Wang & Xie, 2007: 49.

主要特征：稚虫体长 15.0–16.0 mm，腹部背板每节具 1 对浅色斑点，每节背板后缘具 1 排明显的刺。腹部 1–7 节具鳃，第 7 节丝状鳃部分较少，片状鳃气管明显；第 1 对鳃膜质部分向前略微扩大。第 2–7 节鳃形状相似。

雄成虫体长 11.0–13.0 mm，体棕红色。各背板的后缘红色，侧面各具 2 条红色斜纹，这 2 条斜纹与后缘红色横纹相连；各背板的背中线处又具 1 红黑色纵纹。外生殖器：阳茎叶基部合并，端部分开。阳茎干的中央膜质，两侧骨化，在膜质部分的顶端膨大成 1 膜质囊状结构，大而明显。各阳茎叶端部具 1 长而明显的指状突起。2 根尾须，红色与浅黄色相间。

分布：浙江（临安、庆元）、安徽、湖北、福建、贵州。

(164) 黑高翔蜉 *Epeorus ngi* Gui et al., 1999（图 11-5E）

Epeorus ngi Gui et al., 1999: 332.

主要特征：稚虫体长 12.0–16.0 mm，尾须为体长的 1.4–1.5 倍。整体淡棕色至棕色。头壳梯形。前胸无明显突起，中后足股节背侧端部突起圆钝，各足爪具 3 枚小齿。腹部前 7 节背板上的刺约为 1/2 背板长度且向背侧弯曲，腹部背板后缘具 1 列细长而钝的齿。鳃为吸盘状，第 2 对鳃靠近基部膨大极为明显。

成虫体长 13.0–15.0 mm，体棕黑色。两复眼距离不及中单眼宽度，腹部各节背板前后缘黑色，前缘横纹比后缘窄，侧面各具 1 斜纹，与后缘横纹连接，背中线处具 1 褐色纵纹。外生殖器：阳茎基部合并，端部分开，阳茎干的中央膜质两侧骨化。各阳茎叶具 1 长而明显的钩状突起，弯向前方，阳端突明显。

分布：浙江（安吉）、福建。

（165）何氏高翔蜉 *Epeorus herklotsi* (Hsu, 1936)（图 11-5F）

Ecdyonurus herklotsi Hsu, 1936: 233.
Epeorus herklotsi: Zhou et al., 2015: 240.

主要特征：稚虫体长 10.0 mm，整体颜色为棕黄色。腹部背板 1–9 节中部后缘具 1 对明显的尖刺，腹部侧缘、中线与后缘色深。第 1、第 7 对鳃向腹部腹侧延伸，于腹侧相交，第 2–6 对鳃形状相似。

雄成虫体长 12.0 mm，体棕褐色至棕黑色。两复眼在背面相接触。腹部第 3–4 和第 7–9 节背板中央具 1 对粗纵纹，其他各节的背板只在中线处具 1 条浅纵纹。外生殖器：阳茎叶基部合并，端部分开，各阳茎叶侧面具 1 突起，阳端突明显。

分布：浙江（临安、庆元、龙泉）、安徽、湖北、福建、香港。

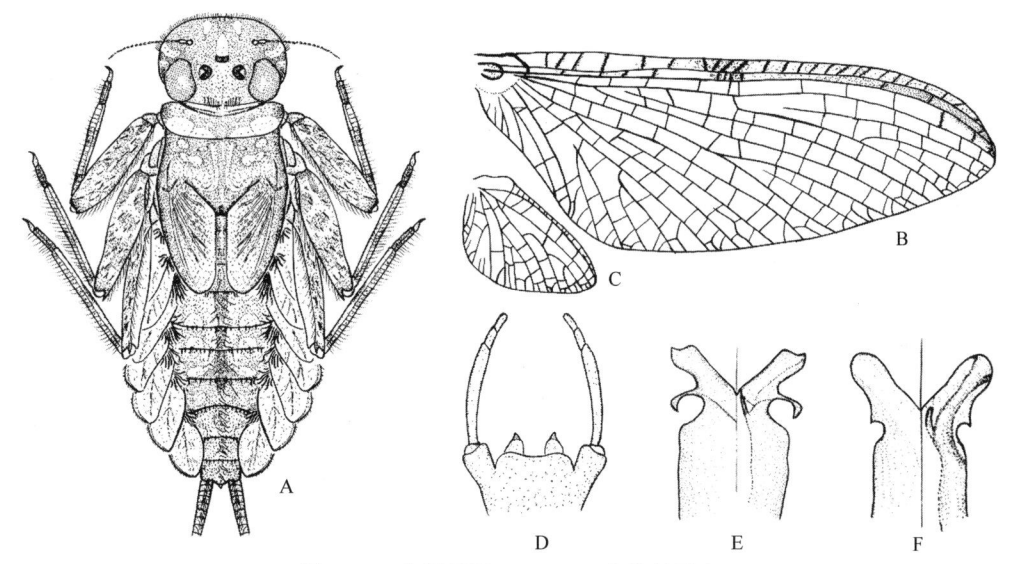

图 11-5　高翔蜉属 *Epeorus* 3 个种的形态
A–D. 美丽高翔蜉 *E. melli*：A. 稚虫（背面观）；B. 前翅；C. 后翅；D. 雄性外生殖器（腹面观）；E. 黑高翔蜉 *E. ngi* 阳茎（左：背面观；右：腹面观）；F. 何氏高翔蜉 *E. herklotsi* 阳茎（左：背面观；右：腹面观）

79. 扁蜉属 *Heptagenia* Walsh, 1863

Heptagenia Walsh, 1863: 197. Type species: *Palingenia flavescens* Walsh, 1863.

主要特征：稚虫上唇为头壳宽度的 0.4–0.6 倍；下颚顶端密生栉状齿，腹表面具 1 细毛列；鳃 7 对，各鳃都分为片状部分和丝状部分；尾丝 3 根，各节上和节间具细毛和刺。

成虫复眼间的距离变化较大，一般为中单眼宽度的 1–2 倍；前足跗节长于胫节，第 1 跗节的长度为第 2 跗节长度的 0.15–0.3 倍，后足跗节短于胫节；阳茎叶具明显的背侧刺突，但阳茎表面不具刺突，阳端突明显。

生物学：稚虫通常取食腐殖质，在大多数底质为石块、泥沙的流水可采集到，有些种类生活在湖泊中。

分布：世界广布。世界已知约 50 种，中国记录 11 种，浙江分布 2 种。

（166）黑扁蜉 *Heptagenia ngi* Hsu, 1936（图 11-6A–D）

Heptagenia ngi Hsu, 1936: 235.

主要特征：稚虫体长 7.0 mm 左右，体色为黑白相间的斑驳状；各足的股节宽扁，在背面具呈 4 横列状的黑色斑纹。鳃 7 对，第 1 对鳃的膜片部分月牙形，丝状部分发达，第 7 对鳃只有膜片部分；鳃膜片部分具明显可见的黑色气管。3 根尾丝，节间具齿状刺突。

雄成虫体长 10.0 mm 左右，各足股节和胫节棕褐色或红褐色，跗节色浅；股节背面中央具 4 块黑色斑块。外生殖器：阳茎近圆形，端部呈很小的三突状；阳茎叶腹面中央，具 1 明显的黑色条纹，阳茎叶各具 1 阳端突。尾须白色，具红色环纹。

分布：浙江（临安）、香港。

（167）小扁蜉 *Heptagenia minor* She, Gui *et* You, 1995（图 11-6E）

Heptagenia minor She, Gui *et* You, 1995: 73.

主要特征：稚虫体色 5.0 mm 左右。体色呈浅黄色至灰白色，头胸部基本为浅黄色，腹部黄白相间，各节腹板的后缘具红色至深色条纹。

雄成虫体长 4.0–5.5 mm。身体除前胸背板和中胸背板棕红色、前足股节背面呈棕黄色外，其余部分为黄色或淡黄色。两复眼黑色，在头顶背面接触。外生殖器：阳茎叶后缘突出，各具 1 阳端突。尾须白色，有红色环纹。

分布：浙江（龙泉）、河南、福建、海南。

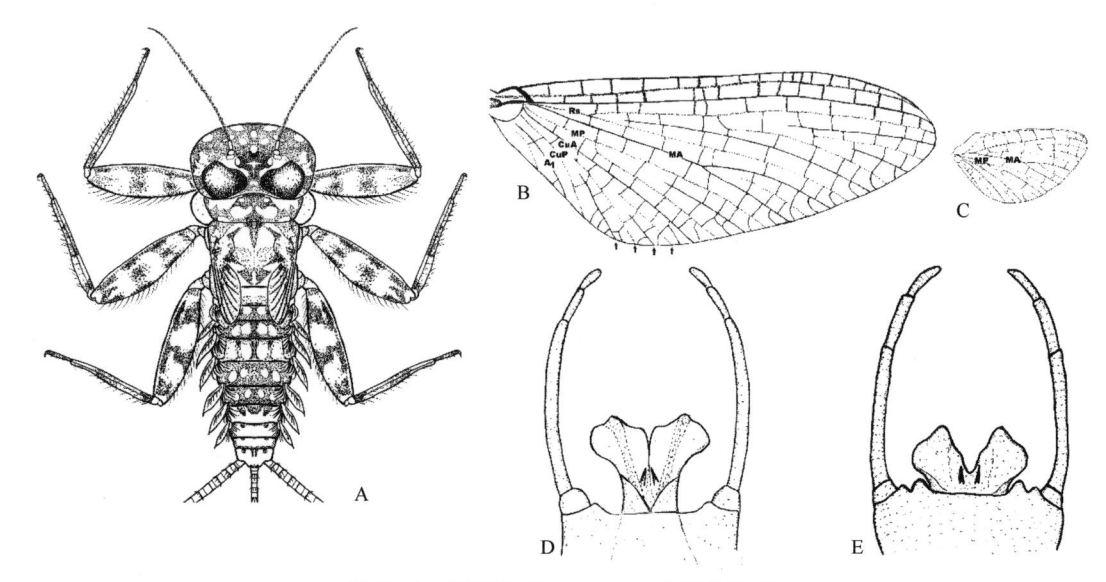

图 11-6 扁蜉属 *Heptagenia* 2 个种的形态
A–D. 黑扁蜉 *H. ngi*：A. 稚虫（背面观）；B. 前翅；C. 后翅；D. 雄性外生殖器（腹面观）；E. 小扁蜉 *H. minor* 雄性外生殖器（腹面观）

80. 赞蜉属 *Paegniodes* Eaton, 1881

Paegniodes Eaton, 1881: 23. Type species: *Heptagenia cupulata* Eaton, 1871.

主要特征：稚虫体中型，第 1 对鳃膜片部分极小，丝状鳃明显，尾丝 3 根，中尾丝两侧和尾须内侧具较密细毛。

雄成虫后翅长度只有前翅的 1/5 左右；外生殖器两阳茎叶基部合并，端部分开，阳端突发达。

分布：古北区、东洋区。世界已知 2 种，中国记录 1 种，浙江分布 1 种。

（168）桶形赞蜉 *Paegniodes cupulatus* (Eaton, 1871)（图 11-7）

Heptagenia cupulata Eaton, 1871: 138.

Paegniodes cupulatus: Ma et al., 2018: 364.

主要特征：稚虫体长 15.0 mm，体棕黄色。前胸前缘为身体最宽处。鳃 7 对，第 1 对鳃的膜质部分极小，呈圆形鳃片状或瓣状，远短于丝状部分；第 2–7 对鳃膜质部分长于丝状部分。尾丝 3 根，中尾丝的两侧和两侧尾丝的内侧密生细毛。

雄成虫体长 13.0 mm，腹部背板各节具 1 对红色的斜纹，背板中央具 1 条黑色的纵纹。尾丝棕黑色，具黑色短毛，身体其他部分棕黄色。外生殖器：两阳茎叶基部愈合，端部分开，阳茎顶端略膨大，内侧具 2 个齿突，阳端突大而明显，端部锯齿状。

分布：浙江（临安、庆元）、江苏、湖北、江西、福建、广东、香港、贵州。

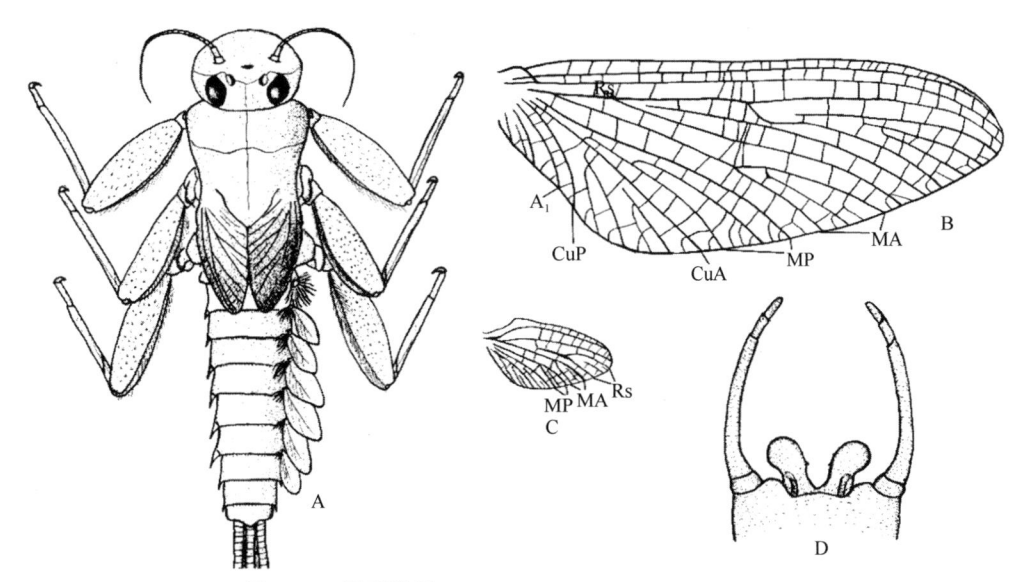

图 11-7 桶形赞蜉 *Paegniodes cupulatus* (Eaton, 1871)
A. 稚虫（背面观，左侧鳃未标出）；B. 前翅；C. 后翅；D. 雄性外生殖器（腹面观）

81. 溪颏蜉属 *Rhithrogena* Eaton, 1881

Rhithrogena Eaton, 1881: 23. Type species: *Baetis semicolorata* Curtis, 1834.

主要特征：稚虫第 1 和第 7 对鳃的膜片部分扩大延伸到腹面，与腹板一起形成吸盘状结构。3 根尾丝。

雄成虫前足第 1 跗节是第 2 跗节长度的 0.13–0.33 倍。阳茎基部愈合，端部分离较开，两阳茎叶基部中央为膜质，阳端突生长在阳茎叶的侧面中上部，一般较小。

生物学：稚虫主要取食水中石块表面固着物，少数种类为捕食性。稚虫可以在任何石块底质的流水中生活，但更加适应流速较快的水域。

分布：世界广布。世界已知超过 150 种，中国记录 9 种，浙江分布 1 种。

(169) 三刺溪颏蜉 *Rhithrogena trispina* Zhou et Zheng, 2000（图 11-8）

Rhithrogena trispina Zhou et Zheng, 2000: 323.

主要特征：雄成虫体长 12.0–14.0 mm，体棕褐色。复眼圆形，下半部黑色，上半部灰白色。外生殖器：尾铗为单一的褐色或黑色，4 节，基节短小，第 2 节最长，第 3 节略长于第 4 节。生殖下板的中央部位略凹陷。两阳茎叶分开，各阳茎叶具 3 枚齿突，2 枚在端部背面，另 1 枚在生殖孔的边缘，阳端突的端部呈四叉状。稚虫未知。

分布：浙江（临安）。

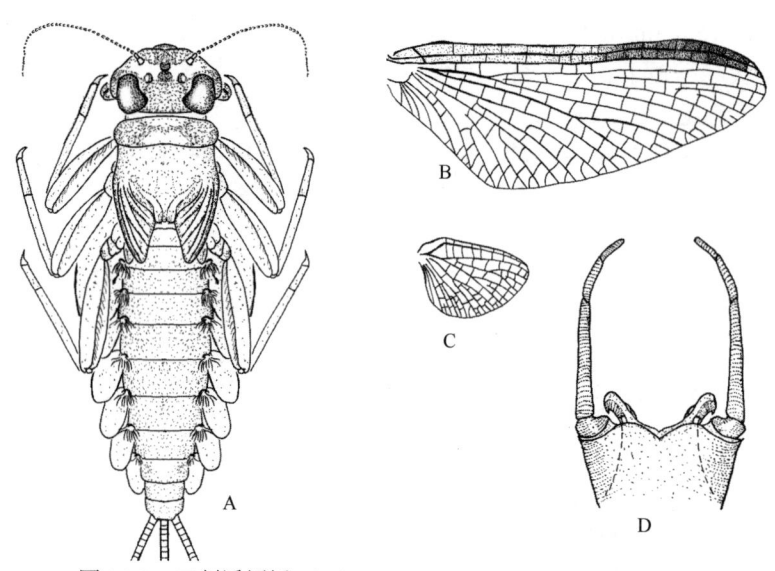

图 11-8 三刺溪颏蜉 *Rhithrogena trispina* Zhou et Zheng, 2000
A. 稚虫（背面观）；B. 前翅；C. 后翅；D. 雄性外生殖器（腹面观）

三十一、四节蜉科 Baetidae

主要特征：稚虫体型较小，为 3.0–12.0 mm。身体流线型。触角长度大于头宽的 3 倍，后翅芽有时消失，鳃通常 7 对，有时 5 或 6 对。2 或 3 根尾丝。

成虫复眼明显分上下两部分，上半部分锥状、橘红色或红色，下半部分为圆形、黑色。前翅的 IMA、MA$_2$、IMP、MP$_2$ 脉与翅基部游离，横脉少，相邻纵脉间具 1 或 2 根缘闰脉，后翅小或缺如。前足跗节 5 节，中后足跗节 3 节。阳茎退化成膜质，2 根尾丝。

生物学：食性复杂，捕食性种类居多，各种水体都有分布，通常具有较强的游泳能力。

分布：世界广布。世界已知 104 属约 956 种，中国记录 14 属 51 种，浙江分布 4 属 5 种。

分属检索表（成虫）

1. 前翅缘闰脉单根；尾铗间突起呈明显的三角锥状，无后翅 ············ 二翅蜉属 *Cloeon*
- 前翅缘闰脉成对 ············ 2
2. 多数种类中后翅不存在，前翅缘闰脉长是两闰脉之间宽度的 2.5 倍多，横脉常着深色 ············ 花翅蜉属 *Baetiella*
- 多具后翅，前翅缘闰脉长是两闰脉之间宽度的 2.0 倍左右；横脉多数无色 ············ 3
3. 后翅有明显的前缘突 ············ 四节蜉属 *Baetis*
- 后翅无明显的前缘突 ············ 突唇蜉属 *Labiobaetis*

分属检索表（稚虫）

1. 身体略扁；鳃多为双片 ············ 二翅蜉属 *Cloeon*
- 身体扁或鱼形；鳃单片 ············ 2
2. 身体背腹厚度明显小于身体宽度，身体从前到后有逐步变窄的趋势，整体近乎呈倒立的三角形；腹部背板通常具刺突 ············ 花翅蜉属 *Baetiella*
- 身体背腹厚度大于或基本等于身体宽度；体表光滑 ············ 3
3. 下颚须长于下颚；下唇须 3 节，末端 2 节分界明显，第 2 节向内明显延伸、突出成叶状 ············ 突唇蜉属 *Labiobaetis*
- 下颚须一般短于或等于下颚；下唇须 3 节，末端 2 节分界不明显，第 2 节可能突出但不明显 ············ 四节蜉属 *Baetis*

82. 四节蜉属 *Baetis* Leach, 1815

Baetis Leach, 1815: 137. Type species: *Ephemera fuscata* Linnaeus, 1761.

主要特征：稚虫上颚缺少细毛簇，下颚须 2 节，下唇须 3 节，第 2 节内侧隆起但不明显突出。前足股节具毛瘤，前足胫节无成排的毛，爪具 1 列齿。7 对鳃，单片。

成虫前翅纵脉间具 2 根缘闰脉，后翅小或无，存在时只具 2 根简单的纵脉。尾铗基节具 1 突起或无。

生物学：大多数种类生活于流水环境中，特别是石块底质的溪流中多样性很高，也有些种类生活在静水中，如寡营养湖泊的岸边。

分布：世界广布。世界已知约 152 种，中国记录 9 种，浙江分布 1 种。

(170) 红柱四节蜉 *Baetis rutilocylindratus* Wang et al., 2011（图 11-9）

Baetis rutilocylindratus Wang et al., 2011b: 72.

主要特征：稚虫体长 6.0–6.5 mm，前中胸背板绿色至绿褐色。后翅芽可见。鳃 7 对，第 1、第 7 对较小，第 2–6 对鳃形状相似，各鳃气管透明，基部颜色略深。中尾丝长度为尾须长度的 3/4。

雄成虫体长 4.5 mm，头部及胸部橘红色至红色，翅 C 脉及 R$_1$ 脉之间半透明，尤其是在翅痣区，其他部分透明。后翅狭长，前缘具明显骨化突出，后缘略凹。外生殖器：生殖下板后缘突出，尾铗基节宽大，内缘具 1 明显骨化突起，第 2 节最长，端节最短小，内缘突出。

分布：浙江（临安）、江苏。

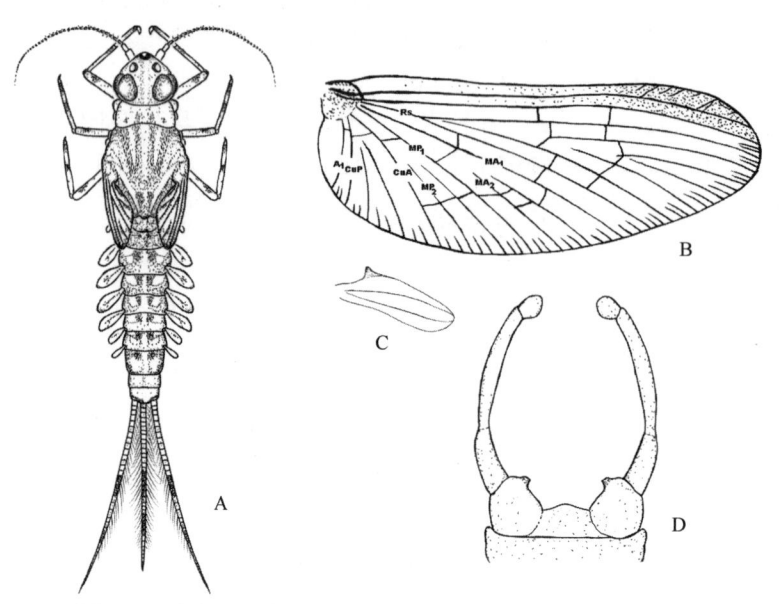

图 11-9　红柱四节蜉 *Baetis rutilocylindratus* Wang et al., 2011
A. 稚虫（背面观）；B. 前翅；C. 后翅；D. 雄性外生殖器（腹面观）

83. 花翅蜉属 *Baetiella* Uéno, 1931

Baetiella Uéno, 1931: 220. Type species: *Acentrella japonica* Imanishi, 1930.

主要特征：稚虫上颚切齿除 1 枚外其余合并，具可见的愈合缝。下颚须 2 节，下唇须较短，第 2 节具小的内突，第 3 节端部呈对称隆起，前足股节具长毛。腹部背板常具单个或成对瘤突，鳃单片，圆形。
成虫前翅具成对缘闰脉，横脉常明显着色。外生殖器：尾铗间不具突起。
生物学：通常生活在山涧溪流中，有的种类经常趴在水中的石块上。
分布：古北区、东洋区。世界已知至少 12 种，中国记录 7 种，浙江分布 1 种。

（171）二刺花翅蜉 *Baetiella bispinosa* (Gose, 1980)（图 11-10）

Pseudocloeon bispinosus Gose, 1980: 211.
Baetiella bispinosa: Waltz & McCafferty, 1987: 563.

主要特征：稚虫体长 4.1–6.5 mm，体色一致、浅黄至棕红，足灰白色。胸部背板具明显突起，没有后翅芽或极小。腹部 1–2 节背板中央有单个的刺状突起，后 8 节每节有 1 对刺状突起。鳃 6 对，水滴状，大小相近。中尾丝退化很细，仅 1 节。

雄成虫体长 5.0–7.0 mm，前翅 6.0–6.5 mm。复眼橘黄色，锥状。翅横脉明显着色，C 脉与 Sc 脉间颜色较深，翅痣区有暗色斑纹。后胸背板中部具 1 明显指状突起。腹部中空透明，尾部灰白色，7–10 节背板侧面有红色色素沉淀。外生殖器：尾铗基部较宽，顶部相对较长。

分布：浙江（临安）、山西、河南、新疆、安徽、湖北、福建、台湾、广东、香港；日本。

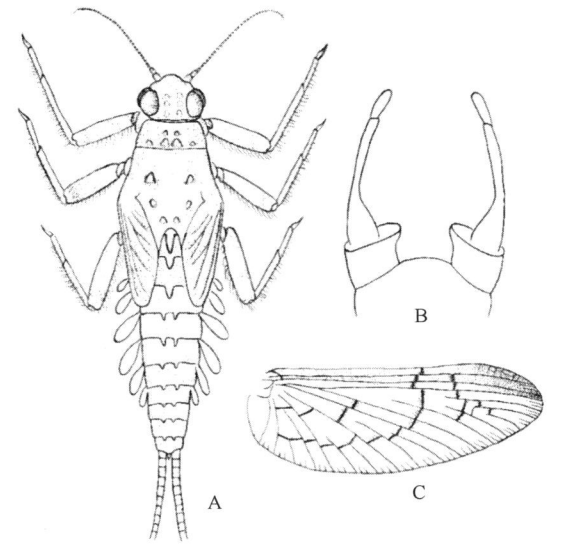

图 11-10　二刺花翅蜉 *Baetiella bispinosa* (Gose, 1980)
A. 稚虫（背面观）；B. 雄性外生殖器（腹面观）；C. 前翅

84. 突唇蜉属 *Labiobaetis* Novikova *et* Kluge, 1987

Baetis (*Labiobaetis*) Novikova *et* Kluge, 1987: 13. Type species: *Baetis atrebatinus* Eaton, 1870.

主要特征：稚虫身体修长。触角柄节侧端有缺刻，上颚内外颚齿有愈合现象、分界不明显；臼齿顶端多小齿。侧唇舌明显宽于中唇舌；下颚须端部呈匙状，下唇须3节，第2节向内延伸明显突起。

成虫复眼橘黄色，锥状；有后翅，2根纵脉，前缘无前缘突。

分布：世界广布。世界已知73种，中国记录5种，浙江分布1种。

（172）艾地突唇蜉 *Labiobaetis atrebatinus* (Kluge, 1983)（图 11-11）

Baetis atrebatinus orientalis Kluge, 1983: 62.
Labiobaetis atrebatinus orientalis: Fujitani et al., 2005: 142.

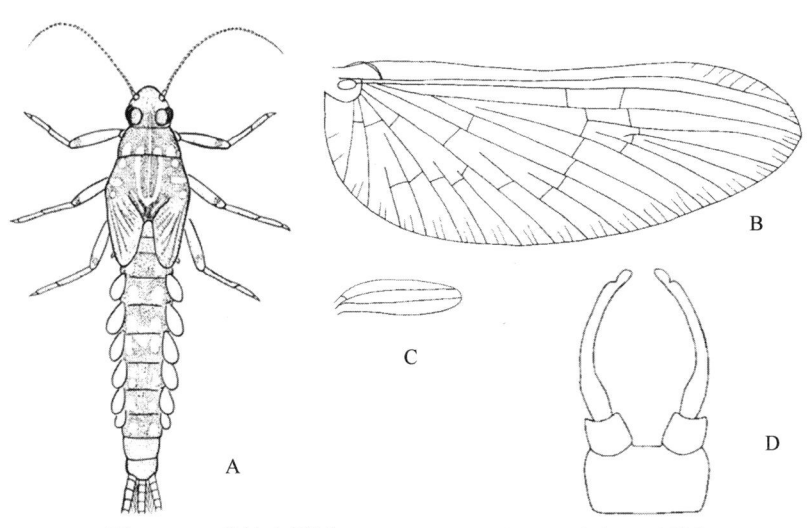

图 11-11　艾地突唇蜉 *Labiobaetis atrebatinus* (Kluge, 1983)
A. 稚虫（背面观）；B. 前翅；C. 后翅；D. 雄性外生殖器（腹面观）

主要特征：成熟稚虫具 7 对鳃，腹部背板 2–9 节每节中部具 1 对淡色斜纹和 1 对淡色斑点。上唇边缘的刚毛尖端锯齿状或者具分叉。

雄成虫腹部背板 2–9 节为白色，2–7 节腹部背板后缘具棕色横纹，腹部第 2 节两侧具棕色纵纹。

分布：浙江（金华）、山西、河南、湖北、湖南、台湾、广东、海南、香港、广西、贵州；世界广布。

85. 二翅蜉属 *Cloeon* Leach, 1815

Cloeon Leach, 1815: 137. Type species: *Cloeon dipterum* (Linnaeus, 1761).

主要特征：稚虫体呈棕红色，具明显斑纹。下唇须末节大多近似方形。无后翅芽，第 1–6 腹节常着生有双片鳃，鳃大，背面鳃略小于腹面，第 7 对鳃多为单片。3 根尾丝长度基本相等，中尾丝两边和尾须内侧均着生浓密的细毛，尾丝每 4 或 5 节都着生有棕色环纹。

成虫缘闰脉单根，无后翅。尾铗间具锥状突起。

生物学：通常生活于单独的静水水体中，如池塘、养鱼池、水库等。可能附着在水中植物上，取食水绵或其他水生植物。

分布：世界广布。世界已知 74 种，中国记录 8 种，浙江分布 2 种。

(173) 哈氏二翅蜉 *Cloeon harveyi* (Kimmins, 1947)（图 11-12D）

Procloeon harveyi Kimmins, 1947: 94.
Cloeon harveyi: Ying et al., 2021: 11.

主要特征：稚虫体长 4.0–6.0 mm，体红褐色至红色。腹部第 1、7–9 背板呈棕色至深褐色，第 2、3、5、6 背板具三角形红色斑块；下颚须和足细长，下颚须 3 节几乎等长，腹部背板 7–9 节侧缘具小齿；3 根强壮尾丝。

雄成虫体长 5.0–6.0 mm，复眼上半部分棕红色，下半部分灰绿色。腹部第 1、7–9 背板呈棕色至深褐色，第 2、3、5、6 背板具三角形红色斑块，腹部 7–9 节腹板具 1 对纵向红色条纹并相互接近或合并。翅透明无色。外生殖器：尾铗 3 节，基节膨大，中间 1 节向上延伸，上方轻微膨大，顶节圆形。

分布：浙江（舟山）、海南、广东、湖北。

(174) 浅绿二翅蜉 *Cloeon viridulum* Navás, 1931（图 11-12A–C）

Cloeon viridulum Navás, 1931: 6.

主要特征：稚虫体长 3.0–7.0 mm，棕红色。胸部红褐色至黑色，各足白色或半透明，股节中后部位及胫节、跗节的前端各有 1 棕色斑块。腹部背板棕红色，具明显的红褐色或黑色斑纹。鳃 7 对，除了第 7 对鳃单片其余都为双片。3 根尾丝，每 4 或 5 节都着生有棕色环纹。

雄成虫体长 7.0–8.0 mm，体棕红色。复眼上半部分红棕色，下半部分灰绿色。腹部透明至红褐色，第 8–10 腹节背板为红褐色。外生殖器：尾铗 3 节，基节基部膨大，第 2 节上半部分轻微膨大，第 3 节圆形，并向内侧弯，尾铗间突起呈半圆状。2 根尾丝，每 4 或 5 节都着生有棕色环纹。

分布：浙江（临安、舟山）、陕西、江苏、上海。

图 11-12 二翅蜉属 *Cloeon* 2 个种的形态

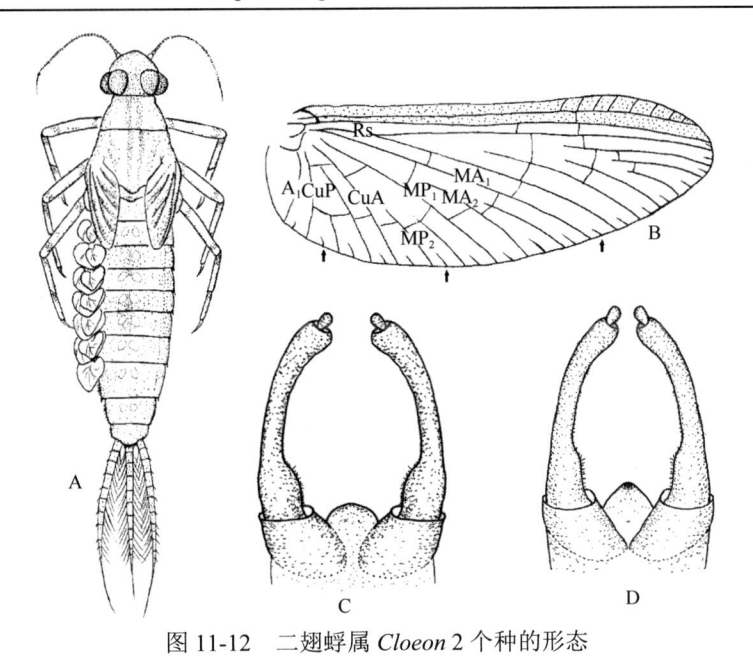

A–C. 浅绿二翅蜉 *C. viridulum*：A. 稚虫（背面观）；B. 前翅（箭头指的是翅上的缘闰脉）；C. 雄性外生殖器（腹面观）；D. 哈氏二翅蜉 *C. harveyi* 雄性外生殖器（腹面观）

三十二、小蜉科 Ephemerellidae

主要特征：稚虫体长 5.0–15.0 mm，常为较暗的红色、绿色或黑褐色，体背常具各种瘤突或刺状突起。鳃背位，腹部第 1 节上的鳃小，不易看见，第 2 节无鳃，第 3–5 或 3–6 或 3–7 或 4–7 腹节上的鳃一般分背腹 2 枚，背方的膜质片状，腹方的鳃常分为二叉状，每叉又分为若干小叶。3 根尾丝，具刺。

雄成虫体色一般为红色或褐色，复眼上半部红色，下半部黑色。MP_1 脉与 MP_2 脉之间具 2–3 根长闰脉和若干短闰脉，MP_2 脉与 CuA 脉之间具闰脉，CuA 脉与 CuP 脉之间具 3 根或 3 根以上的闰脉，CuP 脉与 A_1 脉向翅后缘强烈弯曲，翅缘纵脉间具单根缘闰脉。尾铗第 1 节长度不及宽度的 2 倍，第 2 节长度是第 1 节长度的 4 倍以上，第 3 节较第 2 节短或极短。3 根尾丝。

生物学：该科蜉蝣以撕食性和刮食性种类居多，生活于流水中的枯枝落叶、青苔、石块或腐殖质中。

分布：世界广布。世界已知 16 属 200 余种，中国记录 12 属 42 种，浙江分布 4 属 7 种。

分属检索表（成虫）

1. 阳茎背面有突起 ·· 2
- 阳茎背面无突起 ·· 3
2. 尾铗第 3 节长度为宽度的 2 倍左右 ··· 大鳃蜉属 *Torleya*
- 尾铗第 3 节长度只有宽度的 1–1.5 倍 ·· 亮蜉属 *Teloganopsis*
3. 尾铗第 3 节长度为宽度的 2–4 倍 ·· 弯握蜉属 *Drunella*
- 尾铗第 3 节长度不及宽度的 2 倍 ·· 带肋蜉属 *Cincticostella*

分属检索表（稚虫）

1. 第 4 对鳃的腹叶不分成二叉状 ··· 2
- 第 4 对鳃的腹叶分成二叉状 ··· 3
2. 中胸背板前侧部向侧面延伸突出；前足股节可能宽大但无锯齿 ·· 带肋蜉属 *Cincticostella*
- 中胸背板前侧部不向侧面延伸突出；前足股节宽大，内缘呈锯齿状 ··· 弯握蜉属 *Drunella*
3. 第 3 腹节上的鳃扩大，盖住后面各对鳃的大部分；体表多毛 ·· 大鳃蜉属 *Torleya*
- 第 3 腹节上的鳃与后面各对鳃大小相似；体表多刺 ·· 亮蜉属 *Teloganopsis*

86. 弯握蜉属 *Drunella* Needham, 1905

Drunella Needham, 1905a: 42. Type species: *Ephemerella grandis* Eaton, 1884.

主要特征：稚虫头部一般具额突。前足股节内缘呈锯齿状，股节背面具棱或瘤状突起。腹部背板具成对的棱或刺突，鳃位于 3–7 腹节背板的两侧，分成背、腹 2 叶，前 3 对形状相似，背叶膜质单片，腹叶分成 2 叉；第 4 对鳃略小，腹叶分成 8–10 小叶，不分成二叉状；第 5 对鳃最小，形状与第 4 对鳃相似，但腹叶一般只分成 4–5 小叶。尾丝具细毛。

雄成虫外生殖器：尾铗第 2 节长度是基节长度的 4 倍以上，第 3 节的长度是宽度的 2–4 倍，第 2 节强烈弯曲或呈弓状；两阳茎叶愈合，不具任何突起。

生物学：该类昆虫通常生活在石块底质的溪流和湖泊中，常躲藏于水生苔藓中，许多种类捕食小型无脊椎动物，其他种类为杂食或食腐殖质类型。

分布：世界广布。世界已知 31 种，中国记录 7 种，浙江分布 1 种。

（175）石氏弯握蜉 *Drunella ishiyamana* Matsumura, 1931（图 11-13，图版 III-5）

Drunella ishiyamana Matsumura, 1931: 1470.

主要特征：成熟稚虫体长 10.0–12.0 mm。头部具 3 个伸向前的疣状额突，触角窝处的突起较大，中单眼背部的突起较小。前足股节前缘具有 7–10 枚小刺而使前缘呈波浪状，内侧刺较大而外侧刺较小，股节具 1 条明显突起的棱，背面具若干枚齿突。胫节端部延伸极长而成 1 尖突起。腹部背板中央有 1 对低棱。

雄成虫体长 10.0–12.0 mm。外生殖器：尾铗弯曲，第 1 节粗短，第 2 节最长，弯曲成弓状，端节长是宽的 2–4 倍；阳茎大部分愈合，亚端部略膨大。尾丝色淡。

分布：浙江（临安）、河南、陕西、甘肃、安徽、湖北、湖南、福建、海南、重庆、四川、云南；日本，越南。

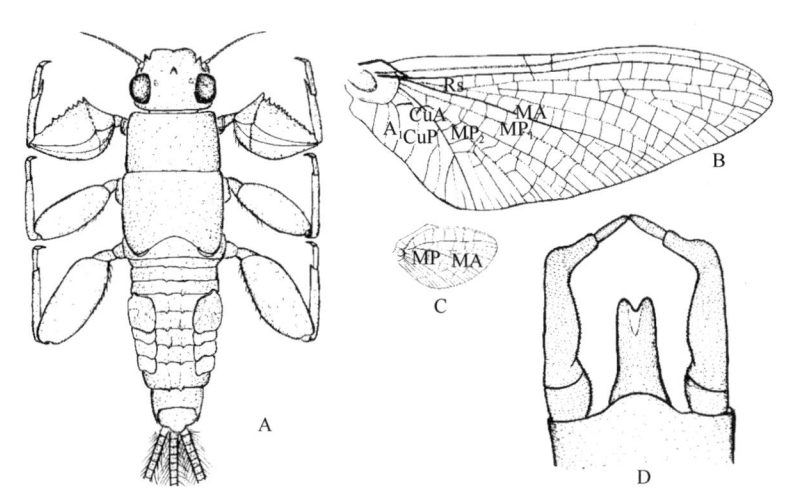

图 11-13　石氏弯握蜉 *Drunella ishiyamana* Matsumura, 1931
A. 稚虫（背面观）；B. 前翅；C. 后翅；D. 雄性外生殖器（腹面观）

87. 大鳃蜉属 *Torleya* Lestage, 1917

Torleya Lestage, 1917: 366. Type species: *Torleya belgica* Lestage, 1917.

主要特征：稚虫鳃位于腹部第 3–7 节背板的两侧，第 1 对鳃大，盖住后面各对鳃或其大部分；前 4 对鳃结构相似：分成背腹 2 叶，背叶单片膜质，腹叶分成二叉状，每叉又分成许多小叶；第 5 对鳃较小，其腹叶不呈二叉状分支，一般只分成 4 小叶。

雄成虫外生殖器：尾铗第 2 节强烈弯曲，长度是第 1 节长度的 4 倍以上；第 3 节长度为宽度的 2 倍左右；两阳茎叶大部分愈合，背面两侧各具 1 较大的突起。

生物学：通常生活在山地丘陵的小溪流或小湖泊中，在大型湖泊的泥沙底质中也能发现。在缓流处水下的植物树根或者石块细沙中经常可以发现稚虫。

分布：世界广布。世界已知 6 种，中国记录 4 种，浙江分布 1 种。

（176）尼泊尔大鳃蜉 *Torleya nepalica* (Allen *et* Edmunds, 1963)（图 11-14）

Ephemerella (*Torleya*) *nepalica* Allen *et* Edmunds, 1963: 20.
Serratella tumiforcpes Zhou *et* Su, 1997: 42.
Torleya nepalica: Jacobus & McCafferty, 2008: 244.

主要特征：稚虫体长 5.0 mm 左右，体棕黄色，腹部 2–3 节背板两侧和第 9 节背板色较深。下颚须消失。腹部 3–7 背板中央各具 1 对小的刺突。鳃位于 3–7 腹节背面，第 1 对鳃扩大，基本盖住后面几对鳃。

雄成虫体长 5.5–7.0 mm，体棕红色或略浅，各足淡黄色。外生殖器：尾铗 3 节，第 1 节短而宽；第 2 节长直，端部明显膨大，第 3 节最为短小，长度约为宽度的 2 倍。阳茎长，两阳茎叶大部分愈合，仅在端部呈"V"字形分离，阳茎背面靠近端部两侧各具 1 个小而尖的突起。尾丝 3 根，淡黄色。

分布：浙江（临安、龙泉）、陕西、甘肃、安徽、湖南、四川、贵州、云南；亚洲广布。

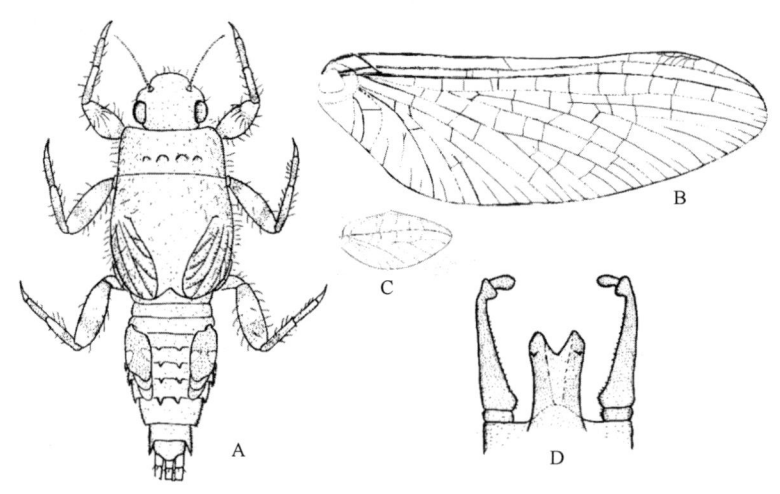

图 11-14　尼泊尔大鳃蜉 *Torleya nepalica* (Allen *et* Edmunds, 1963)
A. 稚虫（背面观）；B. 前翅；C. 后翅；D. 雄性外生殖器（背面观）

88. 带肋蜉属 *Cincticostella* Allen, 1971

Cincticostella Allen, 1971: 513. Type species: *Ephemerella nigra* Uéno, 1928.

主要特征：稚虫前胸及中胸背板前侧角向侧面突出，鳃位于 3–7 腹节背板的两侧，前 3 对形状相似，分成背、腹 2 叶，背叶膜质单片，腹叶分成 2 叉，每叉又分成若干小叶；第 6 腹节上的鳃略小，腹叶不分成二叉状，而分成 8–10 小叶；第 7 腹节上的鳃最小，形状与第 4 对鳃相似，但腹叶一般只分成 4–5 小叶。尾丝节间具刺。

雄成虫外生殖器：尾铗第 2 节长度是基节长度的 4 倍以上，端部弯曲，第 3 节长度不及宽度的 2 倍，两阳茎叶基部或大部分愈合，端部分离。

生物学：该类昆虫常生活在石块上下表面；体色与沙石接近，多变而斑驳。

分布：古北区、东洋区。世界已知超过 17 种，中国记录 11 种，浙江分布 4 种。

分种检索表（成虫）

1. 阳茎背面具明显的突起状隆起 ··· 棕色带肋蜉 *C. fusca*
- 阳茎背面不具突起，表面基本平整 ··· 2
2. 尾铗第 2 节在中部明显弯曲内凹 ··· 御氏带肋蜉 *C. gosei*
- 尾铗第 2 节在近端部弯曲内凹 ··· 3
3. 阳茎基本平直，两侧边缘略突出 ··· 扁腿带肋蜉 *C. femorata*
- 阳茎两侧边缘有明显凹陷 ··· 黑带肋蜉 *C. nigra*

分种检索表（稚虫）

1. 中后足股节扩大，边缘通常呈锯齿状 ··· 扁腿带肋蜉 *C. femorata*

\- 中后足股节不明显扩大，边缘平直 ··· 2
2. 下颚须消失 ··· **御氏带肋蜉 C. gosei**
\- 下颚须存在但可能较短小 ··· 3
3. 体型较大，12.0 mm 以上；腹部背板的刺明显；跗节黑色 ·· **棕色带肋蜉 C. fusca**
\- 体型中等，12.0 mm 以下；腹部背板的刺相对较小；体黑色但背中线往往色浅 ························· **黑带肋蜉 C. nigra**

（177）御氏带肋蜉 *Cincticostella gosei* Allen, 1975（图 11-15B，图 11-16A–C）

Cincticostella gosei Allen, 1975: 20; Zhang et al., 2021: 133.

主要特征：稚虫体长 6.0–7.0 mm。体深红色至棕黑色。头部圆，额及复眼处具 1 浅色斑纹；下颚须退化。各足股节和胫节具有尖的小刺；爪具 6 枚小齿；腹部 2–9 节背板中部具成对的疣状突起；第 2–3 节上突起较小，而后面各对较大；尾丝 3 根，长 3.0–4.0 mm，棕色。

雄成虫体长 7.0–8.0 mm。通体为深棕色或黑色，各足胫节明显深于其他各节。尾铗的第 1 节与第 3 节极短，第 2 节长度为它们的 8 倍左右，近中部具 1 明显凹陷。阳茎几乎全部合并，向端部逐渐收缩变窄，阳茎背腹面都较平滑；顶端中央略凹陷。

分布：浙江（临安）、河南、甘肃、江苏、安徽、福建、四川、云南；泰国。

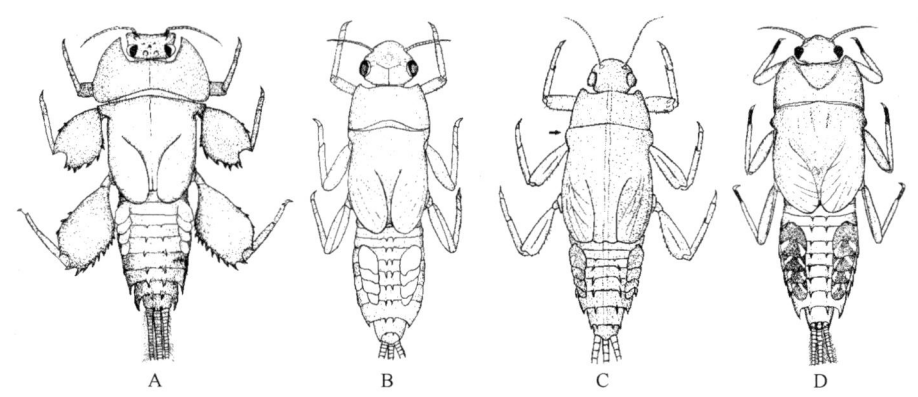

图 11-15 带肋蜉属 *Cincticostella* 4 种稚虫背面观
A. 扁腿带肋蜉 *C. femorata*；B. 御氏带肋蜉 *C. gosei*；C. 黑带肋蜉 *C. nigra*；D. 棕色带肋蜉 *C. fusca*

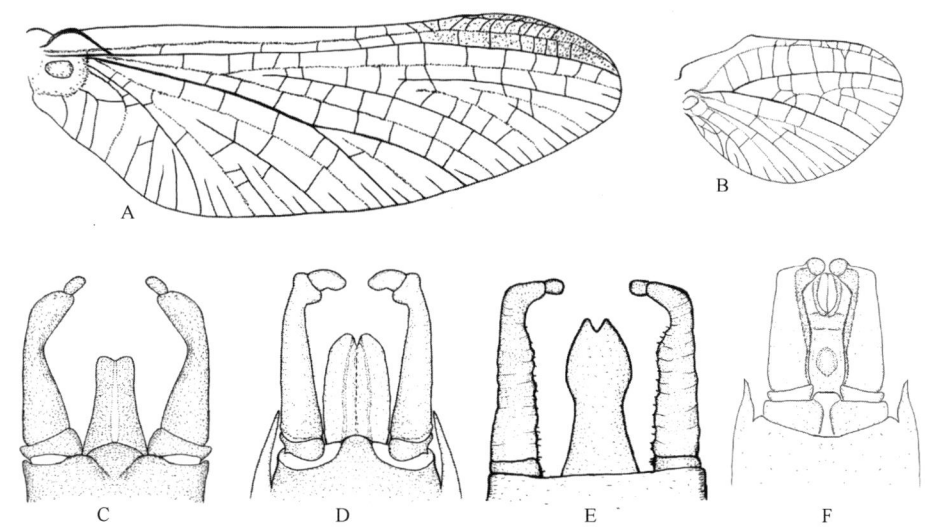

图 11-16 带肋蜉属 *Cincticostella* 4 个种成虫的形态
A–B. 御氏带肋蜉 *C. gosei*：A. 前翅；B. 后翅；C–F. 雄性外生殖器（腹面观）：C. 御氏带肋蜉 *C. gosei*；D. 扁腿带肋蜉 *C. femorata*；E. 黑带肋蜉 *C. nigra*；F. 棕色带肋蜉 *C. fusca*

（178）扁腿带肋蜉 *Cincticostella femorata* (Tshernova, 1972)（图 11-15A，图 11-16D，图版 III-6）

Asiatella femorata Tshernova, 1972: 612.
Cincticostella femorata: Zheng & Zhou, 2021: 13.

主要特征：稚虫体长 13.0–15.0 mm；体呈棕红色；头略呈方形。前胸背板前侧角强烈前伸，几乎将头包围住。前胸背板侧面弧形，中胸背板前侧角向侧面突出而形成大而明显的突起。各足股节都扁平，尤其是中后足，中、后足股节外缘呈锯齿状，中足股节外缘具齿 9–10 枚，内缘具齿 2 枚；后足外缘具齿 12 枚，内缘具齿 3 枚；爪基部具 3 枚小齿。腹部 2–10 节背板上各具 1 对刺状疣突，8–9 节上最大。

雄成虫体长 10.0–12.0 mm。通体为深棕色至深巧克力色或黑色，各足股节深于其他各节，尤其是其端部。尾铗与阳茎长而明显；尾铗第 2 节近端部略收缩后又略膨大，第 3 节长度约为宽度的 2 倍；阳茎长于尾铗一半，背腹面除中央略凹陷外其他部位光滑平整，侧面边缘略突出，两阳茎几乎完全合并，只在端部具细缝。

分布：浙江（临安）、陕西、福建、广西；越南，泰国。

（179）黑带肋蜉 *Cincticostella nigra* Uéno, 1928（图 11-15C，图 11-16E）

Cincticostella nigra Uéno, 1928: 44.

主要特征：稚虫体长 9.5–10.5 mm。下颚须长度是下颚内颚叶高度的 1/3。前足股节近端部和近基部各具 1 列小刺，前足前缘具许多细毛和小刺；爪具 5–9 个齿。身体往往较黑但背中线处呈浅色或淡黄色。

雄成虫体长 8.5–11.5 mm。前翅除翅痣区半透明外，翅的其余部分透明。足黄色，前足胫节长度是股节的 2 倍，跗节各节长度排列顺序为 2、3、4、5、1。阳茎顶端尖，亚端部略膨大，尾铗第 2 节在近端部呈明显关节状而使其向内弯曲；第 3 节长不及宽的 2 倍。

分布：浙江（安吉、临安）、陕西、福建、四川、云南；俄罗斯，韩国，日本。

（180）棕色带肋蜉 *Cincticostella fusca* Kang *et* Yang, 1995（图 11-15D，图 11-16F）

Cincticostella fusca Kang *et* Yang, 1995: 100; Zhang et al., 2020: 278.

主要特征：成熟稚虫：体长 12.0–18.0 mm，体棕色到棕褐色。前胸背板前侧角略向前突出，中胸背板前侧角向侧面略突出；腹部第 2–9 节具 1 对隆起的脊，并向后延伸形成刺突。

雄成虫体长 16.0–18.0 mm，体红棕色至红褐色。复眼分层，在头部接触，上层红棕色，下层黑色。前翅透明，C 脉、Sc 脉和 R_1 脉棕黑色，后翅透明，前侧角有 1 明显突起。阳茎基部 2/3 愈合，其端部整体向侧上方明显隆起，基部中央向侧面隆起。

分布：浙江（临安）、江苏、安徽、台湾、广西。

89. 亮蜉属 *Teloganopsis* Ulmer, 1939

Teloganopsis Ulmer, 1939: 513. Type species: *Teloganopsis media* Ulmer, 1939.

主要特征：稚虫身体表面除足外一般无明显的刺和突起。下颚顶端具密集刚毛，齿发育不良或退化，无下颚须；部分种上颚的切齿延长。前胸背板无明显的前外侧突起，中胸无前外侧突起。爪具 1 排小齿，一般靠近顶端的小齿最大。鳃位于腹部背板 3–7 节，第 4 对鳃的腹叶呈二叉状。腹部背板后缘一般无突起。

雄成虫尾铗第 3 节卵圆形，第 2 节相对直立。阳茎叶有时延长，顶端被分开；背外侧通常具突起。前翅相对细长，后翅约为前翅长度的 1/5。

分布：全北区、东洋区。世界已知 6 种，中国记录 3 种，浙江分布 1 种。

（181）刺毛亮蜉 *Teloganopsis punctisetae* (Matsumura, 1931)（图 11-17）

Drunella punctisetae Matsumura, 1931: 1471.
Ephemerella rufa Imanishi, 1937: 327.
Teloganopsis punctisetae: Jacobus & McCafferty, 2008: 241.

主要特征：稚虫体长 5.0–8.0 mm，身体基本呈棕红至棕黑色。从头部至腹部第 3 节具 1 对白色纵纹，背中线也呈白色，看上去似身体背面具 3 条白色纵纹。下颚须消失，下颚的端部密生黄色细长毛，无刺。腹部背板无突起。尾丝节间处具 1 圈小刺。

雄成虫体长 5.0–10.0 mm。体棕红色。外生殖器：尾铗直，第 1 节粗短，第 3 节短小，长不及宽的 2 倍，阳茎背侧具 1 对较大的突起，腹面观可见突起的顶端。尾丝略长于身体的长度，具棕色环纹。

分布：浙江（庆元、龙泉）、中国广布；东亚广布。

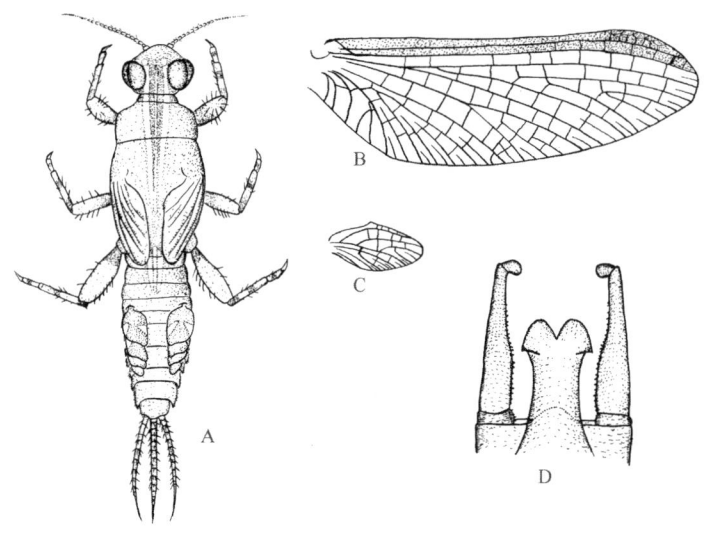

图 11-17 刺毛亮蜉 *Teloganopsis punctisetae* (Matsumura, 1931)
A. 稚虫（背面观）；B. 前翅；C. 后翅；D. 雄性外生殖器（背面观）

三十三、越南蜉科 Vietnamellidae

主要特征：稚虫鳃位于腹部 1–7 节或 1–6 节，第 2 节鳃扩大或者与其他各节鳃大小相似，不呈盖状。3 根尾丝。

成虫前翅 MP$_1$ 脉与 MP$_2$ 脉间具 3 根以上的长闰脉，MP$_2$ 脉长于 CuA 脉与 CuP 脉之间的闰脉，翅痣区横脉分为上下两部分。尾铗 3 节，第 1 节长度与第 2 节长度几乎相等，3 根尾丝。

生物学：主要生活于石块缝隙中；其头部角突可能有掀动石块或沙粒的作用。

分布：古北区、东洋区。世界已知 2 属 5 种，中国记录 1 属 4 种，浙江分布 1 种。

90. 越南蜉属 *Vietnamella* Tshernova, 1972

Vietnamella Tshernova, 1972: 609. Type species: *Vietnamella thani* Tshernova, 1972.

主要特征：稚虫头部具 2 对伸向前方的角突，外侧 1 对较大；前足内缘呈锯齿状，腹部背板具隆起的棱；腹部 1–7 节具鳃，第 1 对鳃不分节，较小，丝状；2–6 对鳃分为 2 叶，背叶单片膜质，腹叶二叉状，每叉又分为许多小叶；第 7 对鳃腹叶不分为二叉状，只分为 2–3 小叶。尾丝密布细毛。

雄成虫前翅无真正的缘闰脉，后翅圆形。外生殖器：尾铗基节与第 2 节长度相似，第 3 节短小，长度不及宽度的 2 倍，阳茎完全愈合。

分布：东洋区。世界已知 5 种，中国记录 5 种，浙江分布 1 种。

（182）中华越南蜉 *Vietnamella sinensis* (Hsu, 1936)（图 11-18，图版 III-7）

Ephemerella sinensis Hsu, 1936: 325.

Vietnamella sinensis: Wang & McCafferty, 1995: 194.

Vietnamella dabieshanensis You *et* Su, 1987: 176.

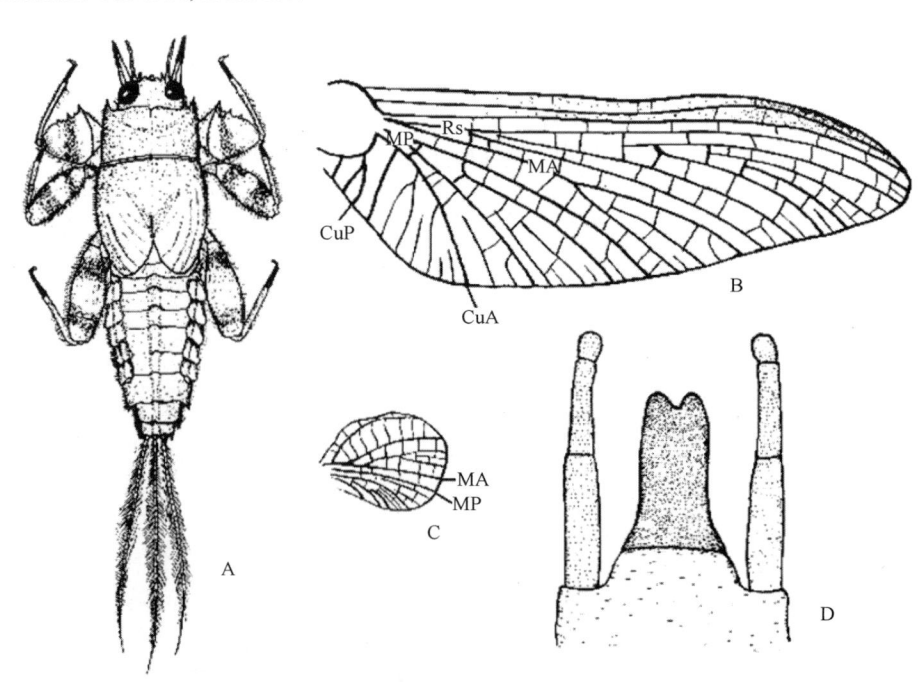

图 11-18 中华越南蜉 *Vietnamella sinensis* (Hsu, 1936)
A. 稚虫（背面观）；B. 前翅；C. 后翅；D. 雄性外生殖器（腹面观）

主要特征：稚虫体长 15.0 mm。头上有 2 对突起，口器与一般小蜉相似。前胸背板前角较尖，前足股节宽大，前缘有 5–8 枚齿，呈锯齿状，其余各足正常，各足股节具 2–3 条横纹。腹部背板 1–10 节中线两侧具成对纵脊，各节侧后角向后延伸，鳃 7 对。中尾丝略长于尾须，3 根尾丝密具细毛。

雄成虫体长 13.0–16.0 mm，复眼在头部中央相接触。后翅较大，无前缘突。外生殖器：尾铗 3 节，第 1、2 节长度相似，第 3 节小，阳茎几乎完全愈合，于端部浅分，3 根尾丝。

分布：浙江（临安、庆元）、安徽、江西、福建。

三十四、晚蜉科 Teloganodidae

主要特征：稚虫下颚须消失，片状鳃位于腹部 2–4、2–5 或 2–6 节，第 2 腹节上的鳃扩大，盖住后面各对鳃。

成虫前翅 MP_1 脉与 MP_2 脉间只有 1 根长闰脉，MP_2 脉长于 CuA 脉与 CuP 脉之间的闰脉，缘闰脉单根。尾铗第 1 节与第 2 节约等长。

生物学：该科昆虫生活于石块表面，较小型，不易观察。

分布：东洋区。世界已知 8 属 22 种，中国记录 1 属 2 种，浙江分布 1 属 1 种。

91. 晚蜉属 *Teloganodes* Eaton, 1882

Teloganodes Eaton, 1882: 208. Type species: *Cloe tristis* Hagen, 1858.

主要特征：稚虫各足股节宽扁，腹部各节背板后缘中央具 1 刺突，腹部 2–5 节具鳃，第 1 对鳃扩大盖住后面的鳃；尾丝 2 根。

雄成虫后翅横脉趋少，Sc 脉终止于前缘突，前缘突位于前缘脉中部，较钝。尾铗第 1 节与第 2 节约等长，第 3 节短小，长度为宽度的 1–1.5 倍；阳茎愈合，顶端尖。

分布：东洋区。世界已知 10 种，中国记录 2 种，浙江分布 1 种。

（183）罗晚蜉 *Teloganodes lugens* Navás, 1933

Teloganodes lugens Navás, 1933: 17.

主要特征：雌成虫体长 6.5 mm，前翅狭长，膜质，翅痣区有 7 根斜向横脉。R 脉在基部呈三叉状，MA 脉位于翅中部，CuA 脉与 CuP 脉之间具 2–3 根闰脉，CuP 脉与 A 脉强烈向后弯曲，后翅长 2.5 mm，横脉较少，前缘脉中部具 1 突起，R 脉在翅缘分叉，MA 脉单根，不分叉，C 脉与 Sc 脉之间有 4–5 根横脉。R 脉之后横脉减少，MP 脉后无横脉。腹部棕色，每节背板后缘黄色。尾丝长 8.0 mm，具棕色环纹。

分布：浙江（舟山）。

三十五、细蜉科 Caenidae

主要特征：稚虫个体小，体长一般在 5.0 mm 以下，身体扁平，后翅芽缺如，第 1 腹节鳃单枚，细长，分 2 节，第 2 腹节鳃背叶扩大，呈方形，左右两鳃重叠，将后面的鳃盖住，第 3–6 腹节上的鳃单枚片状，外缘呈缨毛状。3 根尾丝，具稀疏长毛。

雄成虫个体通常在 5.0 mm 以下，复眼相距较远。前翅后缘具缨毛，横脉极少，后翅缺如。尾铗 1 节，阳茎合并。3 根尾丝。

生物学：大多生活于静水水体（水库、水洼等）的表层基质中（如泥沙、泥沙和枯枝落叶混合物）。少数生活于急流底部。活动能力较弱，行动缓慢，滤食性和刮食性。

分布：世界广布。世界已知 26 属 221 种，中国记录 4 属 20 种，浙江分布 1 属 1 种。

92. 细蜉属 *Caenis* Stephens, 1835

Caenis Stephens, 1835: 60. Type species: *Caenis macrura* Stephens, 1835.

主要特征：稚虫体长 2.0–7.0 mm，头顶无棘突，上颚侧面具毛，下颚须及下唇须 3 节。前足腹侧位，前胸腹板呈三角形。爪短小，尖端可能弯曲，腹部各节背板侧后角可能向侧后方突出，但不向背侧弯曲。3 根尾丝，节间具毛。

成虫体长 2.0–5.0 mm，触角梗节为柄节长度的 2 倍左右，前胸腹板宽是长的 2–3 倍，呈三角形。

分布：世界广布。世界已知 141 种，中国记录 18 种，浙江分布 1 种。

（184）中华细蜉 *Caenis sinensis* Gui, Zhou *et* Su, 1999（图 11-19，图版 III-8）

Caenis sinensis Gui, Zhou *et* Su, 1999: 343.

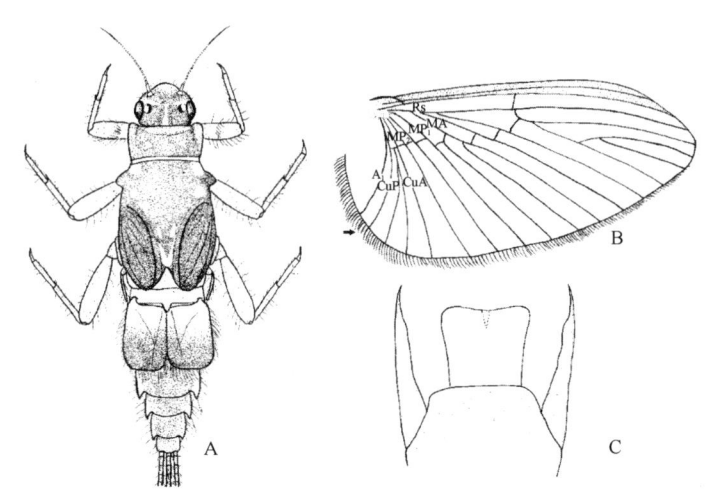

图 11-19　中华细蜉 *Caenis sinensis* Gui, Zhou *et* Su, 1999
A. 稚虫（背面观）；B. 前翅（箭头所指为翅缘缨毛）；C. 雄性外生殖器（腹面观）

主要特征：稚虫体长 2.5 mm，体色浅。中胸背板前侧角略后方各具 1 耳状突起，腹部第 1–2 节背板颜色浅，鳃盖前半部分色浅，后半部分为棕黄色，第 7–9 节背板中央部分棕黄色，边缘色浅，第 10 节背板色浅。第 7–9 节背板侧后角向后方扩展成尖锐角状，腹部各部分都具细毛，尾丝节间具稀疏细毛。

雄成虫体长 2.8 mm 左右，触角梗节长度为柄节的 2 倍，鞭节基部强烈膨大，在膨大部位外侧具 1 凹陷的窝状结构。外生殖器：尾铗细棒状，表面光滑，顶端强烈几丁质化，形成 1 个几丁质的帽状结构，生殖下板浅白色。3 根尾丝，无色。

分布：浙江（临安）、北京、陕西、江苏、安徽、福建、海南、贵州。

三十六、细裳蜉科 Leptophlebiidae

主要特征：稚虫体长一般在 10.0 mm 以下，身体大多扁平，下颚须与下唇须 3 节。鳃位于体侧，少数位于腹部，6 或 7 对，除第 1 及第 7 对鳃可能变化，其余各鳃端部大多分叉。3 根尾丝。

成虫一般在 10.0 mm 以下。雄成虫的复眼分为上下两部分，上半部分棕红色，下半部分黑色。前翅的 C 脉及 Sc 脉粗大，MA_1 脉与 MA_2 脉之间和 MP_1 脉与 MP_2 脉之间各具 1 根闰脉，MP_2 脉与 CuA 脉之间无闰脉，CuA 脉与 CuP 脉之间具 2–8 根闰脉，2–3 根臀脉，强烈向翅后缘弯曲。雄性外生殖器：尾铗 2–3 节，一般 3 节，第 2–3 节远短于第 1 节，阳茎常具各种附着物。3 根尾丝。

生物学：以滤食性为主，少数刮食性。一般生活于急流底质中或者石块表面，静水中也可以采到。

分布：世界广布。世界已知超过 141 属 600 余种，中国记录 9 属 32 种，浙江分布 3 属 5 种。

分属检索表（雄成虫）

1. 后翅无前缘突 ·· 拟细裳蜉属 *Paraleptophlebia*
- 后翅有明显的前缘突 ··· 2
2. 阳茎叶为平直的管状，腹面不具突起 ·· 宽基蜉属 *Choroterpes*
- 阳茎叶为弯曲的管状，端部腹面具突起或向腹面弯曲 ··· 柔裳蜉属 *Habrophlebiodes*

分属检索表（稚虫）

1. 第 2–7 对鳃 2 枚，端部分 3 叉或缨毛状 ·· 宽基蜉属 *Choroterpes*
- 第 2–7 对鳃单枚，二叉状 ··· 2
2. 各鳃几乎分叉到基部 ·· 拟细裳蜉属 *Paraleptophlebia*
- 各鳃分叉到 1/4 左右 ·· 柔裳蜉属 *Habrophlebiodes*

93. 宽基蜉属 *Choroterpes* Eaton, 1881

Choroterpes Eaton, 1881: 194. Type species: *Leptophlebia picteti* Eaton, 1871.

主要特征：稚虫前口式，鳃 7 对，第 1 对鳃丝状，单枚；第 2–7 对鳃相似，基本呈片状，后缘分裂为 3 枚尖突。

成虫前翅的 Rs 分叉点离翅基的距离为离翅缘距离的 1/3，MA 脉的分叉点近中部，MA 脉呈对称性分叉；Rs 脉与 MP 脉的分叉点离翅基的距离相等。后翅的前缘突圆钝，大约位于后翅前缘的中部。雄性外生殖器：尾铗的基部一般粗大。

生物学：一般生活于较大的溪流中，在石块表面凹陷与石块缝隙中较多；身体柔软，活动迅捷；数量通常很多。

分布：世界广布。世界已知超过 30 种，中国记录 11 种，浙江分布 3 种。

分种检索表（成虫）

1. 阳茎叶露出生殖下板很长 ·· 宜兴宽基蜉 *C. yixingensis*
- 阳茎短小，被生殖下板盖住 ··· 2
2. 尾铗基部向内缘略微扩大，具明显的突出部 ··· 面宽基蜉 *C. facialis*
- 尾铗基部向内缘明显扩大，不具明显的突出部，边缘平滑 ·· 安徽宽基蜉 *C. anhuiensis*

（185）宜兴宽基蜉 *Choroterpes yixingensis* Wu et You, 1989（图 11-20A–D）

Choroterpes yixingensis Wu et You, 1989: 91.

主要特征：稚虫体长 6.0 mm，下颚内缘顶端具明显的指状突出。股节具 3 个色斑。鳃 7 对。

雄成虫体长 6.5 mm，股节具 3 个色斑。外生殖器：尾铗基节基部明显膨大，膨大部分的端部内侧呈角状突起。阳茎叶分离，露出生殖下板很长，阳茎叶基部粗大，端部逐渐变细，顶端尖锐。

分布：浙江（临安、庆元、龙泉）、江苏、安徽、江西、湖南。

（186）安徽宽基蜉 *Choroterpes anhuiensis* Wu et You, 1992（图 11-20E，图版 III-9）

Choroterpes anhuiensis Wu et You, 1992: 64.

主要特征：稚虫体长 5.0 mm，体棕褐色至棕黄色。下颚内缘顶端内侧具 1 几丁质的栉状刺，内缘内 1 排细毛。下唇须 3 节，2、3 两节的长度几乎相等，基节粗壮，侧唇舌大，中唇舌细长。各足的股节具 2 个棕黑色的斑纹。鳃 7 对。尾丝 3 根。

雄成虫体长 6.0 mm，后翅很小。胸部棕红色。各足的股节中央和端部具 2 个棕黑色的斑块。外生殖器：尾铗 3 节，基节基部明显膨大；第 3 节基本呈圆形，第 2、3 节的长度约为第 1 节长度的一半。阳茎短小，被生殖下板覆盖住，腹面观仅见尖细的顶部。尾丝 3 根，具红棕色的环纹。

分布：浙江（庆元）、北京、河南、安徽、福建。

（187）面宽基蜉 *Choroterpes facialis* (Gillies, 1951)（图 11-20F）

Cryptopenella facialis Gillies, 1951: 127.

Choroterpes (*Cryptopenella*) *facialis*: Zhou, 2006: 298.

主要特征：稚虫头前口式，舌的中叶两侧具侧突；下颚内缘顶端具 1 明显的指状突起。股节背侧具 2 个褐色斑块，中间的较大。鳃 7 对：第 1 对鳃丝状、单枚，鳃内气管及气管分支较明显。

雄成虫体长 5.0 mm。触角的柄节与梗节巧克力褐色，而鞭节色淡。复眼上半部红棕色，下半部黑色。胸部红褐色。股节具 2 个褐色色斑，而其他各节淡黄色。前翅无色透明。外生殖器：尾铗 3 节，基节基部略微膨大；阳茎短小，只有顶端露出。尾须白色，基部具红色环纹。

分布：浙江（临安、庆元）、陕西、甘肃、安徽、福建、香港、贵州。

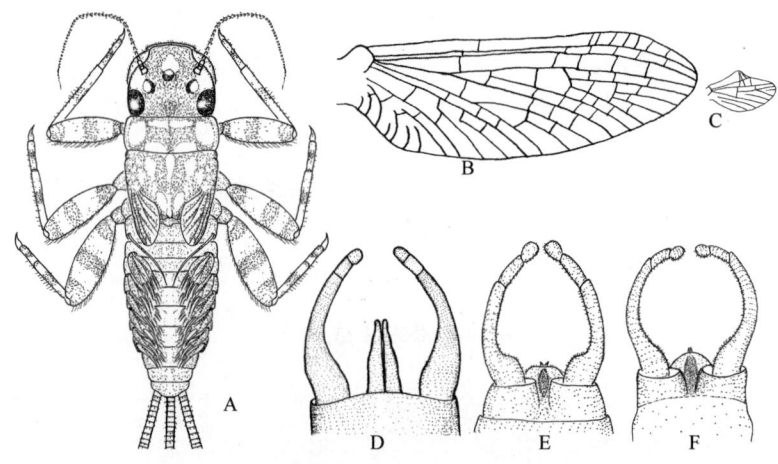

图 11-20 宽基蜉属 *Choroterpes* 3 个种的形态

A–D. 宜兴宽基蜉 *C. yixingensis*：A. 稚虫（背面观）；B. 前翅；C. 后翅；D. 雄性外生殖器（腹面观）；E. 安徽宽基蜉 *C. anhuiensis*；F. 面宽基蜉 *C. facialis*

94. 柔裳蜉属 *Habrophlebiodes* Ulmer, 1920

Habrophlebiodes Ulmer, 1920: 39. Type species: *Habrophlebia americana* Banks, 1903.

主要特征：稚虫鳃 7 对，位于腹部第 1-7 节，单枚、丝状、端部分叉，缘部具细小的缨须。

成虫前翅的 MP$_2$ 脉与 MP$_1$ 脉之间由横脉相连接，连接点比 Rs 脉的分叉点离翅的基部更靠外侧；后翅的前缘突尖，位于前缘中央。雄性外生殖器：尾铗 3 节，阳茎端部腹面具 1 个较长的突起。雌成虫第 7 腹板后缘具明显的导卵器，第 9 腹板后缘中央强烈凹陷。

生物学：生活于较小的（如宽度小于 1.0 m）小溪中，在大型溪流中不多；多生活于枯枝落叶之间或石块缝隙中。

分布：古北区、东洋区、新北区。世界已知 9 种，中国记录 3 种，浙江分布 1 种。

（188）紫金柔裳蜉 *Habrophlebiodes zijinensis* You et Gui, 1995（图 11-21）

Habrophlebiodes zijinensis You et Gui, 1995: 83.

主要特征：稚虫体长 7.5 mm，体黄褐色，头部单眼之间的区域褐色，其他部分黄色。上颚的内颚齿仅可见 1 枚锯齿状的指状突起。腹部背板的两侧及中央部分黄色，其他部分褐色。鳃 7 对，位于 1-7 腹节两侧，形状相似，单枚，分叉，边缘具缨毛；鳃内黑色气管及分支气管明显。3 根尾丝。

雄成虫体长 6.5-7.0 mm，两复眼灰黑色，在头部中央几乎接触；腹部背板前缘及中部色淡，两侧色深（与稚虫一致）。外生殖器：尾铗 3 节；生殖下板中央强烈凹陷，阳茎较短且较粗，端部的突出明显。

分布：浙江（安吉、临安、庆元）、陕西、江苏、湖北、福建。

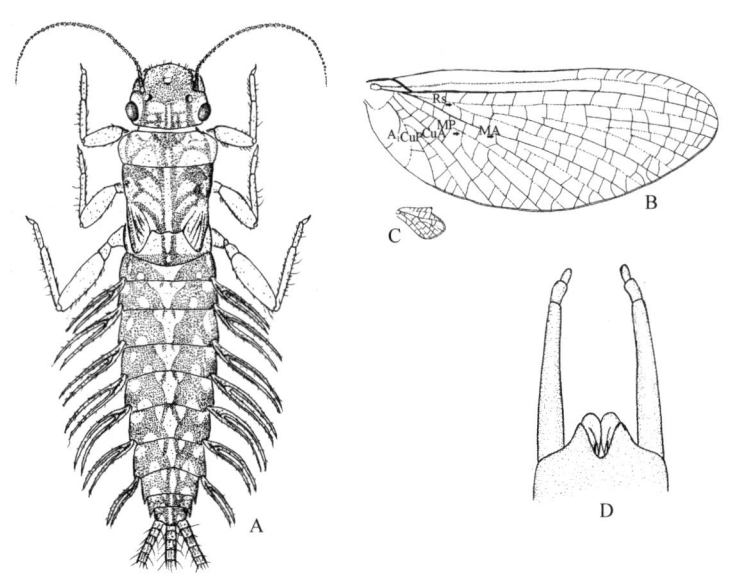

图 11-21 紫金柔裳蜉 *Habrophlebiodes zijinensis* You et Gui, 1995
A. 稚虫（背面观）；B. 前翅；C. 后翅；D. 雄性外生殖器（腹面观）

95. 拟细裳蜉属 *Paraleptophlebia* Lestage, 1917

Paraleptophlebia Lestage, 1917: 340. Type species: *Ephemera cincta* Retzius, 1783.

主要特征：稚虫下口式，鳃 7 对，单枚，分为二叉状，分叉基本到达基部。上唇中央凹陷浅。雄成虫前翅 Rs 脉的分叉点较 MP 的分叉点离翅基的距离远；CuA 脉与 CuP 脉之间具 2 根长闰脉。雄性外生殖器：生殖下板中央强烈凹陷，尾铗 3 节，基节的基部膨大；阳茎叶腹面各具 1 个长的先向前方再向侧方伸展的突出物。雌成虫体色一般为红褐色，第 9 腹板中央强烈凹陷。

生物学：该属昆虫在冷水性水体的石块缝隙中较多；体柔软，易损坏。

分布：古北区、新北区。世界已知 54 种，中国记录 5 种，浙江分布 1 种。

（189）奇异拟细裳蜉 *Paraleptophlebia magica* Zhou et Zheng, 2003（图 11-22）

Paraleptophlebia magica Zhou et Zheng, 2003a: 84.

主要特征：雄成虫体长 6.0 mm，体呈红褐色。两复眼在背侧接触。胸部棕褐色；翅无色透明。腹部棕红色，各节背板的前后缘中部各具 1 块浅色的斑块。雄性外生殖器：尾铗向背方略弯曲，阳茎端部具 1 非常明显的突出，其位置在不同的个体可能有一定的变化；阳茎干腹部表面具 2 个脊突而使两者之间形成 1 凹槽状结构。尾丝具红棕色环纹。

分布：浙江（庆元）、陕西、江苏、江西、福建、四川。

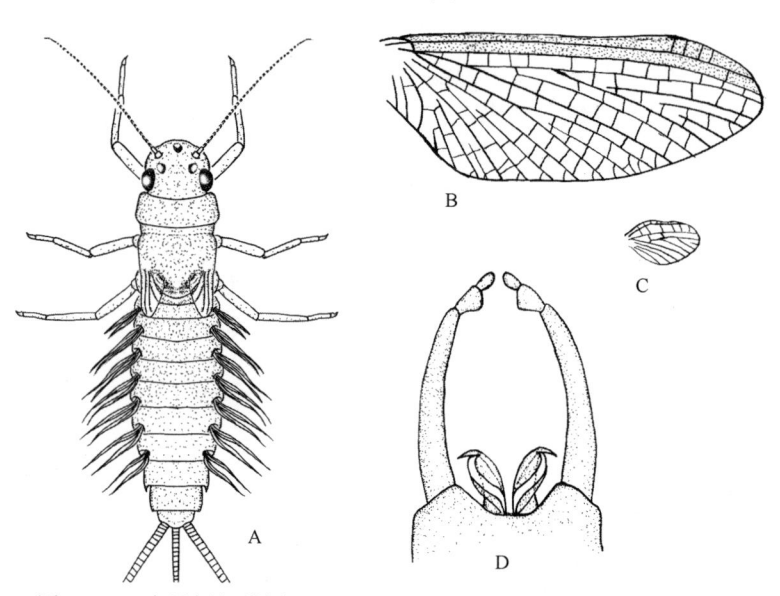

图 11-22 奇异拟细裳蜉 *Paraleptophlebia magica* Zhou et Zheng, 2003
A. 稚虫（背面观）；B. 前翅；C. 后翅；D. 雄性外生殖器（腹面观）

三十七、河花蜉科 Potamanthidae

主要特征：稚虫 7.0–30.0 mm。身体扁平，体表常具鲜艳的斑纹，身体背面光滑，只有足具毛。上颚一般突出成非常明显至很小的颚牙状，下颚须及下唇须 3 节，前胸背板向侧面略突出。鳃 7 对，第 1 对丝状，2 节；第 2–7 对鳃二叉状，端部呈缨毛状，位于体侧。3 根尾丝。

成虫体型较大，前翅 MP_2 脉与 CuA 脉在基部极度后弯，远离 MP_1 脉；A_1 脉分叉。后翅具前缘突，前后翅常具鲜艳斑纹。雄性外生殖器：尾铗 3 节，基节最长；尾丝 3 根。

生物学：该科稚虫生活在流水水域，在流水中的石块或砂石缝隙中可以发现，但有时静水中也可采集到。滤食性，上颚牙可以搬运小型的沙石，用于挖掘。

分布：古北区、东洋区、新北区。世界已知 3 属 24 种，中国记录 2 属 13 种，浙江分布 1 属 2 种。

96. 似河花蜉属 *Potamanthodes* Ulmer, 1920

Potamanthodes Ulmer, 1920: 11. Type species: *Potamanthodes formosus* Eaton, 1892.

主要特征：稚虫上颚牙较小，突出头部前缘部分较少，不明显。前足胫节相对较短，只有跗节的 0.95–2.20 倍，前足各部分具稀疏的毛。

成虫后翅的 MP_2 脉发自 MP_1 脉，二者形成对称的分叉状。前翅 MP_2 脉在基部与 MP_1 脉连接或与 CuA 脉连接。外生殖器：雄成虫生殖下板后缘凹陷。

生物学：稚虫通常生活在缓流区域或适中流速的区域，在石块缝隙或沙石底质中比较常见。

分布：古北区、东洋区、新北区。世界已知 13 种，中国记录 9 种，浙江分布 2 种。

（190）长胫似河花蜉 *Potamanthodes longitibius* Bae *et* McCafferty, 1991（图 11-23A–D，图版 III-10）

Potamanthodes longitibius Bae *et* McCafferty, 1991: 67.

主要特征：稚虫体长 12.0–14.0 mm，头壳棕褐色，胸部背板棕褐色，呈斑驳状，前胸中部区域浅色。腹部棕黄至棕褐色，1–9 节背板中线色浅，呈斑驳状。上颚牙较大。

雄成虫体长 10.0 mm 左右。外生殖器：阳茎在生殖下板后缘的后面分叉，分叉后阳茎略向侧后方伸展。

分布：浙江（庆元）、安徽、福建。

（191）福建似河花蜉 *Potamanthodes fujianensis* You et al., 1980（图 11-23E）

Potamanthodes fujianensis You et al., 1980: 56.

主要特征：稚虫体长 11.0–12.0 mm。身体基本呈棕黄色；上颚牙明显可见，尖端弯曲，略突出于头部前缘；前足股节背面具 1 列横齿和细毛；胸部背板棕黄色，呈斑驳状；腹部棕黄至棕褐色，1–7 节背板中线色浅，每节背板前后缘各具 1 对浅色斑块，两侧具 1 对浅色条纹，第 8–10 节浅色，每节具 3 对棕褐色条纹。

雄成虫阳茎相对较短，两阳茎的分叉点在生殖下板的边缘。

分布：浙江（庆元、龙泉）、江西、湖南、福建、广西。

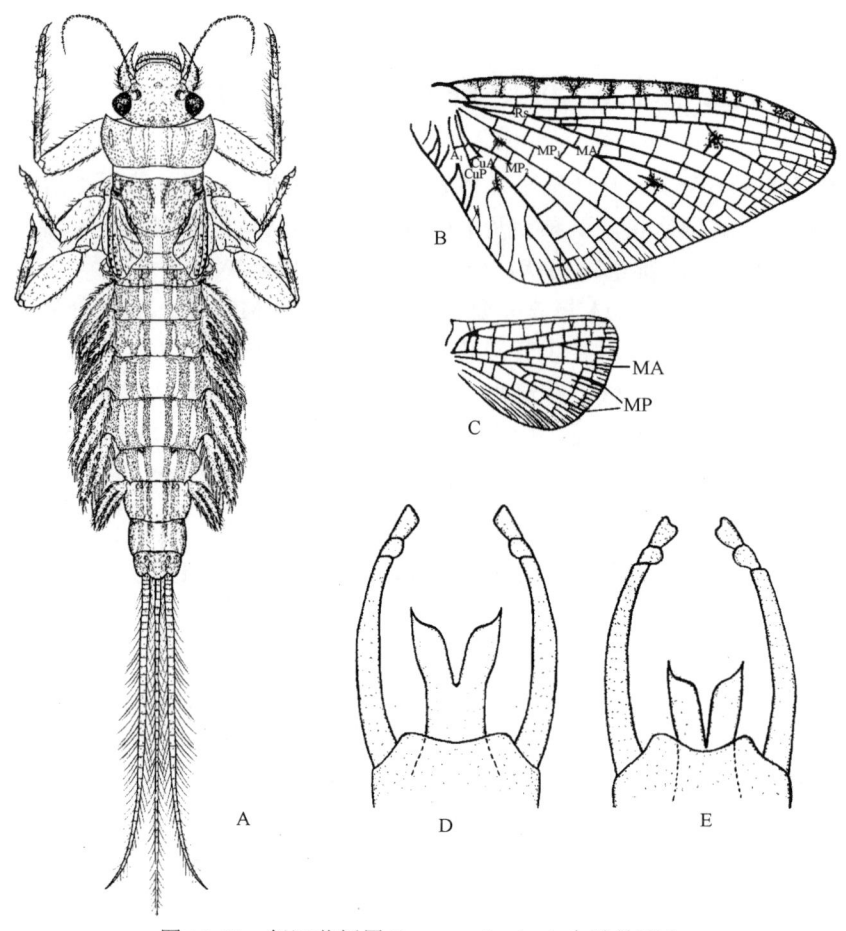

图 11-23　似河花蜉属 *Potamanthodes* 2 个种的形态

A–D. 长胫似河花蜉 *P. longitibius*：A. 稚虫（背面观）；B. 前翅；C. 后翅；D. 雄性外生殖器（腹面观）；E. 福建似河花蜉 *P. fujianensis* 雄性外生殖器（腹面观）

三十八、蜉蝣科 Ephemeridae

主要特征：稚虫个体较大，体长一般在 15.0 mm 以上，体色一般为黄色或淡黄色。上颚突出，呈明显的牙状。各足特化，适合于挖掘，身体表面和足上密生细毛。鳃 7 对，第 1 对较小，2–7 对鳃分 2 枚，每枚又为二叉状，鳃缘呈缨毛状，位于体背。3 根尾丝。

雄成虫个体较大；复眼黑色，大而明显。翅面常具棕褐色斑纹，前翅 MP_2 脉和 CuA 脉在基部向后强烈弯曲，远离 MP_1 脉，A_1 脉不分叉，由 5–20 根平行的横脉将其与翅后缘相连。3 根尾丝。

生物学：稚虫滤食性，穴居于泥沙质的静水水体底质中。

分布：世界广布。世界已知 7 属约 100 种，中国记录 2 属 33 种，浙江分布 1 属 3 种。

97. 蜉蝣属 *Ephemera* Linnaeus, 1758

Ephemera Linnaeus, 1758: 546. Type species: *Ephemera vulgata* Linnaeus, 1758.

Nirvius Navás, 1922: 56. Type species: *Nirvius punctatus* Navás, 1922.

主要特征：稚虫额突明显，前缘中央凹陷成不明显的二叉状。触角基部极度突出，端部分叉；上唇近乎圆形，前缘强烈突出；上颚牙明显，横截面呈圆形。前足不明显退化。

成虫翅上横脉密度中等，雄成虫阳茎具或不具阳端突，3 根尾丝。

分布：世界广布。世界已知约 80 种，中国记录 32 种，浙江分布 3 种。

分种检索表（成虫）

1. 阳茎无阳端突，阳茎长，明显可见，超过尾铗第 1 节 ················· 长茎蜉 *E. pictipennis*
- 阳茎具阳端突，阳茎短小，不超过尾铗第 1 节 ·· 2
2. 尾铗 3–4 节相对较长，其长度之和略短于第 2 节的长度 ························ 绢蜉 *E. serica*
- 尾铗 3–4 节相对较短，其长度之和短于第 2 节长度的一半 ················· 梧州蜉 *E. wuchowensis*

分种检索表（稚虫）

1. 至少腹部 1–3 节背板具斜纹 ·· 长茎蜉 *E. pictipennis*
- 腹部 1–3 体节背板上的斑纹呈纵纹状 ·· 2
2. 腹部第 1 节不具色斑；腹部 7–9 节最多具 2 对纵纹 ······························ 绢蜉 *E. serica*
- 腹部第 1 节常具明显的色斑，位于后缘中部；腹部 7–9 节具 3 对纵纹 ·················· 梧州蜉 *E. wuchowensis*

（192）长茎蜉 *Ephemera pictipennis* Ulmer, 1924（图 11-24F）

Ephemera pictipennis Ulmer, 1924: 28.

Ephemera nigroptera Zhou et al., 1998: 139.

主要特征：稚虫体长 22.0 mm 左右。体金黄色；额突基部具纵向的黑色斑纹，额突长度约为宽度的 1.5 倍，前缘凹陷深。腹部背板第 1–7 节两侧各具 1 对明显的黑色斜纹，第 7–9 节背板中央有时也具 1 对黑色纵纹。

雄成虫体长 18.0 mm 左右，前翅的外侧大部分区域都呈紫褐色。腹部第 1–6 节背板各具 1 对黑色斜纹，7–9 节背板色淡，不具斑纹。外生殖器：尾铗 4 节，3–4 节之和大于第 2 节长度的一半，第 2–4 节大部分呈棕褐色；阳茎长于尾铗第 1 节，两阳茎叶紧靠，顶端膨大，边缘骨化较明显，无阳端突。

分布：浙江（临安）、江苏、上海、安徽。

（193）绢蜉 *Ephemera serica* Eaton, 1871（图 11-24A–D，图版 III-11）

Ephemera serica Eaton, 1871: 75.

Ephemera zhangjiajiensis You *et* Gui, 1995: 100.

主要特征：稚虫体长 13.0 mm，淡黄色。额突前缘的宽度略大于后缘宽度，长度略等于宽度；前胸背板呈淡黄色，不具斑纹。腹部背板、腹板各具 1 对纵向的黑色条纹，第 7–9 节背板有时各具 2 对。

雄成虫体长 13.0 mm，前翅具多处红棕色斑块，MP_2 脉与 CuA 脉在基部愈合，后翅无斑点；腹部背板第 1 节无色斑，第 2 节侧面有 1 对圆形斑点，第 3 节有时能见 1 对浅的黑色条纹，不易辨识，所以看上去仅第 4–9 节各具 1 对纵纹；第 7–9 节有时具 2 对纵纹。外生殖器：尾铗 4 节，3–4 节长度之和略短于第 2 节长度；阳茎较小，分离较开，端部外半部分向内突出似三角形，阳端突明显。

分布：浙江（临安、庆元）、中国广布；越南。

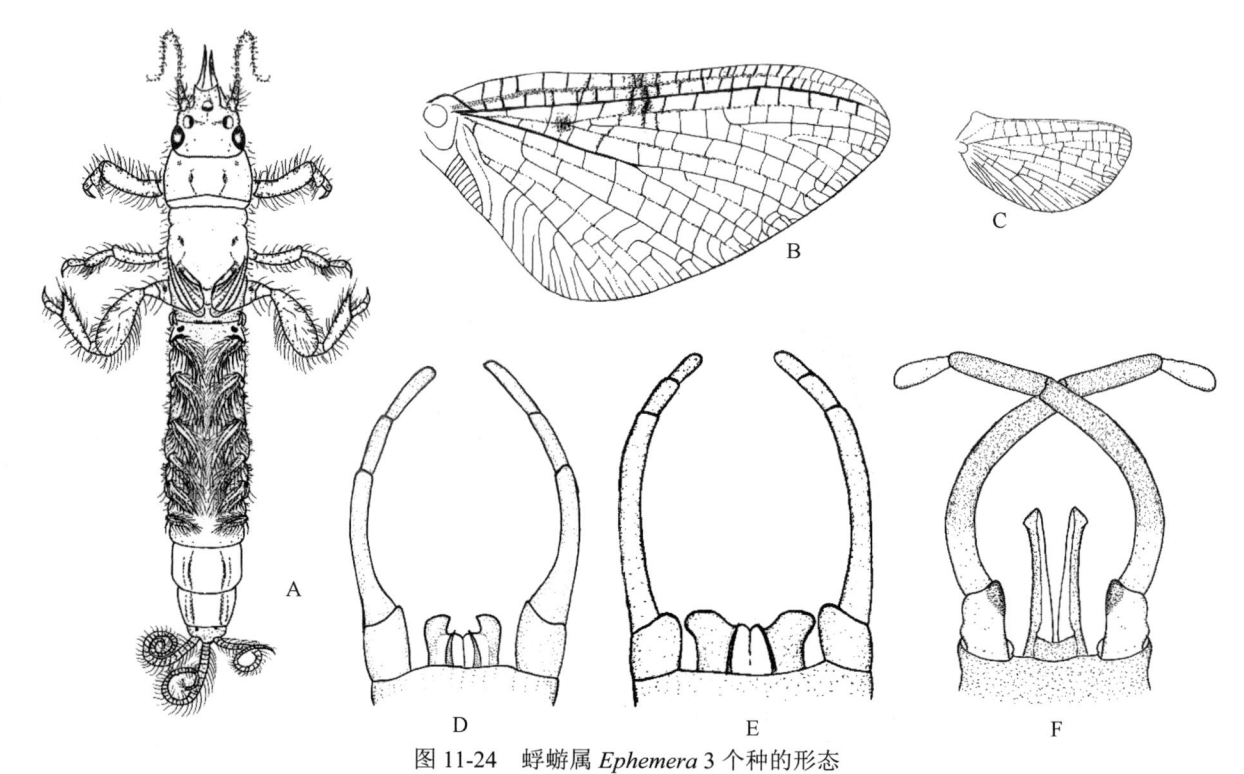

图 11-24 蜉蝣属 *Ephemera* 3 个种的形态

A–D. 绢蜉 *E. serica*：A. 稚虫（背面观）；B. 前翅；C. 后翅；D. 雄性外生殖器（腹面观）；E. 梧州蜉 *E. wuchowensis* 雄性外生殖器（腹面观）；F. 长茎蜉 *E. pictipennis* 雄性外生殖器（腹面观）

（194）梧州蜉 *Ephemera wuchowensis* Hsu, 1937（图 11-24E）

Ephemera wuchowensis Hsu, 1937: 136.

Ephemera hunanensis Zhang, Gui *et* You, 1995: 74.

主要特征：稚虫体长 14.0 mm；身体为黄褐色，在头顶和胸部背板上具有不规则的黑色斑块或条纹；额突长度约等于其宽度，边缘平直，前缘凹陷较浅，具毛。鳃 7 对，鳃内气管明显呈褐色。腹部背板的条纹与成虫类似。

雄成虫体长 13.0–15.0 mm，腹部背板第 1 节具 1 对褐色纵纹但有时不显，第 2 节背板近中央处具 1 对黑点，外侧具 1 对黑色斑块，第 3–5 节背板各具 2 对黑色纵纹，第 6–9 节各具 3 对纵纹，第 10 节背板具 2 对纵纹。外生殖器：尾铗 4 节，末 2 节长度之和明显小于第 2 节长度的一半；阳茎端部后缘隆起呈圆形弧状，阳端突明显。

分布：浙江（临安）、中国广布。

三十九、新蜉科 Neoephemeridae

主要特征：稚虫体长一般在 10.0 mm 以上，身体呈圆柱形或扁圆柱形，褐色。腹部第 1 节的鳃分 2 节，小而不易观察到，第 2 节的鳃扩大为方形，将后面的鳃部分或全部盖住，但左右 2 鳃并不重叠，有时愈合；第 3–6 节鳃膜质片状，外缘为缨毛状。3 根尾丝。

成虫个体较大，复眼为黑色，较大，翅面常具大面积的红褐色斑纹，前翅的 MP_2 脉和 CuA 脉基部向后弯曲，远离 MP_1 脉，A_1 脉不分叉。3 根尾丝，中尾丝可能较短。

生物学：稚虫生活于静水中的底质（石块、枯枝落叶或泥沙）中，缓流的底质中也曾发现。

分布：古北区、东洋区、新北区。世界已知 4 属 14 种，中国记录 2 属 5 种，浙江分布 1 属 1 种。

98. 小河蜉属 *Potamanthellus* Lestage, 1931

Potamanthellus Lestage, 1931: 120. Type species: *Potamanthellus horai* Lestage, 1931.

主要特征：稚虫前胸背板前侧角不明显突出，中胸背板前侧角不明显突出，第 2 对鳃内缘密生细毛，两鳃不愈合，3 根尾丝，密生细毛。

成虫翅往往有明显色斑，尾铗 2–3 节，短小，阳茎分离或愈合。

分布：古北区、东洋区。世界已知 6 种，中国记录 4 种，浙江分布 1 种。

（195）中国小河蜉 *Potamanthellus chinensis* Hsu, 1936（图 11-25，图版 III-12）

Potamanthellus chinensis Hsu, 1936: 321.

主要特征：稚虫体长在 10mm 左右；前足股节近端部具 1 排刺毛列。第 2 对鳃完全盖住后面的鳃，背面不具脊突。腹部第 1 背板中央的瘤突不明显，第 2 背板中央具尖锐的瘤突，6–8 节的瘤突不明显。尾丝具稀细毛及刺。

雄成虫体长 8.5–10.0 mm。A_1 脉具 2 根小脉，小脉与 A_1 脉的夹角小于 90°，后翅中间具小块色斑。腹部大块白色与红棕色相间排列，基本呈 3 纵列的红棕色条纹状。尾须 3 根，红白相间。外生殖器：尾铗 3 节，末 2 节小，长度之和只有基节长度的 1/3，基节基部红棕色，阳茎分离很开。

分布：浙江（庆元）、北京、安徽、江西、湖南、福建、贵州、云南。

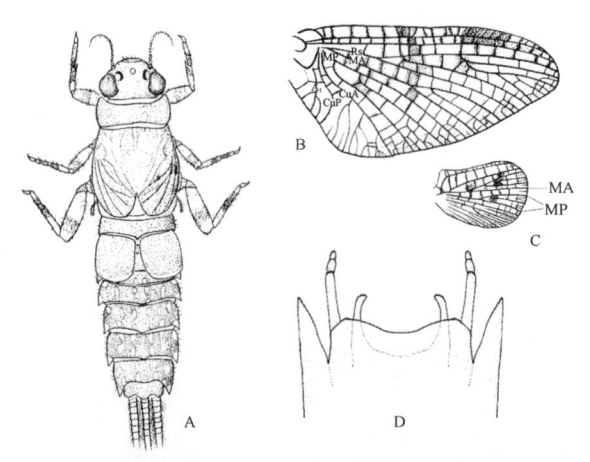

图 11-25 中国小河蜉 *Potamanthellus chinensis* Hsu, 1936
A. 稚虫（背面观）；B. 前翅；C. 后翅；D. 雄性外生殖器（腹面观）

第十二章 蜻蜓目 Odonata

蜻蜓目 Odonata 包括蜻蜓和豆娘，属于古翅类昆虫。成虫身体较细长，体型变化较大，体表及翅上常具鲜艳色泽。头大，活动自如，复眼大，单眼 3 个，口器咀嚼式；触角短小，刚毛状。前胸小，中后胸大，常称为合胸，足细长，跗节 3 节；前后翅膜质，透明或具鲜艳的颜色，狭而等长，翅脉网状，翅室多，常有翅痣。腹细长，雄性次生交合器在第 2–3 腹节下方。

蜻蜓的幼期虫态称为稚虫，前中后胸分化明显且几乎均等，复眼较成虫小，而触角相对发达。咀嚼式口器非常独特，下唇极度延长，特化为可折叠的"面罩"，其端部具可开合的唇瓣，上有动钩，用于捕食。稚虫具有发达的气管鳃系统——直肠鳃或尾鳃，用于水中呼吸。

蜻蜓为半变态。稚虫水生，喜捕食蜉蝣、蚊类幼虫等小型无脊椎动物，有些大型种类亦食小鱼。成虫善飞行，捕食飞行中的蚊与摇蚊、蝇等小型昆虫。大部分种类成虫常大群出现在晴天日间，少部分为晨昏活动的种类。雌虫产卵形式多样，大部分类群以产卵器刺入植物组织或其他底质中。春蜓、大蜓、蜻总科种类多在飞翔中点水产卵，即"蜻蜓点水"。部分春蜓采取"投弹"式产卵，把卵块直接投入水中；少量蜻类的卵附着在岸边植物枝叶上。稚虫水生，虫期通常半年以上，来年春天羽化。热带地区有些种类 1 年可 3 代以上。稚虫蜕皮次数因种类和环境而异，一般 10–16 次。羽化通常在凌晨。很多种类有集中羽化的现象，短时间出现大量成虫飞行。成虫和稚虫都是捕食性天敌，对维持生态系统的稳定起着重要作用。

蜻蜓目分为三亚目，即均翅亚目、差翅亚目、间翅亚目。本志采用 Dijkstra 等（2014）的分类系统。目前世界已知 40 科 6300 余种，中国记录 2 亚目 20 科 170 属 683 种，浙江分布 2 亚目 17 科 85 属 133 种。

A. 均翅亚目 Zygoptera

均翅亚目俗称"豆娘"，身体纤细，体态轻盈。翅相对狭长，多数翅脉较少，具翅柄，前后形状及翅脉基本相同，大部分种类停栖时两对翅束起于身体背方。雌性产卵器发达，插入植物组织内产卵。

本志记述浙江分布的均翅亚目 10 科 30 属 49 种。

分科检索表

1. 前翅结前横脉多于 5 条	2
- 前翅结前横脉少于 5 条，多仅 2 条	5
2. 有翅柄或翅柄不明显	3
- 无翅柄，前缘室和亚前缘室具密集结前横脉	4
3. 唇基正常，停栖时翅伸展开	大溪蟌科 Philogangidae
- 唇基显著突出如鼻，停栖时翅束起	隼蟌科 Chlorocyphidae
4. RP 多由弓脉下 1/3 处出，方室与基室等长	色蟌科 Calopterygidae
- 弓分脉多由弓脉中央或上方出，方室比基室短	溪蟌科 Euphaeidae
5. 翅端纵脉间没有间脉插入其间	7
- 翅端纵脉间有间脉插入其间	9
7. Cu_1 脉正常或退化，Cu_2 脉缺如或极度退化	扁蟌科 Platystictidae
- Cu_1 脉和 Cu_2 脉均正常	8

8. 大多数翅室呈四边形；盘室的前边比后边短 1/5，外后角钝；胫节具长刺，其长度一般长于其间距的 2 倍 ··· 扇螅科 Platycnemididae
- 大多数翅室呈五边形；盘室的前边比后边短得多，外后角尖锐；胫节具短刺，其长度远小于其间距的 2 倍，一般与间距相当或小于间距 ·· 螅科 Coenagrionidae
9 叉脉（Rp_1 与 Rp_3 基部交会处）距翅结近，距弓脉远；IR_2 和 RP_2 间无斜脉；盘室外后角不甚尖 ··· 山螅科 Megapodagrionidae
- 叉脉距翅结远，距弓脉近；IR_2 和 RP_2 间有斜脉；盘室外后角尖锐 ··· 10
10. IR_2 与 RP_3 间无闰脉；均为较大型种类 ·· 综螅科 Synlestidae
- IR_2 与 RP_3 间有 2 条闰脉；IR_2 和 RP_2 间具明显斜脉；多数体型较小 ····················· 丝螅科 Lestidae

四十、色螅科 Calopterygidae

主要特征：翅宽，多无翅柄，具浓密的翅脉，结前横脉较多，方室狭长，大多数雄性无翅痣，雌性常具白色的伪翅痣。仅作短距离的飞行，停栖时翅束起于身体背面。身体一般有金属光泽，腹部细长。

生物学：色螅科是一个大科，包含许多色彩艳丽的种类。喜欢在流动的水边繁殖，多有领域性及炫耀行为。

分布：世界广布。世界已知 21 属 180 余种，中国记录 12 属 39 种，浙江分布 6 属 9 种。

分属检索表

1. 翅柄达臀横脉处 ··· 闪色螅属 Caliphaea
- 无翅柄 ··· 2
2. 两性翅具真实翅痣 ··· 3
- 翅具伪翅痣或无翅痣 ··· 4
3. 基室无横脉 ··· 绿色螅属 Mnais
- 基室内有横脉 ·· 基色螅属 Archineura
4. 翅透明或半透明 ·· 宛色螅属 Vestalaria
- 翅斑颜色较深，不透明 ··· 5
5. 基室内有横脉 ··· 单脉色螅属 Matrona
- 基室内无横脉 ··· 暗色螅属 Atrocalopteryx

99. 暗色螅属 *Atrocalopteryx* Dumont, Vanfleteren, De Jonckheere *et* Weekers, 2005

Atrocalopteryx Dumont, Vanfleteren, De Jonckheere *et* Weekers, 2005: 347. Type species: *Calopteryx atrata* Selys, 1853.

主要特征：体中至大型，具金属绿色及蓝色光泽。足黑色，极细长，具长的硬毛。翅宽大，多深色，雌性翅色通常比雄性稍淡，雄性无翅痣，有些种类的雌性具白色伪翅痣。基室无横脉，主要纵脉间多闰脉，翅室密集。

分布：古北区、东洋区。世界已知 8 种，中国记录 6 种，浙江分布 2 种。

（196）黑色螅 *Atrocalopteryx atrata* (Selys, 1853)（图版 IV-1）

Calopteryx atrata Selys, 1853: 15.
Atrocalopteryx atrata: Dumont et al., 2005: 347.

主要特征：雄性体长 59 mm，腹部长（连肛附器）50 mm。头部绿黑色，具金属光泽；上唇黑色，触角基节和颊黄色；后头后缘镶以黑色长毛。合胸背面绿色，具金属光泽；侧面绿黑色，老熟标本有白色粉被。足黑色。翅黑色，具有绿色金属光泽的斑块；翅痣缺失。腹部蓝绿色，具金属光泽；肛附器黑色，上肛附器长度为第 10 节的 1.5 倍，前半部分呈弧形弯曲，内侧扩张，呈平扁状。下肛附器短，直，末端钝。

雌性体长 60 mm，腹部长（连产卵器）50 mm。雌性与雄性相似，但上唇有 1 黄色横纹，黄色条纹覆盖第 2 侧缝线，不到达上缘。翅的反面翅脉呈黄色。

生物学：该类昆虫多见于河边或草丛上方，振翅清晰可辨，飞行缓慢，主要以昆虫为食。

分布：浙江（杭州）、陕西、江苏、四川；亚洲东部。

（197）黑顶色蟌 *Atrocalopteryx melli* (Ris, 1912)（图版 IV-2）

Calopteryx melli Ris, 1912: 1.
Atrocalopteryx melli: Dumont et al., 2005: 347.

主要特征：雄性体长 79 mm，腹部长（连肛附器）66 mm，后翅长 48 mm，宽 14 mm。下唇黄褐色；上唇黑色，两侧各具 1 黄色横斑；上颚基部和颊黄色；前唇基黑色，前缘有 1 黄色小斑；后唇基绿色，具金属光泽；触角基节黄色，侧单眼外方各具 1 黄褐色横斑；头的其余部分暗绿色，具金属光泽。前胸和合胸绿色，具金属光泽；合胸脊、肩缝线和第 1 侧缝线黑色，黄色条纹覆盖第 2 侧缝线，后胸后侧片的下缘黄色；气门以下的合胸腹面黄色。足褐色；中、后足股节腹面黄色。翅透明，淡烟黑色；沿着前缘脉有 1 黑褐色狭条纹，翅端黑褐色，向基方延伸到达通常翅痣的位置；翅痣缺失；后翅长宽比为 3.4∶1。腹部上面蓝绿色，具金属光泽，腹部下面黑色。肛附器黑色。

雌性体长 70 mm，腹部长（连产卵器）57 mm，后翅长 50 mm，宽 15 mm，雌性色彩与雄性相似，其不同点如下：腹部绿褐色，具金属光泽；第 8–10 节背中条纹黄色。翅宽，透明，烟黑色，翅端部褐色，后翅长与宽的比为 5∶2。翅痣白色，覆盖 5 翅室。

分布：浙江（杭州）、广东。

100. 单脉色蟌属 *Matrona* Selys, 1853

Matrona Selys, 1853: 17. Type species: *Matrona basilaris* Selys, 1853.

主要特征：头宽；眼距宽，球形。胸部粗壮，足很细长，具许多细刺。腹部很细长，圆筒形，末端压缩。体具明亮的金属绿色。两翅长且不透明，很宽，翅端圆，网状脉浓密，尤其在臀区，雄性翅痣缺失，雌性前后翅皆有 1 不透明的奶白色伪翅痣。基室具网状脉 2 列翅室；方室有许多横脉，与基室等长；有许多肘脉，臀区复杂，具许多加插脉；R_3 起点比亚翅结稍稍或明显近翅基；R_2 在起点后不与径脉相接触；翅结接近翅基，距翅端远。

分布：古北区、东洋区。世界已知 9 种，中国记录 7 种，浙江分布 2 种。

（198）透顶单脉色蟌 *Matrona basilaris* Selys, 1853（图版 IV-3）

Matrona basilaris Selys, 1853: 17.

主要特征：雄性体长 70 mm，腹部长（连肛附器）58 mm，后翅长 43 mm。头部铜绿色具金属光泽；下唇中叶黑色，侧叶淡黄色；颊淡黄色。前胸和合胸铜绿色，具金属光泽；合胸侧缝线黑色。足黑色。翅褐色，不透明；翅的反面在翅基至翅结部分翅脉粉蓝色；基室具网状脉，方室具 8 条横脉，无翅痣。腹部蓝绿色，具金属光泽，第 7–10 节的下面黄褐色。肛附器黑色，钳形。

雌性体长 67 mm，腹部长（连产卵器）56 mm，后翅长 46 mm。雌性色彩与雄性相似，不同点如下：头部下唇淡黄色；上唇黄色，下缘和基方各具黑纹；上颚基部和颊及触角基节黄色。合胸第 2 侧缝线为黄色条纹覆盖，后胸后侧片的后面部分和合胸腹面黄色。腹部绿褐色，肛附器黑色。翅痣白色，覆盖 10 翅室。

分布：浙江（杭州、绍兴、宁波、舟山、衢州、丽水）、福建、广西、云南。

（199）褐单脉色蟌 *Matrona corephaea* Hämäläinen, Yu *et* Zhang, 2011（图版 IV-4）

Matrona corephaea Hämäläinen, Yu *et* Zhang, 2011: 20.

主要特征：雄性体长 70 mm，腹部长（连肛附器）58 mm，后翅长 43 mm。通体铜绿色具金属光泽，外形酷似透顶单脉色蟌。但头部触角第 1 节基部有明显白斑，翅褐色，半透明，背面无蓝色，基室翅脉稀疏，可以区别于前者。

分布：浙江（杭州、衢州、丽水）、湖北、湖南、贵州。

101. 基色蟌属 *Archineura* Kirby, 1894

Archineura Kirby, 1894: 84. Type species: *Echo incarnata* Karsch, 1891.

主要特征：体形壮硕，眼相距宽，球形。胸部粗壮紧凑，足很长，具许多细刺。翅长而末端尖，雄性翅基部有色彩，翅痣明显。腹部细长，圆筒形，末端压缩。体具金属绿紫色。

分布：东洋区。世界已知 2 种，中国记录 2 种，浙江分布 1 种。

（200）赤基色蟌 *Archineura incarnata* (Karsch, 1891)（图版 IV-5）

Echo incarnata Karsch, 1891: 13.
Archineura incarnata: Kirby, 1894: 91.

主要特征：雄性体长 86 mm，腹部长（连肛附器）70 mm，后翅长 49 mm。头部下唇黑色；上唇黑色，中央有 1 条黄色横纹和长有丛生的黑色硬毛；上颚基部和颊黄色；触角基节黄色。头的其他部分铜绿色，具金属光泽。前胸和合胸铜绿色，具金属光泽；合胸脊、肩缝线和侧缝线黑色。合胸背面和腹面长有白色柔毛，合胸腹面黑色，有白色粉被。足黑色。翅基部洋红色，不透明，为翅长的 1/3；翅的其他部分透明，翅脉黑色；翅痣黑褐色，翅痣的外边斜生。腹部绿黑色，腹部下面具白色粉被。肛附器黑色。

雌性体长 82 mm，腹部长（连产卵器）65 mm，后翅长 52 mm。雌性色彩与雄性相似，不同点如下：足基部具黄色斑，第 1 侧缝线下方具黄色斑，黄色条纹覆盖第 2 侧缝线，上段较狭。翅淡褐色，透明；翅痣淡褐色，较宽短。

分布：浙江（宁波、衢州、丽水）、湖北、江西、福建、广东、广西、四川、贵州。

102. 闪色蟌属 *Caliphaea* Hagen in Selys, 1859

Caliphaea Hagen in Selys, 1859: 439. Type species: *Caliphaea confusa* Hagen in Selys, 1859.

主要特征：小型种类；翅透明，翅柄明显，到达臀横脉处，翅痣暗红色，基室无横脉。体表金属绿色或紫色，雄性腹部末端常被霜。

分布：东洋区。世界已知 6 种，中国记录 6 种，浙江分布 1 种。

（201）亮闪色蟌 *Caliphaea nitens* Navás, 1934（图版 IV-6）

Caliphaea nitens Navás, 1934: 5.

主要特征：周身具金属光泽，上颚基部和颊及触角第 1 节黄色。中胸侧片和后胸后侧片黄色，除了中央有 1 铜绿色条纹；合胸腹面黄色。足黑色，翅透明，淡褐黄色，翅痣红褐色，覆盖 1–2 翅室。腹部第 8–10 节背面有白色粉被。雌性体长较雄性短而明显粗壮。

分布：浙江（杭州、宁波、舟山、衢州、丽水）、甘肃、湖北、江西、湖南、福建、广东、广西、重庆、四川、贵州。

103. 绿色蟌属 *Mnais* Selys, 1853

Mnais Selys, 1853: 27. Type species: *Mnais pruinosa* Selys, 1853.

主要特征：体暗金属绿黑色。头部、胸部的腹面和腹部的端节通常有白色粉被。胸部短，粗壮；腹部圆筒形，长于翅。翅脉为甚密的网状脉，透明或部分黑色不透明，具黄绿色或明亮的金黄色晕；翅端圆；翅痣雄性通常红色，雌性白色或灰黑色，翅痣通常较小，尤其在雌性中。弓脉的分脉在弓脉中下方从 1 共同点生出。基室完整。R_2 接近起点处与径脉相接触；R_3 起点在或稍远于亚翅结处。方室向上方中凸，内有许多横脉；臀区简单。1A 在起点稍后处分叉，主脉稀有分叉；有许多加插分脉，翅结距翅基近，距翅痣远。

分布：古北区、东洋区。世界已知 9 种，中国记录 4 种，浙江分布 1 种。

（202）黄翅绿色蟌 *Mnais tenuis* Oguma, 1913（图版 IV-7）

Mnais tenuis Oguma, 1913: 156.

主要特征：中型种类。全身具金属光泽，头部相对较大，颚基部、颊和第 2 节触角黄色。合胸下方包括后胸后侧片黄色，腹面黑色。足黑色。雄性具两种色型，即烟翅型和透翅型，老熟个体在额、胸部和腹部末端常有白色粉被。雌性体长较雄性短而明显粗壮，翅透明。

分布：浙江（嘉兴、杭州、绍兴、宁波、衢州、丽水、温州）、山西、河南、陕西、甘肃、安徽、江西、福建、台湾、广东。

104. 宛色蟌属 *Vestalaria* May, 1935

Vestalaria May, 1935: 207. Type species: *Vestalis smaragdina* Selys, 1879.

主要特征：中型种类，周身金属蓝绿色。翅端圆，翅透明或部分不透明，两性翅痣缺失。基室完整，R_2 近起点处与径脉相接触或分离，R_3 起点通常稍比亚翅结近翅基，弓脉分脉起点在弓脉的下方。足长，细弱。腹部圆筒形，细长。

分布：东洋区。世界已知 5 种，中国记录 4 种，浙江分布 2 种。

（203）盖宛色蟌 *Vestalaria velata* (Ris, 1912)（图版 IV-8）

Vestalis smaragdina velata Ris, 1912: 56.
Vestalaria velata: Hämäläinen, 2006: 87.

主要特征：头部除下唇黑色外，其余部分都为金属绿色。前胸后叶大而圆，合胸侧面下半部分包括后胸后侧片和合胸腹面及足的基节为明亮的黄色。足黑色，细长。翅透明，翅基微带淡黄色。腹部腹面黑色，第 1 节侧面黄色宽，末端背面通常具白色粉被。肛附器黑色；上肛附器长于第 10 节，逐渐弯曲，末端相遇，而在中部稍向内成角，外缘具细齿。基部宽，具 1 强大的背齿斜向外方；下肛附器约为上肛附器长的 2/3，细长，末端内弯曲较长。雌性色彩与雄性相似，产卵器黄色。

分布：浙江（杭州、绍兴、宁波、衢州、丽水）、安徽、江西、福建、广东、四川。

（204）丽宛色蟌 *Vestalaria venusta* (Hämäläinen, 2004)（图版 IV-9）

Vestalis venusta Hämäläinen, 2004: 383.
Vestalaria venusta: Hämäläinen, 2006: 87.

主要特征：与盖宛色蟌相似，但翅较前者窄些，翅基少有淡黄色。肛附器黑色；上肛附器长于第 10 节，逐渐弯曲，内侧多凹凸，基部宽，具背齿斜向外方；下肛附器约为上肛附器长的 2/3，指形，细，末端向内弯曲。雌性色彩与雄性相似，产卵器黄色。

分布：浙江（绍兴、宁波、衢州、丽水）、安徽、江西、福建、广西、四川。

四十一、溪蟌科 Euphaeidae

主要特征：大多种类中型，身体相对粗壮；体表颜色通常较暗淡，具浅色斑纹，体表有时被霜；翅透明，或具颜色或色斑，翅脉较复杂，结前横脉多，无翅柄，部分类群停栖时翅常张开；足较短粗壮，具刺，本科部分稚虫具腹鳃。

分布：古北区、东洋区。世界已知 21 属 79 种，中国记录 5 属 28 种，浙江分布 3 属 6 种。

分属检索表

1. 方室具 1 或多条横脉，第 10 腹节常具 1 个背刺 ·· 溪蟌属 *Euphaea*
- 方室无横脉 ·· 2
2. RP$_1$ 强烈上拱与 RA 接触；后翅前缘脉正常 ·· 尾溪蟌属 *Bayadera*
- RP$_1$ 无强烈上拱，且不与 RA 接触；后翅前缘脉在翅基到翅结之间有 1 个明显的弯折 ·············· 异翅溪蟌属 *Anisopleura*

105. 尾溪蟌属 *Bayadera* Selys, 1853

Bayadera Selys, 1853: 49. Type species: *Epallage indica* Selys, 1853.

主要特征：两性的翅狭，后翅不宽于前翅或与前翅相似；翅透明，或局部有黑色。翅柄不明显；方室完整，小于基室长的 1/2；RP$_1$ 强烈上拱与 RA 接触。胸部强壮，腹部长于后翅，肛附器长于第 10 节，上肛附器铗形。

分布：古北区、东洋区。世界已知 17 种，中国记录 11 种，浙江分布 2 种。

（205）巨齿尾溪蟌 *Bayadera melanopteryx* Ris, 1912（图版 IV-10）

Bayadera melanopteryx Ris, 1912: 49.

主要特征：中型豆娘。头部下唇黄色，中央黑色，面部整体黑色具蓝色斑，触角大部分黑色。前胸黑色，背板具黄色斑，合胸整体亮黑色，肩前条纹黄色，侧下方具黄色条纹。翅透明，端部 2/3 黑褐色，但黑色区域大小在不同种群有明显的变异。足黑色，具细长刺。腹部整体亮黑色；肛附器黑色。老熟雄性体表常被灰白色霜。

分布：浙江（杭州、绍兴、宁波、金华、衢州、丽水）、山西、河南、陕西、湖北、福建、广东、广西、四川、贵州。

（206）大陆尾溪蟌 *Bayadera continentalis* Asahina, 1973

Bayadera continentalis Asahina, 1973: 455.

主要特征：雄性体长 47 mm，腹部长（连肛附器）36 mm，后翅长 33 mm。头部黑色，无光泽；上唇、上颚和颊黄色，黄色条纹向上延伸至触角；唇基黑色具光泽。前胸黑色，两侧各具 2 个黄色斑。合胸黑色，黄色肩前条纹狭，第 1 侧缝线下段为黄色条纹覆盖，后胸前侧片和后侧片两黄色斑融合。足黑色。翅狭长，透明，带淡烟黑色；翅痣黑褐色，覆盖 5–6 翅室。后翅方室具 1 横脉。腹部黑色，第 1 节侧面具 1 黄色斑。肛附器黑色，短；上肛附器稍短于第 10 节。

雌性体长 45 mm，腹部长（连产卵器）34 mm，后翅长 34 mm。雌性色彩与雄性相似，但头部侧单眼外方具 1 小黄色斑；腹部侧面第 1-3 节具 1 黄色条纹，第 4-7 节仅存 1 小的基斑。

分布：浙江（衢州、丽水）、江西、福建、广东、广西。

106. 异翅溪蟌属 *Anisopleura* Selys, 1853

Anisopleura Selys, 1853: 48. Type species: *Anisopleura lestoides* Selys, 1853.

主要特征：头及复眼大，面部常具蓝色及黄绿色斑纹；胸部结实，各条纹明显，翅透明略带褐色，后翅前缘脉在近基部明显有曲折，雄性更加明显，方室内无横脉。腹部相对较短而粗壮，肛附器简单，上肛附器非常粗壮，长于第 10 节。

分布：东洋区。世界已知 11 种，中国记录 5 种，浙江分布 1 种。

（207）习见异翅溪蟌 *Anisopleura qingyuanensis* Zhou, 1982（图版 IV-11）

Anisopleura qingyuanensis Zhou, 1982: 65.

主要特征：中小型种类，下唇黑色，上唇黄色，唇基黑色，上颚基部和颊黄色，并向上延伸至后单眼水平处，额黄色。头顶黑色，侧单眼两侧有 1 黄色斑点，单眼黄色，复眼下部褐色，上部黑色，触角黑色。前胸前叶两侧各有 1 黄色条纹延伸至前足基部，合胸背中黄色条纹被黑色的合胸脊分开，合胸侧面黑色阔纹与黄色阔纹相间分布。腹部黑色，第 1 腹节大部分黄色，侧板有黄色纵纹延伸至 4-5 节后消失，纵纹在节间间断，第 9、第 10 腹节及肛附器被白色的霜；足黑色，股节内侧黄绿色；前翅端部有 1 块深褐色斑纹，翅痣长，深褐色。

雌性不同点如下：2-7 节腹部侧板有黄绿色纵纹，腹部末端不被霜，翅端部无褐色斑点。

分布：浙江（杭州、宁波、金华、丽水、温州）、甘肃、江西、广东、广西、四川、贵州。

107. 溪蟌属 *Euphaea* Selys, 1840

Euphaea Selys, 1840: 200. Type species: *Euphaea variegata* Rambur, 1842.

主要特征：翅透明，或具深色斑纹，后翅常明显宽于前翅，翅柄缺失，翅结距翅基较近，方室短，至少有 1 条横脉，翅痣狭长。胸部较强壮，常具斑纹，成熟后斑纹不明显。雄性腹长超过后翅，第 10 腹节背中具 1 明显的脊刺，肛附器简单。雌性斑纹颜色明显，腹部非常粗壮，与后翅等长。

分布：东洋区。世界已知 35 种，中国记录 8 种，浙江分布 2 种。

（208）方带溪蟌 *Euphaea decorata* Hagen in Selys, 1853（图版 IV-12）

Euphaea decorata Hagen in Selys, 1853: 73.

主要特征：中型种类；头部黑色。前胸黑色，后叶后缘具黄色狭纹。合胸黑色，两侧各具 4 对黄色条纹；第 1 对肩前条纹狭，第 2 对在肩缝线和第 1 侧缝线之间，下段条纹与第 3 对上段条纹融合，第 3 对和第 4 对分别在第 1 和第 2 侧缝线之间及在后胸后侧片，两对互相分离；老熟标本黄色条纹变得模糊不清。足黑色。翅透明，微带烟黑色；翅痣黑色，覆盖 5 翅室；后翅比前翅宽而短，最宽处具 1 黑褐色带斑。腹部及肛附器黑色。

雌性后翅无暗色带，胸部具有明显的黄色斑纹，腹部更粗壮，与后翅等长。

分布：浙江（宁波、温州）、湖北、江西、福建、广东、香港、广西、云南。

（209）褐翅溪蟌 *Euphaea opaca* Selys, 1853（图版 IV-13）

Euphaea opaca Selys, 1853: 53.

主要特征：体型较大，全身包括头、躯体、翅、足均棕黑色。胸部条纹不明显。前后翅形状相似，翅痣黑褐色，覆盖12翅室。腹部颜色稍浅，第10腹节背面端部中央具1三角形突起。肛附器黑色。上肛附器稍长于第10节，宽而扁；下肛附器不发育。

雌性胸部具浅色条纹，翅透明，微带黄褐色，翅痣黑色，覆盖12翅室。腹部较雄性明显粗短。

分布：浙江（宁波、金华、丽水、温州）、安徽、湖北、福建、广东、香港、云南。

四十二、大溪螅科 Philogangidae

主要特征：体大型，强壮。翅狭长，前后翅形状相似，翅柄明显，到达弓脉水平处；方室完整，短，弓脉稍弯曲，结前横脉很多，翅痣明显。胸部强壮具斑纹，腹部较短，肛附器简单粗壮。

分布：东洋区。世界已知 1 属 4 种，中国记录 1 属 2 种，浙江分布 1 属 1 种。

108. 大溪螅属 *Philoganga* Kirby, 1890

Philoganga Kirby, 1890: 49. Type species: *Anisoneura montana* Hagen in Selys, 1859.

主要特征：大型豆娘，身体非常粗壮，翅狭长，具明显的翅柄，停息时平展，远观非常像差翅亚目种类。头及复眼很大。胸部结实具条纹。足黑色，非常粗壮。翅有多数结前横脉，翅痣黑色长、大。腹部相对翅较短。肛附器黑色，简单；上肛附器长、大，钳形；下肛附器退化。

分布：东洋区。世界已知 4 种，中国记录 2 种，浙江分布 1 种。

（210）壮大溪螅 *Philoganga robusta* Navás, 1936（图版 IV-14）

Philoganga robusta Navás, 1936: 43.

主要特征：大型种类，头部硕大，黑色，下唇黄褐色；上唇黄绿色，前缘具细的黑纹，基部黑色，中央有黑色侵入黄色区；上颚基部和颊黄绿色，并向上延伸至触角水平处和额的两侧；额中央黑色。头顶黑色，侧单眼上方有 1 黄色横纹；后头黑色，复眼后各有 1 大型黑色瘤状突起，突起的后方黄绿色。前胸黑色，有黄色斑纹，合胸背面黑色，合胸脊黄绿色，合胸侧面黄绿色具黑色纹。翅透明，翅脉黑色，翅痣黄色或褐黑色。足黑色，基节和转节的腹方黄色，股节腹方具 1 条黄色纵纹。腹部黑色，第 1 腹节大部分黄绿色，第 10 腹节背面具 1 对横斑。肛附器黑色。

雌性色斑与雄性相似，只是腹部更加短而粗壮。

分布：浙江（宁波、金华、台州、衢州、丽水、温州）、安徽、江西、福建、海南、贵州、广西、四川。

四十三、隼蟌科 Chlorocyphidae

主要特征：体小型，强壮，唇基突出如鼻，翅狭长具柄，方室完整，翅痣明显，停栖时翅束起。胸部强壮具斑纹，足具长刺，胫节有时略扩展。腹部短于翅，肛附器简单粗壮。

生物学：本科属于热带及亚热带种类，体色多变，雄性多有领域性。

分布：东洋区、旧热带区、澳洲区。世界已知 19 属 162 种，中国记录 5 属 20 种，浙江分布 2 属 2 种。

109. 阳鼻蟌属 *Heliocypha* Fraser, 1949

Heliocypha Fraser, 1949: 11. Type species: *Rhinocypha bisignata* Hagen in Selys, 1853.

主要特征：体小型，强壮，主要为蓝黑色条纹相间，分布广泛。唇基突出如鼻。翅狭长具柄，方室完整，翅大部分透明，端部具一定色斑，痣明显，停栖时翅束起。胸部强壮具斑纹，足具长刺，胫节有时略扩展；腹部短于翅，肛附器简单粗壮。

生物学：本属热带分布，雄性有领域性。

分布：东洋区。世界已知 9 种，中国记录 2 种，浙江分布 1 种。

（211）三斑阳鼻蟌 *Heliocypha perforata* (Percheron, 1835)（图版 IV-15）

Agrion perforata Percheron, 1835: 2.
Heliocypha perforata: Fraser, 1949: 13.

主要特征：小型种类，头部较大，唇基突出。前胸蓝色，穿插黑色斑纹，后叶有 1 紫色斑点；合胸背板黑色，中央有 1 紫色三角形斑，两侧为蓝色斑，合胸侧板蓝色，插入黑色纵纹。翅端部约 1/2 处黑色，具金属斑块。足黑色。腹部黑色，侧板蓝色三角形斑纹由基部至端部逐渐变小；肛附器黑色，上肛附器钳形。

分布：浙江（丽水、温州）、福建、台湾、广东、海南、香港、广西、贵州、云南。

110. 鼻蟌属 *Rhinocypha* Rambur, 1842

Rhinocypha Rambur, 1842: 49. Type species: *Rhinocypha tincta* Rambur, 1842.

主要特征：体小型，强壮，体色常以艳丽的橙色为主，杂以黑色、黄色条纹。唇基突出如鼻，翅狭长具柄，方室完整，翅大多透明，痣明显，停栖时翅束起。胸部强壮具斑纹，足具长刺，胫节有时略扩展。腹部相对扁平，短于翅；肛附器简单粗壮。

生物学：本属热带到亚热带分布，雄性有强烈领域性。

分布：东洋区。世界已知 46 种，中国记录 4 种，浙江分布 1 种。

（212）线纹鼻蟌 *Rhinocypha drusilla* Needham, 1930（图版 IV-16）

Rhinocypha drusilla Needham, 1930: 221.

主要特征：小型种类，头部较大，唇基突出。前胸黑色，穿插黄色条纹；合胸黑色，背面具黄色细条纹，两侧具较大不规则黄色斑。翅端部黑褐色。足黑色，胫节内面白色。腹部背面鲜明的橙色，基部几节侧面具黄色斑，腹面黑色；肛附器黑色，上肛附器钳形。

分布：浙江（衢州、丽水、温州）、安徽、福建、广西、四川、贵州。

四十四、螅科 Coenagrionidae

主要特征：小型，身体细小，体表颜色多样，多为蓝、黄、红、绿色等。翅脉较简单，翅室较少，具柄，多透明。足短具短刺。腹部细长，肛附器及阳茎结构较复杂。

生物学：生活环境多样，多出没于静水的湖泊、池塘、沼泽、湿地、水田等水域，不善于飞行，大部分时间落在草间。

分布：世界广布。世界已知 124 属 1368 种，中国记录 14 属 66 种，浙江分布 7 属 16 种。

分属检索表

1. 弓脉明显在第 2 结前横脉外侧 ··小螅属 *Agriocnemis*
   弓脉位于第 2 结前横脉之下或很靠近第 2 结前横脉 ··· 2
2. 雌性第 8 腹节腹板有端刺 ··· 3
   雌性第 8 腹节腹板无端刺 ··· 4
3. 前后翅翅痣颜色和形状均不同；第 10 腹节背面末端具 1 帽状突起 ··异痣螅属 *Ischnura*
   前翅比后翅的翅痣大，颜色相同；腹部常很细长 ···狭翅螅属 *Aciagrion*
4. 前翅不具 AA 脉 ··· 5
   前翅具明显的 AA 脉；足胫节上的刺长从不大于其间距的 2 倍 ·· 6
5. 额上具隆线；无单眼后色斑；头和胸颜色均匀，无明显斑纹 ··黄螅属 *Ceriagrion*
   额上无隆线；具单眼后色斑；胸部多具深色斑纹 ···斑螅属 *Pseudagrion*
6. 尾须末端叉状，短于肛侧板 ···螅属 *Coenagrion*
   尾须具粗壮基刺，末端不呈叉状，多长于肛侧板 ···尾螅属 *Paracercion*

111. 狭翅螅属 *Aciagrion* Selys, 1891

Aciagrion Selys, 1891: 509. Type species: *Pseudagrion hisopa* Selys, 1876.

主要特征：体小型，通常很纤细，蓝色或紫罗蓝色具黑色斑纹。翅很狭窄，翅端稍尖锐，透明。翅痣狭，菱形，覆盖小于 1 翅室，前翅的翅痣大，约为后翅翅痣的 2 倍。前翅结后横脉 10–13 条，方室外后角尖锐。弓脉在第 2 结前横脉处，ab 起点与 ac 在后翅翅缘相遇，ac 位于两结前横脉之间。头狭，通常具眼后斑；胸部纤细，前胸后叶圆，简单；腹部中等长或很长，肛附器很短。雌性第 8 腹节具腹刺。

分布：东洋区。世界已知 25 种，中国记录 4 种，浙江分布 1 种。

（213）针尾狭翅螅 *Aciagrion migratum* (Selys, 1876)

Pseudagrion migratum Selys, 1876: 507.
Aciagrion migratum: Davies & Tobin, 1984: 34.

主要特征：头部下唇黄色，上唇、上颚基部、颊、前唇基和额蓝绿色，后唇基黑色，后头黑色，复眼下 2/3 褐色，上方黑色，前单眼黄色，后单眼褐色，有蓝绿色后头条。前胸黑色，前叶有 1 蓝绿色条纹，中后叶侧板蓝绿色；合胸浅蓝色或绿色，合胸脊黑色，沿中胸侧缝有 1 黑色条纹。腹部第 1 节为蓝绿色，第 8–10 节及肛附器为浅蓝色，第 2–7 节背板黑色，腹板浅黄色。足浅蓝色并混有黑色条纹。

雌性体色与雄性相似，腹部更加粗壮。

分布：浙江（丽水、温州）、福建、台湾、四川、云南；印度，东南亚。

112. 异痣蟌属 *Ischnura* Charpentier, 1840

Ischnura Charpentier, 1840: 20. Type species: *Agrion elegans* Vander-Linden, 1820.

主要特征：体小型，纤细；无金属色，通常为明亮的赤黄色，具黑色、蓝色或绿色斑纹。翅透明，雄性前后翅翅痣的形状和色彩不同，前翅翅痣色深，稍大，后翅翅痣色淡，稍小。结后横脉在前翅 8–10 条，后翅 6–7 条。方室外后角尖锐；弓脉的分脉从弓脉的下方分出，由起点分歧。弓脉位于第 2 结前横脉水平处；ab 存在，完整，起点前于 ac。头狭，眼后斑存在。胸粗短，通常具 1 对肩前条纹。雌性第 8 节具腹刺。

分布：世界广布。世界已知 70 种，中国记录 10 种，浙江分布 2 种。

（214）东亚异痣蟌 *Ischnura asiatica* (Brauer, 1865)（图版 IV-17）

Agrion asiaticum Brauer, 1865: 509.
Ischnura asiatica: Selys, 1876: 21.

主要特征：雄性体长 28 mm，腹部长（连肛附器）22 mm，后翅长 13 mm。下唇黄色，基方一半黑色，端方一半绿褐色。上颚基部、颊和前唇基绿褐色，额的前方绿褐色，后方黑色。头顶和后头黑色，圆形眼后斑蓝色，后头后缘中央有 1 黄褐色狭斑纹。前胸背面黑色，侧面黄色；前叶黄色，前缘黑色，后叶黑色，后缘黄色。合胸背面黑色，延伸至肩缝线下方，肩前条纹黄绿色。合胸侧面和腹面黄绿色，前侧缝线上方为一小段黑纹覆盖，后侧缝线有深色细纹，上方一段稍宽。翅透明，前翅翅痣大，红褐色，翅痣上方 1/3 色淡。后翅翅痣小，淡黄褐色。结后横脉在前翅 8–9 条，后翅 7–8 条。足黄色，股节背面黑色。腹部第 1–8 节背面黑色，第 9 节蓝色，第 10 节背面黑色，侧面蓝色；第 1–5 节侧面红黄色，第 6–7 节褐红色。上肛附器短于第 10 节的 1/2，基部背面具 1 黑色锐齿，端部扩张，扭曲朝向下方。下肛附器约等于第 10 节长的 1/2，基部宽，端部尖锐，向内钩曲。

雌性体长 31 mm，腹部长（连产卵器）25 mm，后翅长 16 mm。雌性合胸背面黄绿色，背中黑色条纹宽；前后翅的翅痣色彩相同，腹部背面黑色，侧面黄绿色。

分布：浙江、全国广布。

（215）褐斑异痣蟌 *Ischnura senegalensis* (Rambur, 1842)（图版 IV-18）

Agrion senegalense Rambur, 1842: 190.
Ischnura senegalense Selys, 1876: 27.

主要特征：雄性头部下唇黄色，上唇、上颚基部、颊和前唇基黄绿色，复眼顶部有 2 个绿色斑点，复眼与前单眼同一水平以上处为黑色，以下为绿色。前胸背方黑色，其余为绿色，合胸绿色，合胸脊黑色，沿节间缝方向有 1 黑色条纹。腹部第 1 节绿色，第 2–7 节背面黑色，第 8 节蓝色，第 9 节背面黑色，侧面蓝色，第 10 节及肛附器为黑色，腹面均为黄绿色。足黄绿色，股节外侧黑色。翅痣靠近基部 1/2 黑色，另 1/2 从翅基部向端部由深色渐变为浅蓝色。

雌性下唇黄色，上唇、上颚基部、颊和前唇基橘黄色，头顶黑色，后头条橘黄色，复眼顶部深褐色，其余橘黄色；前胸铅灰色，合胸橘黄色，合胸脊黑色；腹部背面黑色，第 1、2 节腹面橘黄色，第 3–10 节蓝绿色；足橘黄色，有不规则深褐色色块。

分布：浙江（杭州、绍兴、宁波、舟山、衢州、丽水、温州）、南方广布。

113. 尾蟌属 *Paracercion* Weekers *et* Dumont, 2004

Paracercion Weekers *et* Dumont, 2004: 181. Type species: *Agrion hieroglyphicum* Brauer, 1865.

主要特征：体小型，较纤细，无金属光泽，通常黑色具蓝色斑纹或蓝色具黑色斑纹。翅透明，臀脉从翅边缘分离的起点接近 Ac；方室短，雄性肛附器复杂，雌性第 8 节无腹刺。生活于静水水面。

分布：古北区、东洋区。世界已知 9 种，中国记录 7 种，浙江分布 4 种。

分种检索表

1. 下肛附器具两端有刺的斜脊 ·· 捷尾蟌 *P. v-nigrum*
- 下肛附器只具 1 刺 ··· 2
2. 刺着生于下肛附器的中间，上弯遮盖上肛附器基刺 ·································· 隼尾蟌 *P. hieroglyphicum*
- 刺着生于下肛附器侧面，且不在端部 ··· 3
3. 背面观上肛附器叉开，长约等于第 10 腹节 ··· 蓝纹尾蟌 *P. calamorum*
- 背面观上肛附器平行，长约小于第 10 腹节 ·· 蓝面尾蟌 *P. melanotum*

（216）隼尾蟌 *Paracercion hieroglyphicum* (Brauer, 1865)（图版 IV-19）

Agrion hieroglyphicum Brauer, 1865: 510.

Paracercion hieroglyphicum: Dumont, 2004: 361.

主要特征：头部下唇黄色；上唇、上颚基部、颊和前唇基黄色，上唇基部有 3 个小黑点，老熟标本上唇褐黑色，边缘淡色；后唇基黑色，前缘狭的黄色，中央有 1 对黄色横斑。触角褐色，第 1–2 节色淡，中央单眼两侧各具 1 黄色小斑。头顶和后头黑色，眼后斑蓝色，后头后缘有 1 条黄色横纹。前胸黑色，前叶前缘和后叶后缘黄色。合胸背面黑色，并延伸至肩缝线下方，肩前条纹和肩条纹黄绿色，老熟标本肩前条纹和肩条纹缩短或消失。合胸侧面蓝色，前侧缝线上方 1/3 和后侧缝线上方 1/4 为黑色细纹覆盖。足黄色，股节背面黑色。翅透明，翅痣淡褐色，结后横脉 8–9 条在前翅，后翅 7–8 条。腹部背面黑色，侧面蓝色。第 1 节背面蓝色基部具黑色斑；第 2 节背面黑色；第 3–7 节背面黑色，具狭的蓝色基环；第 8–10 节蓝色，第 8 节背端部常具"V"字形黑色斑，第 10 节常具"X"字形黑色斑。肛附器短，上肛附器基部具 1 向下弯曲的内齿。

雌性体长 31 mm，腹部长（连产卵器）24 mm，后翅长 17 mm。雌性色彩与未老熟雄性相似，但腹部第 8–10 节黑色，无其他斑纹。

分布：浙江、全国广布；朝鲜，日本。

（217）捷尾蟌 *Paracercion v-nigrum* (Needham, 1930)（图版 IV-20）

Coenagrion v-nigrum Needham, 1930: 269.

Paracercion v-nigrum: Dumont, 2004: 361.

主要特征：头部下唇淡黄色，面部蓝色，具黑斑，头顶基本黑色，具蓝色单眼后色斑，复眼下半部蓝色，上半部分黑色，触角大部分黑色。前胸背板黑色，侧面蓝色，合胸背面黑色，肩前条纹蓝色，合胸侧面蓝色。翅透明。足淡黄色，具暗褐色斑，具短刺。腹部整体黑色具蓝色斑，侧下面蓝色；肛附器背面黑色，其余蓝色。

分布：浙江、全国广布；朝鲜，日本。

（218）蓝纹尾蟌 *Paracercion calamorum* (Ris, 1916)（图版 IV-21）

Agrion calamorus Ris, 1916: 32.
Paracercion calamorum: Dumont, 2004: 361.

主要特征：成熟个体被霜，头灰白色，触角黑色，复眼下半部分黄色，其余黄褐色，具 2 个蓝色眼后斑。合胸成熟个体被霜，未成熟个体未覆盖霜部分具金属光泽。腹部背面第 1–7 节有金属光泽，第 8–10 节蓝色，腹部连接处附近有黑色环状条纹，肛附器黑色。翅痣灰蓝色或褐色。

雌性个体未被霜，与雄性不同点如下：上唇、上颚基部、颊和前唇基黄色，头顶黑色；合胸背部具金属光泽，侧面浅蓝色；腹部背面具金属光泽，腹面浅蓝色；足浅蓝色，具不规则黑色斑纹，腹部较粗壮。

分布：浙江、全国广布；朝鲜，日本。

（219）蓝面尾蟌 *Paracercion melanotum* (Selys, 1876)（图版 IV-22）

Enallagma melanotum Selys, 1876: 538.
Paracercion melanotum: Dumont, 2004: 361.

主要特征：头部下唇淡黄色，面部蓝色，具黑斑，头顶基本黑色，具蓝色单眼后色斑，复眼下半部蓝色，上半部分黑色，触角黑色。前胸背板黑色，侧面蓝色，合胸背面黑色，肩前条纹蓝色，合胸侧面蓝色。腹部蓝色，第 1–7 节背面具褐色金属光泽条纹，肛附器黑色。足浅蓝色，股节外侧黑色。

雌性不同点如下：复眼下半部深黄绿色，上半部褐绿色，合胸背板深黄绿色，合胸脊黑色，沿节间缝方向有黑色条纹，侧板蓝色；腹部背板褐色金属光泽，侧板蓝色。

分布：浙江、全国广布；朝鲜，日本。

114. 小蟌属 *Agriocnemis* Selys, 1877

Agriocnemis Selys, 1877: 135. Type species: *Agriocnemis lacteola* Selys, 1877.

主要特征：最小型的纤细豆娘；无金属色，通常蓝色具黑色斑纹，或腹端部黄色，雌性色彩多样。翅透明，翅痣很小，覆盖小于 1 翅室，菱形，结后横脉 5–6 条，稀有 9 条。arc 远离第 2 结前横脉，ab 和 1A 连接处成角。

分布：东洋区、旧热带区、澳洲区。世界已知 44 种，中国记录 7 种，浙江分布 3 种。

分种检索表

1. 上肛附器长度比下肛附器短 ·· 杯斑小蟌 *A. femina*
- 上肛附器长度比下肛附器长 ··· 2
2. 腹部整体呈乳白色，仅前 3 节背面有很少的黑斑 ··· 白腹小蟌 *A. lacteola*
- 腹部整体绿色，背面有黑色斑纹，腹部末端几节橘红色 ······························ 黄尾小蟌 *A. pygmaea*

（220）杯斑小蟌 *Agriocnemis femina* (Brauer, 1868)（图版 IV-23）

Agrion femina Brauer, 1868: 554.
Agriocnemis femina: Selys, 1877: 135.

主要特征：下唇淡黄色，上唇黑色具铜色光泽；上颚基部、颊、前唇基和额横纹绿色；后唇基、头顶和后头黑色具铜色光泽，后头具圆形天蓝色眼后斑。前胸背面黑色，侧面蓝绿色；前叶和后叶后缘蓝绿色。合胸背面和中胸后侧片黑色，淡蓝色肩前条纹狭；合胸侧面和腹面绿色。足淡黄色，股节背面黑色，刺黑色。老熟标本头部、胸部和足皆被白色粉。翅透明，翅痣黄色，覆盖 1 翅室，结后横脉在前翅 5–6 条，后翅 4 条。腹部背面黑色，具铜色光泽；腹面黄绿色，有些标本第 8–10 节红黄色。肛附器黄色。上肛附器短，约同第 10 节等长，基部宽，基部内缘下方具 1 强齿突；中部和端部变细，圆锥形。下肛附器长为上肛附器的 2 倍；基部宽，稍弯曲，圆筒形，末端钝；端部内下方具簇状硬毛，端内缘具 1 短钝齿。

雌性上唇黑色，前缘黄色；后唇基黑色；后头黑色，具蓝色眼后斑。前胸背面黑色，侧面绿黄色。合胸背面黑色，具绿色肩前条纹，侧面绿黄色。腹部背面黑色，腹面蓝绿色。肛附器小，圆锥形。

分布：浙江、南方广布；日本，东南亚。

（221）白腹小蟌 *Agriocnemis lacteola* Selys, 1877（图版 **IV-24**）

Agriocnemis lacteola Selys, 1877: 144.

主要特征：下唇白色；上唇奶白色，上颚基部和颊淡蓝色；额、头顶和后头黑色，后唇基的基部具黑纹，后头后缘中央具淡黄色条纹，与眼后斑相连接或靠近。前胸背面黑色，侧面浅黄色或蓝白色；前叶奶白色，后叶后缘具白色细纹。合胸背面至前侧缝线黑色，具狭的淡黄色肩前条纹，合胸侧面淡蓝色，后侧缝线上端具小黑斑，合胸腹面白色。足白色，股节背面具黑纹，刺黑色。翅透明，翅痣淡黄色，中央褐色，覆盖小于 1 翅室，结后横脉在前翅 6–7 条，后翅 5–6 条。腹部乳白色；第 1 节背面黑色，第 2 节黑色背条纹占节长的 3/4，第 3 节背条纹锥形。肛附器乳白色；上肛附器长同第 10 节，侧面观略呈三角形，末端钝，基部具 1 尖锐的腹齿，朝向下方；下肛附器很短，部分隐藏在第 10 节下方，具 1 朝向上方的强齿和朝向后方的短齿。

雌性色彩与雄性有差异：头部唇基、上颚基部和颊天蓝色，眼后斑大。腹部蓝绿色，第 1–8 节背面具宽的黑色条纹，第 9 节基部具宽的三角形黑色斑。

分布：浙江（嘉兴、杭州、绍兴、宁波、金华、丽水、温州）、福建、广东、海南、香港、广西、贵州、云南。

（222）黄尾小蟌 *Agriocnemis pygmaea* (Rambur, 1842)（图版 **IV-25**）

Agrion pygmaea Rambur, 1842: 278.

Agriocnemis pygmaea: Selys, 1877: 135.

主要特征：头部黑色，上唇浅绿色，基部褐色；前唇基灰色，后唇基黑色有光泽；额前边褐色，颊和下唇暗黄色，头的腹面黑色。复眼顶部黑色，下半部绿色，眼后斑浅绿色；前胸浅绿色，合胸绿色，合胸脊黑色，中胸后侧片上有 1 黑色条纹；腹部上方黑色，下方绿色，第 8–10 节及肛附器橘黄色；足黑色。

雌性头部橘红色，头顶深褐色，触角褐色，复眼顶部褐色，下部绿色；前胸橘红色，合胸橘红色，合胸脊褐色，与橘红色交界处有 1 浅紫色条纹，腹面白色；腹部橘红色，第 5–10 节背面深褐色；足浅黄色，有深色不规则斑纹。

分布：浙江、南方广布；日本，东南亚。

115. 黄蟌属 *Ceriagrion* Selys, 1876

Ceriagrion Selys, 1876: 525. Type species: *Agrion cerinorubellum* Brauer, 1865.

主要特征：小型豆娘，体较细，无金属色，通常具黄色、橙色或橄榄绿色，稀有蓝色和黑色条纹。翅透明，翅痣菱形，狭，内外两边斜，有支持脉，覆盖约1翅室，前翅结后横脉10–12条，方室外后角尖锐。弓脉分脉的起点从弓脉下方生出，弓脉位于第2结前横脉处，或很接近。ac存在，完整，ab起点与ac在翅后缘相遇，ac起点接近第1结前横脉。头狭，额具横隆脊，后头眼后色斑通常缺失。胸部狭长，雌性后叶简单，腹部较细。上肛附器短，具钩，下肛附器较长，圆锥形，雌性第8节无腹刺。

分布：古北区、东洋区、旧热带区。世界已知51种，中国记录12种，浙江分布4种。

分种检索表

1. 腹部第1–6节鲜艳黄色，后几节背面黑色 ··· 2
- 腹部颜色均一，无明显斑纹，一般不呈鲜艳黄色 ·· 3
2. 第7腹节向后背面的黑色逐渐扩大，第9、10节几乎完全黑色；合胸脊黑色 ········· 长尾黄蟌 *C. fallax*
- 第7腹节向后背面的黑色逐渐扩大但始终未扩达侧面；合胸脊浅色 ··············· 短尾黄蟌 *C. melanurum*
3. 胸部橄榄绿色 ·· 翠胸黄蟌 *C. auranticum*
- 胸部和腹部颜色均一，雄性为棕红色 ·· 赤黄蟌 *C. nipponicum*

（223）赤黄蟌 *Ceriagrion nipponicum* Asahina, 1967（图版 IV-26）

Ceriagrion nipponicum Asahina, 1967: 302.

主要特征：头部黄色，上唇具光泽，额后面的缝线具很狭的黑色纹。胸部红褐色，侧面色淡。翅透明，脉深褐色，弓脉在或稍超过第2结前横脉处，翅柄在ac处。腹部深红色，无黑色斑纹。肛附器很短，上肛附器和下肛附器几乎等长，小于第10节长的一半。上肛附器亚端部具1齿突，朝向下内方，背面观上肛附器呈三角形。雌性头部和胸部淡绿褐色，上唇黄色。未老熟标本腹部淡褐色，老熟标本红褐色。

分布：浙江、南方广布；日本。

（224）翠胸黄蟌 *Ceriagrion auranticum* Fraser, 1922（图版 IV-27）

Ceriagrion auranticum Fraser, 1922: 236.

主要特征：头部下唇淡黄色；上唇、颊、上颚基部、唇基和额黄绿色；头顶和后头褐色。前胸和合胸绿色，翅透明，翅痣淡褐色，ab起点位于ac水平处，结后横脉在前翅12条，后翅11条。足黄色，具黑色刺。腹部朱红色，下面色淡。上肛附器很短，侧面观端部向下方弯曲，背面观末端具1小齿突，朝向内方；下肛附器长于上肛附器，侧面观基部宽，端部尖锐，斜向背上方。

雌性色彩与雄性相似，一般背面色暗，腹部不甚红。

分布：浙江、南方广布；日本，东南亚。

（225）长尾黄蟌 *Ceriagrion fallax* Ris, 1914（图版 IV-28）

Ceriagrion fallax Ris, 1914: 47.

主要特征：下唇、上唇、颊、上颚基部、唇基和额黄色，头顶和后头黄褐色；复眼上部绿色，下部黄绿色，触角褐色。前胸、合胸黄绿色，肩缝等黑色。足黄色。翅痣黑色。腹部黄色，第7–10节上方黑色，下方黄色，肛附器黑色。

雌性头部、前胸、合胸颜色较雄性暗淡，杂以不规则褐色色斑；腹部第1–5节背面褐色，第6–10节背面黑色，腹面黄色。

分布：浙江、南方广布；印度，东南亚。

（226）短尾黄蟌 *Ceriagrion melanurum* Selys, 1876（图版 IV-29）

Ceriagrion melanurum Selys, 1876: 529.

主要特征：下唇、上唇、颊、上颚基部、唇基和额黄色，头顶和后头黄褐色；复眼上部绿色，下部黄绿色，触角褐色。前胸、合胸黄绿色；足黄色；翅痣黑色。腹部黄色，第 7-10 节上方黑色，下方黄色，肛附器黑色。

雌性头部、前胸、合胸颜色较雄性暗淡，杂以不规则褐色色斑；腹部第 1-5 节背面褐色，第 6-10 节背面黑色，腹面黄色。

本种与长尾黄蟌酷似，但腹部末端的黑色斑纹较小，仅覆盖在背面。

分布：浙江、南方广布；日本，东南亚。

116. 蟌属 *Coenagrion* Kirby, 1890

Coenagrion Kirby, 1890: 148. Type species: *Libellula puella* Linnaeus, 1758.

主要特征：体小型，较纤细，无金属光泽，通常黑色具蓝色斑纹或蓝色具黑色斑纹，翅透明，臀脉从翅边缘分离的起点接近 Ac；方室短，雄性肛附器复杂，尾须无基刺，多短于肛侧板。雌性第 8 节无腹刺。生活于静水水面。

分布：古北区、东洋区。世界已知 28 种，中国记录 11 种，浙江分布 1 种。

（227）多棘蟌 *Coenagrion aculeatum* Yu *et* Bu, 2007（图版 IV-30）

Coenagrion aculeatum Yu *et* Bu, 2007: 55.

主要特征：头部黑色，眼后斑蓝色。前胸前叶蓝色，中、后叶黑色；合胸蓝色，合胸脊黑色，沿中胸侧缝有 1 道黑色条纹。腹部第 1 节蓝色，第 2-5 节背面蓝色，节与节结合处黑色，第 6 节黑色，第 7 节端部蓝色，基部黑色，第 8、9 节蓝色，第 10 节及肛附器黑色。足深蓝色，内侧黄色。翅痣蓝灰色。

雌性腹部第 1-4 节侧板有蓝色纵纹，第 5-7 节有黄色纵纹，第 8-9 节背板结合处有蓝色环纹，第 10 节蓝色。

分布：浙江（杭州、绍兴、宁波）、安徽、重庆、贵州。

117. 斑蟌属 *Pseudagrion* Selys, 1876

Pseudagrion Selys, 1876: 490. Type species: *Agrion furcigerum* Rambur, 1842.

主要特征：小型种类，较纤细，无金属光泽，颜色及斑纹多样，有蓝黑斑纹或蓝色具霜等，翅透明，方室短，雄性肛附器复杂，尾须多具基刺，多长于肛侧板。雌性与雄性斑纹不同，多浅褐色斑纹，腹部较粗壮。

分布：东洋区。世界已知 159 种，中国记录 7 种，浙江分布 1 种。

（228）褐斑蟌 *Pseudagrion spencei* Fraser, 1922（图版 IV-31）

Pseudagrion spencei Fraser, 1922: 47.

主要特征：头顶黑色，触角黑色，复眼蓝色，顶端褐色，眼后斑蓝色。前胸蓝色，具黑色斑纹；合胸蓝色，合胸脊黑色，两侧各有 1 黑色条纹。腹部第 1 节蓝色，第 2 节蓝色且端部和基部都有 1 黑色色块，第 3–7 节背面黑色，侧面蓝色，第 8–10 节蓝色，肛附器黑色。足蓝色且外侧有深色条纹。

分布：浙江（绍兴、宁波、金华、温州）、江西、福建、广东、海南、广西、四川、贵州、云南。

四十五、扇蟌科 Platycnemididae

主要特征：大多小至中型，身体细长；头横宽，复眼间距大；体表颜色多样，多为蓝、黄、红、绿色等；翅通常透明，翅脉简单，翅室较少；足较短，具长刺，部分种类胫节特异性膨大。臀脉和 CuP 存在；方室长为宽的 2–3 倍，前边和后边几相等；MA 和 IR$_3$ 走向平直；翅痣覆盖 1 翅室。

分布：古北区、东洋区。世界已知 42 属 476 种，中国记录 5 属 40 种，浙江分布 5 属 6 种。

分属检索表

1. CuA 脉缺失 ·· 微桥蟌属 *Prodasineura*
- CuA 正常 ·· 2
2. 前翅方室的上边比下边短 1/5 以上 ·· 3
- 前翅方室的上边与下边等长或近等长 ·· 4
3. 翅柄到达 ac 水平处 ·· 长腹扇蟌属 *Coeliccia*
- 翅柄未到达 ac 水平处 ·· 丽扇蟌属 *Calicnemia*
4. 触角第 2 节长如第 3 节 ·· 狭扇蟌属 *Copera*
- 触角第 3 节长等于第 1 节与第 2 节之和 ·· 扇蟌属 *Platycnemis*

118. 长腹扇蟌属 *Coeliccia* Kirby, 1890

Coeliccia Kirby, 1890: 128. Type species: *Platycnemis membranipes* Rambur, 1842.

主要特征：中型种类，极纤细，头狭，复眼小，腹部极长。体黑色具蓝色或黄色斑纹。翅透明，翅端圆；方室长方形，后外角尖锐。弓脉分脉从弓脉下方分出，在起点稍分离；ac 位于稍接近第 2 结前横脉水平处，ab 存在；翅痣小；方室至翅结之间具 2–3 翅室。

分布：古北区、东洋区。世界已知 79 种，中国记录 10 种，浙江分布 1 种。

（229）黄纹长腹扇蟌 *Coeliccia cyanomelas* Ris, 1912（图版 IV-32）

Coeliccia cyanomelas Ris, 1912: 66.

主要特征：头部黑色，前唇基和颊蓝色，额前缘蓝色纹与颊相连；侧单眼与触角之间具 1 天蓝色斑纹，后头具 1 对黄色眼后斑。前胸背面褐色，侧面蓝色；合胸背面褐色，具前、后 2 对天蓝色条纹，合胸侧面天蓝色，第 2 侧缝线具黑色条纹，覆盖气门。翅透明，翅痣黑褐色。足黄色。腹部黑色具天蓝色斑纹。肛附器蓝色，上肛附器中部腹缘具 1 齿突，朝向下方；下肛附器稍长于上肛附器，基部宽，端部圆锥形，向下方弯曲。

雌性下唇、上唇和上颚基部及颊黄绿色；中央单眼与侧单眼之间具 1 对黄绿色斑点；额前缘与颊具黄绿色横纹，后头两侧各具 1 黄色斑。胸部背面黑色，侧面黄色；合胸背面肩前条纹黄色，第 2 侧缝线有黑纹覆盖。腹部第 1 节黄色，背中条纹褐色；第 2–9 节背面黑色，侧面具黄色斑，第 10 节黑色。肛附器很短，黑色，三角形。

分布：浙江、南方广布；日本，东南亚。

119. 狭扇蟌属 *Copera* Kirby, 1890

Copera Kirby, 1890: 129. Type species: *Platycnemis marginipes* Rambur, 1842.

主要特征：体小至中型，触角第 2 节与第 3 节等长。雄性胫节稍扩大成扇状，而雌性不扩大。体色多样，多蓝色、黄色、褐色、白色等，生活于静水及部分流动水体中。

分布：东洋区。世界已知 9 种，中国记录 5 种，浙江分布 1 种。

（230）白狭扇蟌 *Copera annulata* (Selys, 1863)（图版 IV-33）

Psiocnemis annulata Selys, 1863: 172.
Copera annulata: Fraser, 1933: 23.

主要特征：头部下唇淡黄色，面部下半部分白色略带蓝色，上半部分及头顶黑色，具蓝色单眼后色斑，触角大部分黑色。前胸黑色，侧面具蓝白色横纹，合胸背面黑色，具蓝白色肩前条纹，合胸侧面蓝色。翅透明。足白色，具黑色斑，中后足胫节稍膨大，具长刺。腹部整体黑色，侧下面蓝白色；肛附器蓝色，末端黑色。

分布：浙江、南方广布；日本，东南亚。

120. 扇蟌属 *Platycnemis* Burmeister, 1839

Platycnemis Burmeister, 1839: 882. Type species: *Libellula pennipes* Pallas, 1771.

主要特征：体小型，纤细，奶白色或淡蓝色具黑色或褐色斑纹。头狭，眼小，第 3 节触角长为第 1 与第 2 节之和。翅透明，翅端适度圆，接近镰形；翅柄到达第 1 结前横脉水平处；方室长形；弓脉分脉从弓脉下方分出，从起点分歧；ac 位于两结前横脉中央，ab 存在。中后足胫节常明显扩展成扇形。

分布：古北区、东洋区。世界已知 12 种，中国记录 3 种，浙江分布 1 种。

（231）叶足扇蟌 *Platycnemis phyllopoda* Djakonov, 1926（图版 IV-34）

Platycnemis phyllopoda Djakonov, 1926: 231.

主要特征：下唇、上唇、唇基、颚及颊均为淡蓝色，额基部两侧为淡蓝色，其余黑色，后单眼后侧有 3 块白斑，头顶墨绿色带有金属光泽；复眼下部淡蓝色，上部黑色，且在额至头顶的水平位置，沿复眼轮廓有 1 圈白色斑纹。前胸墨绿色，带金属光泽，两侧各 1 浅绿色纵纹；合胸浅绿色，合胸脊金属墨绿色，两侧侧板各具金属墨绿色宽纹，宽纹中有些许浅绿色细纹插入其中。腹部 1–8 节背板金属墨绿色，腹板浅绿色，第 9 节全为金属墨绿色，第 10 节腹板及肛附器浅绿色。足基节及股节外侧黑色，内侧浅绿色，中后足胫节白色极度膨大，呈扇子状。

雌性不同点如下：前后单眼之间为褐色，雄性为浅蓝色位置均为浅褐色；足胫节无膨大。

分布：浙江、全国广布；朝鲜，日本。

121. 丽扇蟌属 *Calicnemia* Strand, 1928

Calicnemia Strand, 1928: 46. Type species: *Calicnemis eximia* Selys, 1863.

主要特征：小型豆娘，红色或明亮的黄色，具黑色斑纹。头狭，眼小，前胸后叶圆，简单。翅透明，翅端圆，翅柄中等长，方室后外角尖锐，ac 位于稍接近第 1 结前横脉处，ab 完整，方室至亚翅结之间 3 翅室。腹部圆筒形，中等粗壮。

分布：东洋区。世界已知 23 种，中国记录 11 种，浙江分布 1 种。

(232) 华丽扇蟌 *Calicnemia sinensis* Lieftinck, 1984（图版 IV-35）

Calicnemia sinensis Lieftinck, 1984: 353.

主要特征：下唇黄色，上颚基部和颊黄色；上唇、唇基和额红褐色，上唇基部中央具 1 锐三角形黑色斑楔入，后唇基具 1 对模糊的小黑斑。头顶和后头天鹅绒黑色，两眼间 1 条红褐色狭条纹覆盖中央单眼，后头具黄褐色条纹状眼后斑。前胸黑色，侧面具灰白色粉被；合胸黑色，微带金属绿光泽，肩前条纹狭，灰白色或模糊不清；后胸前侧片具 1 黄色条纹，覆盖气门，后胸后侧片黄色带宽；合胸腹面黄色。翅透明，翅痣红褐色，覆盖 1–2 翅室；结后横脉在前翅 18–20 条，后翅 15–17 条。足黑褐色，基节、转节和股节被粉。腹部红色，或第 1–2 节黑色，第 1 节侧面具 1 黄色小斑，第 9–10 节背面黑色；肛附器红色或黑色；上肛附器长于第 10 节，亚基部具 1 长的腹齿；下肛附器长于上肛附器，末端弯曲，朝向下方。

雌性色彩与雄性区别如下：头部黄色代替红色。前胸侧面黄色，合胸肩前条纹黄色，后胸侧片黄色，后侧缝线覆盖 1 宽的黑色条纹。足黄色。腹部红黄色，第 1–2 节和第 9–10 节背面黑色。野外观察雄性挟着雌性在苔藓中产卵，苔藓生长在潮湿有流水的岩石上。

分布：浙江（丽水）、湖南、福建、广东、香港、云南。

122. 微桥蟌属 *Prodasineura* Cowley, 1934

Prodasineura Cowley, 1934: 202. Type species: *Alloneura dorsalis* Selys, 1860.

主要特征：小型种类；颜色多样，主要为黑、蓝、红、黄色等；胸部紧凑结实；翅脉简单，MP 脉退化，CuA 脉缺失；腹部大多非常细长，方室长是宽的 3 倍以上，基本呈矩形。

生物学：生活在热带亚热带地区，主要在活水中，体色多样而艳丽，身形纤细但结实，飞行能力较强。

分布：东洋区。世界已知 37 种，中国记录 9 种，浙江分布 2 种。

(233) 龙井微桥蟌 *Prodasineura longjingensis* (Zhou, 1981)

Caconeura longjingensis Zhou, 1981: 61.
Prodasineura longjingensis: Davies & Tobin, 1984: 37.

主要特征：下唇褐色，上唇黄色，头的其余部分黑色。头顶在两复眼之间有 1 条中等宽的断续的橙黄色条纹，分割成 3 段，覆盖前单眼。前胸黑色，侧面有橙色斑；合胸黑色，背面整个橙色，合胸脊细的黑色，侧面有 2 条斜纹。足黑色。翅透明，翅痣黑褐色，菱形，覆盖 1 个半翅室。腹部黑色，肛附器长于第 10 节，上肛附器肿胀成圆锥形，末端尖，淡黄青色。

雌性色彩与雄性相似，上唇、下颚基部和颊及前唇基黄色，两复眼之间有 1 条中等宽的黄色条纹。合胸背面肩前条纹狭。腹部第 8–9 节侧面有黄色纵纹，背面有黄青色斑，较粗壮。

分布：浙江（杭州）。

(234）乌微桥螅 *Prodasineura autumnalis* (Fraser, 1922)（图版 IV-36）

Caconeura autumnalis Fraser, 1922: 43.
Prodasineura autumnalis: Davies & Tobin, 1984: 38.

主要特征：下唇褐色；上唇绿黑色，前唇基深褐色，头的其余部分黑色。前胸和合胸黑色；老熟标本无斑纹，侧面和腹面被白粉。足黑色，翅透明，翅痣深红褐色，覆盖 1 翅室。腹部黑色，第 3–7 节具小的成对白色基背斑。肛附器黑色；上肛附器长如第 10 节，基部宽，圆锥形，端部尖，腹齿粗壮。下肛附器淡褐色，端部白色，向上卷曲。

雌性与未老熟雄性相似。两眼之间具 1 条浅色横条纹，覆盖中央单眼。后唇基黄褐色，中央具 1 黑色斑。头的其余部分黑色。前胸、合胸黑色，肩前条纹黄色，翅透明，翅痣褐色。腹部黑色，侧面具黄色条纹，第 3–7 节具基斑。

分布：浙江（宁波）、福建、广东、海南、广西、贵州、云南。

四十六、丝螅科 Lestidae

主要特征：体多小至中型，身体相对粗壮；体表颜色较单一暗淡，多蓝、黄色等，部分类群具金属光泽绿色，体表有时被霜；翅通常透明，翅脉简单，翅室较少，停栖时翅常张开；足较短。

分布：世界广布。世界已知 9 属 151 种，中国记录 4 属 19 种，浙江分布 1 属 1 种。

123. 印丝螅属 *Indolestes* Fraser, 1922

Indolestes Fraser, 1922: 58. Type species: *Indolestes indicus* Fraser, 1922.

主要特征：停息时翅竖立在胸背面，胸部和腹部无金属色或具金属色斑纹。翅透明，微带烟色，翅狭长，翅柄到达 ac，前后翅方室形状和大小不等，狭长，外后角尖锐。翅痣狭长，长为宽的 3 倍，IR_3 和 R_{4-5} 起点近于弓脉，远于翅结。上肛附器狭长，铗形，中部向内方扩张，内缘具尖齿，下肛附器粗短。

分布：东洋区。世界已知 35 种，中国记录 4 种，浙江分布 1 种。

（235）奇印丝螅 *Indolestes peregrinus* (Ris, 1916)

Lestes peregrina Ris, 1916: 15.

Indolestes peregrinus: Asahina, 1976a: 1.

主要特征：下唇黄色；上唇、唇基和上颚基部黄绿色，头的其他部分黑色，无光泽，侧单眼外方具 1 小黄斑。前胸褐色，中叶背面具 1 黑色条纹。合胸背面具宽的黑色背条纹，外缘具 2 个凹陷，并嵌入两段黄绿色细纹；肩前条纹深褐色，宽。合胸侧面黄绿色，后胸前侧片和后侧片的腹缘淡褐色。足背面黑色，腹面褐色。翅透明，微带烟黑色；翅痣长，黑色，覆盖 2–3 翅室，方室很狭，后翅方室长于前翅。腹部蓝色，具黑色斑纹；肛附器蓝黑色，下肛附器约为上肛附器的一半长，粗大，末端尖锐。

雌性色彩与雄性相似，体色稍淡，头部后头具 1 "U" 形黄色斑纹，两侧伸至侧单眼基方，合胸脊为细的黄色条纹；翅痣褐色，翅脉褐色。

分布：浙江（杭州）、江苏、安徽、湖北、贵州、云南。

四十七、综蟌科 Synlestidae

主要特征：大型种类，体表多具金属光泽，翅具很长的翅柄。翅痣宽，插入脉存在，R_4 起点在，或者刚好接近于亚翅结；CuP 从起点处向前方强度弯曲。方室基部封闭。腹部极细长。

分布：东洋区、旧热带区、新热带区、澳洲区。世界已知 9 属 31 种，中国记录 2 属 8 种，浙江分布 2 属 4 种。

124. 华综蟌属 *Sinolestes* Needham, 1930

Sinolestes Needham, 1930: 242. Type species: *Sinolestes edita* Needham, 1930.

主要特征：体大型强壮，具狭长的翅和很长的腹部。足细长，刺稀疏。雄性上肛附器长于第 10 腹节，约与第 9 腹节等长，简单，铗形。翅柄到达方室中央水平处，方室长为宽的 4–5 倍。IR_3 超过亚翅结节 3–4 翅室，R_3 超过 IR_3 4 翅室。插入脉存在于 IR_2-R_3、R_3-IR_3、IR_3-MA 之间，1A 与翅后缘之间单列翅室。具肩前条纹，肛附器简单而强壮。

分布：中国。世界已知 1 种，中国记录 1 种，浙江分布 1 种。

（236）黄肩华综蟌 *Sinolestes edita* Needham, 1930（图版 IV-37）

Sinolestes edita Needham, 1930: 242.

主要特征：头部铜绿色，具金属光泽；上唇和后唇基黑色，下唇黄色；前唇基黄青色，上方有 2 个小黑点；上颚基部和颊黄色，触角基节黄色。前胸背面黑色，两侧黄色。合胸铜绿色，具金属光泽；肩前条纹黄色，弧形，不到达上缘；后胸前侧片黄色，覆盖气门，不到达上缘；后胸后侧片黄色；合胸腹面黄色，具人字形黑条纹。足黑色，基节和转节黄色。翅透明，脉黑色；翅端呈乳白色，翅痣大，黑色或黄色，无支持脉，中间膨大，覆盖 8 翅室。腹部铜绿色或紫绿色，具金属光泽，第 10 节背面中央有脊，后缘呈 1 小齿突。肛附器黑色，上肛附器长于第 10 节，铗形。下肛附器很小，呈三角形。

雌性色彩与雄性相似，腹部第 2–3 节背面中央有间断的细纵条纹，第 1–8 节侧面黄色，第 9 节膨大成亚球状，侧面有黄色大斑，第 10 节黑色。肛附器黑色。翅透明，脉黑色，翅痣橙黄色。

分布：浙江（绍兴、宁波）、安徽、湖南、福建、台湾、广东、海南、广西、四川、贵州。

125. 绿综蟌属 *Megalestes* Selys, 1862

Megalestes Selys, 1862: 293. Type species: *Megalestes major* Selys, 1862.

主要特征：大型种类，身体明亮的金属绿色，较少有斑纹；腹部很长，翅长而狭，翅痣长，中部较宽，具支持脉，结后横脉众多。弓脉在第 2 结前横脉处，翅柄至 ac 处，较接近第 2 结前横脉水平处。方室斜向下，外下角很尖锐，IR_3 和 R_{4-5} 起点近于弓脉，远于翅结，斜脉通常存在于 R_2 和 R_3 之间，R_3 起点近于翅结，远于翅痣，3–4 条插入脉在翅端部。腹部很长而较细，长于翅；足中等长；上肛附器铗形，下肛附器粗短，雌性产卵器强大。

分布：古北区、东洋区。世界已知 12 种，中国记录 7 种，浙江分布 3 种。

分种检索表

1. 尾须黄色，胸部及腹部侧面大面积浅黄色 ·· 小黄尾绿综蟌 *M. riccii*
- 尾须黑色，身体缺乏浅黄色 ··· 2
2. 体型大，腹长一般超过 60 mm，后翅长超过 42 mm；腹部浅褐色略带红色 ····························· 黄腹绿综蟌 *M. heros*
- 腹长小于 60 mm；腹部多深褐色，如浅色则不为浅褐色 ··· 细腹绿综蟌 *M. micans*

（237）黄腹绿综蟌 *Megalestes heros* Needham, 1930（图版 IV-38）

Megalestes heros Needham, 1930: 229.

主要特征：头部铜绿色具金属光泽；下唇黄色，上唇前缘具狭的黄色条纹，上颚基部和颊黄色，触角褐色，基节黄色。前胸黄色，中叶具新月形褐色斑。合胸背面铜绿色具金属光泽，同时入侵到肩缝线的下方；合胸侧面黄色，金属绿色狭条纹覆盖第 1 侧缝线，条纹的下段较宽；合胸腹面黄色。足黄褐色。翅透明，脉黑褐色，翅痣黑褐色，覆盖 2 翅室；结后横脉在前翅 18 条，后翅 19 条。腹部上面金属绿色，下面黄色，节端具绿褐色斑。第 1 节背面黄色，有 1 方形金属绿色斑；第 9–10 节黑色。上肛附器长于第 10 节，强度向内方弯曲，铗形，基部具 1 强大的腹齿，中部具 1 钝齿，端部内缘扩张，末端钝圆。下肛附器背侧方的齿尖。
雌性色彩同雄性。

分布：浙江（杭州、丽水）、福建。

（238）细腹绿综蟌 *Megalestes micans* Needham, 1930

Megalestes micans Needham, 1930: 231.

主要特征：体色酷似黄腹绿综蟌但体型明显较小。头部铜绿色具金属光泽；下唇黄色，触角黑色。前胸褐色具黄色斑，合胸背面铜绿色具金属光泽，侧面及腹面黄色。足黄褐色，翅透明，翅痣黑褐色，覆盖 2 翅室。腹部上面金属绿色，下面黄色，节端具绿褐色斑。上肛附器长于第 10 节，强度向内方弯曲，铗形，基部具 1 强大的腹齿，下肛附器末端具浓密的长毛。
雌性色彩同雄性。

分布：浙江、中南部广布；印度，越南。

（239）小黄尾绿综蟌 *Megalestes riccii* Navás, 1935（图版 IV-39）

Megalestes riccii Navás, 1935: 89.

主要特征：体型及体色与细腹绿综蟌相似，但黄色区域明显多。下唇、上唇黄色，复眼黄绿色。前胸黄色，合胸背板铜绿色，侧板黄色。足黄色具暗色斑。翅透明。腹部大部分黄色，第 1 节黄色，第 2 节背板铜绿色，腹板黄色，第 3–10 节背面铜绿色；肛附器黄色，较纤弱。
雌性与雄性色斑相似，但更加偏黄。

分布：浙江（丽水）、江西、湖南、台湾、广西。

四十八、扁蟌科 Platystictidae

主要特征：小到中型种类，MP 脉较短，之间以横脉直接与翅的后缘连接，CuA 脉极度退化，方室外后角不很尖锐。体形多细长，体色多样，多黑、蓝、黄、红等颜色，多生活于热带及亚热带茂密丛林间的小溪旁，飞行能力较差，常停栖于较接近水面的幽暗的植物根茎上，不很活泼，静水中没有分布。

分布：东洋区、新热带区。世界已知 10 属 278 种，中国记录 4 属 15 种，浙江分布 1 属 1 种。

126. 原扁蟌属 *Protosticta* Selys, 1885

Protosticta Selys, 1885: 145. Type species: *Protosticta simplicinervis* Selys, 1885.

主要特征：中型种类，CuA 脉完全缺失，腹部相对粗壮；体色暗淡，以黑色为主，有蓝、黄、白等颜色斑；翅相对宽阔。生活于茂密丛林间的小溪旁，飞行能力较差，常停栖于植物叶片上，不很活泼。

分布：东洋区。世界已知 54 种，中国记录 4 种，浙江分布 1 种。

（240）克氏原扁蟌 *Protosticta kiautai* Zhou, 1986

Protosticta kiautai Zhou, 1986: 465.

主要特征：下唇黄色，上唇黄褐色，前唇基、上颚基部、颊黄色，后唇基褐色，整个头顶黑色，触角基部之间具 1 长形浅黄色斑，触角除第 1 节白色外，均黑。前胸背面褐色，两边具 1 对浅色斑，侧面有黑色光泽；合胸有黑色金属光泽，侧面具 1 较短浅色条纹伸达后足足基。足浅黄色，胫节具黑斑。翅透明，翅痣褐色，近似平行四边形，覆盖 1 翅室。腹部整体黑色，第 1–2 节侧面白色；第 3–7 节具较宽的白色基环纹；第 3–9 节侧面具白色斑；肛附器淡褐色，尾须基部宽，中部具粗齿，内侧凹陷，末端尖锐，肛侧板较短。

分布：浙江（丽水）。

四十九、山蟌科 Megapodagrionidae

主要特征：中至大型种类，身体粗壮，体表颜色较单一暗淡，多深色具浅色斑纹，体表有时被霜；翅透明，少具斑纹，翅脉较简单，停栖时常张开；足较短，具长刺。

分布：东洋区、新北区、澳洲区。世界已知 43 属 250 余种，中国记录 9 属 29 种，浙江分布 2 属 3 种。

127. 扇山蟌属 *Rhipidolestes* Ris, 1912

Rhipidolestes Ris, 1912: 57. Type species: *Rhipidolestes aculeatus* Ris, 1912.

主要特征：中型豆娘，胸部具明显黄色宽条纹，翅狭长，翅柄到达或超过第 2 结前横脉处，IR$_2$-Cu$_2$ 之间有插入脉，足刺长而密，腹部较纤细。停栖时翅平展，栖息于山涧溪流及流水的崖壁，飞行能力不强，保护色较好。

分布：东洋区。世界已知 23 种，中国记录 16 种，浙江分布 2 种。

（241）水鬼扇山蟌 *Rhipidolestes nectans* (Needham, 1929)（图版 IV-40）

Taolestes nectans Needham, 1929: 12.
Rhipidolestes nectans: Schmidt, 1931: 117.

主要特征：头部黑色，具黄色斑纹：前唇基淡黄色，具 1 对淡黑色横斑；在两复眼之间具 1 条宽的黄色条纹。前胸黑色，侧面各具 1 宽的黄色条纹。合胸黑色，肩前条纹宽，不到达上缘，约为背长的 3/4，腹面黑色，中央具 1 黄色大斑。足褐红色，刺黑色。翅狭长，脉黑褐色，翅柄到达第 2 结前横脉处。翅痣褐色，覆盖 3–4 翅室，内角尖锐。腹部黑色，第 9 节背面基部具 1 对小齿突。肛附器黑色；上肛附器铗形，具大基齿；下肛附器短。

雌性色彩同雄性，而足褐黄色，翅痣黄色。

分布：浙江（杭州、丽水）、福建。

（242）褐顶扇山蟌 *Rhipidolestes truncatidens* Schmidt, 1931

Rhipidolestes truncatidens Schmidt, 1931: 181.

主要特征：与水鬼扇山蟌相似，头部黑色，具黄色斑纹：前唇基黄色，在两复眼之间具 1 条宽的黄色条纹。前胸黑色，侧面各具 1 宽的黄色条纹。合胸黑色，肩前条纹宽，不到达上缘，约为背长的 3/4，老熟个体被浓霜，腹面黑色，中央具 1 黄色大斑。足黑褐色，刺黑色。翅狭长，翅痣褐色，翅端具黑色斑。腹部黑色，具金属光泽，末端几节被霜，第 9 节背面基部具 1 对小齿突。肛附器黑色；上肛附器铗形，基部宽，内缘具 1 强大基齿；下肛附器短。

雌性色彩同雄性，足褐黄色，翅痣黄色。

分布：浙江（衢州）、福建、广东。

128. 凸尾山蟌属 *Mesopodagrion* McLachlan, 1896

Mesopodagrion McLachlan, 1896: 365. Type species: *Mesopodagrion tibetanum* McLachlan, 1896.

主要特征：中型种类，分布于高海拔山地，停栖时翅展开，本属的特有衍征是第 10 腹节背板的突出衍生物，即背板突。颜色暗淡，有时体表被霜。胸部粗壮，足黑色粗壮，肛附器简单而粗壮。

分布：古北区、东洋区。世界已知 2 种，中国记录 2 种，浙江分布 1 种。

（243）雅州凸尾山螅 *Mesopodagrion yachowensis* Chao, 1953（图版 IV-41）

Mesopodagrion yachowensis Chao, 1953: 330.

主要特征：上唇、前唇基、上颚基部、颊及额的两侧浅色，后唇基、额中央、头顶、后头及触角黑色，触角基部和侧单眼间具 1 浅色小斑纹；单眼后色斑缺失，后头缘条纹浅色，较宽，头后面完全黑色。前胸黑色，背侧方具浅色条纹，中叶下侧部具浅色斑；合胸整体黑色，肩前条纹浅色，较宽，上端破裂，分出 1 小块斑纹；后胸侧片具大块浅色斑；翅痣褐色，平行四边形。足黑色。腹部黑色，第 1–2 侧面浅色，第 10 节背面及背板突浅色；尾须黑色，长于第 10 腹节，基半部分明显膨大；肛侧板退化。

雌性与雄性极为相似。

分布：浙江（杭州）、河南、陕西、甘肃、安徽、湖北、江西、湖南、重庆、四川。

B. 差翅亚目 Anisoptera

俗称"蜻蜓"，大多身体粗壮，飞行速度快。翅相对宽大，翅脉多浓密，无翅柄，前后形状及翅脉不同，后翅更加宽大，有明显的臀域，停栖时两对翅平展。体色及斑纹丰富，体型从特大到极小。

本志记述浙江分布的差翅亚目 7 科 55 属 84 种。

分科检索表

1. 除 2 条原始结前横脉外，前缘室和亚前缘室的横脉上下不连成直线；前后翅三角室形状相似，并且与弓脉的距离也差不多一样 ··· 2
- 前缘室与亚前缘室的横脉上下连成直线，其中没有特别粗的原始结前横脉；前后翅三角室的形状不同，与弓脉相距的距离也不一样 ··· 5
2. 头部背面观，两眼互相接触，呈一条很长的直线 ··· 蜓科 Aeshnidae
- 头部背面观，两眼互相远离或接近或接触，但接触处仅在一点，不呈一条直线 ························· 3
3. 两眼相距很远；下唇中叶完整，不沿中线分裂 ··· 春蜓科 Gomphidae
- 两眼相距甚近，或相接触；下唇中叶沿中线纵裂 ··· 4
4. 翅基室有横脉，臀圈宽大；雄性胫节具 1 膜质隆线 ·· 裂唇蜓科 Chlorogomphidae
- 翅基室无横脉，臀圈中等大小；雄性胫节无隆线 ·· 大蜓科 Cordulegasteridae
5. 雌雄两性臀圈均呈圆形；臀套的趾发达；RP_1 与 RP_2 间的第 2 条横脉为斜脉；雄性第 2 腹节侧面无耳 ··· 蜻科 Libellulidae
- 雄性后翅臀角呈角度，具臀三角室；臀套无趾或趾不发达；RP_1 与 RP_2 间的第 2 条横脉正常，非斜脉；雄性第 2 腹节侧面有耳 ··· 6
6. 复眼后缘有小突出（疙瘩），其与复眼边缘有清晰的界限；前翅弓脉到三角室间的距离约为后翅的 2 倍 ·· 大伪蜻科 Macromiidae
- 复眼后缘的小突出不明显或与复眼边缘无界限；前翅弓脉到三角室间的距离远远大于后翅（有时后翅的距离为 0）··· 伪蜻科 Corduliidae

五十、蜓科 Aeshnidae

主要特征：大型，身体粗壮，颜色多样，多为蓝、黄、红、绿色等，翅脉复杂，翅室众多；足粗壮具长粗刺。出没于湖泊、池塘、沼泽、湿地、水田等，以及溪流、江河等地区。具有发达的产卵器，多产卵于植物组织内。

分布：世界广布。世界已知 54 属 494 种，中国记录 14 属 70 种，浙江分布 7 属 10 种。

分属检索表

1. 基室有横脉 ··· 佩蜓属 *Periaeschna*
- 基室无横脉 ··· 2
2. 雄性第 2 腹节无耳形突 ··· 伟蜓属 *Anax*
- 雄性第 2 腹节具耳形突 ··· 3
3. 雌性第 10 腹节腹侧板末端有 4 个以上的强齿 ··· 多棘蜓属 *Polycanthagyna*
- 雌性第 10 腹节腹侧板无此特征 ·· 4

4. 翅痣极其细长 ·· 绿蜓属 Aeschnophlebia
- 翅痣不极其细长 ··· 5
5. 后翅基部较最宽处窄 ·· 长尾蜓属 Gynacantha
- 不如上所述 ·· 6
6. 径增脉 Rspl 与 IR$_2$ 间的翅室行数多于 4 ··· 蜓属 Aeshna
- 径增脉 Rspl 与 IR$_2$ 间的翅室行数少于 4 ··· 黑额蜓属 Planaeschna

129. 伟蜓属 *Anax* Leach, 1815

Anax Leach, 1815: 137. Type species: *Anax imperator* Leach in Brewster, 1815.

主要特征：头很大，球状，额脊呈锐角，后头很小。合胸强壮；足长，粗壮。翅长而宽，透明，常有黄色或淡褐色。翅端尖锐，两性的臀角圆，翅痣长而狭，三角室长而狭，前翅三角室长于后翅三角室，臀三角缺乏。腹部第 1–2 节肿胀，第 3 节稍狭缩，其余各节圆筒形，第 2 节耳形突缺乏，第 4–10 节具附加的腹侧脊。上肛附器呈宽的矛状，背面具 1 强的脊突，末端钝圆。下肛附器短于上肛附器，很宽且短，端缘凹陷。

分布：世界广布。世界已知 33 种，中国记录 6 种，浙江分布 3 种。

分种检索表

1. 合胸侧面具明显黑斑纹 ··· 黑纹伟蜓 *A. nigrofasciatus*
- 合胸侧面无斑纹 ··· 2
2. 腹部第 3–9 节侧面的浅色斑连续 ··· 碧伟蜓 *A. parthenope*
- 腹部第 3–9 节侧面的浅色斑间断，呈斑点状 ··· 斑伟蜓 *A. guttatus*

（244）黑纹伟蜓 *Anax nigrofasciatus* Oguma, 1915（图版 IV-42）

Anax nigrofasciatus Oguma, 1915: 121.

主要特征：头部整体除下唇淡黄色外，呈绿色，额顶蓝色具"工"字形黑斑，复眼蓝色，触角黑色。前胸深褐色，合胸整体绿色，侧面具明显黑色条纹。翅透明，翅痣褐色。足黑色，具尖刺。腹部整体黑色带蓝色斑点，腹部第 2 节和第 3 节基部蓝色，具黑色条纹；肛附器黑色。

分布：浙江（湖州、嘉兴、杭州、绍兴、宁波、舟山、金华、台州、衢州、丽水、温州）、黑龙江、辽宁、内蒙古、北京、河北、山东、河南、陕西、安徽、福建、台湾、广东、广西、贵州。

（245）碧伟蜓 *Anax parthenope* (Selys, 1839)（图版 IV-43）

Aeshna parthenope Selys, 1839: 389.
Anax parthenope: Rambur, 1842: 12.

主要特征：头部上、下唇淡黄色，面部黄色，额顶黄色，端缘浅蓝色，无黑斑，复眼绿色，触角黑色。前胸淡黄褐色，合胸整体绿色，无条纹。翅透明，略带琥珀色，翅痣褐色。足基节、转节黄褐色，股节红褐色，其余部分黑色，具长刺。腹部整体深褐色，具浅褐色斑点，第 1 腹节绿色，第 2 腹节蓝色；肛附器深褐色。

分布：浙江、全国广布；朝鲜，日本，东南亚。

（246）斑伟蜓 *Anax guttatus* (Burmeister, 1839)

Aeschna guttata Burmeister, 1839: 840.
Anax guttatus: Rambur, 1842: 12.

主要特征：下唇和上唇及面和额黄色，上额后缘黑色斑与头顶黑色条纹相连接，后头绿黄色。前胸红褐色，前叶前缘黄色；合胸绿色。足黑色，胫节基部红褐色。翅透明，翅痣褐红色，覆盖2个半翅室。腹部第1节淡绿色，基部和节间环红褐色；第2节基部狭的淡绿色，侧面下方淡绿色，背面至腹横脊天蓝色，其余各节深褐色，具黄色或绿黄色斑，肛附器红褐色。
雌性色彩与雄性相似。
分布：浙江、南方广布；日本，东南亚，澳大利亚。

130. 蜓属 *Aeshna* Fabricius, 1775

Aeshna Fabricius, 1775: 424. Type species: *Libellula grandis* Linnaeus, 1758.

主要特征：头很大，复眼球状，后头很小。合胸强壮，足长，粗壮。翅长而宽，透明，常有黄色或淡褐色。翅端尖锐，两性的臀角圆，翅痣长而狭，三角室长而狭，前翅三角室长于后翅三角室，具臀三角。腹部第1–2节肿胀，第3节稍狭缩，其余各节圆筒形，第2节具耳形突。上肛附器呈宽的矛状，背面具1强的脊突，末端钝圆。下肛附器短于上肛附器，很宽而短，端缘凹陷。
分布：世界广布。世界已知33种，中国记录8种，浙江分布1种。

（247）绿面蜓 *Aeshna athalia* Needham, 1930

Aeshna athalia Needham, 1930: 92.

主要特征：上、下唇淡黄色，面部黄绿色，额顶黄色，具"工"字形黑斑，复眼绿褐色，触角黑色。前胸褐色，合胸背面具1对短小的黄绿色背条纹，侧面具2条宽的黄绿色斑纹。翅透明，翅痣褐色。足基节、转节黄褐色，股节红褐色，其余部分黑色，具长刺。腹部整体深褐色，具蓝绿色及黑色斑点；肛附器黑褐色。
本种仅以1雌描述，地位存疑。
分布：浙江（杭州）。

131. 长尾蜓属 *Gynacantha* Rambur, 1842

Gynacantha Rambur, 1842: 213. Type species: *Gynacantha nervosa* Rambur, 1842.

主要特征：体大型，深褐色或绿色。头大，球形，两眼有很长一段距离相接触；胸部较小，足颇短。翅长而宽大，具紧密的网状脉，雄性后翅基部短而狭，钝的凹陷，臀膜短；翅痣中等长，狭，具支持脉。臀三角3翅室，臀套卵圆形。雄性腹部基节稍肿大，第3节极其缢缩，以后各节圆筒形，耳形突大；肛附器很长，狭而多长毛。
分布：世界广布，主要分布于热带及亚热带地区。世界已知101种，中国记录7种，浙江分布1种。

（248）日本长尾蜓 *Gynacantha japonica* Bartenev, 1910（图版 IV-44）

Gynacantha japonica Bartenev, 1910: 11.

主要特征：下唇黄褐色，面黄绿色，上额具宽的"T"字形纹，头顶黑色，后头黄色。合胸黄褐色，翅透明，翅痣黄褐色，足黄褐色。腹部褐黑色，具黄绿色斑纹；第 1 节绿褐色，背面淡褐色；第 2 节绿褐色，中间具 1 黑色环，环中嵌入 1 黄纹，耳形突蓝色；第 3–7 节具基侧斑。上肛附器黑色，细长，近基部具浅的凹陷；下肛附器黄色，约为上肛附器长的 1/3。

雌性色彩与雄性相似，第 10 腹节腹板向下延伸末端具 1 对长刺。

分布：浙江（杭州、绍兴、宁波、衢州、丽水）、河南、福建、台湾、广东、香港、广西、四川、云南；日本。

132. 多棘蜓属 *Polycanthagyna* Fraser, 1933

Polycanthagyna Fraser, 1933: 403. Type species: *Aeshna erythromelas* McLachlan, 1896.

主要特征：头大，上额平扁，不隆起，后头很小。合胸粗壮，翅长而宽，后翅基部雄性成角，雌性宽圆。前后翅三角室形状相似，颇长而狭，5 翅室，臀三角 3 翅室，臀套 9–13 翅室。前翅 IR_3 分叉处在翅痣内边下方；翅痣短，颇宽；IR_3 和 Rspl 之间具 4–6 翅室，后翅 Cu_2 和 1A 之间具 1–2 列翅室，基室完整。足长，粗壮。腹部第 1–2 节肿胀，第 3 节狭缩。上肛附器中等长，颇宽；下肛附器狭长的三角形。雌性第 10 节腹板向下延伸，端部具长而强的齿。产卵器强大，延伸接近腹末。

分布：东洋区。世界已知 3 种，中国记录 3 种，浙江分布 1 种。

（249）黑多棘蜓 *Polycanthagyna melanictera* (Selys, 1883)（图版 IV-45）

Aeschna melanictera Selys, 1883: 119.
Polycanthagyna melanictera: Davies & Tobin, 1984: 56.

主要特征：头部及复眼蓝色，下唇蓝色，前缘黑色，前额上方和上额，以及头顶黑色，后头黑色。前胸黑色，合胸黑色，具绿黄色斑纹。足黑色。翅透明，微带淡烟黑色，翅痣黑色，覆盖 2 个半翅室。腹部黑色，具绿黄色斑纹，具耳形突；第 2 节腹缘具蓝色斑；第 3–6 节腹横脊具黄色环纹。肛附器黑色，背面观呈矛状，侧面观宽扁，基部狭，具 1 小腹齿，末端具 1 向下方弯曲的小钩；下肛附器约为上肛附器长的 1/2，呈狭长的三角形。

雌性色彩与雄性相似，但面部蓝色为黄色代替，翅基部稍带金黄色。

分布：浙江（丽水）、河南、台湾、重庆、四川；日本。

133. 黑额蜓属 *Planaeschna* McLachlan, 1896

Planaeschna McLachlan, 1896: 424. Type species: *Aeschna milnei* Selys, 1883.

主要特征：体中等，黑色具黄绿色斑纹。翅透明，径分脉对称分叉，具 2 列翅室。基室完整无横脉，翅痣短，具支持脉，翅痣覆盖两至两个半翅室。臀套完整，具 2–3 列翅室。

分布：古北区、东洋区。世界已知 32 种，中国记录 14 种，浙江分布 1 种。

(250) 遂昌黑额蜓 *Planaeschna suichangensis* Zhou et Wei, 1980

Planaeschna suichangensis Zhou et Wei, 1980: 227.

主要特征：下唇的中叶黄色，前缘狭黑色，基部黄色；上唇黑色，基部具1宽的黄色条纹，前唇基褐色，后唇基黄色；头顶和后头黑色。合胸黑色，背面2条黄色背条纹呈八字形，向下分歧，上下方均不与其他条纹相连接，侧面有2条宽的黄色条纹。足黑色，胫节具细长的刺。翅透明，微带烟色，径分脉和径支补脉之间具1列翅室，臀套9翅室分成3列翅室。腹部黑色，具黄绿色斑纹；第2节背面基部具1三角形斑点，中环间断，具耳形突；第3–8节中环间断，端斑小；第9节只有端斑，第10节背面具1对中等大斑块。肛附器黑色；上肛附器长如第9节与第10节之和；下肛附器短，末端向上钩曲。

雌性色彩与雄性相似，翅透明，在翅基到弓脉之间具透明的金黄色。

分布：浙江（丽水）、福建、广东、广西。

134. 佩蜓属 *Periaeschna* Martin, 1908

Periaeschna Martin, 1908: 157. Type species: *Periaeschna magdalena* Martin, 1908.

主要特征：中至大型，通体黑色有黄色或橄榄绿色斑纹。翅通常透明，有时具烟褐色。头大，面狭长；额隆起，中央呈圆锥形。胸部很短，近似圆球形。翅长而宽，雄性臀三角呈直角三角形，翅痣很短。弓脉靠近第2原始结前横脉，IR$_3$在翅结和翅痣中间分叉，IR$_3$和Rspl之间具1列翅室，基室、肘室和上三角室具许多横脉；不完整的基部结前横脉存在。腹部第1–2节肿胀，第3节狭缩，其余各节圆筒形。肛附器简单，上肛附器矛形，下肛附器三角形。雌性第10节侧面向下延伸，末端具分叉的刺。产卵器大，但不超过腹部。

分布：东洋区。世界已知13种，中国记录4种，浙江分布2种。

(251) 福临佩蜓 *Periaeschna flinti* Asahina, 1978（图版 IV-46）

Periaeschna flinti Asahina, 1978: 242.

主要特征：下唇黄褐色；上唇、前唇基和上颚基部及颊褐色。后唇基和额橄榄绿色，前额大部分褐黑色。头顶和后头褐色。前胸淡黄褐色。合胸黑色具绿色斑纹，背面具八字形肩前条纹，侧面大部分绿色。足褐黑色。翅透明，老熟标本带烟黑色，翅脉和翅痣褐色，翅痣短而宽，臀三角3翅室，臀套6翅室。腹部较细，黑色具绿色斑纹；第1节具背斑和侧斑；第2节侧面绿色，背面具"T"字形斑。肛附器黑褐色；上肛附器背面观颇宽，中央具纵脊，末端尖锐；下肛附器三角形。

雌性色彩与雄性相似，但腹部侧面黄色斑大。

分布：浙江（绍兴、丽水）、安徽、江西、福建、广东、广西、四川。

(252) 马格佩蜓 *Periaeschna magdalena* Martin, 1909

Periaeschna magdalena Martin, 1909: 157.

主要特征：下唇和上唇红褐色，前额上方沿额脊黑色，后头淡黄色。前胸淡褐色；合胸黑褐色，背面具较窄的背条纹，侧面具2宽的黄条纹。足深红褐色。翅透明，老熟标本带淡烟黑色，翅痣黄色或红褐色，颇长而狭，覆盖4翅室，臀三角3翅室。腹部红褐色，具黄色斑纹，背中条纹狭。肛附器黑褐色；上肛附器长于第 10 节 2 倍，基部窄，其余 2/3 宽，末端钝；下肛附器三角形，末端尖锐。

雌性色彩与雄性相似，腹部第 1–9 节侧面具黄色斑。

分布：浙江（杭州、宁波、丽水）、江苏、安徽、江西、福建、台湾、海南、广西、四川；印度，缅甸，越南。

135. 绿蜓属 *Aeschnophlebia* Selys, 1883

Aeschnophlebia Selys, 1883: 123. Type species: *Aeschnophlebia longistigma* Selys, 1883.

主要特征：中至大型，通体绿色具黑色斑纹。胸部结实，翅透明，宽阔，雄性臀三角呈直角三角形，翅痣极狭长。腹部整体粗壮，无明显缢缩，肛附器黑色，上肛附器很长，多毛，下肛附器三角形。雌性色斑与雄性酷似，产卵器较短，尾须甚长。

分布：东洋区。世界已知 2 种，中国记录 2 种，浙江分布 1 种。

（253）黑纹绿蜓 *Aeschnophlebia anisoptera* Selys, 1883

Aeschnophlebia anisoptera Selys, 1883: 123.

主要特征：上下唇黄色具暗褐色斑，复眼蓝色。合胸黄绿色，侧面具明显黑色宽纹。足黑色。翅前端略微染黄，翅端染褐。腹部黑色具黄色斑，1–3 节侧板具大面积黄色，无明显缢缩。肛附器黑色，较细长；上肛附器极度延长，约为下肛附器长的 1/2。

雌性与雄性相似。

分布：浙江（杭州）；日本。

五十一、春蜓科 Gomphidae

主要特征：中到大型种类，体表黄黑条纹相间，复眼间距很宽，头相对小。合胸粗壮，翅相对较小，多具臀套。腹部末端常膨大或有特殊的扩展；肛附器多样，常较强壮。雌性无产卵器。

分布：世界广布。世界已知 103 属 1006 种，中国记录 35 属 181 种，浙江分布 21 属 30 种。

分亚科检索表

1. 翅三角室、上三角室和下三角室中，除下三角室外均有横脉；臀圈翅室数大于等于 4；前翅肘横脉一般 3 条，有时 4 条，后翅 2 条；臀三角 4–6 室，常分两排，如果 4 室则不似下述钩尾春蜓型 ·············· **林春蜓亚科 Lindeniinae**
- 翅三角室、上三角室和亚三角室均无横脉，或至多仅三角室有 1 条横脉；无上述综合特征 ·············· 2
2. 前后翅三角室均较长，与翅长轴方向一致，内有 1 横脉，三角室前缘较基缘长很多，后缘近端部明显曲折成角度，角度处有时生出 1 条附加纵脉；臀圈 3 或 4 室；肘横脉 2 条；臀三角 3–6 室，分两排，若 4 室则不似下述钩尾春蜓型 ·············· **哈春蜓亚科 Hageniinae**
- 三角室不很长，前翅三角室前缘与基缘等长或稍长，后缘不曲折，通常无横脉，或仅后翅三角室具 1 横脉，无附加纵脉；臀圈缺失或仅 2 室，很少更多室；肘横脉仅 1 条；臀三角 3–4 室，很少多于 4 室 ·············· 3
3. 臀圈缺失，A_2 脉由下三角室发出；雄性臀三角 3 室，很少 2 或 4 室，如 4 室则不似下述钩尾春蜓型；雄性下肛附器通常短而阔，端缘浅凹或深凹，其两支向后方分歧，相距很远；阳茎末端常具 1 短鞭；雌性第 8 腹节腹板无基中纵脊，第 9 节腹板常骨化较弱，有时大部分膜质，具 1 对骨片 ·············· **春蜓亚科 Gomphinae**
- 臀圈常 2–3 室，A_2 脉由肘臀横脉与下三角室之间发出，很少臀圈缺失且 A_2 由下三角室发出（副春蜓属 *Paragomphus*、日春蜓属 *Nihonogomphus* 一些种）；雄性臀三角 4 室，其中 1 室很小，矩形，生在后翅基缘上，1 条横脉由此室上角与臀三角前缘相连，另 1 横脉由该室下角与臀三角外缘相连，很少臀三角仅 3 室（内春蜓属 *Nepogomphus*）；雄性下肛附器的两支通常较长，互相靠近且平行，很少向后分歧（安春蜓属 *Amphigomphus*、东方春蜓属 *Orientogomphus*）；阳茎末节末端具 1 对鞭；雌性第 8 腹节腹板具基中纵脊，第 9 节腹板强度骨化且其基部常加厚 ·············· **钩尾春蜓亚科 Onychogomphinae**

（一）春蜓亚科 Gomphinae

主要特征：小至中型种类，多具臀套；肛附器多样，多较短而结构复杂。分布广泛，适应性强，主要为栖落型种类。

分布：世界广布。浙江分布 13 属 18 种。

分属检索表

1. 雄性下肛附器短而宽，端缘圆弧形浅凹或深凹，两个分支向后方分歧，相距甚远，末端较尖；阳茎中节有后叶，末节呈匙状或杯状，具 1 短鞭，或无鞭 ·············· 2
- 不如上述综合特征，或下肛附器两支平行，或阳茎末节末端呈圆盘状，或具双鞭，或无后叶 ·············· 6
2. 臀三角室 5 或 6 翅室，上肛附器挺直，不弯曲，末端尖锐，内缘具棘状突 ·············· **棘尾春蜓属 *Trigomphus***
- 臀三角室 3 翅室 ·············· 3
3. 腹部第 9 节特别长，差不多为第 8 节的 2 倍 ·············· **猛春蜓属 *Labrogomphus***
- 腹部第 9 节与第 8 节等长或更短 ·············· 4
4. 腹部较长，它的长度约为后翅长的 1.3 倍；身体大部分黄色 ·············· **长腹春蜓属 *Gastrogomphus***
- 腹部不特别长 ·············· 5
5. 上肛附器扁而宽，在其全长的一半以后突然变细，末端尖锐且稍钩曲，基部内缘具 1 方形的齿，朝向下方，外侧亦有 1 齿，朝向下外方；体型大至中等大小 ·············· **闽春蜓属 *Fukienogomphus***

- 上肛附器无齿，不如上述 ··· 亚春蜓属 *Asiagomphus*
6. 前钩片甚小，指状；后钩片甚大，愈向末端愈阔，呈叶片状，前缘末端钩曲呈鸟喙状；阳茎无后叶，末节末端平截，具 1 条长鞭 ··· 缅春蜓属 *Burmagomphus*
   - 不如上述 ··· 7
7. 后足股节伸抵腹部第 2 节中央，或超过之，股节基半部密生有甚多短刺，端半部生有 2 列 4-6 个长刺 ············· 8
   - 股节不甚长，不如上述 ··· 9
8. 上肛附器末端腹面有 1 黑色突起或大齿 ··· 异春蜓属 *Anisogomphus*
   - 上肛附器末端腹面无上述齿或突起 ··· 长足春蜓属 *Merogomphus*
9. 阳茎末节具鞭 1 对，无后叶；前钩片小，不分支，后钩片向后方倾斜 ············· 华春蜓属 *Sinogomphus*
   - 阳茎末节末端呈圆盘状，无鞭 ·· 10
10. 前钩片无分支 ·· 11
    - 前钩片有分支 ·· 12
11. 上肛附器约呈竖琴状，两支弯曲如牛角，基部外方具 1 甚粗的刺或突起 ··········· 曦春蜓属 *Heliogomphus*
    - 上肛附器扁而阔，端缘斜截或平截，具许多黑色的齿 ····························· 纤春蜓属 *Leptogomphus*
12. 后翅三角室通常有 1 条横脉；前钩片末端两支的长短相等，或后支比前支稍短 ········ 戴春蜓属 *Davidius*
    - 后翅三角室无横脉；前钩片的前支镰刀状，约与基部的柄等长，后支不及前支长度的一半，甚至于消失 ·· 尖尾春蜓属 *Stylogomphus*

136. 亚春蜓属 *Asiagomphus* Asahina, 1985

Asiagomphus Asahina, 1985a: 7. Type species: *Gomphus melaenops* Selys, 1854.

主要特征：头部额较狭。合胸背面领条纹中央间断，背条纹下端与领条纹相连，形成 1 倒置的 7 字形纹。翅痣较长，中央最宽。雄性上肛附器形状简单，无齿，向后方分歧；下肛附器两支约与上肛附器等长，分歧的角度也与上肛附器一致。雌性第 9 节腹板骨化部分的前缘基本上呈凸字形，中央部分向前方突出。雌性下生殖板长度大于基部宽度，常向腹方弯曲，因而在腹部侧面观甚为突出。

分布：古北区、东洋区。世界已知 28 种，中国记录 12 种，浙江分布 2 种。

（254）长角亚春蜓 *Asiagomphus cuneatus* (Needham, 1930)

Gomphus cuneatus Needham, 1930: 50.
Asiagomphus cuneatus: Davies & Tobin, 1984: 15.

主要特征：下唇褐色，上唇黑色，上颚外方大部分黄色。前唇基褐色，后唇基及颊黑色，头顶黑色。合胸黑色具黄色条纹，背条纹与领条纹相连，形成 1 倒置的 7 字形纹，肩前条纹仅余肩前上点，近似三角形，合胸侧面具黄色条纹。翅透明，微带烟褐色，足黑色。腹部大部分黑色，具黄色斑纹，肛附器黑褐色，下肛附器凹陷深阔，分出的两支与上肛附器约等长，向后方分歧的方向亦相同。

雌性色彩与雄性基本相同。

分布：浙江（杭州）、江西、福建。

（255）和平亚春蜓 *Asiagomphus pacificus* (Chao, 1953)

Gomphus pacificus Chao, 1953: 410.
Asiagomphus pacificus: Davies & Tobin, 1984: 15.

主要特征：下唇黑褐色，上颚外方大部分黄色，上唇黑色，前唇基褐色，后唇基及颊黑色，头顶和后头黑色。合胸肩前上点甚大，肩前条纹完整或断为数段；合胸侧面第 2 和第 3 条纹完整，很粗。翅透明，微带淡褐色，末端的淡褐色较浓。足大部分黑色，前足股节腹方具 1 黄色条纹。腹部大部分黑色，具黄色斑纹，肛附器黑色，下肛附器凹陷深阔，分出的两支与上肛附器向后分歧的方向相同，长度相等。

雌性色彩与雄性相似。

分布：浙江（杭州）、河南、福建、台湾。

137. 长腹春蜓属 *Gastrogomphus* Needham, 1941

Gastrogomphus Needham, 1941: 145. Type species: *Gomphus abdominalis* McLachlan, 1884.

主要特征：本属仅 1 种，体大型，黄绿色。A_3 通常生在下三角室与肘臀横脉 CuA 之间，有时与 CuA 相连；无翅基亚前缘横脉；上三角室与下三角室均无横脉；第 1 条和第 5 条原始结前横脉加粗；雄性臀三角 3 室。腹部粗而长，约比后翅长 1/3；上肛附器与下肛附器等长，向后方分歧的角度也一致。

分布：古北区、东洋区。世界已知 1 种，中国记录 1 种，浙江分布 1 种。

（256）长腹春蜓 *Gastrogomphus abdominalis* (McLachlan, 1884)

Gomphus abdominalis McLachlan, 1884: 8.
Gastrogomphus abdominalis: Davies & Tobin, 1984: 16.

主要特征：身体大部分绿色，头顶和上额黑色。合胸脊具黄色条纹，合胸侧面第 2 条纹在气门以下呈 1 条甚细的黑线，第 3 条纹完整，甚细。翅透明，翅痣黄色，臀三角 3 室。足黄色具黑色斑纹。腹部大部分绿色，具 1 对黑褐色纵纹向腹部后方逐渐变粗，并在各节端缘有甚细的黑色横纹相连。上肛附器黄色，下肛附器黑色。

雌性色彩与雄性相似，下生殖板略卵圆形，沿中线凹陷甚深，形如汤匙。

分布：浙江（杭州）、河北、河南、江苏、湖北、湖南、福建。

138. 猛春蜓属 *Labrogomphus* Needham, 1931

Labrogomphus Needham, 1931: 225. Type species: *Labrogomphus torvus* Needham, 1931.

主要特征：体大型，黑色有黄色斑纹，翅透明，翅基微带金黄色。具翅基亚前缘横脉，叉脉对称，弓脉至叉脉之间的横脉为 3 或 2，三角室无横脉，臀套 3 室，臀三角 3 室；翅痣具支持脉。阳茎为典型的春蜓型；前钩片甚小，长度不及后钩片长度的一半，末端钝圆；后钩片长方形，基部与末端几乎一样宽，后缘末端具鸟喙状钩曲。上肛附器互相平行，末端尖锐，内缘在基方 1/3 处腹面具 1 齿，朝向腹方。后足股节甚长，伸抵腹部第 2–3 节基方。腹部第 9 节甚长，差不多为第 8 节的 2 倍，约为第 10 节的 5 倍。

分布：东洋区。世界已知 1 种，中国记录 1 种，浙江分布 1 种。

（257）凶猛春蜓 *Labrogomphus torvus* Needham, 1931（图版 IV-47）

Labrogomphus torvus Needham, 1931: 225.

主要特征：下唇大部分黑褐色，上唇的基半部具 1 对横形甚大黄斑，额横纹阔，头其余部分黑色，头顶在侧单眼内上方有 1 隆肿突起。合胸背面领条纹中央间断，背条纹向下方分歧，它的下端不与领条纹相连，侧面第 2 条纹和第 3 条纹完整。翅透明，基部微带金黄色，臀三角 3 室。3 对足基节外方大部分黄色，后足股节有 3 条黄色条纹。腹部第 1 节背面具甚大三角形黄斑，并与第 2 节背中条纹相连；第 2 节侧面在后横脊前方有 1 个横置"U"字形黄斑；耳形突背方有 1 个三角形斑，腹方有 1 个圆形黄斑；第 3–6 节基方具 1 对横形黄斑；第 7 节基半部黄色；第 8 节稍微扩大，基方及侧方的大部分黄色，其余部分黑色；第 9 节特别细长，亚侧缘黄色。上肛附器黄色，互相平行，它的内缘近中央处腹面 1 个齿的尖端黑色；下肛附器黑色，比上肛附器短，它的两支分歧的角度甚大，末端弯向背方。

雌性与雄性相似，腹部第 10 节甚短，第 9 节腹板在下生殖板末端附近有 1 对圆弧形隆脊。

分布：浙江（杭州、丽水）、福建、广东、海南、香港、广西、贵州。

139. 缅春蜓属 *Burmagomphus* Williamson, 1907

Burmagomphus Williamson, 1907: 275. Type species: *Burmagomphus arboreus* Lieftinck, 1940.

主要特征：体小至中型，黑色具黄斑纹。翅透明，翅脉网状很密，后翅臀角显著。腹部第 7–9 节扩大。上肛附器黑色，两支互相平行或分歧，基部相距甚远，末端斜截，腹方具 1 强脊。下肛附器与上肛附器等长或稍短，中央凹陷较浅或深，两支向后分歧，末端向上弯曲。前钩片甚小，手指状，末端生毛 1 丛；后钩片大，扁平，前缘末端具 1 小钩，并具 1 列长毛朝向内方。阴囊末端隆起，呈马蹄形。阳茎末节颇大，其长度至少有中节的一半，腹面基方具 1 突起，末端平截，具 1 甚长的鞭。雌性腹部第 9 节腹板基方膜质，其余部分骨化。

分布：古北区、东洋区。世界已知 30 种，中国记录 8 种，浙江分布 2 种。

（258）领纹缅春蜓 *Burmagomphus collaris* (Needham, 1930)

Gomphus collaris Needham, 1930: 2.
Burmagomphus collaris: Davies & Tobin, 1984: 16.

主要特征：上唇黄色，中央楔入阔的黑纹，端缘黑色。前唇基黑色。后唇基黑色，两侧各具 1 大黄斑，前缘黄色。额黑色，上额的黄色额横纹甚宽。头顶黑色，后头黄色。前胸黑色，前叶前缘黄色，中叶两侧各具 1 黄斑。合胸背面黑，具黄色斑纹，领条纹中央不间断；侧面黄色，具黑色条纹，第 2 条纹甚细，中央间断的距离甚远，第 3 条纹完整，很细。翅透明，翅痣黄色，臀三角 3 室。足黑色，具黄色斑纹，基节大部分黄色，前足股节腹面具黄色纵条纹。腹部黑色具黄色斑纹，第 9 节背面具甚大三角形黄斑；第 10 节及肛附器黑色。上肛附器基部宽，末端尖锐，稍向内弯曲；下肛附器短，基部宽，末端向上弯曲。前钩片细小，后钩片宽扁，端部有 1 鸟喙状钩曲。

雌性色彩与雄性相似，上唇大部分黄色，边缘和后缘黑色条纹减缩。腹部第 1–2 节大部分黄色，第 3–5 节具侧斑；下生殖板短，末端呈 2 尖刺状突起。

分布：浙江（杭州、衢州）、河北、山东、河南、江苏、湖北。

（259）溪居缅春蜓 *Burmagomphus intinctus* (Needham, 1930)

Gomphus intinctus Needham, 1930: 65.
Burmagomphus intinctus: Davies & Tobin, 1984: 16.

主要特征：上唇褐色，基部具 1 对长方形黄色斑纹。前唇基褐色，后唇基黑色，额褐色，额横纹宽，黄色，头的其余部分黑色。合胸背面褐色，具黄色条纹，领条纹中央间断；背条纹上、下方圆钝，不与其他条纹相连；肩条纹完整，近上端处缢缩，侧面黄色，具黑色条纹，第2和第3条纹完整。翅透明，翅基稍带金黄色，翅痣黄色。足黑色。腹部黑色，具黄色斑纹。肛附器及前、后钩片均较直立。

雌性色彩同雄性相似。腹部第2节侧面大部分黄色，第8节侧面末端具1甚小斑点。

分布：浙江（杭州）、福建。

140. 曦春蜓属 *Heliogomphus* Laidlaw, 1922

Heliogomphus Laidlaw, 1922: 378. Type species: *Heliogomphus selysi* Fraser, 1925.

主要特征：体中型，黑色具绿黄色斑纹。上肛附器呈竖琴状，两支弯曲如牛角，基部外方具1甚粗的刺或突起。头宽，额颇圆，后头小，后缘平直或凹陷。翅透明，翅脉密。臀角颇圆，后翅基部斜生，浅凹陷。臀三角3室。弓脉位于第2或第2与第3结前横脉处。前翅三角室似等边三角形，后翅三角室长于前翅三角室。足黑色。

分布：东洋区。世界已知21种，中国记录2种，浙江分布2种。

（260）扭尾曦春蜓 *Heliogomphus retroflexus* (Ris, 1912)

Leptogomphus retroflexus Ris, 1912: 69.

Heliogomphus retroflexus: Davies & Tobin, 1984: 17.

主要特征：下唇黄色，上唇黑色，两侧各具1黄色斑点。前唇基褐色，后唇基黑色。额横纹颇细，两端尖，头部其他处黑色。头顶在中单眼上方凹陷。前胸黑色，具黄色斑点。合胸背面黑色，具黄色条纹；背条纹上下不与其他条纹相连，肩前条纹缺；合胸侧面黄色，具黑色纹。翅透明，微带褐色，翅痣褐色，足黑色。腹部黑色，具黄色斑点；第1节背方具1三角形黄色斑，侧方黄色；第2节基部具横纹，背面中央具1三角形斑，侧面黄色；第3节基方阔横纹与侧方条纹相连；第4-7节基方横纹宽；第8-10节黑色。肛附器黄色。下生殖板长度约为第9节腹板的2/3。

分布：浙江（杭州）、福建、广东；越南。

（261）独角曦春蜓 *Heliogomphus scorpio* (Ris, 1912)

Leptogomphus scorpio Ris, 1912: 72.

Heliogomphus scorpio: Davies & Tobin, 1984: 17.

主要特征：上唇黑色，前唇基褐色，后唇基黑色。额横纹宽，后缘波曲。头的其余部分黑色。后头中央具1短突起。合胸背面黑色，具黄色条纹；领条纹中间间断，背条纹下方与领条纹相连，形成7字形纹；肩前条纹完整，较细；侧面黄色，具黑色宽条纹。翅透明，基部微带金黄色，足黑色。腹部黑色，具黄色斑纹；第1节背面具工字形斑纹，侧面黄色，第7节基部具1宽横带；第8节侧面基部及末端具1小斑点，第9-10节及肛附器黑色。上肛附器两支分叉，内侧两支细长，向中间呈弧形弯曲，末端尖锐，向上钩曲；外侧两支粗短，朝向两侧伸出。下肛附器短于上肛附器。

雌性色彩与雄性相似，后头后缘中央具1角状突起，腹部第9节腹板强度骨化，中央具1纵脊。

分布：浙江（杭州、衢州）、福建、广东、广西；越南，老挝。

141. 异春蜓属 *Anisogomphus* Selys, 1858

Anisogomphus Selys, 1858: 120. Type species: *Gomphus occipitalis* Selys, 1854.

主要特征：体中型，黑色具明亮的绿黄色条纹。头部额稍圆，上额平直，后头缘平直或稍中凸。翅脉密，臀三角室的基边甚斜，臀角不明显。臀三角通常 3 室；三角室通常无横脉，或有时有 1 条横脉，翅基亚前缘横脉有或无。足细长，后足股节伸抵腹部第 2 节中央，或超过之。雄性腹部第 7–9 节两侧扩大。雄性上肛附器两支互相平行，下肛附器中央凹陷甚宽而深，两支向后方分歧的角度大。前钩片比后钩片短，末端钩曲。后钩片呈叶片状，末端前方呈鸟喙状突出。阴囊呈马蹄状。阳茎末端粗大，无鞭。

分布：东洋区。世界已知 15 种，中国记录 12 种，浙江分布 1 种。

（262）安氏异春蜓 *Anisogomphus anderi* Lieftinck, 1948

Anisogomphus anderi Lieftinck, 1948: 59.

主要特征：下唇、上唇黑色，前唇基中央褐色，两侧黑色。额横纹甚宽，头的其余部分黑色。合胸背面黑色，领条纹中间间断，背条纹上方与横形的肩前条纹相连接，下方与领条纹相连接，形成"Z"字形纹。合胸侧面黄色，具黑色条纹。足黑色。翅透明，翅痣黄色。腹部黑色具黄色斑纹，第 7 节背中条纹矛状，第 8–10 节及下肛附器黑色。上肛附器淡黄色，末端尖锐，稍向上弯曲，下肛附器端缘凹陷甚深，两支分歧的角度甚大。

雌性与雄性外形及色斑相似。

分布：浙江（杭州、绍兴）、湖南、福建、四川、云南。

142. 闽春蜓属 *Fukienogomphus* Chao, 1954

Fukienogomphus Chao, 1954a: 36. Type species: *Gomphus prometheus* Lieftinck, 1939.

主要特征：体中至大型，黑色具黄色条纹。翅透明，末端稍带烟色。翅痣褐色，具支持脉。雄性腹部基方粗大，中央数节呈圆筒形，第 7 节起向后略微膨大，第 9 节基部处最宽，向末端渐细。雄性上肛附器基部扁宽，在其长度的 1/2 后突然尖细，末端尖锐并稍钩曲。上肛附器基部内缘具 1 方形齿，朝向下方，外侧具 1 齿，朝向下外方；下肛附器向后分歧的角度甚大，其长度不及上肛附器的一半。前钩片细长，其长度约与后钩片相等；后钩片基部粗大，末端钝圆，具 1 短钩，朝向内方。雌性腹部较粗大，下生殖板的长度约为腹部第 9 节的 1/3 或更短。第 9 节腹板大部分膜质，具 1 对长条状骨片。

分布：东洋区。世界已知 3 种，中国记录 3 种，浙江分布 1 种。

（263）深山闽春蜓 *Fukienogomphus prometheus* (Lieftinck, 1939)

Gomphus prometheus Lieftinck, 1939: 278.
Fukienogomphus prometheus: Chao, 1990: 153.

主要特征：下唇褐黑色，上唇黑色，具 1 对圆形小黄色斑。额横纹甚宽，头的其他部分黑色。合胸背面黑色，领条纹中间间断，合胸脊具黄色斑纹；背条纹上下不与其他条纹相连，肩前上点三角形，甚少有肩前下条纹；合胸侧面第 2 条纹完整或中间间断，第 3 条纹中间间断。足黑色较长，伸抵腹部第 2 节基部。

翅透明，基半部前缘稍带黄色，三角室偶尔具 1 条横脉，臀三角 3 室，臀套缺。腹部黑色具黄色斑，第 2 节背中条纹基部宽，侧面黄色，包含耳形突，第 9–10 节黑色。上肛附器黄色，末端向上钩曲；下肛附器黑色，末端向上弯曲。前钩片细长，稍短于后钩片，后钩片末端鸟喙状，阴囊发达。

雌性色彩同雄性，头部位于侧单眼上方具 1 甚大的突起，末端钝圆，两突起间有低脊相连，下生殖板短三角形，中央深裂。

分布：浙江（杭州、丽水、温州）、福建、台湾。

143. 棘尾春蜓属 *Trigomphus* Bartenev, 1911

Trigomphus Bartenev, 1911: 432. Type species: *Gomphus nigripes* Selys, 1887.

主要特征：体中型，黑色具黄色斑纹。翅透明，叉脉不对称，雄性的臀三角为 5–6 室。雄性上肛附器向后分歧，末端尖锐，其内缘近末端处具棘状突起；下肛附器短于上肛附器。前钩片比后钩片稍短，向后弯曲；后钩片粗大，末端具 1 强钩，朝向内方。阳茎的阴囊粗大，其末端具 1 对突起，该突起或粗短，或长而且向内弯曲，状如牛角。雌性下生殖板较腹部第 9 节腹板长或等长；第 9 节腹板大部分膜质，具 1 对长条状骨片。

分布：古北区、东洋区。世界已知 14 种，中国记录 9 种，浙江分布 1 种。

（264）野居棘尾春蜓 *Trigomphus agricola* (Ris, 1916)

Gomphus agricola Ris, 1916: 53.
Trigomphus agricola: Chao, 1990: 219.

主要特征：下唇和上唇黄色，前后唇基黄褐色，额绿黄色，上额的后方和头顶黑色，后头黄色。合胸背面黑色，具绿黄色斑纹，领条纹间断；背条纹上方较细，向下方渐宽，与领条纹相连接，形成 1 甚阔的倒置 7 字形纹；肩前条纹完整，侧面绿黄色，具黑色条纹。足褐色有黄色斑纹。翅透明，翅痣黄色，臀三角 5 室，臀套缺。腹部黑色，具黄色条纹，第 10 节黑色。上肛附器背面基部黄色，其余黑色，中部内外两侧各具 1 齿突；下肛附器黑色，基部宽，端部向上方弯曲。前钩片分两支，1 支短小，1 支细长；后钩片粗大，端部呈鸟喙状。

雌性色彩似雄性，下生殖板长大，中央深裂，末端尖锐。

分布：浙江（杭州、丽水）、江苏、安徽、福建。

144. 华春蜓属 *Sinogomphus* May, 1935

Sinogomphus May, 1935: 90. Type species: *Gomphus scissus* McLachlan, 1896.

主要特征：体中型，黑色具黄色条纹。翅透明，合胸背面背条纹与领条纹不相连。足黑色。上肛附器象牙色，状如手指，两支的基部相距甚远，互相平行，基部腹方具 1 尖齿状突；下肛附器长约为上肛附器的 1/2 或 2/3。雌性下生殖板约呈三角形，基部宽，中央纵裂，两叶细长。

分布：东洋区。世界已知 11 种，中国记录 9 种，浙江分布 1 种。

（265）黄侧华春蜓 *Sinogomphus peleus* (Lieftinck, 1939)

Gomphus peleus Lieftinck, 1939: 285.
Sinogomphus peleus Chao, 1954a: 48.

主要特征：下唇和上唇黑色，前唇基褐色，后唇基和颊黑色，额大部分黄色，头顶和后头黑色。合胸背面黑色，领条纹完整，与合胸脊黄色条纹相连，背条纹短，肩前条纹缺失；合胸侧面黄色，具黑色斑。足黑色，具黄色。翅透明，基方略带淡金黄色，翅痣黄色，臀三角3室，臀套缺。腹部黑色，具黄色斑纹；第2节背中条纹宽，侧面黄色，包含耳形突，第9–10节黑色。上肛附器圆锥形，向后方直伸，黄色，下肛附器深褐色，稍向上方弯曲。

雌性色彩似雄性，头顶侧单眼上方具1对突起，呈半圆弧形，外端呈角状，末端尖锐。下生殖板三角形，中央深裂。

分布：浙江（丽水、温州）、福建。

145. 尖尾春蜓属 *Stylogomphus* Fraser, 1922

Stylogomphus Fraser, 1922: 70. Type species: *Stylogomphus inglisi* Fraser, 1922.

主要特征：体小型，黑色具明亮的黄色条纹。头相对大，后头简单。翅透明，翅脉网状，较密。臀三角3室。合胸背面背条纹向下分歧，下端不与领条纹相连。雄性上肛附器黄色或象牙色，基部粗大，末端细，末端向背方或背侧方弯曲；下肛附器黑色，中央凹陷深宽。雌性腹部第9节腹板大部分膜质，基部具1对骨片，下生殖板三角形。

分布：东洋区、新北区。世界已知15种，中国记录6种，浙江分布1种。

（266）小尖尾春蜓 *Stylogomphus tantulus* Chao, 1954

Stylogomphus tantulus Chao, 1954a: 62.

主要特征：下唇黄色，上唇黑色，中间具1甚宽的黄色横条纹；前唇基中央黄色，两侧黄褐色，后唇基黑色，颊黑色。合胸背面黑色，领条纹中央间断，两端尖；背条纹短，上下不与其他条纹相连，肩条纹缺乏；侧面黄色，具黑色条纹。足黑色；翅透明。腹部黑色，具黄色斑纹；第2节背中条纹占节长3/4，侧方大部分黄色，第8–10节黑色。上肛附器黄色；下肛附器长度在侧面观约为上肛附器的一半，端缘浅凹呈"V"字形。

雌性色彩同雄性，下生殖板呈"V"字形，中央深裂。第9节腹板大部分膜质，基方具1对甚厚的骨片。

分布：浙江（杭州）、河南、福建。

146. 戴春蜓属 *Davidius* Selys, 1878

Davidius Selys, 1878: 79. Type species: *Davidius davidii* Selys, 1878.

主要特征：小型种类，头颇小。翅宽而长，接近腹部长；臀三角3室，弓脉在第2和第3结前横脉处。后翅三角室较长，约为前翅三角室的2倍，内有1横脉，连接三角室前边和外边。前钩片末端分为两支，后钩片端部向后方倾斜，或后缘端部扩大。阳茎末节末端盘状，无鞭，通常有后叶，有时无后叶。雌性腹部第9节腹板大部分膜质，在下生殖板下方有1对骨片。

分布：东洋区。世界已知22种，中国记录13种，浙江分布2种。

（267）弗鲁戴春蜓 *Davidius fruhstorferi* Martin, 1904（图版 IV-48）

Davidius fruhstorferi Martin, 1904: 215.

主要特征：头黑色，前唇基褐色，头顶侧单眼上方具 1 低横脊，后头具 2 个甚大隆起，末端圆。合胸背面黑色，领条纹完整，背条纹较细，其下方与领条纹相连；肩前条纹缺如，后胸下前侧片全部黑色。足黑色。翅透明。腹部黑色具黄色斑点，第 1 节背中条纹末端膨大成半圆形，侧方大部分黄色；第 2 节背中条纹梭形，腹侧条纹斜生；第 3–6 节侧方基部具 1 斑点；第 7–10 节黑色。肛附器黄色；上肛附器的长度仅约为下肛附器的 1/3，角锥状，向两侧强度分歧，其基部内方具 1 突起，该突起约与上肛附器等长，向下弯曲；下肛附器中央深裂凹陷甚深，末端向上方弯曲，在基方约全长 1/4 处生 1 突起，朝向背侧方。

雌性色彩似雄性，第 9 节腹板大部分膜质，具 1 对几丁质板，长形，一部分为下生殖板所遮盖。

分布：浙江（杭州、衢州、丽水）、甘肃、江苏、安徽、江西、福建、广西、四川、贵州。

(268) 平截戴春蜓 *Davidius truncus* Chao, 1995

Davidius truncus Chao, 1995: 1.

主要特征：头黑色，前唇基褐色。合胸背面黑色，领条纹完整，胸侧黄黑色相间。足黑色，翅透明。腹部黑色具黄色斑点。上肛附器短于下肛附器，锥状，向两侧强度分歧，下肛附器中央深裂凹陷甚深，末端向上方弯曲。

雌性色彩似雄性，第 9 节腹板大部分膜质，具 1 对几丁质板，横长形，两侧平行，末端平截。

分布：浙江（杭州）、河南、福建。

147. 纤春蜓属 *Leptogomphus* Selys, 1878

Leptogomphus Selys, 1878: 38. Type species: *Leptogomphus semperi* Selys, 1878.

主要特征：体中型，黑色具黄色条纹。头颇宽，额圆隆，后头通常简单。翅具密的网状脉，臀三角 3 室，弓脉在第 2 结前横脉或第 2 和第 3 结前横脉水平处，叉脉不对称；翅痣不具支持脉，或支持脉不显著。雄性上肛附器上下扁平，背面微拱，淡黄色；腹面凹陷，黑色；下肛附器黑色，约与上肛附器等长。雌性后头有 1 对突起，腹部第 9 节腹板大部分膜质，基端具 1 对圆形骨片，下生殖板长形，其长度约为第 9 节腹板长度的 2/3，或等长。

分布：东洋区。世界已知 25 种，中国记录 8 种，浙江分布 1 种。

(269) 优美纤春蜓 *Leptogomphus elegans* Lieftinck, 1948

Leptogomphus elegans Lieftinck, 1948: 254.

主要特征：上唇黑色，基部具 1 对长方形绿黄色斑；唇基黑色，额横纹较宽，头的其余部分黑色。合胸背面黑色，领条纹中间间断，背条纹上下不与其他条纹相连，肩前条纹在上方缢缩或间断。合胸侧面黄色，具黑色条纹。足黑色，翅透明，基部微带黄色，翅痣红褐色。腹部黑色，具黄色斑纹；第 2 节背中条纹长矛状，侧面黄色，包含耳形突；第 8–10 节黑色。上肛附器扁宽，几乎呈三角形，背面黄色，腹面和外侧突起黑褐色；外侧具 1 扁形齿突，该齿突与端部之间的边缘具数个黑齿。下肛附器黑色，与上肛附器约等长，端部弯曲，朝向上方。前钩片基部宽扁，端部尖细；后钩片粗大，向后方倾斜，末端尖锐向前方弯曲。阴囊发达。

雌性色彩同雄性，后头后缘中央有 1 对长的尖刺状突起。下生殖板长形，末端中央纵裂阔而深。

分布：浙江（衢州、丽水）、福建、香港、广西。

148. 长足春蜓属 *Merogomphus* Martin, 1904

Merogomphus Martin, 1904: 214. Type species: *Merogomphus paviei* Martin, 1904.

主要特征：体中至大型，黑色具黄色条纹。翅脉密，臀三角室的基边甚斜，臀角不明显。臀三角通常3室，所有三角室通常无横脉，翅基亚前缘横脉有或无。足细长，后足股节伸抵腹部第2节中央，或超过之。雄性腹部第7–9节两侧扩大。雄性上肛附器两支互相平行，无突起；下肛附器中央凹陷甚宽而深，两支向后方分歧的角度大。前钩片比后钩片短，末端钩曲。

分布：东洋区。世界已知7种，中国记录6种，浙江分布2种。

（270）帕维长足春蜓 *Merogomphus paviei* Martin, 1904（图版 IV-49）

Merogomphus paviei Martin, 1904: 214.

主要特征：头相对小；下唇黑色，上唇、前唇基深褐色，两侧黑色，头顶黑色。合胸背面黑色，领条纹中间间断，背条纹与肩前条纹细，不相连接，下方与领条纹不相连接；合胸侧面黄色，具黑色条纹。足黑色。翅透明，翅痣黑色。腹部黑色具黄色斑纹，第7节基部黄色，第8–10节及下肛附器黑色。上肛附器褐色，末端尖锐，稍向上弯曲，下肛附器端缘凹陷甚深，两支分歧的角度甚大。

雌性与雄性外形及色斑相似，腹部短而较粗壮。

分布：浙江（杭州、丽水）、福建、台湾、海南、广西、贵州。

（271）江浙长足春蜓 *Merogomphus vandykei* Needham, 1930

Merogomphus vandykei Needham, 1930: 68.

主要特征：下唇、上唇黑色，前唇基黄色，两侧黑色。额横纹宽，头的其余部分黑色。合胸背面黑色，领条纹中间间断，背条纹上方与横形的肩前条纹相连接，下方与领条纹不相连接；合胸侧面黄色，具黑色条纹。足黑色。翅透明，翅痣黑色。腹部黑色具黄色斑纹，第8–10节及下肛附器黑色。上肛附器黄色，末端尖锐，稍向上弯曲；下肛附器端缘凹陷甚深，两支分歧的角度甚大。

雌性与雄性外形及色斑相似。

分布：浙江（杭州）、河南、江苏。

（二）钩尾春蜓亚科 Onychogomphinae

主要特征：中型种类，多具臀套；肛附器多呈钩形或环形，比较发达。在我国分布广泛，适应性多样，栖落型和巡飞型种类均有。

分布：主要分布于古北区和东洋区。世界已知21属123种，中国记录13属56种，浙江分布4属6种。

分属检索表

1. 雄性下肛附器侧面观比上肛附器短很多，通常约为其1/2，其端缘浅凹，两支向侧后分歧，其形状与一般春蜓亚科种类相似，很少两支平行而且互相接近；阳茎中节无后叶，很少具后叶 ·· **日春蜓属** *Nihonogomphus*
- 雄性下肛附器与上肛附器等长或更长，很少稍短；下肛附器的两支平行或稍分歧，它们的基部互相接近；阳茎中节有后叶，很少无后叶 ·· 2

2. 雄性上肛附器末端钩曲，下肛附器末端超过上肛附器并包在上肛附器钩曲部分后方，侧面观上下肛附器之间围成 1 个亚圆圈 ·· 环尾春蜓属 Lamelligomphus
- 上下肛附器未围成 1 个圆圈 ··· 3
3. 上肛附器较下肛附器稍短；臀圈 1–2 室，A_2 自下三角室发出 ··· 弯尾春蜓属 Melligomphus
- 上肛附器较下肛附器稍长或等长；臀圈 3 室，A_2 自肘横脉与下三角室之间发出 ················· 蛇纹春蜓属 Ophiogomphus

149. 日春蜓属 *Nihonogomphus* Oguma, 1926

Nihonogomphus Oguma, 1926: 98. Type species: *Nihonogomphus viridis* Oguma, 1926.

主要特征：体中型，黄色或绿色部分较发达，黑色部分相应退缩。合胸背条纹逐渐向下变粗，下端与领条纹相连，呈倒 7 字形纹。臀套 1 室，有时 2 室；A_2 由下三角室生出。上肛附器甚长，互相平行，末端 1/3 向内方弯曲几成直角，多浅色；下肛附器在侧面观约为上肛附器长度的一半或 2/3，中央部分作臂状向上弯曲；在背面观，两支远离，互相平行。雌性腹部第 9 节腹板大部分十分硬化，基方膜质部分全部或大部分被下生殖板遮盖。

分布：东洋区。世界已知 18 种，中国记录 15 种，浙江分布 2 种。

（272）邵武日春蜓 *Nihonogomphus shaowuensis* Chao, 1954

Nihonogomphus shaowuensis Chao, 1954c: 414.

主要特征：面部基部黄色，仅上额后方 3/5 及头顶黑色。合胸背面黑色具黄色条纹；背条纹与领条纹相连，形成 1 对 7 字形纹。肩前上点甚小，圆形，与背条纹上端很接近，侧面黄色具黑色条纹。翅透明，基部微带金黄色。足大部分黑色，基节前方黄色。腹部黑色具黄色斑纹；第 2 节甚阔的背中条纹相连，后者的基半部甚阔，几呈环形，第 8–9 节的侧斑甚大，几占该节全长；第 10 节背面黄色，但基缘与端缘黑色。肛附器褐色，上肛附器两支平行，末端向内方弯曲几成直角，下肛附器短于上肛附器，朝向上方弯曲。

雌性色彩同雄性，下生殖板约呈三角形，长度约为第 9 节腹板的 2/3，两叶分裂甚深，末端突然尖细。

分布：浙江（丽水）、福建。

（273）长钩日春蜓 *Nihonogomphus semanticus* Chao, 1954

Nihonogomphus semanticus Chao, 1954c: 411.

主要特征：下唇深褐色，面部基本绿色，头顶黑色，后头和后头的后方大部分黄色。合胸背面黑色具黄色条纹，合胸脊黄色，背条纹甚宽，与领条纹相连，肩前条纹缺乏；侧面大部分黄绿色，具细黑纹。足黑色。翅透明，微带烟褐色。腹部黑色具稀疏黄色斑纹；第 2 节背中条纹有 2 处狭窄，形成三段，侧方在耳形突背缘下方黄色。上肛附器黄色，向末端逐渐变成褐色；下肛附器褐色，较短。

雌性与雄性相似，仅腹部黄色斑更明显。

分布：浙江（丽水）、福建、广东。

150. 环尾春蜓属 *Lamelligomphus* Fraser, 1922

Lamelligomphus Fraser, 1922: 426. Type species: *Onychogomphus biforceps* Selys, 1878.

主要特征：体中至大型，黑色有光泽，具明亮的绿黄色条纹。头大，额突出。合胸背条纹下方不与领条纹相连，侧面条纹间大部分合并。臀套2室，A_2从CuA与下三角室之间生出。雄性上肛附器互相平行，末端向下方钩曲；下肛附器两支互相靠拢，长度超过上肛附器末端，包在上肛附器外方，从侧面观上下肛附器围成一个环。雌性后头缘有1对角状突，下生殖板末端的缺刻大而阔，呈"U"字形或"V"字形。

分布：东洋区。世界已知16种，中国记录11种，浙江分布1种。

（274）台湾环尾春蜓 *Lamelligomphus formosanus* (Matsumura in Oguma, 1926)

Lindenia formosana Matsumura in Oguma, 1926: 97.
Lamelligomphus formosanus: Chao, 1990: 356.

主要特征：上唇黑色，近基部处具1对甚大的横形斑点；前唇基黄色，后唇基及颊黑色。头顶和后头黑色，后头具1个甚大的黄色斑点。合胸背面黑色，领条纹中央间断，背条纹较细，下端尖，几与领条纹相连；合胸侧面条纹间相连。足黑色。翅透明，基部微带金黄色。腹部黑色，具黄色斑，第2节具背中条纹，两侧各具1个"U"字形纹，包含耳形突；第9–10节及肛附器黑色。上肛附器末端钩曲，下肛附器包在上肛附器外方。前钩片末端分两支，前支钩曲，后支拇指状，较短。

雌性色彩似雄性，后头具角1对，圆筒形，末端尖。下生殖板较短，裂陷阔而深。

分布：浙江（丽水、温州）、福建、台湾、广西、贵州。

151. 弯尾春蜓属 *Melligomphus* Chao, 1990

Melligomphus Chao, 1990: 370. Type species: *Onychogomphus ardens* Needham, 1930.

主要特征：体中至大型，背条纹下端与领条纹相连，呈7字形纹，通常有肩前上点，无肩前下条纹，或肩前下条纹弱。上肛附器末端向下方弯曲，但不钩曲，末端与下肛附器亚端部相连；下肛附器与上肛附器等长，或稍长。阳茎有后叶，末节有短鞭1对；前钩片前支细长，末端钩曲，后支短，或缺乏。雌性第9节腹板强度骨化，但中央有1对甚小的膜质区，下生殖板半圆形，末端具1缺刻。

分布：东洋区。世界已知11种，中国记录6种，浙江分布2种。

（275）双峰弯尾春蜓 *Melligomphus ardens* (Needham, 1930)

Onychogomphus ardens Needham, 1930: 39.
Melligomphus ardens: Chao, 1990: 370.

主要特征：上唇具1对甚大的黄色斑点，前唇基黄色，后唇基黑色，有时在两侧各具1个斑点；额上具1对横生新月形黄色条纹，头顶和后头黑色，后头的后方具1黄色斑点。合胸背面领条纹中间间断，背条纹较细，其下方与领条纹相连，形成1对7字形纹，位于合胸脊两侧；肩前条纹缺，仅存肩前上点。侧面条纹在气门下缝处相连。足黑色。翅透明，或稍带淡褐色。腹部黑色，具黄色斑点；第2节背中条纹分为三段，侧方具1"U"字形斑纹，包含耳形突；第8–10节及肛附器黑色。上肛附器较下肛附器稍短，末端逐渐向下弯曲。

雌性色彩似雄性，后头角1对，甚长，下生殖板半圆形，末端具1缺刻。

分布：浙江（杭州）、安徽、福建、广西、贵州。

（276）无峰弯尾春蜓 *Melligomphus ludens* (Needham, 1930)

Onychogomphus ludens Needham, 1930: 42.
Melligomphus ludens: Chao, 1990: 372.

主要特征：上唇黑色，具 2 个椭圆形黄斑；前唇基黄色，后唇基黑色，额横纹中央间断。头顶和后头黑色。合胸背面领条纹中央间断，背条纹下端几与领条纹接触；肩前上点甚小，无肩前下条纹；侧面条纹大部分合并。腹部黑色具黄色斑点；第 2 节侧面具 2 个黄色斑，前方黄斑包含耳形突；第 8–10 节黑色。肛附器黑色；上肛附器端部向下方弯曲，但不钩曲，末端腹方有 1 排细齿；下肛附器两支互相平行，逐渐向上方弯，超过上肛附器末端，末端钝圆。前钩片前支细，末端钩曲，后钩片基部宽，末端尖锐。

分布：浙江（丽水）、福建。

152. 蛇纹春蜓属 *Ophiogomphus* Selys, 1854

Ophiogomphus Selys, 1854: 39. Type species: *Libellula cecilia* Fourcroy, 1785.

主要特征：体中至大型，粗壮，多浅绿色杂以黑色斑纹。头大，额成角，雄性后头简单，雌性具 1 对后头角。臀三角室 4 室，甚少翅室增加，可多至 7 室；臀套通常 3 室，甚少 2 室或 4 室。足粗短，有许多粗短的刺。雄性腹部第 7–9 节颇为扩大，在雌性不明显。雄性上肛附器背面观微弱弯曲，呈括号状，末端钝圆，侧面观末端呈弧形下弯；下肛附器约与上肛附器等长，或稍短，两支很靠拢，互相平行。

分布：古北区、东洋区、新北区。世界已知 26 种，中国记录 3 种，浙江分布 1 种。

（277）中华长钩春蜓 *Ophiogomphus sinicus* (Chao, 1954)（图版 IV-50）

Onychogomphus sinicus Chao, 1954b: 264.

Ophiogomphus sinicus: Chao, 1990: 390.

主要特征：上唇黑色，基部具 1 对黄色横斑，前唇基黄绿色，后唇基黑色，头顶和后头黑色。合胸背面领条纹中央间断，两条背条纹向下分歧，上下方不与其他条纹相连，肩前条纹缺乏，侧面条纹互相合并。足黑色。翅透明，臀套通常 2 室。腹部黑色，具黄色斑；第 2 节背中条纹甚细，两侧各具 2 条横条纹，包含耳形突；第 8–10 节黑色。上肛附器黑褐色，背侧方具浅色条纹；下肛附器黑色。

雌性色彩同雄性，后头角 1 对，第 9 腹节腹板强度骨化，下生殖板半圆形，末端中央缺刻阔。

分布：浙江（杭州、衢州、丽水）、广东、香港、广西。

（三）林春蜓亚科 Lindeniinae

主要特征：大型种类，腹部末端两侧膨大，甚至有侧叶的扩展；肛附器简单，长而尖，直指向后。主要为栖落型种类。

分布：古北区、东洋区。世界已知 5 属 21 种，中国记录 3 属 8 种，浙江分布 3 属 4 种。

分属检索表

1. 腹部第 8 节两侧缘不呈甚大的叶片状；雄性阳茎具 1 对很细的卷曲发条状鞭 ································· 小叶春蜓属 *Gomphidia*
- 腹部第 8 节两侧缘扩展甚大，呈叶片状；阳茎末端不如上述 ·· 2
2. 前钩片末端分为粗短的两支；阳茎末端甚短，分为背腹两片，腹片中央纵裂，背片内方生出 1 对长刺状构造，不似一般春蜓所具的鞭；雌性下生殖板不短于第 9 腹节的 2/3 长，末端分 2 片，三角形 ······················· 叶春蜓属 *Ictinogomphus*
- 前钩片近末端处扩大，末端钩曲；阳茎末端分为两支，各支末端卷曲；雌性下生殖板甚短，分为两支，近圆柱形，近末端处有凹陷的细线，仿佛分为两节 ·· 新叶春蜓属 *Sinictinogomphus*

153. 叶春蜓属 *Ictinogomphus* Cowley, 1934

Ictinogomphus Cowley, 1934: 274. Type species: *Ictinus ferox* Rambur, 1842.

主要特征：体大型，粗壮，通体黑色具黄色斑纹。头大，额成角，后头简单或稍凹陷。下三角室仅含2室，中室列仅含2列翅室，臀套仅含4室，臀角不突出，其两边所成的角度呈直角或略呈钝角。腹部第8节背板侧缘适度扩大。阳茎柄节与中节长度相等，末节甚短，后叶及鞭缺乏；末节分为背腹两片，腹方的一片中央纵裂，背方的一片内方生出1对长刺状构造。

分布：世界广布。世界已知19种，中国记录3种，浙江分布1种。

（278）小团扇春蜓 *Ictinogomphus rapax* (Rambur, 1842)（图版 IV-51）

Diastatomma rapax Rambur, 1842: 169.
Ictinogomphus rapax: Chao, 1990: 398.

主要特征：上唇黑色，具甚阔的黄色横纹，前唇基黄色，后唇基、颊、额黑色，额横纹甚宽，头顶黑色，后头黄色。合胸背面领条纹完整，背条纹不与其他条纹相连接，肩前条纹完整，侧面黄色具黑色条纹。足黑色。翅透明。腹部黑色，具黄色斑；第2节背中条纹呈长三角形；第7节基端的一半黄色；第10节及肛附器黑色。上肛附器长而直，圆锥形；下肛附器短小，向上方稍弯曲。

雌性色彩同雄性，后头角1个，甚短，前后扁。下生殖板中央分裂阔而深，呈两个三角形。

分布：浙江、南方广布；日本及东南亚到南亚。

154. 新叶春蜓属 *Sinictinogomphus* Fraser, 1939

Sinictinogomphus Fraser, 1939: 22. Type species: *Aeshna clavatus* Fabricius, 1775.

主要特征：体大型，粗壮，黑色具黄绿色条纹。翅透明，下三角室仅含2室；中室列仅含2列翅室；臀套3室；臀角并不突出。腹部第8节背板侧缘极度扩大。阳茎中节约仅有柄节长度的一半；末节甚长，末端分为两叉，各分叉末端卷曲。

分布：古北区、东洋区。本属仅1种。

（279）大团扇春蜓 *Sinictinogomphus clavatus* (Fabricius, 1775)（图版 IV-52）

Aeshna clavata Fabricius, 1775: 425.
Sinictinogomphus clavatus: Chao, 1990: 416.

主要特征：下唇褐色，中叶黄色，上唇淡绿黄色，具甚细黑色边缘，额黑色，绿色额横纹甚宽，头顶黑色，后头黄色。合胸背面黑色，具黄绿色条纹；领条纹完整，中央沿合胸脊稍微有黑色入侵；背条纹粗短，上端宽，下端尖锐，上下不与其他条纹相连；肩前条纹完整，在近上端处缢缩；侧面条纹阔，沿气门下缝有黑色横纹相连。足黄色。翅透明，翅痣黑色，臀三角6室，臀套4室。腹部黑色，具绿黄色斑纹；第7节背中条纹甚宽，几乎伸抵该节全长；第8节两侧各具1甚大斑点，该节背板侧缘扩大，半圆形，呈扇状。肛附器黑色；上肛附器长而直，末端尖；下肛附器短小。

雌性色彩同雄性，下生殖板分为两支，近似圆柱形。

分布：浙江、全国广布；朝鲜，日本，越南。

155. 小叶春蜓属 *Gomphidia* Selys, 1854

Gomphidia Selys, 1854: 67. Type species: *Gomphidia t-nigrum* Selys, 1854.

主要特征：体大型，粗壮，体黑色具黄或绿黄色斑纹。头大，额成角。三角室 3-4 室，下三角室含 2-3 室，臀套小，臀角突出；翅透明，相对窄小。合胸非常粗壮。腹部第 8 节略膨大，背板侧缘不扩大。阳茎具 1 对鞭。

生物学：本属类群多栖息于静水池塘，具较强的领域性。

分布：古北区、东洋区、旧热带区。世界已知 21 种，中国记录 4 种，浙江分布 2 种。

（280）联纹小叶春蜓 *Gomphidia confluens* Selys, 1878（图版 IV-53）

Gomphidia confluens Selys, 1878: 83.

主要特征：下唇黑色，面部黄色具黑色斑纹及边缘，头顶及后头黑色。合胸黑色具黄色条纹，背条纹与领条纹相连，形成 1 倒置的 7 字形纹；肩前条纹细，肩前上点近似三角形；合胸侧面黑色具黄色条纹。翅透明，微带烟褐色。足黑色。腹部大部分黑色，具黄色斑纹，末端几节侧面具较大的黄色斑。肛附器黑色，简单；上肛附器很长，锥状；下肛附器极短。

雌性色彩与雄性基本相同。

分布：浙江（杭州、绍兴、宁波、衢州、丽水）、天津、河北、山西、河南、江苏、福建、台湾、广西。

（281）并纹小叶春蜓 *Gomphidia kruegeri* Martin, 1904

Gomphidia kruegeri Martin, 1904: 216.

主要特征：本种与联纹小叶春蜓酷似。下唇黑色，面部基本黄色，头顶及后头黑色。合胸黑色具黄色条纹，背条纹与领条纹不相连；肩前条纹细，肩前上点近似三角形；合胸侧面黑色具黄色条纹。翅透明，微带烟褐色。足黑色。腹部大部分黑色，具黄色斑纹，末端几节侧面黄色斑较小。肛附器黑色，简单；上肛附器很长，锥状；下肛附器极短。

雌性色彩与雄性基本相同。

分布：浙江（丽水）、福建、台湾、广东、海南、云南。

（四）哈春蜓亚科 Hageniinae

主要特征：超大体型。前后翅三角室均较长，与翅长轴方向一致，内有 1 横脉，三角室前缘较基缘长很多，后缘近端部明显曲折成角度，角度处有时生出 1 条附加纵脉；臀圈 3 或 4 室，肘横脉 2 条；臀三角 3-6 室，分两排，若 4 室则不似钩尾春蜓型。

分布：主要分布于古北区和东洋区。本亚科仅 1 属，浙江分布 1 属 2 种。

156. 施春蜓属 *Sieboldius* Selys, 1854

Sieboldius Selys, 1854: 64. Type species: *Sieboldius japponicus* Selys, 1854.

主要特征：超大体型。头相对小。胸部极其发达。前后翅三角室均较长，与翅长轴方向一致，内有 1 横脉，三角室前缘较基缘长很多，后缘近端部明显曲折成角度，角度处有时生出 1 条附加纵脉；臀圈 3 或 4 室，肘横脉 2 条；臀三角 3-6 室，分两排，若 4 室则不似钩尾春蜓型。

分布：古北区、东洋区。世界已知 8 种，中国记录 5 种，浙江分布 2 种。

（282）折尾施春蜓 *Sieboldius deflexus* (Chao, 1955)

Hagenius deflexus Chao, 1955: 76.
Sieboldius deflexus: Chao, 1990: 399.

主要特征：下唇及面部以黑色为主，头顶及后头黑色。合胸黑色具黄色条纹；背条纹与领条纹相连，形成 1 倒置的 7 字形纹；肩前条纹细，肩前上点近似三角形；合胸侧面黑色具黄色条纹。翅透明，微带烟褐色。足黑色。腹部大部分黑色，具黄色斑纹，末端几节侧面具较大黄色斑。肛附器黑色，简单，上肛附器短，分歧，下折；下肛附器极短。

雌性色彩与雄性基本相同。

分布：浙江（杭州、丽水）、福建、台湾。

（283）马氏施春蜓 *Sieboldius maai* Chao, 1990

Sieboldius maai Chao, 1990: 405.

主要特征：本种与折尾施春蜓相似，不同之处在于肛附器结构。本种下唇及面部以黑色为主，头顶及后头黑色。合胸黑色具黄色条纹，背条纹与领条纹相连，合胸侧面黑色具黄色条纹。翅透明，微带烟褐色。足黑色。腹部大部分黑色，具黄色斑纹，末端几节侧面具较大黄色斑。肛附器黑色，简单，上肛附器短，分两支，平直后伸；下肛附器极短。

雌性色彩与雄性基本相同。

分布：浙江（丽水）、福建、台湾。

五十二、大蜓科 Cordulegastridae

主要特征：大型或超大型种类，体黑色只具黄色条纹。头大，面部突出，方形或宽大于长。额隆起，复眼大，相遇于一点。前胸小，合胸粗壮，浅色斑纹较简单。足粗壮，股节有 2 列小齿，胫节具棱脊，2 列刺。翅多透明，后翅臀区发达。腹部圆筒形，肛附器较短而简单。雌性与雄性外貌相似，产卵器异常发达。

分布：世界广布。世界已知 3 属 53 种，中国记录 3 属 8 种，浙江分布 1 属 1 种。

157. 圆臀大蜓属 *Anotogaster* Selys, 1854

Anotogaster Selys, 1854: 83. Type species: *Cordulegaster nipalensis* Selys, 1854.

主要特征：头很大，后头小，后头后缘稍隆起。下唇侧叶心脏形，中叶中央末端分裂。上唇前缘稍凹陷。面部长大于宽，额宽而高，但不高于后头，上方具宽而浅的凹陷，被有细短毛。头顶很小，触角 7 节。前胸短，大，后叶圆，肿起。合胸很大，通常被有细毛，尤其是在背面。足粗壮，后足股节延伸至第 2 腹节中央。翅透明，雌性翅基通常具明亮的琥珀色。后翅宽，翅基臀角圆。翅痣长而狭，无支持脉。前后翅三角室形状相似。腹部长，圆筒形。

分布：古北区、东洋区。世界已知 14 种，中国记录 3 种，浙江分布 1 种。

（284）巨圆臀大蜓 *Anotogaster sieboldii* (Selys, 1854)（图版 IV-54）

Cordulegaster sieboldii Selys, 1854: 88.
Anotogaster sieboldii: Davies & Tobin, 1984: 15.

主要特征：下唇深黄褐色，上唇黑色，颊黄褐色，前唇基黑色，后唇基明亮的绿黄色，前缘具黑色细条纹，额、头顶、后头黑色。合胸背面黑色，肩前条纹绿黄色，呈相反的逗号状斑点，向下分歧；侧面黑色，具 2 条绿黄色斜条纹。足黑色。翅透明，微带淡烟色；前后翅三角室具 1 条横脉，亚三角室完整无横脉，臀套 5 翅室。腹部黑色具绿黄色斑纹，肛附器黑色，上肛附器粗壮，末端尖锐，不长于第 10 节；下肛附器宽扁，末端具 1 齿突，向上钩曲。

雌性与雄性色斑相近，但产卵器异常粗壮，长大。

分布：浙江（杭州、绍兴、衢州、丽水）、山东、河南、安徽、福建、台湾、广东、四川。

五十三、裂唇蜓科 Chlorogomphidae

主要特征：大型或超大型种类，体黑色只具黄色条纹。头大而扁。额隆起，复眼大，分离。合胸粗壮，浅色斑纹较简单。足粗壮，股节有 2 列小齿，胫节具棱脊，2 列刺。翅透明或具明显的色斑，雌雄异型，后翅臀区发达。腹部圆筒形，很长，肛附器粗壮，较短而简单。雌性与雄性外貌相似，产卵器退化。

分布：东洋区。世界已知 3 属 55 种，中国记录 3 属 18 种，浙江分布 1 属 2 种。

158. 裂唇蜓属 *Chlorogomphus* Selys, 1854

Chlorogomphus Selys, 1854: 99. Type species: *Chlorogomphus magnificus* Selys, 1854.

主要特征：头宽而扁，两眼分离，额上方隆起，高于后头。胸部相对较小，足粗壮，爪钩粗大。翅长而宽大，雌性后翅常具较大斑纹，翅痣短而狭，三角室具横脉，基室具 1–5 条横脉。腹部圆筒形，相对较长。肛附器几乎与第 10 腹节等长，短而结实；上肛附器分离较开，通常具腹齿；下肛附器深裂成二叉状。

分布：东洋区。世界已知 46 种，中国记录 16 种，浙江分布 2 种。

（285）铃木裂唇蜓 *Chlorogomphus suzukii* (Oguma, 1926)

Orogomphus suzukii Oguma, 1926: 88.

Chlorogomphus suzukii: Carle, 1995: 383.

主要特征：头黑色，下唇黄褐色，前唇基黑色，后唇基黄色，上额的前半部分绿黄色。头顶隆起。合胸背面黑色，具黄色斑纹；背条纹楔形，向下方分歧，肩前条纹较宽；侧面黑色，具黄色条纹。足黑色，基节黄色。翅透明，翅痣黑色，覆盖 3–4 翅室，臀套 8 翅室，臀三角 3 翅室。腹部黑色，具黄色斑纹，第 7 节端环纹宽。肛附器黑色。上肛附器端部分叉，下肛附器中央深裂，明显长于上肛附器，末端向上钩曲。

分布：浙江（杭州）、台湾。

（286）长鼻裂唇蜓 *Chlorogomphus nasutus* Needham, 1930

Chlorogomphus nasutus Needham, 1930: 97.

主要特征：头部黑色，下唇黄色，前唇基具工字形黄色细纹，前额呈三角锥形突出，上额前半部分黄绿色，头顶隆起，后头后缘长有浓密的黑色毛。合胸背面黑色，黄色肩前条纹宽，到达肩缝附近；合胸侧面黑色，具黄色条纹；翅透明，翅痣黑色，覆盖 4 翅室，三角室均有 1 条横脉，臀三角 3 翅室。腹部黑色，具黄色斑纹，第 6 节具较宽的端环纹，肛附器黑色，上下肛附器等长。

雌性与雄性色斑相似，仅翅基处有较小的褐色斑。

分布：浙江（杭州）、湖南、福建、广东、广西、四川、贵州。

五十四、伪蜻科 Corduliidae

主要特征：体小至中型，身体通常金属绿色。后翅的结前横脉厚度相等；基室无横脉；前翅和后翅的三角室相异；雄性后翅基部成角，腹部第 2 节侧面具耳形突。雄性胫节弯曲面具薄龙骨状脊。

分布：世界广布。世界已知 23 属 165 种，中国记录 6 属 17 种，浙江分布 3 属 3 种。

分属检索表

1. 身体褐黑色，无金属光泽 ·· 毛伪蜻属 Epitheca
- 身体多少具金属绿色 ·· 2
2. 合胸多少具黄色斑 ·· 中伪蜻属 Macromidia
- 合胸无黄色斑 ··· 异伪蜻属 Idionyx

159. 毛伪蜻属 *Epitheca* Burmeister, 1839

Epitheca Burmeister, 1839: 845. Type species: *Libellula bimaculata* Charpentier, 1825.

主要特征：体中型，褐黑色，无金属光泽，具黄色斑纹，通体具毛。面部、后头和胸部有较长的毛。弓脉的分脉在起点分离，前翅三角室 3 翅室，亚三角室 3 翅室。臀套有短但明显的趾，长 2–3 翅室。腹部基节稍肿大，密生毛。

分布：古北区、东洋区、新北区。世界已知 12 种，中国记录 1 种，浙江分布 1 种。

（287）缘斑毛伪蜻 *Epitheca marginata* (Selys, 1883)（图版 IV-55）

Somatochlora marginata Selys, 1883: 109.
Epitheca marginata: Davies & Tobin, 1984: 25.

主要特征：下唇黄褐色，上唇黑色，前后唇基、前额黄褐色，头顶和后头黑色。合胸褐黑色，具黄色斑纹，密生黄色毛。翅透明，翅痣褐色，前翅三角室 3 翅室，臀膜白色，下方黑色。腹部黑色，具黄色斑纹。肛附器黑色，上肛附器长度为第 10 节的 2 倍，端部互相分离，端外缘具 1 小齿，基部腹面具 1 小齿；下肛附器端部深凹陷，呈叉状。

雌性色彩同雄性，但翅从基部至末端沿着前缘脉、亚前缘脉和径脉之间具 1 条褐色纵带。下生殖板发达。

分布：浙江（杭州）、吉林、北京、山东、河南、江苏、安徽、江西、福建、四川；日本。

160. 中伪蜻属 *Macromidia* Martin, 1907

Macromidia Martin, 1907: 79. Type species: *Macromidia rapida* Martin, 1907.

主要特征：中型种类，身体具金属绿色及黄色条纹。复眼大，两眼接触面宽。合胸相对狭小，足黑色；翅较宽大，三角室完整，弓脉位于第 1 和第 3 结前横脉之间，前翅肘脉 1–2 条，后翅 2–4 条。臀套卵圆形，7–8 翅室。腹部稍长于翅，雄性第 2 腹节耳形突小；肛附器简单而细长，上肛附器无侧齿，下肛附器狭长的三角形。雌性与雄性色斑酷似。

分布：东洋区、旧热带区、澳洲区。世界已知 10 种，中国记录 5 种，浙江分布 1 种。

(288) 克氏中伪蜻 *Macromidia kelloggi* Asahina, 1978

Macromidia kelloggi Asahina, 1978: 10.

主要特征：面部亮黑色，下唇黄色，复眼硕大，亮绿色。合胸黑绿色，肩前条纹宽而短，仅有背长的一半，黄色；侧面1条宽的黄色侧条纹覆盖气门。足黑色，短而粗壮。翅透明，翅基部透明的黄色；翅脉黑色，翅痣黑色，臀套近圆形。腹部亮黑色，背中隐约具黄色纵纹。肛附器短而粗壮，上肛附器鲜黄色、仅基部黑色，下肛附器褐黄色。

雌性色彩同雄性，但腹部更粗壮，黄色斑纹相对多，翅常烟色。

分布：浙江（杭州）、福建、广东。

161. 异伪蜻属 *Idionyx* Hagen, 1867

Idionyx Hagen, 1867: 62. Type species: *Idionyx yolanda* Selys, 1871.

主要特征：小到中型种类，面部色彩变化较大，身体具金属绿色及黄色条纹，复眼大，两眼接触面宽。合胸狭小。足黑色。翅透明，宽大，翅脉稀疏，三角室完整，后翅基部几乎圆滑，无角度；臀套袋形，发达。腹部黑色发亮，无或少有浅色斑；肛附器发达，结构较复杂，多齿。雌性与雄性色斑相似，但浅色区域更多，且翅常有颜色。

分布：东洋区、旧热带区、澳洲区。世界已知29种，中国记录3种，浙江分布1种。

(289) 脊异伪蜻 *Idionyx carinata* Fraser, 1926

Idionyx carinata Fraser, 1926: 206.

主要特征：面部黑色有金属光泽，复眼硕大，晶莹绿色。合胸暗绿色具金属光泽，无肩前条纹，侧面具1条宽的黄色侧条纹覆盖气门，后胸后侧片黄色。足黑色，较长。翅透明，翅基部略见透明的黄色；翅脉稀疏，翅痣黑色短小。腹部亮黑色几乎无浅色斑。肛附器黑色，发达，长于末节。

雌性色彩同雄性，但翅基部棕色面积大些，腹部更粗壮，浅色相对多些。

分布：浙江（杭州）、福建、广东。

五十五、蜻科 Libellulidae

主要特征：多小至中型，身体粗壮。体表颜色极其鲜艳，多为蓝、黄、红、黑、绿、褐、粉色等。翅颜色多样，常具美丽花纹，翅脉较复杂，翅室多，具发达臀套。足粗壮具刺，较多种类体表被霜。

生物学：能适应水质相对较差的城市静水区域，很常见。

分布：世界广布。世界已知 140 属 1036 种，中国记录 40 属 101 种，浙江分布 20 属 35 种。

分属检索表

1. 体长不到 2 cm	2
- 体长大于 2 cm	3
2. 身形粗壮，带金属光泽	虹蜻属 *Zygonyx*
- 复眼相对硕大，体表无金属光泽，腹部异常纤细	细腰蜻属 *Zyxomma*
3. 前翅三角室四边形，前边于中央弯折	红小蜻属 *Nannophya*
- 前翅三角室三角形，或前边仅在末端一小段弯折	4
4. 臀套中肋的起点到 A_1 基部的距离大于到 A_2 的距离，但相差不到 2 倍	斑小蜻属 *Nannophiopsis*
- 臀套中肋的起点到 A_1 基部的距离大于到 A_2 的距离，且相差不小于 2 倍	5
5. 翅痣的内、外缘平行	6
- 翅痣的内、外缘不平行，外缘倾斜	19
6. Rp_2 脉波浪状剧烈弯曲	7
- Rp_2 脉略有弯曲	8
7. 桥横脉多于 1 条	蜻属 *Libellula*
- 桥横脉只有 1 条	灰蜻属 *Orthetrum*
8. 前翅前缘脉呈波浪状弯曲	曲缘蜻属 *Palpopleura*
- 前翅前缘脉正常	9
9. 中肋近乎直线；翅痣基侧或下方的横脉强烈倾斜	10
- 中肋有角度；翅痣基方的横脉不强烈倾斜	14
10. 翅大部分深色（黑色、深褐色等）	11
- 翅主要为黄色或透明	12
11. 后翅具 1 条肘横脉	丽翅蜻属 *Rhyothemis*
- 后翅具 2 条肘横脉	脉蜻属 *Neurothemis*
12. 身体主要为黑色	多纹蜻属 *Deielia*
- 身体主要为红色或黄色	13
13. 前翅具 1 红黄色宽带；面和腹部非红色；前翅结前横脉 6.5–7.5 条	黄翅蜻属 *Brachythemis*
- 前翅基部具 1 黄色小斑；面和额红色；前翅结前横脉 9.5–11.5 条	红蜻属 *Crocothemis*
14. 后翅具 2 条肘横脉	宽腹蜻属 *Lyriothemis*
- 后翅具 1 条肘横脉	15
15. 桥横脉多于 1 条；结前横脉 14–16 条	玉带蜻属 *Pseudothemis*
- 只有 1 条桥横脉	16
16. 结前横脉 6–9 条；前胸后叶 2 裂	17
- 结前横脉 11–17 条；前胸后叶完整	褐蜻属 *Trithemis*
17. 最后一条结前横脉上下不连接	赤蜻属 *Symprtrum*
- 最后一条结前横脉上下连接	18

18. 额的上部具金属光泽	疏脉蜻属 *Brachydiplax*
- 额的上部不具金属光泽	锥腹蜻属 *Acisoma*
19. Rp₂ 不呈波浪形	斜痣蜻属 *Tramea*
- 前翅三角室与翅的长轴垂直	黄蜻属 *Pantala*

162. 锥腹蜻属 *Acisoma* Rambur, 1842

Acisoma Rambur, 1842: 29. Type species: *Acisoma panorpoides* Rambur, 1842.

主要特征：体小型，翅脉稀疏，色彩以蓝、黄为主。前胸后叶低而圆。翅靠近后缘的翅脉密，靠近前缘的翅脉稀。前翅三角室狭长，尖端斜向内方，横生，具 1 条脉。中室区始端 3 列翅室。最末结前横脉不完整，上下不连接。翅痣前方的横脉很斜。臀套发达，端部宽，中肋稍成角度。A₂ 起点在臀横脉之后。

分布：东洋区。世界已知 6 种，中国记录 1 种，浙江分布 1 种。

（290）锥腹蜻 *Acisoma panorpoides* Rambur, 1842（图版 IV-56）

Acisoma panorpoides Rambur, 1842: 29.

主要特征：下唇淡褐色，上唇和面部淡蓝色；复眼蓝绿色。成熟雄性胸腹部整体浅蓝色，杂以复杂的黑色斑纹，腹末几节几乎全黑色；亚老熟雄性胸腹部整体黄褐色，杂以复杂的黑褐色斑纹。足黑色，有褐色斑。翅透明，翅脉较稀疏，臀套明显。上肛附器乳白色，醒目；下肛附器黑色，明显短于上肛附器。

雌性色彩同亚老熟雄性相似，体形与雄性酷似。

分布：浙江（杭州）、江苏、云南；印度。

163. 疏脉蜻属 *Brachydiplax* Brauer, 1868

Brachydiplax Brauer, 1868: 173. Type species: *Brachydiplax chalybea* Brauer, 1868.

主要特征：头颇小，双眼连接距离长。额突出，闪金属蓝光。前胸具 1 中等或大的后叶，约长方形，中央稍凹陷，边缘生有长毛。合胸粗壮。足细长，后足股节有许多排列密、大小均匀的刺。腹部颇短，基部粗壮，向末端逐渐呈圆锥形。翅透明，狭长，网状脉适度密。前翅三角形适度狭，亚三角室 3 翅室。后翅三角室完整。弓脉位于第 1 和第 2 结前横脉之间。弓脉的分脉起点在前翅有 1 短距离的融合，在后翅有 1 长距离的融合。所有翅具 1 条桥脉。Cu₂ 起点从后翅三角室后角伸出。IR₃ 和 Rspl 之间具 1 列翅室。中室区始端具 2 列翅室，以后扩张在翅边缘。6–9 条结前横脉，末端 1 条上下连接。臀套端部扩张，远端边强度弯折。翅痣中等大。

分布：古北区、东洋区。世界已知 7 种，中国记录 3 种，浙江分布 1 种。

（291）蓝额疏脉蜻 *Brachydiplax chalybea* Brauer, 1868（图版 IV-57）

Brachydiplax chalybea Brauer, 1868: 173.

主要特征：下唇黄褐色，中叶的中央线和侧边缘的黑纹细。上唇和面部及前额淡黄褐色；上额和头顶蓝色，具金属光泽；后头黑色，后面具 1 对黄色斑点。合胸背面黄褐色，通常被白粉；侧面红褐色，第 1 缝线上段黑纹阔，第 2 和第 3 缝线上的黑纹由老熟程度的增加而扩大，中间的红褐色部分减缩为上下两斑点。足黑色，基节和转节红褐色，具刺。翅透明，基部具色斑，前翅斑小，后翅斑在第 2 结前横脉处，并向下延伸靠近臀角。腹部黑色，第 2–5 节具黄色斑且背面常被白霜，肛附器黑色，下肛附器短于上肛附器。

雌性色彩同亚老熟雄性相似，胸部背面具模糊的肩前条纹，上方弯曲在背中脊相连接。

分布：浙江（杭州）、江苏、云南；印度。

164. 黄翅蜻属 *Brachythemis* Brauer, 1868

Brachythemis Brauer, 1868: 367. Type species: *Libellula contaminata* Fabricius, 1793.

主要特征：体小型，粗壮，黄色具褐色斑纹。翅金黄色或淡黑褐色。头中等大，两眼相连接处颇宽，额宽圆，无显著脊突。胸粗短。足粗壮，适度长。后足股节具 1 列逐渐变长、间隔颇宽的刺，腹部宽而短，扁平，端部圆锥形。翅短，末端颇圆。臀套颇宽，端部膨大，末端强度成角。

分布：东洋区。世界已知 6 种，中国记录 1 种，浙江分布 1 种。

（292）黄翅蜻 *Brachythemis contaminata* (Fabricius, 1793)（图版 IV-58）

Libellula contaminata Fabricius, 1793: 382.
Brachythemis contaminata: Davies & Tobin, 1984: 42.

主要特征：下唇黄褐色；上唇红赭色；面部、额和头顶橄榄绿色或淡绿黄色；后头褐色。合胸橄榄绿褐色或铁锈色，背面具 1 模糊的红褐色肩条纹，侧面具 2 个模糊的淡褐色条纹。足黄褐色，胫节深褐色或黑色。翅透明，网状脉淡红色，具 1 宽的明亮的橘色横带；翅痣铁锈色，后边褐色；翅膜淡红褐色或肉色。腹部红赭色，背面和亚背面具模糊的褐色条纹。亚老熟雄性标本颜色同雌性。第 8 节和第 9 节背中条纹黑色。肛附器铁锈色。

雌性与雄性色彩近似，面淡黄白色；胸部淡绿黄色。具狭的褐色横带与合胸脊平行，无雄性具有的明亮的橘色横带。翅痣明亮的赭色。

分布：浙江（杭州、丽水）、河南、陕西、江苏、湖北、江西、湖南、福建、台湾、广东、海南、香港、广西、云南。

165. 红蜻属 *Crocothemis* Brauer, 1868

Crocothemis Brauer, 1868: 367. Type species: *Libellula erythraea* Brullé, 1832.

主要特征：额马蹄形。头顶圆。前胸具小叶。合胸粗壮。足颇短，粗壮；后足股节具许多大小一致、排列紧密的小刺，末端 1 刺较长。翅透明，基部具色斑，臀套宽，端部肿胀，趾直角。腹部扁平，基部较宽或宽；雄性端部圆锥形，雌性端部圆筒形。

分布：古北区、东洋区。世界已知 10 种，中国记录 1 种，浙江分布 1 种。

（293）红蜻 *Crocothemis servilia* (Drury, 1773)（图版 IV-59）

Libellula servilia Drury, 1773: 112.
Crocothemis servilia: Davies & Tobin, 1984: 56.

主要特征：下唇铁锈色，上唇血红色，边缘深红色；前唇基淡红色；面的其余部分和额明亮的血红色。头顶红色，后头明亮的橘色。眼上面血红色，侧面紫红色，下面色淡。合胸明亮的铁锈色，通常背面血红色。足赭色。翅透明，翅基部具琥珀黄色斑纹。前翅斑纹较小，后翅基斑纹较大，覆盖第 2 结前横脉内方、翅基室和经臀套至翅臀角的区域。老熟标本翅端部淡褐色。肛附器血红色。

雌性下唇淡黄色，上唇、面部和额及头顶橄榄绿黄色；后头橄榄绿褐色。眼上方褐色，下方橄榄绿色。前胸和合胸橄榄绿褐色。足赭色。翅与雄性相似，但基斑纹淡黄色。腹部赭色，第 8-9 节背中脊黑色。肛附器赭色。

分布：浙江、全国广布；俄罗斯，朝鲜，日本。

166. 多纹蜻属 *Deielia* Kirby, 1889

Deielia Kirby, 1889: 262. Type species: *Trithemis phaon* Selys, 1883.

主要特征：体中型，雄性颜色以灰为主，雌性颜色艳丽，翅色有两种形式。翅靠近后缘的翅脉密，靠近前缘的翅脉稀。前翅三角室狭长，尖端斜向内方，横生，具 1 条脉。中室区始端 3 列翅室。最末结前横脉不完整，上下不连接。翅痣前方的横脉很斜。臀套发达，端部宽，中肋稍成角度。肛附器简单。

分布：古北区、东洋区。世界仅 1 种，浙江有分布。

（294）异色多纹蜻 *Deielia phaon* (Selys, 1883)（图版 IV-60）

Trithemis phaon Selys, 1883: 106.
Deielia phaon: Davies & Tobin, 1984: 57.

主要特征：上唇黑色，唇基黄色，额黑蓝色具金属光泽，头顶黑色。合胸灰色，两侧具黄色条纹。足黑色，具长刺。翅透明，翅痣黑褐色，翅脉黑色。腹部黑色有黄色斑纹，第 4 节以后被蓝色粉被所覆盖，第 8-10 节及肛附器黑色。

雌性额黄色，只有后缘黑色。雌性有两种色型：一种翅无斑纹，体型较小，翅脉红棕色，翅痣与前缘脉黄色；另一种翅有棕色斑纹，体型和翅均较大，翅脉红色，前缘脉黄色。两型的腹部色彩相同，第 2-7 节背面中央和两侧各有黄色斑，第 8-10 节及肛附器黑色。

分布：浙江、全国广布；俄罗斯，朝鲜，日本。

167. 蜻属 *Libellula* Linnaeus, 1758

Libellula Linnaeus, 1758: 543. Type species: *Libellula quadrimaculata* Linnaeus, 1758.

主要特征：体中型，粗壮，色彩多变。翅常部分着色或不透明。头中等大。两眼相连接处短。额宽，具脊突。头顶圆隆或分裂成两部分。前胸具很小的后叶。合胸粗壮。足短，粗壮，后足股节具许多排列颇密的短刺。翅长，通常部分着色，网状脉密。前翅三角室距弓脉远，后翅三角室距弓脉近，弓脉靠近第 2 结前横脉处。前翅弓脉的分脉在起点分离，后翅弓脉的分脉在起点短距离融合。Cu_2 起点从后翅三角室后角伸出。前翅肘脉 1 条，后翅 1 条或多条。加插桥脉存在。前翅三角室 3 翅室以上。上三角室有横脉或完整。IR_3 和 Rspl 之间 2-3 列翅室。中室区始端 3-6 列翅室，并在翅缘宽的扩张。R_3 显著波形弯曲。臀套延长，端部肿胀，端边成角。翅痣大小有变化。腹部形状有变化，通常基部宽扁，端部圆锥形。

分布：古北区、东洋区。世界已知 28 种，中国记录 3 种，浙江分布 2 种。

(295) 低斑蜻 *Libellula angelina* Selys, 1883

Libellula angelina Selys, 1883: 99.

主要特征：下唇和上唇黄褐色，前后唇基及额淡黄色，头顶具1黄色突起。合胸黄褐色，侧面第1缝线黑褐色，完整；第2缝线缺乏，气门周围黑色，第3缝线不明显，仅残存上方一段。足黄褐色，翅透明，前缘脉宽，白色。翅痣和翅脉黄色。前后翅的基部和翅结及翅痣处各具1褐色斑，基斑扩大，沿臀套基部到达翅内缘均为褐色斑部分，翅结处斑较小，翅痣处斑呈三角形，向翅后缘扩张。腹部黄褐色，有细长的毛。肛附器褐色，下肛附器稍短于上肛附器。

雌性的体型和斑纹同雄性。

分布：浙江（杭州）、北京、天津、山东、江苏、安徽。

(296) 基斑蜻 *Libellula melli* Schmidt, 1948

Libellula melli Schmidt, 1948: 119.

主要特征：下唇黄褐色，上唇黄红色，前后唇基暗黄色；面上密生黑色毛；额黄褐色，后缘深色，上额中央凹陷构成1宽的纵沟。头顶暗黄色，中央有1突起，色深；后头褐色。前胸黑色，中叶具褐色斑点。合胸背面黄褐色，合胸脊深褐色；合胸侧面黄褐色，第1缝线和第3缝线黑色，气门周缘黑色。翅透明，翅脉黑色，翅痣暗褐色。翅基部具褐色斑，前翅基斑似长方形，包括亚前缘脉基部下方3个翅室的色彩深，基室和肘室及弓脉后方的色彩淡。后翅基斑三角形，色彩深，包括亚前缘脉基部前后5–6翅室，上三角室前方2–3翅室，上三角室、三角室、三角室外方3–4翅室，并斜向下内方，沿臀套基部到达翅内缘。足黑色，基节和转节及前足股节的大部分黄色，具黑色刺。腹部红褐色，基部和端部色深。腹部的背中隆脊、亚侧缘和腹侧缘黑色，第7–8节背中隆脊两侧黑色条纹宽。肛附器黑色，末端尖。

雌性腹部长32 mm，后翅长37 mm。体形和色彩同雄性。

分布：浙江（衢州）、重庆、四川。

168. 宽腹蜻属 *Lyriothemis* Brauer, 1868

Lyriothemis Brauer, 1868: 181. Type species: *Lyriothemis cleis* Brauer, 1868.

主要特征：体中型，头大，前胸具1小的后叶，合胸粗壮。足细长，后足股节具1列短小的刺。翅透明，偶有色斑，后翅三角室具1–2条横脉，臀套发达，结前横脉多，最后1条完整。腹部扁平较短，基部宽，向后逐渐尖细。

分布：古北区、东洋区。世界已知17种，中国记录4种，浙江分布1种。

(297) 闪绿宽腹蜻 *Lyriothemis pachygastra* (Selys, 1878)（图版 IV-61）

Calothemis pachygastra Selys, 1878: 310.

Lyriothemis pachygastra: Davies & Tobin, 1984: 59.

主要特征：体小型，粗壮，腹部宽短，额的上方和头顶蓝绿色具金属光泽。下唇中叶褐色，侧叶黄色。上唇黄色，前缘中央具黑色斑点。前额下方黄色，上方和上额蓝绿色具金属光泽。头顶蓝黑色，中央有1大突起。后头褐黄色，后头的后方黄色。面部和头顶长有黑色毛。未老熟标本前胸黄色，中叶两侧各具

1个黑褐色横斑，后叶缘有褐色细纹。合胸背面黄褐色；条纹模糊，合胸脊两侧各具 1 条很淡的上方狭、向下逐渐宽的褐色条纹；它的外方具 1 条同样的条纹，两条纹的上方和下方相连接。合胸侧面黄色，具黑色条纹：第 1 条纹完整，上方和下方较宽；第 2 条纹不完整，残存条纹细，上段缺；第 3 条纹中段变细。老熟标本胸部为黑色。翅透明；基部和翅结之间有金黄色透明斑，翅痣黄色。肘臀横脉 2 条，结前横脉 8–12 条。足黑色，基节和转节黄色，具小刺。腹部基部和端部略尖，黄色，具黑褐色斑纹：第 1 节背面基部具 2 个横斑；第 2–4 节背中条纹前方狭向后逐渐变宽成三角形；第 5–9 节具背中条纹；第 10 节褐色；第 3–7 节腹侧下缘具 1 褐色小斑点。老熟标本背面黑色，第 1–6 节背面被蓝色粉。上肛附器黑色，下肛附器黄色。

雌性腹部长 20 mm，后翅长 26 mm。体色和斑纹同雄性。腹部扁宽，基方和端方大致相等。

分布：浙江（杭州）、江苏、福建、广西、四川、云南。

169. 灰蜻属 *Orthetrum* Newman, 1833

Orthetrum Newman, 1833: 511. Type species: *Libellula coerulescens* Fabricius, 1798.

主要特征：体中等至大型。头中等大，两眼相连接的距离短。前胸后叶大，通常中央具凹陷，呈二叶状，边缘生有长毛。合胸粗壮。足颇短，粗壮，后足股节具 1 列排列密、大小均匀的刺，有 2–3 枚长刺在末端；在雌性刺较少，逐渐变长。腹部形状多变，一般雌性与雄性不同。翅长，后翅比前翅稍宽。网状脉密。前翅三角室的前边小于基边的 1/2，狭长，有横脉。后翅三角室完整或有横脉；它的基边位于弓脉水平处。翅结距翅痣近，距翅基远。弓脉的分脉起点在前翅融合距离短，在后翅长。弓脉通常位于相对的第 2 结前横脉处，或在第 2 和第 3 结前横脉之间，较少在第 1 和 2 结前横脉之间。前翅三角室 2–3 翅室，中室区始端 3 列翅室，在翅边缘扩大。后翅臀域宽，臀套明显，超过三角室水平处，端部扩张，端边弯曲成直角。IR$_3$ 和 Rspl 之间 1–3 列翅室。Cu$_2$ 起点可变，从后翅三角室后角伸出或旁边伸出。前翅结前横脉数目多，末端一条完整。肘脉 1 条在所有翅。无附加插入桥脉存在。翅痣中等大。

分布：世界广布。世界已知 66 种，中国记录 13 种，浙江分布 9 种。

分种检索表

1. 腹部明显纤细 ·· 2
- 腹部正常 ·· 3
2. 体表无霜 ·· 狭腹灰蜻 *O. sabina*
- 体表被浓灰白霜 ·· 吕宋灰蜻 *O. luzonicum*
3. 体色红褐，无霜 ·· 4
- 体色灰黑，多被霜 ·· 5
4. 面部红褐色 ·· 华丽灰蜻 *O. chrysis*
- 面部黑褐色 ·· 赤褐灰蜻 *O. pruinosum*
5. 尾须白色 ·· 白尾灰蜻 *O. albistylum*
- 尾须深色 ·· 6
6. 合胸部黑色 ·· 鼎异色灰蜻 *O. triangulare*
- 合胸部灰色或浅灰色 ·· 7
7. 周身浅灰色，翅痣深褐色 ·· 黑异色灰蜻 *O. melania*
- 合胸有深色斑 ·· 8
8. 腹部相对胸部纤细 ··· 黑尾灰蜻 *O. glaucum*
- 腹部与胸部同粗壮 ··· 褐肩灰蜻 *O. internum*

（298）白尾灰蜻 *Orthetrum albistylum* (Selys, 1848)（图版 IV-62）

Libellula albistyla Selys, 1848: 15.
Orthetrum albistylum: Davies & Tobin, 1984: 61.

主要特征：体中型，淡黄绿色，腹部带白色斑纹，肛附器上方白色。R_3 强度波状弯曲。头部：面淡色，具黑色短毛。下唇中叶黑色，侧叶黄色。上唇黄色，近基部中央有 1 个黑色斑点。前后唇基及额黄绿色。头顶中央有 1 个突起，顶端黑色。1 条较宽的黑色条纹覆盖单眼区，并向下延伸至上额基部和两侧。后头黄色，边缘深色。胸部：前胸绿色，密布褐色小斑点。合胸背面黄绿色。合胸脊边缘黑色。合胸领上有宽的黑色纹，黑纹在中央间断。合胸脊和第 1 条纹之间有 1 对模糊的八字形褐色肩前条纹，条纹上方不完整。合胸侧面绿色或淡蓝色。具黑色条纹：第 1 和第 3 条纹完整；第 2 条纹下方宽，向上方逐渐变狭，色彩逐渐变淡，并向后上方斜伸，不与其他条纹相连接；第 3 条纹上方稍宽。这 3 条黑纹在足基部互相融合。第 1 与第 3 条纹在翅基部又互相连接。翅透明，翅痣褐黑色。前缘脉黄色除翅痣部分外。R_3 强度波状弯曲。足黑色，前足股节下方淡白色。腹部：第 1–3 节颇膨大，前方的腹节绿色多于黑色，后方黑色多于绿色。第 1–6 节背中脊和腹侧脊之间具纵黑纹 1 对，两端向外方弯曲。第 7 节大部分黑色；第 8–9 节全黑；第 10 节背面白色。肛附器黑色，上肛附器背面白色。

雌性腹部长 40 mm，后翅长 41 mm。色彩与雄性相似。本种的幼嫩标本、亚老熟和老熟标本的体色有差异。色彩从淡变深，老熟标本面色很深，腹部灰黑被粉。肛附器黑色。

分布：浙江、全国广布；俄罗斯，朝鲜，日本。

（299）黑异色灰蜻 *Orthetrum melania* (Selys, 1883)（图版 IV-63）

Libellula melania Selys, 1883: 103.
Orthetrum melania: Davies & Tobin, 1984: 61.

主要特征：头部整体除下唇淡黄色外呈黑色，触角黑色。前胸黑褐色，成熟个体合胸整体被灰白色霜；翅透明。足黑色，具短尖刺。腹部大部分被灰白色霜，末端 3 节黑色；肛附器黑色。

分布：浙江（杭州、绍兴、宁波、衢州、丽水、温州）、江苏、福建、重庆、广西、四川、云南。

（300）褐肩灰蜻 *Orthetrum internum* McLachlan, 1894

Orthetrum internum McLachlan, 1894: 431.

主要特征：头部：下唇和上唇黄褐色，下唇中叶深红褐色。面和额橄榄绿色或绿色。头顶深褐色，眼深绿色（活着时），后头褐色或深橄榄绿色，后头后方明亮的黄褐色。胸部：前胸黑色，前叶的前缘、中叶的中央和整个后叶明亮的黄色。合胸背面中部和翅前窦橄榄绿色或绿色，肩部具宽的红褐色条纹，并与第 1 条纹融合。合胸侧面淡黄绿色或蓝色，被白粉。第 2 和第 3 条纹合并成 1 褐色宽带，合胸腹面深褐色。足黑色，基节红褐色。转节中部有 1 明亮的黄色斑点。翅透明，翅基部有琥珀色或黄色斑。翅痣短，黄褐色，覆盖 2 翅室。前翅三角室具 1 或 2 条横脉，后翅 1 条横脉。IR_3 和 Rspl 之间 2 列翅室。Cu_2 从后翅三角室后角伸出。结前和结后横脉数：12–13/12–10。腹部：基部宽，逐渐向末端变成圆锥形。第 1 和第 2 节黄绿色，以后具 1 条宽的亚背深褐色条纹，老熟标本整个被蓝白色粉。幼嫩和亚老熟标本色彩同雌性相似。肛附器黑色。

雌性腹部长 26–29 mm，后翅长 32–34 mm。与雄性相似，但胸部和腹部无任何被粉。腹部具明亮的黄色，腹侧缘有细的黑纹；1 条宽的黑褐色亚背条纹从第 1 节向后一直延伸至腹末端。肛附器黑色。

分布：浙江（杭州）、河北、福建、四川、云南；印度。

（301）赤褐灰蜻 *Orthetrum pruinosum* (Burmeister, 1839)（图版 IV-64）

Libellula pruinosa Burmeister, 1839: 858.
Orthetrum pruinosum: Davies & Tobin, 1984: 61.

主要特征：体中型，粗壮。头部：下唇和上唇黄褐色，前后唇基暗黄色。额黑色，头顶有 1 黑色突起。后头褐色。整个面生有黑色短毛。幼嫩标本面黄色。老熟标本变成紫罗兰色，具金属光泽。胸部：前胸黑色。合胸红褐色，背面沿第 1 条纹前方具 1 条模糊的褐色条纹。侧面无斑纹。幼嫩标本黄色或金黄色。老熟标本变成蓝灰色或黑色。翅透明。翅痣红褐色。翅基部具红褐色斑，前翅斑小，后翅斑较大。幼嫩标本翅基色斑黄色，老熟标本变成黑色。足黑褐色，具黑刺。腹部及肛附器红褐色。

雌性腹部长 29 mm，后翅长 37 mm。色彩同雄性亚老熟标本。面部整个黄色。前胸白色。合胸淡褐色。翅基色斑比雄性小，淡黄色。第 8 腹节侧下缘扩大成叶状。

分布：浙江（杭州、宁波、丽水、温州）、江西、福建、广东、广西、云南。

（302）狭腹灰蜻 *Orthetrum sabina* (Drury, 1770)（图版 IV-65）

Libellula sabina Drury, 1770: 114.
Orthetrum sabina: Davies & Tobin, 1984: 61.

主要特征：头部：下唇中叶黑色，侧叶黄色。上颚基部黄色。上唇黄色，中央具褐色纵条纹。前后唇基和额暗黄色，前额周围具褐色隆脊。上额淡黄绿色。头顶黑色，中央有 1 突起黄色。后头褐色，后头后方黄色。眼绿色（活着时）。胸部：前胸黑色，前叶前缘和后叶后缘黄色，中叶背面中央具黄色斑点。合胸绿黄色，具黑色条纹：背面合胸脊和合胸领黑色。肩前条纹狭，褐色，上方尖，靠近翅前窦。侧面具 5 条浓淡不一的褐色条纹：第 1 和第 3 条纹完整，深褐色；第 2 条纹淡褐色，中间间断，上段斜向后方，第 1 条纹和第 2 条纹之间有 1 条深褐色较宽的条纹，第 3 条纹之后有 1 条淡色条纹。足黑色，股节腹方和胫节背方黄色。翅透明，翅痣黄褐色，覆盖 2 翅室。前缘脉的前方黄色，后翅基部具 1 小褐色斑。弓脉位于第 2 结前横脉相对应处或在第 1 和第 2 结前横脉之间。Cu_2 起点与三角室后角距离宽，在端边伸出。IR_3 和 Rspl 之间 2 列翅室。结前和结后横脉指数为 10–14/12–11。腹部：第 1–3 节膨大成球状，上面有 6–7 条黑色环纹和 5 条黑色纵纹，其余黄色。第 4 节以后变细长，第 4–6 节黑色，各节侧面中央有半月形黄色斑。第 7–10 节黑色，比第 4–6 节粗短。肛附器白色。

雌性腹部长 37 mm，后翅长 36 mm。体形、色彩和斑纹与雄性相似。

分布：浙江、南方广布；日本，印度，东南亚。

（303）鼎异色灰蜻 *Orthetrum triangulare* (Selys, 1878)（图版 IV-66）

Libellula triangularis Selys, 1878: 314.
Orthetrum triangulare: Davies & Tobin, 1984: 61.

主要特征：头部：几乎全黑色。头顶有 1 突起。后头深褐色。整个面部密生黑色短毛。胸部：老熟标本胸部深褐色，被蓝灰色粉末。前胸后叶竖立，叶片状，中央稍凹陷，边缘长有长毛。合胸侧面第 1 和第 3 条纹模糊的痕迹状。翅透明，翅痣黑褐色，翅末端具淡褐色斑。翅基部具黑褐色斑，前翅斑小，后翅斑较大。足黑色，具小刺。腹部：老熟标本第 1–7 节灰色，第 8–10 节黑色。整个腹部被蓝灰色粉末覆盖。未老熟标本色彩同雌性。

雌性腹部长 32 mm，后翅长 41 mm。头部：下唇中叶黑色，侧叶黄色。上唇黑色，基缘有黄色细纹。

前后唇基和额黄色。头顶黑色。后头褐色。胸部：前胸黑色，前叶前缘黄色，中叶背面中央具2个黄色斑，后叶黄色，竖立，叶片状，边缘长有长毛。合胸背面黄色，合胸脊黑色，两侧各有1条黑色宽条纹，并与第1条纹相融合。合胸侧面黄色，第2条纹和第3条纹相融合，呈1条宽的黑色条纹，覆盖气门。腹部：黄色，第1–6节两侧具黑斑；第7–8节黑色；第8节侧下缘扩大成叶片状。肛附器白色。

分布：浙江（杭州、衢州、丽水）、福建、广东、广西、四川、云南。

（304）华丽灰蜻 *Orthetrum chrysis* (Selys, 1891)（图版 IV-67）

Libellula chrysis Selys, 1891: 462.
Orthetrum chrysis: Davies & Tobin, 1984: 61.

主要特征：下唇和上唇及面淡红褐色，额明亮的鲜红色，头顶和后头深红褐色。眼上方蓝黑色，淡蓝灰色在下方（活着时）。胸部深红褐色。足黑色，股节基部红褐色或老熟标本被薄的粉。翅透明，老熟标本淡烟褐色，特别在翅末端。后翅基部具红褐色基斑，向前延伸至第1结前横脉处，向下方到臀角。结前和结后横脉指数为9–16/11–12。弓脉位于第2和第3结前横脉之间。IR$_3$和Rspl之间2列翅室。翅痣深红褐色。腹部明亮的鲜红色。肛附器红褐色。

雌性腹部长25–30 mm，后翅长31–36 mm。色彩与雄性不同处如下。下唇和上唇及面和额黄色或淡褐色。头顶黄色。后头褐色。翅基部无任何黄色基斑的痕迹。弓脉位于相对应的第2结前横脉处。腹部明亮的黄褐色，各条缝线和腹边缘有黑色细纹。第8腹节腹下缘扩张成叶片状，黑色条纹宽。

分布：浙江（丽水）、福建；印度。

（305）黑尾灰蜻 *Orthetrum glaucum* (Brauer, 1865)（图版 IV-68）

Libellula glauca Brauer, 1865: 1012.
Orthetrum glaucum: Davies & Tobin, 1984: 61.

主要特征：头部整体除下唇淡黄色外呈黑色，触角黑色。前胸黑褐色，成熟个体合胸整体被灰白色霜；翅透明，宽大，基部常有深色斑；足黑色，具短尖刺。腹部大部分被灰白色霜，末端3节黑色；肛附器黑色。

分布：浙江、全国广布；日本，东南亚。

（306）吕宋灰蜻 *Orthetrum luzonicum* (Brauer, 1868)（图版 IV-69）

Libellula luzonica Brauer, 1868: 169.
Orthetrum devium: Needham, 1930: 121.

主要特征：头部、下唇灰褐色，带黑色，面部灰褐色，触角黑色。前胸黑褐色，成熟个体合胸整体被灰白色霜；翅透明，翅痣黄色；足黑色，具短尖刺。腹部大部分被灰白色霜，末端3节颜色较深；肛附器黑褐色。

分布：浙江（杭州、衢州、丽水）、福建、广东、广西、四川、云南。

170. 玉带蜻属 *Pseudothemis* Kirby, 1889

Pseudothemis Kirby, 1889: 859. Type species: *Libellula zonata* Burmeister, 1839.

主要特征：体中型，俊美，翅基部具褐色斑纹，雄性腹部第 3–4 节柠檬黄色。前翅三角室有 1 横脉，长为宽的 2 倍。中室区始端 3 列翅室。桥横脉 2 条或有多于 2 条。径分脉与径增脉之间多于 1 列翅室，并到达翅边缘。臀套颇长，跟部因插入 1 列翅室而增宽。

分布：古北区、东洋区。世界已知 2 种，中国记录 1 种，浙江分布 1 种。

（307）玉带蜻 *Pseudothemis zonata* (Burmeister, 1839)（图版 IV-70）

Libellula zonata Burmeister, 1839: 859.
Pseudothemis zonata: Davies & Tobin, 1984: 63.

主要特征：体中型，褐黑色，雄性腹部第 3、4 节为明显的白色或鲜黄色。雄性腹部长 28–30 mm，后翅长 36–40 mm。头部：下唇中叶黑色，侧叶褐色。上唇黑色，前缘生有金黄色毛。前唇基褐色，后唇基中央褐色，两侧灰白色。额黄绿色或乳白色，中央凹陷宽，具黑色短毛。头顶黑色，中央为 1 蓝色具金属光泽的突起。后头褐色。胸部：前胸黑色，后缘具棕色长毛。合胸背面褐色，生有褐色毛，合胸脊上段褐黑色，下段黄色。两侧各具 1 模糊的黄色纵条纹，向下呈八字形到达合胸领。翅前窦下方有 1 黄色横条纹。在第 1 侧缝线前方具 1 弯曲的黄色条纹，紧靠侧缝隙线。合胸侧面黑褐色，有 3 条黄色条纹：第 1 条纹短，不完整，仅存下方一段；第 2 条纹稍宽；另 1 黄色条纹在后胸后侧片。翅透明，翅的末端有 1 小褐斑。翅痣深褐色。翅具深褐色斑，前翅斑小，后翅斑大，向端方延伸超过弓脉，向内下方延伸到达臀套基部。足黑色，具刺。腹部：黑色，第 2 节背面有狭的黄纹。第 3–4 节乳白色或鲜黄色。肛附器黑色。

雌性腹部长 29 mm，后翅长 40 mm。色彩与雄性相似。前额红黄色，上额深褐色。腹部第 5–7 节两侧各具 1 黄色斑。

分布：浙江（杭州）、河北、江苏、福建；日本。

171. 黄蜻属 *Pantala* Hagen, 1861

Pantala Hagen, 1861: 141. Type species: *Libellula flavescens* Fabricius, 1798.

主要特征：中型种类，种类较少，适应性极强，几乎可生活在任何环境中。复眼两色，胸较小，翅宽大，透明。腹部圆筒形，较长而粗壮；肛附器简单而长大。两性差异较小。

分布：东洋区。世界已知 2 种，中国记录 1 种，浙江分布 1 种。

（308）黄蜻 *Pantala flavescens* (Fabricius, 1798)（图版 IV-71）

Libellula flavescens Fabricius, 1798: 285.
Pantala flavescens: Davies & Tobin, 1984: 62.

主要特征：上、下唇及面部黄色，略带深褐色；额顶黄色，带淡红色；复眼上半部分暗红色，下半部分灰色；触角黑色。前胸黄色，合胸整体黄色，侧面略带灰色；翅透明，翅痣红褐色；足基节、转节黄色，其余部分黑色，具黄斑及短刺。腹部整体黄色或带红色，具少许深褐色及黑色斑；肛附器黑色具黄色斑。

分布：浙江、全国广布；世界广布。

172. 赤蜻属 *Sympetrum* Newman, 1833

Sympetrum Newman, 1833: 511. Type species: *Libellula vulgatum* Linnaeus, 1758.

主要特征：体小至中型，种间外貌相似，通常红色或黄色，具黑色条纹。头小，两眼距离中等长，头顶颇小。前胸边缘上生有长毛，合胸粗壮；足长和颇细。翅较短和宽，网状脉颇疏，结前横脉末端 1 条不完整，IR_3 和 Rspl 之间 1–2 列翅室，臀套在端边膨大，强度成角，翅痣通常小。腹部细长圆筒或三角柱形，肛附器与体色一致，简单。

分布：世界广布。世界已知 57 种，中国记录 23 种，浙江分布 6 种。

分种检索表

1. 翅透明，或仅在翅端有深色斑 ··· 2
- 翅整体具颜色，或翅基部具明显颜色区域 ··· 4
2. 翅端具黑褐色斑 ·· 褐顶赤蜻 *S. infuscatum*
- 翅完全透明 ··· 3
3. 面部具 1 对黑色眉斑 ··· 竖眉赤蜻 *S. eroticum*
- 面部浅褐色，无斑 ··· 小赤蜻 *S. parvulum*
4. 通体红色，翅基部具与体色一致的色斑 ··· 旭光赤蜻 *S. speciosum*
- 通体黄褐色 ··· 5
5. 翅整体具与体色接近的黄褐色 ··· 大赤蜻 *S. baccha*
- 翅前缘和翅基具与体色接近的黄褐色，其余部分透明 ··························· 半黄赤蜻 *S. croceolum*

（309）大赤蜻 *Sympetrum baccha* (Selys, 1884)（图版 IV-72）

Diplax baccha Selys, 1884: 40.

Sympetrum baccha: Davies & Tobin, 1984: 63.

主要特征：下唇、上唇黄色，额黄色，头顶隆起，头顶后方黄色，后头褐色。合胸背面主要黑色，具 2 对孤立的黄色条纹向下分歧，侧面黄色具黑色条纹；足黑色；翅透明，前缘脉基部黄色，翅痣褐色。腹部黄色，老熟标本红色，具黑色斑纹。肛附器黄色，上肛附器末端具 2 个黑色小齿。

雌性色彩与雄性大致相似，腹部更粗壮，斑纹更加明显。

分布：浙江（杭州、丽水）、河南、安徽、福建、四川、贵州。

（310）半黄赤蜻 *Sympetrum croceolum* (Selys, 1883)（图版 IV-73）

Diplax croceola Selys, 1883: 94.

Sympetrum croceolum: Davies & Tobin, 1984: 65.

主要特征：下唇黄褐色，上唇及唇基黄色，额橘黄色；复眼下部黄色，上部黄褐色，有黑色条纹覆盖单眼，并向前方扩张到上额后缘。前胸黄褐色，后叶具毛；合胸黄色，侧板有黑色斑点；足黄褐色，爪黑色；翅脉黄色，翅前缘黄色，从翅基部至端部 1/2 黄色。腹部黄色，呈圆筒形，上方橙红色，下方被霜，肛附器黄色。

雌性产卵器明显突出。

分布：浙江（杭州）、吉林、河南、安徽、江西、福建。

（311）褐顶赤蜻 *Sympetrum infuscatum* (Selys, 1883)（图版 IV-74）

Diplax infuscatum Selys, 1883: 90.

Sympetrum infuscatum: Davies & Tobin, 1984: 67.

主要特征：下唇黄褐色，上唇红褐色，前缘有褐色细纹，前后唇基黄褐色，头顶黄色或褐色，后头黄褐色，后缘具黄褐色毛。合胸背面棕褐色，肩条纹模糊的黄色；合胸侧面黄褐色，具3条完整的黑色条纹；足黑色；翅透明，翅痣褐色。腹部红褐色，第3–9节腹侧具黑色纵条纹，第10节基部褐色，端部红褐色。上肛附器红褐色，末端尖锐，腹方具小黑色齿；下肛附器约与上肛附器等长。

雌性色彩与雄性相似，但合胸背面黄褐色面积更大，翅端部深褐色，腹部深褐色面积更大。

分布：浙江（杭州、衢州、丽水）、黑龙江、江西、福建；日本。

（312）竖眉赤蜻 *Sympetrum eroticum* (Selys, 1883)（图版 IV-75）

Diplax erotica Selys, 1883: 90.
Sympetrum eroticum: Davies & Tobin, 1984: 67.

主要特征：体小型。额具眉斑；下唇和上唇黄红色；前后唇基和额黄绿色。胸部黄色，合胸背面棕色，合胸脊和合胸领黑色，侧面黄色，具黑色条纹；翅透明，翅脉黑色，翅痣红黄色或灰黑色。腹部黄色或红色，具黑色斑。肛附器红色，较短。

雌性色彩与雄性相似，前额眉斑较小，腹部黄色少有红色。

分布：浙江、全国广布；俄罗斯，朝鲜，日本。

（313）小赤蜻 *Sympetrum parvulum* (Bartenev, 1912)（图版 IV-76）

Thecodiplax parvula Bartenev, 1912: 294.
Sympetrum parvulum: Davies & Tobin, 1984: 68.

主要特征：下唇黑色，上唇及额黄白色；复眼下部黄色，中部青绿色，顶端褐色。合胸黄色，具粗黑色条纹：第1条纹宽大；第2条纹窄并自足基部延伸至侧板1/2处；第3条纹窄。足基节、转节及股节基部黄色，其余黑色。翅基透明，翅痣褐色，翅脉黑色。腹部橘红色，侧板有黑色斑纹，下方黑色；肛附器黄色或红色。

雌性体为黄色，斑纹与雄性相似。

分布：浙江（丽水）；日本。

（314）旭光赤蜻 *Sympetrum speciosum* Oguma, 1915（图版 IV-77）

Sympetrum speciosum Oguma, 1915: 142.

主要特征：下唇黄褐色，上唇、唇基红褐色；额红赭色，面部有黑色绒毛；前单眼黄色，后单眼红赭色；复眼下方褐色，顶部红赭色。前胸黑色，合胸背板红赭色，侧板红赭色宽纹和黑色宽纹相间排列；足黑色；翅基部有橘红色色块，且后翅色块大于前翅。腹部及肛附器为红赭色，肛附器上附属器稍长于下附属器。

雌性下唇黄褐色，上唇、唇基及额黄色；合胸背板褐色，侧板黑色宽纹与黄色宽纹相间排列。腹部背板橘红色，侧板具黄色斑纹，腹板黑色。

分布：浙江（衢州）、黑龙江、吉林、辽宁、北京、天津、山东、河南、青海、湖北、四川、贵州、云南；日本。

173. 丽翅蜻属 *Rhyothemis* Hagen, 1867

Rhyothemis Hagen, 1867: 232. Type species: *Libellula phyllis* Sulzer, 1776.

主要特征：体具金属光泽，翅部分或整个黑色或具金黄色或蓝黑色花纹。头小，两眼相连接距离宽。合胸狭小，足细长；翅形状有变化，通常翅基部宽，翅端部狭，两性翅形状不同，通常雄性翅狭长，雌性很宽而短；中室区始端3–5列翅室，很不规则，亚三角室在前翅缺乏或有许多翅室，IR_3和Rspl之间1或2列翅室，臀套狭长，它的端边突然强度弯折，腹部明显短缩，肛附器简单。

分布：东洋区、旧热带区、澳洲区。世界已知23种，中国记录7种，浙江分布2种。

(315) 黑丽翅蜻 *Rhyothemis fuliginosa* Selys, 1883（图版 IV-78）

Rhyothemis fuliginosa Selys, 1883: 88.

主要特征：体中型，通体及翅黑色，具绿紫色金属光泽。合胸有浓密的毛，侧面和足黑色，具金属光泽。翅大部分黑色，具蓝绿色金属光泽。腹部全黑色，肛附器黑色。
雌性色彩同雄性，仅腹部较粗。
分布：浙江、全国广布。

(316) 斑丽翅蜻 *Rhyothemis variegata* (Linnaeus, 1763)

Libellula variegata Linnaeus, 1763: 412.

Rhyothemis variegata: Davies & Tobin, 1984: 71.

主要特征：体中型，翅具黄黑色斑，体具绿紫色金属光泽。头部黑色，有蓝紫色或蓝绿色金属光泽，生有灰色长毛。合胸背面蓝绿色，具金属光泽，有浓密的毛，侧面和足绿黑色，具金属光泽。腹部全黑色，肛附器黑色。
雌性色彩同雄性，仅腹部较粗。
分布：浙江（丽水）、福建、广东、海南、香港、云南。

174. 斜痣蜻属 *Tramea* Hagen, 1861

Tramea Hagen, 1861: 143. Type species: *Libellula carolina* Linnaeus, 1763.

主要特征：体中型，粗壮，色彩多变，翅着色或具翅基斑纹。头大，两眼相连接距离中等长。合胸粗壮，足细长，翅长，基部很宽，翅端颇尖。Cu_2起点从后翅三角室后角伸出，IR_3和Rspl之间2列翅室，臀套在端部肿胀，端边弯曲成钝角。腹部较细长，基部稍肿胀，向末端收缩，呈纺锤形。肛附器细长。
分布：东洋区。世界已知21种，中国记录3种，浙江分布1种。

(317) 华斜痣蜻 *Tramea virginia* (Rambur, 1842)（图版 IV-79）

Libellula virginia Rambur, 1842: 33.

Tramea virginia: Davies & Tobin, 1984: 71.

主要特征：下唇黄褐色，上唇红黄色，前、后唇基和上额橄榄绿色，后头深橄榄绿色。合胸棕色，背面有模糊的深色小斑点，侧面具黑色条纹；翅透明，翅痣红褐色，不规则的梯形，后翅翅痣小，稍大于前翅的一半；足黑色，基方红色。腹部明亮的红褐色；第8–10节黑色，侧面具黄斑。肛附器黑色，基部红褐色。
雌性色彩同雄性。
分布：浙江（杭州）、北京、天津、江苏、安徽、江西、湖南、福建、台湾、广东、海南、香港、广西、重庆、四川、云南。

175. 红小蜻属 *Nannophya* Rambur, 1842

Nannophya Rambur, 1842: 27. Type species: *Nannophya pygmaea* Rambur, 1842.

主要特征：体极小型，以红色为主。头相对大。胸部小而紧凑，翅相对大，但翅脉稀，结前横脉很少，翅痣颜色不均一，覆盖 1 室，臀套发达。腹部相对宽而扁平，肛附器小而简单。

生物学：本属是蜻蜓中最小的种类，常活动于沼泽地区。

分布：东洋区。世界已知 9 种，中国记录 1 种，浙江分布 1 种。

（318）侏红小蜻 *Nannophya pygmaea* Rambur, 1842（图版 IV-80）

Nannophya pygmaea Rambur, 1842: 27.

主要特征：下唇黄褐色，上唇和面及前额淡黄褐色；上额和头顶紫色，具金属光泽。合胸背面红色，侧面红褐色，具不明显黑纹；足黑色；翅透明，翅脉极其稀疏。腹部红色，肛附器黄色，下肛附器短于上肛附器。

雌性色彩与雄性十分不同，通体黄色，且具明显的黑色斑纹。

分布：浙江（丽水）、江苏、安徽、江西、湖南、福建、台湾、海南、香港、广西；印度。

176. 斑小蜻属 *Nannophyopsis* Lieftinck, 1935

Nannophyopsis Lieftinck, 1935: 183. Type species: *Nannophyopsis chalcosoma* Lieftinck, 1935.

主要特征：小型种类。头大，双眼连接距离长。合胸粗壮，足细长。翅透明，狭长，网状脉适度密；前翅三角形适度狭，亚三角室 3 翅室；后翅三角室完整；弓脉位于第 1 和第 2 结前横脉之间，弓脉的分脉起点在前翅有 1 短距离的融合，在后翅有 1 长距离的融合；IR$_3$ 和 Rspl 之间 1 列翅室。臀套端部扩张，远端边强度成角。翅痣中等大。

分布：东洋区。世界已知 2 种，中国记录 1 种，浙江分布 1 种。

（319）膨腹斑小蜻 *Nannophyopsis clara* (Needham, 1930)

Nannodiplax clara Needham, 1930: 120.
Nannophyopsis clara: Davies & Tobin, 1984: 72.

主要特征：通体灰黑色，下唇黄褐色，上唇和面及前额淡黄褐色；上额和头顶紫色，具金属光泽，复眼巨大，晶莹绿色。合胸背面红色，侧面红褐色，具不明显黑纹；足黑色；翅透明，后翅具黄色斑，翅脉极其稀疏。腹部灰色，末端几节膨大；肛附器黑色，下肛附器短于上肛附器。

雌性色彩与雄性相似，但腹部明显粗壮。

分布：浙江（丽水）、江苏、福建、台湾、广东、海南、香港、广西。

177. 脉蜻属 *Neurothemis* Brauer, 1867

Neurothemis Brauer, 1867: 6. Type species: *Libellula fulvia* Drury, 1773.

主要特征：小型种类，复眼两色。胸部较小，翅宽大，种间差异大；翅透明，或具大面积色斑，翅脉密集而发达。腹部圆筒形，较细，与肛附器同色。肛附器简单。两性差异较小。

分布：东洋区。世界已知 17 种，中国记录 4 种，浙江分布 1 种。

（320）截斑脉蜻 *Neurothemis tullia* (Drury, 1773)

Libellula tullia Drury, 1773: 85.

Neurothemis tullia: Davies & Tobin, 1984: 73.

主要特征：下唇黄褐色，中叶的中央线和侧边缘的黑纹细。上唇和面及前额淡黄褐色；上额和头顶蓝色，具金属光泽；后头黑色，后面具 1 对黄色斑点。合胸背面黄褐色，通常被白粉；侧面红褐色，第 1 缝线上段黑纹阔；第 2 和第 3 缝线上的黑纹由老熟程度的增加而扩大，中间的红褐色部分减缩为上下两斑点。足黑色，基节和转节红褐色，具刺。翅透明，基部具色斑，前翅斑小，后翅斑在第 2 结前横脉处，并向下延伸靠近臀角。腹部黑色，第 2-5 节具黄色斑；肛附器黑色，下肛附器短于上肛附器。

雌性色彩同亚老熟雄性相似，胸部背面具模糊的肩前条纹，上方弯曲在背中脊相连接。

分布：浙江（杭州）、江苏、云南；印度。

178. 曲缘蜻属 *Palpopleura* Rambur, 1842

Palpopleura Rambur, 1842: 132. Type species: *Palpopleura vestita* Rambur, 1842.

主要特征：体小型，翅宽短，翅脉稀疏，前缘脉弓起，后翅基部具斑。腹部异常宽大而短，不是典型的蜻蜓模式，加之飞行动作轻盈，常被误以为是双翅目或膜翅目昆虫。肛附器简单。

生物学：生活于静水的沼泽湿地或缓流的河边。

分布：东洋区。世界已知 7 种，中国记录 1 种，浙江分布 1 种。

（321）六斑曲缘蜻 *Palpopleura sexmaculata* (Fabricius, 1787)（图版 IV-81）

Libellula sexmaculata Fabricius, 1787: 338.

Palpopleura sexmaculata: Davies & Tobin, 1984: 56.

主要特征：上唇黑色，前唇基黄色，两侧各具 1 黑色小横斑，头顶黑色。合胸背面前方灰黑色，具长毛。合胸脊黑色，合胸脊两侧具黄色条纹，合胸侧面黄色，具白色细毛；足黑色；翅透明，具烟色。腹部非常宽扁，呈柳叶形，短于翅长；肛附器简单而短小。

雌性形态酷似雄性，但是身体主要以黄色为主，杂以黑色斑纹。

分布：浙江、南方广布。

179. 褐蜻属 *Trithemis* Brauer, 1868

Trithemis Brauer, 1868: 176. Type species: *Libellula aurora* Burmeister, 1839.

主要特征：体小型，粗壮，色彩多变，翅着色或具翅基斑纹。头大，两眼相连接距离中等长。合胸粗壮；足细长；翅长，基部很宽，翅端颇尖。Cu_2 起点从后翅三角室后角伸出，IR_3 和 Rspl 之间 2 列翅室，臀套在端部肿胀，端边弯曲成钝角。腹部较细长，基部稍肿胀，向末端收缩，呈纺锤形。肛附器细长。

分布：东洋区。世界已知 50 种，中国记录 3 种，浙江分布 1 种。

（322）晓褐蜻 Trithemis aurora (Burmeister, 1839)（图版 IV-82）

Libellula aurora Burmeister, 1839: 859.
Trithemis aurora: Davies & Tobin, 1984: 75.

主要特征：雄性通体紫红色。下唇黑色，上唇上半部分橘红色，下半部分黑色；唇基、颊和上颚基部橘红色；额前缘红色，后缘深紫红色具金属光泽；单眼黄色，后单眼中间有 1 块具紫红色金属光泽的凸起；复眼顶端红色，下端褐色。前胸黑色，合胸背板紫红色，侧板黄黑色条纹相间排列。足基节黄色，股节、胫节外侧黑色，内侧黄色。翅基部有红褐色色块，且翅脉呈红色。腹部扁平，背板紫红色，腹板橘黄色，有 1 条黑线从腹板中间穿过，肛附器紫红色。

雌性下唇黑色，上唇上半部分黄色，下半部分黑色；唇基、颊和上颚基部黄色；额黄色，头顶黑色；单眼黄色，后单眼中间有 1 块黄色凸起；复眼顶端紫红色，下端灰绿色。合胸背板黄色，侧板黄色宽纹和黑色细纹相间排列。腹部扁平，呈黄色，第 7–10 节侧板末端有黑色纵纹。足与雄性相似。翅基部有褐色色块，翅脉呈黄色。

分布：浙江、全国广布；日本，东南亚。

180. 虹蜻属 *Zygonyx* Hagen, 1867

Zygonyx Hagen, 1867: 62. Type species: Zygonyx ida Selys, 1869.

主要特征：中到大型种类，面部色彩变化较大，身体具金属绿色及黄色条纹，复眼大，两眼接触面宽。合胸紧凑而壮；足黑色粗壮；翅透明，宽大，后翅基部圆滑，无角度，臀套发达。腹部黑色发亮，无或少有浅色斑；肛附器发达，结构较复杂，多齿。雌性与雄性色斑相似，但浅色区域更多，且翅常有颜色。

分布：东洋区、旧热带区、澳洲区。世界已知 24 种，中国记录 3 种，浙江分布 1 种。

（323）朝比奈虹蜻 *Zygonyx asahinai* Matsuki et Saito, 1995

Zygonyx asahinai Matsuki et Saito, 1995: 19.

主要特征：面部黑色有金属光泽，复眼硕大，晶莹绿色。合胸暗绿色具金属光泽，无肩前条纹，侧面具 1 条宽的黄色侧条纹并覆盖气门，后胸后侧片黄色。足黑色，较长；翅透明，翅基部略见透明的黄色。翅脉稀疏，翅痣黑色短小。腹部亮黑色几乎无浅色斑。肛附器黑色，发达，长于末节。

雌性色彩同雄性，但翅基部棕色面积大些，腹部更粗壮，浅色相对多些。

分布：浙江（杭州）、福建、广东。

181. 细腰蜻属 *Zyxomma* Rambur, 1842

Zyxomma Rambur, 1842: 30. Type species: Zyxomma petiolatum Rambur, 1842.

主要特征：中型种类，复眼大，晶莹绿色。合胸相对狭小，足黑色，翅较宽大。腹部长于翅，极其细长；肛附器简单而细长。雌性与雄性色斑酷似。极其善于飞行。

分布：东洋区、旧热带区、澳洲区。世界已知 6 种，中国记录 2 种，浙江分布 1 种。

（324）绿眼细腰蜻 *Zyxomma petiolatum* Rambur, 1842

Zyxomma petiolatum Rambur, 1842: 30.

主要特征：面部黑色，复眼硕大，亮绿色。合胸绿褐色，无明显肩前条纹，侧面颜色均一；足黑色，细长；翅透明，宽大。腹部褐色几乎无斑纹，极其细长，与胸部不成比例；肛附器短小简单。

雌性色彩同雄性，但腹部稍粗壮。

分布：浙江（丽水）、福建、广东。

五十六、大伪蜻科 Macromiidae

主要特征：大型种类，身体黑色具黄色斑纹，常有金属光泽。复眼较大，两眼大面积相接，常显晶莹的蓝色或绿色。翅较细长，翅脉较稀疏，臀套多发达，臀三角窄，2 室。肛附器简单，短小而粗壮，多上下肛附器等长。

生物学：本科种类的雄性飞行能力强，常有明显的领域行为。

分布：世界广布。世界已知 4 属 125 种，中国记录 2 属 22 种，浙江分布 2 属 3 种。

182. 丽大伪蜻属 *Epophthalmia* Burmeister, 1839

Epophthalmia Burmeister, 1839: 845. Type species: *Epophthalmia vittata* Burmeister, 1839.

主要特征：体大型，金属绿色具黄色条纹。复眼巨大，常具晶莹的绿色，面部具 2 条黄色斑纹，头顶具 2 个圆锥形突起。合胸大而粗壮，侧面具黄色条纹。足很长，雄性胫节内面具薄的龙骨状脊。翅长末端尖，具明显臀角。弓脉位于第 1 至第 2 结前横脉之间，臀套方形，6–12 翅室，后翅三角室具横脉。腹部长于翅，黑色具黄色环纹。肛附器简单而粗壮，上肛附器外侧缘具小齿突。

分布：古北区、东洋区。世界已知 6 种，中国记录 3 种，浙江分布 1 种。

（325）闪蓝丽大伪蜻 *Epophthalmia elegans* (Brauer, 1865)（图版 IV-83）

Macromia elegans Brauer, 1865: 905.
Epophthalmia elegans: Davies & Tobin, 1984: 101.

主要特征：下唇黄褐色，上唇黑色，前唇基、颊和上颚基部深褐色，后唇基黄色；额和头顶铜绿色，具金属光泽，后头黑色。合胸铜绿色，具金属光泽，肩前条纹黄色，侧面黄色条纹宽，覆盖气门；足黑色；翅透明，翅痣黑色，覆盖 2 翅室，臀套 8 翅室。腹部黑色，具黄色斑纹；第 7 节基环纹宽，第 9–10 节黑色。肛附器褐黑色，上肛附器和下肛附器等长。

雌性色彩与雄性酷似，但臀套翅室更多，腹部黄色稍微大些。

分布：浙江、全国广布；俄罗斯，朝鲜，日本，越南，老挝。

183. 大伪蜻属 *Macromia* Rambur, 1842

Macromia Rambur, 1842: 137. Type species: *Macromia cingulata* Rambur, 1842.

主要特征：本属与丽大伪蜻属相似，体大型，金属绿色具黄色或黄白色条纹。复眼巨大，常具晶莹的绿或蓝色彩，头顶具 2 个圆锥形突起，面部有或无浅色斑纹。合胸大而粗壮，侧面具黄色条纹；足很长，雄性胫节内面具薄的龙骨状脊；翅长、末端尖，具明显臀角，后翅三角室多无横脉。腹部长于翅，黑色具黄色环纹。肛附器简单而粗壮，上肛附器外侧缘具小齿突。

分布：古北区、东洋区、澳洲区。世界已知 82 种，中国记录 19 种，浙江分布 2 种。

（326）福建大伪蜻 *Macromia malleifera* Lieftinck, 1955

Macromia malleifera Lieftinck, 1955: 256.

主要特征：下唇黄褐色，上唇黑色，前唇基、颊和上颚基部深褐色，后唇基黄色；额和头顶铜绿色，具金属光泽，后头黑色。合胸铜绿色，具金属光泽，肩前条纹黄色，很短，约为背长的 1/3；侧面黄色条纹较窄，仅 1 条；足黑色；翅透明，从翅基至三角室淡金黄色，翅痣黑色，覆盖 2 翅室。腹部黑色，具黄色环纹，第 7 节基环纹宽，第 9–10 节黑色。肛附器黑色，上肛附器和下肛附器等长，上肛附器中部外侧缘具 1 三角形齿突。

雌性色彩与雄性极相似，仅黄色斑纹相对多些。

分布：浙江（丽水）、福建、广东。

（327）海神大伪蜻 *Macromia clio* Ris, 1916

Macromia clio Ris, 1916: 67.

主要特征：与福建大伪蜻相似。下唇深褐色，上唇、前唇基、颊黑色，后唇基黄色，额和头顶铜绿色，具金属光泽，后头黑色。合胸铜绿色，具金属光泽，肩前条纹黄色，约为背长的 1/2；侧面 1 条黄色条纹覆盖气门；足黑色；翅透明，翅痣黑色，覆盖 2 翅室。腹部黑色，具黄色环纹，第 7 节基环纹宽，第 9–10 节黑色。肛附器黑色，上肛附器和下肛附器等长，上肛附器中部外侧缘具 1 外指的三角形齿突。

雌性色彩与雄性极相似，仅黄色斑纹相对多些。

分布：浙江（丽水）、福建、广东、海南、广西、贵州；日本，越南。

第十三章 襀翅目 Plecoptera

　　襀翅目 Plecoptera 昆虫又称石蝇、襀翅虫，简称蜻，英文名 stoneflies、perlids。一般小至中型，体软、长略扁平；多为浅褐色、黄褐色、褐色和黑褐色，少数种类有色彩艳丽的斑纹。翅2对，膜质，后翅臀区发达，翅脉多，中肘脉间多横脉，静止时平叠在腹背面，一些种类为短翅型，极少数种类无翅；足的跗节3节。雄虫腹部变化较大，常着生有一些特殊构造，第10背板完整或分裂形成外生殖器，大多数类群的第11节特化为外生殖器，即肛上突和肛下突；大多数襀翅虫的阳茎膜质、简单，但某些类群的阳茎明显特化为阳茎管和阳茎囊；雌虫腹部变化不大，无特殊的附器和产卵器，但常有特化的下生殖板；有1对多节或1节的尾须。稚虫蜥型、似成虫，有气管鳃。

　　襀翅目昆虫为半变态。多数1年1代，有些种类的稚虫需要1年以上才能完成生长发育，甚至3或4年才能完成其生活史（DeWalt and Stewart，1995）。大多数种类在春季和初夏羽化，有些种类在夏季后期和秋季羽化，"冬石蝇"（winter stonefly）（黑蜻科和带蜻科昆虫）在冬季中期和后期羽化、交配产卵。成虫羽化后交配，产卵于小溪或河流。雌虫一生能产1至多个卵块，通常卵的表面覆盖有凝胶状外层，能轻易黏附在基质上（Zwick，1996；Snellen and Stewart，1979）。成虫羽化后能存活1–2周，雌虫寿命比雄虫长。栖息于季节性干旱或水温较暖溪流中的襀翅虫常以卵或幼龄稚虫滞育越夏，卵的滞育时间能够持续1年或更长时间（Coleman and Hynes，1970；Snellen and Stewart，1979；Sandberg and Stewart，2004）。稚虫喜欢生活在通气良好的水域中，以水中的蚊类幼虫、小型动物及植物碎片、藻类等为食，对维持水生生态平衡及水体净化具有一定的作用；同时也是一些珍稀鱼类的食料。部分襀翅虫的成虫可少量取食花粉、叶片、真菌孢子等，也有极少数种类危害农作物及果树的报道。

　　目前世界已知17科411属3800余种，中国记录10科70属600余种，浙江分布6科18属67种。

分科检索表（♂）

1. 尾须1节 ··· 2
- 尾须多节 ·· 3
2. 前翅无 Sc_2，前后翅的翅脉不形成"X"形；静止时翅向腹部卷折 ··· **卷蜻科 Leuctridae**
- 前后翅的 Sc_1、Sc_2、R_{4+5} 及 r-m 脉共同组成1个明显的"X"形 ··· **叉蜻科 Nemouridae**
3. 中唇舌短于侧唇舌，上颚相对较发达；头部短宽、窄于前胸，其后部陷入前胸背板内；前胸背板宽于头部，扁平，宽大于长；稚虫扁宽、呈蜚蠊状 ·· **扁蜻科 Peltoperlidae**
- 中唇舌不明显，上颚退化；稚虫不呈蜚蠊状 ·· 4
4. 胸节侧面有残余气管鳃 ··· **蜻科 Perlidae**
- 胸节侧面无残余气管鳃 ·· 5
5. 雄虫尾须基节末端特化，延伸成1条长骨刺 ·· **刺蜻科 Styloperlidae**
- 后翅臀区发达，在1A后有5条或更多的臀脉达翅缘，2A有1–3个分支 ···································· **网蜻科 Perlodidae**

五十七、卷蜻科 Leuctridae

　　主要特征：体小型，一般不超过10 mm，深褐或黑褐色。头宽于前胸，单眼3个。前胸背板横长方形或亚正方形；翅透明或半透明，无"X"形的脉序，前翅在 Cu_1 和 Cu_2 及 M 和 Cu_1 之间的横脉多条，后翅臀区狭；在静止时，翅向腹部包卷成筒状。雄虫肛上突及肛下叶特化，与第10背板上的一些骨化的突起构成外生殖器，有的在第 5-9 背板上还形成一些特殊构造，尾须第 1 节无变化或特化为外生殖器的组成部分。雌虫第 8 腹板形成较明显的下生殖板，尾须第 1 节无变化。

分布：古北区、东洋区、新北区。世界已知 2 亚科 17 属 390 余种，中国记录 1 亚科 4 属 60 余种，浙江分布 1 亚科 2 属 17 种。

（一）卷蜻亚科 Leuctrinae

主要特征：体小至中型，雄虫肛侧突 3 叶；中叶和外叶通常有刺或凸起；一般肛上突细长，背腹扁平，腹骨片形成 1 个圆形或三角形的龙骨突。雌虫后生殖板发达，前生殖板不发达。

分布：古北区、东洋区、新北区。世界已知 11 属 380 余种，中国记录 4 属 60 余种，浙江分布 2 属 17 种。

184. 拟卷蜻属 *Paraleuctra* Hanson, 1941

Paraleuctra Hanson, 1941: 57. Type species: *Leuctra occidentalis* (Banks, 1907).

主要特征：体小型，褐色至黑褐色。单眼 3 个。前胸背板横长方形或亚正方形；前胸的前腹片与基腹片不完全分开，基腹片后面的叉腹片分离为两块；后翅中肘横脉位于肘脉分叉之后，并与 Cu_1 相连。雄虫腹部第 1-9 背板正常，第 10 背板被 1 条膜质缝分为 2 块骨片，即半背片；肛上突细、较长，反曲；两肛下叶中后部愈合为 1 根细长、向后上方弯曲的尖突；第 9 腹板形成的殖下板短宽，有腹叶；尾须高度骨化，形成齿状突起。雌虫第 10 腹板不完整，第 8 腹板形成各种形状的殖下板，第 9 腹板常有一些骨化区；尾须 1 节，不特化。

分布：古北区、东洋区、新北区。世界已知 27 种，中国记录 6 种，浙江分布 3 种。

分种检索表（♂）

1. 体色为褐色且体色较均匀	天目山拟卷蜻 *P. tianmushana*
- 体色大部分为黄褐色，头部背面和腹部背板大部分褐色	2
2. 尾须上端突基部有刺突	东方拟卷蜻 *P. orientalis*
- 尾须上端突基部无刺突	中华拟卷蜻 *P. sinica*

（328）东方拟卷蜻 *Paraleuctra orientalis* (Chu, 1928)（图 13-1，图版 V-1）

Leuctra orientalis Chu, 1928a: 87.

Paraleuctra orientalis: Zwick, 1973: 410.

主要特征：雄虫体长 7.0 mm。体黑褐色。头部比前胸宽。前胸背板长方形，4 角钝圆，表面微糙。翅透明，略带褐色；中肘横脉后有 2 条横脉。后翅臀区狭。腹部 1-9 节黑色，均强烈骨化。第 10 背板中部部分裂开，后缘两侧各有 1 个三角形凸起。肛上突下弯，端部有 1 细钩。第 9 腹板中部形成明显的肛下突，端部有凹缺，囊状突小，长约等于宽。尾须形成骨化的凸起，腹面和端部各有 1 大的钩状突，钩突之间有小齿。

雌虫体长 8.0-9.5 mm。腹部 1-7 节各有 1 小的背骨片、1 大的腹骨片和 2 个较小的侧骨片。第 8 腹板延伸，形成宽大的后生殖板，末端分为 2 个大的半圆形叶状突，叶状突骨化较强，盖住第 9 腹板的大部分。

分布：浙江（杭州）、河南、陕西、甘肃、湖南、福建、四川、云南；俄罗斯。

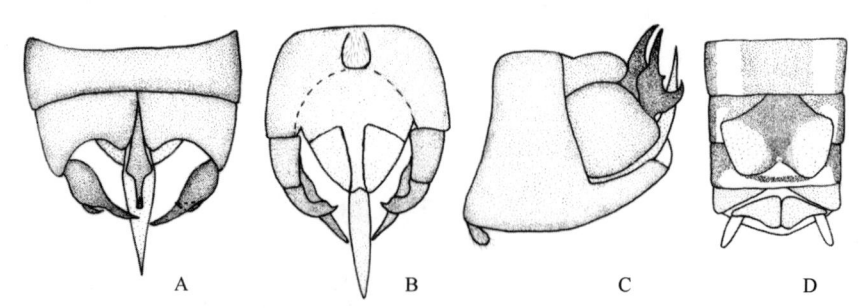

图 13-1　东方拟卷䗛 *Paraleuctra orientalis* (Chu, 1928)
A. 雄虫腹末，背视；B. 雄虫腹末，腹视；C. 雄虫腹末，侧视；D. 雌虫腹末，腹视

（329）中华拟卷䗛 *Paraleuctra sinica* Yang *et* Yang, 1995（图 13-2）

Paraleuctra sinica Yang *et* Yang, 1995a: 23.

主要特征：雄虫体长 5.5–6.8 mm，前翅长 6.3–6.6 mm，后翅长 5.3–5.6 mm。头部黑色。单眼 3 个，黄色。触角黑色。须暗黄褐色。胸部浅褐色；前胸背板有黑色斑纹。足褐色。翅半透明，明显带有浅褐色；脉浅褐色。腹部褐色。雄虫腹端第 9 背板宽大于长，基缘弧形凹缺；第 9 腹板端缘略凹缺；第 10 背板沿中线大致分开；肛上突粗，但端部细长，向上弯曲；尾须短宽，上下端突伸成角状且上端角较长。

雌虫腹部背板 1–7 节中部有骨化的背骨片，侧缘有 2 个较小的侧骨片。第 8 腹板延伸，形成宽大的后生殖板，末端分为 2 个大的半圆形叶状突，叶状突骨化较弱，盖住第 9 腹板的大部分。

分布：浙江（开化）。

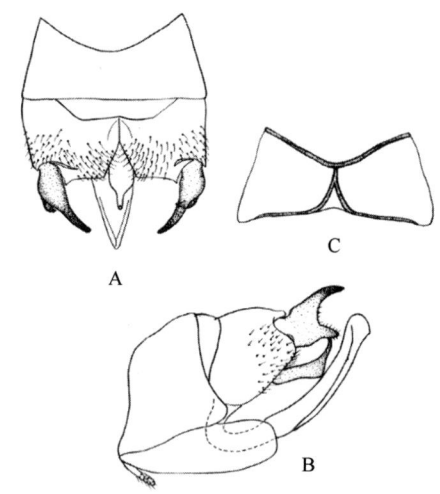

图 13-2　中华拟卷䗛 *Paraleuctra sinica* Yang *et* Yang, 1995（引自杨定等，2015）
A. 雄虫腹末，背视；B. 雄虫腹末，侧视；C. 雄虫第 9 背板，背视

（330）天目山拟卷䗛 *Paraleuctra tianmushana* Li *et* Yang, 2010（图 13-3）

Paraleuctra tianmushana Li *et* Yang, 2010: 47.

主要特征：雄虫前翅长 4.3–4.5 mm，后翅长 3.6–3.8 mm。体色大部分黄褐色，但前胸背板和头部中部有黑色骨化区，腹部背板大部分深褐色。雄虫腹端第 8 背板除后缘外大部分骨化。第 9 背板前缘中部膜质，其两侧有骨化区。第 10 背板基缘有凹缺，内有深色三角形骨化斑，中部有纵向凹缺；第 9 腹板端缘略凹缺；

肛上突粗，但端部细长，向上弯曲，侧视呈弯钩状，中部有纵向的凹沟；尾须黄褐色，上下端突伸成角状且上端角较长，上端突基部有微弱的刺状凸起，其顶端黑色。

雌虫前翅长 4.9–5.4 mm，后翅长 4.2–4.5 mm。腹部背板 1–7 节中部有骨化的背骨片、其两侧有黑色圆点和膜质区，侧缘有 2 个较小的侧骨片。第 8 腹板延伸，形成宽大的后生殖板，末端分为 2 个大的半圆形叶状突，盖住第 9 腹板的大部分。

分布：浙江（临安）、河南。

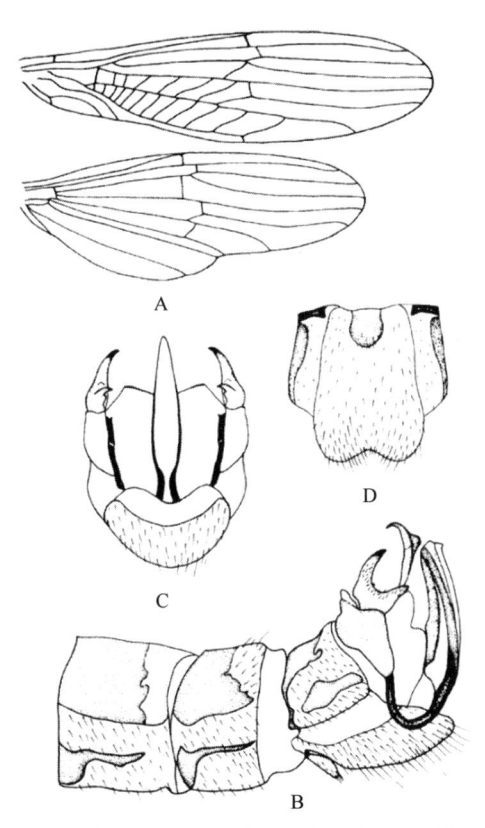

图 13-3　天目山拟卷䗛 *Paraleuctra tianmushana* Li et Yang, 2010（引自杨定等，2015）
A. 成虫前、后翅；B. 雄虫外生殖器，侧视；C. 雄虫外生殖器，尾视；D. 雌虫第 9 腹板

185. 诺䗛属 *Rhopalopsole* Klapálek, 1912

Rhopalopsole Klapálek, 1912a: 348. Type species: *Rhopalopsole dentata* Klapálek, 1912.

主要特征：体小型，浅褐色至黑褐色。单眼 3 个。前胸背板横长方形或亚正方形；前胸的前腹片与基腹片完全分开，基腹片后面的叉腹片明显分为 2 块；后翅中肘横脉位于肘脉分叉之后，并与 Cu_1 相连；后翅臀区小。雄虫腹部第 1–8 背板正常，第 9 背板正常或略有一些变化，第 10 背板分裂为 3 块骨片，在两侧边有各种形状的骨化突起；肛上突短小，反曲；两肛下叶基部愈合，并特化为各种形状的短突；第 9 腹板形成的殖下板短宽，有腹叶；尾须 1 节，略有变化，但不高度骨化。雌虫第 10 腹板不完整，第 8 腹板形成各种形状的殖下板，第 9 腹板常形成一些骨化区；尾须 1 节，不特化。

分布：古北区、东洋区。世界已知近 100 种，中国记录 57 种，浙江分布 14 种。

分种检索表（♂）

1. 第 10 背板侧形成二叉状骨化结构 ··· 2
- 第 10 背板侧不形成二叉状骨化结构 ·· 5

2. 触角有环状长毛	······	中华诺蜻 *R. sinensis*
- 雄成虫尾须上端突基部无刺突；雌成虫下生殖板叶状突轻度骨化	······	3
3. 第 10 背板侧观中部有 1 突起	······	凤阳山诺蜻 *R. fengyangshanensis*
- 第 10 背板侧观中部无突起	······	4
4. 第 10 背板侧形成的二叉结构，上齿长于下齿	······	叉刺诺蜻 *R. furcospina*
- 第 10 背板侧形成的二叉结构，上齿短于下齿	······	百山祖诺蜻 *R. baishanzuensis*
5. 第 10 背板侧形成的结构短，不能到达背板中线	······	6
- 第 10 背板侧形成的结构长，到达背板中线处	······	8
6. 肛侧突向端部圆	······	雅君诺蜻 *R. yajunae*
- 肛侧突向端部尖锐	······	7
7. 肛上突有微小的边缘刺	······	小刺诺蜻 *R. minutospina*
- 肛上突无边缘刺	······	长刺诺蜻 *R. longispina*
8. 第 9 背板无明显骨化区	······	钩突诺蜻 *R. hamata*
- 第 9 背板有明显骨化区	······	9
9. 肛上突端部分裂为 3 叶	······	杜氏诺蜻 *R. duyuzhoui*
- 肛上突端部完整	······	10
10. 肛上突与第 10 背板中板几乎等宽	······	扁突诺蜻 *R. flata*
- 肛上突明显较第 10 背板中板窄	······	11
11. 尾须无小刺	······	基黑诺蜻 *R. basinigra*
- 尾须有小刺	······	12
12. 第 9 背板后缘有"M"形骨化区	······	古田诺蜻 *R. gutianensis*
- 第 9 背板后缘没有"M"形骨化区	······	13
13. 第 10 背板中部骨片有 1 条狭缝	······	天目山诺蜻 *R. tianmuana*
- 第 10 背板中部骨片无狭缝	······	浙江诺蜻 *R. zhejiangensis*

（331）百山祖诺蜻 *Rhopalopsole baishanzuensis* Yang *et* Li, 2006（图 13-4）

Rhopalopsole baishanzuensis Yang *et* Li in Yang, Li & Zhu, 2006: 433.

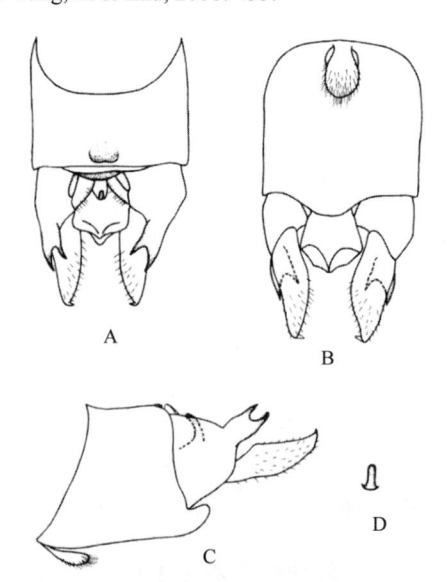

图 13-4 百山祖诺蜻 *Rhopalopsole baishanzuensis* Yang *et* Li, 2006（引自杨定等，2015）
A. 雄虫外生殖器，背视；B. 雄虫外生殖器，腹视；C. 雄虫外生殖器，侧视；D. 雄虫肛上突，背视

主要特征：雄虫体长约 6.0 mm，前翅长 7.0 mm，后翅长 5.8 mm。头部黑褐色，比前胸背板略宽。触角褐色。口器深褐色。胸部褐色，前胸背板黑褐色。足褐色。翅黄褐色。腹部褐色，下生殖板和尾须深褐色。雄虫腹端第 9 背板轻微骨化，前缘有 1 深度凹缺，中部近后缘有 1 小的方形骨化区。第 9 腹板有 1 舌状的囊状突，长略大于宽，密被细毛，端部有圆形的肛下突，宽大于长。第 10 背板侧有 1 骨化钝突，端部分叉，中部深度凹入，后缘有横向的骨片，两侧各有 1 指状突；尾须长，圆柱状，端部有 1 内弯的小刺突。肛上突强烈骨化，向前弯曲，端部指状。肛侧突向端部变窄。

分布：浙江（庆元）。

(332) 基黑诺䌷 *Rhopalopsole basinigra* Yang *et* Yang, 1995（图 13-5）

Rhopalopsole basinigra Yang *et* Yang, 1995a: 20.

主要特征：雄虫体长约 5.5 mm，前翅长 4.1 mm，后翅长 5.0 mm。头部浅褐色。单眼 3 个，黄色。触角黄色至黄褐色，但柄节浅褐色。须浅褐色。胸部黄褐色；前胸背板有褐色斑纹。足黄褐色，但端跗节褐色。翅近白色透明，后翅端前缘带有褐色；脉黄褐色。腹部暗黄褐色。雄虫腹端第 9 背板中央有 1 明显的骨化区，近后缘有 1 短小的刺，腹后中部略延伸成近瓣状；第 10 背板两侧各有 1 极长而弯曲的刺突；尾须明显向上弯曲，端无小刺；肛上突向背前方弯曲，末端近钩状，背视可见端缘中央较隆突。

分布：浙江（开化）、陕西。

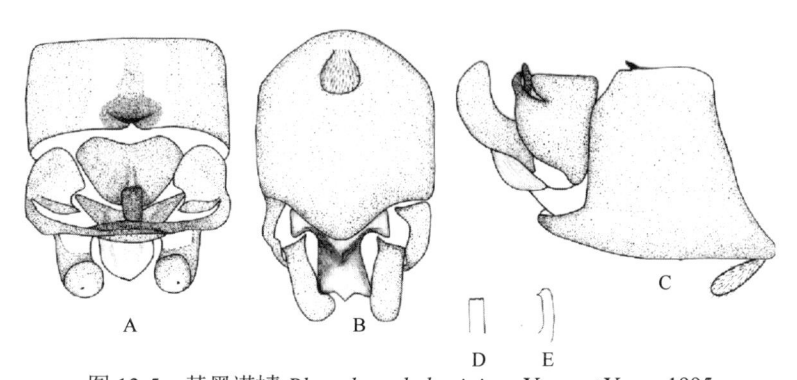

图 13-5 基黑诺䌷 *Rhopalopsole basinigra* Yang *et* Yang, 1995
A. 雄虫外生殖器，背视；B. 雄虫外生殖器，腹视；C. 雄虫外生殖器，侧视；D. 雄虫肛上突，背视；E. 雄虫肛上突，侧视

(333) 杜氏诺䌷 *Rhopalopsole duyuzhoui* Sivec *et* Harper, 2008（图 13-6）

Rhopalopsole duyuzhoui Sivec *et* Harper, 2008: 111.

主要特征：雄虫前翅长 5.0 mm。雄虫第 9 腹板基部具囊状突。第 9 背板大部分不骨化，在正方形板的中后部边缘处形成 1 个半圆形的小骨化带（狭小区域的角质层有皱纹）。第 10 背板具 1 大型的中板，侧部边缘被长毛，中板的中部表皮形成带状的鳞片状结构。中带上具较浅的凹刻。横板为具圆形边缘的三角形或半圆形，内边缘颜色较暗。第 10 背板的侧突窄，向后延伸，形成三角形板，侧突端部延伸成细长而弯曲的刺突，刺突的长度超过第 10 背板的中线长度，另一边的结构与之相对应。肛上突短，似钩状，上部细长且扁平，末端钝圆，中叶为近顶端向下弯的刺突，其边角形成 2 个侧叶。肛侧突大型，基部很窄，向中部逐渐膨大，且两侧平行，在近顶端处突然变窄形成钝圆的末端。尾须中型，在中部向上弯曲，无刺。

分布：浙江（庆元）。

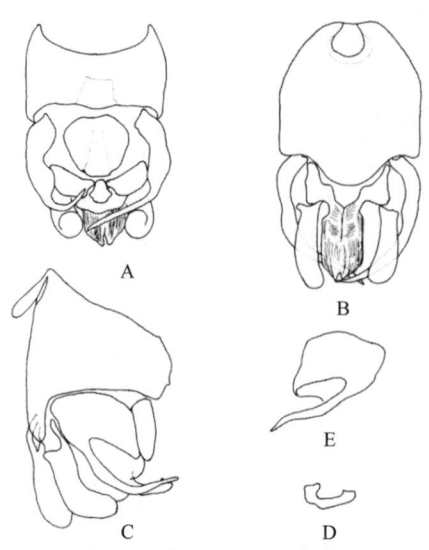

图 13-6 杜氏诺䗛 *Rhopalopsole duyuzhoui* Sivec *et* Harper, 2008（引自杨定等，2015）
A. 雄虫外生殖器，背视；B. 雄虫外生殖器，腹视；C. 雄虫外生殖器，侧视；D. 雄虫肛上突；E. 雄虫第 10 背板，侧视

（334）凤阳山诺䗛 *Rhopalopsole fengyangshanensis* Yang, Shi *et* Li, 2009（图 13-7）

Rhopalopsole fengyangshanensis Yang, Shi *et* Li, 2009: 193.

主要特征：雄虫体长 6.0 mm，前翅长 7.0 mm，后翅长 5.8 mm。头部褐色，比前胸背板略宽。触角褐色。口器深褐色。胸部褐色，前胸背板黑褐色。足褐色。翅半透明，淡褐色；脉褐色。腹部褐色，下生殖板深褐色。雄虫腹端第 9 背板轻微骨化，前缘有 1 深度凹缺，中部近后缘有 1 小的三角形骨化区。第 9 腹板有 1 舌状的囊状突，长略大于宽，密被细毛，端部有圆形的肛下突，宽大于长。第 10 背板两侧各有 1 骨化钝突，端部分叉，内侧各有 1 指状突和圆形凸起。尾须长，圆柱状，端部有 1 内弯的小刺突。肛上突强烈骨化，向前弯曲，端部钝。肛侧突向端部变窄。

分布：浙江（龙泉）。

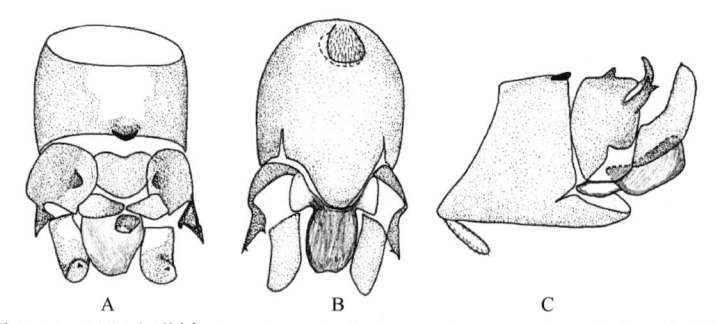

图 13-7 凤阳山诺䗛 *Rhopalopsole fengyangshanensis* Yang, Shi *et* Li, 2009
A. 雄虫外生殖器，背视；B. 雄虫外生殖器，腹视；C. 雄虫外生殖器，侧视

（335）扁突诺䗛 *Rhopalopsole flata* Yang *et* Yang, 1995（图 13-8）

Rhopalopsole flata Yang *et* Yang, 1995b: 61.

主要特征：雄虫体长 7.5–7.7 mm，前翅长 7.3–7.5 mm，后翅长 6.4–6.6 mm。头部黑褐色。单眼 3 个，黄色。触角褐色，但鞭节基部浅褐色。须黑褐色。胸部浅黄褐色；前胸背板有褐色斑纹。足暗黄褐色，端跗节褐色。翅明显带有褐色；脉褐色。腹部暗黄褐色。雄虫腹端第 9 背板后缘中部有 1 短小的刺，第 10 背板两侧各有 1 极细长而弯曲的刺突；尾须明显向上弯曲，端无小刺；肛上突很扁平且向背方弯曲，背视端缘宽圆。

分布：浙江（庆元）。

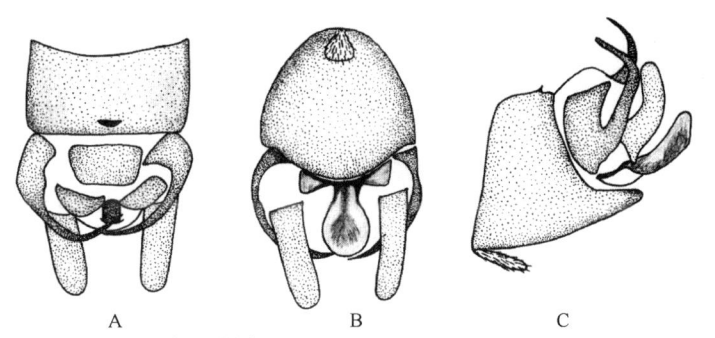

图 13-8　扁突诺蜻 *Rhopalopsole flata* Yang *et* Yang, 1995
A. 雄虫外生殖器，背视；B. 雄虫外生殖器，腹视；C. 雄虫外生殖器，侧视

（336）叉刺诺蜻 *Rhopalopsole furcospina* (Wu, 1973)（图 13-9）

Leuctra furcospina Wu, 1973: 106.
Rhopalopsole furcospina: Du et al., 2001: 72.

主要特征：雄虫体长 8.0 mm。体黄褐色。头部浅褐色。复眼极小，眼后区甚长，极明显；单眼 3 个，后单眼极近复眼。触角及下颚须黄色。前胸背板梯形，前窄后宽，4 角钝圆，表面光滑。足黄色。翅透明。腹部黄色。雄性外生殖器：第 10 背板不分裂，在其后侧角各有 1 个叉刺状的侧突；肛上突小，反曲；尾须 1 节，长，锥状。肛侧突 1 对，愈合为一，后缘微凹，末端尖锐，向上弯曲；第 9 腹板延伸成 1 个大的肛下突，其后缘中部形成圆形凸出；囊状突小，卵形。

雌虫体长 9.0 mm。第 7 腹板后缘向后延伸而成 1 小的前生殖板，在正中处有微凹，仅到达第 8 腹板前部 1/4 处。

分布：浙江（黄岩）、陕西、四川。

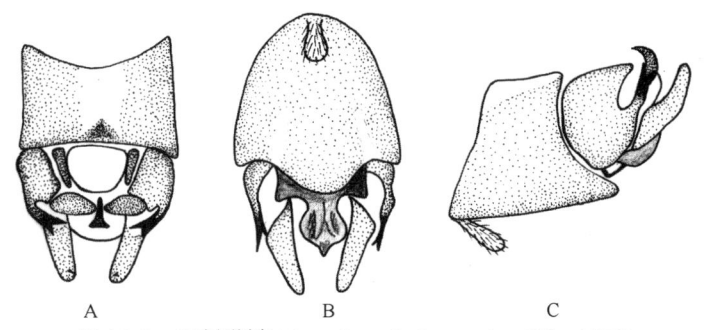

图 13-9　叉刺诺蜻 *Rhopalopsole furcospina* (Wu, 1973)
A. 雄虫外生殖器，背视；B. 雄虫外生殖器，腹视；C. 雄虫外生殖器，侧视

（337）古田诺蜻 *Rhopalopsole gutianensis* Yang *et* Yang, 1995（图 13-10）

Rhopalopsole gutianensis Yang *et* Yang, 1995a: 20.

主要特征：雄虫体长 5.4–5.6 mm，前翅长 5.5–5.6 mm，后翅长 4.6–5.3 mm。头部黄褐色至褐色。单眼 3 个，黄色。触角黄褐色且柄节浅褐色（有时褐色，但鞭节基部暗褐色）。须浅褐色。胸部黄褐色；前胸背板有浅褐色或褐色斑纹。足黄褐色，但端跗节褐色。翅近无色透明，略带有浅褐色；脉黄褐色。腹部浅褐色或黄褐色。雄虫腹端第 9 背板中央有 1 较小的"M"形骨化区，腹后中部略延伸成近瓣状；第 10 背板侧各有 1 极长而弯曲的刺突；尾须明显向上弯曲，端无小刺；肛上突明显向背前方弯曲，背视较扁宽。

分布：浙江（开化）。

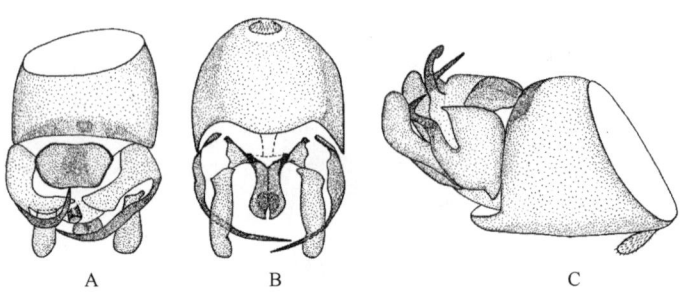

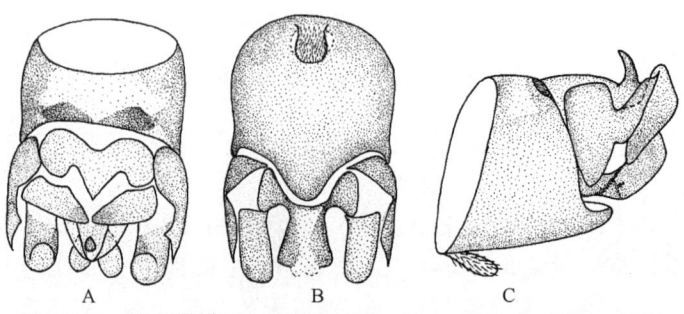

图 13-10　古田诺䗛 *Rhopalopsole gutianensis* Yang *et* Yang, 1995
A. 雄虫外生殖器，背视；B. 雄虫外生殖器，腹视；C. 雄虫外生殖器，侧视

（338）钩突诺䗛 *Rhopalopsole hamata* Yang *et* Yang, 1995（图 13-11，图版 V-2）

Rhopalopsole hamata Yang *et* Yang, 1995a: 21.

主要特征：雄虫体长 4.8 mm，前翅长 5.0 mm，后翅长 4.1 mm。头部浅褐色。单眼 3 个，黄色。触角黄色，但柄节浅褐色。须浅褐色。胸部黄褐色；前胸背板有褐色斑纹。足黄褐色，但端跗节褐色。翅近白色透明，略带有浅褐色；脉黄褐色。腹部浅褐色或黄褐色。雄虫腹端第 9 背板无明显的骨化区，腹后中部略延伸成近瓣状；第 10 背板两侧各有 1 极长而弯曲的刺突；尾须端部稍缩小且明显向上弯曲，外侧有 1 极小的刺；肛上突较细长，侧视钩突状。

分布：浙江（开化）。

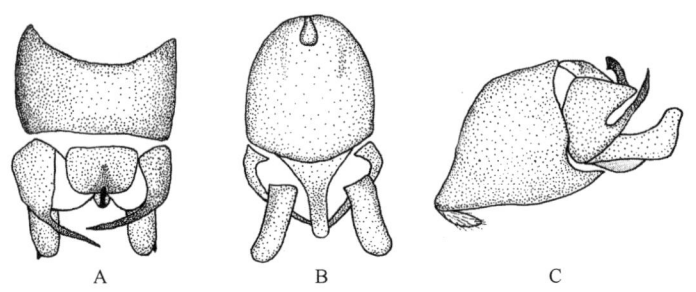

图 13-11　钩突诺䗛 *Rhopalopsole hamata* Yang *et* Yang, 1995
A. 雄虫外生殖器，背视；B. 雄虫外生殖器，腹视；C. 雄虫外生殖器，侧视

（339）长刺诺䗛 *Rhopalopsole longispina* Yang *et* Yang, 1991（图 13-12）

Rhopalopsole longispina Yang *et* Yang, 1991a: 78.

图 13-12　长刺诺䗛 *Rhopalopsole longispina* Yang *et* Yang, 1991
A. 雄虫外生殖器，背视；B. 雄虫外生殖器，腹视；C. 雄虫外生殖器，侧视

主要特征：雄虫体长 5.5–6.5 mm，前翅长 6.0–6.5 mm，后翅长 4.5–5.0 mm。头部黑色。单眼 3 个。触角黑色，但梗节和鞭节基部 3 节暗黄色。须浅黑色。胸部暗黄褐色；前胸背板有黑色斑纹。足浅黑色。翅浅褐色，脉褐色。腹部暗黄褐色。雄虫腹端第 10 背板侧有 1 长的刺突，尾须略向上弯，末端略缩小；肛上突短刺状；肛下叶较宽，末端缩小。

分布：浙江（临安）。

（340）小刺诺䘉 *Rhopalopsole minutospina* Li *et* Yang, 2012（图 13-13）

Rhopalopsole minutospina Li *et* Yang, 2012: 17.

主要特征：雄虫前翅长 4.4–4.6 mm，后翅长 3.7–3.8 mm。头部和前胸背板深褐色；复眼黑色；触角和口器呈棕色。前胸棕色；翅透明；足棕色。腹部褐色，腹部末端棕色。雄虫腹端第 9 背板宽于长，前缘有 1 条狭窄的骨化带。第 9 背板基部具舌状囊泡且被毛，顶部具短但明显的梯形下生殖板。第 10 背板具 3 个骨片，前中部有微刺，并具稀疏的毛，外侧凸起强骨化，基部呈三角形，末端有 1 个向内弯曲和向下弯曲的尖刺，内侧边缘有 1 个微小的棘；尾须长且端部向上翘，没有尖刺。肛上突钩状，有微小的边缘刺。

分布：浙江（庆元）。

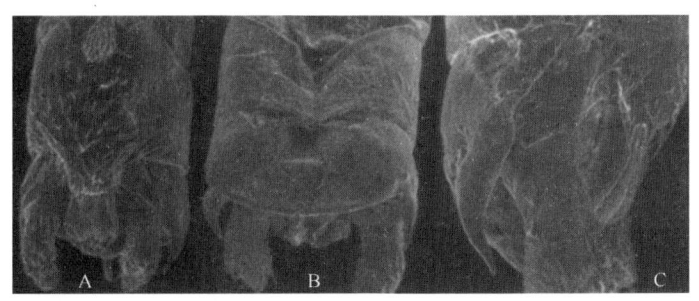

图 13-13　小刺诺䘉 *Rhopalopsole minutospina* Li *et* Yang, 2012（引自 Li and Yang，2012）
A. 雄虫外生殖器，腹视；B. 雄虫外生殖器，背视；C. 雄虫外生殖器，侧视

（341）中华诺䘉 *Rhopalopsole sinensis* Yang *et* Yang, 1993（图 13-14，图版 V-3）

Rhopalopsole sinensis Yang *et* Yang, 1993: 236.

主要特征：雄虫体长 6.0–7.0 mm，前翅长 5.5–6.0 mm，后翅长 4.5–5.0 mm。头部黑色。单眼 3 个，黄色。触角浅黑色。须浅黑色。胸部暗黄褐色。前胸背板有黑色斑纹。足黑色。翅浅灰褐色，脉黑色。腹部暗黄色。雄虫腹端第 10 背板侧有刺突且末端分叉。尾须略向上弯，大致等粗且端部有 1 极小的刺。

分布：浙江、陕西、宁夏、湖北、福建、广东、广西、四川、贵州、云南；越南。

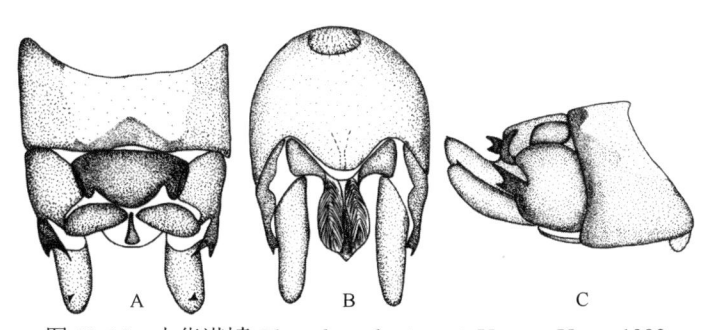

图 13-14　中华诺䘉 *Rhopalopsole sinensis* Yang *et* Yang, 1993
A. 雄虫外生殖器，背视；B. 雄虫外生殖器，腹视；C. 雄虫外生殖器，侧视

（342）天目山诺䗛 *Rhopalopsole tianmuana* Sivec et Harper, 2008（图 13-15）

Rhopalopsole tianmuana Sivec et Harper, 2008: 103.

主要特征：雄虫第 9 腹板基部具囊状突。第 9 背板大部骨化，中前部区域微骨化，紧挨着后缘形成 1 个梨形的骨化板，在骨化板近后缘处形成 1 个似弓形且向上翘的坚硬凸起；狭小区域有微小的瘤状突；侧后缘有刚毛簇。第 10 背板形成大型的中板，侧面覆盖有刚毛，中间形成带状的鳞片状凸起，两边各有 1 边缘整齐的狭缝，中带隆起形成 1 对严重骨化的凸起，中板肾脏形，膨大处有刚毛，内部颜色暗黑。第 10 背板侧突细，向后扩展成半圆形，上部延伸形成细长而弯曲的凸起；凸起的长度超过第 10 背板的中线，另一边的结构与之相对应。肛上突基部粗，侧视变细不明显，顶视末端圆形，末尾形成向下弯曲的尖刺。尾须特长，中间向上弯曲，有 1 小刺。

雌虫第 9 腹板大部分骨化，生殖板向前延伸略呈梯形，具圆形的角，生殖板扁圆形较黑。第 8 腹板上有 1 椭圆形的板，前部边缘有 1 不规则的凹痕，约占第 8 腹节的 1/2。

分布：浙江（临安）。

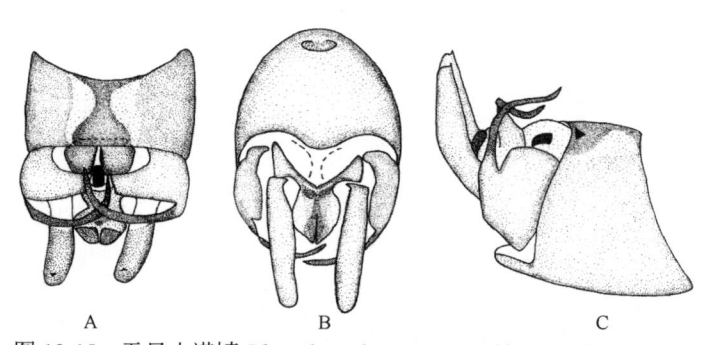

图 13-15　天目山诺䗛 *Rhopalopsole tianmuana* Sivec et Harper, 2008
A. 雄虫外生殖器，背视；B. 雄虫外生殖器，腹视；C. 雄虫外生殖器，侧视

（343）雅君诺䗛 *Rhopalopsole yajunae* Li et Yang, 2010（图 13-16）

Rhopalopsole yajunae Li et Yang in Li, Lu & Yang, 2010: 163.

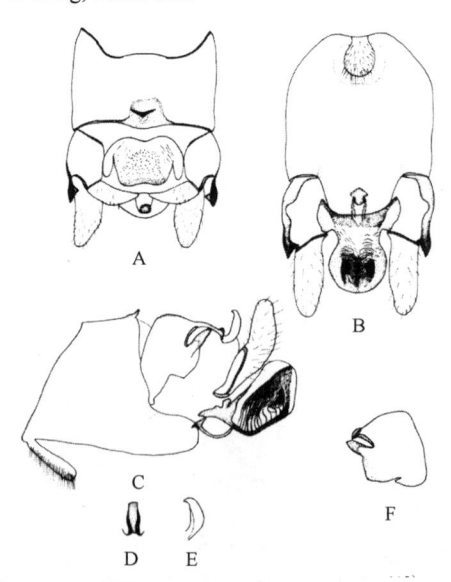

图 13-16　雅君诺䗛 *Rhopalopsole yajunae* Li et Yang, 2010（引自杨定等，2015）
A. 雄虫外生殖器，背视；B. 雄虫外生殖器，腹视；C. 雄虫外生殖器，侧视；D. 雄虫肛上突，背视；E. 雄虫肛上突，侧视；F. 雄虫第 10 背板，侧视

主要特征：雄虫前翅长 4.5 mm，后翅长 4.0 mm。头部黑褐色，比前胸背板略宽。复眼黑色，单眼 3 个。触角黄褐色。口器褐色。胸部褐色。足褐色。翅透明，淡褐色；脉褐色。腹部褐色。雄虫腹端第 9 背板轻微骨化，前缘有 1 宽凹缺，中部近后缘有方形骨化区，其中部有 1 三角形的刺突。第 9 腹板有 1 舌状的囊状突，长略大于宽，密被细毛，端部有圆形的肛下突，略呈梯形。第 10 背板两侧各有 1 骨化钝突，端部形成 2 个尖突，侧突侧视内侧刺不可见，中板中部骨化强并有微刺着生，两侧有指状突。尾须长，圆柱状，端部无小刺突。肛上突强烈骨化，向前弯曲，端部略变窄，较钝。肛侧突向端部圆，有明显的沟。

分布：浙江（龙泉）。

（344）浙江诺䗛 *Rhopalopsole zhejiangensis* Yang *et* Yang, 1995（图 13-17）

Rhopalopsole zhejiangensis Yang *et* Yang, 1995a: 21.

主要特征：雄虫体长 4.6–5.0 mm，前翅长 5.8–6.2 mm，后翅长 4.8–5.0 mm。头部暗黄褐色。单眼 3 个，黄色。触角黄色，但柄节浅褐色。须浅褐色。胸部黄褐色；前胸背板有褐色斑纹。足黄褐色，但基跗节黄色。翅近透明，略带浅褐色；脉黄褐色。腹部黄褐色。雄虫腹端第 9 背板中央有 1 较小的骨化区，且有 1 短小的刺；腹后中部略延伸成近瓣状；第 10 背板侧各有 1 极细长而弯曲的刺突；尾须明显向上弯曲，末端有 1 极小的刺；肛上突明显向背前方弯曲，背视端缘略凹缺。

分布：浙江（开化）、陕西、江西。

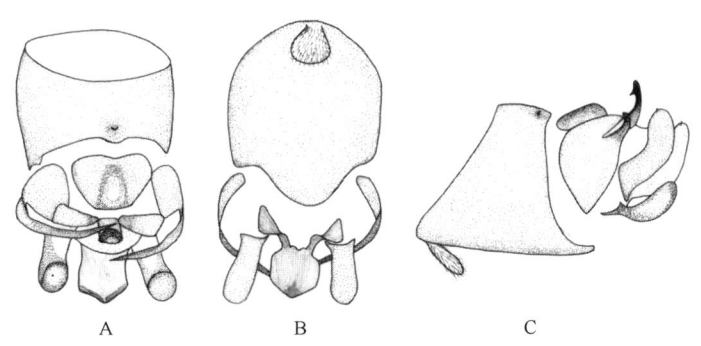

图 13-17 浙江诺䗛 *Rhopalopsole zhejiangensis* Yang *et* Yang, 1995
A. 雄虫外生殖器，背视；B. 雄虫外生殖器，腹视；C. 雄虫外生殖器，侧视

五十八、叉䗛科 Nemouridae

主要特征：体小型，一般不超过 15 mm，褐色至黑褐色。头略宽于前胸，单眼 3 个。在颈部两侧各有 1 条骨化的侧颈片，在侧颈片的内外侧有颈鳃或仅留有颈鳃的残迹；前胸背板横长方形；前后翅的 Sc_1、Sc_2（有的称为端横脉）、R_{4+5} 及 r-m 脉共同组成 1 个明显的"X"形，前翅在 Cu_1 和 Cu_2 及 M 和 Cu_1 之间的横脉多条；第 2 跗节短，第 1、3 跗节长而相等。雄虫肛上突发达，特化为各种形状的反曲突起，肛下叶简单或特化，与第 10 背板上的一些骨化突起共同组成外生殖器；第 9 腹板向后延伸形成殖下板，在其前缘正中处有 1 腹叶；尾须 1 节，简单或特化为外生殖器构造。雌虫第 7 腹板无变化或向后延伸形成前生殖板；第 8 腹板上的下生殖板发达或不发达；生殖孔位于第 8 腹板中部，通常有 1 对阴门瓣；尾须 1 节，无变化。稚虫颈部均有颈鳃。

分布：古北区、东洋区、新北区。世界已知 2 亚科 21 属 700 余种，中国记录 2 亚科 8 属 210 余种，浙江分布 4 属 22 种。

分亚科和属检索表（♂）

1. 肛侧突 1 或 2 叶，无刺或凸起（叉䗛亚科 Nemourinae） ··· 叉䗛属 *Nemoura*
- 肛侧突 3 叶，外叶和中叶上通常有刺或凸起（倍叉䗛亚科 Amphinemurinae） ····························· 2
2. 在侧颈片外侧有 1 根香肠状的颈鳃，侧颈片内侧无颈鳃；第 8 或 9 节背板后缘不形成突起；肛上突有 1 个细长的鞭突 ··· 中叉䗛属 *Mesonemoura*
- 肛上突无鞭突 ··· 3
3. 在侧颈片内外侧有许多分支细长的颈鳃 ··· 倍叉䗛属 *Amphinemura*
- 颈部两侧各有 1 短的颈鳃 ··· 印叉䗛属 *Indonemoura*

（一）倍叉䗛亚科 Amphinemurinae

主要特征：体小至中型，雄虫肛侧突 3 叶；中叶和外叶通常有刺或凸起；一般肛上突细长，背腹扁平，腹骨片形成 1 个圆形或三角形的龙骨突。雌虫后生殖板发达，前生殖板不发达。

分布：古北区、东洋区、新北区。世界已知 7 属 460 余种，中国记录 5 属 170 种，浙江分布 3 属 18 种。

186. 倍叉䗛属 *Amphinemura* Ris, 1902

Nemoura (*Amphinemura*) Ris, 1902: 384. Type species: *Nemoura cinerea* Olivier, 1811 = *Amphinemura sulcicollis* (Stephens, 1836).
Amphinemura Ris: Hynes, 1940: 511.

主要特征：体长 5–10 mm。体浅黄褐色至深褐色；翅透明，烟褐色或有色斑。在侧颈片内外侧有分支细长的颈鳃，颈鳃分支最多的有 16 条，最少的有 5 条。雄虫腹部：第 9 背板骨化，通常在边缘有突起；第 10 背板骨化，有时着生有一些刺或突起。第 9 腹板的下生殖板基部宽，近端部变狭，向后延伸超过肛下叶的内叶并达到肛上突的基部，有时向背面弯曲；在生殖板的前缘中部着生有腹叶。肛下叶分为 3 叶，内叶略骨化、短，常常被遮盖在下生殖板后；中叶大部分骨化，但在内面有一些膜质部分，其大而长，紧靠下生殖板，并与肛上突平行向上弯曲，着生有毛或刺；外叶大部分骨化，有时有一些膜质部分，其形状变化大，常常沿尾须向上弯曲，在外叶上着生有一些毛或刺。肛上突短，背面宽，腹面窄而形成脊状，向背面反曲，常着生有刺。尾须膜质、短，无变化。雌虫腹部：第 7 腹板略向后突而形成 1 个小的前生殖板；第

8 腹板形成明显的下生殖板。稚虫尾须不膨大。

分布：古北区、东洋区、新北区。世界已知 200 余种，中国记录约 100 种，浙江分布 14 种。

分种检索表（♂）

1. 肛上突背骨片有侧臂 ···	2
- 肛上突背骨片无侧臂 ···	6
2. 肛上突背骨片顶端呈倒三角形，前缘锯齿状 ··· 中华倍叉蜻 *A. sinensis*	
- 肛上突背骨片顶端不呈倒三角形 ···	3
3. 肛上突背骨片大部分愈合，端半部外弯不明显 ··· 天目山倍叉蜻 *A. tianmushana*	
- 肛上突背骨片大部分分离 ··	4
4. 肛侧突外叶强骨化，端部着生 4 个小齿 ·· 尖刺倍叉蜻 *A. oxyacantha*	
- 肛侧突外叶端部无 4 个小齿 ··	5
5. 肛侧突中叶膨大，弱骨化，外缘着生 1 排骨化刺 ··· 朱氏倍叉蜻 *A. chui*	
- 肛侧突中叶外缘无排刺，肛上突中突明显长于侧突，侧突顶端有刺，腹骨片端部向上弯 ············· 长突倍叉蜻 *A. elongata*	
6. 肛侧突外叶上有刺或钩 ··	7
- 肛侧突外叶上无刺 ···	12
7. 肛侧突外叶骨化弯曲，近端部呈钩状，端部尖细 ··· 皮氏倍叉蜻 *A. pieli*	
- 肛侧突外叶无钩状分支 ···	8
8. 肛上突背骨片端部分叉，在端部两侧各被 1 个小三角形的弱骨化舌叶包围 ···················· 舌叶倍叉蜻 *A. lingulata*	
- 肛上突背骨片端部两侧无小三角形的弱骨化舌叶 ···	9
9. 肛侧突中叶明显向上弯，端部背视呈卵圆形，上有数排黑刺 ······································ 卵形倍叉蜻 *A. ovalis*	
- 肛侧突中叶无数排黑刺 ··	10
10. 肛侧突中叶骨化，中部向上向外弯，顶端膨大，有球形的膜质区，上有细长的黑刺；肛上突端部平截，没有凸出物 ······	
·· 周氏倍叉蜻 *A. zhoui*	
- 肛侧突中叶顶端无球形的膜质区 ···	11
11. 肛侧突端部背面观有 3 个长弯刺 ··· 莫干山倍叉蜻 *A. mokanshanensis*	
- 肛侧突端部背面观无 3 个长弯刺，外叶高度骨化，中部向背面强烈弯曲，有 1 根大而分叉的端刺 ·············	
·· 弯刺倍叉蜻 *A. curvispina*	
12. 肛侧突中叶末端形成 1 个弯曲为环状的结构，环状结构表面密布微刺 ························ 环叶倍叉蜻 *A. annulata*	
- 肛侧突中叶末端无环状结构 ··	12
13. 尾须退化为细窄而弯曲的凸起 ··· 微尾倍叉蜻 *A. microcercia*	
- 尾须没有退化成细窄而弯曲的凸起，肛侧突中叶细长，中部明显向外弯，外叶端部圆钝无刺 ······ 细臂倍叉蜻 *A. filarmia*	

（345）环叶倍叉蜻 *Amphinemura annulata* Du et Ji, 2014（图 13-18）

Amphinemura annulata Du et Ji in Ji, Du & Wang, 2014: 24.

主要特征：雄虫前翅长 7.7–8.2 mm，后翅长 6.6–6.8 mm。第 9 背板弱骨化，有 1 个小的中后凹陷，中间有 1 束小刺。第 10 背板弱骨化，在肛上突下方有 1 个圆形凹面，外侧边缘有几根小棘，凹面底部有 1 个小的三角形突起。肛下叶基部狭窄，中部延伸且渐尖，末端钝圆，近端部膨出，在侧面观更明显。囊泡纤细。内叶弱骨化，薄而长，长度约为中叶的一半；中叶基部宽，多数膜质，在其外边缘有 1 长骨化带，顶部内弯形成 1 个环形突起，在突起上有许多小而密的刺；外叶骨化，短，与内叶等长。肛上突细长，背侧和基部硬化，顶部部分弱骨化，在尖端形成小空腔。腹骨片形成 1 个三角形的龙骨，末端从背骨片的尖端腔中上弯，从侧面看更加明显，腹侧有几根黑刺。

分布：浙江（临安）、山西、陕西、宁夏、四川、贵州。

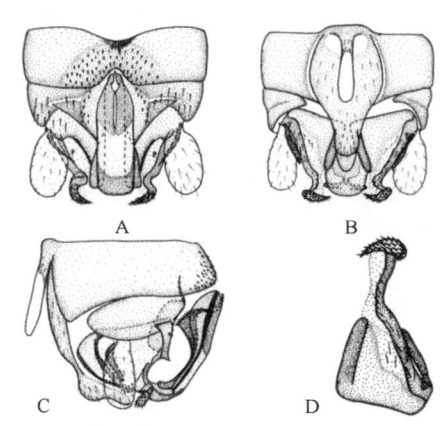

图 13-18　环叶倍叉䗛 *Amphinemura annulata* Du et Ji, 2014
A. 雄虫外生殖器，背视；B. 雄虫外生殖器，腹视；C. 雄虫外生殖器，侧视；D. 雄虫肛侧突

（346）朱氏倍叉䗛 *Amphinemura chui* (Wu, 1935)（图 13-19，图版 V-4）

Nemoura (*Amphinemura*) *chui* Wu, 1935b: 238.
Amphinemura chui: Illies, 1966: 179.
Amphinemura guangdongensis Yang, Li et Zhu, 2004: 226.

主要特征：雄虫体长 8.0 mm。头部褐色，比前胸略宽；触角褐色。足浅褐色。翅透明，脉黄色。腹部褐色。雄性外生殖器：第 9 背板轻微骨化，前缘中部有 1 大的凹缺，后缘近平直，中部向前凹入，其上有许多小黑刺。肛下突宽大，呈卵圆形，近顶端逐渐变窄，端部形成 1 乳状突，顶端伸至肛上突的基部，并明显向背面弯曲；囊状突细长，中部略缢缩。第 10 背板轻微骨化，后缘明显骨化，中部有黑刺，中央有 1 凹缺，其侧缘有数根黑刺。尾须膜质，细长，近柱形。肛上突端部高度骨化，分为 1 对尖锐侧刺突和中突，中突端部尖，略向上弯，龙骨突端部平截，腹面着生小刺。肛侧突分 3 叶：外叶高度骨化，非常窄而细，背视大约与内叶等长；中叶基部宽大，端部明显向外弯曲，有数根小黑刺；内叶三角形，有细长的纵向骨化条。

雌虫第 7 腹板后缘中部向后延伸成大的前生殖板，后缘半圆形。第 8 腹板骨化区形成盾状的后生殖板，后缘向两侧延伸形成乳状凸起，盖住第 9 腹板的前缘。尾须短小，近柱状。

分布：浙江（杭州）、安徽、湖南、贵州。

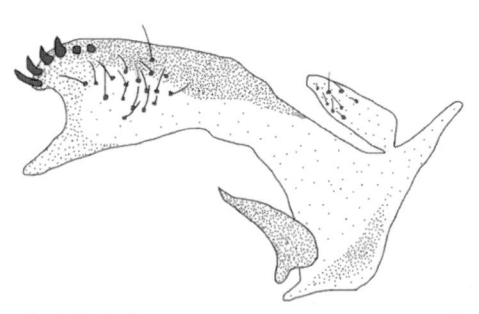

图 13-19　朱氏倍叉䗛 *Amphinemura chui* (Wu, 1935)雄虫肛侧突

（347）弯刺倍叉䗛 *Amphinemura curvispina* (Wu, 1973)（图 13-20，图版 V-5）

Nemoura curvispina Wu, 1973: 101.
Amphinemura curvispina: Baumann, 1975: 12.
Indonemoura guangxiensis Li et Yang in Li, Yang & Sivec, 2005c: 1.

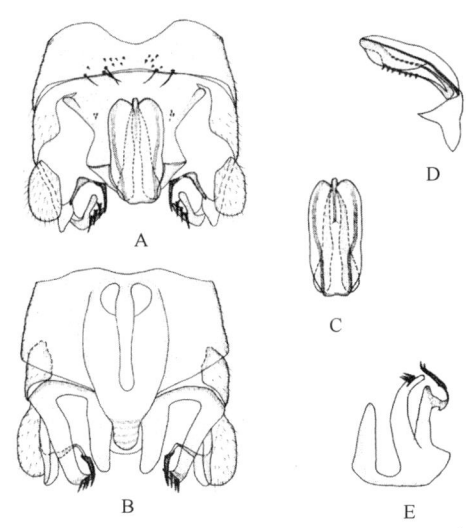

图 13-20　弯刺倍叉蜻 *Amphinemura curvispina* (Wu, 1973)（引自杨定等，2015）
A. 雄虫外生殖器，背视；B. 雄虫外生殖器，腹视；C. 雄虫肛上突，背视；D. 雄虫肛上突，侧视；E. 雄虫肛侧突

主要特征：雄虫前翅长 5.0 mm，后翅长 4.0 mm。头黑色；触角深褐色；口器黄色。胸部及前胸背板深褐色。翅透明。足褐色，股节端有深褐色；腹部黄色；肛下突和尾须褐色。腹部毛大部分淡黄色。雄性外生殖器：第 9 背板后缘明显骨化，其前缘轻微骨化，中部明显缢缩，前缘中部有 1 大的三角形凹缺，后缘中部有 2 束小黑刺和长毛。肛下突基部宽大，向顶端逐渐变窄，顶端伸至肛上突的基部；囊状突细长。第 10 背板前缘轻微骨化，其后缘明显骨化，中央有 1 大的凹缺，其中侧缘密生数根小黑刺。尾须轻微骨化，近圆柱形。肛上突长，明显向背面弯曲，背骨片近侧缘有 1 对黑色的骨化条；腹骨片骨化明显，中部形成龙骨突，其腹面有 1 排小刺。肛侧突分 3 叶：外叶高度骨化，中部向背面强烈弯曲，有 1 根大而分叉的端刺；中叶骨化，强烈向前向上弯，端部较宽大并且分叉，有 3 根黑刺；内叶近三角形，轻微骨化，内侧骨化较强，较中叶和外叶短。

雌虫体长 8.0 mm。第 7 腹板后缘微凸形成圆形的前生殖板，到达第 8 腹板中部；第 8 腹板为 2 侧叶，各在内缘后角形成以三角形翘起的阴门瓣。

分布：浙江（临安、开化）、湖南、福建、广西。

（348）长突倍叉蜻 *Amphinemura elongata* Li, Yang et Sivec, 2005（图 13-21）

Amphinemura elongata Li, Yang et Sivec, 2005a: 93.

主要特征：雄虫体长 4.6–5.2 mm，前翅长 6.5–7.2 mm，后翅长 5.0–5.5 mm。头部褐色；触角黄褐色；口器深褐色。胸部褐色；翅透明；足淡褐色。腹部黄褐色；肛下突及尾须黄褐色；腹部毛大部分淡黄色。雄性外生殖器：第 9 背板轻微骨化，而其前缘明显骨化，中部明显缢缩，前缘及后缘中部各有 1 大的三角形凹缺，后缘着生数根长毛，后中部有 2 束小黑刺。肛下突中基部宽大，顶端逐渐变窄，顶端伸至肛上突的基部，并明显向背面弯曲；囊状突细长，中部略缢缩。第 10 背板轻微骨化，而其前缘明显骨化，中央有 1 凹缺，其侧缘有数根小黑刺。尾须膜质细长，近圆柱形，微向内弯。肛上突分为 1 对高度骨化的侧刺突和 1 个骨化的中突，侧突端部有几根小刺，中突端部略向上弯，其龙骨状腹面着生小刺。肛侧突分 3 叶：外叶高度骨化，非常窄而细，大约与中叶等长，中部向内弯，近端部有 1 或 2 个刺；中叶螺旋状，末端有 1 尖刺，部分骨化，大部分膜质；内叶三角形，轻微骨化，末端尖锐，较外叶短小。

雌虫第 7 腹板的前生殖板短小骨化，呈弯月形。第 8 腹板骨化区形成宽大的后生殖板，前缘向前延伸形成乳状凸起，盖住第 7 腹板的一部分，中部向两侧凸出，略呈直角，后缘向侧面凸出接近腹节边缘。尾须短小，近柱状。

分布：浙江（庆元、四明山）、福建。

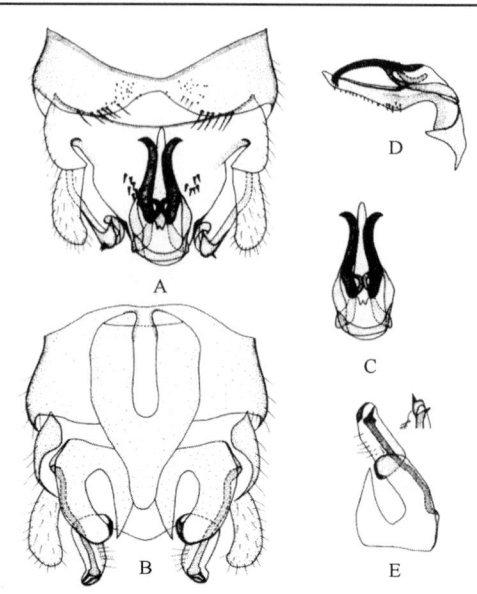

图 13-21　长突倍叉䗛 *Amphinemura elongata* Li, Yang et Sivec, 2005（引自杨定等, 2015）
A. 雄虫外生殖器, 背视; B. 雄虫外生殖器, 腹视; C. 雄虫肛上突, 背视; D. 雄虫肛上突, 侧视; E. 雄虫肛侧突

（349）细臂倍叉䗛 *Amphinemura filarmia* Li et Yang, 2007（图 13-22）

Amphinemura filarmia Li et Yang, 2007: 57.

主要特征：雄虫体长 3.4 mm，前翅长 5.5 mm，后翅长 4.8 mm。第 9 背板轻微骨化，而其前缘明显骨化，中部缢缩不明显，前缘中部有大而浅的凹缺，后缘近平直，着生 1 排黑刺。肛下突中部宽大，呈卵圆形，顶端逐渐变窄；囊状突细长，超过肛侧突的前缘。第 10 背板轻微骨化，而其后缘明显骨化，中央有 1 凹缺，其侧缘有数根黑刺。尾须膜质细长，近圆柱形。肛上突长，近端部略膨大，明显向背面弯曲，背骨片有 1 对细长的黑色骨化条；腹骨片骨化明显，前端嵌入背骨片，中部形成龙骨突，其腹面有 1 排小刺。肛侧突分 3 叶：外叶基部窄，高度骨化，中间变宽，端半部呈三角形，大约与内叶等长；中叶骨化，细长并强烈弯曲，末端有几根向下的长刺及向内折的粗刺；内叶三角形，轻微骨化，末端稍尖，较中叶短。

分布：浙江（临安）、广东。

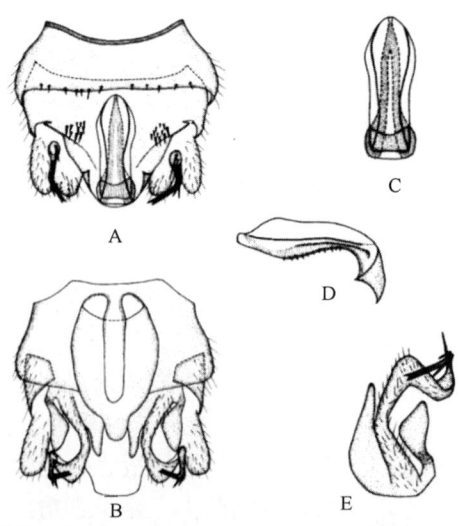

图 13-22　细臂倍叉䗛 *Amphinemura filarmia* Li et Yang, 2007（引自杨定等, 2015）
A. 雄虫外生殖器, 背视; B. 雄虫外生殖器, 腹视; C. 雄虫肛上突, 背视; D. 雄虫肛上突, 侧视; E. 雄虫肛侧突, 尾视

（350）舌叶倍叉䗛 *Amphinemura lingulata* Du et Wang, 2014（图 13-23，图版 V-6）

Amphinemura lingulata Du et Wang in Ji, Du & Wang, 2014: 26.

主要特征：雄虫前翅长 6.5–6.8 mm，后翅长 5.4–5.8 mm。第 9 背板弱骨化，近后缘处着生 1 排长毛。第 10 背板弱骨化，在肛上突下方形成 1 个大的平的区域，并在肛上突下方两侧着生少许黑色小刺。肛下突基部较宽，向端部变窄，端部钝圆；腹叶细长，近基部处略收缩，长为宽的 4 倍。肛侧突分为 3 叶：内叶弱骨化，细长，近端部有 1 条短的骨化的中线；中叶基部弱骨化，端部膜质，着生一些长的骨化刺；外叶强骨化，细长，端部三角形，着生 3 或 4 个强骨化刺。肛上突背面观细长；背骨片大部分膜质，端部分叉，在端部两侧各被 1 个小三角形的弱骨化叶包围；侧壁细长，强骨化，向腹面延伸，形成 2 条骨化的侧边，在端部处相遇；腹骨片形成龙骨，腹面着生很多骨化刺。

分布：浙江（临安）、陕西、四川。

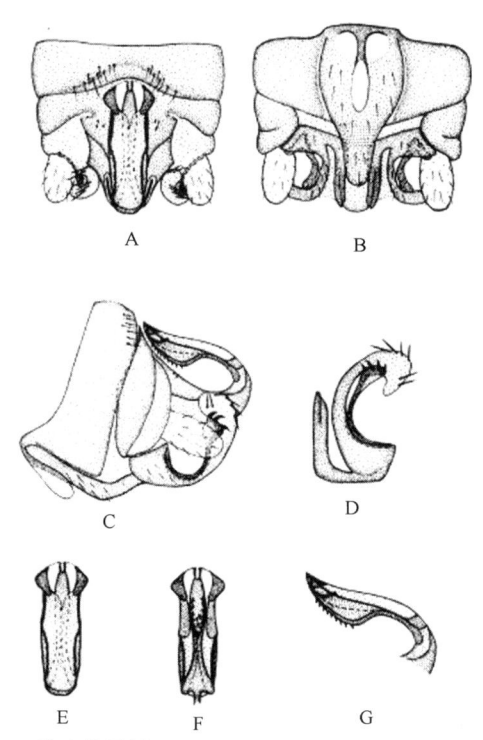

图 13-23 舌叶倍叉䗛 *Amphinemura lingulata* Du et Wang, 2014
A. 雄虫外生殖器，背视；B. 雄虫外生殖器，腹视；C. 雄虫外生殖器，侧视；D. 雄虫肛侧突，尾视；E. 雄虫肛上突，背视；F. 雄虫肛上突，腹视；G. 雄虫肛上突，侧视

（351）微尾倍叉䗛 *Amphinemura microcercia* (Wu, 1938)（图 13-24）

Nemoura (Amphinemura) microcercia Wu, 1938a: 180.
Amphinemura microcercia: Baumann, 1975: 31.

主要特征：雄虫体长 8.0 mm。体黑褐色。头部深褐色，触角褐色。前胸背板深褐色，表面有皱褶；足褐色；翅浅褐色，脉褐色。腹部深褐色。雄性外生殖器：第 9 背板后缘中部稍内凹。肛下突长宽近似，中部略膨大，末端尖细且伸至肛上突的基部；囊状突细长，长于肛下突的 1/2。肛侧突呈三角形，基部宽，向端部逐渐收细，顶端圆钝，外侧骨化，端部向背部弯曲成钩状。尾须强骨化，退化为细窄而弯曲的凸起。肛上突短小，基部较端部宽，端部收缩为三角形；背骨片基部方形，两侧各有 2 个斜向的骨化条。

分布：浙江（德清）。

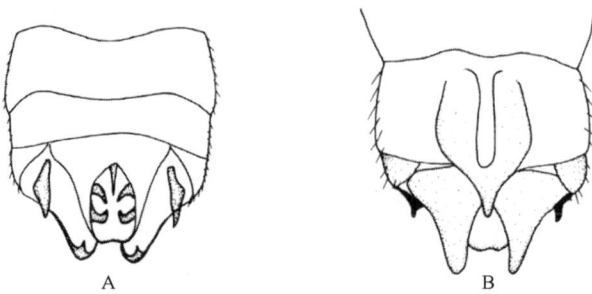

图 13-24　微尾倍叉䗛 *Amphinemura microcercia* (Wu, 1938)（引自杨定等，2015）
A. 雄虫外生殖器，背视；B. 雄虫外生殖器，腹视

（352）莫干山倍叉䗛 *Amphinemura mokanshanensis* (Wu, 1938)（图 13-25）

Nemoura (*Amphinemura*) *mokanshanensis* Wu, 1938a: 181.
Amphinemura mokanshanensis: Illies, 1966: 183.

主要特征：雄虫体褐色。翅透明，翅脉略呈褐色；前胸背板黄褐色；足淡褐色。腹部褐色。腹部毛大部分淡黄色。雄性外生殖器：第 9 背板宽明显大于长，后缘近平直，后缘中部无小黑刺。第 10 背板轻微骨化，中部明显缢缩，前缘及后缘中部各有 1 三角形凹缺，后缘着生 2 束黑刺。肛下突中基部宽大，顶端逐渐变窄，顶端伸至肛上突的基部，并明显向背面弯曲；囊状突细长，基部略膨大。第 10 背板中央有 1 凹缺，其侧缘有几根小黑刺。尾须细长，近圆柱形。肛上突背骨片高度骨化，侧缘有 1 对高度骨化的弧形骨化条；腹骨片明显骨化，背视狭长，顶端逐渐变窄。肛侧突分 3 叶：外叶高度骨化，非常窄而细，端部向背面弯曲形成刺突；中叶大而长，大部分膜质，端部向背面弯曲形成刺突，明显骨化；内叶三角形，末端尖，较中叶短小。

雌虫第 7 腹板后缘中部向后延伸，形成 1 圆形、轻度骨化的前生殖板，盖住第 8 腹板前缘。第 8 腹板有 1 对三角形的阴道瓣；前缘向前凸起，达到第 7 腹板后缘。

分布：浙江（德清）。

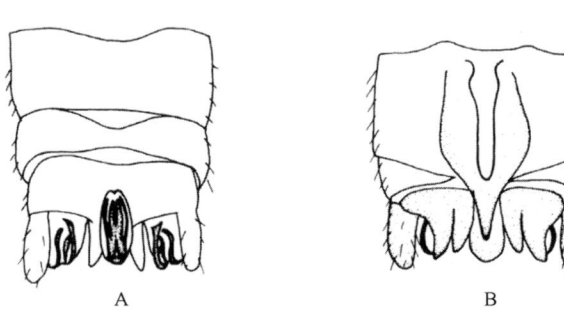

图 13-25　莫干山倍叉䗛 *Amphinemura mokanshanensis* (Wu, 1938)（引自杨定等，2015）
A. 雄虫外生殖器，背视；B. 雄虫外生殖器，腹视

（353）卵形倍叉䗛 *Amphinemura ovalis* Li *et* Yang, 2005（图 13-26）

Amphinemura ovalis Li *et* Yang in Li, Yang & Sivec, 2005b: 66.

主要特征：雄虫体长 4.2 mm，前翅长 6.7 mm，后翅长 5.9 mm。第 9 背板轻微骨化，前缘两侧明显骨化，中部缢缩浅，后缘近平直，中部有 1 弱的三角形凹缺，前缘和后缘中部各有 1 簇小刺。肛下突基部宽大，中部靠后向顶端逐渐变窄，顶端伸至肛上突的基部；囊状突细长。第 10 背板轻微骨化，其后缘骨化较明显，中央有 1 大凹缺，其中侧缘有 1 簇小黑刺。尾须膜质，长大于宽，近圆柱形。肛上突长方形，端部变窄；背骨片的侧缘形成强烈骨化的侧臂，伸达顶部；腹骨片骨化，其端部嵌入背骨片，龙骨突不明显，腹面有几根小刺。肛侧突分 3 叶：外叶细长骨化，端部尖细，有 1 根黑刺，较外叶短；中叶骨化，基部宽大，其余部分细长，中部明显向上弯，端部背视呈卵圆形，上有数排黑刺；内叶呈三角形，轻微骨化，端部尖锐，较中叶和外叶短。

分布：浙江（临安）、四川。

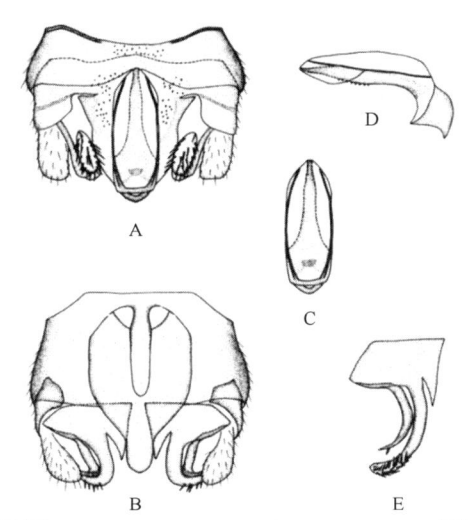

图 13-26　卵形倍叉䗛 *Amphinemura ovalis* Li et Yang, 2005（引自杨定等，2015）
A. 雄虫外生殖器，背视；B. 雄虫外生殖器，腹视；C. 雄虫肛上突，背视；D. 雄虫肛上突，侧视；E. 雄虫肛侧突，尾视

（354）尖刺倍叉䗛 *Amphinemura oxyacantha* Zhao et Du, 2021（图 13-27，图版 V-7）

Amphinemura oxyacantha Zhao et Du, 2021: 706.

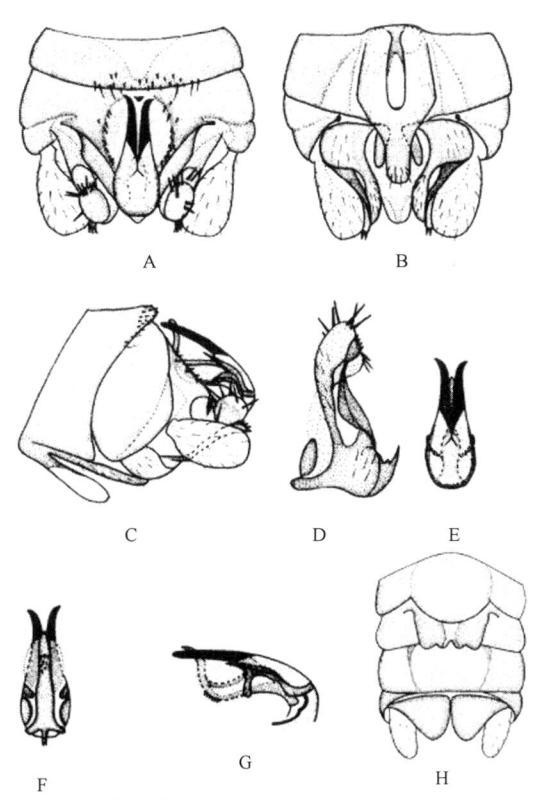

图 13-27　尖刺倍叉䗛 *Amphinemura oxyacantha* Zhao et Du, 2021
A. 雄虫外生殖器，背视；B. 雄虫外生殖器，腹视；C. 雄虫外生殖器，侧视；D. 雄虫肛侧突，腹视；E. 雄虫肛上突，背视；F. 雄虫肛上突，腹视；G. 雄虫肛上突，侧视；H. 雌虫外生殖器，腹视

主要特征：雄虫前翅长 6.4–6.7 mm，后翅长 5.3–5.7 mm。第 9 背板弱骨化，近后缘处着生一些小刺和 1 排长毛。第 10 背板弱骨化，在肛上突下方有 1 个圆形凹陷，凹陷侧缘着生 1 排小刺。肛下突基部较宽，向端部变窄，端部钝圆，并着生一些长毛；腹叶细长，长为宽的 3–4 倍。肛侧突分为 3 叶；内叶简单，小长方形，弱骨化；中叶弱骨化，基部较宽，中间部分变细，端部膨大，膜质，在端部着生一些长的黑色的强骨化刺，端部腹面也着生 2 或 3 根强骨化刺；外叶强骨化，端部着生 4 个小齿。肛上突前端为 2 根强骨化条；背骨片大部分膜质，从端部延伸出 1 对强骨化条，骨化条端部略向外弯曲；侧壁强骨化，较短，在中部处向腹面延伸，端部较尖，略长于背骨片的骨化条基部；腹骨片形成半球形的龙骨，在龙骨腹面着生一些微刺，龙骨端部稍微弯曲，短于背骨片。

雌虫前翅长 8.9 mm，后翅长 8.1 mm。第 7 腹板向后延伸，弱骨化，形成前生殖板。下生殖板宽，弱骨化，中部有 1 个小的缺口，并在两叶中部各有 1 个小的缺口。

分布：浙江（安吉、临安）。

（355）皮氏倍叉䗛 *Amphinemura pieli* (Wu, 1938)（图 13-28）

Nemoura (*Protonemura*) *pieli* Wu, 1938a: 185.
Amphinemura pieli: Baumann, 1975: 12.

主要特征：雄虫体黑褐色。头部黑褐色；触角褐色；口器深褐色。胸部黑褐色；翅透明；足淡褐色。腹部褐色。腹部毛大部分淡黄色。雄性外生殖器：第 9 背板轻微骨化，中部明显缢缩，前缘中部有 1 三角形浅凹，后缘波状起伏，中部有 1 三角形凹缺。肛下突中基部宽大，向顶端逐渐变窄，顶端伸至肛上突的基部；囊状突基部稍细，端部膨大，超过肛下突的 1/2。第 10 背板轻微骨化，中部有 1 弱的三角形凹缺。尾须膜质细长，近圆柱形。肛上突近长方形，中部向端部略变窄，向两侧各形成 1 向外弯的刺突，正中部有纵向的骨化条，其端部形成小凸起；腹骨片端部延伸，略超出背骨片，其龙骨状腹面有 1 排小刺。肛侧突外叶基部骨化，其余部分强烈骨化，近端部呈钩状，端部尖细；内叶细长，呈三角形，高度骨化，端部尖锐。

分布：浙江（德清、安吉）。

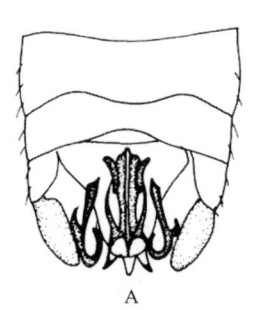

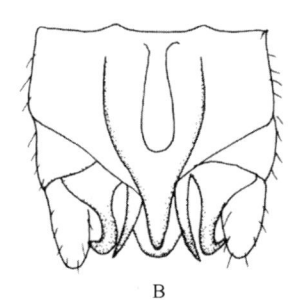

图 13-28　皮氏倍叉䗛 *Amphinemura pieli* (Wu, 1938)（引自杨定等，2015）
A. 雄虫外生殖器，背视；B. 雄虫外生殖器，腹视

（356）中华倍叉䗛 *Amphinemura sinensis* (Wu, 1926)（图 13-29）

Nemoura (*Amphinemura*) *sinensis* Wu, 1926: 331.
Amphinemura sinensis: Illies, 1966: 185.

主要特征：雄虫体长 5.9 mm，前翅长 6.8 mm，后翅长 5.9 mm。肛下突长约为宽的 2 倍，基部宽大，从中部到顶端变窄，顶端伸至肛上突的基部，并明显向背面弯曲；囊状突长于肛下突的 1/2，粗大，顶端细圆。肛侧突分 3 叶：内叶膜质，粗短；中叶长约为内叶长的 3 倍，基部略宽，大部分膜质，顶部骨化较强，末端呈细钩状；外叶细小，基部附着于中叶，骨化强，端部细指状，膜质。肛上突骨化强，形状奇特；背骨片顶端呈倒三角形，前缘锯齿状，前缘后方有向上弯的指状突，侧臂除基部外其余大部与背骨片分离，基部粗，端部尖，外侧缘锯齿状；腹骨片高度骨化，形成龙骨突，其上具有较大的锯齿状凸起。

雌虫体长 7.4 mm，前翅长 7.9 mm，后翅长 6.7 mm。第 7 腹板的前生殖板很小，不明显。第 8 腹板形成后生殖板，较大，骨化强，在生殖孔处对称地分成 2 个骨化明显的刀状阴道瓣。

分布：浙江（临安）、北京、河南、陕西、江苏。

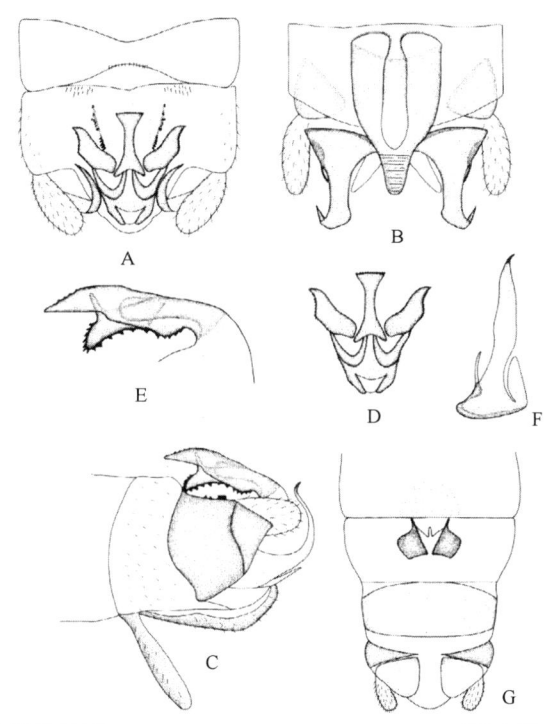

图 13-29　中华倍叉襀 *Amphinemura sinensis* (Wu, 1926)（引自杨定等，2015）
A. 雄虫外生殖器，背视；B. 雄虫外生殖器，腹视；C. 雄虫外生殖器，侧视；D. 雄虫肛上突，背视；E. 雄虫肛上突，侧视；F. 雄虫肛侧突，尾视；G. 雌虫外生殖器，腹视

（357）天目山倍叉襀 *Amphinemura tianmushana* Li et Yang, 2011（图 13-30）

Amphinemura tianmushana Li et Yang, 2011: 31.

主要特征：雄虫前翅长 5.7–6.3 mm，后翅长 5.0–5.2 mm。头部黑褐色。触角褐色；复眼黑色，基部透明；口器褐色。胸部黑褐色；翅半透明；足黄褐色。腹部黄褐色；肛下突及尾须黄褐色；腹部毛大部分淡黄色。雄性外生殖器：第 9 背板轻微骨化，前缘中部缢缩不明显，中部及后缘有 2 束小黑刺。肛下突基部宽大，向顶端逐渐变窄，顶端伸至肛上突的基部，并明显向背面弯曲；囊状突细长。第 10 背板轻微骨化，中央有 1 凹缺，其侧缘明显骨化并有数根小黑刺。尾须膜质细长，近柱形。肛上突分为 1 对高度骨化的侧突和 1 个骨化的中突；背骨片基部愈合，近菱形；中突端部尖，腹面凸起不明显，腹面着生小刺。肛侧突分 3 叶：外叶高度骨化，大部分与中叶相连，端部刺状；中叶明显骨化，中部明显向上弯曲，顶端有数根黑刺；内叶三角形，轻微骨化，较中叶短小。

雌虫第 7 腹板后缘骨化轻微，向后延伸形成半圆形前生殖板。下生殖板分为 2 叶，后缘中部有凹缺，后侧缘向外凸起。

分布：浙江（临安）。

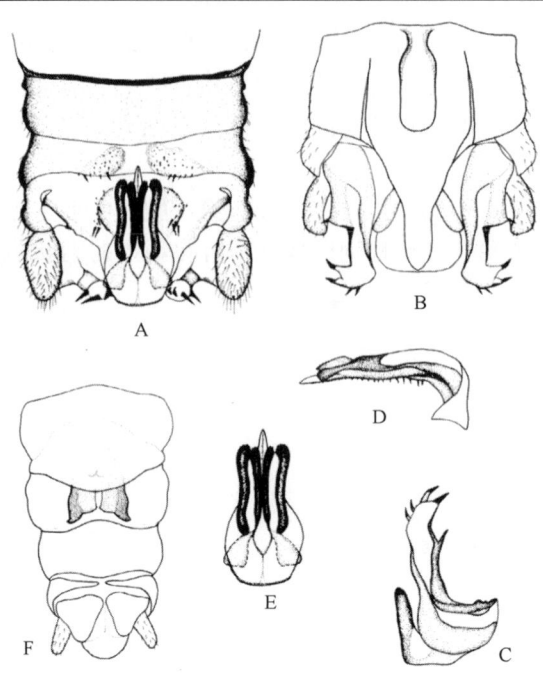

图 13-30　天目山倍叉襀 *Amphinemura tianmushana* Li et Yang, 2011（引自杨定等，2015）
A. 雄虫外生殖器，背视；B. 雄虫外生殖器，腹视；C. 雄虫肛上突，背视；D. 雄虫肛上突，侧视；E. 雄虫肛侧突；F. 雌虫外生殖器，腹视

（358）周氏倍叉襀 *Amphinemura zhoui* Li et Yang, 2008（图 13-31）

Amphinemura zhoui Li et Yang, 2008: 213.

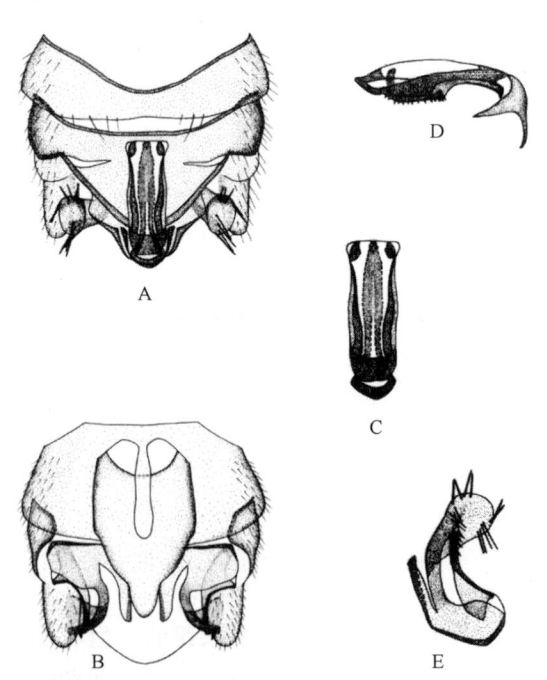

图 13-31　周氏倍叉襀 *Amphinemura zhoui* Li et Yang, 2008（引自杨定等，2015）
A. 雄虫外生殖器，背视；B. 雄虫外生殖器，腹视；C. 雄虫肛上突，背视；D. 雄虫肛上突，侧视；E. 雄虫肛侧突

主要特征：雄虫体长 4.0–5.0 mm，前翅长 5.5–5.9 mm，后翅长 4.3–4.9 mm。头部黑色；触角褐色；口器深褐色。胸部黑褐色，前胸背板褐色；翅透明；足黄色，股节黄褐色。腹部黄褐色，肛下突及尾须淡褐色；腹部毛大部分淡黄色。雄性外生殖器：第 9 背板轻微骨化，其前缘明显骨化，中部明显缢缩，前缘中部有 1 大的三角形凹缺，后缘略与前缘平行，其中部近平直，有几根黑毛。肛下突基部宽大，向顶端逐渐

变窄，顶端伸至肛上突的基部；囊状突细长，伸达肛侧突的前缘。第10背板轻微骨化，而其前缘和后缘均明显骨化，中央有1大的凹缺。尾须膜质，近圆柱形。肛上突背视近长方形，端部平截，略向两侧延伸，侧臂细长，中部向上变尖，端部向内侧突然膨大，腹骨片明显骨化，其龙骨状腹面有1排黑刺。肛侧突分3叶：外叶骨化，外侧强烈骨化，端部有数根黑刺；中叶骨化，中部向上向外弯，顶端膨大，有球形的膜质区，上有细长的黑刺，较外叶长；内叶细长，内侧向上卷曲并明显骨化，末端有些钝，比外叶短。

分布：浙江（四明山）、福建。

187. 印叉䗛属 *Indonemoura* Baumann, 1975

Indonemoura Baumann, 1975: 12. Type species: *Protonemura indica* Kimmins, 1947.

主要特征：体中至大型。颈部两侧各有1短的颈鳃。雄成虫肛下突基部宽，向顶端逐渐变窄，延伸至肛上突的基部，常覆盖肛侧突的内叶；具囊状突。肛侧突分3叶：内叶小，轻微骨化，常完全附着于中叶；中叶大部分骨化，基部宽，基半部轻微骨化并覆毛，顶半部骨化强，狭长而形成1个或多个长齿或凸起；外叶发达，骨化强，狭长而围绕尾须，顶端常有1个或多个尖齿。尾须膜质，狭长，末端超过腹部，覆细毛。肛上突长，基部窄，顶部宽，显著弯曲；背骨片基部宽大，向背面两侧延伸至顶端，顶部通常显著增大；基骨片在肛上突基部两侧边缘呈宽三角形；腹骨片骨化显著，基部宽，向端部渐窄，形成龙骨突，在顶端小的圆形区域内常具少数或很多的刺，顶端伸至背部骨片的膜质褶皱内，极少数具管状结构。第10背板完全或大部分骨化，但在肛上突顶端下方有1大片膜质区常形成1个凹平面，但有时具2个大而向上的凸出物。第9背板骨化沿末端边缘延伸，延伸部具刺或毛，有时形状奇特。雌成虫第7腹板末端向后略微延伸，延伸部分轻微骨化。第8腹板形成后生殖板，中部膨大并严重骨化，盖住生殖孔，向后延伸超过阴道瓣。

分布：古北区、东洋区。世界已知60余种，中国记录29种，浙江分布3种。

分种检索表（♂）

1. 肛侧突的外叶端部有1个刺突 ·· **巨腹印叉䗛** *In. macrolamellata*
- 肛侧突的外叶端部刺突分叉 ·· 2
2. 肛侧突中叶内侧有1长方形骨化区 ·· **百山祖印叉䗛** *In. baishanzuensis*
- 肛侧突中叶内侧无长方形骨化区，外叶端半部呈角状；肛下突顶端有数根黑刺 ················ **角叶印叉䗛** *In. curvicornia*

（359）百山祖印叉䗛 *Indonemoura baishanzuensis* Li *et* Yang, 2006（图13-32，图版V-8）

Indonemoura baishanzuensis Li *et* Yang, 2006b: 48.

主要特征：雄虫体长6.0 mm，前翅长7.5 mm，后翅长6.5 mm。头部褐色；触角黄褐色；口器褐色，复眼黑色，边缘透明。胸部黑褐色；前胸背板黑褐色。翅透明；足黄褐色。腹部黄色；肛下突和尾须黄色。腹部毛大部分淡黄色。雄性外生殖器：第9背板轻微骨化，中部明显缢缩，前缘中部有1明显的凹缺，后缘中部向前凹入，中部有2簇小刺。肛下突中基部宽大，顶端逐渐变窄，端部两侧没有黑刺；囊状突细长。第10背板轻微骨化，每侧各有几个骨化的斜带，中部有1深的纵向凹入，其前侧缘有2簇小黑刺。尾须膜质，近圆柱形，端部有明显缺刻。肛上突两侧平行，顶端有明显的凹缺；腹骨片骨化明显，基部较宽，向端部逐渐变窄；龙骨突形成半圆形结构，端部较窄，有数根较大的黑刺。肛侧突分3叶：外叶细长，高度骨化，2指状端刺明显向内弯，其内侧的端刺分叉；中叶发达，端部弧形，有2个骨化区，内侧骨化区为长方形，外侧骨化区端部呈乳状凸起，其边缘骨化明显；内叶狭长尖锐，明显骨化，附于中叶上。

分布：浙江（德清、庆元、四明山）、江苏、安徽、福建。

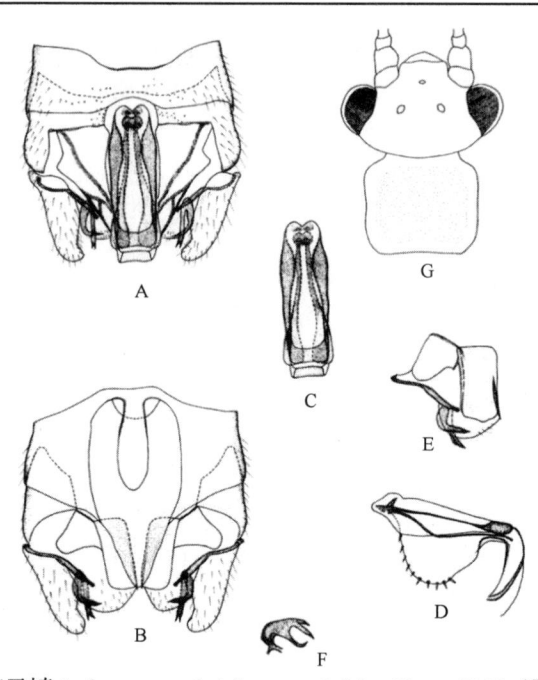

图 13-32　百山祖印叉䗛 *Indonemoura baishanzuensis* Li et Yang, 2006（引自杨定等，2015）
A. 雄虫外生殖器，背视；B. 雄虫外生殖器，腹视；C. 雄虫肛上突，背视；D. 雄虫肛上突，侧视；E. 雄虫肛侧突，侧视；F. 雄虫肛侧突外叶；G. 雄虫头和前胸

（360）角叶印叉䗛 *Indonemoura curvicornia* Wang et Du, 2009（图 13-33）

Indonemoura curvicornia Wang et Du, 2009: 59.

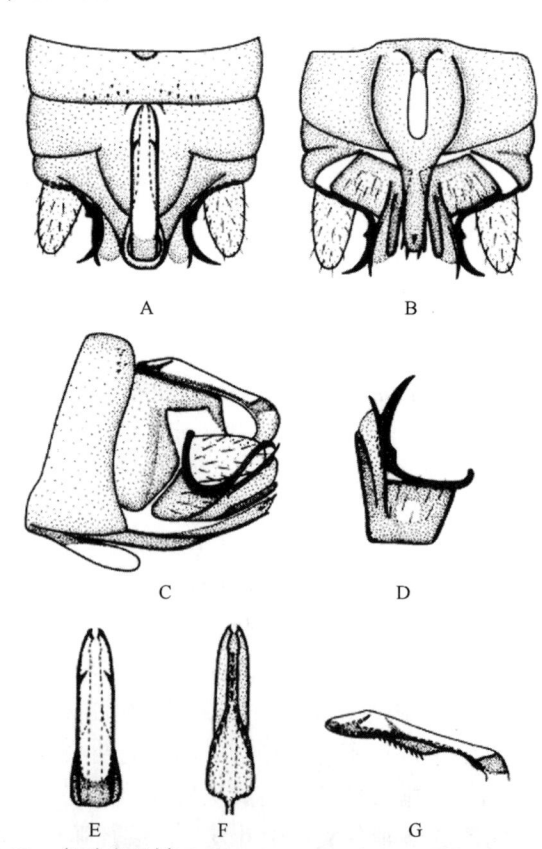

图 13-33　角叶印叉䗛 *Indonemoura curvicornia* Wang et Du, 2009
A. 雄虫外生殖器，背视；B. 雄虫外生殖器，腹视；C. 雄虫外生殖器，侧视；D. 雄虫肛侧突，腹视；E. 雄虫肛上突，背视；F. 雄虫肛上突，腹视；G. 雄虫肛上突，侧视

主要特征：雄虫前翅长 7.5–7.6 mm，后翅长 6.4–6.5 mm。头部和触角褐色。前胸背板淡褐色，4 角钝圆，近方形。翅半透明，淡褐色；足褐色。雄性外生殖器：第 9 背板轻微骨化，前缘中部形成 1 月牙形骨化带，后缘近中部有许多小黑刺，后缘中部近平直。肛下突基部宽大，在肛侧突前缘处逐渐变窄，后半部分呈长管状，伸至肛上突的基部和肛侧突的端部，顶端有数根黑刺；囊状突基部细，不超过肛侧突前缘。第 10 背板轻微骨化，前缘中部明显骨化。尾须膜质，细长，近圆锥状。肛上突细长，长约为宽的 4 倍；背骨片高度骨化，侧臂在近端部形成脊状凸起；腹骨片明显骨化，端部有尖细的三角形凸起，龙骨突不明显，有 1 排较大的黑刺。肛侧突分 3 叶：外叶高度骨化，中部明显向内弯并有 1 黑刺突，和端部的刀形凸起形成角状结构，末端较尖锐；中叶基部和外叶愈合，其前缘宽大，端部骨化明显，中部以上细长，呈刺状，约和外叶等长；内叶三角形，轻微骨化，较中叶短。

分布：浙江（临安）、福建。

（361）巨腹印叉䗛 *Indonemoura macrolamellata* (Wu, 1935)（图 13-34）

Nemoura macrolamellata Wu, 1935b: 241.

Indonemoura macrolamellata: Li & Yang, 2006b: 54.

主要特征：雄虫体长 9.0–11.0 mm。头部黑褐色，明显比前胸背板宽。触角褐色。胸部黑褐色；前胸背板黑褐色，呈方形。翅透明；足深褐色。雄性外生殖器：第 9 背板轻微骨化，中部明显缢缩，前缘中部有 1 明显的梯形凹缺，凹缺中部向前略凸出。肛下突基部宽大，呈长方形，顶端逐渐变窄，端部两侧没有黑刺；囊状突棒状。第 10 背板轻微骨化，每侧有弯曲的斜向骨化带。尾须膜质，近圆柱形，端部圆。肛上突两侧平行，近端部略膨大，顶端有明显的凹缺；腹骨片骨化明显，基部较宽，向端部逐渐变窄；龙骨突形成半圆形结构，边缘有 1 排较大的黑刺。肛侧突分 3 叶：外叶细长，高度骨化，端部向内弯，形成大的尖刺，侧视呈镰刀状；中叶端部弧形，骨化不明显；内叶基部宽大，端部明显骨化，呈三角形。

雌虫第 7 腹板的前生殖板骨化，呈六边形，后缘较钝，中部向前凹入，盖住第 9 腹板前缘。无阴道瓣。

分布：浙江（德清）、江西。

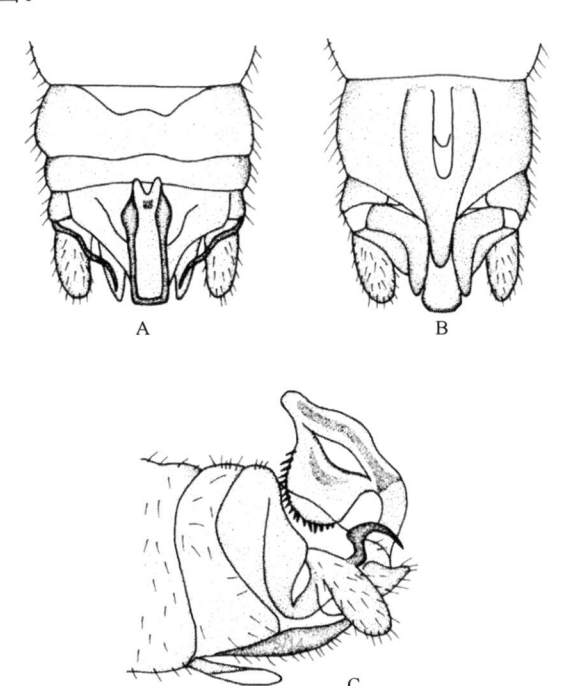

图 13-34 巨腹印叉䗛 *Indonemoura macrolamellata* (Wu, 1935)（引自杨定等，2015）
A. 雄虫外生殖器，背视；B. 雄虫外生殖器，腹视；C. 雄虫外生殖器，侧视

188. 中叉䗛属 *Mesonemoura* Baumann, 1975

Mesonemoura Baumann, 1975: 14. Type species: *Nemoura vaillanti* Navás, 1922.

主要特征：体中到大型。颈部两侧各有 1 短圆形的颈鳃分支。雄虫腹部第 9 背板骨化并具刺或毛，沿末端边缘延伸；第 10 背板强骨化，通常裸露，但有时具少数刺；肛下突基部宽，向顶端逐步变窄，盖住肛侧突内叶的一部分；具囊状突。肛侧突分 3 叶，内叶发达，轻微骨化，有时具骨化强的凸起；中叶部分骨化，常具刺，内部和顶端有大面积覆毛的膜质区，中叶大，向肛上突基部弯曲；外叶大部分骨化，狭长且沿尾须弯曲，常具一些小刺。尾须比肛侧突长，膜质，近顶端狭窄。肛上突短，大部分骨化。背骨片基部宽大，背面两侧向顶端延伸，顶端部分变大并延伸至腹部背片的上方；腹骨片强骨化，顶部形成 1 管状骨化鞭突。雌虫腹部第 7 腹板沿末端边缘延伸形成小的前生殖板，盖住第 8 腹板的一部分。第 8 腹板形成后生殖板，中部膨大骨化，盖住生殖孔，侧后缘形成 2 个小的阴道瓣。

分布：古北区、东洋区。世界已知 30 余种，中国记录 20 余种，浙江分布 1 种。

（362）左曲中叉䗛 *Mesonemoura sinistracurva* Du *et* Wang, 2015（图 13-35）

Mesonemoura sinistracurva Du *et* Wang in Du, Ji & Wang, 2015: 132.

主要特征：雄虫前翅长 8.9 mm，后翅长 7.6 mm。头和触角深棕色，前胸背板呈长椭圆形，棕色，具刚毛。翅半透明，浅棕色，翅脉棕色；足深褐色。雄性外生殖器：第 9 背板轻微骨化，中后部有 1 个小的不对称的凹缺，左侧缺口形成 1 个锐角，右侧缺口形成 1 个钝角，缺口的每个裂片上有 1 排刺。第 10 背板有 1 块凹陷。肛下突基部宽大，顶端逐渐变窄，囊状突细长，长是宽的 2 倍。肛侧突分为 3 叶：内叶小，稍硬化，具 1 个向外的尖端；中叶膜质，基部宽，端部圆盾，具许多毛，中部稍硬化，形成 1 个小的凸起，和内叶等长；外叶狭长，硬化，端部向内弯曲形成钩状，被毛，基部延长并沿着尾须向内弯曲。肛上突基部狭窄，端部膨大并延伸超出腹骨片，背骨片的侧缘高度硬化；腹骨片基部宽，向先端变窄，端部插入背骨片之间，顶端延伸形成 1 长的、骨化的、向左侧弯曲的鞭突；鞭突基部宽，向端部逐渐变细，背面轻微骨化，腹面膜质，鞭突与肛上突等长；肛上突腹骨片有刺。

分布：浙江（临安）。

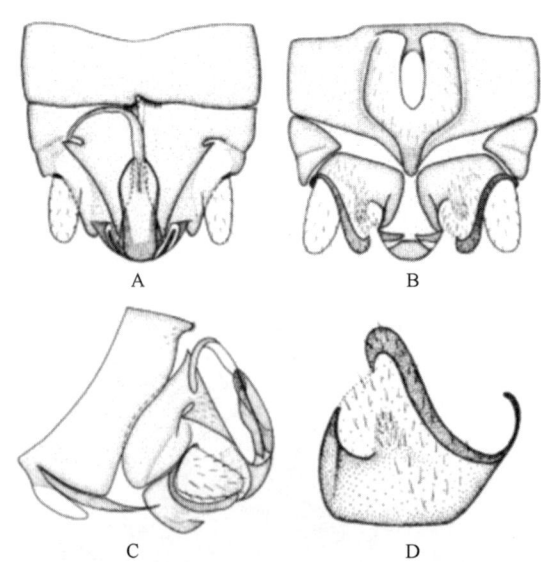

图 13-35 左曲中叉䗛 *Mesonemoura sinistracurva* Du *et* Wang, 2015
A. 雄虫外生殖器，背视；B. 雄虫外生殖器，腹视；C. 雄虫外生殖器，侧视；D. 雄虫肛侧突

（二）叉䗛亚科 Nemourinae

主要特征：体小至中型，无颈鳃或颈鳃退化。雄虫肛侧突分为 1 细的内叶和 1 宽的外叶或仅有单一的宽叶，通常无刺或齿；肛上突一般短小，背腹扁平，腹骨片膨大。雌虫前生殖板发达或前生殖板和下生殖板都不发达。

分布：古北区、东洋区、新北区。世界已知 14 属 240 余种，中国记录 3 属 40 余种，浙江分布 1 属 4 种。

189. 叉䗛属 *Nemoura* Latreille, 1796

Nemoura Latreille, 1796: 101. Type species: *Perla cinerea* Retzius, 1783.

主要特征：体长 5–15 mm。体浅褐色至深褐色；翅透明，烟褐色或有色斑。无颈鳃，或在侧颈片外侧有 1 个膜质、似颈鳃的小瘤突。雄虫腹部：一些种类的第 8 背板延长或有其他变化；第 9 背板骨化，但不延长，沿后缘强骨化，并着生有细毛和刺；第 10 背板大部分骨化，形成 1 个大的平面，或从前到肛上突基部形成 1 个凹陷区，通常着生有细毛和小刺，但一些特殊种类会着生大刺或突起。第 9 腹板的下生殖板基部宽，近端部变狭，向后延伸达到肛下叶的基部，常常覆盖肛下叶的内叶；在生殖板的前缘中部着生有腹叶。肛侧突分为 2 叶：其内叶骨化、短窄，常常向内弯，有时完全被下生殖板遮盖；外叶很大，一般呈三角形，其腹面骨化、背面膜质。肛上突短，背面宽，侧面观弯曲，腹骨板强骨化，其基部宽，每边有 1 排刺。尾须大部分骨化或完全骨化，形状变化大，有的着生有刺或在端部有钩突。雌虫腹部：第 7 腹板增大，向后延伸形成前生殖板，其完全或大部分盖住第 8 腹板，延伸的部分略骨化；第 8 腹板窄，大部分膜质，在生殖孔周围有一些骨化区。

分布：古北区、东洋区、新北区。世界已知 200 余种，中国记录 40 余种，浙江分布 4 种。

分种检索表（♂）

1. 肛上突有 2 排刺 ··· 2
- 肛上突无 2 排刺 ··· 3
2. 肛侧突外叶基部宽大，端部明显变窄，呈三角形 ··· 广东叉䗛 *N. guangdongensis*
- 肛侧突外叶细长，高度骨化，端部尖锐，呈喙状 ·· 麻粟叉䗛 *N. masuensis*
3. 肛侧突外侧有 1 骨化的瘤状区域 ··· 镰尾叉䗛 *N. janeti*
- 肛侧突外叶大部分骨化，顶端有 2 个高度骨化的钩突，端部尖锐，向内向上弯曲 ················· 杭州叉䗛 *N. hangchowensis*

（363）广东叉䗛 *Nemoura guangdongensis* Li et Yang, 2006（图 13-36，图版 V-9）

Nemoura guangdongensis Li et Yang, 2006a: 56.

主要特征：雄虫前翅长 7.7 mm，后翅长 6.6 mm。第 9 背板轻微骨化，中部有 1 大的凹缺，后缘中部略向前凹入。肛下突中部宽大，顶端在肛侧突前缘处明显变尖；囊状突棒状。第 10 背板轻微骨化，后缘明显骨化，前缘中部有 10 余根黑刺，中部有 1 深的纵向凹入，其侧缘有数根小黑刺。尾须深度骨化，近端部略膨大，端外缘变钝尖。肛上突短，侧缘基半部明显骨化；侧瘤突较大；侧臂为 2 个弧形的骨化条，侧缘有 1 列黑刺；腹骨片骨化明显，顶端嵌入背骨片，腹面有 1 排小刺。肛侧突分 2 叶：内叶近长方形，端部尖；外叶基部宽大，端部明显变窄，呈三角形。

分布：浙江（临安）、广东。

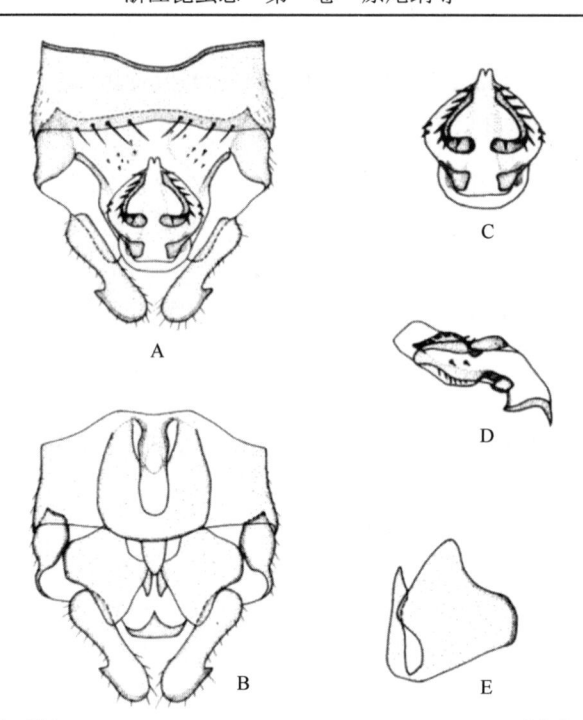

图 13-36　广东叉䗛 *Nemoura guangdongensis* Li et Yang, 2006（引自杨定等，2015）
A. 雄虫外生殖器，背视；B. 雄虫外生殖器，腹视；C. 雄虫肛上突，背视；D. 雄虫肛上突，侧视；E. 雄虫肛侧突，尾视

（364）杭州叉䗛 *Nemoura hangchowensis* Chu, 1928（图 13-37）

Nemoura hangchowensis Chu, 1928b: 332.

主要特征：雄虫体长 8.0 mm。体黑褐色。头部黑褐色；触角呈黑色；口器黑色，复眼黑色。胸部褐色；前胸背板褐色。翅半透明，后翅臀区大。足黄褐色。雄性外生殖器：第 9 背板弱骨化，后缘向后稍突出，呈半圆形。肛下突基部宽，中间略膨大，向端部逐渐收细，顶端细长且延伸至肛上突基部；囊状突细长。尾须强骨化，从中间至端部收细形成圆钝的顶端，末端向上弯曲成钩状。肛上突较为细长，基部窄，近端部稍宽，端部窄；侧突不明显；侧缘为 1 对骨化条，近端部略膨大。肛侧突分 2 叶：内叶细长，呈条状，末端圆钝；外叶宽大，大部分骨化，顶端有 2 个强骨化的钩状突起，端部尖锐并向内向上弯曲。

分布：浙江（杭州）。

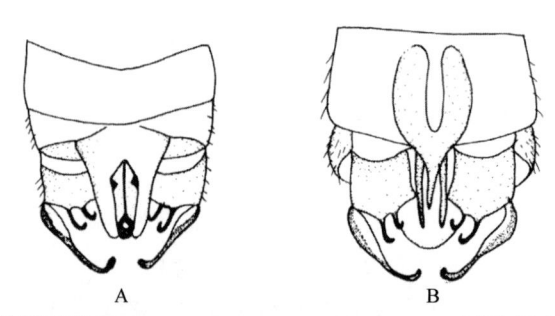

图 13-37　杭州叉䗛 *Nemoura hangchowensis* Chu, 1928（引自杨定等，2015）
A. 雄虫外生殖器，背视；B. 雄虫外生殖器，腹视

（365）镰尾叉䗛 *Nemoura janeti* Wu, 1938（图 13-38）

Nemoura janeti Wu, 1938b: 335.

主要特征：雄虫体长 5.0–5.2 mm，前翅长 8.0–8.5 mm，后翅长 7.2–7.5 mm。头部黑色；触角深褐色；口器黑色，复眼黑色。胸部黑褐色；前胸背板黑褐色。翅褐色透明。足黄褐色。腹部黄褐色；肛下突褐色。腹部毛大部分淡黄色。雄性外生殖器：第 9 背板轻微骨化，前缘明显骨化，中部有 1 大的三角形的凹缺。肛下突粗短，长略大于宽，基部宽，粗细上下一致，末端突尖，顶端伸至肛上突的基部；囊状突粗大，基部略细，顶端平截。第 10 背板轻微骨化，前缘和后缘骨化明显，中部 1 深的纵向凹入，其前侧缘各有 1 束毛和 2 个大黑刺。尾须外侧深度骨化，端半部骨化部分逐渐变窄，末端尖锐，尾须端半部内侧有 1 较大的膜质区。肛上突短，两端略膨大，中部略窄；侧瘤突较大；侧臂背面观为 2 对斜向的骨化条；腹骨片在顶端超过背骨片向前方延伸，形成 3 个凸起，中间凸起略长，两边凸起骨化明显，侧视向上，末端尖。肛侧突分 2 叶：内叶长方形，末端变尖，膜质；外叶很宽大，大部分膜质，顶端圆，外侧有 1 骨化的瘤状区域。

雌虫第 7 腹板后缘中部向后延伸形成半圆形的前生殖板，抵达第 9 腹板的前缘。无阴道瓣。

分布：浙江（德清）、陕西、江苏、湖北、四川、贵州。

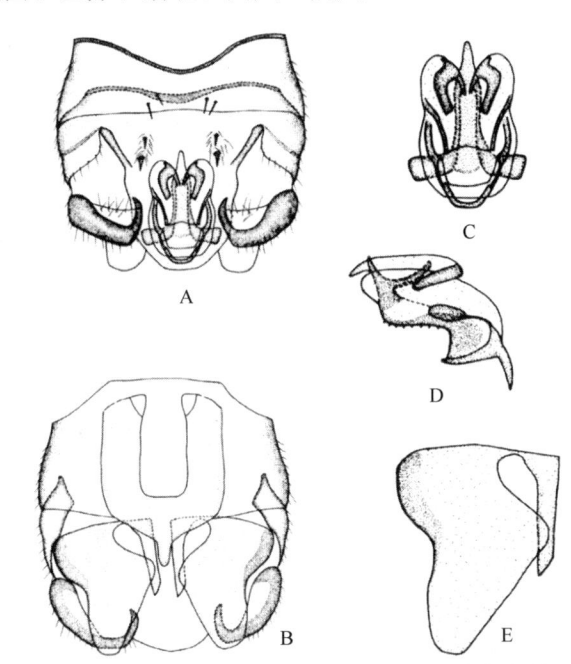

图 13-38 镰尾叉䗛 *Nemoura janeti* Wu, 1938（引自杨定等, 2015）
A. 雄虫外生殖器，背视；B. 雄虫外生殖器，腹视；C. 雄虫肛上突，背视；D. 雄虫肛上突，侧视；E. 雄虫肛侧突

（366）麻栗叉䗛 *Nemoura masuensis* (Li *et* Yang, 2005)（图 13-39）

Indonemoura masuensis Li *et* Yang, 2005: 61.
Nemoura cocaviuscula Du *et* Zhou, 2008: 68.
Nemoura masuensis: Yang et al., 2015: 368.

主要特征：雄虫体长 4.4 mm，前翅长 7.5 mm，后翅长 6.3 mm。头部黑褐色；触角浅黄色；口器褐色，复眼黑色。胸部黄色；前胸背板黄色。翅透明；足浅黄色。腹部浅褐色；肛下突和尾须褐色。腹部毛大部分淡黄色。雄性外生殖器：第 9 背板轻微骨化，前缘及后缘近平直，后缘有 1 排黑刺。肛下突较宽大，顶端明显变窄；囊状突棒状，基部两侧各有 1 三角形骨化区。第 10 背板轻微骨化，后缘明显骨化，中部有 2 簇小刺。尾须中间缢缩，骨化轻微，近圆柱形。肛上突宽大，中间略窄，顶端形成菱形结构；背骨片有 2 束黑刺，中部有 1 凹缺；腹骨片骨化明显，基部较宽，向端部逐渐变窄，形成龙骨突，有 1 排较大的黑刺。肛侧突分 3 叶：外叶细长，高度骨化，端部尖锐，呈喙状，长于中叶和内叶；中叶骨化轻微，基部宽，向端部逐渐变窄；内叶明显骨化，短于中叶，端部较尖。

分布：浙江（临安）、福建。

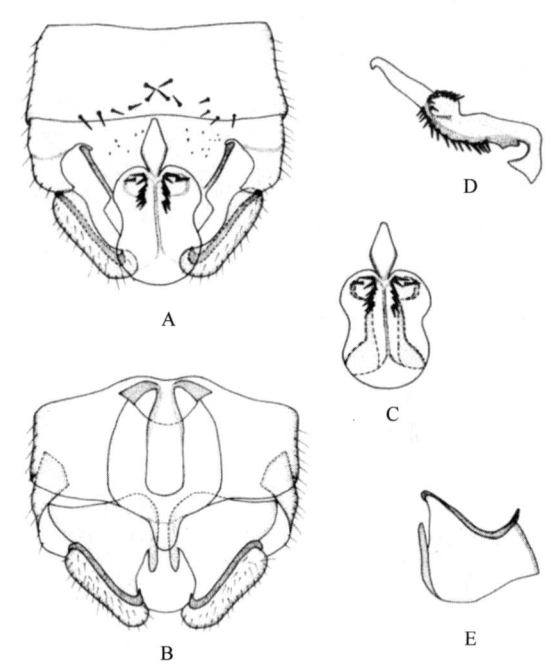

图 13-39　麻粟叉䗛 *Nemoura masuensis* Li *et* Yang, 2005（引自杨定等，2015）
A. 雄虫外生殖器，背视；B. 雄虫外生殖器，腹视；C. 雄虫肛上突，背视；D. 雄虫肛上突，侧视；E. 雄虫肛侧突，尾视

五十九、䗛科 Perlidae

主要特征：体小至大型，浅黄至褐色或黑褐色。口器退化，下颚须锥状、端节短小；单眼 2–3 个；触角长丝状。胸节侧面有发达的残余气管鳃；前胸背板多为倒梯形或横长方形，中纵缝明显，表面粗糙；足的第 1、2 跗节极短，第 3 节很长；翅的中部至前端无横脉。腹部肛上突退化；尾须发达、丝状多节。䗛亚科雄虫第 10 背板分裂形成左、右 2 个半背片，半背片特化成 1 对弯曲、前伸的半背片突；钮䗛亚科雄虫第 10 背板不分裂形成半背片。雌虫第 8 腹板通常向后延伸而成殖下板；肛上突退化，肛下叶三角形、正常。稚虫胸节侧面有发达的气管鳃，部分类群有臀鳃。

分布：古北区、东洋区、新北区、旧热带区和新热带区。世界已知 2 亚科 51 属 1120 余种，中国记录 2 亚科 22 属 260 余种，浙江分布 2 亚科 8 属 24 种。

（一）钮䗛亚科 Acroneuriinae

主要特征：体小至大型；单眼 2 或 3 个；各属间外部特征差异较大。雄虫腹部第 10 背板完整不分裂，有些类群在中间有膜质纵带；腹板无刷毛丛；第 9–10 背板常有锥形感器丛；第 9 腹板发达，向后伸形成明显的殖下板，在其后部中央有 1 个钮形突，钮突形态各异；肛侧叶骨化为向上弯曲的生殖钩。雌虫腹部第 8 腹节形成下生殖板，生殖板形状各类群之间差别较大。

分布：古北区、东洋区、新北区和新热带区。世界已知 30 属 550 余种，中国记录 9 属 40 余种，浙江分布 3 属 9 种。

分属检索表（♂）

1. 雄虫第 10 背板有大量锥形感觉器；阳茎具 "Y" 形内骨片 ·············· 华钮䗛属 *Sinacroneuria*
- 雄虫第 10 背板近侧缘具有成对的突起 ··· 2
2. 第 10 背板近侧缘突起不显著；后单眼互相靠近 ································ 扣䗛属 *Kiotina*
- 第 10 背板近侧缘具有显著的成对刺突；后单眼互相远离 ················· 黄䗛属 *Flavoperla*

190. 黄䗛属 *Flavoperla* Chu, 1929

Flavoperla Chu, 1929: 91. Type species: *Flavoperla biocellata* Chu, 1929.

主要特征：体小至中型；体浅褐色或黄白色；头较长；两单眼间距离比其到复眼的距离远；前胸背板颜色较浅，上多有细毛。雄虫腹部第 1–9 背板无变化，第 10 背板后部两侧有小刺，中间有弱骨化区，上面常有细毛，背板后端两侧有瘤突；肛侧叶向上弯曲，形态多变；第 9 腹板后延，后部中央有 1 锥状的瘤突，瘤突形状特殊，端部背侧较宽扁，腹侧尖突。阳茎膜质，无明显区别特征。雌虫第 8 腹板后延为生殖板，基部宽，端部较窄，后缘中央略凹。

分布：东洋区。世界已知 13 种，中国记录 4 种，浙江分布 1 种。

（367）黄色黄䗛 *Flavoperla biocellata* (Chu, 1929)（图版 V-10）

Flavoperla biocellata Chu, 1929: 91.
Kiotina biocellata: Wu, 1973: 99.

主要特征：头部浅黄色；复眼较大；单眼 2 个，围有黑斑，其距复眼比其之间的距离近；触角褐色；前胸背板浅褐色，宽比长宽，后部略窄，后角钝圆，表面褶皱；中胸及后胸浅黄色。雄虫第 9 背板后延，后缘近圆弧状，中间部分鼓起，末端有 1 小的钝尖突，尖突两侧凹陷；第 10 背板较宽，后缘中部凹陷；肛上板近长方形，骨化；肛侧叶上弯成 2 个指状的突起。

雌虫体长 17 mm；第 8 腹板后延成大的宽的殖下板，殖下板后延至第 9 腹板中部，后缘中部微凹。

分布：浙江（杭州）。

191. 扣蜻属 *Kiotina* Klapálek, 1907

Acroneuria (*Kiotina*) Klapálek, 1907: 9. Type species: *Acroneuria* (*Kiotina*) *pictetii* Klapálek, 1907.
Schistoperla Banks, 1937: 271. Type species: *Schistoperla collaris* Banks, 1937.

主要特征：体中型，较细长；体褐色至黑褐色；头较长，略比前胸宽；侧瘤明显；单眼 2 个；前胸背板两侧不下折；全部为长翅型种类。雄虫腹部第 1–9 腹板无变化；第 10 背板中后部有膜区，上有强骨化斑，两侧有尖刺，背板末端两侧有瘤突；肛侧叶向上弯曲成棒状；第 9 腹板后延，后部中央有 1 横圆形或三角形的钮；阳茎膜质，无固定形状。雌虫腹部第 8 腹板后延，形状变化较大。

分布：古北区、东洋区。世界已知 15 种，中国记录 11 种，浙江分布 2 种。

(368) 浙江扣蜻 *Kiotina chekiangensis* (Wu, 1938)（图 13-40）

Atoperla chekiangensis Wu, 1938a: 137.
Kiotina chekiangensis: Du et al., 1999: 63.

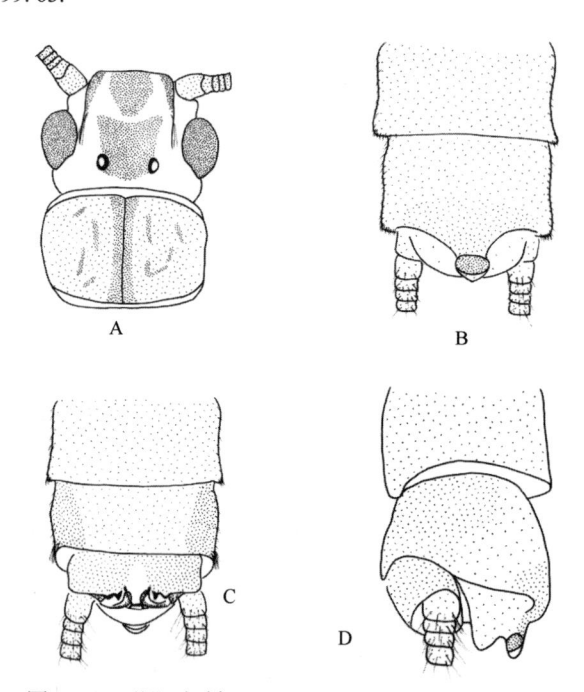

图 13-40　浙江扣蜻 *Kiotina chekiangensis* (Wu, 1938)
A. 雄虫头部与前胸背板；B. 雄虫腹末，腹视；C. 雄虫腹末，背视；D. 雄虫腹末，侧视

主要特征：头部浅黄褐色，中间有 1 深褐色区域；单眼 2 个，相距比其到复眼的距离远；触角褐色；下颚须和下唇须黄色；前胸背板浅褐色，边缘浅黄色，前角钝尖，后角圆弧状，表面褶皱；中胸背板和后胸背板浅黄褐色；足浅黄褐色；翅透明，翅脉褐色。雄虫前翅的臀室有 1 条横脉；后翅 M 室有 1 条横脉；

2A 与 1A 和 3A 相连；第 9 腹板向后延伸几达腹末，后缘附近有 1 小的椭圆形的钮；第 10 背板不分裂，在后缘有骨化斑；肛侧叶向上弯曲形成 1 对匙状突。

雌虫后翅 M_2 室有横脉；2A 与 1A 和 3A 相连；第 8 腹板后延形成窄长多毛的下生殖板，后缘中间有缺刻，延伸达第 10 腹板前缘。

分布：浙江（安吉、临安）。

(369) 黑色扣䗛 *Kiotina nigra* (Wu, 1938)（图 13-41）

Atopperla nigra Wu, 1938a: 138.
Gibosia nigra: Illies, 1966: 335.
Kiotina nigra: Du et al., 1999: 63.

主要特征：头部大部分呈黑褐色；M 线明显，浅褐色；单眼 2 个，较小，单眼间距离比其到复眼的距离近；侧瘤较大，位于单眼与复眼之间；触角黑褐色；下颚须和下唇须浅褐色；前胸背板中央部分黑褐色，侧边黄色，两侧边近弧形，两后角钝圆；足黑褐色；翅深褐色，前缘部分黄色，半透明，烟褐色，翅脉黑褐色。雄虫第 1-8 腹节黑褐色；第 9 腹节黑褐色，腹侧后部后延，后缘弧形，腹板后部中央有 1 横圆形的乳白色的钮，钮两侧有浅褐色的区域；第 10 背板黑褐色，后部中央有 1 个 "Y" 形骨化斑，两侧各有 1 根剑锥状的长刺，刺周围分布密集的长毛，背板末端两侧有 2 个齿状骨化突；肛侧叶特化为指状生殖钩，向上弯曲，端部钝圆。雌虫体色黑褐色；第 8 腹板生殖板向后延伸近腹末，后缘近弧形，中央有缺刻。

分布：浙江（临安、龙泉）。

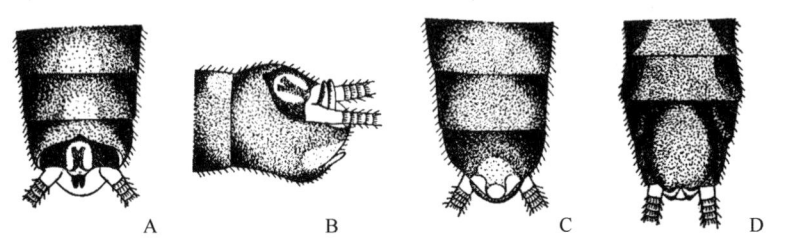

图 13-41　黑色扣䗛 *Kiotina nigra* (Wu, 1938)（引自 Wu，1938）
A. 雄虫腹末，背视；B. 雄虫腹末，侧视；C. 雄虫腹末，腹视；D. 雌虫腹末，腹视

192. 华钮䗛属 *Sinacroneuria* Yang et Yang, 1995

Sinacroneuria Yang et Yang, 1995: 1. Type species: *Sinacroneuria orientalis* Yang et Yang, 1995.

主要特征：体中型；体黄褐色；头型正常，略比前胸背板宽；单眼 3 或 2 个，一般两后单眼间距离与其到复眼的距离略等；前胸背板两侧边下折，背面略呈长方形或近方形；全部为长翅形种类。雄虫腹部：第 1-8 背板无变化；第 9 背板后部中央一般有锥状感器，其分布特征因种而异；第 10 背板完整，背板中央常有不同形态的膜质纵带，两侧有锥状感器分布；肛侧叶骨化，向上弯曲成钩状；第 9 腹板形成明显的下生殖板，其向后延伸超过腹末，在腹板近后缘中部有 1 个卵圆形的钮，其两侧有凹陷区；阳茎基部强骨化，特征明显，是种类鉴定的主要特征。雌虫腹部：第 8 腹板后部常形成 2 个内弯的铗状或短指状的骨化突起。

分布：古北区、东洋区。世界已知 15 种，中国记录 13 种，浙江分布 6 种。

分种检索表（♂）

1. 腹部腹面黄白色或黄色，两侧面深褐至黑褐色；阳茎两突在中部向内折，在折的基部向后延伸形成 1 个短突 ·· 吴氏华钮䗛 *S. wui*

- 腹部黄白色或黄色 ··· 2
2. 第 9 背板后缘上的锥状感器排列成窄条状 ·· 中华华钮䗛 *S. sinica*
- 第 9 背板上的锥状感器不排列成窄条状 ··· 3
3. 第 9 背板上的锥状感器排列形成 2 个明显的斑，第 10 背板上的锥状感器也排列形成 2 个明显的斑 ···············
 ·· 四斑华钮䗛 *S. quadriplagiata*
- 第 9 背板上的锥状感器排列不形成 2 个明显的斑 ··· 4
4. 头部褐色斑小，仅限于单眼三角区内；阳茎的侧突从中突的内侧基部向外伸出 ························ 尤氏华钮䗛 *S. yiui*
- 头部褐色斑大，超出单眼三角区；阳茎的两侧突无短臂，直接从中突外侧基部伸出 ······ 龙王山华钮䗛 *S. longwangshana*

注：黄色华钮䗛仅知雌虫特征，无法写入雄虫检索表。本志将该种作存疑种记述。

（370）黄色华钮䗛 *Sinacroneuria flavata* (Navás, 1933)

Kamimuria flavata Navás, 1933a: 82.
Sinacroneuria flavata: Du et al., 1999: 64.

主要特征：头褐色，单眼三角区有 1 大的黑斑并达复眼；单眼围有黑斑，两后单眼间距离与其到复眼的距离相等；触角深褐色；下颚须和下唇须深褐色；前胸背板深褐，后缘略窄，四角尖，前缘略凹陷，后缘平直，表面粗糙；足褐色；翅褐色。雄虫特征未知。雌虫下生殖板短宽，后部有 2 个指状的叶突，中间内凹。

该种模式标本仅 1 雌，Sivec 和 Stark（2020）将其认定为东方华钮䗛 *Sinacroneuria orientalis* Yang *et* Yang, 1995（模式产地为安徽黄山）的异名。但 Sivec 和 Stark 仅检视了 *S. flavata* 的雌性正模，并未检查东方华钮䗛 *S. orientalis* 的模式标本，也未检查过浙江或安徽的其他标本。在雄虫形态描述缺失及没有其他证据的情况下，将其作为东方华钮䗛 *S. orientalis* 的异名不适宜，因此本志将该种暂时保留。

分布：浙江（杭州）。

（371）龙王山华钮䗛 *Sinacroneuria longwangshana* (Yang *et* Yang, 1998)（图 13-42）

Acroneuria longwangshana Yang *et* Yang, 1998: 40.
Sinacroneuria longwangshana: Du et al., 2001: 74.

主要特征：头部浅褐色，单眼区有深褐色的斑，从前单眼两侧达 M 线，额唇基区有 1 浅褐色斑；单眼 3 个，前单眼略小，后单眼间的距离与其到复眼的距离略等，均为黑斑包围；侧瘤长条形，距单眼较近；触角浅褐色；下颚须和下唇须浅黄褐色；前胸背板黄褐色，近正方形，前角钝尖，后角钝圆，两侧边略下折，表面有不规则褶皱；足黄褐色，股节前端、胫节两端和跗节黑褐色；翅透明，翅脉黄褐色。雄虫第 1–8 背板无变化；第 9 背板后部中央有 1 锥状感器区域，区域中间部位感器较少；第 10 背板后缘中部向后延，后部两侧各有 1 个锥状感器区，中间有较宽的膜质纵带将其隔开；肛侧叶骨化，向上弯曲形成末端尖锐的突；第 9 腹板形成发达的下生殖板，向后延伸达腹末，后缘骨化，腹板后部中央有 1 近圆形的钮，有 1 骨化斑与后缘相连；尾须黄褐色；阳茎强骨化，有 1 细短的柄，中突较长向腹侧弯曲，基部宽，中部靠拢，端部分离收细，末端尖锐，侧突较短内弯，弱骨化，末端与阳茎囊相连，阳茎背侧有 1 细长的骨片，基部较宽，向上收细略弯，末端向内侧弯曲成钩状，背侧有成列的小刺。

雌虫腹部黄色，第 8 腹板后缘中部形成 2 个小的齿状突，齿状突基部宽，端部尖锐向内侧弯曲。

分布：浙江（安吉、临安）。

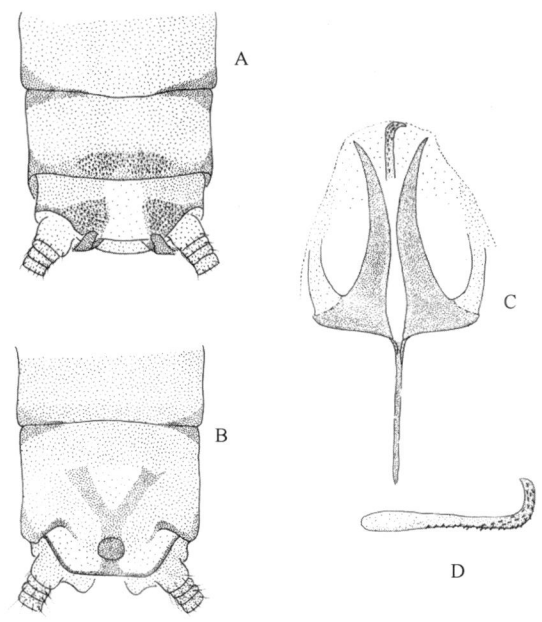

图 13-42　龙王山华钮䗛 *Sinacroneuria longwangshana* (Yang *et* Yang, 1998)
A. 雄虫腹末，背视；B. 雄虫腹末，腹视；C. 阳茎内骨片；D. 阳茎背骨片

（372）四斑华钮䗛 *Sinacroneuria quadriplagiata* (Wu, 1938)（图 13-43）

Acroneuria quadriplagiata Wu, 1938a: 134.
Sinacroneuria quadriplagiata: Du et al., 2001: 75.

主要特征：头部深褐色，后缘浅黄褐色；单眼 3 个，两后单眼间距离与其到复眼的距离相等；触角深褐色；下颚须和下唇须深褐色；足浅黄褐色，股节端部和胫节两端深褐色；翅透明，翅脉褐色。雄虫第 9 背板后部有 2 个齿突区；第 10 背板不完全分裂，有 2 个齿突区；肛侧叶上弯成 1 对深褐色，钝尖的钩突；第 9 腹板后延达腹末，后缘前有 1 浅黄色的圆形钮突。

分布：浙江（临安）、四川（峨眉山）。

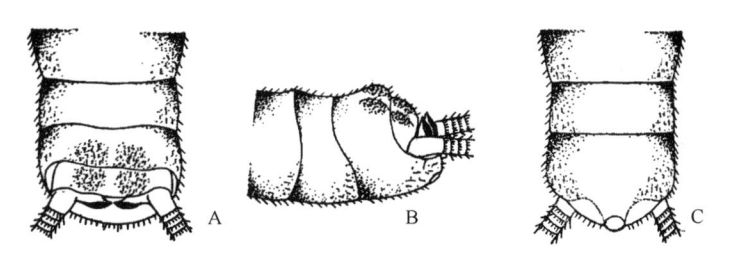

图 13-43　四斑华钮䗛 *Sinacroneuria quadriplagiata* (Wu, 1938)（引自 Wu，1938）
A. 雄虫腹末，背视；B. 雄虫腹末，侧视；C. 雄虫腹末，腹视

（373）中华华钮䗛 *Sinacroneuria sinica* (Yang *et* Yang, 1998)（图 13-44）

Acroneuria sinica Yang *et* Yang, 1998: 41.
Sinacroneuria sinica: Murányi & Li, 2016: 180.

主要特征：头部浅褐色，单眼区有深褐色斑，从前单眼两侧伸出达 M 线内侧，M 线外侧额唇基区有浅褐色斑；单眼 3 个，前单眼略小，均为黑斑包围，两后单眼间距离比其到复眼的距离近；触角基部深褐色，其余浅褐色；下颚须和下唇须浅褐色；前胸背板浅褐色，近方形，两侧边略下折，四角钝尖，上有不规则的斑纹；足黄褐色，股节前端和胫节基端深褐色；翅透明，翅脉褐色。雄虫第 1–8 背板无变化；第 9 背板后部中央向后延伸形成 1 个大的齿突区，上有很多锥状感器；第 10 背板后缘中部向后延，背板中后部有大量锥状感器，在感觉器区中部有 1 小块膜质区；肛侧叶骨化，基部宽，向上弯曲端部尖锐；第 9 腹板形成发达的下生殖板，向后延伸达腹末，后缘骨化，后部中央有 1 卵圆形钮，由 1 骨化带与后缘相连，钮前缘有 2 条前伸的骨化斑；尾须黄色；阳茎强骨化，柄正面观细长，侧面宽扁，两中突向外侧弯曲分离，基部宽向上逐渐收细，端部尖锐，侧臂短与中突垂直，与阳茎囊相连，阳茎背侧有 1 细长的骨片，基部宽大，端部收细尖锐，向内侧弯曲，背侧有成列的小刺。

分布：浙江（安吉、龙泉）。

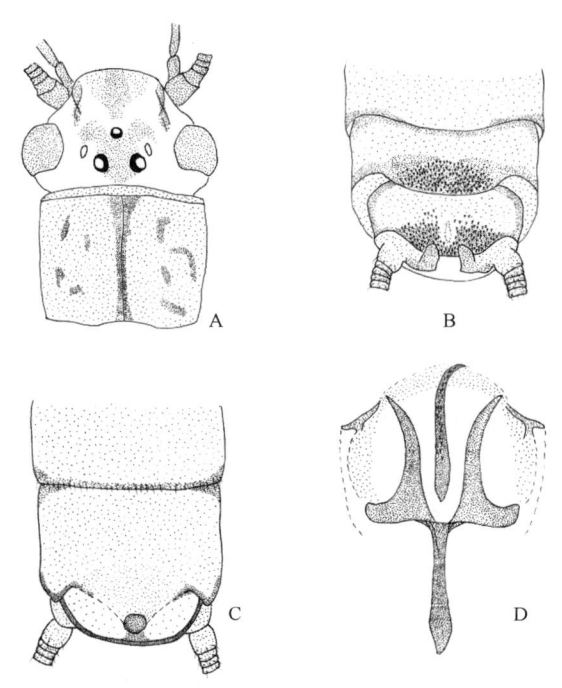

图 13-44　中华华钮䗛 *Sinacroneuria sinica* (Yang *et* Yang, 1998)
A. 雄虫头部与前胸背板；B. 雄虫腹末，背视；C. 雄虫腹末，腹视；D. 阳茎内骨片

（374）吴氏华钮䗛 *Sinacroneuria wui* **(Yang *et* Yang, 1998)**（图 13-45）

Acroneuria wui Yang *et* Yang, 1998: 42.
Sinacroneuria wui: Du et al., 2001: 75.

主要特征：头部浅褐色；单眼区有深褐色斑，从前单眼两侧延伸至 M 线，额唇基区褐色；单眼 3 个，前单眼略小，均为黑斑包围，后单眼间距离与其到复眼的距离略等，侧瘤靠近后单眼；触角褐色；下颚须和下唇须褐色；前胸背板褐色，近方形，前角钝尖，后角钝尖，两侧边略下折，上有不规则的斑纹；足黄褐色，股节前端和胫节基端深褐色；翅透明，翅脉褐色。雄虫第 1–8 背板无变化；第 9 背板褐色，中后部区域分布大量锥状感器，背板中间有 1 条凹陷的浅黄色的膜质带；第 10 背板前缘中部略凹陷，后缘中部向后延伸，背板中后部有大量锥状感器，背板中央有 1 小的窄短的膜质区；肛侧叶骨化，基部宽，向上弯曲，端部尖锐；第 9 腹板两侧边褐色，中间浅黄色，形成发达的下生殖板，向后延伸达腹末，后缘骨化，后部中央有 1 钮，由 1 骨化斑与后缘相连，钮前部相连的有 1 分叉的骨化斑；尾须浅褐色；阳茎强骨化，柄细长，侧面观较宽，两中突向两侧弯曲分离，基部宽，端部收细尖锐，侧突外分，与中突以断臂相连，中上部内折，向中间聚拢超过中突，阳茎背侧有 1 细长的骨片，基部宽，向上收细，端部弯曲尖锐成钩状，背侧有小刺。

雌虫腹部第 8 腹板后缘向后突出 2 个齿状突，齿状突基部宽，端部尖锐向内侧弯。

分布：浙江（安吉）。

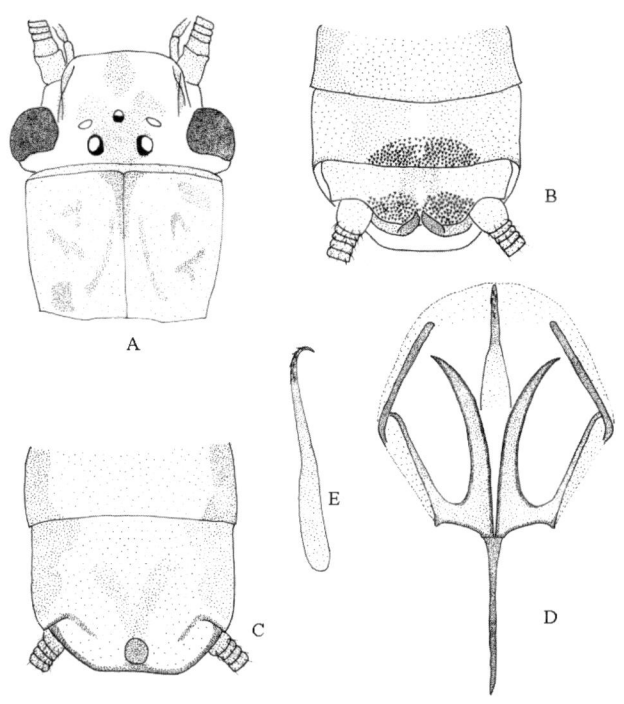

图 13-45　吴氏华钮䗇 *Sinacroneuria wui* (Yang *et* Yang, 1998)
A. 雄虫头部与前胸背板；B. 雄虫腹末，背视；C. 雄虫腹末，腹视；D. 阳茎内骨片；E. 阳茎背骨片

（375）尤氏华钮䗇 *Sinacroneuria yiui* (Wu, 1935)（图 13-46）

Mesoperla yiui Wu, 1935b: 230.

Sinacroneuria yiui: Du et al., 2001: 75.

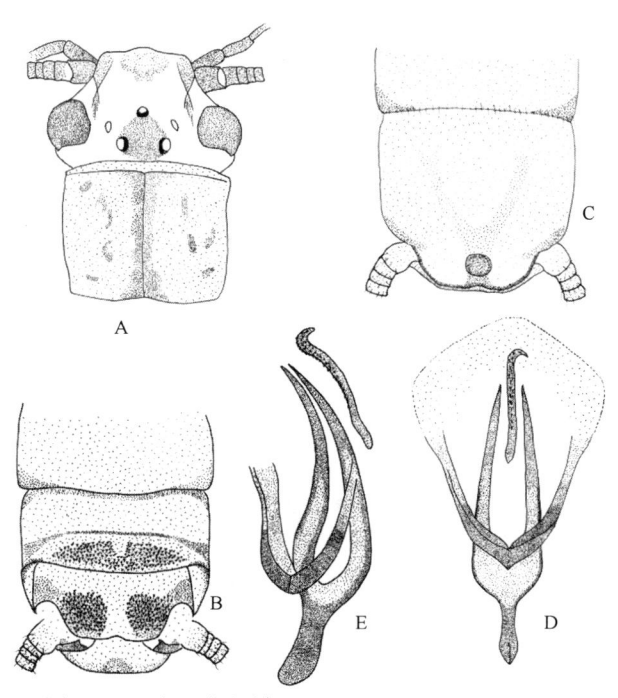

图 13-46　尤氏华钮䗇 *Sinacroneuria yiui* (Wu, 1935)
A. 雄虫头部与前胸背板；B. 雄虫腹末，背视；C. 雄虫腹末，腹视；D. 阳茎内骨片；E. 阳茎骨片，侧视

主要特征：头部浅黄色；单眼区有深褐色的斑，该斑达前单眼，额唇基区浅褐色；单眼 3 个，均为黑斑包围，前单眼略小，两后单眼之间的距离比其到复眼的距离近；触角褐色；下颚须和下唇须浅褐色；前胸背板浅黄色，近正方形，前角钝尖，后角钝圆，两侧边略下折，上有不规则的褐色褶皱，背板中线黑褐色；股节和跗节浅黄色，胫节褐色；翅透明，翅脉浅褐色。雄虫第 1–8 背板无变化；第 9 背板浅黄色，后缘中部有 1 块齿突区上有大量锥状感器；第 10 背板后缘中部向后延伸，中后部两侧有大量锥状感器，背板中间有 1 块小的膜质区将两感器区分隔开；肛侧叶骨化上弯，末端尖锐；第 9 腹板形成发达的下生殖板，向后延伸超过腹末，后缘边缘骨化，后部中央有钮，与后缘骨化边相连，钮前部有 1 分叉的骨化斑；生殖器强骨化，整体向腹面弯曲，柄细短，侧面观较宽，中突较长，向中间靠拢，端部几乎紧贴在一起，侧突生于中突背侧，细长弯曲向两侧分开，末端弱骨化，与阳茎囊相连，阳茎背侧有 1 细长弯曲的骨片，端部内弯成钩状，背侧有小刺。

分布：浙江（安吉、临安）、江苏、江西。

（二）蜻亚科 Perlinae

主要特征：体小至大型；单眼 2 个或 3 个；雄虫第 10 背板分裂为左、右 2 个半背片，半背片常特化成 1 对弯曲、前伸的骨化突起，即半背片突；肛上突退化为膜质的小突起，肛下叶小三角形、无变化；腹部背板上常有各种特化的构造；许多种类在后胸腹板、第 5–8 腹板上有棕褐色的刷毛丛；有的第 9 腹板略向后伸形成下生殖板，极少数在其中部有 1 圆钮。

分布：古北区、东洋区、新北区、旧热带区。世界已知 21 属 570 余种，中国记录 13 属 220 余种，浙江分布 5 属 15 种。

分属检索表（♂）

1. 单眼 2 个 ··· 新蜻属 *Neoperla*
- 单眼 3 个 ··· 2
2. 雄虫腹部第 1–8 背板无特化 ··· 钩蜻属 *Kamimuria*
- 雄虫腹部第 5 背板高度骨化并向后延伸成叶状突起 ··· 3
3. 半背片突呈剑状或刀状向前延伸超过第 9 背板，无基胛 ······································· 剑蜻属 *Agnetina*
- 半背片突近基部有基胛 ·· 4
4. 雄虫腹部第 6–9 背板一般无特化 ··· 襟蜻属 *Togoperla*
- 雄虫腹部第 6–9 背板膜质区中部常有深色斑或锥形感觉器 ························· 纯蜻属 *Paragnetina*

193. 新蜻属 *Neoperla* Needham, 1905

Neoperla Needham, 1905b: 108. Type species: *Perla occipitalis* Pictet, 1841.

Ochthopetina Enderlein, 1909: 324. Type species: *Ochthopetina aeripennis* Enderlein, 1909.

Javanita Klapálek, 1909b: 224. Type species: *Perla caligata* Burmeister, 1839.

Tropidogynoplax Enderlein, 1910: 141. Type species: *Tropidogynoplax fuscipes* Enderlein, 1910.

Formosina Klapálek, 1913: 117 (nec Becker, 1911). Type species: *Neoperla hatakeyamae* Okamoto, 1912.

Formosita Klapálek, 1914: 118 (new name for *Formosina* Klapálek, 1913).

Oodeia Klapálek, 1921: 321. Type species: *Neoperla dolichocephala* Klapálek, 1909.

Sinoperla Wu, 1948: 78. Type species: *Sinoperla nigroflavata* Wu, 1948.

Simpliperla Wu, 1962: 149. Type species: *Simpliperla obscurofulva* Wu, 1962.

主要特征：体小至中型；通常灰褐或黄褐色，少数黑褐色；单眼 2 个，二者间的距离较其到复眼的距离近或略相等；中后头结缺；雄虫后胸腹板无刷毛丛；翅透明或半透明，微褐或浅烟褐色，前翅 Rs 一般 3–4 分支，极少 2 分支或 5 分支。雄虫：腹部第 1–6 背板无变化，有的种类第 6 背板中后部有锥状感器；第 7 背板典型的是具有隆起区、骨化斑、半圆形或三角形后突，并有锥形感器，但极少数无变化；第 9 背板无变化、有圆丘状突起或侧褶，常有长毛或锥状感器；第 10 背板分裂为左右 2 个横条形的半背片，在半背片近内端背面着生有细指状前伸的骨化突起，即半背片突（外生殖器）；腹板典型无刷状刚毛丛，极少数第 7 或第 8 腹板上有明显的刷状刚毛。该属阳茎由阳茎套、阳茎管及收缩在阳茎管内的阳茎囊组成；阳茎管的形状和骨化程度、阳茎囊上刺的形状和排列形式均是该属鉴定种类的主要依据。雌虫第 8 腹板不形成明显后突的下生殖板或仅形成微突的下生殖板。

分布：古北区、东洋区、新北区东部、旧热带区。世界已知 270 余种，中国记录 101 种，浙江分布 9 种。

分种检索表（♂）

1. 阳茎管弱骨化，细管状，阳茎囊较长 ··· 2
- 阳茎管骨化，阳茎囊较短 ·· 3
2. 第 7 背板中后部有 1 蝙蝠形突起，几乎无锥形感觉器 ························· 中华新蜻 *N. sinensis*
- 第 7 背板中后部有 1 对瘤状隆起，有锥形感觉器 ······························· 具瘤新蜻 *N. tuberculata*
3. 阳茎管腹面无突起 ·· 安吉新蜻 *N. anjiensis*
- 阳茎管腹面有突起 ··· 4
4. 突起仅 1 个 ··· 5
- 突起 2 个 ·· 6
5. 突起不明显 ·· 龙王山新蜻 *N. longwangshana*
- 突起粗壮发达，端部有小侧突 ··· 浅黄新蜻 *N. flavescens*
6. 突起细长，非骨化 ··· 小形新蜻 *N. minor*
- 突起骨化 ·· 7
7. 突起爪状，不明显 ··· 双突新蜻 *N. biprojecta*
- 突起爪状，较长 ·· 8
8. 突起的基部间距小 ··· 庆元新蜻 *N. qingyuanensis*
- 突起的基部间距稍大 ·· 潘氏新蜻 *N. pani*

（376）安吉新蜻 *Neoperla anjiensis* Yang *et* Yang, 1998（图 13-47）

Neoperla anjiensis Yang *et* Yang, 1998: 43.
Neoperla yangae Du et al., 2001: 79.

主要特征：雄虫体长 17–19 mm，雌虫体长 21 mm。头部黄褐色，两单眼间浅褐色，额唇基区前端有 1 浅褐色斑；单眼各为黑圈所包围；触角深褐色；下颚须及下唇须浅褐色。足黄褐色，股节末端及胫节基部深褐色。翅半透明，翅脉浅褐色。雄虫第 6 背板中后部有 1 丛锥状感器。第 7 背板中后部有 1 横长方形隆起区，其后缘呈弧形后突，隆起区的中部具呈宽带状分布的锥状感器。隆起区前有 1 条膜质缝将其与前面的背板隔开；第 8 背板前缘中部骨化后延，端部连接 1 个向上弯曲的骨化宽扁突起，其末端平截，中部微凹、无小刺；第 9 背板后缘中部微凹，两侧及后缘弱骨化；第 10 背板分裂，半背片内端尖，半背片突宽扁，近端部收细向内弯曲，末端尖；第 9 腹板呈三角形向后延伸。阳茎管硬化，腹面均匀弯曲，背面有许多小刺，近端部颜色较深。阳茎囊长度约为阳茎管的 1/6，膜质，逐渐变细，端部钝圆，向腹侧强烈弯曲，与阳茎管几乎成直角；背面被密集的小刺覆盖，但近基部的腹面光滑无刺。雌虫腹部第 8 背板略向后伸，其后缘正中处有 1 圆弧形凹陷，在腹板后部有 1 宽方形的骨化斑。

分布：浙江（安吉）、安徽。

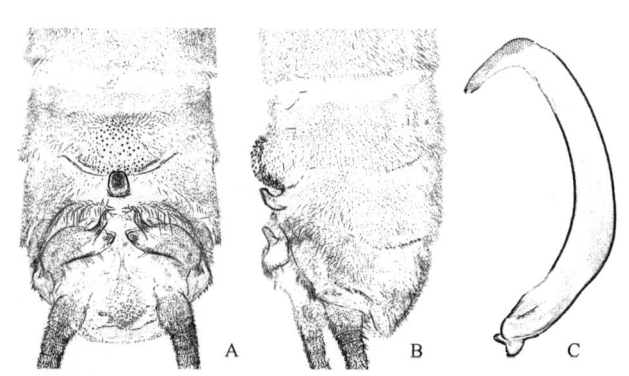

图 13-47　安吉新蜻 *Neoperla anjiensis* Yang *et* Yang, 1998（引自 Huo et al., 2021）
A. 雄虫腹末，背视；B. 雄虫腹末，侧视；C. 阳茎，侧视

（377）双突新蜻 *Neoperla biprojecta* Du, 2001（图 13-48）

Neoperla biprojecta Du in Wu & Pan, 2001: 76.

主要特征：雄虫体长 19 mm。头部棕黄色，近前端两侧黑褐色，两单眼间有黑斑，额唇基区近端部有 1 三角形黑斑；单眼为黑斑所包围。触角、下颚须及下唇须黑褐色。胸部腹面黄色，背板黑褐色。足黄褐色，股节中后部的背侧面及胫节的基部背侧面黑褐色，胫节背侧面及跗节褐色。翅透明，前翅前缘脉、亚前缘脉及前缘横脉黄色，其他脉褐色。腹部黄色；第 7 背板中后部有 1 弱骨化隆起区，其后缘呈弧状后突，隆起区中部的锥状感器呈宽纵带状排布，在隆起区前有 1 条明显的膜质缝将其与前面的背板隔开；第 8 背板近前缘处有 1 横条状骨片，其中部向后延伸，末端连接 1 向上弯曲的骨化突起，其末端平截、有小刺；第 9 背板侧面及后缘骨化明显，后缘上着生有毛；第 10 背板分裂，半背片内端扁突，末端钝圆，半背片突短指状、近中部弯曲，端部微内弯，略呈钩状，在半背片前缘近中部有 1 骨化的指状突起，通常插在腹内不易见。阳茎管强骨化，仅近基部腹面有 1 较宽扁的膜区，其内有 1 小骨片；阳茎管的近中部较粗、略向腹面弯曲，近端部腹面有 1 对短指状的骨化突起，其末端钝尖；阳茎囊短锥状，弱骨化，近末端有极细的刺。

分布：浙江（安吉、临安、龙泉）、福建。

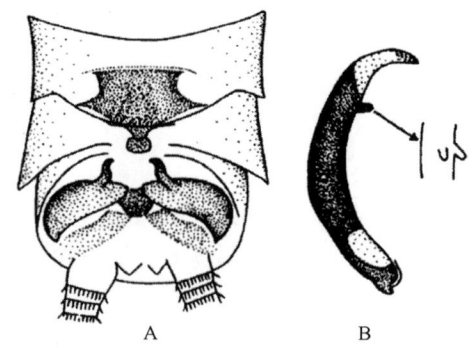

图 13-48　双突新蜻 *Neoperla biprojecta* Du, 2001（引自杜予州等, 2001）
A. 雄虫腹末，背视；B. 阳茎，侧视

（378）浅黄新蜻 *Neoperla flavescens* Chu, 1929（图版 V-11）

Neoperla flavescens Chu, 1929: 89.

主要特征：雄虫体黄褐色，触角、下颚须黑褐色。单眼2个，额唇基区正中有1倒三角形黑色斑，单眼区正中有1大块三角形黑色斑。足黄褐色，股节、胫节基部和端部有黑色条带，跗节、爪黑褐色。翅透明，翅脉黑褐色。第7背板后缘隆起，呈半圆形后突，中部有"八"字形排列的2列锥形感器。第8背板前缘中部骨片向后延伸，其末端连接1个向上弯曲的箭头状突起，末端尖，侧缘膨大，中间凹陷。半背片突指状，粗短。阳茎管状，高度骨化，前半部分向下弯曲，端部膜质。阳茎腹面近端部垂直延伸出1根骨化的侧臂，侧臂末端膨大，有1根指状的顶突和1对小侧突。雌虫下生殖板略后突，后缘中部骨化并微凹。

分布：浙江（临安）、陕西、福建。

（379）龙王山新蜻 *Neoperla longwangshana* Yang et Yang, 1998（图13-49）

Neoperla longwangshana Yang et Yang, 1998: 43.

主要特征：雄虫体长13–14 mm，前翅长17–22 mm，后翅长14–18 mm。头部黄色，前缘浅褐色；单眼间有1大黑斑，额唇基区有1倒梯形小黑斑。触角浅黑色，下颚须黄褐色。胸部黄色；前胸背板褐色，两侧缘有1黄斑，中胸背板中部有1浅褐斑。足黄色，胫节、跗节浅褐色。翅近白色透明，前缘域黄色；脉褐色。腹部黄色；雄虫腹端第7背板有1大的后缘拱突的骨化带，正中央略凹陷；第8背板中央有1背弯的骨化突；半背片末端较宽，半背片突指状，略弯曲。阳茎管弱骨化，直管状，细长；近端部腹侧有1小突起。

分布：浙江（安吉）。

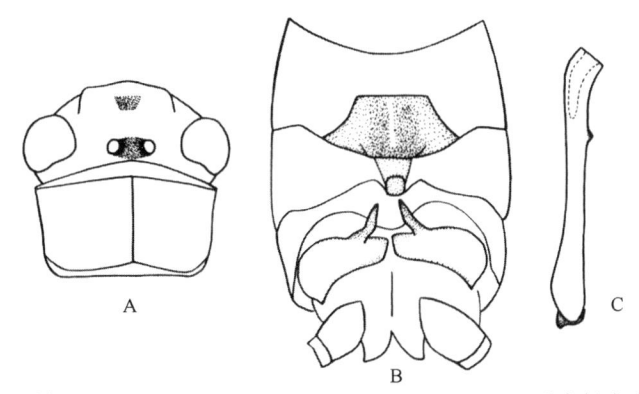

图13-49 龙王山新蜻 *Neoperla longwangshana* Yang et Yang, 1998（引自杨定和杨集昆，1998）
A. 雄虫头部与前胸背板；B. 雄虫腹末，背视；C. 阳茎，侧视

（380）小形新蜻 *Neoperla minor* Chu, 1929（图13-50）

Neoperla minor Chu, 1929: 90.

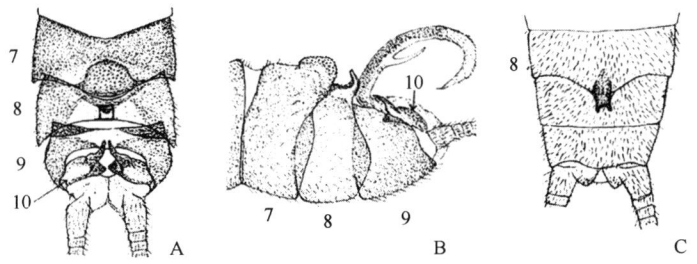

图13-50 小形新蜻 *Neoperla minor* Chu, 1929（引自Chu，1929）
A. 雄虫腹末，背视；B. 雄虫腹末，侧视；C. 雌虫腹末，腹视。图中数字为腹节数

主要特征：雄虫体长11–13 mm，雌虫体长13.5–16 mm。雄虫第7背板后缘延伸成1个近椭圆形的突起，上有密集的锥形感觉器。第8背板中部有1舌状突起。半背片突细长指状，端部略向外弯曲。阳茎管骨化，向腹侧弯曲，管的腹侧弱骨化，在管长1/2处有1细指状的长突起；阳茎囊膜质，表面有小刺。雌

虫下生殖板中部有 1 短小的鱼尾形骨片。

分布：浙江（杭州）。

（381）潘氏新襀 *Neoperla pani* Chen *et* Du, 2016（图版 V-12）

Neoperla pani Chen *et* Du, 2016: 589.

主要特征：雄虫体黄褐色，触角、下颚须黑褐色。单眼 2 个，额唇基区正中有 1 块倒三角形黑色斑，单眼区正中有 1 大块近方形黑色斑。足黄褐色。翅透明，翅脉黑褐色。第 7 背板后缘隆起，呈半圆形后突，中间密布锥形感觉器。第 8 背板前缘中部骨片向后延伸，其末端连接 1 个向上弯曲的扁圆形突起，扁突前端有齿状突起，无锥形感觉器。第 10 背板分裂为左右 2 个横条形的半背片，半背片突指状，细长，从距基部 2/3 长度的位置开始向内弯折。阳茎管高度骨化，略向下弯曲，端部膜质。阳茎腹面近端部垂直延伸出 1 对骨化的短侧臂，侧臂末端略膨大。雌虫腹部骨化较明显，下生殖板略后突，后缘中部骨化并微凹。

分布：浙江（仙居）、江苏。

（382）庆元新襀 *Neoperla qingyuanensis* Yang *et* Yang, 1995（图 13-51）

Neoperla qingyuanensis Yang *et* Yang, 1995b: 60.

主要特征：雄虫体长 12–14 mm，前翅长 14–15 mm，后翅长 11–12 mm。头部黄色；单眼区和额唇基区各有 1 浅褐斑；触角黑色，下颚须褐色。足黄色，胫节、跗节浅褐色，胫节基部较暗。翅透明，脉褐色。雄虫第 7 背板中后部有 1 方形骨化区，中部有锥形感觉器；第 8 背板中部有 1 背弯的骨化突，端部钝圆且有小齿；半背片突指状，末端尖锐且向内弯曲。阳茎管骨化，略弯曲。腹侧近端部有 1 对骨化的爪状短指突；阳茎囊膜质，极短，末端较尖且表面有微刺。

分布：浙江（庆元）。

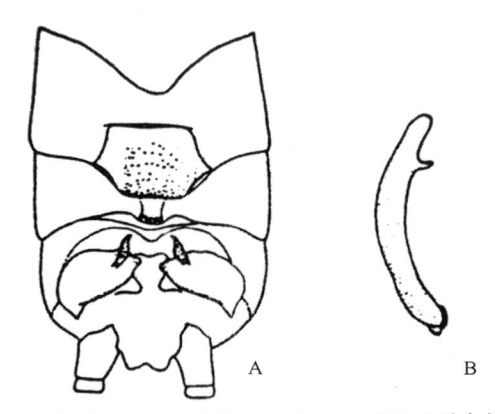

图 13-51　庆元新襀 *Neoperla qingyuanensis* Yang *et* Yang, 1995（引自杨定和杨集昆，1995b）
A. 雄虫腹末，背视；B. 阳茎，侧视

（383）中华新襀 *Neoperla sinensis* Chu, 1928（图 13-52）

Neoperla sinensis Chu, 1928c: 196.

主要特征：雄虫体长 10–12 mm，雌虫体长 15 mm。头部褐色，额唇基区有 1 个倒梯形小黑斑，单眼被 1 个大的倒梯形黑斑包围；触角和触须呈深褐色。前胸背板深褐色，后侧边缘颜色较浅。翅半透明，翅脉深褐色。足褐色，股节端部、胫节基部和端部深褐色。雄虫第 7 背板前缘向后延伸成 1 个末端二分裂的骨化突起，中后部有 1 硬化的蝙蝠形突起，几乎无锥形感觉器。第 8 背板中部有 1 舌状突起，其端部腹面的边缘有少量小刺。半背片突细长指状，略向外弯曲。阳茎管弱骨化，向腹侧弯曲，背部有1深色骨化带；阳茎囊长度约为阳茎管的1.4倍，背面有密集的大刺，刺越往基部越小，腹面有1排鳞状短刺；阳茎囊顶端有不显著的鳞状短刺，有1细长、波浪形弯曲的"U"形内骨片，骨片基部较光滑，无显著齿突。雌虫下生殖板中部有1短小矩形的骨片，其侧缘较光滑。

分布：浙江（杭州）。

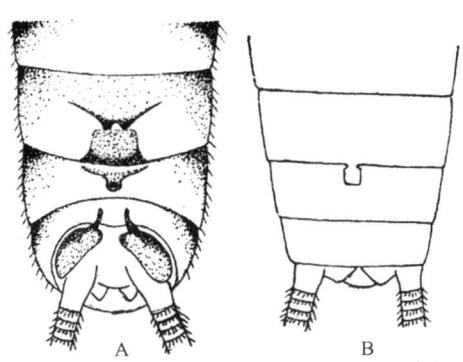

图 13-52　中华新襀 *Neoperla sinensis* Chu, 1928（引自 Wu, 1938）
A. 雄虫腹末，背视；B. 雌虫腹末，腹视

（384）具瘤新襀 *Neoperla tuberculata* Wu, 1938（图 13-53）

Neoperla tuberculata Wu, 1938a: 122.

主要特征：雄虫体黄褐色。单眼间及单眼区之前有黑斑；触角和下颚须深褐色。前胸背板中部有1宽的深色纵纹。足浅褐色，股节端部、胫节基部和端部、跗节深褐色。雄虫第7背板前缘向后延伸成1个末端二分裂的骨化突起，中后部有1对瘤状突起，上有锥形感觉器。第8背板中部有1舌状突起。半背片突细长指状。阳茎管粗短，弱骨化。雌虫下生殖板短小，中部无显著骨片。

分布：浙江（临安）。

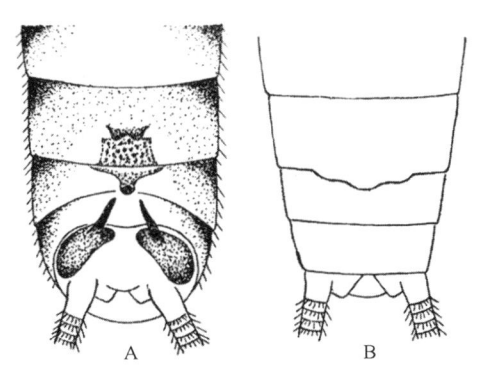

图 13-53　具瘤新襀 *Neoperla tuberculata* Wu, 1938（引自 Wu, 1938）
A. 雄虫腹末，背视；B. 雌虫腹末，腹视

194. 襟襀属 *Togoperla* Klapálek, 1907

Perla (*Togoperla*) Klapálek, 1907: 19. Type species: *Togoperla limbata* (Pictet, 1841).
Togoperla: Klapálek, 1914: 58.

主要特征：体中至大型；浅黄褐色至黑褐色；单眼3个，中后头结缺；雄虫后胸腹板有棕褐色刷状刚毛丛；翅烟褐色或透明，翅脉褐色。雄虫腹部第5背板高度骨化并向后延伸，其后缘中部微凹陷或形成2

个小叶突；第6–9背板侧面及前缘骨化，中后部膜质、常着生有毛丛；第10背板分裂，半背片突呈短宽的耳状、长三角形或较粗的指状前伸突起，在其内侧近基部有1圆丘状的基胛，在半背片突的背面或端部上有锥状感器；第4–8腹板中部有棕褐色的刷状刚毛丛；阳茎套膜质；阳茎管膜质，在基部常有1叶突和基骨片，近中部常有1对小叶突或紧贴于管上不明显，在管的近末端着生有三角形小刺；阳基囊与阳茎管等粗或比管大，在阳茎囊的中后部上有许多三角形小刺。雌虫第8腹板向后延伸形成亚三角形或舌形下生殖板，通常达第9腹板，在其末端有时有缺刻或微凹陷。

分布：古北区东部、东洋区。世界已知13种，中国记录6种，浙江分布3种。

分种检索表（♂）

1. 半背片突较长，指状，末端较圆 ·· 长形襟蜻 *T. perpicta*
- 半背片突极短，耳状 ·· 2
2. 阳茎前端的背部中线没有无刺的膜质区 ·· 三色襟蜻 *T. tricolor*
- 阳茎前端的背部中线有1无刺的膜质区 ·· 全黑襟蜻 *T. totanigra*

（385）三色襟蜻 *Togoperla tricolor* Klapálek, 1921（图13-54）

Togoperla tricolor Klapálek, 1921: 65.

Perla chekianensis Chu, 1928a: 88.

Togoperla valvulata Wu, 1935b: 232.

Togoperla sinensis Banks, 1939: 442.

Togoperla klapáleki Banks, 1939: 443.

主要特征：雄虫前翅长22 mm，雌虫前翅长25–32 mm。体深褐色。第5背板向后延伸出1片端部二分裂的短叶突；半背片突短小，端部钝，基胛肥大，与半背片突近等长。阳茎膜质，基部背面中央有1短突，侧面有1对短突；近端部膨大，表面围有1圈短刺，而端部无刺；端部末梢伸出1根短管状的突起，末端平截，覆有1圈小刺。雌虫下生殖板倒三角形，后缘中央有1很深的凹缺。

分布：浙江（临安）、湖北、江西、湖南、福建、广西、贵州。

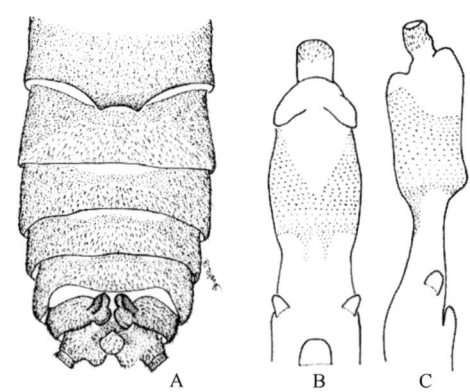

图13-54　三色襟蜻 *Togoperla tricolor* Klapálek, 1921（引自Stark and Sivec, 2008）
A. 雄虫腹末，背视；B. 阳茎，背视；C. 阳茎，侧视

（386）长形襟蜻 *Togoperla perpicta* Klapálek, 1921（图13-55）

Togoperla perpicta Klapálek, 1921: 63.

Togoperla biforeolata Klapálek, 1921: 64.

Togoperla pichoni Navás, 1933a: 84.

Paragnetina elongata Wu *et* Claassen, 1934: 116.

主要特征：雄虫前翅长 18–21 mm，雌虫前翅长 24–27 mm。体深褐色，背面除了头部侧缘、前胸背板中线、足的股节和胫节中部、翅基部为橙色至黄褐色；腹面大多黄褐色，除了头部、胸节中部黑褐色。雄虫第 5 背板向后延伸出 1 片二分裂的小叶突，叶突末端有成簇的短刺。半背片突长，端部棒状，钝圆，表面有锥形感觉器。基胛略小，扁圆形，密布乳头状突起。阳茎膜质，端部侧腹面有 1 对覆着短刺的耳状突起，中部膨大，表面有密集的小刺；端部表面刺稀疏，腹面向基部延伸出 1 对指状突起，阳茎最顶端膜质，渐尖，覆有一些刚毛。雌虫下生殖板长三角形，完整，后缘中部有 1 纵骨化斑向基部延伸，但不达到下生殖板的 1/2。

分布：浙江（德清、临安）、江西、福建、香港、广西、贵州；越南。

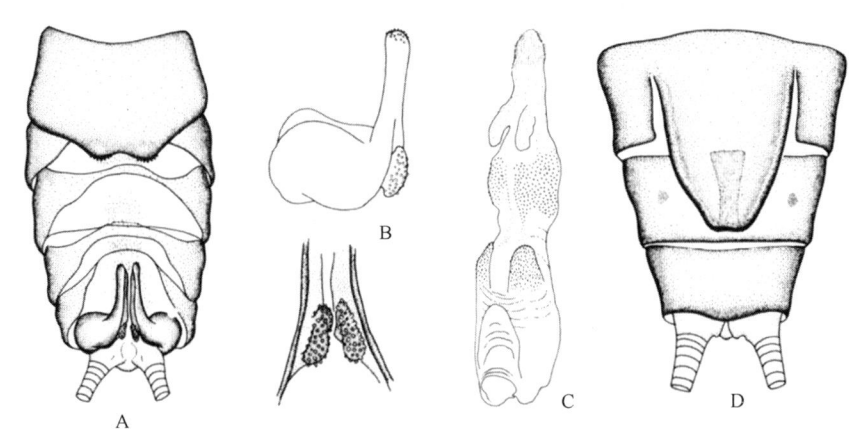

图 13-55　长形襟𫊦 *Togoperla perpicta* Klapálek, 1921（引自 Stark and Sivec，2008）
A. 雄虫腹末，背视；B. 雄虫半背片突及基胛；C. 阳茎；D. 雌虫腹末，腹视

(387) 全黑襟𫊦 *Togoperla totanigra* Du et Chou, 1999（图版 V-13）

Togoperla totanigra Du et Chou, 1999: 4.

主要特征：雄虫体长 24 mm。除头部复眼的后内侧各有 1 黄斑、翅前缘域黄色以外，全身背面为黑色。后胸腹板有棕褐色的刷状刚毛丛；足黑褐色。雄虫第 5 背板高度骨化，向后延伸超过第 6 背板，在其后缘形成 2 个小叶突；第 6 背板全部骨化；第 7–9 背板侧面及前缘骨化，中后部膜质并密生有毛；第 9 背板膜区中部有 1 黑色的骨化斑；第 10 背板后缘，两半背片突相对着生，在内侧有 1 大的圆丘状基胛，在基胛上有锥状感器；第 4–8 腹板中部有棕褐色刷状刚毛，其中第 5–7 腹板上的刷状刚毛明显呈丛状。尾须黄褐色。阳茎膜质，基部有 1 宽扁、舌状的中叶突，其末端平截；叶突后方有 1 对瘤状的短侧突；近端部逐渐膨大，表面有密集的小刺，但背侧中线处有 1 列无刺的膜质区；顶部膜质无刺，有 1 对膜质侧突。雌虫下生殖板长半圆形，弱骨化，后缘正中有 1 凹缺。

分布：浙江（临安）。

195. 剑𫊦属 *Agnetina* Klapálek, 1907

Perla (*Agnetina*) Klapálek, 1907: 16. Type species: *Agnetina elegantula* (Klapálek, 1905).

Phasganophora Klapálek, 1921: 66. (homonym).Type species: *Perla capitata* Pictet, 1841.

Agnetina: Klapálek, 1923: 56. Type species by original designation *Perla* (*Perla*) *flavescens* Walsh, 1862 in Klapálek, 1907.

Neophasganophora Lestage, 1922.Type species: *Perla capitata* Pictet, 1841.

Harrisiola Banks, 1948: 117.Type species by original designation *Perla* (*Perla*) *flavescens* Walsh, 1862 in Banks, 1948.

主要特征：体中型，一般黑褐色至黑色；单眼 3 个，中后头结缺；雄虫后胸腹板无棕褐色的刷状刚毛丛；翅浅褐色至烟褐色，有的种类翅末端深褐色。雄虫第 5 背板一般高度骨化，并向后延伸，有的种类第 5 背板无变化；第 6 背板一般有 1 对叶突状的前缘骨片，或无变化；第 7–9 背板侧面及前缘骨化，中后部膜质，第 9 背板中部常有细长的中骨片；第 10 背板分裂，半背片增厚、呈剑状或刀状向前延伸超过第 9 背板，有些种类半背片突上有复杂的叶状或钩状突起，在半背片突的端部有大刺状的锥状感器，或沿背缘着生；在半背片突起的近基处无基胛；第 5–7 腹板有刷状刚毛，常在第 6 腹板上呈明显的丛状。雌虫第 8 腹板向后延伸形成的下生殖板一般超过第 9 腹板的 1/3–1/2，其后缘完整或有缺刻，常呈黑色。

分布：古北区、东洋区、新北区。世界已知 32 种，中国记录 15 种，浙江分布 1 种。

（388）纳氏剑蜻 *Agnetina navasi* (Wu, 1935)（图 13-56）

Phasganophora navasi Wu, 1935c:306.

Agnetina navasi: Sivec et al., 1988: 29.

主要特征：雌虫体长 16.3 mm。头部棕色，单眼区有 1 方形黑斑。触角深褐色，下颚须棕黑色。前胸背板深褐色，长方形，后侧略窄；前角尖，后角钝圆，表面粗糙。足黄褐色，股节端部、胫节基部、胫节深褐色。翅透明，翅脉褐色。雌虫下生殖板宽大，半圆形，后缘中部有 1 倒"V"形缺刻。

该种模式标本为雌虫，分类地位存疑。

分布：浙江（衢州）。

图 13-56　纳氏剑蜻 *Agnetina navasi* (Wu, 1935)雌虫下生殖板（引自 Wu，1938）

196. 钩蜻属 *Kamimuria* Klapálek, 1907

Perla (*Kamimuria*) Klapálek, 1907: 13. Type species: *Perla tibialis* Pictet, 1841.

Kamimuria: Klapálek, 1912b: 84.

主要特征：体中至大型；通常灰褐、黄褐或褐色至黑褐色；单眼 3 个；中后头结缺；雄虫后胸腹板通常有刷毛丛，极少数种类无；翅透明，微褐或浅烟褐色；雄虫长翅型或短翅型，雌虫长翅型。雄虫腹部：第 1–8 背板无变化；第 6–8 背板有时具有锥状感器；第 9 背板常形成一些隆突或侧褶（干标本尤为明显），在中部常有各种形状的骨化斑，其上着生有锥状感器；半背片突的形状、粗细及长短因种而异，其端部或端腹面有锥状感器，或在基部有 1 圆丘状的基胛；肛上突不特化，膜质略后突，其上有时着生有毛，在肛上突两侧上方常有 1 对前端相连的骨化斑；第 4–7 腹板上常有明显的刷毛丛，极少数无；阳茎膜质，通常由阳茎套、阳茎管及阳茎囊组成。阳茎管一般粗管或粗囊状，基腹面或端腹面可能有骨片或骨化斑，在管上常有环纹或极小的刺或颗粒；阳茎囊上的刺斑形状、大刺的有无及排列是鉴定种类的主要依据。雌虫腹部：第 8 腹板后缘中部略后突，形成较小的下生殖板，在其后缘中部常常有小缺刻。

分布：古北区东部、东洋区。世界已知 73 种，中国记录 50 余种，浙江分布 1 种。

（389）稀疏钩蜻 *Kamimuria sparsula* Du, 2001（图 13-57）

Kamimuria sparsula Du in Wu & Pan, 2001: 79.

主要特征：雄虫体长 21 mm，雌虫体长 25–26 mm。头部黄色，单眼区浅褐色或褐色，额唇基区两侧缘隆起脊褐色；单眼 3 个、大小略等、内半圈各为黑圈所包围，两后单眼间的距离与其到复眼间的距离约等。触角近基部深褐或黑褐色，向端部逐渐变为黄褐色；下颚须及下唇须浅褐或黄色。胸部腹面黄色；前胸背板浅黄褐色、前缘及中纵线褐色，近梯形，前角尖、后角钝圆，表面微糙。中、后胸背板深褐色；雄虫后胸腹板无棕褐色刷毛丛。足黄色，股节端部背面有黑环，胫节浅褐色（前足）或褐色（中、后足）。翅透明，翅脉褐色。雄虫第 9 背板中后部稀疏地着生有一些锥状感器；第 10 背板分裂，半背片间的膜区较宽，半背片突指状，几乎达第 9 背板后缘，其内面略扁，端部钝圆，端腹面有锥状感器。肛上突膜质，微后突，其两侧上方有较宽的弱骨化斑。腹板无棕褐色刷毛丛，仅在第 5、6 腹板近后缘有一些棕褐色刷毛。第 9 腹板后延，几乎盖住第 10 腹板。阳茎管粗囊状，整个管均有环纹，基部背腹面后缘中央各有 1 个较深的缺刻，近端部收细成颈状，在颈的腹面有 1 横宽带的骨化斑，其中部向后延伸形成 1 舌状骨化斑；阳茎囊短囊状，其顶部有 1 大的刺斑，在两侧各有 1 条宽带状的刺斑与其相连，在囊的基部腹侧面有 1 环带状的刺斑、并与 2 条侧刺斑相连，在囊的背面基部有极细的刺，在囊的中部腹面有 2 个骨片，两骨片下各有 1 条窄的刺斑与两侧刺斑相连。雌虫第 8 腹板呈宽叶状，略后突，其中部有 1 浅的缺刻。

分布：浙江（临安）。

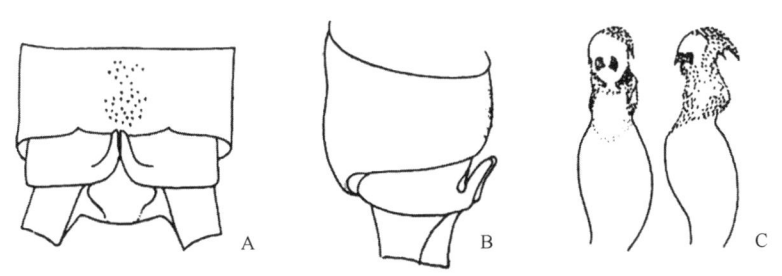

图 13-57 稀疏钩蜻 *Kamimuria sparsula* Du, 2001（引自杜予州等，2001）
A. 雄虫腹末，背视；B. 雄虫腹末，侧视；C. 阳茎

197. 纯蜻属 *Paragnetina* Klapálek, 1907

Perla (*Paragnetina*) Klapálek, 1907: 17. Type species: *Perla tinctipennis* McLachlan, 1875.

Tylopyge Klapálek, 1913: 114. Type species: *Tylopyge planidorsa* Klapálek, 1913.

Banksiella Klapálek, 1921: 147. Type species: *Paragnetina lacrimosa* Klapálek, 1921.

Paragnetina: Klapálek, 1923: 67.

Banksiana Claassen, 1936: 622. Type species: *Paragnetina lacrimosa* Klapálek, 1921.

Caucasoperla Zhiltzova, 1967: 850. Type species: *Caucasoperla spinulifera* Zhiltzova, 1967.

主要特征：体中至大型；灰黄色至黑色；头短而宽，单眼 3 个，中后头结缺；前胸背板呈梯形，前缘与头约等宽，雄虫后胸腹板无棕褐色的刷状刚毛丛；翅灰褐色、烟褐色或黑色，翅脉褐色到黑色；全部为长翅型种类。雄虫腹部：第 5 腹板一般高度骨化，向后延伸形成圆形或横截的叶突，后缘中部凹缺，有的种类则背板膜质无叶突，在叶突末端或膜质的背板上有锥状感器；第 6–9 背板的前缘及侧面骨化，中后部膜质；第 6–7 背板中部膜区有的种类有骨化斑，或锥状感器；第 8 背板膜区有 1 大的骨化斑和锥状感器，骨化斑在背板后缘形成 1 个小的叶突，有的种类无叶突；第 9 背板中部膜区有的种类有骨化斑或锥状感器，有的种类后缘有小叶突；第 10 背板分裂，半背片突为反曲前伸的、短指状或三角形或耳形或宽叶形的突起，在其内侧近基部有 1 圆丘状的基胛，在半背片突及基胛上有锥状感器；第 3–7 腹板上有棕褐色刷状刚毛丛；第 9 腹板发达，向后延伸盖住第 10 腹板，并有侧褶、凹陷、隆起等变化。雌虫腹部：第 8 腹板通常向后延伸形成生殖板，其后缘常有缺刻。

分布：古北区、东洋区、新北区。世界已知约 27 种，中国记录约 12 种，浙江分布 1 种。

（390）巨斑纯蜻 *Paragnetina pieli* Navás, 1933（图 13-58）

Paragnetina pieli Navás, 1933b: 15.

主要特征：雄虫体长 17 mm，前翅长 21 mm，后翅长 18 mm。雌虫翅展 38 mm。体深褐色。后单眼前方有 2 个小褐斑。足深褐色。翅烟灰色。雄虫第 5 背板后缘中部向后延伸出 1 三角形突起，第 6 背板中部有 3 个骨化小圆圈；第 7–8 背板中部各有 1 对片状的深色骨化斑。第 9 背板中部有 1 对横向的小骨化斑；半背片短耳状突指状，基胛扁圆形。雌虫第 8 腹板呈宽三角形，略后突，其中部有 1 缺刻。

分布：浙江（临安、龙泉）、湖南、福建、广西。

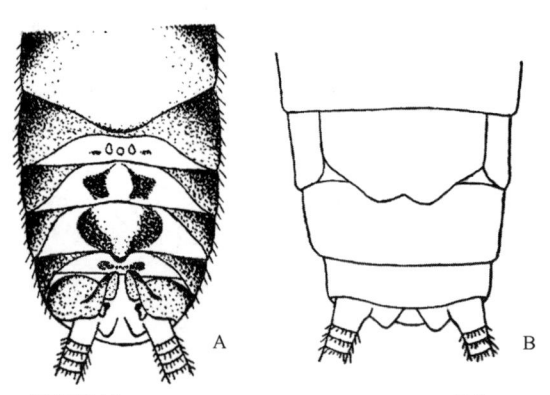

图 13-58 巨斑纯蜻 *Paragnetina pieli* Navás, 1933（引自 Wu，1938）
A. 雄虫腹末，背视；B. 雌虫腹末，腹视

六十、网䗛科 Perlodidae

主要特征：体小至大型，黄绿或褐至黑褐色。口器退化，下颚须尖锥状、端节极小；复眼后有明显的后颊；单眼3个，常排列成等边三角形，后单眼较近复眼；触角长丝状。胸部无气管鳃残余；前胸背板多为横长方形或梯形，在其中部常有黄或黄褐色的纵带，并延伸到头部，在两后单眼间形成1黄褐色斑；足的第1、2跗节极短，第3节很长；翅端部在径脉和中脉之间常有网状横脉，径脉向前弯曲并发出几个分支；后翅Rs和M脉的愈合部分很短，臀区发达，在1A后有5条或更多的臀脉达翅缘，2A有1–3个分支。尾须发达、细长多节。雄虫第10背板分裂或不分裂，有的特化为隆突；肛上突发达或退化；肛下叶发达，常特化为外生殖器；腹部第1–8背板无变化；胸、腹部无刷毛丛；第9腹板向后伸形成明显的殖下板。雌虫第8腹板通常向后延伸而成相当明显的殖下板，肛上突退化，肛下叶三角形、正常。稚虫胸部腹侧面有发达的气管鳃，有的类群有臀鳃。

分布：主要分布于古北区和新北区，少数分布于古北区和东洋区的过渡地带。世界已知2亚科46属260余种，中国记录2亚科11属40余种，浙江分布1亚科2属2种。

（一）同䗛亚科 Isoperlinae

主要特征：体小至中型；翅脉较简单，翅前端无密集的网状横脉。雄虫第10背板大多不分裂，但少数属种第10背板末端中部分裂，或向后延伸为骨质突起；第8腹板后缘中部多向前凹陷，中部有半圆形或小叶状的囊泡。肛侧叶大多发达，为弱骨化或强骨化的生殖钩。阳茎大部分膜质，部分种类表面有刺，或有形态复杂的阳茎内骨片。雌虫下生殖板多为三角形，后缘中部可能有缺刻。

分布：主要分布于古北区、新北区及古北区与东洋区的过渡地带。世界已知9属207种，中国记录4属约17种，浙江分布2属2种。

198. 同䗛属 *Isoperla* Banks, 1906

Isoperla Banks, 1906a: 175. Type species: *Sialis bilineata* Say, 1823.

Suzukia Okamoto, 1912: 109. Type species: *Isogenus motonis* Okamoto, 1912.

Megahelus Klapálek, 1923: 24. Type species: *Isoperla bellona* Banks, 1911.

Clioperla Needham *et* Claassen, 1925: 137. Type species: *Isogenus clio* Newman, 1839.

Nanoperla Banks, 1947: 280. Type species: *Chloroperla minuta* Banks, 1947.

Perliola Banks, 1947: 283. Type species: *Chloroperla 5-punctata* Banks, 1947.

Perliphanes Banks, 1947: 283. Type species: *Dictyogenus phaleratus* Needham, 1948.

Walshiola Banks, 1947: 284. Type species: *Perlinella signata* Banks, 1948.

主要特征：体小至中型，黄绿或浅黄褐色至褐色。头略比前胸宽，单眼3个，在单眼三角区常有黑褐色斑，后单眼间的距离略比它们到复眼的距离大。前胸背板横形，宽大于长，表面粗糙；翅无网状脉，后翅无肘横脉。雄虫第8腹板近后缘中部大多有1发达的叶突；第9腹板形成发达的殖下板，并向后延伸超过腹末；第10背板完整、不分裂，后缘也不隆起；肛下叶特化为向后上弯曲的钩突；肛上突退化。雌虫第8腹板形成较发达的殖下板；肛下叶正常；肛上突退化。

分布：古北区、新北区。世界已知190余种，中国记录15种，浙江分布1种。

(391) 杨氏同䗂 *Isoperla yangi* Wu, 1935（图 13-59）

Isoperla yangi Wu, 1935b: 227.

主要特征：雄虫翅展 12 mm，雌虫翅展 12 mm。体褐色。头部前端 M 线和侧瘤明显。翅透明，翅脉褐色。雄虫第 9 背板后缘中部向后延伸出 1 深色突起。肛侧叶骨化，尖钩状。第 8 腹板后缘中部有发达的椭圆形囊泡。雌虫第 8 腹板呈短三角形，其中部有 1 缺刻。

分布：浙江（咸坪）、江西。

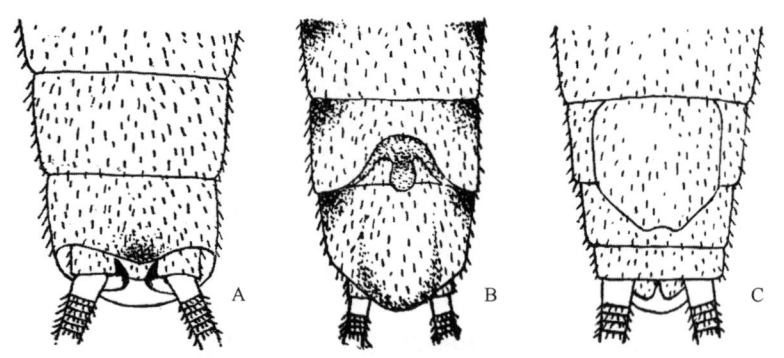

图 13-59 杨氏同䗂 *Isoperla yangi* Wu, 1935（引自 Wu，1938）
A. 雄虫腹末，背视；B. 雄虫腹末，腹视；C. 雌虫腹末，腹视

199. 拟同䗂属 *Parisoperla* Huo et Du, 2020

Parisoperla Huo et Du, 2020: 471. Type species: *Parisoperla oncocauda* (Huo et Du, 2018).

主要特征：体小型，黑褐色。头略比前胸宽，单眼 3 个。翅无网状脉，后翅无肘横脉；雄虫和雌虫第 10 背板完整、不分裂，后缘均有发达的、向后上方隆起的骨质钩突。

分布：东洋区。世界已知 3 种，均分布在我国，浙江分布 1 种。

(392) 翘尾拟同䗂 *Parisoperla oncocauda* (Huo et Du, 2018)（图版 V-14）

Isoperla oncocauda Huo et Du, 2018: 276.
Parisoperla oncocauda: Huo & Du, 2020: 470.

主要特征：雄虫体长 11 mm，黑褐色。前单眼小；后单眼至复眼区黄褐色。前胸背板两侧黄褐色，中部黑褐色。腹部背板弱骨化，第 9 背板中部有 "V" 形膜质区；第 10 背板中部骨化，微凹，末端向后延伸出翘起的骨质钩突，其表面有整齐的横向刻纹。雌虫形态与雄虫相近，第 10 背板后缘中部也有与雄虫类似的骨质钩突；下生殖板倒三角形，末端平截，中部有 1 小缺刻。

分布：浙江（临安）。

六十一、扁蜻科 Peltoperlidae

主要特征：体小至中型；体形扁平，体黄褐色至黑褐色。头部短宽、窄于前胸，其后部陷入前胸背板内；颚唇基沟不明显；口器相对发达，下颚的外颚叶端部圆，有很多乳突；单眼 2 个，少数 3 个，两后单眼较近复眼。前胸背板宽于头部，扁平，宽大于长，盾形或横长方形；足的第 1–2 跗节短、等长，第 3 跗节极长，远长于第 1、2 节之和；翅的径脉区很少有横脉，后翅无成列的肘间横脉。腹部略扁，背板无变化；尾须短，一般不超过 15 节。雄虫腹部：肛上突退化，肛下叶三角形、正常；第 9 腹板向后延长而成殖下板，在其前缘正中处有 1 小叶突，多数种类从小叶突基部有 1 对纵缝向后及两侧分歧而出、达后缘，无刷毛丛；第 10 背板多数无变化，但一些种类的第 10 背板后缘向上翘起；尾须较短，许多种类的尾须基节特化，并着生有一些特殊构造或长的鬃毛。雌虫第 8 腹板通常向后延伸形成圆形或有凹陷的殖下板，尾须无变化。稚虫扁宽，头部短小，常收缩在前胸背板下，外观呈蜚蠊状。

分布：古北区、东洋区、新北区。世界已知 2 亚科 10 属 70 余种，中国记录 2 亚科 4 属 20 种，浙江分布 1 亚科 1 属 1 种。

（一）小扁蜻亚科 Microperlinae

主要特征：体小型；单眼 3 个；翅脉简单，翅的亚前缘横脉少。雄虫第 9 腹板发达，向后延伸将第 10 腹板完全盖住，并超过腹末，在其前缘中部有 1 叶突；第 10 背板后缘中部向上翘起；肛上突退化，肛下叶小。尾须短、6–9 节，无变化。雌虫下生殖板为宽半圆形，后缘中部可能有缺刻。

分布：古北区和东洋区的过渡带。世界已知 1 属 4 种，中国记录 1 属 3 种，浙江分布 1 属 1 种。

200. 小扁蜻属 *Microperla* Chu, 1928

Microperla Chu, 1928c: 197. Type species: *Microperla geei* Chu, 1928.

主要特征：体小型、略扁，大多不超过 10 mm；体深褐色至黑褐色；头短宽，单眼小、3 个，前单眼极小，两后单眼到复眼的距离比其二者间的距离短；前胸背板宽大于长、横长方形，其后缘直；前、后翅的亚前缘横脉少；成虫有长翅型和短翅型。尾须短、6–9 节，无变化。雄虫第 9 腹板发达，向后延伸将第 10 腹板完全盖住并超过腹末，在其前缘中部有 1 叶突；第 10 背板后缘中部向上翘起；肛上突退化，肛下叶小。雌虫第 8 腹板向后延伸形成近方形的下生殖板。

分布：古北区。世界已知 4 种，中国记录 3 种，浙江分布 1 种。

（393）吉氏小扁蜻 *Microperla geei* Chu, 1928（图 13-60）

Microperla geei Chu, 1928c: 197.

主要特征：体褐色至黑色，头部及前胸背板颜色较深。头部宽于前胸，单眼三角区内有 1 大块黑斑。两后单眼到复眼的距离比其二者间的距离短，触角黑色且长。前胸背板矩形，宽是长的 2 倍。角方，下缘微凸，表面粗糙。足褐色。雄虫第 9 腹节膨大，末端倾斜向上，第 9 腹节前缘中部有 1 叶突；第 10 腹节短小，被第 9 腹节包裹；第 10 腹板后缘向前上方弯曲。肛上突退化，肛下叶小。尾须较短，雄虫 7 节，雌虫 6 节。

分布：浙江（杭州）、四川。

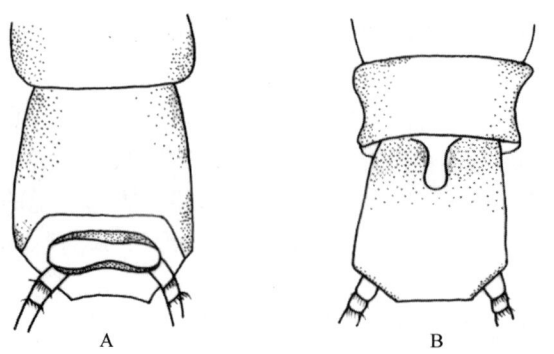

图 13-60　吉氏小扁蜻 *Microperla geei* Chu, 1928（引自 Wu, 1938）
A. 雄虫腹末, 背视；B. 雄虫腹末, 腹视

六十二、刺䗜科 Styloperlidae

主要特征：体小至中型，体淡黄色至淡褐色。单眼 2 个，单眼区有 1 深色斑。前胸背板中纵缝黑褐色，其两侧各有 1 片深色纵纹。不同种类的头、胸部斑纹均十分近似。雄虫第 10 背板完整，肛上突轻微硬化；第 9 腹板前中部着生 1 块棕色的刷毛丛。雄虫尾须基节特化，延伸出 1 根长而粗壮的基柄，基柄顶端的内侧有 1 条长或较短的刺突，刺基部呈弧线形生长；尾须各节呈念珠状，近基部的数节背面着生有数量不规则的小刺。阳茎膜质，较扁平。

分布：东洋区。世界已知 2 属 12 种，中国记录 2 属 10 种，浙江分布 1 属 1 种。

201. 刺䗜属 *Styloperla* Wu, 1935

Styloperla Wu, 1935b: 236. Type species: *Styloperla spinicercia* Wu, 1935.

主要特征：体中型，体淡黄色至淡褐色。单眼 2 个，单眼区有 1 块深色斑。前胸背板两侧和中纵缝各有 1 条深色纵纹。雄虫第 9 腹板前中部着生 1 块纵向排列的棕色刷毛丛。尾须基节特化，延伸出 1 根长而粗壮的基柄，基柄顶端的内侧有 1 条长或较短的刺突，刺基部呈弧线形生长；尾须各节呈念珠状，着生许多细毛，其中近基部的 3–6 节背面着生有数量不规则的小刺。

分布：东洋区。世界已知 7 种，均分布于中国，浙江分布 1 种。

（394）斯氏刺䗜 *Styloperla starki* Zhao, Huo *et* Du, 2019（图 13-61，图版 V-15）

Styloperla starki Zhao, Huo *et* Du, 2019: 555.

主要特征：成虫体长 10–15 mm，浅黄褐色。雄虫第 10 背板中部有 1 根细长的骨片；第 9 腹板上的刷毛丛呈纵带状排列，刷毛纤细；尾须第 1 节特化为粗长的骨刺，端部分叉，近端部的腹面有 1 对短刺突。雌虫形态与雄虫近似，下生殖板短而平直。

分布：浙江（安吉、临安、仙居）、江苏。

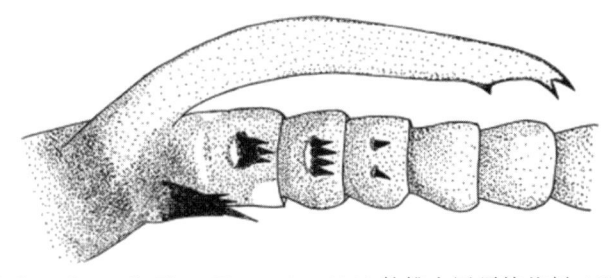

图 13-61 斯氏刺䗜 *Styloperla starki* Zhao, Huo *et* Du, 2019 的雄虫尾须基节刺（引自 Zhao et al., 2019）

第十四章　等翅目 Isoptera

　　等翅目 Isoptera 俗称白蚁，是一类原始的社会性昆虫。同一群体内通常存在繁殖蚁、工蚁、兵蚁等品级，以及蚁卵、幼蚁和若蚁等虫态。白蚁的外部形态可分为原始型和蜕变型两大类。原始型包括繁殖蚁和工蚁，二者头部和胸部无特化，体形和特征保持原始状态。头部圆形或卵圆形，触角念珠状，口器咀嚼式；长翅繁殖蚁中、后胸分别着生1对形状、大小相似的膜质翅；腹部圆筒形或橄榄形，10个腹节，腹末两侧具尾须1对，繁殖蚁雄性生殖孔开口于第9、10腹板间，雌性生殖孔开口于第7腹板下。蜕变型仅包括兵蚁1个品级，其头部和胸部形态常发生剧烈变化。根据上颚发育程度和头部形状可分为上颚兵和象鼻兵两类。上颚兵的上颚极其发达，头壳不向前伸突，左右上颚基本对称（如乳白蚁属 *Coptotermes*、土白蚁属 *Odontotermes* 等）或极不对称、扭曲成各种形状（如近扭白蚁属 *Pericapritermes*、华扭白蚁属 *Sinocapritermes* 等）。象鼻兵的上颚退化，头壳极度向前伸突延长成象鼻状（如象白蚁属 *Nasutitermes*、钝颚白蚁属 *Ahmaditermes* 等）。还有个别类群（如戟白蚁属 *Armitermes*）介于上颚兵和象鼻兵之间，既有发达的象鼻，又有发达的上颚。蜕变型个体的胸部，尤其是前胸背板，形态也存在极大变化，有些种类为扁平状，有些种类前半部显著翘起、两侧下垂，使整个前胸背板呈马鞍形。蜕变型由于形态复杂、变化大，不同类群间形态特征有很大区别，且比较稳定，常被作为高级阶元分类和物种鉴定的主要依据。

　　白蚁不同品级具有严格的社会分工。繁殖蚁有发育完全的生殖器官，司交配产卵，繁殖后代。根据来源和形态，可分为长翅型繁殖蚁（原始型繁殖蚁）、短翅型繁殖蚁（若蚁型繁殖蚁）和无翅型繁殖蚁（工蚁型繁殖蚁）。长翅型繁殖蚁是有翅成虫分飞脱翅配对后进行繁殖的个体，除少数类群（如大白蚁属 *Macrotermes* 的某些种类）外，通常一个群体只有一对，分别称为蚁王、蚁后。短翅型繁殖蚁由群体内部分若蚁发育而成，只在长翅型繁殖蚁死亡或蚁群发展到一定规模后才会产生，仅在部分白蚁种类中发现，数量通常比长翅型繁殖蚁多。无翅型繁殖蚁通常在群体失去长翅型繁殖蚁和短翅型繁殖蚁之后由巢内幼蚁和完全发育的工蚁发育而来，比短翅型繁殖蚁少见，数量常不固定。工蚁是生殖器官发育不完全，无生殖机能的雄性和雌性个体，是群体内数量最多的品级，主要负责筑巢、觅食、清洁、照料喂哺蚁卵、幼蚁、兵蚁和繁殖蚁等工作。多数类群都具有真正的工蚁，但某些比较原始低等的类群（如木白蚁科 Kalotermitidae）无工蚁，其工作由幼蚁（特称为拟工蚁）来承担。兵蚁也是无生殖机能的雄性和雌性个体，主要负责群体的保卫工作；在整个巢群中的数量虽远不及工蚁，但比繁殖蚁数量多，可占巢群个体总数的百分之几至十几，随种类、群体发育程度和季节不同而有所不同。绝大多数白蚁种类都具有兵蚁品级，但也有不具该品级的，如白蚁科 Termitidae 尖白蚁亚科 Apicotermitinae 的部分属。白蚁是渐变态昆虫，在群体内还常有大量卵、幼蚁和若蚁。幼蚁是卵孵化后白色的低龄幼体，无翅芽，可发育分化为若蚁、工蚁和兵蚁；若蚁具翅芽，可发育为繁殖蚁。

　　白蚁生活史的长短因种类、群体营养条件、环境等因素而异，通常需要几年甚至更长时间。新群体的蚁王、蚁后交配后，几天内蚁后便可产下第一批卵，通常3–4周后，可孵化出幼蚁。第一批卵和幼蚁由蚁王、蚁后共同抚育。在群体初建阶段，幼蚁经历若干次蜕皮后一般会全部发育为工蚁（或拟工蚁），并由它们开始承担抚育卵、幼蚁、蚁王和蚁后的工作。待群体发展到一定阶段，会有少部分幼蚁发育成兵蚁。当群体经过数年的发展达到成熟时，具翅芽的若蚁出现，它们将会发育为有翅繁殖蚁。有翅繁殖蚁分飞、脱翅配对，则是一代新群体的开始。

　　白蚁食性多样，除可取食富含纤维素的材料，某些类群还可取食真菌、腐殖质，甚至有机质含量较低的土壤。因此，白蚁对于加速陆地生态系统的物质循环和能量流动起着积极的作用。在已知的近3000种白蚁中，仅371种（12.4%）被报道具有破坏性，其中仅104种（3.5%）被认为可对人类生产、生活造成严重威胁（Krishna et al., 2013）。这些害蚁主要包括木白蚁科的堆砂白蚁属 *Cryptotermes*、鼻白蚁科 Rhinotermitidae

的乳白蚁属 Coptotermes 和散白蚁属 Reticulitermes，以及白蚁科的大白蚁属 Macrotermes 和土白蚁属 Odontotermes，可对农林业、房屋建筑等造成严重危害。

近年对于等翅目分类地位的研究已证实白蚁起源于木食性蟑螂（Inward et al., 2007；Legendre et al., 2008），其分类地位被降为蜚蠊目（Blattodea）的次目（Krishna et al., 2013）、总科（Lo et al., 2007）或领科（Beccaloni and Eggleton, 2013）。鉴于目前仍未有定论，为保证白蚁分类系统的稳定性，减少使用中可能出现的混乱，本志仍沿用等翅目 Isoptera 来表示白蚁类群。等翅目高级阶元间的系统地位也存在不同意见，本志主要依据 Krishna 等（2013）。

目前世界已知等翅目 9 科 282 属 2933 种，中国记录 5 科 43 属 470 种，浙江分布 4 科 18 属 67 种，其中浙江新记录种 2 个。

分科检索表（成虫）

1. 头部无囟 ·· 2
- 头部有囟 ·· 3
2. 无单眼，尾须 3–8 节，触角 22–27 节，跗节 5 节 ··· 古白蚁科 Archotermopsidae
- 有单眼，尾须 2 节，触角 11–24 节，跗节 4 节 ··· 木白蚁科 Kalotermitidae
3. 前翅鳞与后翅鳞重叠明显，翅网状；前胸背板扁平 ··· 鼻白蚁科 Rhinotermitidae
- 前翅鳞不与后翅鳞重叠，翅弱网状或不呈网状；前胸背板马鞍形 ··· 白蚁科 Termitidae

分科检索表（兵蚁）

1. 跗节 5 节，尾须 4–8 节 ·· 古白蚁科 Archotermopsidae
- 跗节 3–4 节，尾须 2 节 ·· 2
2. 头部无囟 ··· 木白蚁科 Kalotermitidae
- 头部有囟 ·· 3
3. 前胸背板扁平 ·· 鼻白蚁科 Rhinotermitidae
- 前胸背板马鞍形 ··· 白蚁科 Termitidae

六十三、古白蚁科 Archotermopsidae

主要特征：成虫：头部无囟；复眼中等大小或较大；无单眼；触角 22–27 节；侧观后唇基平、短宽；左上颚具 1 枚端齿和 3 枚缘齿，右上颚具 1 枚端齿和 2 枚缘齿。前胸背板窄于头宽。足跗节 5 节。尾须 3–8 节。前翅鳞与后翅鳞重叠。兵蚁：头部大而平；上颚长、强，左上颚具 3 枚缘齿，右上颚具 2 枚缘齿；复眼退化；触角 22–27 节。前胸背板扁平，窄于头宽。足跗节 5 节。尾须 4–8 节。

生物学：该科无真正的工蚁品级，其工作由拟工蚁承担；腐木中筑巢，巢群小。

分布：古北区、东洋区、新北区。世界已知 3 属 6 种，中国记录 1 属 1 种，浙江分布 1 属 1 种。

202. 原白蚁属 *Hodotermopsis* Holmgren, 1911

Hodotermopsis Holmgren, 1911: 38. Type species: *Hodotermopsis sjostedti* Holmgren, 1911.

主要特征：成虫：复眼小；触角多于 20 节；左上颚具 1 枚端齿和 3 枚缘齿。尾须 3–7 节。兵蚁：头宽扁，近圆形，后缘弧形；触角多于 20 节；上颚强壮，颚齿发达。前胸背板扁平，窄于头宽。后足胫节侧缘具刺，前足和中足胫节侧缘无刺。尾须 4–6 节。

分布：古北区、东洋区。世界已知 1 种，中国有记录，浙江有分布。

（395）山林原白蚁 *Hodotermopsis sjostedti* Holmgren, 1911（图版 VI-1）

Hodotermopsis sjostedti Holmgren, 1911: 39.

主要特征：成虫：头部近圆形，红褐色；触角 21–26 节。前胸背板略窄于头宽，红棕色，近前缘两侧各有 1 个黑褐色凹陷；后翅鳞略小于前翅鳞。兵蚁：头部扁平；头顶中央有 1 凹坑；上唇两侧圆拱、前缘较平直；具明显的肾形眼点；上颚粗壮；触角 22–25 节。前胸背板呈半月形扁平状，中、后胸背板等宽且均狭于前胸背板。足跗节腹面观为 5 节，背面观为 4 节。尾须 3–5 节。

分布：浙江（庆元、龙泉）、江西、湖南、福建、广东、海南、广西、四川、贵州、云南；日本，越南。

六十四、木白蚁科 Kalotermitidae

主要特征：成虫：头部无囟；复眼大小不一；有单眼；触角 11–24 节；侧观后唇基平、宽短。前胸背板与头同宽或稍宽于头部；左上颚具 1 枚端齿和 3 枚缘齿，其中第 1 和第 2 缘齿融合，与第 3 缘齿之间由 1 凹槽相分离；右上颚具 1 枚端齿和 2 枚缘齿。足跗节 4 节；胫节距式 3:3:3，中足胫节除端距外还有外刚刺。尾须 2 节。前翅鳞大，与后翅鳞重叠。兵蚁：头部强壮；上颚强壮，具齿，不同类群齿的变化各异；触角 10–21 节。前胸背板扁平，几与头同宽。足跗节 4 节；胫节距式 3:3:3，中足胫节除端距外还有外刚刺。尾须 2 节。

生物学：该科无真正的工蚁品级，其工作由拟工蚁承担；木中筑巢，巢群小。可危害木结构、死树或活立木，有多种重要害虫。

分布：世界广布。世界已知 21 属 456 种，中国记录 5 属 64 种，浙江分布 2 属 3 种。

203. 堆砂白蚁属 *Cryptotermes* Banks, 1906

Cryptotermes Banks, 1906b: 336. Type species: *Cryptotermes cavifrons* Banks, 1906.

主要特征：成虫：头部复眼小，圆形至宽卵形，与单眼接触或靠近；单眼近圆形；触角 12–18 节；左上颚具 3 枚缘齿，右上颚具 2 枚缘齿。足胫节距式 3:3:3；多数种类爪间具中垫。兵蚁：头部短而厚，色深；头顶与额区之间有厚的额脊；头前端有 2 对显著角状突，分别是位于触角窝前上方的额角和位于触角窝前下方的颊角；复眼无色，卵形；触角 11–15 节；上颚短。前胸背板几与头同宽，前缘波状或略呈锯齿状。足短。

分布：世界广布。世界已知 69 种，中国记录 8 种，浙江分布 2 种。

（396）铲头堆砂白蚁 *Cryptotermes declivis* Tsai *et* Chen, 1963（图版 VI-2）

Cryptotermes declivis Tsai *et* Chen, 1963: 168.

主要特征：成虫：头部近长方形；复眼小，近圆形；单眼长圆形，靠近复眼；触角 14–16 节。前胸背板与头同宽。前翅鳞可覆盖后翅鳞。兵蚁：头部近方形，短而厚；额脊分为左右两部分；额角圆锥形，颊角扁形，约等大；触角 11–15 节；上颚短小、宽扁。前胸背板约与头同宽，前缘中央呈宽"V"形凹入。

分布：浙江、福建、广东、海南、广西、四川、贵州、云南。

（397）平阳堆砂白蚁 *Cryptotermes pingyangensis* He *et* Xia, 1983（图 14-1）

Cryptotermes pingyangensis He *et* Xia, 1983: 185.

主要特征：成虫：头部近长方形；复眼椭圆形，较突出；单眼近圆形，距复眼较远。前胸背板略窄于头宽，前缘凹入宽且较深，后缘中央略凹。前翅鳞长，可完全覆盖后翅鳞。足爪间具中垫。兵蚁：头部短而厚，长大于宽，两侧缘在眼附近明显内凹，后侧缘为宽圆形；颊角端部长于额角端部；上颚粗壮，宽而扁；触角 12–13 节，第 4 节最短。前胸背板前缘中央凹入宽而较深，凹口钝角形。

分布：浙江（萧山、平阳）。

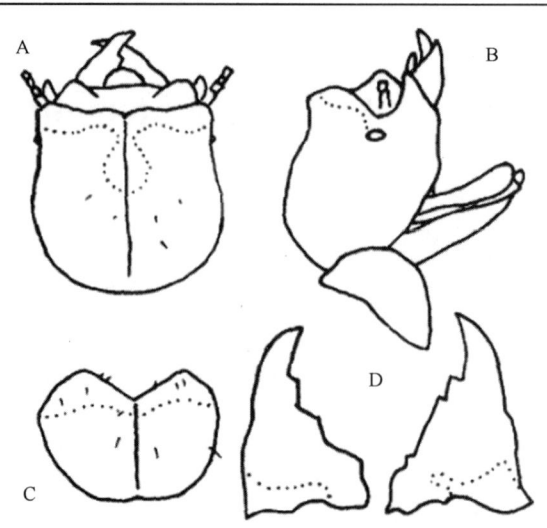

图 14-1 平阳堆砂白蚁 *Cryptotermes pingyangensis* He *et* Xia, 1983（引自黄复生等，2000）
A. 兵蚁头部，背视；B. 兵蚁头部及前胸背板，侧视；C. 兵蚁前胸背板，背视；D. 兵蚁左、右上颚

204. 楹白蚁属 *Incisitermes* Krishna, 1961

Incisitermes Krishna, 1961: 353. Type species: *Kalotermes schwarzi* Banks, 1920.

主要特征：成虫：头部复眼大而圆；有单眼；触角 13–20 节。足胫节距式 3:3:3；多数种类爪间具中垫。兵蚁：头部扁平，两侧平行；前半部略倾斜；复眼卵形，常无色；上颚短而粗壮；触角 10–17 节，第 3 节最长。前胸背板几与头同宽或稍宽，前缘深凹。足股节粗壮。

分布：世界广布。世界已知 29 种，中国记录 1 种，浙江有分布。

（398）小楹白蚁 *Incisitermes minor* (Hagen, 1858)（图版 VI-3）

Calotermes marginipennis minor Hagen, 1858: 47.
Incisitermes minor: Krishna, 1961: 396.
Incisitermes laterangularis Han, 1982: 199.

主要特征：成虫：头部近圆形，长宽几相等；复眼近圆形，突出；单眼略圆；触角 15–20 节。前胸背板通常略宽于头部，有时几乎相等，前缘中央凹入，后缘稍平。兵蚁：头部长方形；触角 10–14 节；上唇较宽短，呈短舌形；上颚粗壮，外缘稍直，颚端向内弯曲。前胸背板通常宽于头部，前缘中央凹入深，后缘近平直，有时中央略凹。

分布：浙江、江苏、上海；美国，墨西哥。

六十五、鼻白蚁科 Rhinotermitidae

主要特征：成虫：头部有囟；复眼小至中等；有单眼。前胸背板扁平；左上颚具 1 枚端齿和 3 枚缘齿，右上颚具 1 枚端齿和 2 枚缘齿，第 1 缘齿具有亚缘齿。足跗节 4 节；胫节距式 2:2:2 或 3:2:2；爪无中垫。尾须 2 节。翅膜质，网状；前翅鳞大，在多数类群与后翅鳞重叠。兵蚁：单型或二型。头部椭圆形至长方形；有囟，触角 12–19 节；前胸背板扁平；胫节距式 3:2:2 或 2:2:2；爪缺中垫；尾须 2 节。

生物学：该科大多数类群具有真正的工蚁品级（除原鼻白蚁亚科 Prorhinotermitinae）；土木栖性，包括多种世界性害虫。

分布：世界广布。世界已知 12 属 315 种，中国记录 5 属 145 种，浙江分布 2 属 27 种。

205. 乳白蚁属 *Coptotermes* Wasmann, 1896

Coptotermes Wasmann, 1896: 629. Type species: *Termes gestroi* Wasmann, 1896.

主要特征：成虫：头部宽，圆形或卵圆形；后唇基扁平、极短；触角 18–25 节。翅膜质，具毛；前翅鳞与后翅鳞重叠明显，几达后翅鳞端部。兵蚁：头部卵圆形；囟大，短管状前伸，在头前端呈圆形或卵圆形开口；上颚军刀状，内缘除基部具锯形缺刻外，其余部分光滑无齿；触角 13–17 节。前胸背板扁平，窄于头宽。胫节距式为 3:2:2。

分布：世界广布。世界已知 67 种，中国记录 20 种，浙江分布 7 种。

分种检索表（成虫）

1. 体较小，头连复眼宽 1.35–1.40 mm ·· 上海乳白蚁 *C. shanghaiensis*
- 体较大，头连复眼宽 1.42–1.68 mm ·· 2
2. 头长至上唇端 1.70–1.89 mm，复眼至头下缘 0.18–0.21 mm，头部、前胸背板毛被密，翅面密被短毛 ·· 长泰乳白蚁 *C. changtaiensis*
- 头长至上唇端 1.43–1.75 mm，复眼至头下缘 0.12–0.18 mm，头部、前胸背板被毛较少 ····················· 3
3. 头长至上唇端几等于头连复眼宽，前胸背板长 0.77–0.87 mm，前胸背板宽 1.21–1.46 mm ··· 台湾乳白蚁 *C. formosanus*
- 头长至上唇端大于头连复眼宽，前胸背板长 0.85–0.90 mm，前胸背板宽 1.45–1.50 mm ··· 苏州乳白蚁 *C. suzhouensis*

分种检索表（兵蚁）

1. 背面观前胸背板后半部至腹部末端中央具 1 明显白色纵带 ··· 长带乳白蚁 *C. longistriatus*
- 背面观胸、腹部中央无白色纵带 ·· 2
2. 头形具有较明显的卵形和圆形 ··· 长泰乳白蚁 *C. changtaiensis*
- 头形仅有长卵形 ··· 3
3. 体型很大，头长至上颚基 1.68–1.87 mm，后颏长 1.10–1.25 mm ······································ 大头乳白蚁 *C. grandis*
- 体小至大型，头长至上颚基 1.68 mm 以下，后颏长 1.09 mm 以下 ·· 4
4. 头最宽处位于中部 ·· 5
- 头最宽处位于中部以后 ·· 6
5. 体型小，头长至上颚基小于 1.40 mm，头最宽小于 1.10 mm，前胸背板宽小于 0.75 mm ······ 上海乳白蚁 *C. shanghaiensis*
- 体型较大，头长至上颚基 1.60 mm 以上，头最宽 1.25 mm 以上，前胸背板宽 0.85 mm 以上 ··· 苏州乳白蚁 *C. suzhouensis*
6. 头宽 1.30 mm 以下 ·· 台湾乳白蚁 *C. formosanus*
- 头宽 1.33 mm 以上 ·· 海南乳白蚁 *C. hainanensis*

(399) 长泰乳白蚁 *Coptotermes changtaiensis* Xia *et* He, 1986（图 14-2）

Coptotermes (*Polycrinitermes*) *changtaiensis* Xia *et* He, 1986: 164.

主要特征：成虫：头部椭圆形；复眼近圆形；单眼卵形；囟位于头顶中央；触角 19–20 节。前胸背板前缘不内凹，后缘中央微凹入。兵蚁：头部具圆形和卵形 2 种不同形状；头后缘较宽圆；侧观囟孔上端后倾；上唇长矛状，端部狭尖；触角 16 节，第 3 节最短；后颏较狭长，最狭处位于后端。前胸背板前缘中央凹入狭而浅，后缘中央微凹。

分布：浙江（浦江、兰溪）、安徽、福建、广东。

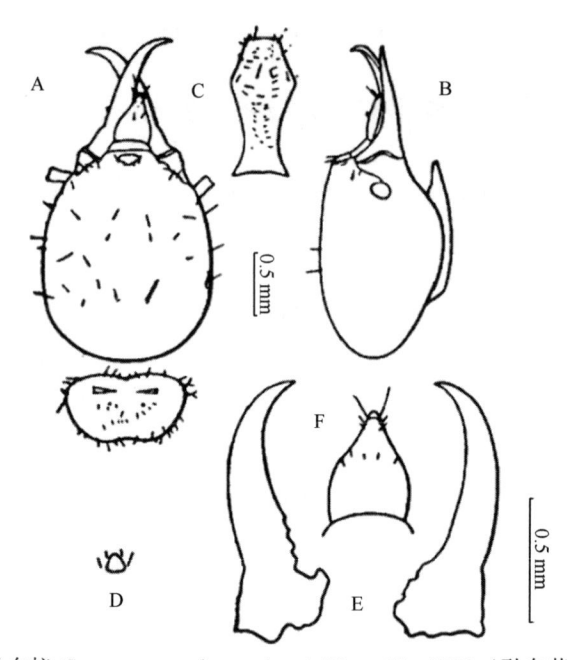

图 14-2　长泰乳白蚁 *Coptotermes changtaiensis* Xia *et* He, 1986（引自黄复生等，2000）
A. 兵蚁头部及前胸背板，背视；B. 兵蚁头部，侧视；C. 兵蚁后颏，腹视；D. 兵蚁囟孔，前视；E. 兵蚁左、右上颚，背视；F. 兵蚁上唇，背视

(400) 台湾乳白蚁 *Coptotermes formosanus* Shiraki, 1909（图版 VI-4）

Coptotermes formosanus Shiraki, 1909: 239.

主要特征：成虫：头部近圆形；复眼近圆形；单眼椭圆形；后唇基多毛，极短，微隆；触角 19–21 节，第 3 或第 4 节较短。前胸背板与头同宽或稍窄于头宽。翅膜质，翅面密布细短毛；前翅鳞大于后翅鳞，可部分覆盖后翅鳞。兵蚁：头卵圆形至长卵形，头长至上颚基 1.43–1.68 mm，头最宽 1.07–1.25 mm；囟大而显著，囟孔开口的短管朝向头前方；触角 14–16 节，第 3 或第 4 节较短。上唇近舌形，端部具 1 不明显的透明尖。前胸背板长 0.38–0.50 mm，宽 0.80–0.94 mm，窄于头宽，前缘及后缘中央有缺刻。

分布：浙江（全省）、全国广布；日本，巴基斯坦，斯里兰卡，菲律宾，美国，肯尼亚，乌干达，南非，巴西。

(401) 大头乳白蚁 *Coptotermes grandis* Li *et* Huang, 1985（图 14-3）

Coptotermes grandis Li *et* Huang in Tsai et al., 1985: 105.

主要特征：兵蚁：体型大。头长至上颚基 1.68–1.87 mm，头最宽 1.33–1.54 mm；上颚粗壮，端部较弯；

囟呈短管状前伸,背面观孔口不可见;触角15节,第3节较短小;后颏较长,腰部最狭处约位于最宽处和后缘的中间位置,腰部宽度几与前缘相等。前胸背板中长0.50–0.61 mm,宽0.96–1.14 mm,前缘中央凹入宽,后缘微凹。

分布:浙江(婺城)、福建。

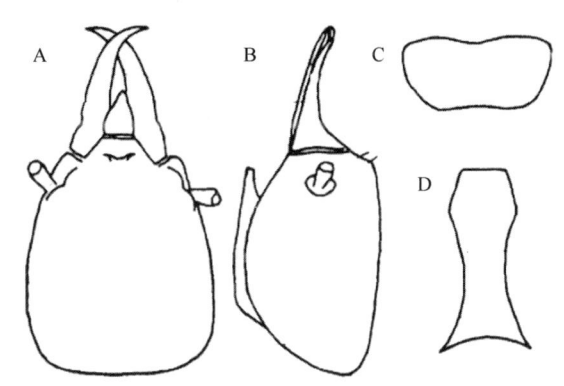

图14-3 大头乳白蚁 *Coptotermes grandis* Li *et* Huang, 1985(引自黄复生等,2000)
A. 兵蚁头部,背视;B. 兵蚁头部,侧视;C. 兵蚁前胸背板,背视;D. 兵蚁后颏,腹视

(402)海南乳白蚁 ***Coptotermes hainanensis* Li *et* Tsai, 1985**(图14-4)

Coptotermes hainanensis Li *et* Tsai in Tsai et al., 1985: 106.

主要特征:兵蚁:大型种。头部长卵形;头后端近1/3处最宽,头长至上颚基1.57–1.68 mm,头最宽1.33–1.47 mm;上颚较直,顶端略弯;背面观囟孔不可见;触角15–16节;后颏腰部最狭处位于最宽处和后缘中间。前胸背板中长0.46–0.50 mm,宽0.93–1.18 mm,前缘中央凹入较深,后缘凹入较小但很明显。

分布:浙江(嘉兴)、广东、海南、香港、广西。

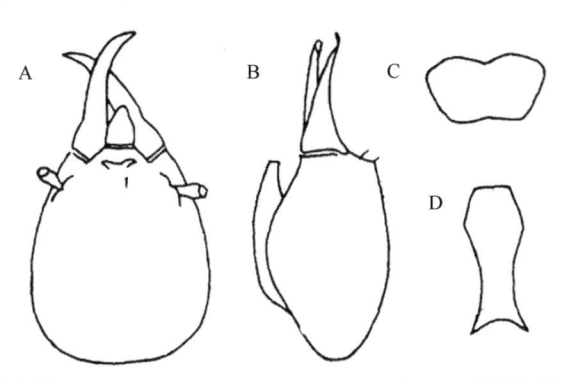

图14-4 海南乳白蚁 *Coptotermes hainanensis* Li *et* Tsai, 1985(引自黄复生等,2000)
A. 兵蚁头部,背视;B. 兵蚁头部,侧视;C. 兵蚁前胸背板,背视;D. 兵蚁后颏,腹视

(403)长带乳白蚁 ***Coptotermes longistriatus* Li *et* Huang, 1985**(图14-5)

Coptotermes longistriatus Li *et* Huang in Tsai et al., 1985: 107.

主要特征:成虫:未见。兵蚁:头部卵形,最宽处位于头后部,头长至上颚基1.60–1.61 mm,头最宽1.36–1.39 mm;上颚粗壮,顶端微弯;囟孔背面观孔口不可见;触角15节,第3、4节几等长;后颏最狭处明显位于后端。前胸背板中长0.50mm,宽0.96–1.02 mm,前缘稍平直或不明显地微凹入,后缘微凹。腹部背板有较为稠密的长刚毛,且在后缘排列整齐;背面观从前胸背板后半部至腹部背板末端中央具1明显的白色纵带。

分布：浙江（柯城、衢江、常山、开化、龙游、江山）、广东。

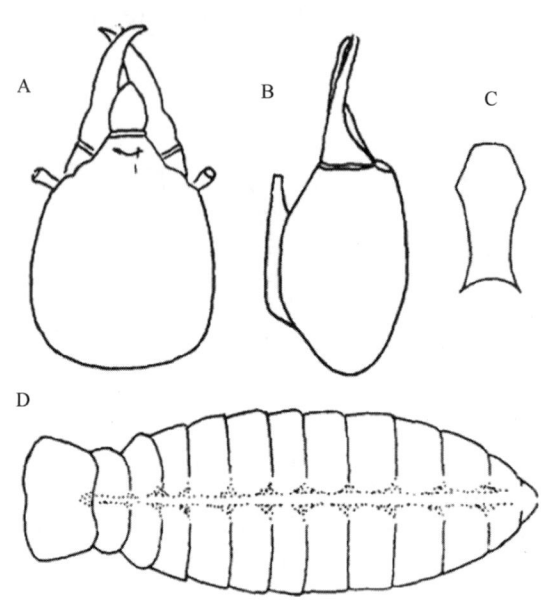

图 14-5　长带乳白蚁 Coptotermes longistriatus Li et Huang, 1985（引自黄复生等，2000）
A. 兵蚁头部，背视；B. 兵蚁头部，侧视；C. 兵蚁后颏，腹视；D. 兵蚁胸部及腹部，示白色纵带，背视

（404）上海乳白蚁 Coptotermes shanghaiensis Xia et He, 1986（图 14-6）

Coptotermes shanghaiensis Xia et He, 1986: 161.

主要特征：成虫：头部近圆形；复眼近圆形；单眼卵形；囟圆形；触角 19 节，第 3 节最短。前胸背板长略大于宽的一半，前缘中央凹入浅宽，后缘中央显著凹入。翅面被较密且排列不规则的短毛；前翅较狭，后翅宽于前翅。兵蚁：体小型。头部椭圆形，最宽处位于中部，头长至上颚基 1.25–1.38 mm，头最宽 1.03–1.05 mm；上颚较细直，仅端部略内弯；侧观囟孔几与头顶垂直；触角 14 节，第 3 节最短；后颏较狭长，腰部最狭处位于后端。前胸背板长 0.40 mm，宽 0.70–0.73 mm，前缘凹入浅宽，后缘中央微凹。

分布：浙江、江苏、上海、广东。

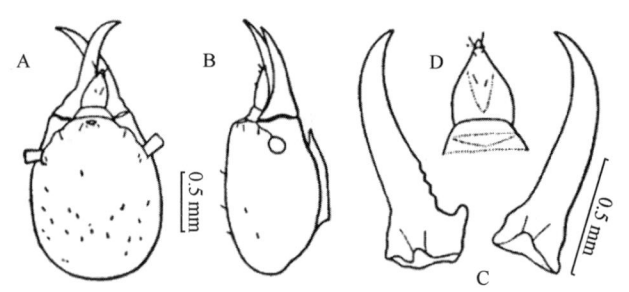

图 14-6　上海乳白蚁 Coptotermes shanghaiensis Xia et He, 1986（引自黄复生等，2000）
A. 兵蚁头部，背视；B. 兵蚁头部，侧视；C. 兵蚁左、右上颚，背视；D. 兵蚁上唇，背视

（405）苏州乳白蚁 Coptotermes suzhouensis Xia et He, 1986（图 14-7）

Coptotermes suzhouensis Xia et He, 1986: 167.

主要特征：成虫：头部宽圆形，后缘宽圆；复眼宽椭圆形；单眼长卵形；后唇基短宽；囟椭圆形，略突起；触角 20–21 节，第 4 节最短。前胸背板前、后缘中央均内凹，凹口呈钝三角形。前翅鳞大，覆盖后翅鳞。兵蚁：头部椭圆形，最宽处位于中部，头长至上颚基 1.60–1.68 mm，头最宽 1.25–1.35 mm；上颚粗壮，自中部渐内弯；侧观囟孔微后倾，几与头顶垂直；触角 15–16 节，第 3 节最短；后颏腰部较宽，位于中部。前胸背板长 0.51–0.60 mm，宽 0.88–0.98 mm，前缘中央凹口浅宽，后缘中央稍凹。

分布：浙江（金东）、江苏、上海、香港。

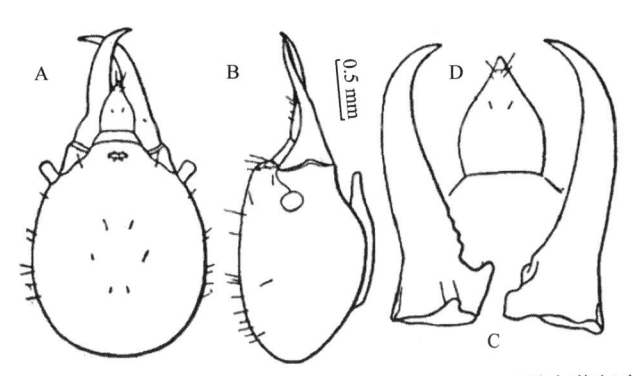

图 14-7 苏州乳白蚁 *Coptotermes suzhouensis* Xia et He, 1986（引自黄复生等，2000）
A. 兵蚁头部，背视；B. 兵蚁头部，侧视；C. 兵蚁左、右上颚，背视；D. 兵蚁上唇，背视

206. 散白蚁属 *Reticulitermes* Holmgren, 1913

Reticulitermes Holmgren, 1913: 60. Type species: *Termes flavipes* Kollar, 1837.
Tsaitermes Li et Ping, 1983: 239. Type species: *Reticulitermes yingdeensis* Li et Ping, 1977.

主要特征：成虫：头部近圆形；囟小，点状；单眼明显；后唇基弱或强突出；触角 16–19 节。翅色深，毛被稀；前翅鳞稍微覆盖后翅鳞。胫节距式 3:2:2；跗节 4 节。兵蚁：头部长方形，两侧近平行；囟小，点状；额平坦至强隆起；上颚军刀状，或端部强弯成近钩状；触角 14–19 节；后颏腰狭长。前胸背板扁平。足细长；胫节距式 3:2:2；跗节 4 节。

分布：世界广布。世界已知 138 种，中国记录 116 种，浙江分布 20 种，其中包括 2 个浙江新记录种。

分种检索表（成虫）

1. 前胸背板与头部颜色相同 ··· 2
- 前胸背板颜色浅于头部 ··· 8
2. 头长至上唇端 1.09 mm，头连复眼宽 0.89–0.90 mm ··· 小散白蚁 *R. parvus*
- 头长至上唇端大于 1.15 mm，头连复眼宽 0.92 mm 以上 ··· 3
3. 前胸背板宽 0.98–1.01 mm ··· 大别山散白蚁 *R. dabieshanensis*
- 前胸背板宽 0.75–0.95 mm ··· 4
4. 头及前胸背板均为柠檬黄色 ·· 柠黄散白蚁 *R. citrinus*
- 头及前胸背板色深，栗褐色至黑褐色 ··· 5
5. 后唇基突起至明显突起，高于单眼 ··· 6
- 后唇基几无突起至弱突起，约与单眼平齐 ··· 7
6. 头连复眼宽 1.07–1.15 mm ·· 黑胸散白蚁 *R. chinensis*
- 头连复眼宽 0.92–1.04 mm ·· 圆唇散白蚁 *R. labralis*
7. 头连复眼宽 1.05–1.10 mm，Cu 脉 9–11 个分支 ·· 细颚散白蚁 *R. leptomandibularis*
- 头连复眼宽 1.11 mm，Cu 脉约 8 个分支 ··· 湖南散白蚁 *R. hunanensis*
8. 头连复眼宽 1.06–1.18 mm，前胸背板长 0.60–0.71 mm ·· 肖若散白蚁 *R. affinis*

- 头连复眼宽 0.95–1.03 mm，前胸背板长 0.50–0.56 mm ··· 9
9. 前胸背板黄褐色，具若干褐色斑点 ··· 花胸散白蚁 R. fukienensis
- 前胸背板灰黄至黄褐色，无褐色斑点 ··· 10
10. 前胸背板宽 0.77 mm，前翅鳞长 0.61 mm ··································· 宜章散白蚁 R. yizhangensis
- 前胸背板宽 0.80 mm 以上，前翅鳞长 0.69–0.73 mm ··· 11
11. 囟距额前缘 0.48 mm ·· 黄胸散白蚁 R. flaviceps
- 囟距额前缘 0.51–0.53 mm ·· 栖北散白蚁 R. speratus

分种检索表（兵蚁）

1. 上颚钩状，端部强弯，颚端外缘顶点高于颚端尖点之上 ····································· 弯颚散白蚁 R. curvatus
- 上颚军刀状，端部不强弯，颚端尖点最高 ·· 2
2. 头部额区平坦或微隆 ·· 3
- 头部额区隆起明显或强隆 ·· 12
3. 上唇端针状或乳头状尖出 ·· 4
- 上唇端圆钝或尖锐，但不呈针状或乳头状 ·· 9
4. 左上颚长 1.30 mm 以上 ·· 罗浮散白蚁 R. luofunicus
- 左上颚长不超过 1.25 mm ·· 5
5. 上唇具侧端毛 ·· 大别山散白蚁 R. dabieshanensis
- 上唇缺侧端毛 ··· 6
6. 头最宽不超过 1.25 mm，前胸背板宽不超过 0.90 mm ·· 7
- 头最宽 1.25 mm 以上，前胸背板宽 0.93 mm 以上 ··· 8
7. 前胸背板近肾形 ·· 湖南散白蚁 R. hunanensis
- 前胸背板梯形 ·· 细颚散白蚁 R. leptomandibularis
8. 头长至上颚基 1.80–2.00 mm ·· 尖唇散白蚁 R. aculabialis
- 头长至上颚基 2.20–2.37 mm ·· 清江散白蚁 R. qingjiangensis
9. 头宽小于 1.00 mm ·· 小散白蚁 R. parvus
- 头宽 1.02–1.22 mm ··· 10
10. 前胸背板中区毛约 6 枚 ·· 黑胸散白蚁 R. chinensis
- 前胸背板中区毛 10–20 枚 ·· 11
11. 头长至上颚基 1.58–1.81 mm，后颏腰狭 0.16–0.19 mm ······························· 圆唇散白蚁 R. labralis
- 头长至上颚基 1.98–2.23 mm，后颏腰狭 0.13–0.14 mm ······························· 柠黄散白蚁 R. citrinus
12. 前胸背板中区毛少于 30 枚 ·· 13
- 前胸背板中区毛 30 枚或更多 ·· 18
13. 前胸背板中区毛 4–8 枚 ·· 栖北散白蚁 R. speratus
- 前胸背板中区毛 16–20 枚 ·· 14
14. 上唇具侧端毛 ·· 15
- 上唇缺侧端毛 ··· 16
15. 左上颚长 1.18–1.30 mm ·· 肖若散白蚁 R. affinis
- 左上颚长 1.04–1.10 mm ·· 黄胸散白蚁 R. flaviceps
16. 头宽 1.19–1.30 mm ·· 武宫散白蚁 R. wugongensis
- 头宽 0.92–1.11 mm ··· 17
17. 体小型，头长至上颚基 1.28–1.47 mm ··· 丹徒散白蚁 R. dantuensis
- 体中型，头长至上颚基 1.66–1.74 mm ·· 近黄胸散白蚁 R. periflaviceps
18. 前胸背板中区毛约 40 枚，上唇缺侧端毛 ··· 花胸散白蚁 R. fukienensis

\- 前胸背板中区毛约 30 枚，上唇具侧端毛 ·· 19
19. 体大型，头长至上颚基 2.41–2.59 mm ··· 卵唇散白蚁 *R. ovatilabrum*
\- 体中型，头长至上颚基 1.82–1.94 mm ··· 宜章散白蚁 *R. yizhangensis*

（406）尖唇散白蚁 *Reticulitermes aculabialis* Tsai *et* Hwang, 1977（图 14-8）

Reticulitermes (*Planifrontotermes*) *aculabialis* Tsai *et* Hwang in Tsai et al., 1977: 472.

主要特征：兵蚁：头部两侧近平行，中部稍外扩，后缘稍突；额微隆；上唇端部透明区针状尖出；侧端毛细短；上颚长而强，端部较弯；触角 16–17 节；后颏腰缩指数 0.28–0.31。前胸背板肾形；前缘中央凹入浅宽，后缘中央稍凹；中区具 2 枚长毛。

分布：浙江（吴兴、德清、安吉、余姚、磐安、柯城、衢江、常山、开化、龙游、江山、莲都、遂昌）、河南、陕西、甘肃、江苏、安徽、湖北、江西、湖南、福建、广东、广西、四川、贵州、云南。

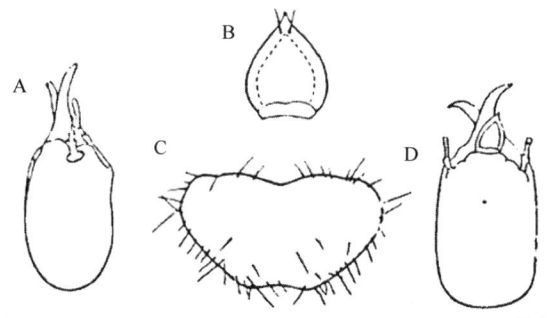

图 14-8　尖唇散白蚁 *Reticulitermes aculabialis* Tsai *et* Hwang, 1977（引自黄复生等，2000）
A. 兵蚁头部，侧视；B. 兵蚁上唇，背视；C. 兵蚁前胸背板，背视；D. 兵蚁头部，背视

（407）黑胸散白蚁 *Reticulitermes chinensis* Snyder, 1923（图版 VI-5）

Reticulitermes chinensis Snyder, 1923: 107.

主要特征：成虫：头部圆形；囟点状；复眼和单眼近圆形；复眼与头下缘间距明显小于复眼短径；触角 17–18 节；后唇基突起明显，侧观稍低于头顶，高于单眼。前胸背板前缘中央凹入浅宽，后缘中央浅凹。兵蚁：头部两侧平行，后缘近平直；头长至上颚基 1.83–1.90 mm，头最宽 1.08–1.22 mm；额平坦或隆起；上唇矛状，唇端缓尖，侧端毛有或缺；左上颚长 1.05–1.22 mm，稍粗，端部略弯；触角 16–18 节；后颏长 1.30–1.50 mm，宽 0.43–0.52 mm，腰狭 0.12–0.15 mm，腰缩指数 0.27–0.32。前胸背板梯形；长 0.50–0.55 mm，宽 0.82–0.95 mm；前缘中央浅凹，后缘近平直；中区毛约 6 枚。

分布：浙江（全省）、全国广布；印度，越南。

（408）柠黄散白蚁 *Reticulitermes citrinus* Ping *et* Li, 1982（图 14-9）

Reticulitermes citrinus Ping *et* Li in Ping et al., 1982: 419.

主要特征：成虫：全体柠檬黄色。体毛金黄色。头部卵圆形；囟点状微突；复眼与头下缘间距小于复眼长径；单眼较大；后唇基突起，平于头顶。前胸背板前、后缘中央稍凹。兵蚁：头部两侧近平行或后部稍外扩；头长至上颚基 1.98–2.23 mm，头最宽 1.14–1.21 mm；额微隆；上唇矛状，唇端狭圆，缺侧端毛；上颚较短壮，端部较弯；触角 16 节；后颏腰缩指数 0.28–0.30。前胸背板长 0.50–0.54 mm，宽 0.80–0.87 mm；前缘凹入较后缘深；中区毛约 20 枚。

分布：浙江（越城、柯桥、诸暨、永康、缙云、遂昌、龙泉）。

图 14-9 柠黄散白蚁 *Reticulitermes citrinus* Ping *et* Li, 1982（引自黄复生等，2000）
A. 兵蚁头部及前胸背板，背视；B. 兵蚁头部，侧视；C. 兵蚁上唇，背视；D. 兵蚁左、右上颚，背视；E. 兵蚁后颏，腹视；F. 兵蚁下颚，背视

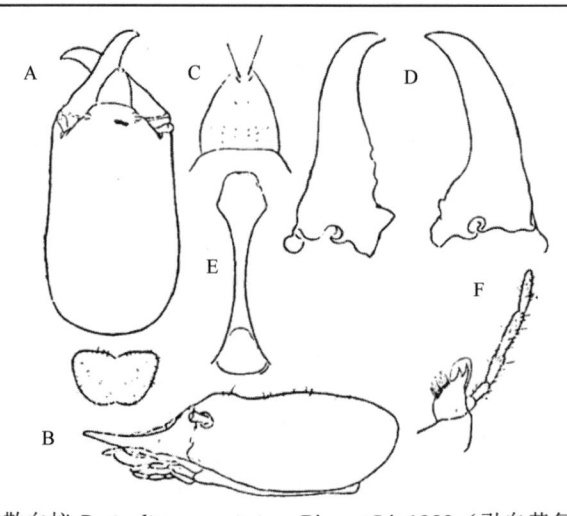

（409）大别山散白蚁 *Reticulitermes dabieshanensis* Wang *et* Li, 1984（图 14-10）

Reticulitermes dabieshanensis Wang *et* Li, 1984: 74.

主要特征：成虫：头部近圆形；囟点状；复眼近圆形，与头下缘间距小于复眼短径；单眼长圆形；触角 17 节；后唇基几不突起，低于头顶，约平于单眼。前胸背板近梯形；前缘平直，后缘中央凹刻较深，呈"V"形。兵蚁：头部两侧平行，后缘稍突；头长至上颚基 2.11–2.31 mm，头最宽 1.25–1.37 mm；额微隆；上唇端半透明区圆锥形粗尖出，侧端毛明显；上颚强壮，端部较弯；触角 16–17 节；后颏腰缩指数 0.30–0.35。前胸背板梯形，长 0.56–0.61 mm，宽 0.92–1.03 mm；前缘凹入较后缘稍深；中区毛约 6 枚。

分布：浙江（余姚、莲都、庆元、龙泉）、河南、湖北。

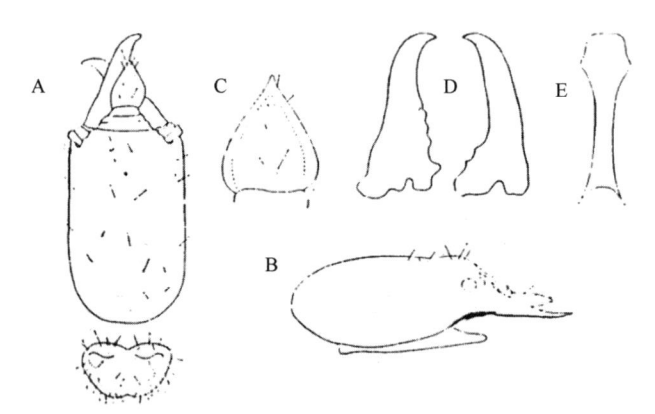

图 14-10 大别山散白蚁 *Reticulitermes dabieshanensis* Wang *et* Li, 1984（引自黄复生等，2000）
A. 兵蚁头部及前胸背板，背视；B. 兵蚁头部，侧视；C. 兵蚁上唇，背视；D. 兵蚁左、右上颚，背视；E. 兵蚁后颏，腹视

（410）湖南散白蚁 *Reticulitermes hunanensis* Tsai *et* Peng, 1980（图版 VI-6）

Reticulitermes (*Planifrontotermes*) *hunanensis* Tsai *et* Peng in Tsai et al., 1980: 298.

主要特征：成虫：头部近圆形；囟点状；复眼近圆形，与头下缘间距小于复眼短径；单眼近圆形；触角 17 节；后唇基几不突起，低于头顶，约平于单眼。前胸背板近肾形；前缘中央浅凹，后缘中央凹入较深。兵蚁：头部两侧近平行，向后稍狭，后缘稍突；头长至上颚基 1.87–2.21 mm，头最宽 1.14–1.25 mm；额

微隆；上唇端半透明区锐角形狭尖出，缺侧端毛；上颚长而强，长 1.12–1.22 mm，端部粗短略弯曲；触角 16 节；后颏长 1.37–1.56 mm，宽 0.44–0.49 mm，腰狭 0.13–0.15 mm，腰缩指数 0.28。前胸背板近肾形，长 0.49–0.54 mm，宽 0.84–0.94 mm；前、后缘中央均凹入较浅；中区毛约 6 枚。

分布：浙江（婺城、开化、遂昌）、湖北、湖南、福建、广西、四川、贵州。

（411）圆唇散白蚁 *Reticulitermes labralis* Hsia et Fan, 1965（图版 VI-7）

Reticulitermes labralis Hsia et Fan, 1965: 372.

主要特征：成虫：头部圆形；囟点状；复眼呈近圆角的三角形，与头下缘间距小于复眼长径；单眼近圆形；触角 17–18 节；后唇基突起，稍低于头顶，稍高于单眼。前胸背板前缘中央凹入浅宽，后缘中央凹入明显。兵蚁：头部两侧近平行，后缘宽圆；头长至上颚基 1.58–1.81 mm，头最宽 1.02–1.12 mm；额微隆；上唇矛状，端部狭圆，具侧端毛；上颚较细直，0.89–0.98 mm，端部尖细；触角 15–16 节；后颏长 1.05–1.33 mm，宽 0.40–0.44 mm，腰狭 0.16–0.19 mm，腰缩指数 0.40–0.50。前胸背板长 0.44–0.55 mm，宽 0.73–0.84 mm，前、后缘较平直，中央凹入均浅；中区毛 10–16 枚。

分布：浙江（定海、岱山、柯城、衢江、常山、开化、龙游、莲都、景宁）、河南、陕西、江苏、上海、安徽、湖北、江西、广东、香港、四川。

（412）细颚散白蚁 *Reticulitermes leptomandibularis* Hsia et Fan, 1965（图版 VI-8）

Reticulitermes chinensis leptomandibularis Hsia et Fan, 1965: 375.
Reticulitermes leptomandibularis: Gao et al., 1982: 138.

主要特征：成虫：头部近圆形；囟点状；复眼近圆形，与头下缘间距显著小于复眼短径；单眼长圆形；触角 17 节；后唇基稍突起，低于头顶，约平于单眼。前胸背板梯形；前缘平直，中央凹入浅，后缘中央"V"形凹入。兵蚁：头部两侧近平行，后缘中央平直，后侧角稍圆；头长至上颚基 1.76–2.03 mm，头最宽 1.09–1.21 mm；额微隆；上唇端部透明区针状尖出，缺侧端毛；左上颚长 1.12–1.24 mm，较细直，端部尖细、略弯；触角 15–16 节；后颏长 1.30–1.61 mm，宽 0.42–0.48 mm，腰狭 0.11–0.16 mm，腰缩指数 0.25–0.33。前胸背板梯形，长 0.48–0.59 mm，宽 0.81–0.90 mm；前、后缘较平直，中央凹入均浅；中区毛约 6 枚。

分布：浙江（越城、柯桥、上虞、新昌、诸暨、嵊州、北仑、鄞州、象山、宁海、余姚、慈溪、定海、婺城、武义、浦江、磐安、东阳、永康、开化、江山、莲都、缙云、遂昌、云和、庆元）、河南、江苏、安徽、江西、湖南、福建、台湾、广东、海南、广西、四川、贵州。

（413）罗浮散白蚁 *Reticulitermes luofunicus* Zhu, Ma et Li, 1982（图版 VI-9）

Reticulitermes luofunicus Zhu, Ma et Li, 1982: 437.

主要特征：兵蚁：头部两侧微弧形，向后稍外扩，后缘宽圆；头长至上颚基 2.18–2.54 mm，头最宽 1.37–1.56 mm；额微隆；上唇端部透明区短针状尖出，侧端毛有或缺；上颚粗壮，端部近强弯，长 1.32–1.44 mm；触角 16–17 节；后颏长 1.76–2.00 mm，宽 0.51–0.59 mm，腰狭 0.17–0.20 mm，腰缩指数约为 0.30。前胸背板肾形，中部长 0.52–0.61 mm，宽 1.01–1.12 mm；前缘中央浅凹，后缘中央凹入明显；中区毛约 4 枚。

分布：浙江（东阳、开化、江山、遂昌）、广东、贵州。

（414）小散白蚁 *Reticulitermes parvus* Li, 1979（图版 VI-10）

Reticulitermes parvus Li, 1979: 66.

主要特征：成虫：头部长圆形；囟点状；复眼圆缓的三角形；单眼短径大于单复眼间距的 2 倍以上；后唇基稍突起，低于头顶。前胸背板前缘中央凹入浅宽，后缘中央浅凹。兵蚁：头部两侧近平行，向后稍扩，后缘宽圆；头长至上颚基 1.53–1.58 mm，头最宽 0.90–0.92 mm；额微隆；上唇舌状，端部狭圆；触角 14–15 节；左上颚长 0.92 mm；后颏长 0.98–1.09 mm，宽 0.38–0.42 mm，腰狭 0.13–0.14 mm，腰缩指数 0.34。前胸背板长 0.44–0.47 mm，宽 0.64–0.66 mm，前、后缘中央凹入均较明显；中区毛约 20 枚。

分布：浙江（吴兴、南浔、德清、长兴、越城、柯桥、上虞、新昌、诸暨、嵊州、奉化、宁海、余姚、兰溪、柯城、衢江、常山、开化、龙游、江山、莲都、遂昌、庆元、龙泉）、湖南、香港。

（415）清江散白蚁 *Reticulitermes qingjiangensis* Gao *et* Wang, 1982（图版 VI-11）

Reticulitermes qingjiangensis Gao *et* Wang in Gao et al., 1982: 140.

主要特征：兵蚁：头部两侧近平行，中后段稍外扩，后缘近宽圆；头长至上颚基 2.20–2.37 mm，头最宽 1.28–1.35 mm；额微隆；上唇端部半透明区粗针状短尖出；上颚强壮，端部较短而弯，长 1.21–1.25 mm；触角 17–18 节；后颏长 1.55–1.80 mm，宽 0.50–0.55 mm，腰狭 0.15–0.16 mm，腰缩指数 0.28。前胸背板近肾形，长 0.45–0.55 mm，宽 0.95–1.04 mm；前缘中央凹入较深，后缘中央浅凹；中区毛细，长毛约 4 枚。

分布：浙江（婺城、浦江、永康、江山）、河南、江苏、安徽。

（416）肖若散白蚁 *Reticulitermes affinis* Hsia *et* Fan, 1965（图 14-11）

Reticulitermes affinis Hsia *et* Fan, 1965: 367.

主要特征：成虫：头部近圆形；囟点状；复眼圆缓的三角形，与头下缘间距小于复眼短径；单眼近圆形；触角 17 节；后唇基几未突起，低于头顶。前胸背板近方形；前、后缘中央凹入均明显。兵蚁：头部两侧平行，后缘中央平直；头长至上颚基 1.89–2.04 mm，头最宽 1.15–1.30 mm；额隆起明显；上唇长矛状，端部稍钝，具侧端毛；上颚长而强，端部较弯；触角 16–17 节；后颏腰缩指数 0.32–0.38。前胸背板长 0.59–0.65 mm，宽 0.91–1.04 mm；前缘中央宽"V"形凹入较深，后缘中央浅凹；中区毛约 16 枚。

分布：浙江（萧山、余杭、富阳、临安、桐庐、淳安、建德、越城、柯桥、上虞、新昌、诸暨、嵊州、北仑、镇海、鄞州、奉化、象山、宁海、余姚、慈溪、婺城、磐安、永康、柯城、衢江、常山、开化、龙游、江山、莲都、遂昌、龙泉）、河南、江苏、安徽、湖北、江西、湖南、福建、台湾、广东、海南、香港、广西、四川、贵州、云南。

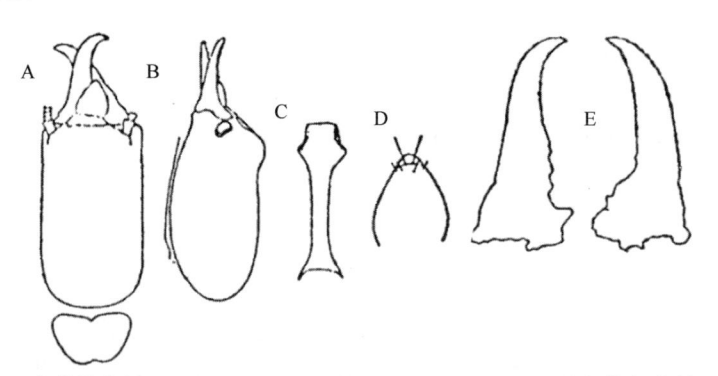

图 14-11　肖若散白蚁 *Reticulitermes affinis* Hsia *et* Fan, 1965（引自黄复生等，2000）
A. 兵蚁头部及前胸背板，背视；B. 兵蚁头部，侧视；C. 兵蚁后颏，腹视；D. 兵蚁上唇，背视；E. 兵蚁左、右上颚，背视

（417）武宫散白蚁 *Reticulitermes wugongensis* Li *et* Huang, 1986 浙江新记录种（图版 VI-12）

Reticulitermes wugongensis Li *et* Huang, 1986: 26.

主要特征：成虫：未见。兵蚁：头部两侧近平行，后缘平直；头长至上颚基 2.09–2.25 mm，头最宽 1.19–1.30 mm；额隆起明显；上唇矛状，端部狭圆，无侧端毛；上颚长 1.13–1.20 mm，强壮，端部较弯，且弯端较长；触角 16–17 节；后颏长 1.42–1.76 mm，宽 0.50–0.55 mm，腰狭 0.13–0.18 mm，腰缩指数 0.31–0.33。前胸背板长 0.60–0.64 mm，宽 0.90–1.02 mm，前缘中央宽"V"形浅凹，后缘近平直；中区毛 20 余枚。

分布：浙江（江山）、福建。

(418) 丹徒散白蚁 *Reticulitermes dantuensis* Gao et Zhu, 1982 浙江新记录种（图版 VI-13）

Reticulitermes dantuensis Gao et Zhu in Gao et al., 1982: 138.

主要特征：成虫：头壳近圆形，至上唇基长 1.06 mm，连复眼宽 1.12 mm；囟点状；复眼椭圆形，长径 0.20 mm，短径 0.18 mm；单眼近圆形，长 0.06 mm，宽 0.05 mm；单复眼间距 0.08 mm；前胸背板长 0.60 mm，宽 0.90 mm；前翅鳞长 0.66 mm。兵蚁：头部两侧中段稍外扩，后缘宽圆；头长至上颚基 1.28–1.47 mm，头最宽 0.92–0.99 mm；额隆起；上唇钝矛状，缺侧端毛；左上颚长 0.84–0.91 mm，端部细直；触角 14–15 节；后颏长 0.88–1.00 mm，宽 0.35–0.40 mm，腰狭 0.15–0.17 mm，腰缩指数约为 0.41。前胸背板长 0.34–0.40 mm，宽 0.61–0.70 mm，前缘中央凹入较宽、深，后缘较浅。

分布：浙江（定海、普陀）、江苏、安徽、四川。

(419) 黄胸散白蚁 *Reticulitermes flaviceps* (Oshima, 1911)（图版 VI-14）

Leucotermes flaviceps Oshima, 1911: 356.
Reticulitermes flaviceps: Light, 1931: 589.

主要特征：成虫：头部长圆形；囟点状；复眼近圆形，与头下缘间距约等于复眼短径；单眼近圆形；后唇基稍突起，低于头顶，高于单眼。前胸背板前缘中央凹入很浅，后缘中央凹入略深。兵蚁：头部两侧近平行，向后稍外扩，后缘宽圆；头长至上颚基 1.71–2.02 mm，头最宽 1.10–1.16 mm；额微隆；上唇矛状，端部狭圆，具侧端毛；上颚较直，端部稍弯，长 1.04–1.10 mm；触角 16 节；后颏长 1.04–1.34 mm，宽 0.43–0.49 mm，腰狭 0.18–0.21 mm，腰缩指数 0.36–0.44。前胸背板长 0.43–0.51 mm，宽 0.80–0.91 mm，前缘中央浅凹，后缘中央稍凹；中区毛 20 枚左右。

分布：浙江（全省）、全国广布；日本，越南。

(420) 花胸散白蚁 *Reticulitermes fukienensis* Light, 1924（图版 VI-15）

Reticulitermes fukienensis Light, 1924: 51.

主要特征：成虫：前胸背板黄褐色，具若干褐色斑点。头部长圆形；囟点状；复眼近圆形，与头下缘间距稍大于复眼短径，几与复眼长径相等；单眼近圆形；后唇基几未突起，低于头顶，高于单眼。前胸背板前缘近平直，后缘中央浅凹。兵蚁：头部两侧近平行，后缘宽圆；头长至上颚基 1.78–2.12 mm，头最宽 1.05–1.11 mm；额隆起；上唇矛状，端部三角形尖出，缺侧端毛；左上颚长 1.02–1.05 mm，端部尖细、甚弯；触角 15–16 节；后颏长 1.26–1.33 mm，宽 0.43–0.46 mm，腰狭 0.18–0.20 mm，腰缩指数 0.39–0.44。前胸背板长 0.48–0.53 mm，宽 0.71–0.82 mm，前缘较平直，后缘中央浅凹；中区毛约 40 枚。

分布：浙江（吴兴、德清、长兴、定海、婺城、永康、衢江、常山、开化、龙游、江山、遂昌、龙泉、瓯海）、江苏、福建、广东、海南、香港、广西、云南。

（421）卵唇散白蚁 *Reticulitermes ovatilabrum* Xia et Fan, 1981（图 14-12）

Reticulitermes ovatilabrum Xia et Fan, 1981: 192.

主要特征：兵蚁：头部两侧平行，后缘平直；头长至上颚基 2.41–2.59 mm，头最宽 1.23–1.33 mm；额强隆起；上唇舌状，端部宽圆，整体似直立卵形，具侧端毛；上颚短而壮，端部甚弯；触角 17 节；后颏腰区狭长，腰缩指数 0.29–0.38。前胸背板长 0.64–0.70 mm，宽 1.00–1.13 mm，梯形；前缘中央呈宽"V"形浅凹，后缘中央微凹；中区毛近 30 枚。

分布：浙江（武义）、广西。

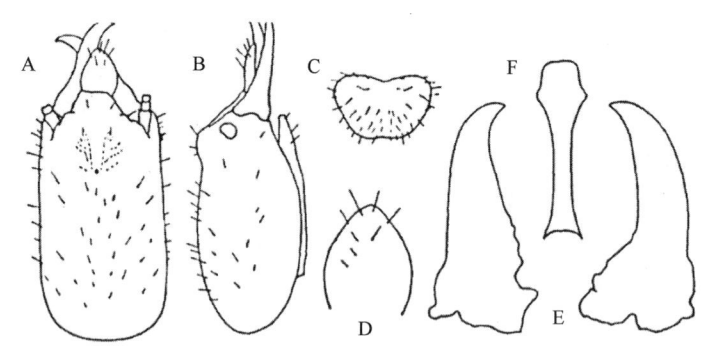

图 14-12　卵唇散白蚁 *Reticulitermes ovatilabrum* Xia et Fan, 1981（引自黄复生等，2000）
A. 兵蚁头部，背视；B. 兵蚁头部，侧视；C. 兵蚁前胸背板，背视；D. 兵蚁上唇，背视；E. 兵蚁左、右上颚，背视；F. 兵蚁后颏，腹视

（422）近黄胸散白蚁 *Reticulitermes periflaviceps* Ping et Xu, 1993（图版 VI-16）

Reticulitermes periflaviceps Ping et Xu, 1993: 435.

主要特征：兵蚁：头部两侧近平行，向后稍外扩，后缘宽圆；头长至上颚基 1.66–1.74 mm，头最宽 1.04–1.11 mm；额隆起；上唇矛状，端部狭圆，缺侧端毛；左上颚长 1.03–1.07 mm，端部稍弯；触角 15 节；后颏长 1.21–1.29 mm，宽 0.39–0.42 mm，腰狭 0.16–0.17 mm，腰缩指数 0.40–0.41。前胸背板长 0.49–0.52 mm，宽 0.78–0.87 mm，前缘中央宽凹入，后缘中央浅凹；中区长毛约 20 枚。

分布：浙江（定海、普陀、开化、江山、遂昌）、广东。

（423）栖北散白蚁 *Reticulitermes speratus* (Kolbe, 1885)（图 14-13）

Termes speratus Kolbe, 1885: 147.
Reticulitermes speratus: Light, 1931: 589.

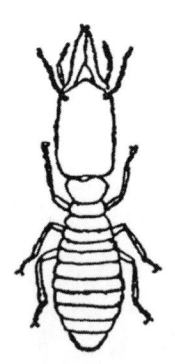

图 14-13　栖北散白蚁 *Reticulitermes speratus* (Kolbe, 1885)兵蚁（引自黄复生等，2000）

主要特征：成虫：头部略短，近圆形；囟点状；复眼近圆形，与头下缘间距小于复眼长径；单眼近圆形；触角 16–17 节；后唇基几未突起，低于头顶，高于单眼。前胸背板前缘中央凹入浅，后缘中央凹入较深。兵蚁：头部两侧近平行，向后稍外扩，后缘宽圆；头长至上颚基 1.65–1.90 mm，头最宽 1.10–1.26 mm；额微隆；上唇舌状，端部多数钝圆，少数狭圆，缺侧端毛；上颚稍粗，端部略弯；触角 15–16 节；后颏腰缩指数 0.33–0.38。前胸背板长 0.49–0.58 mm，宽 0.80–0.93 mm，近梯形；前缘中央浅凹，后缘中央稍凹；中区毛 4–8 枚。

分布：浙江（奉化、宁海、余姚、婺城、永康）、辽宁、北京、天津、河北；韩国，日本。

（424）宜章散白蚁 Reticulitermes yizhangensis Huang et Tong, 1980（图 14-14）

Reticulitermes (Frontotermes) yizhangensis Huang et Tong in Tsai et al., 1980: 299.

主要特征：成虫：头部圆形略长；囟点状；复眼近圆形，与头下缘间距稍小于或等于复眼短径；单眼近圆形；触角 16–17 节；后唇基突起，明显低于头顶。前胸背板前缘平直，后缘中央浅凹。兵蚁：头部两侧近平行，近中部稍收缩，后缘宽圆；头长至上颚基 1.82–1.94 mm，头最宽 0.89–1.04 mm；额隆起明显；上唇舌状，具侧端毛；上颚短而壮，端部甚弯；触角 15–16 节；后颏腰区狭长，腰缩指数 0.33–0.35。前胸背板长 0.51–0.52 mm，宽 0.79–0.80 mm，倒梯形；前缘中央浅凹，后缘较平直；中区毛约 30 枚。

分布：浙江（婺城、永康）、湖南、香港、广西、四川、云南。

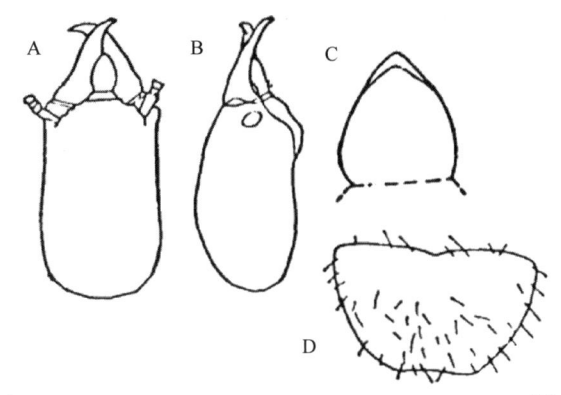

图 14-14 宜章散白蚁 Reticulitermes yizhangensis Huang et Tong, 1980（引自黄复生等，2000）
A. 兵蚁头部，背视；B. 兵蚁头部，侧视；C. 兵蚁上唇，背视；D. 兵蚁前胸背板，背视

（425）弯颚散白蚁 Reticulitermes curvatus Hsia et Fan, 1965（图 14-15）

Reticulitermes curvatus Hsia et Fan, 1965: 370.

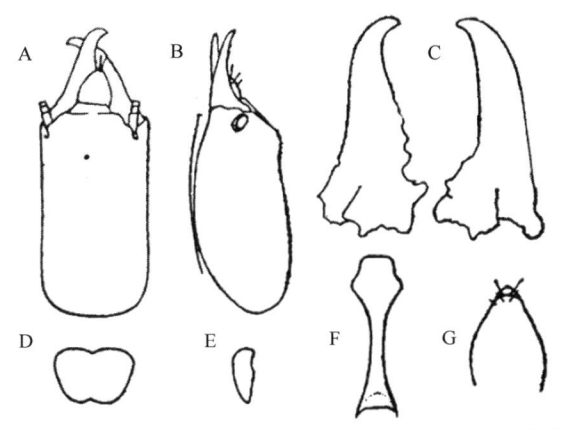

图 14-15 弯颚散白蚁 Reticulitermes curvatus Hsia et Fan, 1965（引自黄复生等，2000）
A. 兵蚁头部，背视；B. 兵蚁头部，侧视；C. 兵蚁左、右上颚，背视；D. 兵蚁前胸背板，背视；E. 兵蚁前胸背板，侧视；F. 兵蚁后颏，腹视；G. 兵蚁上唇，背视

主要特征：兵蚁：头部两侧平行，后缘平直；头长至上颚基 2.01–2.14 mm，头最宽 1.08–1.14 mm；额微隆；上唇钝矛状，端部狭圆，侧端毛细短；上颚短而壮，端部强弯；触角 15 节；后颏腰区细长。前胸背板长 0.54–0.55 mm，宽 0.79–0.82 mm，前、后缘较平直，前缘中央凹入较后缘宽且深；中区长毛约 8 枚，间有多枚短毛。

分布：浙江（吴兴、南浔、德清、长兴、安吉、永康、柯城、衢江、常山、开化、龙游、江山、遂昌、龙泉）、福建、广西。

六十六、白蚁科 Termitidae

主要特征：成虫：头部有囟；复眼大小不一；有单眼；触角 14–23 节；后唇基拱形，长或短；除少数类群外，上颚具 1 枚端齿和 2 枚缘齿。前胸背板马鞍形。足跗节 3–4 节；胫节距式 3:2:2 或 2:2:2，中足胫节有时具额外的刺。尾须 1–2 节。翅弱网状或不呈网状；前翅鳞短小，不与后翅鳞重叠。兵蚁：头部形状多样，单型、二型或三型；有囟；上颚粗短、细长或退化，左右对称或不对称；触角 11–20 节。前胸背板马鞍形，窄于头宽。跗节 3–4 节。尾须 1–2 节。多数类群具兵蚁，少数无。

生物学：该科具有真正的工蚁品级；土栖性，筑巢于地下或土垅中；包括多种世界性害虫。

分布：世界广布。世界已知 238 属 2072 种，中国记录 29 属 225 种，浙江分布 13 属 36 种。

分属检索表（兵蚁）

1. 上颚发达，头不延长成象鼻 ··· 2
- 上颚退化，头延长成象鼻 ·· 7
2. 左右上颚对称，端部内弯，用于咬钳 ··· 3
- 左右上颚稍微或强烈不对称，用于扑跳 ·· 5
3. 左右上颚内缘中部各具 1 枚小缘齿 ··· 亮白蚁属 *Euhamitermes*
- 上颚内缘中部不具齿，或仅左上颚中部或基部具齿 ·· 4
4. 二型或三型，左上颚仅基部具数枚缺刻，上唇端具半透明三角块 ····················· 大白蚁属 *Macrotermes*
- 单型，左上颚近中部具 1 枚大尖齿，上唇端无半透明三角块 ························· 土白蚁属 *Odontotermes*
5. 胫节距式 2:2:2 ·· 华扭白蚁属 *Sinocapritermes*
- 胫节距式 3:2:2 ·· 6
6. 左上颚顶端宽钝，不呈钩状 ··· 近扭白蚁属 *Pericapritermes*
- 左上颚顶端狭尖，向内弯曲成钩 ··· 钩扭白蚁属 *Pseudocapritermes*
7. 头部两侧在触角窝后明显收缩 ··· 8
- 头部两侧在触角窝后不收缩 ··· 9
8. 头部后缘弧形圆出 ··· 弧白蚁属 *Arcotermes*
- 头部后缘中央微凹入 ··· 钝颚白蚁属 *Ahmaditermes*
9. 头及鼻均被较密的细短毛 ··· 棘白蚁属 *Nasopilotermes*
- 头部被毛甚少，或仅鼻端部毛稍多 ·· 10
10. 头部鼻基两侧各具 1 小突起 ··· 夏氏白蚁属 *Xiaitermes*
- 头部鼻基两侧不具小突起 ·· 11
11. 二型或三型，大兵蚁上颚具锐齿 ··· 奇象白蚁属 *Mironasutitermes*
- 单型或二型，上颚秃钝或具点状至明显的尖刺 ·· 12
12. 上颚具极小的点状尖刺 ··· 华象白蚁属 *Sinonasutitermes*
- 上颚不具刺或具较为明显的尖刺 ··· 象白蚁属 *Nasutitermes*

207. 土白蚁属 *Odontotermes* Holmgren, 1910

Odontotermes Holmgren, 1910: 286. Type species: *Termes vulgaris* Haviland, 1898.

主要特征：成虫：头部宽卵形或近圆形；囟明显；后唇基很短，隆起；触角 19 节。前胸背板常有淡色十字形斑纹。翅透明至暗褐色。兵蚁：单型。头部卵圆形；囟不明显；额平；上唇无透明尖端；上颚军刀状，左上颚中部附近具 1 枚大尖齿；触角 15–18 节；后颏近长方形，中部较宽。

分布：世界广布。世界已知 199 种，中国记录 27 种，浙江分布 5 种。

分种检索表（兵蚁）

1. 左上颚齿位于中部之后 ·· 粗颚土白蚁 *O. gravelyi*
- 左上颚齿位于端部约 1/3 处 ··· 2
2. 头长至上颚基 2.00–2.09 mm ··· 贵州土白蚁 *O. guizhouensis*
- 头长至上颚基 1.95 mm 以下 ·· 3
3. 头长至上颚基 1.37–1.40 mm ··· 富阳土白蚁 *O. fuyangensis*
- 头长至上颚基 1.72–1.94 mm ·· 4
4. 前胸背板长 0.48–0.59 mm，后缘中央凹刻明显 ··································· 黑翅土白蚁 *O. formosanus*
- 前胸背板长 0.66–0.69 mm，后缘中央凹刻浅宽 ······································ 浦江土白蚁 *O. pujiangensis*

（426）黑翅土白蚁 *Odontotermes formosanus* (Shiraki, 1909)（图版 VI-17）

Termes formosana Shiraki, 1909: 234.
Odontotermes formosanus: Holmgren, 1912a: 127.

主要特征：成虫：头部圆形；单、复眼椭圆形，单复眼间距约等于复眼长径；触角 19 节；后唇基隆起，中央具纵缝；前唇基与后唇基等长。前胸背板中央有 1 淡色十字形斑纹，其两侧靠前各有 1 圆形淡色点。前翅鳞略大于后翅鳞。兵蚁：头部卵圆形，中后部最宽；头长至上颚基 1.72–1.77 mm，头最宽 1.27–1.44 mm；额平；上颚镰刀形，左上颚齿位于中部之前，齿尖指向侧前方；上唇舌状，端部约伸达上颚中部，未遮盖颚齿；触角 16–17 节；后颏粗短，最宽处 0.55–0.68 mm，最狭处 0.37–0.38 mm。前胸背板元宝形，长 0.48–0.59 mm，宽 0.90–1.00 mm；前、后缘中央均具明显凹刻。

分布：浙江（全省）、全国广布；日本，缅甸，越南，泰国。

（427）富阳土白蚁 *Odontotermes fuyangensis* Gao et Zhu, 1986（图 14-16）

Odontotermes fuyangensis Gao et Zhu, 1986: 97.

主要特征：兵蚁：头部长卵形，两侧近平行，中部稍后最宽；头长至上颚基 1.37–1.40 mm，头最宽 1.08–1.10 mm；上颚镰刀形，左上颚齿位于端部 1/3 处；上唇瘦长舌状，端部约伸达上颚中部，未遮盖颚齿；触角 15 节。前胸背板长 0.46–0.47 mm，宽 0.70–0.71 mm，前缘中央凹刻明显，后缘稍平直，中央缺刻不明显。

分布：浙江（龙泉）。

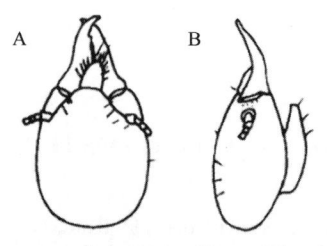

图 14-16 富阳土白蚁 *Odontotermes fuyangensis* Gao et Zhu, 1986（引自黄复生等，2000）
A. 兵蚁头部，背视；B. 兵蚁头部，侧视

（428）粗颚土白蚁 *Odontotermes gravelyi* Silvestri, 1914（图 14-17）

Odontotermes gravelyi Silvestri, 1914a: 428.

主要特征：成虫：单眼椭圆形，单复眼间距介于单眼长径与短径之间；囟小，突起呈锥形；触角 19 节。前胸背板中央有 1 淡色十字形斑纹，其两侧稍前各有 1 淡色小斑。兵蚁：头部卵形，大而扁平；头长至上颚基 2.71–3.14 mm，头最宽 2.14–2.57 mm；上颚粗壮，左上颚尖齿位于中部之后，齿尖指向侧前方；上唇端伸达上颚中部；触角 17 节。前胸背板长 0.81–0.92 mm，宽 1.50–1.72 mm，前、后缘中央均具凹刻。

分布：浙江（余杭）、云南；缅甸，越南。

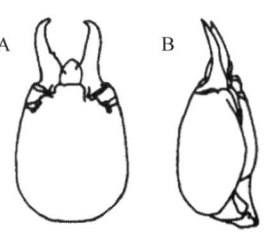

图 14-17 粗颚土白蚁 *Odontotermes gravelyi* Silvestri, 1914（引自黄复生等，2000）
A. 兵蚁头部，背视；B. 兵蚁头部，侧视

（429）贵州土白蚁 *Odontotermes guizhouensis* Ping et Xu, 1988（图 14-18）

Odontotermes guizhouensis Ping et Xu in Ping et al., 1988: 91.

主要特征：兵蚁：体型较大。头部宽卵形，中部最宽；头长至上颚基 2.00–2.09 mm，头最宽 1.58–1.71 mm；上颚镰刀形，端部细而弯，左上颚齿位于端部近 1/3 处，齿尖指向侧方；上唇舌状，伸达上颚中部；触角 17 节。前胸背板长 0.66–0.69 mm，宽 1.02–1.07 mm，前、后缘中央均具浅凹刻。

分布：浙江（婺城）、贵州。

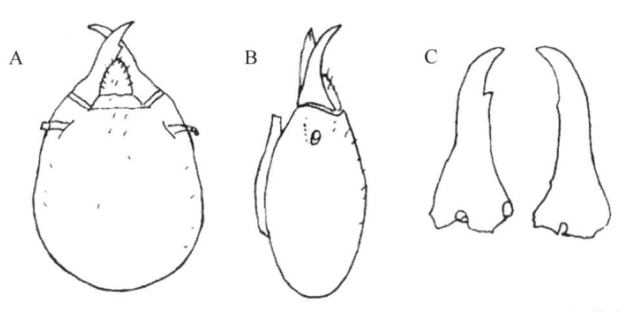

图 14-18 贵州土白蚁 *Odontotermes guizhouensis* Ping et Xu, 1988（引自黄复生等，2000）
A. 兵蚁头部，背视；B. 兵蚁头部，侧视；C. 兵蚁左、右上颚，背视

（430）浦江土白蚁 *Odontotermes pujiangensis* Fan, 1987（图 14-19）

Odontotermes pujiangensis Fan, 1987: 165.

主要特征：兵蚁：头部宽卵形，两侧几平行；头长至上颚基 1.72–1.94 mm，头最宽 1.41–1.56 mm；上颚较粗壮，端部较弯，左上颚齿三角形，位于端部近 1/3 处，齿尖向前；上唇宽舌状；触角 17 节。前胸背板长 0.66–0.69 mm，宽 0.97–1.04 mm，前缘中央凹刻明显，后缘中央凹刻浅宽。

分布：浙江（余姚、浦江、柯城、衢江、常山、开化、龙游、江山）、江苏、香港。

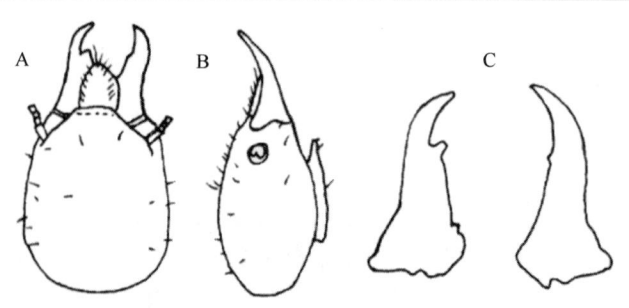

图 14-19　浦江土白蚁 *Odontotermes pujiangensis* Fan, 1987（引自黄复生等，2000）
A. 兵蚁头部，背视；B. 兵蚁头部，侧视；C. 兵蚁左、右上颚，背视

208. 大白蚁属 *Macrotermes* Holmgren, 1909

Macrotermes Holmgren, 1909: 193. Type species: *Termes lilljeborgi* Sjöstedt, 1896.

主要特征：成虫：头部宽卵形；囟明显，略隆；单眼大；后唇基短，隆起；触角19节。前翅中脉自肩缝处独立伸出。兵蚁：二型或三型。头部两侧平行或前端狭缩；囟点状；额平；上唇端具明显的透明尖端；上颚镰刀状，左上颚除基部具数枚缺刻外，其余部分不具齿；触角17节。前胸背板前、后缘中央均具缺刻。

分布：世界广布。世界已知59种，中国记录25种，浙江分布3种。

分种检索表（成虫）

1. 前胸背板后缘中央近平直 ·· 浙江大白蚁 *M. zhejiangensis*
- 前胸背板后缘中央浅凹 ·· 2
2. 体色较浅，前胸背板中部的淡色斑纹为"十"字形 ·· 黄翅大白蚁 *M. barneyi*
- 体色较深，前胸背板中部的淡色斑纹为"Y"字形 ·· 罗坑大白蚁 *M. luokengensis*

分种检索表（大兵蚁）

1. 头较短，头长不连上颚 3.33–3.61 mm ·· 黄翅大白蚁 *M. barneyi*
- 头较长，头长不连上颚 3.78 mm 以上 ·· 2
2. 头最宽 2.60–3.00 mm ··· 罗坑大白蚁 *M. luokengensis*
- 头最宽 3.13–3.36 mm ··· 浙江大白蚁 *M. zhejiangensis*

（431）黄翅大白蚁 *Macrotermes barneyi* Light, 1924（图版 VI-18）

Macrotermes barneyi Light, 1924: 253.

主要特征：成虫：头部宽卵形；复眼长圆形，单眼椭圆形，单复眼间距小于单眼宽；囟小，颗粒状突起；后唇基短，隆起明显；触角19节。前胸背板前、后缘中央均凹入；中部稍前具一"十"字形淡色斑纹，左、右前侧角各有1淡色小斑。前翅鳞略大于后翅鳞。大兵蚁：头部长方形，最宽处位于中部或后部；头长至上颚基 3.33–3.61 mm，头最宽 2.61–3.11 mm；囟小；头顶平；上唇舌状，具透明三角尖；触角17节；触角窝后下方具淡色眼点。后颏最宽处 0.73–0.86 mm，最狭处 0.50–0.54 mm。前胸背板长 1.00–1.05 mm，宽 1.88–2.05 mm。小兵蚁：体型明显小于大兵蚁，头长至上颚基 1.77–1.94 mm，头最宽处 1.50–1.55 mm；后颏最宽处 0.50–0.52 mm，最狭处 0.34 mm；前胸背板长 0.66–0.70 mm，宽 1.09–1.11 mm。体色略浅于大兵蚁。头部卵形；上颚更细长且直；其他与大兵蚁类似。

分布：浙江（全省）、全国广布；越南。

（432）罗坑大白蚁 *Macrotermes luokengensis* Lin *et* Shi, 1982（图 14-20）

Macrotermes luokengensis Lin *et* Shi, 1982: 317.

主要特征：成虫：复眼卵形，单眼长卵形，单复眼间距略小于单眼宽；囟小；后唇基短，隆起明显；触角 19 节。前胸背板与头同宽，前、后缘中央均凹入；中部稍前具 1 "Y"形淡色斑纹，左、右前侧角及中部下方各有 1 淡色圆斑点。前翅鳞略大于后翅鳞。大兵蚁：头最宽处位于中部，头背面从中部至后缘有 2 条明显的黑褐色纵纹；囟极小；上颚粗壮，左上颚基半有数枚缺刻，端半及右上颚全部光滑无缺刻；上唇舌状，端部具透明三角尖，三角尖宽大于长；触角 17 节。前胸背板窄于头宽。小兵蚁：体型小于大兵蚁；体色也略浅；头最宽处位于中后部；两侧缘较大兵蚁更为圆缓；头背面的 2 条深色纵纹较大兵蚁的短；囟小但明显；上颚细长且直，仅端部略弯；触角 17 节。上颚、上唇及前胸背板形态与大兵蚁类似。

分布：浙江（婺城）、广东。

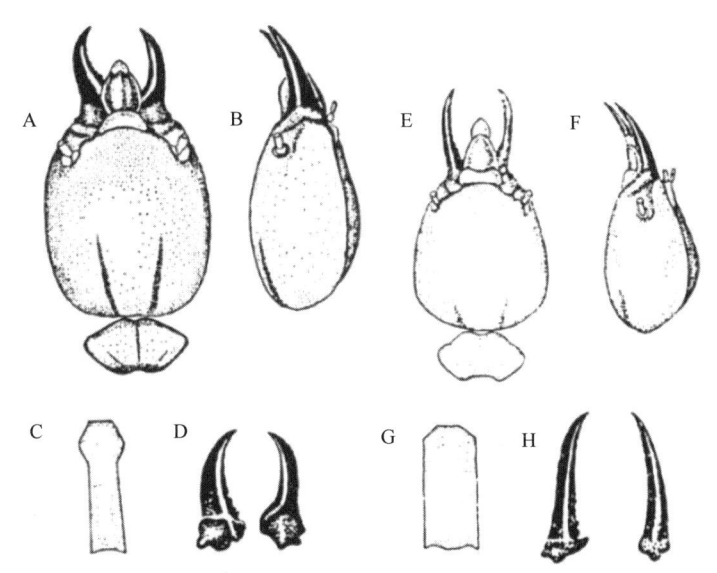

图 14-20 罗坑大白蚁 *Macrotermes luokengensis* Lin *et* Shi, 1982（引自黄复生等，2000）
A. 大兵蚁头部及前胸背板，背视；B. 大兵蚁头部，侧视；C. 大兵蚁后颏，腹视；D. 大兵蚁左、右上颚，背视；E. 小兵蚁头部及前胸背板，背视；F. 小兵蚁头部，侧视；G. 小兵蚁后颏，腹视；H. 小兵蚁左、右上颚，背视

（433）浙江大白蚁 *Macrotermes zhejiangensis* Ping *et* Dong, 1994（图 14-21）

Macrotermes zhejiangensis Ping *et* Dong in Ping et al., 1994: 108.

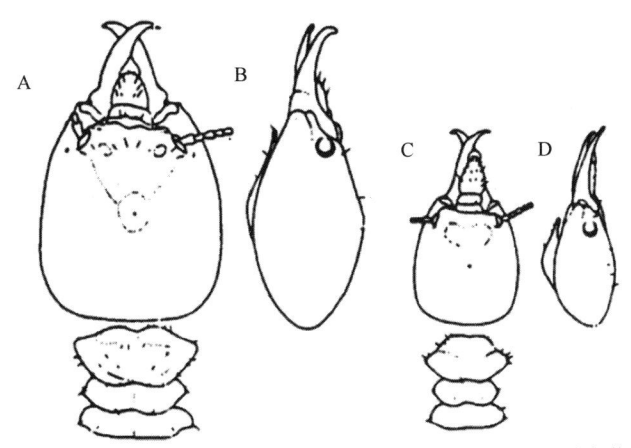

图 14-21 浙江大白蚁 *Macrotermes zhejiangensis* Ping *et* Dong, 1994（引自黄复生等，2000）
A. 大兵蚁头部及前胸背板，背视；B. 大兵蚁头部，侧视；C. 小兵蚁头部及前胸背板，背视；D. 小兵蚁头部，侧视

主要特征：成虫：头部圆形，略扁；复眼长圆形；囟点状突起；后唇基短，强隆；触角 19 节。前胸背板前缘中央宽凹入，后缘几平直；中部具 1 "T" 形淡色斑纹，左、右前侧角各有 1 淡色斑点。大兵蚁：头部近梯形；囟突起；上颚粗短而较弯，左上颚基半具数枚细齿和缺刻；触角 17 节。小兵蚁：体型小于大兵蚁；头部近梯形；囟略突；上颚细长且直，仅端部略弯；左上颚内缘近基部具数枚缺刻；触角及前胸背板形态与大兵蚁类似。

分布：浙江（衢江、常山、开化、龙游、江山）。

209. 亮白蚁属 *Euhamitermes* Holmgren, 1912

Euhamitermes Holmgren, 1912b: 88. Type species: *Hamitermes* (*Euhamitermes*) *hamatus* Holmgren, 1912.

主要特征：兵蚁：头形介于长方形和方形之间；上颚粗短，强烈弯曲成钩状；左、右上颚内缘中部附近各具 1 枚小缘齿；胫节距式 3:2:2；跗节 4 节。

分布：东洋区。世界已知 24 种，中国记录 13 种，浙江分布 1 种。

（434）浙江亮白蚁 *Euhamitermes zhejianensis* He et Xia, 1983（图 14-22）

Euhamitermes zhejianensis He et Xia, 1983: 189.

主要特征：成虫：未见。兵蚁：体色较浅，淡黄色至黄色；头部近长方形，毛被较密；上唇弓形，宽大于长，端部透明、中央稍凹；上颚粗短，端部较弯，缘齿位于内缘中部之前；后颏宽短；触角 14 节。前胸背板前缘宽圆形前凸，后缘中央凹入较深，两侧叶明显。前足胫节较粗壮膨大。

分布：浙江（婺城、武义、衢江、开化、龙泉）。

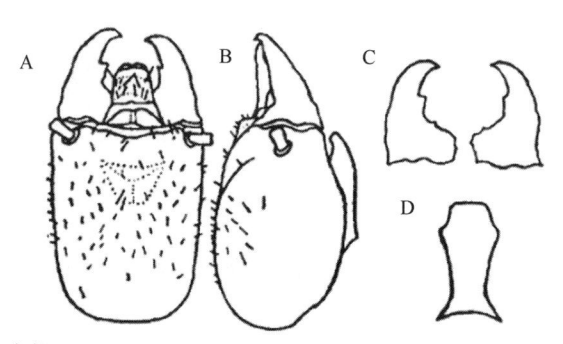

图 14-22　浙江亮白蚁 *Euhamitermes zhejianensis* He et Xia, 1983（引自黄复生等，2000）
A. 兵蚁头部，背视；B. 兵蚁头部，侧视；C. 兵蚁左、右上颚，背视；D. 兵蚁后颏，腹视

210. 华扭白蚁属 *Sinocapritermes* Ping et Xu, 1986

Sinocapritermes Ping et Xu, 1986: 2. Type species: *Sinocapritermes sinensis* Ping et Xu, 1986.

主要特征：成虫：头部囟小，椭圆形；后唇基短，具中缝；右上颚端齿和第 1 缘齿间距稍大于第 1 和第 2 缘齿间距；触角多为 15 节。胫节距式 2:2:2。兵蚁：头部长方形；上唇狭长，前缘中部凹入，两侧略呈尖角状；上颚左右不对称；左上颚中段适度扭曲，端部呈弯钩状，右上颚不扭曲，端部稍呈弯钩状；触角 14 节。胫节距式 2:2:2。

分布：东洋区。世界已知 14 种，中国记录 14 种，浙江分布 3 种。

分种检索表（兵蚁）

1. 后颏长，长度一般是腰狭的 4.5 倍，最宽一般小于腰狭的 2 倍 ·· 中国华扭白蚁 *S. sinicus*
- 后颏短，长度一般是腰狭的 4 倍，最宽一般大于腰狭的 2 倍 ·· 2
2. 前胸背板前、后缘中央有凹口，前胸背板宽 0.65–0.71 mm ·· 天目华扭白蚁 *S. tianmuensis*
- 前胸背板前、后缘中央无凹口，前胸背板宽 0.58–0.60 mm ·· 台湾华扭白蚁 *S. mushae*

(435) 台湾华扭白蚁 *Sinocapritermes mushae* (Oshima *et* Maki, 1919)（图版 VI-19）

Procapritermes mushae Oshima *et* Maki, 1919: 313.
Sinocapritermes mushae: Ping & Xu, 1986: 2.

主要特征：成虫：头部卵形；囟小，点状；复眼圆形，单眼椭圆形，单复眼间距等于或稍小于单眼宽；后唇基很短，略隆；触角 14–15 节。前胸背板前缘直，后缘中央微凹。前翅鳞大于后翅鳞，但未完全覆盖后翅鳞。兵蚁：头部扁筒状，两侧近平行，后部中纵缝明显；囟小，凹陷；囟前至后唇基具 1 凹槽；上唇狭长，末端两侧具剑状突起，中央凹缘具 2 对刚毛；上颚扭曲，左上颚曲度较大，尖端钩状，右上颚稍直，端部尖但不呈钩状；左、右上颚基半部无交叉，端半部右上颚叠于左上颚之上；触角 14 节。前胸背板明显窄于头宽，前、后缘中央几无凹口。

分布：浙江（越城、诸暨、北仑、镇海、鄞州、奉化、象山、宁海、余姚、慈溪、柯城、衢江、常山、开化、龙游、江山、莲都、遂昌、龙泉、鹿城）、湖北、江西、湖南、福建、台湾、广东、海南、广西、重庆、四川、云南；日本。

(436) 中国华扭白蚁 *Sinocapritermes sinicus* (Li *et* Xiao, 1989)（图 14-23）

Malaysiocapritermes sinicus Li *et* Xiao, 1989: 474.
Sinocapritermes sinicus: Yang et al., 1995: 79.

主要特征：兵蚁：头部长方形，两侧平行。中缝线明显；囟至后唇基明显凹陷成 1 凹槽；上唇近长方形，唇端两侧针状突起，中央凹入；左上颚稍扭曲，端部强弯成钩状，右上颚较直，尖端稍呈钩状；触角 14 节。前胸背板前缘中央稍凹，后缘中央几无凹口。

分布：浙江、福建、广西。

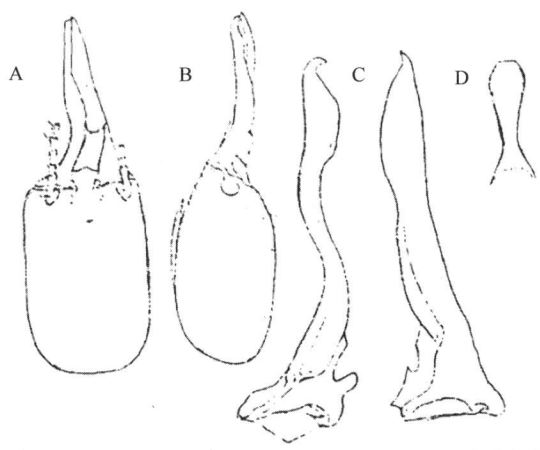

图 14-23 中国华扭白蚁 *Sinocapritermes sinicus* (Li *et* Xiao, 1989)（引自黄复生等，2000）
A. 兵蚁头部，背视；B. 兵蚁头部，侧视；C. 兵蚁左、右上颚，背视；D. 兵蚁后颏，腹视

（437）天目华扭白蚁 *Sinocapritermes tianmuensis* Gao, 1989（图 14-24）

Sinocapritermes tianmuensis Gao, 1989: 2.

主要特征：成虫：头部卵形；囟小；复眼近圆形，单眼椭圆形，单复眼间距等于或稍大于单眼宽；后唇基很短。前胸背板前缘近平直，后缘中央微凹。兵蚁：头部长方形，两侧近平行；中纵缝明显，两侧各具 1 条短纵纹；上唇狭长，唇端两侧尖突向前，中央稍凹；左右上颚几等长，左上颚尖端钩状，右上颚端稍呈钩状；触角 14 节。前胸背板前、后缘中央凹入不明显。

分布：浙江（萧山、富阳、临安、龙泉）。

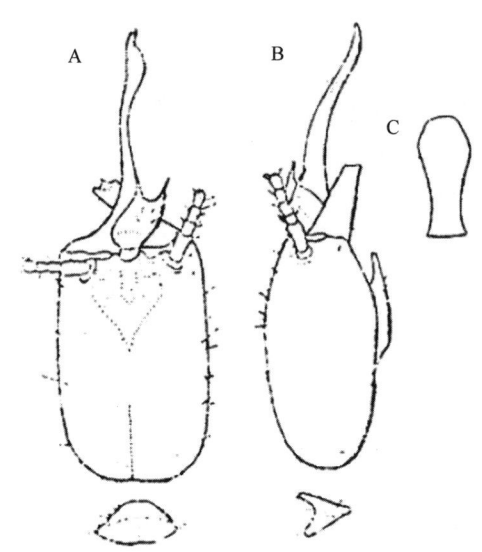

图 14-24　天目华扭白蚁 *Sinocapritermes tianmuensis* Gao, 1989（引自黄复生等，2000）
A. 兵蚁头部及前胸背板，背视；B. 兵蚁头部及前胸背板，侧视；C. 兵蚁后颏，腹视

211. 近扭白蚁属 *Pericapritermes* Silvestri, 1914

Pericapritermes Silvestri, 1914b: 134. Type species: *Pericapritermes urgens* Silvestri, 1914.

主要特征：成虫：头部宽卵形；后唇基短，略隆，具纵缝或短；囟卵圆形；左上颚端齿内缘和第 1 缘齿前缘等长或稍长，端距小于第 1 与第 3 缘齿的端距，右上颚第 2 缘齿发达，第 2 与第 1 缘齿端距小于第 1 缘齿与端齿的端距；触角 14–15 节。前胸背板前缘中央稍凹或稍凸。兵蚁：头部长方形；囟点状；头纵缝较明显，由后缘伸达中部之前；上唇长宽几相等，前缘平直，两侧角尖突短；左右上颚极不对称；左上颚端部钝或内弯，不呈钩状，右上颚较直或端部稍外弯；触角 13–16 节。前胸背板窄于头宽。胫节距式 3:2:2；跗节 4 节。

分布：世界广布。世界已知 40 种，中国记录 11 种，浙江分布 3 种。

分种检索表（成虫）

1. 体型较小，头宽连眼 1.09–1.25 mm，前胸背板宽 0.86–0.90 mm ·················近扭白蚁 *P. nitobei*
- 体型较大，头宽连眼 1.21–1.55 mm，前胸背板宽 0.90–1.17 mm ···2
2. 前胸背板"T"形斑纹明显，前翅 M 脉 3–4 个分支 ·······················古田近扭白蚁 *P. gutianensis*
- 前胸背板"T"形斑纹不明显，前翅 M 脉 5–6 个分支 ·····················大近扭白蚁 *P. tetraphilus*

分种检索表（兵蚁）

1. 体型较小，头长不连上颚 2.20–2.23 mm，头最宽 1.00–1.13 mm ·· 近扭白蚁 *P. nitobei*
- 体型较大，头长不连上颚超过 2.30 mm，头最宽 1.40 mm 以上 ··· 2
2. 头长不连上颚 2.34–2.52 mm，前胸背板宽 0.80–0.92 mm ·································· 古田近扭白蚁 *P. gutianensis*
- 头长不连上颚 2.57–3.07 mm，前胸背板宽 0.97–1.17 mm ······································ 大近扭白蚁 *P. tetraphilus*

（438）古田近扭白蚁 *Pericapritermes gutianensis* Li *et* Ma, 1983（图 14-25）

Pericapritermes gutianensis Li *et* Ma, 1983: 331.

主要特征：成虫：头部近圆形；囟长卵形，前端短分叉，上方具 1 明显白色圆形小点；单眼大，单复眼间距几等于或稍小于单眼直径；后唇基隆起；单眼与后唇基之间隐约可见 4 个斑纹；触角 15 节。前胸背板"T"形斑纹明显，前缘无凹刻，后缘中央凹刻明显。兵蚁：头部长方形；囟小，点状；中纵缝明显，由头后缘伸达囟之后；上唇近方形，前缘几平直，两侧角稍尖突；左上颚中段强烈扭曲，末端斜截，右上颚较短而直，刀剑状，末端尖出；触角 14 节。前胸背板前缘无凹刻，后缘中央稍呈弧形向后凸出。

分布：浙江（婺城、兰溪、永康）、福建。

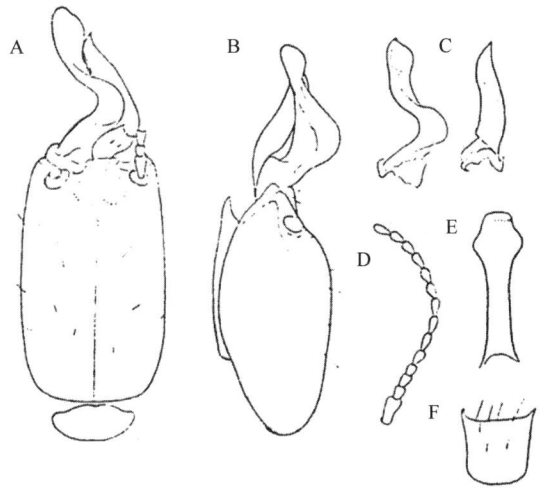

图 14-25　古田近扭白蚁 *Pericapritermes gutianensis* Li *et* Ma, 1983（引自黄复生等，2000）
A. 兵蚁头部及前胸背板，背视；B. 兵蚁头部，侧视；C. 兵蚁左、右上颚，背视；D. 兵蚁触角；E. 兵蚁后颏，腹视；F. 兵蚁上唇，背视

（439）近扭白蚁 *Pericapritermes nitobei* (Shiraki, 1909)（图版 VI-20）

Eutermes nitobei Shiraki, 1909: 238.
Pericapritermes nitobei: Krishna, 1968: 294.

主要特征：成虫：头部近圆形，背面弓形隆起；囟椭圆形，凹陷，几与复眼等大；单眼椭圆形；单复眼间距几等于单眼宽或长；后唇基短，隆起；触角 14–15 节。前胸背板前缘直，后缘中央前凹。前翅鳞大于后翅鳞。兵蚁：头部扁筒形，不连上颚长 2.20–2.23 mm，宽 1.00–1.13 mm；中纵缝明显，由头后缘向前伸过头长的 1/2；囟小，点状；上唇近方形，前缘稍凹，两侧角稍尖突；左上颚长于右上颚；左上颚曲度极大，端部内弯，末端平，右上颚曲度较小，末端尖；触角 14 节。前胸背板长 0.30–0.33 mm，宽 0.63–0.73 mm，前缘中央无明显凹刻。

分布：浙江（吴兴、德清、长兴、安吉、萧山、余杭、临安、越城、柯桥、诸暨、北仑、镇海、鄞州、奉化、象山、宁海、余姚、慈溪、婺城、永康、柯城、衢江、常山、开化、龙游、江山）、河南、江苏、安徽、湖北、江西、湖南、福建、台湾、广东、海南、香港、广西、四川、贵州、云南；日本，越南，泰国，马来西亚，印度尼西亚。

（440）大近扭白蚁 *Pericapritermes tetraphilus* (Silvestri, 1922)（图 14-26）

Capritermes tetraphilus Silvestri, 1922: 543.
Pericapritermes tetraphilus: Krishna, 1965: 15.

主要特征：成虫：体型较大而粗壮。单眼椭圆形，较大，单复眼间距小于单眼宽；触角 15 节。前胸背板中部具 1 不明显的"T"形淡斑，前缘较直。前翅鳞略大于后翅鳞。兵蚁：头部较大，近长方形；中纵缝由头后缘向前伸过头长的 1/2；上唇长大于宽，末端中部较直，两侧角呈短针状前伸；上颚粗壮，左上颚端部外弯，末端钝，右上颚刀剑状；触角 14 节。前胸背板前、后缘无缺刻或有不明显缺刻。

分布：浙江（婺城、武义、柯城、衢江、常山、开化、龙游、江山、莲都、遂昌、庆元、龙泉）、江西、福建、广东、广西、云南；印度，孟加拉国，缅甸。

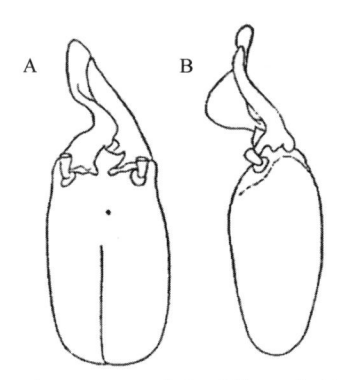

图 14-26 大近扭白蚁 *Pericapritermes tetraphilus* (Silvestri, 1922)（引自黄复生等，2000）
A. 兵蚁头部，背视；B. 兵蚁头部，侧视

212. 钩扭白蚁属 *Pseudocapritermes* Kemner, 1934

Pseudocapritermes Kemner, 1934: 167. Type species: *Pseudocapritermes silvaticus* Kemner, 1934.

主要特征：成虫：头部宽卵形；后唇基隆起，无明显纵缝；右上颚端齿和第 1 缘齿的间距稍大于第 1 与第 2 缘齿的间距；胫节距式 3:2:2。兵蚁：头部长方形；上唇长大于宽，前缘凹口浅宽；左右上颚不对称；左上颚扭曲，端部狭，内弯成钩状，右上颚较直，刀剑状；触角 14 节。前胸背板窄于头宽。胫节距式 3:2:2。

分布：东洋区。世界已知 17 种，中国记录 6 种，浙江分布 1 种。

（441）圆囟钩扭白蚁 *Pseudocapritermes sowerbyi* (Light, 1924)（图版 VI-21）

Capritermes sowerbyi Light, 1924: 354.
Pseudocapritermes sowerbyi: Ping & Xu, 1986: 1.

主要特征：成虫：头部宽卵形；单眼椭圆形；后唇基短，略隆；囟大，隆起；触角 15 节；前胸背板元宝形，前、后缘中央缺刻均不明显。前翅鳞大于后翅鳞。兵蚁：体型大。头部扁筒形；囟凹陷；上唇长条形，半透明，末端半圆形凹入，两侧角针状前突；左上颚尖端弯曲成钩状，右上颚略短、直，刀剑状，末端尖；触角 14 节。前胸背板前、后缘中央缺刻有或无。

分布：浙江（兰溪、庆元）、福建、广东、海南、香港、广西、云南。

213. 弧白蚁属 *Arcotermes* Fan, 1983

Arcotermes Fan, 1983: 205. Type species: *Arcotermes tubus* Fan, 1983.

主要特征：兵蚁：头部梨形，两侧在触角窝之后收缩，头最宽处近后缘，后缘弧形，中央无凹陷或几不凹陷；象鼻呈管状；上颚小，无尖刺，不呈刀剑状；触角 12–13 节。工蚁：囟大而明显；左上颚第 1–2 缘齿间呈波状。

分布：东洋区。世界已知 1 种，中国记录 1 种，浙江分布 1 种。

（442）管鼻弧白蚁 *Arcotermes tubus* Fan, 1983（图 14-27）

Arcotermes tubus Fan, 1983: 205.

主要特征：兵蚁：头部梨形，后缘中央不凹陷；象鼻较短，侧观与头顶几成一直线；上颚无尖刺；触角 13 节，第 4 节最短，第 2、3 节近等长；前胸背板宽约为头宽的 1/2，前缘中央微凹，后缘几平直。

分布：浙江（武义、开化）、江西。

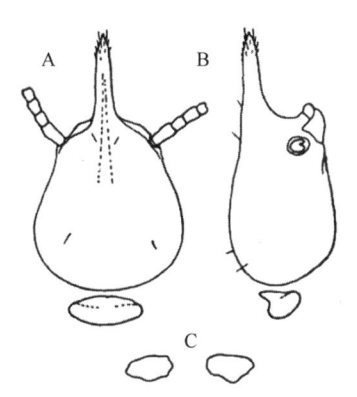

图 14-27 管鼻弧白蚁 *Arcotermes tubus* Fan, 1983（引自黄复生等，2000）
A. 兵蚁头部及前胸背板，背视；B. 兵蚁头部及前胸背板，侧视；C. 兵蚁左、右上颚，前视

214. 棘白蚁属 *Nasopilotermes* Gao, Lam *et* Owen, 1992

Pilotermes He, 1987: 169. Type species: *Pilotermes jiangxiensis* He, 1987.
Nasopilotermes Gao, Lam *et* Owen, 1992: 19 [nom. nov. for *Pilotermes* He, 1987 preoccupied by *Pilotermes* Emerson, 1960].

主要特征：兵蚁：二型。大兵蚁：头部近圆形，宽略大于长，触角窝后不收缩，后缘中央凹陷明显；象鼻长短于头宽，鼻基部不收缩；触角 13 节；上颚小，无尖刺，不呈刀剑状；前胸背板短而宽，前缘中央稍凹，后缘不凹。胫节距式 2:2:2；跗节 4 节。小兵蚁：头部长梨形，长大于宽，触角窝后不收缩，后缘中央稍凹；象鼻长大于头宽，鼻基部微隆；触角 12 节；上颚小，无尖刺或具不明显的小尖刺。胫节距式 2:2:2；跗节 4 节。

分布：东洋区。世界已知 1 种，中国记录 1 种，浙江分布 1 种。

（443）江西棘白蚁 *Nasopilotermes jiangxiensis* (He, 1987)（图 14-28）

Pilotermes jiangxiensis He, 1987: 169.
Nasopilotermes jiangxiensis: Gao et al., 1992: 20.

主要特征：大兵蚁：体大型。头部近圆形，后缘中央明显凹陷；象鼻长约为头长连象鼻的 1/2；触角 13 节，第 2 节最短；上颚不具尖刺。前胸背板前缘中央稍凹，后缘中部略凸。小兵蚁：体小型。头部长梨形；象鼻长略短于头长连象鼻的 1/2；触角 12 节；上颚无尖刺或具不明显的小尖刺，端部不分叉。前胸背板前、后缘中央均具缺刻。

分布：浙江（武义）、江西。

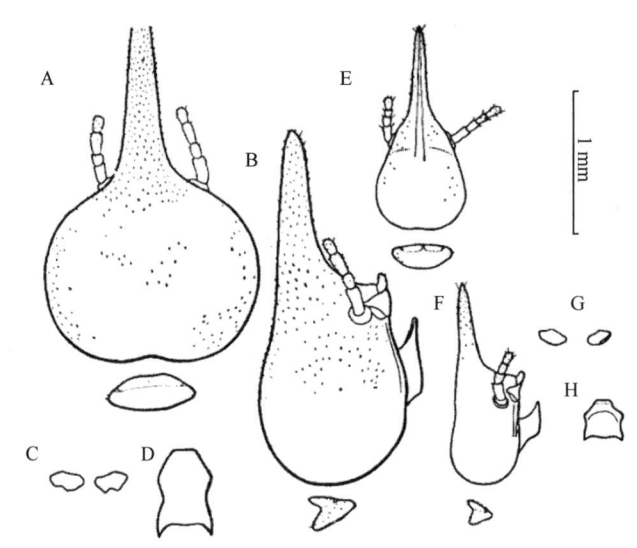

图 14-28 江西棘白蚁 *Nasopilotermes jiangxiensis* (He, 1987)（引自黄复生等，2000）
A. 大兵蚁头部及前胸背板，背视；B. 大兵蚁头部及前胸背板，侧视；C. 大兵蚁左、右上颚，前视；D. 大兵蚁后颏，腹视；E. 小兵蚁头部及前胸背板，背视；F. 小兵蚁头部及前胸背板，侧视；G. 小兵蚁左、右上颚，前视；H. 小兵蚁后颏，腹视

215. 夏氏白蚁属 *Xiaitermes* Gao et He, 1993

Xiaitermes Gao et He in He & Gao, 1993: 119. Type species: *Xiaitermes yinxianensis* Gao et He, 1993.

主要特征：兵蚁：单型或二型。头部宽圆形，两侧在触角窝后不收缩，宽大于长；象鼻圆管状，端部略上翘，鼻基两侧各具 1 个小突起；触角 13–14 节；上颚小，端齿呈钝角状或不显。前胸背板前缘中央凹入，后缘中央稍平。后足胫节较短；胫节距式 2:2:2；跗节 4 节。工蚁：单型或二型。头部宽圆形，触角窝后最宽；囟呈圆形凹坑状；后唇基隆起；触角 14–15 节；前胸背板前缘中央凹入。

分布：东洋区。世界已知 2 种，中国记录 2 种，浙江分布 2 种。

（444）天台夏氏白蚁 *Xiaitermes tiantaiensis* Gao et He, 1993（图 14-29）

Xiaitermes tiantaiensis Gao et He in He & Gao, 1993: 123.

主要特征：兵蚁：头部近圆形，触角窝后扩展，最宽处位于中部附近；象鼻管状，端部稍上翘，基部两侧近触角窝处各具 1 小突起；上颚端齿不显；触角 13 节。前胸背板前缘中央稍凹，后缘较平直。

分布：浙江（宁海、婺城、武义、天台、庆元）。

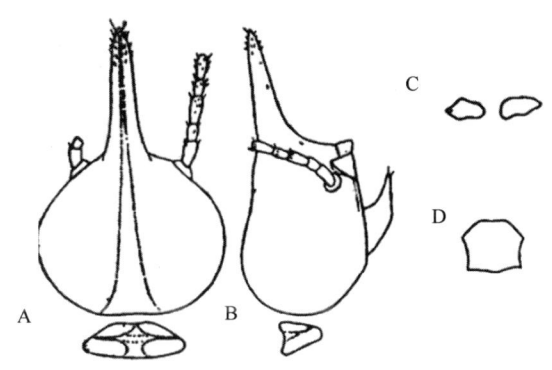

图 14-29　天台夏氏白蚁 *Xiaitermes tiantaiensis* Gao et He, 1993（引自黄复生等, 2000）
A. 兵蚁头部及前胸背板, 背视；B. 兵蚁头部及前胸背板, 侧视；C. 兵蚁左、右上颚, 前视；D. 兵蚁后颏, 腹视

（445）鄞县夏氏白蚁 *Xiaitermes yinxianensis* Gao et He, 1993（图 14-30）

Xiaitermes yinxianensis Gao et He in He & Gao, 1993: 119.

主要特征：兵蚁二型。大兵蚁：头部扁圆形，触角窝后扩展，最宽处位于中部偏后，后缘中央微凹；象鼻圆管状，端部稍上翘，基部两侧各具 1 小突起；上颚端齿明显；触角 14 节。前胸背板前缘中央稍凹，后缘较平直。小兵蚁：头部近宽梨形；象鼻圆管状，端部稍上翘，基部两侧各具 1 小突起；上颚端齿明显；触角 13 节。前胸背板前、后缘中央凹入不显。

分布：浙江（鄞州）。

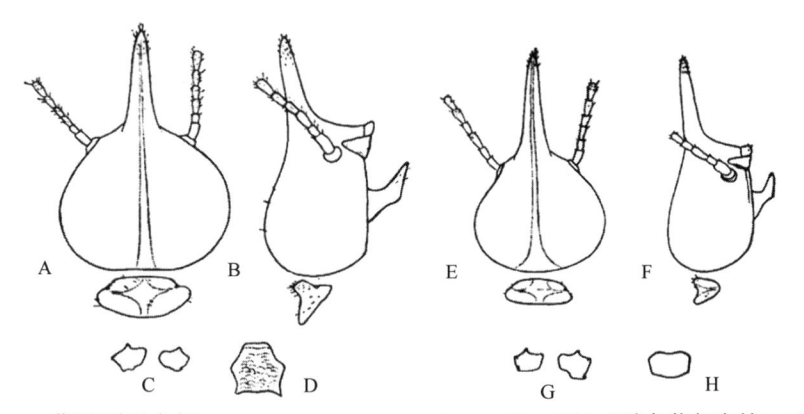

图 14-30　鄞县夏氏白蚁 *Xiaitermes yinxianensis* Gao et He, 1993（引自黄复生等, 2000）
A. 大兵蚁头部及前胸背板, 背视；B. 大兵蚁头部及前胸背板, 侧视；C. 大兵蚁左、右上颚, 前视；D. 大兵蚁后颏, 腹视；E. 小兵蚁头部及前胸背板, 背视；F. 小兵蚁头部及前胸背板, 侧视；G. 小兵蚁左、右上颚, 前视；H. 小兵蚁后颏, 腹视

216. 象白蚁属 *Nasutitermes* Dudley, 1890

Nasutitermes Dudley, 1890: 158. Type species: *Eutermes costalis* Holmgren, 1910.

主要特征：成虫：头部宽卵形；后唇基极短；囟小，多长形分叉。前翅鳞和后翅鳞约等大；缺径脉。胫节距式 2:2:2。兵蚁：多单型。头部圆形或长卵形，两侧在触角窝后不收缩；象鼻管状或圆锥体状；触角 11–14 节；上颚极小，前侧角秃钝或具尖刺。足相对较短而腹部延长；胫节距式 2:2:2。
分布：世界广布。世界已知 240 种，中国记录 37 种，浙江分布 5 种。

分种检索表（兵蚁）

1. 体型较小，头长连象鼻 1.54–1.73 mm，头最宽 0.80–0.97 mm ·· 2

- 体型较大，头长连象鼻超过 1.80 mm，头最宽 1.00 mm 以上 ··· 3
2. 头最宽处位于后部约 1/3 处；前胸背板宽 0.42–0.45 mm ························· 天童象白蚁 *N. tiantongensis*
- 头最宽处位于中部稍后；前胸背板宽 0.45–0.47 mm ································· 小象白蚁 *N. parvonasutus*
3. 侧面观象鼻平直 ··· 尖鼻象白蚁 *N. gardneri*
- 侧面观象鼻翘起或鼻端略高 ··· 4
4. 后足胫节长，为 1.40–1.55 mm ··· 大鼻象白蚁 *N. grandinasus*
- 后足胫节短，为 1.00–1.10 mm ··· 庆界象白蚁 *N. qingjiensis*

（446）尖鼻象白蚁 *Nasutitermes gardneri* Snyder, 1933（图 14-31）

Nasutitermes gardneri Snyder, 1933: 12.

主要特征：兵蚁：头部宽圆形，长宽约相等；象鼻长管状，向前平伸；鼻与头顶连线微凹；上颚无尖刺；触角 13 节；前胸背板前缘中央凹入不明显，后缘平直。工蚁：头部形状介于圆形与方形之间；后唇基极短，隆起；触角 14–15 节。前胸背板前缘中央有缺刻。

分布：浙江（吴兴、德清、长兴、安吉、越城、柯桥、新昌、诸暨、嵊州、永嘉、泰顺、乐清）、河南、湖南、贵州、云南；印度，不丹。

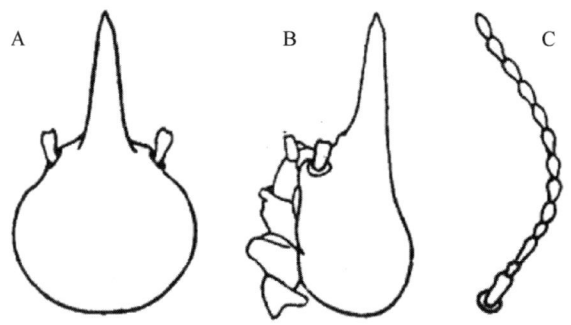

图 14-31　尖鼻象白蚁 *Nasutitermes gardneri* Snyder, 1933（引自黄复生等，2000）
A. 兵蚁头部，背视；B. 兵蚁头部及前胸背板，侧视；C. 兵蚁触角，背视

（447）大鼻象白蚁 *Nasutitermes grandinasus* Tsai *et* Chen, 1963（图 14-32）

Nasutitermes grandinasus Tsai *et* Chen, 1963: 190.

主要特征：成虫：未见。兵蚁：头部宽圆形或近圆形，最宽处位于中部；象鼻锥形，鼻基较粗厚，长几等于头长，与头顶连线略凹；上颚多具尖刺；触角 12–13 节；前胸背板前缘中央无明显凹刻。工蚁：头部形状介于圆形与方形之间；后唇基极短，隆起；触角 14 节。前胸背板前缘中央凹入。

分布：浙江（缙云、龙泉）、江西、湖南、福建、广东、海南、广西。

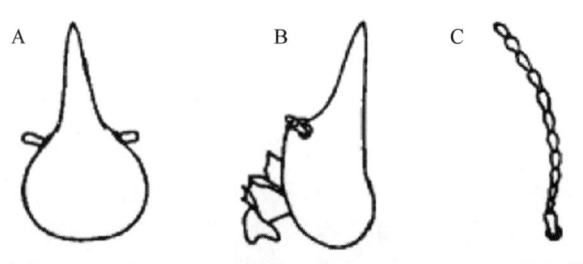

图 14-32　大鼻象白蚁 *Nasutitermes grandinasus* Tsai *et* Chen, 1963（引自黄复生等，2000）
A. 兵蚁头部，背视；B. 兵蚁头部及前胸背板，侧视；C. 兵蚁触角，背视

（448）小象白蚁 *Nasutitermes parvonasutus* (Nawa, 1911)（图版 VI-22）

Eutermes parvonasutus Nawa, 1911: 414.
Nasutitermes parvonasutus: Light, 1931: 595.

主要特征：成虫：头及前胸背板毛被密。头部宽卵形；复眼小而圆，单眼卵形，单复眼间距约等于单眼长度；囟小，裂缝状；后唇基隆起；触角 15 节。前胸背板窄于头宽，前缘近平直、中央略凸，后缘中央具缺刻。兵蚁：头部短卵形，最宽处位于中部稍后；不连象鼻长 0.93–1.04 mm，宽 0.84–0.97 mm；象鼻管状，向前微下倾；鼻与头顶连线平直或微凹；上颚侧端多较尖，但不伸出，少数具尖刺；触角 13 节；前胸背板宽 0.45–0.47 mm，前缘中央无缺刻。工蚁：头部卵形；触角 14 节。前胸背板前缘中央凹入深。

分布：浙江（吴兴、德清、长兴、安吉、萧山、富阳、临安、鄞州、奉化、象山、宁海、余姚、武义、开化、莲都、缙云、遂昌、庆元）、安徽、江西、湖南、福建、台湾、广东、香港、广西、四川、贵州、云南。

（449）庆界象白蚁 *Nasutitermes qingjiensis* Li, 1979（图 14-33）

Nasutitermes qingjiensis Li, 1979: 70.

主要特征：兵蚁：头部近圆形；象鼻长锥形，长几等于头长；侧观鼻与头顶相接处微凹；上颚无尖刺；触角 13 节；前胸背板前缘中央微凹。工蚁：头部形状介于圆形与方形之间；后唇基隆起，中央具纵沟；触角 14 节。前胸背板前缘中央不凹入。

分布：浙江（庆元、龙泉）。

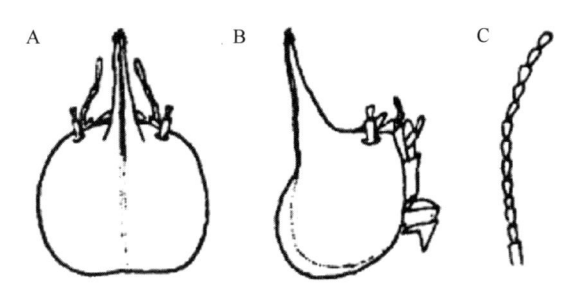

图 14-33　庆界象白蚁 *Nasutitermes qingjiensis* Li, 1979（引自黄复生等，2000）
A. 兵蚁头部，背视；B. 兵蚁头部，侧视；C. 兵蚁触角，背视

（450）天童象白蚁 *Nasutitermes tiantongensis* Zhou et Xu, 1993（图 14-34）

Nasutitermes tiantongensis Zhou et Xu, 1993: 6.

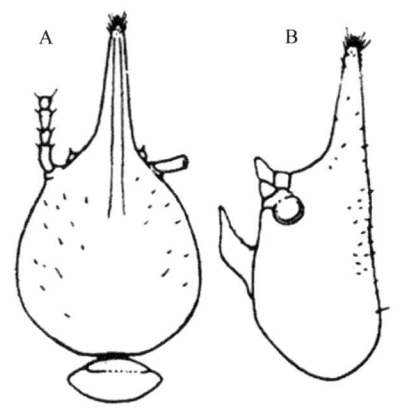

图 14-34　天童象白蚁 *Nasutitermes tiantongensis* Zhou et Xu, 1993（引自黄复生等，2000）
A. 兵蚁头部及前胸背板，背视；B. 兵蚁头部，侧视

主要特征：兵蚁：头部近梨形，长大于宽，最宽处位于头后部 1/3 处；象鼻圆管形，鼻基微隆，侧观头顶高于鼻端；上颚具尖刺；触角 12–13 节；前胸背板前、后缘中央几无凹刻。

分布：浙江（鄞州）。

217. 华象白蚁属 *Sinonasutitermes* Li, 1986

Sinonasutitermes Li in Li & Ping, 1986: 89. Type species: *Sinonasutitermes dimorphus* Li, 1986.

主要特征：成虫：头及前胸背板毛被密。头部近圆形；复眼椭圆形，大而突出；单眼卵形，突出；后唇基极短，隆起；囟卵形，具分叉。左上颚端齿大于第 1 缘齿，第 2 缘齿退化，与第 1 缘齿后切边合并，缘齿间切边平直；触角 15 节。前胸背板前缘中央稍拱起，后缘中央微凹。胫节距式 2:2:2；跗节 4 节。兵蚁：多二型，个别三型。大兵蚁头部宽圆形，两侧弧形突出，后缘宽圆；触角 13 节；上颚具极小尖刺。胫节距式 2:2:2；跗节 4 节。小兵蚁触角 12 节；上颚尖刺极微小，多仅呈点状。其他与大兵蚁相似。

分布：东洋区。世界已知 11 种，中国记录 11 种，浙江分布 2 种。

（451）夏氏华象白蚁 *Sinonasutitermes xiai* Ping et Xu, 1991（图 14-35）

Sinonasutitermes xiai Ping et Xu in Ping et al., 1991: 7.

主要特征：成虫：头部近圆形；复眼长圆形，突出；单复眼间距小于复眼短径的 1/3；后唇基极短，具中缝；囟长圆形，前端二分叉；触角 15 节。前胸背板前缘较平直，中部拱起，后缘中央凹入。大兵蚁：头部扁圆，宽大于长；象鼻粗壮，圆锥形，短于头长；鼻基平，侧观鼻端低于头顶；上颚端刺短小；触角 13 节；前胸背板前部骨化强，前、后缘近平直。小兵蚁：头部近圆形，宽大于长；象鼻圆锥形，侧观鼻端稍低于头顶；上颚端刺短小；触角 12 节。

分布：浙江（鄞州、宁海、余姚、遂昌）、江西、福建。

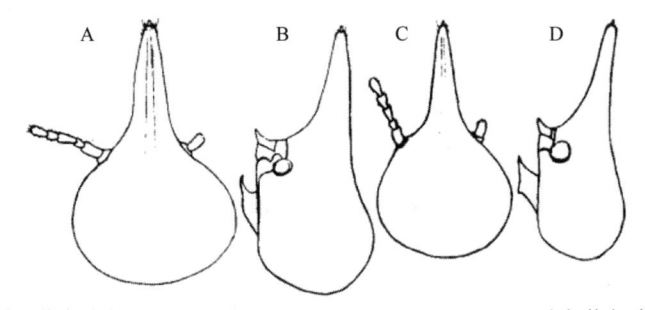

图 14-35　夏氏华象白蚁 *Sinonasutitermes xiai* Ping et Xu, 1991（引自黄复生等，2000）
A. 大兵蚁头部，背视；B. 大兵蚁头部，侧视；C. 小兵蚁头部，背视；D. 小兵蚁头部，侧视

（452）尤氏华象白蚁 *Sinonasutitermes yui* Ping et Xu, 1991（图 14-36）

Sinonasutitermes yui Ping et Xu in Ping et al., 1991: 3.

主要特征：成虫：头及前胸背板毛被密。头部近圆形；复眼长圆形，突出；单复眼间距小于复眼短径的 1/3；后唇基极短，隆起，具明显中缝；囟长圆形，前端明显二分叉；囟前具不明显的小圆斑；触角 15 节。前胸背板前缘较平直，中部拱起，后缘中央浅凹。兵蚁三型。大兵蚁：除鼻端具数根毛外，头部近乎光裸。头部扁圆，宽等于或略大于长，最宽处位于中后部；象鼻粗壮，圆锥形；鼻基凹，侧观鼻端强烈翘起，高于头顶；上颚端刺短小；触角 13 节；前胸背板前部骨化强，前缘中央具凹刻。中兵蚁：头部扁圆，宽大于长；象鼻短于头长，鼻基浅凹，侧观鼻端稍上翘，约与头顶平齐；触角 13 节。前胸背板前、后缘近平直。小兵蚁：头部近圆形，长稍大于宽；象鼻短于头长，鼻基浅凹，侧观鼻端上翘，高于头顶；触角 12 节。前胸背板前、后缘近平直。

分布：浙江（婺城、武义）、海南。

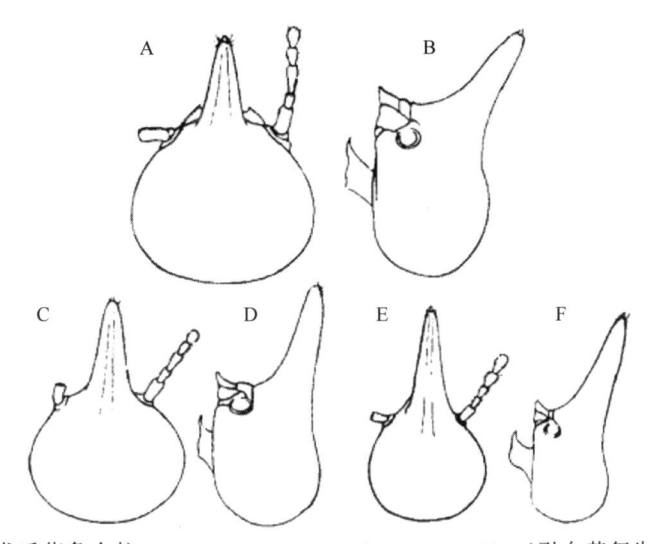

图 14-36 尤氏华象白蚁 *Sinonasutitermes yui* Ping *et* Xu, 1991（引自黄复生等，2000）
A. 大兵蚁头部，背视；B. 大兵蚁头部，侧视；C. 中兵蚁头部，背视；D. 中兵蚁头部，侧视；E. 小兵蚁头部，背视；F. 小兵蚁头部，侧视

218. 奇象白蚁属 *Mironasutitermes* Gao *et* He, 1988

Mironasutitermes Gao *et* He, 1988: 179. Type species: *Micronasutitermes heterodon* Gao *et* He, 1988.

主要特征：兵蚁：二型或三型。大兵蚁：头部除鼻端毛稍多以外，毛被稀。头部近宽圆形，后缘中央凹入；象鼻端部略上翘；触角多 13 节；上颚具锐齿。胫节距式 2:2:2；跗节 4 节。中兵蚁头色略浅于大兵蚁。头及前胸背板几无毛。头部宽圆形，后缘中央稍凹；触角 13 节；上颚端齿不明显。胫节距式 2:2:2；跗节 4 节。小兵蚁：头色较浅，体被毛极少。头部宽圆形，后缘中央微凹；触角 13 节；上颚端齿不明显。胫节距式 2:2:2；跗节 4 节。工蚁二型或三型。

分布：东洋区。世界已知 10 种，中国记录 10 种，浙江分布 3 种。

分种检索表（大兵蚁）

1. 兵蚁三型 ··· 异齿奇象白蚁 *M. heterodon*
- 兵蚁二型 ·· 2
2. 前胸背板前缘中央凹刻明显，头宽 1.19–1.29 mm ··· 龙王山奇象白蚁 *M. longwangshanensis*
- 前胸背板前缘中央无凹刻，头宽 1.05–1.11 mm ··· 天目奇象白蚁 *M. tianmuensis*

（453）异齿奇象白蚁 *Mironasutitermes heterodon* Gao *et* He, 1988（图 14-37）

Mironasutitermes heterodon Gao *et* He, 1988: 179.

主要特征：兵蚁三型。大兵蚁：除鼻端毛稍多外，头及前胸背板毛被稀。头部近宽圆形，最宽处位于中部稍偏后，后缘中央凹入；象鼻基部略隆，鼻端上翘；上颚齿明显；触角多 13 节，个别 14 节；前胸背板前缘中央具凹刻，后缘中央凹刻不明显。后足较长。中兵蚁：毛被同大兵蚁。头部扁圆，最宽处位于近中部，后缘中央微凹；象鼻圆锥形，鼻基微隆，鼻端稍上翘；上颚齿不显；触角 13 节。前胸背板前、后缘中央凹刻均不显。小兵蚁：毛被同大、中兵蚁。头部宽圆形，最宽处位于中部偏后，后缘中央微凹；象鼻较细，圆锥形，鼻基微隆，鼻端稍上翘；上颚齿缺或不显；触角 12 节。前胸背板前、后缘中央凹刻均不明显。工蚁三型。

分布：浙江（临安、遂昌）。

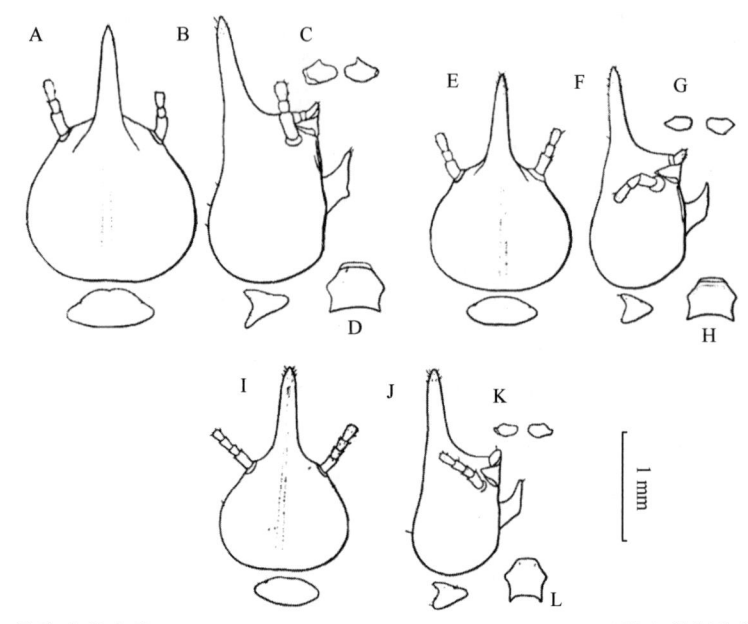

图 14-37 异齿奇象白蚁 *Mironasutitermes heterodon* Gao et He, 1988（引自黄复生等，2000）
A. 大兵蚁头部及前胸背板，背视；B. 大兵蚁头部及前胸背板，侧视；C. 大兵蚁左、右上颚，前视；D. 大兵蚁后颏，腹视；E. 中兵蚁头部及前胸背板，背视；F. 中兵蚁头部及前胸背板，侧视；G. 中兵蚁左、右上颚，前视；H. 中兵蚁后颏，腹视；I. 小兵蚁头部及前胸背板，背视；J. 小兵蚁头部及前胸背板，侧视；K. 小兵蚁左、右上颚，前视；L. 小兵蚁后颏，腹视

（454）龙王山奇象白蚁 *Mironasutitermes longwangshanensis* Gao, 1988（图 14-38）

Mironasutitermes longwangshanensis Gao, 1988a: 8.

主要特征：成虫：未见。兵蚁二型。大兵蚁：除鼻端毛稍多外，头及前胸背板毛被稀。头部近扁圆形，最宽处位于中部稍偏后，后缘中央微凹；象鼻基部略隆，鼻端上翘；上颚齿较明显；触角 13–14 节；前胸背板前缘中央凹刻明显，后缘中央凹刻不明显。后足较长。小兵蚁：毛被同大兵蚁。头部宽圆形，最宽处位于中后部，后缘弧形突出；象鼻圆锥形，鼻基微隆，鼻端稍上翘；上颚齿不显；触角 13 节。前胸背板后缘中央凹刻不明显。工蚁二型。

分布：浙江（安吉）。

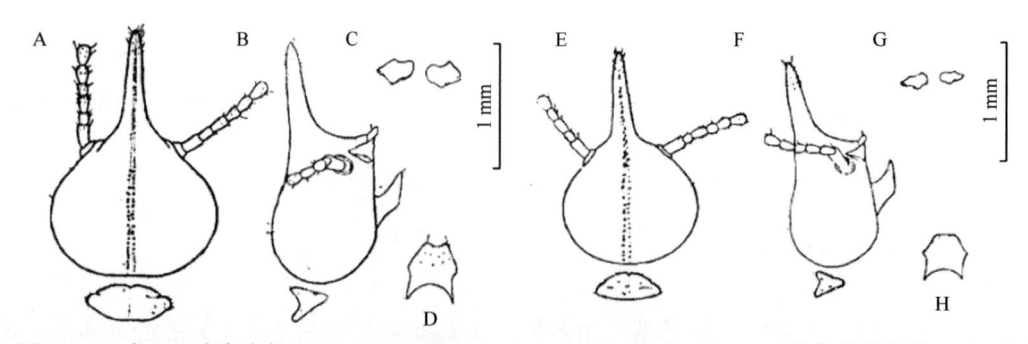

图 14-38 龙王山奇象白蚁 *Mironasutitermes longwangshanensis* Gao, 1988（引自黄复生等，2000）
A. 大兵蚁头部及前胸背板，背视；B. 大兵蚁头部及前胸背板，侧视；C. 大兵蚁左、右上颚，前视；D. 大兵蚁后颏，腹视；E. 小兵蚁头部及前胸背板，背视；F. 小兵蚁头部及前胸背板，侧视；G. 小兵蚁左、右上颚，前视；H. 小兵蚁后颏，腹视

（455）天目奇象白蚁 *Mironasutitermes tianmuensis* Gao et He, 1988（图 14-39）

Mironasutitermes tianmuensis Gao et He, 1988: 182.

主要特征：成虫：未见。兵蚁二型。大兵蚁：除鼻端被少数短毛外，头部几光裸。头宽圆形，最宽处位于中部，后缘中央微凹；象鼻较长，圆柱形，基部略隆，鼻端上翘；上颚齿明显；触角13节；前胸背板前、后缘中央无凹刻。小兵蚁：毛被同大兵蚁。头部近圆形，后缘中央微凹；象鼻较长，圆柱形，基部略隆，鼻端上翘；上颚齿不明显；触角13节。工蚁二型。

分布：浙江（临安、武义）。

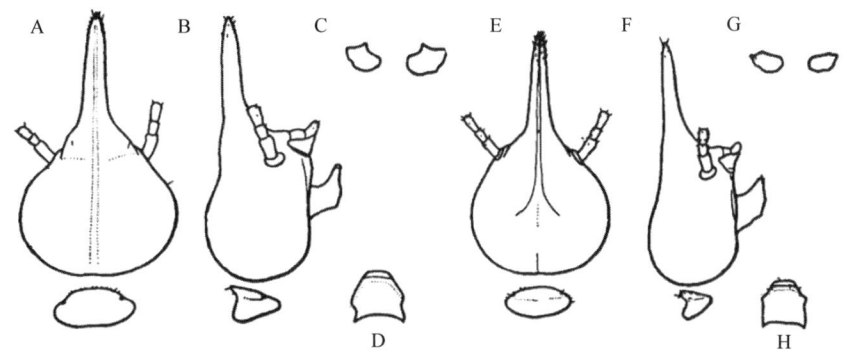

图 14-39　天目奇象白蚁 *Mironasutitermes tianmuensis* Gao et He, 1988（引自黄复生等，2000）
A. 大兵蚁头部及前胸背板，背视；B. 大兵蚁头部及前胸背板，侧视；C. 大兵蚁左、右上颚，前视；D. 大兵蚁后颏，腹视；E. 小兵蚁头部及前胸背板，背视；F. 小兵蚁头部及前胸背板，侧视；G. 小兵蚁左、右上颚，前视；H. 小兵蚁后颏，腹视

219. 钝颚白蚁属 *Ahmaditermes* Akhtar, 1975

Ahmaditermes Akhtar, 1975: 127. Type species: *Ahmaditermes pyricephalus* Akhtar, 1975.

主要特征：成虫：左上颚端齿几与第1加第2缘齿等长，缘齿间切边波曲。触角15节。前翅中脉由肩缝处独立伸出。兵蚁：单型或二型。头部宽梨形，两侧在触角窝后收缩，至后部强烈弧形外扩，后缘中央凹入；触角多12–13节，个别种大兵蚁14节；上颚无尖刺。

分布：古北区、东洋区。世界已知22种，中国记录16种，浙江分布6种。

分种检索表（兵蚁）

1. 兵蚁单型 ·· 2
- 兵蚁二型 ·· 3
2. 头宽 0.87–0.95 mm，前胸背板宽 0.43–0.46 mm ·· 天目钝颚白蚁 *A. tianmuensis*
- 头宽 0.97–1.11 mm，前胸背板宽 0.50–0.58 mm ·· 角头钝颚白蚁 *A. deltocephalus*
3. 大兵蚁头长连象鼻超过 1.60 mm ··· 4
- 大兵蚁头长连象鼻小于 1.55 mm ··· 5
4. 大兵蚁头后缘近平直，上颚端刺明显 ·· 天童钝颚白蚁 *A. tiantongensis*
- 大兵蚁头后缘中央稍凹，上颚端齿不明显 ·· 凹额钝颚白蚁 *A. foveafrons*
5. 侧观大兵蚁鼻与头背间稍凹，头长连象鼻 1.30–1.40 mm ······································ 屏南钝颚白蚁 *A. pingnanensis*
- 侧观大兵蚁鼻与头背间几平，头长连象鼻 1.40–1.52 mm ···································· 近丘额钝颚白蚁 *A. perisinuosus*

（456）角头钝颚白蚁 *Ahmaditermes deltocephalus* (Tsai et Chen, 1963)（图 14-40）

Nasutitermes deltocephalus Tsai et Chen, 1963: 185.
Ahmaditermes deltocephalus: Akhtar, 1975: 128.

主要特征：成虫：全体密被细毛。头宽；复眼大而圆；单眼大，长圆形；单复眼间距小于单眼短径；后唇基极短，略隆；囟凹陷，前端二分叉，呈"Y"形；触角 15 节；前胸背板前缘近平直，后缘中央凹入。前翅 M 脉在肩缝处独立伸出。兵蚁：单型。头部近等边三角形，最宽处位于后部；象鼻细短，基部略膨大，鼻端直伸向前，不上翘，侧观鼻与头顶连线略下凹成弧形；上颚无刺；触角 13 节；前胸背板宽约为头宽的 1/2。

分布：浙江（开化）、福建、广东、海南、广西、云南；泰国。

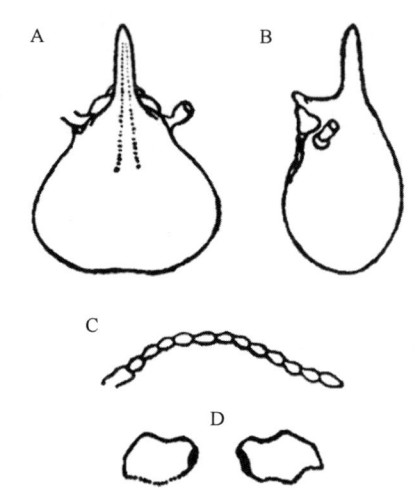

图 14-40 角头钝颚白蚁 *Ahmaditermes deltocephalus* (Tsai et Chen, 1963)（引自黄复生等，2000）
A. 兵蚁头部，背视；B. 兵蚁头部，侧视；C. 兵蚁触角，背视；D. 兵蚁左、右上颚，前视

（457）凹额钝颚白蚁 *Ahmaditermes foveafrons* Gao, 1988（图 14-41）

Ahmaditermes foveafrons Gao, 1988b: 11.

主要特征：兵蚁二型。大兵蚁：除鼻端具数枚短毛外，头部近光裸。头前狭后宽，触角窝后稍缢缩，最宽处位于后部，后缘中央稍凹；象鼻基部隆起不显，鼻端上翘；上颚端齿不明显；触角 13 节；前胸背板前缘中央稍凹，后缘近平直。小兵蚁：毛被同大兵蚁相似。头部梨形，后缘中央凹入；象鼻稍上翘；触角 13 节。前胸背板几平。工蚁二型。

分布：浙江（临安）。

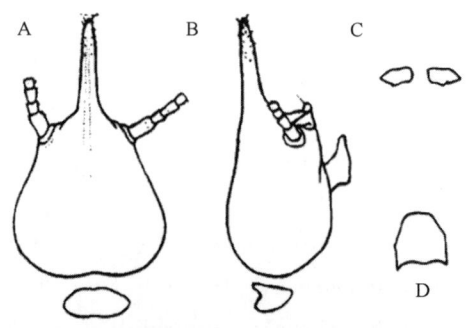

图 14-41 凹额钝颚白蚁 *Ahmaditermes foveafrons* Gao, 1988（引自黄复生等，2000）
A. 兵蚁头部及前胸背板，背视；B. 兵蚁头部及前胸背板，侧视；C. 兵蚁左、右上颚，前视；D. 兵蚁后颏，腹视

(458) 近丘额钝颚白蚁 *Ahmaditermes perisinuosus* Li *et* Xiao, 1989（图 14-42）

Ahmaditermes perisinuosus Li *et* Xiao, 1989: 471.

主要特征：成虫：全体密被细毛。头部近圆形；复眼椭圆，凸出；单眼卵圆形；单复眼间距介于单眼短径与长径之间；后唇基极短，隆起，中缝线明显；囟凹陷，裂隙状；触角 15 节；前胸背板"T"形斑纹明显，前缘无凹刻，后缘中央微凹。前翅 M 脉在翅基缝处独立伸出。兵蚁二型。大兵蚁：除鼻端具数枚长、短毛外，头部近光裸。头前狭后宽，触角窝后缢缩，最宽处位于后部，后缘中央稍凹；象鼻平伸；上颚无尖刺；触角 13 节；前胸背板前、后缘中央均无凹刻。小兵蚁：全体毛被稀疏。头部形状似大兵蚁；上颚无尖刺；触角 13 节。前胸背板前、后缘中央均无凹刻。

分布：浙江（上城、下城、江干、拱墅、西湖、滨江、萧山、余杭、富阳、桐庐、建德）、广西。

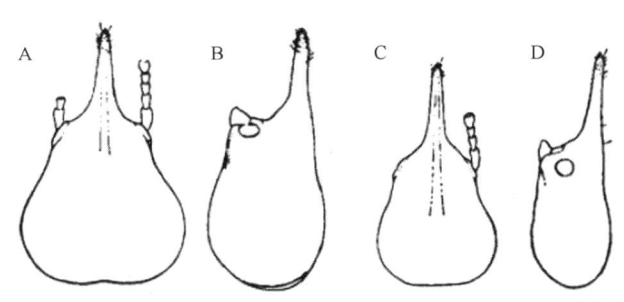

图 14-42 近丘额钝颚白蚁 *Ahmaditermes perisinuosus* Li *et* Xiao, 1989（引自黄复生等，2000）
A. 大兵蚁头部，背视；B. 大兵蚁头部，侧视；C. 小兵蚁头部，背视；D. 小兵蚁头部，侧视

(459) 屏南钝颚白蚁 *Ahmaditermes pingnanensis* (Li, 1979)（图 14-43）

Nasutitermes pingnanensis Li, 1979: 69.
Ahmaditermes pingnanensis: Hua, 2000: 26.

主要特征：成虫：复眼长圆形，大而凸出；单眼椭圆形；囟前端二分叉，呈"Y"形；触角 15 节；前胸背板前缘中央微凹，后缘中央凹入较深。前翅 M 脉在翅基缝处独立伸出。兵蚁二型。大兵蚁：头部前 1/3 较狭，触角窝后缢缩，最宽处位于中部之后；象鼻背面具 1 中纵脊，向后伸达头中部；触角 13 节；前胸背板宽约为头宽的 1/2。小兵蚁：体色浅于大兵蚁；触角 12 节。

分布：浙江（龙泉）、福建。

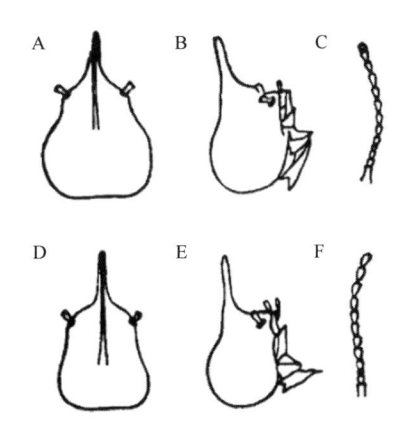

图 14-43 屏南钝颚白蚁 *Ahmaditermes pingnanensis* (Li, 1979)（引自黄复生等，2000）
A. 大兵蚁头部，背视；B. 大兵蚁头部，侧视；C. 大兵蚁触角；D. 小兵蚁头部，背视；E. 小兵蚁头部，侧视；F. 小兵蚁触角，背视

(460) 天目钝颚白蚁 *Ahmaditermes tianmuensis* Gao, 1988（图 14-44）

Ahmaditermes tianmuensis Gao, 1988b: 9.

主要特征：兵蚁单型。除鼻端被短毛外，头部近光裸。头部宽梨形，最宽处位于后部，后缘中央凹入；象鼻管状，鼻基稍隆，鼻端稍上翘；上颚端齿多不显；触角多 13 节，个别 14 节；前胸背板前、后缘中央微凹。

分布：浙江（临安）。

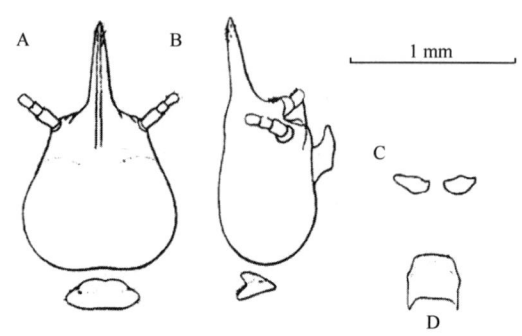

图 14-44 天目钝颚白蚁 *Ahmaditermes tianmuensis* Gao, 1988（引自黄复生等，2000）
A. 兵蚁头部及前胸背板，背视；B. 兵蚁头部及前胸背板，侧视；C. 兵蚁左、右上颚，前视；D. 兵蚁后颏，腹视

(461) 天童钝颚白蚁 *Ahmaditermes tiantongensis* Ping et Xin, 1993（图 14-45）

Ahmaditermes tiantongensis Ping et Xin, 1993: 1.

主要特征：兵蚁二型。大兵蚁：除鼻端密被短毛外，头部近光裸。头前狭后宽，最宽处位于后部，后缘中央近平直；象鼻圆管状，长度约为头长的 1/2，向前平伸，鼻端稍上翘；上颚端刺明显；触角多 14 节；前胸背板宽约为头宽的 1/2，后缘中央无凹刻。小兵蚁：与大兵蚁不同之处是体色浅于大兵蚁；体型较小；头后缘中央较凹；象鼻长于头长的 1/2，且鼻端不上翘；上颚无端刺；触角多 13 节。

分布：浙江（鄞州）。

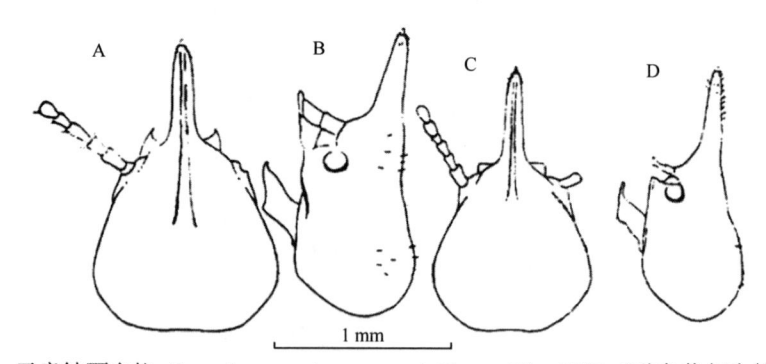

图 14-45 天童钝颚白蚁 *Ahmaditermes tiantongensis* Ping et Xin, 1993（引自黄复生等，2000）
A. 大兵蚁头部，背视；B. 大兵蚁头部，侧视；C. 小兵蚁头部，背视；D. 小兵蚁头部，侧视

第十五章 蜚蠊目 Blattodea

蜚蠊目 Blattodea 昆虫又称蟑螂 cockroaches。一般微至大型，体色多为黑褐色或者黄褐色（图 15-1）。头小，被前胸背板覆盖或稍微露出。多数种类具 2 对翅：前翅革质，后翅膜质，臀域发达，翅脉具分支的纵脉和大量横脉，少数种类前翅角质化；个别种类前翅正常发育而后翅退化；也有雌雄均短翅型或完全无翅，或雄虫具翅而雌虫无翅。3 对足，跗节 5 节。腹部节数在不同类群差异较大，背板一般 10 节，腹板 9 节（雌虫 7 节）；第 10 背板，即肛上板，具 1 对尾须；第 9 腹板（雌虫第 7 腹板），即下生殖板，雄虫具 1 对尾刺，少数种类仅一侧具尾刺或无尾刺；雌虫产卵器小，不外露，少数种类腹部末端隐于特化的第 7 腹板之内。

蜚蠊为不完全变态（渐变态），多数种类 1 年 1 代，或多代（如德国小蠊）或多年 1 代（如隐尾蠊）。其适应性强，分布范围广，大多数种类生活在热带、亚热带地区；少数分布在温带地区。室内种类易随货物等人为扩散；野生种类喜潮湿，常见于枯枝落叶、石堆、树皮下等，也有种类生活在各种洞穴及社会性昆虫和鸟类的巢穴中。部分种类可传播病菌和病毒，少数种类具有很高的药用价值，与人类关系密切。

目前世界已知蜚蠊目（不含白蚁）9 科 29 亚科 492 属 4600 多种，中国记录 7 科 15 亚科 70 属 400 余种，浙江分布 5 科 6 亚科 14 属 30 种。

本志所列种类依据的是 2011 年 7–8 月在浙江天目山采集的标本，以及西南大学标本馆馆藏蜚蠊标本，并参考郭江莉等（2011）、Zhang 等（2019）记述的种类进行了补充。但部分历史记载的种类，经查看原始记载发现其观察标本仅为若虫或雌虫，故不能确定，暂未列入。

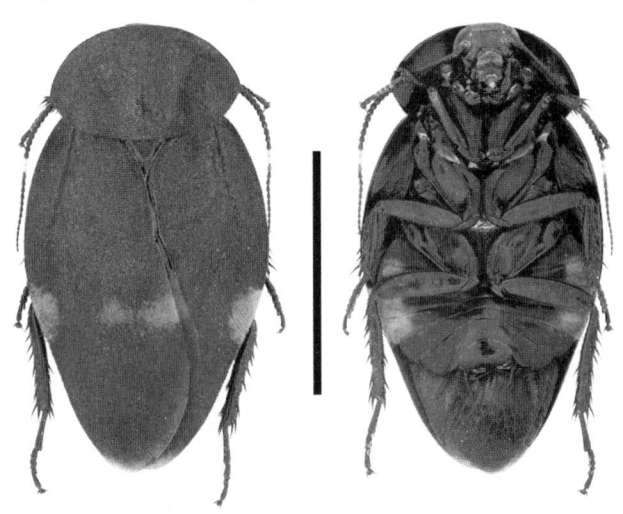

图 15-1　带纹真鳖蠊 *Eucorydia dasytoides* (Walker, 1868)

分科检索表

1. 体微小型，唇基加厚突出，后翅附属区长约达翅长的 40% ·· **褶翅蠊科 Anaplectidae**
- 体微至大型，唇基不加厚或加厚；若加厚，则后翅臀域仅折叠一次 ··· 2
2. 雄性外生殖器相对简单，分为左中右 3 部分 ··· 3
- 雄性外生殖器复杂，可分为左右 2 部分 ·· 4
3. 卵胎生或者胎生，卵荚形成后旋转 90°再完全缩回腹中孵化；尾须短（少数种类例外，如光蠊），不伸出肛上板后缘 ·· **硕蠊科 Blaberidae**
- 卵生，卵荚不完全缩回腹腔内；尾须长，分节，伸出肛上板后缘 ································· **姬蠊科 Ectobiidae**

4. 雄虫具翅，雌虫具翅或无翅，后翅臀域仅折叠 1 次；前胸背板通常明显被毛 ································· 地鳖蠊科 Corydiidae
- 前后翅发达，或者退化或者无翅，具翅种类后翅臀域扇形折叠；前胸背板不被毛；雄虫具 1 对圆柱形或末端渐细、相似、对称的尾刺；雌虫下生殖板分瓣 ································· 蜚蠊科 Blattidae

六十七、姬蠊科 Ectobiidae

主要特征：体微型至中型。前胸背板近椭圆形，盖住头部或头部稍露。多数种类前后翅超过腹部末端，后翅臀域折叠成扇状或具附属区，少数种类翅退化。各足股节腹缘具刺，各足跗节爪对称或不对称，爪间具中垫，特化或不特化。雄虫腹部背板多有特化，具腺体或毛簇。下生殖板特化或不特化，后缘具 1 对或 1 个尾刺或无尾刺。阳茎分为左中右 3 部分。

分布：世界广布。世界已知 4 亚科约 230 属 2326 种，中国记录 3 亚科 28 属约 180 种，浙江分布 2 亚科 9 属 20 种（亚种）。

（一）姬蠊亚科 Blattellinae

主要特征：体小至中型，黄褐或黑褐色，头顶复眼间距小于触角窝间距。前胸背板近椭圆形。后翅臀域通常折叠成扇状，有时翅端具附属区。雄虫钩状阳茎位于下生殖板左侧。

分布：世界广布。世界已知约 77 属 945 余种，中国记录约 14 属 130 余种，浙江分布 5 属 14 种（亚种）。

分属检索表

1. 后翅末端具附属区 ································· 玛拉蠊属 Malaccina
- 后翅末端无附属区 ································· 2
2. 雄虫尾刺圆柱形，腹部背板不特化 ································· 亚蠊属 Asiablatta
- 尾刺不如上述，腹部第 1、7 或第 8 背板特化 ································· 3
3. 后翅中脉和肘脉呈"S"形弯曲 ································· 乙蠊属 Sigmella
- 后翅中脉和肘脉不呈"S"形弯曲 ································· 4
4. 腹部第 1 背板不特化，下生殖板不加厚 ································· 小蠊属 Blattella
- 腹部第 1 背板多特化，下生殖板左侧后缘加厚上卷 ································· 拟歪尾蠊属 Episymploce

220. 小蠊属 *Blattella* Caudell, 1903

Blattella Caudell, 1903: 234. Type species: *Blatta germanica* Linnaeus, 1767.

主要特征：前后翅通常发育正常，少数种类翅退化。雄虫腹部第 1 背板一般不特化，第 7 或第 7、8 背板具腺体；雌虫背板不特化。雄虫下生殖板稍微或明显不对称，尾刺形状多样但结构简单，有时仅具有 1 个尾刺。前足股节腹缘刺式 A 型，少数 B 型；爪对称，不特化，极少数种类爪稍微特化。

分布：世界广布。世界已知 53 种，中国记录 12 种，浙江分布 2 种。

（462）双纹小蠊 *Blattella bisignata* (Brunner von Wattenwyl, 1893)（图 15-2）

Phyllodromia bisignata Brunner von Wattenwyl, 1893: 15.
Blattella bisignata: Princis, 1950: 215.

主要特征：体小型。体连翅长：雄 12.8–13.3 mm，雌 14.0–15.5 mm。前胸背板长×宽：雄 2.1–2.3 mm × 3.3–3.4 mm，雌 2.8–3.0 mm × 3.7–3.9 mm。前翅长：雄 10.9–11.1 mm，雌 12.3–13.0 mm。体黄褐色，面部无斑纹或具"T"形、"Y"形、"I"形红褐色或黑褐色斑纹。前胸背板中域通常具 2 条纵向的黑褐色平行条带，或条带末端向内弯曲几乎对接，或纵带基半部缺失。前后翅发育完全，后翅中脉不分支，肘脉具 1 条完全分支，翅顶三角区小。前足股节腹缘刺式 A_3 型；跗节具跗垫，爪对称，不特化，具中垫。腹部第 1 背板不特化，第 7 背板中部具 1 对敞口凹槽，第 8 背板两腺体近筒状。雄性外生殖器肛上板对称，舌状。下生殖板左侧角"L"形缺刻较小。2 尾刺间距小于左尾刺长度；左尾刺上着生密集小刺。

分布：浙江（临安、开化）、甘肃、江西、湖南、海南、广西、四川、贵州、云南；印度，缅甸，泰国。

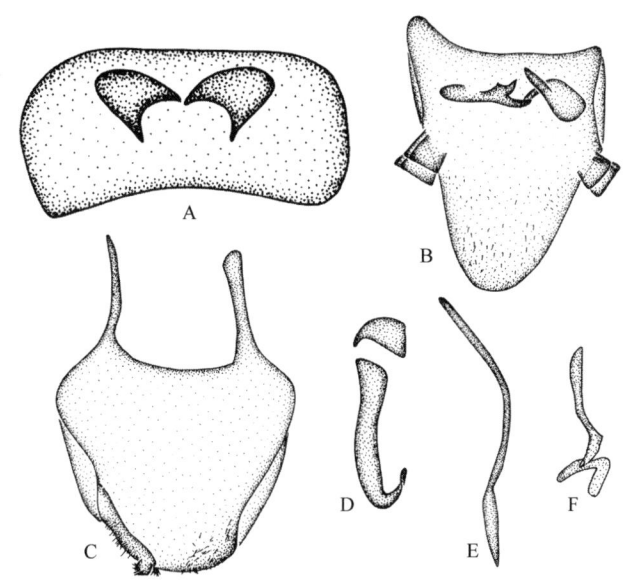

图 15-2 双纹小蠊 *Blattella bisignata* (Brunner von Wattenwyl, 1893)（引自王锦锦等，2014）
A. ♂第 8 背板；B. ♂肛上板腹面观；C. ♂下生殖板；D. 左阳茎；E. 中阳茎；F. 右阳茎

（463）毛背小蠊 *Blattella sauteri* (Karny, 1915)（图 15-3）

Ischnoptera sauteri Karny, 1915: 102.
Blattella sauteri: Asahina, 1981: 258.

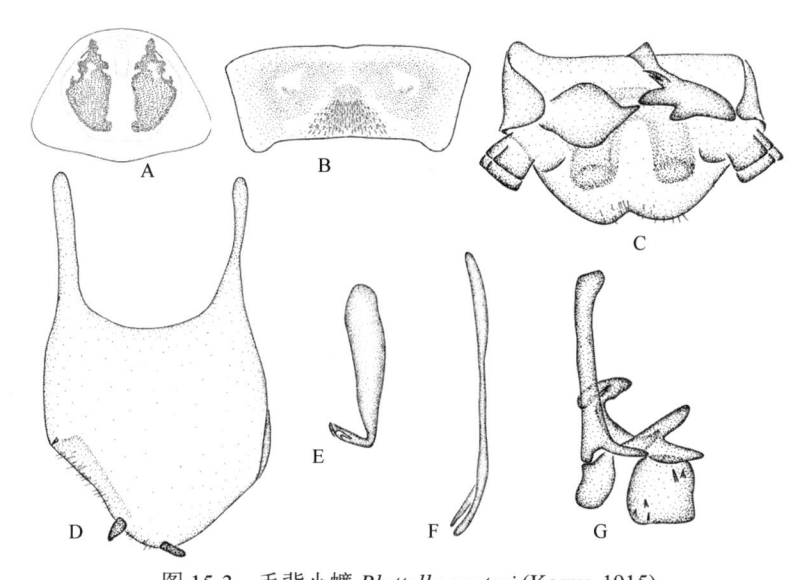

图 15-3 毛背小蠊 *Blattella sauteri* (Karny, 1915)
A. ♂前胸背板；B. ♂第 7 背板；C. ♂肛上板腹面观；D. ♂下生殖板；E. 左阳茎；F. 中阳茎；G. 右阳茎

主要特征：体中小型。体连翅长：雄 13.5–15.0 mm，雌 14.5–16.0 mm。前胸背板长×宽：雄 2.5–2.9 mm × 3.6–4.0 mm，雌 2.6–3.0 mm × 3.4–4.2 mm。前翅长：雄 12.0–12.6 mm，雌 13.5–14.2 mm。体栗褐色，面部黄褐色无斑纹，或中域具浅棕色近似"T"形斑纹。前胸背板后缘中部略凸出，中域后缘两侧各具 2 个红褐色不规则斑纹。前后翅发育完全，后翅径脉具 1 条或无后分支，肘脉具 1–2 条完全分支，翅端三角区小。前足股节腹缘刺式 A_3 型，跗节具跗垫，爪对称，不特化，具中垫。腹部仅第 7 背板特化，中部具 1 脊，两侧各具 1 圆形小窝。雄性肛上板对称，后缘中部具浅"V"形缺刻或平截。下生殖板不对称，后缘中部突出钝圆，2 指状尾刺着生在两侧或均在左侧。

分布：浙江（临安）、安徽、福建、台湾、广东、贵州；印度。

221. 乙蠊属 *Sigmella* Hebard, 1940

Sigmella Hebard, 1940: 236. Type species: *Blatta adversa* Saussure et Zehntner, 1895.

主要特征：前后翅发育完全，后翅径脉直，不分支，中脉和肘脉呈"S"形弯曲，肘脉端部具短的完全分支及 0–4 条不完全分支，翅顶三角区小，明显。前足股节腹缘刺式 B_3 型，跗节具跗垫，爪对称，不特化，具中垫。雄虫腹部背板特化或不特化。肛上板对称，左右肛侧板不相同。下生殖板稍不对称，2 尾刺之间具 1 个突起或无突起。钩状阳茎位于下生殖板左侧；中阳茎棒状，端部钝圆。

分布：古北区、东洋区。世界已知 23 种，中国记录 4 种，浙江分布 1 种（亚种）。

（464）申氏乙蠊双斑亚种 *Sigmella schenklingi biguttata* (Bey-Bienko, 1954)（图 15-4）

Scalida biguttata Bey-Bienko, 1954: 9.

Sigmella schenklingi biguttata: Princis, 1969: 802.

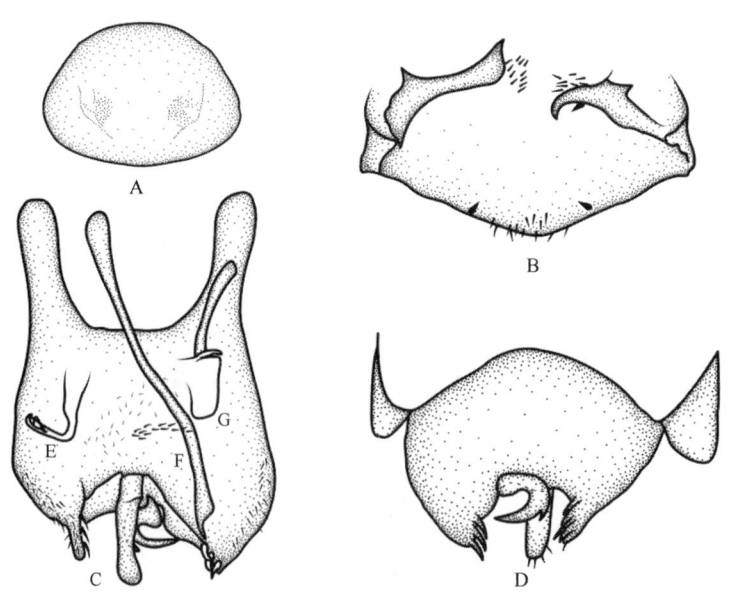

图 15-4 申氏乙蠊双斑亚种 *Sigmella schenklingi biguttata* (Bey-Bienko, 1954)
A. ♂前胸背板；B. ♂肛上板腹面观；C. ♂下生殖板背面观；D. ♂下生殖板腹面观；E. 左阳茎；F. 中阳茎；G. 右阳茎

主要特征：体中型。体连翅长：雄 12.5–15.7 mm。前胸背板长×宽：雄 2.6–3.6 mm × 3.2–4.5 mm。前翅长：雄 10.3–13.0 mm。体黄褐色或者黑褐色。前胸背中域近后缘两侧各具 1 个近椭圆形黑褐色斑纹，后缘中部略突出。前后翅发育完全，后翅径脉及中脉不分支，肘脉具 3–4 条完全分支和 2–4 条不完全分支，翅顶三角区明显。前足股节腹缘刺式 B_3 型，跗节具跗垫，爪对称，不特化，具中垫。雄虫腹部第 7 背板特化，中部具 1 对囊状腺体，且不超出第 7 背板前缘。雄性肛上板后缘中部呈弧状突出，两侧近后缘各具 1 个刺状突。下生殖板后缘中部具明显凹陷，两侧缘端部具明显的大刺，凹陷中部着生粗壮的突起，端部具 2 个刺。左尾刺缺失，右尾刺向右弯曲，外侧具 1 个小刺。

分布：浙江（开化）、江苏、安徽、湖北、江西、福建、广东、广西、重庆、四川、贵州、云南。

222. 亚蠊属 *Asiablatta* Asahina, 1985

Asiablatta Asahina, 1985b: 1. Type species: *Parcoblatta kyotensis* Asahina, 1976.

Discalida Woo, Guo et Li, 1985: 215. Type species: *Discalida pallidimarginia* Woo, Guo et Li, 1985.

主要特征：体中小型，雌雄稍异型。前胸背板近椭圆形。前足股节腹缘刺式 B_3 型；跗节具跗垫，爪对称，具中垫。前翅中域脉径向；后翅径脉分支或不分支，中脉不分支，肘脉具 3–4 条完全分支和 3 条不完全分支，翅顶三角区小。雄虫背板不特化，肛上板三角形，短小。下生殖板对称，尾刺近圆柱形。

分布：古北区、东洋区。世界已知 1 种，中国记录 1 种，浙江分布 1 种。

（465）京都亚蠊 *Asiablatta kyotensis* (Asahina, 1976)（图 15-5）

Parcoblatta kyotensis Asahina, 1976b: 116.

Asiablatta kyotensis: Asahina, 1985b: 9.

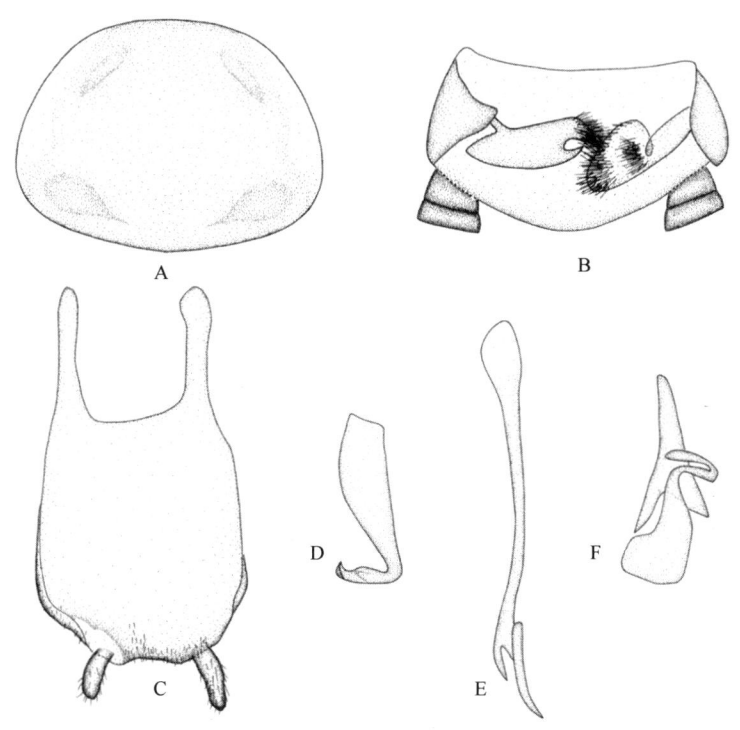

图 15-5　京都亚蠊 *Asiablatta kyotensis* (Asahina, 1976)（引自王锦锦等，2014）
A. ♂前胸背板；B. ♂肛上板腹面观；C. ♂下生殖板；D. 左阳茎；E. 中阳茎；F. 右阳茎

主要特征：体中小型。体连翅长：雄 18.2–19.1 mm，雌 13.3–15.5 mm。前胸背板长×宽：雄 3.7–4.0 mm × 5.2–5.5 mm；雌 3.2–4.0 mm × 5.0–5.7 mm。前翅长：雄 14.5–15.5 mm，雌 11.5–13.0 mm。体黑褐色。雌雄稍异型，雌虫体粗短，雄虫体细长。头顶复眼间具横纹。前胸背板近椭圆形，雄性两侧缘浅色，雌性颜色均一。前后翅发育完全，后翅中脉不分支，肘脉具 3–4 条完全分支和 1–3 条不完全分支，翅顶三角区小。

前足股节腹缘刺式 B₃ 型，跗节具跗垫，爪对称，不特化，具中垫。腹部背板不特化。雄性肛上板较短，后缘弧形。下生殖板对称，后缘近平直，两侧各着生 1 个圆柱形尾刺。

分布：浙江（临安）、辽宁、山东、陕西、江苏、上海、广西；韩国，日本。

223. 玛拉蠊属 *Malaccina* Hebard, 1929

Malaccina Hebard, 1929: 28. Type species: *Malaccina rufella* Hebard, 1929.

主要特征：前后翅通常发育完全，极少雌虫退化。翅发育完全者后翅肘脉通常具 1–2 条伪完全脉，0–2 条不完全脉，附属区退化，占后翅长的 25%–30%。前足股节腹缘刺式通常 A₃ 型，极少 B 型，仅第 4 跗节具跗垫，爪对称，特化成锯齿状，具中垫。雄性第 7 背板通常特化。肛上板对称，后缘弧形。下生殖板对称或不对称，具 2 个相同或稍有不同的尾刺。

分布：古北区、东洋区。世界已知 10 种，中国记录 2 种，浙江分布 1 种。

（466）中华玛拉蠊 *Malaccina sinica* (Bey-Bienko, 1954)（图 15-6）

Anaplectoidea sinica Bey-Bienko, 1954: 18.
Malaccina sinica: Roth, 1996: 335.

主要特征：体小型。体连翅长：雄 8.0–9.1 mm。前胸背板长×宽：雄 1.6–1.7 mm × 2.2–2.3 mm。前翅长：雄 6.5–7.0 mm。体黄褐色。前胸背板近前缘两侧具不明显的"八"字纹，前后缘近平直。翅发育完全，后翅径脉、中脉不分支，中脉和肘脉明显凹陷，肘脉具 2 条伪完全脉和 0–2 条不完全脉，翅端附属区约占后翅的 30%。前足股节腹缘刺式 A₃ 型，跗节具跗垫，爪对称，内缘锯齿状，具中垫。腹部背板 3–4 节黑褐色，第 7 背板具 1 对小窝，内着生细毛。雄性肛上板后缘弧状突出，中部稍凹陷，下生殖板不对称，右尾刺长，端部尖锐；左尾刺短，圆柱形。中阳茎端半部着生 1 排刺。

分布：浙江（临安）、江西、福建、广东、海南、广西、贵州、云南。

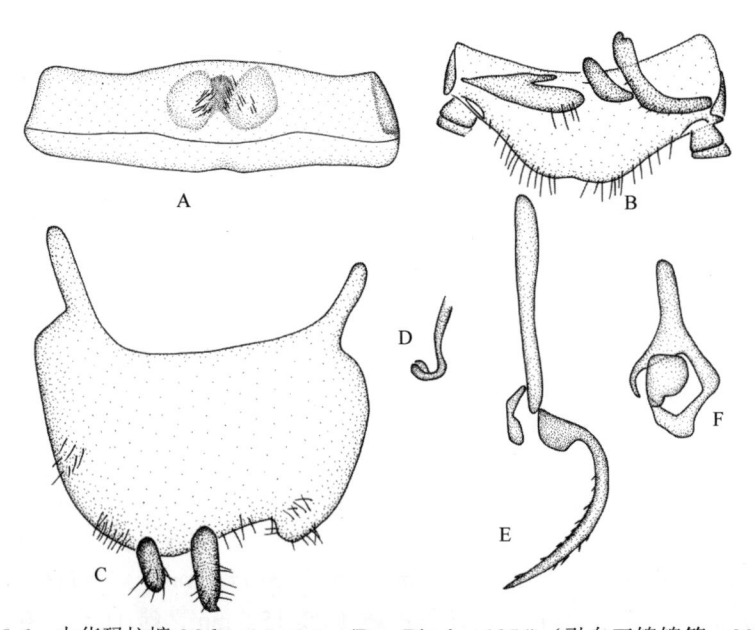

图 15-6　中华玛拉蠊 *Malaccina sinica* (Bey-Bienko, 1954)（引自王锦锦等，2014）
A. ♂第 7 背板；B. ♂肛上板腹面观；C. ♂下生殖板；D. 左阳茎；E. 中阳茎；F. 右阳茎

224. 拟歪尾蠊属 *Episymploce* Bey-Bienko, 1950

Episymploce Bey-Bienko, 1950: 157. Type species: *Episymploce paradoxura* Bey-Bienko, 1950.
Asymploce Guo et Feng, 1985: 333. Type species: *Asymploce rubroverticis* Guo et Feng, 1985.

主要特征：体中小型，通常翅发育完全，或极少数退化，发育完全者后翅径脉通常具分支，肘脉具 1–5 条完全脉和 1–6 条不完全脉，翅顶三角区小，退化或缺失。前足股节腹缘刺式通常 A_3 型、B_3 型或二者中间型。雄性腹部第 1 背板特化或不特化；第 7 背板通常特化，极少不特化；第 9 背板两侧板特化形状多样。大部分种类肛上板不对称。下生殖板明显不对称，基部左侧或两侧均不同程度加厚且覆有小刺。

分布：世界广布。世界已知约 80 种，中国记录 48 种，浙江分布 9 种。

分种检索表

1.	雄性腹部第 7 背板不特化	中华拟歪尾蠊 *E. sinensis*
-	雄性腹部第 7 背板特化	2
2.	雄性腹部第 9 背板两侧板形状不相似	卓拟歪尾蠊 *E. conspicua*
-	雄性腹部第 9 背板两侧板形状相似	3
3.	雄性腹部第 9 背板左侧板到达下生殖板端部	长片拟歪尾蠊 *E. longilamina*
-	雄性腹部第 9 背板特化不如上述	4
4.	前足股节腹缘刺式 A_3 型	晶拟歪尾蠊 *E. vicina*
-	前足股节腹缘刺式 B_3 型	5
5.	肛上板后缘具交叉的尾突	台湾拟歪尾蠊 *E. formosana*
-	肛上板后缘稍凹陷或具缺刻	6
6.	雄性腹部第 1 背板不特化	短板拟歪尾蠊 *E. brevilamina*
-	雄性腹部第 1 背板特化	7
7.	右尾刺明显长于左尾刺	长刺拟歪尾蠊 *E. longistylata*
-	尾刺不如上述	8
8.	肛上板缺刻的两边缘具 2 排小刺	郑氏拟歪尾蠊 *E. zhengi*
-	肛上板缺刻的两边缘无 2 排小刺	波塔宁拟歪尾蠊 *E. potanini*

（467）波塔宁拟歪尾蠊 *Episymploce potanini* (Bey-Bienko, 1950)（图 15-7）

Symploce potanini Bey-Bienko, 1950: 153.
Episymploce potanini: Roth, 1985: 215.

主要特征：体中型。体连翅长：雄 18.0–19.5 mm；雌 19.0–21.5 mm。前胸背板长×宽：雄 3.2–3.5 mm × 5.0–5.2 mm；雌 3.8–4.7 mm × 5.1–6.0 mm。前翅长：雄 15.5–16.5 mm；雌 15.2–17.2 mm。体黄褐色。前后翅发育完全，后翅径脉具分支，中脉不分支，肘脉具 4 条完全分支和 5 条不完全分支。前足股节腹缘刺式 B_3 型，跗节具跗垫，爪对称，不特化，具中垫。腹部第 1 背板特化，中部具毛簇；第 7 背板特化，中部具拱形的突起，两侧各具 1 小窝；第 9 背板两侧板形状相似，左侧板明显大于右侧板，腹缘端部具小刺。雄性肛上板后缘中部具狭长缺刻，左叶较宽，右叶近三角形。下生殖板两侧各具 1 侧刺，左侧缘上卷，密布小刺，右侧稍上卷，加厚。2 尾刺刺状，左尾刺弯曲指向左侧缘，右尾刺直，斜指向肛上板。

分布：浙江（临安）、广西、四川。

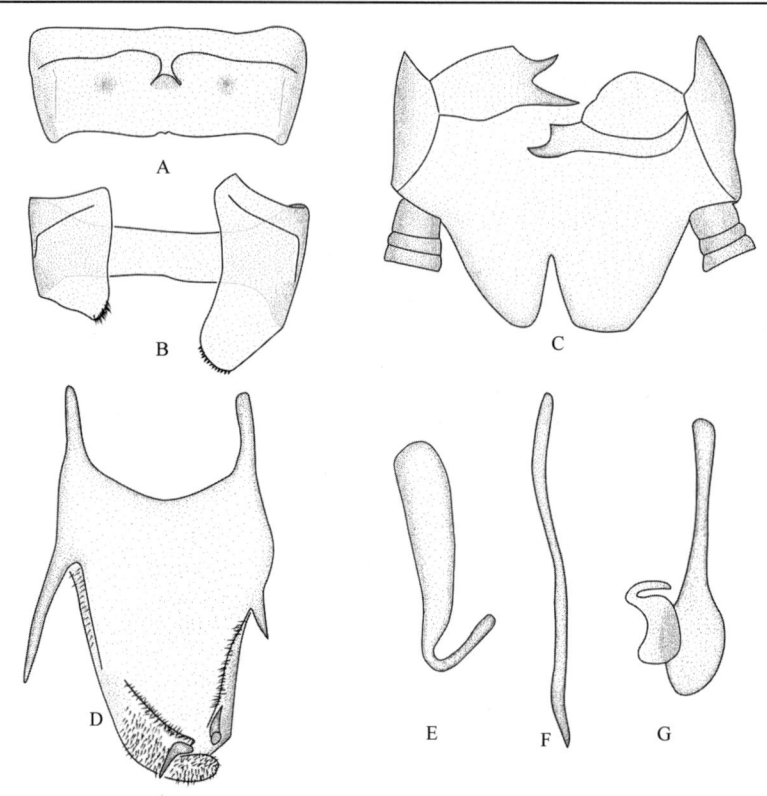

图 15-7 波塔宁拟歪尾蠊 *Episymploce potanini* (Bey-Bienko, 1950)（引自王锦锦等，2014）
A. ♂第 7 背板；B. ♂第 9 背板；C. ♂肛上板腹面观；D. ♂下生殖板；E. 左阳茎；F. 中阳茎；G. 右阳茎

（468）中华拟歪尾蠊 *Episymploce sinensis* (Walker, 1869)（图 15-8）

Ischnoptera sinensis Walker, 1869: 148.

Episymploce sinensis: Asahina, 1979: 339.

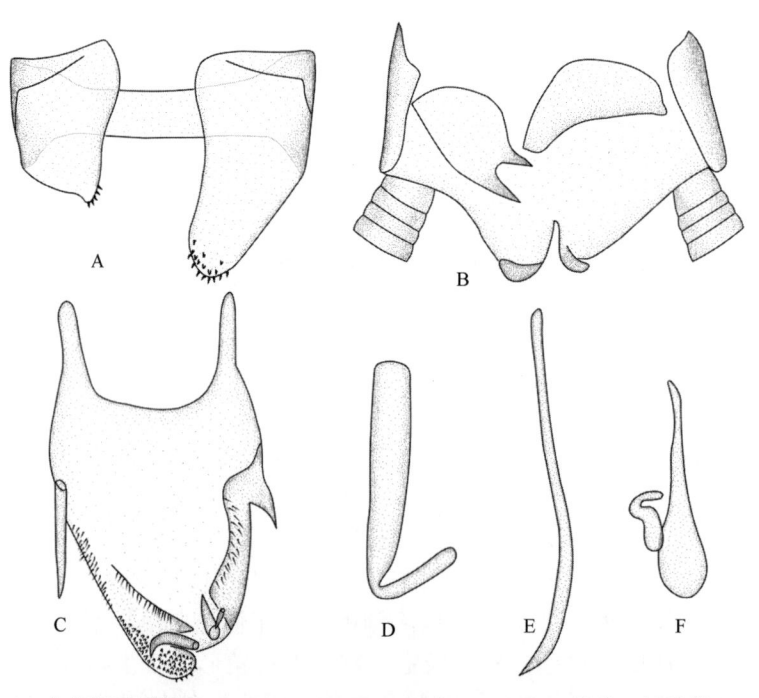

图 15-8 中华拟歪尾蠊 *Episymploce sinensis* (Walker, 1869)（引自王锦锦等，2014）
A. ♂第 9 背板；B. ♂肛上板腹面观；C. ♂下生殖板；D. 左阳茎；E. 中阳茎；F. 右阳茎

第十五章 蜚蠊目 Blattodea 六十七、姬蠊科 Ectobiidae

主要特征：体中型。体连翅长：雄 18.2–18.9 mm，雌 18.0–20.1 mm。前胸背板长×宽：雄 4.0–4.3 mm × 5.0–5.3 mm，雌 4.1–4.8 mm × 5.0–5.9 mm。前翅长：雄 15.7–16.0 mm，雌 14.8–16.8 mm。体黄褐色。头部触角窝附近各具 1 个褐色斑。前胸背板黄褐色或黑褐色，无斑纹。前后翅发育完全，前翅端部具黑褐色斑纹，后翅端部黑褐色，径脉具分支，中脉不分支，肘脉具 2 条完全脉和 0–3 条不完全脉，翅顶三角区小。前足股节腹缘刺式 A_3 型，跗节具跗垫，爪对称，不特化，具中垫。腹部第 1 背板特化；第 7 背板不特化；第 9 背板左侧板较长，端部钝圆，且具小刺。雄性肛上板后缘具中裂，两叶端部尖锐，卷曲。下生殖板左右下缘上卷，不同程度加厚，密布小刺。2 尾刺刺状，均指向下生殖板内侧。

分布：浙江（临安）、北京、安徽、湖北、福建、广东、海南、四川、贵州、云南。

（469）长片拟歪尾蠊 *Episymploce longilamina* Guo, Liu *et* Li, 2011（图 15-9）

Episymploce longilamina Guo, Liu, Fang *et* Li, 2011: 725.

主要特征：体小型。体连翅长：雄 12.0 mm，雌 12.0 mm。前胸背板长×宽：雄 3.0 mm × 4.0 mm，雌 3.0 mm × 4.0 mm。前翅长：雄 16.5 mm，雌 17.0 mm。体暗褐色。前后翅发育完全，后翅肘脉具 3 条完全脉和 6–7 条不完全脉。前足股节腹缘刺式 B_3 型。腹部第 1 背板不特化；第 7 背板中央具 1 角形突起，端部钝圆；第 9 背板不对称，左侧板长于右侧板，到达下生殖板端部，端缘圆形。雄虫肛上板近对称，后缘中央具狭的缺刻，两叶端部圆形。下生殖板极不对称，狭长，左侧明显增厚具细齿，无端刺；右侧稍微加厚，覆细刺。尾刺较长，弯钩状，着生于下生殖板端缘。

分布：浙江（临安）。

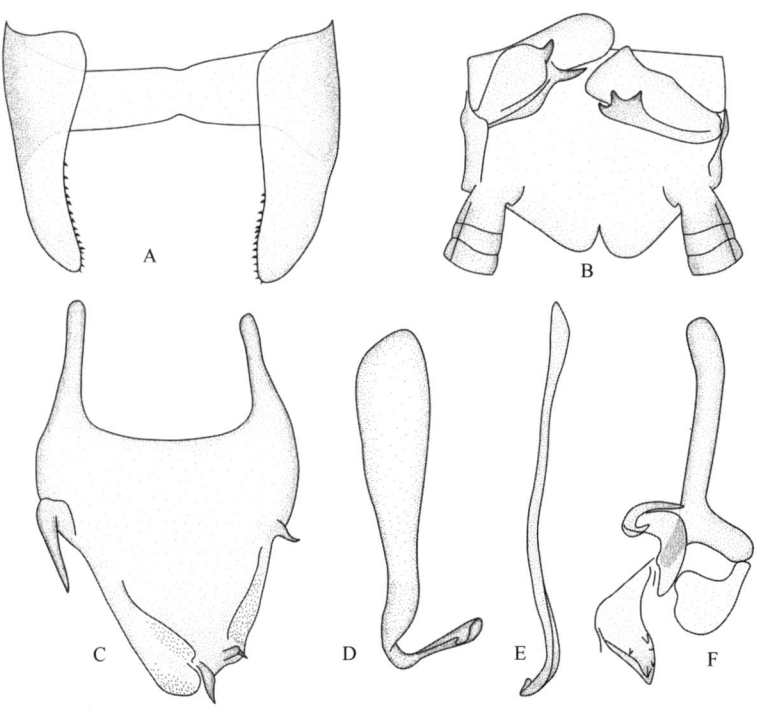

图 15-9 长片拟歪尾蠊 *Episymploce longilamina* Guo, Liu *et* Li, 2011（引自王锦锦等，2014）
A. ♂第 9 背板；B. ♂肛上板腹面观；C. ♂下生殖板；D. 左阳茎；E. 中阳茎；F. 右阳茎

（470）晶拟歪尾蠊 *Episymploce vicina* (Bey-Bienko, 1954)（图 15-10）

Symploce vicina Bey-Bienko, 1954: 11.

Episymploce vicina: Roth, 1985: 215.

主要特征：体中型。体连翅长：雄 20.1 mm，雌 19.4 mm。前胸背板长×宽：雄 3.2 mm × 4.1 mm，雌 3.5 mm × 4.7 mm。前翅长：雄 17.0 mm，雌 17.0 mm。体黄褐色。前后翅发育完全，后翅径脉中点之前分支，中脉不分支，肘脉具 2–3 条完全分支，4–5 条不完全分支，翅顶三角区小。前足股节腹缘刺式 A_3 型，跗节具跗垫，爪对称，不特化，具中垫。雄虫腹部第 1 背板特化，中部具 1 毛簇；第 7 背板特化，具"Y"形隆起，隆起两侧及后方各具 1 小凹陷；第 9 背板两侧板均沿腹侧向后伸出，端部均具小刺。雄性肛上板后缘具"V"形缺刻，左叶较宽，端部钝圆，右叶较窄，近三角形。下生殖板左侧缘上卷，呈圆锥形，伸过下生殖板后缘，端部具 1 锐刺；右侧缘具长刚毛，无小刺。左尾刺弯曲，右尾刺直。

分布：浙江（临安）、福建、广东、重庆、四川、贵州。

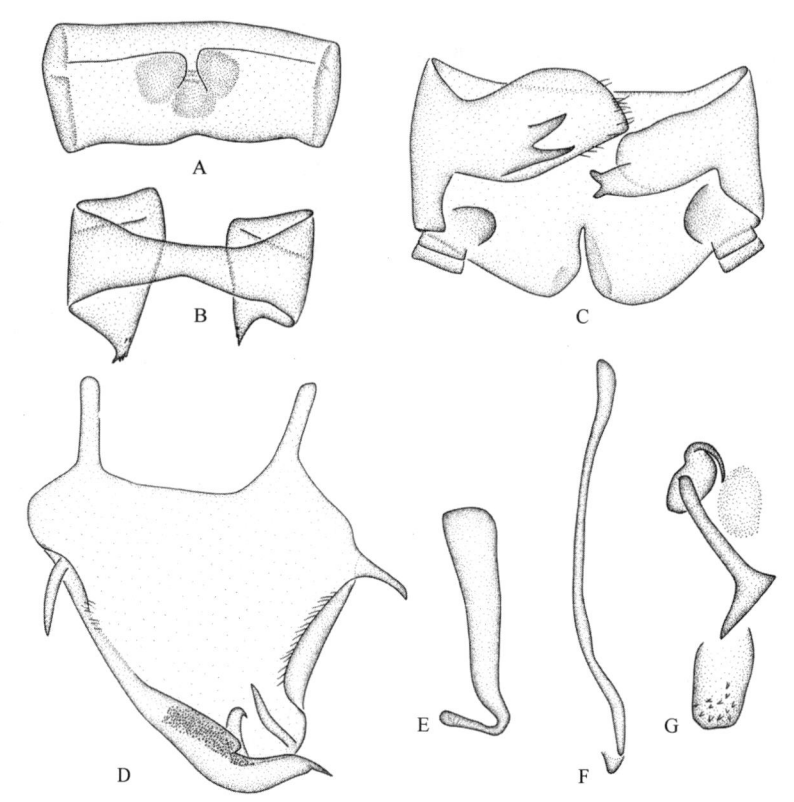

图 15-10　晶拟歪尾蠊 *Episymploce vicina* (Bey-Bienko, 1954)（引自王锦锦等，2014）
A. ♂第 7 背板；B. ♂第 9 背板；C. ♂肛上板腹面观；D. ♂下生殖板；E. 左阳茎；F. 中阳茎；G. 右阳茎

（471）台湾拟歪尾蠊 *Episymploce formosana* (Shiraki, 1908)（图 15-11）

Phyllodromia formosana Shiraki, 1908: 107.
Episymploce formosana formosana: Asahina, 1979: 340.

主要特征：体中型。体连翅长：雄 18.0–18.9 mm。前胸背板长×宽：雄 3.3–3.5 mm × 4.1–4.9 mm。前翅长：雄 15.8–16.4 mm。体黄褐色。前胸背板红褐色，近椭圆形。前后翅发育完全，后翅径脉中点之后分支，中脉不分支，肘脉具 2 条完全分支和 3 条不完全分支，翅顶三角区小。前足股节腹缘刺式 B_3 型，跗节具跗垫，爪不对称，不特化，具中垫。雄虫腹部背板黑褐色，第 1 背板不特化；第 7 背板特化，中部具 1 拱形的突起，两侧各具 1 个小窝；第 9 背板两侧板相似，后缘斜截，腹缘端部各具 1 个小刺，等长。雄性肛上板后缘具 2 个刺突，指向下生殖板。下生殖板左侧上翻具微刺。2 尾刺端部刺状，约等长，基部靠近。

分布：浙江（临安）、安徽、湖北、台湾、贵州、云南。

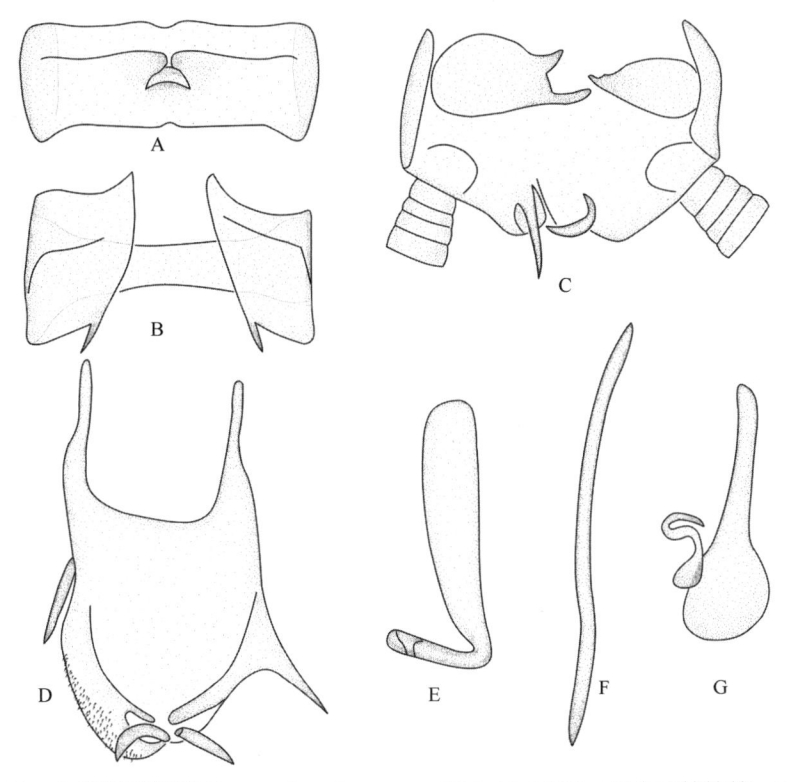

图 15-11 台湾拟歪尾蠊 *Episymploce formosana* (Shiraki, 1908)（引自王锦锦等，2014）
A. ♂第 7 背板；B. ♂第 9 背板；C. ♂肛上板腹面观；D. ♂下生殖板；E. 左阳茎；F. 中阳茎；G. 右阳茎

（472）郑氏拟歪尾蠊 *Episymploce zhengi* Guo, Liu *et* Li, 2011（图 15-12）

Episymploce zhengi Guo, Liu, Fang *et* Li, 2011: 725.

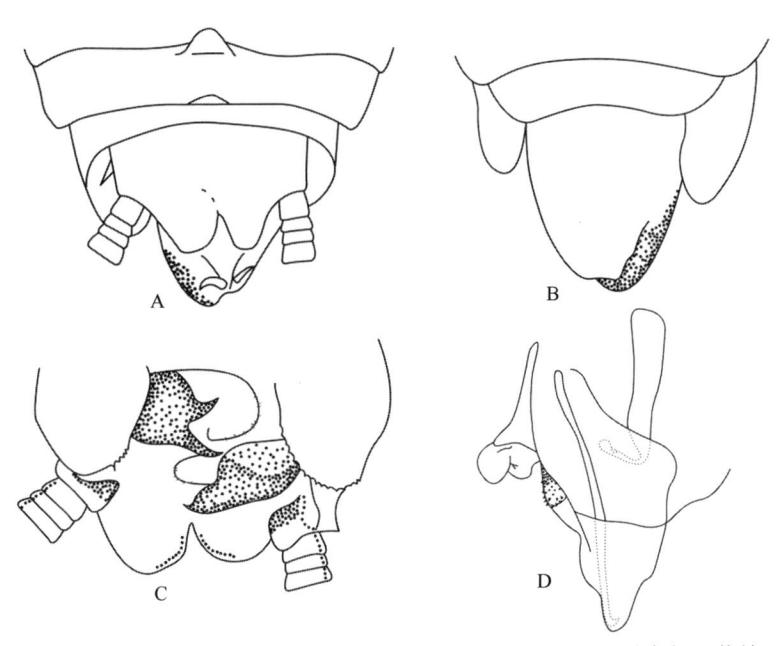

图 15-12 郑氏拟歪尾蠊 *Episymploce zhengi* Guo, Liu *et* Li，2011（引自郭江莉等，2011）
A. ♂肛上板及下生殖板；B. ♂下生殖板腹面观；C. ♂肛上板腹面观；D. 阳茎

主要特征：体小型。体连翅长：雄 16.5–19.0 mm，雌 15.5–17.0 mm。前胸背板长×宽：雄 3.5–4.0 mm × 4.5–5.0 mm，雌 3.5 mm × 4.5 mm。前翅长：雄 15.5–16.5 mm，雌 14.0–14.5 mm。体暗褐色。前胸背板侧缘

淡黄褐色，近椭圆形。前后翅发达，后翅前缘脉具 3 条完整和 7 条不完整的分支。前足股节腹缘刺式 B_3 型。雄性腹部第 1 背板具毛簇；第 7 背板中央具 1 角形突起，端部钝圆；第 9 腹板左侧板长于右侧板，端部宽圆，内缘具细齿。雄性肛上板略不对称，后缘中央具斜的凹口，裂叶端部微斜截。下生殖板狭长，左下缘明显增厚、具细齿，缺端刺。尾刺圆锥形。

分布：浙江（临安）。

（473）卓拟歪尾蠊 *Episymploce conspicua* Wang, Wang *et* Che, 2014（图 15-13）

Episymploce conspicua Wang, Wang *et* Che, 2014: 221.

主要特征：体中型。体连翅长：雄 19.1–21.1 mm。前胸背板长×宽：雄 3.9–4.5 mm × 4.9–5.6 mm。前翅长：雄 15.8–17.5 mm。体黄褐色。前后翅发育完全，后翅径脉具分支，中脉不分支，肘脉具 4 条完全分支和 4 条不完全分支。前足股节腹缘刺式 A_3 型；跗节具跗垫，爪对称，不特化，具中垫。雄虫腹部第 1 背板特化，中部近前缘具 1 毛簇；第 7 背板特化，中部具 1 突起，两侧各具 1 小窝；第 9 背板右侧板后缘端部钝圆，左侧板三角状向后延伸，端部尖锐，腹缘具小刺，长约为右侧板的 1.5 倍。雄性肛上板近对称，后缘凹陷，两后缘各具 1 小刺。下生殖板两侧各具 1 侧刺，左侧刺较长；左后缘上卷，三角状向后延伸。

分布：浙江（临安）、江西、福建。

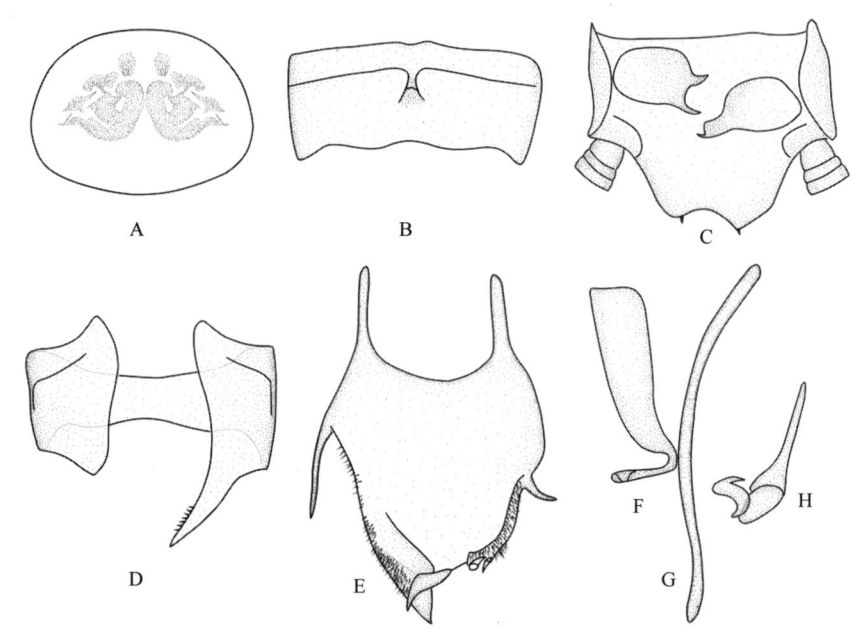

图 15-13　卓拟歪尾蠊 *Episymploce conspicua* Wang, Wang *et* Che, 2014（引自王锦锦等，2014）
A.♂前胸背板；B.♂第 7 背板；C.♂肛上板腹面观；D.♂第 9 背板；E.♂下生殖板；F. 左阳茎；G. 中阳茎；H. 右阳茎

（474）长刺拟歪尾蠊 *Episymploce longistylata* Zhang, Liu *et* Li, 2019（图 15-14）

Episymploce longistylata Zhang, Liu *et* Li, 2019: 203.

主要特征：体中型。体连翅长：雄 23.0 mm。前胸背板长×宽：雄 5.0 mm × 5.5 mm。前翅长：雄 18.0 mm。体黄褐色。前胸背板近梯形，后缘中部略微突出，中域两侧各具 1 褐色斑点。前后翅发育完全，后翅肘脉具 3–4 个完全分支和 6–7 个不完全分支，翅顶三角区小。前足股节腹缘刺式 B_3 型。跗节具跗垫，爪对称，不特化，具中垫。雄虫第 1 背板中部具 1 簇刚毛，第 7 背板中部具 1 个小凹陷。雄性肛上板不对称，后缘近中部具明显缺刻。左肛侧板具 1 个突起，端部钝圆，右肛侧板具 2 个刺状突起。下生殖板左后缘加厚，具小刺。2 尾刺不同，左尾刺短且指向身体末端，右尾刺长。

分布：浙江（余姚）、贵州。

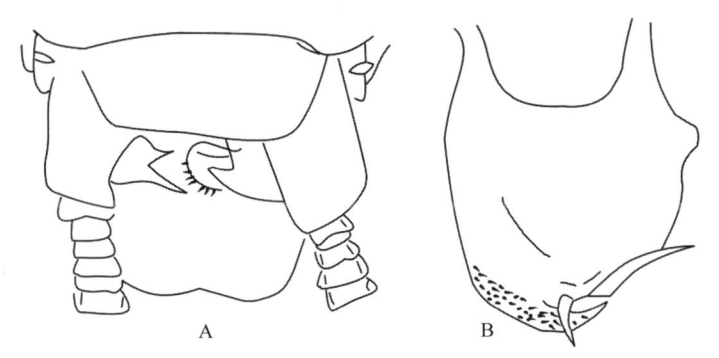

图 15-14　长刺拟歪尾蠊 *Episymploce longistylata* Zhang, Liu et Li, 2019（引自 Zhang et al., 2019）
A. ♂肛上板腹面观；B. ♂下生殖板背面观

（475）短板拟歪尾蠊 *Episymploce brevilamina* Zhang, Liu et Li, 2019（图 15-15）

Episymploce brevilamina Zhang, Liu et Li, 2019: 208.

主要特征：体小型。体连翅长：雄 18.0–19.0 mm。前胸背板长×宽为 3.5–4.0 mm × 4.0–4.5 mm；前翅长 14.0–15.0 mm。体褐色，头顶及单眼区浅褐色，触角窝下方各有 1 个淡黄色斑点。前胸背板近梯形，后缘中部略微突出，中域两侧各具 1 褐色斑点。前后翅发育完全，后翅肘脉具 3 个完全分支和 4 个不完全分支，翅顶三角区小。前足股节腹缘刺式 B_3 型。爪对称，具中垫。雄虫第 1 背板不特化，第 7 背板中部具 1 个小凹陷，第 9 背板两侧板不同，左侧板大于右侧板。雄性肛上板不对称，后缘中部具小缺刻。左肛侧板片状，端部二分叉，右肛侧板具 2 个刺状突起。下生殖板不对称，左侧缘加厚，密布小刺，端部刺状凸起。2 尾刺不同，左尾刺卷曲指向左侧，右尾刺刺状，指向腹部前端。

分布：浙江（龙泉）。

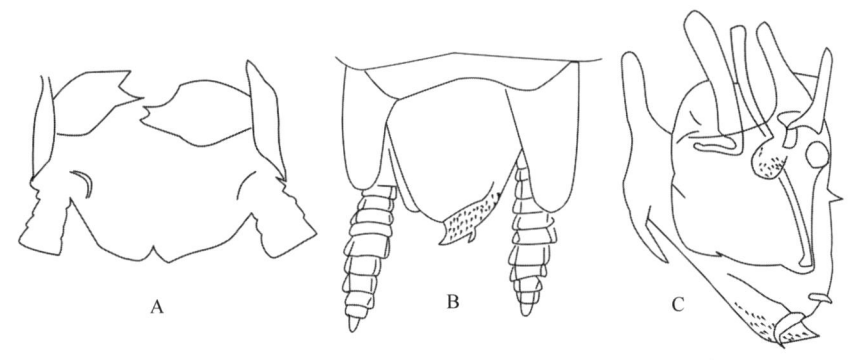

图 15-15　短板拟歪尾蠊 *Episymploce brevilamina* Zhang, Liu et Li, 2019（引自 Zhang et al., 2019）
A. ♂肛上板腹面观；B. ♂下生殖板腹面观；C. 阳茎

（二）拟叶蠊亚科 Pseudophyllodromiinae

主要特征：体小至中型，颜色通透。头顶复眼间距小于触角窝间距。前胸背板近椭圆形，爪对称或不对称，特化或不特化。钩状阳茎位于下生殖板右侧。

分布：世界广布。世界已知约 58 属 860 余种，中国记录约 6 属 56 种，浙江分布 4 属 6 种。

分属检索表

1. 跗节爪不对称 ·· 2
- 跗节爪对称 ·· 3
2. 后翅附属区明显，或退化成三角区 ··· 丘蠊属 *Sorineuchora*
- 后翅顶三角区小且不明显 ··· 巴蠊属 *Balta*
3. 仅第 4 跗节具跗垫 ··· 全蠊属 *Allacta*
- 1–4 跗节具跗垫，且爪特化不明显 ·· 玛蠊属 *Margattea*

225. 巴蠊属 *Balta* Tepper, 1893

Balta Tepper, 1893:39. Type species: *Balta epilamproides* Tepper, 1893.

主要特征：前胸背板前缘平截，后缘中部稍凸出。翅发育完全，后翅径脉中部分支端部大多数呈棍棒状，中脉少有分支，肘脉有完全分支和不完全分支，翅顶三角区小。前足股节腹缘刺式 C_2 型，少有 B_3 型或其他类型。雄虫腹部背板不特化。肛上板横阔，对称，中部凹陷或突出；下生殖板对称或稍不对称，中域深"V"裂；2 尾刺相距远，位于下生殖板后外侧。

分布：世界广布。世界已知 102 种，中国记录 17 种，浙江分布 1 种。

(476) 金林巴蠊 *Balta jinlinorum* Che et Wang, 2010（图 15-16）

Balta jinlinorum Che, Chen *et* Wang, 2010: 65.

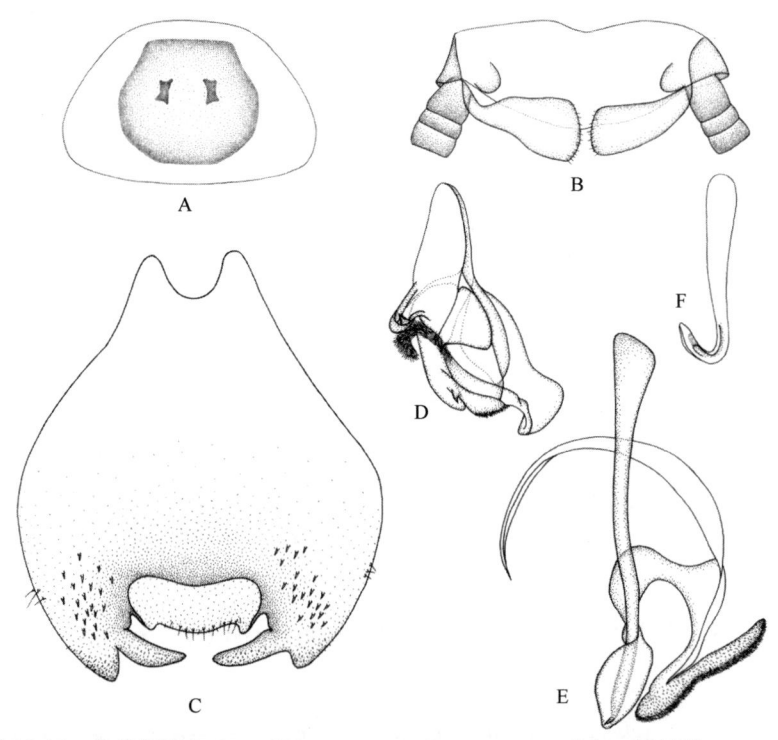

图 15-16　金林巴蠊 *Balta jinlinorum* Che *et* Wang, 2010（引自王锦锦等，2014）
A. ♂前胸背板；B. ♂肛上板腹面观；C. ♂下生殖板；D. 左阳茎；E. 中阳茎；F. 右阳茎

主要特征：体中型。体连翅长：雄 14.1–15.0 mm，雌 14.0–15.0 mm。前胸背板长×宽：雄 2.8–2.9 mm × 3.9–4.4 mm，雌 2.9–3.0 mm × 3.9–4.1 mm。前翅长：雄 11.5–12.9 mm，雌 12.0–12.5 mm。体黄褐色，头顶

具黑褐色横带。前胸背板中域及后缘各有2个对称的黑褐色斑，两侧缘透明。前后翅发育完全，后翅径脉近端部分支，中脉不分支，肘脉具1条不完全分支和3条完全分支，翅顶三角区较小。前足股节腹缘刺式B_2型，爪不对称，不特化。雄虫腹部腹面两侧缘具黑褐色纵带，纵带内侧各具1个黑褐色圆斑，背板不特化。雄性肛上板短小，后缘钝圆。下生殖板后缘中部向内凹陷，两侧叶内缘各具1个圆锥形尾刺。中阳茎端部具刷状结构。

分布：浙江（临安）、福建、海南、广西。

226. 丘蠊属 *Sorineuchora* Caudell, 1927

Sorineuchora Caudell, 1927: 14. Type species: *Sorineuchora javanica* Caudell, 1927.

主要特征：下颚须第5节明显粗大于第4节。前足股节腹缘刺式C_2型，跗节具跗垫，爪对称或不对称，不特化。后翅径脉不分支，中脉明显，肘脉具1–3条分支，附属区明显，或退化成翅顶三角区，或几乎消失。雄虫背板不特化。钩状阳茎在右侧。

分布：古北区、东洋区。世界已知14种，中国记录10种，浙江分布2种。

（477）黑背丘蠊 *Sorineuchora nigra* (Shiraki, 1908)（图15-17）

Chorisoneura nigra Shiraki, 1908: 109.
Sorineuchora nigra: Roth, 1998: 16.

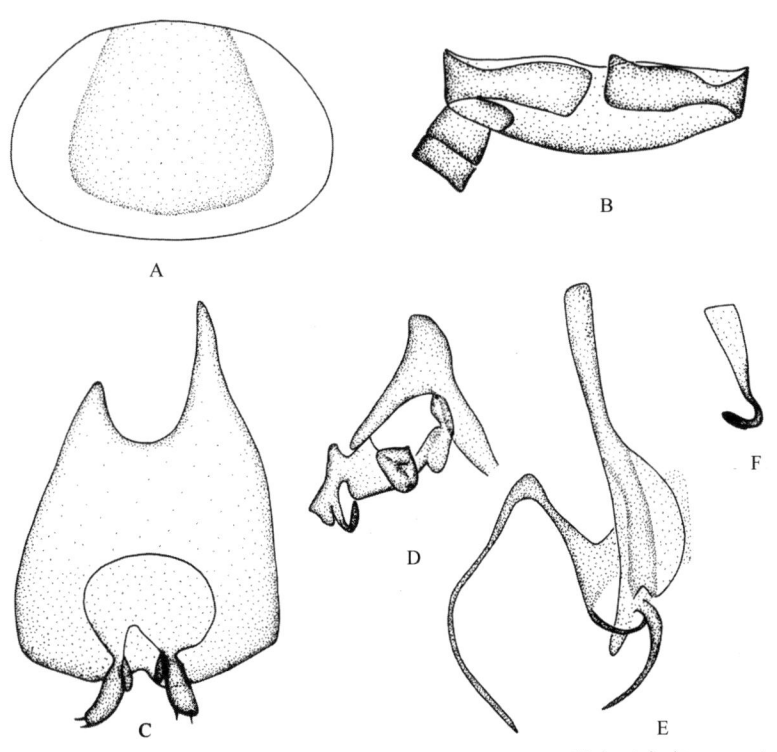

图15-17 黑背丘蠊 *Sorineuchora nigra* (Shiraki, 1908)（引自王宗庆，2006）
A. ♂前胸背板；B. ♂肛上板腹面观；C. ♂下生殖板；D. 左阳茎；E. 中阳茎；F. 右阳茎

主要特征：体小型。体连翅长：雄10.2–10.8 mm。前胸背板长×宽：雄2.2–2.6 mm × 3.5–3.7 mm。前翅长：雄8.5–9.0 mm。体黑褐色。前胸背板中域黑色，两侧缘透明，后缘浅色边狭窄不明显。前后翅发育完全，后翅前缘脉膨大，径脉和中脉不分支，肘脉具1–2条不完全分支。前足股节腹缘刺式C_2型，跗节具跗垫，爪不对称，不特化，中垫发达。雄虫腹部背板不特化。雄性肛上板横截，后缘端部圆。下生殖板近似对称；右尾刺粗壮，近圆柱形，2 尾刺之间凹陷，并向腹面突出。中阳茎近端部宽大，端部刺状，具 1 附属骨片，基部细，端部与中阳茎相连。

分布：浙江（余杭、临安）、湖南、广西、四川、贵州。

（478）双带丘蠊 *Sorineuchora bivitta* (Bey-Bienko, 1969)（图 15-18）

Chorisoneura bivitta Bey-Bienko, 1969: 838.
Sorineuchora bivitta: Roth, 1998: 20.

主要特征：体小型。体连翅长：雄 9.3–10.5 mm，雌 9.5–11.0 mm。前胸背板长×宽：雄 1.8–2.1 mm × 2.9–3.2 mm，雌 1.8–2.1 mm × 2.8–3.1 mm。前翅长：雄 7.9–9.0 mm，雌 8.2–9.0 mm。体黑褐色，头顶黄褐色，下半部具 2 条黑褐色横纹。前胸背板中域黑褐色，或具暗纹。前后翅发育完全，前翅黑褐色，前缘具浅色边；后翅径域狭窄，中脉近中部弯曲，不分支或端部具 1 小分支；肘脉具 3 条完全分支，翅顶三角区明显。足黑褐色，前足股节腹缘刺式 C_2 型，具跗垫，爪对称，不特化，中垫发达。腹部深红褐色，背板不特化。雄性肛上板短，后缘弧形钝圆。下生殖板稍不对称，2 尾刺相似，柱形，右尾刺较左尾刺长，端部均具小刺，尾刺间缘稍突出。中阳茎粗壮，基部柱状，近端左侧较宽大，其上方连接 1 细长弯曲骨片。

分布：浙江（余杭）、福建、海南、广西、贵州、云南。

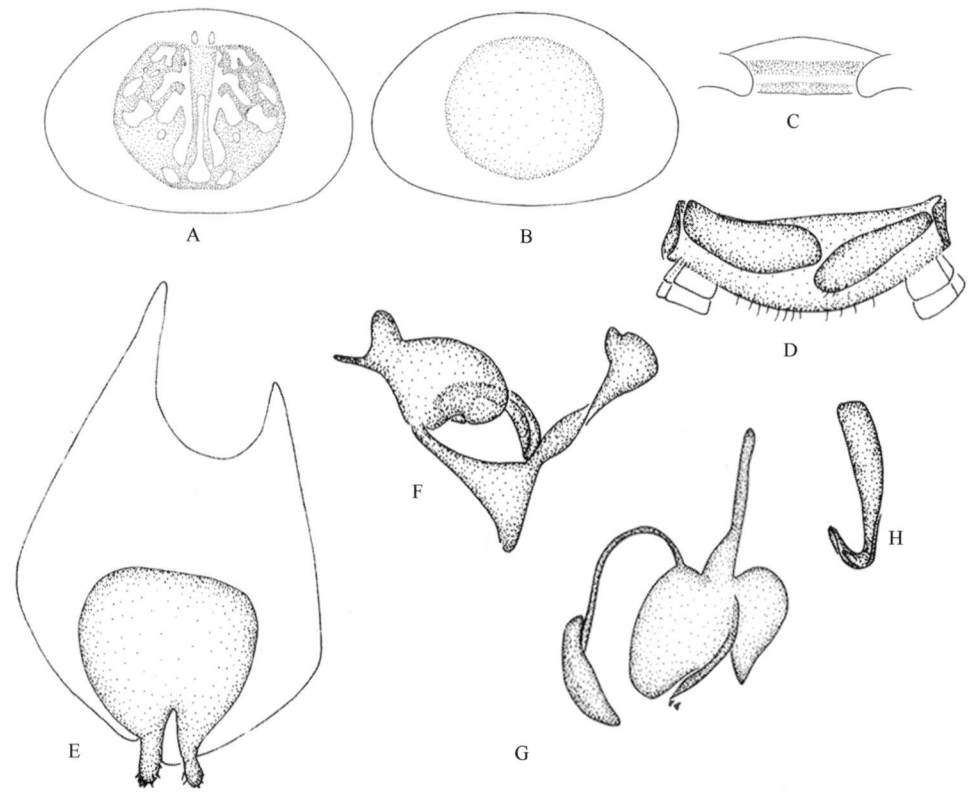

图 15-18 双带丘蠊 *Sorineuchora bivitta* (Bey-Bienko, 1969)（引自王宗庆，2006）
A. ♀前胸背板；B. ♂前胸背板；C. ♂头顶；D. ♂肛上板腹面观；E. ♂下生殖板；F. 左阳茎；G. 中阳茎；H. 右阳茎

227. 玛蠊属 *Margattea* Shelford, 1911

Margattea Shelford, 1911: 155. Type species: *Blatta ceylanica* Saussure, 1868.

主要特征：前后翅发育完全，或退化，后翅极少缺失，若发育完全则后翅径脉无后分支，肘脉直或稍弯曲，具有1–4条完全分支，无不完全分支，翅顶三角区小。腹部背板不特化，或第8背板特化。前足股节腹缘刺式 B_2 或 B_3 型，极少 C_2 型，跗节爪对称，特化。肛上板短，横截，肛侧板简单。钩状阳茎在右侧。

分布：古北区、东洋区、旧热带区。世界已知58种，中国记录19种，浙江分布2种。

（479）双印玛蠊 *Margattea bisignata* Bey-Bienko, 1970（图15-19）

Margattea bisignata Bey-Bienko, 1970: 373.

主要特征：体小型。体连翅长：雄 13.0–15.0 mm。前胸背板长×宽：雄 2.5 mm × 3.5 mm。前翅长：雄 11.0–12.0 mm。体黄褐色，复眼间具褐色横带。前胸背板中域具黑褐色斑纹，前后缘近平截。前后翅发育完全，后翅亚前缘脉和径脉中部平行分支膨大成棒状，中脉不分支；肘脉具3条完全分支，端部1条分叉，无不完全分支，翅顶三角区小。前足股节腹缘刺式 B_2 型，跗节具跗垫，爪对称，内缘具微齿。雄虫腹板两侧具黑色纵带达到腹部末端，纵带内侧各节均具1个黑色小圆斑；腹部背板第8节特化，中部近后缘具1毛簇。雄虫肛上板后缘弧形突出。下生殖板后缘平直。2尾刺锥状。左阳茎端部具刷状结构；中阳茎端部弯曲，具毛刷状结构，附属骨片拱形，附属物棒状，端部尖锐。

分布：浙江（临安、开化）、甘肃、安徽、湖北、江西、海南、广西、贵州；越南。

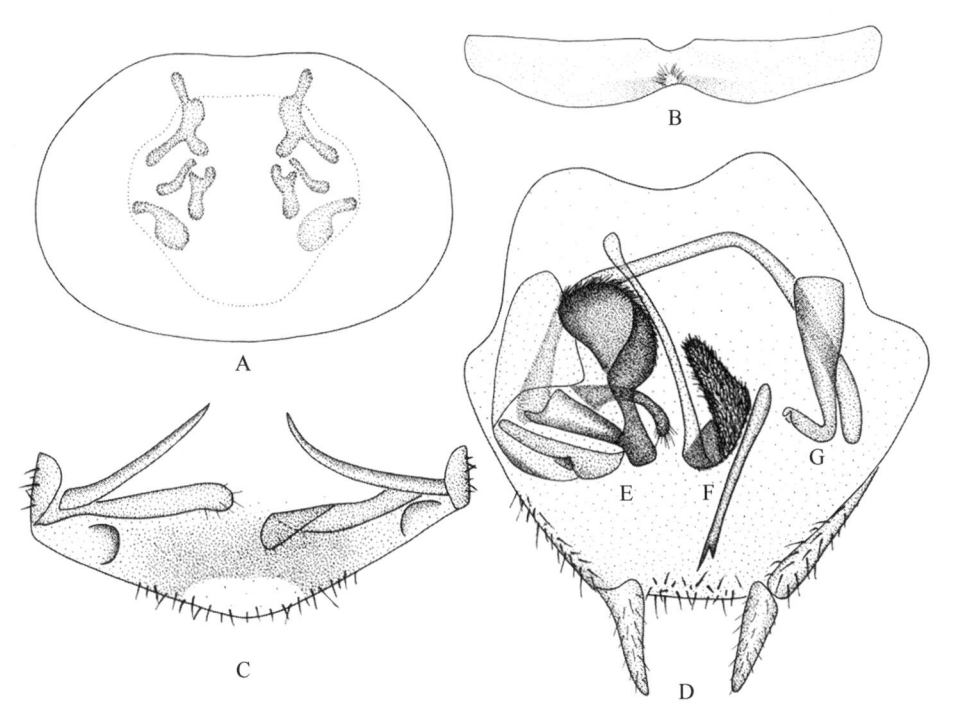

图15-19 双印玛蠊 *Margattea bisignata* Bey-Bienko, 1970（引自王宗庆，2006）
A. ♂前胸背板；B. ♂第8背板；C. ♂肛上板腹面观；D. ♂下生殖板；E. 左阳茎；F. 中阳茎；G. 右阳茎

（480）浅缘玛蠊 *Margattea limbata* Bey-Bienko, 1954（图15-20）

Margattea limbata Bey-Bienko, 1954: 9.

主要特征：体小型。体连翅长：雄 9.0–10.5 mm，雌 10.1–11.1 mm。前胸背板长×宽：雄 2.2–2.8 mm × 2.5–3.3 mm，雌 2.2–2.5 mm × 3.0–3.4 mm。前翅长：雄 7.7–10.3 mm，雌 7.3–10.1 mm。体棕红褐色，头部黑褐色，头顶复眼及触角窝间具1条乳白色横带。前胸背板中域黑褐色或略泛红。前后翅发育完全，后翅径脉分支端部加厚，近端部稍弯曲，无后分支，中脉不分支，肘脉具1条完全分支，无不完全分支，翅顶三角区小。足基节与股节端部黑褐色，其余黄白色，前足股节腹缘刺式 B$_2$ 型；跗节具跗垫，爪对称，特化。雄虫背板不特化。肛上板后缘近平截，中部略凹陷。下生殖板后缘右侧角凹陷，右尾刺圆柱状，着生于凹陷处；左尾刺与右尾刺相似，2 尾刺中间具长于尾刺且端部弯曲的突起。左阳茎具 1 长刺状突起。

分布：浙江（开化、江山）、安徽、江西、湖南、福建、广东、广西、重庆、贵州。

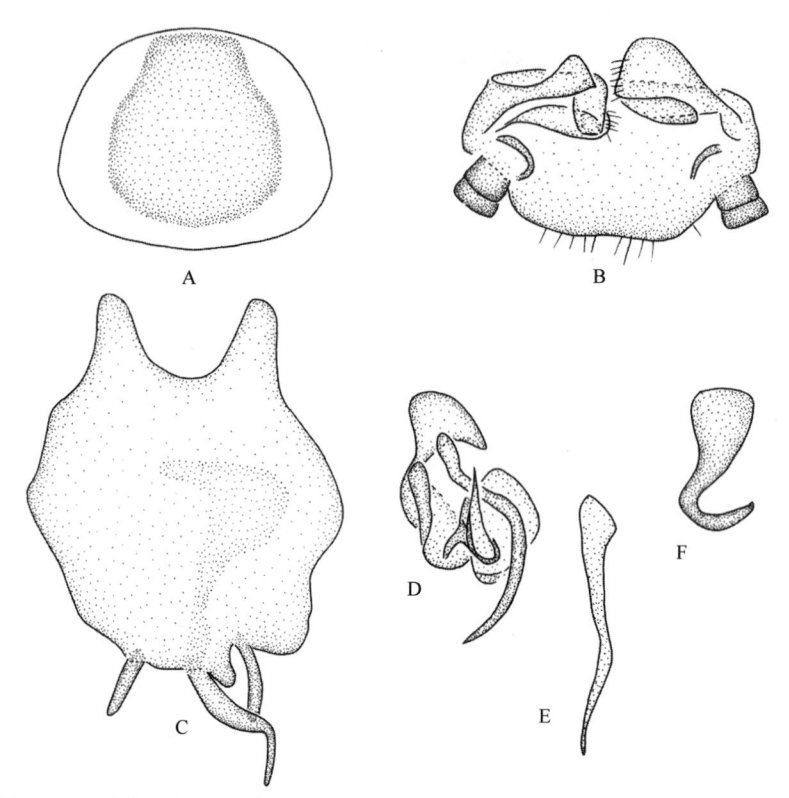

图 15-20　浅缘玛蠊 *Margattea limbata* Bey-Bienko, 1954（引自王宗庆，2006）
A. ♂前胸背板；B. ♂肛上板腹面观；C. ♂下生殖板；D. 左阳茎；E. 中阳茎；F. 右阳茎

228. 全蠊属 *Allacta* Saussure *et* Zehntner, 1895

Abrodiaeta Brunner von Wattenwyl, 1893: 13. Type species: *Abrodiaeta modesta* Brunner von Wattenwyl, 1893.
Allacta Saussure *et* Zehntner, 1895: 45 (New name for *Abrodiaeta* Brunner von Wattenwyl, 1893).

主要特征：前后翅发育完全，少数种类前后翅退化或仅雌虫前后翅退化；若前翅发育完全，前翅中脉和肘脉倾斜，后翅径脉直，通常不分支，肘脉具 1–6 条（通常 4 或 5 条）完全脉，没有不完全分支，翅顶三角区小，退化或缺失。前足股节 B$_2$ 或 B$_3$ 型，仅第 4 跗节具跗垫，爪对称，不特化，具中垫。雄虫腹部背板不特化。钩状阳茎在右侧。

分布：古北区、东洋区、澳洲区。世界已知 44 种，中国记录 8 种，浙江分布 1 种。

（481）白斑全蠊 *Allacta alba* He, Zheng, Qiu, Che *et* Wang, 2019（图 15-21）

Allacta alba He, Zheng, Qiu, Che *et* Wang, 2019: 6.

主要特征：体中型。体连翅长：雄 15.5–16.1 mm。前胸背板长×宽：雄 3.5 mm × 4.5 mm。前翅长：雄 14.1–14.8 mm。体黄棕略带红色，头顶棕红色。触角间具 2 个棕红色大斑，触角窝下方各具 1 弯曲斑纹。前胸背板前后缘近平截，中域具近梯形对称的白色斑纹。前后翅发育完全，后翅中脉直、简单；肘脉具 5

条完全分支。前足股节腹缘刺式 B$_3$ 型，仅第 4 跗节具跗垫，爪对称，不特化，具中垫。雄虫腹部背板不特化。雄性肛上板近三角形，后缘稍向上卷曲。下生殖板稍不对称，左右尾刺短圆柱形，2 尾刺间突出，中部为"V"形凹陷。中阳茎棒状，端部逐渐变尖，附属骨片为弯曲拱形，两端均具短毛。

分布：浙江（临安）。

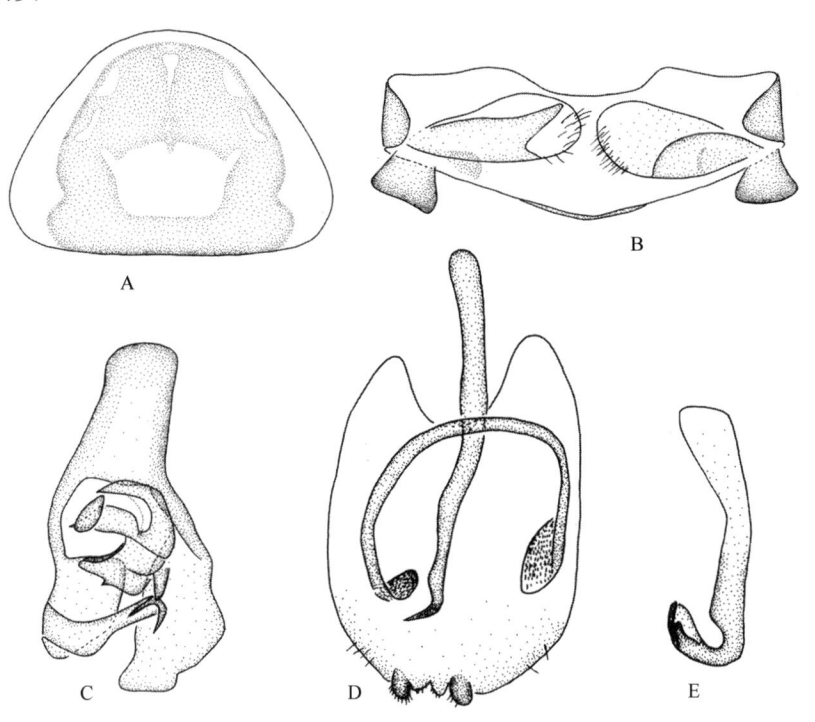

图 15-21 白斑全蠊 *Allacta alba* He, Zheng, Qiu, Che *et* Wang, 2019
A. ♂前胸背板；B. ♂肛上板腹面观；C. 左阳茎；D. 下生殖板及中阳茎；E. 右阳茎

六十八、蜚蠊科 Blattidae

主要特征：雌雄基本同型，体中、大型，通常具光泽和浓厚色彩。足较细长，多刺。雌雄两性肛上板对称。雄性下生殖板横阔，对称，具1对细长的尾刺。

分布：世界广布。世界已知5亚科53属631种，中国记录3亚科10属40种，浙江分布1亚科1属2种。

（一）蜚蠊亚科 Blattinae

主要特征：雄虫具1对圆柱形或末端渐细、相似、对称的尾刺，长度非常短到长。前足股节腹缘刺式典型类型有 A_2 或 A_3 型，非典型类型一般具很少的刺，长度基本相等。跗节具跗垫，或有的节数无，或都无。爪简单，对称或不对称，有时特化（锯齿状），通常具中垫，或退化，或无。前后翅发达，或不同程度退化，或者无。

分布：世界广布。世界已知约25属350余种，中国记录7属38种，浙江分布1属2种。

229. 大蠊属 *Periplaneta* Burmeister, 1838

Periplaneta Burmeister, 1838: 502. Type species: *Blatta americana* Linnaeus, 1758.

主要特征：体大型，雌雄稍异型。前胸背板梯形，不覆盖头顶。雄虫前后翅发达，少数种类雌虫翅短。后翅前缘脉基部往往分叉，肘脉常具少数不完全的短脉或者横脉，端部具若干完全分支。足细长，前足股节内侧下缘具1排短刺，较密，中、后足刺稍长，稀疏，各足胫节有强刺3排，后足跗节长，跗基节稍长于其余各节之和。雄虫腹部第1背板特化，或不特化。下生殖板左右近对称，尾刺细长。

分布：世界广布。世界已知53种，中国记录21种，浙江分布2种。

（482）褐斑大蠊 *Periplaneta brunnea* Burmeister, 1838（图15-22）

Periplaneta brunnea Burmeister, 1838: 503.

主要特征：体大型。体连翅长：雄30.0 mm，雌30.0 mm。前胸背板长×宽：雄7.0 mm × 9.0 mm，雌6.8 mm × 8.9 mm。前翅长：雄25.0 mm，雌25.0 mm。体深褐色至栗色。前胸背板近梯形，后缘稍向后突出，中部具2个对称的深栗色斑纹，斑纹中间不连接。翅发育完全，前翅基部到端部，颜色由赤褐色逐渐变浅；后翅径脉分支多。前足股节腹缘刺式 A_2 型，胫节具强刺。雄虫第1背板特化，前缘中央具1束毛丛。雄性肛上板宽短，后缘平直；下生殖板横短，中部隆起，两侧下倾成圆弧形，后缘平直，中央稍凹入。尾刺细长，匀称，略向内弯曲。

分布：浙江（临安）、福建、台湾、广西、贵州；日本，北美洲。

（483）淡赤褐大蠊 *Periplaneta ceylonica* Karny, 1908（图15-23）

Periplaneta ceylonica Karny, 1908: 18.

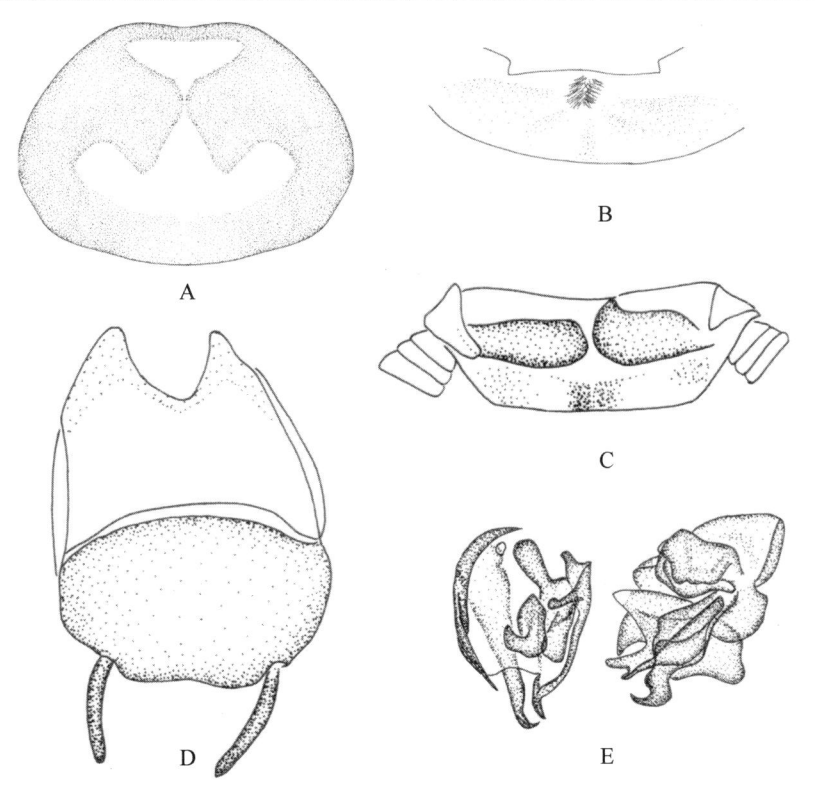

第十五章 蜚蠊目 Blattodea 六十八、蜚蠊科 Blattidae

图 15-22 褐斑大蠊 *Periplaneta brunnea* Burmeister, 1838（引自王锦锦等，2014）
A.♂前胸背板；B.♂第1背板；C.♂肛上板腹面观；D.♂下生殖板背面观；E.左阳茎和右阳茎背面观

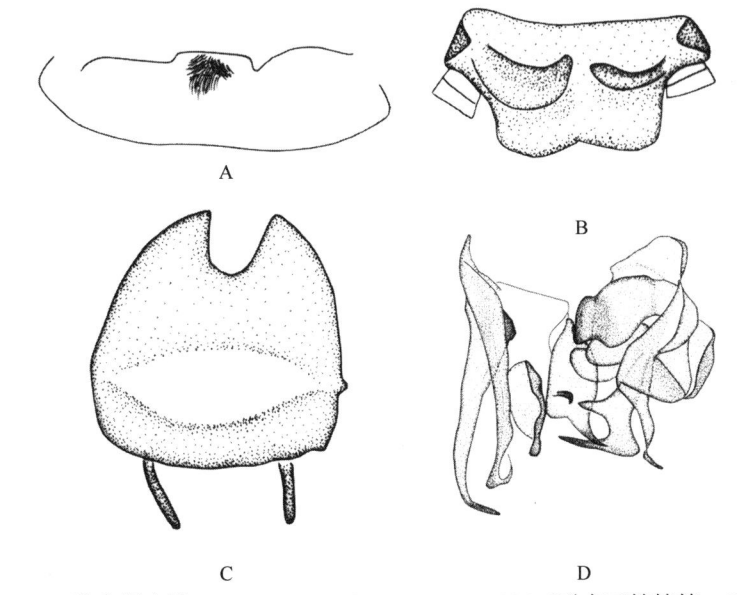

图 15-23 淡赤褐大蠊 *Periplaneta ceylonica* Karny, 1908（引自王锦锦等，2014）
A.♂第1背板；B.♂肛上板腹面观；C.♂下生殖板背面观；D.左阳茎和右阳茎背面观

主要特征：体大型。体连翅长：雄 39.0 mm。前胸背板长×宽：雄 7.2 mm × 9.0 mm。前翅长：雄 30.0 mm。体淡赤褐色，面部赤褐色。前胸背板赤褐色，前缘平直，后缘略突出，表面凹凸不平，周缘1圈黑褐色。雄虫翅远超腹部末端；前翅赤褐色，后翅淡黄色。前足股节腹缘刺式 A_2 型，胫节具强刺，后足跗基节长度约是其余几节之和，中垫不发达。雄虫腹部深赤褐色，第1节背板特化，具1束毛丛。雄性肛上板横阔，后缘有稀疏长毛着生，中央略凹；下生殖板横阔，略对称，后缘中央略凹陷，呈缺刻，腹部细长，从后方可见左阳茎叶外露，末端膨胀，分叉。

分布：浙江（开化）、江苏、上海、安徽、福建、云南；印度，斯里兰卡。

六十九、地鳖蠊科 Corydiidae

主要特征：小到中型，雌雄同型或异型，体表一般具毛。唇基通常加厚。静止时后翅臀域平置于其余部分腹侧，不呈扇状折叠。中、后足股节下缘无明显大刺。

分布：世界广布。世界已知 5 亚科 39 属 216 种，中国记录 2 亚科 14 属 53 种，浙江分布 1 亚科 1 属 1 种。

（一）地鳖亚科 Corydiinae

主要特征：体小至中型，体通常明显具毛。唇基加厚，不超过单眼下缘。雌雄通常异型，雌虫具翅（鳖蠊族 Corydiini）或无（地鳖族 Polyphagini），下生殖板通常不分瓣。

分布：古北区、东洋区。世界已知约 20 属 175 种，中国记录 8 属 39 种，浙江分布 1 属 1 种。

230. 真鳖蠊属 *Eucorydia* Hebard, 1929

Eucorydia Hebard, 1929: 96. Type species: *Corydia westwoodi* Gerstaecker, 1861.

主要特征：体中小型，雌雄近似，雌虫翅较雄虫略短；体表明显被刺状长毛，体色艳丽，具蓝绿色金属，并饰有橙黄色斑纹。复眼稍退化，间距宽，单眼小；触角黑色，2/3 处常有 3–5 节呈白色；上唇特化，中间具 1 近圆形印痕，下颚须第 3 节特化，膨大，内凹，凹内具毛。前胸背板表面具粒状突起。前翅具橙黄色斑纹。腹部呈黄色或暗黄色。

分布：古北区、东洋区。世界已知 19 种，中国记录 9 种，浙江分布 1 种。

（484）带纹真鳖蠊 *Eucorydia dasytoides* (Walker, 1868)（图 15-24）

Euthyrrhapha dasytoides Walker, 1868: 191.
Eucorydia dasytoides: Qiu, Che & Wang, 2017: 24.

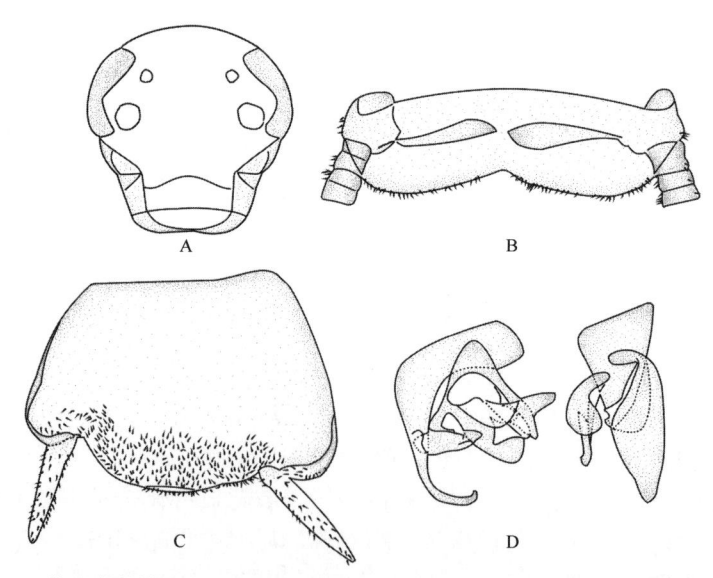

图 15-24 带纹真鳖蠊 *Eucorydia dasytoides* (Walker, 1868)（引自王锦锦等，2014）
A. ♂头部腹面观；B. ♂肛上板腹面观；C. ♂下生殖板；D. 阳茎

主要特征：体中型。体长：雄 11.0–18.5 mm。体连翅长：雄 18.6–22.3 mm。前胸背板长×宽：雄 5.0–5.6 mm× 7.3–9.4 mm。前翅长：雄 15.1–18.3 mm。体金属蓝绿色。头黑色，具光泽，稍泛金属蓝色。前胸背板泛金属蓝绿色，刚毛长，黑色。前翅基半部金属蓝绿色，端半部具 3 个橙黄色大斑（浙江、闽中、闽北种群）；后翅近透明。足深褐色至黑色，稍被毛。腹部基部和端部黑色，其余橙色，有时腹部中部呈黑褐色，两侧黄色。雄虫肛上板后缘稍呈钝角凹陷，两侧角较圆，尾须长，黑色，下生殖板黑色，尾刺黑色，粗壮。雌虫近似雄虫，翅较短，稍超过腹端。

分布：浙江（临安、磐安）、湖南、福建、台湾、海南、广西、贵州、云南；越南。

七十、硕蠊科 Blaberidae

主要特征：体光滑。头部近球形，头顶通常完全被前胸背板覆盖；唇部隆起，唇基缝不明显。前、后翅一般较发达，极少完全无翅。前翅亚前缘脉具分支；后翅臀域发达。中、后足股节腹缘缺刺，但端刺存在；跗节具跗垫，爪对称，中垫存在或缺失。

分布：世界广布。世界已知 12 亚科 165 属 1201 种，中国记录 6 亚科 18 属 116 种，浙江分布 2 亚科 2 属 6 种。

（一）光蠊亚科 Epilamprinae

主要特征：体小至大型。前翅皮质或角质具黑色刻点，前缘脉前端分叉，前翅发育完全或退化，后翅发育完全或退化或缺失，静止时，后翅臀域折叠成扇状。前足股节腹缘刺式 B 型，跗节具跗垫，某些种类具爪垫。肛上板宽阔，肛侧板大且不对称。钩状阳茎在右边。雌虫下生殖板宽阔，不呈瓣状，卵胎生，卵荚形成后旋转 90°再缩回腹中孵化。

分布：世界广布。世界已知 48 属 430 余种，中国记录 9 属 60 余种，浙江分布 1 属 5 种。

231. 大光蠊属 *Rhabdoblatta* Kirby, 1903

Rhabdoblatta Kirby, 1903: 276. Type species: *Epilampra praecipua* Walker, 1868.

主要特征：中至大型种类；前胸背板近桃形，有或无刻点；翅发育完全，前足股节腹缘刺式 B 型，后足跗基节长于或等于其余几节之和，跗基节腹缘着生 2 排对称的小刺；跗垫小且尖，着生于跗节端部，爪对称，不特化，中垫发达。

分布：世界广布。世界已知约 150 种，中国记录 46 种，浙江分布 5 种。

分种检索表

1. 体中型，体黑褐色，前翅表面无明显可见的斑纹或斑点 ··· 2
- 体中至大型，体黑褐色或黄色，前翅表面具斑点 ··· 4
2. 右阳茎钩内缘具小瘤突 ··· 伪大光蠊 *R. mentiens*
- 右阳茎钩内缘不具小瘤突 ··· 3
3. 雄虫每节腹板中部具黑色条纹，下生殖板后缘中部不凹陷 ··· 黑带大光蠊 *R. nigrovittata*
- 腹部颜色统一，雄虫下生殖板后缘中部具凹陷 ··· 夏氏大光蠊 *R. xiai*
4. 雄虫胸部和腹部颜色不一致，胸部黑褐色，腹部黄色 ·· 双色大光蠊 *R. bicolor*
- 雄虫胸部和腹部颜色一致 ··· 黑褐大光蠊 *R. melancholica*

（485）双色大光蠊 *Rhabdoblatta bicolor* (Guo, Liu et Li, 2011)（图 15-25）

Stictolampra bicolor Guo, Liu, Fang *et* Li, 2011: 723.

Rhabdoblatta bicolor: Yang et al., 2019: 37.

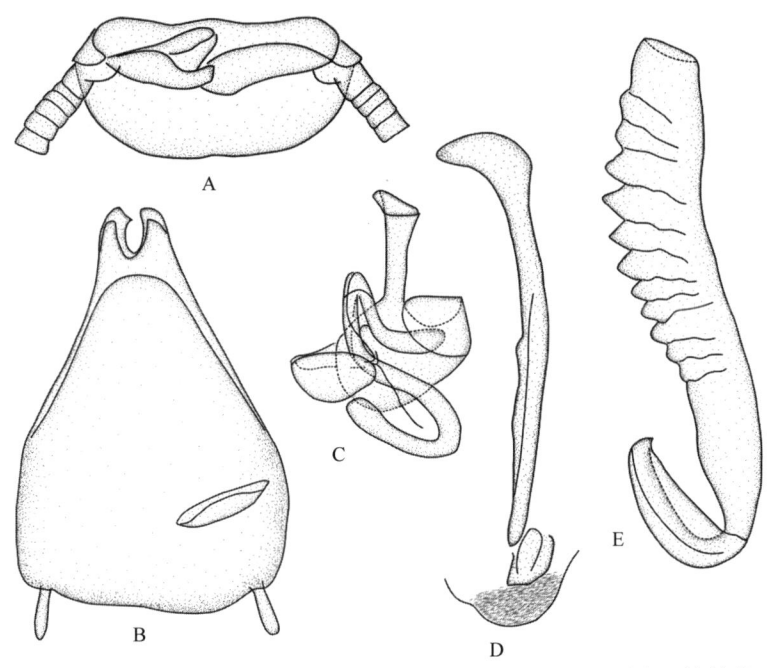

图 15-25　双色大光蠊 *Rhabdoblatta bicolor* (Guo, Liu *et* Li, 2011)（引自王锦锦等，2014）
A. ♂肛上板腹面观；B. ♂下生殖板背面观；C. 左阳茎背面观；D. 中阳茎背面观；E. 右阳茎腹面观

主要特征：体中至大型。体连翅长：雄 16.0–22.5 mm，雌 19.0–22.5 mm。头长×宽：雄 2.5–3.0 mm × 2.5–3.0 mm，雌 3.0–3.5 mm × 2.5–3.0 mm。前胸背板长×宽：雄 4.5–5.0 mm × 5.7–6.0 mm，雌 5.0–6.0 mm × 5.5–7.0 mm。前翅长×宽：雄 17.5–19.0 mm × 5.0–6.0 mm，雌 17.5–19.0 mm × 5.0–6.0 mm。体黑褐色。前胸背板黑褐色，前缘弧形，侧缘及后缘钝圆凸出。前后翅发育完全，前翅由基部向端部逐渐透明，颜色由黑褐色逐渐变为黄褐色。足基节黑褐色，其余各节黄色，前足股节腹缘刺式 B_2 型；后足跗基节腹缘具 2 列整齐排列的小刺，爪对称，不特化。雄虫胸腹颜色不一致，胸部黑褐色，腹部黄色。雄性肛上板横阔，近矩形，对称，后缘近平直，内侧近后缘中部具 1 丛长刚毛。下生殖板尾刺间后缘稍不对称，后缘中部近三角形凸出。尾刺扁平，长度约为尾刺间距的 1/2；内侧板端部二分叉。

分布：浙江（临安、乐清）、重庆、贵州。

（486）黑褐大光蠊 *Rhabdoblatta melancholica* (Bey-Bienko, 1954)（图 15-26）

Stictolomapra melancholica Bey-Bienko, 1954: 21.
Rhabdoblatta melancholica: Anisyutkin, 2003: 620.

主要特征：体中型。体连翅长：雄 24.5–27.5 mm，雌 25.5–29.0 mm。头长×宽：雄 2.5–3.0 mm × 2.5–3.0 mm，雌 3.5–4.0 mm × 3.0–3.5 mm。前胸背板长×宽：雄 4.5–5.0 mm × 5.5–6.0 mm，雌 5.5–6.5 mm × 7.0–8.0 mm。前翅长×宽：雄 22.0–24.0 mm × 6.0–7.0 mm，雌 24.0–25.5 mm × 6.5–7.0 mm。体黄褐色至红褐色。前胸背板红褐色至深褐色，前缘黄色；表面密布圆形小刻点，前缘缓弧形，后缘中部钝圆突出。前后翅发育完全。前足股节腹缘刺式 B_2 型。后足跗基节具 2 排整齐排列的小刺，近端部处排列杂乱。前跗节具中垫，爪对称，不特化。雄性肛上板横阔；下生殖板稍不对称；尾刺扁平。中阳茎端骨片短小，端膜表面密布细小刚毛。钩状阳茎外缘圆滑，无隆线，内缘中部具锯状凸起，端部具齿状凸起。

分布：浙江（临安、余姚）、甘肃、湖北、江西、湖南、福建、广东、广西、重庆、四川、贵州。

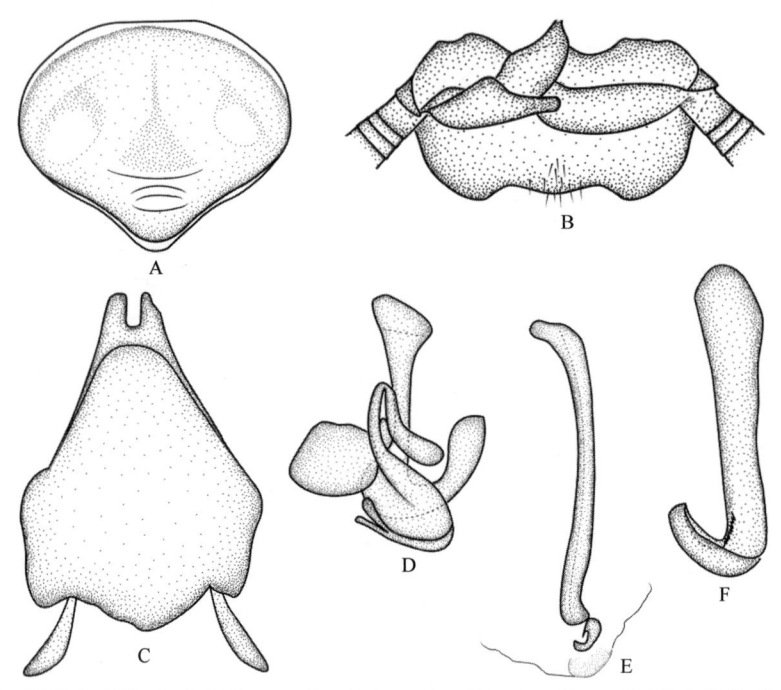

图 15-26　黑褐大光蠊 *Rhabdoblatta melancholica* (Bey-Bienko, 1954)（引自王锦锦等，2014）
A. ♂前胸背板；B. ♂肛上板腹面观；C. ♂下生殖板背面观；D. 左阳茎背面观；E. 中阳茎背面观；F. 右阳茎腹面观

（487）黑带大光蠊 *Rhabdoblatta nigrovittata* Bey-Bienko, 1954（图 15-27）

Rhabdoblatta nigrovittata Bey-Bienko, 1954: 21.

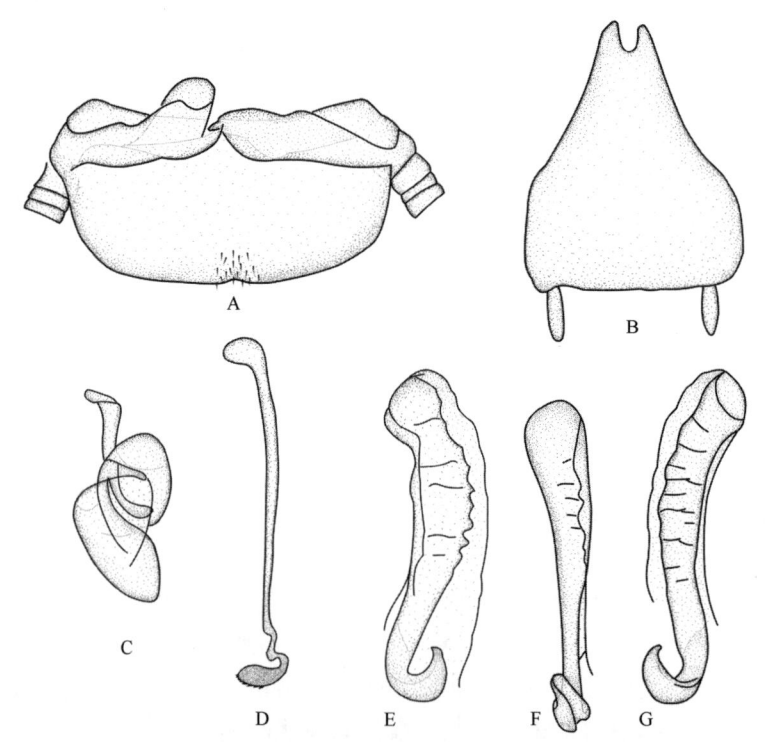

图 15-27　黑带大光蠊 *Rhabdoblatta nigrovittata* Bey-Bienko, 1954（引自王锦锦等，2014）
A. ♂肛上板腹面观；B. ♂下生殖板背面观；C. 左阳茎背面观；D. 中阳茎背面观；E. 右阳茎背面观；F. 右阳茎侧面观；G. 右阳茎腹面观

主要特征：体大型。体连翅长：雄 35.0–42.0 mm；雌 43.0–45.0 mm。头长×宽：雄 3.5–4.0 mm × 3.5–4.0 mm；雌 4.5–5.0 mm × 4.0–4.5 mm。前胸背板长×宽：雄 6.9–7.1 mm × 8.5–9.0 mm；雌 9.0–9.5 mm × 11.0–11.5 mm。

前翅长×宽：雄 32.5–37.0 mm × 9.0–10.0 mm；雌 37.0–38.0 mm × 8.0–9.0 mm。体黑色。前胸背板黑色。前后翅发育完全，翅端部边缘具钝圆凸出。足黑色，跗垫浅黄色，前足股节腹缘刺式 B_1 或 B_2 型。后足跗基节长度与剩余各节长度之和等长，内缘具 2 列整齐排列的小刺。腹部背板黑褐色，腹板黄色，1–7 节中部和后缘黑色。雄虫肛上板横阔，左右对称，后缘中部具 1 个小的缺刻。下生殖板对称，尾刺扁平。中阳茎端骨片近方形，端膜半圆形，表面密布细小刚毛。右阳茎弯曲程度大，阳茎钩具高隆线，内缘圆滑，端部具 1 齿状凸起。

雌雄异型明显，雌虫体浅黄色，腹板颜色和斑纹同雄虫。

分布：浙江（临安、江山）、江苏、安徽、湖北、湖南、福建、广东、广西、四川、贵州、云南。

（488）夏氏大光蠊 *Rhabdoblatta xiai* Liu *et* Zhu, 2001（图 15-28）

Rhabdoblatta xiai Liu *et* Zhu, 2001: 82.

主要特征：体大型。体连翅长：雄 38.0–40.5 mm。头长×宽：雄 3.5–4.0 mm × 4.0–4.5 mm。前胸背板长×宽：雄 6.5–7.0 mm × 8.0–9.5 mm。前翅长×宽：雄 32.0–36.0 mm × 9.0–11.0 mm。体褐色。前胸背板中域深褐色，后缘具 1 列横向排列的深褐色纵向短条纹。前后翅发育完全，前翅褐色，表面无斑。足深褐色，前足股节腹缘刺式 B_2 型；后足跗基节与剩余各节长度之和等长，内缘具 2 列整齐排列的小刺。中垫发达，浅黄色，爪对称，不特化。腹部背板和腹板深褐色。雄性肛上板中部具 2 个左右对称的深褐色大斑。下生殖板对称，后缘中部具弧形凹陷，尾刺扁平。中阳茎短骨片短小，近三角形，端膜近圆形，表面密布细小刚毛；右阳茎长，阳茎钩弯曲角度超过 90°，外侧边缘隆线低矮，顶部无尖锐凸起，内缘圆滑，端部具 1 个齿状凸起。

分布：浙江（临安）、福建。

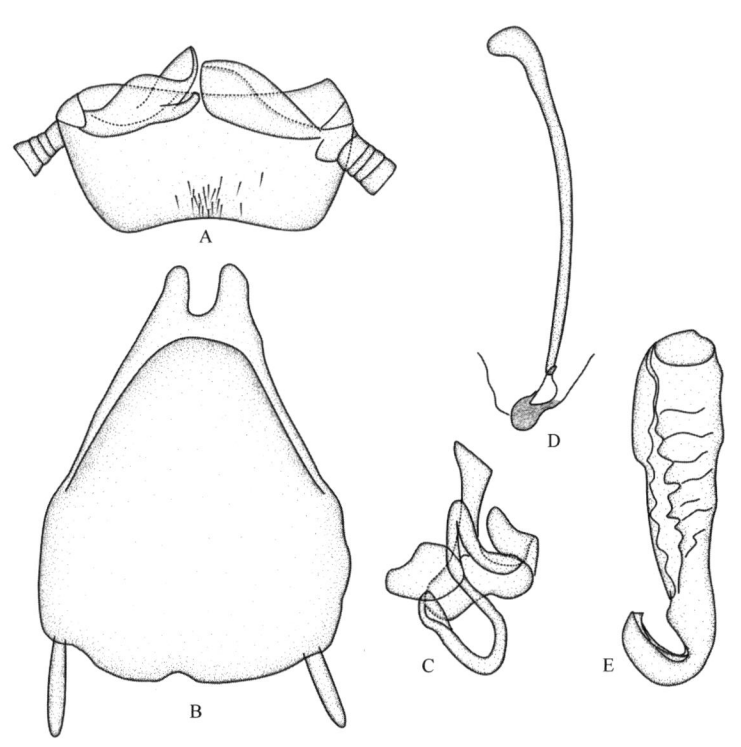

图 15-28　夏氏大光蠊 *Rhabdoblatta xiai* Liu *et* Zhu, 2001（引自王锦锦等，2014）
A. ♂肛上板腹面观；B. ♂下生殖板背面观；C. 左阳茎背面观；D. 中阳茎背面观；E. 右阳茎腹面观

（489）伪大光蠊 *Rhabdoblatta mentiens* Anisyutkin, 2000（图 15-29）

Rhabdoblatta mentiens Anisyutkin, 2000: 203.

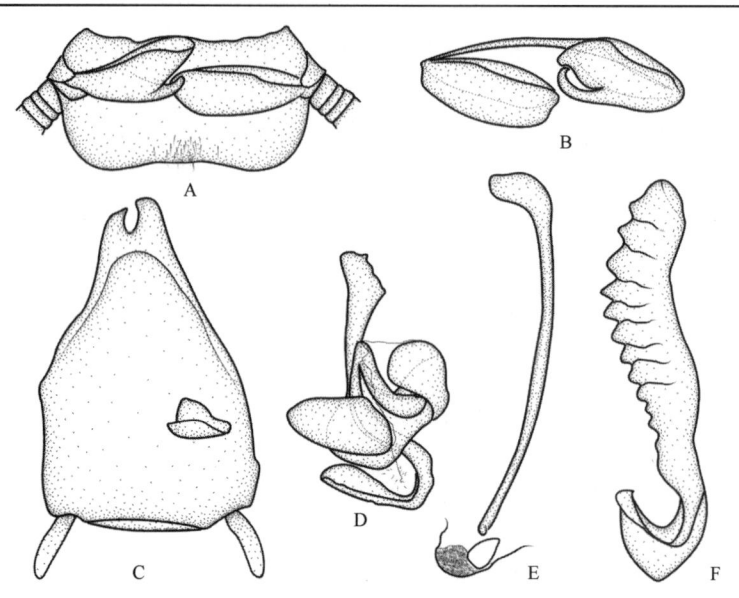

图 15-29　伪大光蠊 *Rhabdoblatta mentiens* Anisyutkin, 2000
A. ♂肛上板腹面观；B. ♂肛侧板尾向观；C. ♂下生殖板背面观；D. 左阳茎背面观；E. 中阳茎背面观；F. 右阳茎腹面观

主要特征：体中至大型。体连翅长：雄 33.4–38.3 mm。前胸背板长×宽：雄 6.5–7.0 mm × 8.0–9.0 mm。前翅长×宽：雄 29.0–34.0 mm × 8.5–9.5 mm。体深褐色，面部具褐色小斑点。前胸背板红褐色，无斑纹。前翅前缘基部散布浅黄色小斑点，翅端部具 5–7 个浅黄色大斑点。足黄色，前足股节腹缘刺式 B_1 或 B_2 型。胫节刺褐色。腹部腹板黄色，无散布的褐色小斑点。雄性肛上板对称，后缘中部呈弧形凹陷，内侧近后缘处具 1 丛刚毛。下生殖板对称，后缘弧形凸出，尾刺扁平。中阳茎端骨片短小，端膜表面密布细小刚毛；右阳茎长，阳茎钩弯曲程度大，外缘圆滑，隆线低矮，内缘表面密布小瘤突，末端具 1 个齿状凸起。

分布：浙江（临安、西湖、江山）、江西、湖南、福建、广东、广西；越南。

（二）球蠊亚科 Perisphaerinae

主要特征：雌雄异型，雄成虫具翅，雌成虫若虫型，但有少数种类雌雄均无翅。前胸背板通常硬化，下方具有 1 对脊状凸起。前足股节腹缘刺式 C 或 D 型。雄虫生殖结构为典型的硕蠊型。

分布：古北区、东洋区、旧热带区。世界已知约 19 属 177 种，中国记录 4 属 18 种，浙江分布 1 属 1 种。

232. 冠蠊属 *Pseudoglomeris* Brunner von Wattenwyl, 1893

Pseudoglomeris Brunner von Wattenwyl, 1893: 42. Type species: *Perisphaeria glomeris* Saussure, 1863.

主要特征：雌雄异型。雄虫具翅，体色纯色，或有金属光泽。头隐于前胸背板下，前足股节腹缘刺式 C_1 型，少数 C_0 或 D 型，中后足股节后背缘至少中部具 1 刺，多数基部也具 1 刺，跗基节短于或者几乎等于其他跗节之和；具爪跗垫和中垫。若虫及雌成虫不能将身体蜷缩成球状。

分布：古北区、东洋区、旧热带区。世界已知 30 种，中国记录 14 种，浙江分布 1 种。

（490）闽黑冠蠊 *Pseudoglomeris fallax* (Bey-Bienko, 1969)（图 15-30）

Trichoblatta fallax Bey-Bienko, 1969: 836.
Pseudoglomeris fallax: Li, Wang & Wang, 2018: 270.

主要特征：体中型。体连翅长：雄 17.0–18.0 mm，雌 17.0–17.6 mm。前胸背板长×宽：雄 4.4–4.6 mm × 6.8–7.0 mm，雌 4.7–5.0 mm × 8.5–9.0 mm。前翅长：雄 18.5–21.0 mm。雌雄异型。雄虫具翅，前翅泛棕色，足红褐色，基节锈色，跗节黄色，中后足股节后背缘中部和基部各具 1 刺。雌虫无翅，体黑色，具光泽，前半部微红色调，腹部背面具均匀刻点，臼式[1]，从背板臼开始具有 1 排不明显的刻点。肛上板横阔，后缘弧形，中部稍凸出；下生殖板舌状。

分布：浙江（临安）、安徽、湖北、江西、福建、云南。

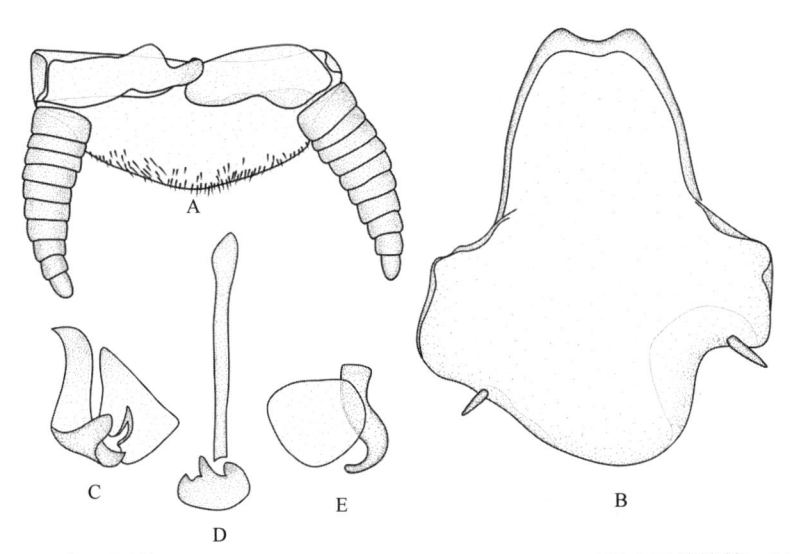

图 15-30　闽黑冠蠊 *Pseudoglomeris fallax* (Bey-Bienko, 1969)（引自王锦锦等，2014）
A. ♂肛上板腹面观；B. ♂下生殖板背面观；C. 左阳茎；D. 中阳茎；E. 右阳茎

七十一、褶翅蠊科 Anaplectidae

主要特征：体小型至微小型，背面稍突出，唇基突出。后翅具向上反折的附属区，第 4 跗节具跗垫或无跗垫，具中垫，中垫通常小。下生殖板简单；钩状阳茎在左侧；中阳茎复杂。雌虫下生殖板分瓣。

分布：世界广布。世界已知 2 属 120 种，中国记录 1 属 25 种，浙江分布 1 属 1 种。

233. 褶翅蠊属 *Anaplecta* Burmeister, 1838

Anaplecta Burmeister, 1838: 494. Type species: *Anaplecta lateralis* Burmeister, 1838.

主要特征：体型小，唇基明显（仅 1 种退化），前后翅通常发育完全，极少退化。前翅窄；后翅肘脉简单，静止时后翅沿纵向皱褶折叠，附属区域向背方折叠；前后翅均伸过腹部末端。前足股节腹缘刺式 B_2 型，跗垫缺失或仅出现在第 4 跗节，爪通常简单，极少具齿，对称，具中垫。雄虫外生殖器阳茎复杂，钩状阳茎在左边；肛上板背面中部特化，具 1 簇刚毛。雌性下生殖板瓣状。

分布：世界广布。世界已知 101 种，中国记录 13 种，浙江分布 1 种。

（491）峨眉褶翅蠊 *Anaplecta omei* Bey-Bienko, 1958（图 15-31）

Anaplecta omei Bey-Bienko, 1958: 679.

主要特征：体微小。体连翅长：雄 6.1–6.6 mm，雌 6.0–6.3 mm。前胸背板长×宽：雄 1.1–1.4 mm × 2.0–2.4 mm，雌 1.0–1.3 mm × 2.0–2.3 mm。前翅长：雄 5.2–5.6 mm，雌 5.0–5.5 mm。体黄褐色至棕褐色。面部黄褐色无斑纹，或两触角窝下方具 1 不规则黑色斑块。触角褐色。前胸背板近椭圆形，中域黄褐或浅棕色，两侧及前后缘区黄褐色透明。前翅黄褐色，翅脉简单。后翅附属区约占后翅 40%。跗节无跗垫，爪不特化，对称。腹部黄褐色，足黄褐色或深褐色，前足股节腹缘刺式 B_2 型。雄性肛上板基部中央具 1 毛簇，左肛侧板后缘卷曲，具稠密小刺，右肛侧板片状。下生殖板近对称。2 尾刺小，圆柱形，间距约为尾刺长度的 3 倍。钩状阳茎钩状部短，端部狭；左阳茎具细丝状结构，端部具 1 顶端分叉。

分布：浙江（临安、开化）、江苏、安徽、福建、广西、重庆、四川。

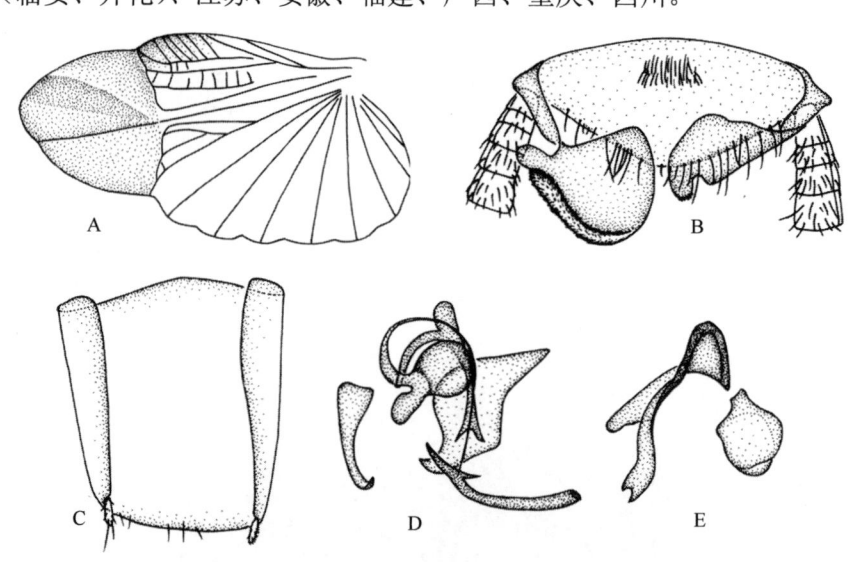

图 15-31 峨眉褶翅蠊 *Anaplecta omei* Bey-Bienko, 1958
A. ♂后翅；B. ♂肛上板腹面观；C. ♂下生殖板背面观；D. 左阳茎；E. 右阳茎

第十六章　螳螂目 Mantodea

螳螂目昆虫，简称螳（praying mantis），多为中型或大型陆栖捕食性昆虫，具各种隐蔽色，拟态叶、花、枝等。头三角形，转动灵活，不为前胸背板所遮盖。复眼甚大，往往有发达呈角状的突起。单眼 3 个，极少缺如。口器咀嚼式，触角丝状，前胸延长，个别种类可以超过体躯后部全长。前足为捕捉足，基节颇长，股节膨大，腹侧有沟，形成鞘状，沟两侧各生 1 列刺，胫节腹侧有小刺，收缩时嵌入沟中，如收刀入鞘。跗节 5 节，爪 1 对，缺间突。中足及后足均细弱，适于步行。静息时翅盖腹部，前翅革质化，通常具翅痣，后翅膜质，臀域发达扇状，虽具翅但飞行能力较弱。腹部 10 节，背板仅见 9 片，末端有分节尾须 1 对；雄虫第 9 腹节常有腹突 1 对，雌虫缺外露的产卵器。无听器与发音器。

螳螂为渐变态。卵产于卵鞘内，附着于枝干或墙壁等处，古称螵蛸。生于桑树上者，谓之桑螵蛸，为重要的药用昆虫。一般每雌所产卵鞘 1–6 块，其形状因种类而不同。卵孵化后，若虫由卵鞘相继爬出，借助末节腹板悬于丝质纤维上。蜕皮次数因种类各异，3–12 次。成虫肉食性，生性凶猛，好斗，有同类相残现象，是生物防治中的主要虫态，一般 1 年发生 1 代。

螳螂目除极寒地带外均有分布，但主要分布于热带、亚热带和温带地区。目前世界已知 24 科 449 属 2500 余种，中国记录 8 科 46 属 150 余种，浙江分布 4 科 15 属 22 种。本志厘定新异名 4 种。

分科检索表

1. 前足胫节外列刺排列较紧密，呈倒伏状 ·· 花螳科 Hymenopodidae
- 前足胫节外列刺排列稀疏，呈直立状 ·· 2
2. 前足基节端部具叶；有时前足胫节具背端刺；雌性完全无翅 ······························· 细足螳科 Thespidae
- 前足基节端部无叶和前足胫节无背端刺；雌性具翅 ·· 3
3. 体小型；前足股节具 1–3 枚中刺 ··· 虹翅螳科 Iridopterygidae
- 体中至大型；前足股节具 4 枚中刺 ·· 螳科 Mantidae

七十二、花螳科 Hymenopodidae

主要特征：头顶光滑或具锥形突起。前足股节具 3–4 枚中刺和 4 枚外列刺，内列刺为一大一小交替排列。前足胫节外列刺排列较紧密，呈倒伏状。中后足股节有时具叶状突起，胫节基部不膨大。

分布：古北区、东洋区、旧热带区、新热带区、澳洲区。世界已知 7 亚科 40 余属 200 余种，中国记录 5 亚科 11 属 35 种，浙江分布 3 亚科 6 属 7 种。

分亚科检索表

1. 前胸背板较粗短，明显短于前足基节 ·· 花螳亚科 Hymenopodinae
- 前胸背板较细长，不短于前足基节 ·· 2
2. 头顶不具叶状扩展 ··· 姬螳亚科 Acromantinae
- 头顶具延长的叶状扩展 ··· 奇叶螳亚科 Phyllothelyinae

（一）姬螳亚科 Acromantinae

主要特征：头顶光滑或具小突起，复眼卵圆形，极少呈锥形。前胸背板较细长，约等长于前足基节，侧缘非叶状扩展。前足胫节外列刺较多和排列紧密，极少刺少和排列稀疏。

分布：东洋区、旧热带区、新热带区、澳洲区。世界已知 13 属 62 种，中国记录 3 属 10 种，浙江分布 2 属 3 种。

234. 姬螳属 *Acromantis* Saussure, 1870

Acromantis Saussure, 1870: 229. Type species: *Mantis oligoneura* De Haan, 1842.

主要特征：体较细小。头顶与复眼略等高，具 4 条纵纹线，近复眼处平滑或具 1 个瘤状小突。额盾片横行，中央具较小瘤突，上缘中央较尖。前胸背板向两侧略呈圆形扩展。雌雄两性具翅；前翅较长，前缘域不透明，中域半透明；纵脉基部或多或少弯曲，甚至较明显的横行，端部间隔较远；后翅端部较平截，翅缘及翅端着烟色。前足基节端部内侧叶状突起分离；前足股节基部上缘不明显扩展，端部非弯，中后足股节端部具叶状突起。

分布：东洋区、澳洲区，主要分布于东南亚。世界已知 20 种，中国记录 5 种，浙江分布 1 种。

（492）日本姬螳 *Acromantis japonica* Westwood, 1889（图 16-1）

Acromantis japonica Westwood, 1889: 43.
Acromantis hesione Li et al., 1995: 18 (nec Stål, 1878).

主要特征：体褐绿色至褐色。前翅前缘域绿色，中域褐色，沿纵脉具暗色斜条纹。前足基节内侧带红色，中后足具暗色环。头顶的尖突非常明显。前胸背板狭长，横沟处略扩展，沟后区约为沟前区的 2 倍，前翅略微超过腹端，端部截形，中域翅室呈密网状。前足股节背缘较平直，中后足股节具叶状突起。

测量（mm）：体长♂24.0，♀30.0–36.0；前胸背板♂7.0，♀10.0；前翅♂23.0，♀22.0；前足股节♂7.0，♀10.0。

李晓庆等（1995）记录的分布于浙江古田山的海南姬螳 *A. hesione*，应为日本姬螳，区别在于日本姬螳头顶的尖突明显，以及雄性前翅中域沿纵脉具暗色斜纹。

分布：浙江（宁波、衢州）、湖南、福建、广东、海南；日本，印度尼西亚。

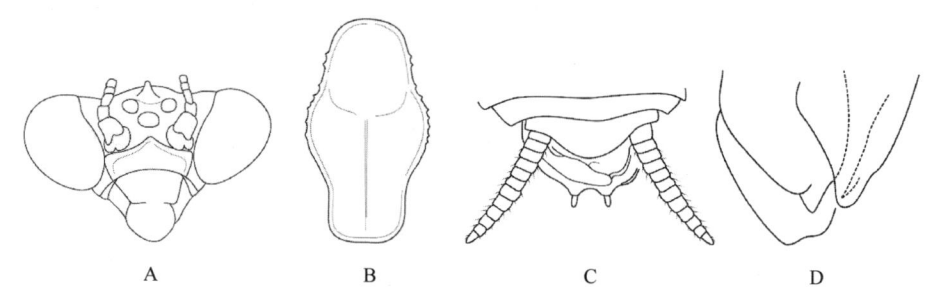

图 16-1　日本姬螳 *Acromantis japonica* Westwood, 1889
A. 头部正面观；B. 前胸背板背面观；C. ♂腹端背面观；D. ♂外生殖器背面观

235. 原螳属 *Anaxarcha* Stål, 1877

Anaxarcha Stål, 1877: 81. Type species: *Anaxarcha gramica* Stål, 1877.

主要特征：头顶明显凹陷，具 4 条纵线，两侧纵线较长，几乎到达单眼基部。复眼卵圆形，强突出，单眼稍大。额盾片横宽，两侧各具 1 条明显的隆线，上缘中央具锐齿。前胸背板稍细长，侧缘具细齿。前翅较狭长，中域通常不透明，后翅透明，CuA 脉具 3 分支。中后足股节无叶状突起。

分布：东洋区。世界已知 10 种，中国记录 8 种，经重新厘定为 4 种，浙江分布 2 种。

(493) 天目山原螳 *Anaxarcha tianmushanensis* Zheng, 1985（图 16-2）

Anaxarcha tianmushanensis Zheng, 1985: 319.

Anaxarcha hyalina Zhang, 1988a: 103.

Anaxarcha limbata Wang, 1993: 32 (nec Giglio-Tos, 1915).

Anaxarcha atrispina Yang in Yang & Wang, 1999: 79.

Anaxarcha sinensis Zhu et al., 2012: 78 ♂ (nec Beier, 1933).

主要特征：雄性体较雌性略小，细长。头顶明显凹陷，具 4 条纵线，两侧纵线较长，几乎到达单眼基部。复眼卵圆形，强突出，单眼稍大。额盾片横宽，两侧各具 1 条明显的隆线，上缘中央具锐齿（图 16-2A）。前足股节具 4 枚外列刺，中列刺 4 枚，内列刺 14 枚，端部第 1 和第 2 枚大刺之间具 2–3 枚小刺。前足胫节具 12–13 枚倒伏状的外列刺和 14–15 枚内列刺。前翅超过腹端约 6 mm。腹端和外生殖器如图 16-2B 所示，下生殖板不对称。

雌性腹部非明显膨大，最宽处约为前胸背板最宽处的 2 倍。体淡绿色，前胸背板侧缘具黑色，前足股节内列刺的大刺褐色。两性后翅臀域透明。

测量（mm）：体长♂ 25.0–27.0，♀ 33.0–36.0；前胸背板♂ 8.5–9.0，♀ 11.0–11.5；前翅♂ 22.0–23.0，♀ 25.0–26.5；前足股节♂ 7.0–8.0，♀ 9.5–10.0。

郑建中（1985）描述的天目山原螳仅为雌性，前足胫节内列刺和后翅的颜色描述有误。我们检查了模式标本，发现前足胫节具 14–15 枚内列刺，且后翅无色透明，最显著的是前胸背板侧缘完全黑色，有别于其他种。浅翅原螳 *Anaxarcha hyalina* Zhang, 1988 和黑刺原螳 *Anaxarcha atrispina* Yang, 1999 均为天目山原螳 *Anaxarcha tianmushanensis* Zheng, 1985 的同物异名。

分布：浙江（杭州）、福建。

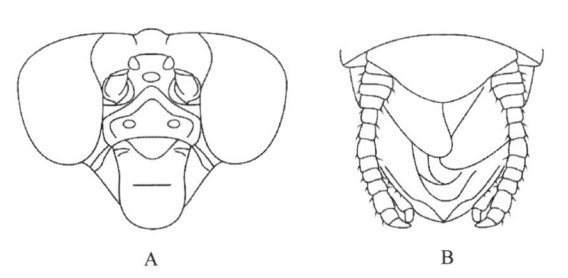

图 16-2 天目山原螳 *Anaxarcha tianmushanensis* Zheng, 1985
A. 头部正面观；B. ♂腹端背面观

(494) 中华原螳 *Anaxarcha sinensis* Beier, 1933（图 16-3）

Anaxarcha sinensis Beier, 1933: 332.

Anaxarcha hyalina Wang, 1993: 32 (nec Zhang, 1988).

Anaxarcha tianmushanensis Wu et Wu, 1995: 54 (nec Zhang, 1988).

主要特征：体淡绿色，前胸背板侧缘具黑色，前足股节内列刺的大刺暗色或黑色，两性后翅粉红色。
雄性头顶明显凹陷，具 4 条纵线，两侧纵线较长，几乎到达单眼基部。复眼卵圆形，强突出，单眼稍大。额盾片横宽，两侧各具 1 条明显的隆线，上缘中央具锐齿。前足股节具 4 枚外刺和 4 枚中刺，前足胫节具 11–13 枚倒伏状的外列刺和 13–14 枚内列刺。前翅超过腹端约 8 mm。腹端和外生殖器如图 16-3C 所示，下生殖板不对称。

雌性腹部明显膨大，最宽处约为前胸背板最宽处的 2.5 倍。

测量（mm）：体长♂28.0；前胸背板♂9.0；前翅♂23.0；前足股节♂7.0–8.0。

分布：浙江（宁波、衢州、温州）、湖南、福建、广东、广西、四川。

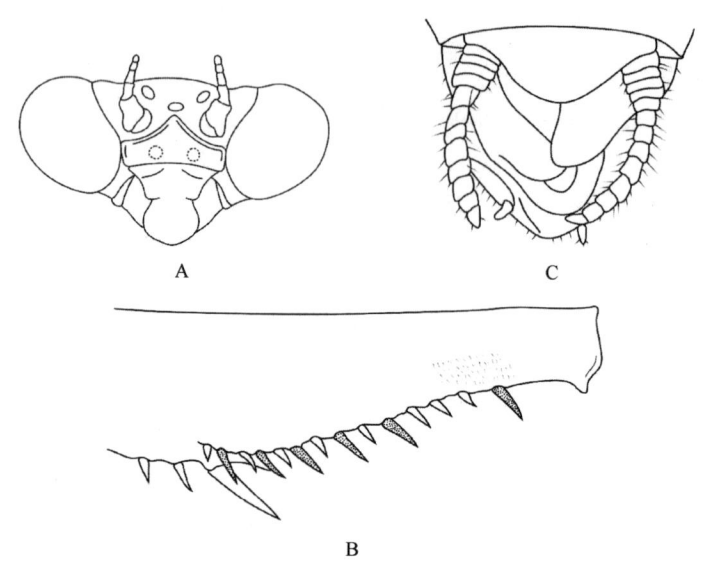

图 16-3　中华原螳 *Anaxarcha sinensis* Beier, 1933
A. 头部正面观；B. 前足股节内侧观；C. ♂腹端背面观

（二）奇叶螳亚科 Phyllothelyinae

主要特征：头顶具延长的突起，额盾板高大于宽，两性触角均丝状。前胸背板细长，沟后区具中隆脊。前足股节具 3–4 枚中刺和 4 枚外列刺，内列刺呈 1 大刺和 1 小刺交替排列；中后足股节具 1–3 个隆脊或叶状突起，中后足胫节基部 1/3 膨大。尾须锥形或端节略膨大。

分布：东洋区。世界已知 2 属 15 种，中国记录 1 属 11 种，浙江分布 1 属 1 种。

236. 奇叶螳属 *Phyllothelys* Wood-Mason, 1877

Phyllothelys Wood-Mason, 1877: 18. Type species: *Phyllocrania westwoodi* Wood-Mason, 1876.

Kishinouyeum Ôuchi, 1938b: 27. Type species: *Kishinouyeum sinensis* Ôuchi, 1938.

主要特征：头顶上方具三棱状的突起，雌性明显长于雄性。复眼椭圆形突出，触角丝状，额盾片上缘呈角形。前胸背板细长，横沟处角形扩展。翅发达，超过腹端。前足股节具 4 枚中刺和 4 枚外列刺，内列刺呈 1 大刺和 1 小刺交替排列。前足胫节具 11–17 枚外列刺，中后足股节具 2 个明显的叶状突起，胫节基半部明显膨大。

分布：东亚。世界已知 13 种，中国记录 6 种，浙江分布 1 种。

（495）中华奇叶螳 *Phyllothelys sinensae* (Ôuchi, 1938)（图 16-4）

Kishinouyea sinensis Ôuchi, 1938a: 24.
Kishinouyeum sinensae Ôuchi, 1938b: 27.
Phyllothelys sinensae: Liu & Wang, 2014: 253.

主要特征：体暗褐色，具黑斑。前翅半透明，具暗褐色或黑色短线或斑。前足基节内侧带粉红色，前足股节内侧黑色，具2个黄斑。两性头顶上方具三棱状的突起，雌性的突起较长而宽，端部弧形。前胸背板细长，中后足股节具2个叶状突起。

测量（mm）：体长♂ 42.0–47.0，♀ 63.0–67.0；头顶突起♂ 4.0–4.5，♀ 9.0；前胸背板♂ 15.0–16.0，♀ 22.0；前翅♂ 34.0–35.0，♀ 34.0；前足股节♂ 12.0，♀ 14.0。

分布：浙江（杭州、丽水）、江西、福建。

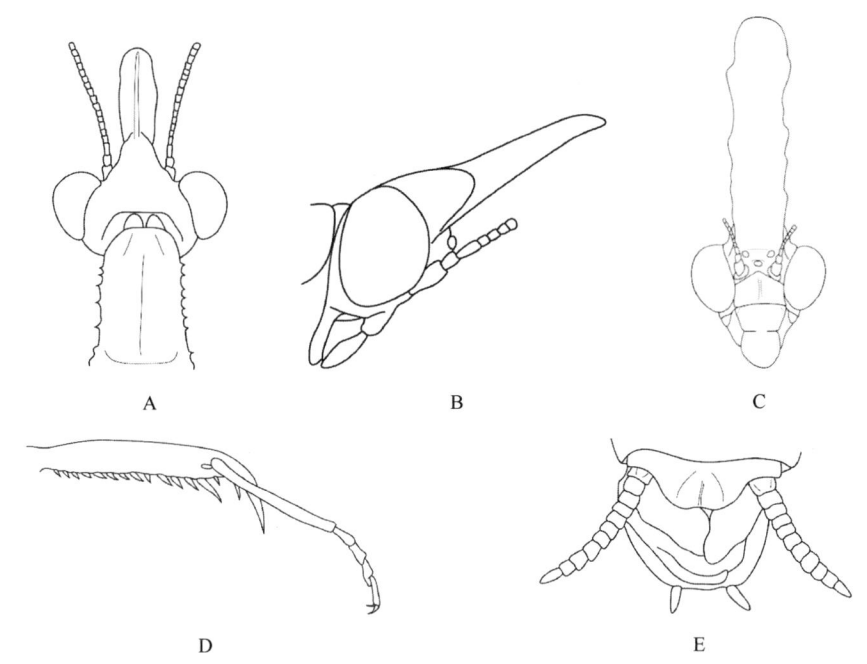

图 16-4　中华奇叶螳 *Phyllothelys sinensae* (Ôuchi, 1938)
A. ♂头部和前胸背板前部背面观；B. ♂头部侧面观；C. ♀头部正面观；D. 前足胫节侧面观；E. ♂腹端背面观

（三）花螳亚科 Hymenopodinae

主要特征：体小至中等。复眼呈卵圆形，极少呈锥形。前胸背板较粗短，明显短于前足基节。前足股节具3–4枚中刺和4枚外列刺，中后足股节具或无叶状突起。两对翅发达。

分布：古北区、东洋区、旧热带区。世界已知12属70余种，中国记录5属24种，浙江分布3属3种。

分属检索表

1. 前足股节强扩展，上缘弧形 ·· 巨腿螳属 *Hestiasula*
- 前足股节非强扩展，上缘非弧形 ··· 2
2. 复眼圆锥形；中后足股节具叶状突起 ·· 眼斑螳属 *Creobroter*
- 复眼卵圆形；中后足股节无叶状突起 ·· 齿螳属 *Odontomantis*

237. 眼斑螳属 *Creobroter* Serville, 1839

Harpax (*Creobroter*) Serville, 1839: 160. Type species: *Harpax* (*Creobroter*) *discifera* Serville, 1839.
Creobroter: Giglio-Tos, 1927: 555.

主要特征：头顶隆起，单眼后方具或无锥形突起。复眼圆锥形，触角呈念珠状或丝状。额盾片横宽，具 2 条纵沟。前胸背板稍扁平，沟后区稍微长于沟前区。两对翅发达。前翅通常具眼斑，后翅具色带。前足股节具 4 枚中刺和 4 枚外列刺，爪沟位于股节近基部，中后足股节具叶状突起。

分布：印度、东南亚。世界已知约 23 种，中国记录 6 种，浙江分布 1 种。

（496）丽眼斑螳 *Creobroter gemmata* (Stoll, 1813)（图 16-5）

Mantis gemmata Stoll, 1813: 71.

Creobroter gemmatus: Giglio-Tos, 1927: 558.

Creobroter bugula Yang in Yang & Wang, 1999: 81.

主要特征：体淡褐色。前翅绿色，超过腹端，眼斑具黄色，黑色边框较粗；雄性后翅透明和基部略带粉红色，雌性前缘域和中域具玫瑰红色，臀域烟褐色，横脉淡色。中后足股节具不明显的淡色环。

测量（mm）：体长♂ 28.0–31.0，♀ 35.0；前胸背板♂ 6.5，♀ 8.0；前翅♂ 29.0，♀ 23.0；前足股节♂ 9.0，♀ 10.0。

分布：浙江、安徽、江西、福建、广东、海南；印度，缅甸，越南，印度尼西亚。

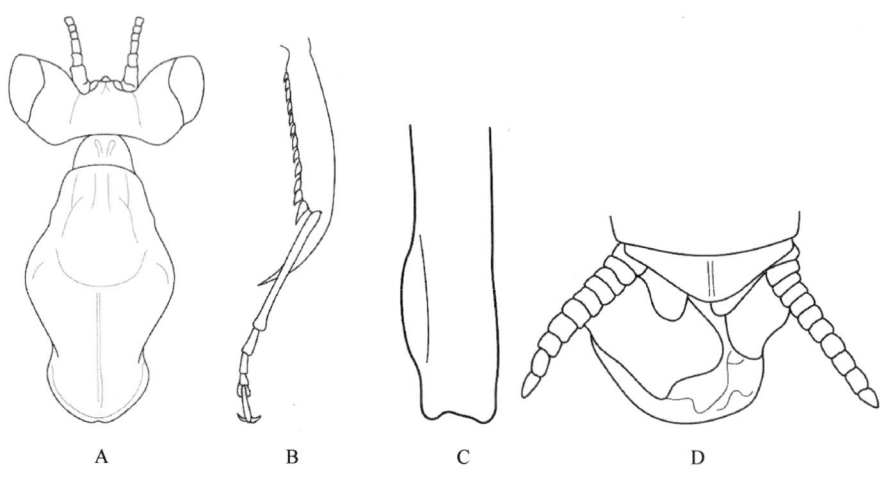

图 16-5　丽眼斑螳 *Creobroter gemmata* (Stoll, 1813)
A. 头和前胸背板背面观；B. 前足胫节侧面观；C. 中足股节端部侧面观；D. ♂腹端背面观

238. 齿螳属 *Odontomantis* Saussure, 1871

Odontomantis Saussure, 1871a: 32. Type species: *Odontomantis javana* Saussure, 1871.

主要特征：额盾片横宽，两侧各具 1 个隆起的瘤突，上缘呈角形或弧形，角端常不明显。头顶在复眼内侧具突起。前胸背板稍扁平。前翅通常不透明，后翅具色带。前足股节具 4 枚中刺和 4 枚外列刺，爪沟位于股节近基部，中后足股节无叶状突起。

分布：东洋区。世界已知约 17 种，中国原记录 12 种，经重新厘定为后 9 种，浙江分布 1 种。

（497）小齿螳 *Odontomantis parva* Giglio-Tos, 1915（图 16-6）

Odontomantis parva Giglio-Tos, 1915a: 99.

Odontomantis planiceps Shiraki, 1932: 2053 (nec Haan, 1842).

Odontomantis sinensis Tinkham, 1937: 565 (partum).

Odontomantis javana hainana Tinkham, 1937: 566. Syn. n.
Odontomantis fujiana Yang in Yang & Wang, 1999: 82. Syn. n.

主要特征：雄性体较小，稍扁平；雌性体稍大。额盾片上缘端角非明显突出（图16-6A）。前胸背板侧缘具细齿。外生殖器如图16-6B所示。体黄绿色至黄褐色。前胸背板具黄色侧边，雄性前翅前缘域绿色，中域带褐色；后翅前缘域略带红色，中域和臀域完全烟色。雌性后翅前缘脉域略带红色，中域和臀域透明，端部具烟色带。前足跗节内侧完全暗黑色。

测量（mm）：体长♂14.0–18.0，♀21.0–24.0；前胸背板♂4.0–5.0，♀6.0–7.0；前翅♂10.0–13.0，♀13.0–18.0。

分布：浙江（杭州、衢州）、江西、福建、台湾、海南；中南半岛。

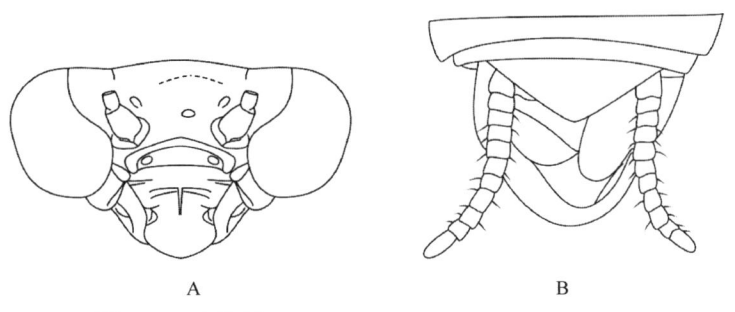

图 16-6 小齿螳 *Odontomantis parva* Giglio-Tos, 1915
A. 头部正面观；B. ♂腹端背面观

239. 巨腿螳属 *Hestiasula* Saussure, 1871

Hestiasula Saussure, 1871b: 330. Type species: *Hestiasula brunneriana* Saussure, 1871.

主要特征：复眼略凸出。额盾片横宽，中央较光滑，无隆线，上缘具尖角。前胸背板较短，略呈椭圆形和凸起，横沟较深，沟后区几乎等长于沟前区。两对翅发达。前足股节强扩展成叶片状，内侧具斑纹，中后足股节无叶状突起。

分布：东亚。世界已知约15种，中国原记录6种，经重新厘定为4种，浙江分布1种。

（498）浙江巨腿螳 *Hestiasula zhejiangensis* Zhou et Shen, 1992（图16-7）

Hestiasula zhejiangensis Zhou et Shen, 1992: 63.
Hestiasula major Zhang, 1989: 184 (nec Beier, 1929).
Hestiasula wuyishana: Yang & Wang, 1999: 85.

主要特征：前足股节上缘中部明显凹陷，内侧基部黑色，腹侧在爪沟之前具2个小黑斑，前足胫节背缘较平直。雄性前翅近端部无暗色横带，后翅臀区透明。

测量（mm）：体长♂23.0–29.0；前胸背板♂4.0–4.5；前翅♂27.0–31.0；前足股节♂7.5–8.5。

分布：浙江（丽水）、福建、广东、四川、贵州。

注：武夷山巨腿螳 *H. wuyishana* Yang et Wang, 1999 原为浙江巨腿螳 *H. zhejiangensis* Zhou et Shen, 1992 的副模，杨集昆和汪家社（1999）认为福建产的个体与浙江产的个体可能是不同的种，因此将福建个体作为新种发表，但并没有指出不同之处。本志中，我们仍将武夷山巨腿螳视为浙江巨腿螳的异名。

A   B

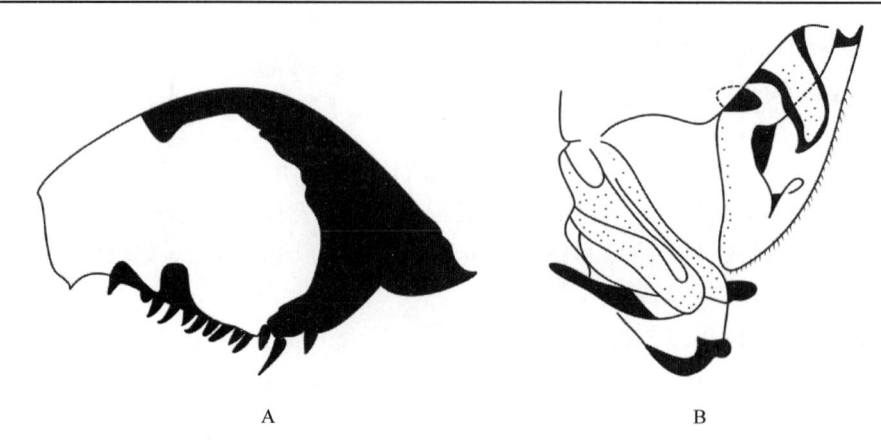

图 16-7　浙江巨腿螳 *Hestiasula zhejiangensis* Zhou et Shen, 1992
A. ♀前足股节侧面观；B. ♂外生殖器背面观

七十三、细足螳科 Thespidae

主要特征：体小至中等。触角丝状。前胸背板较细长，仅前足基节处稍扩展。雄性具翅，雌性翅退化或缺如。前足基节近端部具明显的叶突，前足股节具2–4枚中刺和4枚外列刺。

分布：古北区、东洋区、旧热带区、新热带区。世界已知6亚科39属198种，中国记录2亚科3属8种，浙江分布1亚科1属1种。

（一）小翅螳亚科 Pseudomiopteriginae

主要特征：体较小。触角丝状。前胸背板约等宽于前足基节，具颗粒。雄性两对翅发达，雌性完全无翅。前足股节具4枚中刺和4枚外列刺，前足胫节具4–8枚外列刺，无背端刺。雌性第3–6腹节背板具叶状突起。

分布：古北区、东洋区、新热带区。世界已知7属30种，中国记录2属7种，浙江分布1属1种。

240. 古细足螳属 *Palaeothespis* Tinkham, 1937

Palaeothespis Tinkham, 1937: 497. Type species: *Palaeothespis oreophilus* Tinkham, 1937.

主要特征：头顶略突出，复眼卵圆形。前胸背板不长于前足基节，两侧横沟处略扩展。雄性两对翅发达，雌性无翅。前足股节具4枚中刺和4枚外列刺，前足胫节无背端刺。雌性腹部第3–6节背板具叶状突起。

分布：东洋区。世界已知4种，均分布于中国，浙江分布1种。

（499）斑点古细足螳 *Palaeothespis stictus* Zhou et Shen, 1992（图16-8）

Palaeothespis stictus Zhou et Shen, 1992: 62.
Sinomiopteryx brevifrons Wang et Bi, 1992: 125. Syn. n.

主要特征：头顶具4条纵沟（图16-8A）。前胸背板具颗粒。雄性前翅较狭长，长约为宽的5倍。前足股节具4枚中刺和4枚外列刺，前足胫节具6枚外列刺和9枚内列刺。雌性完全无翅，第3–5腹节背板具叶状突起。体污黄褐色。前足股节具3条褐色斜纹，雄性前翅和后翅前缘区散布暗点。雄性外生殖器如图16-8B所示。

测量（mm）：体长♂、♀27.0–28.0；前胸背板♂、♀7.0–8.0；前翅♂29.0；前足股节♂、♀7.0–8.0。

分布：浙江（丽水、温州）。

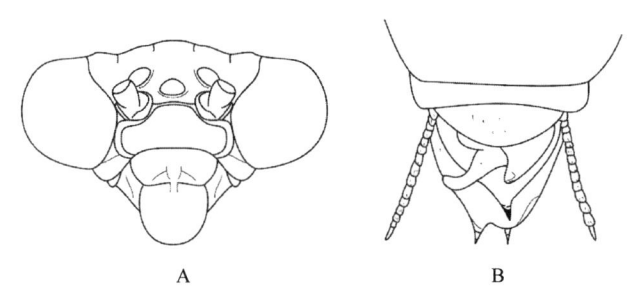

图16-8 斑点古细足螳 *Palaeothespis stictus* Zhou et Shen, 1992（引自王天齐，1993）
A. 头部正面观；B. ♂腹端背面观

七十四、虹翅螳科 Iridopterygidae

主要特征：多为小型种类。头顶无突起，触角丝状。前足股节中列刺通常少于 4 枚，两性翅发达，后翅透明，常具虹泽。

分布：东洋区、旧热带区。世界已知 5 亚科 45 属 130 余种，中国记录 3 亚科 8 属 10 余种，浙江分布 1 亚科 2 属 2 种。

（一）短螳亚科 Nanomantinae

主要特征：体淡色近透明，前胸背板沟后区无中隆线或极弱，前足股节具 3 枚中刺（极少 4 枚），两性翅发达，后翅透明和具虹泽。

分布：东洋区、旧热带区。世界已知 14 属 30 余种，中国记录 4 属 9 种，浙江分布 2 属 2 种。

241. 柔螳属 *Sceptuchus* Hebard, 1920

Sceptuchus Hebard, 1920: 27. Type species: *Sceptuchus simplex* Hebard, 1920.

主要特征：这个属与华柔螳属 *Sinomantis* Beier, 1933 近似。前胸背板侧缘无明显的细齿。前足股节具 3 枚中刺和 4 枚外刺，后足跗基节长于其余节之和。前翅狭长和透明，雌性不达腹端。

分布：东洋区。世界已知 3 种，中国记录 2 种，浙江分布 1 种。

（500）中华柔螳 *Sceptuchus sinecus* Yang, 1999（图 16-9）

Sceptuchus sinecus Yang in Yang & Wang, 1999: 91.

主要特征：体绿色。前足股节具 14 个外刺，内列刺近基部的大刺之间具 2 个小刺。前足胫节 11 个外刺和 7 个内刺，端刺和亚端刺相距较远。后翅长于前翅。臀板端部尖角形。

测量（mm）：体长♂ 19.0–20.0，♀ 25.0；前胸背板♂ 4.0–4.5，♀ 5.0；前翅♂ 14.7–19.0，♀ 16.0–17.0。

分布：浙江、江西、福建、广东。

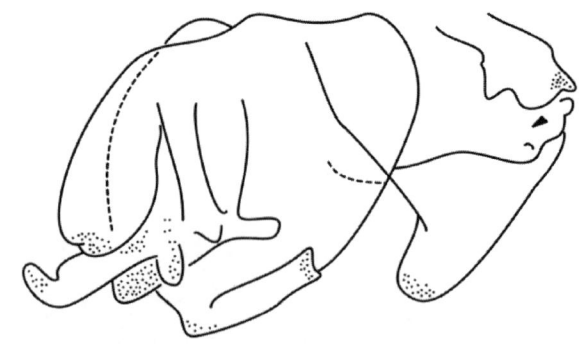

图 16-9　中华柔螳 *Sceptuchus sinecus* Yang, 1999 外生殖器背面观（♂）（引自杨集昆和汪家社，1999）

242. 纤柔螳属 *Leptomantella* Uvarov, 1940

Leptomantis Giglio-Tos, 1915a: 87. Type species: *Mantis* (*Thespis*) *albella* Burmeister, 1838.
Leptomantella Uvarov, 1940: 176. Type species: *Mantis* (*Thespis*) *albella* Burmeister, 1838.

主要特征：体较细长。头顶较平。复眼卵圆形突出；触角节短，被毛；额盾片略横宽，上缘弧形。前胸背板较细长，横沟较明显，沟后区无明显的中隆线。前翅和后翅发达，半透明。前足股节具 4 枚中刺和 4 枚外列刺，爪沟位于近中部。前足胫节具 7 枚外列刺，后足跗基节长于其余节之和。

分布：东亚。世界已知 12 种，中国记录 5 种，浙江分布 1 种。

注：这个属最初的学名为 *Leptomantis*，由 Giglio-Tos（1915a）建立，但这个属名先被 Peters（1867）用于两栖纲动物，后由 Uvarov（1940）更改为 *Leptomantella*。

（501）海南纤柔螳 *Leptomantella hainanae* Tinkham, 1937

Leptomantis tonkinae hainane Tinkham 1937: 554.
Leptomantella hainanae: Wang, 1993: 82.

主要特征：体淡乳绿色。前胸背板沟前区具 2 条间断的黑色纵纹，沟后区前部具 2 个黑点，前足转节无黑斑，雄性前翅和后翅几乎完全透明，雌性带乳白色。

测量（mm）：体长♂ 31.0；前胸背板♂ 8.0；前翅♂ 22.0。

分布：浙江（湖州）、海南。

注：方志刚和吴鸿（2001）《浙江昆虫名录》中记载了海南纤柔螳 *L. hainanae* Tinkham, 1937 分布于浙江德清的莫干山，希望有更多的标本材料来证实。

七十五、螳科 Mantidae

主要特征：头顶无突起，触角丝状。前足股节中刺4枚，内列刺呈1大刺和1小刺交替排列；前足胫节外列刺呈直立状。中后足股节无叶状突起，胫节基部非膨大；尾须锥形或稍扁。

分布：世界广布。世界已知19亚科167属1000余种，中国记录4亚科15属40余种，浙江分布2亚科6属12种。

（一）跳螳亚科 Amelinae

主要特征：体小型。触角常具明显的纤毛。前胸背板短于前足基节。雄性前翅发达，雌性翅短。前足基节具叶状突起，前足股节具4枚中刺和4枚外列刺，爪沟不明显或缺如。前足胫节具4–11枚外列刺。

分布：东洋区、古北区、新北区、旧热带区。世界已知27属140余种，中国记录5属9种，浙江分布2属2种。

243. 哈跳螳属 *Hapalopeza* Stål, 1877

Hapalopeza Stål, 1877: 23. Type species: *Gonypeta* (*Iridopteryx*) *nitens* Saussure, 1871.

主要特征：体小而细长。头顶在复眼内侧具不明显的瘤突。复眼卵圆形突出；触角节短，被毛；额盾片略横宽，上缘弧形。前胸背板较宽短，横沟较明显，后缘具不明显的瘤突；沟后区长于沟前区，侧缘无细齿。前翅和后翅发达，半透明。前足股节具4枚中刺和4枚外列刺，前足胫节具7–8枚外列刺，后足跗基节长于其余节之和。

分布：东南亚。世界已知8种，中国记录1种，浙江分布1种。

（502）顶瑕跳螳 *Hapalopeza* (*Spilomantis*) *occipitalis* Westwood, 1889（图16-10）

Haplopeza occipitalis Westwood, 1889: 36.
Spilomantis occipitalis: Giglio-Tos, 1927: 134.

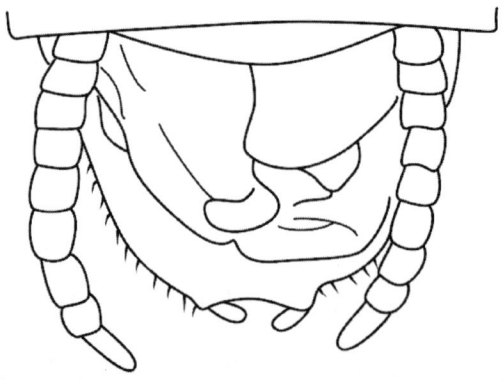

图16-10 顶瑕跳螳 *Hapalopeza* (*Spilomantis*) *occipitalis* Westwood, 1889 腹端背面观（♂）

主要特征：体小而细长。头顶在复眼内侧具不明显的瘤突。复眼卵圆形突出；触角节短，被毛；额盾片略横宽，上缘弧形。前胸背板较宽短，横沟较明显，后缘具不明显的瘤突；沟后区长于沟前区，侧缘无细齿。前翅和后翅发达，半透明，前翅前缘域翅室较大而稀疏。前足股节具4枚中刺和4枚外列刺，爪沟位于近基部。前足胫节具7–8枚外列刺，后足跗基节长于其余节之和。雄性腹端如图16-10所示。

体黄褐色杂暗黑色。触角通常具2–3段白色环（6–12节）。前翅和后翅半透明。

测量（mm）：体长♂13.0，♀14.0–16.0；前胸背板♂3.5，♀4.0；前翅♂11.0，♀13.0；前足股节♂3.5，♀4.0。

分布：浙江、江西、湖南、福建、广东、海南、香港、广西；越南。

244. 异跳螳属 *Amantis* Giglio-Tos, 1915

Amantis Giglio-Tos, 1915b: 151. Type species: *Amantis reticulata* Giglio-Tos, 1915.

主要特征：头顶光滑，略高于复眼。复眼卵圆形突出，额盾片近方形，具2条隆线，上缘弧形。前胸背板较短，横沟隆起且光滑，扩展部分略垂直，沟后区长于沟前区。翅发达或缩短，前缘具纤毛。前足股节具4枚中刺和4枚外列刺，爪沟位于中部之后。前足胫节具9枚外列刺，后足跗基节长于其余节之和。

分布：东南亚。世界已知22种，中国记录4种，浙江分布1种。

（503）斑异跳螳 *Amantis maculata* (Shiraki, 1911)（图16-11）

Gonypeta maculata Shiraki, 1911: 291.

Amantis maculata: Tinkham, 1937: 492.

Amantis nawai Wang, 1993: 108 (partum); Fang & Wu, 2001: 12; Zhu et al., 2012: 186; Liu & Wang, 2014: 254.

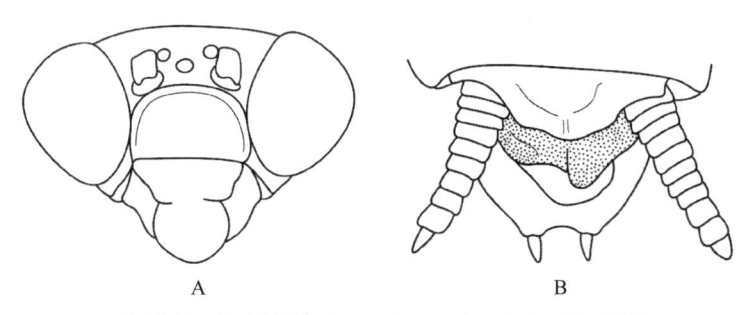

图16-11 斑异跳螳 *Amantis maculata* (Shiraki, 1911)
A. 头部正面观；B. ♂外生殖器背面观

主要特征：雄性体小。头部三角形，额盾板宽为高的2倍，具2条纵隆脊，上缘弧形（图16-11A）。前胸背板长约为宽的2倍，具中隆脊和稀疏颗粒。翅具长翅型和短翅型，长翅型前翅远超过腹端，略透明，前缘具纤毛；短翅型前翅刚达后胸后缘，相互重叠，不透明。前足股节约等长于前胸背板，外列刺和中列刺各4个，内列刺9–12个；前足胫节具9–10个外刺和11个内刺。肛上板圆三角形，下生殖板具腹突。外生殖器如图16-11B所示。

雌性额盾板宽不及高的2倍。前胸背板长为宽的1.6–1.7倍。前翅刚达后胸后缘，相互重叠；后翅退化。前足股节内列刺11–12个；前足胫节具9–10个外刺和12–13个内刺。下生殖板端部狭，产卵器几乎不外露。

体淡褐色或褐色，散布黑褐色的小斑点。前胸背板具暗色中带。前足股节外侧具3条不明显的暗色横带。

测量（mm）：体长♂13.0–15.0，♀15.0–16.0；前胸背板♂3.5–4.0，♀4.0–4.5；前翅♂15–16.0（短翅型3.0），♀3.0；前足股节♂4.0，♀5.0。

分布：浙江（湖州、杭州、衢州）、江苏、江西、台湾。

注：本种模式产地为台湾，它与日本产的名和异跳螳 *A. nawai* (Shiraki, 1908)非常近似，区别在于雄性具

长短翅型和雌性前翅相互重叠。Yamasaki（1981）将其作为名和异跳螳的异名是错误的，故重新恢复其名称。

（二）螳亚科 Mantinae

主要特征：体中至大型。头顶平滑，复眼卵圆形，触角丝状，光滑。前胸背板延长。两性前翅发达，前缘无纤毛。前足股节具 4 枚中刺和 4 枚外列刺，爪沟明显。

分布：世界广布。世界已知 43 属 300 余种，中国记录 7 属近 30 种，浙江分布 4 属 10 种。

分属检索表

1. 前足股节爪沟位于中部之前；中足和后足股节无膝刺 ·· 2
- 前足股节爪沟位于中部之后；中足和后足股节具膝刺 ·· 3
2. 爪沟位于前足股节中部；前足基节内侧基部具圆斑，周缘具黑色环 ··························· 螳属 *Mantis*
- 爪沟位于前足股节中部之前；前足基节和股节内侧具黑斑块 ··························· 静螳属 *Statilia*
3. 额盾片强横宽 ·· 大刀螳属 *Tenodera*
- 额盾片非强横宽 ·· 斧螳属 *Hierodula*

245. 螳属 *Mantis* Linnaeus, 1758

Gryllus (*Mantis*) Linnaeus, 1758: 425. Type species: *Gryllus* (*Mantis*) *religiosa* Linnaeus, 1758.
Mantis: Giglio-Tos, 1927: 405.

主要特征：体大型。额盾片宽略大于高；复眼卵圆形。后翅前缘和中域无色带，Cu_1 脉至少具 2 根分支。前足基节基部具圆形斑，爪沟位于前足股节中部，中后足股节无膝刺。

分布：世界广布。世界已知 14 种，中国记录 1 种，浙江分布 1 种。

（504）薄翅螳 *Mantis religiosa* (Linnaeus, 1758)（图 16-12）

Gryllus (*Mantis*) *religiosa* Linnaeus, 1758: 426.
Mantis religiosa: Giglio-Tos, 1927: 406.
Mantis religiosa sinica Bazyluk, 1960: 255.

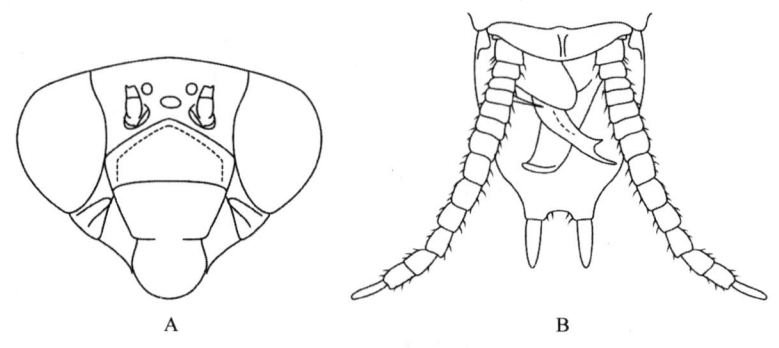

图 16-12　薄翅螳 *Mantis religiosa* (Linnaeus, 1758)
A. 头部正面观；B. ♂腹端背面观

主要特征：体通常呈绿色。前足基节内侧基部具 1 个大的圆形黑斑或白斑镶黑边。
测量（mm）：体长♂ 46.0–57.0，♀ 50.0–68.0；前胸背板♂ 12.0–15.0，♀ 15.0–17.0；前翅♂ 36.0–46.0，

♀ 35.0–43.0；前足股节♂、♀ 12.0–17.0。

分布：浙江、黑龙江、吉林、辽宁、北京、河北、山西、河南、甘肃、新疆、江苏、福建、海南、四川、云南；亚洲，欧洲，大洋洲，非洲。

246. 静螳属 *Statilia* Stål, 1877

Statilia Stål, 1877: 36. Type species: *Mantis nemoralis* Saussure, 1870.

主要特征：额盾片宽大于高，上缘中央尖角形，下缘弧形。复眼卵圆形。后翅前缘和中域无色带，Cu_1 脉至少具 2 根分支。前足基节和股节内侧具黑斑，爪沟位于前足股节中部之前，中后足股节无膝刺。

分布：世界广布，主要分布于东南亚、大洋洲。世界已知 11 种，中国记录 10 种，经重新厘定为 7 种，浙江分布 2 种。

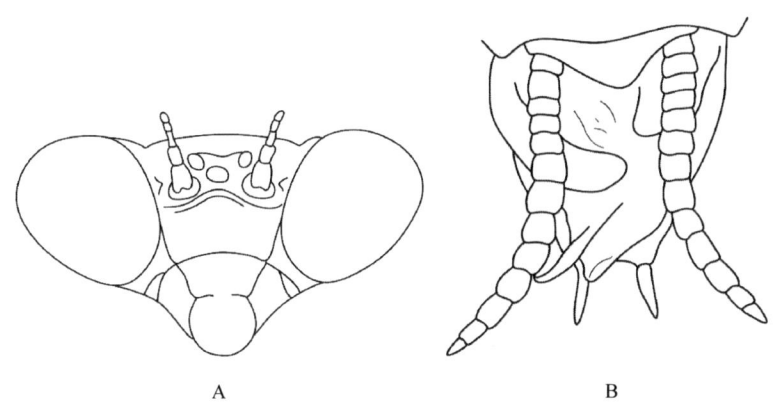

（505）绿静螳 *Statilia nemoralis* (Saussure, 1870)（图 16-13）

Pseudomantis nemoralis Saussure, 1870: 229.
Mantis orientalis Saussure, 1870: 233.
Statilia nemoralis: Giglio-Tos, 1927: 411.

主要特征：体淡绿色，后翅透明。前胸腹板在前足基节之后无黑色横带，前足基节和股节内侧无黑色横带。

测量（mm）：体长♂、♀ 48.0；前胸背板♂、♀ 17.0；前翅♂、♀ 35.0；前足股节♂、♀ 15.0。

分布：浙江（湖州、杭州、宁波）、河南、陕西、江苏、安徽、湖北、湖南、福建、广西、四川、西藏；日本，菲律宾，亚洲东部。

图 16-13 绿静螳 *Statilia nemoralis* (Saussure, 1870)
A. 头部正面观；B. ♂腹端背面观

（506）污斑静螳 *Statilia maculata* (Thunberg, 1784)（图 16-14）

Mantis maculata Thunberg, 1784: 61.
Pseudomantis haani Saussure, 1871b: 276.
Statilia maculata: Karny, 1915: 105.
Statilia flavobrunnea Zhang et Li, 1983: 252. Syn. n.

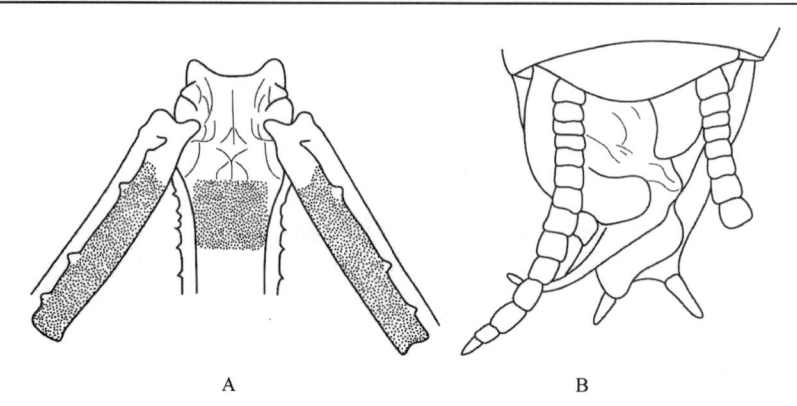

图 16-14　污斑静螳 *Statilia maculata* (Thunberg, 1784)
A. 前胸腹板前部腹面观；B. ♂腹端背面观

主要特征：体灰褐色，杂暗褐色和黑褐色的斑，后翅烟色。前胸腹板在前足基节之后具黑色横带（图 16-14A）。

测量（mm）：体长♂、♀ 47.0；前胸背板♂、♀ 16.0；前翅♂、♀ 34.0；前足股节♂、♀ 14.0。

分布：浙江（杭州、丽水）、辽宁、北京、山东、河南、江苏、上海、安徽、江西、湖南、福建、台湾、广东、海南、广西、四川、贵州、云南；日本；印度，缅甸，越南，泰国，斯里兰卡，马来西亚，印度尼西亚。

247. 大刀螳属 *Tenodera* Burmeister, 1838

Tenodera Burmeister, 1838: 534. Type species: *Mantis fasciata* Olivier, 1792.

主要特征：额盾片横宽，宽至少为高的 2 倍。复眼卵圆形。前胸背板沟后区至少等长于前足基节。前翅狭长，前缘光滑，端部略尖。后翅前缘和中域无色带，Cu$_1$ 脉具 3–4 根分支。前足基节和股节内侧无黑斑，前足股节具 4 枚中刺和 4 枚外刺，爪沟位于前足股节中部之后，中后足股节具膝刺。

分布：主要分布于东南亚、大洋洲、北美洲。世界已知 17 种，中国记录 10 种，浙江分布 3 种。

分种检索表

1. 后翅基部无黑斑 ·· 狭翅大刀螳 *T. angustipennis*
- 后翅基部具大的黑斑 ·· 2
2. 前胸背板较宽（最大宽度♂ 6.0，♀ 8.5 mm）；雄性左上阳茎叶内基突如图 16-15 所示 ············· 中华大刀螳 *T. sinensis*
- 前胸背板较狭（最大宽度♂ 5.5，♀ 7.5 mm）；雄性左上阳茎叶内基突如图 16-16 所示 ············· 枯叶大刀螳 *T. aridifolia*

（507）中华大刀螳 *Tenodera sinensis* Saussure, 1871（图 16-15）

Tenodera aridifolia var. *sinensis* Saussure, 1871b: 295.
Tenodera brevicollis Wang, 1993: 130 (nec Beier, 1933).
Tenodera sinensis: Wu & Wu, 1995: 55.

主要特征：体大型，枯黄色，前翅前缘域绿色，中域呈半透明的烟褐色，后翅烟褐色，基部具明显的大黑斑。雌性前胸背板沟后区的长度约为沟前区的 3 倍。

测量（mm）：体长♂ 78.0–83.0，♀ 84.0–95.0；前胸背板♂ 24.0–29.0，♀ 30.0–33.0；前翅♂ 57.0–64.0，♀ 60.0–65.0；前足股节♂ 17.0–18.0，♀ 22.0–23.0。

分布：浙江（湖州、杭州、衢州、丽水、温州）、辽宁、北京、山东、河南、江苏、上海、安徽、江西、湖南、福建、广东、海南、广西、四川、贵州、云南、西藏；东南亚。

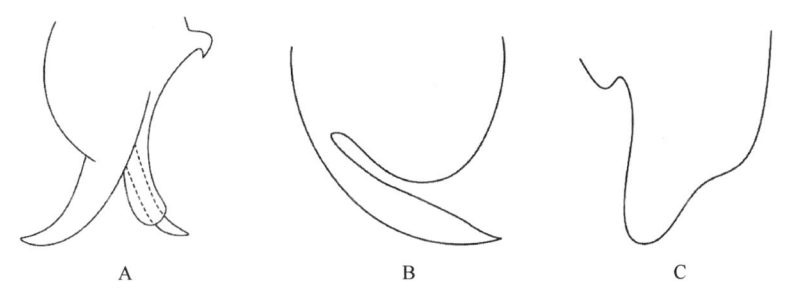

图 16-15　中华大刀螳 *Tenodera sinensis* Saussure, 1871（仿自王天齐，1995）
A. ♂左上阳茎叶背面观；B. ♂下阳茎叶背面观；C. ♂右阳茎叶背面观

（508）枯叶大刀螳 **Tenodera aridifolia** (Stoll, 1813)（图 16-16）

Mantis aridifolia Stoll, 1813: 65.

Tenodera aridifolia: Giglio-Tos, 1927: 414.

Tenodera sinensis Wang, 1993: 133 (nec Saussure, 1871).

主要特征：通体黄褐色，雄性前翅前缘域带绿色，后翅基部具明显的黑斑，臀域几乎完全烟褐色。前胸背板相对较狭，最大宽度雄性小于 5.5 mm，雌性小于 7.5 mm。雄性生殖器左上阳茎叶内基突端部几近截形（图 16-16A）。

测量（mm）：体长♂ 66.0–75.0，♀ 75.0；前胸背板♂ 21.0–23.0，♀ 25.0–28.0；前翅♂ 46.0–53.0，♀ 50.0–51.0；前足基节♂ 12.0–13.0，♀ 15.0–16.0。

分布：浙江、江苏、福建、台湾、广东、海南、四川；日本，印度，越南，印度尼西亚。

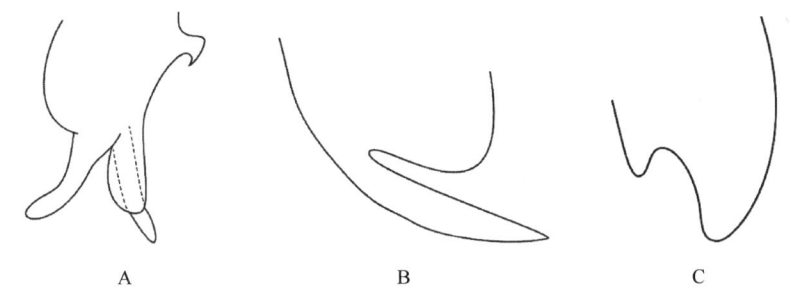

图 16-16　枯叶大刀螳 *Tenodera aridifolia* (Stoll, 1813)（引自王天齐，1995）
A. ♂左上阳茎叶背面观；B. ♂下阳茎叶背面观；C. ♂右上阳茎叶背面观

（509）狭翅大刀螳 **Tenodera angustipennis** Saussure, 1869（图 16-17）

Tenodera angustipennis Saussure, 1869: 69.

主要特征：体稍小，黄绿色。前翅前缘域绿色，雄性中域呈半透明的烟褐色，后翅烟褐色，前缘域略带淡红色，基部无明显的黑斑。雌性前胸背板沟后区的长度不及沟前区的 3 倍。雄性生殖器左上阳茎叶如图 16-17A 所示。

测量（mm）：体长♂ 62.0，♀ 65.0；前胸背板♂ 19.0–20.0，♀ 21.0–22.0；前翅♂ 38.0–45.0，♀ 43.0–44.0；前足股节♂ 14.0，♀ 16.0。

分布：浙江（嘉兴、杭州、台州）、山东、宁夏、江苏、上海、安徽、湖北、福建、广西；朝鲜，日本。

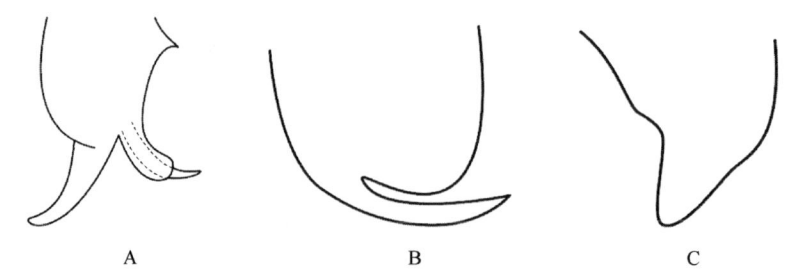

图 16-17 狭翅大刀螳 Tenodera angustipennis Saussure, 1869（引自王天齐，1995）
A. ♂左上阳茎叶背面观；B. ♂左下阳茎叶背面观；C. ♂右上阳茎叶背面观

248. 斧螳属 Hierodula Burmeister, 1838

Hierodula Burmeister, 1838: 536. Type species: *Mantis* (*Hierodula*) *membranacea* Burmeister, 1838.

主要特征：额盾片非强横宽或高大于宽。触角和复眼间无瘤突。前胸背板两侧或多或少扩展，但非明显宽于头部，沟后区短于或等于前足基节。前翅狭长，前缘光滑，前缘脉域密网状。后翅前缘和中域无色带，Cu_1 脉至少具 2 根分支。前足基节具刺或扁疣状突起，前足股节爪沟位于前足股节中部之后，中后足股节具膝刺。

分布：主要分布于东南亚、大洋洲、欧洲。世界已知 100 余种，中国记录 10 余种，浙江分布 4 种。

分种检索表

1. 前足基节具小细齿，无疣突 ··· 2
- 前足基节具细齿和疣突 ··· 3
2. 前足股节内列刺的大刺淡色，仅端部变暗色；雄性左阳茎叶具 2 端刺 ················ **台湾斧螳 *H. formosana***
- 前足股节内列刺的大刺完全暗色；雄性左阳茎叶具 1 端刺 ······························· **中华斧螳 *H. chinensis***
3. 前足基节具 6–7 个疣突；前足股节内侧爪沟处具大的黑斑 ·································· **污斑斧螳 *H. maculata***
- 前足基节具 2–5 个疣突；前足股节内侧爪沟处无黑斑 ·· **广斧螳 *H. patellifera***

（510）污斑斧螳 *Hierodula maculata* Wang, Zhou et Zhang, 2020（图 16-18）

Hierodula maculata Wang, Zhou et Zhang, 2020: 84.

主要特征：雄性体型中等。头部三角形，复眼卵圆形，额盾板高与宽几乎相等，上缘弧形。前胸背板狭长，沟后区约为沟前区长的 2 倍。前足基节腹缘具 6–7 枚稍大的疣状齿和 7 个小刺（图 16-18A），前足股节外列刺和中列刺各具 4 个，内列刺 14–15 个；前足胫节具 12 个外刺和 13 个内刺。前翅发达，到达腹端。雄性外生殖器左上阳茎叶无刺突，下叶的端刺极长，端部骤然变尖（图 16-18B）；右上阳茎叶如图 16-18C 所示。

雌性体较雄性粗壮，前翅不到达腹端。

体绿色。前胸腹板后部具 1 条暗色横带，前足股节内侧爪沟处具 1 个大的黑斑。雄性前翅中域完全透明，后翅透明。

测量（mm）：体长♂ 52.0–57.0，♀ 60.0–62.0；前胸背板♂ 15.0–16.0，♀ 20.0–21.0；前翅♂ 35.0–37.0，♀ 38.0–40.0；前足股节♂ 13.0，♀ 18.0。

分布：浙江（宁波、衢州）、广东、四川。

注：与广斧螳 *H. patellifera* (Serville, 1839) 较接近，但明显区别在于前足基节的疣突较多，前足股节近爪沟处具黑斑，雄性外生殖器下阳茎叶的端刺较长，端部骤然变尖。

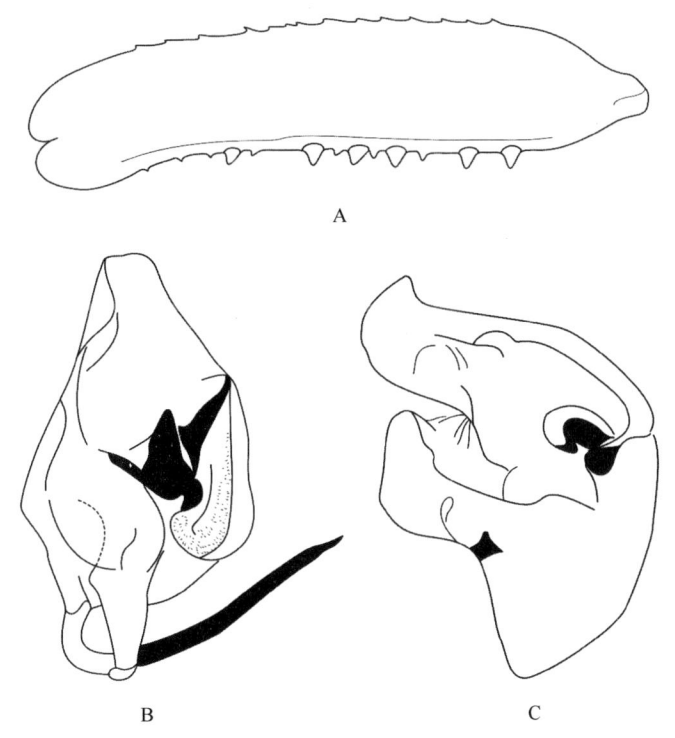

图 16-18 污斑斧螳 *Hierodula maculata* Wang, Zhou *et* Zhang, 2020
A. 前足基节侧面观；B. ♂左上阳茎叶背面观；C. ♂右上阳茎叶背面观

（511）中华斧螳 *Hierodula chinensis* Werner, 1929（图 16-19）

Hierodula chinensis Werner, 1929: 75.

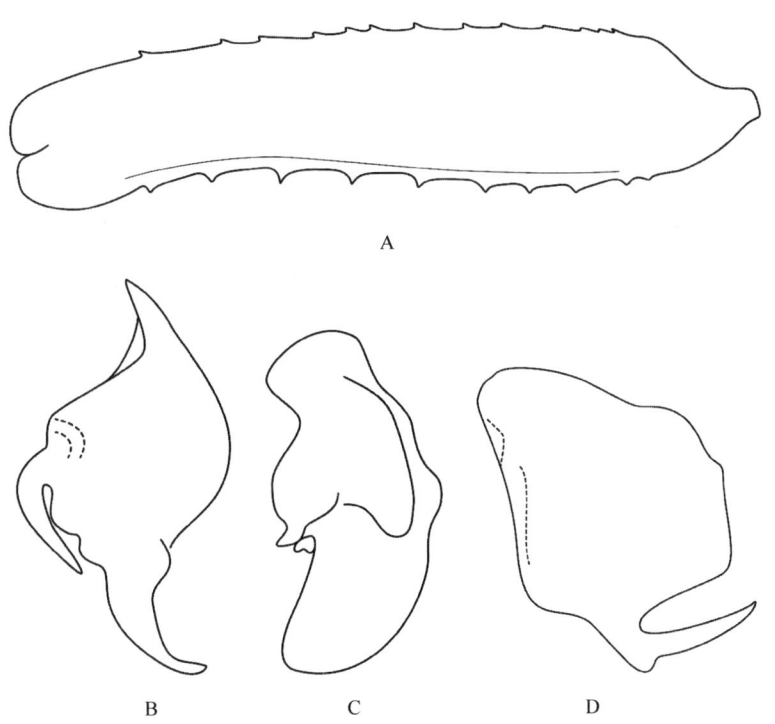

图 16-19 中华斧螳 *Hierodula chinensis* Werner, 1929
A. 前足基节内侧观；B. ♂左上阳茎叶背面观；C. ♂右上阳茎叶背侧观；D. ♂左下阳茎叶背面观

主要特征：雄性前胸背板沟后区约为沟前区长的 2 倍。前足基节腹缘具 5–9 个小刺（图 16-19A），雄性外生殖器左上阳茎叶具 2 个内刺，左下阳茎叶端刺较短（图 16-19D）；右上阳茎叶如图 16-19C 所示。

雌性体较雄性粗壮，前翅超过腹端。

体绿色。前足股节内列刺的大刺完全变暗。雄性前翅中域完全透明。

测量（mm）：体长♂ 75.0，♀ 63.0–75.0；前胸背板♂ 22.0，♀ 25.0–28.0；前翅♂ 49.0–52.0，♀ 43.0–47.0；前足股节♂ 18.0，♀ 15.0–18.0。

分布：浙江（杭州、衢州、温州）、北京、安徽、湖南、福建、广西、四川、云南。

注：这个种的模式产地为四川康定（打箭炉），在中国曾一度将这个种误定为勇斧螳 *H. membranacea* Burmeister, 1838，但这个种的前基节刺较少，5–9 枚（勇斧螳的前足基节刺约为 15 枚）。

（512）台湾斧螳 *Hierodula formosana* Giglio-Tos, 1912（图 16-20）

Hierodula formosana Giglio-Tos, 1912: 77.

主要特征：前足基节具 9–10 枚较小的刺（图 16-20A）。雄性下阳茎叶端部具 2 个刺（图 16-20B）。

体绿色，前胸背板侧缘不变暗。前足转节端部具黑斑，前足股节内列刺的大刺淡色仅近端部变暗，刺窝处具暗点（3–4 个）。雄性前翅中域完全透明。

测量（mm）：体长♂ 72.0–83.0，♀ 70.0–82.0；前胸背板♂ 25.0–26.0，♀ 25.0–28.0；前翅♂ 60.0–63.0，♀ 48.0–56.0；前足股节♂ 18.0–19.0，♀ 21.0–22.0。

分布：浙江（衢州、丽水）、台湾、海南、广西、四川、贵州。

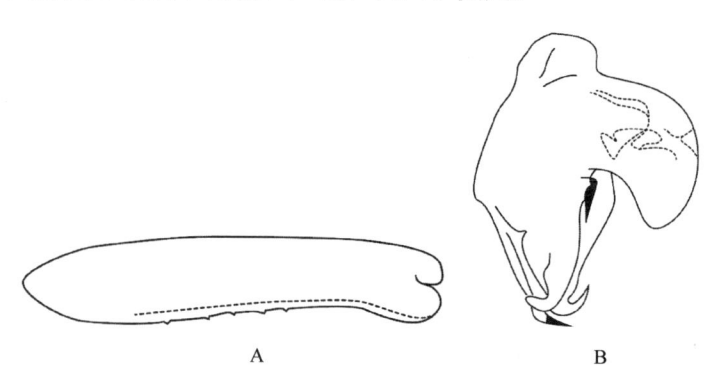

图 16-20　台湾斧螳 *Hierodula formosana* Giglio-Tos, 1912
A. 前足基节侧面观；B. ♂外生殖器背面观

（513）广斧螳 *Hierodula patellifera* (Serville, 1839)（图 16-21）

Mantis patellifera Serville, 1839: 185.

Hierodula patellifera: Giglio-Tos, 1927: 447.

Hierodula multispina Wang, 1993: 141.

主要特征：体绿色或褐色。前足基节腹缘具 3–5 枚明显的疣突（图 16-21A），通常近基部的两枚相距较远。雄性前翅翅痣较狭长，黄白色，中域翅室稀疏。雄性外生殖器如图 16-21B 所示。

测量（mm）：体长♂ 42.0–61.0，♀ 43.0–71.0；前胸背板♂ 13.0–17.0，♀ 17.0–21.0；前翅♂ 37.0–50.0，♀ 42.0–51.0；前足股节♂ 13.0–17.0，♀ 18.0–21.0。

分布：浙江（湖州、杭州、台州、衢州）、北京、河北、山东、陕西、江苏、上海、福建、广东、海南、广西、四川、贵州、云南；日本，菲律宾，印度尼西亚。

注：王天齐（1993）发表的 4 个种，多刺斧螳 *Hierodula multispina* 的雄性经外生殖器解剖均与广斧螳 *Hierodula patellifera* 完全一致，因此是广斧螳的异名；多刺斧螳 *Hierodula multispina* 的雌性和大青山斧螳

Hierodula daqingshanensis 的体型明显较大，为八莫斧螳 *Hierodula bhamoana* 的异名；而西沙斧螳 *Hierodula xishaensis* 和云南斧螳 *Hierodula yunnanensis* 则是双疣斧螳 *Hierodula bipapilla* 的异名。

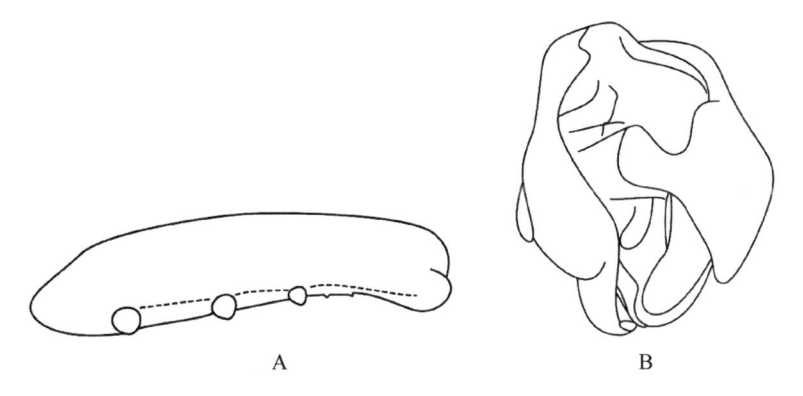

图 16-21　广斧螳 *Hierodula patellifera* (Serville, 1839)
A. 前足基节侧面观；B. ♂外生殖器背面观

第十七章 䗛目 Phasmida

䗛目昆虫中至大型，形态变异较大，体形修长，有竹节状、树枝状或扁平成阔叶状，酷似树叶，故称竹节虫或叶子虫。口器咀嚼式。头部短小，触角丝状，复眼小，单眼2–3个，有时缺，前胸短，中后胸延长。无翅或具翅，通常前翅小型，若虫无翅芽反盖现象。足细长或宽扁，3对足相似，相隔较远，光滑有刺或其他扩展，中足及后足胫节末端腹面往往有三角区域，也可缺失仅具完整边缘；跗节5节，极少3节。第1节最长，末端具爪及爪间突；股节与转节具缝，其间易于间断，高纬度种类往往翅缺失，低纬度种类常前后翅发达，或前翅退化、缺失，而雌性后翅消失多见；后翅前缘部分常增厚，与前翅同色，膜质部分柔软透明或带颜色，静息时平褶置于腹部背面，缺听器与发音器。第1腹节嵌入后胸被称为中节，其余可见9–10节，雌性第8腹板形成鞘状的腹瓣，产卵器小，通常为延长扩展的腹瓣遮盖。雄性外生殖器非对称，通常为第9腹节包裹。尾须短，不分节。

䗛目昆虫为渐变态。卵单产或聚产，卵壳通常坚硬，卵形态各异，区别明显，是该目重要的分类特征。该类昆虫均为植食性，若虫与成虫寄主植物通常一致。两性个体大小差异显著，交配时一些雄虫会分泌精包，孤雌生殖常见。大部分发生于热带与亚热带，偶尔分布于温带。基本栖息于乔木或灌木上，少数栖息于地面杂草中，以拟态隐匿来防御天敌，或以假死、伪警戒色、后翅发声等应对惊扰，许多种类前胸前缘有胸腺，可喷射刺激性分泌物或散发气味来驱敌。大部分种类1年1代，少数种类2年1代或1年多代。一些种类可对农林造成严重危害。

世界广布。世界已知16科32亚科506属3300余种，中国记录5科10亚科71属400余种，浙江分布2科3亚科12属32种。本志记述1新种，厘定新异名19种。

分科和亚科检索表

1. 触角短于前足股节，分节明显（䗛科 Phasmatidae） ··· 短角棒䗛亚科 Clitumninae
- 触角远长于前足股节，分节不明显（长角棒䗛科 Lonchodidae） ··· 2
2. 胸中节横宽，极少长大于宽，完全无翅；雄性臀节屋脊状，端部深裂成两叶；雌性下生殖板侧扁，舟形 ··· 长角棒䗛亚科 Lonchodinae
- 胸中节几乎等长，只是稍长于后胸背板或明显长大于宽，极少缺翅；雄性臀节拱形，端部凹缘；雌性下生殖板稍扁平，非舟形 ··· 长角枝䗛亚科 Necrosciinae

七十六、䗛科 Phasmatidae

主要特征：触角短于前足股节，丝状，分节明显。胸中节横宽，极少长大于宽。足具锯齿或叶，雌性前足股节背缘基部常锯齿状，中后足股节腹面隆线常具较明显的小齿。

分布：世界广布。世界已知125属660余种，中国记录19属174种，浙江分布3属10种。

（一）短角棒䗛亚科 Clitumninae

主要特征：完全无翅。触角短，雄性极少超过前足股节端部。胸中节横宽，极少长大于宽。前足股节背缘和腹缘常具细齿，中后足股节具叶或齿。腹部第2节明显长于胸中节。雄性臀节呈屋脊状，侧扁，端部开裂成两叶。雌性臀节较平，端部平截或具凹口和具突出的肛上板，下生殖板舟形，通常超过第9腹节端部。

分布：古北区、东洋区、新热带区、澳洲区。世界已知29属314种，中国记录17属172种，浙江分布3属10种。

分属检索表

1. 雌性臀节延长，至少为第9腹节长的2倍，无肛上板；雄性第8腹节背板膨大 ················ 喙尾䗛属 *Rhamphophasma*
- 雌性臀节不延长，略微长于第9腹节，具肛上板；雄性第8腹节背板不膨大 ·· 2
2. 雄性臀节长于第9腹节；雌性肛上板极短 ·· 短肛䗛属 *Ramulus*
- 雄性臀节不长于第9腹节；雌性肛上板延长 ·· 长肛䗛属 *Entoria*

249. 短肛䗛属 *Ramulus* Saussure, 1862

Ramulus Saussure, 1862: 471. Type species: *Bacillus humberti* Saussure, 1862.
Clitumnus Stål, 1875b: 9. Type species: *Phasma nematodes* De Haan, 1842.
Paraclitumnus Brunner von Wattenwyl, 1893: 91. Type species: *Paraclitumnus lineatus* Brunner von Wattenwyl, 1893.
Dubreuilia Brunner von Wattenwyl, 1907: 208. Type species: *Paraclitumnus lineatus* Brunner von Wattenwyl, 1893.

主要特征：体细枝状。头部球形或卵形，复眼间无或具成对的刺状突起。触角较前足股节短，21-24节。胸部光滑，中节不及后胸背板长的1/3。雄性足极细长，雌性则较短。雌性前足股节背面具细齿，中后足股节背面具中脊，跗基节长于其余节之和。雄性腹端稍膨大，臀节深裂，裂叶呈环抱状；尾须极短；下生殖板不达腹端。雌性臀板侧扁，屋脊状，端部常凹入；肛上板微小或缺如；下生殖板延长成舟形，侧扁。

分布：主要分布于东洋区。世界已知165种，中国记录80种，浙江分布7种。

分种检索表

1. 雄性 ·· 2
- 雌性 ·· 5
2. 触角第1节于明显短于第3节；头部复眼之间无突起；复眼后方无暗黑色纵条纹；足橙黄色，股节端部和胫节暗黑色 ·· 平利短肛䗛 *R. pingliense*
- 触角第1节约等长第3节 ··· 3
3. 体较大（体长80 mm以上） ··· 武夷山短肛䗛 *R. wuyishanense*
- 体较小（体长80 mm以下） ··· 4
4. 下生殖板端部具浅凹 ··· 天目山短肛䗛 *R. tianmushanense*
- 下生殖板端部尖形 ··· 小角短肛䗛 *R. brachycerus*
5. 前足股节背缘无刺 ··· 6
- 前足股节背缘具刺 ··· 9
6. 前足股节外腹缘无刺 ·· 7
- 前足股节外腹缘具3-4个钝齿 ·· 8
7. 头部复眼间无突起 ··· 天目山短肛䗛 *R. tianmushanense*
- 头部复眼间具突起 ··· 疏齿短肛䗛 *R. sparsidentatus*
8. 头部复眼间具1对刺突 ·· 小角短肛䗛 *R. brachycerus*
- 头部复眼间无刺或具1对小结节 ··· 天台短肛䗛 *R. tiantaiensis*
9. 肛上板和尾须较长，明显超过臀节端部 ··· 显尾短肛䗛 *R. apicalis*

- 肛上板和尾须较短，不超过臀节端部 ··· 10
10. 头部复眼间无突起 ·· 平利短肛䗛 *R. pingliense*
- 头部复眼间具刺突 ··· 疏齿短肛䗛 *R. sparsidentatus*

（514）天目山短肛䗛 *Ramulus tianmushanense* (Chen *et* He, 1995)（图 17-1）

Baculum tianmushanense Chen *et* He, 1995a: 220, figs. 1–3.
Ramulus tianmushanense: Otte & Brock, 2005: 307.

主要特征：雌性体完全绿色。头部延长，复眼间无突起。触角 22–23 节，第 1 节较宽扁，长于第 2–3 节之和，第 3 节约为第 2 节长的 2 倍。中胸背板长于中足股节。前足股节背缘和腹缘均无锯齿，后足胫节背缘和腹缘各具 1–4 个小刺。臀节略微长于第 9 腹节背板，端部具三角形缺刻（图 17-1D）。尾须稍短小，较直（图 17-1E）。下生殖板舟形，端部钝，腹面端半部具 1 条纵脊。

雄性体细长，绿褐色，头部和前胸背板背面具较宽的暗褐色纵带，复眼之后具 1 条暗黑色纵条纹，延伸至第 9 腹节。头光滑，略长于前胸背板，向后稍趋狭，后头具 3 条纵沟。触角短于前足股节，21 节，第 1 节约等长于第 3 节。前胸背板长方形，具十字形的沟。中后胸背板具横皱褶和中隆线。中后足股节端部腹面中脊具 2–3 个小齿。臀节略微长于第 9 腹节背板，端部开裂，裂叶内侧具细齿（图 17-1A）。尾须较短，圆柱形（图 17-1B）。下生殖板具中隆线，端部具浅凹（图 17-1C）。

测量（mm）：体长♂ 62.0–75.0，♀ 62.0–95.0；中胸背板♂ 12.0–16.0，♀ 13.0–20.0；前足股节♂ 27.0–32.0，♀ 22.0–32.0；中足股节♂ 20.0，♀ 14.0–15.0；后足股节♂ 24.0–25.0，♀ 16.0–18.0。

分布：浙江（湖州、杭州）、安徽。

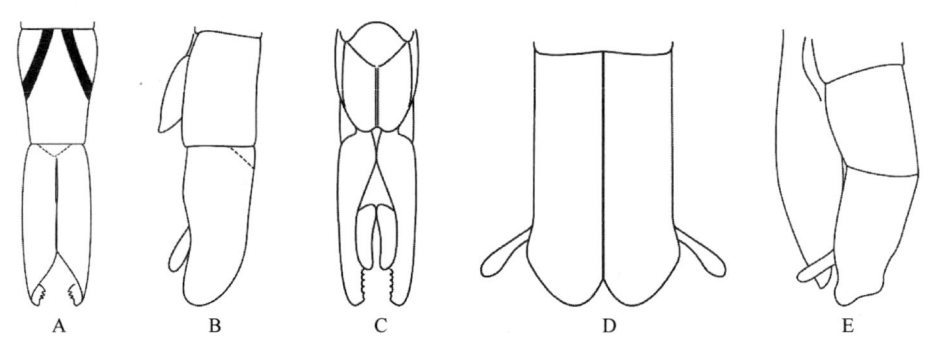

图 17-1 天目山短肛䗛 *Ramulus tianmushanense* (Chen *et* He, 1995)
A. ♂腹部末端背面观；B. ♂腹部末端侧面观；C. ♂腹部末端腹面观；D. ♀腹部末端背面观；E. ♀腹部末端侧面观

（515）疏齿短肛䗛 *Ramulus sparsidentatus* (Chen *et* He, 1992)（图 17-2）

Baculum sparsidentatum Chen *et* He, 1992: 46.
Ramulus sparsidentatus: Otte & Brock, 2005: 307.

主要特征：雌性头部宽卵圆形，复眼之间具 1 对短的钝角形突起。触角约为前足股节长的 1/3，第 1 节较宽扁，长为宽的 2 倍。前胸背板短于头部，中央具十字形沟。中胸背板约等长于中足股节，后胸背板短于中胸背板，中节长宽约相等。前足股节背缘和腹缘均无锯齿，中后足股节腹缘近端部各具数枚细齿。臀节略长于第 9 腹节背板，屋脊状，后缘中央凹入。肛上板短，端部弧形（图 17-2A）。尾须稍短小，较直。下生殖板舟形，腹面近端部具纵隆线（图 17-2B）。

雄性未知。

测量（mm）：体长♀ 92.0；中胸背板♀ 19.0；后胸背板（含中节）♀ 15.0；前足股节♀ 25.5；中足股节

♀ 16.0；后足股节♀ 24.5。

分布：浙江（丽水）、湖南。

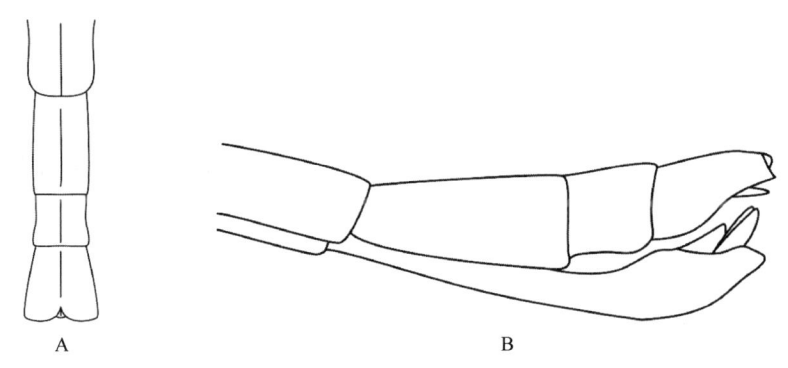

图 17-2 疏齿短肛䗛 *Ramulus sparsidentatus* (Chen et He, 1992)
A. ♀腹部末端背面观；B. ♀腹部末端侧面观

（516）**小角短肛䗛** ***Ramulus brachycerus*** **(Chen *et* He, 1995)**（图 17-3）

Baculum brachycerum Chen et He, 1995a: 221.
Ramulus brachycerus: Otte & Brock, 2005: 300.

主要特征：雌性体细枝状，黄褐色或暗褐色杂暗黑色细点，复眼间具 1 对黑褐色斑。头部复眼之间具 2 个刺（图 17-3A）。触角 21–23 节，第 1 节较宽扁，长于第 2–3 节之和，第 3 节约为第 2 节长的 1.5 倍。前足股节背缘无齿，腹面外隆线具 3–5 个齿，中足和后足股节腹面中隆线具 2–3 个小齿，后足胫节仅背缘具 2–3 个小刺。臀节略长于第 9 腹节，端部具浅凹缘，肛上板极小（图 17-3B）。尾须短小，稍内弯。下生殖板舟形，端部钝，具纵脊。

雄性体褐色，胸部两侧黄色，腹端黄褐色。头部略长于前胸背板，向后稍趋狭，复眼之间具 2 个刺，后头具 3 条纵沟。触角短于前足股节，22 节，第 1 节约等长于第 3 节。前胸背板长方形，具十字形的沟。中后胸背板具横皱褶和中隆线，中胸背板长于中足股节。前足股节背缘无齿，腹面外缘具 4–5 个齿。中后足股节端部腹面中脊具 5–6 个小齿。臀节略微长于第 9 腹节背板，端部开裂（图 17-3D），裂叶较狭长。尾须甚短小（图 17-3E）。下生殖板端部尖锐。

测量（mm）：体长♂ 67.0，♀ 80.0–90.0；中胸背板♂ 13.0，♀ 17.0–19.0；后胸背板♂ 11.0，♀ 13.5–16.0；前足股节♂ 34.0，♀ 24.0–26.0；中足股节♂ 20.0，♀ 15.0–19.5；后足股节♂ 27.0，♀ 18.5–22.0。

分布：浙江（杭州、丽水）、安徽、湖北。

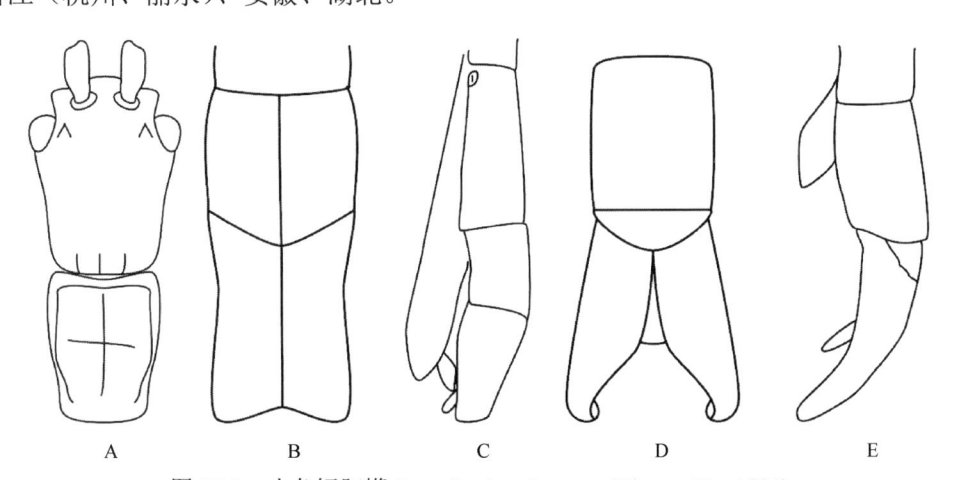

图 17-3 小角短肛䗛 *Ramulus brachycerus* (Chen et He, 1995)
A. ♀头部和前胸背板背面观；B. ♀腹部末端背面观；C. ♀腹部末端侧面观；D. ♂腹部末端背面观；E. ♂腹部末端侧面观

(517) 天台短肛䗛 *Ramulus tiantaiensis* (Zhou, 1997)（图 17-4）

Baculum tiantaiensis Zhou, 1997: 6.
Ramulus tiantaiensis: Otte & Brock, 2005: 307.

主要特征：雌性体细枝状，黄褐色或暗褐色杂暗黑色细点，复眼间具 1 对不明显的结节和 1 条暗色横线。头部复眼之间无突起或具 2 个不明显的小结节（图 17-4A）。触角 23 节，第 1 节较宽扁，长于第 2–3 节之和，第 3 节约等长于第 2 节。中胸背板几乎不长于中足股节。前足股节背缘无齿，腹面外隆线具 3–5 个齿，中足和后足股节腹面中隆线具 2–3 个小齿，后足胫节仅背缘具 2–3 个小刺。臀节略长于第 9 腹节，端部具浅凹缘，肛上板较小（图 17-4B）。尾须短小，较直（图 17-4C）。下生殖板舟形，端部钝，具纵脊。

测量（mm）：体长♀ 88.0–90.0；中胸背板♀ 18.0–19.0；后胸背板♀ 15.9–16.0；前足股节♀ 28.0–30.0；中足股节♀ 17.0–18.0；后足股节♀ 22.0–23.0。

分布：浙江（宁波、台州）。

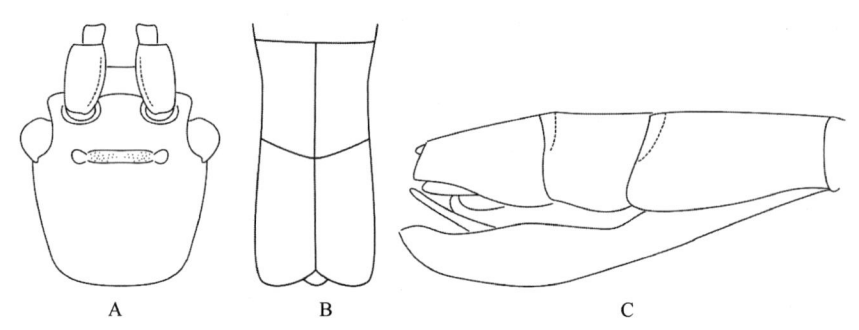

图 17-4　天台短肛䗛 *Ramulus tiantaiensis* (Zhou, 1997)
A. ♀头部背面观；B. ♀腹部末端背面观；C. ♀腹部末端侧面观

(518) 武夷山短肛䗛 *Ramulus wuyishanense* (Chen, 1999)（图 17-5）

Baculum wuyishanense Chen in Cai & Chen, 1999: 72.
Ramulus wuyishanense: Otte & Brock, 2005: 308.
Baculum platycercatum Chen *et* He, 2008: 231. Syn. n.

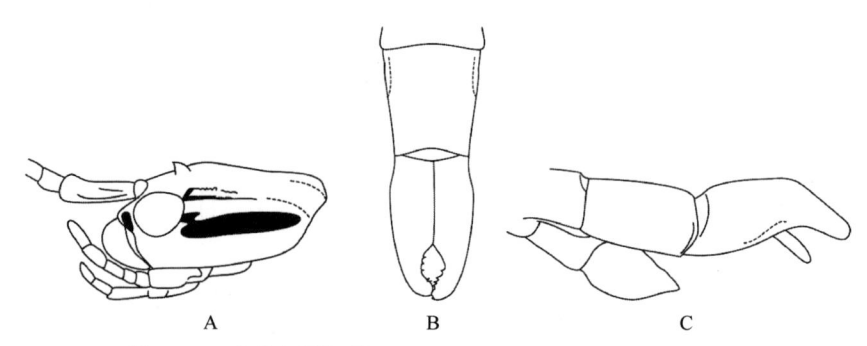

图 17-5　武夷山短肛䗛 *Ramulus wuyishanense* (Chen, 1999)
A. ♂头部侧面观；B. ♂腹部末端背面观；C. ♂腹部末端侧面观

主要特征：雄性体细长，褐色，复眼后方各具 2 条粗细不等的黑色条纹，中胸背板端部和腹部第 8–9 节背板后半部淡黄色。头部略长于前胸背板，向后稍趋狭，复眼之间具有 1 对小刺（图 17-5A）。触角短于前足股节，24 节，第 1 节约等长于第 3 节，具纵脊，第 3 节略短于基部两节之和。前胸背板长方形，具十字形的沟。中后胸背板具横皱褶和中隆线。中后足股节端部腹面中隆线具 3–5 个小齿。腹部圆筒形，臀节稍长于第 9 腹节背板，端部开裂成两叶，裂叶端半部微下弯，钝形，内侧具细齿（图 17-5B）。尾须短，圆柱形，较直（图 17-5C）。下生殖板兜形，具中隆线，端部略尖。

测量（mm）：体长♂ 85.0–110，中胸背板♂ 19.0–22.0，后胸背板♂ 16.5–18.5，前足股节♂ 37.0–43.0，中足股节♂ 23.0–29.0，后足股节♂ 31.0–36.0。

分布：浙江（丽水、温州）、福建。

注：产于浙江泰顺的扁尾短肛䗛 *Baculum platycercatum* Chen et He, 2008 是武夷山短肛䗛 *Ramulus wuyishanense* (Chen, 1999)的异名，从体形大小和颜色及尾须形状推测其可能是若虫。

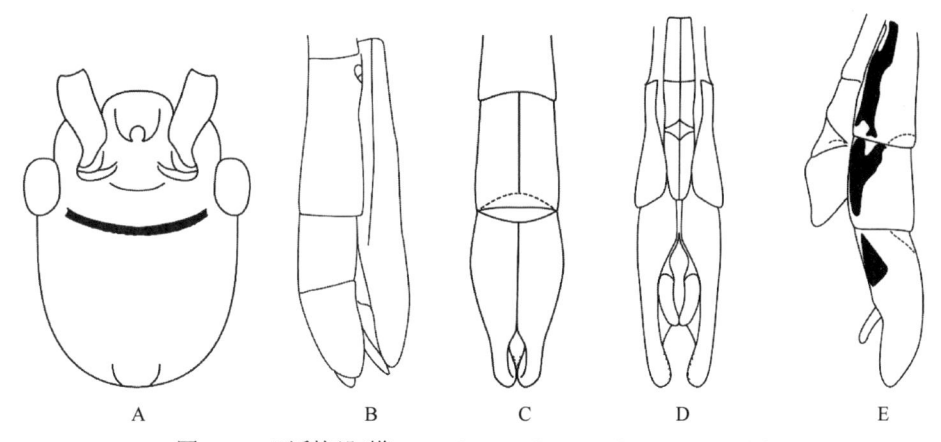

（519）平利短肛䗛 *Ramulus pingliense* (Chen et He, 1991)（图 17-6）

Baculum pingliense Chen et He, 1991a: 232.

Ramulus pingliense: Chen, 1994: 38.

Baculum inermum Bi in Bi et al., 1993: 69, fig. 4. Syn. n.

Entoria gracilis Bi, 1993: 36, fig. 3. Syn. n.

Ramulus inermus Otte et Brock, 2005: 303.

Baculum jigongshanense Chen et He, 2001: 119 (nec Chen et Li, 1999).

图 17-6 平利短肛䗛 *Ramulus pingliense* (Chen et He, 1991)
A. ♀头部背面观；B. ♀腹部末端侧面观；C. ♂腹部末端背面观；D. ♂腹部末端腹面观；E. ♂腹部末端侧面观

主要特征：雌性体光滑，褐绿色，头部暗色，复眼之间具 1 条黑色横条纹，条纹前部稍变淡。头部椭圆形，复眼之间无突起（图 17-6A），后头稍隆起；触角短于前足股节，23 节；第 1 节较宽扁，背面具弱的中隆线；第 3 节约为第 2 节长的 2 倍。前胸背板短于头部，背面具十字形沟；后胸背板稍短于中胸背板，中节长宽相等。前足股节背缘具 6–8 个齿，腹面外缘具 3–5 个齿。中足和后足股节腹面内外缘近基部具 1 个齿或刺，中隆线端部具 6–7 个小齿，中足胫节背面外隆线近基部具 1 齿或刺。臀节长于第 9 腹节，后缘呈三角形内凹。肛上板呈三角形，超过臀节端部。尾须短，圆锥形。下生殖板舟形，端部较钝（图 17-6B）。

雄性体细长，黄褐色，两侧具淡黄色纵条纹，足橙黄色，股节端部和胫节暗黑色。头光滑，略长于前胸背板，向后稍趋狭。触角短于前足股节，22 节，第 1 节明显短于第 3 节，长约为宽的 2 倍，第 3 节约等长于第 1–2 节之和。前胸背板长方形，具十字形的沟。中后胸背板具横皱褶和中隆线。中后足股节端部腹面中隆线具 3–5 个小齿。臀节稍长于第 9 腹节背板，端部开裂，裂叶端部微下弯，钝形，内侧具细齿（图 17-6C、D）。尾须甚短，圆柱形，端部钝（图 17-6E）。下生殖板舟形，具中隆线，端部狭圆。

卵近长方形，表面凹凸不平，顶盖平，卵孔桃形。黑褐色散布淡色小斑。

测量（mm）：体长♂ 78.0–104.0，♀ 96.0–130.0；中胸背板♂ 16.0–23.0，♀ 19.0–27.0；后胸背板♂ 14.0–19.0，♀ 16.5–21.0；前足股节♂ 35.0–40.0，♀ 28.0–36.0；中足股节♂ 24.0–28.0，♀ 20.0–27.0；后足股节♂ 28.0–33.0，♀ 24.0–31.0。

分布：浙江（杭州、衢州）、陕西、湖南、福建、广东、广西、重庆、四川、贵州。

注：无锥短肛䗛 *Baculum inermum* Bi, 1993 的模式标本是雌性，产地为重庆黔江，瘦长肛䗛 *Entoria gracilis* Bi, 1993 的模式标本是雄性，产地福建龙栖山，这两个种除个体大小外，形态特征基本相同，实为同一物种，均为平利短肛䗛 *Ramulus pingliense* (Chen *et* He, 1991)的同物异名。

（520）显尾短肛䗛 *Ramulus apicalis* (Chen *et* He, 1994)（图 17-7）

Baculum apicalis Chen *et* He, 1994: 196.
Ramulus apicalis: Otte & Brock, 2005: 300.
Paraclitumnus apicalis: Chen & He, 2008: 222.

主要特征：雌性体黄绿色，被细颗粒和疏毛。头长于前胸背板；复眼之间无突起；触角短于前足股节，21 节，第 1 节较宽扁，长约为宽的 2 倍，边缘具细毛，背面具中隆线，第 3 节约等长于第 2 节（图 17-7A）。前胸背板长大于宽，背面具十字形沟。中胸长于后胸和中节之和，背面具明显中隆线，中节长宽约相等，约为后胸长的 1/5，无中隆线。足被细毛，前足股节背缘具 6–8 个小刺，中后足股节腹面中隆线非强隆起，具少量小齿。腹部长于头胸之和，臀节长于第 9 腹节，具中隆线，端部具三角形凹口。肛上板明显超过臀节端部，尖形，具中隆线（图 17-7B）。尾须细长，长于臀节，渐尖。下生殖板狭长，舟形，端部略尖，到达臀节中部之后，产卵瓣外露（图 17-7C）。

测量（mm）：体长♀ 86.0–87.0；中胸背板♀ 19.0–19.5；后胸背板♀ 15.0–15.2；前足股节♀ 32.0；中足股节♀ 17.0；后足股节♀ 23.0。

分布：浙江（湖州、杭州）、广西。

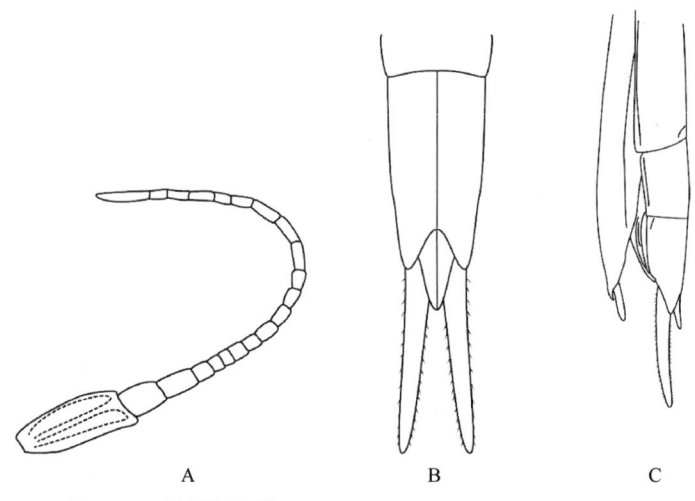

图 17-7　显尾短肛䗛 *Ramulus apicalis* (Chen *et* He, 1994)
A. ♀触角背面观；B. ♀腹部末端背面观；C. ♀腹部末端侧面观

250. 长肛䗛属 *Entoria* Stål, 1875

Entoria Stål, 1875b: 15, 72. Type species: *Entoria denticornis* Stål, 1875.
Baculum Kirby, 1904: 327. Type species:..*acillus ramosum* Saussure, 1861.

主要特征：这个属与短肛䗛属 *Ramulus* Saussure, 1862 十分相似，雄性无明显区别，但雌性肛上板强延长，与下生殖板形成鸟喙状可与其进行区别。

分布：东洋区。世界已知 33 种，中国记录 27 种，浙江分布 2 种。

（521）福州长肛䗛 *Entoria fuzhouensis* Cai *et* Liu, 1990（图17-8）

Entoria fuzhouensis Cai *et* Liu, 1990: 419.

主要特征：雌性头部复眼之间具1对刺状突起。触角26节，伸达前足股节中部。前足股节背缘呈锯齿状，中足股节背面近基部具1个叶状齿，腹面具1对叶状齿；中足和后足胫节背缘近基部具1个叶状齿，腹缘具2个刺。臀节长于第9腹节，端部具凹口。肛上板延长，到达下生殖板端部。尾须短，矛形。下生殖板狭长，端半部多皱。体褐色杂黑色斑纹。

雄性头部长卵形，复眼之间无刺。触角短，24节，第1节短于第3节。前胸背板略短于头部，具十字形沟。中胸背板短于后胸背板（含中节）。前足股节具隆线，基部弯曲。中后足股节端部腹面中隆脊具3个小齿。臀节几乎不长于第9腹节，端部开裂成两叶，内侧具细齿。尾须圆柱形，端部钝。下生殖板端部尖形，具中隆线。

体淡绿褐色，杂褐色斑。中胸和后胸背板背面具黑色。

测量（mm）：体长♂88.0，♀119.0；中胸背板♂19.0，♀19.0–21.0；后胸背板（包括中节）♂17.0，♀16.0；前足股节♂40.0，♀33.0–36.0；中足股节♂26.0，♀22.0–25.0；后足股节♂32.0，♀29.0–31.0。

分布：浙江（宁波）、福建。

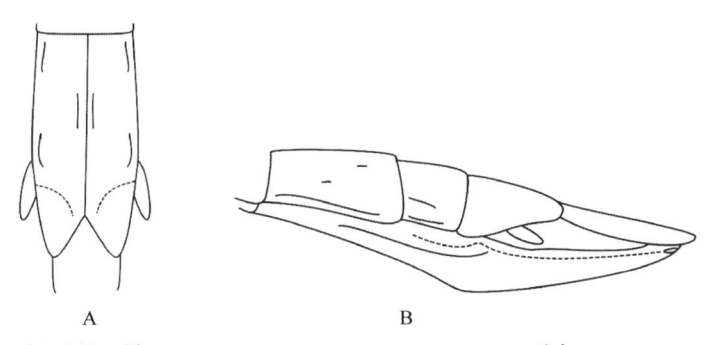

图17-8 福州长肛䗛 *Entoria fuzhouensis* Cai *et* Liu, 1990（引自 Cai and Liu，1990）
A. ♀腹部末端背面观；B. ♀腹部末端侧面观

（522）武夷长肛䗛 *Entoria wuyiensis* Cai *et* Liu, 1990（图17-9）

Entoria wuyiensis Cai *et* Liu, 1990: 419.
Entoria humilis Bi, 1993: 37. Syn. n.
Entoria baishanzuensis Chen *et* He, 1995b: 63. Syn. n.

主要特征：体褐色至黑褐色。头部和前胸背板黄色，背面具暗色纵纹，中胸背板两侧具黄线，延伸至腹端。足黄褐色，股节端部稍变暗。

雌性体杆状，被短毛和稀疏的颗粒。头部在复眼之间具1对圆叶状突起。触角短，25节，第1节约等长于第3节。前足股节背缘和腹缘呈锯齿状，中足股节背面具2个叶状齿，中足股节和胫节腹面近基部各具1对叶状齿。臀节长于第9腹节，端部具三角形凹口（图17-9A）。肛上板延长，到达或微超过下生殖板端部（图17-9B）。尾须短，端部略向上弯。下生殖板狭长。体暗褐色杂不规则的黑斑。

雄性头部长卵形，复眼之间无突起。触角短，24节，第1节约等长于第3节。前胸背板略短于头部，具十字形沟。中胸背板短于后胸背板（含中节）。前足股节具隆线，基部弯曲。中后足股节端部腹面中隆脊具3–5个小齿。臀节几乎等长于第9腹节，端部开裂成两叶，内侧具细齿（图17-9C、D）。尾须圆柱形，端部钝（图17-9E）。下生殖板端部狭圆，具中隆线。

测量（mm）：体长♂70.0–75.0，♀108.0–114.0；中胸背板♂16.0–17.0.0，♀18.8–19.0；后胸背板（包

括中节）♂ 13.0–13.5，♀ 16.0–17.0；前足股节♂ 34.0，♀ 32.0；中足股节♂ 22.0，♀ 21.5；后足股节♂ 26.0，♀ 27.0。

分布：浙江（丽水）、福建。

注：武夷长肛䗛 *Entoria wuyiensis* Cai et Liu, 1990 的模式产地为福建武夷山，小长肛䗛 *Entoria humilis* Bi, 1993 的模式产地为福建龙栖山，百山祖长肛䗛 *Entoria baishanzuensis* Chen et He, 1995 的模式产地为浙江庆元百山祖。根据这 3 个种模式产地的标本比对结果，应是同一物种。小长肛䗛 *Entoria humilis* Bi, 1993 和百山祖长肛䗛 *Entoria baishanzuensis* Chen et He, 1995 均为武夷长肛䗛 *Entoria wuyiensis* Cai et Liu, 1990 的同物异名。

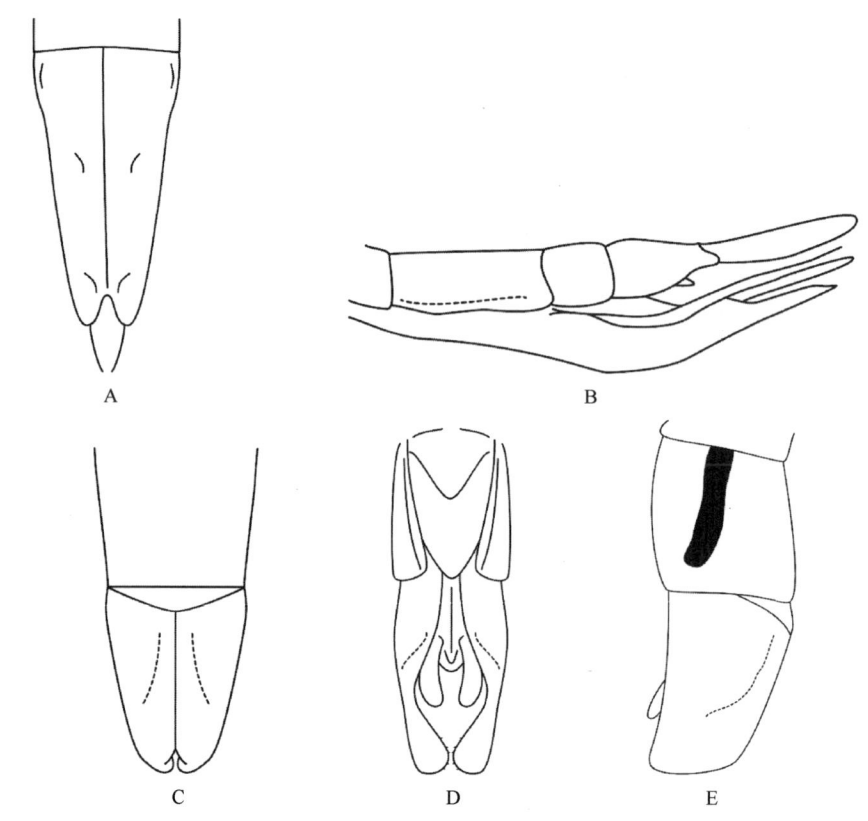

图 17-9　武夷长肛䗛 *Entoria wuyiensis* Cai et Liu, 1990
A. ♀腹端背面观；B. ♀腹部末端侧面观；C. ♂腹部末端背面观；D. ♂腹部末端腹面观；E. ♂腹部末端侧面观

251. 喙尾䗛属 *Rhamphophasma* Brunner von Wattenwyl, 1893

Rhamphophasma Brunner von Wattenwyl, 1893: 92. Type species: *Rhamphophasma modestum* Brunner von Wattenwyl, 1893.

主要特征：体细枝状。头部延长，前部和后部约等宽，复眼间无或具成对的结节状突起。触角较前足股节短。胸部光滑，中节不及后胸背板长的 1/3。前足股节基部弯曲和侧扁，中后足股节背面具中脊，跗基节长于其余节之和。雄性腹端稍膨大，臀节深裂，裂叶呈环抱状；尾须极短和弯曲；下生殖板不达腹端。雌性臀板延长，端部具凹缘；肛上板缺如；下生殖板侧扁，渐尖，略超过臀板。

分布：古北区、东洋区。世界已知 9 种，中国记录 6 种，浙江分布 1 种。

（523）喙尾䗛 *Rhamphophasma modestum* Brunner von Wattenwyl, 1893（图 17-10）

Rhamphophasma modestum Brunner von Wattenwyl, 1893: 93.

主要特征：雌性体中等，杆状。头卵形，后头稍隆起，复眼间无突起。触角短于前足股节，分节明显。前胸背板长方形，中央具十字形沟。中胸长于后胸，表面光滑，中节不及后胸背板长的 1/3。前足股节基部弯曲和侧扁，中后足股节腹面中脊端部具 3–4 个小齿。腹部圆柱形，第 8 腹节背板约为第 9 节长的 2 倍，臀节长于第 8 节，端部截形或微凹（图 17-10A）。尾须极短，几乎不外露。下生殖板长矛形，超过臀板端部（图 17-10B）。

雄性体较小。头部稍短，复眼间具 1 对小瘤。腹部末端 3 节稍膨大，臀节屋脊状，端部开裂成两叶，裂叶内侧具小齿。尾须极短，略弯曲。下生殖板兜形。

测量（mm）：体长♂42.0，♀75–109；中胸背板♂9.5，♀13.0–17.0；后胸背板（包括中节）♂7.0，♀10.5–14.0；前足股节♂20.0，♀29.0；中足股节♂12.5，19.0–21.5；后足股节♂16.0，♀16.0–25.0。

分布：浙江（丽水）、湖南、四川、贵州；缅甸。

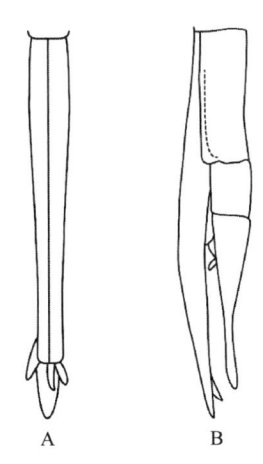

图 17-10 喙尾䗛 *Rhamphophasma modestum* Brunner von Wattenwyl, 1893
A. ♀腹端背面观；B. ♀腹部末端侧面观

七十七、长角棒䗛科 Lonchodidae

主要特征：完全无翅或具翅。触角长于前足股节，丝状，分节不明显。胸中节长于或等于后胸背板，或明显长大于宽。足较光滑，中后足股节偶尔具叶或齿。

分布：世界广布。世界已知 156 属 1170 余种，中国记录 38 属约 200 种，浙江分布 9 属 22 种，其中包括 1 新种。

（一）长角棒䗛亚科 Lonchodinae

主要特征：完全无翅。触角极长，远超过前足股节端部，分节不明显。胸中节远短于后胸背板，通常不及后胸的 1/3。足少刺或片状扩大或具叶。雄性臀节呈屋脊状，侧扁，端部开裂成两叶。雌性臀节较平，常具肛上板，下生殖板舟形，具中隆线。

分布：世界广布。世界已知 53 属 380 余种，中国记录 5 属 56 种，浙江分布 1 属 7 种。

252. 皮䗛属 *Phraortes* Stål, 1875

Phraortes Stål, 1875b: 64. Type species: *Phasma elongata* Thunberg, 1815.

主要特征：体较光滑。头部延长，雌性后头非瘤状隆起，复眼间具或无成对的刺状突起。触角较前足股节长。中节不及后胸背板长的 1/3。中后足股节端部腹面中隆线片状隆起和具小齿，跗基节长于其余节之和。雄性腹端稍膨大，臀节深裂成两叶，下生殖板拱形。雌性下生殖板延长成舟形，侧扁。

分布：东洋区北部。世界已知 41 种，中国记录 35 种，浙江分布 7 种。

分种检索表

1. 雄性尾须圆柱形，端部钝圆；雌性前足跗基节背缘几乎不隆起 ·· 2
- 雄性尾须非圆柱形；雌性前足跗基节背缘明显隆起 ··· 5
2. 雄性前胸背板具暗黑色中线，延伸至第 6 腹节；雄性下生殖板端部具凹缘；雌性第 7 腹板端部具侧扁的中脊 ·· 粗皮䗛 *P. confucius*
- 雄性前胸背板无暗黑色中线；雄性下生殖板端部截形 ··· 3
3. 雌雄两性胸部具明显的颗粒；雄性尾须角形弯曲 ·· 颗粒皮䗛 *P. granulatus*
- 雌雄两性胸部较光滑；雄性尾须弧形弯曲 ·· 4
4. 雄性各足股节端部不变暗；雌性尾须明显超过臀节端部 ·· 莫干山皮䗛 *P. moganshanensis*
- 雄性各足股节端部明显变暗色；雌性尾须几乎不超过臀节端部 ··· 中华皮䗛 *P. chinensis*
5. 雄性体两侧具暗黑色纵线；雌性下生殖板无突出的隆脊 ·· 双色皮䗛 *P. bicolor*
- 雄性体两侧无暗色纵线；雌性下生殖板具突出的隆脊 ··· 6
6. 雄性第 8–9 腹节背板及臀板两侧各具 1 对白斑；雄性尾须中部之前不狭缩 ··························· 台湾皮䗛 *P. formosanus*
- 雄性第 8–9 腹节背板及臀板两侧各具 2 对白斑；雄性尾须中部之前明显狭 ·················· 弯尾皮䗛 *P. curvicaudatus*

（524）粗皮䗛 *Phraortes confucius* (Westwood, 1859)（图 17-11）

Lonchodes confucius Westwood, 1859: 46.

Phraortes confucius: Xu, 2006: 62.

Phraortes nigricarinatus Chen et He, 1995b: 66. Syn. n.

主要特征：雄性体淡黄褐色或褐色，前胸背板具 1 条暗黑色中线，延伸至第 6 腹节，中后胸两侧具不明显的暗黑色纵带。头部长卵形，向后略趋狭，背面具中纵沟，后头具 4 个小瘤（图 17-11A）。触角长于前足股节，分节不明显。中胸和后胸背板具细颗粒与中隆线，胸中节长宽几乎相等。足较细长，前足股节端部腹面中脊具 2 个小齿，中后足股节腹面端部中脊两侧具 1-2 个小齿。臀节延长，端部开裂成两叶，裂叶向端部趋狭，内侧具细齿；尾须弧形内弯，圆柱形；下生殖板具中脊，端部具凹缘形成两叶（图 17-11B–D）。

雌性带绿色。后头具沟，但无瘤，复眼间具 2 小刺（图 17-11E）。胸中节不及后胸背板长的 1/4。中后足股节腹面近端部具齿状叶，前足跗节背脊较长。第 7 腹板端部具侧扁的中脊，臀节端部具三角形凹缺（图 17-11F），尾须短小，下生殖板舟形，侧观端部强突出（图 17-11G）。

测量（mm）：体长♂ 66.0–86.0，♀ 90.0–101.0；中胸背板♂ 16.0–21.0，♀ 19.0–22.0；后胸背板（包括中节）♂ 13.0–15.0，♀ 15.0–18.5；前足股节♂ 19.0–20.5，♀ 20.0–22.0；中足股节♂ 14.0–16.0，♀ 14.0–16.5；后足股节♂ 17.0–18.5，♀ 17.0–19.0。

分布：浙江（丽水）、河南、江苏。

注：模式产地为浙江百山祖的黑脊皮䗛*Phraortes nigricarinatus* Chen *et* He, 1995 的特征与粗皮䗛*Phraortes confucius* (Westwood, 1859)完全一致，为后者的同物异名。

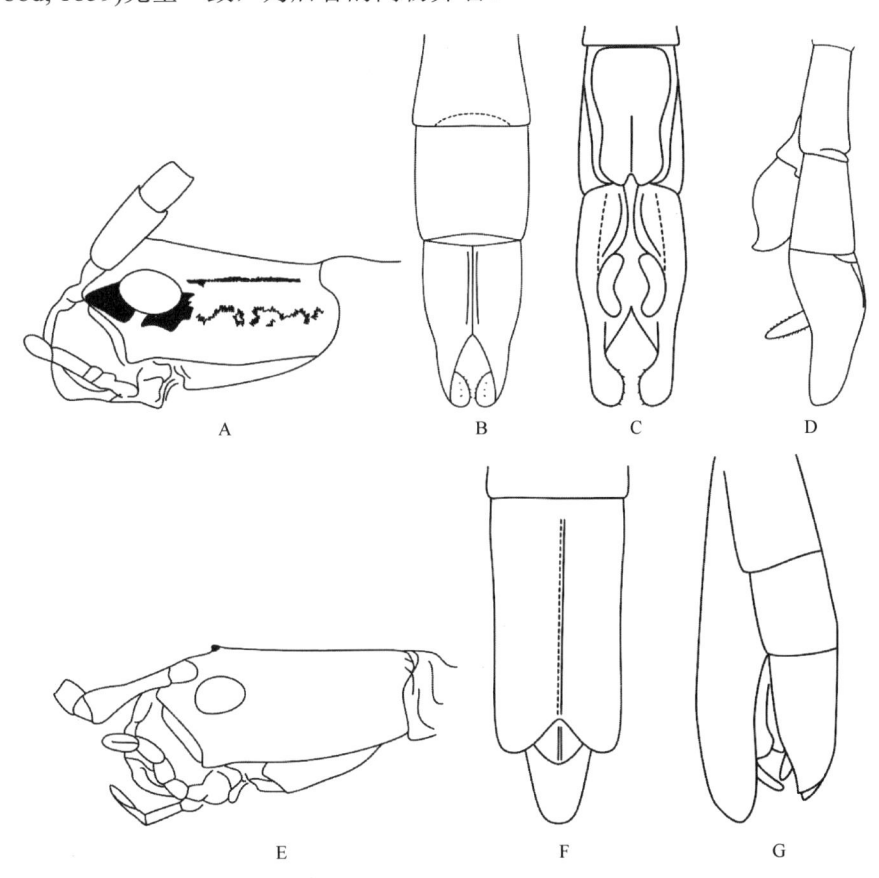

图 17-11 粗皮䗛 *Phraortes confucius* (Westwood, 1859)
A. ♂头部侧面观；B. ♂腹端背面观；C. ♂腹端腹面观；D. ♂腹端侧面观；E. ♀头部侧面观；F. ♀腹端背面观；G. ♀腹端侧面观

（525）中华皮䗛 *Phraortes chinensis* (Brunner von Wattenwyl, 1907)（图 17-12）

Lonchodes chinensis Brunner von Wattenwyl, 1907: 259.

Phraortes chinensis: Hennemann et al., 2008: 22.

Phraortes bilineatus Chen *et* He, 1991b: 20. Syn. n.

Dixippus bilineatus Chen *et* He, 2001: 117.

Lonchodes confucius Chen *et* He, 2008: 97 (nec Westwood, 1859).

主要特征：雄性体绿色，复眼后方具白色纵条纹，胸部两侧具橙色，第 8、9 腹节背板后侧角各具 1 个白斑，股节和胫节端部有时具暗黑色。头部近长方形，背面无突起，触角长于前足股节。中胸和后胸具细颗粒与中隆线。前足股节端部腹面具 1–2 个小齿，中后足股节端部腹面中隆脊多齿。中后足胫节基部腹面具光滑的隆脊。腹端微膨大，臀节深裂为两叶，裂叶端部钝，内侧具细齿（图 17-12A）。尾须圆柱形，微内弯，端部钝圆（图 17-12B）。下生殖板端部平截形，具中隆线（图 17-12C）。

雌性体黄褐色或暗褐色，复眼后方具白色纵条纹。头顶缺或具 1 对短的刺突（图 17-12D）。前足跗基节背缘适度隆起（图 17-12E）。雌性第 7 腹板端部具钝的突起，臀节端部呈弧形内凹，裂叶三角形。肛上板半圆形，超过臀节端部，具中脊。尾须较直，侧扁。下生殖板延长，舟形。

测量（mm）：体长♂75.0–88.0；♀78.0–97.0；中胸背板♂19.0，♀22.0；后胸背板（包括中节）♂14.0–14.5，♀17.0；前足股节♂22.0–25.0，♀23.0；中足股节♂17.0，♀16.0–18.5；后足股节♂21.0，♀19.0–22.0。

分布：浙江（杭州、宁波、衢州、丽水、温州）、河南、安徽、湖北、江西。

注：模式产地为浙江天目山的双线皮䗛 Phraortes bilineatus Chen et He, 1991 的特征与江西庐山的中华皮䗛 Phraortes chinensis (Brunner von Wattenwyl, 1907) 完全一致，为后者的同物异名。

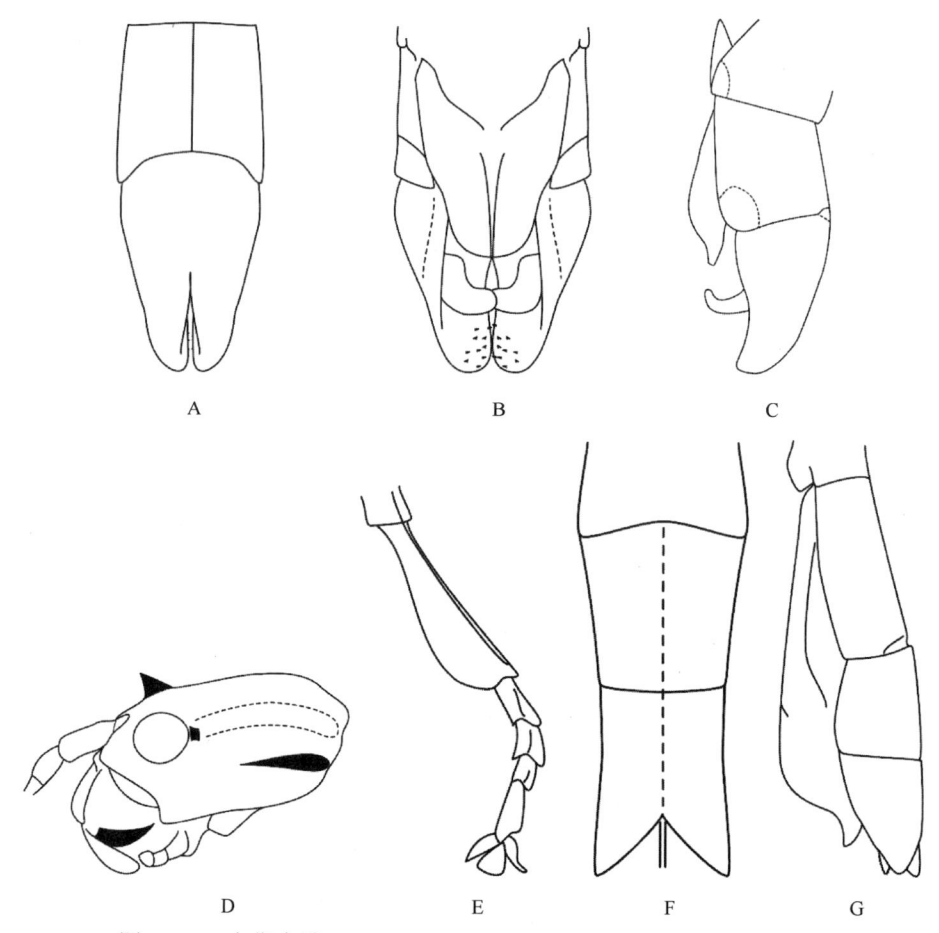

图 17-12　中华皮䗛 Phraortes chinensis (Brunner von Wattenwyl, 1907)
A. ♂腹端背面观；B. ♂腹端腹面观；C. ♂腹端侧面观；D. ♀头部侧面观；E. ♀前足跗节；F. ♀腹端背面观；G. ♀腹端侧面观

（526）莫干山皮䗛 *Phraortes moganshanensis* Chen et He, 1991（图 17-13）

Phraortes moganshanensis Chen et He, 1991b: 18.

主要特征：雄性体绿色，胸部两侧具橙色，第 8–9 腹节背板后侧角无白斑。头部长卵形，背面无突起，触角长于前足股节。中胸和后胸具不明显的细颗粒与中隆线。前足股节端部腹面具 2 个小齿，中后足股节端部腹面中隆脊 2–3 个小齿。中后足胫节基部腹面具光滑的隆脊。腹端几乎不膨大，臀节深裂为两叶，裂叶近乎毗邻，内侧具细齿（图 17-13A）。尾须圆柱形，稍内弯。下生殖板具中隆线，端部平截（图 17-13B）。

雌性体绿色或褐色。头顶复眼之间无刺突（图 17-13C）。前足跗基节背缘不隆起（图 17-13D）。雌性第 7 腹板端部具角形突起。臀节端部呈角形内凹，肛上板长大于宽，超过臀节端部（图 17-13E）。尾须明显超过臀节端部（图 17-13F）。

测量（mm）：体长♂58.0–67.0，♀81.0–97.0；中胸背板♂13.0–14.0，♀16.5–21.0；后胸背板（包括中节）♂9.0–12.0，♀14.0–16.0；前足股节♂19.0，♀17.0–22.0；中足股节♂14.0，♀15.0；后足股节♂18.0，♀18.0。

分布：浙江（湖州、嘉兴、宁波、舟山）。

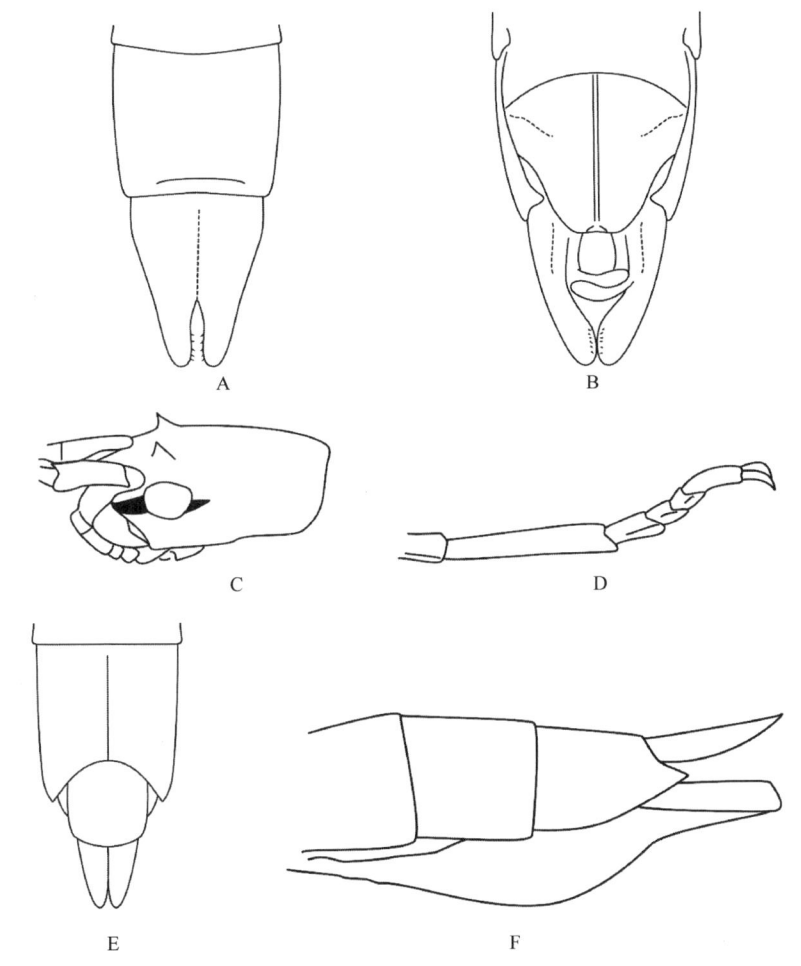

图 17-13 莫干山皮䗛 *Phraortes moganshanensis* Chen et He, 1991
A.♂腹端背面观；B.♂腹端腹面观；C.♀头部侧面观；D.♀前足跗节；E.♀腹端背面观；F.♀腹端侧面观

（527）颗粒皮䗛 *Phraortes granulatus* Chen et He, 1991（图 17-14）

Phraortes granulatus Chen et He, 1991b: 19.
Lonchodes paucigranulatus Xu, 2006: 62. Syn. n.
Dixippus paucigranulatus Chen et Xu in Chen et al., 2008: 65.

主要特征：雄性淡绿褐色，几乎单色。头部延长，触角长于前足股节。胸部具明显的细颗粒和中隆线。前足股节端部腹面具 1–2 个小齿，中后足股节腹面中隆脊端部具 2–3 个小齿。中后足胫节基部腹面具光滑的隆脊。腹端几乎不膨大，臀节深裂为两叶（图 17-14A），裂叶呈延长的三角形，内侧具细齿。尾须圆柱形，呈角形弯曲，端部微膨大（图 17-14B）。下生殖板端部钝，具中隆线（图 17-14C）。

雌性头顶复眼间具成对的小刺突（图 17-14E）。前足跗基节背缘微隆起。雌性第 7 腹板端部具扁平的突起，臀节端部具三角形凹缘，肛上板横宽，不超过臀节端部（图 17-14F），具中脊。尾须较直，侧扁。下生殖板舟形（图 17-14G）。

测量（mm）：体长♂75.0，♀92.0；中胸背板♂16.0，♀22.0；后胸背板（包括中节）♂12.5，♀16.5；前足股节♂17.0，♀23.0；中足股节♂13.0，♀16.5；后足股节♂15.0，♀19.5。

分布：浙江（温州）、江西、湖南、福建、广东。

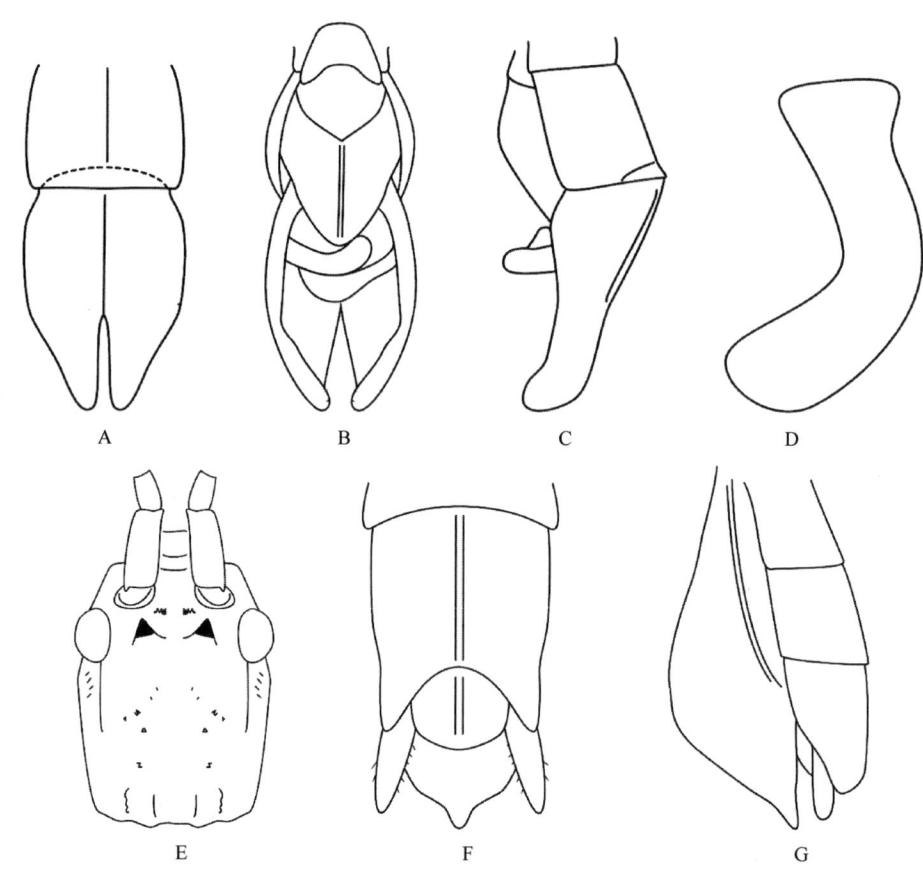

图 17-14　颗粒皮䗛 *Phraortes granulatus* Chen *et* He, 1991
A. ♂腹端背面观；B. ♂腹端腹面观；C. ♂腹端侧面观；D. ♂尾须；E. ♀头部背面观；F. ♀腹端背面观；G. ♀腹端侧面观

（528）双色皮䗛 *Phraortes bicolor* (Brunner von Wattenwyl, 1907)（图 17-15）

Lonchodes bicolor Brunner von Wattenwyl, 1907: 259.
Phraortes bicolor: Huang, 2002: 90.

主要特征：雄性体黄褐色，胸部两侧具黑色纵纹。头部延长，背面无突起，触角长于前足股节。中胸和后胸的颗粒与中隆线较明显。前足股节端部腹面具 1–2 个小齿，中后足股节腹面端部侧脊具 2–3 个小齿。中后足胫节基部腹面具光滑的隆脊。腹端几乎不膨大，臀节深裂为两叶，裂叶呈长三角形，内侧具细齿（图 17-15A）。尾须圆柱形，角形弯曲，端部略尖（图 17-15B）。下生殖板具中隆线，端部圆截形（图 17-15C）。

雌性完全黄绿色。头顶复眼间具刺突。胸部具明显的细颗粒。前足跗基节背缘适度隆起（图 17-15D），中后足股节腹面近端部具三角形叶，上面具小齿。第 7 腹节背板侧缘片状突出（图 17-15E），第 7 腹部具 1 对小突起（图 17-15F）。臀节端部呈三角形内凹，肛上板半圆形，明显超过臀节端部，具中脊。尾须较直，微侧扁。下生殖板舟形。

测量（mm）：体长♂ 63.0–80.0，♀ 90.0–108.0；中胸背板♂ 17.0–18.5，♀ 20.0–25.0；后胸背板（包括中节）♂ 19.0–21.0，♀ 20.0–22.0；前足股节♂ 19.0–21.0，♀ 21.0–23.0；中足股节♂ 15.0–16.5，♀ 16.0–16.5；后足股节♂ 19.0–21.0，♀ 19.0–20.5。

分布：浙江（丽水）、福建、台湾。

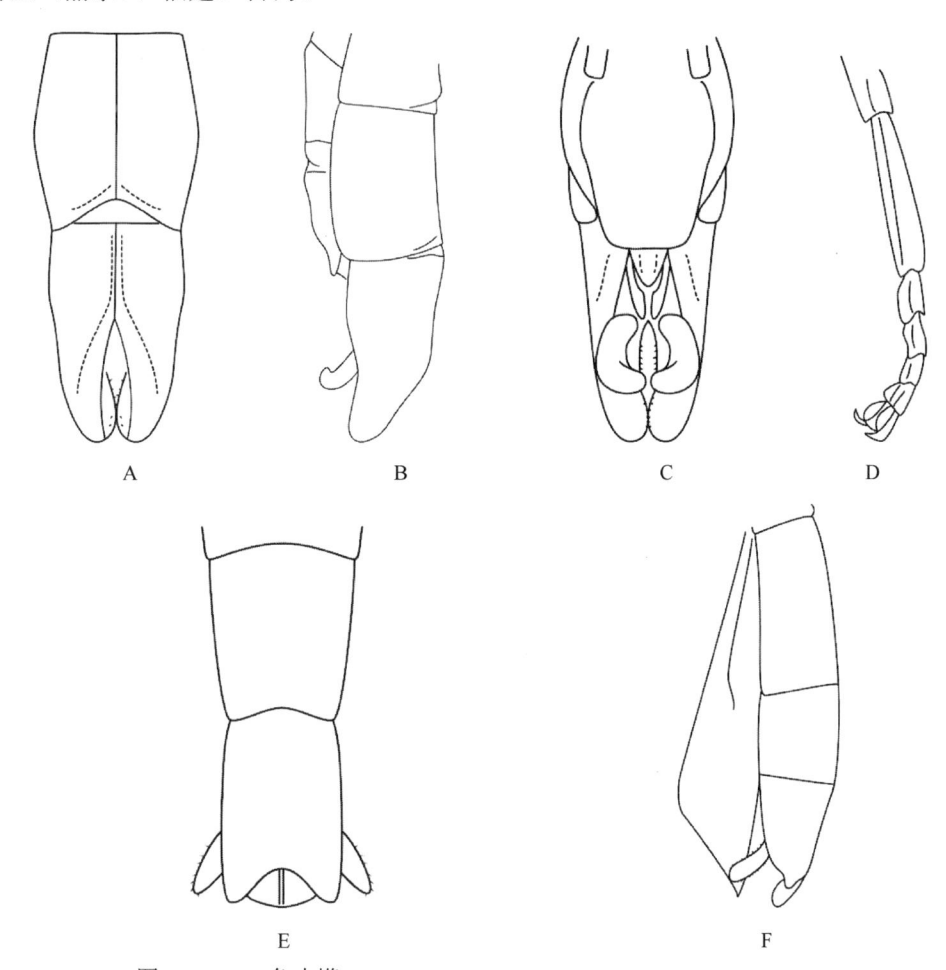

图 17-15 双色皮䗛 *Phraortes bicolor* (Brunner von Wattenwyl, 1907)
A. ♂腹端背面观；B. ♂腹端侧面观；C. ♂腹端腹面观；D. ♀前足跗节；E. ♀腹端背面观；F. ♀腹端侧面观

（529）台湾皮䗛 *Phraortes formosanus* Shiraki, 1935（图 17-16）

Phraortes formosanus Shiraki, 1935: 62.

Paramyronides leishanensis Bi in Bi, Chen & He, 1993: 66. Syn. n.

Phraortes leishanensis: Chen & He, 2008: 73.

Phraortes gracilis Chen et He, 2008: 85. Syn. n.

主要特征：雄性青绿色，两侧具黑色纵纹，各足基节、股节和胫节端部暗黑色。头部近长方形，背面无突起，触角长于前足股节。中胸和后胸具细颗粒与中隆线。前足股节端部腹面具 1–2 个小齿，中后足股节腹面中隆脊端部具 2–3 个小齿。中后足胫节基部腹面具光滑的隆脊。腹端微膨大，臀节深裂为两叶，裂叶端部钝，内侧具细齿（图 17-16A）。尾须圆柱形，稍内弯，端部钝圆。下生殖板端部平截，具中隆线（图 17-16C）。

雌性体绿色或灰褐色。头顶无或具 1 对短的刺突。前足跗基节背缘适度隆起（图 17-16D）。雌性第 7

腹板端部具钝的突起，臀节端部呈弧形内凹，裂叶三角形。肛上板半圆形，稍超过臀节端部（图 17-16E），具中脊。尾须较直，侧扁。下生殖板延长，舟形，基部具侧隆线（图 17-16F）。

测量（mm）：体长♂ 70.0–84.0，♀ 92.0–110.0；中胸背板♂ 17.0–17.5，♀ 20.0；后胸背板（包括中节）♂ 12.0–13.0，♀ 16.0；前足股节♂ 20.0，♀ 21.0；中足股节♂ 14.0–16.0，♀ 15.0；后足股节♂ 17.0–18.5，♀ 17.0。

分布：浙江（杭州、宁波）、台湾、四川、贵州。

注：模式产地为四川华蓥山的细弯尾皮䗛 *Phraortes gracilis* Chen *et* He, 2008 和贵州雷山的雷山股枝䗛 *Paramyronides leishanensis* Bi, 1993 的特征与台湾皮䗛 *Phraortes formosanus* Shiraki, 1935 完全一致，为后者的同物异名。

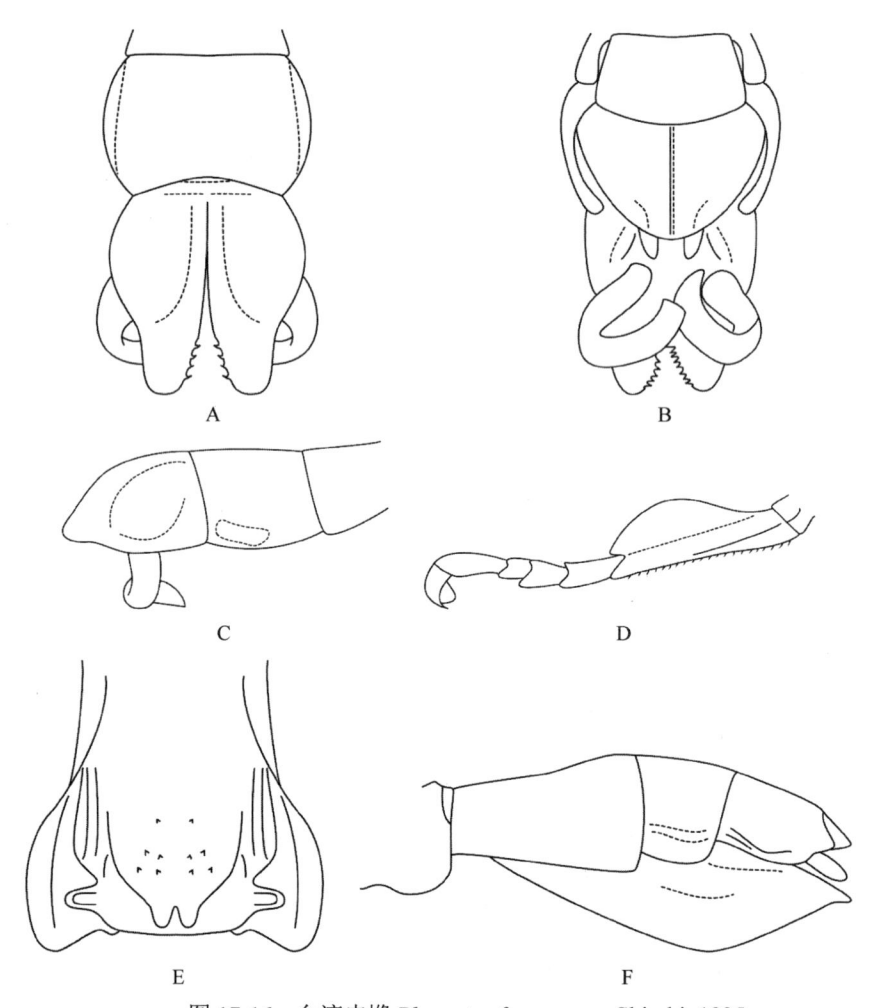

图 17-16　台湾皮䗛 *Phraortes formosanus* Shiraki, 1935
A. ♂腹端背面观；B. ♂腹端腹面观；C. ♂腹端侧面观；D. ♀前足跗节；E. ♀腹端背面观；F. ♀腹端侧面观

（530）弯尾皮䗛 *Phraortes curvicaudatus* Bi, 1993（图 17-17）

Phraortes curvicaudatus Bi, 1993: 37.
Paramyronides biconiferus Bi, 1993: 38. Syn. n.
Phraortes grossa Chen *et* He, 2008: 91. Syn. n.

主要特征：雄性胸部和腹部橙褐色，第 8–9 腹节背板和臀节各具 2 对白斑，足绿色。头部长卵形，背面无突起，触角长于前足股节。中胸和后胸具细颗粒与中隆线。前足股节端部腹面具 1–2 个小齿，中后足股节端部腹面侧脊多齿。中后足胫节基部腹面具光滑的隆脊。腹端微膨大，臀节深裂为两叶，裂叶强分开，向端部趋狭和内弯，内侧具细齿（图17-17A）。尾须强弯曲，近端部膨大（图17-17B）。下生殖板具中隆线，端部圆弧形（图17-17C）。

雌性绿色或黄褐色，褐色型杂有白霜状的斑点，头部锥刺黑色，中后足股节具白色环，第9腹节背板和臀节具白色。头顶具成对的锥刺突。前足跗基节背缘强隆起（图17-17D）。雌性第7腹板端部具2个小突起（图17-17E），臀节端部呈弧形内凹，裂叶三角形。肛上板端部圆截形，超过臀节端部，具中脊。尾须较直，侧扁。下生殖板延长，舟形，腹面具突出的隆脊（图17-17E）。

测量（mm）：体长♂80.0–99.0，♀100.0–140.0；中胸背板♂18.0–25.0，♀22.0–29.5；后胸背板（包括中节）♂15.0–18.5，♀18.5–24.5；前足股节♂21.0–27.0，♀26.0–29.0；中足股节♂17.0–20.0，♀19.0–22.5；后足股节♂20.0–24.0，♀24.0–25.5。

分布：浙江（衢州、丽水、温州）、福建。

注：双锥股枝䗛*Paramyronides biconiferus* Bi, 1993 为弯尾皮䗛*Phraortes curvicaudatus* Bi, 1993 的雌性；模式产地为浙江泰顺的壮皮䗛*Phraortes grossa* Chen *et* He, 2008 的特征与弯尾皮䗛*Phraortes curvicaudatus* Bi, 1993 完全一致，前两者为后者的同物异名。

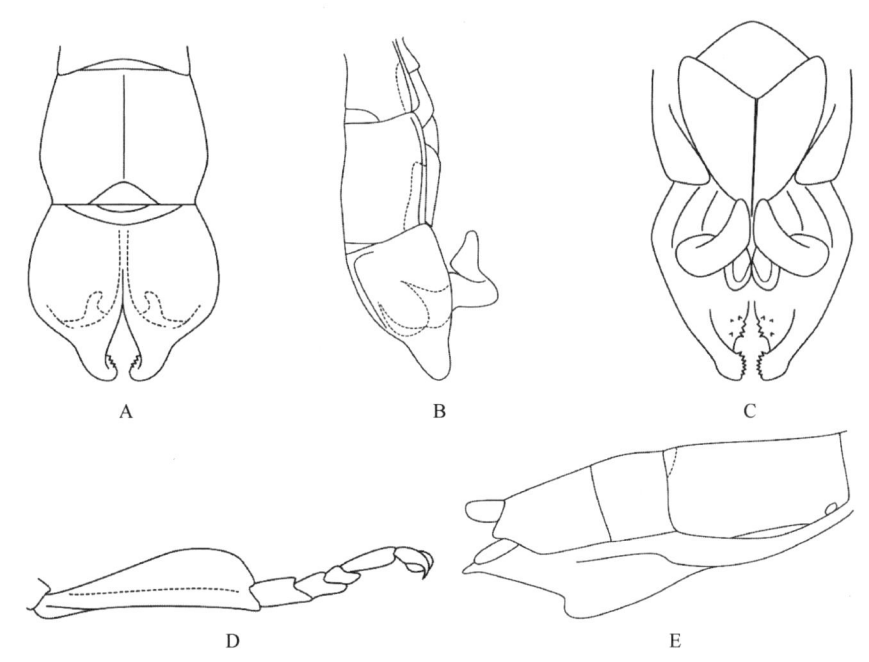

图17-17 弯尾皮䗛 *Phraortes curvicaudatus* Bi, 1993
A. ♂腹端背面观；B. ♂腹端侧面观；C. ♂腹端腹面观；D. ♀前足跗节侧面观；E. ♀腹端侧面观

（二）长角枝䗛亚科 Necrosciinae

主要特征：体形细长，通常具翅。触角明显长于前足股节，分节不明显。胸中节长于或几乎等长于后胸背板。足通常较光滑，通常无刺，极少具叶或齿。雄性臀节拱形，端部具凹缘；雌性下生殖板稍扁平，非舟形。

分布：世界广布。世界已知103属790种，中国记录33属150种，浙江分布8属15种，其中包括1新种。

分属检索表

1. 具单眼 ·· 2
- 无单眼 ·· 3

2. 前足股节长于中胸背板 ··· 突臀䗛属 Scionecra
- 前足股节不长于中胸背板；雌性下生殖板端部非管状 ·· 副华枝䗛属 Parasinophasma
3. 头部和前胸背板具颗粒 ·· 4
- 头部和前胸背板光滑 ·· 7
4. 前足股节短于中胸背板 ··· 扁健䗛属 Planososibia
- 前足股节长于中胸背板 ·· 5
5. 雌性下生殖板端部具隆线 ··· 棘䗛属 Neohirasea
- 雌性下生殖板端部不具隆线 ·· 6
6. 雌性下生殖板端部尖形或圆形 ··· 管䗛属 Sipyloidea
- 雌性下生殖板端部截形或凹形 ··· 蔷䗛属 Asceles
7. 雄性第 9 腹节背板明显延长或膨大；雄性下生殖板不对称 ·· 华枝䗛属 Sinophasma
- 雄性第 9 腹节背板非延长或膨大；雄性下生殖板对称 ··· 8
8. 体杂色；后翅前缘域灰褐色或暗褐色杂淡色斑；雌性第 2–6 腹节不膨大 ······················· 副华枝䗛属 Parasinophasma
- 体绿色；后翅前缘域绿色或黄绿色，单色；雌性第 2–6 腹节明显膨大 ····························· 小异䗛属 Micadina

253. 棘䗛属 *Neohirasea* Rehn, 1904

Parapachymorpha (*Neohirasea*) Rehn, 1904: 84. Type species: *Phasma* (*Acanthoderus*) *japonicum* De Haan, 1842.
Neohirasea: Kirby, 1904: 325.
Paracentema Redtenbacher in Brunner von Wattenwyl & Redtenbacher, 1908: 477. Type species: *Paracentema stephanus* Redtenbacher, 1908.

主要特征：体密被瘤突，无翅。头部扁平，雌性后头具瘤状隆起，复眼间无成对的刺状突起。触角较前足股节长。胸部具刺和瘤突。中后足股节无刺，前足跗基节简单。雌性臀节倾斜，具瘤突，端部圆截形。雌性尾须不外露。雌性下生殖板舟形，端部尖形和具隆线。

分布：东洋区。世界已知 22 种，中国记录 11 种，浙江分布 1 种。

（531）日本棘䗛 *Neohirasea japonica* (De Haan, 1842)（图 17-18）

Phasma (*Acanthoderus*) *japonicum* De Haan, 1842: 135.
Neohirasea japonica: Kirby, 1904: 325.
Menexenus lugens Brunner von Wattenwyl, 1907: 244; Ho, 2017b:15
Paracentema stephanus Chen *et* He, 1998: 47 (nec Redtenbacher, 1908).

主要特征：雌性无翅。体色淡灰褐至暗褐色。头部扁平，复眼间无刺突，后头具 6 个瘤状隆起（图 17-18A）。触角较前足股节长。前胸背板前部具 2 个刺，中胸背板具中隆线和颗粒，前部和后部各具 2 对刺，中部隆丘和侧缘多刺。后胸背板具颗粒，中部具 1 对刺，侧缘无刺。前足基节具刺，前足股节基部弯曲，中后足股节无刺，前足跗基节简单。腹部具颗粒，臀节具瘤突，端部具 4 叶（图 17-18B）。尾须较短。下生殖板舟形，端部钝和具隆线（图 17-18C）。

测量（mm）：体长♀ 52.0–60.0；中胸背板♀ 13.0–13.5；后胸背板♀ 7.5–8.0；前足股节♀ 13.0–15.0；中足股节♀ 11.0–11.5；后足股节♀ 16.0。

分布：浙江（宁波、衢州）、台湾、海南；日本。

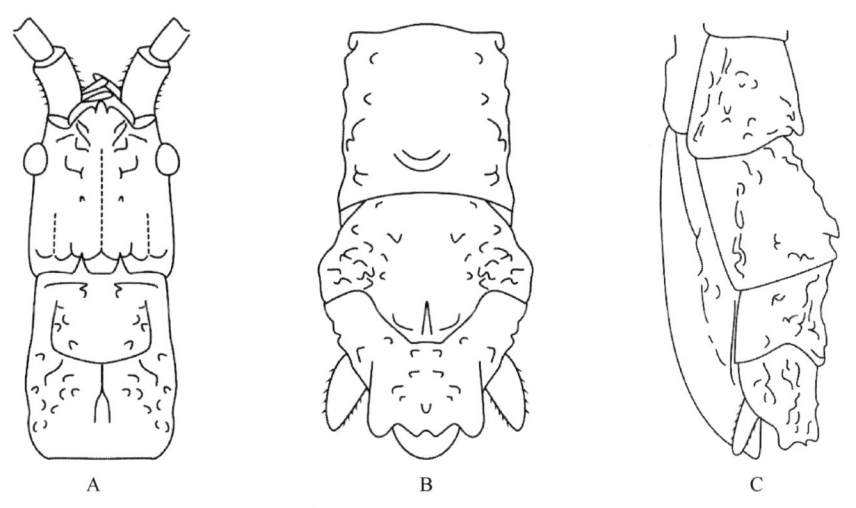

图 17-18 日本棘䗛 *Neohirasea japonica* (De Haan, 1842)
A. ♀头部和前胸背板背面观；B. ♀腹端背面观；C. ♀腹端侧面观

254. 突臀䗛属 *Scionecra* Karny, 1923

Scionecra Karny, 1923: 241. Type species: *Necroscia osmylus* Westwood, 1859.

主要特征：体修长。头卵形，具单眼。胸部光滑或具颗粒。腹部光滑；两性臀节后缘凹入或近平截；雄性第9腹节背板后侧角延长。尾须长，圆柱形。足长，缺刺与齿。雌性下生殖板端部非管状。

分布：东洋区、澳洲区。世界已知23种，中国记录3种，浙江分布1种。

（532）拟尾突臀䗛 *Scionecra pseudocerca* (Chen et He, 2008)（图 17-19）

Aruanoidea pseudocerca Chen et He, 2008: 111.
Scionecra pseudocerca: Ho, 2016: 326.
Hemisosibia thoracica Chen et He, 2008: 198. Syn. n.

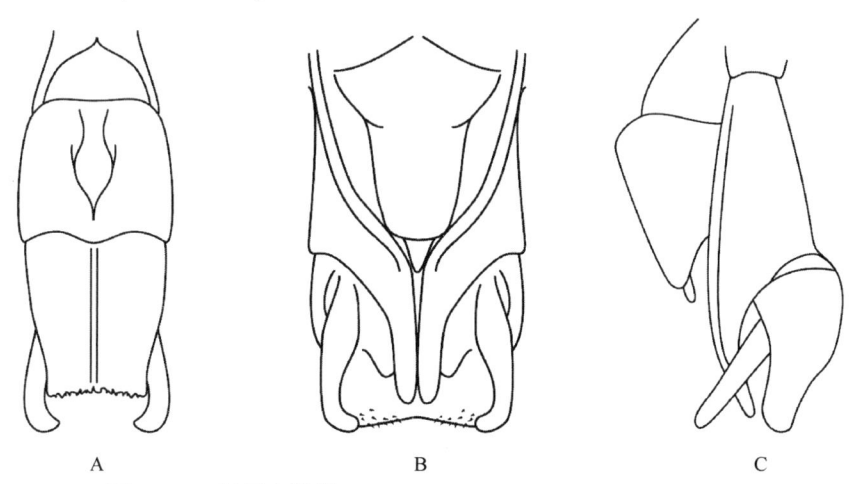

图 17-19 拟尾突臀䗛 *Scionecra pseudocerca* (Chen et He, 2008)
A. ♂腹端背面观；B. ♂腹端腹面观；C. ♂腹端侧面观

主要特征：雄性体细长，杆状。头部长大于宽，适度扁平，具3枚单眼，触角丝状，长于前足股节。中胸背板具稀疏的颗粒。前翅鳞片状，肩角或多或少隆起；后翅发达，到达第5腹节基部。足较细，具隆线，前足股节长于中胸背板，基部侧扁和弯曲。第9腹节后侧角极度延长，几乎达臀板端部（图17-19A）。

臀节几乎不长于第 9 腹节，端部呈钝角形内凹和具细齿（图 17-19B）。尾须较长，端部明显内弯。下生殖板端部狭圆形（图 17-19C）。

雌性体明显较大。后翅发达，到达第 5 腹节端部。臀板端部钝角形，具中隆脊。尾须较短而直，稍微超过臀节端部。下生殖板端部尖形，产卵瓣稍外露。

体暗色，足淡色，股节具暗色端部。后翅前缘域暗色杂淡色斑点，臀域烟色。

测量（mm）：体长♂ 54.0–55.0，♀ 88.0；中胸背板♂ 9.0，♀ 15.0；前翅♂ 2.0，♀ 4.0；后翅♂ 27.0，♀ 35.0；前足股节♂ 13.0，♀ 12.0；中足股节♂ 9.0–10.0，♀ 11.0；后足股节♂ 13.0–15.0，♀ 15.0。

分布：浙江（衢州）、广东、海南。

255. 扁健䗛属 *Planososibia* Seow-Choen, 2016

Planososibia Seow-Choen, 2016: 224. Type species: *Necroscia esacus* Westwood, 1859.

主要特征：体中型，常棕色或暗棕色。体圆柱形，头卵圆形或圆形，光滑或具颗粒，无单眼。中胸背板具颗粒。前翅小，卵圆形，后翅发达或缩短，臀域具单色。前足股节几乎不长于中胸背板。雄性下生殖板小，斗状；臀节端部具弱的凹缘。雌性第 7 腹板常不具盖前器，下生殖板勺状，向端渐窄，后缘圆。

分布：东洋区。世界已知 25 种，中国记录 7 种，浙江分布 1 种。

（533）扁尾扁健䗛 *Planososibia platycerca* (Redtenbacher, 1908)（图 17-20）

Sosibia platycerca Redtenbacher, 1908: 536.
Planososibia platycerca: Seow-Choen, 2016: 225.
Sosibia truncata Chen *et* Chen, 2000: 121. Syn. n.

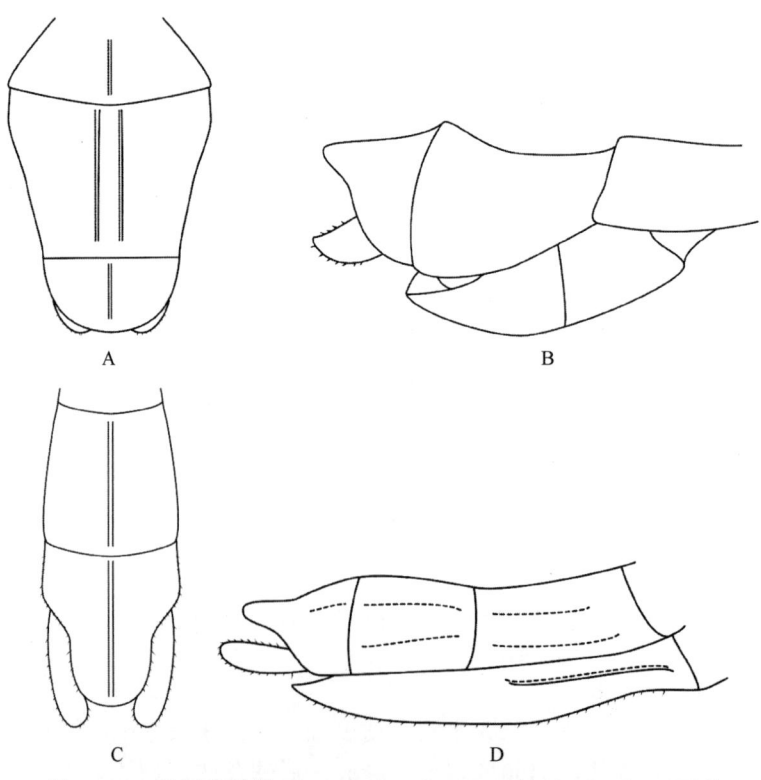

图 17-20　扁尾扁健䗛 *Planososibia platycerca* (Redtenbacher, 1908)
A. ♂腹端背面观；B. ♂腹端侧面观；C. ♀腹端背面观；D. ♀腹端侧面观

主要特征：雄性体稍细长，暗灰色，触角具白色环纹。头部延长，后头稍隆起，背面具稀疏的颗粒。触角长于前足股节。前胸背板和中胸背板具密的颗粒。前翅长几乎不大于宽，肩角隆起。后翅发达，到达第5腹节端部。足细长，被毛。各足股节具隆线，无刺；前足股节约等长于中胸背板，基部弯曲。臀节短于第9腹节，端部圆形（图17-20A）。尾须基部较粗，端部细，内弯（图17-20B）。下生殖板短，兜形。

雌性体稍粗壮，暗灰色，触角具白色环纹。臀节长于第9腹节，背面具3条纵隆线，端半部明显趋狭，端缘圆形（图17-20C）。尾须较短粗，多毛，超过臀节端部（图17-20D）。下生殖板狭长，端部稍钝。

测量（mm）：体长♂48.0，♀58.0+；中胸背板♂10.0，♀11.0；前翅♂2.0，♀2.5；后翅♂20.0，♀24.0；前足股节♂、♀10.0；中足股节♂、♀8.0；后足股节♂、♀12.0。

分布：浙江（衢州）、福建、广东、海南、香港、云南；越南。

256. 管䗛属 *Sipyloidea* Brunner von Wattenwyl, 1893

Sipyloidea Brunner von Wattenwyl, 1893: 86. Type species: *Necroscia sipylus* Westwood, 1859.

主要特征：头长形，稍扁平，具稀疏的颗粒，无单眼，触角明显长于前足股节。前胸背板和中胸背板背面具明显的颗粒。前翅略平，肩角有时隆起。后翅发达。足多毛，无刺，前足股节基部弯曲。雄性臀节端部显凹，雌性臀节背面具隆线，端部钝圆或尖形；肛上板缺如。两性下生殖板端部钝圆或尖形，雌性产卵瓣不外露。

分布：东洋区、澳洲区。世界已知58种，中国记录9种，浙江分布1种。

（534）棉管䗛 *Sipyloidea sipylus* (Westwood, 1859)（图17-21）

Necroscia sipylus Westwood, 1859: 138.
Necroscia samsoo Redtenbacher, 1908: 544.
Sipyloidea sipylus: Chen & He, 2008: 176.

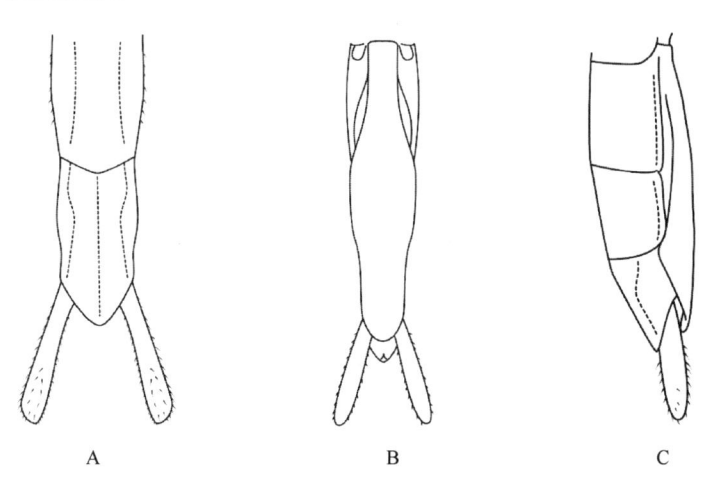

图17-21 棉管䗛 *Sipyloidea sipylus* (Westwood, 1859)
A. ♀腹端背面观；B. ♀腹端腹面观；C. ♀腹端侧面观

主要特征：雄性体细长，淡黄褐色至灰褐色，前翅和后翅具暗色短线。头部延长而扁平，具稀疏的颗粒。触角长于前足股节。前胸背板和中胸背板具密的颗粒。前翅长大于宽，后翅发达，到达第6腹节端部。足细长，被毛。各足股节具隆线，无刺；前足股节基部弯曲。臀节端部具深凹口，肛上板较小。尾须较长，多毛。下生殖板端部稍钝。

雌性体明显较雄性大，体黄褐色至灰褐色，前翅和后翅具暗色短线。臀节背面具 3 条纵隆线，端部三角形（图 17-21A）。尾须较长，侧扁，明显超过臀节端部（图 17-21A、B）。下生殖板狭长，端部稍钝（图 17-21B、C）。

测量（mm）：体长♂45.0–48.0，♀65.0–75.0；中胸背板♂9.0，♀16.5；前翅♂3.0，♀5.0；后翅♂25.0，♀33.0；前足股节♂13.0，♀19.0；中足股节♂10.0，♀13.0；后足股节♂16.0，♀22.0。

分布：浙江（宁波、衢州、温州）、河南、福建、台湾、广东、四川；日本，越南，马来西亚，新加坡，印度尼西亚。

257. 蔷螂属 *Asceles* Redtenbacher, 1908

Asceles Redtenbacher, 1908: 493. Type species: *Necroscia malacca* Saussure, 1868.

主要特征：头延长，扁平，通常光滑，无单眼。中胸背板稍扁平，光滑或具颗粒。前翅肩角明显或刺状，后翅发达。足较长，前足股节长于中胸背板。雌雄两性臀节端部具凹缘或缺刻。雌性下生殖板略扁平，端部平截或凹形。产卵瓣不外露。

分布：东洋区南部。世界已知 43 种，中国记录 4 种，浙江分布 1 种。

（535）双刺蔷螂 *Asceles bispinus* Redtenbacher, 1908（图 17-22）

Asceles bispinus Redtenbacher, 1908: 496.
Marmessoidea bispinus: Chen & He, 2008: 156.

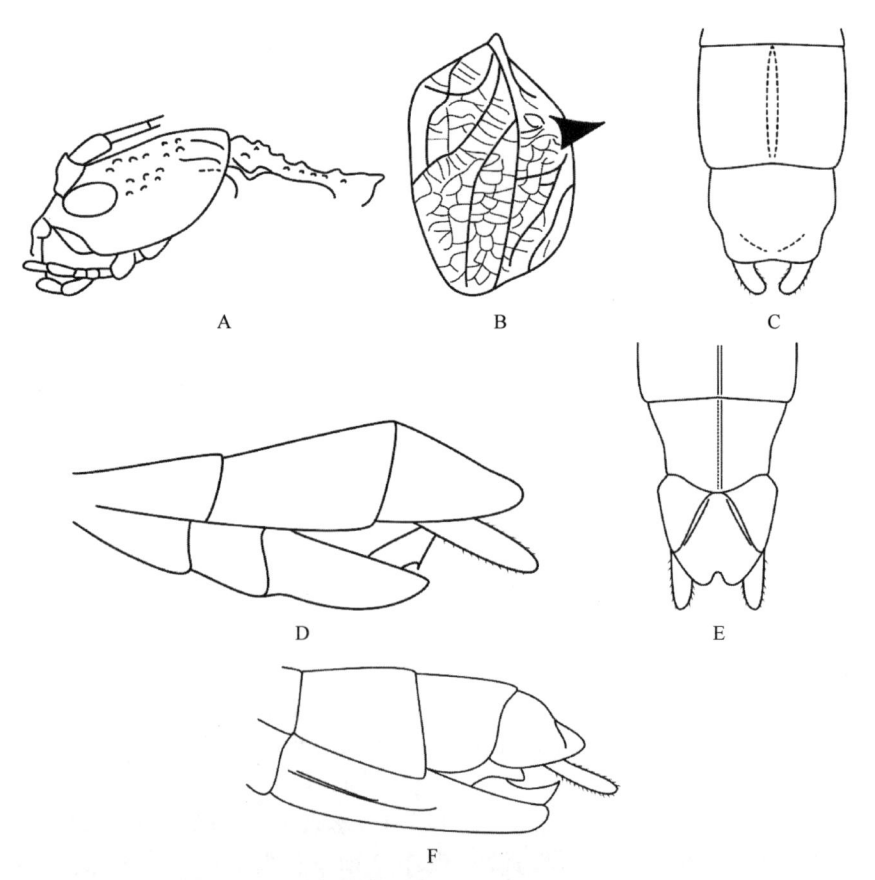

图 17-22 双刺蔷螂 *Asceles bispinus* Redtenbacher, 1908
A. ♂头部侧面观；B. ♂前翅背面观；C. ♂腹端背面观；D. ♂腹端侧面观；E. ♀腹端背面观；F. ♀腹端侧面观

主要特征：体绿色。触角暗色具淡色环。前翅褐色，肩角刺黑色；后翅前缘域绿色，臀域烟色。足绿色，股节和胫节端部暗黑色。

雄性头延长，稍扁平，无单眼，被颗粒（图 17-22A）。前胸背板具稀疏的颗粒。中胸背板稍扁平，具较密的颗粒，中隆线明显。前翅端部微斜截，肩角刺状（图 17-22B）。后翅发达，几乎达腹端。足较长，前足股节长于中胸背板。臀节端部具弱的凹缘和细齿（图 17-22C）。尾须较直，棒状（图 17-22D）。下生殖板圆兜形。

雌性臀节背面具 2 条斜的纵隆线，后缘具三角形凹口（图 17-22E）。尾须较直，圆柱形（图 17-22F）。下生殖板端部具浅凹口。

测量（mm）：体长♂ 53.0–60.0，♀ 75.0–80.0；中胸♂ 11.0，♀ 12.5；前翅♂ 3.0，♀ 5.5；后翅♂ 30.0–32.0，♀ 40.0；前足股节♂ 19.0，♀ 18.0；中足股节♂ 12.0，♀ 12.0；后足股节♂ 19.0，♀ 18.0。

分布：浙江（温州）、福建、海南、广西、贵州、云南；越南。

258. 副华枝䗛属 *Parasinophasma* Chen et He, 2006

Parasinophasma Chen *et* He in Chen et al., 2006: 98. Type species: *Micadina henanensis* Bi *et* Wang, 1998.

Euphasma Chen *et* He, 2001: 118. Type species: *Micadina henanensis* Bi *et* Wang,1998 (= *Parasinophasma henanense*), by original designation.

主要特征：体细长，杆状。头部宽卵形，后头隆起，雌性尤为明显；无或具单眼，触角丝状，长于前足股节。中胸背板具中隆线，表面被稀疏的颗粒。前翅鳞片状，肩角隆起；后翅发达。足无刺，前足股节基部侧扁且弯曲。雄性第 9 腹节背板后侧角突出，臀节具凹缘，尾须较粗和内弯，下生殖板对称，兜形。雌性产卵瓣外露。

分布：东洋区。世界已知 14 种，中国记录 9 种，浙江分布 2 种。

（536）河南副华枝䗛 *Parasinophasma henanensis* (Bi *et* Wang, 1998)（图 17-23）

Micadina henanensis Bi *et* Wang, 1998: 12.

Parasinophasma henanensis: Chen , He & Xu, 2006: 98.

Parasinophasma tianmushanense Ho, 2015: 332. Syn. n.

主要特征：体污绿褐色或褐色，后头具 6 条暗黑色纵线，复眼之后具黑色纵带，前翅暗黑色，后翅烟褐色。

雄性体细长。头光滑，略长于前胸背板，向后稍趋狭，后头隆起（图 17-23A）。无单眼，触角长于前足股节，分节不明显。前胸背板近梯形，具十字形的沟。中胸背板具中隆线，表面较光滑。前翅短小，端部截形，肩角隆起。后翅发达，到达第 6 腹节背板中部。足无刺。第 9 腹节背板后侧角尖形突出（图 17-23B），臀节短于第 9 腹节背板，背面具中隆线，端部具深凹缘，端叶具细齿（图 17-23C）。尾须甚短，内弯。下生殖板端部钝圆（图 17-23D）。

雌性体明显较雄性大。后头强隆起。臀节几乎等长于第 9 腹节背板，端部内凹。尾须短小，稍内弯。下生殖板舟形，端部较尖，产卵瓣外露（图 17-23E）。

测量（mm）：体长♂ 46.0–58.0，♀ 60.0–68.0；中胸♂ 8.0–11.0，♀ 13.0；前翅♂ 3.0，♀ 4.5–5.0；后翅♂ 23.0–28.0，♀ 24.0–27.0；前足股节♂ 12.0–17.0，♀ 14.0–15.0；中足股节♂ 11.0–12.0，♀ 10.0；后足股节♂ 16.0，♀ 13.0–15.0。

分布：浙江（杭州、宁波、丽水）、河南、江西、福建、广西、四川、贵州。

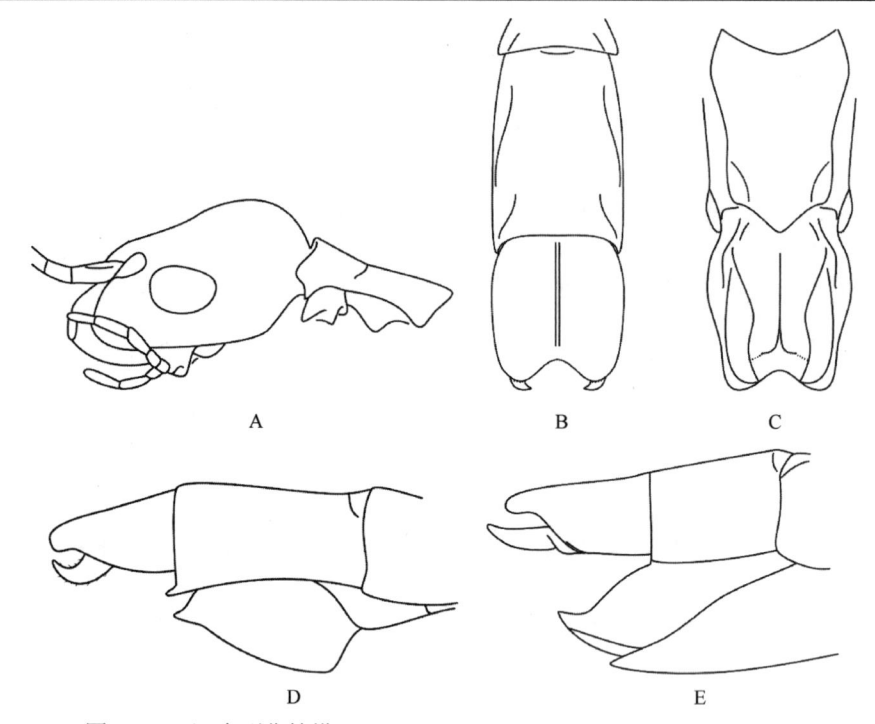

图 17-23 河南副华枝䗛 *Parasinophasma henanensis* (Bi et Wang, 1998)
A.♂头部和前胸背板侧面观；B.♂腹端背面观；C.♂腹端腹面观；D.♂腹端侧面观；E.♀腹端侧面观

（537）梵净山副华枝䗛 *Parasinophasma fanjingshanense* Chen *et* He, 2006（图 17-24）

Parasinophasma fanjingshanense Chen *et* He in Chen et al., 2006: 98.

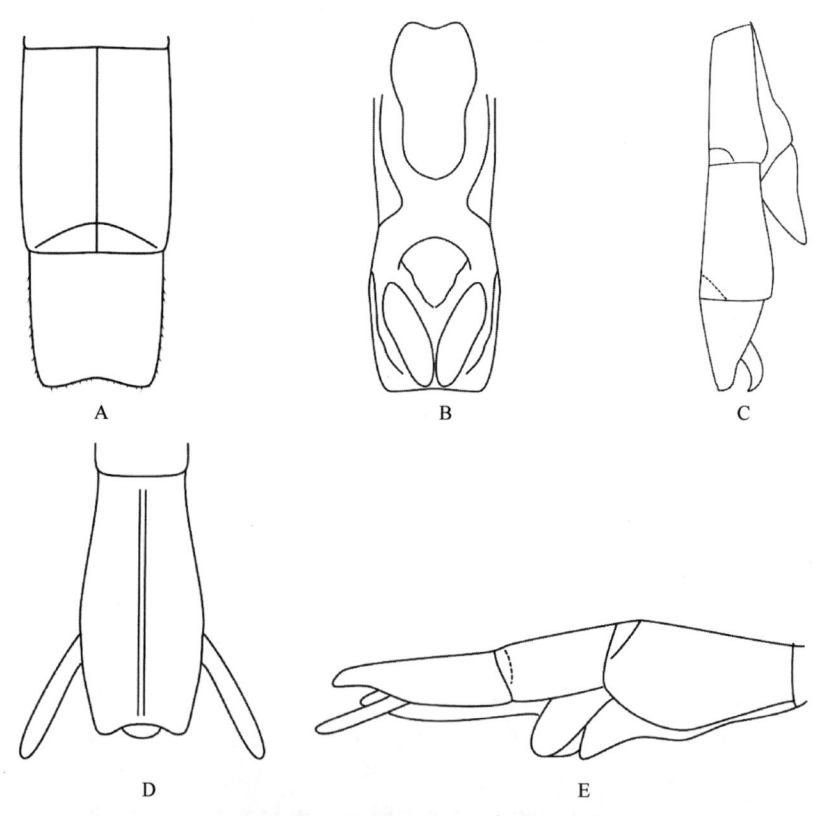

图 17-24 梵净山副华枝䗛 *Parasinophasma fanjingshanense* Chen *et* He, 2006
A.♂腹端背面观；B.♂腹端腹面观；C.♂腹端侧面观；D.♀腹端背面观；E.♀腹端侧面观

主要特征：体褐色具黄绿色的足。雄性头部复眼后方具黑色纵纹，雌性头部具6条黑色纵纹。前翅具黑斑，后翅前缘域灰褐色杂淡色斑纹，臀域烟色。

雄性体细长。头光滑，略长于前胸背板，后头稍隆起。具3枚单眼，触角长于前足股节，分节不明显，第3节明显长于第1节。前胸背板近梯形，具十字形的沟。中胸背板具中隆线，表面较光滑。前翅短小，端部截形，肩角隆起。后翅发达，到达第5腹节中部。足无刺。臀节短于第9腹节背板，端部具浅凹缘（图17-24A）。尾须端部略向上弯（图17-24B）。下生殖板延长，端部狭圆（图17-24C）。

雌性体明显较雄性大。缺单眼。后翅到达第4腹节端部。第8腹节背板侧缘较直，后侧角尖形突出，臀节几乎等长于第9腹节背板，端部具角形凹缺（图17-24D），肛上板半圆形。尾须细长，较直。下生殖板矛形，端部较尖，产卵瓣外露（图17-24E）。

测量（mm）：体长♂58.0–63.0，♀55.0–71.0；中胸背板♂10.0，♀11.0–13.0；前翅♂3.0，♀4.0；后翅♂30.0，♀19.0；前足股节♂15.0，♀12.0；中足股节♂12.0，♀10.0；后足股节♂16.0–17.0，♀13.0–14.0。

分布：浙江（杭州、衢州、丽水）、广西、贵州。

259. 小异䗛属 *Micadina* Redtenbacher, 1908

Micadina Redtenbacher, 1908: 533. Type species: *Marmessoidea phluctaenoides* Redtenbacher, 1904.

主要特征：体细长，杆状。头部宽卵形，后头稍隆起；触角丝状，长于前足股节；无单眼。中胸背板具粗颗粒。前翅鳞片状，肩角隆起；后翅发达。足无刺，前足股节基部侧扁而弯曲。雄性第9腹节背板非强延长或膨大，后侧角不突出；臀节具凹缘；下生殖板对称，兜状。雌性产卵瓣外露。

分布：古北区、东洋区。世界已知16种，中国记录15种，浙江分布3种。

分种检索表

1. 雄性第8腹节背板具黑斑；雌性体长超过60 mm ·· 光泽小异䗛 *M. involuta*
- 雄性第8腹节背板无黑斑；雌性体长不超过60 mm ·· 2
2. 雄性臀节较长，尾须较直；雌性下生殖板端部较狭尖 ·· 双叶小异䗛 *M. bilobata*
- 雄性臀节较短，尾须呈直角形内弯；雌性下生殖板端部圆截形 ·· 雅小异䗛 *M. yasumatsui*

(538) 双叶小异䗛 *Micadina bilobata* Liu et Cai, 1994（图17-25）

Micadina bilobata Liu et Cai, 1994: 87.

主要特征：体绿色，前翅肩角具黑褐色，后翅臀域具玫瑰红色。

雄性体细长。头部椭圆形，略宽于前胸背板，后头稍隆起（图17-25A），具纵沟。触角长于前足股节，分节不明显。前胸背板近梯形，中前部具十字形的沟。中胸背板具中隆线，表面具不规则的颗粒。前翅短小，端部截形，肩角隆起。后翅发达，到达第7腹节背板中部。足无刺。第9腹节背板稍膨大，臀节几乎等长于第9腹节背板，背面具中隆线，端部具缺刻或平截，端缘具细齿（图17-25B）。尾须内弯。下生殖板兜状，端部钝圆（图17-25C、D）。

雌性体明显较雄性大。后翅到达第5腹节背板端部。腹端明显狭缩，臀节背面具中隆线，端部钝。尾须圆柱形，超过腹端。下生殖板端部较狭尖，产卵瓣外露（图17-25E）。

测量（mm）：体长♂37.0–42.0，♀40.5–52.0；中胸背板♂6.0–6.9，♀7.5–8.0；前翅♂2.0–2.5，♀2.5；后翅♂18.0–20.0，♀15.0–17.0；前足股节♂8.0–11.5，♀10.0–11.5；中足股节♂8.8，♀6.2；后足股节♂12.0，♀10.0。

分布：浙江（杭州）。

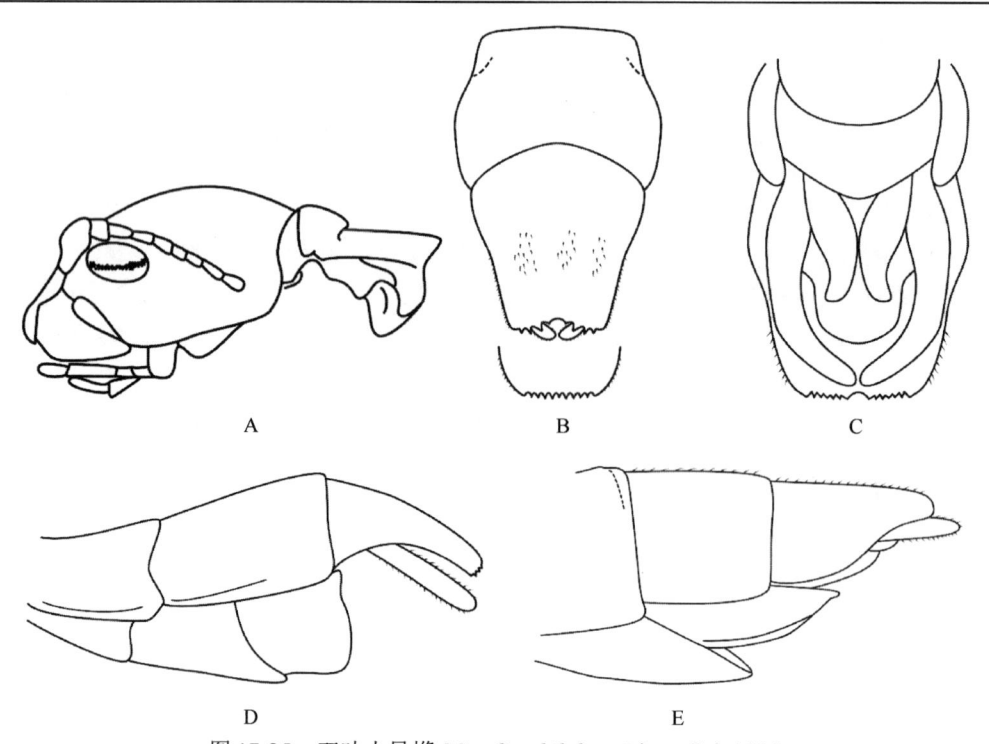

图 17-25 双叶小异螽 *Micadina bilobata* Liu et Cai, 1994
A.♂头部和前胸背板侧面观；B.♂腹端背面观；C.♂腹端腹面观；D.♂腹端侧面观；E.♀腹端侧面观

（539）雅小异螽 *Micadina yasumatsui* Shiraki, 1935（图 17-26）

Micadina yasumatsui Shiraki, 1935: 74.
Micadina brachyptera Liu et Cai, 1994: 87. Syn. n.
Micadina zhejiangensis Chen et He, 1995b: 64. Syn. n.

主要特征：体绿色，前翅肩角具黑褐色，后翅臀域具玫瑰红色。
雄性体细长。头部椭圆形，略宽于前胸背板，后头稍隆起，具纵沟。触角长于前足股节，分节不明显。前胸背板近梯形，中前部具十字形的沟。中胸背板具中隆线，表面具不规则的颗粒。前翅短小，端部截形，肩角隆起。后翅发达，到达第 7 腹节背板中部。足无刺。臀节短于第 9 腹节背板，端部浅凹（图 17-26A），具 3–4 个细齿。尾须呈直角形内弯。下生殖板兜状，端部钝圆。
雌性体明显较雄性大。后翅到达第 5 腹节背板基部。腹端明显狭缩，臀节背面具中隆线，端部钝。尾须圆柱形，超过腹端。下生殖板端部圆截形，产卵瓣外露（图 17-26C）。
测量（mm）：体长♂40.0，♀37.0–45.0；中胸背板♂7.0，♀8.0–9.0；前翅♂2.0，♀2.5；后翅♂20.0，♀13.0–15.0；前足股节♂12.0，♀9.0–10.0；中足股节♂8.5，♀6.0–7.0；后足股节♂11.0，♀10.0–11.0。
分布：浙江（丽水、温州）、福建、贵州；日本。

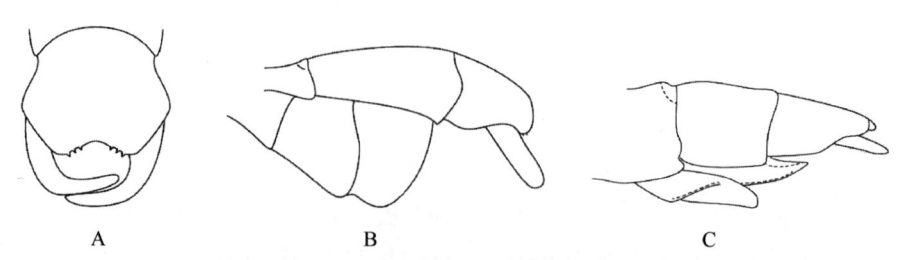

图 17-26 雅小异螽 *Micadina yasumatsui* Shiraki, 1935
A.♂腹端背面观；B.♂腹端侧面观；C.♀腹端侧面观

(540) 光泽小异䗛 *Micadina involuta* Günther, 1940（图 17-27）

Micadina involuta Günther, 1940: 238.

主要特征：体黄褐色，前翅绿色，前缘域暗色，沿肩域具白色带纹，后翅绿色，臀域略带淡玫瑰红色。雄性第 8 腹节背板背面具黑色。

雄性体细长。头部椭圆形，略宽于前胸背板，后头稍隆起，具纵沟。触角长于前足股节，分节不明显，第 3 节几乎不长于第 1 节。前胸背板近梯形，中前部具十字形的沟。中胸背板具中隆线，表面具不规则的颗粒。前翅短小，端部截形，肩角隆起。后翅发达，到达第 8 腹节背板基部。足无刺。第 9 腹节背板明显膨大，臀节近乎垂直，具中隆线，端缘几乎平截和向前弯（图 17-27A），具细齿。尾须基部宽，端部狭。下生殖板端部钝。

雌性后翅达第 6 腹节背板基部。臀节背面具中隆线，端部具角形凹缘，肛上板短。尾须超过腹端，微侧扁。下生殖板短，端部尖形。产卵瓣外露（图 17-27C）。

测量（mm）：体长♂ 38.0–40.5，♀ 72.0–77.0；中胸背板♂ 6.5–9.5，♀ 14.0–17.0；前翅♂、♀ 4.0–5.0；后翅♂、♀ 39.0；前足股节♂ 10.0；中足股节♂ 7.5，♀ 12.0；后足股节♂ 11.5，♀ 17.0。

分布：浙江（温州）、福建。

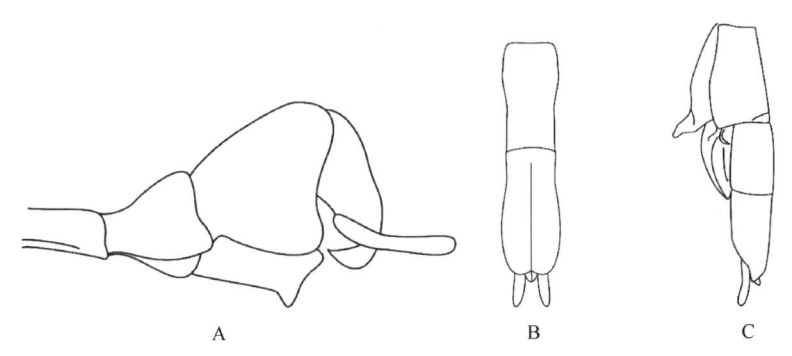

图 17-27 光泽小异䗛 *Micadina involuta* Günther, 1940
A. ♂腹端侧面观；B. ♀腹端背面观；C. ♀腹端侧面观

260. 华枝䗛属 *Sinophasma* Günther, 1940

Sinophasma Günther, 1940: 240. Type species: *Sinophasma klapperichi* Günther, 1940.

主要特征：体细长，杆状。头部宽卵形，后头稍隆起；触角丝状，长于前足股节；无单眼。中胸背板具粗颗粒。前翅鳞片状，肩角隆起；后翅发达。足无刺，前足股节基部侧扁而弯曲。雄性第 9 腹节背板强延长或膨大，后侧角不突出；臀节多形；下生殖板不对称。雌性产卵瓣外露。

分布：中国和越南。世界已知 26 种，中国记录 24 种，浙江分布 5 种。

分种检索表

1. 后翅较长，到达或超过第 6 腹节；雄性下生殖板中央开裂至基部 ················· **瓦腹华枝䗛 *S. hoenei***
- 后翅较短，不超过第 5 腹节 ··· 2
2. 雄性臀节背面具齿状突起 ··· **扁尾华枝䗛 *S. mirabile***
- 雄性臀节背面无齿状突起 ··· 3
3. 雄性臀节垂直向下；雄性下生殖板具突出的右后角 ························· **短翅华枝䗛 *S. brevipenne***
- 雄性臀节和下生殖板非上述 ··· 4

4. 雄性尾须内侧片状扩大；雄性下生殖板具突出的端部 ·· 近华枝䗛 S. obvium
- 雄性尾须圆柱形；雄性下生殖板无突出的端部 ·· 显凹华枝䗛，新种 S. incisum sp. nov.

（541）瓦腹华枝䗛 *Sinophasma hoenei* Günther, 1940（图 17-28）

Sinophasma hoenei Günther, 1940: 243.

主要特征：体黄褐色，前翅黄绿色具黑色中域，后翅淡绿色。

雄性体长，较粗壮。头部椭圆形，略宽于前胸背板，后头稍隆起，具纵沟。触角长于前足股节，分节不明显。前胸背板近梯形，中前部具十字形的沟。中胸背板具中隆线，表面具不规则的颗粒。前翅短，端部截形，肩角隆起。后翅发达，到达第 6 腹节背板端部。足无刺。第 9 腹节背板明显膨大（图 17-28A），臀节短于第 9 腹节背板，向后平伸，端部弧形内凹，侧角突出（图 17-28B）。尾须微内弯，侧扁。下生殖板不对称，中央开裂至基部，两侧具耳形突出（图 17-28C）。

雌性体明显较雄性大。第 8 腹节背板两侧明显扩展，臀节背面具中隆线，端部截形。尾须超过腹端，微侧扁。下生殖板短，中部两侧具丘状隆起。产卵瓣外露，端部较钝（图 17-28D）。

测量（mm）：体长♂ 65.0–72.0，♀ 97.0–102.0；中胸背板♂ 15.0，♀ 20.0；前翅♂ 4.0，♀ 5.0–6.0；后翅♂ 32.0，♀ 35.0；前足股节♂ 18.0，♀ 19.0；中足股节♂ 13.0，♀ 15.0；后足股节♂ 18.0，♀ 20.0。

分布：浙江（杭州、宁波）。

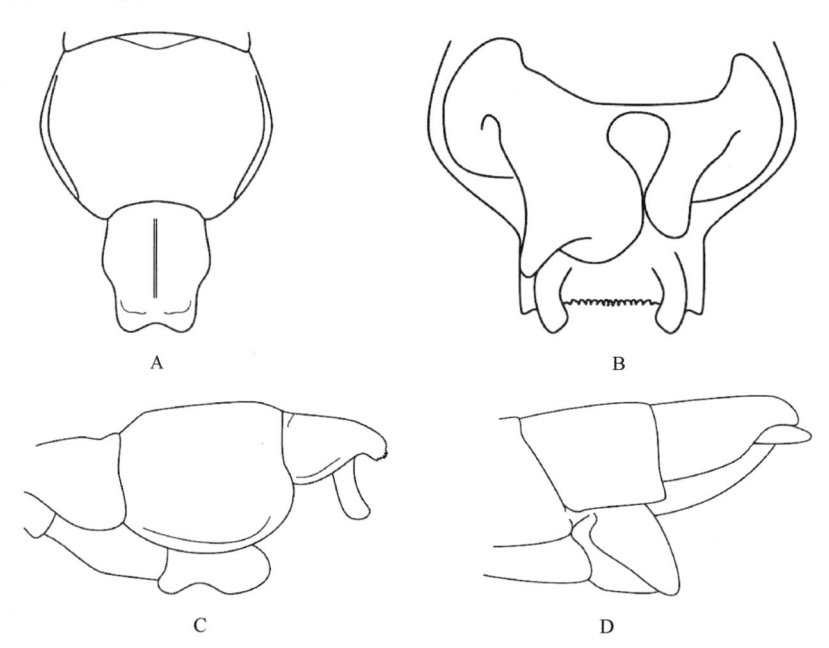

图 17-28　瓦腹华枝䗛 *Sinophasma hoenei* Günther, 1940
A.♂腹端背面观；B.♂腹端腹面观；C.♂腹端侧面观；D.♀腹端侧面观

（542）扁尾华枝䗛 *Sinophasma mirabile* Günther, 1940（图 17-29）

Sinophasma mirabile Günther, 1940: 242.
Sinophasma crassum Chen *et* He, 1995b: 65.

主要特征：体黄褐色，后头具 6 条黑色纵纹，前足股节端部和前翅肩角具黑色。

雄性体细长。头部椭圆形，略宽于前胸背板，后头稍隆起，具纵沟。触角丝状，远长于前足股节，分节不明显。前胸背板近长方形，中前部具十字形的沟。中胸背板具中隆线，表面具不规则的颗粒。前翅鳞片状，端部截形，肩角隆起。后翅发达，到达第 5 腹节背板基部。足无刺，前足股节基部弯曲。第 9 腹节背板明显延长，臀节约为第 9 腹节背板的 1/2，背面中央具齿状突起，端部内凹成两叶，具细齿（图 17-29A）。尾须基部宽扁，向端部趋狭（图 17-29B）。下生殖板较对称，端部宽圆，端部之前具 1 条横隆线（图 17-29D）。

雌性体明显较雄性大。第 8 腹节背板两侧明显扩展，臀节背面具中隆线，端部截形。尾须超过腹端，微侧扁。下生殖板短，中部两侧具丘状隆起。产卵瓣外露，端部较钝。

测量（mm）：体长♂ 54.0–60.0，♀ 74.0；中胸背板♂ 9.0–10.0，♀ 13.0；前翅♂、♀ 4.0；后翅♂、♀ 29.0–32.0；前足股节♂ 15.0，♀ 14.5；中足股节♂ 10.5，♀ 10.0；后足股节♂ 15.0，♀ 15.0。

分布：浙江（丽水）、福建。

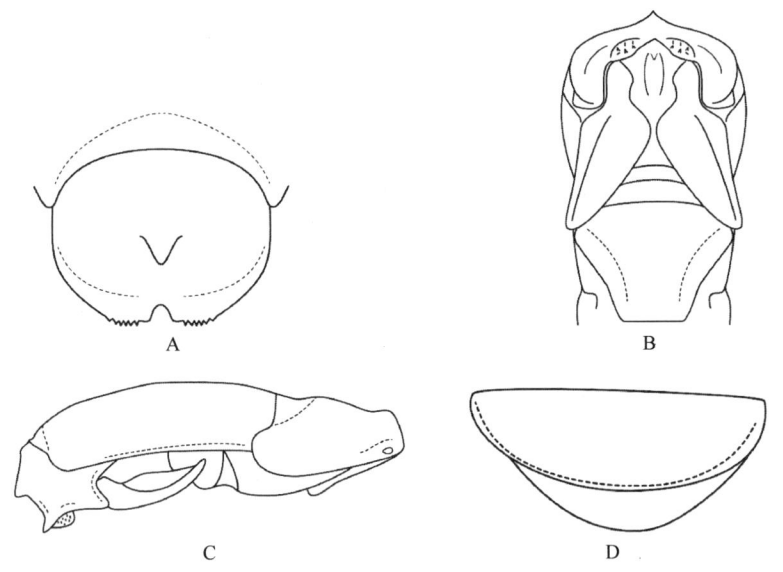

图 17-29　扁尾华枝䗛 *Sinophasma mirabile* Günther, 1940
A.♂腹端背面观；B.♂腹端腹面观；C.♂腹端侧面观；D.♂下生殖板腹面观

（543）短翅华枝䗛 *Sinophasma brevipenne* Günther, 1940（图 17-30）

Sinophasma brevipenne Günther, 1940: 244.
Sinophasma angulata Liu, 1987: 2. Syn. n.

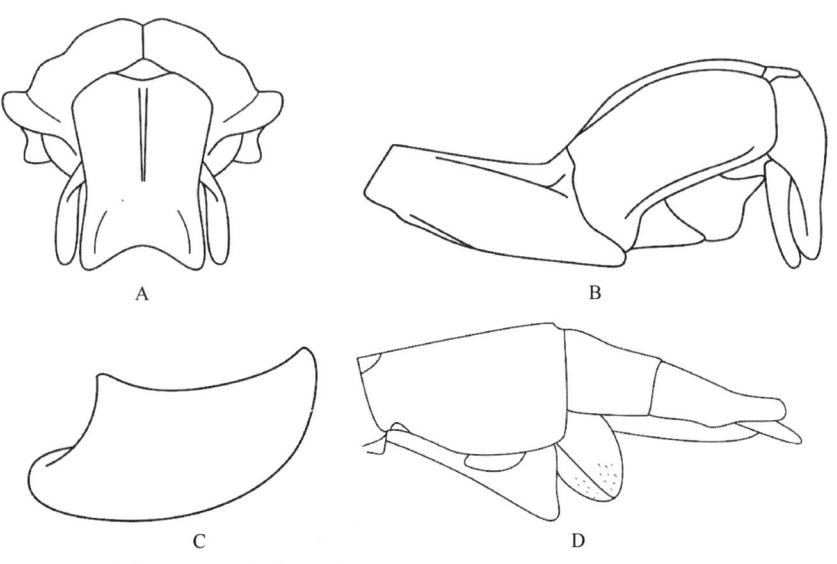

图 17-30　短翅华枝䗛 *Sinophasma brevipenne* Günther, 1940
A.♂腹端后面观；B.♂腹端侧面观；C.♂下生殖板腹面观；D.♀腹端侧面观

主要特征：体黄褐色，后头部和前胸背板具暗黑色纵带，前翅暗褐色，各足股节和胫节端部具暗黑色。

雄性体细长。头部椭圆形，略宽于前胸背板，后头稍隆起，具纵沟。触角长于前足股节，分节不明显。前胸背板近梯形，中前部具十字形的沟。中胸背板具中隆线，表面具不规则的颗粒。前翅短小，端部截形，肩角隆起。后翅发达，到达第4腹节背板基部。足无刺。第9腹节背板明显膨大，臀节短于第9腹节背板，端缘弧形内凹，侧角突出（图17-30A），向下垂直（图17-30B）。尾须微内弯，侧扁。下生殖板不对称，后缘右侧呈角形突出（图17-30C）。

雌性体明显较雄性大。第8腹节背板两侧明显扩展，臀节背面具中隆线，端部截形。尾须超过腹端，微侧扁。下生殖板短，中部两侧具丘状隆起。产卵瓣外露，端部较钝（图17-30D）。

测量（mm）：体长♂48.0–52.0，♀64.0–72.0；中胸背板♂11.0–12.0，♀12.0–13.0；前翅♂3.0，♀3.5；后翅♂12.0–15.0，♀13.0–17.0；前足股节♂14.0，♀12.0–13.0；中足股节♂11.0，♀10.0；后足股节♂15.0，♀13.0–15.0。

分布：浙江（临安、余姚）、安徽、江西。

注：短翅华枝螂 *Sinophasma brevipenne* Günther, 1940 的模式产地为江西庐山，角臀华枝螂 *Sinophasma angulata* Liu, 1987 的模式产地为浙江西天目山。通过两地标本的比对，并无明显差异，可以确定角臀华枝螂 *Sinophasma angulata* Liu, 1987 是短翅华枝螂 *Sinophasma brevipenne* Günther, 1940 的同物异名。

（544）近华枝螂 *Sinophasma obvium* (Chen *et* He, 1995)（图17-31）

Sipyloidea obvius Chen *et* He, 1995b: 65.

Sinophasma obvium: Chen & He, 2008: 136, fig. 101.

Sinophasma daoyingi Ho, 2012: 62. Syn. n.

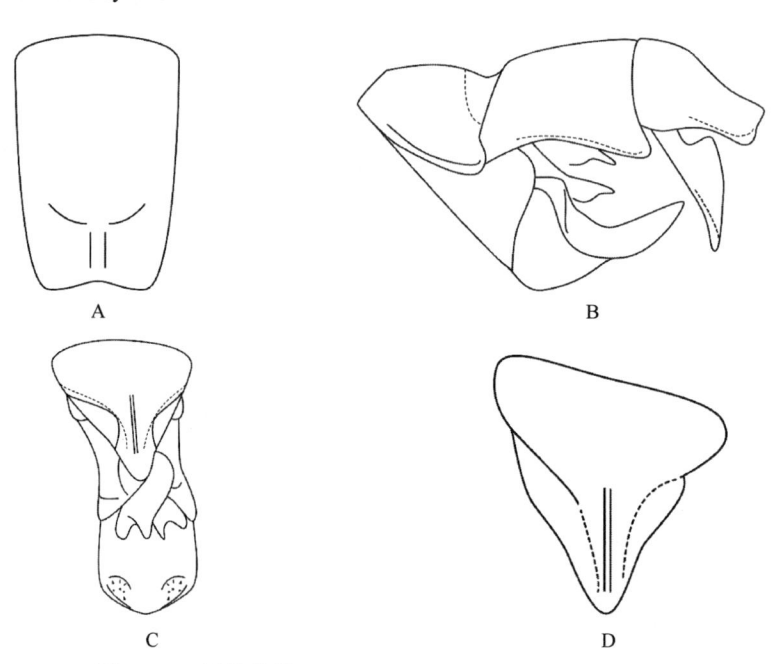

图17-31 近华枝螂 *Sinophasma obvium* (Chen *et* He, 1995)
A. 臀节背面观；B. ♂腹端侧面观；C. ♂腹端腹面观；D. ♂下生殖板腹面观

主要特征：体黄褐色，后头部和前胸背板具暗黑色纵带，前翅暗褐色，肩角前具黄纹，后翅烟色。

雄性体细长。头部椭圆形，略宽于前胸背板，后头稍隆起，具纵沟。触角丝状，远长于前足股节，分节不明显。前胸背板近长方形，中前部具十字形的沟。中胸背板具中隆线，表面具不规则的颗粒。前翅鳞片状，端部截形，肩角隆起。后翅发达，到达第5腹节背板中部。足无刺，前足股节基部弯曲。腹端几乎不膨大，臀节约等长于第 9 腹节背板（图 17-31B），向后倾斜，端部几乎平截（图 17-31A），内侧具细齿。尾须侧扁，内侧呈片状扩大。下生殖板呈不对称的三角形，端部突出（图 17-31D）。

雌性体明显较雄性大。第 8 腹节背板两侧明显扩展，臀节背面具中隆线，端部截形。尾须超过腹端，微侧扁。下生殖板短，中部两侧具丘状隆起。产卵瓣外露，端部较钝。

测量（mm）：体长♂ 52.0–55.0，♀ 64.0–72.0；中胸背板♂ 9.5–13.0，♀ 17.0；前翅♂ 4.0，♀ 4.0；后翅♂ 21.0，♀ 22.0；前足股节♂ 14.0–16.0，♀ 15.0；中足股节♂ 12.5，♀ 11.0；后足股节♂ 17.0，♀ 17.0。

分布：浙江（丽水）。

注：近华枝䗛 Sinophasma obvium (Chen et He, 1995) 和道英华枝䗛 Sinophasma daoyingi Ho, 2012 的模式产地都为浙江百山祖。通过比对可以确定道英华枝䗛 Sinophasma daoyingi Ho, 2012 是近华枝䗛 Sinophasma obvium (Chen et He, 1995) 的同物异名。

（545）显凹华枝䗛，新种 *Sinophasma incisum* Liu, sp. nov.（图 17-32）

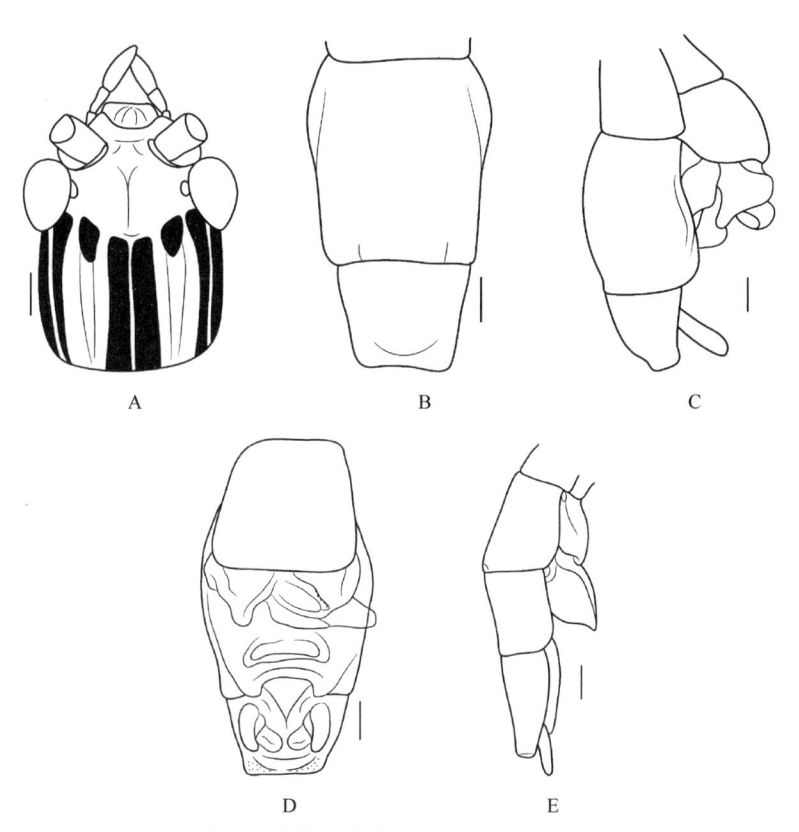

图 17-32　显凹华枝䗛，新种 *Sinophasma incisum* Liu, sp. nov.
A. ♂头部背面观；B. ♂腹端背面观；C. ♂腹端侧面观；D. ♂下生殖板腹面观；E. ♀腹端侧面观

主要特征：体黄褐色。头部背面具 8 条黑色纵纹，内侧第 2 条不完整（图 17-32A）。前翅具黑色带纹，后翅污黄色，臀域略带透明。足淡黄色，中足和后足股节和胫节端部暗黑色。

雄性体细长。头部椭圆形，略宽于前胸背板，后头稍隆起，具纵沟。触角长于前足股节，分节不明显，第 3 节几乎不长于第 1 节。前胸背板近梯形，中前部具十字形的沟。中胸背板具中隆线，表面具不规则的颗粒。前翅短小，端部截形，肩角隆起。后翅发达，到达第 3 腹节背板端部。足无刺。第 9 腹节背板略膨大，臀节向后倾斜，端缘几乎平截，腹面具细齿（图 17-32B–D）。尾须近圆柱形。下生殖板强不对称，横宽，端部显凹和具隆边（图 17-32D）。

雌性后翅达第 3 腹节背板端部。臀节背面具中隆线，端部具角形凹缘，肛上板短。尾须超过腹端，微侧扁。下生殖板短，端部尖形。产卵瓣外露（图 17-32E）。

测量（mm）：体长♂ 54.0，♀ 70.0；中胸背板♂ 12.0，♀ 17.0；前翅♂、♀ 4.0；后翅♂ 14.0，♀ 13.0；前足股节♂ 17.0，♀ 16.0；中足股节♂、♀ 8.0；后足股节♂、♀ 11.0。

分布：浙江（丽水）。

注：这个新种与截形华枝䗛 *Sinophasma truncatum* (Shiraki, 1935)非常相近，区别在于雄性下生殖板横宽和不对称，端部显凹和具隆边。

第十八章　直翅目 Orthoptera

体小到大型。头卵形或圆锥形，下口式，口器咀嚼式。复眼发达，有的类群退化，甚至消失；通常具3单眼。触角剑状、棒状、丝状。前胸背板发达，前足与中足通常为步行足，蝼蛄前足为开掘足，后足为跳跃足。前翅为覆翅，翅脉清晰；后翅膜质，透明，有的具色斑或纹，有的翅退化，短翅或缺翅。雄性外生殖器骨化，或膜质。产卵器短，或较长，较直或显著弯曲，背腹缘光滑，或具细齿。听器位于前足胫节（螽斯、蟋蟀），或腹部第1节背板侧缘（蝗虫）；前翅或后足具发声器（蝗虫），或左、右前翅基部具发声器（螽斯、蟋蟀）。

通常为两性生殖，卵生。渐变态。若虫通常蜕皮5或6次。长翅类群若虫的翅芽在3龄后明显，若虫翅芽前翅在下后翅在上，羽化为成虫后，翅的位置扭转为前翅在上后翅在下。短翅类群，若虫期翅往往不明显，羽化为成虫后才明显可见。有的成虫完全无翅，有的仅雄性具短翅，雌性缺翅；有的雌雄性均缺翅。通常若虫的食性与栖境与成虫相似。

大多数1年发生1代，少数1年2代。在华北、东北和西北地区，绝大多数类群1年1代，但飞蝗在华北地区可发生2代；螽斯和蟋蟀通常1年1代。直翅目昆虫多以卵越冬。长江以南地区，有的类群以成虫越冬。成虫一般将卵产于土壤或植物组织内，单产或形成卵囊，蝗虫交配后1周左右开始产卵，雌性腹部插入土壤产卵，数粒卵由副腺的分泌物包被；螽斯、蟋蟀的卵单产。

食性较为复杂，类群间差异很大。蝗虫类全为植食性，飞蝗主要取食禾本科植物；负蝗属喜欢取食甘薯、木薯、空心菜等；稻蝗属的种类主要取食禾本科植物，如水稻、玉米等；竹蝗属主要以竹类为食；蚱多以苔藓与地衣为食，蜢以植物叶片为食。螽斯类的食性复杂多样，既有植食性又有捕食性，如露螽亚科、拟叶螽亚科、纺织娘亚科主要以植物叶子、嫩的枝条为食；螽斯亚科的种类以植物的花、嫩叶等为食，也捕食其他节肢动物；蛩螽亚科、迟螽亚科和似织螽亚科等以其他昆虫为食；蟋螽科种类全是捕食性。驼螽科种类取食植物组织腐烂形成的碎屑，栖息于腐质层，有的栖息于洞穴，以蝙蝠的粪便等为食，也是直翅目唯一的腐食性种类。蟋蟀为植食性，蝼蛄是以植物的根为食，在地表下隧道内生活的一些种类是重要的农业地下害虫。

螽斯、蟋蟀和蝗虫的雄性通常可以鸣声。蝗虫主要通过后足与前翅或后足等摩擦发音；螽斯雄性是通过左前翅基部 Cu_2 脉腹面特化的发声锉与右前翅基部内缘摩擦发音；蟋蟀的发声锉位于右前翅基部，与左前翅基部内缘摩擦发音。蝗虫的听器位于腹节第1节背板侧缘，有的退化消失；蟋蟀的听器位于前足胫节基部，有的消失；螽斯的听器位于前足胫节和胸部侧面。蟋螽通常在腹部第2、3节的背板侧缘分别具3-4行发声齿，可与后足摩擦发出刺耳的鸣声，但没有明显的听器，推测用听毛感受声波。

直翅目的蝗虫类，一些类群可短距离迁移和远距离迁飞，如飞蝗具群居型和散居型，群居型的成虫可做长距离迁飞。

直翅目分为蝗亚目和螽亚目，世界已知18总科51科约4841属28 600余种，中国记录9总科31科约655属3300余种，浙江分布8总科20科163属322种（亚种）。本志记述浙江新记录属2个和浙江新记录种2个。

分亚目和总科检索表

1. 触角细长，通常长于体长（如短于体长，触角30节以上）；通常前足胫节具听器（螽亚目 Ensifera） ················ 2
- 触角粗短，短于体长（30节以下）；听器位于第1腹节背板侧缘（蝗亚目 Caelifera） ················ 6
2. 跗节4节 ················ 3
- 跗节3节 ················ 5

3. 前足胫节具听器，跗节第 3 节具侧叶；具胸听器；尾须通常短且坚硬 ··· 螽斯总科 Tettigonioidea
- 前足胫节通常缺听器，如具听器则跗节第 3 节缺侧叶；尾须细长柔软 ··· 4
4. 体稍侧扁，前胸背板大，中、后背板较狭，胸部显著隆起，呈驼背状；无翅；足极长，跗节侧扁 ·· 驼螽总科 Rhaphidophoroidea
- 体稍扁，胸部不显著隆起；具翅或缺翅；足较短，跗节扁 ·································· 沙螽总科 Stenopelmatoidea
5. 前足为挖掘足，胫节具 2–4 个趾状突；产卵瓣退化，分叉 ··································· 蝼蛄总科 Gryllotalpoidea
- 前足为步行足，后足为跳跃足；产卵器发达，剑状或刀状 ·· 蟋蟀总科 Grylloidea
6. 前足与中足的跗节 2 节，后足跗节 3 节；前胸背板向后显著延伸；第 1 腹节背板基部缺鼓膜器 ········· 蚱总科 Tetrigoidea
- 前足、中足与后足的跗节均为 3 节；前胸背板短，仅覆盖胸部背面 ··· 7
7. 触角短于前足股节；第 1 腹节背板侧缘缺鼓膜器 ··· 蜢总科 Eumastacoidea
- 触角长于前足股节；第 1 腹节背板基部侧缘具鼓膜器 ··· 蝗总科 Acridoidea

A. 蝗亚目 Caelifera

主要特征：体小到大型，触角通常到达或短于前胸背板，复眼发达，圆形或卵形，多数种类中单眼明显，侧单眼位于复眼下缘。前胸背板发达，多为马鞍状，蚱总科前胸背板多覆盖至腹部末端。翅大多为长翅，有短翅型，少数种类缺翅。后足发达，善跳跃。通常具发音器和鼓膜器，发音方式多样。产卵瓣通常较短，短锥状。

分布：世界广布。世界已知 11 总科 35 科 2525 属 12 400 余种，中国记录 3 总科 19 科 335 属 1800 余种，浙江分布 3 总科 11 科 60 属 114 种（亚种）。

I. 蝗总科 Acridoidea

主要特征：体小至大型。触角长于前足股节。前胸背板较短，仅盖住胸部背面。翅发达，短缩或无翅。跗节 3 节，具爪间中垫，后足跗节第 1 节上侧无细齿。腹部第 1 节背板两侧常具有鼓膜器。腹部气门着生于腹部背板的下缘。产卵期短瓣状。

分布：世界广布。世界已知 11 科 1703 属 8252 种，中国记录 8 科 266 属 1325 种，浙江分布 5 科 44 属 84 种（亚种）。

分科检索表

1. 头顶具细纵沟；后足股节外侧上、下隆线之间具有不规则的短棒状或颗粒状隆线；触角剑状 ····· 锥头蝗科 Pyrgomorphidae
- 头顶缺细纵沟；后足股节外侧上、下隆线之间具有羽状平行隆线 ··· 2
2. 触角剑状 ··· 剑角蝗科 Acrididae
- 触角丝状 ·· 3
3. 前胸腹板在前足基部之间具前胸腹板突，呈圆锥形、圆柱形、三角形或横片状 ························ 斑腿蝗科 Catantopidae
- 前胸腹板在前足基部之间平坦或略隆起，但不具前胸腹板突 ··· 4
4. 颜面垂直，如具头侧窝则常不呈四边形（有时为三角形或梯形）；后足股节内侧近下隆线处无发音齿；前翅中脉域的中闰脉上具有明显的音齿，有时在雌性较弱；如若中闰脉不发达，缺发音齿，则其后翅具有暗色带纹 ···· 斑翅蝗科 Oedipodidae
- 颜面倾斜，如具头侧窝则常呈四边形；后足股节内侧近下隆线处具发音齿；如不具发音齿，则后翅纵脉下面具发音齿，能与后足股节上侧中隆线摩擦发音；前翅中脉域一般缺中闰脉，如具中闰脉，则在雌雄两性中均不具发音齿；后翅多无暗色带 ··· 网翅蝗科 Arcypteridae

七十八、锥头蝗科 Pyrgomorphidae

主要特征：体小至中型，一般较细长，呈纺锤形。头部为锥形，颜面侧面观极向后倾斜，有时颜面近波状；颜面隆起具细纵沟；头顶向前突出较长，顶端中央具细纵沟，其侧缘头侧窝不明显或缺。触角剑状。前胸背板具颗粒状突起，前胸腹板突明显。前、后翅均发达，狭长，端尖或狭圆。后足股节外侧中区具不规则的短棒状隆线或颗粒状突起，其基部外侧上基片短于下基片或长于下基片。后足胫节端部具外端刺或缺。鼓膜器发达。缺摩擦板。阳具基背片具较长的附片，冠突明显呈钩状。

分布：世界广布。世界已知 122 属 500 余种，中国记录 2 属 17 种，浙江分布 1 属 2 种。

261. 负蝗属 *Atractomorpha* Saussure, 1862

Atractomorpha Saussure, 1862 [1861]: 474. Type species: *Truxalis crenulata* Fabricius, 1793.

主要特征：体中小型。触角较远地着生于侧单眼之前。复眼后方具有 1 列小圆形颗粒。前胸背板后缘为弧形或角状突出，侧隆线较弱或不明显，侧片的下缘向后倾斜，近乎直线形，沿其下缘具有 1 列小圆形颗粒。前翅狭长，常超过后足股节端部，端部狭锐。后足股节外侧上基片长于下基片；后足胫节具外端刺，近端部侧缘较宽。鼓膜器发达。雄性肛上板为长三角形，尾须短锥形，阳具基背片呈花瓶状。雌性上产卵瓣的上缘具齿，端部为钩形。

分布：世界广布。世界已知 31 种，中国记录 16 种，浙江分布 2 种。

（546）长额负蝗 *Atractomorpha lata* (Motschoulsky, 1866)（图 18-1）

Truxalis lata Motschoulsky, 1866:181.
Atractomorpha lata: Bey-Bienko & Mistshenko, 1951: 277 [293].

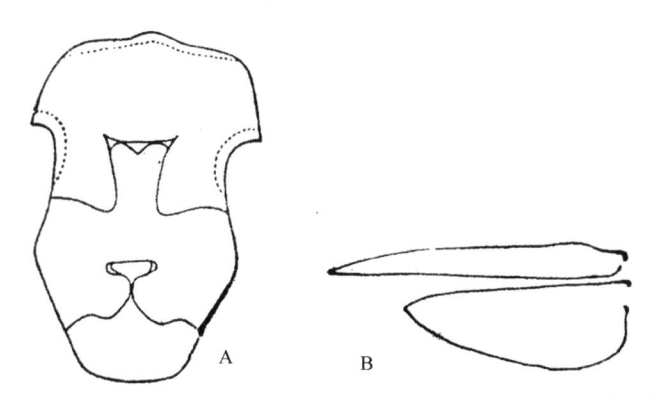

图 18-1　长额负蝗 *Atractomorpha lata* (Motschoulsky, 1866)（引自夏凯龄，1994）
A. ♂中胸和后胸腹板；B. ♂前翅和后翅

主要特征：雄性体长为体宽的 5–8 倍，头顶较长，其长为复眼最长直径的 1.5–1.7 倍。触角基部远离单眼，其距离较宽于触角第 1 节的宽度。前胸背板侧叶后缘缺膜区。中胸腹板侧叶间的中隔为略宽的长方形，向后趋狭。前、后翅皆发达，前翅超出后足股节端部的长度不到翅长的 1/3，后翅较狭而短，刚超过后足股节端部，前、后翅端部较狭，其后翅端部的前缘较直。体草绿色或橄榄绿色，后翅基部本色透明，缺红色。

雌性体较雄性为大，产卵瓣粗大，其顶端呈钩形。

测量：♂ 23–26 mm，♀ 31–43 mm。前胸背板长：♂ 4.5–5.3 mm，♀ 8.75–9.2 mm。前翅长：♂ 19–22 mm，♀ 28–34 mm。后足股节长：♂ 11–13 mm，♀ 14–20 mm。

分布：浙江、北京、河北、山东、陕西、上海、湖北、广东、广西；朝鲜，日本。

（547）短额负蝗 *Atractomorpha sinensis* Bolívar, 1905（图 18-2）

Atractomorpha sinensis Bolívar, 1905: 198.

主要特征：雄性体形一般较匀称，头顶较短，其长略长于复眼的最长直径，为头宽（复眼前）的 1.5 倍以内。触角基部接近复眼，其两者的距离不大于触角第 1 节的长度。前胸背板侧片后缘域近后缘具环形膜区。中胸腹板侧叶间的中隔为长方形。前、后翅较长，远离后足股节顶端，后翅略短于前翅。肛上板三角形，尾须短于肛上板之长；下生殖板端部为圆弧形。体草绿色或褐黄色，后翅玫瑰红色或红色。

雌性体较雄性为粗大，中胸腹板侧叶的中隔为长方形，其宽略大于长。上、下产卵瓣粗短，其顶端较弯，上产卵瓣外缘具钝齿。

体长：♂ 19–23 mm，♀ 26–35 mm。前胸背板长：♂ 4.0–5.0 mm，♀ 6.5–9.4 mm。前翅长：♂ 19–25 mm，♀ 22–31 mm。后足股节长：♂ 10–13 mm，♀ 13–16 mm。

分布：浙江（临安）、北京、河北、山西、山东、河南、陕西、甘肃、青海、江苏、上海、安徽、湖北、江西、湖南、福建、台湾、广东、广西、四川、贵州、云南；日本，越南。

注：本种与长额负蝗的主要区别特征：头顶较短，其长仅略较长于复眼的长径；前胸背板侧片后缘域近后缘具环形膜区；后翅玫瑰红色或红色。

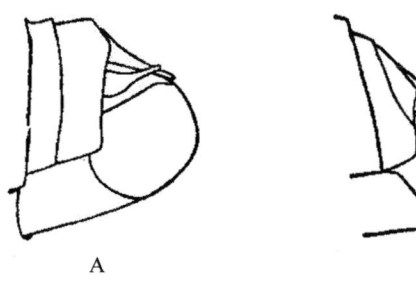

图 18-2　短额负蝗 *Atractomorpha sinensis* Bolívar, 1905（引自夏凯龄，1994）
A.♂腹端侧面观；B.♀腹端侧面观

七十九、斑腿蝗科 Catantopidae

主要特征：体中大型，变异较多。颜面侧面观垂直或向后倾斜；头顶前端缺细纵沟，头侧窝不明显或缺如；触角丝状。前胸腹板的前缘明显地突起，呈锥形、圆柱形或横片状。前、后翅均很发达，有时退化为鳞片状或缺如。鼓膜器在具翅种类均很发达，仅在缺翅种类不明显或缺如。后足股节外侧中区具羽状纹，其外侧基部的上基片明显地长于下基片，仅少数种类的上、下基片近乎等长。

分布：古北区、东洋区、旧热带区、澳洲区。世界已知200余属3000余种，中国记录106属499种，浙江分布25属48种（亚种）。

分属检索表

1. 后足股节膝部外侧下膝侧片端部向后延伸，形成锐刺状 ··· 2
- 后足股节膝部外侧下膝侧片端部不向后延伸成锐刺状，一般为圆形或锐角形 ······················· 8
2. 前、后翅发达；后足胫节端部之半的上侧边缘呈片状扩大 ··· 3
- 前翅鳞片状，侧置，在背部不毗连；后足胫节端半部不呈片状扩大 ··· 7
3. 前翅径脉域具有1列较密而平行的小横脉 ··· 4
- 前翅径脉域缺1列较密而平行的小横脉，一般为不规则地排列 ··· 5
4. 头顶背面中央具有明显的纵隆线；后足胫节上侧内缘各刺之间的距离近乎等长；雄性尾须为锥形，雌性产卵瓣较狭长 ··· 野蝗属 *Fer*
- 头顶背面中央缺隆线；后足胫节上侧内缘的顶端第1与第2两刺之间的距离较大，明显地长于其余各刺间的距离；雄性尾须的端部略弯曲，雌性产卵瓣较宽短 ··· 芋蝗属 *Gesonula*
5. 雄性腹部末节背板后缘具1对小尾片；阳具基背片具1对片状冠突 ·· 伪稻蝗属 *Pseudoxya*
- 雄性腹部末节背板后缘缺尾片；阳具基背片一般具有2对冠突 ·· 6
6. 阳具基背片为桥状，缺锚状突 ··· 稻蝗属 *Oxya*
- 阳具基背片为板片状，具明显的锚状突 ··· 籼蝗属 *Oxyina*
7. 雄性下生殖板短锥形，端部较狭，顶端近圆形 ··· 卵翅蝗属 *Caryanda*
- 雄性下生殖板明显向后延伸，近舟形，顶端微凹或两侧突出 ··· 舟形蝗属 *Lemba*
8. 后足股节上侧的中隆线平滑，缺细齿 ·· 9
- 后足股节上侧的中隆线呈锯齿状 ··· 13
9. 前翅径脉域具有一系列较密的平行小横脉，垂直于主要纵脉 ·· 10
- 前翅径脉域缺一系列平行的小横脉 ··· 11
10. 前胸背板横沟为黑色；前胸腹板突圆锥形 ··· 蔗蝗属 *Hieroglyphus*
- 前胸背板横沟为本色；前胸腹板突横片状，前胸背板后缘中央缺明显凹口 ····················· 板胸蝗属 *Spathosternum*
11. 雌雄两性前、后翅均很发达，其顶端到达或略微超过后足股节的顶端；雄性尾须侧扁，基部与端部较宽，中部明显地缩狭；雌性下生殖板后缘常具5个齿 ··································· 腹露蝗属 *Fruhstorferiola*
- 雌雄两性前、后翅均退化为鳞片状，侧置，在背部较宽地分开 ·· 12
12. 前翅较明显，其顶端略不到达或超过第1腹节背板的后缘 ·· 蹦蝗属 *Sinopodisma*
- 前翅微小，略超过或不超过中胸背板后缘 ··· 小蹦蝗属 *Pedopodisma*
13. 前胸背板缺侧隆线，若在沟前区具有不明显的侧隆线，则其后足胫节上侧外缘具有较少的刺，8–10个 ············· 14
- 前胸背板具有明显的侧隆线，若侧隆线较弱，则后足胫节上侧的外缘具有较多的刺，11–16个 ············· 22
14. 中胸腹板侧叶较狭长，其内缘近于直角形，或内缘的下角为锐角形；体型一般较大 ··············· 15
- 中胸腹板侧叶较宽短，其内缘近于宽圆形；体型一般较小 ··· 16

15.	前胸腹板突向后弯曲，其顶端几达中胸腹板；前胸背板中隆线明显隆起，呈屋脊形；体色为单一绿色，后翅基部红色 ···	棉蝗属 *Chondracris*
-	前胸腹板突较直，略向后倾斜，其顶端远不到达中胸腹板；体黄褐色，背面中央具淡黄色纵条纹 ······	黄脊蝗属 *Patanga*
16.	前胸腹板突为圆锥形，顶端略尖；后胸腹板侧叶的后端部分明显地分开；雄性腹部末节背板的后缘一般具有小尾片；多数种类的前翅端部呈斜切状 ··	17
-	前胸腹板突为圆柱形，其顶端较钝圆；后胸腹板侧叶的后端部分常相互毗连；雄性腹部末节背板后缘多数种类缺尾片；前翅端部常呈圆形 ···	20
17.	雌雄两性的颜面隆起侧面观在触角之间明显地向前突出，在触角之下略微凹入；头顶侧缘具有三角形头侧窝；前胸背板的背面在沟前区和沟后区常具有丝绒状的黑色斑纹 ···	凸额蝗属 *Traulia*
-	颜面隆起在触角之间不明显向前突出，由侧面观颜面较平直或近乎平直 ···	18
18.	前胸背板的中隆线较隆起，仅被后横沟所切割；雄性腹部末节背板的后缘具有较尖的尾片 ······	十字蝗属 *Epistaurus*
-	前胸背板的中隆线较低或近乎消失，明显地被 3 条横沟所切割 ···	19
19.	前胸背板侧片的后下角常具有淡色斑纹；雄性腹部末节背板后缘缺尾片；雄性尾须近锥形，较直，顶端较尖 ··	胸斑蝗属 *Apalacris*
-	雄性腹部末节背板的后缘具有较大的三角形尾片；雄性尾须较侧扁，端部向下弯曲，顶端圆形；前翅端部的横脉倾斜于纵脉 ··	斜翅蝗属 *Eucoptacra*
20.	前胸背板两侧缘在中部明显缩狭；后足股节外侧常具有完整的黑色横斑纹；体较粗短 ·········	外斑腿蝗属 *Xenocatantops*
-	前胸背板两侧缘近于平行，在中部不缩狭 ··	21
21.	前胸腹板突柱形，顶略膨大，圆形；后足股节外侧常具不完整黑色横板；体形粗壮 ·············	斑腿蝗属 *Catantops*
-	前胸腹板突较侧扁；后足股节外侧常具黑色纵纹；体较细长 ···	直斑腿蝗属 *Stenocatantops*
22.	雄性尾须呈尾铗状，较强地向内弯曲，顶端分裂成上、下两支，下支不分齿或呈二齿状；前胸背板常同色 ···	星翅蝗属 *Calliptamus*
-	雄性尾须侧扁，较强地向下弯曲，其端部完整，不分裂为齿状 ···	23
23.	体型较大；前胸腹板突为圆锥形，端部较狭，顶端略尖；前胸背板背面两侧缘具有较宽的淡色边缘；雄性尾须侧扁，超过腹端，侧面观较宽，端部较大，略向内弯曲 ···	长夹蝗属 *Choroedocus*
-	体型较小；前胸腹板突为圆柱形，端部较膨大，顶端圆形；前胸背板背面两侧缘具有较狭的淡色边缘；雄性尾须较短 ··	24
24.	头顶背面中央具有明显的中隆线，有时较弱，不明显或缺如；雄性尾须侧面观较细狭，锥形，端部较狭锐 ··	黑背蝗属 *Eyprepocnemis*
-	头顶背面中央缺中隆线；雄性尾须较侧扁，侧面观基部和端部均较宽，中部缩狭，顶端宽 ········	素木蝗属 *Shirakiacris*

262. 野蝗属 *Fer* Bolívar, 1918

Fer Bolívar, 1918: 8, 17. Type species: *Fer coeruleipennis* Bolívar, 1918.

主要特征：体型中等。头顶背面具明显的中隆线；前胸背板后缘略圆形突出，中隆线不明显，缺侧隆线。前胸腹板突圆柱状，顶端钝。前、后翅发达，到达后足股节的顶端；在径脉和中脉间具平行横脉。后足股节上侧中隆线平滑，顶端具 1 尖刺；下膝侧片的端部呈尖刺状。后足胫节顶端略膨大，具外端刺或外端刺不明显。雄性腹部末节背板后缘无明显的尾片。雌性产瓣直，具细齿。

分布：古北区、东洋区。世界已知 6 种，中国记录 5 种，浙江分布 1 种。

（548）无斑野蝗 *Fer nonmaculiformis* Zheng et Lian, 1985（图 18-3）

Fer nonmaculiformis Zheng et Lian, 1985: 1.

主要特征：雌性体中型。复眼卵圆形，纵径为横径的 1.6 倍，为眼下沟长的 1.6 倍。前胸背板前缘圆形，后缘中央具极小凹口；中隆线极弱，后横沟明显，位于前胸背板中部之后，沟前区的长度为沟后区长的 2 倍。前胸腹板突圆柱形。中胸腹板侧叶间中隔的长度为其最狭处的 3 倍。后胸腹板侧叶分开。前、后翅发达。后足股节上侧中隆线光滑无细齿；下膝侧片顶端呈锐刺状。后足胫节具极小的外端刺。上产卵瓣短粗，下产卵瓣较细，外缘均具细齿。下生殖板较宽短。

体色：黄褐色；复眼后至前胸背板后缘具黑褐色纵带纹。后足股节外侧黄褐色，无斑纹，内侧红色。后足胫节内侧黑色，基部红色，外侧黑褐色，基部褐色。

体长：♀ 36 mm。**前胸背板长**：♀ 7 mm。**前翅长**：♀ 23 mm。**后足股节长**：♀ 20 mm。

分布：浙江、福建（崇安）。

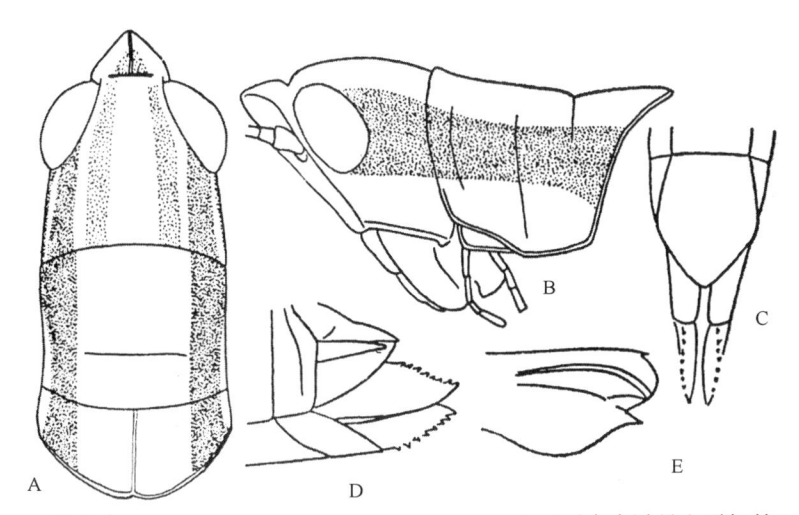

图 18-3　无斑野蝗 *Fer nonmaculiformis* Zheng *et* Lian, 1985（引自李鸿昌和夏凯龄，2006）
A. ♀头、前胸背板背面观；B. ♀头、前胸背板侧面观；C. ♀腹端腹面观；D. ♀腹端侧面；E. ♀后足膝部侧面观

263. 芋蝗属 *Gesonula* Uvarov, 1940

Gesonula Uvarov, 1940: 174. Type species: *Acridium punctifrons* Stål, 1861.

主要特征：体小型，较细。缺头侧窝。中隆线在沟前区不明显，在沟后区明显，缺纵隆线。前胸腹板突圆锥形，端部较狭窄但不具齿，略向后倾斜。后足胫节近顶端部分的侧缘呈片状扩大，顶端具内、外端刺，沿其内缘近顶端 2 刺间距离为 2 倍或 3 倍于其他刺间的距离。雄性肛上板具中纵沟，在顶端形成较宽的凹陷。尾须超过肛上板之顶端。下生殖板短锥形。阳具基背片锚状突细长。雌性产卵器之上瓣大于下瓣，外缘具大而尖锐的齿。

分布：古北区、东洋区、澳洲区。世界已知 8 种，中国记录 2 种，浙江分布 1 种。

（549）芋蝗 *Gesonula punctifrons* (Stål, 1860)（图 18-4）

Acridium (*Oxya*) *punctifrons* Stål, 1860: 336.
Gesonula punctifrons: Bey-Bienko & Mistshenko, 1951: 172 [182].

主要特征：雄性体小型。缺头侧窝。触角中段一节的长度为宽度的 2.1 倍。复眼垂直直径为横径的 1.5–1.7 倍，为眼下沟长度的 1.5 倍。前胸背板前缘较平直，后缘为圆弧形；中隆线不明显，缺侧隆线；后横沟位于背板中部。中胸腹板中隔的长度为最狭处的 1.25 倍；后胸腹板侧叶在后端相连。后足股节上侧之中隆线光滑；上膝侧片的顶端圆形，下膝侧片顶端呈锐刺状。后足胫节近顶端 2 刺之间的距离大于其余各刺间的距离。肛上板中央纵沟较狭，顶端略扩大。阳具基背片锚状突较长而直，桥部较宽。

雌性后胸腹板侧叶在后端略分开。产卵瓣之上瓣大于下瓣，外缘具尖细齿。下生殖板后缘中央呈三角形突出。

体色：绿色或草绿色，具黑褐色眼后带。前翅褐色，臀脉域绿色。后足股节黄绿色。后足胫节青蓝色，基部红色。

体长：♂ 17.0–18.0 mm，♀ 19.0–22.0 mm。前胸背板长：♂ 3.0–4.0 mm，♀ 3.5–5.0 mm。前翅长：♂ 15.5–17.0 mm，♀ 17.0–23.0 mm。后足股节长：♂ 9.5–11.0 mm，♀ 10.0–13.0 mm。

分布：浙江（杭州）、江西、福建、台湾、广东、海南、广西、四川、云南；日本，印度，缅甸，斯里兰卡。

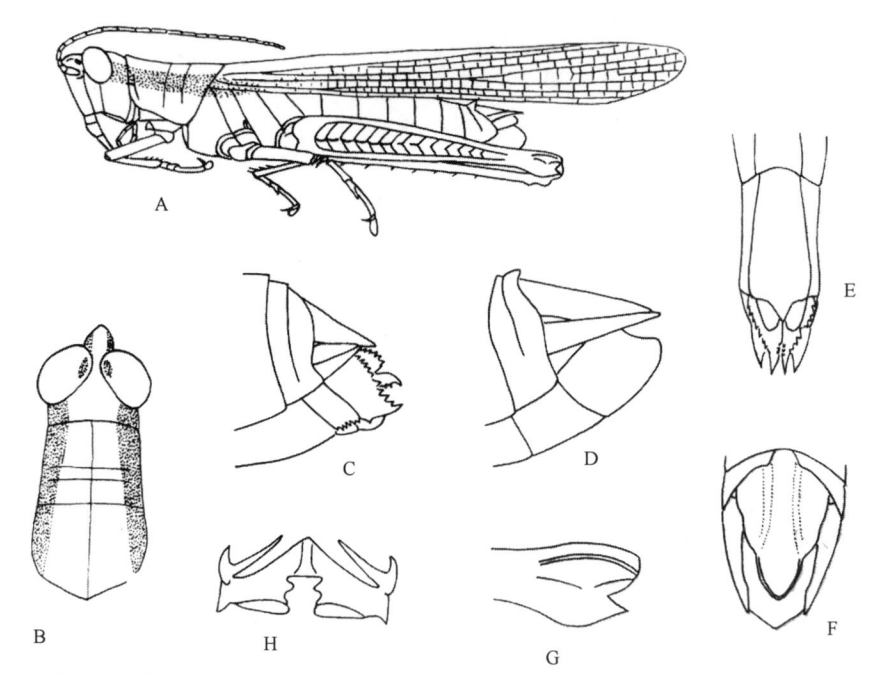

图 18-4　芋蝗 *Gesonula punctifrons* (Stål, 1860)（引自李鸿昌和夏凯龄，2006）
A. ♂整体侧面观；B. ♂头、前胸背板背面观；C. ♀腹端侧面观；D. ♂腹端侧面观；E. ♀腹端腹面观；F. ♂腹端背面观；G. ♂后足膝部；H. 阳具基背片

264. 伪稻蝗属 *Pseudoxya* Yin *et* Liu, 1987

Pseudoxya Yin *et* Liu, 1987: 66. Type species: *Oxya diminuta* Walker, 1871.

主要特征：体小型，匀称。前胸后缘呈钝角形突出；全长具中隆线，侧隆线缺。前胸腹板突圆锥形。前、后翅发达，超过后足股节之半，在背中部毗连；前翅前缘具发音齿。中胸腹板侧叶宽略大于长。后胸腹板侧叶在后端相毗连。后足股节上基片长于下基片；上侧中隆线平滑，在端部形成锐刺；下膝侧片顶端呈锐刺。雄性腹部末节背板后缘具 1 对小尾片。尾须锥形。阳具基背片具 1 对片状冠突，具锚状突。雌性上、下产卵瓣外缘均具齿。

分布：古北区、东洋区。世界已知 1 种，中国记录 1 种，浙江分布 1 种。

（550）赤胫伪稻蝗 *Pseudoxya diminuta* (Walker, 1871)（图 18-5）

Oxya diminuta Walker, 1871: 64.
Pseudoxya diminuta: Yin & Liu, 1987: 66.

主要特征：雄性体小型。复眼纵径为横径的 1.6 倍，并为眼下沟长的 2.6 倍。前胸背板沟前区长为沟后区的 1.4 倍。前、后翅超过后足股节之半；前翅前缘具发音齿。中胸腹板侧叶间的中隔之长约为最小宽度的 3 倍。后足胫节内侧上缘具刺 10 个，外侧上缘具刺 8 个，具内、外端刺。腹部末节背板后缘具 1 对小尾片。尾须锥形，略超出肛上板端部。阳具基片具锚状突。

雌性体较雄性略大而粗壮。复眼纵径约为横径的 1.8 倍。中胸腹板侧叶间的中隔之长约为最小宽度的 2 倍。后足胫节内侧上缘具刺 10 个，外侧具刺 6 或 7 个。尾须较短。产卵瓣较狭长，上产卵瓣具齿。

体色：黄褐，有时混杂绿色。自复眼向后沿前胸背板侧面具 1 黑褐色纵带纹。前胸背板背面和前翅褐色。后足股节上侧褐色，具 3 个黑色斑纹，内侧底缘红色，后足胫节红色。

体长：♂ 13.5–16.5 mm，♀ 17.0–22.5 mm。前胸背板长：♂ 3.1–3.7 mm，♀ 4.5–5.1 mm。前翅长：♂ 6.7–8.0 mm，♀ 9.0–11.0 mm。后足股节长：♂ 8.4–9.2 mm，♀ 11.8–12.5 mm。

分布：浙江、福建、广东、广西、贵州、云南。

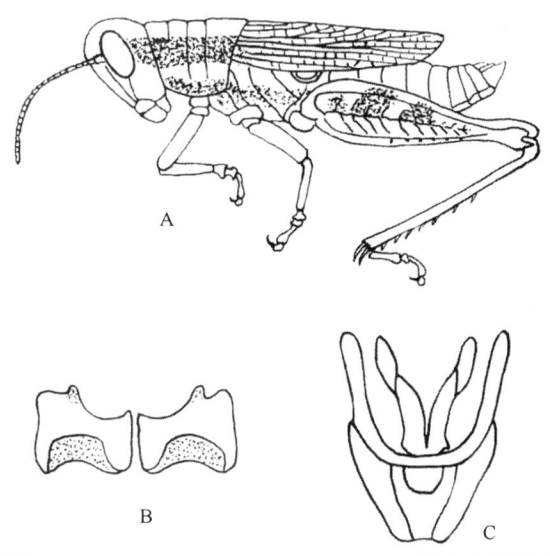

图 18-5　赤胫伪稻蝗 *Pseudoxya diminuta* (Walker, 1871)（引自李鸿昌和夏凯龄，2006）
A. ♂整体侧面观；B. 阳具基背片；C. 阳具复合体

265. 稻蝗属 *Oxya* Serville, 1831

Oxya Serville, 1831: 264, 286. Type species: *Oxya hyla* Serville, 1831.

主要特征：体型中等。前胸腹板突圆锥形，其端部圆形或略尖，通常略向后倾斜，有时其后侧较平。前后翅发达。后足股节匀称，膝部的上膝侧片端部为圆形，下膝侧片端部延伸为锐刺状；后足胫节近端部之半较展宽，其上侧外缘形成狭片状，具有外端刺。雄性肛上板为三角形。尾须锥形或侧扁，端部为圆形或为分支状。阳具基背片桥部为较狭的分开，通常缺锚状突。雌性下生殖板的后缘常具齿或突起，表面常具纵隆脊或纵沟。产卵瓣细长，在其外缘具齿或刺。

分布：世界广布。世界已知 57 种，中国记录 23 种，浙江分布 6 种。

分种检索表

1. 雄性肛上板两侧缘中部各具 1 不明显的突起；雌性前翅前缘具 1 行较密的短齿，自前缘近基部扩大处向端部延伸几乎到达翅端；下产卵瓣较狭长，其外缘具长齿，在长齿间常具短齿，端齿呈钩形；雄性中胸腹板侧叶间的中隔较狭，但长小于宽的 9 倍，尾须锥形，端部呈斜切状 ··· 小稻蝗 *O. intricata*
- 雄性肛上板两侧缘中部缺突起；雌性前翅的前缘缺齿或具微弱的齿；产卵瓣外缘齿较短而整齐，端齿不呈钩状 ········· 2

2. 雌雄两性前、后翅均发达，通常超过后足股节顶端 ·· 3
- 雌雄两性前、后翅均较不发达，不到达或刚到达后足股节端部 ·· 5
3. 雄性尾须为细锥形，端部近 1/5 处明显趋细，顶端细锐；雌性下产卵瓣基部腹面的内缘缺齿 ············· **长翅稻蝗 *O. velox***
- 雄性尾须为锥形，端部不明显趋细，顶端略钝、斜切或分支；雌性下产卵瓣基部腹面的内缘具有 1 个或 2 个齿状刺 ···· 4
4. 雄性肛上板的基部两侧具有明显的沟纹；尾须为锥形，端部有时呈斜切状；雌性下生殖板的端部中央具有较宽的纵沟，自后缘向前延伸至少到达中部，并在其两侧具纵隆脊，后缘往往具有 4 齿 ·· **日本稻蝗 *O. japonica***
- 雄性肛上板圆三角形，在其基部两侧缺沟纹；尾须圆锥形，顶端圆形或稍尖锐；雌性下产卵瓣基部腹面的内缘具 1–2 个齿状刺，下生殖板端部中央不具有较宽的纵沟，后缘具短齿，中间两个间隔较大 ································ **中华稻蝗 *O. chinensis***
5. 雌性下生殖板腹面一般较平滑，缺 1 对明显的纵隆脊；雄性尾须为短锥形，较侧扁，端部分两支，其上支较粗钝，下支较细狭；雌性下产卵瓣基部腹面的内缘缺刺，下生殖板后缘中央的 1 对齿较分开 ································· **宁波稻蝗 *O. ningpoensis***
- 雌性下生殖板腹面具有 1 对明显的纵隆脊，隆脊之间低凹，隆脊的顶缘具细齿；雄性尾须圆锥形，顶端为斜切状或小突；上、下产卵瓣顶端弯钩较直 ·· **山稻蝗 *O. agavisa***

（551）小稻蝗 *Oxya intricata* (Stål, 1861)（图 18-6）

Acridium (Oxya) intricatum Stål, 1861 [1860]: 335.

Oxya intricata: Walker, 1870: 647.

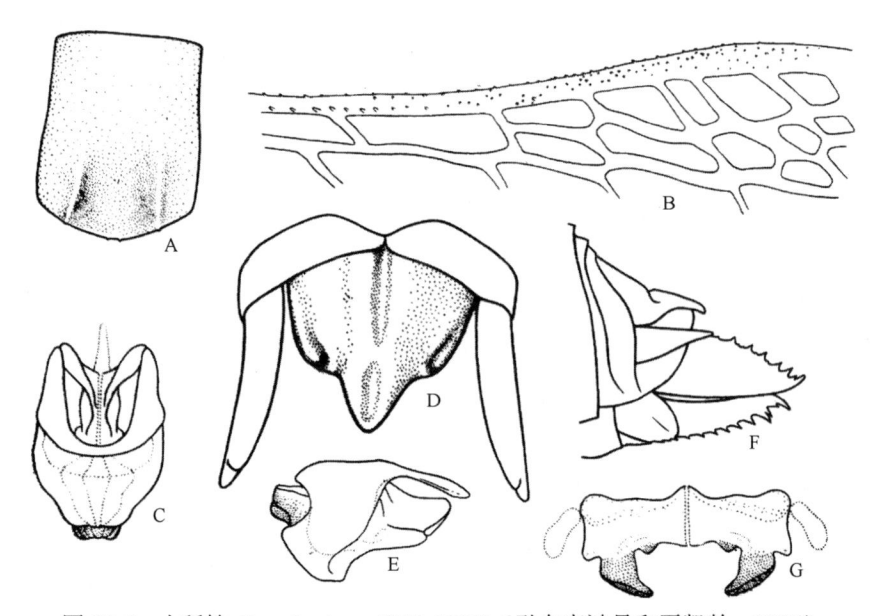

图 18-6　小稻蝗 *Oxya intricata* (Stål, 1861)（引自李鸿昌和夏凯龄，2006）
A. ♀下生殖板腹面观；B. ♀前翅前缘；C. ♂肛上板及尾须背面观；D. ♀腹端背面；E. 阳具复合体侧面观；F. ♀腹端侧面观；G. 阳具基背片

主要特征：雄性体型中等，细长。前胸背板中隆线较弱，缺侧隆线。前胸腹板突较大，圆锥形，顶端倾斜或斜切。中胸腹板侧叶间的中隔较狭，中隔长度明显大于其宽度。肛上板的两侧缘中部各具有 1 个不明显的突起，其端部中央颇向后延伸成长三角形，基部具中纵沟，肛上板之长明显地长于宽。尾须为锥形，端部略呈斜切。阳具基背片具狭桥，缺锚状突，外冠突呈弯钩状。

雌性前翅的前缘具有 1 行较密的细刚毛。下产卵瓣外缘具有长齿，在长齿之间通常具有短齿，端齿呈钩状。下生殖板后缘缺齿，表面缺隆脊或仅在端部具有较弱的突起。下产卵瓣基部腹面的内缘各具有小刺。

体色：深绿色或浅褐色。

体长：♂ 17.5–24.0 mm，♀ 23.0–29.0 mm。前胸背板长：♂ 3.5–4.5 mm，♀ 4.9–6.1 mm。前翅长：♂ 13.0–20.0 mm，♀ 19.0–25.0 mm。后足股节长：♂ 9.5–13.1 mm，♀ 13.0–16.0 mm。

分布：浙江（临安）、山东、陕西、江苏、上海、安徽、湖北、江西、湖南、福建、台湾、广东、香港、广西、贵州、云南、西藏；琉球群岛，越南，泰国，菲律宾，马来西亚，新加坡，印度尼西亚（爪哇，苏门答腊）。

（552）长翅稻蝗 *Oxya velox* (Fabricius, 1787)（图 18-7）

Gryllus velox Fabricius, 1787: 239.

Oxya velox: Brunner von Wattenwyl, 1861: 223.

主要特征：雄性体型中等。中隆线明显，缺侧隆线；3 条横沟均明显。前胸腹板突圆锥形，顶端较钝。中胸腹板侧叶间的中隔较狭，长度明显地大于宽度。前、后翅超过后足股节顶部。肛上板两侧中部缺突起。尾须端部近 1/5 处明显趋细。阳具复合体的色带瓣为向上弯曲的粗大圆柱形，顶端略膨大；阳具端瓣较细长，向上弯曲，几乎包在色带瓣板之内。

雌性前翅的前缘具稀疏的弱齿，近基部前缘扩大处较小。腹部第 2、3 节背板侧面的后下角缺刺。下产卵瓣基部腹面的内缘缺齿。下生殖板具 1 对分开的刺。

体色：褐绿色，或背面褐色，侧面绿色，头部在复眼之后，沿前胸背板侧片的上缘具有明显的深褐色纵条纹。后足股节绿色或褐色，膝部为暗褐色。后足胫节青绿色，基部和端部暗色，胫节刺顶端为黑色。

体长：♂ 14.8–21.2 mm，♀ 22.0–28.0 mm。前胸背板长：♂ 3.2–4.7 mm，♀ 4.1–5.9 mm。前翅长：♂ 13.5–17.6 mm，♀ 16.0–23.0 mm。后足股节长：♂ 9.5–11.7 mm，♀ 12.0–17.0 mm。

分布：浙江、云南、西藏；巴基斯坦，印度，孟加拉国，缅甸，泰国。

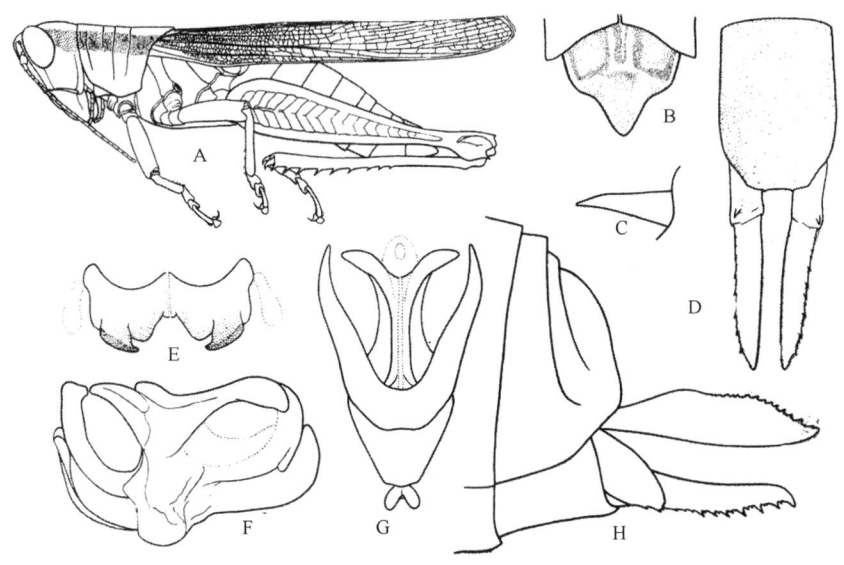

图 18-7 长翅稻蝗 *Oxya velox* (Fabricius, 1787)（引自李鸿昌和夏凯龄，2006）
A. ♂整体侧面观；B. ♂肛上板；C. ♂尾须侧面观；D. ♀下生殖板及产卵瓣腹面观；E. 阳具基背片；F. 阳具复合体侧面观；G. 阳具复合体背面观；H. ♀腹端侧面观

（553）日本稻蝗 *Oxya japonica* (Thunberg, 1824)（图 18-8）

Gryllus japonicus Thunberg, 1824: 400.

Oxya japonica: Hollis, 1975: 221.

主要特征：雄性体型中等。前胸背板中隆线明显，缺侧隆线，3 条横沟均明显；沟前区略长于沟后区。前胸腹板突锥形，顶端较尖。前、后翅均较发达，通常均超过后足股节顶端，肛上板两侧缘中部缺突起。尾须为锥形，端部不明显趋细，顶端略钝、斜切或分支。阳具基背片的内冠突较细且短，色带后突由背面观为宽圆的三角形，色带瓣板与阳具端瓣近乎等长。

雌性前翅前缘缺齿或具微弱的齿。下生殖板的端部中央具有较宽的纵沟，自后缘向前延伸至少到达中部，并在其两侧具纵隆脊，后缘往往具有 4 齿；产卵瓣外缘齿较短而整齐，端齿不呈钩状，下产卵瓣基部腹面的内缘具有 1 个或 2 个齿状刺。腹部第 2 节背板侧面的后下角具有弯曲的锐刺。

分布：浙江（临安、嵊州、庆元、龙泉）、河南、湖北、江西、福建、广东。

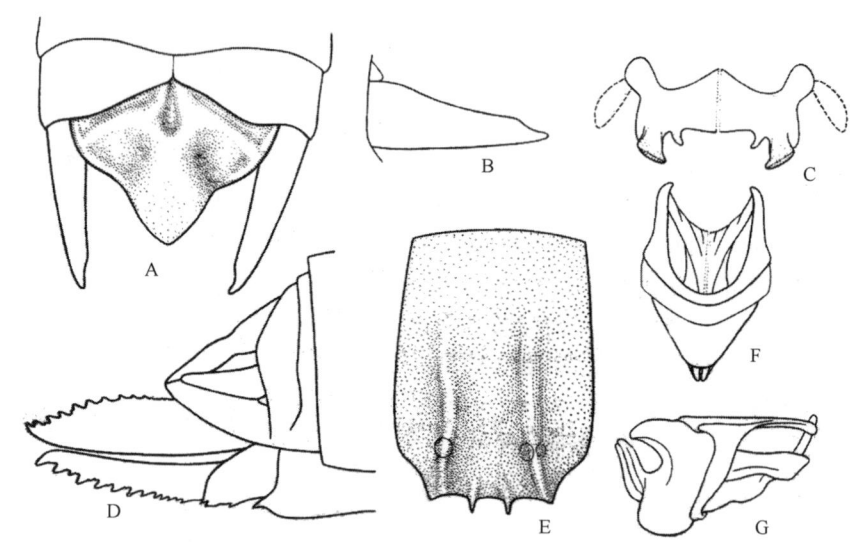

图 18-8　日本稻蝗 *Oxya japonica* (Thunberg, 1824)（引自李鸿昌和夏凯龄，2006）
A. ♂肛上板及尾须背面观；B. ♂尾须侧面观；C. 阳具基背片；D. ♀腹端侧面观；E. ♀下生殖板腹面观；F. 阳具复合体背面观；G. 阳具复合体侧面观

（554）中华稻蝗 *Oxya chinensis* (Thunberg, 1825)（图 18-9）

Gryllus chinensis Thunberg, 1815: 253.

Oxya chinensis: Tinkham, 1940: 292.

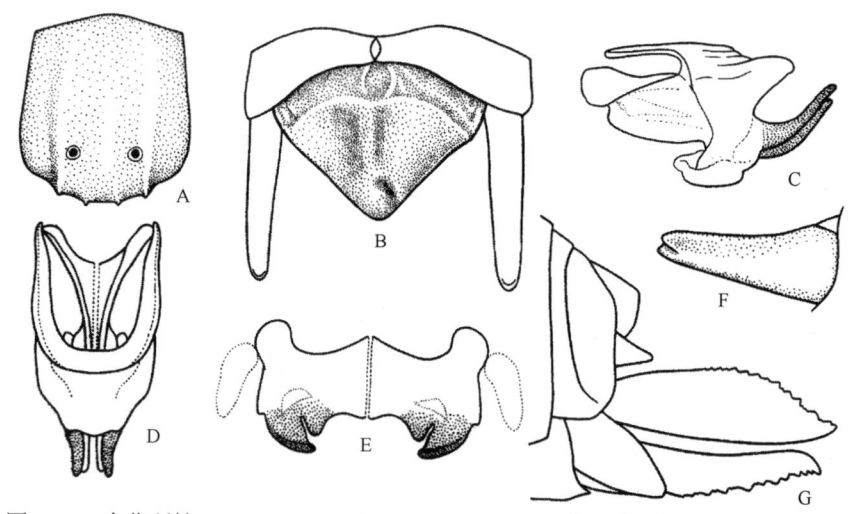

图 18-9　中华稻蝗 *Oxya chinensis* (Thunberg, 1825)（引自李鸿昌和夏凯龄，2006）
A. ♀下生殖板腹面观；B. ♂肛上板及尾须背面观；C. 阳具复合体侧面观；D. 阳具复合体背面观；E. 阳具基背片；F. ♂尾须侧面观；G. ♀腹端侧面观

主要特征：雄性体型中等。触角较细长，其中段一节的长度为其宽度的 1.5–2 倍。肛上板圆三角形，在其基部两侧缺沟纹，侧基部无褶皱。色带瓣板较粗，端部凹口较浅；色带后突背面观呈宽圆形，端部中央较平，其两侧突较小；尾须圆锥形，顶端圆形或稍尖锐。

雌性体型较大于雄性。下生殖板的表面较隆起或较平，最多仅在端部中央略低凹；其下生殖板后缘具短齿，中间的 2 个间隔较大。腹部第 2、3 节背板具刺，第 3 节的较发达。

体色：绿色或褐绿色，或背面黄褐色，侧面绿色，常有变异。

体长：♂ 15.1–33.1 mm，♀ 19.6–40.5 mm。前胸背板长：♂ 3.3–6.6 mm，♀ 4.1–8.7 mm。前翅长：♂ 10.4–25.5 mm，♀ 11.4–32.6 mm。后足股节长：♂ 9.7–18.2 mm，♀ 11.7–23.0 mm。

分布：浙江（临安）、黑龙江、吉林、辽宁、北京、天津、河北、山东、河南、陕西、江苏、上海、安徽、湖北、江西、湖南、福建、台湾、广东、广西、四川；朝鲜，日本，越南，泰国。

（555）宁波稻蝗 *Oxya ningpoensis* Chang, 1934（图 18-10）

Oxya ningpoensis Chang, 1934: 190.

主要特征：雄性体粗大。前胸背板中隆线明显，缺侧隆线；3 条横沟均明显，沟前区长于沟后区。前胸腹板突圆锥形，顶端略尖。肛上板三角形，顶端圆弧形。尾须明显超过肛上板顶端，顶端分成 2 支，上支短钝，顶端圆形，下支细长，顶端尖锐。色带瓣较短，具有复杂的褶皱；阳具端瓣较小，呈褶皱。

雌性体型较雄性粗大。下产卵瓣基板内缘缺齿。下生殖板腹面端半部中间呈凹面状，两侧较宽，具较弱的隆脊，后缘中央具有 1 对齿，齿间较宽。

体色：绿色。头部在复眼之后、沿前胸背板侧片的上缘有明显的褐色纵条纹。后足股节绿色，膝部的上膝侧片为褐色。后足胫节绿色、基部褐色。胫节刺的顶端为黑色。

体长：♂ 32.0–37.0 mm，♀ 39.0–44.0 mm。前胸背板长：♀ 6.9–8.1 mm，♂ 8.8–10.3 mm。前翅长：♂ 19.0–24.0 mm，♀ 25.0–28.0 mm。后足股节长：♂ 17.0–21.0 mm，♀ 21.0–23.6 mm。

分布：浙江（绍兴、宁波）、江苏、上海。

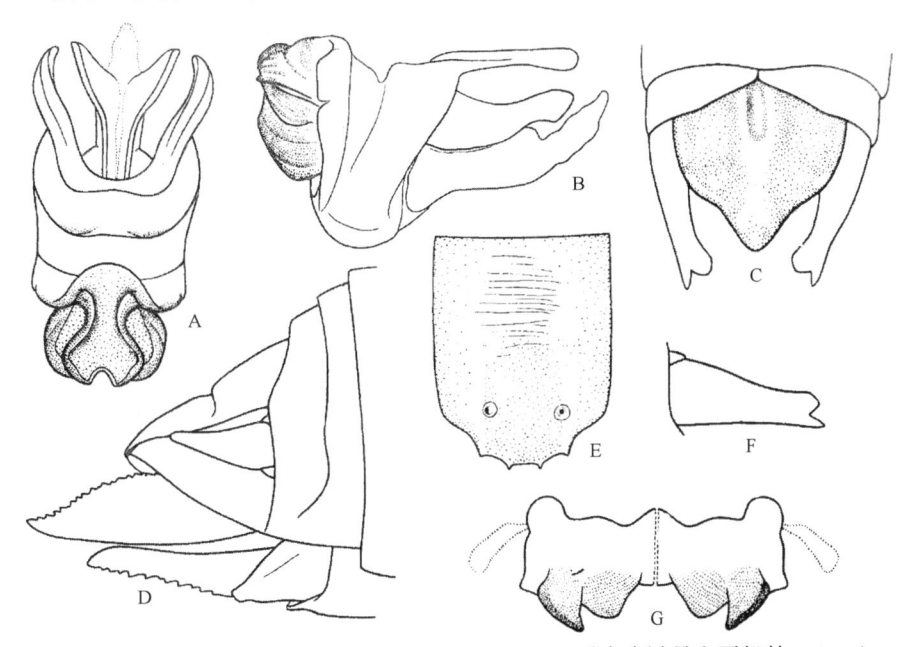

图 18-10　宁波稻蝗 *Oxya ningpoensis* Chang, 1934（引自李鸿昌和夏凯龄，2006）
A. 阳具复合体背面观；B. 阳具复合体侧面观；C. ♂肛上板及尾须；D. ♀腹端侧面观；E. ♀下生殖板腹面观；F. ♂尾须侧面观；G. 阳具基背片

（556）山稻蝗 *Oxya agavisa* Tasi, 1931（图 18-11）

Oxya agavisa Tsai, 1931: 437.

主要特征：雄性体中型。前胸背板中隆线略明显，缺侧隆线，3 条横沟均明显。前胸腹板突锥形。前、后翅不到达或刚到达后足股节端部。肛上板具弱的基侧褶皱，基部中央具短而浅的中纵沟。尾须为圆锥形。阳具基背片桥部较狭，外冠突呈细钩形，内冠突较小；色带后突由背面观为大而圆的长方形；色带瓣具有宽而深的后缘凹陷；阳具端瓣较细长，向上弯。

雌性较雄性为粗大。产卵瓣外缘齿较短而整齐，端齿不呈钩状。下生殖板后缘中央明显突出，端部具有 1 对甚为接近的齿，下生殖板腹面之后具 1 对明显的隆脊。

体色：绿色或褐绿色，或背面黄褐色，侧面绿色，常有变异。

体长：♂ 24.4–34.0 mm，♀ 28.0–39.0 mm。前胸背板长：♂ 4.8–7.2 mm，♀ 5.3–8.8 mm。前翅长：♂ 14.5-27.0 mm，♀ 18.0–32.0 mm。后足股节长：♂ 14.0–17.0 mm，♀ 17.0–22.0 mm。

分布：浙江（临安）、江苏、上海、安徽、湖北、江西、湖南、福建、广东、广西、四川、贵州、云南等。

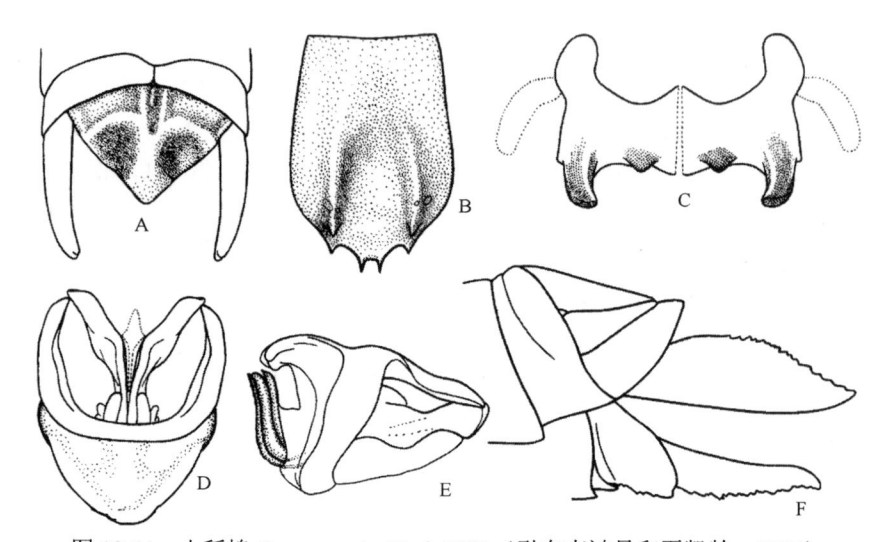

图 18-11　山稻蝗 *Oxya agavisa* Tasi, 1931（引自李鸿昌和夏凯龄，2006）
A. ♂肛上板及尾须背面观；B. ♀下生殖板腹面观；C. 阳具基背片；D. 阳具复合体背面观；E. 阳具复合体侧面观；F. ♀腹部侧面观

266. 籼蝗属 *Oxyina* Hollis, 1975

Oxyina Hollis, 1975: 228. Type species: *Oxya sinobidentata* Hollis, 1971.

主要特征：头锥形，头顶较短，其宽大于长；颜面隆起，全长具纵沟，前胸腹板突锥形。前胸背板背面较平，中隆线较弱，缺侧隆线；3 条横沟均切割中隆线。前、后翅均发达，常超过后足股节的端部。后足股节端部的下膝侧片顶端呈刺状。后足胫节端半部上侧边缘扩大，呈狭片状。雄性腹部末节背板后缘缺尾片。阳具基背片较宽，近板片状，锚状突较发达；阳具鞘膜位于桥部之间前缘较膨大。雌性产卵瓣细长，边缘具不规则细齿。

分布：古北区、东洋区。世界已知 4 种，中国记录 1 种，浙江分布 1 种。

（557）二齿籼蝗 *Oxyina sinobidentata* (Hollis, 1971)（图 18-12）

Oxya sinobidentata Hollis, 1971: 330.
Oxyina sinobidentata: Hollis, 1975: 228.

主要特征：雄性体型小。前胸背板中隆线甚低；3 条横沟切断中隆线，缺侧隆线。前、后翅长超过后足股节。前胸腹板突圆锥形。后足股节下膝侧片顶端具锐刺。后足胫节近顶端部的两侧缘呈片状扩大；外缘具刺 9–10 个，内缘具刺 9–12 个。尾须顶端具有 2 个锐齿。肛上板长度明显短于其最宽处。阳具基背片具有较宽的板状桥，具锚状突；内冠突较分开，外冠突较圆或不具钩。

雌性体较雄性大。下生殖板的后缘中央呈圆形，两侧缘各具有 1 个小圆形突出。

体色：黄绿色。复眼后带褐色，经前胸背板侧叶上缘到前翅顶端。后足股节顶端之 1/3 为淡的红褐色。胫节绿色，胫节刺顶端为黑色，胫节下为淡褐色。

体长：♂ 16.0–19.9 mm，♀ 25.2–27.3 mm。前胸背板长：♂ 3.4–4.0 mm，♀ 4.4–5.0 mm。前翅长：♂ 13.3–16.6 mm，♀ 17.0–19.7 mm。后足股节长：♂ 9.5–10.5 mm，♀ 12.0–13.9 mm。

分布：浙江（临安）、江苏、安徽、广西、四川、贵州。

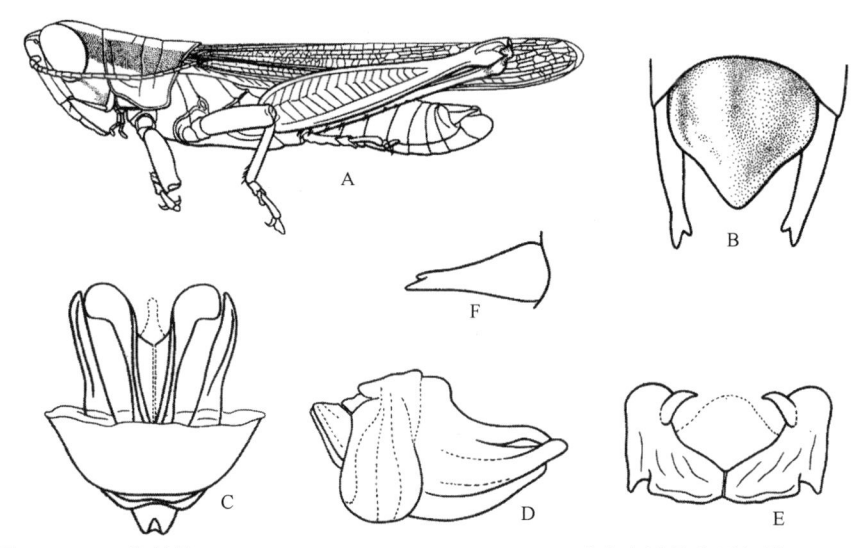

图 18-12　二齿籼蝗 Oxyina sinobidentata (Hollis, 1971)（引自李鸿昌和夏凯龄，2006）
A. 整体侧面观；B. ♂肛上板背面观；C. 阳具复合体背面观；D. 阳具复合体侧面观；E. 阳具基背片；F. ♂尾须侧面观

267. 卵翅蝗属 *Caryanda* Stål, 1878

Caryanda Stål, 1878: 47. Type species: *Acridium spurium* Stål, 1861.

主要特征：体中型。触角丝状。前胸腹板突圆锥形。中胸腹板侧叶及中隔宽大于长或长宽相等。前翅鳞片状，侧置，在背部不毗连。后足股节上侧之中隆线光滑，在末端形成尖刺；下膝侧片顶端尖刺状。后足胫节近端部圆柱形，侧缘不扩大，具外端刺。雄性腹部末节背板后缘具小尾片。尾须超过肛上板的顶端。雄性下生殖板短锥形，端部较狭，顶端近圆形。阳具基背片桥部较狭地分开，具锚状突。雌性上产卵瓣之上外缘及下产卵瓣之下外缘具细齿。

分布：古北区、东洋区、旧热带区。世界已知 89 种，中国记录 68 种，浙江分布 5 种。

分种检索表

1. 前胸腹板突基部较宽，呈三角形，其前缘突起，后缘平；中胸腹板侧叶间的中隔长为宽的 1.5 倍；后足股节下侧呈橘红色 ······················ 浙江卵翅蝗 *C. zhejiangensis*
- 前胸腹板突圆锥形 ··· 2
2. 后足股节橙红色 ··· 巴东卵翅蝗 *C. badongensis*
- 后足股节非橙红色 ··· 3
3. 中胸腹板侧叶间的中隔长度为最狭处宽的 4 倍；前翅长度大于宽度的 2.5 倍；触角中段一节的长度为宽度的 2 倍；雌性下生殖板后缘弧形或略微凹陷 ·· 比氏卵翅蝗 *C. pieli*
- 中胸腹板侧叶间的中隔长度为宽的 3 倍以下 ··· 4
4. 前翅达到或略超过第 1 腹节背板的后缘 ··· 白尾卵翅蝗 *C. albufurcula*
- 前翅到达第 2 腹节背板的中部 ··· 柱突卵翅蝗 *C. haii*

（558）浙江卵翅蝗 *Caryanda zhejiangensis* Wang *et* Zheng, 2000（图 18-13）

Caryanda zhejiangensis Wang *et* Zheng, 2000: 14.

主要特征：雌性体中型。复眼纵径为横径的 1.67 倍，为眼下沟的 2.1–2.3 倍。前胸背板中隆线较低，被 3 条横沟明显切断，后横沟近平直，沟前区为沟后区的 1.8 倍。中胸腹板侧叶间的中隔长为宽的 1.5 倍。前翅鳞片状，侧置，长为宽的 2.3 倍。后足股节长为最宽处的 4 倍，后足胫节背面观圆柱形，端部不片状扩大，内侧具刺 10 个，外侧具刺 7–9 个，有外端刺。肛上板长三角形，中部深横切，外观呈前后两部分，基半部纵峭高，中央纵沟深，端半部中央纵沟较浅。尾须基部侧扁，端部短锥状，顶尖。

体色：黄褐色，眼后带黑褐色，延伸至腹部。后足股节下侧呈橘红色，胫节前翅深褐色，臀域淡褐色。

体长：♀ 32–33 mm。前胸背板长：♀ 6.9–7.1 mm。后足股节长：♀ 16–18 mm。前翅长：♀ 6–7 mm。

分布：浙江。

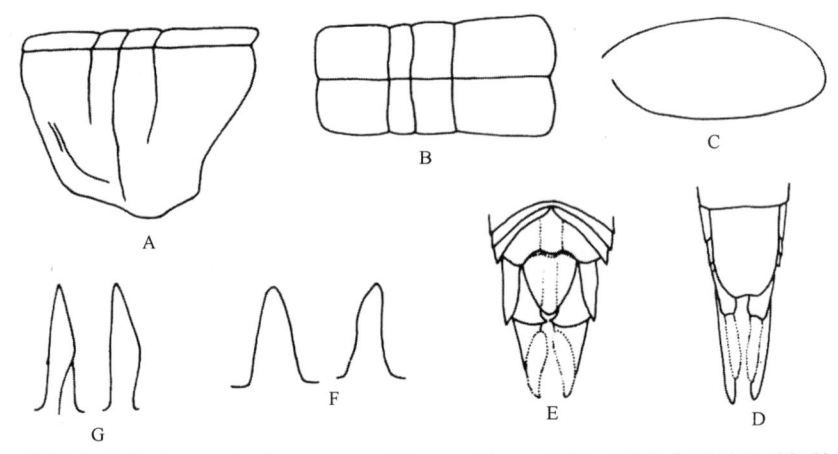

图 18-13 浙江卵翅蝗 *Caryanda zhejiangensis* Wang *et* Zheng, 2000（引自李鸿昌和夏凯龄，2006）
A.♀前胸背板侧面观；B.♀前胸背板背面观；C.♀前翅；D.♀腹末端腹面观；E.♀腹末端背面观；F.♀前胸腹板突正、侧面观；G.♀尾须侧面观

（559）巴东卵翅蝗 *Caryanda badongensis* Wang, 1995（图 18-14）

Caryanda badongensis Wang, 1995: 81.

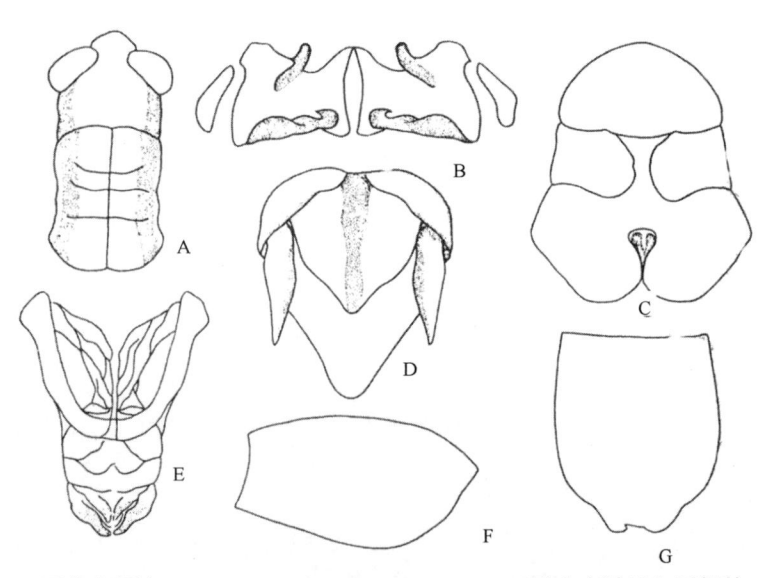

图 18-14 巴东卵翅蝗 *Caryanda badongensis* Wang, 1995（引自李鸿昌和夏凯龄，2006）
A.♂头、前胸背板背面观；B. 阳具基背片；C.♂中、后胸腹板；D.♂腹端背面观；E. 阳具复合体；F.♂前翅；G.♀下生殖板

主要特征：雄性体型中等。前胸背板中隆线弱，缺侧隆线；3 条横沟明显，均切断中隆线，沟前区长为沟后区的 2 倍。前胸腹板突圆锥形。中胸腹板侧叶间的中隔长约为最狭处的 4 倍。前翅卵形，长约为宽的 1.9 倍。后足胫节内侧具刺 10 个，外侧具刺 8 个。发音器缺。腹部第 1 节具发达的鼓膜器。肛上板近三角形，末端尖形突出，中央具 1 纵沟。尾须锥形，超过肛上板顶端。下生殖板短锥形。

雌性体较雄性粗大。复眼纵径为横径的 1.6 倍，而为眼下沟长的 1.7 倍。下生殖板后缘圆形突出，在中央处较深的凹陷。

体色：黄褐色。前、中足橄榄绿色。后足股节在雄性橙红色，在雌性其外侧橄榄绿色，上侧端半略带橙红色。后足胫节污蓝色，胫节刺基半黄绿色，端部黑色。腹部两侧具黑色纵纹。

体长：♂ 20.5 mm，♀ 24.5–29 mm。前胸背板长：♂ 4.5 mm，♀ 5.3–5.8 mm。前翅长：♂ 4 mm，♀ 3.2–4.5 mm。后足股节长：♂ 12.2 mm，♀ 14–15 mm。

分布：浙江、湖北。

（560）比氏卵翅蝗 *Caryanda pieli* Chang, 1939（图 18-15）

Caryanda pieli Chang, 1939: 48.

主要特征：雄性体中型。眼间距宽度为颜面隆起在触角间宽的 2.25–2.5 倍。触角中段一节的长度为宽度的 2 倍。前胸背板呈圆柱形，中隆线明显，缺侧隆线；3 条横沟均明显，沟前区长度为沟后区长的 2 倍。前胸腹板突圆锥形。中胸腹板中隔的长度为最狭处宽的 4 倍；前翅不到达或刚超过第 1 腹节背板的后缘，其长度大于宽度的 2.5 倍。后足胫节上侧外缘具刺 8 个（包括外端刺），内缘具刺 10 个（包括内端刺）。肛上板三角形。尾须超过肛上板的顶端。下生殖板短圆锥形，顶端尖锐。

雌性体较粗壮。前翅长度大于宽度的 2 倍。上、下产卵瓣之外缘均具细齿。下生殖板后缘中央略凹。

体色：黄褐色。

体长：♂ 25.5–26.0 mm，♀ 30.0–32.5 mm。前胸背板长：♂ 5.5–6.0 mm，♀ 7.0–7.5 mm。前翅长：♂ 3.0–4.0 mm，♀ 5.0–5.5 mm。后足股节长：♂ 14.0–15.5 mm，♀ 16.5–17.0 mm。

分布：浙江（临安）、安徽（九华山）。

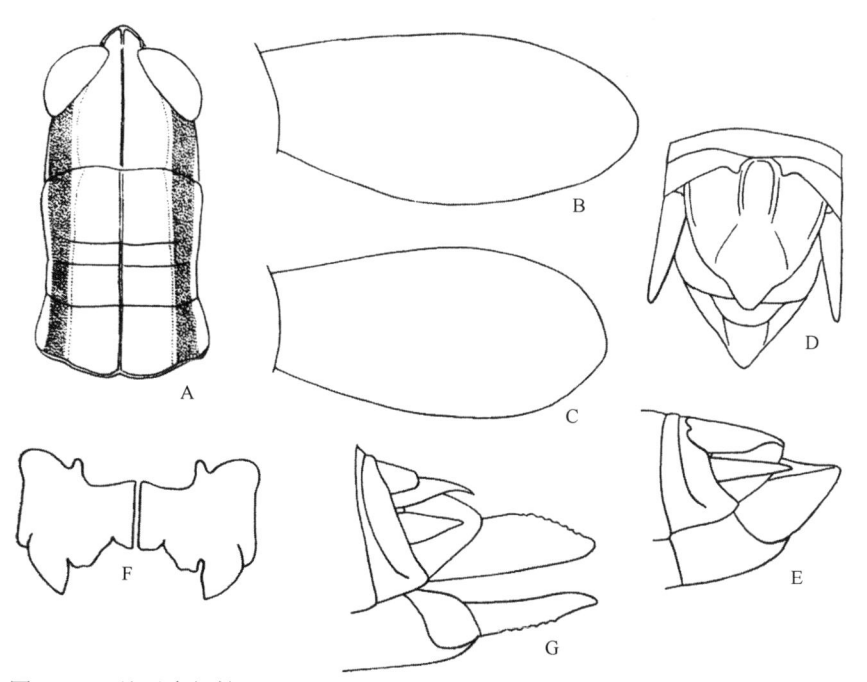

图 18-15 比氏卵翅蝗 *Caryanda pieli* Chang, 1939（引自李鸿昌和夏凯龄，2006）
A. ♂头、前胸背板背面观；B. ♂前翅右侧；C. ♀前翅右侧；D. ♂腹端背面观；E. ♂腹端侧面观；F. 阳具基背片；G. ♀腹端侧面观

（561）白尾卵翅蝗 *Caryanda albufurcula* Zheng, 1988（图 18-16）

Caryanda albufurcula Zheng, 1988: 24.

主要特征：雄性体中小型。触角不到达前胸背板后缘。复眼纵径为横径的 1.4 倍，为眼下沟长的 2.5 倍。前胸背板中隆线明显，缺侧隆线，3 条横沟均明显；沟前区长度为沟后区长的 1.7 倍；前胸腹板突圆锥形。中胸腹板侧叶中隔的长度为最狭处的 3 倍。前翅长度为最宽处的 2 倍。后足股节长度为最宽处的 4 倍；下膝侧片顶端锐角形。后足胫节上侧外缘具 10 刺，内缘具刺 10 个。腹部末节背板后缘具明显的尾片，且呈黄白色。肛上板三角形，顶尖。尾须长圆锥形，顶尖锐，超过肛上板顶端。下生殖板短圆锥形，顶钝圆。阳具基背片内冠突圆，下缘较平，中部微凹；外冠突大，锥形，顶尖。

分布：浙江（龙泉）。

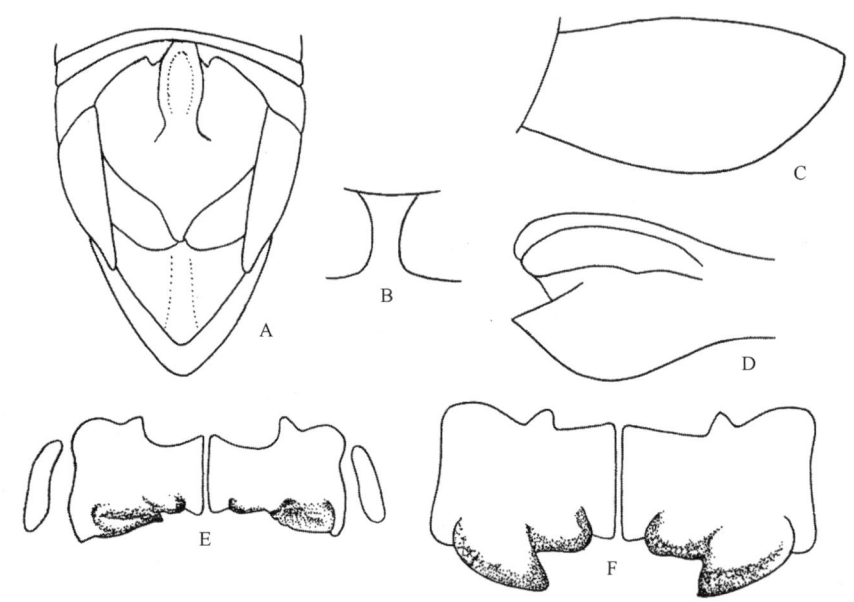

图 18-16 白尾卵翅蝗 *Caryanda albufurcula* Zheng, 1988（引自李鸿昌和夏凯龄，2006）
A.♂腹端背面观；B.♂中胸腹板侧叶间的中隔；C.♂前翅；D.♂后足股节膝部侧面观；E, F. 阳具基背片（不同角度）

（562）柱突卵翅蝗 *Caryanda haii* (Tinkham, 1940)（图 18-17）

Tszacris haii Tinkham, 1940: 313.

Caryanda haii: Jiang & Zheng, 1998: 101.

主要特征：雄性体中型。复眼直径为横径的 1.5 倍，为眼下沟长的 2.3 倍。前胸背板中隆线在沟前区较弱，在沟后区明显，缺侧隆线；3 条横沟均明显切断中隆线，沟前区的长度为沟后区长的 1.8 倍。前胸腹板突近柱状，直而尖。中胸腹板侧叶间的中隔长为宽的 3 倍。前翅长度约为宽度的 1.8 倍，翅顶约到达第 2 腹节背板的中部。后足股节下膝侧片顶端刺状。后足胫节上侧外缘具刺 8–9 个，内缘具刺 10 个，具外端刺。尾须锥状，顶端超过肛上板的顶端。下生殖板短锥形。

雌性前翅的长度为宽度的 2 倍。肛上板中央具纵沟。下生殖板后缘中央凹陷较深，两侧形成 2 钝突起。上产卵瓣之上外缘及下产卵瓣之下外缘均具齿。

体色：黄褐色。眼后带黑色，直延伸至腹部侧面。后足股节黄褐色。后足胫节污蓝色，胫节刺基部黄色，顶端黑色。尾片红褐色。

体长：♂28.0–29.3 mm，♀33.0 mm。前胸背板长：♂5.9–6.5 mm，♀7.8 mm。前翅长：♂4.7–5.5 mm，♀5.7 mm。后足股节长：♂15.2–15.3 mm，♀18.7 mm。

分布：浙江、广东、广西。

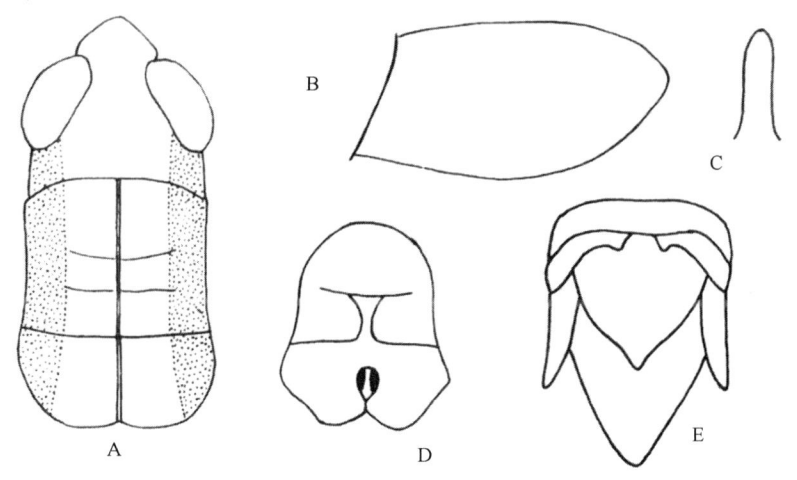

图 18-17 柱突卵翅蝗 *Caryanda haii* (Tinkham, 1940)（引自李鸿昌和夏凯龄，2006）
A. ♂头、前胸背板背面；B. ♂前翅；C. 前胸腹板突；D. ♂中、后胸腹板；E. ♂腹端背面观

268. 舟形蝗属 *Lemba* Huang, 1983

Lemba Huang, 1983: 147. Type species: *Lemba Daguanensis* Huang, 1983.

主要特征：体中型。前胸背板缺侧隆线，后缘宽卵形；前胸腹板突扁锥形，基部侧扁。前翅卵形，侧置，在背部分开。后足股节下膝侧片顶刺状。雄性肛上板三角形，尾须锥形；雄性下生殖板明显向后延伸，近舟形，顶端微凹或两侧突出。

分布：古北区、东洋区、旧热带区。世界已知 1 种，中国记录 1 种，浙江分布 1 种。

（563）临安舟形蝗 *Lemba tianmushanensis* (Zheng, 2001), comb. nov.（图 18-18）

Odonacris tianmushanensis Zheng, 2001: 110.
Lemba tianmushanensis comb. nov.

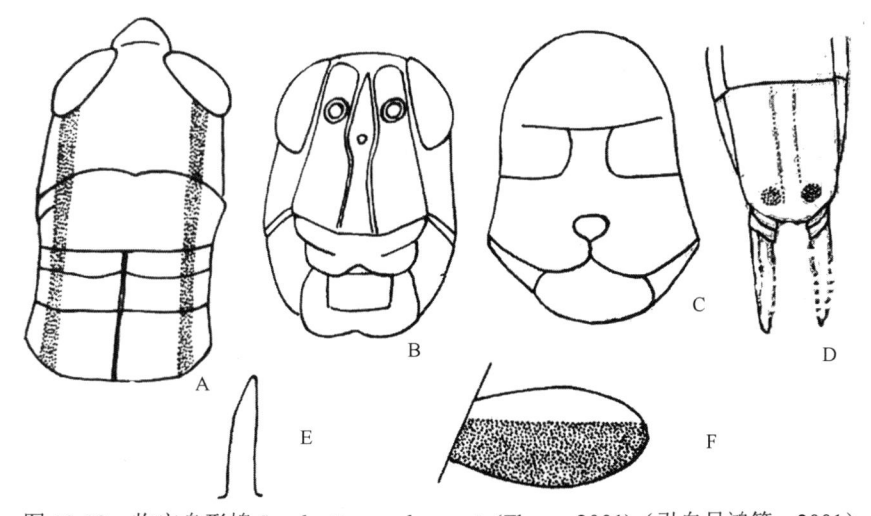

图 18-18 临安舟形蝗 *Lemba tianmushanensis* (Zheng, 2001)（引自吴鸿等，2001）
A. ♀头、前胸背板背面观；B. ♀头部正面；C. ♀中、后胸腹板；D. ♀下生殖板；E. ♀前胸腹板突；F. ♀前翅

主要特征：雌性体中型。眼间距宽度为触角间颜面隆起宽的 2.5 倍。复眼纵径为眼下沟长的 1.8 倍。前胸背板中隆线在沟后区明显，缺侧隆线；3 条横沟均明显，沟前区的长度为沟后区的 2 倍。前胸腹板突锥形，直，前、后缘平直。中胸腹板侧叶宽大于长，中隔长大于宽的 2 倍。前翅长为宽的 2 倍。后足股节长

为宽的 4.25 倍。后足胫节外侧具刺 10 个，内侧具刺 11 个。肛上板三角形，中部具宽纵沟。尾须短锥形。产卵瓣较粗短，上产卵瓣长为宽的 2.7 倍，上、下产卵瓣均具细齿。下生殖板长大于宽，后缘圆弧形。

体色：黄褐色，具黑色眼后带，直延至前胸背板后缘。后足股节外侧黄绿色，上、下侧外面黄褐色，内侧端部及下侧内面端部橙红色。后足胫节污蓝色。

体长：♀ 33 mm。前胸背板长：♀ 7 mm。前翅长：♀ 6 mm。后足股节长：♀ 17 mm。

分布：浙江（临安）。

269. 蔗蝗属 *Hieroglyphus* Krauss, 1877

Hieroglyphus Krauss, 1877: 41. Type species: *Hieroglyphus daganensis* Krauss, 1877.

主要特征：体型较大，匀称。前胸背板具 3 条明显的黑色横沟，中隆线较低，缺侧隆线。前胸腹板突圆锥形，顶端尖锐。中胸腹板侧叶间的中隔的长度几乎等于其最狭处的 4–8 倍。前翅径脉域具有一系列较密的平行小横脉，垂直于主要纵脉。后足股节上侧中隆线平滑，下膝侧片的顶端锐角形。后足胫节具内、外端刺。跗节爪间中垫较大。腹部第 1 节背板侧面的鼓膜器明显。雌性上产卵瓣上外缘完整无凹口。

分布：古北区、东洋区、旧热带区。世界已知 13 种，中国记录 4 种，浙江分布 1 种。

（564）斑角蔗蝗 *Hieroglyphus annulicornis* (Shiraki, 1910)（图 18-19）

Oxya annulicornis Shiraki, 1910: 53.
Hieroglyphus annulicornis: Bolívar, 1918: 29.

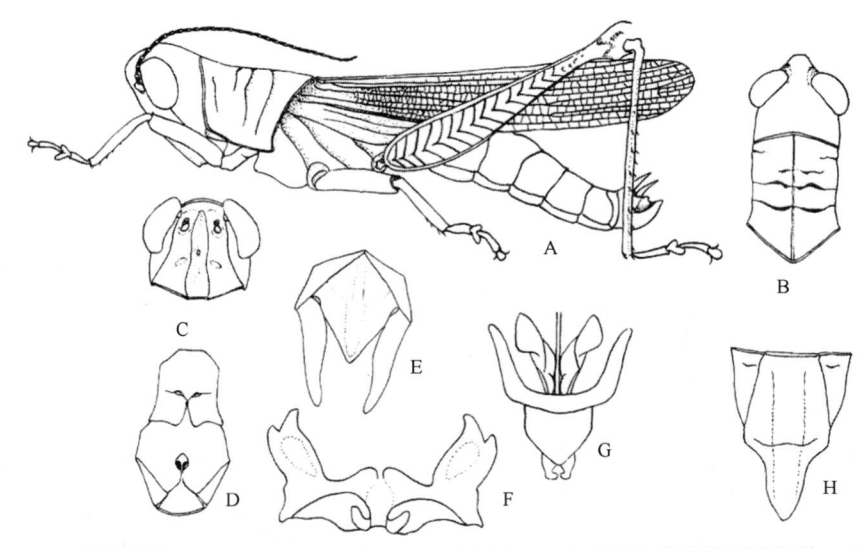

图 18-19　斑角蔗蝗 *Hieroglyphus annulicornis* (Shiraki, 1910)（引自李鸿昌和夏凯龄，2006）
A. ♂整体侧面观；B. ♂头、胸背板背面观；C. ♂颜面正面；D. ♂中、后胸腹板；E. ♂肛上板、尾须背面观；F. 阳具基背片；G. 阳具复合体；H. ♀下生殖板腹面观

主要特征：雄性体型较大。复眼直径为其水平直径的 1.6 倍。前胸背板中隆线很低，缺侧隆线，3 条横沟明显，沟前区长为沟后区的 1.4 倍。前胸腹板突圆锥形，顶端尖锐略向后倾斜。后足胫节顶端具内、外端刺，外缘具刺 7–8 个，内缘具刺 10 个。肛上板中央具纵沟，较尖锐。尾须细长，锥形，顶端向内下方弯曲，其长超过肛上板的顶端。下生殖板圆锥形，顶端尖锐。

雌性较雄性大。中胸腹板侧叶间的中隔长度为其最狭处的 8 倍。后胸腹板侧叶明显地分开。尾须为其最宽处的 2.1 倍，不到达肛上板的顶端。上产卵瓣略长于下产卵瓣，其内、外缘均光滑无齿。

体色：通常淡绿或黄绿色。

体长：♂ 33.0–45.5 mm，♀ 46.1–65.0 mm。前胸背板长：♂ 7.4–8.1 mm；♀ 9.8–11.2 mm。前翅长：♂ 24.0–35.0 mm，♀ 35.5–41.0 mm。后足股节长：♂ 16.6–19.1 mm，♀ 25.4–29.2 mm。

分布：浙江（临安）、河北、山东、江苏、安徽、湖北、江西、湖南、福建、台湾、广东、广西、四川、云南；日本，印度，越南，泰国。

270. 板胸蝗属 *Spathosternum* Krauss, 1877

Spathosternum Krauss, 1877: 44. Type species: *Tristria nigrotaeniatum* Stål, 1876.

主要特征：体小而匀称。头侧窝不明显。前胸背板具较明显的中隆线和侧隆线。前胸腹板突横片状，顶端中央略凹，微向后倾斜。前翅径脉域横脉上具发音齿。中胸腹板侧叶分开，侧叶间的中隔较宽。后胸腹板侧叶间的中隔很狭，彼此部分毗连。后足股节上侧中隆线光滑，下膝侧片顶端圆形。后足胫节顶端具内端刺和外端刺。腹部第1节鼓膜器发达。

分布：古北区、东洋区、旧热带区。世界已知12种，中国记录4种，浙江分布2种（亚种）。

（565）长翅板胸蝗 *Spathosternum prasiniferum prasiniferum* (Walker, 1871)（图18-20）

Heteracris prasinifera Walker, 1871: 65.
Spathosternum prasiniferum prasiniferum: Tinkham, 1936b: 51.

主要特征：雄性前胸背板具中隆线和侧隆线，3条横沟明显，仅后横沟切断中隆线，沟前区长约等于沟后区的1.25倍。前胸腹板侧叶间的中隔长约等于最狭处的5倍。前翅到达或略不到达后足股节的顶端。后足股节上侧内、外缘各具刺11或12个，具内端刺和外端刺。肛上板短三角形，具1横沟。下生殖板短锥形，顶端钝圆。

雌性体较雄性略大而粗壮。下生殖板后缘中央呈尖角形突出。产卵瓣粗短，顶端较尖，呈钩状；下产卵瓣的下外缘基部具1钝齿。

体色：雄性体通常黄褐色，少数为黄绿色，而雌性则多数为黄绿色。由复眼后缘向后沿前胸背板侧片的上端具1条宽的暗色纵条纹。前翅中脉域常具4或5个淡色小斑，前翅端部色较暗。后足胫节淡青色。

体长：♂ 12.4–17.1 mm，♀ 17.0–23.0 mm。前胸背板长：♂ 2.9–3.1 mm，♀ 3.5–4.0 mm。前翅长：♂ 7.7–12.4 mm，♀ 9.7–15.0 mm。后足股节长：♂ 7.1–8.5 mm，♀ 8.8–11.0 mm。

分布：浙江、江苏、广东、广西、四川、贵州、云南；巴基斯坦，印度，尼泊尔，孟加拉国，缅甸，越南，泰国。

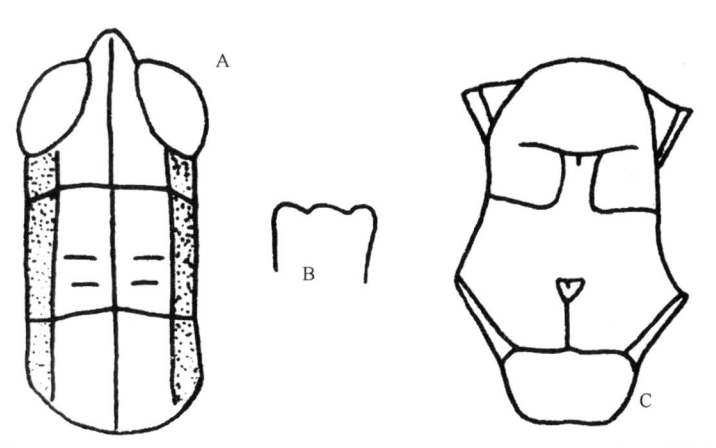

图18-20 长翅板胸蝗 *Spathosternum prasiniferum prasiniferum* (Walker, 1871)（引自李鸿昌和夏凯龄，2006）
A. 头、前胸背板背面观；B. 前胸腹板突；C. 中、后胸腹板

(566) 中华板胸蝗 *Spathosternum prasiniferum sinense* Uvarov, 1931（图 18-21）

Spathosternum prasiniferum sinense Uvarov, 1931: 220.

主要特征：雄性两复眼之间的宽度约等于颜面隆起在触角间宽度的 1.2 倍，前胸背板具中隆线和侧隆线，3 条横沟均明显，仅后横沟切断中隆线；沟前区之长等于沟后区的 1.2–1.5 倍；前缘侧叶间的中隔长度等于最狭处的 2.5–4 倍。前翅仅到达或不到达后足股节的中部。后足股节顶端具内端刺和外端刺，沿外缘具刺 11–12 个。肛上板短三角形，具明显的横沟。下生殖板短锥形，顶端钝圆。

雌性体较雄性略大而粗壮。下生殖板的后缘中央呈三角形突出。产卵瓣粗短，顶端较尖；下产卵瓣的下外缘在基部具有不明显的齿。

体色：通常黄绿色或绿色。由复眼后缘向后沿前胸背板侧片的上端具有暗色纵条纹，侧片的中部呈淡色。前翅常具 2–3 个淡色斑点。后足胫节黄绿色或淡青色。

体长：♂ 15.1–18.0 mm，♀ 16.5–23.1 mm。前胸背板长：♂ 3.0–3.4 mm，♀ 3.4–4.8 mm。前翅长：♂ 6.0–8.3 mm，♀ 7.2–10.0 mm。后足股节长：♂ 7.5–8.6 mm，♀ 8.7–11.1 mm。

本种与长翅板胸蝗的主要区别特征：前翅缩短，仅达到或不到达后足股节的中部。

分布：浙江、江苏、湖北、福建、广东、广西、四川。

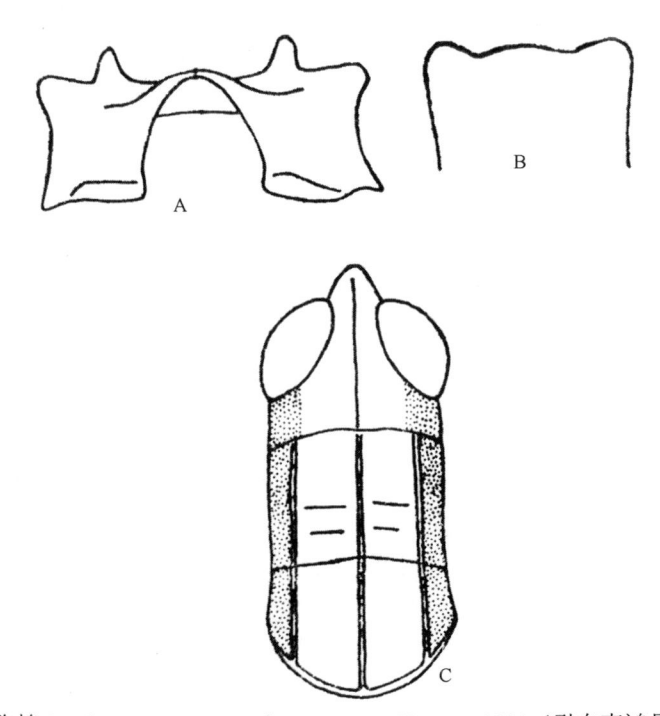

图 18-21　中华板胸蝗 *Spathosternum prasiniferum sinense* Uvarov, 1931（引自李鸿昌和夏凯龄，2006）
A. 阳具基背片；B. 前胸腹板突；C. 头及前胸背板背面

271. 腹露蝗属 *Fruhstorferiola* Willemse, 1922

Fruhstorferiola Willemse, 1922: 3. Type species: *Fruhstorferia tonkinensis* Willemse, 1921.

主要特征：体中型。前胸背板无侧隆线。前胸腹板突圆锥形，顶端较尖或钝。腹板侧叶明显分开，侧叶间的中隔较宽。前、后翅不到达、到达或略微超过后足股节顶端。后足股节上侧的上隆线无细齿；下膝片顶端宽圆形。雄性腹部末节后缘具明显的小尾片；尾须较宽，侧扁，近顶端处扩大。雌性尾须短圆锥形，顶端较圆，下生殖板后缘中央具 1 锐角状突起，两侧具齿；上产卵瓣狭长，顶端尖锐，下产卵瓣下外缘近基部处具不明显的齿。

分布：古北区、东洋区。世界已知 13 种，中国记录 11 种，浙江分布 7 种。

分种检索表

1. 雄性尾须端部明显膨大，非靴状 ··· 2
- 雄性尾须端部扩大，呈靴状；雌性下生殖板后缘各齿的排列较均匀 ·· 4
2. 雄性尾须端部明显膨大，顶端较尖，似矛头状；雌性下生殖板后缘中齿略突出于其余 4 齿，中齿两侧的齿较纯，不超过侧齿 ·· **矛尾腹露蝗 *F. sibynecerca***
- 雄性尾须顶端宽圆形 ·· 3
3. 后足股节呈淡黄白色；雌性下生殖板后缘 5 个齿近乎等长 ·································· **黄胫腹露蝗 *F. cerinitibia***
- 后足股节外侧略带绿色；雌性下生殖板后缘中央之 3 个齿较靠近，且较突出 ············ **黄山腹露蝗 *F. huangshanensis***
4. 雌雄两性前翅较长，其顶端通常明显超过后足股节端部；雄性尾须端部扩大处较宽，其最宽处为最狭处的 2 倍以上 ···· 5
- 雌雄两性前翅较短，其顶端通常不到达后足股节端部；雄性尾须端部扩大处较狭，其最宽处为最狭处的 2 倍或以下 ···· 6
5. 雄性尾须较长，端部略狭，其长度约为端部最宽处的 2 倍；雌性下生殖板后缘的中齿较长，明显地长于两侧之齿 ··· **绿腿腹露蝗 *F. viridifemorata***
- 雄性尾须较短，端部扩大处较宽，其长度约为端部最宽处的 1.5 倍 ························· **峨眉腹露蝗 *F. omei***
6. 雌性下生殖板为长方形，后缘中齿较长而突出，两侧的齿较小，两侧的 4 个齿中，近中齿的 2 个齿短于其余的 2 个齿 ··· **短翅腹露蝗 *F. brachyptera***
- 雌性下生殖板呈短方形，其后缘中齿明显长于两侧的齿；两侧的 4 齿中，近中齿的 2 个齿较长于其余的 2 齿 ··· **牯岭腹露蝗 *F. kulinga***

(567) 矛尾腹露蝗 *Fruhstorferiola sibynecerca* Zheng, 2001 (图 18-22)

Fruhstorferiola sibynecerca Zheng, 2001: 111.

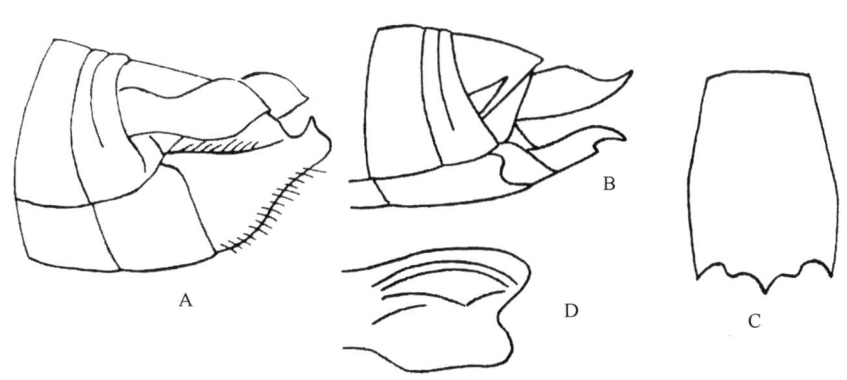

图 18-22 矛尾腹露蝗 *Fruhstorferiola sibynecerca* Zheng, 2001 (引自李鸿昌和夏凯龄，2006)
A. ♂腹端侧面观；B. ♂腹端侧面观；C. ♀下生殖板；D. 膝部

主要特征：雌性体中型。复眼纵径为横径的 1.5 倍，为眼下沟长度的 1.2 倍。前胸背板沟前区与沟后区的长度相等。前胸腹板突圆锥形，顶尖。中胸腹板侧叶间的中隔长为最狭处的 1.7 倍。后胸腹板侧叶分开。后足股节长为宽的 4.75 倍。后足胫节外侧具刺 10 个，缺外端刺，内侧具刺 9 个。肛上板中部具横脊。下生殖板后缘的中齿略突出于其余 4 齿，中齿两侧的齿较钝，不超过侧齿。

雄性较雌性小。腹部末节背板具小尾片。肛上板长三角形，中央具纵沟。尾须顶端尖锐，似矛头状。下生殖板短锥形，顶端尖。

体色：暗褐色。

体长：♂ 25–28 mm，♀ 33–38 mm。前胸背板长：♂ 3–5 mm，♀ 6–7 mm。前翅长：♂ 17–21 mm，♀ 23–26 mm。

后足股节长：♂ 13–14 mm，♀ 17–19 mm。

分布：浙江（临安）。

（568）黄胫腹露蝗 *Fruhstorferiola cerinitibia* Zheng, 1998（图 18-23）

Fruhstorferiola cerinitibia Zheng, 1998: 48.

主要特征：雌性体中型。复眼垂直直径为横径的 1.4 倍，为眼下沟长的 1.75 倍。前胸背板中隆线明显，缺侧隆线，3 条横沟均切断中隆线，后横沟位于背板中后部，沟前区长为沟后区的 1.2 倍。前胸腹板突短锥形，顶钝圆。中胸腹板侧叶间的中隔宽略大于长。前翅发达，略超过后足股节顶端。后足股节长为宽的 5.25 倍，后足胫节外侧具刺 10 个，内侧 11 个，缺外端刺。下生殖板后缘 5 齿近等长。产卵瓣粗短。

雄性尾须顶端宽圆形。

体色：黄褐色，后足股节淡黄白色。

体长：♂ 24.0 mm；♀ 29.0 mm。前胸背板长：♂ 4.0 mm；♀ 6.0 mm。前翅长：♂ 18.0 mm；♀ 22.0 mm。后足股节长：♂ 12.0 mm；♀ 16.0 mm。

分布：浙江。

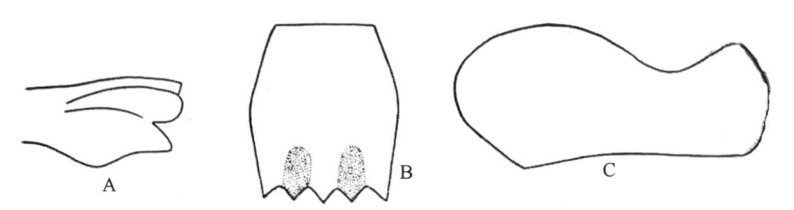

图 18-23　黄胫腹露蝗 *Fruhstorferiola cerinitibia* Zheng, 1998（引自吴鸿，1998）
A. 后足膝部；B. ♀下生殖板；C. ♂尾须

（569）黄山腹露蝗 *Fruhstorferiola huangshanensis* Bi et Xia, 1980（图 18-24）

Fruhstorferiola huangshanensis Bi et Xia, 1980: 157.

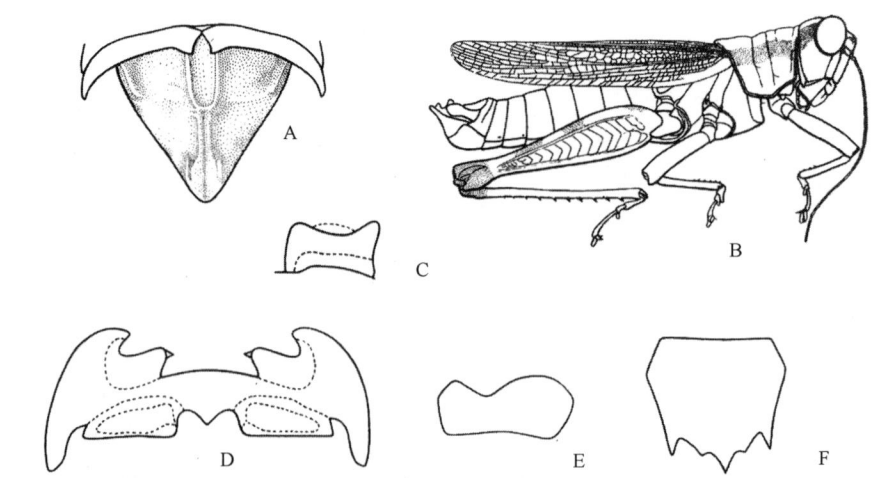

图 18-24　黄山腹露蝗 *Fruhstorferiola huangshanensis* Bi et Xia, 1980（引自李鸿昌和夏凯龄，2006）
A. ♂肛上板背面观；B. ♂整体侧面观；C. 冠突；D. 阳具基背片；E. ♂尾须侧面观；F. ♀下生殖板

主要特征：雄性体型中等，腹面具有较密绒毛。复眼垂直的直径为其水平直径的 1.1–1.4 倍，为眼下沟长度的 1.3–2 倍。前胸背板沟前区之长为沟后区的 1.2 倍。前胸腹板突为短锥形。前翅略超过后足股节端部。后足胫节上侧外缘具有 9–14 个刺，缺外端刺；内缘具有 10–13 个刺。尾须端部明显膨大，顶端圆弧形。下生殖板为短锥形，端部较狭而向上延伸。

雌性显著较雄性大。尾须为短锥形。下生殖后缘中央之 3 个齿较靠近，且较突出。

体色：黄褐色，后足股节外侧略带绿色。

体长：♂ 24–28 mm，♀ 29–35 mm。前胸背板长：♂ 5.5–5.7 mm，♀ 6.6–7.1 mm。前翅长：♂ 17–19 mm，♀ 21–25 mm。后足股节长：♂ 12.5–14 mm，♀ 15–19 mm。

分布：浙江（临安、开化）、安徽。

（570）绿腿腹露蝗 *Fruhstorferiola viridifemorata* (Caudell, 1921)（图 18-25）

Catantops viridifemoratus Caudell, 1921: 32.

Fruhstorferiola viridifemorata: Mistshenko, 1952: 396.

主要特征：雄性体型中等，腹面具有较密的细毛。复眼垂直的直径约为其水平直径的 1.27 倍，为其眼下沟长度的 1.7 倍。前胸背板沟前区之长为沟后区的 1.28 倍。前胸腹板突为短锥形。前翅未到达后足股节顶端。后足胫节上侧外缘具刺 10–11 个，缺外端刺；内缘具刺 11–12 个。尾须较长，端部略狭，其长度约为端部最宽处的 2 倍。下生殖板为短锥形，端部较狭而向上翘。

雌性体型较雄性大。下生殖板后缘之中齿较长，明显较长于两侧齿。

体色：黄褐色。

体长：♂ 20.0–27.0 mm，♀ 26.0–32.0 mm。前胸背板长：♂ 4.3–5.2 mm，♀ 6.3–7.0 mm。前翅长：♂ 15.0–19.5 mm，♀ 21.0–25.0 mm。后足股节长：♂ 11.0–13.0 mm，♀ 16.0–18.0 mm。

分布：浙江（临安）、江苏、安徽、湖北。

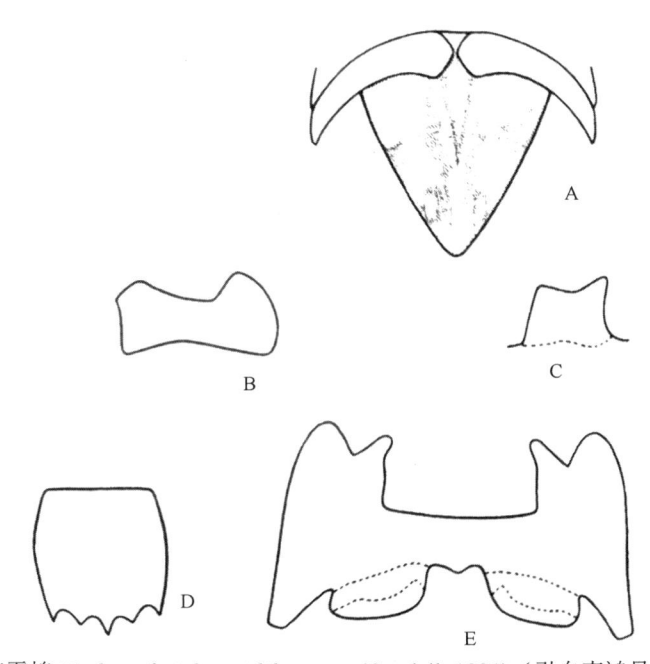

图 18-25 绿腿腹露蝗 *Fruhstorferiola viridifemorata* (Caudell, 1921)（引自李鸿昌和夏凯龄，2006）
A. ♂肛上板背面观；B. ♂尾须侧面观；C. 冠突；D. ♀下生殖板腹面观；E. 阳具基背片

（571）峨眉腹露蝗 *Fruhstorferiola omei* (Rehn *et* Rehn, 1939)（图 18-26）

Caudellacris omei Rehn *et* Rehn, 1939: 71.

Fruhstorferiola omei: Bey-Bienko & Mistshenko, 1951: 237 [252].

主要特征：雄性体型中等，腹面具有较密绒毛。复眼垂直的直径约为其水平直径的 1.3 倍，为眼下沟长度的 2.0 倍。前胸背板中隆线较低，缺侧隆线；3 条横沟均切断中隆线，沟前区长为沟后区的 1.1–1.28 倍。前胸腹板突为短锥状。后足胫节上侧外缘具刺 9–10 个，缺外端刺；内缘具刺 11 个。肛上板为三角形，长等于宽，顶角锐角，基部中间具长三角形纵沟，至肛上板中部处。两侧边缘具短条状隆起，端部 1/2 处两侧具点状隆起。尾须长度约为端部最宽处的 1.5 倍。下生殖板为短锥形，端部较狭，呈圆瘤状突起。

雌性体型较大于雄性。下生殖板长宽几乎相等，其后之中齿较短，几乎与两侧齿等长。

体色：黄褐色或绿褐色。后足股节上侧具有 3 个黑色横斑纹，基部 1 个明显小或缺，膝部为黑色。

体长：♂ 22.0–26.0 mm，♀ 29.0–36.0 mm。前胸背板长：♂ 4.6–4.8 mm，♀ 6.9–7.7 mm。前翅长：♂ 16.0–17.0 mm，♀ 23.0–24.0 mm。后足股节长：♂ 12.0 mm，♀ 16.0–16.5 mm。

分布：浙江、陕西、甘肃、四川。

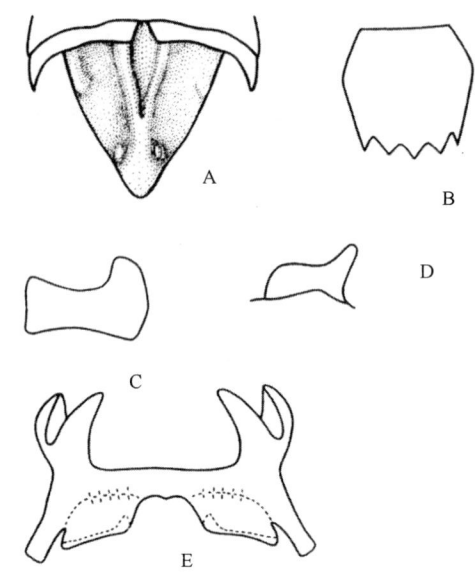

图 18-26　峨眉腹露蝗 *Fruhstorferiola omei* (Rehn *et* Rehn, 1939)（引自李鸿昌和夏凯龄，2006）
A. ♂肛上板背面观；B. ♀下生殖板腹面观；C. ♂尾须侧面观；D. 冠突；E. 阳具基背片

（572）短翅腹露蝗 *Fruhstorferiola brachyptera* Zheng, 1988（图 18-27）

Fruhstorferiola brachyptera Zheng, 1988: 25 [27].

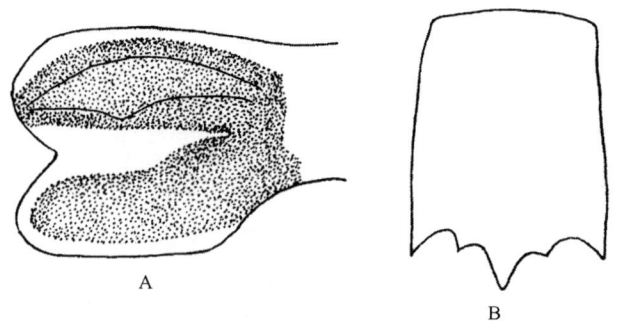

图 18-27　短翅腹露蝗 *Fruhstorferiola brachyptera* Zheng, 1988（引自李鸿昌和夏凯龄，2006）
A. ♀后足股节膝部；B. ♀下生殖板腹面

主要特征：雌性体中型。复眼垂直直径为横径的 1.3 倍，为其眼下沟长度的 2 倍。触角 24 节。前胸背板隆线明显，缺侧隆线；3 条横沟均切断中隆线；沟前区的长度为沟后区长的 1.06 倍。前胸腹板突短锥形。后胸腹板侧叶分开。前翅不到达后足膝部。后足股节匀称，上侧中隆线光滑，下膝侧片下缘平直。后足胫节上侧外缘具刺 10 个，内缘具刺 11 个，缺外端刺。后足跗节第 1 节与第 3 节几乎等长。肛上板三角形。尾须短锥形，远不到达肛上板端部。下生殖板长方形，后缘中齿较长而突出，两侧齿较小。

体色：黄绿色。

体长：♀ 26 mm。前胸背板长：♀ 16 mm。前翅长：♀ 16 mm。后足股节长：♀ 14 mm。

分布：浙江（杭州）。

(573) 牯岭腹露蝗 *Fruhstorferiola kulinga* (Chang, 1940)（图 18-28）

Caudellacris viridifemorata kulinga Chang, 1940: 63.

Fruhstorferiola kulinga: Mistshenko, 1952: 438 [396].

主要特征：雄性体型中等偏小。复眼纵径为其横径的1.25倍，为眼下沟长度的2.0倍。前胸背板中隆线较低，缺侧隆线；3条横沟均切断中隆线，沟前区之长为沟后区的1.25倍。前胸腹板突为圆锥状。后足股节上隆线缺细齿。后足胫节上侧外缘具有9–11个，缺外端刺；内缘具刺11–12个。尾须侧扁，其端部最宽处的宽度为其腰部最狭处的2倍或小于2倍，端部稍窄，呈角状突出。下生殖板为短方形，端部呈钝锥状突起。阳具基背片的桥部较宽。

雌性较大于雄性。尾须为短锥形，远不到达肛上板端部。下生殖板短方形，其后缘中齿较长，两侧齿较短。产卵瓣顶端呈钩形，上产卵瓣外缘具细钝齿，下产卵瓣基部具1钝齿。

体色：黄褐色。

体长：♂ 21.0–26.5 mm，♀ 25.0–33.0 mm。前胸背板长：♂ 4.9–5.1 mm，♀ 6.0–6.9 mm。前翅长：♂ 14.5–15.5 mm，♀ 16.0–19.0 mm。后足股节长：♂ 10.9–12.6 mm，♀ 15.0–16.0 mm。

分布：浙江、江西、福建。

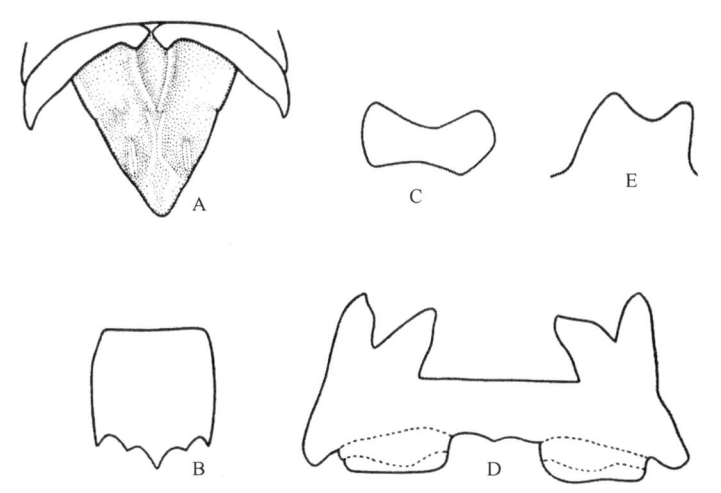

图 18-28 牯岭腹露蝗 *Fruhstorferiola kulinga* (Chang, 1940)（引自李鸿昌和夏凯龄，2006）
A. ♂肛上板背面观；B. ♀下生殖板腹面观；C. ♂尾须侧面观；D. 阳具基背片；E. 冠突

272. 蹦蝗属 *Sinopodisma* Chang, 1940

Sinopodisma Chang, 1940: 40. Type species: *Indopodisma* (*Sinopodisma*) *pieli* Chang, 1940.

主要特征：体中小型，复眼的垂直直径为横径的1.2–1.5倍。前胸背板圆柱形；前缘较平直，后缘中央具三角形凹口或缺凹口；中隆线低，缺侧隆线；沟前区的长度为沟后区的1.5–2倍。前胸腹板突圆锥形，顶端尖。前翅小，鳞片状，侧置，不到达或超过第1腹节背板的后缘。后足股节上侧之中隆线平滑；下侧膝片顶端圆形。后足胫节端部缺外端刺。鼓膜器发达。尾须基部较宽，顶端略内曲。下生殖板为短锥形，端部较尖。雌性产卵瓣狭长，上产卵瓣之上外缘具细齿。下生殖板后缘中央具有三角形突出。

分布：东洋区。世界已知 44 种，中国记录 37 种，浙江分布 4 种。

分种检索表

1. 雄性尾须较宽，顶端具有凹陷；前翅一色，褐色 ·· 蔡氏蹦蝗 *S. tsaii*
- 雄性尾须较狭，顶端圆形或平截 ·· 2
2. 前翅不到达第 1 腹节背板的后缘；雄性尾须近顶端的下缘为钝角形 ························· 卡氏蹦蝗 *S. kelloggii*
- 前翅到达或超过第 1 腹节背板的后缘 ·· 3
3. 雄性尾须顶端平截 ··· 黄山蹦蝗 *S. huangshana*
- 雄性尾须顶端圆形 ··· 比氏蹦蝗 *S. pieli*

（574）蔡氏蹦蝗 *Sinopodisma tsaii* (Chang, 1940)（图 18-29）

Indopodisma (*Sinopodisma*) *tsaii* Chang, 1940: 73.
Sinopodisma tsaii: Bey-Bienko & Mistshenko, 1951: 240.

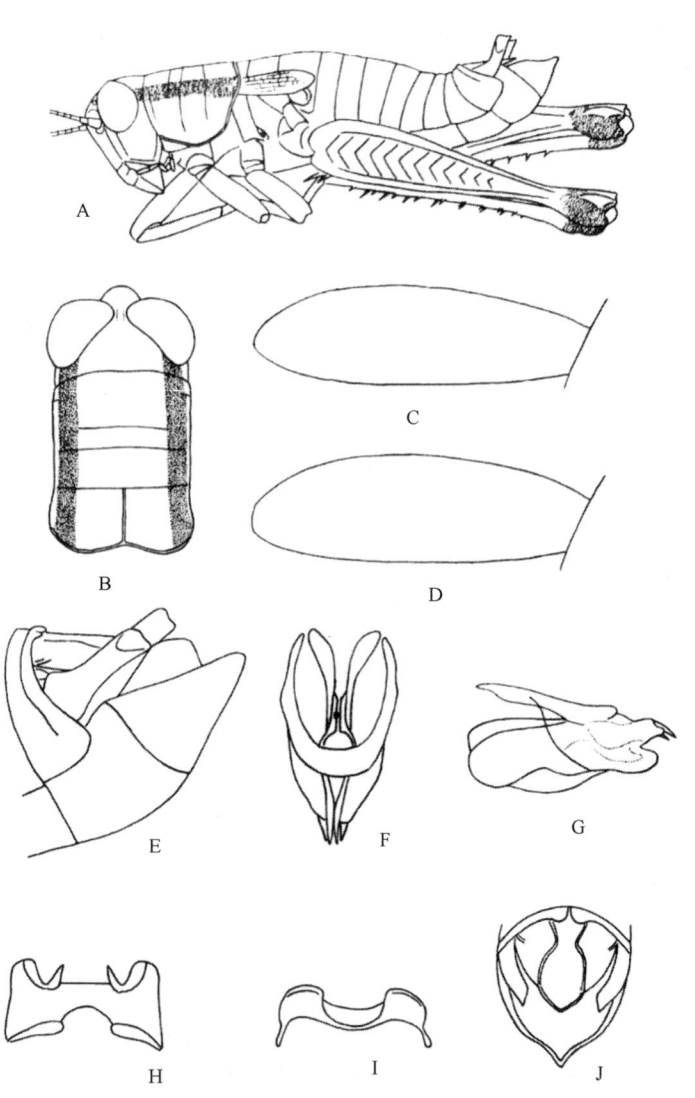

图 18-29 蔡氏蹦蝗 *Sinopodisma tsaii* (Chang, 1940)（引自李鸿昌和夏凯龄，2006）
A. ♂整体侧面观；B. 头、前胸背板背面观；C. ♂前翅左侧；D. ♀前翅左侧；E. ♂腹端侧面观；F. 阳具复合体背面观；G. 阳具复合体侧面观；H. 阳具基背片；I. 阳具复合体后面观；J. ♂腹端背面观

主要特征：雄性体中小型。头复眼的垂直直径为横径的 1.2–1.4 倍，为眼下沟长度的 1.5–2 倍。前胸背

板沟前区的长度为沟后区长的1.6–2倍。前胸腹板突圆锥形。前翅长为宽的3.5倍。后足胫节端部缺外端刺。腹部末节背板后缘具不太明显的圆形小尾片。尾须较直，端部侧扁，顶端中央略凹，或顶端之下角略突出。下生殖板短锥形，顶端较尖。

雌性体较粗大。后胸腹板在后端分开。前翅长为宽的2.8倍，翅端较圆。上产卵瓣之上外缘具明显细齿。下生殖板后缘中央具三角形突起。

体色：黄绿色或淡红褐色，雌性眼后带常不明显。

体长：♂ 16.0–22.5 mm，♀ 26.0–29.0 mm。前胸背板长：♂ 4.5–6.0 mm，♀ 6.5–7.0 mm。前翅长：♂ 2.5–4.5 mm，♀ 4.5–5.25 mm。后足股节长：♂ 10.3–13.0 mm；♀ 16.0–17.5 mm。

分布：浙江（临安）、江苏。

(575) 卡氏蹦蝗 *Sinopodisma kelloggii* (Chang, 1940)（图 18-30）

Indopodisma (*Sinopodisma*) *kelloggii* Chang, 1940: 80.

Sinopodisma kelloggii: Xia, 1958: 54.

主要特征：雄性体中型。复眼的垂直直径为横径的1.25倍，为眼下沟长度的1.7倍。前胸背板圆柱形，具有较密的刻点和皱纹；前胸腹板突圆锥形。后胸背板及第1腹节背板具密刻点。前翅不到达第1腹节背板的后缘，不完全覆盖鼓膜器，翅长为宽的2.5–4倍。腹部末节背板后缘缺尾片。肛上板三角形。尾须近顶端的后缘为钝角形，顶端圆形。

雌性体较粗大。尾须短锥形。上产卵瓣之上外缘具细齿。下生殖板后缘中央三角形突出。

体长：♂ 22.5–24.5 mm，♀ 25.0–31.0 mm。前胸背板长：♂ 5.25–5.4 mm，♀ 6.0–6.8 mm。前翅长：♂ 3.5–4.2 mm，♀ 4.0–4.6 mm。后足股节长：♂ 13.0–13.5 mm，♀ 15.0–17.5 mm。

分布：浙江（丽水）、福建。

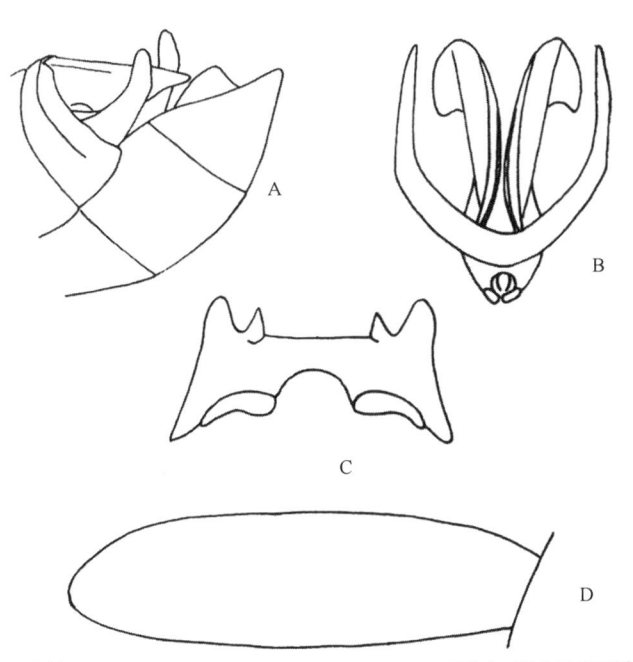

图 18-30　卡氏蹦蝗 *Sinopodisma kelloggii* (Chang, 1940)（引自李鸿昌和夏凯龄，2006）
A. ♂腹端侧面观；B. 阳具复合体；C. 阳具基背片；D. ♂前翅左侧

(576) 黄山蹦蝗 *Sinopodisma huangshana* Huang, 2006（图 18-31）

Sinopodisma huangshana Huang, 2006: 318.

主要特征：雌性体粗壮。复眼的垂直直径为横径的 1.2 倍。前胸背板圆柱形；前胸腹板突圆锥形，顶端圆形。前翅到达腹部第 1 节背板的后缘，盖住鼓膜器，后足胫节缺外端刺。肛上板长三角形，基部 3/5 处具不明显的横脊。尾须圆锥形，不到达肛上板的顶端。产卵瓣长，上产卵瓣的上外缘具细齿。下生殖板长大于宽，后缘中央呈锐角形突出。

体色：体褐色，除前胸背板的沟后区和中、后胸背板两侧，以及腹部第 1、2 节两侧具零星黑色斑点外，无任何黑色条纹。后足股节内、外侧橄榄绿色。后足胫节蓝绿色。

体长：♀ 26.7 mm。**前胸背板长**：♀ 6.3 mm。**前翅长**：♀ 4.8 mm。**后足股节长**：♀ 15.0 mm。

分布：浙江、安徽。

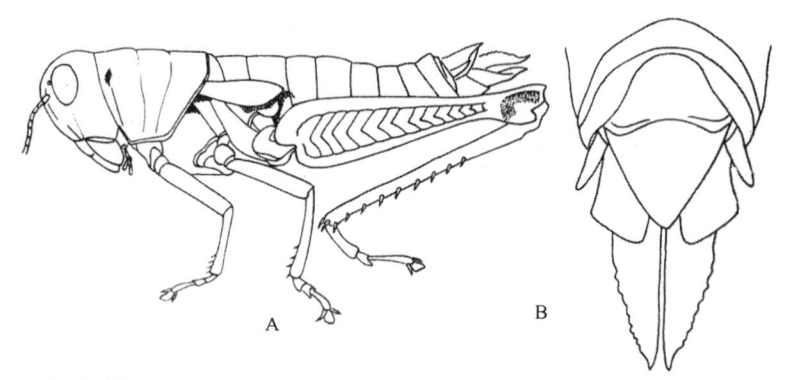

图 18-31　黄山蹦蝗 *Sinopodisma huangshana* Huang, 2006（引自李鸿昌和夏凯龄，2006）
A. ♀整体侧面观；B. ♀腹端背面观

（577）比氏蹦蝗 *Sinopodisma pieli* (Chang, 1940)（图 18-32）

Indopodisma (*Sinopodisma*) *pieli* Chang, 1940: 83.
Sinopodisma pieli: Xia, 1958: 184.

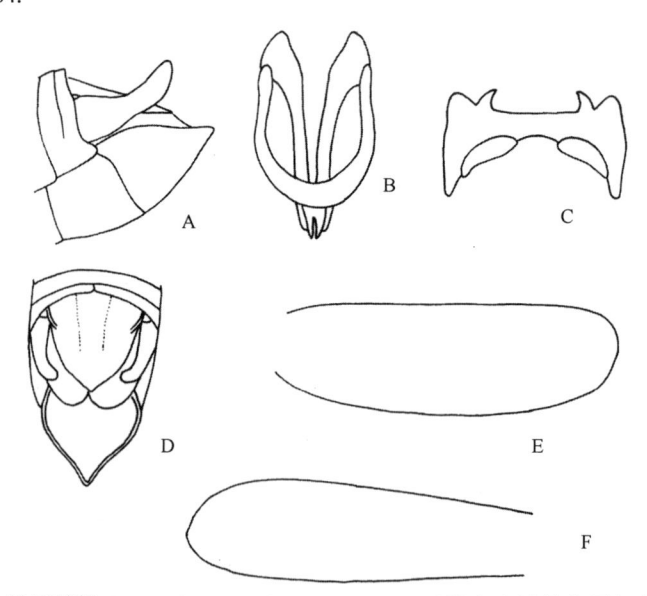

图 18-32　比氏蹦蝗 *Sinopodisma pieli* (Chang, 1940)（引自李鸿昌和夏凯龄，2006）
A. ♂腹端侧面观；B. 阳具复合体；C. 阳具基背片；D. ♂腹端背面观；E. ♀前翅右侧；F. ♂前翅左侧

主要特征：雄性体中小型。眼间距明显地狭于颜面隆起在触角间的宽度。复眼垂直直径为横径的 1.3 倍。前胸背板圆柱状，前翅略超过第 1 腹节背板的后缘，长为宽的 2.5–3 倍。腹部末端背板后缘缺尾片或具极小而不明显的尾片。肛上板三角形，尾须侧扁，基部较宽，中部略狭，向内弯曲，顶端圆形，下生殖板为短锥形。

雌性体较粗大。眼间距几等于颜面隆起在触角间的宽度。尾须短锥形。产卵瓣狭长，上产卵瓣之上外缘具细齿。下生殖板后缘中央三角形突出。

体色：黄绿色或黄褐色。后足股节绿色或黄绿色。后足胫节污蓝色，跗节黄绿色。

体长：♂ 16.0–21.0 mm，♀ 25.0–32.0 mm。前胸背板长：♂ 4.0–5.0 mm，♀ 5.0–6.0 mm。前翅长：♂ 3.0–4.0 mm，♀ 4.5–5.5 mm。后足股节长：♂ 11.0–12.5 mm，♀ 14.0–16.0 mm。

分布：浙江（龙泉）、安徽、江西。

273. 小蹦蝗属 *Pedopodisma* Zheng, 1980

Pedopodisma Zheng, 1980: 347. Type species: *Pedopodisma emeiensis* Yin, 1980.

主要特征：体小型。复眼卵形，其纵径为横径的1.2–1.58倍，为眼下沟长度的1.47–2.4倍。前胸背板后缘中央凹陷，缺侧隆线；沟前区长度为沟后区长度的1.85–2.3倍。前胸腹板突圆锥形。前翅微小，略超过或不超过中胸背板后缘。缺后翅。后足胫节缺外端刺，鼓膜器发达，鼓膜孔近圆形。雄性腹部末节背板纵裂，后缘缺尾片或具极不明显的小尾片。雌性肛上板三角形，顶端钝圆。尾须短锥形。下生殖板后缘中央呈三角形突出。上产卵瓣之上外缘具细齿。

分布：古北区、东洋区。世界已知15种，中国记录15种，浙江分布1种。

（578）乌岩岭小蹦蝗 *Pedopodisma wuyanlingensis* He, Mu et Wang, 1999（图18-33）

Pedopodisma wuyanlingensis He, Mu et Wang, 1999: 22, 24.

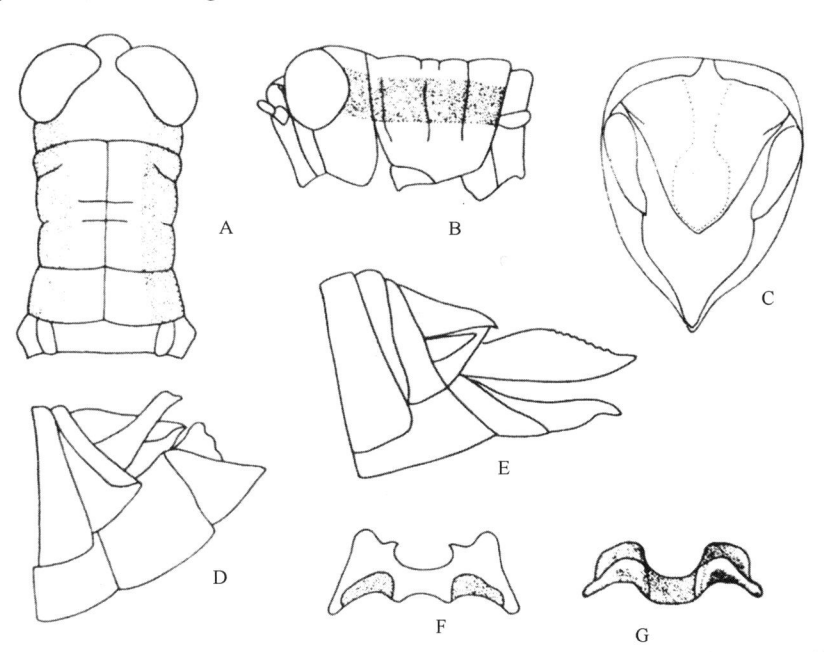

图18-33 乌岩岭小蹦蝗 *Pedopodisma wuyanlingensis* He, Mu et Wang, 1999（引自李鸿昌和夏凯龄，2006）
A. ♂头、前胸背板背面观；B. ♂头、前胸背板侧面观；C. ♂腹部末端背面观；D. ♂腹部末端侧面观；E. ♀腹部末端侧面观；F. 阳具基背片背面观；G. 阳具基背片后面观

主要特征：雄性体小型。复眼纵径为横径的1.25倍，为眼下沟长度的1.9倍。前胸背板圆柱状，后缘中央具小三角形凹口。前翅极小，鳞片状，翅顶较圆，不到达、到达或略超过中胸背板后缘，长为宽的2.2倍。后足胫节外缘具刺8–10个，缺外端刺，内缘具刺10–11个。腹部末节背板纵裂，后缘略突出。肛上板呈长三角形，尾须锥形，侧扁，微内弯，端部呈喙状突出，略不到达肛上板顶端，顶尖。下生殖板短锥形，

顶尖。

雌性体较雄性粗大。前翅超过中胸背板后缘，尾须短锥形，不到达肛上板顶端。下生殖板后缘中央三角形突出。上产卵瓣的上外缘具细齿。

体色：绿褐色或褐色。具宽黑色眼后带；后足股节黄绿色，后足胫节蓝绿色。

体长：♂ 15.0–16.0 mm，♀ 20.5–22.5 mm。前胸背板长：♂ 3.5–3.7 mm，♀ 4.3–4.5 mm。前翅长：♂ 0.6–1.0 mm，♀ 0.8–1.2 mm。后足股节长：♂ 9.0–10.0 mm，♀ 12.0–13.5 mm。

分布：浙江（泰顺）。

274. 棉蝗属 *Chondracris* Uvarov, 1923

Chondracris Uvarov, 1923a: 144. Type species: *Acrydium roseum* De Geer, 1773.

主要特征：体型颇大。前胸背板中隆线显著隆起，呈屋脊状，侧面观上缘呈弧形，缺侧隆线。前胸腹板突为长圆锥形，顶端尖锐，颇向后弯曲。中胸腹板侧叶间的中隔较狭，中隔的长度甚长于宽度。侧叶的内缘后下角几成直角，但不毗连。前、后翅均发达，超过后足股节的顶端。后足股节的上侧中隆线具明显的细齿。后足胫节缺外端刺；胫节刺较长，外缘具刺 8 个，内缘具刺 10 个。雄性下生殖板细长，呈尖锐的圆锥形。尾须圆锥形，顶端尖锐。雌性上产卵瓣的上外缘具有不明显的小齿。

分布：古北区、东洋区、旧热带区。世界已知 5 种，中国记录 1 种，浙江分布 1 种（亚种）。

（579）棉蝗 *Chondracris rosea rosea* (De Geer, 1773)（图 18-34）

Acrydium roseum De Geer, 1773: 488.

Chondracris rosea rosea: Willemse, 1930: 74.

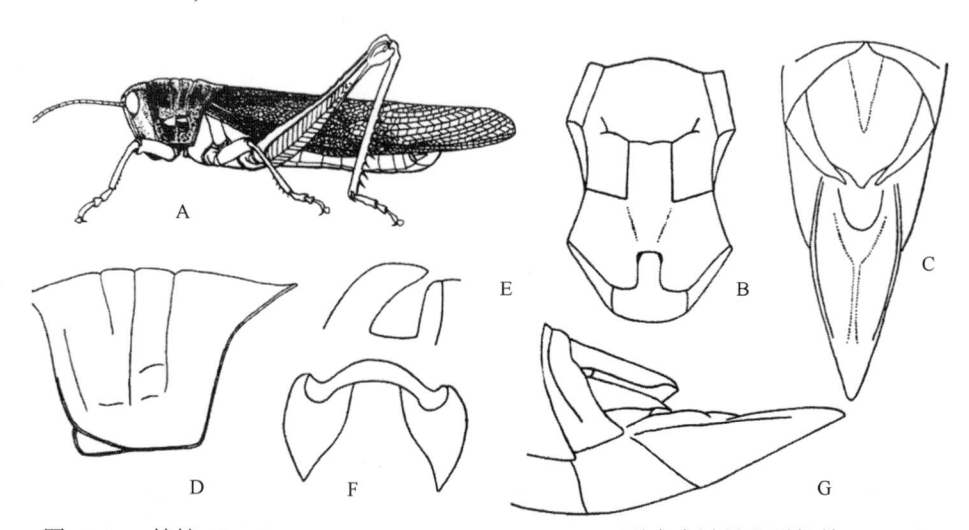

图 18-34　棉蝗 *Chondracris rosea rosea* (De Geer, 1773)（引自李鸿昌和夏凯龄，2006）
A. ♂整体侧面观；B. ♀中、后胸腹板腹面观；C. ♂腹端背面观；D. ♂前胸背板侧面观；E. 前胸腹板突侧面观；F. 阳具基背片；G. ♂腹端侧面

主要特征：雄性体型颇粗大，具较密的长绒毛和粗大的刻点。前胸背板 3 条横沟都明显，并均割断中隆线，沟前区较长于沟后区。前翅不到达或刚到达后足胫节的中部，其超出股节顶端的长度，约为全翅长的 1/4；后翅略短于前翅，透明。肛上板三角形，基部具纵沟。尾须略向内曲，顶端尖锐。下生殖板呈细长的圆锥形，顶端狭长而尖锐。

雌性体型明显大于雄性。后胸腹板侧叶的后端较宽地分开。下生殖板短圆锥形，顶端钝圆。产卵瓣粗短，上产卵瓣钩状，下产卵瓣的下外缘基部具有较大的齿。

体色：通常为青绿色或黄绿色。

体长：♂ 49.4–59.3 mm，♀ 68.2–95.3 mm。前胸背板长：♂ 12.1–13.4 mm，♀ 18.9–19.7 mm。前翅长：♂ 42.5–47.6 mm，♀ 61.7–75.4 mm。后足股节长：♂ 26.8–32.0 mm，♀ 38.4–41.7 mm。

分布：浙江（临安）、内蒙古、河北、山东、陕西、江苏、湖北、湖南、福建、台湾、广东、广西、四川、贵州、云南。

275. 黄脊蝗属 *Patanga* Uvarov, 1923

Patanga Uvarov, 1923a: 143. Type species: *Gryllus succinctus* Johannson, 1763.

主要特征：体型粗大，黄褐色，背面中央具黄色纵条纹。颜面隆起明显，两侧缘近平行。前胸腹板突圆锥状，直立或后倾，顶端宽圆或略尖。前翅、后翅均发达；前翅顶端的横脉较直，几乎与纵脉组成直角。后足股节匀称，上侧的中隆线具细齿；后足胫节缺外端刺。尾须侧面观侧扁，基部宽，向端部趋狭，略侧扁，顶端尖或钝圆。下生殖板长锥状，顶端尖。雌性产卵瓣短或长，直形，顶端尖。

分布：古北区、东洋区。世界已知 6 种，中国记录 4 种，浙江分布 2 种。

（580）日本黄脊蝗 *Patanga japonica* (Bolívar, 1898)（图 18-35）

Acridium japonica Bolívar, 1898: 98.

Patanga japonica: Uvarov, 1923b: 362.

主要特征：雄性体型较粗大。颜面隆起两侧缘全长近平行，具纵沟。前胸背板沟前区和沟后区近等长，缺侧隆线。前翅较短宽，仅到达后足胫节的中部，长为宽的 5.6–6 倍。后足股节的长度为其宽度的 5.2–5.4 倍。后足胫节外缘具刺 8–9 个，内缘具刺 9–11 个。肛上板长三角形，尾须侧面观其基部宽，端部逐渐缩狭；顶端钝圆形，略向内曲，到达肛上板的端部。下生殖板长锥形，顶端尖。阳具基背片桥状部较狭，锚状突、前突均不明显，后突小，冠突呈片状，顶端尖。

雌性产卵瓣短粗，上产卵瓣的上外缘缺细齿。下生殖板长方形，后缘中央呈角状突出。

体长：♂ 36–44.5 mm，♀ 43–55.7 mm。前胸背板长：♂ 7.1–9.1 mm，♀ 8.4–10.6 mm。前翅长：♂ 32.3–37.2 mm，♀ 36.5–48.4 mm。后足股节长：♂ 19.8–22.6 mm，♀ 22.8–27.5 mm。

分布：浙江（临安）、山东、河南、陕西、甘肃、江苏、安徽、江西、福建、台湾、广东、广西、四川、贵州、云南、西藏；朝鲜，日本，印度（含锡金），伊朗。

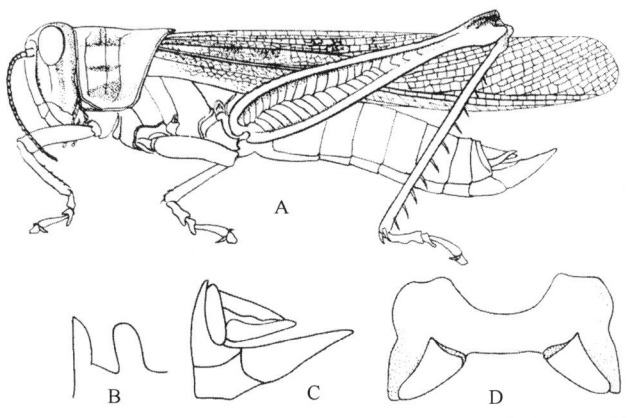

图 18-35 日本黄脊蝗 *Patanga japonica* (Bolívar, 1898)（引自李鸿昌和夏凯龄，2006）
A. 整体侧面观；B. ♂前胸腹板突侧面观；C. ♂腹端侧面观；D. 阳具基背片

（581）印度黄脊蝗 *Patanga succincta* (Johansson, 1763)（图 18-36）

Gryllus succincta Johansson, 1763: 398.
Patanga succincta: Uvarov, 1923b: 364.

主要特征：雄性体型大，较狭长。前胸背板前缘和后缘呈圆弧形突出，缺侧隆线。中胸腹板侧叶长大于宽，侧叶的最长处 1.2–1.3 倍于其最狭处；侧叶间的中隔较宽，中隔的长度为其最狭处的 2–2.7 倍。后足股节上侧中隆线中部的细齿较稀少。后足胫节无外端刺，内缘具刺 10–11 个，外缘具刺 8–9 个。肛上板长三角形，后缘中央呈钝角状突出。尾须从侧面观，基部宽，顶端缩狭，略向上和向内弯曲，顶端钝圆形，微下曲。下生殖板长锥形。阳具基背片桥状部狭。

雌性体型较大。产卵瓣短粗，顶端钩状，上产卵瓣的上外缘缺细齿。

体色：淡黄褐色或黄褐色。前翅缘前脉域黄色，后翅基部本色或紫红色。后足股节内、外侧黄褐色。后足胫节和跗节黄褐色。

体长：♂ 42.8–48.1 mm，♀ 55.7–61.4 mm。前胸背板长：♂ 8.8–10.2 mm，♀ 11.9–14.1 mm。前翅长：♂ 46.4–52.1 mm，♀ 63.6–70.2 mm。后足股节长：♂ 26.7–28.1 mm，♀ 34.9–38.3 mm。

分布：浙江、福建、台湾、广东、广西、贵州、云南；巴基斯坦，印度，马来群岛。

图 18-36　印度黄脊蝗 *Patanga succincta* (Johansson, 1763)（引自李鸿昌和夏凯龄，2006）
A.♂前胸腹板突；B.♂腹端侧面观；C.阳具基背片

276. 凸额蝗属 *Traulia* Stål, 1873

Traulia Stål, 1873: 37, 58. Type species: *Acridium flavoannulata* Stål, 1861.

主要特征：体型由小到大。颜面隆起侧面观在触角之间颇向前突出，在触角之下略微凹入。头侧窝三角形。前胸背板沟前区长于沟后区，在沟前区的前端和沟后区的大部分沿中隆线通常各有四角形乌绒斑纹。前胸腹板突圆锥形，顶端尖锐或钝形。中胸腹板侧叶间的中隔较宽，其宽明显地大于长，侧叶之内缘下角为直角或钝角，明显为圆形。前、后翅都发达或缩短，或为鳞翅。后足股节较粗短，上隆线具细齿，在其顶端形成小刺。雄性腹部最末一节背板后缘一般缺尾片，或少数具有尾片。

分布：古北区、东洋区。世界已知 46 种，中国记录 13 种，浙江分布 2 种。

（582）饰凸额蝗 *Traulia ornata* Shiraki, 1910（图 18-37）

Traulia ornata Shiraki, 1910: 68.

主要特征：雄性体型中等。前胸背板沟前区约为沟后区的 1.4 倍。前、后翅仅到达腹部第 3 节中部，未到达后足股节的中部；后足胫节缺外端刺，胫节刺沿外缘具 7 个，内缘 8–9 个。腹部末节背板后缘两侧各具 1 个小黑点的尾片。肛上板为盾形，顶端较尖，基纵沟两端略深，中间较平，两边外缘略呈波形。尾须侧扁，端部呈片状刀形，顶端圆弧形，其长超过肛上板。下生殖板较短，向上翘。

雌性体较雄性为大。肛上板为三角形，顶端较钝，基纵沟仅到达中部。尾须较短，圆锥形，顶端较钝。

上、下产卵瓣较粗壮，顶端略弯，上缘缺齿。下生殖板长大于宽，后缘圆弧形，中央具1根较尖的突起。

体色：一般为褐色或深褐色。

体长：♂ 27.0–35.0 mm，♀ 34.0–49.0 mm。前胸背板长：♂ 6.0–8.0 mm，♀ 8.0–11.0 mm。前翅长：♂ 9.0–11.0 mm，♀ 12.0–16.5 mm。后足股节长：♂ 14.5–19.0 mm，♀ 19.0–22.0 mm。

分布：浙江（临安、泰顺）、安徽、福建、台湾。

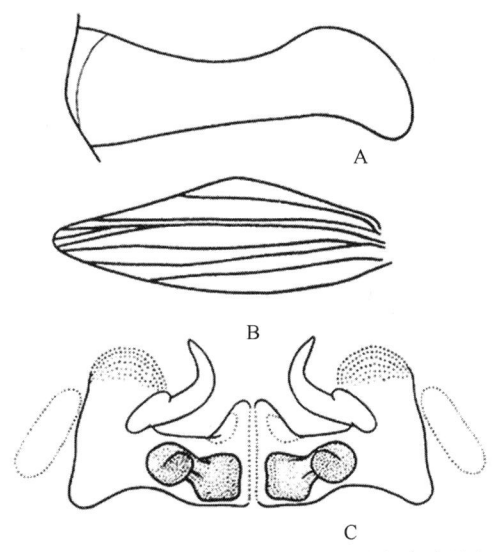

图 18-37　饰凸额蝗 *Traulia ornata* Shiraki, 1910（引自李鸿昌和夏凯龄，2006）
A. ♂尾须；B. ♂前翅；C. 阳具基背片

（583）东方凸额蝗 *Traulia orientalis* Ramme, 1941（图 18-38）

Traulia orientalis Ramme, 1941 [1940]: 188.

主要特征：雄性体型中等。头侧窝明显，长三角形，在沟前区的前部分和沟后区沿中隆线各具1块四角形乌绒暗斑。前胸腹板突圆锥形，向顶端趋细。前、后翅完全发育，常到达腹部第4节背板的中部，到达或略不到后足股节的中部。肛上板为盾形。尾须侧扁，端部呈短的刀形，顶端较钝，其长超过肛上板之长。下生殖板较短，颇向上翘。

雌性体较雄性为大。肛上板为三角形。尾须圆锥形，其长不超过肛上板顶端。上、下产卵瓣较粗壮，顶端较钝，上缘不具齿。下生殖板较长，后缘中部具1个较长的突起。

体色：通常为褐色或黑褐色。后足胫节基部之半为黑褐色，其中具明显的黄色基前环；端部之半为橘红色。

体长：♂ 22.5–30.0 mm，♀ 34.0–43.0 mm。前胸背板长：♂ 6.0–8.0 mm，♀ 8.0–10.0 mm。前翅长：♂ 8.0–12.0 mm，♀ 14.0–16.0 mm。后足股节长：♂ 13.0–17.0 mm，♀ 18.0–21.0 mm。

分布：浙江、湖南、福建、广西、贵州、云南。

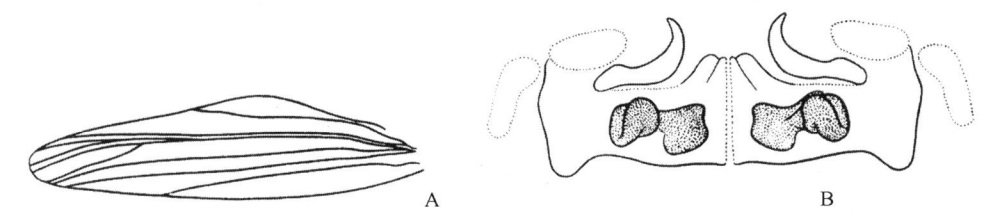

图 18-38　东方凸额蝗 *Traulia orientalis* Ramme, 1941（引自李鸿昌和夏凯龄，2006）
A. ♂前翅；B. 阳具基背片

277. 十字蝗属 *Epistaurus* Bolívar, 1889

Epistaurus Bolívar, 1889: 164. Type species: *Epistaurus crucigerus* Bolívar, 1889.

主要特征：体小型，略具细密刻点和稀疏绒毛。头大而短。头顶较狭，狭于颜面隆起在触角之间的宽度；头侧窝不明显。复眼长卵形。触角丝状，超过前胸背板的后缘。前胸背板中隆线略低，缺侧隆线。前胸腹板突为圆锥形，顶端较钝。前、后翅发达，到达或超过后足股节顶端。后足股节上侧上隆线具细齿。后足胫节缺外端刺。腹部末节背面后缘中央两侧具尾片。雄性尾须圆锥形，向内弯，顶端较尖锐。肛上板为长方形，向顶端趋狭，下生殖板为短锥形。雌性上产卵瓣上外缘无细齿或具钝齿。

分布：古北区、东洋区、旧热带区。世界已知 7 种，中国记录 2 种，浙江分布 1 种。

（584）南方十字蝗 *Epistaurus meridionalis* Bi, 1984（图 18-39）

Epistaurus meridionalis Bi, 1984: 183.

主要特征：雄性体型较小。头顶呈水平状，六角形。前胸背板的前缘呈圆弧形，中隆线仅被后横沟较深的切割。前、后翅均发达，其长度多数不到达或刚到达，仅少数略超过后足股节端部。前翅端部呈圆弧形，后翅端部边缘有较小的凹口。肛上板长方形，基部中央具短纵沟。尾须圆锥形，其长超过肛上板顶端。下生殖板短锥形。

雌性较雄性为大，腹部末节背板后缘缺尾片。肛上板长三角形，基部之半具横沟。尾须圆锥形，短于肛上板。上产卵瓣顶端呈钩形，上缘具钝齿。下产卵瓣顶端钩形。

体色：一般为褐色。后足股节黄褐色或黄色，后足胫节红色或黄色，胫节刺的顶端为黑色。

体长：♂ 12.9–15.4 mm，♀ 16.9–20.8 mm。前胸背板长：♂ 3.3–3.8 mm，♀ 4.2–4.9 mm。前翅长：♂ 10.8–12.9 mm，♀ 14.1–15.3 mm。后足股节长：♂ 8.5–9.5 mm；♀ 10.3–11.8 mm。

分布：浙江、台湾、广东、海南、广西。

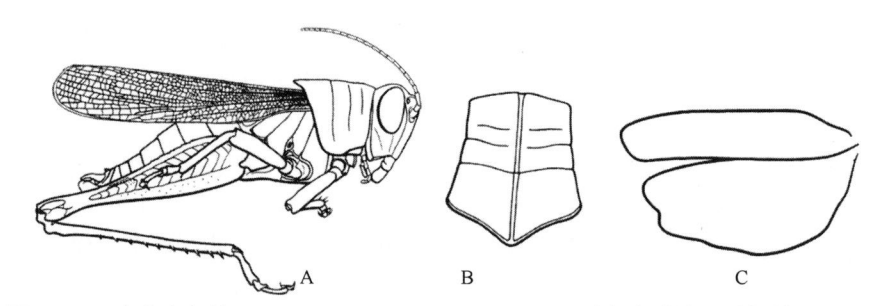

图 18-39　南方十字蝗 *Epistaurus meridionalis* Bi, 1984（引自李鸿昌和夏凯龄，2006）
A.♂整体侧面观；B.♂前胸背板背面观；C.♂前翅和后翅

278. 胸斑蝗属 *Apalacris* Walker, 1870

Apalacris Walker, 1870: 641. Type species: *Apalacris varicornis* Walker, 1870.

主要特征：体型中等。雄性触角细长，到达或超过后足股节的基部。前胸背板中隆线明显，缺侧隆线。前、后翅较发达，几乎达到或超过后足股节的顶端；后足胫节上侧顶端缺外端刺，其外缘具刺 8–10 个。前胸腹板突为圆锥形。雄性腹部末节背板的后缘缺尾片。尾须为锥形，较直，顶端较尖。下生殖板为短锥形，顶端略尖。雌性上产卵瓣的上外缘缺齿，顶端尖锐。

分布：古北区、东洋区。世界已知 18 种，中国记录 8 种，浙江分布 1 种。

（585）异角胸斑蝗 *Apalacris varicornis* Walker, 1870（图 18-40）

Apalacris varicornis Walker, 1870: 642.

主要特征：雄性体型中等。前胸背板近乎圆筒形，中隆线明显，缺侧隆线。前、后翅皆发达，两者等长，其长超过后足股节的顶端；后翅膜质，长形。腹部末节背板的后缘缺尾片。尾须为圆锥形，未超过肛上板的顶端。肛上板为长三角形，顶端圆形。下生殖板圆锥形，较短，顶端为锐角。

雌性体较雄性为大。前胸背板后横沟位于中部之后。尾须短，圆锥形，远不到达肛上板顶端。肛上板为长三角形。上产卵瓣边缘具小齿，顶端呈钩形。下生殖板长大于宽，后缘钝角突出。

体色：一般为褐色或橄榄绿色。后足股节外侧呈黄色或黄褐色，具 3 个黑色斜斑纹，内侧和内侧下缘为红色，无黑斑；在膝前具 1 个黄色环，膝部为褐色，内、外侧下膝片为红色或外侧下膝片为淡褐色或具小黑斑。后足胫节红色。

体长：♂ 16.5–18.0 mm，♀ 25.0–28.0 mm。前胸背板长：♂ 4.2–5.3 mm，♀ 6.0–6.2 mm。前翅长：♂ 14.0–17.0 mm，♀ 20.0 mm。后足股节长：♂ 9.5–12.0 mm，♀ 13.5 mm。

分布：陕西、福建、广东、广西、贵州、云南；日本，印度，越南，泰国，马来西亚，印度尼西亚（爪哇，苏门答腊）。

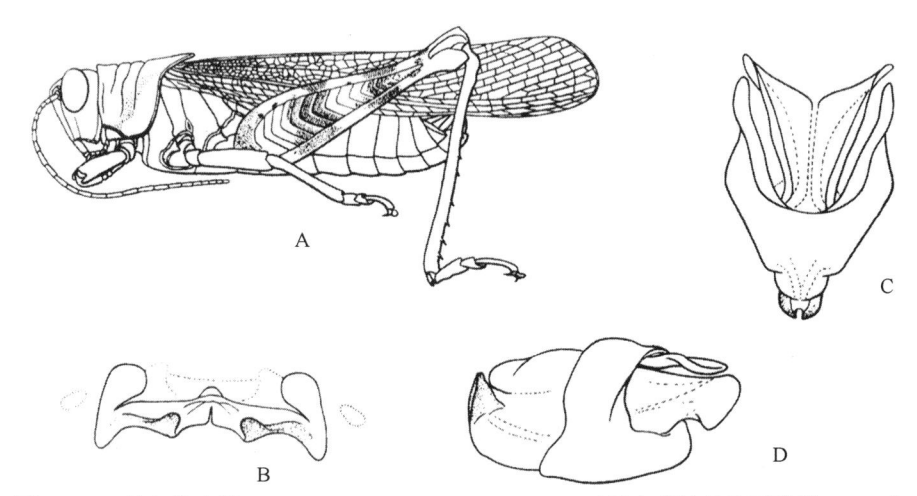

图 18-40 异角胸斑蝗 *Apalacris varicornis* Walker, 1870（引自李鸿昌和夏凯龄，2006）
A. ♂整体侧面观；B. 阳具基背片；C. 阳具复合体背面观；D. 阳具复合体侧面观

279. 斜翅蝗属 *Eucoptacra* Bolívar, 1902

Eucoptacra Bolívar, 1902 [1901]: 623, 625. Type species: *Acridium* (*Catantops*) *praemorsum* Stål, 1861.

主要特征：体型中等。前胸背板中隆线较低，且明显，缺侧隆线。后胸侧叶明显分开。前、后翅较发达，其长超过后足股节的顶端。后足股节上侧中隆线具细齿。后足胫节内缘具刺 11 个，外缘具刺 9 个，缺外端刺。肛上板长三角形，顶端 1/3 处向顶端略狭。尾须略扁。下生殖板较短，具有簇毛。雌性肛上板为长三角形，顶端钝，表面具 1 基纵沟。尾须较短，到达或未到达肛上板的顶端。上产卵瓣顶端具钝钩。下生殖板长形，后缘为三角形突出。

分布：古北区、东洋区、旧热带区。世界已知约 22 种，中国记录 4 种，浙江分布 1 种。

(586) 斜翅蝗 *Eucoptacra praemorsa* (Stål, 1860) (图 18-41)

Acridium (*Catantops*) *praemorsum* Stål, 1860 [1861]: 330.
Eucoptacra praemorsa: Bolívar, 1902: 623.

主要特征：雄性体型中等。前胸背板侧扁，中隆线明显，缺侧隆线。前、后翅较发达，其长超过后足股节端部。前翅中部具1个斜而狭的硬斑。后足股节上侧中隆线具细齿。肛上板中部两侧各具1个较直的长形突起。尾须较短，短于或等于肛上板之长，内外略侧扁，近顶端向内略下弯，端部圆形或略斜。

雌性较雄虫为大，上产卵瓣内、外缘具钝齿。肛上板长三角形，尾须圆锥形，不超过肛上板之顶端。下生殖板较长，顶端为三角形角状突出。

体色：一般为褐色或黑褐色。前翅具有不规则、明显的或不明显的斜形黑色横带纹。后足股节黄褐色，外侧上缘域之基部、中部之前和顶端之前各具不明显的黑色横斑，后足胫节红色。

体长：♂ 16.0–18.0 mm，♀ 20.0–22.6 mm。前胸背板长：♀ 3.7–4.4 mm，♂ 4.3–5.2 mm。前翅长：♂ 15.6–17.0 mm，♀ 18.4–20.8 mm。后足股节长：♂ 10.4–11.3 mm，♀ 11.8–14.2 mm。

分布：浙江、江西、福建、台湾、广东、广西；印度，尼泊尔，缅甸。

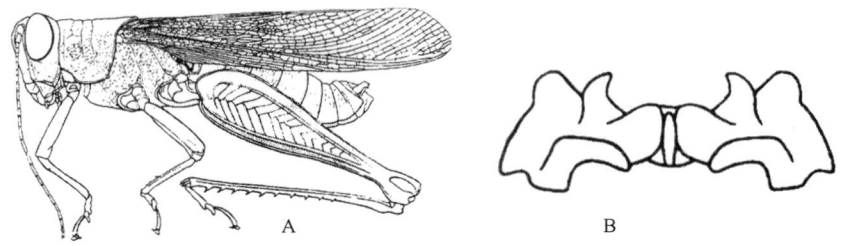

图 18-41 斜翅蝗 *Eucoptacra praemorsa* (Stål, 1860)（引自李鸿昌和夏凯龄，2006）
A. ♂整体侧面观；B. 阳具基背片

280. 外斑腿蝗属 *Xenocatantops* Dirsh, 1953

Xenocatantops Dirsh, 1953: 237. Type species: *Acridium humilis* Serville, 1838.

主要特征：体型中等。触角丝状，不到达或超过前胸背板的后缘。前胸背板中隆线较细，缺侧隆线。前胸腹板突圆锥状，顶端略尖或近圆柱状。中胸腹板侧叶间的中隔在中部略缩狭，其长为最狭处的2–3倍。后胸腹板侧叶全长毗连。后足股节较直斑腿蝗粗短，长为宽的3.6–3.7倍；上侧中隆线具细齿；下膝侧片的端部圆形；外侧具2个完整的黑色或黑褐色斑纹。雄性腹部末节背板的后缘无尾片。尾须锥状，端部圆。下生殖板锥形。雌性产卵瓣较直斑腿蝗粗短，略弯曲。

分布：古北区、东洋区。世界已知4种，中国记录3种，浙江分布2种。

(587) 短角外斑腿蝗 *Xenocatantops brachycerus* (Willemse, 1932) (图 18-42)

Catantops brachycerus Willemse, 1932: 106.
Xenocatantops brachycerus: Jago, 1982: 453.

主要特征：雄性体中小型，粗壮。触角较粗短，中段一节的长度等于或1.5倍于其宽度。前胸背板中隆线低、细，缺侧隆线。前胸腹板突钝锥形，顶端宽圆，微向后倾斜。前翅较短，刚到达或略超过后足股节的端部，其超出部分不及前胸背板长度之半。后足股节的长度约为其宽度的3.7倍。后足胫节无外端刺，外缘具刺 8–9 个，内缘具刺 10–11 个。尾须锥形。肛上板三角形，基部一半具明显的纵沟。下生殖板锥状，阳具基背片桥状，具锚状突。

雌性体较大。产卵瓣粗短，上产卵瓣的上外缘无细齿。

体色：褐色。

体长：♂ 17.5–21.0 mm，♀ 22.0–28.0 mm。前胸背板长：♂ 3.5–5.3 mm，♀ 5.3–6.3 mm。前翅长：♂ 14.5–18.0 mm，♀ 17.2–22.0 mm。后足股节长：♂ 10.5–11.9 mm，♀ 11.0–13.9 mm。

分布：浙江（临安）、河北、陕西、甘肃、江苏、湖北、福建、台湾、广东、四川、贵州、云南、西藏；印度，不丹，尼泊尔。

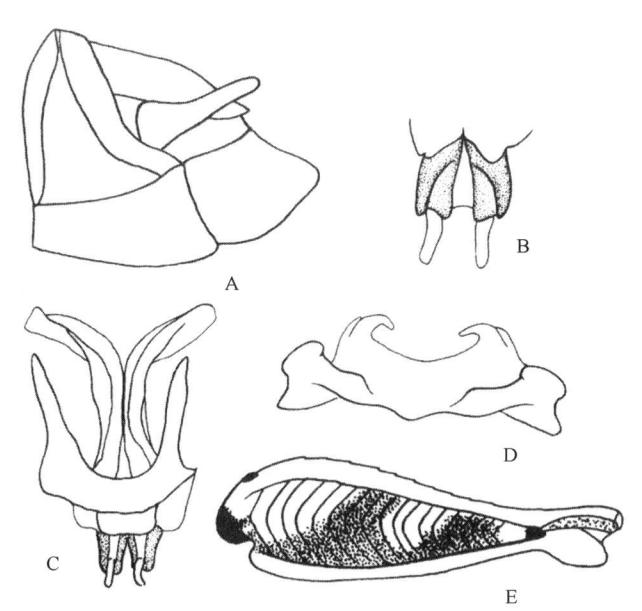

图 18-42　短角外斑腿蝗 Xenocatantops brachycerus (Willemse, 1932)（引自李鸿昌和夏凯龄，2006）
A.♂腹部末端侧面观；B. 阳具复合体端部；C. 阳具复合体；D. 阳具基背片；E.♂后足股节外侧

（588）大斑外斑腿蝗 Xenocatantops humilis (Serville, 1839)（图 18-43）

Acridium humile Serville, 1839: 662, 769.

Xenocatantops humilis: Tandon, 1969: 60.

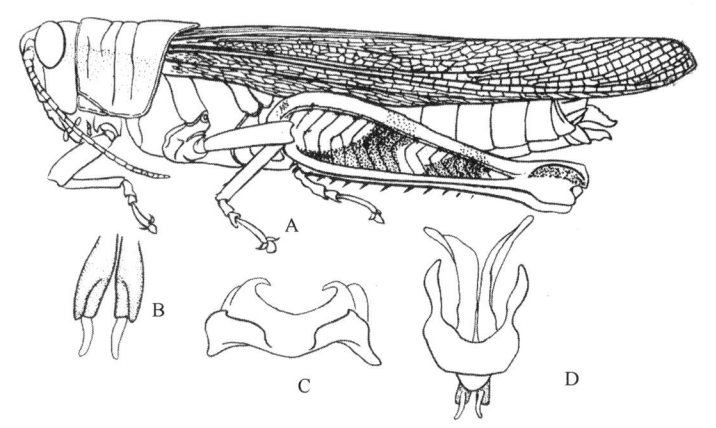

图 18-43　大斑外斑腿蝗 Xenocatantops humilis (Serville, 1839)（引自李鸿昌和夏凯龄，2006）
A.♀整体侧面观；B. 阳具复合体端部；C. 阳具基背片；D. 阳具复合体

主要特征：雄性体型较细长。触角较细长，中段一节的长度为其宽度的 1.8–2 倍。前胸背板中隆线低、细，缺侧隆线。前胸腹板突近圆锥形，端部略尖。前翅较长，明显超出后足股节的端部，其超出部分约大于前胸背板长度之半。后足股节的长度约为其宽度的 3.6 倍。后足胫节缺外端部，外缘具刺 8–9 个，内缘具刺 9–11 个。尾须锥状，端部不尖。下生殖板短锥形。

雌性体较大。产卵瓣短，上产卵瓣的上外缘无明显的细齿。

体色：褐色。后足股节外侧黄色，具 2 个黑褐色横斑纹，此斑纹沿着下隆线纵向延伸，下缘褐色；股节内侧红色具黑色斑纹。后足胫节红色。

体长：♂ 20.0–23.5 mm，♀ 30.0–34.0 mm。前胸背板长：♂ 4.4–5.1 mm，♀ 6.2–7.1 mm。前翅长：♂ 18.5–21.0 mm，♀ 25.0–29.0 mm。后足股节长：♂ 10.8–12.5 mm，♀ 15.0–18.1 mm。

分布：浙江、广西、云南、西藏；印度，尼泊尔，孟加拉国，缅甸，越南，泰国，斯里兰卡，菲律宾，马来西亚，印度尼西亚，加里曼丹，新几内亚。

281. 斑腿蝗属 *Catantops* Schaum, 1853

Catantops Schaum, 1853: 779. Type species: *Catantops melanostictus* Schaum, 1853.

主要特征：体型中等。前胸背板略呈圆柱状。前胸腹板突呈圆柱状。中胸腹板侧叶间的中隔在中部缩狭，中隔的长度为其最狭处的 3–4 倍。后胸腹板侧叶彼此毗连。前翅到达或超过后足股节端部，端部圆。后足股节粗短，上侧中隆线具细齿，下隆线平滑。后足胫节缺外端刺。雄性腹部末节背板后缘的尾片较钝。尾须向上弯曲，基部宽，中部略细，端部略膨大，钝圆。下生殖板锥状。雌性产卵瓣较短，适当弯曲。

分布：古北区、东洋区、旧热带区。世界已知 25 种，中国记录 3 种。浙江分布 1 种（亚种）。

（589）红褐斑腿蝗 *Catantops pinguis pinguis* (Stål, 1860)（图 18-44）

Acridium (*Catantops*) *pinguis* Stål, 1860: 330.

Catantops pinguis pinguis: Dirsh, 1956: 103.

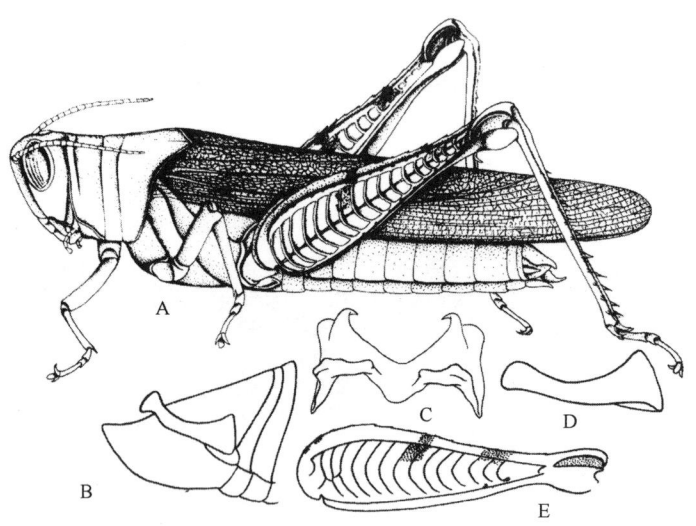

图 18-44 红褐斑腿蝗 *Catantops pinguis pinguis* (Stål, 1860)（引自李鸿昌和夏凯龄，2006）
A. ♀整体侧面观；B. ♂腹部末端侧面观；C. 阳具基背片；D. ♂尾须侧面观；E. 后足股节外侧

主要特征：雄性体型中等。触角中段一节的长度为其宽度的 1.2–1.5 倍。前胸背板近圆柱状，中隆线低而细。中胸腹板侧叶间的中隔在中部缩狭，中隔的长度为其最狭处的 3–4 倍。前翅发达，超过后足股节的端部，其超出部分近等于或不及前胸背板长的一半。后足股节上侧中隆线具细齿，长约为宽的 3.3 倍。后足胫节缺外端刺，内缘具刺 10–11 个，外缘具刺 9–10 个。尾须向上曲，基部宽，顶端略膨大，呈圆形。肛上板三角形，基部具纵沟。下生殖板锥形，顶端尖。

雌性体较大。产卵瓣短，略弯曲，上产卵瓣的上外缘具若干个小齿。下生殖板长方形。

体色：黄褐或褐色。

体长：♂ 25.0–27.0 mm，♀ 31.0–35.0 mm。前胸背板长：♂ 5.5–6.0 mm，♀ 6.1–7.5 mm。前翅长：♂ 20.0–25.0 mm，♀ 26.5–32.0 mm。后足股节长：♂ 12.5–15.5 mm，♀ 16.2–19.5 mm。

分布：浙江（临安）、河北、陕西、江苏、湖北、江西、福建、台湾、广东、广西、四川、贵州、云南、西藏；日本，印度，缅甸，斯里兰卡。

282. 直斑腿蝗属 *Stenocatantops* Dirsh, 1953

Stenocatantops Dirsh, 1953: 237. Type species: *Gryllus splendens* Thunberg, 1815.

主要特征：体型较大。触角丝状，不到达或到达前胸背板的后缘。前胸背板呈圆柱状，背面略拱起，中部不紧缩；中隆线低细，被3条横沟割断，缺侧隆线。前胸腹板突在顶端1/2处侧扁，向后曲。中胸腹板侧叶间的中隔在中部甚缩狭；后胸腹板侧叶全长毗连。前翅很发达，到达或超过后足股节的端部。后足股节较细狭，上侧中隆线具细齿。后足胫节略短于股节，缺外端刺。雄性腹部末节背板后缘的尾片较钝。下生殖板长锥状。雌性产卵瓣较短，适当弯曲。

分布：古北区、东洋区、澳洲区。世界已知10种，中国记录2种。浙江分布2种。

（590）长角直斑腿蝗 *Stenocatantops splendens* (Thunberg, 1815)（图 18-45）

Gryllus splendens Thunberg, 1815: 236.

Stenocatantops splendens: Dirsh & Uvarov, 1953: 237.

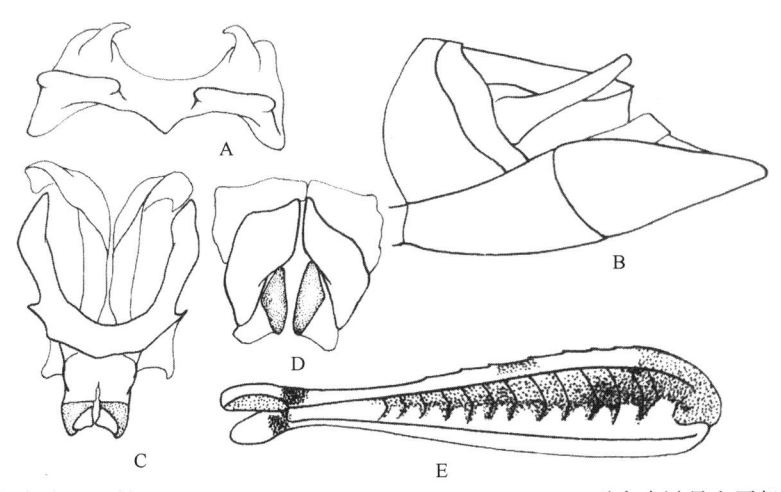

图 18-45　长角直斑腿蝗 *Stenocatantops splendens* (Thunberg, 1815)（引自李鸿昌和夏凯龄，2006）
A. 阳具基背片；B. ♂腹部末端侧面观；C. 阳具复合体；D. 阳具复合体端部；E. ♂后足股节内侧

主要特征：雄性体形较细长。触角较细长，到达前胸背板的后缘，中段一节的长度近1.5倍于其宽度。前胸背板圆柱状，中隆线略明显。前胸腹板突略侧扁，侧面观端部3/4处较宽并后倾。中胸腹板侧叶间的中隔在中部近毗连；中隔的长度为其最狭处的7–8倍，前翅较长，其超出后足股节的长度大于前胸背板的长度。后足股节较细长，股节长度为最宽处的4.5–4.7倍。后足胫节缺外端刺，内缘刺10–11个，外缘刺9–10个。尾须圆锥形，略向内弯曲。下生殖板锥状，较长，顶端略尖。

雌性体较大。产卵瓣较短宽，上产卵瓣的上外缘无细齿。

体色：黄褐色。

体长：♂ 25.3–29.0 mm，♀ 30.0–39.5 mm。前胸背板长：♂ 5.5–6.8 mm，♀ 6.3–8.0 mm。前翅长：

♂ 21.2–25.5 mm，♀ 27.0–30.5 mm。后足股节长：♂ 13.2–14.7 mm，♀ 17.0–20.0 mm。

分布：浙江（临安）、陕西、江苏、安徽、湖北、江西、福建、台湾、广东、广西、四川。

(591) 短角直斑腿蝗 Stenocatantops mistshenkoi Willemse, 1968（图 18-46）

Stenocatantops mistshenkoi Willemse, 1968: 34.

主要特征：雄性体形较短粗。触角较短粗，不到达前胸背板的后缘，中段一节的长度近等于其宽度。前胸背板圆柱状，中隆线略明显。前翅较短，其超出后足股节的长度短于前胸背板的长度。后足股节较短粗，长为宽的 4.4–4.5 倍。后足胫节无外端刺，内缘刺 10–11 个，外缘刺 9–10 个。尾须圆锥形，略向内和向上弯曲。肛上板三角形。下生殖板锥状，较粗短，顶端略尖。

雌性体较大。产卵瓣较短宽，上产卵瓣的上外缘无细齿。

体色：刚羽化的成虫体呈黄褐色。后足股节内侧上部黑褐色，下部橙红色，后足胫节橙红色。老熟成虫体呈褐色；触角褐色或红褐色；后足股节下部和后足胫节橘红色。

体长：♂ 25.3–29.0 mm，♀ 30.0–39.5 mm。前胸背板长：♂ 5.5–6.8 mm，♀ 6.3–8.0 mm。前翅长：♂ 21.2–25.5 mm，♀ 27.0–30.5 mm。后足股节长：♂ 13.2–14.7 mm，♀ 17.0–20.0 mm。

分布：浙江、陕西、江苏、安徽、湖北、江西、福建、台湾、广东、广西、四川。

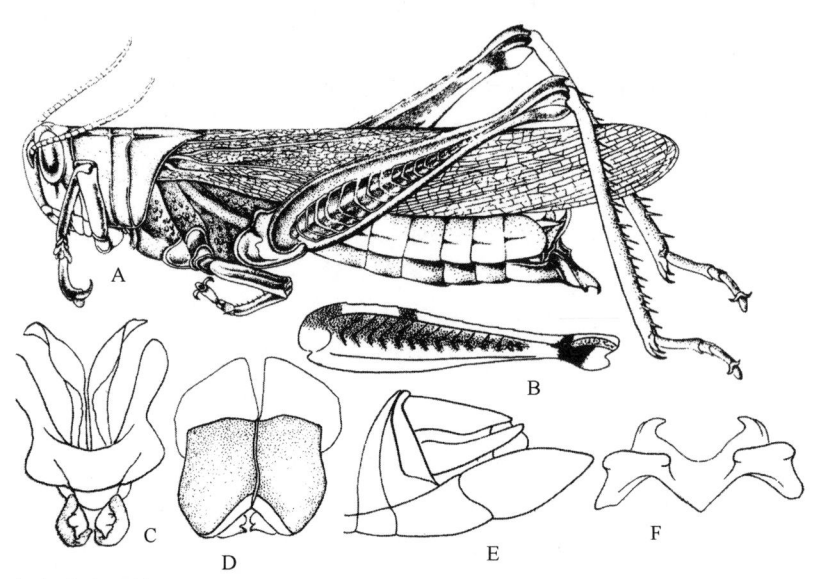

图 18-46　短角直斑腿蝗 Stenocatantops mistshenkoi Willemse, 1968（引自李鸿昌和夏凯龄，2006）
A. ♀整体侧面观；B. ♀后足股节内侧；C. 阳具复合体；D. 阳具复合体端部；E. ♂腹部末端侧面观；F. 阳具基背片

283. 星翅蝗属 Calliptamus Serville, 1831

Calliptamus Serville, 1831: 284. Type species: Gryllus italicus Linnaeus, 1758.

主要特征：体中小型。前胸背板圆筒状，中隆线低，侧隆线明显。前胸腹板突圆柱状，顶端钝。中胸腹板侧叶间的中隔较宽。后胸腹板侧叶彼此分开。前、后翅发达，超过后足股节的顶端，有时缩短，仅超过后足股节的中部。后足股节粗短，上侧中隆线具小齿。后足胫节缺外端刺，胫节内侧距等长，无粗毛。雄性腹部末节背板缺尾片；尾须狭长，略向后弯曲，顶端分成上、下两叶，上叶通常较下叶长，下叶的顶端不分齿或分成 2 个齿。阳具基背片无冠突。雌性产卵瓣较短，平直，上产卵瓣的上外缘无细齿或细齿不明显。

分布：古北区、东洋区、旧热带区。世界已知约 15 种，中国记录 5 种，浙江分布 1 种。

（592）短星翅蝗 *Calliptamus abbreviatus* Ikonnikov, 1913（图 18-47）

Calliptamus abbreviatus Ikonnikov, 1913: 19.

主要特征：雄性体型小至中等。触角丝状，细长，超过前胸背板的后缘。前胸背板中隆线低，侧隆线明显，几乎平行。中胸腹板侧叶间的中隔的最狭处约为其长度的 1.3 倍。后足股节粗短，股节的长度为宽的 2.9–3.3 倍，上侧中隆线具细齿。后足胫节缺外端刺，内缘具刺 9 个，外缘具刺 8–9 个。前翅较短，通常不到达后足股节的端部。尾须狭长，下生殖板短锥形，顶端略尖。

雌性体较大，触角略不到达或刚到达前胸背板的后缘。中胸腹板侧叶间的中隔的最狭处约为其长度的 1.4 倍。产卵瓣短粗，上、下产卵瓣的外缘平滑。

体色：褐色或黑褐色。

体长：♂ 12.9–21.1 mm，♀ 23.5–32.5 mm。前胸背板长：♂ 2.9–4.7 mm，♀ 4.5–7.3 mm。前翅长：♂ 7.8–13.8 mm，♀ 10.1–22.0 mm。后足股节长：♂ 8.8–12.1 mm，♀ 14.3–18.5 mm。

分布：浙江（临安）、黑龙江、吉林、辽宁、内蒙古、河北、山西、山东、陕西、甘肃、江苏、安徽、江西、广东、四川、贵州；俄罗斯，蒙古国，朝鲜。

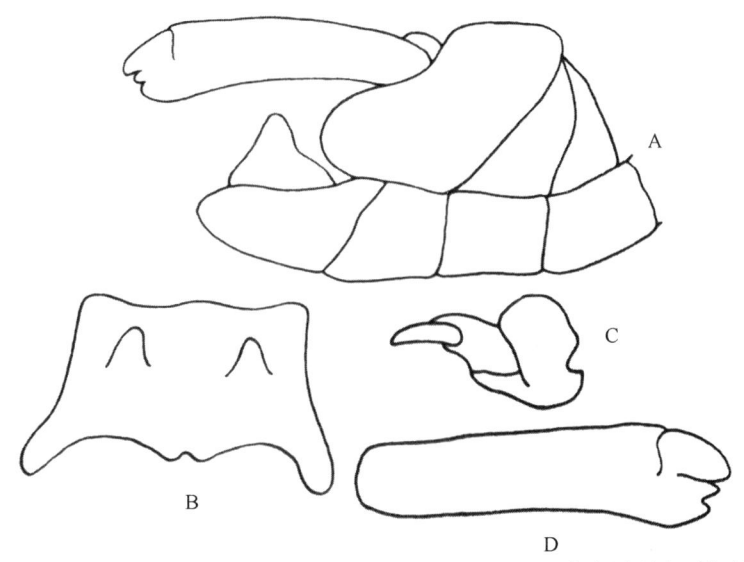

图 18-47 短星翅蝗 *Calliptamus abbreviatus* Ikonnikov, 1913（引自李鸿昌和夏凯龄，2006）
A. ♂腹端侧面观；B. ♂阳具基背板；C. ♂阳具瓣侧面观；D. ♂尾须侧面观

284. 长夹蝗属 *Choroedocus* Bolívar, 1914

Choroedocus Bolívar, 1914: 5. Type species: *Gryllus capensis* Thunberg, 1815.

主要特征：体形较粗大。触角细长，其长度超过前胸背板的后缘。前胸背板中隆线较低，侧隆线明显，侧片具有粗密的刻点和短隆线。前、后翅都发达，略不到达或超过后足股节的顶端，前翅透明。后足股节匀称，上基片长于下基片，上侧的中隆线呈锯齿状。后足胫节顶端缺外端刺，沿其外缘具齿 12–13 个，内缘具齿 11 个。鼓膜器发达。雄性尾须颇发达，侧扁，宽长，明显地超出腹端；顶端扩大，略向内弯曲，呈钳状。雄性下生殖板短锥形，顶端较尖。雌性上产卵瓣顶端尖锐，其上外缘无齿。

分布：古北区、东洋区。世界已知约 6 种，中国记录 3 种，浙江分布 1 种。

(593) 长夹蝗 *Choroedocus capensis* (Thunberg, 1815)（图 18-48）

Gryllus capensis Thunberg, 1815: 240.
Choroedocus capensis: Bolívar, 1914: 9, 20.

主要特征：雄性体匀称。触角细长，超过前胸背板后缘甚远，中段一节的长度约为宽度的 2.4 倍。前胸背板中隆线明显，侧隆线在沟前区明显，在沟后区逐渐消失。前、后翅均发达，超过后足股节顶端。后足胫节外缘具齿 13 个，内缘具齿 11 个，缺外端刺。肛上板较大，呈宽盾形。尾须侧扁，宽长，明显地超出下生殖板顶端。下生殖板矩锥形，略上曲，顶端尖圆。

雌性体型明显大于雄性。后足胫节外缘具齿 12 个，内缘具齿 10 个。肛上板接近三角形。尾须小，侧扁，呈扇形，顶端略钝。下生殖板长大于宽，后缘中央呈小三角形突出。产卵瓣外缘光滑，顶端呈钩状。

体色：通常褐色或黄褐色，具有一些暗色纵带。前翅浅褐色，具有较多的黑褐色圆斑，后足股节褐色或黄褐色。

体长：♂ 36.5–40.8 mm，♀ 56.5–60.6 mm。前胸背板长：♂ 6.8–7.9 mm，♀ 10.1–11 mm。前翅长：♂ 29.1–31.7 mm，♀ 44.5–49.3 mm。后足股节长：♂ 23.1–24.1 mm，♀ 32.1–36 mm。

分布：浙江、福建、广东、广西、贵州、云南；印度，缅甸，越南，泰国，柬埔寨，斯里兰卡。

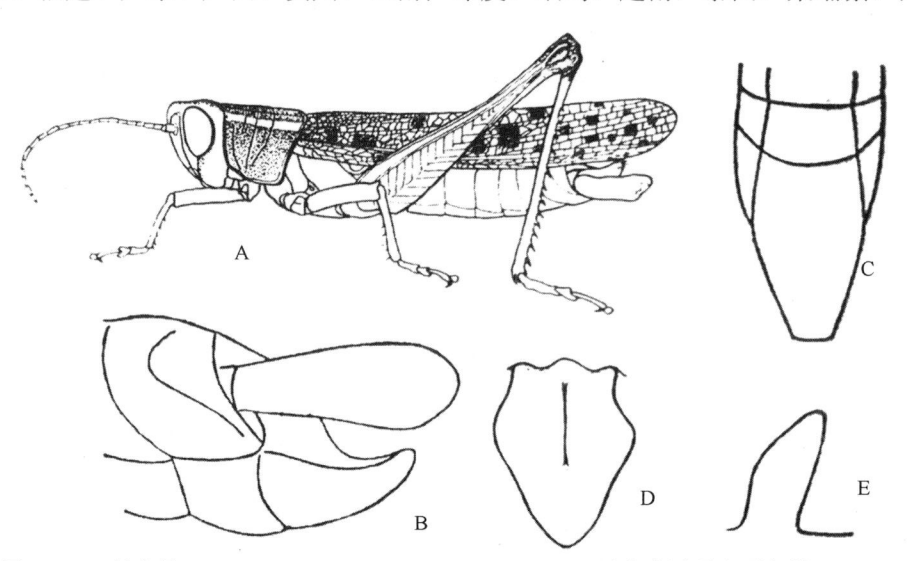

图 18-48 长夹蝗 *Choroedocus capensis* (Thunberg, 1815)（引自李鸿昌和夏凯龄，2006）
A.♂整体侧面观；B.♂腹端侧面观；C.♂腹端腹面观；D.♂肛上板背面观；E.♂前胸腹板突

285. 黑背蝗属 *Eyprepocnemis* Fieber, 1853

Eyprepocnemis Fieber, 1853: 98. Type species: *Gryllus plorans* Charpentier, 1825.

主要特征：体型中等。触角丝状，到达或超过前胸背板的后缘。前胸背板中隆线较低，侧隆线明显。前、后翅发达，常到达或超过后足股节的顶端，有时较缩短，不到达后足股节的中部；前翅透明，常具不规则的暗斑。后足股节上侧中隆线呈齿状。后足胫节缺外端刺。鼓膜器发达。雄性肛上板基部纵沟明显，尾须细长，端部较尖，顶端略向内弯曲。雄性下生殖板短锥形。雌性上产卵瓣上外缘缺齿或具不明显的小齿。

分布：古北区、东洋区、旧热带区。世界已知 22 种，中国记录 4 种，浙江分布 1 种。

(594) 短翅黑背蝗 *Eyprepocnemis hokutensis* Shiraki, 1910（图 18-49）

Eyprepocnemis hokutensis Shiraki, 1910: 79.

主要特征：雄性体大型。头顶背面具有明显的中隆线。触角丝状，其顶端超出前胸背板的后缘。前胸背板中隆线明显，侧隆线较粗，但不完整。前、后翅不到达后足股节的顶端。后足胫节上侧内缘具刺 10 或 11 个，外缘具刺 10 或 11 个，缺外端刺。鼓膜器发达。肛上板基部纵沟明显，尾须细长，端部较尖，略向下方弯曲。下生殖板短锥形。

雌性体较雄性大而粗壮。尾须锥形，较短。产卵瓣短粗，边缘光滑，端部呈钩状。

体色：黄褐色。后足股节内侧和外侧各具 1 条黑色纵条纹，上侧具 2 个不明显的暗斑。后足胫节基部 1/3 为黑色，其中具 1 淡色环纹，余 2/3 为红色。

体长：♂ 20.2–35.5 mm，♀ 34.1–49.5 mm。前胸背板长：♂ 5.0–5.8 mm，♀ 7.2–8.5 mm。前翅长：♂ 17.7–21.5 mm，♀ 22.4–27.5 mm。后足股节长：♂ 16.0–22.5 mm，♀ 20.4–30.5 mm。

分布：浙江、江苏、湖北、江西、福建、台湾、广东、广西。

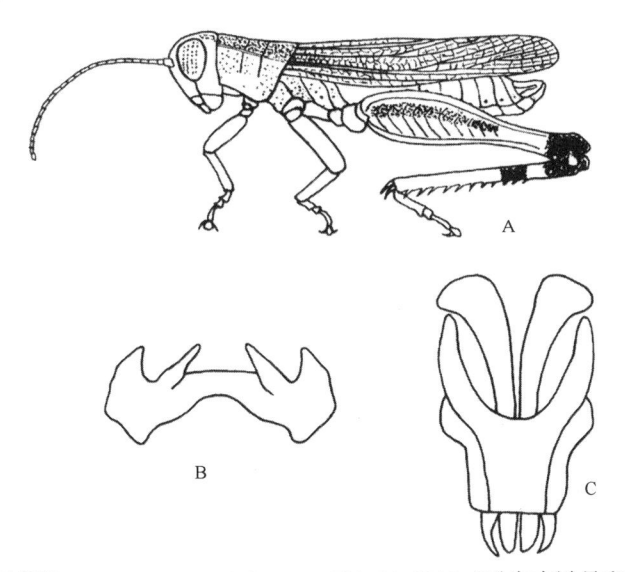

图 18-49 短翅黑背蝗 *Eyprepocnemis hokutensis* Shiraki, 1910（引自李鸿昌和夏凯龄，2006）
A. ♂整体侧面观；B. 阳具基背片；C. 阳具复合体

286. 素木蝗属 *Shirakiacris* Dirsh, 1957

Shirakiacris Dirsh, 1957: 861. Type species: *Euprepocnemis shirakii* Bolívar, 1914.

主要特征：体型中等。头顶背面缺中隆线。触角丝状，到达或超过前胸背板的后缘。复眼卵圆形，其纵径为横径的 1.4–1.7 倍。前胸背板中隆线较低，侧隆线较弱。前胸腹板突近乎圆柱形，顶端呈圆形膨大。前、后翅发达，常到达或超过后足股节的顶端；后足股节匀称，上侧中隆线具细齿。后足胫节缺外端刺。鼓膜器发达。雄性肛上板基部纵沟明显，尾须侧扁，基部和端部较宽，中部缩狭，顶端圆形。雄性下生殖板短锥形。雌性产卵瓣边缘光滑或具小齿。

分布：古北区、东洋区。世界已知 4 种，中国记录 4 种，浙江分布 1 种。

(595) 长翅素木蝗 *Shirakiacris shirakii* (Bolívar, 1914)（图 18-50）

Euprepocnemis shirakii Bolívar, 1914: 11.
Shirakiacris shirakii: Liu et al., 1995: 79.

主要特征：雄性触角丝状，超出前胸背板的后缘。前胸背板中隆线较低，侧隆线明显，前胸腹板顶端粗圆。中胸腹板中隔之长约等于最狭处的 3 倍。前、后翅发达，超过后足股节顶端甚长，前翅较狭，顶端狭圆，端部之半透明；后翅略短于前翅。后足股节粗短，其长为最宽处的 4.2–4.4 倍。后足胫节上侧外缘具刺 9–10 个，缺外端刺。尾须向内弯曲，中部较狭，基部和顶端均较宽圆。下生殖板短锥形，顶端略尖。

雌性体较雄性大而粗壮。中胸腹板侧叶间的中隔长为最狭处的 2–2.5 倍。产卵瓣粗短，顶端钩状，上产卵瓣的上外缘光滑无齿。

体色：褐色或黑褐色。

体长：♂ 22.5–29.0 mm，♀ 32.5–41.5 mm。前胸背板长：♂ 4.5–5.0 mm，♀ 5.3–6.7 mm。前翅长：♂ 19.5–25.5 mm，♀ 27.5–36.5 mm。后足股节长：♂ 14.5–16.1 mm，♀ 20.4–24.1 mm。

分布：浙江（临安）、河北、山东、河南、陕西、甘肃、江苏、安徽、江西、福建、广东、广西、四川；俄罗斯，朝鲜，日本，印度，泰国。

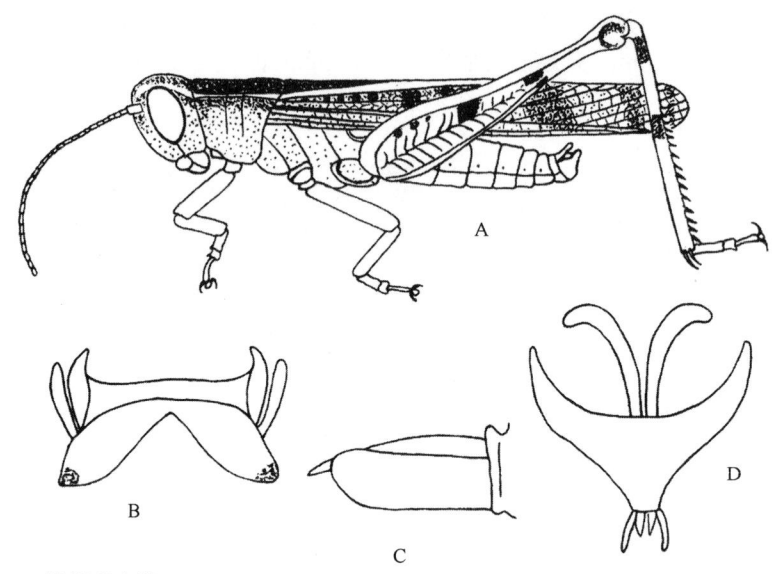

图 18-50　长翅素木蝗 *Shirakiacris shirakii* (Bolívar, 1914)（引自李鸿昌和夏凯龄，2006）
A. ♂整体侧面观；B. 阳具基背片；C. 阳具端瓣；D. 阳具复合体

八十、斑翅蝗科 Oedipodidae

主要特征：体中小至大型，一般较粗壮。头侧窝常缺如，少数种类较明显；触角丝状。前胸腹板在两足基部之间平坦或略隆起。前、后翅均发达，少数种类较缩短，均具有斑纹，中脉域具有中闰脉，少数不明显或消失，至少在雄虫的中闰脉具细齿或粗糙，形成发音器的一部分。后足股节较粗短，上侧中隆线平滑或具细齿，膝侧片顶端圆形或角形，内侧缺音齿列，但具狭锐隆线，形成发音齿的另一部分。鼓膜器发达。阳具基背片桥形，桥部常较狭，锚状突较短，冠突单叶或双叶。

分布：世界广布。世界已知130属400余种，中国记录44属191种，浙江分布8属13种。

分属检索表

1. 后足股节上侧中隆线具有细齿，飞翔时同后翅摩擦发声 ··· 2
- 后足股节上侧中隆线全长平滑，缺齿 ·· 4
2. 前胸背板中隆线较低，侧面观较平直，被后横沟较深地切断，切口明显；后足胫节为污蓝色或为红色；体之腹面及足均具有较密的长绒毛 ··· 踵蝗属 *Pternoscirta*
- 前胸背板中隆线较高地隆起，侧面观呈屋脊状，中隆线仅被后横沟微微切断，但不形成凹形切 ············ 3
3. 前翅中脉域内之中闰脉较接近中脉，略远于肘脉；鼓膜器的鼓膜片较小，仅覆盖鼓膜孔不及1/3；体之腹面具有较稀少的绒毛；前翅基部之半具有较稀的横脉，中脉域内之中闰脉的前方具有较多的平行横脉 ············ 车蝗属 *Gastrimargus*
- 前翅中脉域内之中闰脉全长较接近肘脉，而远离于中脉；后翅本色，缺暗色横纹；鼓膜器的鼓膜片较大，近乎覆盖鼓膜孔之半；体之腹面具有较密的绒毛 ··· 飞蝗属 *Locusta*
4. 头顶背面观较平，不向前倾斜；颜面侧面观明显向后倾斜，颜面与头顶组成锐角 ······················· 5
- 头顶侧面观明显向后倾斜；颜面较直，侧面观颜面与头顶组成钝角或近圆形 ····························· 6
5. 头侧窝很小，不明显或缺如，若具头侧窝时，其前端较远地不到达头顶的顶端；体通常为绿色（干标本为黄褐色），自复眼后缘至前胸背板的后缘常具有暗色纵带纹 ························· 草绿蝗属 *Parapleurus*
- 头侧窝为梯形或长方形，明显；前翅中脉域之中闰脉的端部趋近中脉，其顶端常连接中脉；中胸腹板侧叶间的中隔较宽短，其长与宽近乎相等；雄性下生殖板近乎短锥形 ················· 绿纹蝗属 *Aiolopus*
6. 前翅中脉域内之中闰脉之前具有平行横脉，中闰脉及横脉均具细齿；后足胫节内侧上、下端距明显不等长，其下距明显地长于上距，距的顶端明显弯曲成钩状 ··· 异距蝗属 *Heteropternis*
- 前翅中脉域内之中闰脉前方缺平行横脉，网状，较稀，横脉上缺细齿，仅中闰脉具细齿 ············· 7
7. 前胸背板中隆线明显，全长较完整或仅被后横沟所切割；前胸背板的背面常具有"X"形淡色斑纹，在隆起的中隆线两侧缺凹窝 ··· 小车蝗属 *Oedaleus*
- 前胸背板沟前区之中隆线具有2–3个较深的切口，其上缘侧面观形成2个明显的齿状突起；后头在两复眼之间具有1对圆粒状的隆起；体躯腹面及足常具有较密的绒毛 ··················· 疣蝗属 *Trilophidia*

287. 踵蝗属 *Pternoscirta* Saussure, 1884

Pternoscirta Saussure, 1884: 52, 127. Type species: *Acrydium cinctifemur* Walker, 1859.

主要特征：体型中等，雄性匀称，雌性略粗壮，体腹面及足具较密的细绒毛。前胸背板中隆线较低，侧面观较平直，被后横沟较深地切断，切口明显。前、后翅均发达，翅脉较密；中脉域之中闰脉发达，中闰脉顶端部分较近于中脉，其上具发音齿，端部纵脉倾斜，同横脉组成斜的方格。后翅基部常染彩色，顶端暗色。鼓膜器发达，鼓膜片小。后足胫节缺外端刺。后足胫节为污蓝色或红色。雄性下生殖板短锥形。

雌性产卵瓣粗短，端部略呈钩状，边缘无细齿。

分布：古北区、东洋区、旧热带区。世界已知10种，中国记录5种，浙江分布2种。

（596）黄翅踵蝗 *Pternoscirta caliginosa* (Haan, 1842)（图 18-51）

Acridium (*Oedipoda*) *caliginosum* Haan, 1842: 161.

Pternoscirta caliginosa: Saussure, 1884: 127, 128.

主要特征：雄性体型中等。触角超出前胸背板后缘。前胸背板中隆线明显，略隆起。前、后翅均发达，前翅较狭，其长超过后足股节顶端，长为宽的5.5倍，其超过顶端的部分为翅长的1/5–1/4，前翅翅脉较密，中脉域之中闰脉发达，上具发音齿，中闰脉顶端部分较近于中脉。后足股节粗短，上侧中隆线具细齿。腹部第1节背板侧面鼓膜器的鼓膜片小。肛上板三角形，中部具较弯曲的横脊，中部明显凹入。尾须锥形，下生殖板短锥形。

雌性较大于雄性，产卵瓣粗短，上产卵瓣之上外缘无细齿。

体色：淡褐色。后翅基部黄色或淡黄色。

体长：♂19.0–23.0 mm，♀25.0–28.0 mm。前胸背板长：♂5.0–5.5 mm，♀6.0–6.8 mm。前翅长：♂19.0–21.0 mm，♀22.0–24.0 mm。后足股节长：♂12.2–13.0 mm，♀15.0–17.0 mm。

分布：浙江、陕西、江苏、安徽、福建、广东、广西、四川、贵州、云南。

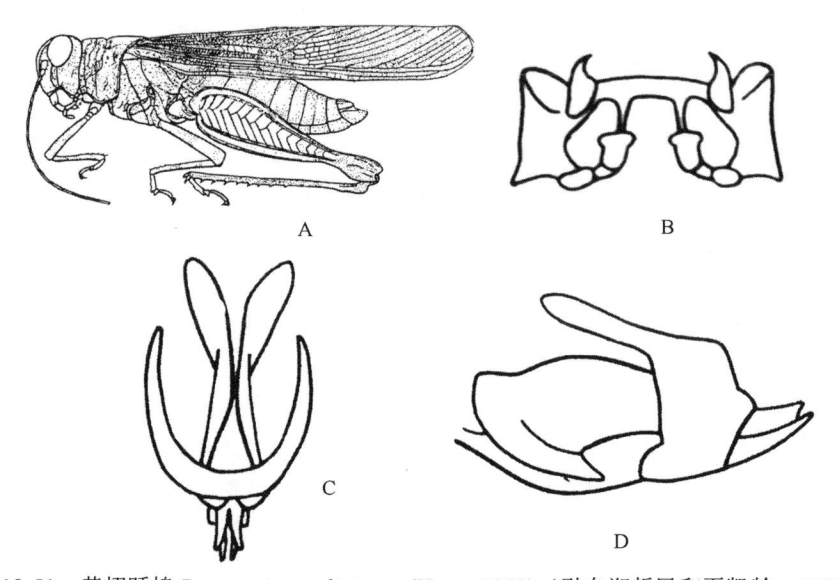

图 18-51　黄翅踵蝗 *Pternoscirta caliginosa* (Haan, 1842)（引自郑哲民和夏凯龄，1998）
A. 整体侧面观；B. 阳具背片；C. 阳具复合体背面观；D. 阳具复合体侧面观

（597）红翅踵蝗 *Pternoscirta sauteri* (Karny, 1915)（图 18-52）

Dittopternis sauteri Karny, 1915: 84.

Pternoscirta sauteri: Yin, 1984: 141.

主要特征：雄性体中小型，粗短。触角丝状，中段一节的长为宽的1.5倍。前胸背板较粗糙，中隆线明显，略隆起。前、后翅均发达，超过后足股节顶端部分的长度为翅长的1/5–1/4。后足股节短粗，上侧中隆线具细齿，后足胫节内侧具刺10–11个，外侧具刺8个，缺外端刺。腹部第1节背板侧面鼓膜器发达，鼓膜片小。肛上板三角形，中部具略弯的横脊。尾须锥形，下生殖板短锥形。

雌性体略大于雄性。产卵瓣粗短，上产卵瓣之上外缘无齿。

体色：暗褐色。后足胫节基部红色，外侧略淡，具黑色斑点，近基部具淡色环，其余部分为青蓝色。

体长：♂ 18.0–21.0 mm，♀ 22.5–28.0 mm。前胸背板长：♂ 4.5–5.0 mm，♀ 6.0–6.7 mm；前翅：♂ 17.0–20.2 mm，♀ 22.0–27.0 mm。后足股节长：♂ 11.0–13.0 mm，♀ 14.0–17.0 mm。

分布：浙江、河南、陕西、江苏、安徽、福建、台湾、广东、广西、四川、贵州、云南。

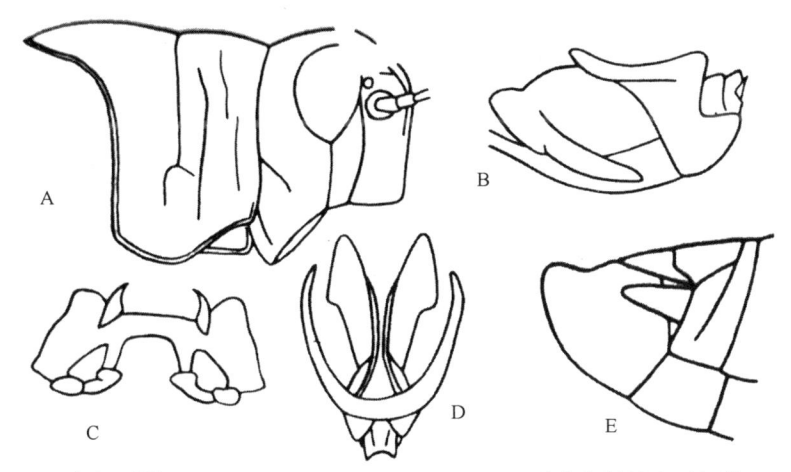

图 18-52　红翅踵蝗 *Pternoscirta sauteri* (Karny, 1915)（引自郑哲民和夏凯龄，1998）
A. ♂头、前胸背板侧面观；B. ♂腹端侧面观；C. 阳具背片；D. 阳具复合体背面观；E. 阳具复合体侧面观

288. 车蝗属 *Gastrimargus* Saussure, 1884

Gastrimargus Saussure, 1884: 110. Type species: *Gryllus marmoratus* Thunberg, 1815.

主要特征：体大型。头顶宽短，略向前倾斜。颜面隆起宽平，仅在中单眼处略凹。前胸背板较长，中隆线呈片状隆起，侧面观，上缘呈弧形，侧隆线仅在沟后区可见，背板背面无"X"形淡色纹。翅发达；前翅常具有暗色斑纹，顶端之半透明，并有四角状网孔；中闰脉较近中脉而远离肘脉，中闰脉上具发音齿，向后斜伸达翅的中部之后。后翅基部黄色，其外缘具有完整的暗色带纹。后足股节粗大，上基片长于下基片，上隆线的细齿明显，膝侧片顶圆形。后足胫节顶端缺外端刺。鼓膜器发达，孔近圆形。

分布：古北区、东洋区、旧热带区、澳洲区。世界已知 33 种，中国记录 4 种，浙江分布 1 种。

（598）云斑车蝗 *Gastrimargus marmoratus* (Thunberg, 1815)（图 18-53）

Gryllus marmoratus Thunberg, 1815: 232
Gastrimargus marmoratus: Kirby, 1910: 674.

主要特征：雄性体大型。前胸背板中隆线呈片状隆起，仅被后横沟微微切断。鼓膜器发达，孔近圆形，鼓膜片小。肛上板三角形，顶尖。尾须长柱状，顶尖圆，长度超过肛上板顶端。下生殖板短锥形，顶钝。

雌性较雄性大而粗壮。产卵瓣粗短，上外缘无细齿，但不光滑，腹基瓣片具粗糙突起。下生殖板长大于宽，后缘近平，中央略突出。

体色：前翅后缘绿色，其余部分淡色，密布暗色云状斑纹，近基部处具很明显的淡蓝色。后翅基部鲜黄色。后足股节内侧和底侧污黄色，沿内、外侧上、下隆线均具黑色小点，以内侧较明显。膝部暗褐色。后足胫节鲜红色，基部略暗，具不明显的淡色环。

体长：♂ 28–30 mm，♀ 44–45 mm。前胸背板长：♂ 8–9 mm，♀ 6–12 mm。前翅长：♂ 30–31 mm，♀ 41.5–46 mm。后足股节长：♂ 19–20 mm，♀ 26–27.5 mm。

分布：浙江（杭州）、山东、江苏、福建、广东、海南、香港、广西、重庆、四川；朝鲜，日本，印度，缅甸，越南，泰国，菲律宾，马来西亚，印度尼西亚。

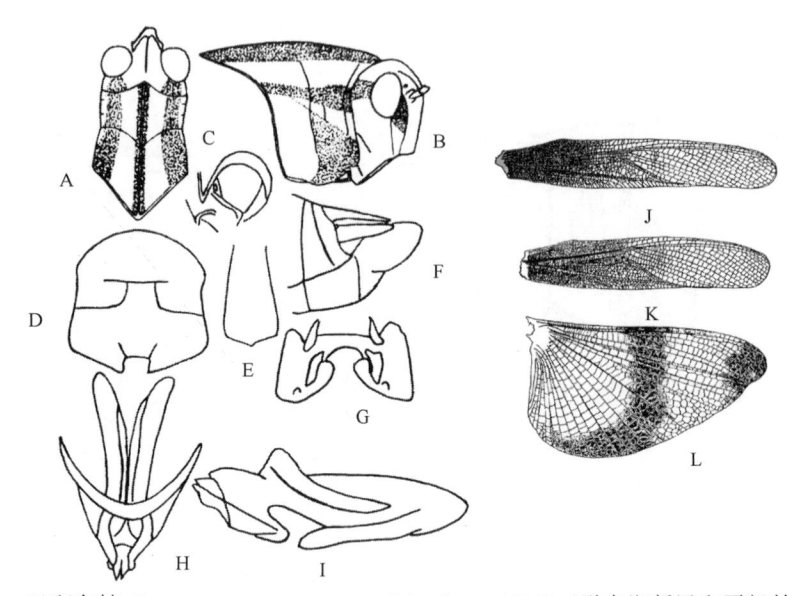

图 18-53　云斑车蝗 *Gastrimargus marmoratus* (Thunberg, 1815)（引自郑哲民和夏凯龄，1998）
A. 头、前胸背板背面观；B. 头、前胸背板侧面观；C. 鼓膜器；D. 中、后胸腹板；E. ♀下生殖板；F. ♂腹部侧面观；G. 阳具基背片；H. 阳具复合体背面观；I. 阳具复合体侧面观；J. ♀前翅；K. ♂前翅；L. ♂后翅

289. 飞蝗属 *Locusta* Linnaeus, 1758

Locusta Linnaeus, 1758: 431. Type species: *Gryllus migratorius* Linnaeus, 1758.

主要特征：体大型，腹面具细密的绒毛。前胸背板中隆线发达，由侧面看，呈弧形隆起（散居型）或较平直（群居型）；前横沟和中横沟较不明显，后横沟较明显，并微微割断中隆线，前胸腹板、中胸腹板侧叶间的中隔长略大于宽。前翅中脉域的中闰脉较接近前肘脉，远离中脉，中闰脉上具发音齿。后翅本色透明，无暗色带纹。后足股节上侧中隆线呈细齿状，内侧黑色斑纹宽而明显。后足胫节顶端无外端刺，沿外缘具刺 10–11 个。爪间中垫明显，较小。鼓膜器的鼓膜片较宽大，几乎覆盖鼓膜孔的一半。雄性下生殖板短锥形。雌性产卵瓣粗短，其上产卵瓣的上外缘无细齿。

分布：古北区、东洋区、旧热带区。世界已知 4 种，中国记录 3 种，浙江分布 1 种（亚种）。

（599）东亚飞蝗 *Locusta migratoria manilensis* (Meyen, 1835)（图 18-54）

Acrydium migratorium Meyen, 1835: 197.
Locusta migratoria manilensis: Bey-Bienko & Mistshenko, 1951: 576 [219].

主要特征：雄性体中大型，触角刚超过前胸背板后缘。前胸背板中隆线由侧面观呈弧形（散居型）或平直或中部略凹（群居型），后缘直角形或锐角形（散居型）或钝角形（群居型）；后横沟切断中隆线，沟前区略短于沟后区。前胸腹板平坦。中胸腹板的中隔长略大于宽。前翅中脉域的中闰脉接近肘脉，褐色，具许多暗色（黑褐色）斑点。后翅略短于前翅，本色透明，基部略具淡黄色。鼓膜器发达，鼓膜片覆盖鼓膜孔的 1/2 以上。后足股节长为最大宽的 4 倍多。后足胫节内侧具刺 11–12 个，外侧具刺 11 个，缺外端刺。体色绿色、前胸背板中隆线两侧无黑色纵条纹（散居型）；体黄褐色或暗褐色、前胸背板中隆线两侧具丝绒状黑色纵条纹（群居型）。后足股节内侧下隆线与下隆线之间在其全长近 1/2 处非皆为黑色。

雌性体较雄性粗壮。产卵瓣粗短，顶端略呈钩状，边缘光滑无细齿。

体长：♂ 32.4–48.1 mm，♀ 38.6–52.8 mm。前翅长：♂ 34.0–43.8 mm，♀ 44.5–55.9 mm，后足股节长：♂ 19.2–28.2 mm，♀ 22.0–30.0 mm。

分布：浙江、全国大部分地区；东南亚。

图 18-54　东亚飞蝗 Locusta migratoria manilensis (Meyen, 1835)（引自郑哲民和夏凯龄，1998）
A. ♂后足股节内侧；B. ♀后足股节内侧

290. 草绿蝗属 Parapleurus Fischer, 1853

Parapleurus Fischer, 1853b: 297. Type species: Gryllus alliaceus Germar, 1825.

主要特征：体型中等，头顶不向前倾斜。头侧窝很小，不明显，在顶端相距较远。颜面隆起较宽，通常具有纵沟。前胸背板宽平，中隆线较低，完整，仅被后横沟微微割断；无侧隆线；3 条横沟均明显，后横沟位于前胸背板的中部。后胸腹板侧叶的后端明显分开。翅发达，超过后足股节的端部；中闰脉前端具有稀疏的横脉；后翅主要纵脉正常，不明显加粗。后足股节上侧中隆线光滑，缺细齿。雄性下生殖板长锥形，顶端尖细。阳具基背片桥状。

分布：古北区、东洋区。世界已知 5 种，中国记录 1 种，浙江分布 1 种。

(600) 草绿蝗 Parapleurus alliaceus (Germar, 1825)（图 18-55）

Gryllus alliaceus Germar, 1825: 15.
Parapleurus alliaceus: Brunner von Wattenwyl, 1882: 96.

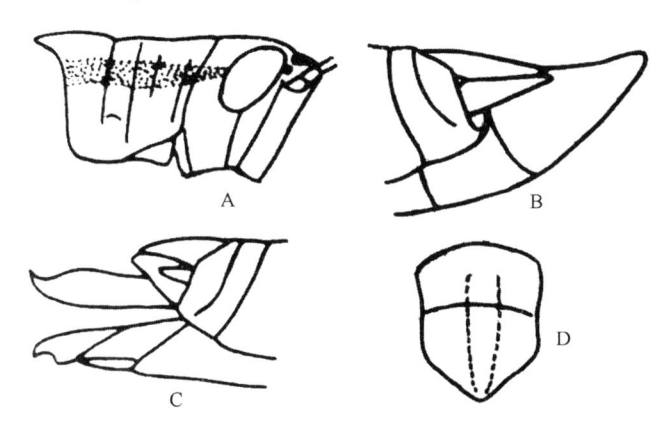

图 18-55　草绿蝗 Parapleurus alliaceus Germar, 1817（引自郑哲民和夏凯龄，1998）
A. 头、前胸背板侧面观；B. ♂腹端侧面观；C. ♂肛上板；D. ♀腹端侧面观

主要特征：雄性头较短于前胸背板。头顶较短，背面观较平，不向前倾斜。头侧窝三角形。颜面侧面观明显向后倾斜，与头顶组成锐角。触角超过后足股节的基部。前胸背板前缘平直，后缘呈圆弧形；3 条横沟均明显，后横沟位于前胸背板的中部。后足股节匀称；膝侧片顶端圆形。后足胫节顶端无外端刺，胫节顶端内侧之上、下距几乎等长。跗节爪间中垫宽大。下生殖板长锥形，顶端尖细。尾须呈长锥形。阳具基背片桥状。

雌性体型较雄性粗大。下生殖板后缘呈钝角形。产卵瓣狭长，上产卵瓣之长度约为宽的 4 倍，上外缘具细齿。

体色：通常呈草绿色。自复眼后缘至前胸背板后缘具有明显的黑色纵条纹。后足股节及胫节草绿色；外侧上膝侧片呈黑褐色。

体长：♂ 20–24 mm；♀ 30–35 mm。前翅长：♂ 18–23 mm；♀ 22–30 mm。后足股节长：♂ 10.5–13.5 mm；♀ 16.5–18 mm。

分布：浙江（杭州）、黑龙江、河北、陕西、甘肃、新疆、湖南、四川；俄罗斯，朝鲜，日本，中亚，西欧。

291. 绿纹蝗属 *Aiolopus* Fieber, 1853

Aiolopus Fieber, 1853: 100. Type species: *Gryllus thalassinus* Fabricius, 1781.

主要特征：体型中等。头侧窝明显，梯形或长方形。复眼卵形，大而突出。前胸背板中隆线较低，侧隆线缺或沟前区较弱的存在；后横沟明显切断中隆线，沟后区明显地长于沟前区。中胸腹板中隔之宽等于或略宽于长，后端较宽扩。前翅狭长，中闰脉顶端部分接近中脉。后翅透明，无暗色横带纹。鼓膜器发达，鼓膜片较小。雄性肛上板三角形。雌性产卵瓣基部较粗，顶端尖锐。

分布：世界广布。世界已知 12 种，中国记录 3 种，浙江分布 1 种。

（601）花胫绿纹蝗 *Aiolopus tamulus* (Fabricius, 1798)（图 18-56）

Gryllus tamulus Fabricius, 1798: 195.
Aiolopus tamulus: Bey-Bienko & Mistshenko, 1951: 568 [211].

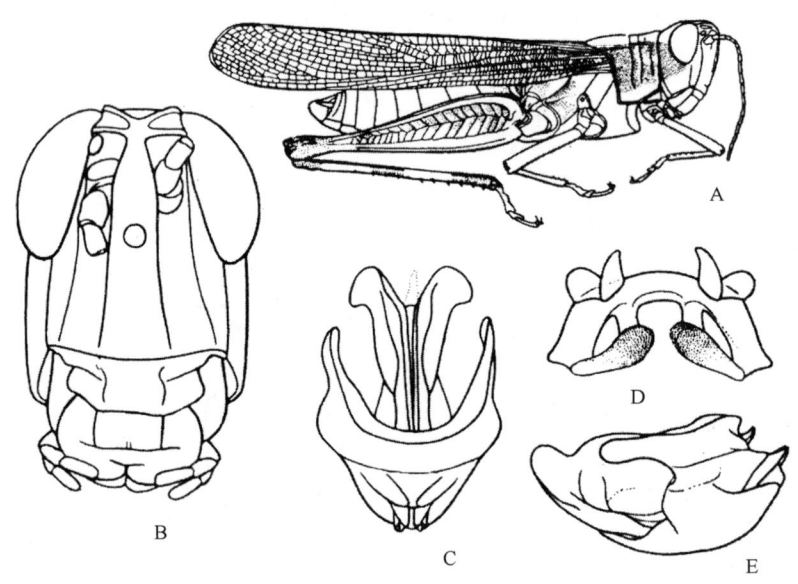

图 18-56 花胫绿纹蝗 *Aiolopus tamulus* (Fabricius, 1798)（引自郑哲民和夏凯龄，1998）
A. ♂整体侧面观；B. 头部正面观；C. 阳具复合体背面观；D. 阳具基背片；E. 阳具复合体侧面观

主要特征：雄性体中小型。头顶端呈锐角。头侧窝狭长。触角略超过前胸背板的后缘。前胸背板前端狭后端宽；中隆线低，侧隆线缺，有时有弱的侧隆线；后横沟位于中部之前，沟后区为沟前区长的 1.5 倍。后足股节上侧中隆线光滑。后足胫节内侧具刺 11 个，外侧具刺 10 个，缺外端刺。下生殖板短锥形，顶端较钝。

雌性体较雄性稍大。前胸背板沟后区长为沟前区的 1.7 倍。中胸腹板中隔宽为长的 1.3 倍。产卵瓣较尖，顶端略呈钩状。

体色：体褐色，前翅亚前缘脉域近基部，具 1 条鲜绿色纵条纹或黄褐色。后足股节内侧具 2 个黑色斑纹，顶端黑色。后足胫节端部 1/3 鲜红色，基部 1/3 为淡黄色，中部蓝黑色。后翅基部黄绿色，其余部分烟色。

体长：♂ 18–22 mm，♀ 25–29 mm。前胸背板长：♂ 3.5–4.6 mm，♀ 4.5–5.8 mm。前翅长：♂ 16–21 mm，♀ 22–27 mm。后足股节长：♂ 10.0–14.3 mm，♀ 11–17.5 mm。

分布：浙江（杭州）、辽宁、河北、陕西、宁夏、甘肃、台湾、海南、四川、贵州、云南、西藏；印度，缅甸，斯里兰卡，东南亚及大洋洲。

292. 异距蝗属 *Heteropternis* Stål, 1873

Heteropternis Stål, 1873: 128. Type species: *Heteropternis respondens* Stål, 1859.

主要特征：体中小型，匀称。头顶侧面观明显向前倾斜，颜面侧面观较直，与头顶组成钝角或近圆形。中脉域较宽，中闰脉较近于前肘脉，不加粗，中闰脉之前具有较密的平行横脉，中闰脉及横脉均具发音齿。后翅基部红色或黄色，中部无暗色带纹。前、后翅端部翅脉上具弱的音齿。后足胫节缺外端刺，内侧端距上、下距不等长，其下距明显地长于上距，距的顶端明显弯曲成钩状。雄性下生殖板短锥形，顶端略尖。雌性产卵瓣粗短。

分布：东洋区、旧热带区、澳洲区。世界已知 23 种，中国记录 7 种，浙江分布 2 种。

（602）方异距蝗 *Heteropternis respondens* (Walker, 1859)（图 18-57）

Acridium respondens Walker, 1859: 223.
Heteropternis respondens: Kirby, 1914: 141.

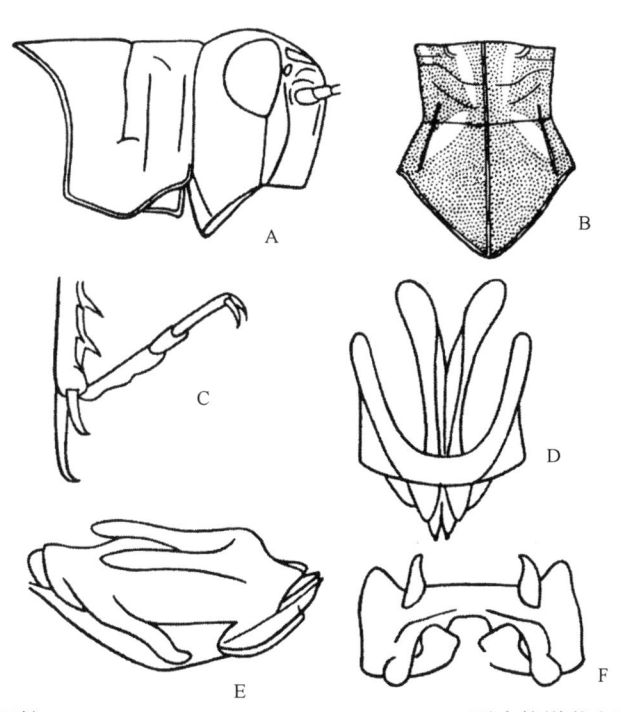

图 18-57　方异距蝗 *Heteropternis respondens* (Walker, 1859)（引自毕道英和夏凯龄，1998）
A. ♂头、前胸背板侧面观；B. ♀前胸背板背面观；C. 后足胫节内侧端部；D. 阳具复合体背面观；E. 阳具复合体侧面观；F. 阳具背片

主要特征：雄性体中小型。颜面隆起下端宽大。头侧窝狭长三角形。触角细长，其中段一节长为宽的 2–3 倍。前胸背板侧片底缘后端之半呈直线倾斜，和略弯的后缘组成直角或近乎直角形。中胸腹板侧叶间的中隔的宽度大于长度的 1.25 倍。前翅长为宽的 5.2 倍。后足股节长为宽的 3.8 倍。后足胫节内侧顶端的

下距长于上距的 1.6–1.85 倍。

雌性体稍大于雄性。中胸腹板侧叶间的中隔的宽度大于长度的 1.5 倍。前翅狭长，顶圆，其长度为宽度的 5.9 倍。

体色：褐色或暗褐色。前胸背板具不明显的淡色"X"形纹。后足股节上侧具 3 个暗色斑纹。后足胫节鲜红色，基部略淡。

体长：♂ 17–25 mm，♀ 21–31 mm。前胸背板长：♂ 3.3–4.5 mm，♀ 4.2–5.6 mm。前翅长：♂ 17–23 mm，♀ 21–25 mm。后足股节长：♂ 10.4–12.1 mm，♀ 12.8–15.9 mm。

分布：浙江、陕西、甘肃、江苏、湖北、江西、福建、台湾、广东、海南、广西、四川、贵州、云南；日本，印度，尼泊尔，孟加拉国，缅甸，泰国，斯里兰卡，菲律宾，马来西亚，印度尼西亚。

（603）赤胫异距蝗 Heteropternis rufipes (Shiraki, 1910)（图 18-58）

Oedipoda rufipes Shiraki, 1910: 37.
Heteropternis rufipes: Bey-Bienko & Mistshenko, 1951: 573.

主要特征：体中小型。颜面隆起下端较宽，中单眼处低凹。头侧窝不明显，位于头顶侧缘的下端。触角丝状，中段一节长为宽的 2 倍。前胸背板沟后区的长度为沟前区长度的 1.5 倍。中胸腹板侧叶间的中隔较狭，中隔的宽为长的 1.2–1.3 倍。前、后翅均发达，前翅狭长，其长超过后足股节顶端。后足股节长为宽的 4 倍。后足胫节内侧之下距为上距长的 1.7 倍。

体色：暗褐色。后翅基部黄色。后足股节内侧及底侧红色，膝为黑色。后足胫节鲜红色，基部为黑色。

体长：♂ 18.0–22.0 mm，♀ 24–27 mm。前翅长：♂ 17.0–21.0 mm，♀ 22.0–24.0 mm。后足股节长：♂ 12.0–13.0 mm，♀ 14.5–16.0 mm。

分布：浙江、河北、江苏、台湾、贵州、云南。

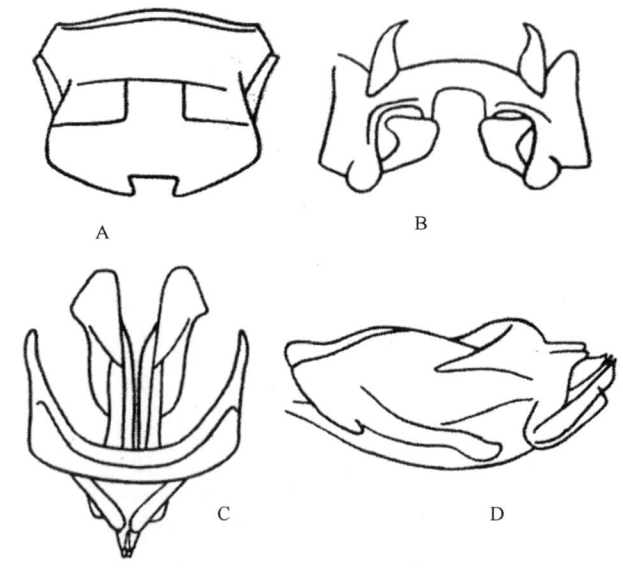

图 18-58 赤胫异距蝗 Heteropternis rufipes (Shiraki, 1910)（引自毕道英和夏凯龄，1998）
A. 胸部腹面观；B. 阳具基背片；C. 阳具复合体背面观；D. 阳具复合体侧面观

293. 小车蝗属 Oedaleus Fieber, 1853

Oedaleus Fieber, 1853: 126. Type species: Acrydium nigrofasciatum De Geer, 1773.

主要特征：体中大型。体表具皱纹和刻点。头顶角形，且顶端平截、平坦或略向前倾斜。头侧窝退化，不明显，三角形。前胸背板中部明显收缩，在背板背面常有不完整的"X"形淡色斑纹；前缘较直，后缘钝角形或弧形突出；中隆线较高，全长完整或仅被后横沟微微割断，由侧面观平直或略呈弧形隆起；前翅发达，超过后足股节的顶端，其顶端之半透明；后翅在中部具暗色横带纹，基部黄色或黄绿色或淡红色。

分布：世界广布。世界已知30种，中国记录15种，浙江分布4种（亚种）。

分种检索表

1. 后翅横带明显地间断；前胸背板"X"纹隆起；体型较小 ································· 隆叉小车蝗 *O. abruptus*
- 后翅横带完全，或仅在第1臀脉处微微被间断；前胸背板"X"纹不隆起；体型较大 ························· 2
2. 前胸背板"X"纹明显，在沟后区纹等宽于或较宽于沟前区纹；中部明显缩狭，沟后区两侧呈肩状的圆形隆起；后翅的暗色横带远不达到后缘 ·· 亚洲小车蝗 *O. decorus asiaticus*
- 前胸背板"X"纹较不明显，在沟后区纹较宽于沟前区纹；中部略缩狭，沟后区两侧较平，无肩状的圆形突出；后翅的暗色横带达到或略不达到后缘 ··· 3
3. 后翅暗色带纹较宽；颜面隆起远不到达唇基，全长纵沟明显；后足股节下侧内缘红色，后足胫节红色，近基部具1较宽且明显的淡色环，不混有红色 ·· 红胫小车蝗 *O. manjius*
- 后翅横带暗色较狭；颜面隆起几乎达唇基，仅在中单眼下收缩；雌性后足股节下侧内缘及后足胫节黄褐色，雄性后足胫节近基部的淡色环上侧常混杂红色 ·· 黄胫小车蝗 *O. infernalis*

（604）隆叉小车蝗 *Oedaleus abruptus* (Thunberg, 1815)（图18-59）

Gryllus abruptus Thunberg, 1815: 233.

Oedaleus abruptus: Saussure. 1884: 114, 117.

主要特征：雄性体小型。复眼纵径分别为横径和眼下沟长度的1.4–1.6倍。触角中段一节长为宽的2.0–2.5倍。前胸背板背面"X"纹明显隆起。中胸腹板侧叶间的中隔宽度约为长度的1.5倍。前翅发达，明显超过后足股节顶端，前翅全长为前胸背板长度的4.1–5.2倍。后足股节匀称，其长为最宽处的4.3–5.1倍；后足胫节上侧内外缘各具刺12个。阳具基背片前突锐角形；冠突内叶大，其宽为外叶宽度的2.5倍。

雌性体较大于雄性。颜面纵径为横径的1.5–1.6倍。触角中段一节长为宽的2.2–2.4倍。前翅长为前胸背板长的4.5–5.1倍。后足股节长为最宽处的4.1–5.0倍。

体色：黄褐，暗褐色或绿褐色。眼后具1深褐色带纹。前胸背板"X"形淡色纹明显。

体长：♂ 15.5–17.5 mm，♀ 20.0–24.0 mm。前胸背板长：♂ 3.0–4.0 mm，♀ 3.5–4.7 mm。前翅长：♂ 16.0–17.0 mm，♀ 20.5–21.5 mm。后足股节长：♂ 9.5–11.0 mm，♀ 12.0–13.5 mm。

分布：浙江、湖北、湖南、福建、广东、海南、广西、云南；巴基斯坦，印度，尼泊尔，孟加拉国，缅甸，泰国，斯里兰卡。

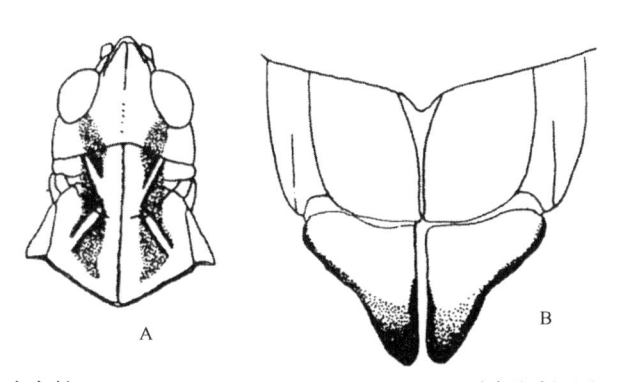

图18-59 隆叉小车蝗 *Oedaleus abruptus* (Thunberg, 1815)（引自郑哲民和夏凯龄，1998）
A. ♂头及前胸背板背面观；B. 下产卵瓣腹面观

(605) 亚洲小车蝗 *Oedaleus decorus asiaticus* Bey-Bienko, 1941（图 18-60）

Oedaleus decorus asiaticus Bey-Bienko, 1941: 156.

主要特征：雄性体中型偏小。复眼纵径为横径的 1.3–1.5 倍。触角中段一节的长度为其宽的 1.5–1.8 倍。前胸背板后缘较圆弧形；侧面观较平直。中胸腹板侧叶间的中隔的最狭处宽度等于长。前翅超出部分的长度约为后足股节长的 1/3，前翅全长为前胸背板长的 5.4–5.5 倍；后足股节长为最宽处的 4.1–4.5 倍。后足胫节上侧内缘具刺 11–13 个，外缘具刺 10–13 个。阳具基背片桥内侧极拱起。

雌性体较大而粗壮。复眼纵径为横径的 1.2–1.3 倍。前翅全长为前胸背板长的 5.0–6.0 倍。后足股节长为最宽处的 4.1–4.5 倍。下产卵瓣腹面观外缘圆弧形凹陷，较粗短。

体色：常黄绿色。前胸背板"X"形淡色纹明显。前翅基半具大块黑斑 2–3 个。后翅基部淡黄绿色，中部具较狭的暗色横带，远不到达后缘。

体长：♂ 18.5–22.5 mm，♀ 28.1–37.0 mm。前胸背板长：♂ 3.6–4.2 mm，♀ 4.7–5.6 mm。前翅长：♂ 19.5–24.0 mm，♀ 29.5–34.0 mm。后足股节长：♂ 12.0–13.5 mm，♀ 17.0–19.5 mm。

分布：浙江、内蒙古、河北、山东、陕西、宁夏、甘肃、青海；俄罗斯，蒙古国。

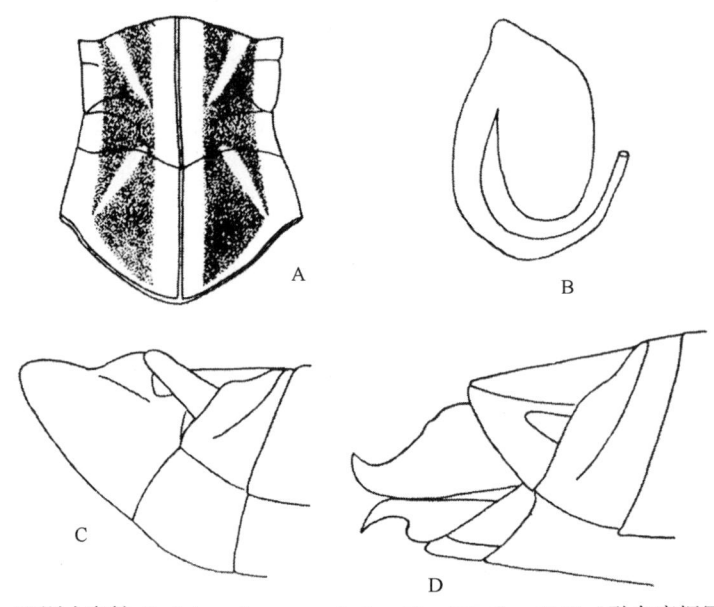

图 18-60 亚洲小车蝗 *Oedaleus decorus asiaticus* Bey-Bienko, 1941（引自廉振民，1998）
A. ♂前胸背板背面观；B. 受精囊；C. ♂腹部末端侧面观；D. ♀腹部末端侧面观

(606) 红胫小车蝗 *Oedaleus manjius* Chang, 1939（图 18-61）

Oedaleus manjius Chang, 1939: 21.

主要特征：雄性体中型偏大。复眼纵径分别为纵径和眼下沟长度的 1.35–1.4 倍。触角中段一节的长度为其宽的 1.8–2.0 倍。前后翅均超过后足股节顶端，其超出部分约为后足股节长度的 1/3；前翅全长为前胸背板长的 4.0–4.5 倍。后足长度为最宽处的 4.1–4.4 倍，后足胫节上侧外缘具刺 9–11 个，内缘具刺 8–9 个。阳具基背片明显圆弧形拱起。

雌性体较雄性粗大。复眼纵径为横径的 1.2–1.3 倍。触角中段一节的长度为其宽的 1.3–1.5 倍。前胸背板沟后区的长度为沟前区长度的 1.3–1.4 倍。前翅超过后足股节顶端，其超出部分小于后足股节长的 1/3，前翅全长为前胸背板长的 3.9–4.0 倍。后足股节较粗短，长为最宽处的 3.6–3.8 倍，侧外、内缘各具刺 10 个。

体色：暗褐色。前胸背板背面具淡色"X"形斑纹；图纹在沟后区明显宽于沟前区。前翅端部之半较透明，具有数块小暗斑，基半部具2个大黑斑。后翅基部黄绿色，中部具1较宽的黑色横带，到达后缘，横带在第1臀脉处较狭的断裂。

体长：♂ 24.0–26.0 mm，♀ 34.5–38.0 mm。前胸背板长：♂ 5.3–5.5 mm，♀ 7.3–7.5 mm。前翅长：♂ 22.5–24.5 mm，♀ 26.0–32.5 mm。后足股节长：♂ 14.5–15.6 mm，♀ 17.5–18.5 mm。

分布：浙江（临安、青田）、陕西、甘肃、江苏、湖北、海南、广西、四川。

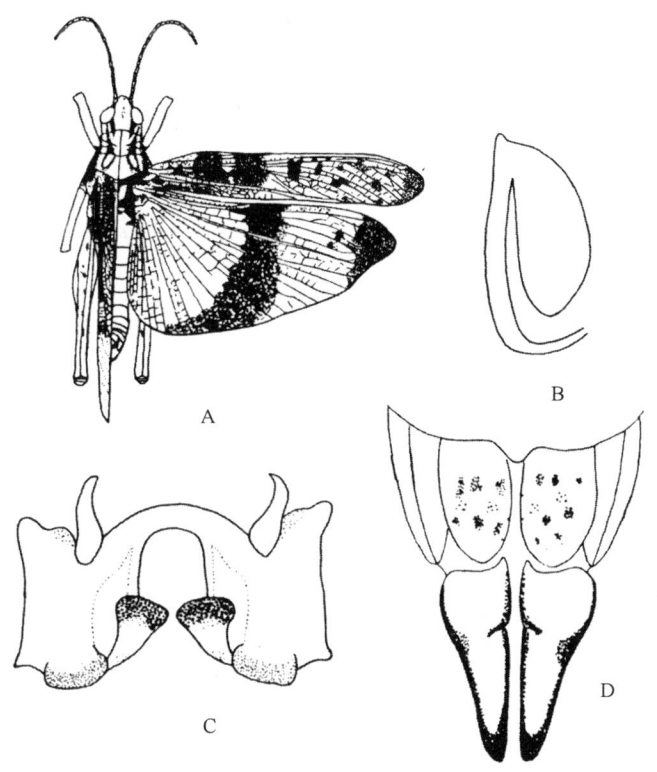

图 18-61　红胫小车蝗 Oedaleus manjius Chang, 1939（引自 Ritchie，1981）
A. ♀整体背面观；B. 受精囊；C. 阳具基背片；D. 下产卵瓣腹面观

（607）黄胫小车蝗 *Oedaleus infernalis* Saussure, 1884（图 18-62）

Oedaleus infernalis Saussure, 1884: 116.

主要特征：雄性体中型偏大。后足股节长为宽的3.8–4.2倍。后足胫节上侧内缘具刺12个，外缘具刺11–12个。阳具基背片桥平，前、后突圆弧形。

雌性体大而粗壮。颜面隆起宽平，仅在中单眼处凹陷。前胸背板沟后区略长于沟前区；沟后区两侧较平。产卵瓣腹面观下产卵瓣外侧缘中部明显钝角形凹陷，较粗短。受精囊支囊明显圆锥形。

体色：暗褐色或绿褐色，少数草绿色。前胸背板背面"X"纹在沟后区较宽于沟前区。前翅端部之半较透明，散布暗色斑纹，在基部斑纹大而密。后翅基部淡黄色，中部暗色横带较狭；后足胫节雄性红色，雌性黄褐色或淡红黄色。

体长：♂ 20.5–25.5 mm，♀ 29.0–35.5 mm。前胸背板长：♂ 5.0–6.0 mm，♀ 7.5–8.5 mm。前翅长：♂ 19.0–23.0 mm，♀ 29.7–31.0 mm。后足股节长：♂ 12.0–14.0 mm，♀ 17.0–20.0 mm。

分布：浙江、黑龙江、吉林、内蒙古、山东、陕西、宁夏、甘肃、青海；俄罗斯，蒙古国，韩国，日本。

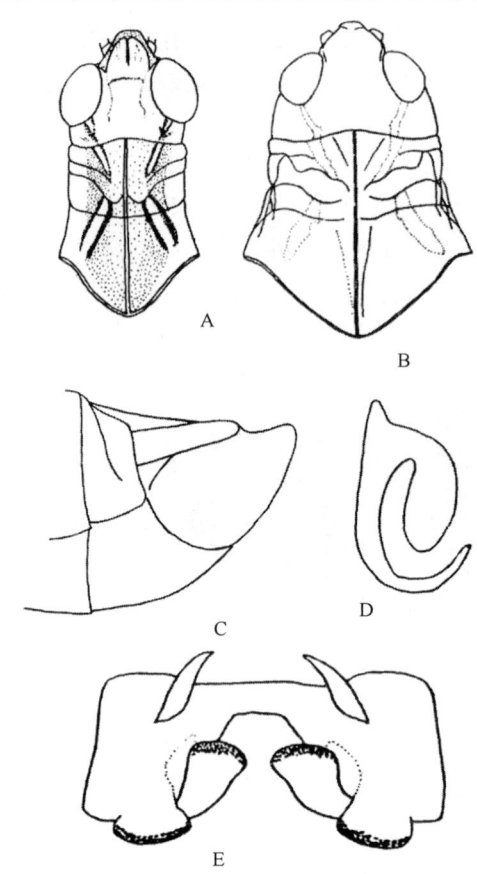

图 18-62　黄胫小车蝗 *Oedaleus infernalis* Saussure, 1884（引自 Ritchie，1981）
A. ♂头及前胸背板背面观；B. ♀头及前胸背板背面观；C. ♂腹部末端侧面观；D. 受精囊；E. 阳具基背片

294. 疣蝗属 *Trilophidia* Stål, 1873

Trilophidia Stål, 1873: 117, 131. Type species: *Gryllus annulata* Thunberg, 1815.

主要特征：体较小。头侧窝三角形或卵形。颜面隆起较狭，具纵沟。前胸背板前端较狭，前缘略突出，后端较宽，后缘近直角形。中隆线明显隆起，前端较高，后端较低，被中横沟和后横沟深切，侧面观呈二齿状。侧隆线在沟后区明显。中胸腹板侧叶间的中隔较宽地分开。前翅发达，超过后足股节顶端，具中闰脉。后足胫节缺外端刺。鼓膜器发达，鼓膜片较小。雄性肛上板圆三角形，下生殖板短锥形。雌性产卵瓣粗短，边缘光滑无齿。

分布：古北区、东洋区、旧热带区。世界已知 8 种，中国记录 1 种，浙江分布 1 种。

（608）疣蝗 *Trilophidia annulata* (Thunberg, 1815)（图 18-63）

Gryllus annulatus Thunberg, 1815: 234.
Trilophidia annulata: Saussure, 1884: 158.

主要特征：雄性体型较小。头后在复眼之间具 2 个粒状突起。中胸腹板侧叶间的中隔宽约为长的 2 倍。前翅狭长。后足股节较粗短。后足胫节缺外端刺；上侧外缘具刺 8 个，内缘具刺 9 个。下生殖板短锥形，顶端较钝。

雌性体较雄性大。颜面垂直。触角较雄性短，刚超过前胸背板的后缘。产卵瓣粗短，上产卵瓣上外缘无齿。

体色：灰褐色、暗褐色。后足股节上侧具3个黑色横纹，内侧及底侧黑色。后足胫节暗褐色，近基部和近中部各具1个淡色纹。

体长：♂ 11.7–16.9 mm，♀ 15.0–26.0 mm。前胸背板长：♂ 2.8–4.7 mm，♀ 3.1–5.3 mm。前翅长：♂ 12.0–18.7 mm，♀ 15.0–25.0 mm。后足股节长：♂ 7.0–10.0 mm，♀ 8.0–13.0 mm。

分布：浙江（杭州）、黑龙江、吉林、辽宁、内蒙古、河北、山东、陕西、宁夏、甘肃、江苏、安徽、江西、福建、广东、广西、四川、贵州、云南、西藏；朝鲜，日本，印度。

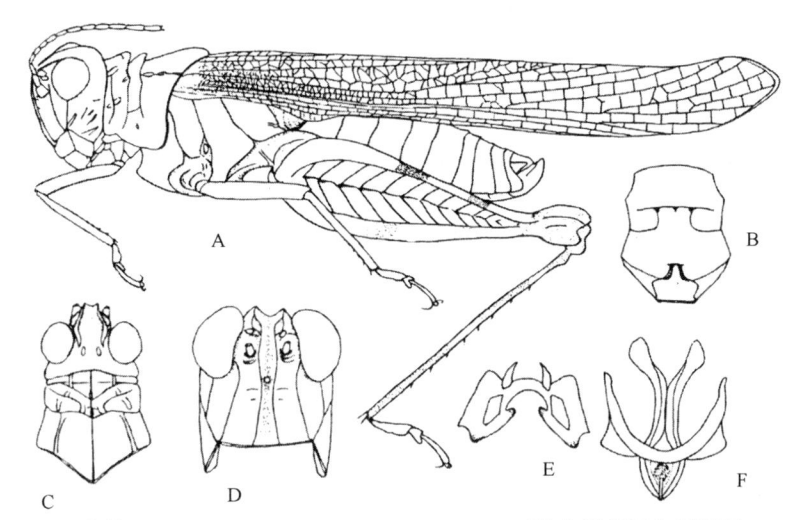

图 18-63 疣蝗 Trilophidia annulata (Thunberg, 1815)（引自郑哲民和夏凯龄，1998）
A. ♂整体侧面观；B. 中、后胸腹板；C. 头、前胸背板背面观；D. 颜面正面观；E. 阳具复合体背面观；F. 阳具基背面观

八十一、网翅蝗科 Arcypteridae

主要特征：体小至中型。头顶前端中央缺颜顶角沟。头侧窝四角形，但有时也消失。触角丝状。前胸腹板平坦，有时呈较小的突起。前翅如发达，则中脉域常缺中闰脉，如具中闰脉，其上也不具发音齿；后翅通常本色透明，有时也呈暗褐色。后足股节上基片长于下基片，外侧具羽状纹。发音为前翅-后足股节型。后足胫节缺外端刺。腹部第1节背板两侧通常具有发达的鼓膜器。腹部第2节背板两侧无摩擦板。阳具基背片桥形。

分布：古北区、东洋区、旧热带区。中国记录54属351种，浙江分布4属9种。

分属检索表

1. 后足股节下隆线不具发音齿；后翅翅脉下面具有发音齿，同后足股节上侧中隆线摩擦发声 ··················· 2
- 后足股节内侧下隆线具发音齿，同前翅纵脉摩擦发声 ··················· 3
2. 前胸背板具侧隆线，在中部弯曲；前翅发达，到达或超过后足股节的顶端 ··················· 竹蝗属 *Ceracris*
- 前胸背板缺侧隆线，中隆线全长明显；前胸背板背面平坦；触角极长，但也不超过后足股节中部 ····· 雷篦蝗属 *Rammeacris*
3. 后胸腹板侧叶在后端明显分开；后足胫节端部内侧之上、下距几乎等长 ··················· 雏蝗属 *Chorthippus*
- 后胸腹板侧叶在后端相连；后足胫节端部内侧的下距长约为上距的2倍 ··················· 斜窝蝗属 *Epacromiacris*

295. 竹蝗属 *Ceracris* Walker, 1870

Ceracris Walker, 1870: 721, 790. Type species: *Ceracris nigricornis* Walker, 1870.

主要特征：体中型。前胸背板中隆线明显，侧隆线较弱；3条横沟均明显，沟前区明显长于沟后区；中、后胸腹板侧叶明显地分开。前翅发达，较长，到达或超过后足股节的顶端，前翅中脉域具闰脉。后足股节膝侧片顶端圆形，胫节无外端刺。爪间中垫较大，其顶端超过爪之中部。肛上板三角形，尾须在雄性为长柱状，雌性为锥状。雄性下生殖板短锥形，顶钝圆，雌性产卵瓣粗短，其上瓣的长度为基部宽的1.5倍。

分布：东洋区。世界已知17种，中国记录14种，浙江分布4种（亚种）。

分种检索表

1. 头顶较短，顶端宽圆；两性前翅较短，其顶端通常仅到达或略超过后足股节端部；后足股节近顶端处无黑色环 ·········· 2
- 头顶较突出，呈锐角或直角；前翅较长，其顶端超过后足股节顶端甚远；后足股节近顶端处具有明显的黑色环 ·········· 3
2. 触角黑色，顶端呈淡色；前胸背板后缘钝角形突出 ··················· 黑翅竹蝗 *C. fasciata fasciata*
- 触角褐色，顶端不呈淡色；前胸背板后缘圆弧形 ··················· 贺氏竹蝗 *C. hoffmanni*
3. 体型小；阳具基背片桥下缘呈狭弧形；体长：♂ 18–20 mm，♀ 26–30 mm；前翅长：♂ 15–20 mm，♀ 21–26 mm ··················· 青脊竹蝗 *C. nigricornis nigricornis*
- 体型大；阳具基背片桥下缘平直；体长：♂ 22–24 mm，♀ 34–37 mm；前翅长：♂ 21.5–23 mm，♀ 28–31 mm ··················· 大青脊竹蝗 *C. nigricornis laeta*

（609）黑翅竹蝗 *Ceracris fasciata fasciata* (Brunner von Wattenwyl, 1893)（图 18-64）

Parapleurus fasciatus Brunner von Wattenwyl, 1893: 127.
Ceracris fasciata fasciata: Ramme, 1941: 29.

主要特征：体中小型。头顶较短，顶宽圆。触角较短，雄性到达后足股节基部，雌性到达前胸背板后缘，中段一节的长为宽的 2.4 倍。复眼纵径为横径的 1.5–1.7 倍，为眼下沟长度的 1.5–2.5 倍。前胸背板具明显的侧隆线。前翅发达，略超过后足股节顶端。阳具基背片后突宽片状，阳具基瓣端部圆形突出。

体色：黄绿色。触角黑色，顶端淡色；头胸背面具宽黄绿色纵条纹。后足股节淡红褐色，具淡色膝前环；后足胫节淡暗蓝色。

体长：♂ 17–21 mm，♀ 28–29 mm。前翅长：♂ 15–19 mm，♀ 21–22 mm。后足股节长：♂ 12–14 mm，♀ 16–17 mm。

分布：浙江、福建、广东、海南、香港、广西、云南。

图 18-64　黑翅竹蝗 *Ceracris fasciata fasciata* (Brunner-Wattenwyl, 1893) 的阳具基背片（引自尤其儆和黎天山，1998）

（610）贺氏竹蝗 *Ceracris hoffmanni* Uvarov, 1931（图 18-65）

Ceracris hoffmanni Uvarov, 1931: 217.

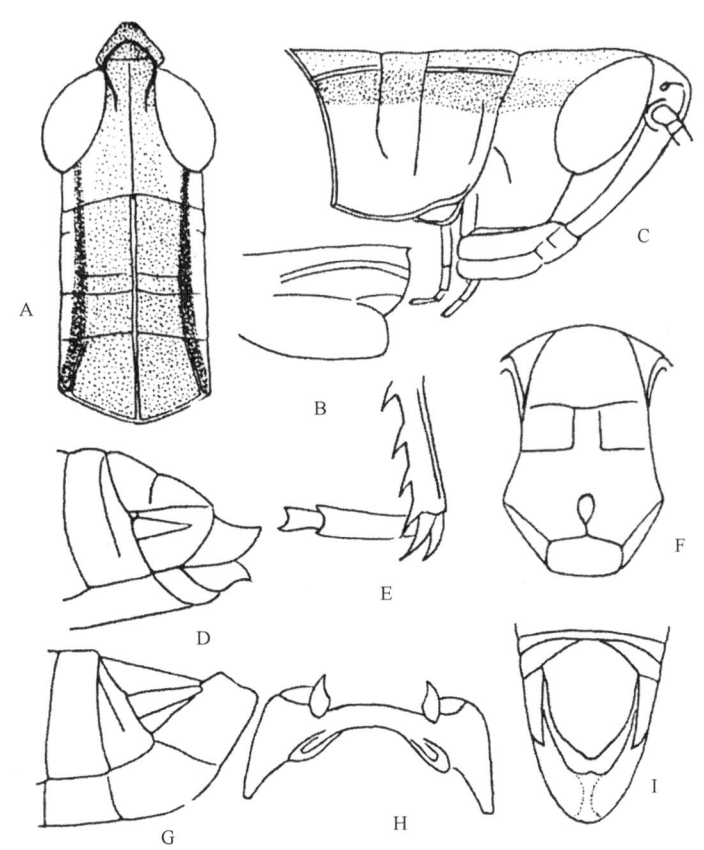

图 18-65　贺氏竹蝗 *Ceracris hoffmanni* Uvarov, 1931（引自尤其儆和黎天山，1998）
A. 头、前胸背板背面观；B. 后足股节膝部；C. 头、前胸背板侧面观；D. ♀腹端侧面观；E. 后足胫节端部内侧；F. 中、后胸腹板；G. ♂腹端侧面观；H. 阳具基背板；I. ♂腹端背面观

主要特征：体中小型。头顶宽短。触角超过前胸背板后缘，中段一节的长为宽的 2.8–3 倍。复眼纵径为横径的 1.4–1.5 倍，为眼下沟长度的 1.5–2 倍。前胸背板沟前区长度为沟后区的 1.25 倍；后缘圆弧形。中胸腹板侧叶间的中隔长为宽的 1.3–1.5 倍。鼓膜器发达。阳具基背片桥宽弧形，冠突粗大，近似锥形，雌性产卵瓣粗短，上瓣之长为基部宽的 1.25 倍。

体色：背面红褐色，侧面草绿色。后足股节黄褐、淡褐色，膝部黑色；后足胫节淡蓝色，近基部具不明显的淡色环。

体长：♂ 20–22.5 mm, ♀ 30–33 mm。前翅长：♂ 14–17 mm, ♀ 22–23 mm。后足股节长：♂ 12.5–14 mm, ♀ 18–19 mm。

分布：浙江、福建、广东、海南、广西。

（611）青脊竹蝗 *Ceracris nigricornis nigricornis* Walker, 1870（图 18-66）

Ceracris nigricornis Walker, 1870: 791.

Ceracris nigricornis nigricornis: Bey-Bienko & Mistshenko, 1951: 463.

主要特征：头顶突出，顶锐角形。触角细长，中段一节的长为宽的 4 倍。复眼纵径为横径的 1.3–1.4 倍，为眼下沟长度的 1.2–2 倍。前胸背板侧隆线明显，沟前区长度大于沟后区，沟后区密具刻点。前翅发达，超过后足股节的顶端。阳具基背片侧板后突细长，下缘狭弧形。

体色：绿色，复眼后具黑色眼后带，触角黑色。足股节淡红褐色；后足胫节淡青蓝色。

体长：♂ 18–20 mm, ♀ 26–30 mm。前翅长：♂ 15–20 mm, ♀ 21–26 mm。后足股节长：♂ 12–13 mm, ♀ 17–18 mm。

分布：浙江、陕西、甘肃、广西、四川、贵州、云南。

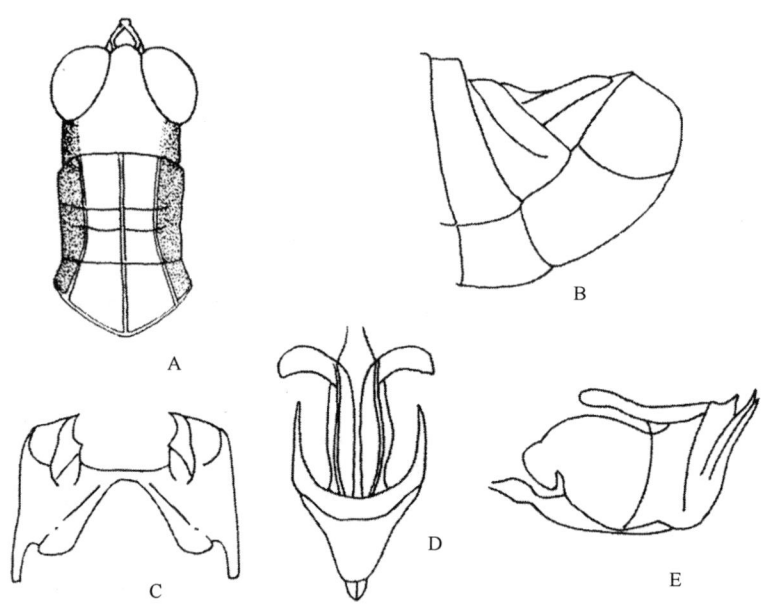

图 18-66 青脊竹蝗 *Ceracris nigricornis nigricornis* Walker, 1870（引自尤其儆和黎天山，1998）
A. 头、前胸背板背面观；B. ♂腹端侧面观；C. 阳具基背片；D. 阳具复合体背面观；E. 阳具复合体侧面观

（612）大青脊竹蝗 *Ceracris nigricornis laeta* (Bolívar, 1914)（图 18-67）

Kuthya laeta Bolívar, 1914: 79.

Ceracris nigricornis laeta: Uvarov, 1925: 15.

主要特征：头顶突出，顶锐角形。触角细长，中段一节的长为宽的 4.4 倍。复眼纵径为横径的 1.4 倍，为眼下沟长度的 1.2–2 倍。前胸背板侧隆线明显，沟前区长度大于沟后区。前翅发达，超过后足股节的顶端。下生殖板短锥形，顶钝圆，阳具基背片侧板后突细长，顶平，桥上缘平，下缘平直。雌性产卵瓣粗短。

体色：绿色，复眼后具黑色眼后带，触角黑色。后足股节淡红色；后足胫节淡青蓝色。

体长：♂ 22–24 mm，♀ 34–37 mm。前翅长：♂ 21.5–23 mm，♀ 28–31 mm。后足股节长：♂ 16–17 mm，♀ 20–21 mm。

分布：浙江（杭州）、广西、四川、贵州、云南。

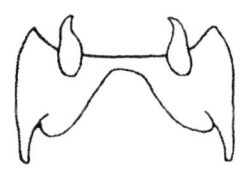

图 18-67　大青脊竹蝗 *Ceracris nigricornis laeta* (Bolívar, 1914)的阳具基背片（引自尤其儆和黎天山，1998）

296. 雷篦蝗属 *Rammeacris* Willemse, 1951

Rammeacris Willemse, 1951: 65. Type species: *Ceracris gracilis* Ramme, 1941.

主要特征：体中小型，具颗粒。前胸背板中隆线较明显，侧隆线缺，3 条横沟均明显；后横沟近于后端；前缘平直，后缘钝角形。前胸腹板在两前足基部之间平坦，中胸腹板侧叶分开，后胸腹板侧叶基部分开。前、后翅均发达。后足股节上隆线平滑。肛上板为宽三角形，顶钝形；尾须圆锥形，其长到达肛上板顶端。下生殖板较短，略弯，顶端钝形。

分布：古北区、东洋区。世界已知 1 种，中国记录 1 种，浙江分布 1 种。

（613）黄脊雷篦蝗 *Rammeacris kiangsu* (Tsai, 1929)（图 18-68）

Ceracris kiangsu Tsai, 1929: 140.
Rammeacris kiangsu: Yin, 1992: 489.

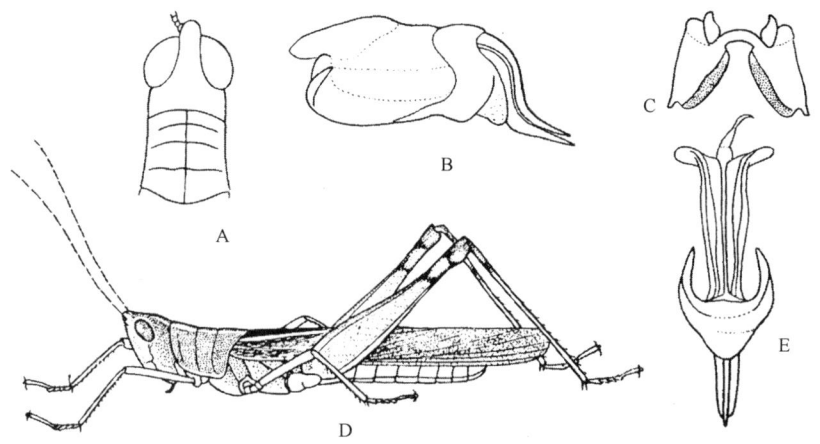

图 18-68　黄脊雷篦蝗 *Rammeacris kiangsu* (Tsai, 1929)（引自 Willemse，1930）
A. ♂头和前胸背板背面观；B. 阳具复合体侧面观；C. 阳具基背片；D. ♂整体侧面观；E. 阳具复合体背面观

主要特征：体中型，头大。头侧窝不明显或小，三角形。触角超过前胸背板后缘。前胸背板中隆线甚低，无侧隆线；沟前区明显长于沟后区。前胸腹板在两前足基部之间平坦，中胸腹板侧叶明显分开。前翅发达，其长超过后足股节顶端。后翅略短于前翅，透明。后足股节长为宽的 5–5.4 倍。雄性下生殖板短锥形。阳具基背片冠突狭长，顶尖。雌性产卵瓣粗短。

体色：绿色或黄绿色。头部背面及前胸背板中央具明显的淡黄色纵纹。后足胫节暗蓝色。

体长：♂ 28.5–31.5 mm，♀ 34.0–40.0 mm。前胸背板长：♂ 5.3–6.0 mm，♀ 6.6–7.0 mm。前翅长：♂ 23.0–28.5 mm，♀ 29.0–35.0 mm。后足股节长：♂ 19.0–20.0 mm，♀ 20.0–21.0 mm。

分布：浙江（杭州）、陕西、江苏、安徽、湖北、江西、湖南、福建、广东、广西、四川、云南。

297. 雏蝗属 *Chorthippus* Fieber, 1852

Chorthippus Fieber, 1852: 1. Type species: *Acrydium albomarginatum* De Geer, 1773.

主要特征：体中小型。头侧窝呈狭长四方形。颜面隆起宽平或具纵沟。前胸背板后横沟较明显，切断中隆线和侧隆线。前翅发达或短缩；缘前脉域在基部扩大，顶端不到达或到达翅中部。后翅的前缘脉和亚前缘脉不弯曲，径脉近顶端部分正常，不增粗。跗节的爪左右对称，其长度彼此相等。雄性腹部末节背板后缘及肛上板边缘与腹部同色。阳具基背片桥形。雌性产卵瓣粗短。

分布：世界广布。世界已知314种，中国记录133种，浙江分布3种。

分种检索表

1. 前翅前缘脉域较宽，宽度为亚前缘脉域宽的2.6倍 ································· 武夷山雏蝗 *C. wuyishanensis*
- 前翅前缘脉域稍狭，其宽度不超过亚前缘脉域宽度的2倍 ·· 2
2. 雄性前胸背板沟前区的长度与沟后区的长度相等 ································· 中华雏蝗 *C. chinensis*
- 雄性前胸背板沟前区的长度短于沟后区的长度 ··································· 鹤立雏蝗 *C. fuscipennis*

（614）武夷山雏蝗 *Chorthippus wuyishanensis* Zheng et Ma, 1999（图18-69）

Chorthippus wuyishanensis Zheng et Ma, 1999: 5.

主要特征：雄性体中大型。前胸背板侧隆线在沟前区呈弧形弯曲，在沟后区较宽地分开。前、后翅明显超过后足股节的顶端；前缘脉域最宽处为亚前缘脉域宽的2.6倍，径脉域在径分脉分支处的宽度大于亚前缘脉域宽的2.3倍；鼓膜孔长为宽的3.5倍，肛上板菱形，基部中央具宽而深的纵沟。尾须长锥形，达肛上板顶端，下生殖板短锥形，侧面观顶尖并向上翘。

雌性体较雄性粗大。产卵瓣粗短，端部钩状。前翅褐色，后翅黑褐色。后足股节外侧橙红褐色，内侧黄褐色。后足胫节红色。腹部红褐色。后足股节外侧黄褐色。后足胫节红色或红褐色。

体长：♂ 25 mm，♀ 37–28 mm。前胸背板长：♂ 4.5 mm，♀ 5–6 mm。前翅长：♂ 20 mm，♀ 20–21 mm。后足股节长：♂ 14 mm，♀ 16–17 mm。

分布：浙江（杭州）、福建。

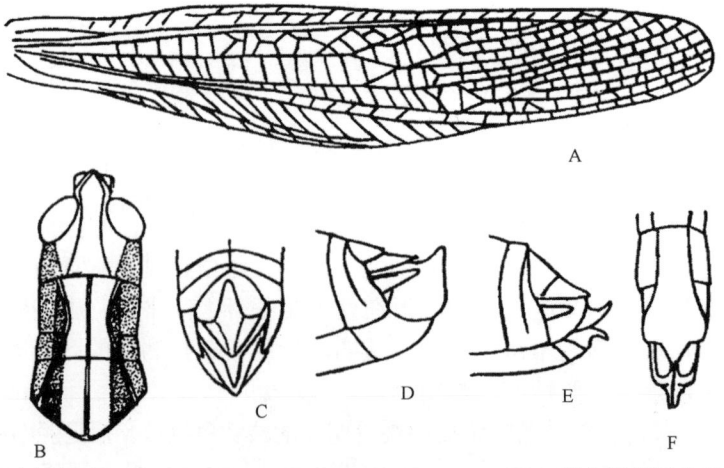

图18-69 武夷山雏蝗 *Chorthippus wuyishanensis* Zheng et Ma, 1999（引自郑哲民和马恩波，1999）
A. ♂前翅；B. ♂头、前胸背板背面观；C. ♂腹端背面观；D. ♂腹端侧面观；E. ♀腹端侧面观；F. ♀腹端腹面观

(615) 中华雏蝗 *Chorthippus chinensis* (Tarbinsky, 1927)（图 18-70）

Megaulacobothrus chinensis Tarbinsky, 1927: 202.
Chorthippus chinensis: Zheng & Xia., 1998: 409.

主要特征：体中型。触角较长，中段一节的长为宽的 3–3.4 倍。复眼纵径为横径的 1.45–1.66 倍。前胸背板沟前区长度几乎等于沟后区长度。雄性前翅宽长，超过后足股节的顶端，前缘脉及亚前缘脉弯曲成"S"形，亚前缘脉域明显狭于前缘脉域最宽处的 1.3 倍。雌性前翅较狭，刚到达后足股节顶端，中脉域的宽度明显大于肘脉域宽的 1.5–2 倍。后翅与前翅等长。后足股节内侧下隆线具 197（±7）个发音齿。鼓膜孔长为宽的 3.5–3.7 倍。

体色：暗褐色。前翅褐色，后翅黑褐色。后足股节下侧橙黄色。腹部末端橙黄色。

体长：♂ 17.5–23 mm，♀ 21–27 mm。前翅长：♂ 14–20 mm，♀ 17–22 mm。后足股节长：♂ 11–12.5 mm，♀ 13.5–18 mm。

分布：浙江、陕西、甘肃、四川、贵州。

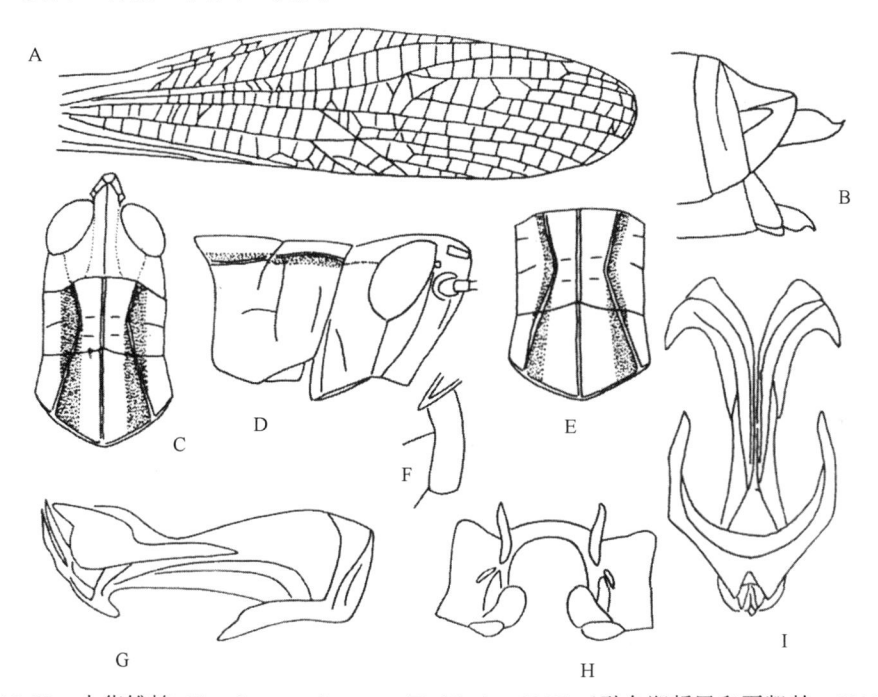

图 18-70　中华雏蝗 *Chorthippus chinensis* (Tarbinsky, 1927)（引自郑哲民和夏凯龄，1998）
A. ♂前翅；B. ♀腹端侧面观；C. ♂头、前胸背板背面观；D. ♂头、前胸背板侧面观；E. ♀前胸背板；F. ♂鼓膜器；G. 阳具复合体侧面观；H. 阳具基背片；I. 阳具复合体背面观

(616) 鹤立雏蝗 *Chorthippus fuscipennis* (Caudell, 1921)（图 18-71）

Megaulacobothrus fuscipennis Caudell, 1921: 28.
Chorthippus fuscipennis: Xia & Jin, 1982: 208.

主要特征：体中型。触角超过前胸背板后缘。前胸背板后横沟位于背板近中部，沟前区的长度略短于沟后区之长度。雄性前翅宽长，超过后足股节顶端；前缘脉域的宽度大于亚前缘脉域宽的 1.25–2 倍，中脉域不具闰脉。雌性前翅略不到达后足股节的顶端，中脉域及肘脉域均不具闰脉。后足股节内侧下隆线具 188（±18）个发音齿。鼓膜孔狭长，其长度为宽度的 3.5–4 倍。雄性肛上板三角形；下生殖板短锥形。雌性产卵瓣粗短。

体色：暗褐色。后翅黑褐色。后足股节膝部黑色；后足胫节橙黄色。

体长：♂ 24–26 mm，♀ 32–34 mm。前翅长：♂ 17–19 mm，♀ 19–21 mm。后足股节长：♂ 13.5–14 mm，♀ 17–18 mm。

分布：浙江（杭州）、山东、陕西、江苏、安徽、江西、福建、四川。

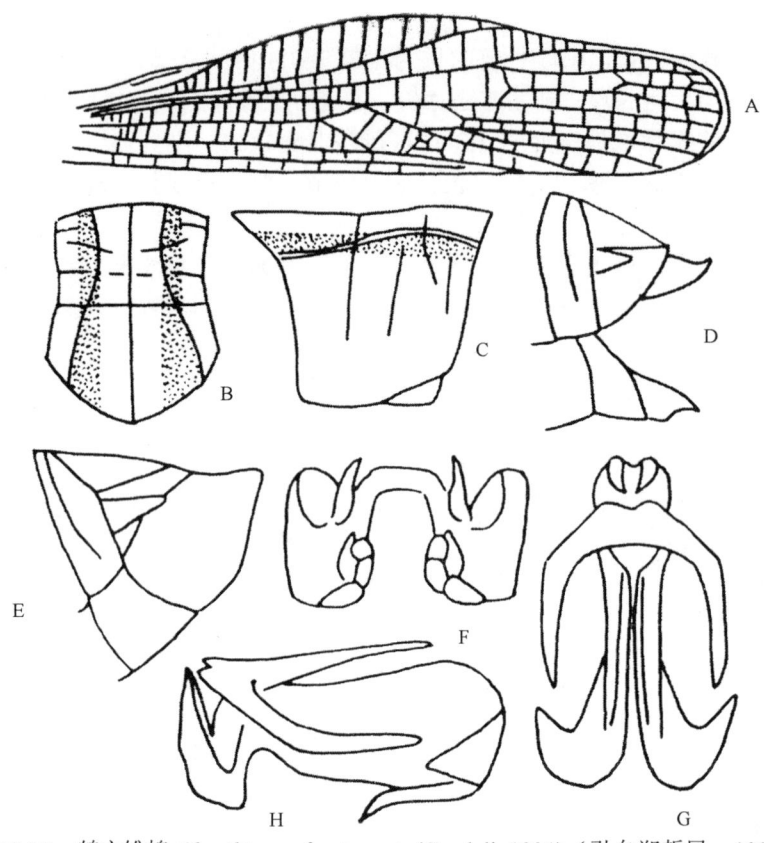

图 18-71　鹤立雏蝗 *Chorthippus fuscipennis* (Caudell, 1921)（引自郑哲民，1998）
A. ♂前翅；B. ♂前胸背板背面观；C. ♂前胸背板侧面观；D. ♀腹端侧面观；E. ♂腹端侧面观；F. 阳具基背片；G. 阳具复合体背面观；H. 阳具复合体侧面观

298. 斜窝蝗属 *Epacromiacris* Willemse, 1933

Epacromiacris Willemse, 1933a: 134. Type species: *Epacromiacris javana* Willemse, 1933.

主要特征：体中小型，较细。头侧窝四角形，后头具明显的中隆线。触角丝状，较粗，到达前胸背板后缘。前胸背板前缘圆截，后缘宽圆角形，侧隆线在中部角形内曲，沟后区长度略大于沟前区。后胸腹板侧叶在后端相连。前翅发达，超过后足股节顶端，翅顶圆形。后足胫节端部内侧的下距长度约为上距的 2 倍。雄性肛上板三角形，基部两侧无齿。

分布：古北区、东洋区。世界已知 2 种，中国记录 2 种，浙江分布 1 种。

（617）爪哇斜窝蝗 *Epacromiacris javana* Willemse, 1933（图 18-72）

Epacromiacris javana Willemse, 1933a: 134.

主要特征：雄性体中小型。前胸背板侧隆线在沟后区呈角形弯曲，侧隆线间最狭处小于最宽处的 2 倍，沟后区的长度大于沟前区的 1.2 倍。前翅的缘前脉域基部稍大，中脉域具不规则闰脉。后足胫节端部内侧的下距长于上距 2 倍，顶钩状。肛上板三角形，顶尖，中央具纵沟。

雌性产卵瓣短，边缘钝。余同雄性。

体色：褐色。具眼后带。前翅透明，翅脉褐色，在翅上具 1 列黑褐色方形或圆形斑点。后足股节褐色；后足胫节淡黄褐色。

体长：♂ 13.5–15 mm；♀ 17–18.5 mm。**前胸背板长**：♂ 3.0–3.3 mm；♀ 3.5–3.9 mm。**前翅长**：♂ 12–13 mm；♀ 16–17.5 mm。**后足股节长**：♂ 9–10 mm；♀ 11.5–12 mm。

分布：浙江、陕西、甘肃、湖南、福建、台湾、广东、广西、四川、贵州、云南。

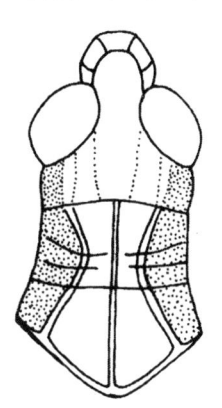

图 18-72　爪哇斜窝蝗 Epacromiacris javana Willemse, 1933 的头及前胸背板背面（引自蒋国芳和郑哲民，1998）

八十二、剑角蝗科 Acrididae

主要特征：体侧扁。头部侧面观为钝锥形或长锥形。头侧窝发达，有时不明显或缺。复眼较大，位于近顶端处。触角剑状。前胸背板中隆线较弱，侧隆线完整或缺。前胸腹板具突起或平坦。前、后翅发达，大多较狭长，顶端尖锐；有时缩短，甚至呈鳞片状，侧置。后足股节上基片长于下基片，外侧中区具羽状纹。内侧下隆线具发音齿或缺。鼓膜器发达。阳具基背片具锚状突，侧片不呈独立的分支。

分布：世界广布。世界已知 142 属 600 余种，中国记录 32 属 138 种，浙江分布 6 属 12 种。

分属检索表

1. 后足股节内侧下隆线具有发音齿，同前翅摩擦发声 ·· 2
- 后足股节内侧下隆线缺发音齿 ··· 3
2. 前翅中脉域具中闰脉，前、后翅均发达，超过后足股节顶端；后胸腹板侧叶全长几乎毗连 ············ **小戛蝗属 Paragonista**
- 前翅中脉域不具中闰脉，雄性前翅发达，常超过后足股节中部，雌性前翅不发达，侧置；后胸腹板侧叶内缘常明显地分开 ·· **鸣蝗属 Mongolotettix**
3. 体较粗壮，头部明显短于前胸背板，后足股节粗壮；前胸背板侧隆线几乎平行，之间不具平行的附加纵隆线；雌、雄两性翅非鳞片状，在背部毗连；后足股节上隆线具细齿 ·· **佛蝗属 Phlaeoba**
- 体较细长，头部明显长于前胸背板，后足股节细长；后足股节上侧中隆线光滑 ·· 4
4. 后足股节内、外侧上膝片顶端圆形 ··· **戛蝗属 Gonista**
- 后足股节内、外侧上膝片顶端尖锐 ·· 5
5. 头部较长，其长度明显长于前胸背板的长度；复眼位于头的前端，自复眼后缘至前胸背板前缘的长度为复眼前缘至头顶顶端长度的 2–2.2 倍 ·· **剑角蝗属 Acrida**
- 头部较短，其长度不明显长于前胸背板的长度；复眼几位于头的中部，自复眼后缘至前胸背板前缘的长度为复眼前缘至头顶顶端长度的 1.1–1.5 倍 ·· **螳蚱蝗属 Gelastorhinus**

299. 小戛蝗属 *Paragonista* Willemse, 1932

Paragonista Willemse, 1932: 104. Type species: *Paragonista infumata* Willemse, 1932.

主要特征：体中小型，细长。头短锥形。触角狭剑状。前胸背板侧隆线平行。后胸腹板侧叶全长几乎均相毗连。前、后翅发达，超过后足股节顶端，顶圆形。后足股节上、下膝侧片的顶端为圆形。

分布：东洋区。世界已知 3 种，中国记录 2 种，浙江分布 1 种。

（618）小戛蝗 *Paragonista infunata* Willemse, 1932（图 18-73）

Paragonista infunata Willemse, 1932: 104.

主要特征：雄性体中小型，细长。头顶突出较长，自复眼前缘至头顶顶端的长度明显大于复眼的横径，顶端圆弧形。复眼长卵形，纵径为横径的 1.6 倍。后翅与前翅等长。中胸腹板侧叶间的中隔较宽。下生殖板长锥形。阳具基背片桥状，桥拱宽浅，冠突外斜，后突细尖。

雌性体较大于雄性。下生殖板后缘中央呈弧形突出，两侧具小而短的圆形突出。

体色：体背面暗红褐色或黑褐色，侧面及腹面为黄绿色。前翅缘前及前缘脉域黄绿色，其余暗红褐色。后翅暗褐色。后足股节及胫节黄绿色。

体长：♂ 20.5–23.5 mm，♀ 25.5–29.6 mm。前胸背板长：♂ 4.0–5.0 mm，♀ 5.0–6.0 mm。前翅长：♂ 15.0–

18.5 mm，♀ 18.5–21.0 mm。后足股节长：♂ 9.0–10.0 mm，♀ 10.0–12.0 mm。

分布：浙江、江苏、湖南、福建、海南、广西、贵州、云南。

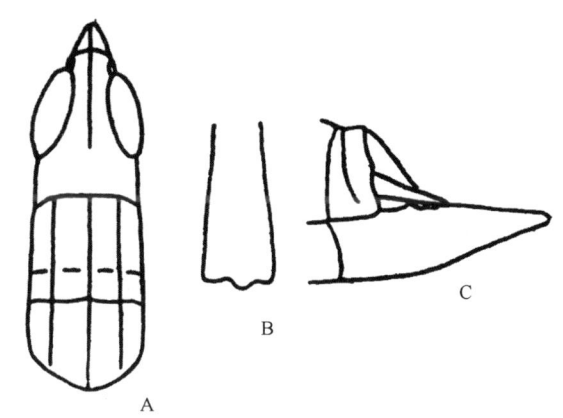

图 18-73　小戛蝗 *Paragonista infunata* Willemse, 1932（引自印象初和夏凯龄，2003）
A.♂头部及前胸背板背面观；B.♀下生殖板；C.♂腹端侧面

300. 鸣蝗属 *Mongolotettix* Rehn, 1928

Mongolotettix Rehn, 1928: 200. Type species: *Chrysochraon japonicus* Bolívar, 1898.

主要特征：体中小型，较细长。缺头侧窝。颜面隆起明显，具纵沟，中单眼之下向下端展开。前胸背板中隆线明显，侧隆线较弱于中隆线，近平行，在沟后区较不明显，或消失；沟前区明显地长于沟后区。前胸腹板平坦。后胸腹板侧叶的内缘常明显地分开。雄性前翅发达，顶端中央具明显的凹口。雌性前翅长卵形，侧置。雄性下生殖板圆锥形，顶尖。雌性产卵瓣狭长，其上产卵瓣的上外缘具细齿。

分布：古北区、东洋区。世界已知18种，中国记录9种，浙江分布1种。

（619）异翅鸣蝗 *Mongolotettix anomopterus* (Caudell, 1921)（图 18-74）

Chrysochraon anomopterus Caudell, 1921: 32.
Mongolotettix anomopterus: Yin & Xia, 2003: 156.

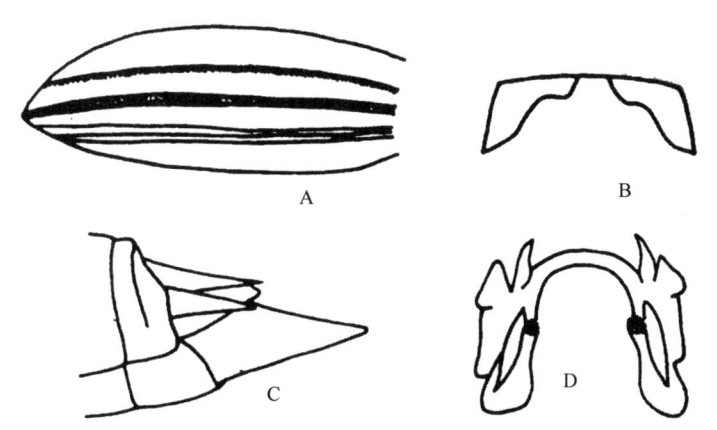

图 18-74　异翅鸣蝗 *Mongolotettix anomopterus* (Caudell, 1921)（引自印象初和夏凯龄，2003）
A.♀前翅；B.♂腹部末节背板；C.♂腹部侧面观；D. 阳具基背片

主要特征：雄性体型中等。中胸腹板侧叶间的中隔较狭，中隔的长度为最狭处的1.8–2倍。前翅发达，超过后足股节长的 2/3；顶端中央具凹口；纵脉发达，横脉与纵脉组成直角或为方形小室。腹部末节背板无尾片或略突出；下生殖板长圆锥形，逐渐向顶端趋狭。

雌性体型较雄性大。触角剑状，长约等于头和前胸背板长度之和的 1.2 倍。前翅鳞片状，侧置，在背部彼此分开，其顶端到达腹部第 2 节。上、下产卵瓣外缘均具细齿。

体色：通常黄、黄褐或淡褐色。后足股节黄褐色，后足胫节淡黄色。胫节刺与爪尖黑色。

体长：♂ 20.0–25.0 mm，♀ 30.0–36.0 mm。前胸背板长：♂ 3.4–3.8 mm，♀ 4.8–6.2 mm。前翅长：♂ 10.0–12.0 mm，♀ 5.0–6.0 mm。后足股节长：♂ 9.5–11.7 mm，♀ 15.0–18.5 mm。

分布：浙江（杭州）、陕西、甘肃、江苏、湖北、江西。

301. 佛蝗属 *Phlaeoba* Stål, 1860

Phlaeoba Stål, 1860: 340. Type species: *Gomphocerus* (*Phlaeoba*) *rusticus* Stål, 1860.

主要特征：体中小型。头部较短，其长度短于前胸背板。头顶短宽，端部呈宽圆状。前胸背板中、侧隆线之间不具成行纵隆线或仅具短隆线，后缘圆弧形。后胸腹板侧叶在雄性相连。前翅发达，顶圆，具中闰脉。膝侧片顶圆形。

分布：古北区、东洋区。世界已知 23 种，中国记录 13 种，浙江分布 4 种。

分种检索表

1. 触角较长，在雄性超过后足股节基部，在雌性超过前胸背板后缘；雌雄两性前翅较短，其顶端到达或刚超过后足股节中部 ································· 短翅佛蝗 *P. angusidorsis*
- 触角较短，在雄性到达或略超过前胸背板后缘，在雌性不到达或刚刚到达前胸背板后缘 ····················· 2
2. 前胸背板侧隆线不明显，背面具有不明显的不规则的隆线和粗大刻点；中胸腹板侧叶中隔较宽，其长度约为最狭处的 1.5 倍 ································· 暗色佛蝗 *P. tenebrosa*
- 前胸背板侧隆线明显，背面近乎平滑或仅具皱褶，但不具有粗大刻点 ····················· 3
3. 头顶较长，自复眼前缘到头顶顶端的距离明显大于复眼前的最宽处；前翅前缘脉域不具白色条纹 ···· 中华佛蝗 *P. sinensis*
- 头顶较短，自复眼前缘到头顶顶端的距离几等于或略小于复眼前的最宽处；雄性下生殖板端部明显延长 ································· 僧帽佛蝗 *P. infumata*

（620）短翅佛蝗 *Phlaeoba angusidorsis* Bolívar, 1902（图 18-75）

Phlaeoba angusidorsis Bolívar, 1902 [1901]: 590.

主要特征：雄性体中小型。颜面倾斜，侧面观内曲，颜面隆起极狭，在中单眼以下渐趋宽。头顶长，自复眼前缘到头顶顶端的距离略长于复眼前最宽处，头部背面具中隆线。后胸腹板侧叶分开。前翅较短，其顶端仅到达后足股节的 2/3 处，不到达腹部末端。下生殖板顶端较尖锐。阳具基背片桥窄，桥拱较深，侧板较宽，冠突狭长。

雌性体较大。产卵瓣外缘光滑。

体色：黄褐或暗褐色。触角端部具灰白色顶。前胸背板侧隆线外侧具黑色纵带。后足胫节暗褐、淡绿褐色。

体长：♂ 20.0–21.0 mm，♀ 25.0–30.0 mm。前胸背板长：♂ 4.0–5.0 mm，♀ 6.0–7.0 mm。前翅长：♂ 11.0–12.0 mm，♀ 13.0–14.0 mm。后足股节长：♂ 12.0–13.0 mm，♀ 14.0–14.5 mm。

分布：浙江（杭州）、江苏、江西、湖南、福建、四川、贵州。

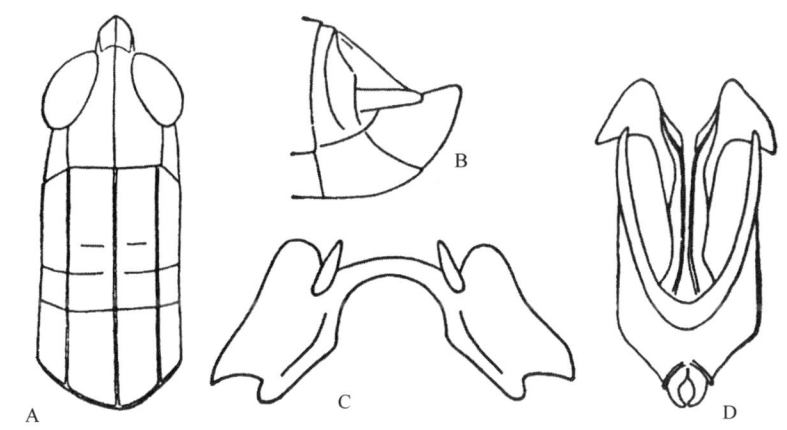

图 18-75 短翅佛蝗 *Phlaeoba angusidorsis* Bolívar, 1902（引自印象初和夏凯龄，2003）
A. ♀头和前胸背板背面观；B. ♂腹端侧面观；C. 阳具基背片；D. 阳具复合体

（621）暗色佛蝗 *Phlaeoba tenebrosa* (Walker, 1871)（图 18-76）

Opomala tenebrosa Walker, 1871: 53.

Phlaeoba tenebrosa: Kirby, 1910: 138.

主要特征：雄性体中小型。前胸背板中隆线明显；背面具不明显的不规则附加隆线和粗大点刻；后横沟明显，位于中部略偏后，沟前区长度微长于沟后区的长度；前胸背板前缘平直，后缘呈钝角形突出。后足股节上隆线及内、外侧上隆线和下隆线均具 6–9 个小黑齿。后足胫节内、外侧各具刺 11 个，缺外端刺。跗节爪间中垫到达爪之中部。下生殖板短锥形，顶端钝圆。

雌性体较大。触角不到达或刚到达前胸背板的后缘。产卵瓣粗短，端部呈钩状。

体色：褐色。后足胫节黄褐色或褐色。

体长：♂ 18.2–19.9 mm，♀ 23.1–28.0 mm。前翅长：♂ 14.7–17.6 mm，♀ 21.3–24.9 mm。后足股节长：♂ 10.1–11.1 mm，♀ 14.4–15.2 mm。

分布：浙江、云南、西藏。

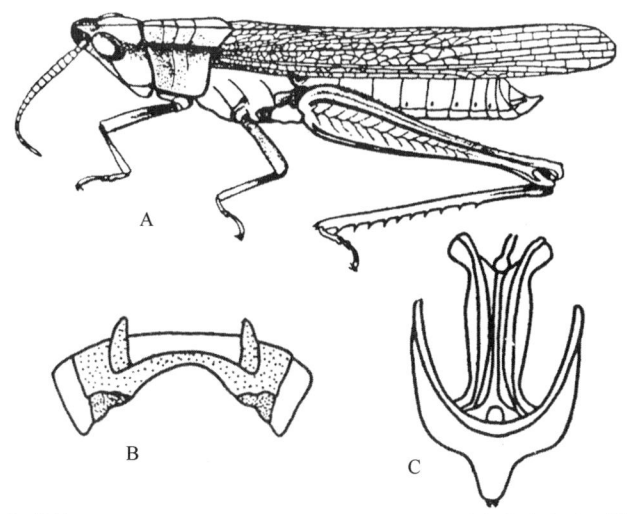

图 18-76 暗色佛蝗 *Phlaeoba tenebrosa* (Walker, 1871)（引自印象初和夏凯龄，2003）
A. ♂整体侧面观；B. 阳具基背片背面观；C. 阳具复合体背面

（622）中华佛蝗 *Phlaeoba sinensis* Bolívar, 1914（图 18-77）

Phlaeoba sinensis Bolívar, 1914: 93.

主要特征：雄性体中型。头顶突出较长，自复眼前缘到头顶顶端的距离明显大于复眼前最宽处。前胸背板中隆线和侧隆线均明显，背面平滑，前缘平直，后缘圆弧形。前胸腹板在两前足基节之间平坦。后胸腹板侧叶后端毗连。前翅长，超过后足股节的膝部，顶端圆形。后足股节匀称，膝侧片顶端圆形。下生殖板长圆锥形，顶端圆。

雌性触角较短，常不到达前胸背板后缘。后胸腹板侧叶明显分开。产卵瓣粗短，顶端呈钩状。

体色：暗褐色。后翅基部淡黄或淡黄绿色。后足股节及胫节黄褐色。

体长：♂ 22.0–25.0 mm，♀ 32.0–35.0 mm。前翅长：♂ 19.5–20.0 mm，♀ 23.0–27.0 mm。后足股节长：♂ 10.5–13 mm，♀ 17.0–18.0 mm。

分布：浙江、陕西、甘肃、江苏、福建、台湾、四川、云南。

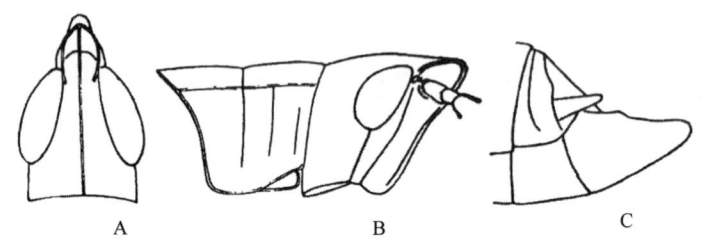

图 18-77　中华佛蝗 *Phlaeoba sinensis* Bolívar, 1914（引自印象初和夏凯龄，2003）
A. ♂头部背面观；B. ♂头和前胸背板侧面观；C. ♂腹端侧面观

（623）僧帽佛蝗 *Phlaeoba infumata* Brunner-Wattebwyl, 1893（图 18-78）

Phlaeoba infumata Brunner-Wattenwyl, 1893: 124.

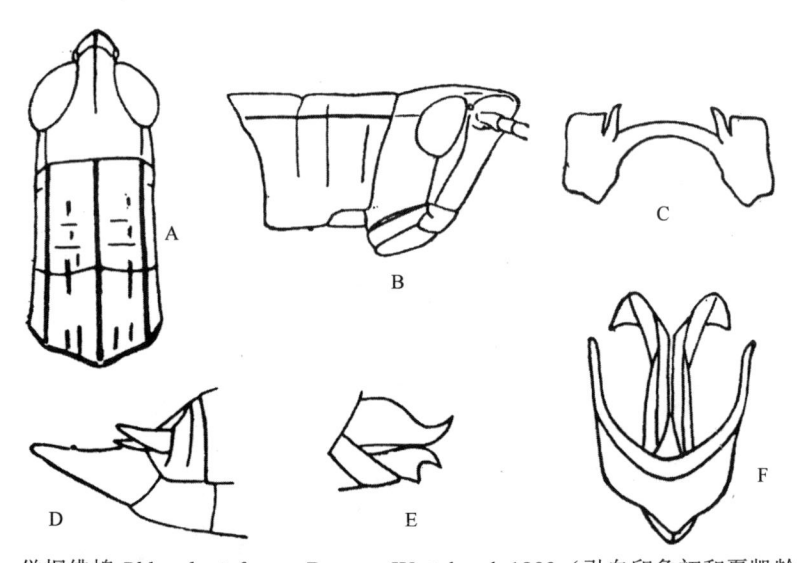

图 18-78　僧帽佛蝗 *Phlaeoba infumata* Brunner-Wattebwyl, 1893（引自印象初和夏凯龄，2003）
A. ♀头和前胸背板背面观；B. ♂头和前胸背板侧面观；C. 阳具基背片；D. ♂腹端侧面观；E. 产卵瓣；F. 阳具复合体

主要特征：雄性体中小型。颜面倾斜，颜面隆起较狭，侧缘近平行，在中单眼之下渐宽，全长具纵沟。前胸背板较宽平，侧隆线明显，平行，在中、侧隆线之间常有许多附加短纵隆线；前缘平直，后缘呈钝角形突出；后横沟位于背板的中后部。下生殖板长锥形，端部明显延长，较尖。阳具基背片桥宽，锚状突低，不突出于桥背，冠突小，向上突出。

雌性体较雄性为大。后胸腹板侧叶明显分开。产卵瓣外缘光滑。

体色：黄褐或暗褐色。具暗色眼后带。后足胫节淡黄褐色或橄榄绿褐色。

体长：♂ 19.0–23.0 mm，♀ 28.0–31.0 mm。前翅长：♂ 17.0–20.0 mm，♀ 21.0–24.0 mm。后足股节长：♂ 11.0–14.0 mm，♀ 14.0–17.0 mm。

分布：浙江、陕西、江苏、湖北、江西、福建、广东、海南、四川、贵州、云南；缅甸。

302. 戛蝗属 *Gonista* Bolívar, 1898

Gonista Bolívar, 1898: 92. Type species: *Gonista antennata* Bolívar, 1898.

主要特征：体中型，细长，圆筒形。头部较短，其长等于、稍长于或略短于前胸背板的长度。头顶顶端圆形；自复眼的前缘至头顶顶端的长度等于或为复眼纵径的1.25倍；颜面极倾斜，颜面隆起狭，具明显纵沟。后足股节细长，匀称，通常较短于腹端，其端部的内、外侧上膝侧片的顶端为圆形。雄性下生殖板短圆锥形，顶端略尖；阳具基背片桥状，冠突粗长，后突尖细。雄性产卵瓣外缘光滑无细齿。体通常为草绿色、黄绿色，背面红褐色。

分布：东洋区、旧热带区。世界已知12种，中国记录6种，浙江分布1种。

（624）二色戛蝗 *Gonista bicolor* (De Haan, 1842)（图18-79）

Acridium bicolor De Haan, 1842: 147.
Gonista bicolor: Yin & Xia, 2003: 197.

主要特征：雄性体中型细长。头顶较长，向前突出。头侧窝三角形，长为最宽处的2–4倍。颜面极后倾，与头顶形成锐角；中单眼位于颜面隆起下端近1/3处。后足胫节略短于股节，外侧具刺14–16枚，缺外端刺；内侧具刺13–15枚。下生殖板短锥形，顶钝圆；阳具基背片桥状，桥拱宽浅，冠突外斜，后突细尖。
雌性体较雄性大。后足股节达腹部第8节。上、下产卵瓣短，上产卵瓣长于下产卵瓣，外缘光滑，顶端呈钩状。下生殖板狭长。
体色：通常绿色、黄绿色，背面红褐色。足绿色。
体长：♂ 24.5–31.0 mm，♀ 35.0–46.0 mm。前翅长：♂ 24.0–30.0 mm，♀ 37.0–42.0 mm。后足股节长：♂ 11.0–12.0 mm，♀ 17.0–18.5 mm。
分布：浙江、河北、山东、陕西、甘肃、江苏、湖南、福建、台湾、广西、四川、贵州、云南、西藏；日本，新加坡，印度尼西亚（爪哇，苏门答腊）。

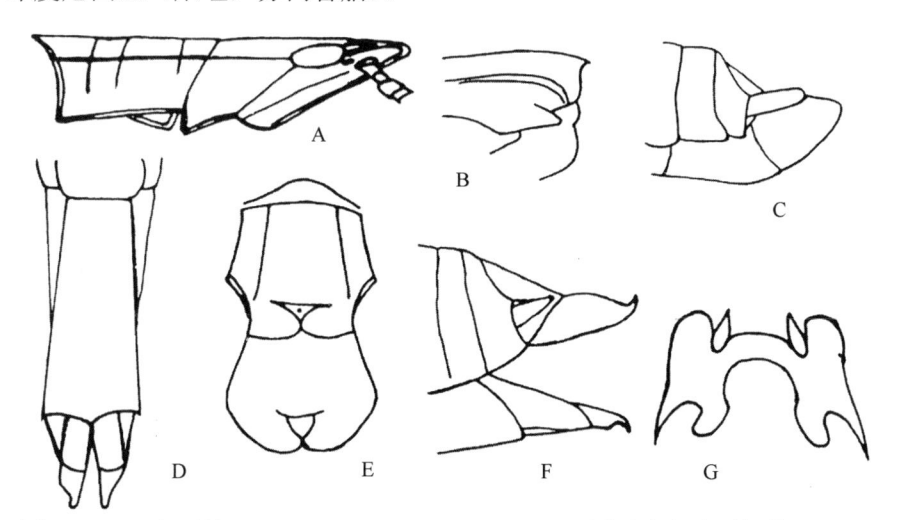

图 18-79 二色戛蝗 *Gonista bicolor* (De Haan, 1842)（引自印象初和夏凯龄，2003）
A. ♂头、前胸背板侧面观；B. ♂后足膝部；C. ♂腹端侧面观；D. ♀腹端腹面观；E. ♂中、后胸腹板；F. ♀腹端侧面观；G. 阳具基背片

303. 剑角蝗属 *Acrida* Linnaeus, 1758

Acrida Linnaeus, 1758: 427. Type species: *Acrida turritus* Linnaeus, 1758.

主要特征：体中大型，细长。头部较长，长圆锥形，长于前胸背板。头顶极向前突出，头侧窝缺。颜面极倾斜，颜面隆起纵沟较深。复眼位于头之近前端。触角长，剑状。前胸背板中隆线和侧隆线均明显，侧隆线平行或弧形弯曲；后缘中央呈角形突出。中、后胸腹板侧叶分开。前翅狭长，超过后足股节的顶端，顶尖。后足股节细长，上、下膝侧片的顶端尖锐。雄性下生殖板长锥形，顶尖。雌性下生殖板后缘具3个突起。

分布：世界广布。世界已知42种，中国记录14种，浙江分布4种。

分种检索表

1. 前胸背板侧隆线近乎平行，直；后横沟在侧隆线之间明显呈弧形突出 ·················· **线剑角蝗 *A. lineata***
- 前胸背板侧隆线不平行，弯曲或在沟后区较分开；后隆线在侧隆线之间直，不向前呈弧形突出 ············ 2
2. 前胸背板侧隆线呈弧形弯曲；后横沟位于中部之后，沟前区长于沟后区 ············ **天目山剑角蝗 *A. tjiamuica***
- 前胸背板侧隆线不呈弧形弯曲；后横沟几位于中部，沟前区同沟后区几等长 ····························· 3
3. 雄性下生殖板狭长，明显地向下弯曲；前胸背板侧叶后缘呈钝角形弯曲；触角节狭 ············ **夏氏剑角蝗 *A. hsiai***
- 雄性下生殖板粗短，明显地向上倾斜或弯曲；前胸背板侧片后下角锐角形，向后突出，侧片后缘下部具有几个尖锐的结节 ·· **中华剑角蝗 *A. cinerea***

（625）线剑角蝗 *Acrida lineata* (Thunberg, 1815)（图18-80）

Truxalis lineata Thunberg, 1815: 266.
Acrida lineata: Yin & Xia, 2003: 213.

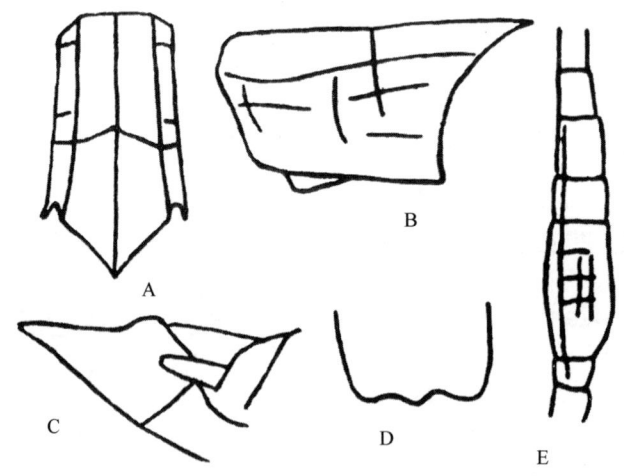

图18-80　线剑角蝗 *Acrida lineata* (Thunberg, 1815)（引自印象初和夏凯龄，2003）
A. ♂前胸背板背面观；B. ♂前胸背板侧面观；C. ♂腹端侧面观；D. ♀下生殖板；E. ♂触角

主要特征：雄性体中大型，细长。头顶向前突出较长，顶圆，自复眼前缘到头顶前端之长略小于复眼之纵径。复眼位于头之近前端。触角剑状，第3–6节分节不完全。前胸背板中隆线和侧隆线均明显，侧隆线直，平行；后横沟在侧隆线之间明显向前呈弧形突出；侧片后下角呈角形。后足股节细长，上、下膝侧片的顶端尖锐。

雌性体较粗大。下生殖板后缘具3个突起。

体色：绿色或褐色。绿色个体在复眼后、前胸背板侧面上部具淡红色纵条；褐色个体中国脉处具1列白色短条纹。

体长：♂ 31.0–34.0 mm，♀ 51.0–56.0 mm。前翅长：♂ 26.5–27.5 mm，♀ 42.0–49.0 mm。后足股节长：♂ 19.0–21.0 mm，♀ 30.0–33.0 mm。

分布：浙江、云南。

（626）天目山剑角蝗 *Acrida tjiamuica* Steinmann, 1963（图 18-81）

Acrida tjiamuica Steinmann, 1963: 409.

主要特征：雄性头顶突出较长。触角基部的节较宽。前胸背板侧隆线在沟前区向内弧形弯曲；前胸背板后缘突出；侧叶后缘向内弯曲。前翅长。跗节爪间中垫较大，其顶端到达或超过爪的顶端。尾须中等长度，到达下生殖板的中部之前。

雌性头顶自复眼前缘到头顶顶端的距离微大于复眼的最大直径。前胸背板侧隆线在沟前区微向内弯曲或几呈直线状，在沟后区向外弯曲。

体色：雄性腹部红黄色，背板广布黑色或黑褐色斑点，腹板具黄褐色斑点。雌性腹部红黄色。

体长：♂ 43.0 mm，♀ 74.2 mm。前翅长：♂ 40.0 mm，♀ 64.0 mm。后足股节长：♂ 32.0 mm，♀ 41.1 mm。

分布：浙江（杭州）。

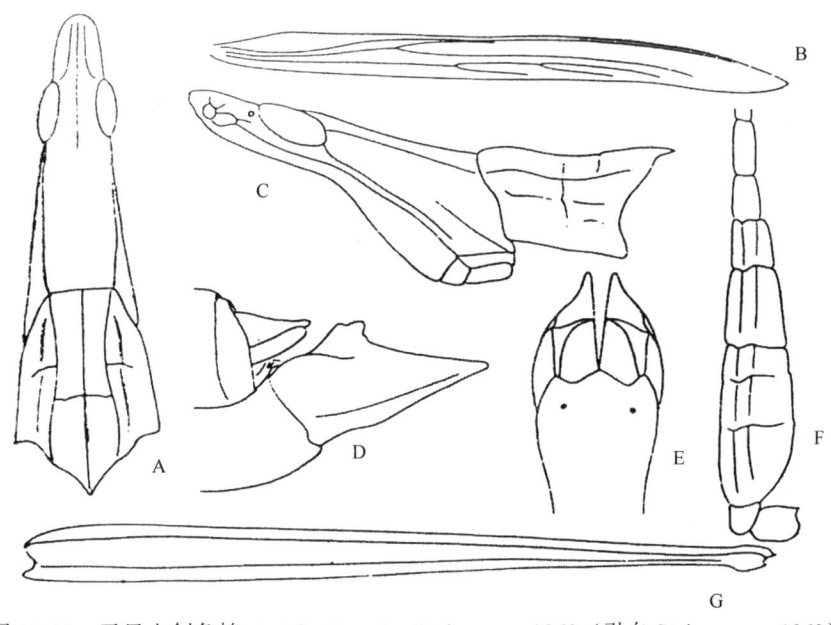

图 18-81　天目山剑角蝗 *Acrida tjiamuica* Steinmann, 1963（引自 Steinmann，1963）
A. ♂头和前胸背板背面观；B. ♂前翅；C. ♂头和前胸背板侧面观；D. ♂腹部末端侧面观；E. ♀腹部末端腹面观；F. ♂触角；G. ♂后足股节

（627）夏氏剑角蝗 *Acrida hsiai* Steinmann, 1963（图 18-82）

Acrida hsiai Steinmann, 1963: 414.

主要特征：雄性头顶突出较长，侧面观头粗壮。触角节较狭。前胸背板从背面观长且宽；侧隆线在沟后区较分开；后横沟在侧隆线之间直，不向前呈弧形突出；前胸背板侧叶后缘呈钝角形弯曲。前翅狭长，端部 1/4 倾斜，而后向后弯曲成尖的端部，后缘几乎直形。跗节爪间中垫较大，约到达爪的顶端。下生殖板强烈地下弯，呈犬齿状，上缘呈锯齿状突起，较尖，指向后方；尾须延伸到下生殖板的 1/5 处。

体色：前翅黄绿色。腹部具油脂光泽，红褐色，翅下腹背部紫罗兰色。

体长：♂ 43.0–46.0 mm。前翅长：♂ 32.0–35.0 mm。后足股节长：♀ 25.0–26.6 mm。

分布：浙江（杭州）、江西。

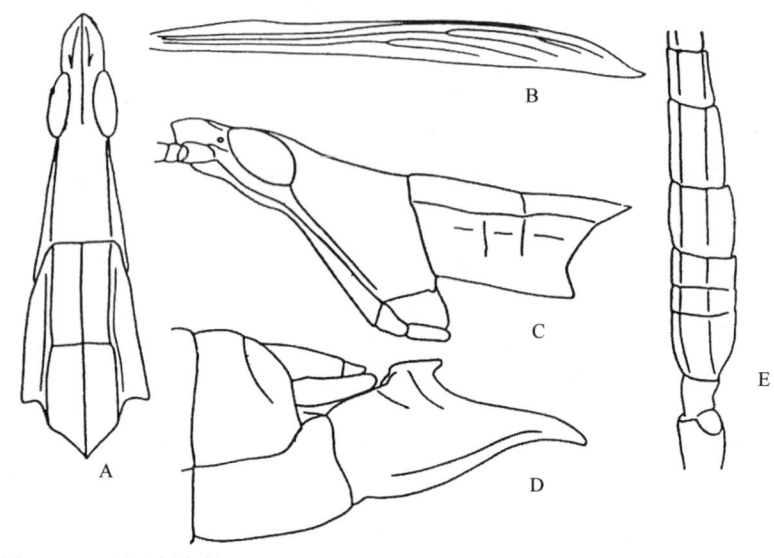

图 18-82　夏氏剑角蝗 *Acrida hsiai* Steinmann, 1963（引自 Steinmann，1963）
A. ♂头和前胸背板背面观；B. ♂前翅；C. ♂头和前胸背板侧面观；D. ♂腹部末端侧面观；E. ♂触角

（628）中华剑角蝗 *Acrida cinerea* (Thunberg, 1815)（图 18-83）

Truxalis cinerea Thunberg, 1815: 263.
Acrida cinerea: Yin & Xia, 2003: 219.

主要特征：雄性体中大型。颜面极倾斜。头顶突出。前胸背板宽平，具细小颗粒，侧隆线近直，在沟后区较向外扩张，后横沟位于背板中部的稍后处，侧隆线之间直，侧片后缘较凹入，下部具有几个尖锐结节，侧片后下角锐角形，向后突出。前翅发达，顶尖锐。后足股节上膝侧片顶端内侧刺长于外侧刺。下生殖板较粗，上缘直，上下缘组成45°角。

雌性体大型，粗壮。下生殖板后缘具3个突起，中突与侧突等长。

体色：绿色或褐色。后翅淡绿色。后足股节和胫节绿色或褐色。

体长：♂ 30.0–47.0 mm，♀ 58.0–81.0 mm。前翅长：♂ 25.0–36.0 mm，♀ 47.0–65.0 mm。后足股节长：♂ 20.0–22.0 mm，♀ 40.0–43.0 mm。

分布：浙江、北京、河北、山西、山东、陕西、宁夏、甘肃、江苏、安徽、湖北、江西、湖南、福建、广东、广西、四川、贵州、云南。

图 18-83　中华剑角蝗 *Acrida cinerea* (Thunberg, 1815)（引自夏凯龄和毕道英，2003）
A. ♂头及前胸背板侧面观；B. ♂腹端侧面观；C. ♀下生殖板

304. 蠑蚓蝗属 *Gelastorhinus* Brunner-Wattenwyl, 1893

Gelastorhinus Brunner-Wattenwyl, 1893: 157. Type species: *Gelastorhinus albolineatus* Brunner-Wattenwyl, 1893.

主要特征：体中大型，细长。头部长于、短于或几乎等于前胸背板的长度。头顶突出，自复眼的前缘至头顶顶端的距离短于复眼的纵径；眼间距与头顶之颜顶角等宽。头侧窝长三角形。前胸背板中隆线和侧隆线均明显。前胸腹板在两前足基部之间呈球形隆起，有时其端部略尖。中、后胸腹板侧叶在中部相接或狭地分开。腹部细长。雄性尾须柱状，顶钝。雌性产卵瓣短，边缘钝，顶端弯曲成钩状。

体色：通常为黄绿色。

分布：古北区、东洋区、新热带区。世界已知18种，中国记录6种，浙江分布1种。

（629）中华蟋蚂蝗 *Gelastorhinus chinensis* Willemse, 1932（图18-84）

Gelastorhinus chinensis Willemse, 1932: 141.

主要特征：雄性体中小型，细长。头部较长于前胸背板。头顶较突出，长约为眼间距的2倍。触角22节，基部7–8节较扁。前胸背板中隆线、侧隆线均明显；沟前区约为沟后区的1.6倍。后足胫节缺外端刺，沿其外缘具刺17–18个，内缘具刺16–17个。

雌性体较雄性大。复眼长卵形，纵径为横径的3倍。后翅较前翅短，约短于前翅超过腹端长度的2倍。上产卵瓣长于下产卵瓣，外缘光滑，末端弯曲成钩状，顶端尖锐。

体色：一般为黄绿或黄褐色。头顶背面、复眼、触角和前胸背板背面均为红褐色。

体长：♂ 26.0–26.2 mm，♀ 41.5–41.8 mm。前胸背板长：♂ 4.2–4.8 mm，♀ 6.5 mm。前翅长：♂ 22.4–24.4 mm，♀ 34.0 mm。后足股节长：♂ 14.2–15.2 mm，♀ 21.4 mm。

分布：浙江、福建、广东、香港、广西、四川。

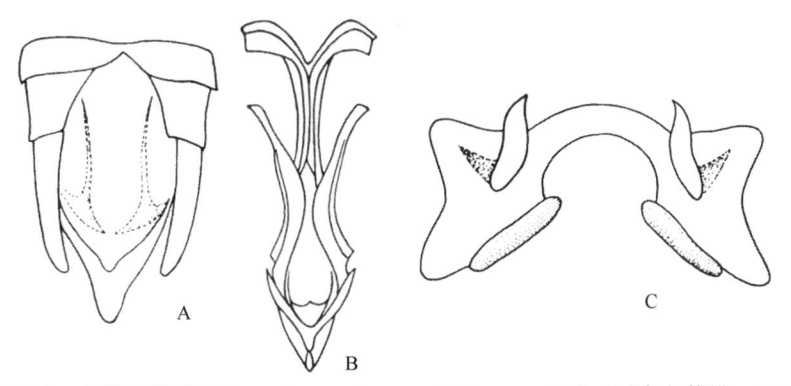

图 18-84 中华蟋蚂蝗 *Gelastorhinus chinensis* Willemse, 1932（引自尤其儆，2003）
A. ♂腹部末端背面观；B. 阳具复合体背面观；C. 阳具基背片

II. 蚱总科 Tetrigoidea

主要特征：体小至中型。触角丝状，长于前足股节。前胸背板特长，覆盖腹部大部或全部，有时超过腹部末端。前、后翅若发达，则其长度不相等；前翅较小，卵形，位于胸部两侧；后翅发达，呈长三角形，隐藏于前胸背板下面，亦有翅退化或消失。前、中足跗节 2 节，后足跗节 3 节，跗节爪间缺中垫。

分布：世界广布。世界已知 9 科 273 属 1963 种，中国记录 8 科 56 属 400 余种，浙江分布 4 科 13 属 25 种。

分科检索表

1. 颜面隆起在触角间极扩大，形成 1 个三角形盾片，其宽度极大于触角基节之宽 ·················· **枝背蚱科 Cladonotidae**
- 颜面隆起在触角间不特别扩宽，其宽度小于、等于或略大于触角基节之宽，通常具狭的纵沟 ························· 2
2. 前胸背板侧片后角向下，末端稍圆；后足跗节第 1 节长于第 3 节 ···························· **蚱科 Tetrigidae**
- 前胸背板侧片后角薄片状向外突出，末端具刺或平截 ·· 3
3. 前胸背板侧片后角向外尖锐突出，通常具刺；后足跗节第 1 节长于第 3 节 ················· **刺翼蚱科 Scelimenidae**
- 前胸背板侧片后角向外稍突出，后端斜截，通常不具刺；后足跗节第 1 节与第 3 节等长 ········ **短翼蚱科 Metrodoridae**

八十三、枝背蚱科 Cladonotidae

主要特征：头顶较宽，其宽度为一复眼宽的 1.5–3 倍，颜面垂直或略倾斜，颜面隆起在触角之间极扩大，形成 1 个三角形盾片，其宽度大于触角第 1 节的宽度。触角丝状，着生于复眼下缘之间或下缘之下。复眼较宽地分开。前胸背板中隆线发达，有时呈片状，其前缘有的呈锐角形盖在头部之上。后突通常较短，前后翅大多数属中缺。少数属缺前翅，具后翅。后足胫节向端部不扩大，其上缘具有明显的钝齿。

分布：东洋区、旧热带区、新热带区、澳洲区。世界已知 74 属 191 种，中国记录 7 属 19 种，浙江分布 1 属 1 种。

305. 澳汉蚱属 *Austrohancockia* Günther, 1938

Austrohancockia Günther, 1938: 246. Type species: *Austrohancockia kwangtungensis* Tinkham, 1938.

主要特征：体小型，粗短，具粗糙皱纹和瘤突。头顶宽短，其宽度为一复眼宽的 2–3 倍。前胸背板背部在沟前区极收缩，中隆线在肩部前呈片状隆起；肩角宽大，呈角形或近弧形；背板上具许多大小不等的瘤突和网状隆线；后突顶端中央凹陷，侧叶后缘仅具 1 凹陷。前、后翅缺如，前、中足股节上、下缘具大齿突。后足跗节第 1 节长于第 3 节。雄性下生殖板锥形，末端分叉。

分布：东洋区。世界已知 20 种，中国记录 15 种，浙江分布 1 种。

（630）古田山澳汉蚱 *Austrohancockia gutianshanensis* Zheng, 1995（图 18-85）

Austrohancockia gutianshanensis Zheng, 1995: 27.

主要特征：体小型，粗壮，全身具粗糙的瘤突。头顶宽短，出于复眼之前，其宽度约为一复眼宽的 2.8 倍，中隆线明显突出，侧缘向上反折，高出于复眼之上。前胸背板背面在沟前区极收缩，在肩角之间深凹陷，在其后又隆起；肩角呈角形，背板在肩部之后具有许多大小不等的突起，后突超过后足股节的顶端，顶端中央凹陷。缺前、后翅。前足股节上、下缘具 2 个齿突；中足股节上缘具 3 齿突；下缘具 2 齿突；后足股节粗短，上具许多粗糙瘤突，上侧中隆线呈片状，在中部之后具 2 个突起，膝前齿大，顶角圆形，下侧中隆线具细齿。后足胫节外侧具刺 4 个，内侧 5 个。体黑褐色。

体长：♂ 11 mm。前胸背板长：♂ 10 mm。后足股节长：♂ 11 mm。

分布：浙江、湖北、江西、福建、台湾、广东、广西；日本，越南。

图 18-85　古田山澳汉蚱 *Austrohancockia gutianshanensis* Zheng, 1995（引自梁铬球等, 1998）
A. 整体背面观；B. 整体侧面观

八十四、蚱科 Tetrigidae

主要特征：体中小型。颜面隆起在触角之间分叉，呈沟状。触角丝状，多数着生于复眼下缘内侧。前胸背板侧叶后缘通常具 2 个凹陷，少数仅具 1 个凹陷；侧叶后角向下，末端圆形。前、后翅正常，少数缺如。后足跗节第 1 节明显长于第 3 节。

分布：世界广布。世界已知 44 属 689 种，中国记录 14 属 176 种，浙江分布 7 属 16 种。

分属检索表

1. 复眼适度突出、不突出或稍突出于前胸背板之上；前胸背板沟前区方形或适度横长方形，其宽度不大于长度的 2 倍 ···· 2
- 复眼极突出，明显高出于头顶及前胸背板水平之上；前胸背板沟前区极横形，短，其宽度为长度的 2 倍 ················· 6
2. 头顶很狭，向前端极狭，使复眼在前端几相接 ················· 尖顶蚱属 *Teredorus*
- 头顶背面观宽于一复眼宽，不向前端极狭 ················· 3
3. 前胸背板侧片后缘具 2 个凹陷；前、后翅发达或短缩 ················· 4
- 前胸背板侧片后缘仅具 1 个凹陷；前后翅外观不可见或很小 ················· 5
4. 颜面隆起在触角之下倾斜，在触角之上垂直或凹陷；头顶在复眼之间适度向前突出，向前突出部分的长度小于复眼背面观长度的一半；前后翅正常 ················· 蚱属 *Tetrix*
- 颜面隆起全长倾斜；头顶极突出于复眼之间，其向前突出部分的长度等于或超过复眼背面观长度的一半；后翅外观不可见 ················· 突顶蚱属 *Exothotettix*
5. 缺前、后翅，外观不可见 ················· 台蚱属 *Formosatettix*
- 具明显的前、后翅 ················· 拟台蚱属 *Formosatettixoides*
6. 颜面隆起侧面观在头顶与中单眼之间形成弧形突出；触角窝位于复眼下缘之间；侧单眼位于复眼前缘的中部 ················· 悠背蚱属 *Euparatettix*
- 颜面隆起侧面观仅在触角基部之间弧形突出；触角窝位于复眼下缘之下；侧单眼位于复眼前缘的中部之下 ················· 突眼蚱属 *Ergatettix*

306. 尖顶蚱属 *Teredorus* Hancock, 1907

Teredorus Hancock, 1907: 52. Type species: *Teredorus stenofrons* Hancock, 1907.

主要特征：体小型，狭长。头部不突出。头顶向前极狭，使两复眼在前端相接。颜面隆起在触角间略突出，在中单眼处凹陷。触角着生于复眼下缘稍下。前胸背板背面光滑，中隆线明显或不明显；后突长锥形，超过后足股节顶端；侧片后缘具 2 个凹陷，后角向下，顶圆形。前翅长卵形，后翅到达后突的顶端。后足跗节第 1 节与第 3 节等长或长于第 3 节。

分布：古北区、东洋区。世界已知 34 种，中国记录 8 种，浙江分布 2 种。

（631）卡尖顶蚱 *Teredorus carmichaeli* Hancock, 1915（图 18-86）

Teredorus carmichaeli Hancock, 1915: 110.

主要特征：体小型。体长（从头顶至后突顶端）为体最宽处（侧叶后角间宽度）的 4.3–4.7 倍。头顶极向前收缩，使两复眼很接近，近似三角形；颜面隆起仅略突出于眼前，在中单眼处凹陷；触角着生于复眼稍下；复眼明显球形。前翅卵形，基部宽，网状翅脉明显；后翅伸达后突的顶端。前、中足股节边缘完整，具细锯齿；中足股节稍侧扁，外侧具2条隆线。后足股节边缘完整，具细锯齿，膝前齿尖锐。后足第1跗节与第3节等长，第1跗节下的三垫等长。体黑褐色、灰色，染有灰白色。触角具白色，后翅黑色或烟色。后足胫节深褐色，具2个明显的白环。

体长：♀17 mm。前胸背板长：♀16 mm。后足股节长：♀7 mm。

分布：浙江、河南、陕西、安徽、江西、福建；印度。

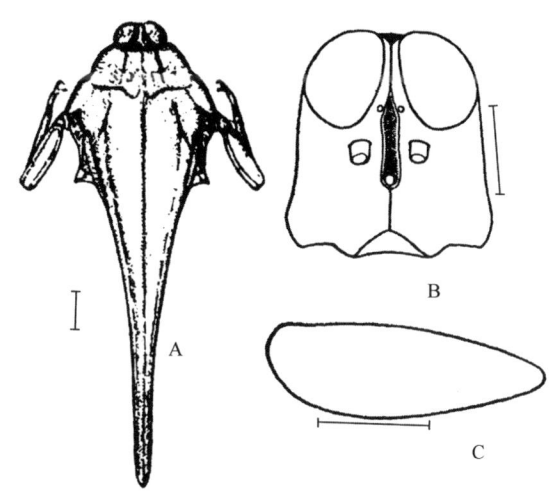

图 18-86　卡尖顶蚱 *Teredorus carmichaeli* Hancock, 1915（引自 Shishodia, 1991）
A. 整体侧面观；B. 头颜面观；C. 前翅

（632）贵州尖顶蚱 *Teredorus guizhouensis* Zheng, 1993（图 18-87）

Teredorus guizhouensis Zheng, 1993a: 19.

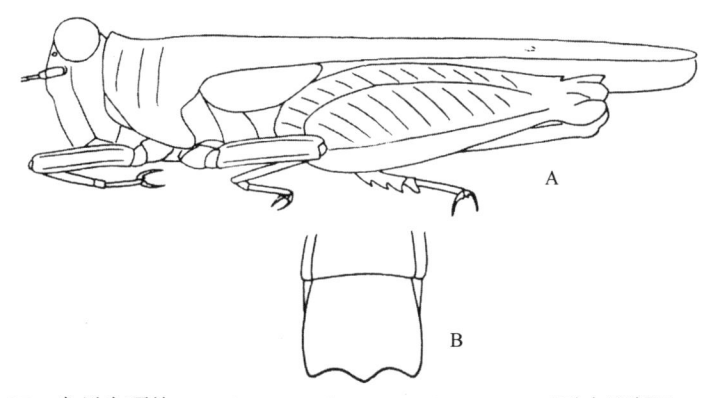

图 18-87　贵州尖顶蚱 *Teredorus guizhouensis* Zheng, 1993（引自郑哲民，1998）
A. 整体侧面观；B. ♀下生殖板

主要特征：雄性体小型，较粗短，体长为宽的3.6倍。触角着生于复眼下缘之下，丝状，较粗短，15节，中段一节的长度为宽度的4倍。前胸背板较平；前胸背板后突楔状，超过后足股节顶端而到达后足胫节1/4处，前胸背板总长度约为后突超出后足股节顶端部分的长度的6.6倍。前翅长卵形，翅长为宽的2.8倍，网状脉纹不明显。后足胫节外侧具刺7个，内侧5个。后足跗节第1节与第3节等长；第1跗节下的三垫几乎等长。体暗褐色。

雌性体较雄性略大。产卵瓣粗短，上产卵瓣长为宽的2.6倍，上瓣的上外缘及下瓣的下外缘均具细齿。下生殖板后缘中央三角形突出。

体长：♂10.5 mm；♀11.5 mm。前胸背板长：♂9.5 mm；♀11 mm。后足股节长：♂4.5 mm；♀6 mm。

本种与卡尖顶蚱的主要区别特征：体型较小，短粗；体长为体宽处的3.6–3.7倍；雌性下生殖板后缘三齿状。

分布：浙江（庆元）、贵州。

307. 蚱属 *Tetrix* Latreille, 1802

Tetrix Latreille, 1802: 284. Type species: *Gryllus subulatus* Linnaeus, 1761.

主要特征：体小型。头顶宽等于或稍宽于一复眼宽；颜面隆起在侧单眼间通常凹陷，在触角间弓形突出。前胸背板前缘平截或呈钝角形，背面较平坦或前半部略呈屋脊形，肩角钝，后突楔形；中隆线全长明显。前胸背板侧叶后缘具2凹陷，侧叶后角向下，末端圆钝。前翅卵形，后翅不到达、到达或略超过前胸背板末端。前足股节上、下缘通常直；中足股节宽狭于或宽于前翅可见部分宽，上、下缘直，少数种类波纹状；后足股节粗短，边缘具细齿。后足跗节第1节明显长于第3节。

分布：世界广布。世界已知166种，中国记录23种，浙江分布5种。

分种检索表

1. 中足股节较狭，明显狭于或等于前翅可见部分宽；前胸背板较长，远超出后足股节端部 ······ 2
- 中足股节较宽，明显宽于前翅可见部分；前胸背板较短，不到达后足股节端部 ······ 3
2. 头顶宽明显宽于一复眼宽；颜面隆起侧面观在复眼间微凹 ······ 钻形蚱 *T. subulata*
- 头顶宽，略狭于或略宽于一复眼宽，前缘略突出于复眼之前；颜面隆起侧面观在复眼间明显凹陷 ······ 波氏蚱 *T. bolivari*
3. 前胸背板后突到达后足股节末端，后翅超过后突的顶端；侧面观头顶与颜面隆起组成直角形；雌性下生殖板宽大于长 ······ 云南蚱 *T. yunnanensis*
- 前胸背板后突不到达后足股节顶端，后翅不超过后突的顶端 ······ 4
4. 前胸背板在横沟间呈小丘状突起；触角中段一节长为宽的5倍 ······ 乳源蚱 *T. ruyuanensis*
- 前胸背板较平直，在横沟间不呈小丘状突起；触角中段一节长为宽的4倍以下 ······ 日本蚱 *T. japonica*

（633）钻形蚱 *Tetrix subulata* (Linnaeus, 1758)（图18-88）

Gryllus (*Bulla*) *subulatus* Linnaeus, 1758: 428.
Tetrix subulata: Frauenfeld, 1861: 102.

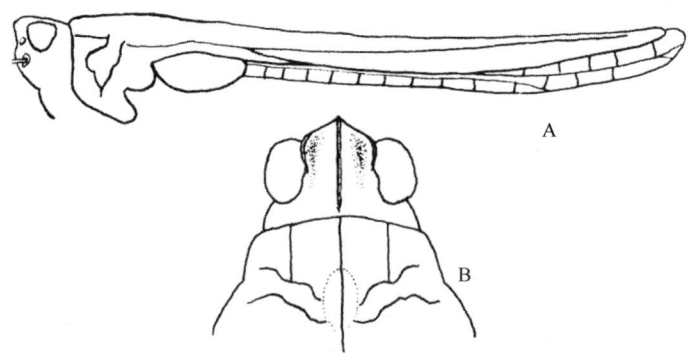

图18-88 钻形蚱 *Tetrix subulata* (Linnaeus, 1758)（引自梁铭球等，1998）
A. ♂头、前胸背板及翅侧面观；B. ♂头和前胸背板基部背面

主要特征：雄性体小型，具小颗粒。头不突起。头顶突出于复眼前缘，其宽约为一复眼宽的1.66倍，前缘钝角形，中隆线明显，两侧稍凹陷，侧隆线稍隆起。触角丝状，着生于复眼下缘内侧，其长约为前足股节长的2.2倍，14节，中段一节的长约为宽的2.7倍。前足股节上缘略弯，下缘直。中足股节明显狭于前翅可见部分的宽度，上、下缘近直。后足股节细长，长约为宽的3.3倍。后足胫节边缘具刺。后足跗节

第 1 节明显长于第 3 节，第 1 节下缘的第 1、2 肉垫小，三角形，末端尖，第 3 肉垫最大，近似长方形。雌性产卵瓣细长，上瓣长约为宽的 4.2 倍，边缘具小刺。

体色：黄褐至黑褐色，有些个体前胸背板背面在肩角间具 2 对黑斑。

体长：♂ 7.3–8.7 mm，♀ 10.3–12.2 mm。前胸背板长：♂ 9.9–11.2 mm，♀ 12.0–13.3 mm。后足股节长：♂ 4.7–5.6 mm，♀ 6.1–6.7 mm。

分布：浙江、内蒙古、河南、陕西、安徽、福建、四川；俄罗斯，欧洲，美洲。

（634）波氏蚱 *Tetrix bolivari* Saulcy, 1901（图 18-89）

Tetrix bolivari Saulcy, 1901: 63.

主要特征：雄性体中小型。头顶稍突出于复眼前缘，其宽约为复眼宽的 1.3 倍，前缘近平截，中隆线明显，两侧稍凹陷，侧隆线在端半部稍翘起。前胸背板前缘平截；侧隆线在沟前区平行，沟前区呈方形，肩角间具 1 对倾斜的短纵隆线。前足股节上缘稍弯曲，下缘近直；中足股节宽稍狭于前翅可见部分宽。后足股节粗短，长约为宽的 2.8 倍，上、下缘均细锯齿。后足胫节边缘具刺。体褐至暗褐色，多数个体前胸背板背面肩角之后具 1 对大黑斑，少数个体在肩角之前还有 1 对小黑斑。

雌性产卵瓣较粗短，外缘具小刺，上瓣长为宽的 2.6–3 倍。

体长：♂ 7.4–8.4 mm，♀ 9.2–11.7 mm。前胸背板长：♂ 10.4–12.4 mm，♀ 11.8–15.3 mm。后足股节长：♂ 5.2–5.7 mm，♀ 5.7–6.9 mm。

分布：浙江（临安）、黑龙江、吉林、辽宁、内蒙古、河北、山西、山东、河南、陕西、宁夏、甘肃、青海、新疆、江苏、安徽、江西、福建、台湾、广东、广西、贵州、西藏；俄罗斯，日本。

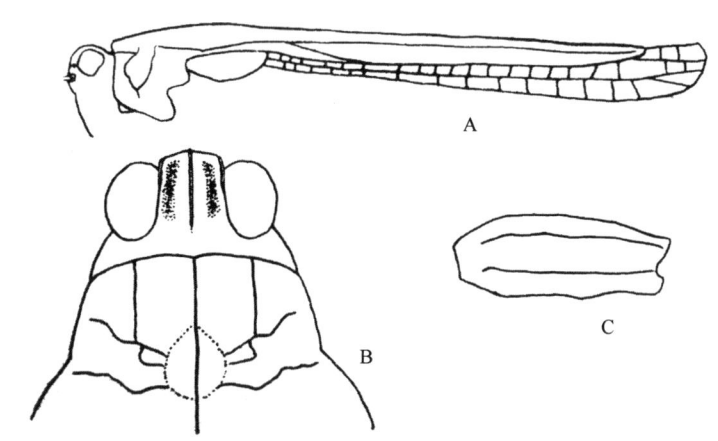

图 18-89 波氏蚱 *Tetrix bolivari* Saulcy, 1901（引自梁铬球等，1998）
A. ♂头、前胸背板及翅侧面观；B. ♂头和前胸背板基部背面观；C. 中足股节

（635）云南蚱 *Tetrix yunnanensis* Zheng, 1992（图 18-90）

Tetrix yunnanensis Zheng, 1992a: 88.

主要特征：雌性体小型。中隆线明显，侧缘反折与中隆线之间形成沟状。侧单眼位于复眼中部内侧、颜面隆起分支处之下。触角位于复眼下缘内侧，13 节。前胸背板稍呈屋脊形，具细刻点；前胸背板侧叶后角圆形，后突楔状，到达后足股节末端。后足股节宽短，长为宽的 2.4 倍，上侧中隆线具细齿，在膝前形成 1 大锐齿，膝侧片顶圆形。后足跗节第 1 节长于第 3 节，其下方的 3 个肉垫顶端尖刺状。上产卵瓣宽短，外缘具细齿，下产卵瓣外缘亦具细齿。下生殖板宽短，其宽度大于长度约 1.5 倍。

体色：黄褐色，前胸背板背面具 2 黑斑。

体长：♀ 8.5 mm。前胸背板长：♀ 9 mm。后足股节长：♀ 5 mm。

分布：浙江、云南。

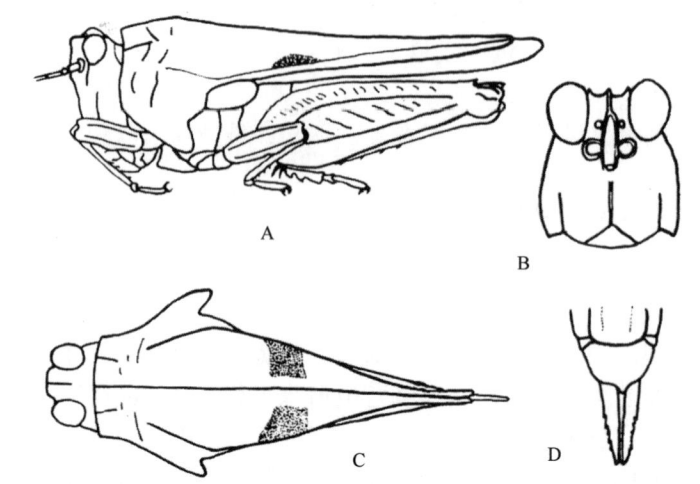

图 18-90　云南蚱 *Tetrix yunnanensis* Zheng, 1992（引自梁铬球等，1998）
A. ♀整体侧面观；B. ♀头部前面观；C. ♀头、前胸背板背面观；D. ♀腹端腹面观

（636）乳源蚱 *Tetrix ruyuanensis* Liang, 1998（图 18-91）

Tetrix ruyuanensis Liang, 1998: 174, 257.

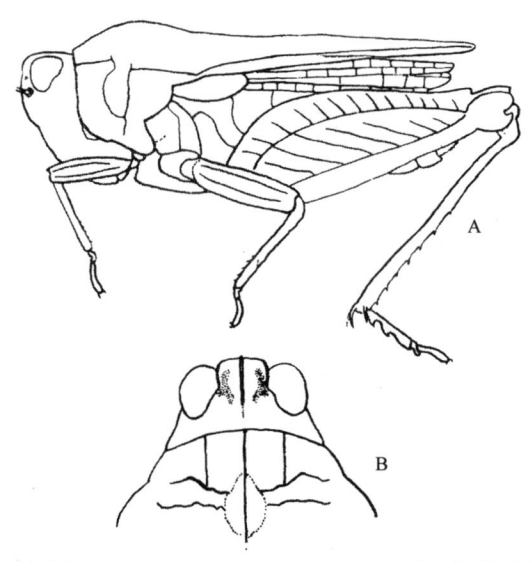

图 18-91　乳源蚱 *Tetrix ruyuanensis* Liang, 1998（引自梁铬球等，1998）
A. ♀整体侧面观；B. ♀头和前胸背板基部背面观

主要特征：雌性体小型。头顶稍突出于复眼前缘，其宽度为复眼宽的 1.5 倍；颜面隆起在侧单眼前，不凹陷，在触角之间弧形突出；纵沟深，在触角之间的宽度与触角基节等宽。触角着生于复眼下缘内侧，其长为前足股节长的 2 倍。前、中足股节上缘略弯曲，下缘微波状，中足股节宽略宽于前翅能见部分的宽；后足股节粗短，长为宽的 2.8 倍，上下缘均具细齿；后足胫节边缘具小刺，端部略宽于基部；后足跗节第 1 节明显长于第 3 节，第 1 节下的第 1、2 垫小，三角形，顶端尖，第 3 垫大，末端钝。下生殖板长大于宽，后缘中央三角形突出。产卵瓣粗短，上瓣之长为宽的 3 倍。体深褐色。

雄性体较雌性小，下生殖板短锥形。

体长：♂ 8–9 mm，♀ 10.4–11 mm。前胸背板长：♂ 6–7 mm，♀ 8.7–9 mm。后足股节长：♂ 4–5 mm；♀ 6.5–7 mm。

分布：浙江（临安）、陕西、甘肃、广东、广西、四川、云南。

（637）日本蚱 *Tetrix japonica* (Bolívar, 1887)（图 18-92）

Tettix japonicus Bolívar, 1887: 263.
Tetrix japonica: Bey-Bienko, 1934: 9.

主要特征：雄性体小型。头顶稍突出于复眼前缘，其宽约为一复眼宽的 1.1 倍。颜面隆起在复眼前微凹陷，在触角间拱形突出。前胸背板前缘近平截，背面在横沟间略呈屋脊形，肩角之后较平，末端到达或稍超出腹端；中隆线明显，但不呈片状隆起，侧隆线在沟前区平行。后足股节粗短，长约为宽的 3 倍。后足胫节边缘具刺。后足第 1 跗节明显长于第 3 节，第 1 跗节下缘的第 1、2 肉垫小，三角形，顶端尖，第 3 肉垫长。体褐至深褐色。

雌性体较雄性大。中足股节宽与前翅可见部分等宽。下生殖板长大于宽，亦有些个体长宽相等或宽大于长。产卵瓣外缘具小齿。上瓣长为宽的 3–3.4 倍。

体长：♂ 7.3–9.2 mm，♀ 11.1–12.1 mm。前胸背板长：♂ 7.1–8.5 mm，♀ 7.9–9.5 mm。后足股节长：♂ 5.4–5.9 mm，♀ 6.2–6.6 mm。

分布：浙江、全国各地；俄罗斯，日本。

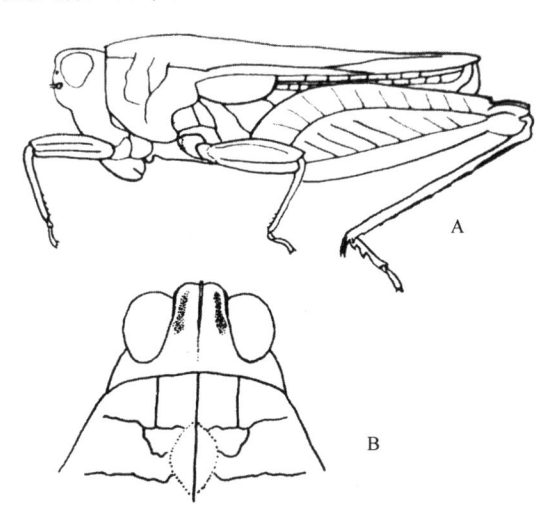

图 18-92 日本蚱 *Tetrix japonica* (Bolívar, 1887)（引自梁铬球等，1998）
A. ♂整体侧面观；B. ♂头和前胸背板基部背面观

308. 突顶蚱属 *Exothotettix* Zheng et Jiang, 1993

Exothotettix Zheng et Jiang, 1993: 29. Type species: *Exothotettix guangxiensis* Zheng et Jiang, 1993.

主要特征：体小型，侧扁。头顶极突出，其突出部分的长度在雄性超过复眼从背面观长度的一半；头顶背面观较宽，其宽度为一复眼宽的 1.66 倍，具中隆线。颜面倾斜，颜面隆起在触角之间弧形突出，纵沟狭。前胸背板中隆线呈片状隆起，呈极高的屋脊形，侧面观上缘呈弧形，背面观前缘呈钝角形突出，顶端到达复眼之间近 1/3 处；后突楔状，不到达腹端；前胸背板侧片后缘具 2 凹陷，后角顶圆形。

分布：东洋区。世界已知 1 种，中国记录 1 种，浙江分布 1 种。

（638）广西突顶蚱 *Exothotettix guangxiensis* Zheng et Jiang, 1993（图 18-93）

Exothotettix guangxiensis Zheng et Jiang, 1993: 30, 33.

主要特征：雄性体小型，侧扁，宽短。头顶极突出，其突出部分的长度在雄性超过复眼从背面观长度的一半；头顶较宽，其宽度为一复眼宽的 1.66 倍。触角丝状，着生于复眼下缘之间。复眼圆球形。前胸背板中隆线片状隆起，形成极高的屋脊形，侧面观上缘呈弧形，前胸背板前缘背面观呈钝角形突出，其顶端到达复眼之间近 1/2 处；前胸背板侧片后缘具 2 凹陷，后角顶圆形。前翅长卵形，翅长为宽的 3.3 倍；后翅外观不可见。前、中足股节上、下缘完整，直；中足股节的宽度宽于前翅能见部分的宽度。下生殖板短锥形。体暗褐色。

体长：♂ 9 mm。**前胸背板长**：♂ 8 mm。**后足股节长**：♂ 6 mm。

分布：浙江、广西。

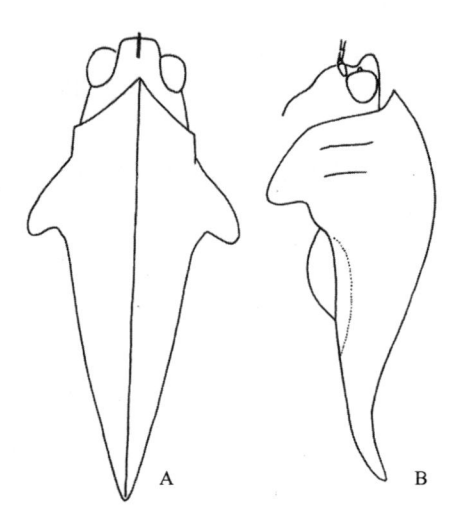

图 18-93　广西突顶蚱 *Exothotettix guangxiensis* Zheng et Jiang, 1993（引自郑哲民，1998）
A. 头、前胸背板背面观；B. 头、前胸背板侧面观

309. 台蚱属 *Formosatettix* Tinkham, 1937

Formosatettix Tinkham, 1937: 237. Type species: *Formosatettix arisanensis* Tinkham, 1937.

主要特征：体小型而粗壮。头顶突出于复眼前缘，明显宽于复眼宽，前缘平截或近弧形，中隆线明显。颜面隆起在复眼前凹陷，在触角间拱形突出。侧单眼位于复眼中部内侧。触角丝状，着生于复眼下缘内侧。前胸背板前缘平截或钝角形突出，背面屋脊形，向两侧倾斜，缺肩角，后突末端不到达或仅到达腹端；中隆线通常高；侧隆线在沟前区倾斜或近乎平行。有些种类的前胸背板后突基部的侧腹缘明显扩大。前胸背板侧叶后缘仅具 1 个凹陷，后角末端圆。前、后翅缺如或退化，外观看不见。后足跗节第 1 节明显长于第 3 节。

分布：古北区、东洋区。世界已知 68 种，中国记录 17 种，浙江分布 3 种。

分种检索表

1. 头顶较狭，其宽度为一复眼宽的 1.8 倍 ·· 龙王山台蚱 *F. longwangshanensis*
- 头顶较宽，其宽度为一复眼宽的 2.3–3 倍 ··· 2
2. 前胸背板后突下缘近平直，后区侧隆线亦平直，在下缘与侧隆线之间区域窄 ················· 秦岭台蚱 *F. qinlingensis*
- 前胸背板后突下缘弧形突出，后区侧隆线亦弯曲，两者之间区域宽 ································· 云南台蚱 *F. yunnanensis*

（639）龙王山台蚱 *Formosatettix longwangshanensis* Zheng, 1998（图 18-94）

Formosatettix longwangshanensis Zheng, 1998: 51.

主要特征：雄性体小型。头顶的宽度为一复眼宽的 1.8 倍。颜面隆起在触角之间部分的宽度大于触角基节宽的 1.25 倍。触角丝状，14 节，中段一节的长为宽的 4 倍；触角着生于复眼下缘内侧。前胸背板侧隆线在沟前区平行，较短；前胸背板后突到达后足股节 1/2 处，顶狭圆，后突下缘弯曲，侧隆线亦弯曲；前胸背板侧片后缘仅具 1 个凹陷。后足胫节外侧具刺 5–7 个，内侧 7–8 个。后足跗节第 1 节长为第 2、3 节之和的 1.5 倍；第 1 跗节下之第 3 垫长于第 1、2 垫，第 1、2 垫顶尖。下生殖板短锥形。体暗褐色。

体长：♂ 10.5–11.0 mm。**前胸背板长**：♂ 8.0–8.5 mm。**后足股节长**：♂ 5.5–6.0 mm。

分布：浙江（安吉）。

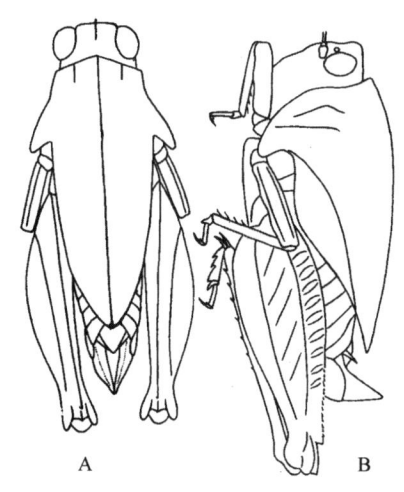

图 18-94　龙王山台蚱 *Formosatettix longwangshanensis* Zheng, 1998（引自吴鸿，1998）
A. ♂整体背面观；B. ♂整体侧面观

（640）秦岭台蚱 *Formosatettix qinlingensis* Zheng, 1982（图 18-95）

Formosatettix qinlingensis Zheng, 1982: 77.

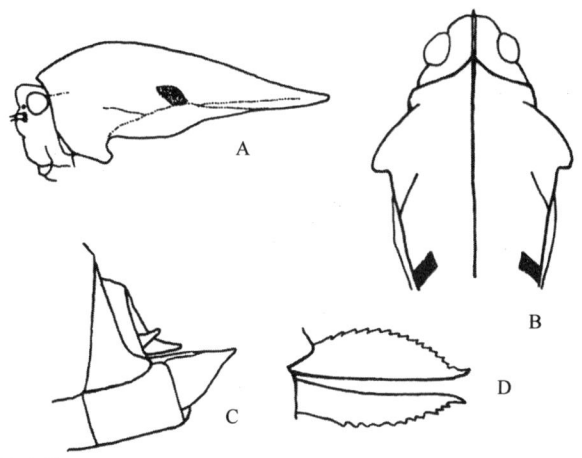

图 18-95　秦岭台蚱 *Formosatettix qinlingensis* Zheng, 1982（引自梁铬球等，1998）
A. ♀头及前胸背板侧面观；B. 头及前胸背板背面观；C. ♂腹端侧面观；D. ♀产卵瓣

主要特征：雌性体小型。头顶突出于复眼前缘，其宽为一复眼宽的 3 倍，前缘近片状隆起，中隆线明显。颜面近垂直，在侧单眼前及中单眼处均明显凹陷。在触角间的宽略大于触角第 1 节的宽。触角长约为中足股节长的 2 倍，中段一节的长为宽的 4 倍。前胸背板前缘呈锐角状突出，背面强烈屋脊形，后突到达后足股节膝部；中隆线高，片状隆起，侧面观上缘呈弧形，侧隆线明显。前胸背板侧叶后缘仅有 1 个凹陷。后足股节粗短，长为宽的 2.8 倍。后足跗节第 1 节为第 3 节的 2 倍。

雄性前胸背板前缘突出较短，呈钝角形，仅达复眼后缘。后足股节长为宽的 3.3 倍。下生殖板短锥形，顶端具 2 齿突。
体长：♂ 10.0–10.5 mm，♀ 12.5–13.0 mm。前胸背板长：♂ 7.5–8.0 mm，♀ 9.5–11.0 mm。后足股节长：♂ 5.0–5.5 mm，♀ 6.0–7.0 mm。
分布：浙江、陕西。

（641）云南台蚱 *Formosatettix yunnanensis* Zheng, 1992（图 18-96）

Formosatettix yunnanensis Zheng, 1992b: 323, 326.

主要特征：雌性体小型。头顶略突出于复眼前缘之前，其宽为一复眼宽的 2.3 倍，端半部具明显的中隆线。触角着生于复眼下缘内侧，长为前足股节长的 1.3 倍，14 节，中段一节的长为宽的 4 倍。前胸背板前缘钝角形突出，背面屋脊形，后突到达后足股节中部；中隆线高，呈片状隆起；前胸背板侧面观长为高的 2.5 倍。后足股节粗短，长为宽的 2.6 倍。后足跗节第 1 节长为第 3 节长的 2 倍，第 1 节下缘的 3 个肉垫几等长。下生殖板基半部中央具隆线，后缘呈角状突出，产卵瓣狭长，边缘具细齿。体黄褐色。
雄性肛上板狭长三角形。尾须长锥形，顶尖细。下生殖板短锥形，顶端分叉。体暗黑褐色。
体长：♂ 9.0 mm，♀ 13.0 mm。前胸背板长：♂ 7.0 mm，♀ 9.0 mm。后足股节长：♂ 8.55 mm，♀ 8.0 mm。
分布：浙江、云南。

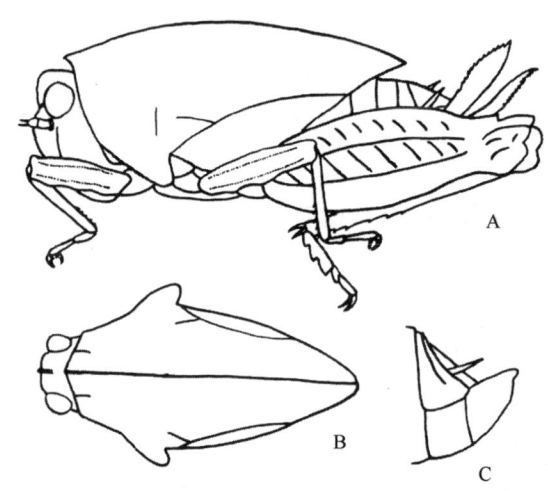

图 18-96 云南台蚱 *Formosatettix yunnanensis* Zheng, 1992（引自梁铬球等，1998）
A. ♀整体侧面观；B. ♀头及前胸背板背面观；C. ♂腹端侧面观

310. 拟台蚱属 *Formosatettixoides* Zheng, 1994

Formosatettixoides Zheng, 1994: 97, 99. Type species: *Formosatettixoides zhejiangensis* Zheng, 1994.

主要特征：体小型。头顶明显突出于复眼前，中隆线片状，突出于复眼前；头顶的宽度为一复眼宽的 1.6–2 倍。颜面隆起与头顶呈角状突出，并在复眼前明显凹陷。前胸背板屋脊形，中隆线呈片状隆起。前胸背板后突到达腹端或后足股节中部后；前胸背板侧片后缘仅有 1 个凹陷，侧片后角向下向后倾斜，顶圆形。具明显的前、后翅，外观可见。后足跗节第 1 节长于第 2、3 节之和。产卵瓣外缘具细齿。
分布：东洋区。世界已知 11 种，中国记录 3 种，浙江分布 1 种。

（642）浙江拟台蚱 *Formosatettixoides zhejiangensis* Zheng, 1994（图 18-97）

Formosatettixoides zhejiangensis Zheng, 1994: 97.

主要特征：雌性体小型，粗壮，头顶突出于复眼之前甚多，侧缘略反卷，中隆线明显，呈片状突出于头顶之前；背面观，头顶的宽度为一复眼宽的2倍，颜面隆起与头顶呈角状突出；颜面隆起纵沟的宽度与触角基节宽度相等。触角中段一节的长度为宽度的6倍。前胸背板屋脊状，侧片后缘仅有1个凹陷。后翅短缩，其长度仅达第1腹节。后足股节长度为最宽处的3.4–3.5倍。后足跗节第1节长度为第2、3节之和的1.4倍；第1跗节下的第3垫长于第1、2垫。产卵瓣狭长，上产卵瓣的上外缘及下产卵瓣的下外缘具细齿。全体暗褐色，有时头顶及前胸背板中央具宽的淡黄色纵条纹，在背板中部两侧具不明显的黑斑。

体长：♀ 11–11.5 mm。**前胸背板长**：♀ 9–10 mm。**后足股节长**：♀ 7–8 mm。

分布：浙江（开化、庆元）。

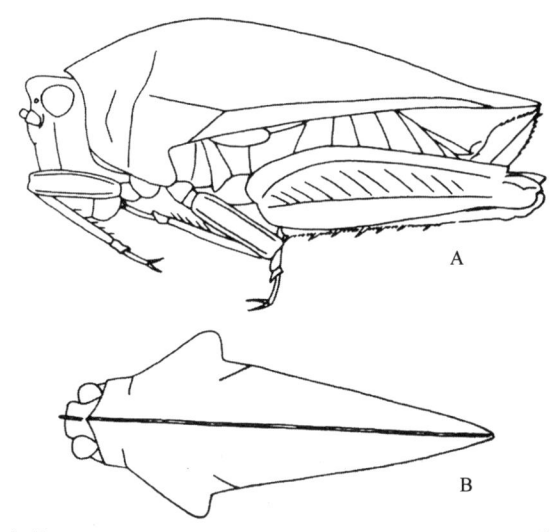

图 18-97　浙江拟台蚱 *Formosatettixoides zhejiangensis* Zheng, 1994（引自郑哲民，1998）
A. ♀整体侧面观；B. ♀头、前胸背板背面观

311. 悠背蚱属 *Euparatettix* Hancock, 1904

Euparatettix Hancock, 1904: 145. Type species: *Paratettix personatus* Bolívar, 1887.

主要特征：体小型。复眼极突出，明显高出于前胸背板水平之上。头顶狭于一复眼宽，突出于复眼之前，具中隆线。触角着生于复眼下缘之间，侧单眼位于复眼前缘的中部。前胸背板前缘平直，沟前区宽大于长的2倍，中隆线全长明显，后突长锥形，超过后足股节甚远，侧片后缘具2凹陷，后角顶圆形。前、中足股节上、下缘直。中足股节之宽稍狭于前翅能见部分之宽，中足胫节不向顶端变狭。后足跗节第1节长于第3节。

分布：古北区、东洋区。世界已知74种，中国记录5种，浙江分布2种。

（643）二斑悠背蚱 *Euparatettix bimaculatus* Zheng, 1993（图 18-98）

Euparatettix bimaculatus Zheng, 1993b: 79.

主要特征：雌性体小型，细长。前胸背板狭长，前缘平截；肩角钝角形；后突长锥形，超过后足股节的顶端，其超出部分较短，约2.5 mm，前胸背板长度为超出后足股节顶端部分长的3.5倍。后翅发达，超过后突顶端约3 mm。后足股节长为宽的3倍。后足胫节外侧具刺6个，内侧5个。后足跗节第1节长度为第2、3节之和，第1跗节下的第3垫大于第1、2垫。上产卵瓣长为宽的3–3.5倍；上产卵瓣的上外缘及下产卵瓣的下外缘具细齿。体黄褐或暗褐色。前胸背板背面中部具2个三角形黑斑。

体长：♂ 8 mm，♀ 8–9 mm。前胸背板长：♂ 9 mm，♀ 10–10.5 mm。后足股节长：♂ 4–5 mm，♀ 4.5–6 mm。

分布：浙江（开化、庆元）、福建、海南、广西。

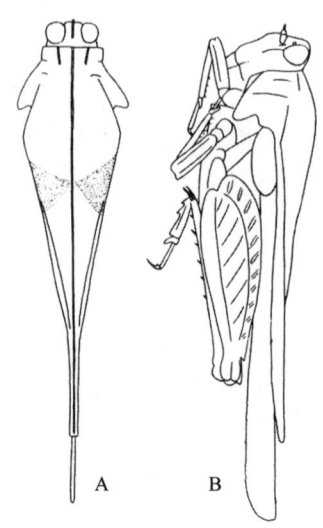

图 18-98　二斑悠背蚱 *Euparatettix bimaculatus* Zheng, 1993（引自郑哲民，1998）
A. 头、前胸背板背面观；B. 整体侧面观

（644）瘦悠背蚱 *Euparatettix variabilis* (Bolívar, 1887)（图 18-99）

Paratettix variabilis Bolívar, 1887: 188, 271.

Euparatettix variabilis: Hancock, 1915: 126.

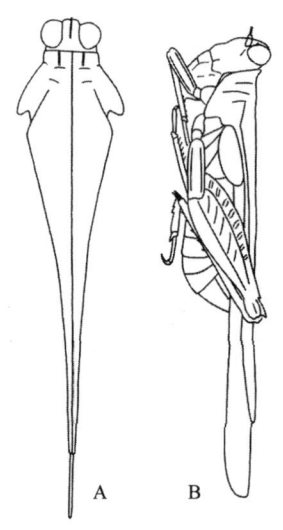

图 18-99　瘦悠背蚱 *Euparatettix variabilis* (Bolívar, 1887)（引自郑哲民，1998）
A. 头、前胸背板背面观；B. 整体侧面观

主要特征：雄性体小型，细瘦。头及复眼极突出于前胸背板之上，头顶极狭于一复眼宽，前缘平截，侧缘反折；颜面近垂直，颜面隆起自头顶到中单眼之间呈弧形隆起，中纵沟伸至侧单眼之上。触角极细长，14 节，中段一节的长度为宽度的 10 倍。侧面观上缘近平直，中隆线低；后突狭长锥形，超过后足股节顶端甚远，约 3 mm，前胸背板长为超过后足股节顶端长度的 3 倍。后翅极长，超过前胸背板后突顶端甚远，约 3 mm 长。后足股节长为宽的 4.2 倍。后足胫节外侧具刺 6 个，内侧 5 个。后足第 1 跗节长度为第 2、3 节之和，第 1 跗节下的第 3 垫长于第 1、2 垫。体黄褐或黑褐色。

雌性体较雄性大，上产卵瓣长为宽的 2.3 倍，上产卵瓣上外缘及下产卵瓣下外缘具细齿。

体长：♂ 6–6.5 mm，♀ 8–9.5 mm。前胸背板长：♂ 8–10 mm，♀ 12–13 mm。后足股节长：♂ 4–4.5 mm，♀ 5–5.5 mm。

分布：浙江、福建、台湾、云南、西藏；印度，孟加拉国，斯里兰卡，印度尼西亚。

312. 突眼蚱属 *Ergatettix* Kirby, 1914

Ergatettix Kirby, 1914: 69. Type species: *Euparatettix tarsalis* Kirby, 1914.

主要特征：体小型。复眼极突出，明显高出于前胸背板水平之上。头顶狭于一复眼宽，向前端收缩，具中隆线。侧面观，颜面隆起仅在触角之间弧形突出。触角着生于复眼下缘之下，侧单眼位于复眼中部之下。前胸背板前缘平直，中隆线全长波状，后突长锥形，不超过或超过后足股节顶端甚远；前胸背板侧片后缘具2凹陷，后角圆形。前翅卵形。后翅发达，超过或不超过后突的顶端。中足股节之宽不狭于前翅能见部分的宽度，下缘波状，中足胫节向顶端变狭，后足股节外侧具结节或突起；后足跗节第1节明显，长于第3节。

分布：古北区、东洋区。世界已知19种，中国记录3种，浙江分布2种。

（645）突眼蚱 *Ergatettix dorsifera* (Walker, 1871)（图 18-100）

Tettix dorsifera Walker, 1871: 825.
Ergatettix dorsifera: Storozhenko, 2018: 18.

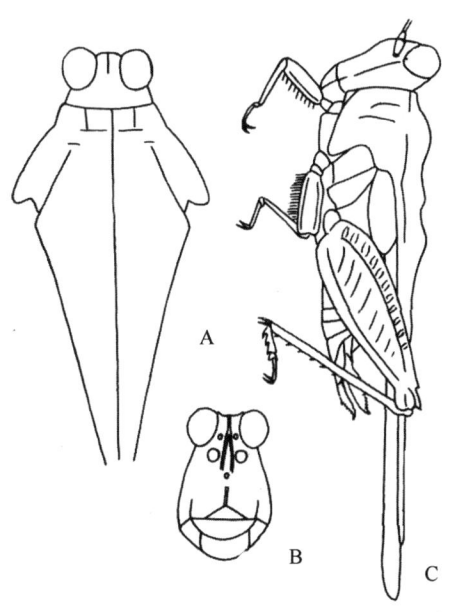

图 18-100　突眼蚱 *Ergatettix dorsifera* (Walker, 1871)（引自郑哲民，1998）
A. 头、前胸背板背面观；B. 头部前面观；C. 整体侧面观

主要特征：雄性体小型。侧单眼位于复眼前缘中部之下，复眼极突出，圆形，高出于前胸背板水平之上。前胸背板宽度为长度的2倍；前胸背板侧片后缘具2个凹陷；后突极长，几乎到达后足胫节的顶端。前翅鳞片状。后翅发达，其长度超过后突的顶端。中足股节较扁，在股节下缘具有整齐成行的长纤毛。中足胫节向端部变狭。后足胫节外侧具刺5–6个，内侧5个。后足第1跗节长于第3跗节。下生殖板短锥形。雌性体较大。产卵瓣较细长，上产卵瓣的上外缘及下产卵瓣的下外缘具细齿。

体色：暗褐色或褐色。

体长：♂ 10–11.5 mm；♀ 11.8–14.5 mm。前胸背板长：♂ 10–11 mm；♀ 14.6–15 mm。后足股节长：

♂ 4–4.5 mm；♀ 4.6–5 mm。

分布：浙江、陕西、甘肃、福建、台湾、广东、广西、四川、云南；中亚，印度，斯里兰卡。

（646）浙江突眼蚱 *Ergatettix zhejiangensis* Yin, Su *et* Yin, 2013（图 18-101）

Ergatettix zhejiangensis Yin, Su *et* Yin, 2013: 293

主要特征：雄性体小型，头部略突出于前胸背板水平之上，背面观头顶在复眼间的宽度为复眼横径的 1.1 倍；侧面观面隆起在触角之间弧形突出，颜面隆起纵沟在触角之间部分的宽度略狭于触角柄节宽，纵沟两侧隆线平行。中隆线全长明显，侧面观背板上缘呈波状，具 8 个波，在肩部前隆起较高；沟前区侧隆线不平行，前端向内。前翅长卵形；后翅极长，超过前胸背板端部。前足股节上、下缘平直。后足股节粗壮，长为最宽处的 3 倍。

雌性体较雄性为大。产卵瓣较宽，上瓣之长为最宽处的 2.5 倍，上瓣上缘、下瓣下缘均具齿，顶端尖锐，略弯。下生殖板长大于宽，后缘平直，中央略三角形突出。余同雄性相似。

体长：♂ 5.0 mm，♀ 6.1 mm。前胸背板长：♂ 8.1 mm，♀ 9.9 mm。后足股节长：♂ 3.8 mm，♀ 4.5 mm。

分布：浙江（慈溪）。

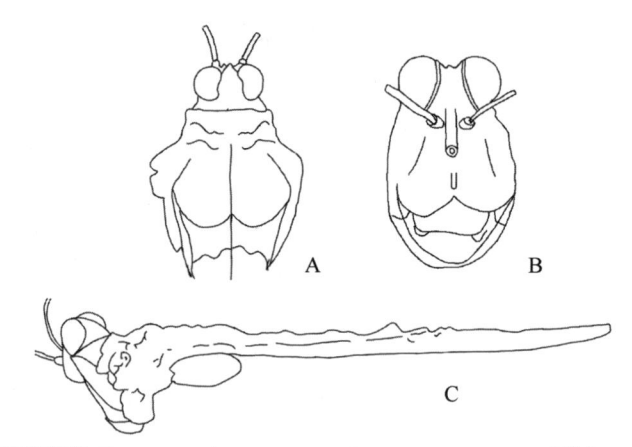

图 18-101　浙江突眼蚱 *Ergatettix zhejiangensis* Yin, Su *et* Yin, 2013（引自 Yin et al., 2013）
A. 头、前胸背板基部背面观；B. 头部正面观；C. 头、前胸背板及前翅侧面观

八十五、刺翼蚱科 Scelimenidae

主要特征：体小至大型。颜面隆起在触角之间分叉，呈沟状。触角丝状，着生于复眼下缘内侧或下缘下方。前胸背板侧叶后角薄片状向外突出，末端通常具刺。前翅鳞片状，后翅通常发达。后足跗节第1节长于第3节。

分布：古北区、东洋区。世界已知21属136种，中国记录12属51种，浙江分布4属7种。

分属检索表

1. 后足胫节及第1跗节扩大成桨状，后足第1跗节极宽于第3跗节 ·················· 刺翼蚱属 *Scelimena*
- 后足胫节及第1跗节不扩大或略扩大，后足第1跗节稍宽于第3跗节 ·· 2
2. 体中大型；前胸背板背面具粗糙瘤突，肩角宽大、角形；前胸背板前缘中央具1指状突；前、中足股节上、下缘具齿突 ··· 伴鳄蚱属 *Paragavialidium*
- 体中小型；肩角钝；前、中足股节上、下缘通常不具齿突 ·· 3
3. 复眼不高出前胸背板；头顶宽于或等于一复眼之宽 ·· 羊角蚱属 *Criotettix*
- 复眼高出前胸背板；头顶狭于一复眼之宽；前胸背板侧叶后角向外突出，尖锐或呈刺状，刺横向或略斜向前 ·· 优角蚱属 *Eucriotettix*

313. 刺翼蚱属 *Scelimena* Serville, 1838

Scelimena Serville, 1838 [1839]: 762. Type species: *Scelimena producta* Serville, 1838.

主要特征：体中大型，细长，具颗粒。头不突起，头顶一般宽于复眼。前胸背板前缘近平截，常具瘤突；肩部边缘粗糙，通常具瘤突；侧叶后角扩大，末端具刺。前翅长卵形，端部稍狭；后翅发达，伸至前胸背板末端。前、中足股节细长，上、下缘具细锯齿；后足股节粗壮，上缘常呈波纹状，下缘常具齿突。后足胫节边缘自基部向端部扩大，通常无小刺。后足第1跗节呈薄片状扩大，极宽于、稍长于第3跗节，第1跗节下方的3个肉垫几等大。

分布：古北区、东洋区。世界已知25种，中国记录6种，浙江分布1种。

（647）梅氏刺翼蚱 *Scelimena melli* Günther, 1938（图18-102）

Scelimena melli Günther, 1938: 384.

主要特征：雄性体中大型。头顶宽与复眼宽几相等。触角位于复眼下缘下方，14节，中段一节的长约为宽的8倍。前胸背板前缘平截，在低于复眼下缘处具明显的瘤突；肩角弧形，边缘具钝锯齿而无瘤突；前胸背板侧叶末端具长刺，明显向前弯曲。前翅长卵形，端部狭；后翅几到达或到达前胸背板末端。后足股节粗壮，长约为宽的3.5倍，上、下缘具细锯齿，且呈微波纹状。后足胫节边缘自基部向端部扩大，具不明显的小刺3–5个。后足第1跗节薄片状扩大，与中足股节等宽，长于第3跗节。

雌性肩角边缘较粗糙，前胸背板背面中部在中隆线两侧稍隆起，3对股节的上、下缘波曲状较明显，产卵瓣细长，外缘具小刺。

体色：活体暗绿色至褐色，前胸背板散布金黄色小斑点，后足股节外侧基部和中部具淡色斑。

体长：♂ 11.6–12.6 mm，♀ 13.4–16.5 mm。前胸背板长：♂ 19.1–22.5 mm，♀ 22.3–27.0 mm。后足股节长：♂ 6.8–7.2m，♀ 8.2–9.5 mm。

分布：浙江、广东、广西。

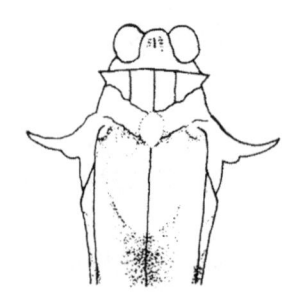

图 18-102　梅氏刺翼蚱 *Scelimena melli* Günther, 1938 的头和前胸背板前半部分背面观（引自梁铬球等，1998）

314. 伴鳄蚱属 *Paragavialidium* Zheng, 1994

Paragavialidium Zheng, 1994: 1, 4. Type species: *Paragavialidium curvispinum* Zheng, 1994.

主要特征：体中大型。头顶宽短，不突出于眼前。前胸背板背面具有大小不等的粗糙瘤突，中隆线不明显，在背板前缘中央具有斜向上的指状突起，前缘在复眼的后下方具有 1 明显的角状突起；侧隆线仅在沟前区明显；肩角呈钝角形。后翅发达，到达前胸背板后突的顶端。前、中足股节下缘具 2–3 个大齿。后足股节下缘具 1 列齿状突起。后足跗节第 1 节长度等于或长于第 2、3 节之和。

分布：东洋区。世界已知 15 种，中国记录 5 种，浙江分布 3 种。

分种检索表

1. 前胸背板侧片后角刺直，平伸；头顶宽度为一复眼宽的 1.5 倍；前胸背板前缘中央的指状突呈短柱状；前足股节下缘具 2 齿 ··· **直刺伴鳄蚱 *P. orthacanum***
- 前胸背板侧片后角刺弯曲向前 ·· 2
2. 前胸背板前缘中央的指状突呈三角形；前足股节下缘具 2 齿；头顶宽度为一复眼宽的 1.6 倍 ······ **弯刺伴鳄蚱 *P. curvispinum***
- 前胸背板前缘中央的指状突呈长柱状；前足股节下缘具 3 齿；头顶宽度为一复眼宽的 2.9 倍 ··· **三齿伴鳄蚱 *P. tridentatum***

（648）直刺伴鳄蚱 *Paragavialidium orthacanum* Zheng, 1994（图 18-103）

Paragavialidium orthacanum Zheng, 1994: 3.

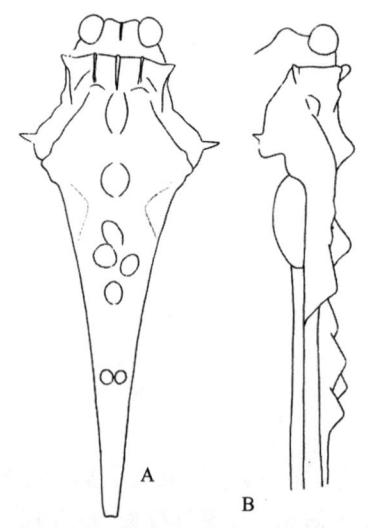

图 18-103　直刺伴鳄蚱 *Paragavialidium orthacanum* Zheng, 1994（引自郑哲民，1998）
A. 头、前胸背板背面观；B. 头、前胸背板侧面观

主要特征：雌性体中型。头顶较狭，其宽度为一复眼宽的 1.5 倍。前胸背板前缘具有 1 个斜向上方的短指状突起；肩角钝角形；背板的长度为肩宽的 4 倍，为背板超出后足股节顶端部分长度的 4 倍。后翅到达后突的顶端。前、中足股节下缘具 2 齿；后足股节下缘具大小不等的齿 7–8 个；后足第 1 跗节长度略大于第 2、3 节之和（约 1.17 倍），第 1 跗节下的第 3 垫大于其余二垫。产卵瓣狭长，外缘具细齿。

体色：暗黑褐色。胫节黑色，上具 1–2 个白环。

体长：♀ 17 mm。**前胸背板长**：♀ 20 mm。**肩宽**：♀ 5 mm。**后足股节长**：♀ 10 mm。

分布：浙江（丽水）。

（649）弯刺伴鳄蚱 *Paragavialidium curvispinum* Zheng, 1994（图 18-104）

Paragavialidium curvispinum Zheng, 1994: 2.

主要特征：雌性体中型，粗壮。头顶宽短，其宽度为一复眼宽的 1.6 倍。触角 14 节，第 8–9 节最长。前胸背板前缘中央具有 1 斜向上呈钝三角形的突出，肩角呈钝角形；前胸背板的长度为肩宽的 3.1–3.4 倍，为前胸背板超过后足股节顶端部分长度的 3–3.16 倍；前胸背板侧片后角呈弯曲向前的刺状。后翅发达，几达前胸背板后突的顶端。前足股节上缘具 2–3 齿，下缘具 2 齿；后足第 1 跗节的长度等于第 2、3 节之和，第 1 跗节下的第 2、3 垫等长，第 1、2 垫顶尖锐。产卵瓣狭长，上、下瓣之外缘具细齿。

雄性前胸背板长度为超出后足股节顶端部分长度的 3.6 倍，为肩部宽的 3.6 倍。

体色：暗黄褐色；前、中足胫节黑色，中部具白环；后足胫节黑色，具 2 白环。

体长：♂ 12 mm，♀ 14–15 mm。**前胸背板长**：♂ 18 mm，♀ 17–19 mm。**肩宽**：♂ 5 mm，♀ 5–6 mm。**后足股节长**：♂ 6 mm，♀ 8–9 mm。

分布：浙江、安徽、福建。

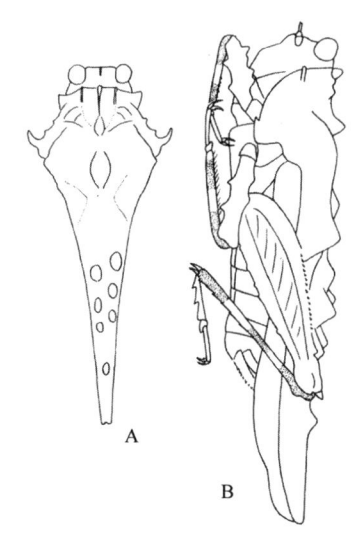

图 18-104 弯刺伴鳄蚱 *Paragavialidium curvispinum* Zheng, 1994（引自郑哲民，1998）
A. 头、前胸背板背面观；B. 整体侧面观

（650）三齿伴鳄蚱 *Paragavialidium tridentatum* Zheng, 1994（图 18-105）

Paragavialidium tridentatum Zheng, 1994: 3.

主要特征：雌性体中型。头顶较宽，其宽度为一复眼宽的 2.9 倍。触角 15 节，第 9、10 节最长。前胸背板前缘中央形成 1 斜向上方的长柱状突起；肩部较狭，前胸背板的长度为肩宽的 4.4 倍，为背板超出后足股节顶端部分长度的 2.4 倍；前胸背板侧片后缘具 2 凹陷，后角刺弯曲向前。后翅发达，几达前胸背板后突的顶端。前足股节上缘具 2 齿，下缘具 3 齿；后足第 1 跗节长度为第 2、3 节之和的 1.3 倍，第 1 跗节下的第 3 垫长于第 1、2 垫，第 1、2 垫顶尖锐。产卵瓣狭长，外缘具细齿。

体暗黄褐色。胫节黑色，上具 1–2 个白环。

体长：♀ 14 mm。前胸背板长：♀ 22 mm。肩宽：♀ 5 mm。后足股节长：♀ 9 mm。

分布：浙江、广西。

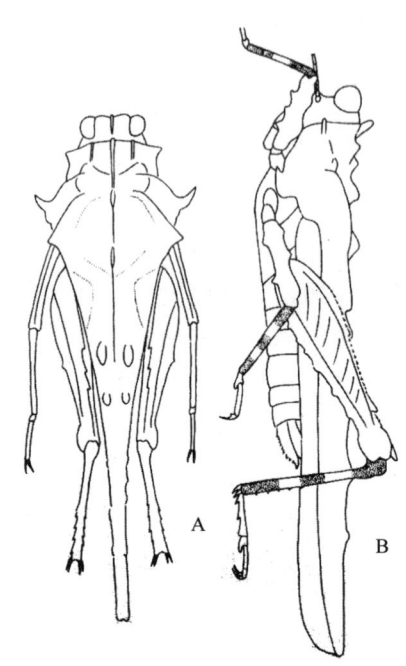

图 18-105　三齿伴鳄蚱 *Paragavialidium tridentatum* Zheng, 1994（引自郑哲民，1998）
A. ♀整体背面观；B. ♀整体侧面观

315. 羊角蚱属 *Criotettix* Bolívar, 1887

Criotettix Bolívar, 1887: 184, 193. Type species: *Acrydium bispinosum* Dalman, 1818.

主要特征：体中小型。头和复眼不突起，几与前胸背板处于同一水平。头顶较宽，通常宽于或等于一复眼的宽。前胸背板前缘平截，背面较平且具细颗粒；侧隆线在沟前区略倾斜，肩部具或缺短纵隆线；肩角钝圆。前翅长卵形，后翅到达前胸背板端部。前、中足股节细长，上下缘近直；后足股节粗壮；后足胫节缘略向端部扩大；后足跗节第 1 节长于第 3 节，第 1 节下缘的 3 个肉垫几等长。

分布：古北区、东洋区。世界已知 54 种，中国记录 36 种，浙江分布 1 种。

（651）刺羊角蚱 *Criotettix bispinosus* (Dalman, 1818)（图 18-106）

Acrydium bispinosum Dalman, 1818: 77.
Criotettix bispinosus: Gupta & Chandra, 2017: 744.

主要特征：雄性体中小型。头顶宽约为复眼宽的 1.2 倍。触角中段一节的长为其宽的 5 倍。前胸背板前缘平截，后突长锥形，超过后胫节之半；前胸背板侧叶后角薄片状扩大，末端尖刺明显后向。前、中足股节细长，上、下缘均完整；后足股节粗壮，长约为宽的 3.1 倍，上缘具微小锯齿。后足胫节侧缘向端部逐渐扩大、具刺。后足跗节第 1 节长为第 3 节长的 1.5 倍，第 1 跗节下的 3 个肉垫几等长。

雌性触角中段一节的长为其宽的 3–4 倍，上、下产卵瓣细长，外缘具细齿，其余与雄性同。

体色：体褐或暗褐色，有些个体的前胸背板前半部两侧色较深。

体长：♂ 9.2–11.1 mm，♀ 12.8–14.5 mm。前胸背板长：♂ 14.0–16.8 mm，♀ 15.0–19.0 mm。后足股节长：♂ 6.8–7.6 mm，♀ 7.8–9.6 mm。

分布：浙江、江苏、上海、江西、福建、台湾、广东、海南、广西、四川、云南；印度，缅甸，越南，泰国，菲律宾，马来西亚，印度尼西亚。

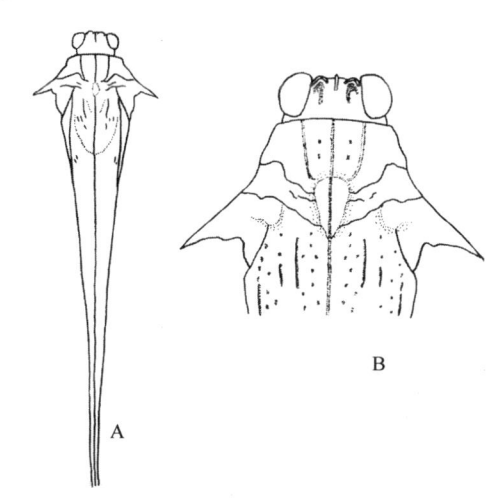

图 18-106　刺羊角蚱 *Criotettix bispinosus* (Dalman, 1818)（引自梁铬球等，1998）
A. 头和前胸背板背面观；B. 头和前胸背板基部背面观

316. 优角蚱属 *Eucriotettix* Hebard, 1930

Eucriotettix Hebard, 1930 [1929]: 573. Type species: *Criotettix tricarinatus* Bolívar, 1887.

主要特征：体中小型。头略高于前胸背板。头顶宽较一复眼宽狭，前端较后端稍窄。前胸背板侧隆线在沟前区几平行，肩部具短纵隆线；肩角钝圆；前胸背板侧叶后角薄片状扩大，末端尖锐或具刺，刺横向或略向前弯。前、中足股节细长，边缘完整；后足股节粗壮，边缘具细锯齿；后足胫节边缘向末端略扩大，具刺；后足跗节第 1 节明显长于第 3 节。

分布：东洋区。世界已知 42 种，中国记录 4 种，浙江分布 2 种。

(652) 突眼优角蚱 *Eucriotettix oculatus* Bolívar, 1898（图 18-107）

Eucriotettix oculatus Bolívar, 1898: 71.

主要特征：雄性体中小型。头顶宽与一复眼宽之比为 1：1.3。触角中段一节的长为宽的 6 倍。前胸背板前缘平截，仅中央微凹入；肩角钝圆；后突长锥形，到达乃至略超过后足胫节末端。前胸背板侧叶后角薄片状扩大，末端具横向的直刺。后翅几到达至略超过前胸背板末端。前、中足股节细长，边缘完整；后足股节粗壮，长为宽的 3.3 倍，上缘具微细锯齿；后足跗节第 1 节明显长于第 3 节。

雌性头顶宽稍狭于一复眼宽，前胸背板背面较雄性粗糙，产卵瓣细长，上瓣长为宽的 5 倍。

体色：暗褐色。有些个体的前、中足胫节具不明显的淡色环，后足股节外侧上半部具 3 个明显或不明显的淡色斜斑。

体长：♂ 8.4–10.6 mm，♀ 11.4–14.9 mm。前胸背板长：♂ 13.9–16.2 mm，♀ 15.9–20.6 mm。后足股节长：♂ 6.0–6.6 mm，♀ 6.7–8.3 mm。

分布：浙江（临安）、台湾、广东、海南、广西、云南；印度，越南，印度尼西亚。

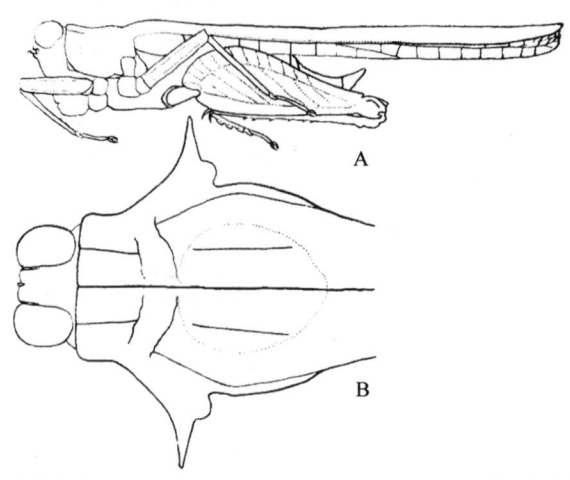

图 18-107　突眼优角蚱 *Eucriotettix oculatus* (Bolívar, 1898)（引自梁铬球等，1998）
A. ♂整体侧面观；B. ♂头和前胸背板前半部背面观

（653）大优角蚱 *Eucriotettix grandis* (Hancock, 1912)（图 18-108）

Criotettix grandis Hancock, 1912: 132.
Eucriotettix grandis: Storozhenko, 2018: 19.

主要特征：雄性体中型。头顶宽与一复眼宽之比为 1：1.3。触角 15 节，中段一节的长为宽的 5 倍。前胸背板前缘近平截，仅中央稍凹入；肩角钝圆；后突长锥形，伸达后足胫节 2/3 处。前胸背侧叶后角薄片状扩大，末端呈三角形，尖而横向，但不具刺。后翅伸达前胸背板末端。前、中足股节细长，边缘完整；后足股节粗壮，长为宽的 3.3 倍，上、下缘均具细锯齿；后足跗节第 1 节长于第 3 节。

雌性前胸背板背面较雄性粗糙，颗粒较大。产卵瓣细长，上瓣长为宽的 4.5 倍。

体色：褐色至深褐色。有些个体前胸背板背面黄褐色。前、中足股节和胫节的基部、中部和端部均具浅色环，但部分个体不明显。后足股节外侧中部和近端部各具浅色斜纹。

体长：♂ 9.2–11.1 mm，♀ 11.6–12.8 mm。前胸背板长：♂ 13–16.3 mm，♀ 15.1–18.1 mm。后足股节长：♂ 6.4–7.5 mm，♀ 7.5–8.2 mm。

分布：浙江、河南、广东、广西、四川、云南、西藏；印度（含锡金），尼泊尔。

注：本种与突眼优角蚱的区别特征为：前胸背板侧叶后角末端不具刺。

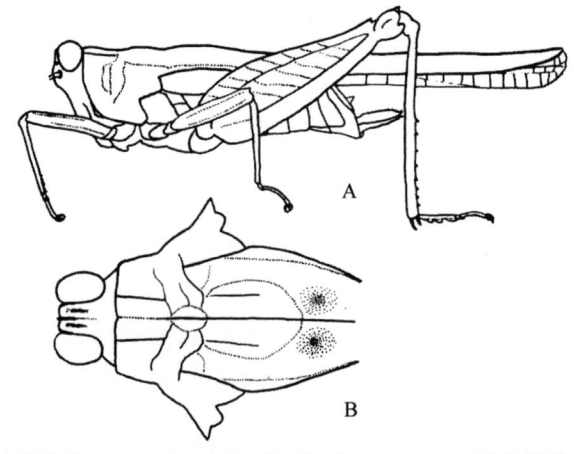

图 18-108　大优角蚱 *Eucriotettix grandis* (Hancock, 1912)（引自梁铬球等，1998）
A. ♀整体侧面观；B. ♀头和前胸背板前半部背面观

八十六、短翼蚱科 Metrodoridae

主要特征：体中小型。颜面隆起在触角之间分叉，呈沟状，狭或中等宽。触角丝状，着生于复眼的下缘之间或复眼下缘以下的内侧。前胸背板前缘平直，稀有呈钝角形突出；前胸背板侧片后下角斜截形，不具刺，有时呈翼状向外扩大；前胸背板上方平坦，有时在近前端中隆线呈驼背状或丘状隆起，前翅鳞片状、后翅发达，亦有无翅者。后足跗节第 1 节长度等于第 3 节长。

分布：世界广布。世界已知 89 属 614 种，中国记录 12 属 89 种，浙江分布 1 属 1 种。

317. 波蚱属 *Bolivaritettix* Günther, 1939

Bolivaritettix Günther, 1939: 57. Type species: *Mazarredia sculptus* Bolívar, 1887.

主要特征：体中小型。头顶不突出于复眼之前，其宽度大于一复眼宽，具中隆线。颜面略倾斜，颜面隆起在触角之间弧形突出。触角细长，着生于复眼下缘之间。复眼圆球形，不高出于前胸背板之上。前胸背板前缘平截，与复眼后缘相接或略分开；中隆线明显，在肩部之间常呈丘形隆起；前胸背板后突长锥形，顶尖；前胸背板侧片向外扩展，后角平截。前翅卵形。后翅发达，到达前胸背板后突的顶端。后足跗节第 1、3 节几等长。

分布：古北区、东洋区。世界已知 102 种，中国记录 11 种，浙江分布 1 种。

（654）肩波蚱 *Bolivaritettix humeralis* Günther, 1939（图 18-109）

Bolivaritettix humeralis Günther, 1939: 84.

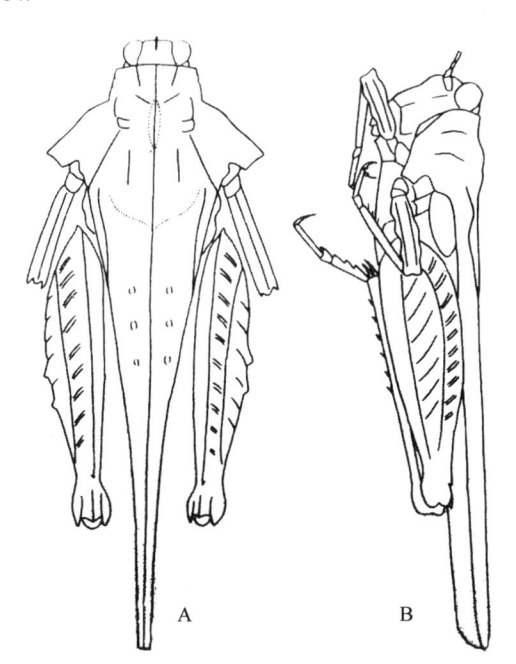

图 18-109　肩波蚱 *Bolivaritettix humeralis* Günther, 1939（引自郑哲民，1998）
A. 整体背面观；B. 整体侧面观

主要特征：雌性体中小型。头顶较宽，其宽度大于眼宽的 1.5 倍，侧缘略反折向上。触角 15 节，中段一节的长度为宽度的 7 倍。前胸背板背面较平，在肩部后具有许多小突起；侧面观上缘在肩部前具有较低的丘形隆起；侧隆线在沟前区明显，略向后收缩；肩角钝角形；前胸背板后突长锥形，超过后足股节顶端甚远，前胸背板长超出后足股节顶端部分长的 3.8 倍。前、中足股节上、下缘波状。产卵瓣狭长，上、下瓣的外缘均具齿。体黑褐色。

雄性体较细小，体色和体形与雌性同。

体长：♂ 10–10.5 mm，♀ 12.5–14 mm。前胸背板长：♂ 13.5–14 mm，♀ 16.5–17 mm。后足股节长：♂ 6–7 mm，♀ 7.5–8.5 mm。

分布：浙江（临安）、福建、广东、广西。

III. 蜢总科 Eumastacoidea

主要特征：体小型或中型。身体侧扁、圆筒形或长棍棒状。头部垂直或横形，头顶向前或向上突出成鼻状，有的头高过前胸背板甚多。触角丝状、棒状或剑状；在前 1–4 节的前缘内侧有瘤状或齿状的触角器；触角常短于前足股节之长，若长于前足股节，则后足跗节第 1 节上具细齿，且完全无翅。前胸背板马鞍形或管状，很少向后延伸盖住中后胸和腹部。长翅、短翅、小翅或无翅，若前翅发达，中部之前变窄，端部常斜截。后足股节从正常到强烈侧扁或膨大，缺发音器，腹面基部有布氏器，少数无。

分布：世界广布。世界已知 8 科 281 属 1077 种，中国记录 3 科 13 属 36 种，浙江分布 2 科 3 属 5 种。

八十七、脊蜢科 Chorotypidae

主要特征：体侧扁。头近垂直，颜面与头顶角侧缘有不连续的中隆线。触角丝状，短，12–14 节。眼间距大。前后翅大部分发达，或有时退化或缺。前足和中足胫节腹面各有 2 排刺。后足股节扁，背面有 3 条隆线，其中之一具刺。背中脊的端刺下有 1 个近刺状或齿状的突起。后足胫节有 4 个发达的刺，2 个距发达。后足基跗节背外侧有几个刺（秦蜢属 *China* 除外），基部通常没有突起。雄性腹末端通常特化；第 10 节背板侧面观不可见或很退化。下生殖板构造复杂，其侧端部的内褶向后开口或闭合，经常多叶，完全骨化，第 9 和第 10 腹板愈合或 2 节之间有不完全的缝（如厄蜢亚科 Eruciinae）。尾须内弯（秦蜢属 *China* 除外）。

分布：东洋区、旧热带区。世界已知 25 属 107 种，中国记录 5 属 11 种，浙江分布 2 属 2 种。

318. 秦蜢属 *China* Burr, 1899

China Burr, 1899: 94, 256. Type species: *Mastax mantispoides* Walker, 1870.

主要特征：头顶角不突出。触角 11 节，丝状。颜面隆起在侧单眼水平线处强烈收窄，边缘连接，下面变宽，在中单眼下又稍收窄。前胸背板马鞍形，具明显的中隆线，正好在中部以前被横沟切断。前后翅发达，向后伸展超过后足股节末端。前翅末端斜截。后足胫节内排刺大小相同，向胫节基部变少，没有明显的长刺，雌性外隆线具短齿。后足第 1 跗节具细毛，背面外侧隆线有 1 个端齿。雄性尾须小，圆锥状。雄性下生殖板特化，有裂口直到基部；雌性者端部呈三角形突出。

分布：东洋区。世界已知 1 种，中国记录 1 种，浙江分布 1 种。

（655）幕螳秦蜢 *China mantispoides* (Walker, 1870)（图 18-110）

Mastax mantispoides Walker, 1870: 792.

China mantispoides: Burr, 1899: 256, 304.

主要特征：雌性中等大小。复眼椭圆形，长于眼下沟。头顶具沟，稍伸出超过复眼，边缘明显，顶端平截。前、后翅超过后足股节和腹部，透明，端部斜截。后足胫节外侧下隆线有 22 个刺，内侧下隆线有 19 个刺，内侧刺明显大于外侧刺，不出现大小交替现象。后足基跗节背隆线光滑，外侧隆线具 1 个明显的短齿。肛上板三角形，两侧下弯，端部圆。尾须不超过肛侧板和肛上板，锥状，末端尖。产卵瓣外露，稍长；外缘具粗大的钝齿。下生殖板长，端部呈三角形突出。

雄性中足胫节顶端半部外侧具 1 宽片状构造，后足跗节第 1 节具细毛。雄性肛上板顶端具圆形凹陷，下生殖板分为 2 个扁平片。

体色：黄褐色，头部背面色暗。后足股节和胫节具黑色横带。

体长：♂ 17–18 mm, ♀ 22–23 mm。前胸背板长：♀ 3 mm。前翅长：♂ 19–20 mm, ♀ 17–18 mm；后翅长：♀ 17.5 mm，后翅最宽处长 8 mm。后足股节长：♂ 10–11 mm, ♀ 11–12 mm。

分布：浙江（开化、遂昌、松阳）、河南、江苏、安徽、湖北、江西、湖南、福建、广东、四川；泰国。

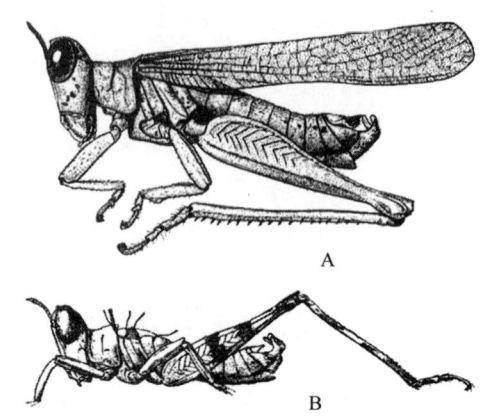

图 18-110　幕螳秦蜢 *China mantispoides* (Walker, 1870)（引自 Descamps，1973）
A. ♂整体侧面观；B. ♀整体侧面观

319. 乌蜢属 *Erianthus* Stål, 1875

Erianthus Stål, 1875a: 36. Type species: *Mastax guttata* Westwood, 1841.

主要特征：触角短于前足股节，不超过 15 节。头部前面通常平坦；颜面隆起弱或特别在腹半部有中断的隆线，通常在触角间变宽；中单眼明显位于复眼间 1 个微弱的突起上，该突起通常硬，指向端部。前胸背板正常，圆筒状，不向前伸也不伸达头部；中隆线有时稍呈片状。有翅或缺。后足股节正常，不扩展成片状；后足基跗节在背缘具刺。腹部末端膨大，常强烈特化。雄性侧面可见腹部第 10 节背板，背面观更大。下生殖板复杂，开口向后，端部开裂直到基部，形成 2 叶（平蜢属 *Bennia*）或 3 叶，中间叶小；侧叶在顶端向背面或向后弯曲，结构复杂。

分布：东洋区。世界已知 16 种，中国记录 2 种，浙江分布 1 种。

（656）变色乌蜢 *Erianthus versicolor* Brunner-Wattenwyl, 1898（图 18-111）

Erianthus versicolor Brunner-Wattenwyl, 1898: 224.

主要特征：雄性触角 13 节。前胸背板中隆线明显，无侧隆线。中胸腹板侧叶间的中隔宽为长的 1.7–1.8 倍，后胸腹板侧叶后端毗连。后足胫节具内外端刺。后足跗节第 1 节的外缘具 6–7 个刺。阳具基背片锚状分叉，侧面观相对短，刺突相对发达。阳具鞘背后面的侧突窄；腹后面的突出刺状，向背面弯曲；端部侧面观有发达的刺。

雌性上产卵瓣外缘具齿，顶端尖，下产卵瓣细长，下缘有粗齿。尾须圆锥形，基部较大略扁，其长度为肛上板长度的 2/3。下生殖板呈三角形突出，顶端尖。

体色：通体黄褐色或烟褐色；头部、前胸背板、胸部侧板、腹部、足股节有绿色斑块；腹部第 1 节背面具蓝色区域，尤为显著。

体长：♂ 18–24.5 mm, ♀ 29.5–33 mm。前胸背板长：♂ 2.9–4 mm；♀ 3.7–4.5 mm。前翅长：♂ 17.0–21.5 mm；♀ 19.5–23 mm。后足股节长：♂ 11–13 mm；♀ 13.5–15.0 mm。

分布：浙江、安徽、江西、湖南、福建、广东、广西；缅甸，泰国，柬埔寨。

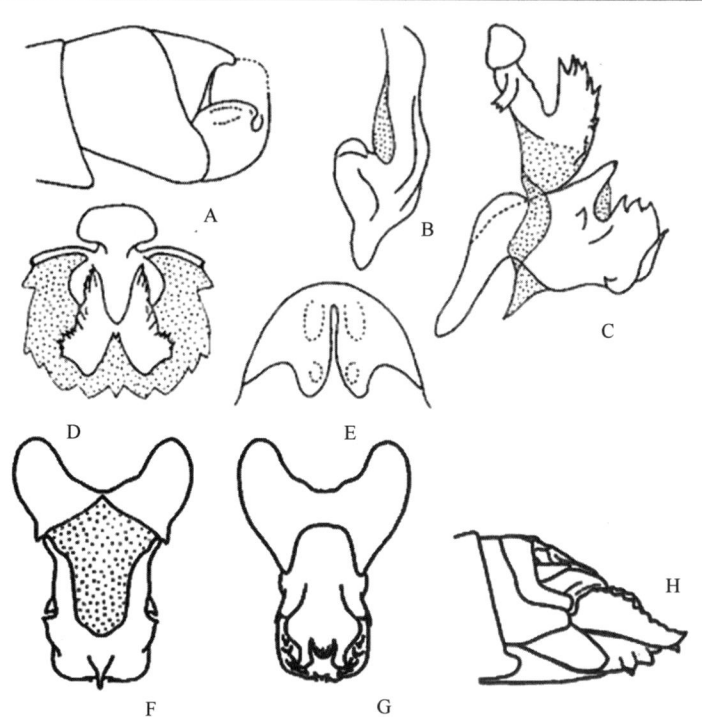

第十八章 直翅目 Orthoptera 八十七、脊蜢科 Chorotypidae

图 18-111 变色乌蜢 *Erianthus versicolor* Brunner-Wattenwyl, 1898（引自 Descamps，1975）
A.♂腹末端下生殖板；B.♂下生殖板腹面观；C. 阳具复合体侧面观；D. 阳具复合体背面观；E.♂腹末节背板背面观；F. 阳具基背片腹面观；G. 阳具基背片背面观；H. 产卵器侧面观

八十八、枕蜢科 Episactidae

主要特征：触角短于前足股节，丝状，端部极少扩展，9–11 节。复眼间距大。头前部不平坦；颜面隆起从头顶到唇基明显，具 1 条深沟；颜面与头顶角侧缘有不连续的中隆线，三角形上唇基清晰可见。中单眼位于复眼下缘水平线上。前胸背板圆柱状，有时具侧隆线；前后翅缺。前足股节在背面具 2 条隆线；前足和中足胫节在腹面有 2 排刺。后足胫节的内缘的刺 1 长 1 短，交替排列，末端 4 个刺比较发达。后足第 1 跗节背外侧缘总有小刺。腹部第 1 节两侧无纵隆线。

分布：古北区、东洋区、新北区、旧热带区。世界已知 19 属 55 种，中国记录 1 属 13 种，浙江分布 1 属 3 种。

320. 比蜢属 *Pielomastax* Chang, 1937

Pielomastax Chang, 1937: 41. Type species: *Pielomastax octavii* Chang, 1937.

主要特征：无翅。触角端节三角形，不膨大。头背部在两复眼间逐渐平滑向后倾斜。头顶角宽，凸出，但不前伸，侧面观稍高出复眼水平线。颜面后倾，颜面隆起具沟，除背端部外纵贯全长，背端部稍突出且具细中隆线。中单眼位于颜面隆起中部以下。前胸背板略方形，前缘平截，后缘双突，不上弯；中隆线细而明显，其上无横沟，侧隆线存在但弱或近消失。背板侧叶长于高，中部具沟，前后缘稍突出或直，腹缘中部斜直或稍凹，前下角和后下角钝圆。中胸腹板侧叶横形，中膈宽，两侧分开。后胸腹板侧叶被 2 个斜置的凹陷分隔。后足股节较粗，不达腹端部，所有背隆线齿状。后足胫节几乎与股节等长。中后胸节和腹部背板具中隆线，两侧向下倾斜，腹部近端部节圆筒形，上弯。

分布：东洋区。世界已知 14 种，中国记录 13 种，浙江分布 3 种。

分种检索表（♀）

1. 下生殖板端部开裂为 2 叶，裂叶顶端稍尖；下产卵瓣下外缘具大齿 2 个，有时在大齿前具不明显小齿 ·· 柱尾比蜢 *P. cylindrocerca*
- 下生殖板端部开裂为 2 叶，裂叶顶端圆形 ··· 2
2. 体较大；腹瓣外缘具 2–3 大齿和几个小齿 ·································· 苏州比蜢 *P. soochowensis*
- 体较小；腹瓣下外缘有 2 个大齿 ··· 奥科特比蜢 *P. octavii*

分种检索表（♂）

1. 尾须相对直，尤其端部直，柱状，尾须中部狭缩，尾须最狭处为基部宽的 1/2 ············ 柱尾比蜢 *P. cylindrocerca*
- 尾须末端弯曲或分叉状 ··· 2
2. 尾须分叉状 ··· 苏州比蜢 *P. soochowensis*
- 尾须末端明显弯向内方，端部斜截 ··· 奥科特比蜢 *P. octavii*

（657）柱尾比蜢 *Pielomastax cylindrocerca* Hsia et Liu, 1989（图 18-112）

Pielomastax cylindrocerca Hsia et Liu, 1989: 256 [258].

主要特征：雄性体中等。颜面隆起全长沟状，近头顶两侧缘平行，近唇基处明显扩大。前、后翅均缺如。后足股节到达腹端，背侧中隆线、内侧上隆线及外侧上隆线均具小齿。后足胫节具内、外端刺。后足跗节第 1 节背侧内、外缘具小齿。腹部末节背板后缘中央具凹缺，两侧向后延长，侧面观近梯形。尾须较直，柱状，中部狭缩，最狭处为基部宽的 1/2。下生殖板较短，端部沿中央具纵隆线，几乎占全长一半。

雌性体稍大于雄性，较粗壮。下产卵瓣下外缘具大齿 2 个。下生殖板较狭长，端部开裂为 2 叶，裂叶顶端稍尖。

体色：褐黄色。有时头部背面沿中隆线具不规则暗色斑纹，形成 1 条较宽的纵带。后足股节端部暗色。

体长：♂ 15.5–18 mm，♀ 21–24 mm。前胸背板长：♂ 2.1–2.4 mm，♀ 2.8–3 mm。后足股节长：♂ 10–10.5 mm，♀ 11.5–12.5 mm。

分布：浙江（德清、安吉、杭州、开化）。

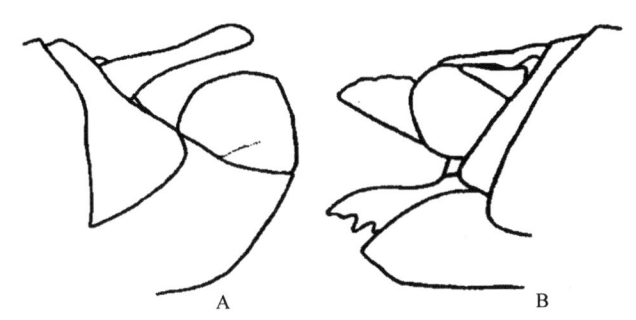

图 18-112　柱尾比蜢 *Pielomastax cylindrocerca* Hsia et Liu, 1989（引自夏凯龄和刘宪伟，1989）
A. ♂ 腹端侧面观；B. ♀ 腹端侧面观

(658) 苏州比蜢 *Pielomastax soochowensis* Chang, 1937（图 18-113）

Pielomastax soochowensis Chang, 1937: 45.

主要特征：雄性体形较细长。颜面隆起全长具纵沟；两侧缘在侧单眼之上近平行，向下趋狭，近唇基处扩大。前、后翅均缺。后足股节较细长，背侧中隆线、内侧上隆线及外侧上隆线均具小齿。后足胫节背侧内缘具刺 18–19 个，外缘具刺 19–20 个，具内、外端刺。后足跗节第 1 节背侧内、外缘各具小齿 4–5 个。腹端通常上翘。尾须长，下弯，端部分叉状，上叶很宽，端部钝圆，指向上方；腹面有细长的尖齿指向下方。

雌性体较大，产卵瓣延长，腹瓣外缘具 2–3 大齿和几个小齿。

体色：暗褐色。复眼后方和前胸背板侧片中部具黑色宽带，后足股节端部色暗。

体长：♂ 18–20 mm，♀ 22.5–26 mm。前胸背板长：♂ 2–3 mm，♀ 3–4 mm。后足股节长：♂ 10–11 mm，♀ 12–14.2 mm。

分布：浙江（临安）、河南、江苏。

图 18-113　苏州比蜢 *Pielomastax soochowensis* Chang, 1937（引自 Chang，1937）
A. ♂ 下生殖板；B. 后足胫节

(659) 奥科特比蜢 *Pielomastax octavii* Chang, 1937（图 18-114）

Pielomastax octavii Chang, 1937: 45.

主要特征：雄性体中等大小，前后翅缺如。后足基跗节上外侧有 3 个刺（很少 4 个），上内侧 4 个刺（有时 3 个）。腹部通常上翘。尾须细长，有时侧扁并弯向内方，端部斜截。下生殖板凹入，端部外观钝，后部具隆线，背面有深而窄的裂口。

雌性产卵器背瓣内外缘具短而钝齿；下瓣外缘有 2 个三角形大齿（不包括端部），偶尔有 1–2 个小齿；下瓣内缘具 1 个基齿。

体色：通常暗褐色，身体两侧从复眼后到腹末端在雄性具有连续暗色带纹，雌性带纹模糊不清。

体长：♂ 15.7–18.2 mm，♀ 20.8–23 mm。前胸背板长：♂ 2.2–2.25 mm，♀ 3 mm。后足股节长：♂ 9.25–10 mm，♀ 10.8–12 mm。

分布：浙江（安吉）、江西。

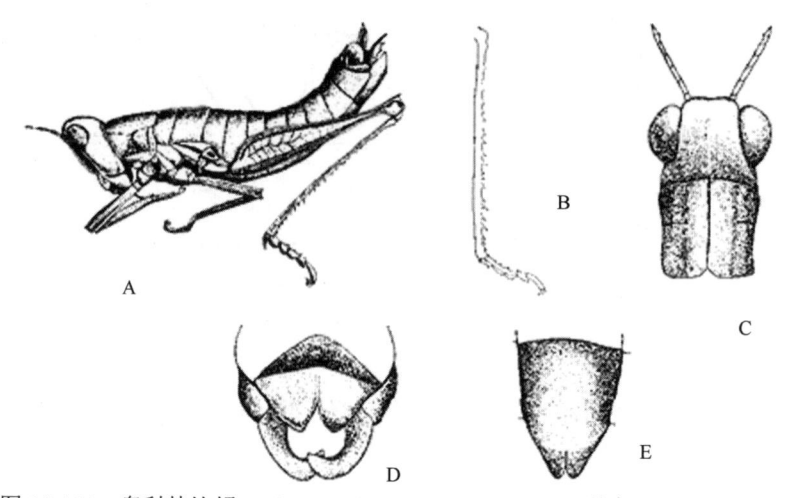

图 18-114　奥科特比蟓 *Pielomastax octavii* Chang, 1937（引自 Chang，1937）
A. ♀成虫侧面观；B. 后足胫节；C. 头部和前胸背板背面观；D. ♂下生殖板和尾须；E. ♀下生殖板

B. 螽亚目 Ensifera

主要特征：体小至大型，触角通常长于体长，复眼发达，单眼有的明显。长翅型或短翅型，有的缺翅。通常前足胫节具听器，雄性前翅基部具发声器（螽斯、蟋蟀），或通过后足与腹部基部侧缘摩擦发声（蟋螽）。产卵瓣通常较长，剑状或矛状。

分布：世界广布。世界已知 7 总科 16 科约 2316 属 16 200 余种，中国记录 6 总科 12 科约 320 属 1500 余种，浙江分布 5 总科 9 科 103 属 208 种（亚种）。

IV. 螽斯总科 Tettigonioidea

主要特征：触角长于体长，前足胫节具听器，前胸侧面具胸听器。前足与中足为步行足，后足为跳跃足，跗节 4 节。雄性左前翅基部 Cu_2 脉腹面特化为发声锉，与右前翅基部后缘的刮器摩擦发声。翅通常发达，但有的类群翅短缩。前翅稍加厚（原来"厚加"），翅脉清晰；后翅膜质；短翅的类群，雌性翅往往退化，甚至消失。产卵器由 3 对产卵瓣构成，腹产卵瓣与背产卵瓣明显，内产卵瓣薄且狭，位于背、腹产卵瓣之间。

分布：世界广布，但热带与亚热带地区种类更丰富。世界已知现生种类 2 科 1326 属 8030 余种，中国记录 2 科 170 属 830 余种，浙江分布 2 科 52 属 115 种（亚种）。

八十九、螽斯科 Tettigoniidae

主要特征：体小至大型。头为下口式，口器咀嚼式。触角通常长于体长，30 节以上。复眼卵形，单眼不明显。前胸背板马鞍形。前足胫节具听器，胸听器位于胸部侧面。翅超过腹部末端，后翅长于前翅；有的类群翅短缩，后翅消失；雄性前翅具发声器。胸足跗节 4 节。雄性外生殖器膜质，或骨化。产卵器刀状，由 3 对产卵瓣构成，长且较直，或宽短显著向背方弯曲。

生物学：螽斯为渐变态，卵生。有的为植食性，有的为捕食性。

分布：世界广布。世界已知现生种类 15 亚科 480 属 3980 余种，中国记录 7 亚科 104 属 505 种，浙江分布 5 亚科 32 属 64 种（亚种）。

分亚科检索表

1. 复眼显著向外突出，致头部宽于胸部；短翅型 ··· 迟螽亚科 Lipotactinae
- 复眼不显著向外突出，胸部宽于头部；长翅型，有的类群翅短缩 ··· 2
2. 前足胫节听器开放式，长椭圆形 ··· 蛩螽亚科 Meconematinae
- 前足胫节听器为封闭式，裂缝状 ··· 3
3. 前足与中足胫节腹面具 6 对长的可活动的刺；雄性翅显著宽于雌性 ··· 似织螽亚科 Hexacentrinae
- 前足与中足胫节腹面的刺短 ··· 4
4. 前足胫节背面具 1 枚外端距 ··· 螽斯亚科 Tettigoniinae
- 前足胫节背面缺外端距 ··· 草螽亚科 Conocephalinae

（一）螽斯亚科 Tettigoniinae

主要特征：体中至大型，较粗壮。触角窝内侧片状隆起不明显突出。前胸背板较发达，通常胸听器被前胸背板盖及。前翅发育完全，有的短缩，雄性前翅具发声器。前足胫节内、外侧听器均为封闭式；后足胫节背缘具端距；跗节第 1–2 节具侧沟。产卵瓣剑状，较长。

分布：古北区、新北区、旧热带区、澳洲区。世界已知约 164 属 930 余种，中国记录 24 属 103 余种，浙江分布 3 属 11 种。

分属检索表

1. 头顶狭于触角柄节，背面具纵沟 ·· **螽斯属 Tettigonia**
- 头顶宽于触角柄节，背面缺纵沟 ·· 2
2. 前胸背板缺侧隆线；后足第 1 跗节腹面的跗垫较长，到达该跗节中部 ······················ **蝈螽属 Gampsocleis**
- 前胸背板具侧隆线；后足第 1 跗节腹面的跗垫较短，远不达该跗节中部 ···················· **寰螽属 Atlanticus**

321. 螽斯属 *Tettigonia* Linnaeus, 1758

Gryllus (*Tettigonia*) Linnaeus, 1758: 429. Type species: *Gryllus viridissimus* Linnaeus, 1758.
Tettigonia: Krauss, 1902: 538.

主要特征：体大型。头顶狭于触角柄节。前胸背板短于前足股节，沟后区中隆线明显。前翅发达，翅端钝圆。雄性尾须长圆锥形，内缘中部之前具 1 枚齿；外生殖器端部具 2 齿。雌性下生殖板后缘具深的凹口，侧隆线明显；产卵瓣长，较直，末端尖。

分布：多数分布于古北区，少数分布于东洋区。世界已知 25 种，中国记录 4 种，浙江分布 1 种。

（660）中华螽斯 *Tettigonia chinensis* Willemse, 1933（图 18-115）

Tettigonia chinensis Willemse, 1933: 17.

主要特征：体大型。头顶狭于触角柄节，背面具浅纵沟。前胸背板沟后区平坦，具中隆线。前胸腹板具 1 对长刺。前翅远超过后足股节末端，前缘脉域的网状脉较密；后翅短于前翅。前足胫节内、外侧听器均为封闭式。雄性第 10 腹节背板端半纵裂；尾须长锥形，近基部内缘具 1 枚向腹面弯曲的齿，齿端钝圆；下生殖板长，后缘中央具钝角形凹口，腹突细长。产卵瓣直，末端尖；下生殖板端部中央裂开。

体绿色，复眼的后侧缘分别具 1 条黑褐色纵纹，其延伸到前翅臀脉域。

分布：浙江（龙泉）、陕西、湖北、湖南、福建、广西、重庆、四川、贵州。

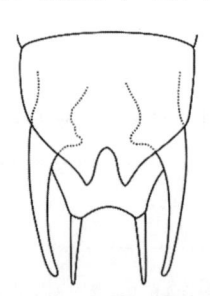

图 18-115 中华螽斯 *Tettigonia chinensis* Willemse, 1933 雄性腹部末端背面观（引自 Willemse，1933）

322. 蝈螽属 *Gampsocleis* Fieber, 1852

Gampsocleis Fieber in Kelch, 1852: 2, 8. Type species: *Locusta glabra* Herbst, 1786.

主要特征：体大型。头顶宽，为触角柄节宽的 1.1–1.5 倍。前胸背板长于前足股节，沟后区中隆线明显。前翅发达，或短缩。雄性尾须粗壮，端部钝圆；基部内缘具 1 粗短的齿；雄性外生殖器具 2 对阳茎端突。

分布：主要分布于古北区，少数分布于东洋区。世界已知约 15 种，中国记录 11 种，浙江分布 1 种。

（661）中华蝈螽 *Gampsocleis sinensis* (Walker, 1869)

Decticus sinensis Walker, 1869b: 261.
Gampsocleis sinensis: Kirby, 1906: 185.

主要特征：体大型。头光滑，头顶宽于触角柄节。前胸背板沟后区较平，缺侧隆线。翅长，超过后足股节端部，相对较狭，端部钝圆；后翅稍短于前翅。前足胫节内、外侧听器均为裂缝状。雄性第 10 腹节背板后缘中央开裂；尾须较粗壮，内侧基部具 1 枚齿，其端部具 3–5 枚微刺；下生殖板长，后缘具三角形凹口；腹突细长、产卵瓣向腹面弯曲，端部斜切形，末端尖。

体大部呈绿色，前胸背板背面色较暗，通常侧缘具黑褐色的纵纹。前翅的径脉域与中脉域具淡色斑纹。

分布：浙江（临安）、河南、江苏、上海、安徽、湖南、福建。

323. 寰螽属 *Atlanticus* Scudder, 1894

Atlanticus Scudder, 1894: 177. Type species: *Decticus pachymerus* Burmeister, 1838.

主要特征：体通常中型。头大，复眼相对较小，近球形。头顶较宽，上唇近圆形，上颚强壮。前胸背板宽大，长于前足股节，侧隆线明显，弯曲，侧片后缘倾斜，肩凹不明显。前胸腹板具 1 对刺。雄性前翅短，雌性前翅侧置；后翅退化。

分布：古北区、新北区，有的种分布于东洋区。世界已知约 60 种，中国记录 40 余种，浙江分布 9 种。

（662）黄山寰螽 *Atlanticus (Atlanticus) huangshanensis* Shi et Zheng, 1994（图 18-116A）

Atlanticus huangshanensis Shi et Zheng, 1994b: 64.

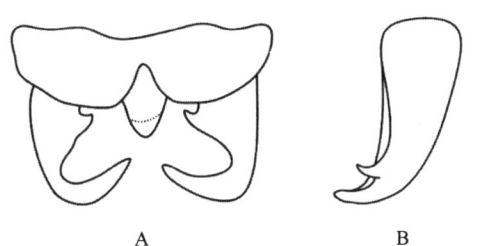

图 18-116 黄山寰螽 *Atlanticus (Atlanticus) huangshanensis* Shi et Zheng, 1994（A）和广东寰螽 *Atlanticus (Sinpacificus) kwangtungensis* Tinkham, 1941（B）
A. ♂腹部末端背面观（引自石福明和郑哲民，1994b）；B. ♂尾须背面观（引自 Tinkham，1941）

主要特征：体中型。头顶较宽，与触角柄节近于等宽。前胸背板长于前足股节，侧隆线明显，显著弯曲。前足胫节听器为裂缝状。前翅短，后端钝圆，后翅退化。雄性第 10 腹节背板短，后缘中央具深的凹口；

尾须基部粗壮，中部显著内弯，近基部具 1 短的内齿，端部尖。

分布：浙江（临安）、安徽（黄山）。

（663）广东寰螽 Atlanticus (Sinpacificus) kwangtungensis Tinkham, 1941（图 18-116B）

Atlanticus kwangtungensis Tinkham, 1941: 207.

主要特征：体大型。前胸背板较长，前翅发达，翅端到达腹部端的 2/3 处；雄性尾须较长，端部向内弯曲，亚端部具 1 枚齿。

分布：浙江（龙泉）、福建、广东。

（664）江苏寰螽 Atlanticus (Sinpacificus) kiangsu Ramme, 1939（图 18-117）

Atlanticus kiangsu Ramme, 1939: 89.

主要特征：雄性第 10 腹节背板基半部较宽，端半部狭，中央具 "U" 形凹口；尾须粗短，圆锥形，端部尖，中部内缘具 1 枚粗短的刺。

分布：浙江（临安）、江苏、上海。

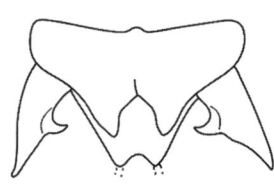

图 18-117　江苏寰螽 Atlanticus (Sinpacificus) kiangsu Ramme, 1939 腹部末端背面观（引自 Ramme，1939）

（665）柯氏寰螽 Atlanticus (Sinpacificus) karnyi Ebner, 1939（图 18-118）

Atlanticus karnyi Ebner, 1939: 294.

主要特征：体中小型。雌性前翅短。下生殖板较宽，后缘凹入。

该种发表时仅知 2 头雌性标本，模式产地仅记录中国浙江。有的学者认为是江苏寰螽 Atlanticus (Sinpacificus) kiangsu Ramme, 1939 的同物异名。

分布：浙江。

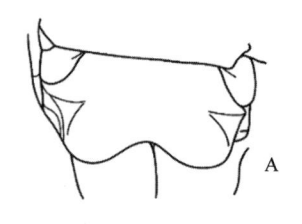

图 18-118　柯氏寰螽 Atlanticus (Sinpacificus) karnyi Ebner, 1939（引自 Ebner，1939）
A. ♀下生殖板腹面观；B. 产卵瓣侧面观

（666）巨突寰螽 Atlanticus (Sinpacificus) magnificus Tinkham, 1941（图 18-119A）

Atlanticus magnificus Tinkham, 1941: 201.

图 18-119 寰螽属雄性腹部末端背面观（引自 Liu et al.，2018a）

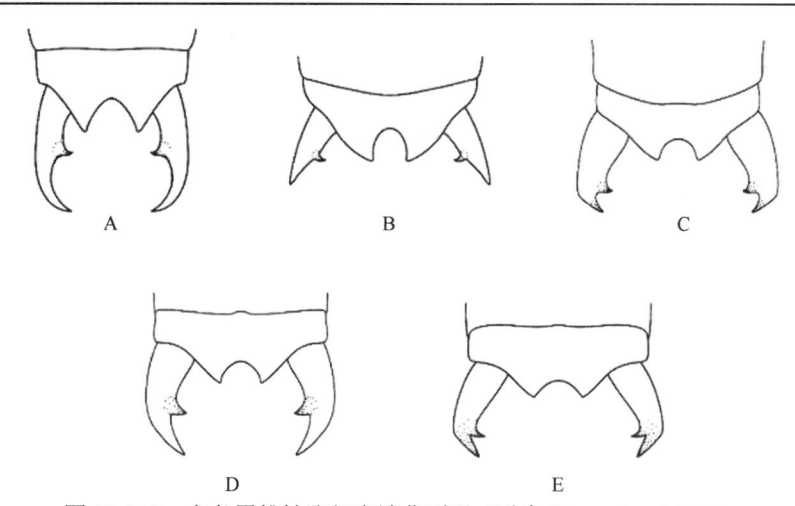

A. 巨突寰螽 *A. magnificus* Tinkham, 1941；B. 比尔寰螽 *Atlanticus* (*Sinpacificus*) *pieli* Tinkham, 1941；C. 凤阳山寰螽 *A. fengyangensis* Liu, 2013；D. 拟凤阳山寰螽 *A. fallax* He, 2018；E. 间隔寰螽 *A. interval* He, 2018

主要特征：雄性前胸背板沟后区扩展；肛上板后端纵裂深；前翅非常宽，M 脉粗壮。产卵瓣长，直。

分布：浙江（临安）。

（667）比尔寰螽 *Atlanticus* (*Sinpacificus*) *pieli* Tinkham, 1941（图 18-119B）

Atlanticus pieli Tinkham, 1941: 215.

主要特征：雄性尾须直，端部尖；中部内缘具钩状齿；前翅翅脉暗色；肛上板后缘具"U"形凹口。

分布：浙江（临安）。

（668）凤阳山寰螽 *Atlanticus* (*Sinpacificus*) *fengyangensis* Liu, 2013（图 18-119C）

Atlanticus (*Sinpacificus*) *fengyangensis* Liu, 2013: 36.

主要特征：体中型。前胸背板前部狭。雄性左前翅发声锉具 120 枚发声齿，发声锉中部膨大。右前翅镜膜宽大于长。雄性尾须粗短，具粗壮、端部尖且骤然弯曲的内侧齿。

分布：浙江（龙泉）。

（669）拟凤阳山寰螽 *Atlanticus* (*Sinpacificus*) *fallax* He, 2018（图 18-119D）

Atlanticus (*Sinpacificus*) *fallax* He in Liu et al., 2018a: 175.

主要特征：外形与凤阳山寰螽很相似，但前足胫节具多于 1 排的刺；雄性尾须圆锥，近中部内缘具 1 枚刺；活体腹面为红色。

分布：浙江（泰顺）。

（670）间隔寰螽 *Atlanticus* (*Sinpacificus*) *interval* He, 2018（图 18-119E）

Atlanticus (*Sinpacificus*) *interval* He in Liu et al., 2018a: 176.

主要特征：与凤阳山寰螽雄性尾须很相似，但前翅较短，短于前胸背板，到达腹部第 5 或第 6 节背板，右前翅背缘具白斑。

分布：浙江（遂昌）。

注：短尾寰螽 *Atlanticus* (*Sinpacificus*) *brevicaudus* Bey-Bienko, 1955 的模式产地是江苏苏州。刘宪伟和金杏宝（1994）、Jin 和 Xia（1994）也记录分布于江苏。但是，直翅目在线名录（Orthoptera Species File）记录分布于浙江，Liu（2013）、Liu 等（2018a, 2018b）的记录也是分布于浙江，但均未见标本，浙江分布的证据不足，暂不列入。

（二）草螽亚科 Conocephalinae

主要特征：体小至大型。头为下口式，颜面不同程度地倾斜。头顶突出，有的突出不明显，腹面基部通常具齿形突，有的缺。前足胫节内、外侧听器均为封闭式，呈裂缝状，胸足第 1–2 跗节具侧沟。翅发达，有的短缩。产卵瓣较长，有的较短，背腹缘近于平行，有的类群中部扩展。

分布：世界广布。世界已知约 214 属 1470 余种，中国记录 17 属 85 种，浙江分布 7 属 12 种。

分属检索表

1. 前胸背板侧片胸听器部位隆起 ·· 2
- 前胸背板侧片胸听器部位不隆起 ·· 4
2. 头顶腹缘与颜顶以宽的沟隔开；中胸腹板裂叶三角形，端部尖 ················ 古猛螽属 *Palaeoagraecia*
- 头顶端部稍向前延伸，通常腹缘与颜顶相接 ·· 3
3. 雄性前翅短于前胸背板，雌性前翅侧置，或左、右前翅在背面稍重叠；雄性第 10 腹节背板向后延伸，呈圆锥形或其他形态 ··· 锥尾螽属 *Conanalus*
- 雄性前翅长于前胸背板，雌性左、右前翅至少在背面重叠；雄性第 10 腹节背板较短，不向后延伸 ···· 草螽属 *Conocephalus*
4. 头顶三棱形，腹面中央具纵隆脊，背面侧缘向上卷 ······························ 锥头螽属 *Pyrgocorypha*
- 头顶圆锥形，腹面圆凸，缺纵隆脊 ·· 5
5. 头顶长，具尖或稍钝圆的端部 ·· 拟矛螽属 *Pseudorhynchus*
- 头顶短，端部钝圆，或较长，端部钝 ·· 6
6. 头顶长，端部钝；腹缘与颜顶间凹入，其基部具 1 小的齿形突 ··············· 优草螽属 *Euconocephalus*
- 头顶短；腹缘与颜顶间不凹，或凹入不明显；头顶基部腹面缺齿形突 ········· 钩顶螽属 *Ruspolia*

324. 草螽属 *Conocephalus* Thunberg, 1815

Conocephalus Thunberg, 1815: 214, 271. Type species: *Gryllus conocephalus* Linnaeus, 1767.

主要特征：体小型，或中小型。头顶或多或少地侧扁，端部钝，不突出。前胸背板短，胸听器相对的部位鼓起，半透明。前胸腹板具刺或缺刺。翅发达，或短缩，但长于前胸背板。雄性尾须内缘具 1–3 枚刺，下生殖板具腹突。产卵瓣背、腹缘光滑，向端部渐狭，或背腹缘近于平行。

分布：世界广布。世界已知超过 150 种，中国记录 20 余种，浙江分布 5 种。

分种检索表

1. 前胸腹板缺刺 ·· 2
- 前胸腹板具 1 对刺 ·· 3
2. 头顶腹缘与颜顶不相接，具明显间隔 ··· 沟额草螽 *C.* (*C.*) *sulcifrontis*

- 头顶腹缘与颜顶相接 ··· 夏氏草螽 *C. (C.) xiai*
3. 前翅同体色，不具暗色斑；产卵瓣长，背、腹缘近于平行 ························ 豁免草螽 *C. (A.) exemptus*
- 前翅中部黑色或具褐色斑 ··· 4
4. 前翅中部、端部和后翅外露部分黑色；后足股节端部与胫节基部黑色 ········· 悦鸣草螽 *C. (A.) melaenus*
- 前翅径脉域具褐色斑；后足股节端部与胫节基部同体色 ···························· 斑翅草螽 *C. (A.) maculatus*

（671）豁免草螽 *Conocephalus (Anisoptera) exemptus* (Walker, 1869)（图 18-120）

Xiphidium exemptum Walker, 1869b: 274.

Anisoptera exemptum: Kirby, 1906: 277.

Conocephalus (Anisoptera) exemptus: Storozhenko & Paik, 2007: 54.

Xiphidium gladiatum Redtenbacher, 1891: 514.

主要特征：体中小型。头顶或多或少侧扁，端部钝，稍狭于触角柄节，背面具细纵沟；前面观两侧缘向背显著岔开。前翅狭长，到达或超过后足股节末端，后翅长于前翅。雄性尾须基部圆柱形，中部粗壮，端部稍侧扁，末端钝圆，中部内缘具 1 枚刺。产卵瓣狭长，背、腹缘近于平行，端部尖；雌性下生殖板近于三角形，后缘浅凹。

体黄绿色，或黄褐色。头背面具较宽的褐色纵纹，延伸到前胸背板后缘，其向后稍扩宽，侧缘嵌黄白色纵纹。

分布：浙江（临安、龙泉、开化）、辽宁、北京、河北、河南、陕西、上海、浙江、湖北、江西、湖南、福建、台湾、广西、重庆、四川、贵州；韩国，日本，尼泊尔，泰国。

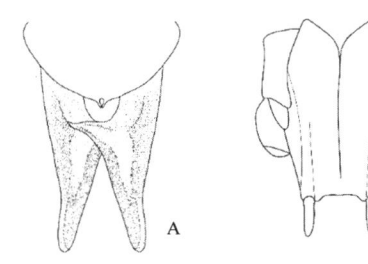

图 18-120 豁免草螽 *Conocephalus (Anisoptera) exemptus* (Walker, 1869)
A. ♂尾须背面观；B. ♂下生殖板；C. ♀下生殖板

（672）斑翅草螽 *Conocephalus (Anisoptera) maculatus* (Le Guillou, 1841)（图 18-121）

Xiphidion maculatus Le Guillou, 1841: 294.

Conocephalus (Xiphidion) maculatus: Karny, 1912c: 11.

Conocephalus (Anisoptera) maculatus: Otte, 1997: 38.

Conocephalus (Xiphidion) arabicus Uvarov, 1933: 6.

Conocephalus bidens Uvarov, 1957: 363.

Xiphidium continuum Walker, 1869b: 271.

Locusta (Xiphidium) lepida De Haan, 1843: 188, 189.

Xiphidion neglectum Bruner, 1920 [1919]: 123.

Xiphidium sinense Walker, 1871: 35.

Xiphidium dimidiatum Matsumura *et* Shiraki, 1908: 56.

主要特征：体小型。头顶与触角柄节约等宽，前面观侧缘向背面岔开。前胸腹板具 1 对刺。前翅狭长，超过后足股节端部，前、后缘近于平行，向翅端渐狭，末端钝圆；后翅长于前翅。雄性尾须中部粗壮，端部稍侧扁，末端钝圆；近中部内缘具 1 枚粗短的、端部尖的刺。产卵瓣短，向端部渐狭，背瓣长，末端尖。

体绿色，或黄褐色。头部背面具褐色纵纹，延伸到前胸背板后缘。前翅径脉域具褐色斑。

分布：浙江（临安）、北京、河北、山西、陕西、江苏、上海、湖北、江西、湖南、福建、台湾、广东、海南、香港、广西、重庆、四川、贵州、云南、西藏；日本，印度，尼泊尔，缅甸，泰国，斯里兰卡，菲律宾，马来西亚，印度尼西亚，澳大利亚，新西兰，非洲。

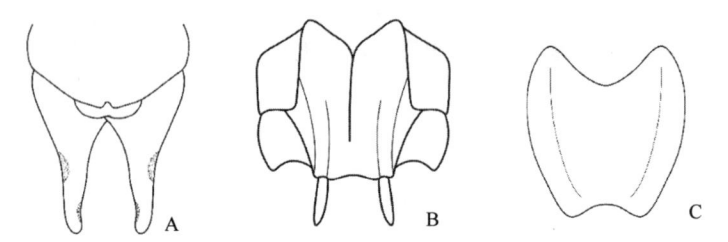

图 18-121　斑翅草螽 Conocephalus (Anisoptera) maculatus (Le Guillou, 1841)
A. ♂尾须背面观；B. ♂下生殖板；C. ♀下生殖板

（673）悦鸣草螽 *Conocephalus* (*Anisoptera*) *melaenus* (De Haan, 1843)（图 18-122）

Locusta (*Xiphidium*) *melaena* De Haan, 1843: 188, 189.
Conocephalus (*Xiphidion*) *melaenus*: Karny, 1912c: 11.
Conocephalus (*Anisoptera*) *melaenus*: Zhou, Bi & Liu, 2010: 58.

主要特征：体小型，较粗壮。头顶较窄，约为触角柄节宽的 1/2，前面观两侧缘近于平行。前翅较长，超过后足股节末端，基部稍宽，端半部稍狭，翅端钝圆。雄性尾须基半部圆柱形，中部稍粗壮，端部稍呈钝圆形，中部内侧具 1 枚粗短的刺，刺端尖，向腹面弯曲。产卵瓣较短，端部尖；下生殖板三角形，后缘具半月形凹口。

体绿色，头部背面具淡褐色纵纹；复眼后缘具 1 对黑褐色纵纹。前胸背板背面中央具较宽的淡褐色纵纹，其中央部分较淡，两侧缘颜色较暗，其外缘具不完整的淡色纵纹；前胸背板侧片背缘黑色。后足股节外缘具细的褐色羽状纹，后足股节端部与胫节基部黑色。前翅前缘与后缘淡褐色，中部黑褐色，前翅端与后翅外露部分黑褐色。

分布：浙江（临安）、河南、江苏、上海、安徽、湖北、湖南、福建、台湾、广东、广西、四川、贵州、云南；日本。

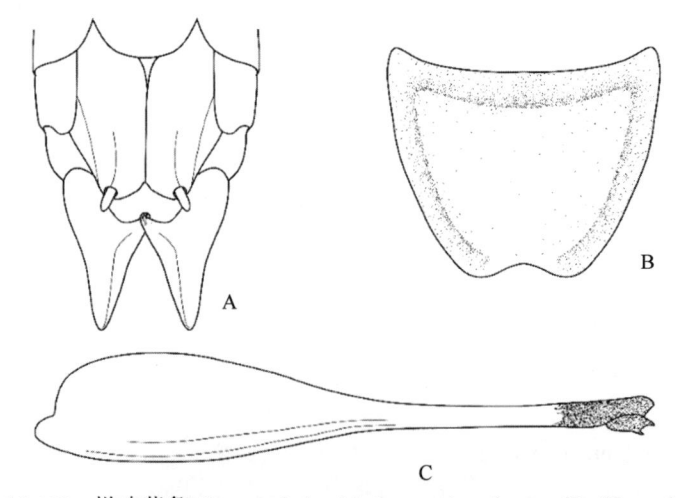

图 18-122　悦鸣草螽 Conocephalus (Anisoptera) melaenus (De Haan, 1843)
A. ♂腹部末端腹面观；B. ♀下生殖板；C. 后足股节外侧观

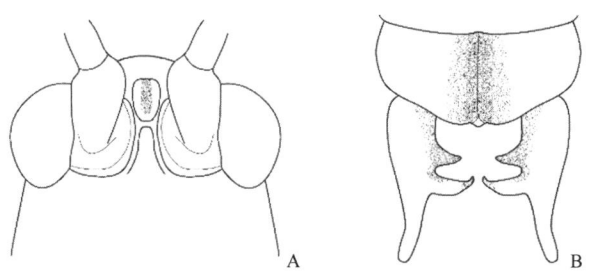

(674) 沟额草螽 *Conocephalus* (*Conocephalus*) *sulcifrontis* Xia et Liu, 1992（图 18-123）

Conocephalus sulcifrontis Xia et Liu, 1992b: 163.
Conocephalus (*Conocephalus*) *sulcifrontis*: Otte, 1997: 43.

主要特征：体小型。头顶狭于触角柄节宽之半，前面观侧缘近平行，与颜顶间具宽的间隔。前胸腹板缺刺。前翅短，雄性不超过尾须端部，后翅稍长于前翅；尾须长圆锥形，向端部渐细，末端钝圆；中部内缘具 2 大小相似的刺；下生殖板后缘具 "V" 形凹口，腹突短小。产卵瓣短，端部尖。

体绿色。头部背面具褐色纵纹，延伸至前胸背板后缘。

分布：浙江（安吉、临安）、江苏、上海。

注：石福明等于 2014 年记录浙江天目山有峨眉草螽 *Conocephalus* (*Conocephalus*) *emeiensis* Shi et Zheng, 1999 分布，核对近年采的标本，应为沟额草螽 *Conocephalus* (*Conocephalus*) *sulcifrontis* Xia et Liu, 1992。

图 18-123 沟额草螽 *Conocephalus* (*Conocephalus*) *sulcifrontis* Xia et Liu, 1992
A. 头背缘前面观；B. ♂腹部末端背面观

(675) 夏氏草螽 *Conocephalus* (*Conocephalus*) *xiai* Liu et Zhang, 2007（图 18-124）

Conocephalus xiai Liu et Zhang, 2007: 439.

主要特征：体中等，较匀称。前胸腹板无刺。前翅较长，超过后足股节端部，后翅长于前翅。前足和中足股节腹面无刺，后足股节腹面具 2 枚内刺和 4 枚外刺，膝叶端具 2 枚刺。尾须较短，圆锥形。下生殖板较小，椭圆形，具截形的端部。产卵瓣较短，剑状，边缘光滑。

体淡黄褐色（活时或许为绿色）。头部和前胸背板背面具褐色纵纹，前翅背缘色暗。

该种雄性未知，其分类地位只有从模式产地采得雄性标本后，才能确认。

分布：浙江（临安）、安徽。

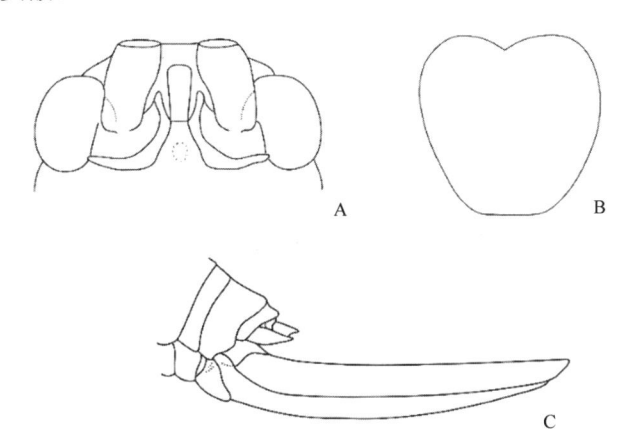

图 18-124 夏氏草螽 *Conocephalus* (*Conocephalus*) *xiai* Liu et Zhang, 2007（引自刘宪伟和张鼎杰，2007）
A. ♀头背缘前面观；B. ♀下生殖板腹面观；C. ♀腹部末端侧面观

325. 锥尾螽属 *Conanalus* Tinkham, 1943

Conocephalus (*Conanalus*) Tinkham, 1943: 55. Type species: *Conocephalus* (*Conanalus*) *pieli* Tinkham, 1943.
Conanalus: Xia & Liu, 1992b: 165.

主要特征：体小型。头顶狭，狭于触角柄节宽，侧缘近平行。前胸背板马鞍形。雄性前翅短，大部分被前胸背板盖住，雌性前翅侧置，或稍重叠。雄性第10腹节背板向后呈圆锥形、斧状等延伸；尾须短。产卵瓣长，较直，背、腹缘近于平行。

分布：中国与越南。世界已知5种，中国记录4种，浙江分布1种。

（676）比氏锥尾螽 *Conanalus pieli* (Tinkham, 1943) （图 18-125）

Conocephalus (*Conanalus*) *pieli* Tinkham, 1943: 55.
Conanalus pieli: Xia & Liu, 1992b: 165.

主要特征：体小型。头顶狭窄，前面观，侧缘近平行，背面具浅纵沟。前胸背板马鞍形，前、后缘稍凹。雄性前翅短，右、左前翅背缘重叠，后翅退化；第10腹节背板向后延伸成圆锥形后突；尾须显著内弯，基部内缘具1刺状突，亚端部具1内刺；下生殖板较短，横宽，后缘中央突出。雌性前翅短，侧置，后翅退化；产卵瓣狭长，近于等宽，端部尖；下生殖板近于三角形，侧缘近端部稍内凹，后缘浅凹。

体绿色，具黑色斑。头部背面具长三角形黑色纵纹。前胸背板背面具1对黑色纵纹，其间为淡褐色；侧片淡褐色。腹部背板背面黑色，两侧淡褐色。后足股节端部与胫节基部黑色。

分布：浙江（安吉、临安）、河南、陕西、安徽、江西、湖南、重庆、四川。

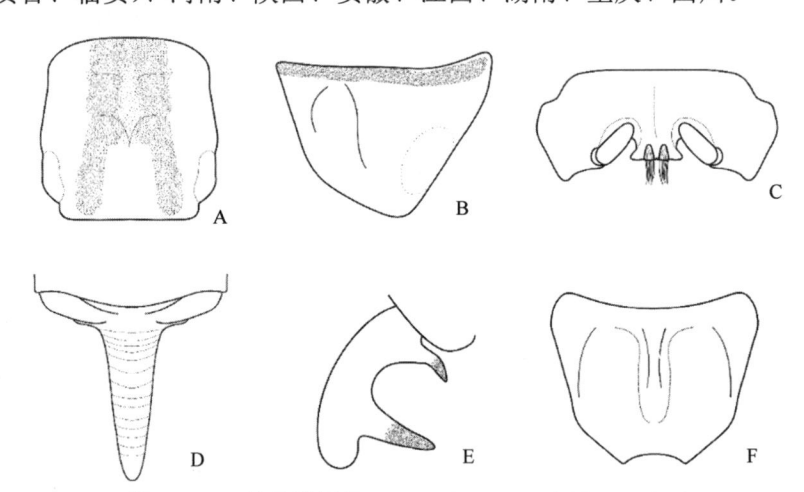

图 18-125 比氏锥尾螽 *Conanalus pieli* (Tinkham, 1943)
A. ♂前胸背板背面观；B. ♂前胸背板侧面观；C. ♂下生殖板腹面观；D. ♂第10腹节背板背面观；E. ♂尾须背面观；F. ♀下生殖板腹面观

326. 优草螽属 *Euconocephalus* Karny, 1907

Conocephalus (*Euconocephalus*) Karny, 1907: 39. Type species: *Conocephalus nasutus* Thunberg, 1815.
Euconocephalus: Karny, 1912a: 33.

主要特征：体中至大型，细瘦。头顶宽于触角柄节，端部钝；腹面缺中隆线，与颜顶间具凹口；基部具齿形突。前胸背板较平，侧隆线不明显。翅发达，超过后足股节端部。中、后胸腹板裂叶三角形。雄性

第 10 腹节背板后缘凹入，尾须端部具 2 向内弯的刺。产卵瓣长，背、腹缘近于平行。

分布：主要分布于东洋区、旧热带区、澳洲区。世界已知 30 余种，中国记录 5 种，浙江分布 1 种。

（677）鼻优草螽 *Euconocephalus nasutus* (Thunberg, 1815)（图 18-126）

Conocephalus nasutus Thunberg, 1815: 273.
Euconocephalus acuminatus Fabricius, 1775: 284. Synonymized by Karny, 1912a: 35.

主要特征：体中大型，呈梭形。头顶向前延伸，端部钝，腹面缺中隆线，与颜顶间凹明显；基部具齿状突。前翅狭长，远超过后足股节末端，翅端斜截形；后翅与前翅近于等长。产卵瓣背、腹缘光滑，中部不扩展，端部尖。

体绿色，或黄褐色。复眼后缘具 1 对黄色纵纹，延伸到前胸背板。前翅前缘具黑褐色边。

分布：浙江（临安）、河南、上海、安徽、福建、台湾、广东、广西、云南；日本，印度，泰国，印度尼西亚。

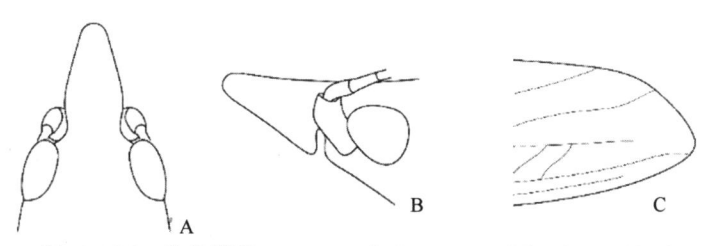

图 18-126 鼻优草螽 *Euconocephalus nasutus* (Thunberg, 1815)
A. 头部背面观；B. 头部侧面观；C. 前翅端部侧面观

327. 古猛螽属 *Palaeoagraecia* Ingrisch, 1998

Palaeoagraecia Ingrisch, 1998a: 117. Type species: *Palaeoagraecia brunnea* Ingrisch, 1998.

主要特征：体中型或大型。头顶具纵沟，端部钝圆。前胸背板多褶皱，肩凹明显。前翅长，超过后足股节端部。前胸腹板具 1 对刺。雄性第 10 腹节背板隆起，呈两半球形，中央具纵沟；尾须球形，基部内侧具 1 端突；下生殖板钵状，腹突稍扁平。产卵瓣背腹缘光滑，中部扩展。

分布：东洋区。世界已知 4 种，中国记录 2 种，浙江分布 1 种。

（678）翅尾古猛螽 *Palaeoagraecia ascenda* Ingrisch, 1998（图 18-127）

Palaeoagraecia ascenda Ingrisch, 1998a: 119.

主要特征：体中型。头顶狭于触角柄节，背面具纵沟。前翅远超过后足股节端部，末端钝圆；后翅短于前翅。雄性第 10 腹节背板短，分为球形的二叶状；尾须基部球形，端部骤然变细，末端具 2 小齿；中部内缘具 1 扁平突。腹突较长，端部钝圆。产卵瓣基部狭，中后部宽，腹缘圆弧形。

体淡黄褐色，头部背面具褐色纵纹，延伸至前胸背板后缘。中、后胸腹板裂叶中部黑褐色。前翅上散布一些黑褐色斑。

分布：浙江（临安）、安徽、湖北、海南、重庆、贵州；老挝，泰国。

注：刘宪伟和金杏宝（1999）记录了福建分布的 *Agroecia platynota* (Matsumura et Shiraki, 1908)，当时记录该种分布于福建、台湾、四川。*Agroecia* Burmeister, 1838 是 *Agraecia* Serville, 1831 的同物异名，且这个属亚洲没有分布。刘宪伟和毕文烜（2014）报道浙江清凉峰国家级自然保护区有 *Palaeoagraecia platynota*

(Matsumura et Shiraki, 1908)的分布。古猛螽属 *Palaeoagraecia* Ingrisch, 1998 分布于亚洲（中国有分布），但核对 Matsumura 和 Shiraki（1908）的原始文献的附图，从雄性腹部末端的特征图看，可能不是古猛螽。

刘宪伟和金杏宝（1999）及刘宪伟等（2014）所记录种的学名，来自于 Matsumura 和 Shiraki（1908）命名的分布于我国台湾的 *Conocephalus platynotum* Matsumura et Shiraki, 1908，仅种本名词尾的词性做了变动。目前认为该种是霍瓦斯光额螽 *Xestophrys horvathi* Bolívar, 1905 的同物异名（Cigliano et al., 2021）。霍瓦斯光额螽在浙江是否有分布，有待考证，暂不收录于本志。

我们多次参加对浙江省自然保护区的考察，均没有采到霍瓦斯光额螽的标本，也没见过采自浙江的霍瓦斯光额螽标本。从刘宪伟和金杏宝（1999）绘的雄性腹部末端附图来看，与古猛螽属的种类相似，而在浙江省自然保护区采到了翘尾古猛螽的标本。由于没有核对 *Conocephalus platynotum* Matsumura et Shiraki, 1908 的模式标本，无法判断是否是有效名。

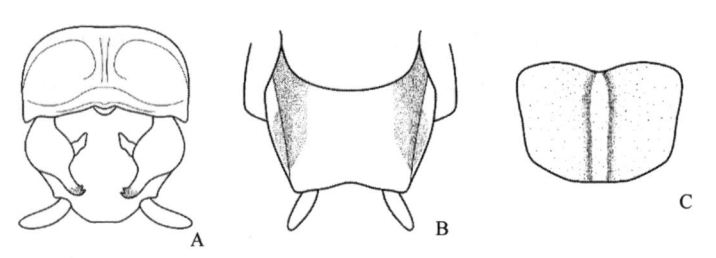

图 18-127　翘尾古猛螽 *Palaeoagraecia ascenda* Ingrisch, 1998
A. ♂腹部末端背面观；B. ♂下生殖板；C. ♀下生殖板

328. 拟矛螽属 *Pseudorhynchus* Serville, 1838

Pseudorhynchus Serville, 1838 [1839]: 509. Type species: *Pseudorhynchus lanceolatus* (Fabricius, 1775).

主要特征：体中型或大型，较粗壮。头顶向前延伸，圆锥形，粗壮，端部尖，有的稍钝；头顶腹面基部具齿形突，与颜顶间具凹口。中胸腹板延长，端部截形，后胸腹板三角形。前翅长，超过后足股节端部，后翅短于前翅。雄性尾须基部内缘具向背面弯曲的刺，端部的刺向内弯曲。产卵瓣中部稍扩展，背、腹缘光滑。

分布：主要分布于东洋区，澳洲区与旧热带区也有分布。世界已知 30 种，中国记录 7 种，浙江分布 1 种。

（679）粗头拟矛螽 *Pseudorhynchus crassiceps* (De Haan, 1843)（图 18-128）

Locusta (Conocephalus) crassiceps De Haan, 1843: 212.
Pseudorhynchus crassiceps: Kirby, 1906: 238.

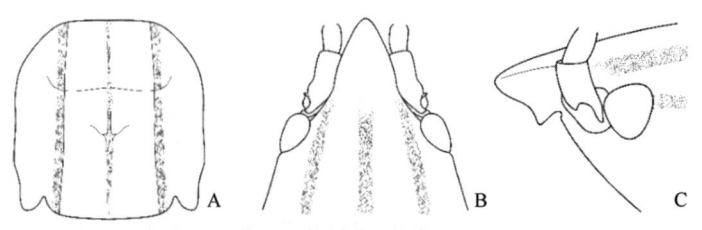

图 18-128　粗头拟矛螽 *Pseudorhynchus crassiceps* (De Haan, 1843)
A. 前胸背板背面观；B. 头背面观；C. 头侧面观

主要特征：体大型，粗壮。头顶圆锥形，端部钝圆，基部腹面具小的齿形突。前胸背板侧隆线较明显。前翅较宽大，长，超过后足节末端，翅端钝圆；后翅短于前翅。产卵瓣中部向背面弯曲，稍扩展，末端尖；下生殖板宽短，后缘凹入。

体绿色，或黄褐色。触角背面淡色，腹缘黑色。头部背面具3条淡黄色纵纹，延伸到前胸背板后缘。

分布：浙江（临安、龙泉）、河南、上海、安徽、湖南、福建、台湾、贵州、西藏；日本，缅甸，菲律宾。

329. 锥头螽属 *Pyrgocorypha* Stål, 1873

Pyrgocorypha Stål, 1873a: 50. Type species: *Conocephalus subulatus* Thunberg, 1815.

主要特征：体中型或大型。头顶三棱形，背面侧缘具隆线，腹面中隆线明显。前胸背板背面较平，侧隆线不明显。前胸腹板具1对刺，中胸腹板三角形，后胸腹板近卵形。前翅长，远超过后足股节末端，翅端钝圆，或圆角形；后翅短于前翅。雄性第10腹节背板后缘凹入；尾须侧扁，基部内缘具1向背方弯曲的刺状突，端部具1小刺。产卵瓣直，或稍向背面弯曲，中部稍扩展。

分布：东洋区、新热带区。世界已知15种，中国记录6种，浙江分布1种。

（680）小锥头螽 *Pyrgocorypha parvus* Liu, 2012（图18-129）

Pyrgocorypha parvus Liu, 2012: 117.

主要特征：体中大型，较匀称。头部与胸部表面布刻点。头顶三棱形，较长，背面凹，侧缘具隆起的边；腹面具中隆线，其长为复眼纵的3倍，具齿状突。颜顶倾斜，颜顶角不突出。前翅长，远超过后足股节末端，翅端圆角形；后翅不长于前翅。产卵瓣适度向背面弯曲，基部稍狭，中部较宽，端部钝圆。

体绿色，头顶侧缘黄褐色。

分布：浙江（安吉、临安、庆元）、福建、四川。

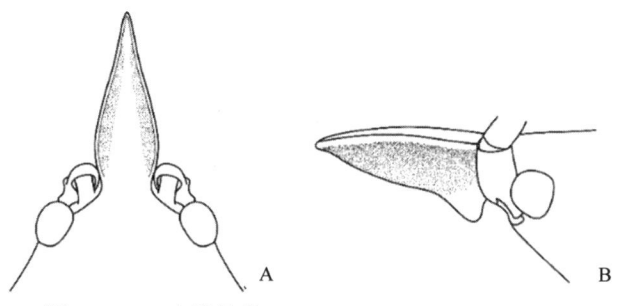

图18-129 小锥头螽 *Pyrgocorypha parvus* Liu, 2012
A. 头部背面观；B. 头部侧面观

330. 钩顶螽属 *Ruspolia* Schulthess, 1898

Ruspolia Schulthess, 1898: 207. Type species: *Ruspolia pygmaea* Schulthess, 1898.
Conocephalus (*Homorocoryphus*) Karny, 1907: 41.
Homorocoryphus Karny, 1912a: 36. Type species: *Gryllus nitidulus* Scopoli, 1786.

主要特征：体中至大型。头顶稍向前延长，宽于触角柄节，背面侧缘近于平行，端部钝圆，腹面缺中隆线，缺齿形突。前胸背板侧隆线较明显。前翅通常超过腹部末端，后翅短于前翅。前胸腹板具1对刺，中、后胸腹板裂叶三角形。雄性尾须端部具2向内弯曲的刺。产卵瓣直，中部不扩展，背、腹缘近于平行。

分布：主要分布于东洋区，澳洲区、旧热带区、古北区也有分布。世界已知 50 余种，中国记录 7 种，浙江分布 2 种。

（681）黑胫钩顶螽 *Ruspolia lineosa* (Walker, 1869)（图 18-130）

Conocephalus lineosus Walker, 1869b: 318.
Ruspolia lineosa: Jin & Xia, 1994: 33.

主要特征：体大型。头圆锥形；头顶短，背面宽大于长，较平坦，前缘钝圆，腹面与颜顶相接。前翅长，超过后足股节端部。产卵瓣长，中部不扩展。
体绿色或褐色。前足胫节与中足胫节侧面黑褐色。

分布：浙江（安吉、临安、景宁）、河南、安徽、湖北、江西、湖南、福建、台湾、广西、四川、贵州、云南；日本，东南亚。

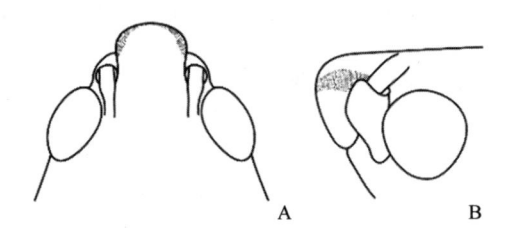

图 18-130 黑胫钩顶螽 *Ruspolia lineosa* (Walker, 1869)
A. 头部背面观；B. 头部侧面观

（682）疑钩顶螽 *Ruspolia dubia* (Redtenbacher, 1891)（图 18-131）

Conocephalus dubius Redtenbacher, 1891: 385, 424.
Homorocoryphus dubius: Karny, 1912a: 37.

主要特征：体中型。头圆锥形。头顶长与宽近于相等，或长大于宽，端部钝圆；腹面与颜顶相接。体绿色或褐色。前胸背板侧缘具 1 对黄色纵纹。前足与中足胫节同体色。

分布：浙江（安吉、临安、龙泉）、河北、河南、陕西、甘肃、安徽、湖北、江西、湖南、福建、台湾、广西、四川、贵州；朝鲜半岛，日本。

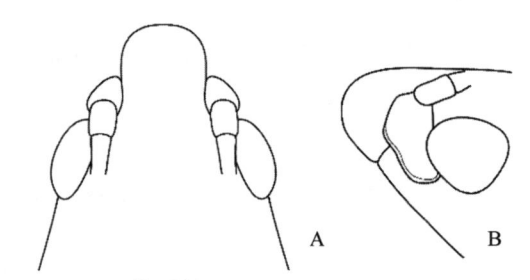

图 18-131 疑钩顶螽 *Ruspolia dubia* (Redtenbacher, 1891)
A. 头部背面观；B. 头部侧面观

（三）似织螽亚科 Hexacentrinae

主要特征：体中型。头顶狭，颜面近垂直。前胸背板沟后区较宽平。前足胫节内、外侧听器均为开放式，前足与中足胫节腹面具 6 对可活动的长刺，近基部刺长，向端部刺渐短；足第 1–2 跗节具侧沟。雄性翅叶状；雌性的前翅狭窄。雄性具腹突，外生殖器膜质。产卵瓣剑状。

分布：主要分布于东洋区，旧热带区与新热带区有少数类群分布。世界已知 13 属 60 余种，中国记录 1 属 7 种，浙江分布 1 属 2 种。

331. 似织螽属 *Hexacentrus* Serville, 1831

Hexacentrus Serville, 1831: 145. Type species: *Hexacentrus unicolor* Serville, 1831.

主要特征：体中小型至中型。头顶狭窄，侧缘近于平行。复眼卵形，向外突出。前胸背板背面沟前区圆凸，沟后区平坦；侧片缺肩凹。雄性前翅较宽，后翅短于前翅；雌性前翅狭，前、后缘近于平行。前足与中足胫节腹面具 6 对可活动的长刺，近基部的刺长，向端部刺渐短。雄性尾须基部粗壮，端部细；下生殖板腹突长。产卵瓣直，端部尖。

分布：主要分布于东洋区，澳洲区与旧热带区也有分布。世界已知 20 多种，中国记录 6 种，浙江分布 2 种。

(683) 素色似织螽 *Hexacentrus unicolor* Serville, 1831

Hexacentrus unicolor Serville, 1831: 146.

主要特征：体中型。头顶狭，背面具纵沟。雄性前翅狭，长是宽的 3.4–3.5 倍，是前胸背板长的 4.0–4.1 倍；右前翅镜膜宽；雄性前胸背板长 8.0–8.5 mm，雌性 6.4–6.6 mm。

体黄绿色，头的背面淡褐色；前胸背板背面具褐色纵纹，纵纹沟前区较狭，沟后区宽，其外缘镶黑色细纹。

分布：浙江（临安、龙泉）、山东、江苏、上海、安徽、湖北、湖南、福建、四川；日本。

(684) 日本似织螽 *Hexacentrus japonicus* Karny, 1907（图 18-132）

Hexacentrus japonicus Karny, 1907: 111.

主要特征：体小型。头顶狭，背面具纵沟。雄性前翅宽，长为宽的 3.0–3.1 倍，是前胸背板长的 4.7–5.0 倍；右前翅镜膜狭。雄性前胸背板长 6.3–6.6 mm，雌性 4.8–5.8 mm。

体黄绿色，头的背面淡褐色；前胸背板背面具褐色纵纹，沟前区狭，沟后区宽，其外缘镶黑色细纹。

分布：浙江（临安）、河南、山东、江苏、上海、安徽、湖北、湖南、福建；日本。

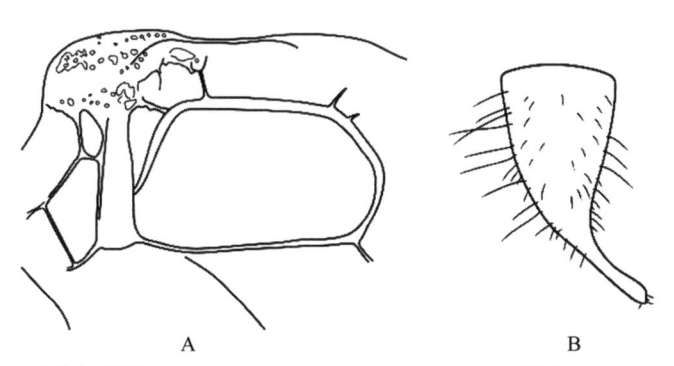

图 18-132 日本似织螽 *Hexacentrus japonicus* Karny, 1907（引自 Furukawa，1941）
A. ♂左前翅基部背面观；B. ♂左尾须背面观

（四）迟螽亚科 Lipotactinae

主要特征：体小型，粗壮。头短，头顶不扩展，颜面平。复眼球形，显著向外突出，头宽于胸部。雄性前胸背板马鞍形；前足胫节内、外侧听器均为封闭式，呈裂缝状；胸听器小，外露。雄性前翅大部分被前胸背板盖住，后翅退化；雌性前胸背板短小；缺翅。雄性尾须结构复杂；外生殖器骨化。产卵瓣适度向背面弯曲。

生物学：栖息于地表或低矮的植物上，弹跳能力强，以其他昆虫为食。

分布：主要分布于东洋区。世界已知 1 属 36 种，中国记录 1 属 6 种，浙江分布 1 属 1 种。

332. 迟螽属 *Lipotactes* Brunner v. W., 1898

Lipotactes Brunner v. W., 1898: 274; Ingrisch, 1995: 280. Type species: *Lipotactes alienus* Brunner v. W., 1898.

主要特征：体小型。头大，复眼卵形，显著向外突出；头顶向前倾斜，具侧单眼。雄性前胸背板马鞍形，沟后区隆起。前翅短，呈盔状，向背面鼓起，不到达腹部末端，大部分被前胸背板盖住，翅端钝。雌性缺翅。产卵瓣基部粗壮，适度向背面弯曲，背、腹缘光滑，或腹缘端部具不明显的细齿。

分布：东洋区。世界已知 20 余种，中国记录 6 种，浙江分布 1 种。

（685）截尾迟螽 *Lipotactes truncatus* Shi et Li, 2009（图 18-133）

Lipotactes truncatus Shi *et* Li, 2009: 41.
Lipotactes baishanzuensis Liu, Zhou *et* Bi, 2010: 74. Syn. nov.

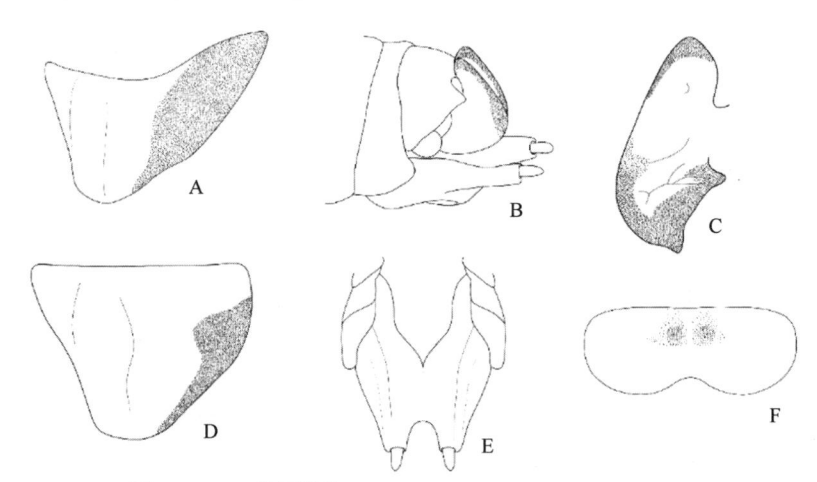

图 18-133 截尾迟螽 *Lipotactes truncatus* Shi *et* Li, 2009
A.♂前胸背板侧面观；B.♂腹部末端侧面观；C.♂左尾须内面观；D.♀前胸背板侧面观；E.♂下生殖板腹面观；F.♀下生殖板腹面观

主要特征：体小型，粗壮。雄性前胸背板马鞍形，沟后区隆起；第 10 腹节背板较长，后缘微凹；尾须基部粗壮，内侧具 2 齿形突；端部狭，稍呈截形。下生殖板基部较宽，端部狭，后缘中央具凹口，腹突稍长。雌性前胸背板背面不隆起。缺翅。下生殖板后缘直，产卵瓣适度弯曲，端部腹缘具细齿，末端尖。

体淡褐色，头顶具不明显的褐色斑，后头部褐色。前胸背板沿后缘具宽的黑色纹；后足股节近基部具 1 短的黑色纵斑，中部具 1 不明显的淡褐色环纹，股节端部与胫节基部黑色，股节与胫节背缘与腹缘具一些小的褐色斑。

分布：浙江（平湖、龙泉）、福建。

注：该种模式产地是福建武夷山（Shi and Li，2009）。刘宪伟等（2010）描述了浙江凤阳山 1 新种，即凤阳山迟螽 *Lipotactes baishanzuensis* Liu, Zhou et Bi, 2010，核对模式产地的标本，应为截尾迟螽 *Lipotactes truncatus* Shi et Li, 2009。

（五）蛩螽亚科 Meconematinae

主要特征：体小型。前胸背板较短，有的显著扩展；前胸腹板缺刺。前足胫节内、外侧听器均为开放式；足跗节第 1–2 节具侧沟。前、后翅发育完全，有的类群前翅短缩，缺后翅；雄性前翅具发声器。胸听器发达，外露。产卵瓣较长，剑状。

分布：主要分布于东洋区和澳洲区，少数种类分布于古北区、新热带区和旧热带区。世界已知约 150 属 970 余种，中国记录 57 属 293 余种，浙江分布 20 属 38 种（亚种），其中浙江 2 新记录属和 2 新记录种。

分属检索表

1. 翅短，不超过后足股节端部 ··· 2
- 翅长，到达或远超过后足股节端部 ··· 8
2. 后足胫节具 3 对端距 ·· 3
- 后足胫节具 2 对端距 ·· 5
3. 雄性前胸背板显著延长（约占体长的 1/2），沟后区向外扩展，向背方隆起，侧片沟后区扩展；第 10 腹节背板长；外生殖器鞭，较长；雌性前胸背板短，不扩展 ··· 华弯螽属 *Sinocyrtaspis*
- 雄性前胸背板较短，不扩展；或雄性前胸背板较长，稍扩展 ··· 4
4. 头背面具 4 褐色纵纹；雄性前胸背板稍向后延伸，侧片长大于高，沟后区渐狭；外生殖器膜质 ······ 吟螽属 *Phlugiolopsis*
- 头背面缺斑纹，或至多中央具 1 纵纹；雄性前胸背板短，侧片长与高近于相等；外生殖器骨化，外露 ·· 异饰尾螽属 *Acosmetura*
5. 后足股节膝叶末端具刺；雄性第 10 腹节背板后缘具单一后突 ············· 刺膝螽属 *Cyrtopsis*
- 后足股节膝叶末端钝圆，缺刺 ··· 6
6. 雄性前胸背板长；第 10 腹节背板后缘具凹口 ································· 副饰尾螽属 *Paracosmetura*
- 雄性前胸背板短，或适度向后延伸 ··· 7
7. 雄性前胸背板适度向后延伸，侧片沟后区稍扩展 ··························· 拟饰尾螽属 *Pseudocosmetura*
- 雄性前胸背板短，侧片沟后区渐狭 ··· 异杉螽属 *Athaumaspis*
8. 翅较短，到达或稍超过后足股节端部；雄性第 10 腹节背板具 1 对后突；外生殖器骨化；体杂色 ····· 拟库螽属 *Pseudokuzicus*
- 翅长，远超过后足股节端部 ··· 9
9. 头顶平坦，向前突出；雄性左、右尾须对称（结构简单）或左、右尾须不对称；雌性尾须棒状 ··· 纤畸螽属 *Leptoteratura*
- 头顶圆锥形；雄性左、右尾须基本对称；雌性尾须圆锥形 ··· 10
10. 雄性第 10 腹节背板后端具膜质区；头部复眼后缘具 1 对黑褐色或褐色斑 ············· 优剑螽属 *Euxiphidiopsis*
- 雄性第 10 腹节背板后端不具膜质区 ··· 11
11. 雄性第 10 腹节背板后缘具不成对的或成对的后突 ··· 12
- 雄性第 10 腹节背板后缘不具后突 ··· 18
12. 雄性第 10 腹节背板后缘具不成对的后突，外生殖器膜质 ······················· 剑螽属 *Xiphidiopsis*
- 雄性第 10 腹节背板后缘具 1 对后突，外生殖器骨化 ··· 13
13. 雄性第 10 腹节背板后缘具 1 对长的后突 ··· 14
- 雄性第 10 腹节背板后缘具 1 对短的后突 ··· 16

14.	雄性尾须不分背、腹叶；第 10 腹节背板后突向腹面显著弯曲；外生殖器长，具刺或齿 ·············	库螽属 *Kuzicus*
-	雄性尾须分背、腹叶；第 10 腹节背板后突较直，或缺后突，后缘与肛上板融合，侧缘突出 ·············	15
15.	雄性第 10 腹节背板向后延伸成 1 对长的后突；尾须分背、腹叶 ·············	大畸螽属 *Macroteratura*
-	雄性第 10 腹节背板后缘凹，侧缘突出；与肛上板融合；产卵瓣端部具数齿 ·············	大蛩螽属 *Megaconema*
16.	雄性外生殖器骨化；前胸背板背面不具黑褐色纵纹 ·············	格螽属 *Grigoriora*
-	雄性外生殖器膜质；前胸背板背面具 1 对黑褐色纵纹 ·············	17
17.	雄性第 10 腹节背板后缘具 1 对基部相连的后突，或后缘凹，或较直缺后突；头背面褐色或具 4 条褐色纵纹 ············· 栖螽属 *Xizicus*	
-	雄性第 10 腹节背板具 1 对后突；头背面不具褐色纹 ·············	东栖螽属 *Eoxizicus*
18.	前胸背板背面具 1 条宽的淡褐色纵纹，并具 2 对黑褐色斑；头顶黑褐色 ·············	斑背螽属 *Nigrimacula*
-	前胸背板背面具 1 对近于平行的黄色纵纹；头顶同体色 ·············	19
19.	雄性阳茎基背片端部具 1 对刺状突；第 10 腹节背板后缘不具瘤状突；尾须内缘具 1 刺状突，尾须端部稍扩展，扁；腹产卵瓣近端部不具齿 ············· 涤螽属 *Decma*	
-	雄性外生殖器膜质；第 10 腹节背板后缘具 1 对小的瘤状突；尾须端部稍膨大；腹产卵瓣端部具 2 大齿 ············· 小蛩螽属 *Microconema*	

333. 异饰尾螽属 *Acosmetura* Liu, 2000

Acosmetura Liu, 2000: 220. Type species: *Acosmetura brevicerca* Liu, 2000.

主要特征：体小型。头顶圆锥形。前胸背板较短，侧片后缘渐趋狭。雄性前翅短，大部分被前胸背板盖住；雌性前翅侧置；后翅缺。前足胫节内、外侧听器均为开放式。后足胫节具 1 对背端距和 2 对腹端距。雄性第 10 腹节背板短；尾须结构简单；下生殖板具腹突；外生殖器骨化，外露。产卵器背、腹缘光滑。

分布：中国特有属，分布于西南、华南和华中地区，目前记录 11 种，浙江分布 2 种。

（686）铲状异饰尾螽 *Acosmetura listrica* Bian *et* Shi, 2015（图 18-134）

Acosmetura listrica Bian *et* Shi, 2015: 478.

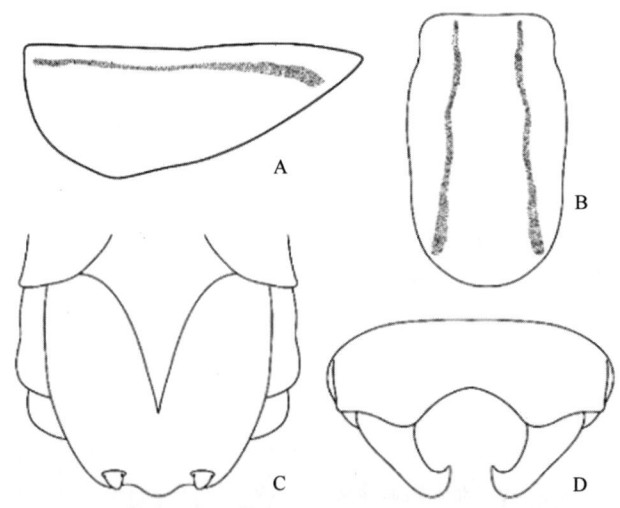

图 18-134　铲状异饰尾螽 *Acosmetura listrica* Bian *et* Shi, 2015
A. ♂前胸背板侧面观；B. ♂前胸背板背面观；C. ♂下生殖板；D. ♂第 10 腹节背板与尾须背面观

主要特征：体小型。前胸背板侧片渐狭，缺肩凹。雄性前翅短，缺后翅；第 10 腹节背板后缘凹入；肛上板端部钝圆；尾须基部粗壮，端部向内背方弯曲，末端较尖；外生殖器骨化，端部铲状；下生殖板具腹突。雌性产卵瓣渐狭，末端尖；下生殖板宽大，后缘具小凹口。

体淡黄褐色。前胸背板背面中央具淡褐色纵纹，其外缘色暗，呈1对褐色纹，其外缘嵌黄色纵纹。

分布：浙江（临安）、湖北。

（687）长尾异饰尾螽 Acosmetura longicercata Liu, Zhou et Bi, 2008（图18-135）

Acosmetura longicercata Liu, Zhou et Bi, 2008: 764.

主要特征：体小型，粗壮。前胸背板后缘宽的钝圆形。雄性前翅小，隐藏于前胸背板之下；第10腹节背板后缘中央具小凹口；尾须长，向内背方扭曲；下生殖板后缘突出，腹突短；外生殖器骨化，外露，端部短刺状。产卵瓣背、腹缘光滑，端部尖。

体淡绿色，前胸背板背面具1对褐色纵纹，其沟后区色暗。后足股节端部黑色，腹部背面褐色。

分布：浙江（临安）。

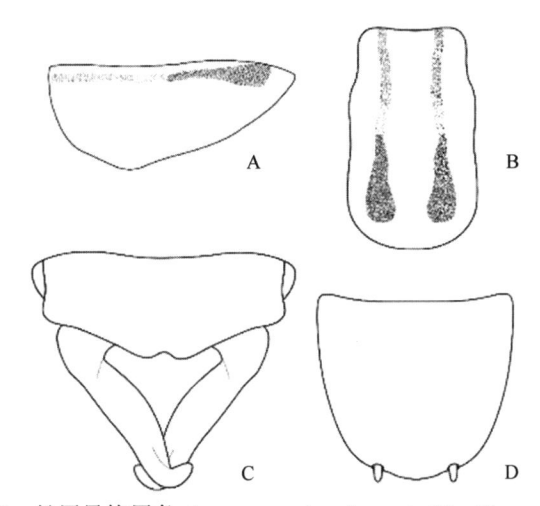

图18-135 长尾异饰尾螽 Acosmetura longicercata Liu, Zhou et Bi, 2008
A. ♂前胸背板侧面观；B. ♂前胸背板背面观；C. ♂腹部末端背面观；D. ♂下生殖板

334. 刺膝螽属 Cyrtopsis Bey-Bienko, 1962

Cyrtopsis Bey-Bienko, 1962: 132. Type species: Cyrtopsis scutigera Bey-Bienko, 1962.

主要特征：体小型，粗壮。头顶圆锥形。下颚须端节与亚端节近于等长。雄性前胸背板长，沟后区显著隆起；侧片后缘倾斜，无肩凹。雄性前翅大部分隐藏于前胸背板下面。后足股节膝叶具端刺；前足胫节内、外侧听器均为开放式，后足胫节具1对背端距与1对腹端距。雄性第10腹节背板具后突或叶，尾须结构简单，下生殖板具腹突，外生殖器革质，外露。

分布：中国特有属，分布于华南、西南和华中区，目前记录5种，浙江分布3种。

分种检索表

1. 头部背面具"T"形的黑褐色斑纹；雄性尾须端部近于截形；雌性下生殖板横宽，后缘钝圆 ………… **T-纹刺膝螽 C. t-sigillata**
- 头部背面不具"T"形的黑褐色斑纹 ……………………………………………………………………………………… 2
2. 雄性尾须端部二叉状；雌性下生殖板长大于宽，后缘近于截形 ……………………………………… **叉尾刺膝螽 C. furcicerca**
- 雄性尾须端部尖；雌性下生殖板后缘凹入 ……………………………………………………………… **双纹刺膝螽 C. bivittata**

（688）双纹刺膝螽 *Cyrtopsis bivittata* (Mu, He *et* Wang, 2000)（图 18-136）

Cosmetura bivittata Mu, He *et* Wang, 2000: 315.
Cyrtopsis bivittata: Wang, Qin, Liu & Li, 2015c: 360.

主要特征：体小型。雄性前胸背板长，沟后区隆起；前翅短，从侧面可见狭边，后翅缺。足股节膝叶端具刺，通常前足与中足股节膝叶端的刺不明显。雄性第 10 腹节背板后缘中央具 1 扁的向腹面弯的后突，其端部裂开；尾须短，基部粗壮，向端部渐细，末尖。外生殖器骨化，侧缘向背腹缘扩展。下生殖板长大于宽，腹突短。雌性下生殖板较宽，后缘中央凹入。产卵瓣短，背、腹缘光滑，端部尖。

体绿色。前胸背板背面具 1 条宽的褐色纵纹，其后端 2/3 侧缘色暗，呈 1 对黑色纵纹，伸至腹部后端。后足股节端部黑褐色。

分布：浙江（开化）、福建。

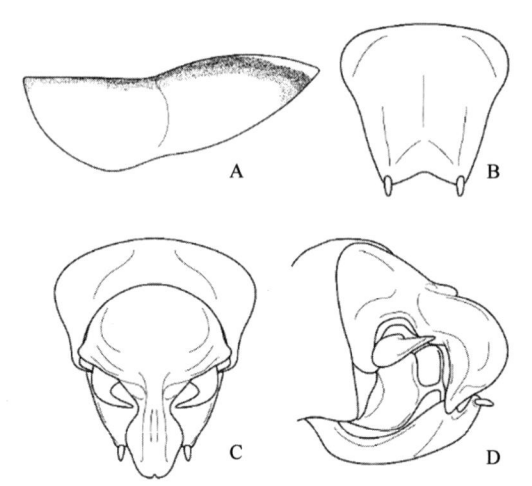

图 18-136 双纹刺膝螽 *Cyrtopsis bivittata* (Mu, He *et* Wang, 2000)（引自 Wang et al.，2015c）
A.♂前胸背板侧面观；B.♂下生殖板；C.♂腹部末端端面观；D.♂腹部末端侧端观

（689）T-纹刺膝螽 *Cyrtopsis t-sigillata* Liu, Zhou *et* Bi, 2010（图 18-137）

Cyrtopsis t-sigillata Liu, Zhou *et* Bi, 2010: 78.

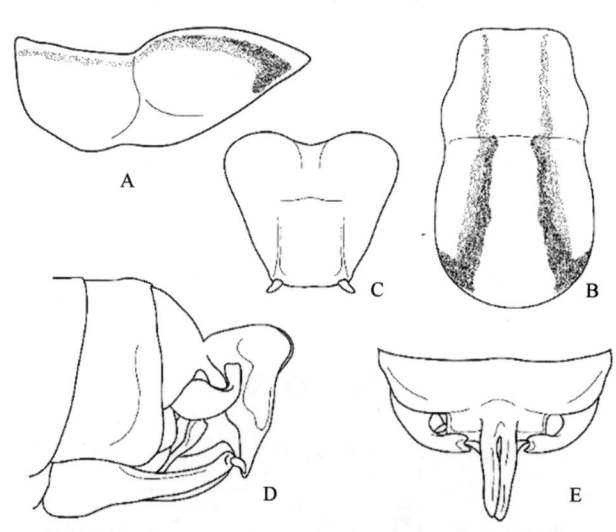

图 18-137 T-纹刺膝螽 *Cyrtopsis t-sigillata* Liu, Zhou *et* Bi, 2010（引自 Liu et al.，2010）
A.♂前胸背板侧面观；B.♂前胸背板背面观；C.♂下生殖板；D.♂腹部末端侧面观；E.♂腹部末端背端观

主要特征：体小型，粗壮。雄性前胸背板长，沟后区稍隆起；第 10 腹节背板后缘中央延伸成大的后突，中央纵裂，腹面扩展，端部呈叶状，分开。尾须短，基部较粗壮，向端部渐细，末端截形，具钝的背、腹角；外生殖器骨化，基部宽，渐窄，端部腹缘扩展，背缘齿状。下生殖板宽，梯形。腹突短。

雌性前胸背板较短，侧片后缘渐缩狭。前翅侧置；缺后翅。下生殖板横宽，后缘中央微凹。产卵瓣较宽短，背缘中部具细齿，腹缘光滑，腹瓣端尖。

体淡黄褐色。头部背面具 1 条 "T" 形黑褐色纹，前胸背板背面中央具 1 条宽的褐色纵纹，其后端外缘色暗，呈黑色纵纹；其外缘嵌黄色纵纹。前胸背板侧片黄色，其边缘具细的黄色边。腹部背部中央具 1 条赤褐色纵纹，其外缘嵌淡褐色纹。雄性第 10 腹节背板中部暗褐色。

分布：浙江（龙泉）。

（690）叉尾刺膝螽 *Cyrtopsis furcicerca* Wang, Qin, Liu *et* Li, 2015（图 18-138）

Cyrtopsis furcicerca Wang, Qin, Liu *et* Li, 2015c: 365.

主要特征：体小型，粗壮。雄性前胸背板沟后区稍隆起；第 10 腹节背板基部较宽，呈盘状，中央凹陷，其腹缘向后突出，端部中央裂开，后突腹缘向腹面扩展，末端钝圆。尾须基部粗壮，端部分两支，背支较长，端部尖；腹支稍短，末端钝圆。下生殖板后缘弧形凹入。腹突圆柱形，末端略尖。

雌性前胸背板短，侧片向后渐狭。第 10 节背板后缘中央稍突出。产卵瓣背缘具细齿，端部尖。下生殖板宽短，向腹面鼓，后缘凹入。

体淡黄褐色。前胸背板背面具宽的褐色纵纹，其后端外缘色暗，呈 1 对黑色纵纹，沟后区纵纹稍加宽；其外缘嵌黄色纵纹；侧片具黄褐色边。前足胫节听器黄褐色。腹部背部具赤褐色纵纹，其外缘嵌淡褐色纵纹。雄性第 10 腹节背板中部暗褐色，周围黄褐色。

分布：浙江（临安）。

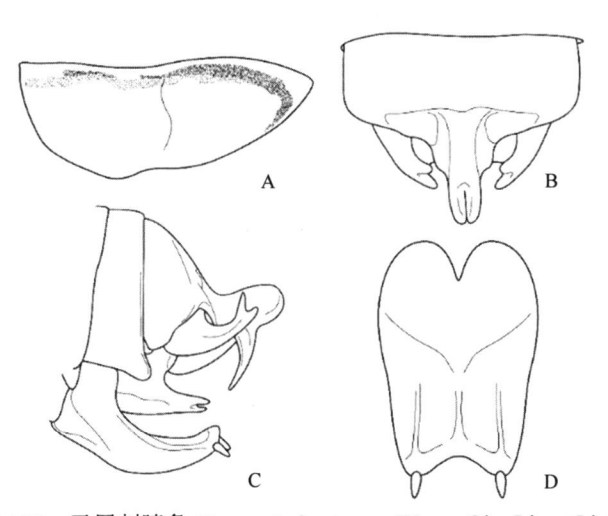

图 18-138 叉尾刺膝螽 *Cyrtopsis furcicerca* Wang, Qin, Liu *et* Li, 2015
A. ♂前胸背板侧面观；B. ♂腹部末端端面观；C. ♂腹部末端侧面观；D. ♂下生殖板

335. 副饰尾螽属 *Paracosmetura* Liu, 2000

Paracosmetura Liu, 2000: 222 [English 226]. Type species: *Paracosmetura cryptocerca* Liu, 2000.

主要特征：体小型。头顶圆锥形，端部钝圆，背面具纵沟；下颚须端节长于亚端节。前胸背板侧片沟后区扩展，缺肩凹。足股节膝叶端部钝圆；前足胫节内、外侧听器均为开放式；后足胫节具 1 对腹端距与

1对背端距。雄性前翅隐藏于前胸背板下面，雌性前翅侧置。雄性第10腹节背板具侧叶；肛上板退化；尾须短；下生殖板长，具腹突；外生殖器革质，外露。产卵瓣镰状，边缘光滑。

分布：中国特有属，分布于华南区与华中区，目前已知2种，浙江分布1种。

（691）竹副饰尾螽 *Paracosmetura bambusa* Liu, Zhou et Bi, 2010（图18-139）

Paracosmetura bambusa Liu, Zhou et Bi, 2010: 78.

主要特征：体小型。雄性前胸背板侧片沟后区稍扩展；第10腹节背板盾形，侧缘中部内凹，侧叶向腹面弯，侧叶间凹口狭于侧叶；尾须隐藏于第10腹节背板下面，粗短，端部内缘具1钝齿。下生殖板长，后缘具凹口；腹突短小。外生殖器骨化，外露，端部盘状。雌性前胸背板较短，侧片后缘渐狭。下生殖板大致呈半圆形，后缘中央具凹口。产卵瓣较宽短，背缘光滑，腹缘端部具一些细齿。

体淡绿色。头顶褐色。前胸背板背面具1条褐色纵纹，其延伸到腹部末端。雄性尾须端齿褐色。

分布：浙江（庆元、龙泉）。

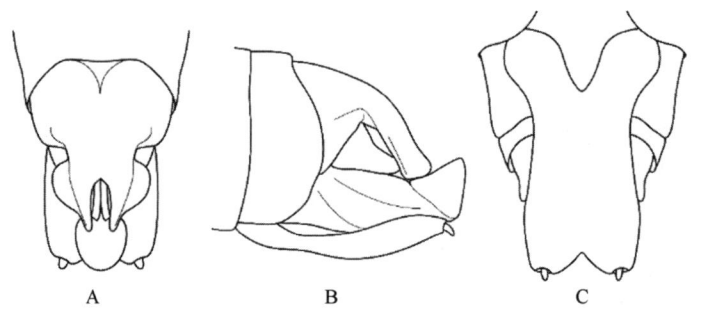

图18-139 竹副饰尾螽 *Paracosmetura bambusa* Liu, Zhou et Bi, 2010
A. ♂腹部末端背面观；B. ♂腹部末端侧面观；C. ♂下生殖板

336. 吟螽属 *Phlugiolopsis* Zeuner, 1940

Phlugiolopsis Zeuner, 1940: 77. Type species: *Phlugiolopsis* (*Phlugiolopsis*) *henryi* Zeuner, 1940.

主要特征：体小型。头顶圆锥形，下颚须端节长于亚端节。前胸背板侧片后缘渐狭，缺肩凹。雄性前翅到达或超过前胸背板后缘，后翅缺。雌性左、右前翅重叠。前足胫节内、外侧听器均为开放式；后足胫节具1对背端距和2对腹端距。雄性外生殖器膜质；下生殖板具腹突或缺。产卵瓣背瓣端部尖，腹瓣末端具1小钩。体暗褐色，头部背面具4条褐色或暗褐色纵纹，前胸背板背面褐色或浅褐色，其外缘嵌黑褐色纵纹。

分布：东洋区。世界已知约30种，中国记录20余种，浙江分布2种。

（692）隆板吟螽 *Phlugiolopsis carinata* Wang, Li et Liu, 2012（图18-140）

Phlugiolopsis carinata Wang, Li et Liu, 2012b: 43.

主要特征：体小型。雌性尾须粗短，圆锥形。下生殖板横宽，端半部突出，后缘中央凹，基半部侧缘具1对侧隆线，端部中央具纵沟。产卵瓣短于后足股节，腹瓣端部钩状。

体黄褐色。头部背面具4条褐色纵纹，触角鞭节具稀疏的环状纹。前胸背板背面具1条宽的暗褐色纵纹，外缘嵌有不连续的黑褐色纵纹。后足股节膝叶端部黑褐色。

分布：浙江（庆元）。

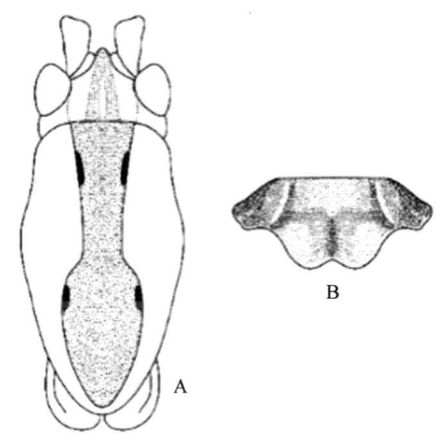

图 18-140　隆板吟螽 *Phlugiolopsis carinata* Wang, Li *et* Liu, 2012（引自 Wang et al., 2012b）
A. ♀头与前胸背板背面观；B. ♀下生殖板

（693）小吟螽 *Phlugiolopsis minuta* (Tinkham, 1943)（图 18-141）

Xiphidiopsis minuta Tinkham, 1943: 42.
Phlugiolopsis minuta: Yamasaki, 1986: 357.
Phlugiolopsis fallax Xia *et* Liu, 1993: 93.

主要特征：体小型。雄性第10腹节背板后缘微凹；尾须基部粗壮，基半部内缘凹，近基部1/3处内背缘扩展，呈叶状；中部内缘片状呈矩形扩展，其末端平截或圆弧形；尾须端半部细，向内弯曲，末端尖。下生殖板基部较宽，向端部趋狭，后缘圆角形突出；腹突圆锥形。雌性肛上板三角形。背产卵瓣末端尖，腹产卵瓣末端具小钩，或不明显。下生殖板基部较宽，两侧基部向背方扩展，端部稍趋狭，后缘微凹。

体黄褐色。头部背面具4条黑褐色纵纹。前胸背板背面中央具淡褐色纵纹，其侧缘黑褐色。足股节膝叶端部黑褐色。腹节背板黑褐色，腹板浅褐色。雄性下生殖板黑褐色。

分布：浙江（临安）、江西、湖南、广西。

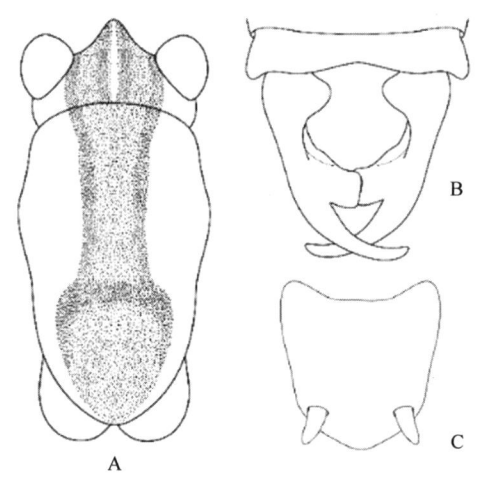

图 18-141　小吟螽 *Phlugiolopsis minuta* (Tinkham, 1943)
A. ♂头与前胸背板背面观；B. ♂腹部末端背面观；C. ♂下生殖板

337. 拟饰尾螽属 *Pseudocosmetura* Liu, Zhou *et* Bi, 2010

Pseudocosmetura Liu, Zhou *et* Bi, 2010: 79. Type species: *Pseudocosmetura fengyangshanensis* Liu, Zhou *et* Bi, 2010.

主要特征：体小型。头顶圆锥形，端部钝圆，背面具细纵沟。下颚须端节稍长于亚端节。雄性前胸背板稍延伸，沟后区不隆起，侧片后缘稍扩展，无肩凹。前足胫节内、外侧听器均为开放式，后足胫节具 1 对背端距和 1 对腹端距。雄性前翅隐藏于前胸背板下面；雌性前翅侧置。雄性第 10 腹节背板小，具肛上板或退化；尾须较长；下生殖板具腹突；外生殖器革质，通常不裸露。产卵瓣刀状，基部较粗壮，端部尖。

分布：中国特有属，分布于华南、西南和华中区，目前记录 7 种，浙江分布 2 种。

（694）安吉拟饰尾螽 *Pseudocosmetura anjiensis* (Shi *et* Zheng, 1998)（图 18-142）

Tettigoniopsis anjiensis Shi *et* Zheng, 1998: 56.
Pseudocosmetura anjiensis: Liu, Zhou & Bi, 2010: 81.

主要特征：体小型。雄性第 10 腹节背板后缘中央凹入；肛上板宽短，后缘钝圆。尾须较长，基部较粗壮，其余部分细，内缘具浅凹沟，末端具 1 枚小钝齿。下生殖板基部稍宽，向端部渐狭，后缘较直。腹突短。外生殖器革质，基部较粗壮，端部狭。

雌性前胸背板较短，侧片后缘渐狭。前翅椭圆形，侧置，缺后翅。产卵瓣基部粗壮，向端部渐狭，背缘光滑，腹缘端部具细齿。下生殖板基部稍宽，中央具纵隆线，后缘钝圆，中央浅凹。

体绿色。前胸背板背面淡褐色，其外缘色暗，呈 1 对褐色纵纹；纵纹外缘嵌黄色纵纹。

分布：浙江（安吉、临安）。

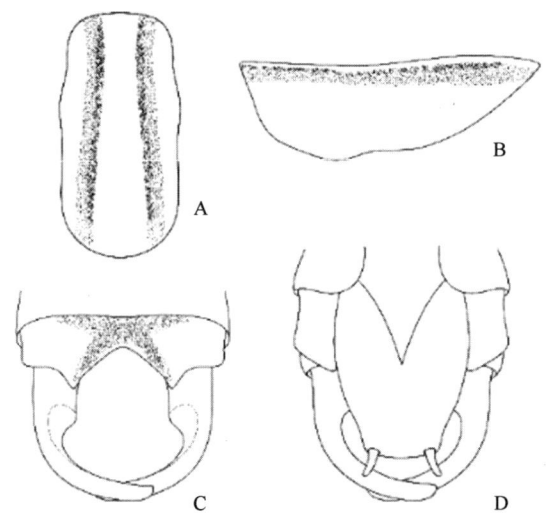

图 18-142　安吉拟饰尾螽 *Pseudocosmetura anjiensis* (Shi *et* Zheng, 1998)
A.♂前胸背板背面观；B.♂前胸背板侧面观；C.♂腹部末端背面观；D.♂腹部末端腹面观

（695）凤阳山拟饰尾螽 *Pseudocosmetura fengyangshanensis* Liu, Zhou *et* Bi, 2010（图 18-143）

Pseudocosmetura fengyangshanensis Liu, Zhou *et* Bi, 2010: 80.

主要特征：体小型，稍粗壮。前胸背板稍向后延伸，沟后区不隆起；侧片后缘稍扩展，缺肩凹。雄性第 10 腹节背板后缘中央凹入，肛上板与第 10 腹节背板融合，稍向后突，中央凹入。尾须细长，稍呈 "S" 形弯曲。下生殖板基部较宽，后缘凹。腹突着生于后端侧缘。

雌性前翅侧置。下生殖板近方形，后缘具凹口。产卵瓣较宽短，背、腹缘光滑。

体绿色。前胸背板背面具 1 对细的褐色或黑褐色纵纹，其外缘嵌淡色纵纹。

分布：浙江（龙泉）、福建。

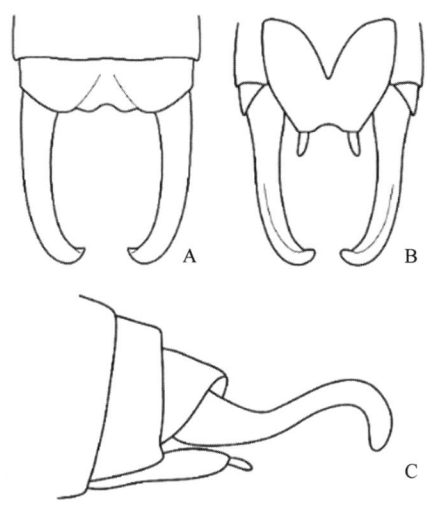

图 18-143 凤阳山拟饰尾螽 *Pseudocosmetura fengyangshanensis* Liu, Zhou et Bi, 2010
A.♂腹部末端背面观；B.♂腹部末端腹面观；C.♂腹部末端侧面观

338. 华穹螽属 *Sinocyrtaspis* Liu, 2000

Sinocyrtaspis Liu, 2000: 219. Type species: *Sinocyrtaspis lushanensis* Liu, 2000.

主要特征：体小型，粗壮。头顶圆锥形，端部钝圆，背面具纵沟。前胸背板长，向外扩展，沟后区较显著隆起；前胸背板侧片后缘显著扩展，缺肩凹。前足胫节内、外侧听器均为开放式；后足胫节具 1 对背端距和 2 对腹端距。雄性前翅隐藏于前胸背板之下，雌性前翅侧置，缺后翅。雄性第 10 腹节背板向后延伸，中央具凹口，两侧具 1 对侧叶；肛上板退化；下生殖板较大，具腹突。外生殖器革质，外露，较长。

分布：中国特有属，分布于华南、西南和华中区，目前记录 10 种（亚种），浙江分布 1 种（亚种）。

（696）短尾华穹螽 *Sinocyrtaspis huangshanensis brachycerca* Chang, Bian et Shi, 2012（图 18-144）

Sinocyrtaspis brachycercus Chang, Bian et Shi, 2012: 85.
Sinocyrtaspis huangshanensis brachycerca: Wang, Xin & Shi, 2020: 587.

主要特征：体小型，粗壮。雄性第 10 腹节背板长，基部稍宽，侧缘中央缢缩，端半部侧缘稍向外扩展，后端中央具近于方形的凹口，两侧叶端部钝圆。外生殖器长，端部稍扩展成梯形，嵌于第 10 腹节背板后缘凹口中。尾须短，圆锥形，末端钝圆。下生殖板长，基部稍宽，端部稍狭，后缘凹。腹突粗短圆锥形。
雌性前胸背板短，沟后区不隆起；侧片后缘渐狭。前翅卵形，侧置，缺后翅。产卵瓣较宽短，背、腹缘光滑，端部尖。下生殖板基部宽，端部狭，中央具小凹口。
体绿色。前胸背板背面具 1 对褐色纵纹。腹部背缘具 1 条淡褐色纵纹。
分布：浙江（安吉、临安、开化）。

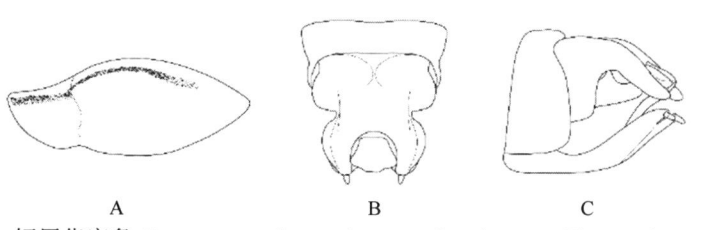

图 18-144 短尾华穹螽 *Sinocyrtaspis huangshanensis brachycerca* Chang, Bian et Shi, 2012
A.♂前胸背板侧面观；B.♂腹部末端背面观；C.♂腹部末端侧面观

339. 异杉螽属 *Athaumaspis* Wang et Liu, 2014

Athaumaspis Wang et Liu in Wang, Liu & Li, 2014b: 22. Type species: *Athaumaspis minutus* Wang et Liu, 2014.

主要特征：体小型。头为下口式，头顶圆锥形，端部钝圆，背面具浅纵沟；下颚须端节与亚端节近于等长。前胸背板侧片较低；缺肩凹。胸听器外露。前翅短，大部分被前胸背板盖住。后足胫节具 1 对背端距与 1 对腹端距。雄性第 10 腹节背板后端具分叉的或长或短的后突，尾须长或分叉；下生殖板具腹突；外生殖器膜质。雌性产卵瓣短，适度向背面弯曲，腹瓣端部钩状。

分布：东洋区。世界已知 3 种，中国记录 2 种，浙江分布 1 种。

（697）双枝异杉螽 *Athaumaspis bifurcatus* (Liu, Zhou et Bi, 2010)（图 18-145）

Thaumaspis bifurcate Liu, Zhou et Bi, 2010: 81.
Athaumaspis bifurcates: Wang, Liu & Li, 2014b: 25.

主要特征：体小型，较粗短。雄性第 10 腹节背板短，后缘中部向后突出，中央具凹口，两侧叶末端钝圆；尾须粗短的圆锥形，端部钝圆，亚端部内缘具 1 三角形的叶；近基部外缘具 1 弯曲的指形突，端部稍膨大。下生殖板近于长方形，后缘稍狭，中央微凹；腹突圆柱形。雌性产卵瓣较长，背瓣端部尖，腹瓣端部钩状；下生殖板骨化弱，端部稍尖。

体淡黄绿色。后足胫节刺和距的端半部暗褐色，足爪的端半部黑褐色。

分布：浙江（庆元、龙泉）。

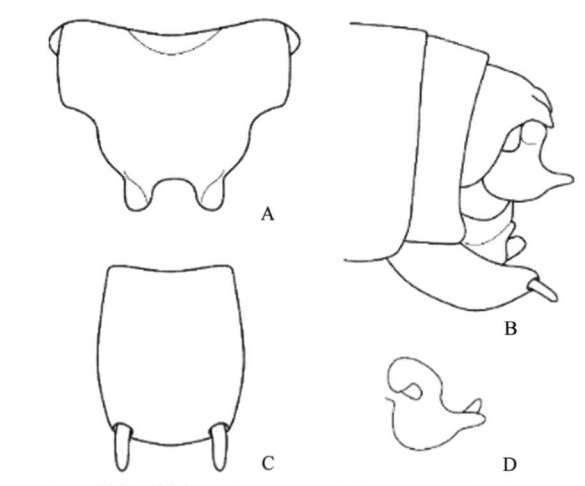

图 18-145 双枝异杉螽 *Athaumaspis bifurcatus* (Liu, Zhou et Bi, 2010)
A. ♂第 10 腹节背板背面观；B. ♂腹部末端侧面观；C. ♂下生殖板；D. ♂左尾须侧面观

340. 涤螽属 *Decma* Gorochov, 1993

Decma Gorochov, 1993b: 79. Type species: *Decma stshelkanovtzevi* Gorochov, 1993.

主要特征：体小型，纤细。头顶圆锥形，复眼卵形，突出。下颚须端节与亚端节约等长。前胸背板侧片肩凹浅。前翅超过后足股节末端，后翅长于前翅。后足胫节具 1 对背端距与 2 对腹端距。雄性第 10 腹节背板无后突，肛上板较小；尾须内侧通常具内突或叶；下生殖板具腹突；外生殖器具 1 对阳茎端突。腹产卵瓣端部具小钩。

分布：东洋区。世界已知 18 种，中国记录 5 种，浙江分布 1 种。

（698）裂涤螽 *Decma* (*Decma*) *fissa* (Xia *et* Liu, 1993)（图 18-146）

Xiphidiopsis fissa Xia *et* Liu, 1993:97.

Decma (*Decma*) *fissa*: Gorochov, Liu & Kang, 2005: 80.

主要特征：体小型，细瘦。雄性尾须细长，基部具较长的向内弯曲的刺状内突，其表面密布微刺；尾须端部 1/3 扩展，侧扁；阳茎端突方形，侧端分别具 1 枚长刺。雌性产卵瓣较直，基部粗壮，端部尖。下生殖板中部宽，端半部渐狭，深裂成两狭裂叶，其末端尖。

体绿色。前胸背板背面具 1 对平行的淡黄色纵纹。雄性尾须内突与阳茎端突端部刺黄褐色。

分布：浙江（龙泉）、江苏、湖北、江西、湖南、福建、广东、广西、重庆、四川、贵州。

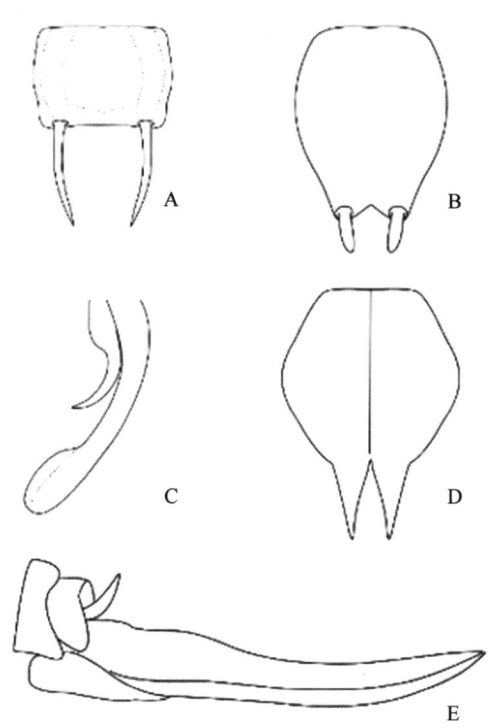

图 18-146 裂涤螽 *Decma* (*Decma*) *fissa* (Xia *et* Liu, 1993)
A. ♂阳茎基背片背面观；B. ♂下生殖板腹面观；C. ♂右尾须背面观；D. ♀下生殖板；E. ♀产卵瓣侧面观

341. 优剑螽属 *Euxiphidiopsis* Gorochov, 1993

Xiphidiopsis (*Euxiphidiopsis*) Gorochov, 1993b: 66. Type species: *Xiphidiopsis motshulskyi* Gorochov, 1993.

Euxiphidiopsis: Liu & Zhang, 2000: 157.

Paroxizicus Gorochov *et* Kang in Gorochov, Liu & Kang, 2005: 71. Junior homonym.

主要特征：体小型。头顶圆锥形，端部钝圆，背面具纵沟。下颚须端节长于亚端节，端部稍膨大。前胸背板短，侧片肩凹较明显。前足胫节内、外侧听器均为开放式。前翅超过后足股节端部，后翅长于前翅。后足胫节具 1 对背端距和 2 对腹端距。雄性第 10 腹节背板具膜质区，有的具 1 后突。头部复眼后缘具 1 对黑褐色或褐色斑，前胸背板背面具 1 对黑褐色纵纹。

分布：东洋区。世界已知 17 种，中国记录 13 种，浙江分布 4 种。

分种检索表

1. 雄性尾须端部不分叉 ··· 2
 - 雄性端部 2 瓣状或二分叉 ··· 3
2. 雄性尾须向端部渐狭,末端稍尖;雌性下生殖板宽大于长,后缘近截形 ·················· 犀尾优剑螽 *E. capricercus*
 - 雄性尾须基半部宽,端半部狭;雌性下生殖板后缘钝圆,后缘具 1 小凹刻,第 7 腹板具 1 叉状突 ···· 格尼优剑螽 *E. gurneyi*
3. 雄性尾须端部明显分为二叉状;雌性下生殖板近长方形,中央纵凹 ······················· 中华优剑螽 *E. sinensis*
 - 雄性尾须亚端部膨大,末端呈二短瓣状;雌性下生殖板基部狭,端部稍宽 ············· 勺尾优剑螽 *E. spathulata*

(699) 犀尾优剑螽 *Euxiphidiopsis capricercus* (Tinkham, 1943)(图 18-147)

Xiphidiopsis capricercus Tinkham, 1943: 45.

Euxiphidiopsis capricercus: Liu, Zhou & Bi, 2010: 85.

主要特征:体小型。前胸背板侧片具弱的肩凹。前翅长,后翅稍长于前翅。雄性第 10 腹节背板后端具膜质区,骨化部分狭。尾须长,基部背缘具钝的小突,中部背腹缘稍扩展,端部稍渐细,末端稍尖,向内弯曲。下生殖板狭,近矩形,腹突小。雌性下生殖板横宽;产卵瓣细长,腹瓣端部具小钩。

体绿色。复眼后缘具 1 对褐色纵纹,延伸到前胸背板后缘,褐色纵纹间区域浅褐色。前翅前缘沙黄色。

分布:浙江(临安、龙泉)、湖北、湖南、福建、重庆、四川、贵州。

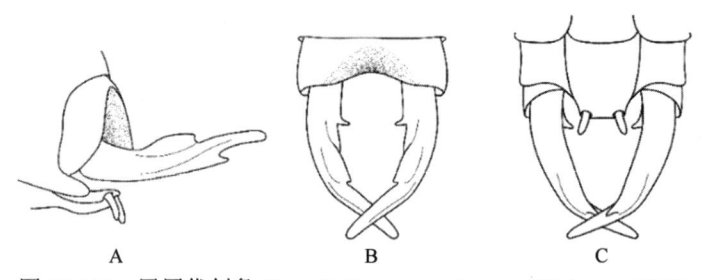

图 18-147 犀尾优剑螽 *Euxiphidiopsis capricercus* (Tinkham, 1943)
A. ♂腹部末端侧面观;B. ♂腹部末端背面观;C. ♂腹部末端腹面观

(700) 中华优剑螽 *Euxiphidiopsis sinensis* (Tinkham, 1944)(图 18-148)

Xiphidiopsis sinensis Tinkham, 1944: 524.

Euxiphidiopsis sinensis: Liu & Zhang, 2000: 157.

Xiphidiopsis sulcate Xia *et* Liu, 1990: 222.

主要特征:体小型。前翅长,超过后足股节末端,后翅长于前翅。雄性第 10 腹节背板骨化部分狭,后缘具 1 对小的三角形后突,骨化部分与肛上板间具宽的膜质区。尾须长,基部内侧具 1 小刺突,端半部内缘具深纵沟,末端呈双叶状;下生殖板腹突较细长。雌性下生殖板近于长方形,中央全长具较深的凹陷。产卵瓣较粗短,稍向背面弯曲,腹瓣端部具小钩。

体淡绿色。头部复眼后缘具黑色纵纹,延伸至前胸背板后缘,其外侧嵌黄色纵纹,前胸背板背面黄褐色。后足股节膝叶端具黑斑。

分布:浙江(泰顺)、重庆、四川、贵州。

(701) 勺尾优剑螽 *Euxiphidiopsis spathulata* (Mao *et* Shi, 2007)(图 18-149)

Paraxizicus spathulata Mao *et* Shi, 2007: 67.

Euxiphidiopsis spathulata: Liu, Zhou & Bi, 2010: 86.

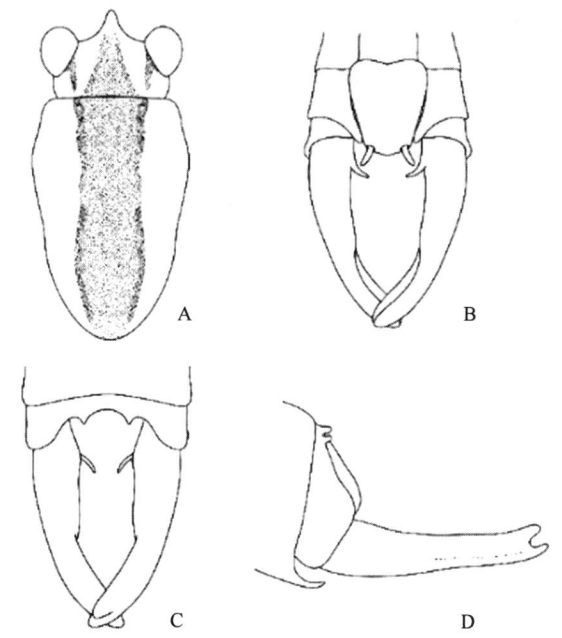

图 18-148　中华优剑螽 *Euxiphidiopsis sinensis* (Tinkham, 1944)
A. ♂前胸背板背面观；B. ♂腹部末端腹面观；C. ♂腹部末端背面观；D. ♂腹部末端侧面观

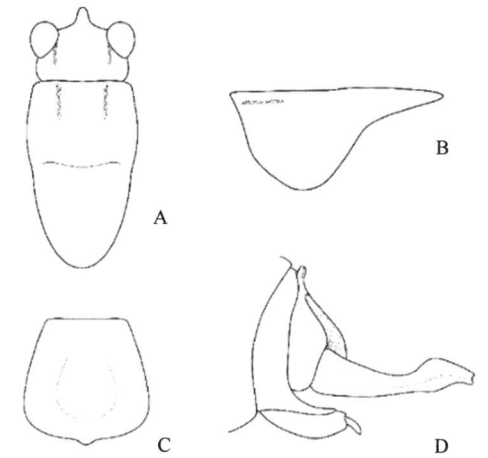

图 18-149　勺尾优剑螽 *Euxiphidiopsis spathulata* (Mao et Shi, 2007)
A. 头与前胸背板背面观；B. 前胸背板侧面观；C. ♀下生殖板；D. ♂腹部末端侧面观

主要特征：体小型。雄性第 10 腹节背板后缘具 1 后突，其端部呈二瓣状；骨化部分与肛上板间具宽的膜质区；尾须基半部较粗壮，亚端部勺状膨大，端部分叉。下生殖板近梯形，中央龙骨状隆起，后缘平截，腹突细长。雌性下生殖板端部中央稍突出。产卵瓣细长，腹瓣端部具小钩。

体淡绿色。复眼后缘具 1 对浅褐色纹，延伸到前胸背板前端。前翅具一些淡褐色斑。后足跗节具褐色边缘。

分布：浙江（龙泉）、广西、贵州。

（702）格尼优剑螽 *Euxiphidiopsis gurneyi* (Tinkham, 1944)（图 18-150）

Xiphidiopsis gurneyi Tinkham, 1944: 521.

Euxiphidiopsis gurneyi: Liu & Zhang, 2000: 157.

主要特征：体小型。雄性第 10 腹节背板后缘中央稍隆起。尾须基部较粗壮，近中部背缘具鳍状突，端半部细，适度向内弯曲，末端钝圆。下生殖板近方形，后缘中央凹入；腹突细长。雌性第 7 节腹板具叉状突，其末端尖。下生殖板扇形，后缘中央具1小缺刻。产卵瓣背、腹缘光滑，背瓣端部尖，腹瓣端部具小钩。

体绿色，头部背面后侧缘具1对褐色斑，前胸背板背面侧缘具1对暗褐色纵纹。后足股节膝叶端具黑斑。

分布：浙江（庆元、龙泉）、安徽、湖北、湖南、福建、广西、重庆、四川、贵州。

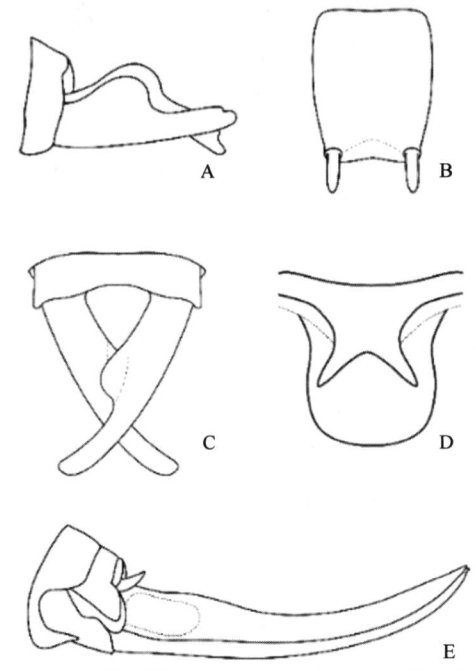

图 18-150　格尼优剑螽 *Euxiphidiopsis gurneyi* (Tinkham, 1944)
A.♂腹部末端侧面观；B.♂下生殖板；C.♂腹部末端背面观；D.♀下生殖板与第7腹部腹板；E.♀产卵瓣侧面观

342. 库螽属 *Kuzicus* Gorochov, 1993

Kuzicus Gorochov, 1993b: 71. Type species: *Teratura suzukii* Matsumura et Shiraki, 1908.

主要特征：体小型，较粗壮。头顶圆锥形，向前突出，端部钝圆。复眼卵形。前胸背板短，肩凹浅。前翅较长，超过后足股节端部；后翅长于前翅。前足胫节内、外侧听器均为开放式。后足胫节端部具1对背端距与2对腹端距。雄性第10腹节背板后缘具1对长且向腹面弯曲的后突；外生殖器骨化，具齿或刺。

分布：主要分布于东洋区，少数种扩展到古北区。世界已知17种，中国记录6种，浙江分布2种。

（703）颈尾库螽 *Kuzicus* (*Kuzicus*) *cervicercus* (Tinkham, 1943)（图 18-151）

Xiphidiopsis cervicercus Tinkham, 1943: 43.
Kuzicus (*Kuzicus*) *cervicercus*: Gorochov, 1993b: 72.

主要特征：体小型。雄性第10腹节背板后端具1对长的后突，其基部稍宽，向腹面弯曲，末端钝。尾须基部宽，长刺状，端部尖；尾须内缘具刺状突，其端部钩状。下生殖板半圆形，腹突小。外生殖器中央具纵隆脊，近基部细，端部扩宽，三叶状，外叶后缘具小齿。产卵瓣长，向端部渐窄，端部尖。下生殖板大致三角形，侧缘突出。

体绿色。触角柄节端部具褐色斑。前翅发声区后缘及前翅背缘褐色。

分布：浙江（舟山）、江苏、江西、广西、重庆。

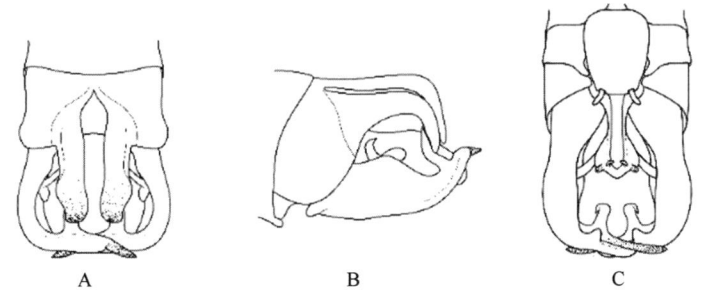

图 18-151　颈尾库螽 *Kuzicus* (*Kuzicus*) *cervicercus* (Tinkham, 1943)
A.♂腹部末端背面观；B.♂腹部末端侧面观；C.♂腹部末端腹面观

（704）铃木库螽 *Kuzicus* (*Kuzicus*) *suzukii* (Matsumura et Shiraki, 1908)（图 18-152）

Teratura suzukii Matsumura *et* Shiraki, 1908: 48.
Kuzicus (*Kuzicus*) *suzukii*: Gorochov, 1993b: 72.

主要特征：体小型。雄性第 10 腹节背板两侧后缘稍扩展，中央具 1 对向后下方弯曲的后突，其向端部趋狭，末端稍尖；亚端部具向后的分叉，其端部钝圆。尾须基半部厚实，中部显著内弯，之后渐趋狭，端部尖刺状；尾须内侧近中部具突起和尖刺。外生殖器基部宽，与下生殖板融合，中部狭，中央隆起，呈隆脊状；近端部具 1 对向腹面弯曲的刺，其基部之间具 1 对较扁的刺；端部两侧分别具 1 突起，其表面具一些粗短的刺。下生殖板较宽大，近圆形；腹突长。

雌性下生殖板腹面具 2 对突起，腹产卵瓣基部具 1 对突起。产卵瓣稍向背面弯曲，基部粗壮，背瓣端部尖，腹瓣端部钩状。

体淡绿色。触角窝内缘片状隆起边缘黑褐色。前胸背板背面中央具 1 条淡色纵纹，中部具 1 "V"字形的褐色纹，后缘边缘为淡褐色。前翅具稀疏的淡褐色斑。雄性前翅发声区褐色；尾须端部与内侧刺端部褐色。

分布：浙江（临安）、河北、湖北、湖南、海南、重庆、贵州；韩国，日本。

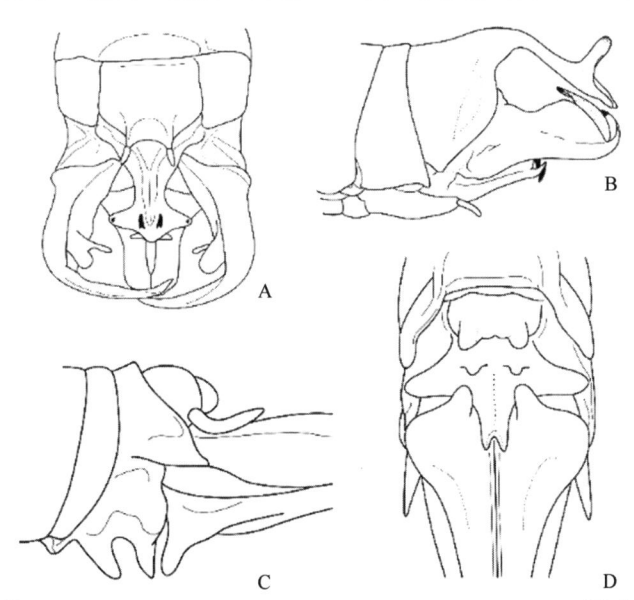

图 18-152　铃木库螽 *Kuzicus* (*Kuzicus*) *suzukii* (Matsumura *et* Shiraki, 1908)（引自 Yamasaki，1982）
A.♂腹部末端腹面观；B.♂腹部末端侧面观；C.♀腹部末端侧面观；D.♀腹部末端腹面观

343. 拟库螽属 *Pseudokuzicus* Gorochov, 1993

Pseudokuzicus Gorochov, 1993b: 72. Type species: *Xiphidiopsis pieli* Tinkham, 1943.

主要特征：体小型，较粗壮。头顶圆锥形，背面具纵沟。下颚须端部与亚端节近于等长。前胸背板较短，肩凹不明显。前足胫节内、外侧听器均为开放式。前翅到达后足股节末端，或到达后足胫节基部，等于或稍短于后翅。雄性第10腹节背板后缘具1对称的后突，具腹突或缺；雄性具成对突出的阳茎端突。产卵瓣适度向背面弯曲，腹瓣端部钩状。体杂色，具暗褐色或黑色斑纹。

分布：东洋区。世界已知9种，中国记录8种，浙江分布2种。

（705）比尔拟库螽 *Pseudokuzicus* (*Pseudokuzicus*) *pieli* (Tinkham, 1943)（图 18-153）

Xiphidiopsis pieli Tinkham, 1943: 49.
Pseudokuzicus pieli: Gorochov, 1993b: 72.
Pseudokuzicus (*Pseudokuzicus*) *pieli*: Di, Bian, Shi & Chang, 2014: 160.

主要特征：体小型。雄性第10腹节背板宽，后端具1对呈八字形的后突。尾须细长，圆柱形，末端分背叶（较短）、腹叶（稍长）。外生殖器具1对骨化的阳茎基背片，其中部较宽，端部刺状，亚端部具1缺刻。下生殖板盔状，后缘具凹口。腹突短锥形，端部钝圆。雌性产卵瓣背、腹缘光滑，背瓣端部尖，腹瓣端部钩状；下生殖板略呈方形，后端突出，中央具小的浅凹口。

体杂色。颜面黑色，头背面与颊黑色，前胸背板侧片黑色，背面色淡。后足股节外侧具一些近于平行的斑纹，端部褐色；胫节刺着生部位与刺褐色。雄性第10腹节背板黑色；尾须基半部色淡，端半部黑色；前翅基部发声区淡色，其他部位具大小不规则的褐色斑。

分布：浙江（安吉、临安）。

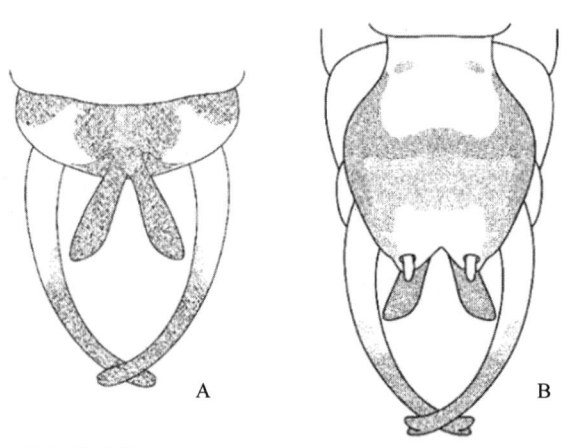

图 18-153　比尔拟库螽 *Pseudokuzicus* (*Pseudokuzicus*) *pieli* (Tinkham, 1943)
A. ♂腹部末端背面观；B. ♂腹部末端腹面观

（706）叉尾拟库螽 *Pseudokuzicus* (*Pseudokuzicus*) *furcicauda* (Mu, He et Wang, 2000)（图 18-154）

Xiphidiopsis furcicauda Mu, He et Wang, 2000: 315.
Pseudokuzicus furcicauda: Liu, Zhou & Bi, 2010: 81.
Pseudokuzicus (*Pseudokuzicus*) *furcicaudus*: Di, Bian, Shi & Chang, 2014: 161.

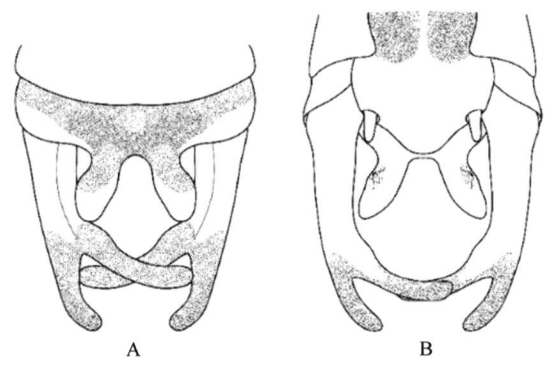

图 18-154　叉尾拟库螽 *Pseudokuzicus* (*Pseudokuzicus*) *furcicauda* (Mu, He et Wang, 2000)
A. ♂腹部末端背面观；B. ♂腹部末端腹面观

主要特征：体小型。雄性第10腹节背板后缘具1对较长的后突，其基部稍狭，中部稍宽，末部钝圆，较厚。尾须适度向背方弯曲，端半部分为近等长的内支（端部较扁，具数枚小齿）、外支（圆柱形，末端钝圆）。下生殖板基部宽，端半部渐狭，后缘钝圆。腹突较短，端部钝圆。雌性肛上板较大；下生殖板较长，基部较宽，端部狭，后缘具三角形凹口，两侧呈锐角形突出。

体杂色。颜面黑色，头顶与颊色淡；触角基部数节暗色，其他部分具暗色环纹。前胸背板背面淡色，沟前区具1对狭的黑褐色纵纹，其侧缘在沟后区扩宽；侧片黑色。前翅淡褐色，前缘多数翅室褐色。胸部侧板大部为褐色。腹部背面与背板近腹缘黑色。足股节具3个褐色环纹，后足胫节背缘刺褐色，胫节端部与跗节褐色。雄性尾须基部色淡，端部暗褐色。

分布：浙江（庆元、龙泉）、福建。

344. 大蛩螽属 *Megaconema* Gorochov, 1993

Xiphidiola (*Megaconema*) Gorochov, 1993b: 90. Type species: *Xiphidiopsis geniculate* Bey-Bienko, 1962.
Teratura (*Megaconema*): Gorochov, Liu & Kang, 2005: 67.
Megaconema: Wang & Liu, 2018: 467.

主要特征：体在蛩螽族中属于大型种类。下颚须的端节显著长于亚端节。雄性第10腹节背板后缘凹，与肛上板融合；尾须弯曲，端半部腹缘扩展。产卵瓣长，仅腹缘端部具数枚齿。

分布：中国特有属，分布于华南、西南、华中和华北区，记录1种，浙江分布1种。

（707）黑膝大蛩螽 *Megaconema geniculata* (Bey-Bienko, 1962)（图18-155）

Xiphidiopsis geniculata Bey-Bienko, 1962: 131.
Xiphidiola (*Megaconema*) *geniculata* Gorochov, 1993b: 90.
Teratura (*Megaconema*) *geniculata*: Gorochov, Liu & Kang, 2005: 67.
Megaconema geniculate: Wang & Liu, 2018: 467.

主要特征：体中小型，在蛩螽族中属大型种类。雄性第10腹节背板后缘中央圆角形凹入，其侧后角锐角形，向后突；肛上板基部与第10腹节背板融合，端部3齿状。尾须近基部1/3圆柱状，近端部2/3呈片状扩展（背面向内缘扩展，腹缘水平向扩展），且折向前方，末端具1小凹口；下生殖板宽大，中央向腹面鼓起，侧缘向背面折，后缘截形，或弧形凹入；腹突较短。雌性下生殖板中部较宽，端部稍窄，后缘近截形。产卵瓣端半部稍向背方弯曲，腹瓣近端部具一些齿。

体绿色或黄绿色。头部背面淡褐色。前胸背板背面具淡褐色纵纹，其在沟后区加宽，侧缘褐色，外缘嵌黄色纵纹。前翅背缘浅褐色。后足股节膝部、胫节刺褐色。雄性第10腹节背板中央和肛上板有的黑褐色，尾须基部黑褐色。

分布：浙江（安吉、临安、开化、龙泉、开化）、河北、山西、河南、陕西、安徽、湖北、湖南、台湾、重庆、四川、贵州、云南。

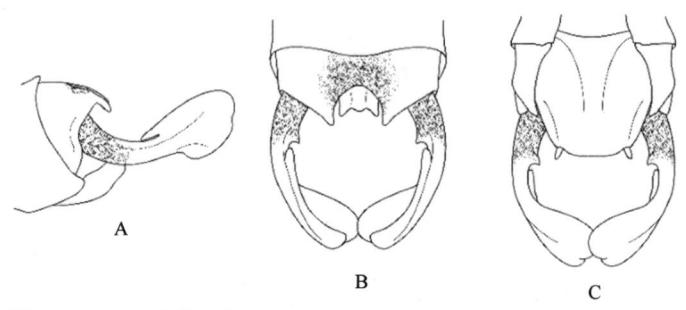

图 18-155 黑膝大蛩螽 *Megaconema geniculata* (Bey-Bienko, 1962)
A. ♂腹部末端侧面观；B. ♂腹部末端背面观；C. ♂腹部末端腹面观

345. 大畸螽属 *Macroteratura* Gorochov, 1993

Teratura (*Macroteratura*) Gorochov, 1993b: 70. Type species: *Xiphidiopsis megafurcula* Tinkham, 1944.
Kuzicus (*Macroteraturus*): Liu & Yin, 2004: 102.
Macroteratura: Jin, Liu & Wang, 2020: 42.

主要特征：雄性第10腹节背板具1对直的或长或短的后突；后足胫节具3对端距。翅长，超过后足胫节，后翅长于前翅。雄性外生殖器复杂，骨化；下生殖板具腹突。

分布：东洋区。世界已知9种，中国记录7种，浙江分布2种。

（708）巨叉大畸螽 *Macroteratura* (*Macroteratura*) *megafurcula* (Tinkham, 1944)（图 18-156）

Xiphidiopsis megafurcula Tinkham, 1944: 514.
Teratura (*Macroteratura*) *megafurcula*: Gorochov, 1993b: 70.
Macroteratura megafurcula: Chen, Cui, Zhuo & Chang, 2020: 99.

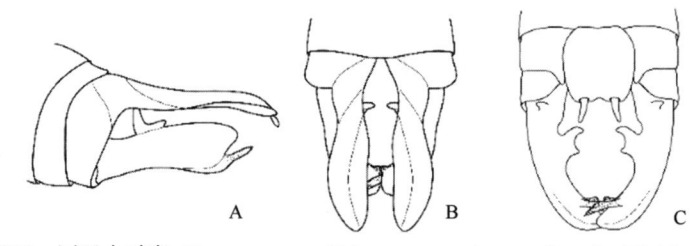

图 18-156 巨叉大畸螽 *Macroteratura* (*Macroteratura*) *megafurcula* (Tinkham, 1944)
A. ♂腹部末端侧面观；B. ♂腹部末端背面观；C. ♂腹部末端腹面观

主要特征：体小型。雄性第10腹节背板后缘具1对长扁的后突，其中部稍宽，向端部趋狭，端部向腹面稍弯曲，亚端部腹面具1圆锥形突。尾须基半部圆柱形，端半部较薄，中部内缘具1枚刺状突；端部腹缘具1枚刺状突，内缘具1枚齿状突。下生殖板基半部较宽，向端部渐狭，后缘凹入；腹突长。雌性腹产卵瓣端部钩状；下生殖板基部宽，向端部趋窄，后缘中央具缺刻。

体黄色。头淡褐色，背面褐色，触角窝内侧片状隆起内缘黑色，触角褐色，有淡色环纹。前胸背板背面具宽的褐色纵纹。前翅淡烟色或呈淡褐色，翅室褐色，翅脉色淡。尾须端部刺状突褐色。

分布：浙江（安吉、临安、开化）、安徽、湖北、江西、湖南、福建、广东、广西、重庆、四川、贵州。

（709）云南大畸螽 *Macroteratura* (*Stenoteratura*) *yunnanea* (Bey-Bienko, 1957)（图 18-157）

Xiphidiopsis yunnanea Bey-Bienko, 1957: 408.
Teratura (*Stenoteratura*) *yunnanea*: Gorochov, 1993b: 70.
Macroteratura (*Stenoteratura*) *yunnanea*: Jin, Liu & Wang, 2020: 44.

主要特征：体小型。雄性第 10 腹节背板后缘中央具深的缺刻，具 1 对长的、扁的后突，中部稍向外扩展，端部稍狭，末端钝圆。尾须长，端部向内弯曲，近基部背缘具 1 突起，该突起上着生有 2–3 枚细尖的刺，匙形弯曲的内侧背缘密布细齿；中部内缘着生一些细尖的小刺，有 3 或 4 枚较大的刺并形成 1 丛；尾须腹面端部内缘具 1 长的、指向前方的刺，其中部外缘具 1 枚小刺。下生殖板近长方形，基部稍宽，中央凹入，后缘中央突出；腹突长。

雌性背产卵瓣末端尖，腹产卵瓣端部具小钩。下生殖板较大，两侧向后延伸为长刺状，后缘中央钝圆，稍向后突。

体绿色。雄性尾须的刺及小齿端部和足跗节边缘浅褐色。

分布：浙江（泰顺）、河南、江苏、安徽、湖北、福建、广东、重庆、四川、贵州、云南；越南。

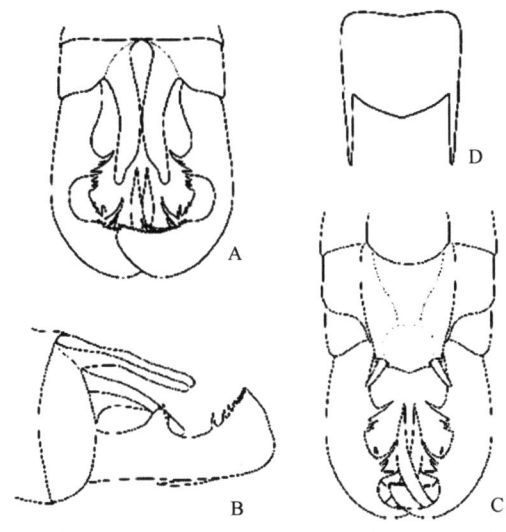

图 18-157　云南大畸螽 *Macroteratura* (*Stenoteratura*) *yunnanea* (Bey-Bienko, 1957)
A. ♂腹部末端背面观；B. ♂腹部末端侧面观；C. ♂腹部末端腹面观；D. ♀下生殖板

346. 剑螽属 *Xiphidiopsis* Redtenbacher, 1891

Xiphidiopsis Redtenbacher, 1891: 333, 531. Type species: *Xiphidiopsis fallax* Redtenbacher, 1891.

主要特征：体小型，头下口式。头顶圆锥形。前胸背板短，侧片肩凹浅，胸听器外露。前翅长，超过后足股节端部，后翅长于前翅。前足胫节内、外侧听器均为开放式。雄性第 10 腹节背板后缘具单一的后突，尾须复杂；外生殖器膜质。产卵瓣长，腹瓣端部具小钩。

分布：东洋区。世界已知 80 余种，中国记录约 20 种，浙江分布 2 种。

（710）双瘤剑螽 *Xiphidiopsis* (*Xiphidiopsis*) *bituberculata* Ebner, 1939（图 18-158）

Xiphidiopsis bituberculata Ebner, 1939: 297.

主要特征：体小型。雄性第 10 腹节背板基部较宽，侧缘向后下方延伸；后缘中央具 1 长的不对称的、向后下方弯曲的后突，其基部粗壮，端部略扁平，末端钝圆；后突基部侧缘显著凹陷。尾须基部粗壮，基部腹面内缘具 1 小的指形突；尾须端部分为向内弯曲的背、腹叶，背叶较短，末端钝圆，其亚端内缘片状扩展，近中部具 1 尖的刺状突；腹叶较长，末端钝圆，薄片状。下生殖板近梯形，向端部稍趋狭，后缘钝圆，端半部中隆线明显；腹突细长。

雌性第 10 节背板中央宽的裂开，肛上板盾形。下生殖板基部中央具 1 粗短的圆锥形突起，其末端较尖，两侧缘呈弧形向背面折，后缘中部向后突，末端钝圆。腹产卵瓣端部钩状。

体绿色。前翅具一些浅灰色斑，雄性前翅后缘发声区之后淡褐色；后足股节膝叶端部黑褐色，后足胫节背面刺浅褐色。

分布：浙江（临安）、湖北、湖南、广西、四川、贵州。

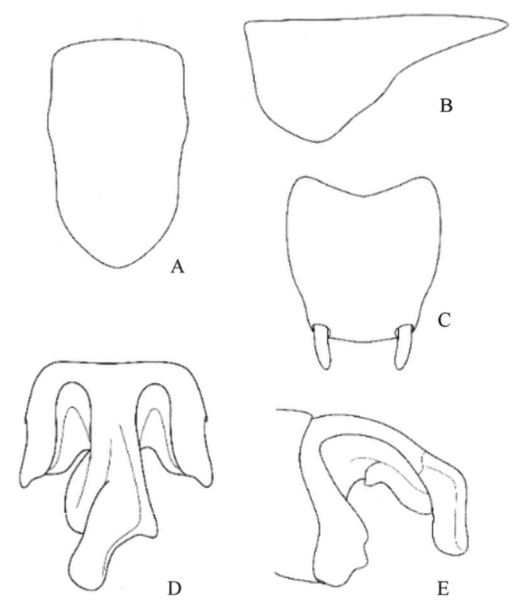

图 18-158　双瘤剑螽 *Xiphidiopsis* (*Xiphidiopsis*) *bituberculata* Ebner, 1939
A.♂前胸背板背面观；B.♂前胸背板侧面观；C.♂下生殖板；D.♂第 10 节背板端背观；E.♂第 10 节背板侧面观

（711）凹刻剑螽 *Xiphidiopsis* (*Xiphidiopsis*) *minorincisus* Han, Chang et Shi, 2015（图 18-159）

Xiphidiopsis (*Xiphidiopsis*) *minorincisus* Han, Chang et Shi in Han, Di, Chang & Shi, 2015: 554.

主要特征：体小型。雄性第 10 腹节背板后缘具 1 长的、向腹面弯曲的后突，其基部厚实，端部扁平，末端钝圆；后突左侧缘近中部具 1 缺刻。尾须较粗壮，其腹面内缘具 1 短小的突起，端部钝圆；近中部内缘具 1 尖的小突起；尾须端半部稍扩展，向内侧弯曲，分背叶（较短，端部锥形）和腹叶（左、右尾须不对称），左尾须腹叶端部呈薄片状，亚端部腹缘具 1 小分支；右尾须腹叶端部扁平，末端为二瓣状。下生殖板近梯形，后缘稍呈弧形；腹突稍长。

体绿色。后足股节膝叶端部具黑斑。前翅后缘淡褐色，雄性发声区褐色。

分布：浙江（临安）、湖南、贵州。

347. 东栖螽属 *Eoxizicus* Gorochov, 1993

Xizicus (*Eoxizicus*) Gorochov, 1993b: 76. Type species: *Xiphidiopsis kulingensis* Tinkham, 1943.
Eoxizicus: Jin, Liu & Wang, 2020: 27.

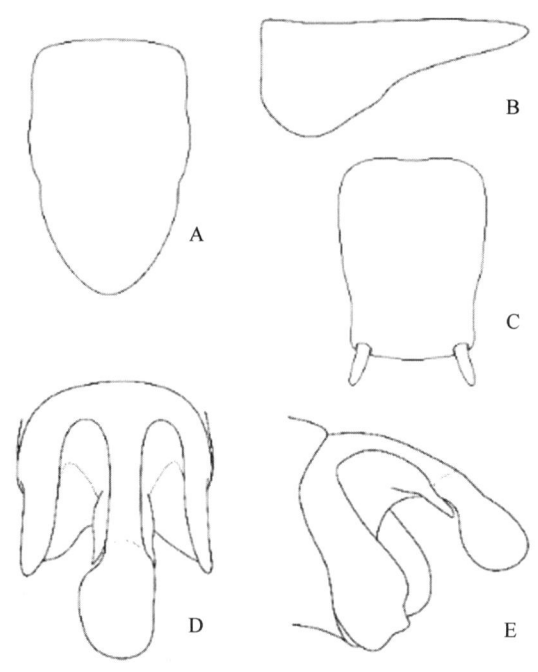

图 18-159 凹刻剑螽 *Xiphidiopsis* (*Xiphidiopsis*) *minorincisus* Han, Chang et Shi, 2015
A.♂前胸背板背面观；B.♂前胸背板侧面观；C.♂下生殖板；D.♂腹部末端背面观；E.♂腹部末端侧面观

主要特征：体小型。头下口式。头顶圆锥形，背面具纵沟。下颚须端节稍长于亚端节。前胸背板短，肩凹明显，胸听器外露。前翅长，超过后足股节端部，后翅长于前翅。雄性第10腹节后缘具1对短的后突；左右尾须对称；下生殖板具腹突；外生殖器膜质。产卵瓣长，稍弯曲。

分布：东洋区。世界已知约45种，中国记录34种，浙江分布5种。

分种检索表（♂）

1. 第10腹节背板后缘微凹，不具后突 ·· 2
 - 第10腹节背板后缘具1对后突 ··· 3
2. 尾须长，内缘稍扩展，其中部扩展成狭叶状 ······································· 大东栖螽 *E.* (*E.*) *magnus*
 - 尾须短，中部内缘具近方形的片状内叶，其端缘凹；尾须端半部细，向内弯曲 ······ 凤阳山东栖螽 *E.* (*E.*) *fengyangshanensis*
3. 第10腹节背板后突短；尾须端部厚实，稍扩展，显著向内弯曲；尾须近中部腹缘具刺状内突 ····· 贺氏东栖螽 *E.* (*E.*) *howardi*
 - 第10腹节背板后突长 ·· 4
4. 尾须中部内缘片状扩展，端部尖；尾须端部细，向内弯曲 ···························· 巨叶东栖螽 *E.* (*E.*) *megalobatus*
 - 尾须呈薄片状，外缘向背面折，稍短；尾须腹面片状，边缘波形，渐狭，端部近圆柱形，较细，末端钝圆 ·· 凹板东栖螽 *E.* (*E.*) *concavilaminus*

（712）大东栖螽 *Eoxizicus* (*Eoxizicus*) *magnus* (Xia et Liu, 1992)（图 18-160）

Xizicus (*Eoxizicus*) *magnus* Xia et Liu, 1992a: 98.

主要特征：体小型。雄性第10腹节背板后缘中央呈弧形凹入，不具后突。尾须基部粗壮，整体内缘扁，内缘中央具1小的片状突。下生殖板近梯形，基部宽，端部窄。腹突较细长，末端钝圆，着生于下生殖板端部两侧。雌性下生殖板两侧向腹面突，基缘较直，后缘圆弧形。产卵瓣背、腹缘光滑。

体绿色。前胸背板背面侧缘具1对暗褐色纵纹。后足胫节背面刺浅褐色，后足股节外侧膝叶端具黑斑。

分布：浙江（临安、庆元）、湖南、福建、广西、贵州。

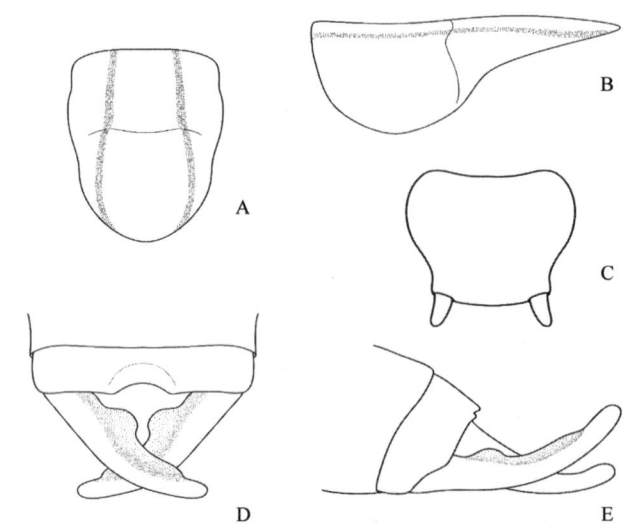

图 18-160　大东栖螽 Eoxizicus (Eoxizicus) magnus (Xia et Liu, 1992)
A. ♂前胸背板背面观；B. ♂前胸背板侧面观；C. ♂下生殖板；D. ♂腹部末端背面观；E. ♂腹部末端侧面观

（713）凤阳山东栖螽 Eoxizicus (Eoxizicus) fengyangshanensis Liu, Zhou et Bi, 2010（图 18-161）

Eoxizicus (Eoxizicus) fengyangshanensis Liu, Zhou et Bi, 2010: 83.

主要特征：体小型。雄性第 10 腹节背板后缘中央浅凹；尾须基部内缘具宽大的内叶，其末端凹入；尾须端部细，显著内弯，末端钝圆。下生殖板基部较宽，向端部渐狭；腹突着生于端部两侧。

体淡黄绿色。前胸背板背面具 1 对暗褐色纵纹。后足股节膝叶端部黑色，后足胫节背面刺暗褐色。

分布：浙江（临安、龙泉）、河南、安徽、湖北、江西、湖南、福建。

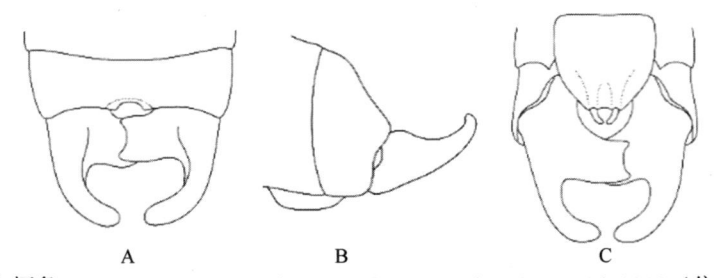

图 18-161　凤阳山东栖螽 Eoxizicus (Eoxizicus) fengyangshanensis Liu, Zhou et Bi, 2010（仿自刘宪伟等，2010）
A. ♂腹部末端背面观；B. ♂腹部末端侧面观；C. ♂腹部末端腹面观

（714）凹板东栖螽 Eoxizicus (Eoxizicus) concavilaminus (Jin, 1999)（图 18-162）

Xiphidiopsis concavilaminus Jin in Liu & Jin, 1999: 158.
Xiphidiopsis latilamella Mu, He et Wang, 2000: 316.
Eoxizicus (Eoxizicus) concavilaminus: Liu, Zhou & Bi, 2010: 84.

主要特征：体小型。雄性第 10 腹节背板后缘中央具 1 对长的后突。尾须呈薄片状，外缘向背面折；腹面片状，较平，边缘波形，渐狭，端部近圆柱形，较细，末端钝圆。下生殖板近梯形，基部较宽；腹突细长。雌性下生殖板中部侧缘具侧隆线，中隆线明显，后缘中央微凹。产卵瓣背、腹缘光滑，腹瓣端部具小钩。

体绿色，前胸背板背面侧缘具 1 对褐色纵纹，后足胫节背面刺浅褐色。

分布：浙江（龙泉）、江西、福建。

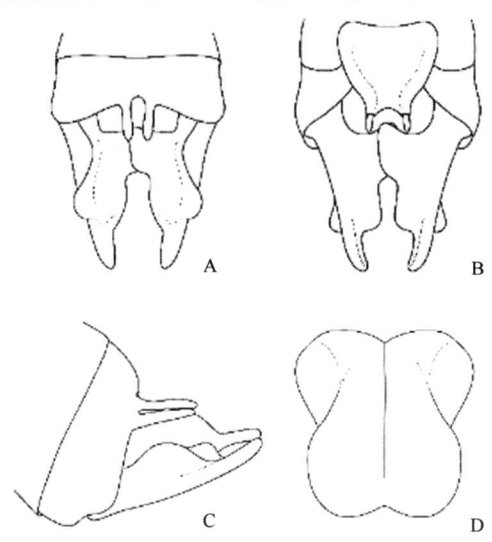

图 18-162 凹板东栖螽 *Eoxizicus* (*Eoxizicus*) *concavilaminus* (Jin, 1999)
A.♂腹部末端背面观；B.♂腹部末端腹面观；C.♂腹部末端侧面观；D.♀下生殖板

（715）贺氏东栖螽 *Eoxizicus* (*Eoxizicus*) *howardi* (Tinkham, 1956)（图 18-163）

Xiphidiopsis howardi Tinkham, 1956: 6.
Eoxizicus howardi: Liu & Zhang, 2005: 91.

主要特征：体小型。雄性第 10 腹节背板后缘具 1 对短的后突，其间弧形凹入。尾须宽短，基部较粗壮，亚基部分为背、腹两叶，向内弯曲，背叶宽大，端半部叶状，末端斜截；腹叶细长，端部尖。下生殖板圆三角形，后缘中央凹入；腹突粗短。雌性下生殖板较大，两侧具斜沟，后缘稍凹。产卵瓣腹瓣端部具小钩。
体绿色，前胸背板背面侧缘具有 1 对褐色纵纹。

分布：浙江（德清、龙泉）、河南、陕西、安徽、湖北、江西、湖南、福建、广东、广西、重庆、四川、贵州。

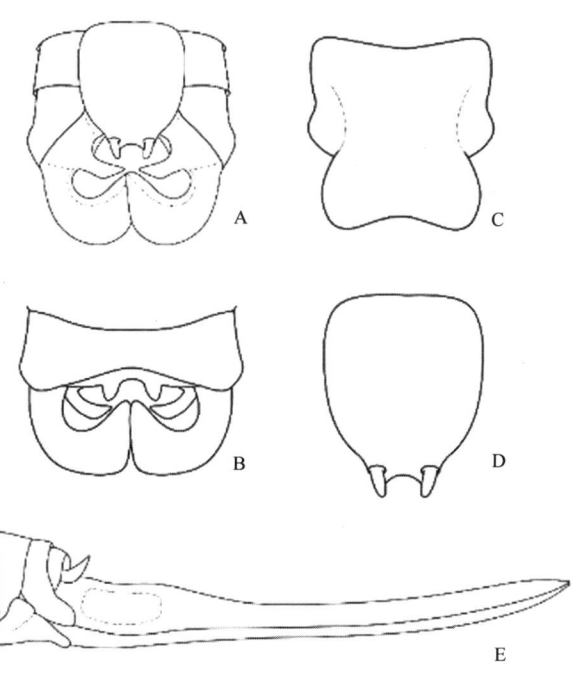

图 18-163 贺氏东栖螽 *Eoxizicus* (*Eoxizicus*) *howardi* (Tinkham, 1956)
A.♂腹部末端腹面观；B.♂腹部末端背面观；C.♀下生殖板；D.♂下生殖板；E.♀产卵瓣侧面观

（716）巨叶东栖螽 *Eoxizicus* (*Eoxizicus*) *megalobatus* (Xia et Liu, 1990)（图 18-164）

Xiphidiopsis megalobatus Xia et Liu, 1990: 223.
Xizicus (*Eoxizicus*) *megalobatus*: Gorochov, 1993b: 76.

主要特征：体小型。雄性第 10 腹节背板后缘具 1 对间距较远的、平行的后突。尾须中部内侧腹缘具 1 大的片状扩展，其前端角向前弯曲，后端角钝圆；尾须端部细，显著向内弯曲。下生殖板基部较宽，向端部略缩狭，后缘在腹突间具小凹口。腹突稍短。雌性下生殖板矩形，后缘凹入，具向上折褶的侧棱，侧凹窝较浅。

体淡绿色。前胸背板背面黄色，外缘具 1 对黑色纵纹。后足股节膝叶端具褐色边，后足胫节背缘刺暗色。

分布：浙江（景宁、泰顺）。

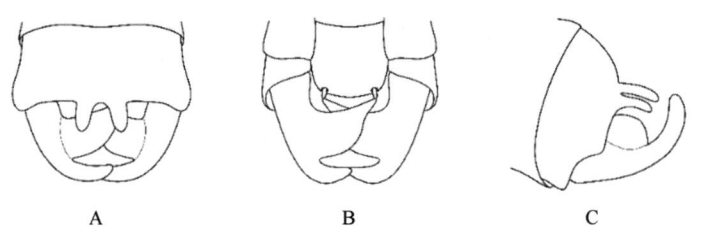

图 18-164 巨叶东栖螽 *Eoxizicus* (*Eoxizicus*) *megalobatus* (Xia et Liu, 1990)
A.♂腹部末端背面观；B.♂腹部末端腹面观；C.♂腹部末端侧面观

348. 栖螽属 *Xizicus* Gorochov, 1993

Xizicus Gorochov, 1993b: 76. Type species: *Xiphidiopsis fascipes* Bey-Bienko, 1955.

主要特征：体小型。头顶圆锥形，端部钝圆，背面具细纵沟。下颚须端节稍长于亚端节，端部稍膨大。前胸背板具肩凹。雄性第 10 腹节背板后缘具 1 对基部相连的后突，或宽短的钩状后突，或较直。头背面褐色，或具 4 条褐色纵纹。

分布：东洋区。世界已知 5 亚属 20 余种，中国记录 16 种，浙江分布 3 种。

分种检索表（♂）

1. 第 10 腹节背板后突基部相连；外生殖器腹面具膜质的侧叶；下生殖板长，端半部纵裂，末端刺状，亚端部侧缘具 1 枚小刺 ·· 双突副栖螽 *X.* (*P.*) *biprocerus*
- 第 10 腹节背板后缘凹或较直，缺后突 ·· 2
2. 尾须粗短，端缘呈片状；第 10 腹节背板后缘具深凹口 ·· 显凹简栖螽 *X.* (*H.*) *incisus*
- 尾须中等长，中部凹，具 1 簇毛；第 10 腹节背板后缘较直 ······························ 四川简栖螽 *X.* (*H.*) *szechwanensis*

（717）显凹简栖螽 *Xizicus* (*Haploxizicus*) *incisus* (Xia et Liu, 1988)（图 18-165）

Xiphidiopsis incisa Xia et Liu in Xia & Liu, 1990: 221.
Axizicus incisa: Gorochov, 1998b: 113.
Xizicus (*Haploxizicus*) *incis*: Wang, Jing, Liu & Li, 2014: 314.

主要特征：体小型。雄性第 10 腹节背板后端侧缘显著向后突出，中央深凹。尾须粗短，端部呈片状，末端圆角形。下生殖板近梯形，基部较宽，端部窄。腹突细长。雌性下生殖板基部宽，后缘近截形。产卵瓣基部粗壮，腹瓣末端钩状。

体黄褐色，头背面具 2 对褐色纵纹，在头顶基部融合，延伸到头顶端部。前胸背板背面淡褐色，其侧缘色较暗，呈 1 对暗褐色纵纹。前翅散布一些不明显的淡褐色斑，后足股节内、外膝叶端部具黑斑。

分布：浙江（鄞州、泰顺）、江西、福建、广西。

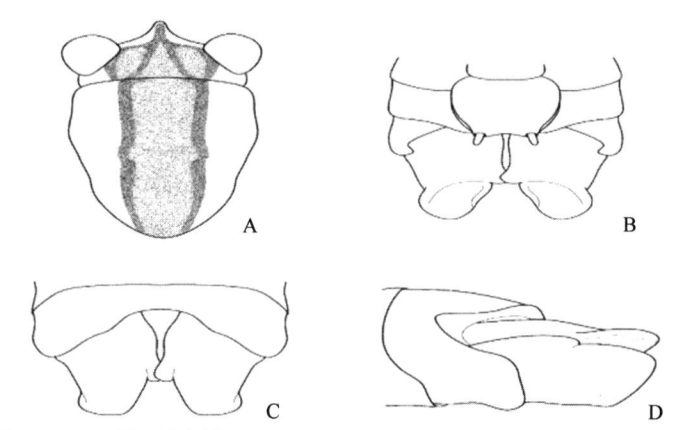

图 18-165　显凹简栖螽 *Xizicus* (*Haploxizicus*) *incisus* (Xia et Liu, 1988)
A.♂头与前胸背板背面观；B.♂腹部末端腹面观；C.♂腹部末端背面观；D.♂腹部末端侧面观

（718）四川简栖螽 *Xizicus* (*Haploxizicus*) *szechwanensis* (Tinkham, 1944)（图 18-166）

Xiphidiopsis szechwanensis Tinkham, 1944: 518.
Euxiphidiopsis szechwanensis: Liu & Zhang, 2001: 95.
Xizicus (*Haploxizicus*) *szechwanensis*: Wang, Jing, Liu & Li, 2014: 313.

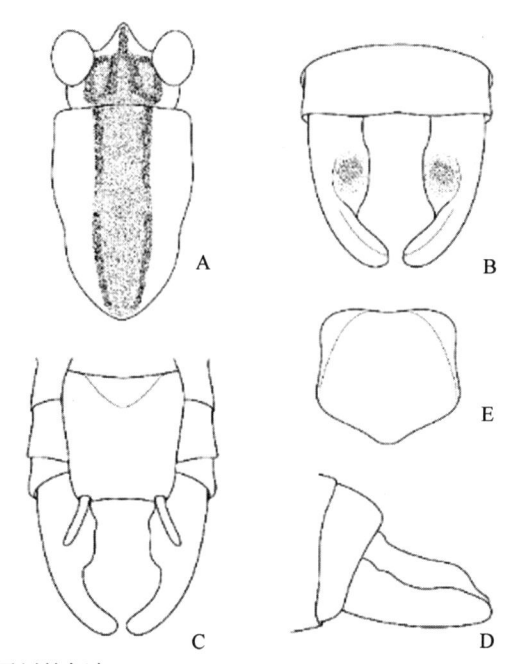

图 18-166　四川简栖螽 *Xizicus* (*Haploxizicus*) *szechwanensis* (Tinkham, 1944)
A. 头与前胸背板背面观；B.♂腹部末端背面观；C.♂腹部末端腹面观；D.♂腹部末端侧面观；E.♀下生殖板

主要特征：体小型。雄性第 10 腹节背板较长，后缘直。尾须中部内缘具纵凹，端半部稍扭曲，末端具 1 浅的缺刻。下生殖板近矩形；腹突较细长。雌性下生殖板近方形，后缘钝圆。产卵瓣背瓣稍长于腹瓣，背、腹缘光滑，腹瓣末端具小钩。

体淡褐色，头背面具4条黑色纵纹，在头顶基部融合，向前延伸到头顶端部。前胸背板背面淡褐色，其侧缘色暗，呈1对黑褐色纵纹。后足股节外侧膝叶端部黑色。前、后翅淡褐色，前翅上散布一些不明显的褐色斑。

分布：浙江（安吉、临安）、安徽、湖北、江西、湖南、海南、广西、重庆、四川、贵州、云南。

（719）双突副栖螽 *Xizicus (Paraxizicus) biprocerus* (Shi et Zheng, 1996)（图18-167）

Xiphidiopsis biprocerus Shi et Zheng, 1996: 332.
Xizicus (Paraxizicus) biprocerus: Liu, Zhou & Bi, 2010: 82.

主要特征：体小型。雄性第10腹节背板后缘中央具八字形的后突，其基部融合。尾须基半部较粗壮，基部腹面外缘具圆锥形突；端半部分为大致等长的向内弯曲的较宽的背叶和较狭的腹叶。下生殖板长，适度向背方弯曲，中部侧缘稍向外扩展，其端部呈尖角形或尖刺状；下生殖板端部中央裂开，呈1对刺状；缺腹突。外生殖器腹面具1对膜质侧叶。雌性下生殖板两侧向外扩展，并向背方折，后缘中央具宽短的长方形凹口。产卵瓣背、腹缘光滑，腹瓣末端具凹刻。

体淡褐色，头背面具2对褐色纵纹，头顶暗褐色。前胸背板背面中央淡褐色，其外缘色暗，呈1对褐色纵纹。后足股节膝叶端部具黑褐色斑。前翅散布一些褐色斑。雄性第10腹节背板后缘黑褐色，雌性下生殖板暗褐色。

分布：浙江（临安）、江西、福建、广东、广西。

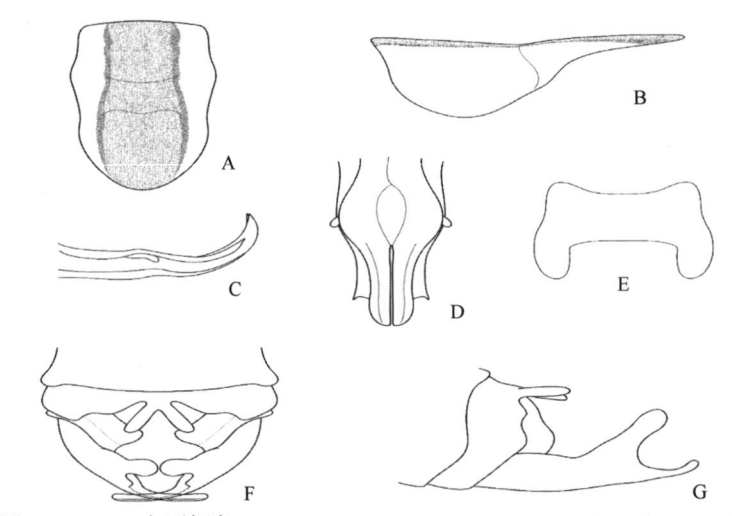

图18-167 双突副栖螽 *Xizicus (Paraxizicus) biprocerus* (Shi et Zheng, 1996)
A.♂前胸背板背面观；B.♂前胸背板侧面观；C.♂下生殖板端半部侧面观；D.♂下生殖板端半部腹面观；E.♀下生殖板；F.♂腹部末端背面观；G.♂腹部末端侧面观

349. 格螽属 *Grigoriora* Gorochov, 1993

Grigoriora Gorochov, 1993b: 86. Type species: *Grigoriora dicata* Gorochov, 1993.

主要特征：体小型。下颚须端节与亚端节近于等长，胸听器外露；雄性第10腹节背板具1对后突，尾短，结构简单，不具分支；外生殖器端部骨化；腹突短小。雌性下生殖板后缘凹，产卵瓣长，较直，腹瓣端部具小钩。

分布：东洋区。世界已知9种，中国记录2种，浙江分布1种。

(720) 陈氏格螽 *Grigoriora cheni* (Bey-Bienko, 1955)（图 18-168）

Xiphidiopsis cheni Bey-Bienko, 1955: 1261.
Xiphidiopsis zhejiangensis Zheng *et* Shi, 1995: 31.
Eoxizicus (*Eoxizicus*) *cheni*: Liu, Zhou & Bi, 2010: 82.
Grigoriora cheni: Wang & Liu, 2018: 227.

主要特征：体小型，在蛩螽族中属于大型的种类。雄性第 10 腹节背板后缘中央具 1 对后突，其端部钝圆。尾须基部粗壮，内侧纵凹，端半部侧扁，较狭，末端近于斜截形。下生殖板长，中部缩狭，端部锐角形，腹突短小，着生于下生殖板亚端部腹缘。雌性下生殖板扇形，基部狭，后缘弧形，中央具 1 小缺刻。产卵瓣背、腹缘光滑，腹瓣末端具小钩。

体绿色，复眼褐色。后足胫节背面刺暗褐色。产卵瓣端部褐色。

分布：浙江（临安）、江西、福建。

注：该种命名时归于剑螽属 *Xiphidiopsis*，Gorochov（1993b）建立栖螽属 *Xizicux* 后，依据外形特征，曾归于栖螽属 *Xizicux* (*Eozixicus*)。但该种前胸背板背面不具黑褐色纵纹，雄性外生殖器骨化，Wang 和 Liu（2018）移入格螽属 *Grigoriora*，其实归于格螽属仅仅是一个折中方案。

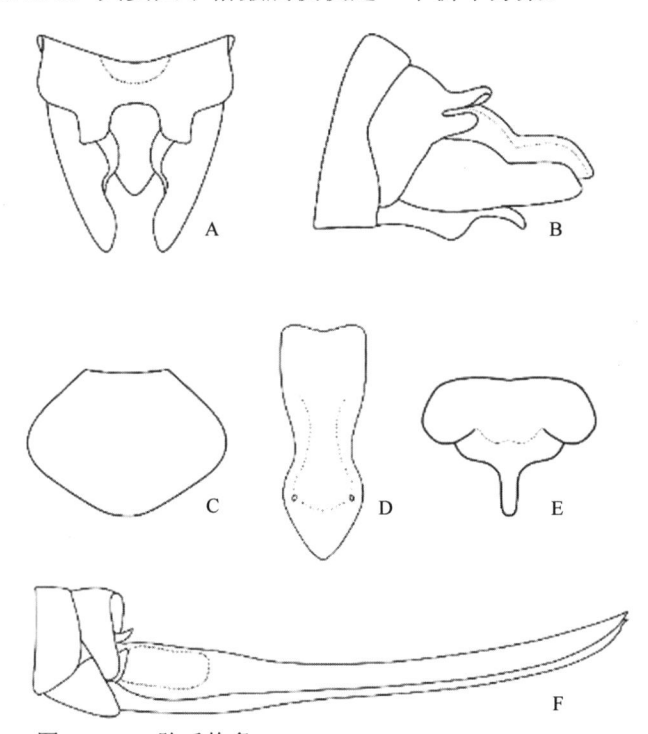

图 18-168 陈氏格螽 *Grigoriora cheni* (Bey-Bienko, 1955)
A.♂腹部末端背面观；B.♂腹部末端侧面观；C.♀下生殖板；D.♂下生殖板；E.♂外生殖器；F.♀产卵瓣侧面观

350. 斑背螽属 *Nigrimacula* Shi, Bian *et* Zhou, 2016

Nigrimacula Shi, Bian *et* Zhou, 2016: 355. Type species: *Xizicus xizangensis* Jiao *et* Shi, 2013.

主要特征：体小型。头顶为粗短的圆锥形，背面具纵沟，端部钝圆。下颚须端节与亚端节近于等长。前胸背板较短，肩凹明显；前足胫节内、外侧听器均为开放式。后足胫节具 1 对背端距与 2 对腹端距。前翅长，超过后足股节端部。雄性腹部末端缺后突，外生殖器膜质。前胸背板背面前缘与中部分别具 1 对黄褐色斑。

分布：东洋区。世界已知 6 种，中国记录 6 种，浙江分布 1 种。

（721）拟四点斑背螽 *Nigrimacula paraquadrinotata* (Wang, Liu *et* Li, 2015)（图 18-169）

Meconemopsis paraquadrinotata Wang, Liu *et* Li, 2015b: 518.
Nigrimacula paraquadrinotata: Shi, Bian & Zhou, 2016: 359.

主要特征：体小型，细瘦。雄性第 10 腹节背板稍隆起，后缘中央微凹。尾须侧面观稍弯曲，基半部粗壮，端半部较细，内侧中部腹缘具 1 狭条状扩展，近基部具 1 短的内突，其末端钝，端部表面具一些细齿；尾须近端部具凹刻，末端钝圆。下生殖板中部宽，后缘微凹；腹突小。产卵瓣端半部适度向背方弯曲；下生殖板甚大，后缘圆角形。

体淡黄褐色。头顶背面黑褐色，头部背面中央具褐色纵纹，其延伸到前胸后板后缘，前胸背板前缘及沟后区前缘分别具 1 对黑褐色斑。前翅上分布一些褐色斑点。

分布：浙江（安吉、临安）、安徽、湖南、广西、贵州。

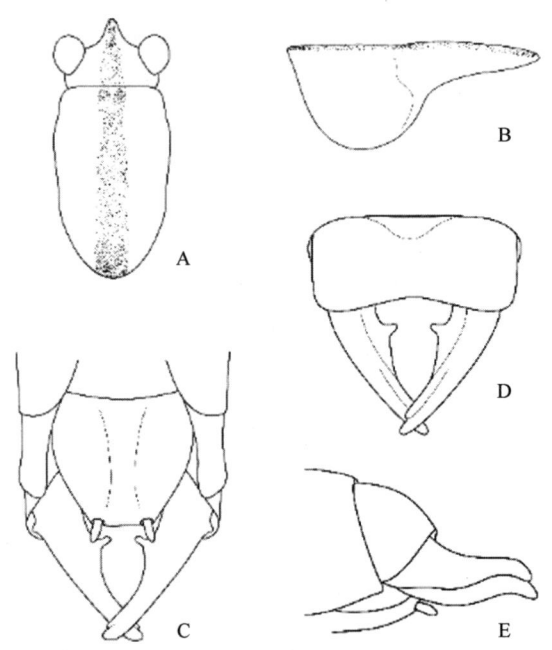

图 18-169 拟四点斑背螽 *Nigrimacula paraquadrinotata* (Wang, Liu *et* Li, 2015)
A. ♂头与前胸背板背面观；B. ♂前胸背板侧面观；C. ♂腹部末端腹面观；D. ♂腹部末端背面观；E. ♂腹部末端侧面观

351. 纤畸螽属 *Leptoteratura* Yamasaki, 1982 浙江新记录

Leptoteratura Yamasaki, 1982: 119. Type species: *Meconema albicorne* Motschulsky, 1866.

主要特征：体小型，纤弱。头顶扁平，片状，向前突出。下颚须端节与亚端节近于等长。前胸背板背面平，具不明显的侧隆线。前翅长，超过后足股节端部；后翅长于前翅。前足胫节内、外侧听器均为开放式，长椭圆形。后足胫节具 1 对背端距与 1 对腹端距。雄性第 10 腹节背板后缘凹入，左、右尾须对称（结构简单），或不对称（结构复杂）；外生殖器部分骨化。雌性尾须中部粗壮，产卵瓣相对较短。

分布：东洋区。世界已知 20 余种，中国记录 6 种，浙江分布 1 种。

（722）白角纤畸螽 Leptoteratura (Leptoteratura) albicornis (Motschulsky, 1866)（图 18-170）浙江新记录

Meconema albicorne Motschulsky, 1866: 181.

Leptoteratura albicornis: Yamasaki, 1982: 119.

Leptoteratura (Leptoteratura) albicornis: Gorochov, 1993b: 89.

Xiphidiopsis omeiensis Tinkham, 1956: 12. Synonymized by Jin & Yamasaki, 1995: 82.

主要特征：体小型，纤细。头顶扁平，向前突出，端部钝圆。雄性第 10 腹节背板相对较长，后缘凹；左、右尾须不对称，左尾须基部背面具 1 枚短刺，基部腹面具 1 枚长刺，其向内弯曲，端部尖，近端部具数枚小齿；左尾须端部具 3 枚不规则的齿；右尾须基部背缘与腹缘的突起较短，末端钝，内缘与腹缘具不规则的突起，端部扁，稍呈斧状，末端尖。下生殖板基部较宽，渐变狭，后缘近于截形；腹突短。

雌性尾须基部稍细，中部粗壮成棒状，向端部渐细，末端钝圆。产卵瓣端半部显著向背方弯曲，末端钝圆。下生殖板较宽大，盾形，后缘钝圆，边缘明显。

体淡绿色。前胸背板背面侧缘具 1 对淡黄色纵纹。前翅后缘具狭的黄褐色纹。尾须端部淡黄褐色。

分布：浙江（临安）、安徽、湖北、重庆、四川；日本，欧亚大陆。

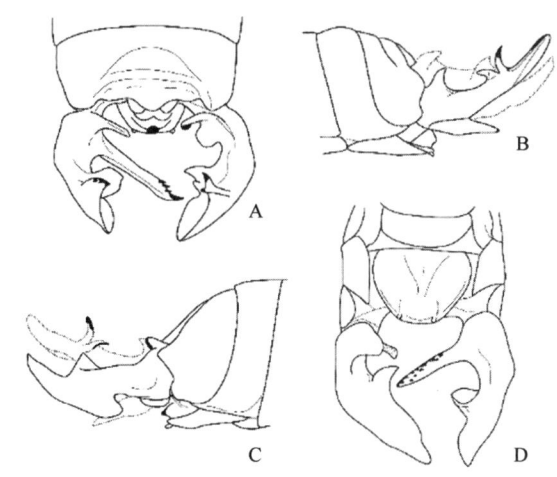

图 18-170　白角纤畸螽 Leptoteratura (Leptoteratura) albicornis (Motschulsky, 1866)（引自 Yamasaki，1982）
A.♂腹部末端背面观；B，C.♂腹部末端侧面观；D.♂腹部末端腹面观

352. 小蛩螽属 *Microconema* Liu, 2005 浙江新记录

Xiphidiolia (*Microconema*) Liu in Liu & Zhang, 2005: 90. Type species: *Xiphidiopsis clavata* Uvarov, 1933.

Microconema: Wang & Liu, 2018: 470.

主要特征：体小型，头顶圆锥形，背面具纵沟、端部钝圆。下颚须端节不短于亚端节。前胸背板短。前翅稍长于后翅。雄性第 10 腹节背板后缘具 1 对瘤状突；尾须结构简单。产卵瓣较长，端部与亚端部各具 1 齿。

分布：中国特有属，分布于西南、华中和华北区，目前仅记录 1 种，浙江分布 1 种。

（723）棒尾小蛩螽 *Microconema clavata* (Uvarov, 1933)（图 18-171）浙江新记录

Xiphidiopsis clavata Uvarov, 1933: 7.

Xiphidiolia (*Microconema*) *clavata*: Liu & Zhang, 2005: 91.

Microconema clavata: Wang & Liu, 2018: 471.

主要特征：体小型，细瘦。雄性第 10 腹节背板后缘中央具 1 对不明显的瘤状突。尾须圆柱形，基部稍粗壮，中部向内背方弯曲，端部稍呈棒状，末端钝圆，内缘具狭的薄片状边缘。下生殖板基部较宽，中央具纵沟，后端稍狭，后缘弧形向后突；腹突近圆锥形。

雌性第 10 腹节背板较狭，肛上板宽短。下生殖板较宽大，中央具纵沟。产卵瓣基部粗壮，背瓣长于腹瓣，末端尖；腹瓣端部具宽的缺刻，末端与亚端部分别具 1 齿，有的标本亚端部还有一些小齿。

体绿色。前胸背板背面侧缘具 1 对黄色纵纹。前翅后缘具淡褐色斑。

分布：浙江（临安）、河南、陕西、甘肃、湖北、重庆、四川。

注：刘宪伟和章伟年（2005）建立了 *Xiphidiolia* Boliver, 1906 的 1 个亚属，即 *Microconema*，但亚属与该属的其他类群区别显著，故王瀚强和刘宪伟（2018）将其提升为属级阶元。

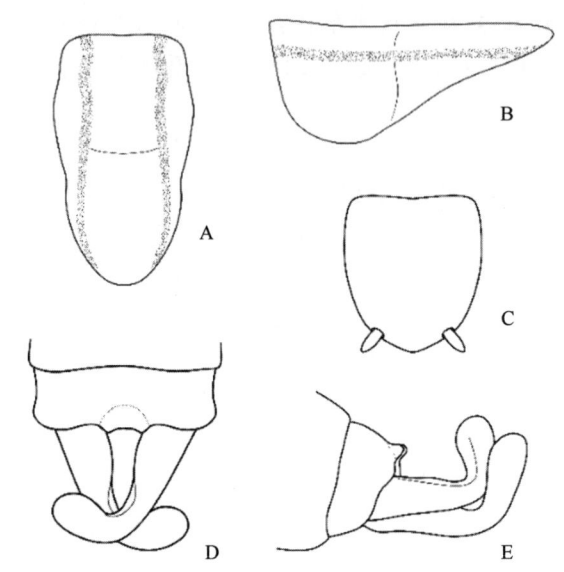

图 18-171　棒尾小蛩螽 *Microconema clavata* (Uvarov, 1933)
A. ♂前胸背板背面观；B. ♂前胸背板侧面观；C. ♂下生殖板；D. ♂腹部末端背面观；E. ♂腹部末端侧面观

九十、露螽科 Phaneropteridae

主要特征：触角长于体长，有的触角窝内侧片状隆起显著（拟叶螽亚科）。前足胫节具听器。足的跗节 4 节，有的第 1、2 节不具侧沟（露螽亚科），有的具侧沟（纺织娘亚科和拟叶螽亚科）。雄性前翅基部具发声器。产卵瓣刀状，显著向背方弯曲。

分布：世界广布，热带与亚热带地区种类丰富，温带种类渐少。世界已知 4 亚科约 845 属 4050 余种，中国记录 4 亚科 66 属约 322 种（亚种），浙江分布 3 亚科 20 属 51 种（亚种）。

分亚科检索表

1. 足的第 1、2 跗节近圆柱形，缺侧沟 ···露螽亚科 Phaneropterinae
- 足的第 1、2 跗节较扁，具侧沟 ·· 2
2. 触角窝内侧的片状隆起明显；前足胫节内、外侧听器为封闭式 ···拟叶螽亚科 Pseudophyllinae
- 触角窝内侧的片状隆起不明显；前足胫节内、外侧听器为开放式 ···纺织娘亚科 Mecopodinae

（一）拟叶螽亚科 Pseudophyllinae

主要特征：体中至大型，黄色、黄绿色、绿色或褐色，似树叶、树皮或地衣。颜面向后倾斜，触角窝内缘的片状隆起明显，超过或接近触角柄节端部。前胸背板通常具颗粒状突起或短刺。翅通常发达，少数类群短缩或无翅。前足胫节内、外侧听器多为封闭式，少数类群为开放式。足的第 1、2 跗节具侧沟，后足股节背面具隆线。雄性下生殖板通常向后延伸，具腹突。产卵瓣马刀状，通常较直，少数显著弯曲。

生物学：通常栖息于灌木、阔叶乔木的树冠上；少数土壤中营穴居生活。产卵于植物组织间。

分布：主要分布于除古北区与新北区外的其他动物地理区。世界已知约 245 属约 995 种，中国记录 15 属 34 种（亚种），浙江分布 3 属 4 种（亚种）。

分属检索表

1. 前翅褐色；后翅黑褐色；足股节侧扁，后足股节腹面外缘波曲形 ···覆翅螽属 *Tegra*
- 前翅绿色或淡绿色；后翅透明，端部绿色；仅后足股节侧扁，腹面外缘不裂开 ·· 2
2. 中胸腹板前缘光滑；前翅 M 脉与 Cu 脉基部分离；后足股节腹面外缘刺较大 ·································丽叶螽属 *Orophyllus*
- 中胸腹板前缘具细齿；前翅 M 脉与 Cu 脉基部合并，之后各自向后延伸；后足股节腹面外缘刺较小 ···· 翡螽属 *Phyllomimus*

353. 覆翅螽属 *Tegra* Walker, 1870

Tegra Walker, 1870: 439. Type species: *Locusta novaehollandiae* De Haan, 1843.
Tarphe Stål, 1874: 54. Type species: *Locusta novaehollandiae* De Haan, 1843.

主要特征：体中至大型。中胸腹板近方形，前缘光滑。前翅具皱结，前、后缘近平行，翅端钝圆，Sc 脉与 R 脉于翅基部分开；Rs 脉从 R 脉中部之前分出。肛上板卵圆形，尾须简单。雄性下生殖板末端不向后延伸成柄状；腹突短。雌性下生殖板宽。

分布：东洋区。世界已知 4 种（亚种），中国记录 1 种（亚种），浙江分布 1 种（亚种）。

（724）绿背覆翅螽 *Tegra novaehollandiae viridinotata* (Stål, 1874)（图 18-172）

Tarphe viridinotata Stål, 1874: 72.
Tarphe karnya Willemse, 1933: 18.
Tegra novaehollandiae viridinotata: Beier, 1962: 219.

主要特征：体大型，黑褐色。前翅具皱结、黑色斑，前、后缘近平行，翅端钝圆；Sc 脉与 R 脉基部明显分开，Rs 脉从 R 脉中部之前分出。中胸腹板近方形。胸足股节腹缘波形。雄性肛上板卵圆形；尾须较长，末端具 1 小刺；下生殖板长大于宽，后缘凹；腹突甚短。雌性下生殖板宽短，半圆形，后缘微凹。产卵瓣稍弯。

分布：浙江（安吉、临安、开化、龙泉、平阳）、陕西、安徽、湖北、江西、湖南、福建、台湾、广东、海南、广西、重庆、四川、贵州、云南；印度，缅甸，越南，泰国，斯里兰卡。

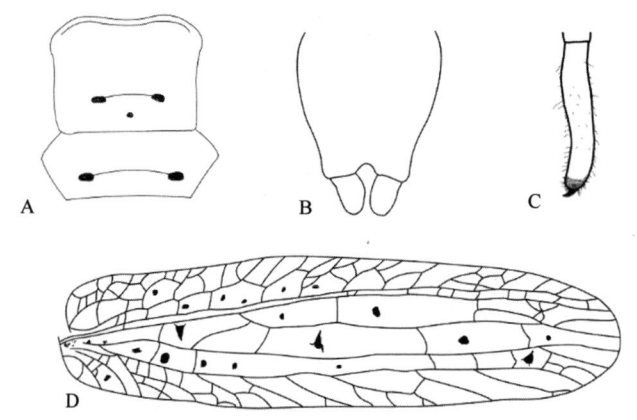

图 18-172　绿背覆翅螽 *Tegra novaehollandiae viridinotata* (Stål, 1874)
A. ♂中、后胸腹板腹面观；B. ♂下生殖板；C. ♂右尾须；D. ♀前翅侧面观

354. 丽叶螽属 *Orophyllus* Beier, 1954

Orophyllus Beier, 1954: 75. Type species: *Orophyllus montanus* Beier, 1954.

主要特征：体大型，粗壮。前胸腹板无刺，中、后胸腹板横宽，中胸腹板前缘光滑。前翅端部狭圆，Sc 脉和 R 脉于翅端部分开，Rs 脉于 R 脉近基部分出，M 脉与 Cu 脉自翅基部分开。前足股节长于前胸背板。肛上板长大于宽。雌性下生殖板横宽，产卵瓣粗壮，近直。

分布：中国特有属。世界已知 1 种，中国记录 1 种，浙江分布 1 种。

（725）山陵丽叶螽 *Orophyllus montanus* Beier, 1954（图 18-173）

Orophyllus montanus Beier, 1954: 75.

主要特征：体大型。颜面近方形；头顶背面无纵沟。前胸背板具刻点。前翅墨绿色，前缘稍弯曲，翅端狭地钝圆；M 脉与 Cu 脉自翅基部各自向后延伸。雌性肛上板长椭圆形，末端具浅凹口；下生殖板近梯形，后缘近直。产卵瓣粗壮，稍弯，侧面具斜隆褶。

分布：浙江（龙泉）、福建、广东、四川。

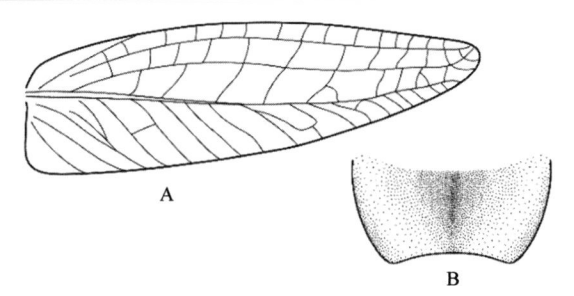

图 18-173　山陵丽叶螽 *Orophyllus montanus* Beier, 1954
A. ♀前翅侧面观；B. ♀下生殖板

355. 翡螽属 *Phyllomimus* Stål, 1873

Phyllomimus Stål, 1873a: 44. Type species: *Phyllomimus granulosus* Stål, 1873.

主要特征：体中型，粗壮，绿色。前胸背板具颗粒状突起，后缘钝圆。前翅形状多样，翅端稍尖或钝圆或截形；Rs 脉从 R 脉中部或中部之后甚至在近末端处分出，少数于中部之前分出；M 脉与 Cu 脉基部合并。前胸腹板通常无刺；中、后胸腹板横宽，中胸腹板前缘锯齿状。肛上板平，末端钝圆。雄性下生殖板向端部渐窄。雌性下生殖后缘凹，产卵瓣稍弯曲。

分布：亚洲的热带与亚热带地区。世界已知 2 亚属 27 种，中国记录 1 亚属 7 种，浙江分布 1 亚属 2 种。

（726）柯氏翡螽 *Phyllomimus (Phyllomimus) klapperichi* Beier, 1954（图 18-174）

Phyllomimus (Phyllomimus) klapperichi Beier, 1954: 112.

主要特征：体中型，绿色。前翅翅端钝圆；沿 R 脉皱结呈白色，R 脉与 M 脉基部间具褐色斑点；Sc 脉与 R 脉基部分开，各自向后延伸，在近末端显著分开；Rs 脉从 R 脉中部之后分出。前胸腹板缺刺；中胸腹板横宽，前、侧缘具细齿。雄性肛上板长大于宽，后缘圆；尾须粗短，端部具刺；下生殖板基部宽，向端部渐狭；腹突较宽扁，末端钝圆。雌性下生殖板长约等于宽，梯形，后缘凹。产卵瓣适度弯曲，具 2 条斜隆褶。

分布：浙江（安吉、临安）、安徽、湖南、福建、广东、广西、四川、贵州、云南。

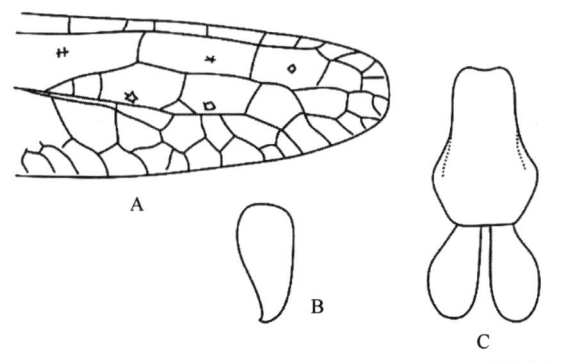

图 18-174　柯氏翡螽 *Phyllomimus (Phyllomimus) klapperichi* Beier, 1954（引自刘宪伟和金杏宝，1999）
A. ♂前翅端部侧面观；B. ♂右尾须背面观；C. ♂下生殖板

（727）中华翡螽 *Phyllomimus (Phyllomimus) sinicus* Beier, 1954（图 18-175）

Phyllomimus (Phyllomimus) sinicus Beier, 1954: 106.

主要特征：体中型，绿色。前胸背板具颗粒状突起。中胸腹板前侧角锯齿状；后胸背板横宽。前翅长为宽的 3 倍，前缘弧形弯曲，后缘近直，翅端锐角形；Rs 脉从 R 脉中部之后分出；M 脉与 Cu 脉基部合并。雄性肛上板长大于宽，末端钝圆；尾须较细长，端部钩状；下生殖板向端部渐窄，腹突椭圆形。雌性下生殖板向端部渐狭，后缘具凹口。产卵瓣狭长。

分布：浙江（临安、磐安、庆元、龙泉）、陕西、湖北、江西、湖南、福建、台湾、广东、海南、广西、四川、贵州、云南；菲律宾。

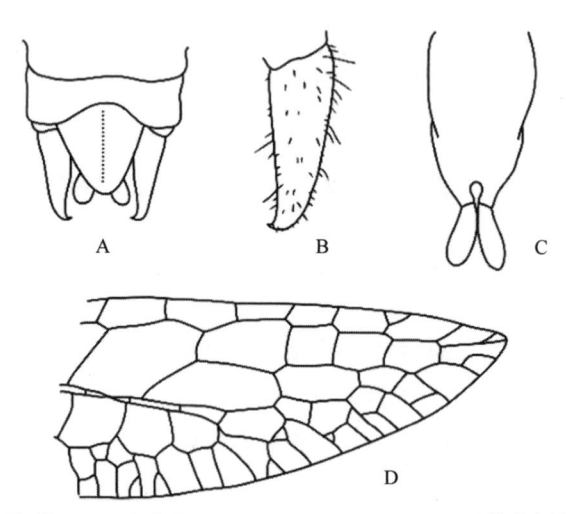

图 18-175　中华翡螽 *Phyllomimus* (*Phyllomimus*) *sinicus* Beier, 1954（引自刘宪伟和金杏宝，1999）
A. ♂腹部末端背面观；B. ♂尾须背面观；C. ♂下生殖板；D. ♂前翅端部侧面观

（二）纺织娘亚科 Mecopodinae

主要特征：体中至大型，粗壮。触角窝边缘不显著隆起。胸部听器被前胸背板侧片盖及。前胸腹板具刺。前、后翅发育完全或退化，雄性前翅具发声器。前足胫节内、外侧听器均为开放式；后足胫节背面具端距；跗节第 1–2 节具侧沟。产卵瓣较长。

分布：主要分布于亚洲、非洲、澳大利亚，少数种分布于南美洲。世界已知 56 属 180 余种，中国记录 1 属 11 种，浙江分布 1 属 1 种。

356. 纺织娘属 *Mecopoda* Serville, 1831

Mecopoda Serville, 1831: 154. Type species: *Mecopoda elongata* (Linnaeus, 1758).

主要特征：体中至大型。头顶极宽，约为触角柄节宽的 3 倍；颜面垂直。前胸背板背面平，后缘钝圆，具 3 条横沟。前翅与后翅发达。前足基节具 1 枚刺，前足胫节背面具距与沟，后足胫节腹面具刺。雄性尾须圆锥形，端部具齿；腹突短。产卵瓣长，直，剑状。

分布：亚洲。世界已知 8 种，中国记录 5 种，浙江分布 1 种（亚种）。

（728）日本纺织娘 *Mecopoda niponensis niponensis* (De Haan, 1843)

Locusta (*Mecopoda*) *niponensis* De Haan, 1843: 188.
Mecopoda niponensis: Karny, 1924: 159.
Mecopoda niponensis niponensis: Heller et al., 2021: 114.

主要特征：体大型，较粗壮。头短，头顶极宽，约为触角柄节宽的3倍。复眼小，卵形。前胸背板背面平坦，3条横沟明显，沟后区显著扩展；侧片高大于长；前胸腹板具1对刺，基部远离。前翅稍超过后足股节末端，雄性前翅较宽，长不及宽的3.5倍，发声区几乎占前翅长的1/2；后翅短于前翅。前足胫节内、外侧听器均为开放式。雄性尾须粗壮，近端部向内弯，末端具2齿；下生殖板狭长，后缘具较深的三角形凹口，侧叶端部具粗短的腹突。雌性尾须圆锥状；产卵瓣长而直，光滑，端部尖；下生殖板近于三角形，基部较宽，后缘平截或微凹。

体通常为绿色，有的个体褐色。雄性前胸背板侧片上缘黑褐色。前翅散布一些黑色或褐色斑，前翅发声区通常淡褐色。

分布：浙江（临安、龙泉）、河南、陕西、江苏、上海、安徽、江西、湖南、福建、广西、重庆、四川、贵州；朝鲜，韩国，日本。

（三）露螽亚科 Phaneropterinae

主要特征：体小至大型。触角窝内侧边缘不显著隆起。前胸腹板缺刺。前、后翅发育完全，或退化缩短，雄性前翅具发声器。前足胫节听器有的内、外侧均为开放式，有的内、外侧均为封闭式，有的外侧为开放式，内侧为封闭式。后足胫节背面具端距；跗节不具侧沟。产卵瓣通常宽短，侧扁，向背方弯曲，边缘具细齿。

分布：世界广布。世界已知约533属2800余种，中国记录49属276种，浙江分布16属46种。

分属检索表

1. 前足胫节内、外侧听器均为开放式 ··· 2
- 前足胫节内、外侧听器为封闭式或至少内侧听器为封闭式 ··· 9
2. 头顶端部钝；雄性下生殖板具腹突 ··· 3
- 头顶端部尖；雄性下生殖板缺腹突 ··· 4
3. 前胸背板侧隆线明显；雄性下生殖板腹突长 ··· 平背螽属 *Isopsera*
- 前胸背板缺侧隆线；雄性下生殖板腹突很短 ··· 秦岭螽属 *Qinlingea*
4. 雄性第9腹节背板向后延伸；第10腹节背板与肛上板融合；雄性下生殖板从基部裂成2叶，显著向背面弯曲，呈环状 ··
 ·· 环螽属 *Letana*
- 雄性第9、10腹节背板和下生殖板不同上述 ··· 5
5. 前足胫节背面缺刺；前、后翅均狭长，后翅外露部分长于前翅长的1/4 ·························· 露螽属 *Phaneroptera*
- 前足胫节背面具刺；前、后翅稍宽，后翅外露部分短于前翅长的1/4 ·· 6
6. 雄性左前翅后缘发声区后深凹；下生殖板裂叶端部向两侧弯曲 ···························· 鼓鸣螽属 *Bulbistridulous*
- 雄性左前翅后缘发声区后较直；下生殖板裂叶端部不弯曲或稍向内弯 ·· 7
7. 雄性尾须端部缺隆脊；下生殖板呈管状，端部背缘具1对向内弯的齿 ······················· 桑螽属 *Kuwayamaea*
- 雄性尾须端部具隆脊；下生殖板不同上述 ··· 8
8. 雄性尾须端部具腹隆脊，或具腹隆脊和背隆脊；下生殖板裂叶较窄 ····································· 条螽属 *Ducetia*
- 雄性尾须端部三棱形；下生殖板裂叶宽 ·· 安螽属 *Prohimerta*
9. 前足胫节内、外侧听器均为封闭式 ··· 10
- 前足胫节内侧听器封闭式、外侧听器开放式 ··· 11
10. 头顶端钝，约与触角柄节等宽；前胸背板背面具颗粒线，侧隆线明显，其前半部具小齿；前翅中部宽阔，向两端渐窄，横脉与纵脉排列不规则；雄性尾须粗壮，端部分叉，下生殖板具短的腹突 ························· 似褶缘螽属 *Paraxantia*
- 头顶端部尖，宽度小于触角柄节；前胸背板背面平坦，缺侧隆线；前翅前、后缘近平行，横脉与纵脉近垂直、排列较规则；雄性尾须简单，端部不分叉，下生殖板缺腹突 ·· 掩耳螽属 *Elimaea*

11. 体型较大，前翅中部宽阔；前足基节具刺；雄性下生殖板具腹突 ··· 12
- 体中小型，前翅长，中部不加宽；前足基节缺刺；雄性下生殖板缺腹突 ····································· 14
12. 前翅 C 脉不明显；后足股节膝叶端部钝圆；雄性第 10 腹节背板短，后缘较平直 ············ **糙颈螽属 Ruidocollaris**
- 前翅 C 脉明显；后足股节膝叶端部尖；雄性第 10 腹节背板延长，端部特化 ··································· 13
13. 前翅 C 脉白色，其前缘具黑色纹；股节腹面刺黑色；雄性第 10 腹节背板向后延伸；肛上板复杂；雌性产卵瓣端部背缘平截 ·· **华绿螽属 Sinochlora**
- 前翅 C 脉同体色，或呈暗褐色，其前缘缺白色纹；股节腹面刺不为黑色；雄性第 10 腹节背板端部裂成 2 宽叶；肛上板简单；雌性产卵瓣端部背缘稍斜截 ··· **绿螽属 Holochlora**
14. 雄性左前翅后缘直；前翅横脉与纵脉近于垂直、排列较规则；前足胫节基部自听器之后逐渐趋狭，后足股节膝叶端具刺 ·· **半掩耳螽属 Hemielimaea**
- 雄性左前翅后缘发声区后具凹口；前翅横脉排列不规则；前足胫节基部自听器之后骤然趋狭，后足股节膝叶端部钝圆 ···· 15
15. 头背面、前胸背板背面及腹节背板侧面具白斑；雄性左前翅后缘在发声区后具深且宽的凹口，翅端斜截形；前翅端部和后翅外露部分褐色 ··· **斜缘螽属 Deflorita**
- 头背面、前胸背板背面及腹部背板侧面缺白斑；雄性左前翅后缘在发声区后具浅且窄的凹口，翅端钝圆形；前翅端部和后翅外露部分同色 ··· **奇螽属 Mirollia**

357. 鼓鸣螽属 *Bulbistridulous* Xia et Liu, 1991

Bulbistridulous Xia et Liu, 1991: 109. Type species: *Bulbistridulous furcatus* Xia et Liu, 1991.

主要特征：头顶狭于触角柄节，背面具纵沟。雄性左前翅后缘在发声区之后具深凹口，Cu 脉甚粗壮。后翅长于前翅。前足基节缺刺。足股节腹面具刺，膝叶具 2 枚刺。前足胫节内、外侧听器均为开放型。雄性第 10 腹节背板不变形，肛上板甚大，后缘内凹。雄性下生殖板深裂成两叶，端部向外弯，缺腹突。产卵瓣发育完全，边缘具细钝齿。

分布：东洋区。中国特有属，目前记录 3 种，浙江分布 1 种。

（729）歧尾鼓鸣螽 *Bulbistridulous furcatus* Xia et Liu, 1991（图 18-176）

Bulbistridulous furcatus Xia et Liu, 1991: 109.

主要特征：体中型，体长 25.0–30.0 mm。体具黑色和黄色。后头黑色，前胸背板背面赤褐色，侧叶黑色，下缘黄色。雄性肛上板向端部渐扩宽，后缘稍凹；端半部显著向背面弯曲。尾须圆柱形，端部分成 2 支：上支较长，锐齿形，腹缘具细齿；下生殖板端部大于 1/2 纵裂，裂叶向背面弯曲，端部外支呈钩状。雌性肛上板近矩形，后缘宽圆。

分布：浙江（庆元、龙泉）、江西、福建。

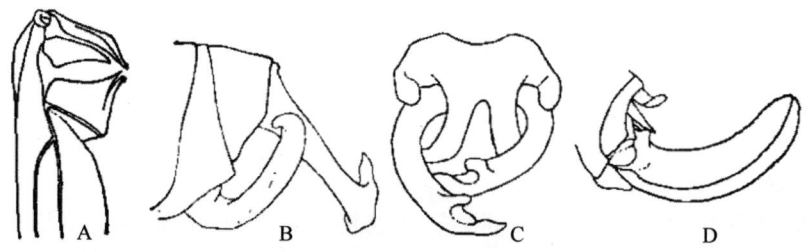

图 18-176　歧尾鼓鸣螽 *Bulbistridulous furcatus* Xia et Liu, 1991（引自夏凯龄和刘宪伟，1991）
A. ♂左前翅发声区；B. ♂腹部末端侧面观；C. ♂腹部末端腹面观；D. ♀腹部末端侧面观

358. 斜缘螽属 *Deflorita* Bolívar, 1906

Deflorita Bolívar, 1906: 392. Type species: *Exora deflorita* Brunner v. W., 1878.

主要特征：体中小型。头顶狭于触角柄节。前胸背板背面和腹节背板侧面常具白斑。前翅狭长，前缘稍突，后缘稍凹，端部近斜截，后翅长于前翅，前翅端部和后翅外露部分褐色。前足基节缺刺；前足胫节基部膨大，内侧听器封闭式，外侧听器开放式。雄性尾须细长；下生殖板长，端部深裂，缺腹突；阳茎骨片膜质。雌性产卵瓣宽短，显著向背面弯曲，边缘具细齿。

分布：古北区、东洋区。世界已知约 17 种，中国记录 5 种，浙江分布 2 种。

（730）端尖斜缘螽 *Deflorita apicalis* (Shiraki, 1930)（图 18-177）

Exora apicalis Shiraki, 1930a: 333.
Deflorita apicalis: Jin & Xia, 1994: 20.

主要特征：体中型，体长 15.0–19.0 mm。体浅绿色。后头白色，前胸背板沟前区白色且稍呈浅红色，具三角形的大黑环。雄性尾须末端具 1 尖刺。下生殖板端部纵裂成 2 窄叶，显著向背面弯曲，末端锐尖。雌性肛上板长三角形，产卵瓣全缘具细齿。

分布：浙江（鄞州、庆元、龙泉）、安徽、江西、湖南、福建、四川。

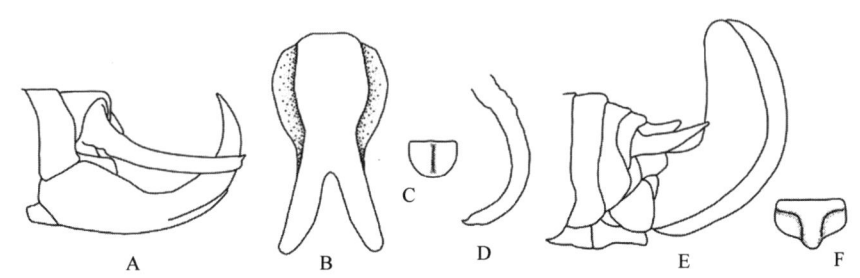

图 18-177 端尖斜缘螽 *Deflorita apicalis* (Shiraki, 1930)（引自 Huang，2004）
A.♂腹部末端侧面观；B.♂下生殖板；C.♂肛上板；D.♂尾须背面观；E.♀腹部末端侧面观；F.♀下生殖板

（731）斜缘螽 *Deflorita deflorita* (Brunner v. W., 1878)（图 18-178）

Exora deflorita Brunner v. W., 1878: 105.
Deflorita deflorita: Karny, 1926b: 72.

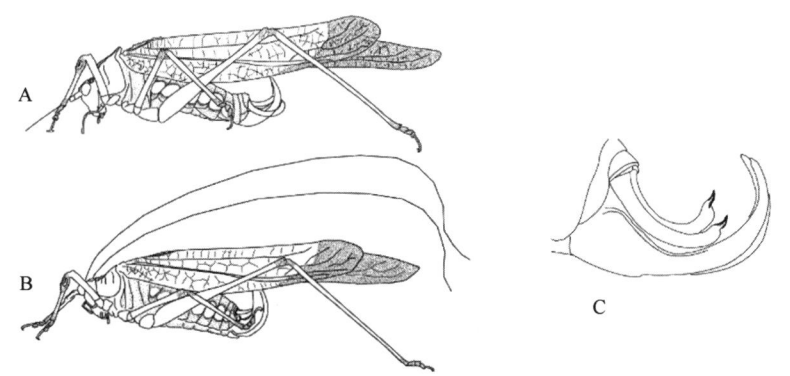

图 18-178 斜缘螽 *Deflorita deflorita* (Brunner v. W., 1878)（引自王刚和石福明，2014）
A.♂成虫侧面观；B.♀成虫侧面观；C.♂腹部末端侧面观

主要特征：体长 13.0–19.0 mm。体黄绿色，头部和前胸背板背面、前翅发声区及腹节背板两侧均具白斑，白斑边缘褐色。雄性尾须细长，圆柱形，显著内弯，亚端部稍加粗，之后渐细，弯刺状；下生殖板端部深纵裂成2窄叶，显著向背面弯曲。雌性产卵瓣边缘具细齿。

分布：浙江（安吉、临安、四明山、磐安、江山）、陕西、上海、安徽、江西、湖南、福建、台湾、广东、海南、广西、四川、贵州、云南；斯里兰卡，印度尼西亚。

359. 条螽属 *Ducetia* Stål, 1874

Ducetia Stål, 1874: 11. Type species: *Locusta japonica* Thunberg, 1815.

主要特征：头顶狭于触角柄节，背面具纵沟。前翅R脉常具平行分支，Rs脉极少分叉；后翅长于前翅，极少数种后翅短于前翅。前足基节具或缺刺；前足胫节背面具沟和刺；内、外侧听器均为开放式；足股节腹面均具刺，后足股节膝叶端具2枚刺。雄性第10腹节背板没有特化；下生殖板缺腹突。雌性产卵瓣具细齿。

分布：古北区、东洋区、旧热带区、澳洲区。世界已知31种，中国记录8种，浙江分布1种。

（732）日本条螽 *Ducetia japonica* (Thunberg, 1815)（图18-179）

Locusta japonica Thunberg, 1815: 282.
Ducetia japonica: Stål, 1874: 26.

主要特征：体中小型，体长13.0–22.0mm。体黄绿色或褐色。前翅狭长，向端部渐窄；R脉具4–6条近于平行的分支，Rs脉不分叉；雄性第10腹节背板后缘截形；肛上板三角形；尾须端部扁，呈斧形，腹缘具脊；下生殖板长，端部深裂成两叶，缺腹突。雌性尾须圆锥形；下生殖板三角形；产卵瓣显著向背面弯曲。

分布：浙江（安吉、临安、开化、庆元、龙泉）、河北、山西、河南、陕西、江苏、上海、安徽、湖北、江西、湖南、福建、台湾、广东、海南、广西、重庆、四川、贵州、云南、西藏；朝鲜，日本，印度，柬埔寨，斯里兰卡，菲律宾，新加坡，印度尼西亚，澳大利亚。

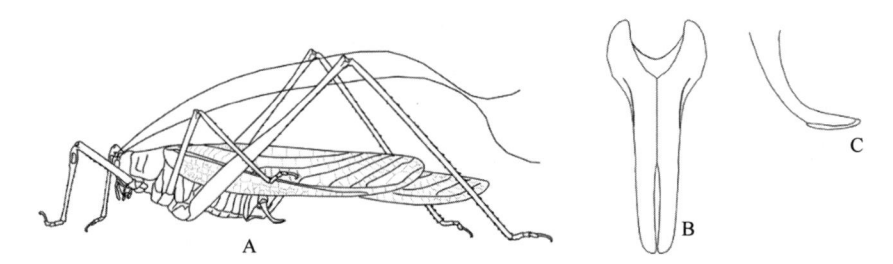

图18-179　日本条螽 *Ducetia japonica* (Thunberg, 1815)（引自王刚和石福明，2014）
A. ♂成虫侧面观；B. ♂下生殖板；C. ♂尾须侧面观

360. 掩耳螽属 *Elimaea* Stål, 1874

Elimaea Stål, 1874: 11. Type species: *Phaneroptera subcarinata* Stål, 1861.

主要特征：头顶狭于触角柄节，背面具纵沟。前胸背板缺侧隆线，中隆线明显；前胸背板侧叶长大于宽，肩凹稍明显。前翅较狭窄，纵脉明显、平行排列，横脉间隔近等，与纵脉垂直。Rs脉从R脉中部之前或之后发出。前足胫节内、外侧听器均为封闭式。雄性下生殖板端部深裂，缺腹突。雌性产卵瓣短，显著向背面弯曲，边缘具细齿，腹瓣常具生殖突基片，下生殖板后端具凹口。

分布：古北区、东洋区。世界已知 159 种，中国记录 54 种，浙江分布 13 种。

分种检索表

1. 雄性阳茎外叶膜质或只具单个半骨化叶片	2
- 雄性阳茎外叶骨化，具 1 对带刺的外叶，且有时具中叶	6
2. 前翅稍短，短于后足股节长的 1.5 倍	3
- 前翅长大于后足股节长的 1.5 倍	5
3. 雄性下生殖板端裂浅，小于全长的 1/2	疹点掩耳螽 *E. punctifera*
- 雄性下生殖板端裂大于全长的 1/2	4
4. 雄性尾须末端钝	舰掩耳螽 *E. nautica*
- 雄性尾须末端尖	秋掩耳螽 *E. fallax*
5. 雄性尾须近端部稍变粗，末端粗刺状	贝氏掩耳螽 *E. berezovskii*
- 雄性尾须圆柱形，近端部稍扭曲，背缘纵隆脊明显	端异掩耳螽 *E. terminalis*
6. 雄性肛上板后缘缺凹口	7
- 雄性肛上板后缘具凹口	9
7. 雄性肛上板后缘近截形	叶肛掩耳螽 *E. foliata*
- 雄性肛上板后缘圆或角形	8
8. 雄性尾须端部向外侧弯曲成钩状	半圆掩耳螽 *E. semicirculata*
- 雄性尾须端部非向外侧弯曲	端尖掩耳螽 *E. mucronatis*
9. 雄性下生殖板纵裂深，裂叶大于 1/2 全长	长裂掩耳螽 *E. longifissa*
- 雄性下生殖板纵裂短，裂叶小于 1/2 全长	10
10. 雄性肛上板后缘具深的凹口	11
- 雄性肛上板后缘具浅的凹口	12
11. 雄性肛上板后缘凹口三角形；尾须端刺粗	陈氏掩耳螽 *E. cheni*
- 雄性肛上板后缘凹口半圆形；尾须端刺细	圆缺掩耳螽 *E. obtusilota*
12. 雄性肛上板长，侧缘在端部加宽	宽肛掩耳螽 *E. megalpygmaea*
- 雄性肛上板长，侧缘平行，不加宽	小掩耳螽 *E. parva*

（733）贝氏掩耳螽 *Elimaea berezovskii* Bey-Bienko, 1951

Elimaea berezovskii Bey-Bienko, 1951: 131.

主要特征：体中型，体长 17.0–22.0 mm。体黄绿色，前胸背板背面两侧缘具大的褐色斑点。雄性第 10 腹节背板后缘圆弧形突出，肛上板长三角形；尾须长，近端部稍粗；下生殖板端部 1/2 纵裂，裂叶窄。雌性肛上板三角形；尾须圆锥形，端部钝；下生殖板长三角形，后缘具凹口。

分布：浙江（安吉、临安、龙泉）、河南、陕西、安徽、湖北、江西、湖南、四川、贵州、云南。

（734）陈氏掩耳螽 *Elimaea cheni* Kang *et* Yang, 1992（图 18-180）

Elimaea cheni Kang *et* Yang, 1992: 327.

主要特征：体中型，体长 18.0–22.0 mm。体黄绿色。雄性肛上板长舌状，端缘凹口深；尾须长，圆柱形，显著内弯，末端粗刺状；下生殖板短，端部纵裂短于全长的 1/2，裂叶背腹向扩展。雌性尾须圆锥形；肛上板延长；下生殖板横宽，端缘中部平直或略突，两侧具角突。

分布：浙江（四明山、磐安）、陕西、甘肃、湖北、湖南、广西、重庆、四川、贵州。

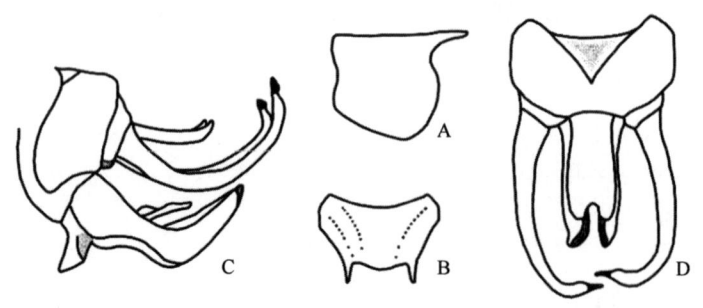

图 18-180　陈氏掩耳螽 *Elimaea cheni* Kang et Yang, 1992（引自康乐和杨集昆，1992）
A. ♂前胸背板侧面观；B. ♀下生殖板；C. ♂腹部末端侧面观；D. ♂腹部末端背面观

(735) 秋掩耳螽 *Elimaea fallax* Bey-Bienko, 1951（图 18-181）

Elimaea fallax Bey-Bienko, 1951: 130.

主要特征：体长 17.0–18.0 mm。体绿色。前翅超过后足股节端部，长度短于后足股节的 1.5 倍。雄性肛上板呈长三角形，垂直下折，端部钝圆；尾须短，向内弯曲，近端部加宽，末端尖；下生殖板狭长，端部纵裂长于 1/2，侧叶呈窄片状。雌性下生殖板稍延长，后缘具凹口。

分布：浙江（四明山）、全国分布；俄罗斯，朝鲜。

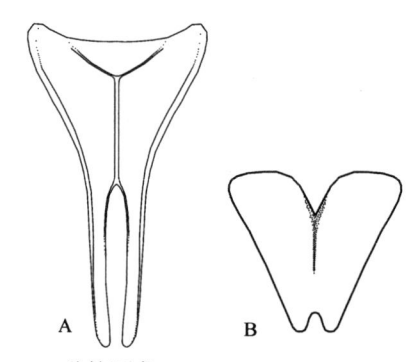

图 18-181　秋掩耳螽 *Elimaea fallax* Bey-Bienko, 1951
A. ♂下生殖板腹面观；B. ♀下生殖板

(736) 叶肛掩耳螽 *Elimaea foliata* Mu, He et Wang, 1999（图 18-182）

Elimaea foliata Mu, He et Wang, 1999: 95.

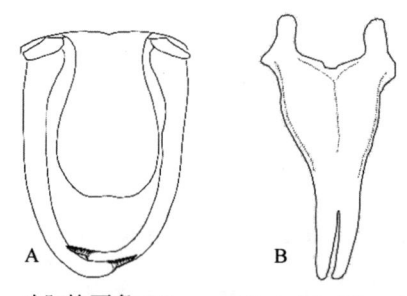

图 18-182　叶肛掩耳螽 *Elimaea foliata* Mu, He et Wang, 1999
A. ♂肛上板和尾须背面观；B. ♂下生殖板

主要特征：体长 18.0 mm。体黄褐色。雄性第 10 腹节背板中央凹，后缘中央稍突出。肛上板极度延长，基部较狭，中部最宽，之后渐狭，后缘近截形。尾须细长，适度内弯，侧观不达下生殖板端部，具 1 粗壮端刺。下生殖板较宽，适度上弯，端部 1/3 纵裂，裂叶背腹向稍扩展。

分布：浙江（宁波、庆元、龙泉）、安徽、福建。

（737）长裂掩耳螽 *Elimaea longifissa* Mu, He *et* Wang, 2002（图 18-183）

Elimaea longifissa Mu, He *et* Wang, 2002: 25.

主要特征：体长 17.5–18.0 mm。体绿色，前胸背板和前翅翅室具黑点。雄性第 10 腹节背板中央具圆凹，后缘平截。肛上板延长，中部之后稍加宽，后缘具深的圆凹口；尾须细长，端部具粗刺；下生殖板长，端部大于 1/2 纵裂，裂叶粗壮，端部钝圆。雌性下生殖板宽片状，侧缘近平行，后侧角呈小的三角形。

分布：浙江（临安、四明山、龙泉）、江西。

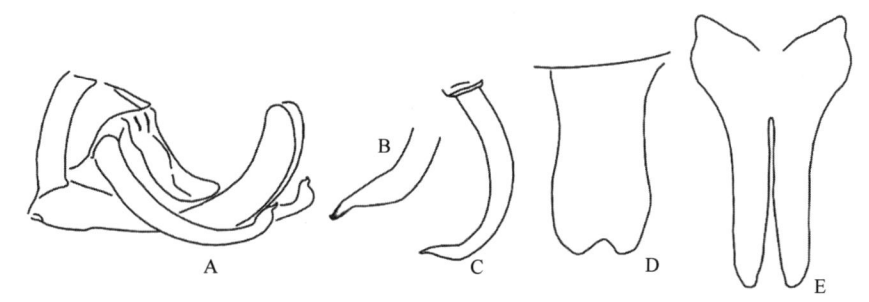

图 18-183　长裂掩耳螽 *Elimaea longifissa* Mu, He *et* Wang, 2002（引自康乐等，2014）
A. ♂腹部末端侧面观；B. ♂尾须背端观；C. ♂尾须背面观；D. ♂肛上板；E. ♂下生殖板

（738）宽肛掩耳螽 *Elimaea megalpygmaea* Mu, He *et* Wang, 1999（图 18-184）

Elimaea megalpygmaea Mu, He *et* Wang, 1999: 95.

主要特征：体长 18.0–18.2 mm。体绿色，前胸背板背面密被褐色斑。雄性第 10 腹节背板后缘平截；肛上板延长，端部扩大，后缘具浅凹；尾须细长，内弯，端部具尖刺；下生殖板狭长，端部 1/4 纵裂，裂叶背腹向扩大。雌性下生殖板侧缘向端部趋狭，后缘矩形凹，侧角尖长。

分布：浙江（平湖、四明山、泰顺）、安徽、江西、福建。

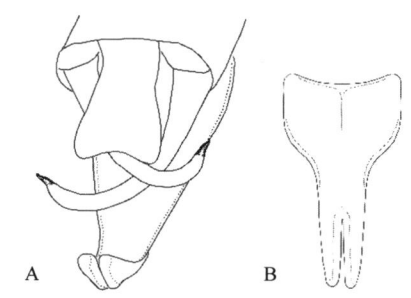

图 18-184　宽肛掩耳螽 *Elimaea megalpygmaea* Mu, He *et* Wang, 1999
A. ♂腹端端侧观；B. ♂下生殖板

（739）端尖掩耳螽 *Elimaea mucronatis* Wang *et* Shi, 2017（图 18-185）

Elimaea mucronatis Wang *et* Shi, 2017: 218.

主要特征：体中型，体长 16.8 mm。雄性肛上板长舌形；尾须长，圆柱形，向内弯曲，近端部稍加宽，末端具 1 枚小短刺；下生殖板长，中部最窄，端部 1/5 纵裂，裂叶背腹向加厚。阳茎具 1 棒状中骨片，背面具小齿，侧骨片膜质。

分布：浙江（临安）。

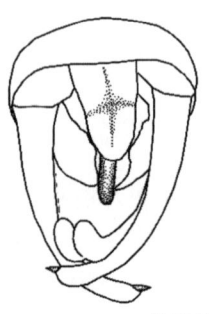

图 18-185　端尖掩耳螽 *Elimaea mucronatis* Wang et Shi, 2017 的雄性腹部末端背面观（引自 Wang and Shi，2017）

（740）舰掩耳螽 *Elimaea nautica* Ingrisch, 1998（图 18-186）

Elimaea nautica Ingrisch, 1998b: 87.

主要特征：体中型，体长 21.0–22.0 mm。体褐绿色。雄性第 10 腹节背板后缘宽的钝圆形，中央区具短毛和凹刻；肛上板舌形；尾须较短，强内弯，亚端部稍膨大，端区内侧凹入，呈勺形；下生殖板狭长，基部具中隆线，裂叶约为下生殖板长的 1/2，薄片状，平行，多毛。雌性尾须短，圆柱形，稍向背面弯曲；肛上板舌形；下生殖板基部宽，向端部渐窄，端缘中央具小凹口。

分布：浙江（临安）、广西；泰国，美国（夏威夷）。

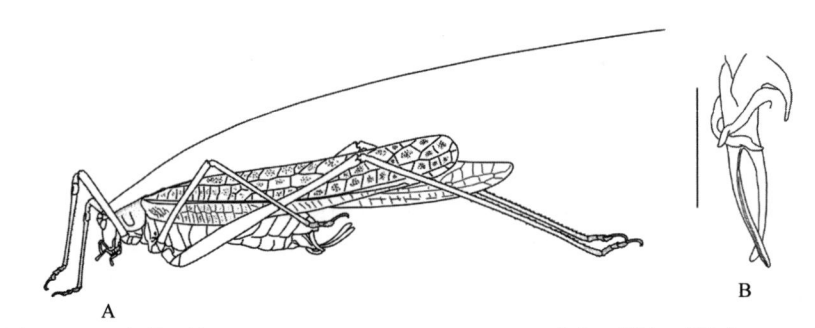

图 18-186　舰掩耳螽 *Elimaea nautica* Ingrisch, 1998（引自王刚和石福明，2014）
A. ♂体侧面观；B. ♂下生殖板和尾须腹面观

（741）圆缺掩耳螽 *Elimaea obtusilota* Kang et Yang, 1992（图 18-187）

Elimaea obtusilota Kang et Yang, 1992: 326.

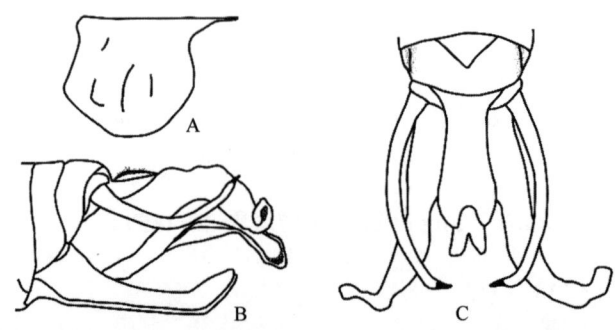

图 18-187　圆缺掩耳螽 *Elimaea obtusilota* Kang et Yang, 1992（引自康乐和杨集昆，1992）
A. ♂前胸背板侧面观；B. ♂腹部末端侧面观；C. ♂腹部末端背面观

主要特征：体中型，体长 27.5–28.6 mm。雄性第 10 腹节背板稍加宽；肛上板延长，呈长舌状，基部稍收缩，近端部扩宽，后缘具半圆形深凹口；尾须细长，超过下生殖板的端部，尾须端部细尖，呈刺状。下生殖板端部纵裂短，小于全长的 1/2，裂叶背腹向扩展。

分布：浙江（安吉、临安、龙泉）、江西、广西。

（742）小掩耳螽 *Elimaea parva* Liu, 1993（图 18-188）

Elimaea parva Liu, 1993: 43.

主要特征：体中型，体长 16.0–18.0 mm，体浅黄褐色。雄性第 10 腹节背板后缘截形。肛上板延长，侧缘几乎平行，后缘具弱凹口。尾须细长，达到下生殖板末端，内弯，具端刺。下生殖板狭长，明显向背面弯曲，端部 1/3 纵裂，裂叶背腹向扩大。雌性下生殖板稍横宽，后侧角突出。产卵瓣侧扁，显著向背面弯曲，边缘具细齿。

分布：浙江（龙泉）、湖南、福建。

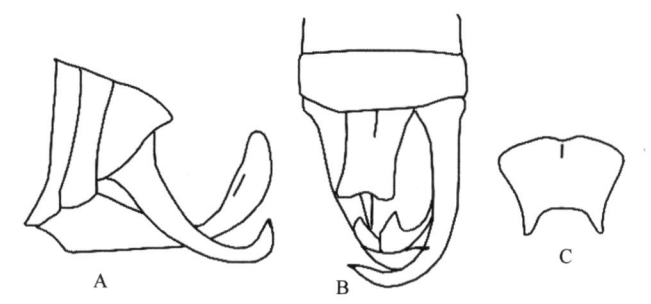

图 18-188　小掩耳螽 *Elimaea parva* Liu, 1993（引自刘宪伟，1993）
A. ♂腹部末端侧面观；B. ♂腹部末端背面观；C. ♀下生殖板

（743）疹点掩耳螽 *Elimaea punctifera* (Walker, 1869)（图 18-189）

Phaneroptera punctifera Walker, 1869b: 342.
Elimaea punctifera: Kirby, 1906: 396.

主要特征：体中型，体长 22.0–27.0 mm。体绿色，前胸背板及前翅具一些黑色斑点。雄性肛上板矛形；尾须较粗，圆柱形，显著内弯，端部铲状，末端尖；下生殖板狭长，适度向背面弯曲，端部 1/2 纵裂，裂叶窄。雌性产卵瓣显著向背面弯曲，边缘具细齿，尾须圆锥形，下生殖板三角形，端缘内凹。

分布：浙江、江西、湖南、福建、广东、海南、香港、广西、重庆、四川、贵州、云南、西藏；巴基斯坦，印度。

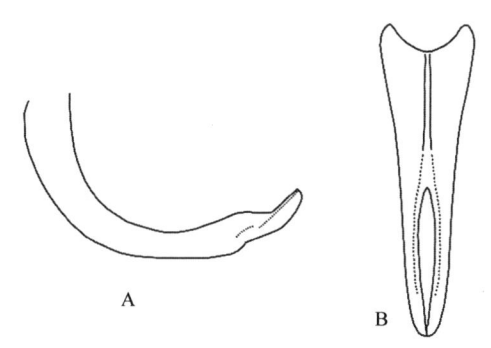

图 18-189　疹点掩耳螽 *Elimaea punctifera* (Walker, 1869)（引自 Ingrisch，1998b）
A. ♂尾须背面观；B. ♂下生殖板

(744) 半圆掩耳螽 *Elimaea semicirculata* Kang et Yang, 1992（图 18-190）

Elimaea semicirculata Kang et Yang, 1992: 332.

主要特征：体中型，体长 18.0–18.2 mm。体淡绿色。雄性第 10 腹节背板扩大，肛上板长，侧缘基部近平行，端部三角形。尾须圆柱形，向内弯曲，端 1/4 部位向外显著弯成钩状。下生殖板基部宽，中部骤变窄，近端部稍膨大，裂口浅，裂叶端向外。雌性肛上板发达，下生殖板宽，侧缘向后渐宽，后缘矩形凹，侧突角状，外缘不规则突出。

分布：浙江（安吉、临安、开化、庆元）、福建。

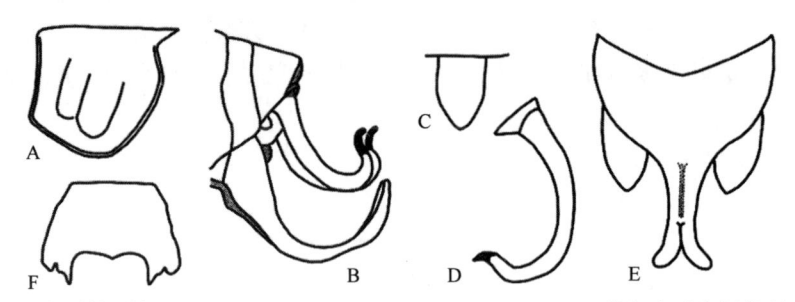

图 18-190 半圆掩耳螽 *Elimaea semicirculata* Kang et Yang, 1992（引自康乐和杨集昆，1992）
A. ♂前胸背板侧面观；B. ♂腹部末端侧面观；C. ♂肛上板；D. ♂尾须背面观；E. ♂下生殖板；F. ♀下生殖板

(745) 端异掩耳螽 *Elimaea terminalis* Liu, 1993（图 18-191）

Elimaea terminalis Liu, 1993: 43.

主要特征：体中型，体长 22.0–28.0 mm。体绿色。雄性肛上板长舌形；尾须圆柱形，显著内弯，近端部稍扭曲，背缘纵隆脊明显。下生殖板长，端部 1/2 纵裂，裂叶窄。雌性肛上板长，尾须短，末端钝圆。下生殖板梯形，侧缘向后趋狭，后缘截形，产卵瓣短，边缘具钝的细齿。

分布：浙江（江山、泰顺）、湖南、福建、广东、广西。

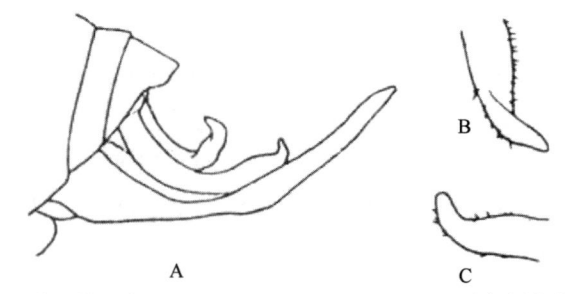

图 18-191 端异掩耳螽 *Elimaea terminalis* Liu, 1993（引自刘宪伟，1993）
A. ♂腹部末端侧面观；B. ♂尾须端部背面观；C. ♂尾须端部侧面观

361. 半掩耳螽属 *Hemielimaea* Brunner v. W., 1878

Hemielimaea Brunner v. W., 1878: 103. Type species: *Hemielimaea chinensis* Brunner v. W., 1878.

主要特征：头顶狭于触角柄节。前翅横脉与纵脉近于垂直。前足基节缺刺；胸足股节腹面通常具刺，后足股节膝叶端具 2 枚刺；前足胫节内侧听器封闭式，外侧听器开放式。雄性阳茎具纵骨片；下生殖板缺腹突。雌性下生殖板端裂深，侧叶端部尖，产卵瓣边缘具细齿。

分布：古北区、东洋区。世界已知 17 种，中国记录 11 种，浙江分布 1 种。

（746）中华半掩耳螽 *Hemielimaea chinensis* Brunner v. W., 1878（图 18-192）

Hemielimaea chinensis Brunner v. W., 1878: 104.

主要特征：体中大型，体长 20.0–25.0 mm。体黄褐色，头和前胸背板背面暗褐色。雄性尾须向内弯曲，近端部稍膨大，末端刺状；肛上板长舌形；下生殖板端部 1/3 纵裂成 2 叶，裂叶近 90°向背面弯曲，末端向外；1 对阳茎骨片狭长、具齿，侧面观呈波浪形。雌性下生殖板端部侧叶尖角形；腹产卵瓣具生殖突基片。

分布：浙江（安吉、临安、四明山、庆元、龙泉）、河南、安徽、湖北、湖南、福建、广东、海南、广西、四川、贵州、西藏。

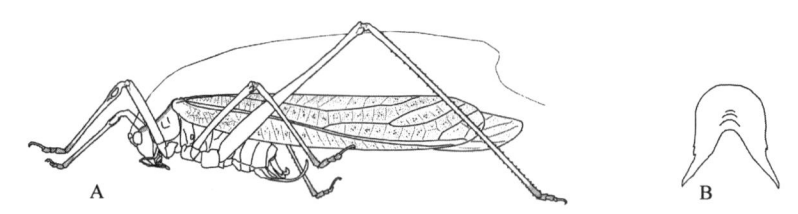

图 18-192 中华半掩耳螽 *Hemielimaea chinensis* Brunner v. W., 1878
A.♂整体侧面观；B.♀下生殖板

362. 绿螽属 *Holochlora* Stål, 1873

Holochlora Stål, 1873a: 43. Type species: *Holochlora venosa* Stål, 1873.

主要特征：头顶狭于触角柄节。前翅 C 脉明显。前足基节具刺。足股节腹面具刺，后足股节膝叶端具 2 枚刺。前足胫节内侧听器为封闭式，外侧听器为开放式。雄性第 10 腹节背板后缘深裂成 2 侧叶；下生殖板具腹突。雌性产卵瓣宽，背缘端部稍斜截。

分布：古北区、东洋区、旧热带区。世界已知约 57 种，中国记录 15 种，浙江分布 2 种。

（747）日本绿螽 *Holochlora japonica* Brunner v. W., 1878（图 18-193）

Holochlora japonica Brunner v. W., 1878: 175.

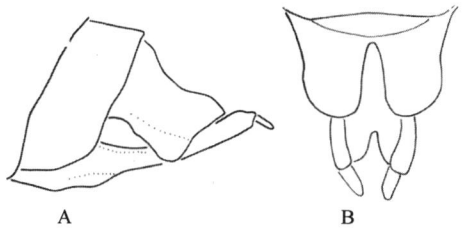

图 18-193 日本绿螽 *Holochlora japonica* Brunner v. W., 1878（引自 Liu et al., 2008）
A.♂腹部末端侧面观；B.♂腹部末端背面观

主要特征：体中型，体长 23.0–25.0 mm。雄性第 10 腹节背板后端深裂为两叶，其端部截形，腹面具瘤突；尾须短，内弯；下生殖板基部较宽，渐趋狭，侧缘近平行，后缘具三角形凹口，腹突短。雌性尾须圆锥形；下生殖板长三角形；产卵瓣背缘端部斜截，边缘具齿。

分布：浙江（德清、临安、仙居、丽水）、河南、江苏、上海、安徽、湖北、湖南、福建、广东、海南、广西、四川、贵州、云南；日本。

（748）俊俏绿螽 *Holochlora venusta* Carl, 1914（图 18-194）

Holochlora venusta Carl, 1914: 551.

主要特征：体中大型，体长 21.0–32.0 mm。体浅绿色。雄性第 10 腹节背板中央纵裂，裂叶扁，端部垂直下折，折处表面膨胀；尾须基部粗壮，向端部渐细，末端尖，内弯。下生殖板端部 1/2 纵裂，裂叶宽，腹突短。雌性下生殖板三角形，宽大于长，后缘钝圆形。

分布：浙江（平湖、开化）、广东、广西、贵州；越南。

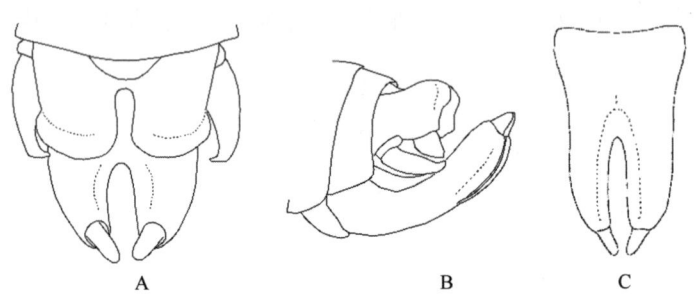

图 18-194　俊俏绿螽 *Holochlora venusta* Carl, 1914
A.♂腹部末端背面观；B.♂腹部末端侧面观；C.♂下生殖板

363. 平背螽属 *Isopsera* Brunner v. W., 1878

Isopsera Brunner v. W., 1878: 23. Type species: *Isopsera pedunculata* Brunner v. W., 1878.

主要特征：头顶突出，末端钝，狭于触角柄节，背面具纵沟，端部与颜顶具 1 狭缝相隔。前胸背板背面平，侧隆线明显；侧叶高大于长，肩凹明显。前、后翅均发育完全，后翅长于前翅。前足基节具刺；前足胫节背面具沟和外端距，内、外侧听器均为开放式。雄性下生殖板裂叶圆柱形，腹突细长。雌性产卵瓣发育完全。

分布：古北区、东洋区。世界已知约 25 种，中国记录 8 种，浙江分布 4 种。

分种检索表（♂）

1. 下生殖板端缘"V"字形凹口，尾须端部具 1 小弯刺 ·················· 黑角平背螽 *I. nigroantennata*
- 下生殖板端缘凹口非"V"字形，尾须端部非上述 ·· 2
2. 尾须短粗，分叉 ·· 歧尾平背螽 *I. furcocerca*
- 尾须细长，不分叉 ·· 3
3. 尾须端部内凹，侧角尖 ·· 显沟平背螽 *I. sulcata*
- 尾须端钝，具数个小齿 ·· 细齿平背螽 *I. denticulata*

（749）细齿平背螽 *Isopsera denticulata* Ebner, 1939（图 18-195）

Isopsera denticulate Ebner, 1939: 301.

主要特征：体中型，体长 20.0–25.0 mm。体绿色。雄性第 10 腹节背板稍延长，背面中央凹，后缘平截；肛上板三角形；尾须细长，向内弯，端部褐色具细齿；下生殖板狭长，裂叶呈圆柱形，叶间凹口宽，腹突细长。雌性尾须圆锥形；下生殖板近三角形，端部钝圆；产卵瓣较长，向背方弯曲，长约为前胸背板长的 2 倍，背缘和腹缘具钝的细齿。

分布：浙江（安吉、平湖、临安、四明山、磐安、开化、庆元）、陕西、甘肃、安徽、湖北、江西、湖南、福建、广东、广西、重庆、四川、贵州；日本。

图 18-195　细齿平背螽 *Isopsera denticulata* Ebner, 1939（引自王刚和石福明，2014）
A. ♂整体侧面观；B. ♂尾须背面观

（750）歧尾平背螽 *Isopsera furcocerca* Chen et Liu, 1986（图 18-196）

Isopsera furcocerca Chen et Liu, 1986: 321.

主要特征：体中型，体长 24.0–25.0 mm。体绿色。雄性第 10 腹节背板后缘微突；肛上板舌形，尾须粗，端部分成 2 支，内支短于外支，外支背侧及腹侧具褐色隆脊，内支端具 1 粗刺。下生殖板侧隆线明显，裂叶圆柱形，叶间凹口近方形，腹突长约为裂叶长的 1.5 倍。雌性产卵瓣短，背瓣明显长于腹瓣，基部的侧褶强向下和向前突出。

分布：浙江（平湖、临安、开化、龙泉）、安徽、福建、广西。

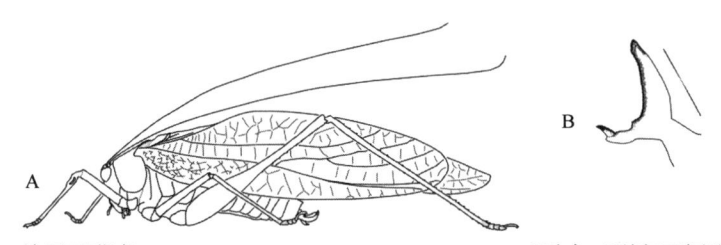

图 18-196　歧尾平背螽 *Isopsera furcocerca* Chen et Liu, 1986（引自王刚和石福明，2014）
A. ♂整体侧面观；B. ♂尾须端面观

（751）黑角平背螽 *Isopsera nigroantennata* Xia et Liu, 1993（图 18-197）

Isopsera nigroantennata Xia et Liu, 1993: 89.

主要特征：体中大型，体长 24.5–26.0 mm。体绿色，触角黑色，头部复眼后方及前胸背板侧面具黑褐色纵纹。雄性肛上板三角形；尾须圆柱形，端部具 1 小弯刺；下生殖板狭长，裂叶间凹口"V"字形；腹突细长，约为裂叶长的 3 倍。雌性产卵瓣宽短，下生殖板三角形，端部钝圆。

分布：浙江（安吉、临安）、陕西、安徽、湖南、四川、贵州。

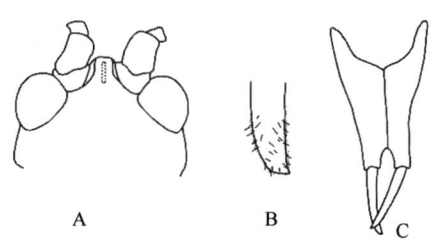

图 18-197　黑角平背螽 *Isopsera nigroantennata* Xia et Liu, 1993（引自夏凯龄和刘宪伟，1993）
A. ♂头部背面观；B. ♂尾须端部背面观；C. ♂下生殖板

（752）显沟平背螽 *Isopsera sulcata* Bey-Bienko, 1955（图 18-198）

Isopsera sulcata Bey-Bienko, 1955: 1253.

主要特征：体中小型，体长 19.0–22.0 mm。体黄绿色。雄性肛上板三角形；尾须圆柱形，端部内凹，2 侧角尖，黑色；下生殖板裂叶间具方形凹，腹突细长。雌性尾须较短，圆锥形；下生殖板近于三角形，端部具三角形凹口；产卵瓣短。

分布：浙江（安吉、临安、江山、庆元、龙泉）、安徽、江西、湖南、福建、海南、广西、四川、贵州。

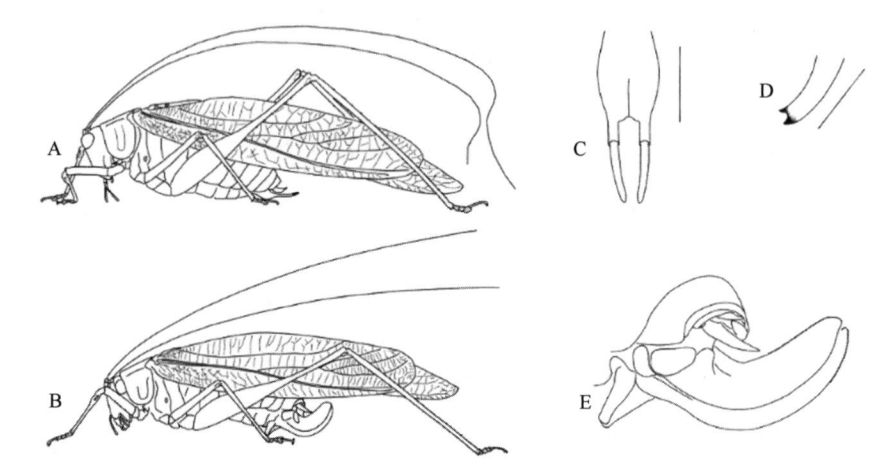

图 18-198　显沟平背螽 *Isopsera sulcata* Bey-Bienko, 1955（引自王刚和石福明，2014）
A.♂整体侧面观；B.♀整体侧面观；C.♂下生殖板腹；D.♂尾须背面观；E.♀腹部末端侧面观

364. 桑螽属 *Kuwayamaea* Matsumura *et* Shiraki, 1908

Kuwayamaea Matsumura *et* Shiraki, 1908: 5. Type species: *Kuwayamaea sapporensis* Matsumura *et* Shiraki, 1908.

主要特征：头顶狭于触角柄节，背面具纵沟。前翅 Rs 脉极少分叉；雄性后翅长于前翅。前足胫节内、外侧听器均为开放式。雄性第 10 腹节背板没有特化；下生殖板侧缘向上卷，呈筒状，后缘具凹口，内侧具 1 对硬刺。雌性后翅短于前翅；产卵瓣具钝的细齿。

分布：古北区、东洋区。世界已知约 10 种，中国记录 10 种，浙江分布 2 种。

（753）中华桑螽 *Kuwayamaea chinensis* (Brunner v. W., 1878)（图 18-199）

Isotima chinensis Brunner v. W., 1878: 113.
Kuwayamaea chinensis: Matsumura & Shiraki, 1908: 8.

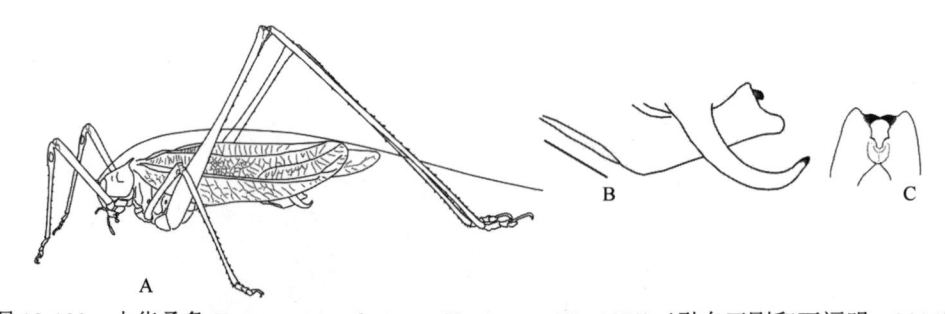

图 18-199　中华桑螽 *Kuwayamaea chinensis* (Brunner v. W., 1878)（引自王刚和石福明，2014）
A.♂整体侧面观；B.♂下生殖板和尾须侧面观；C.♂下生殖板端部观

主要特征：体中型，体长 20.0–28.0 mm。前翅 R 脉 2 分支，雄性右前翅镜膜椭圆形，镜膜内缘不增厚；雄性后翅稍长于前翅；第 10 腹节背板后缘截形；肛上板三角形；尾须锥形；下生殖板侧缘上卷呈筒状，腹面纵向具窄的半膜质区，腹端具明显的中突，后缘凹口锐角形，内缘具 1 对硬刺。雌性后翅稍短于前翅。

分布：浙江（德清、临安、舟山）、山西、河南、陕西、甘肃、江苏、上海、安徽、江西、湖南、福建、贵州；俄罗斯，日本。

（754）斯氏桑螽 *Kuwayamaea sergeji* Gorochov, 2001（图 18-200）

Kuwayamaea sergeji Gorochov, 2001: 194.

主要特征：体小型，体长 15.0–20.0 mm。前翅短，稍超出腹部末端，R 脉 2 分支；雄性右翅镜膜大，内缘的挂器稍增厚；雄性后翅短于前翅。雄性第 10 腹节背板后缘截形；肛上板三角形；尾须锥形；下生殖板侧缘上卷呈筒状，腹面纵向具窄的半膜质区，腹端缺中突，后缘凹口浅，内侧具 1 对硬刺。雌性后翅短于前翅。

分布：浙江（德清、临安）。

图 18-200　斯氏桑螽 *Kuwayamaea sergeji* Gorochov, 2001（引自王刚和石福明，2014）
A. ♂整体侧面观；B. ♂尾须侧面观；C. ♂下生殖板；D. ♂下生殖板端部观

365. 环螽属 *Letana* Walker, 1869

Letana Walker, 1869b: 277. Type species: *Letana linearis* Walker, 1869.

主要特征：头顶狭于触角柄节，与颜顶不接触，背面具纵沟。前翅半透明。前足基节缺刺；胸足股节腹面通常均具刺；前足胫节内、外侧听器均为开放式。雄性第 9 腹节背板显著向后延伸，第 10 腹节背板与肛上板融合，雄性肛上板具侧端叶；尾须圆柱形，具内端齿；下生殖板深裂成 2 叶，分开并显著向上弯曲成环状。雌性尾须圆锥形；下生殖板形状各异；产卵瓣背缘和腹缘具细齿。

分布：古北区、东洋区。世界已知约 29 种，中国记录 8 种，浙江分布 1 种。

（755）褐环螽 *Letana rubescens* (Stål, 1861)（图 18-201）

Phaneroptera rubescens Stål, 1861: 319.
Letana rubescens: Kirby, 1906: 400.

主要特征：体中小型，细瘦，体长 15.0–18.0 mm。体绿色，后头、前胸背板背面和前翅臀脉域赤褐色。雄性第 9 腹节背板强向后突出，后缘中央微凹；第 10 腹节背板与肛上板融合，呈长方形，侧缘微凹，后缘波形，侧端叶短；尾须圆柱形，具 1 内端齿；下生殖板裂叶端部钝圆。雌性下生殖板盾形，基部两侧弧形，具小突，端部宽圆；产卵瓣较短。

分布：浙江（安吉、临安、庆元、龙泉）、陕西、甘肃、江苏、安徽、湖北、湖南、福建、广东、香港、广西、四川、贵州、云南；越南，老挝，泰国。

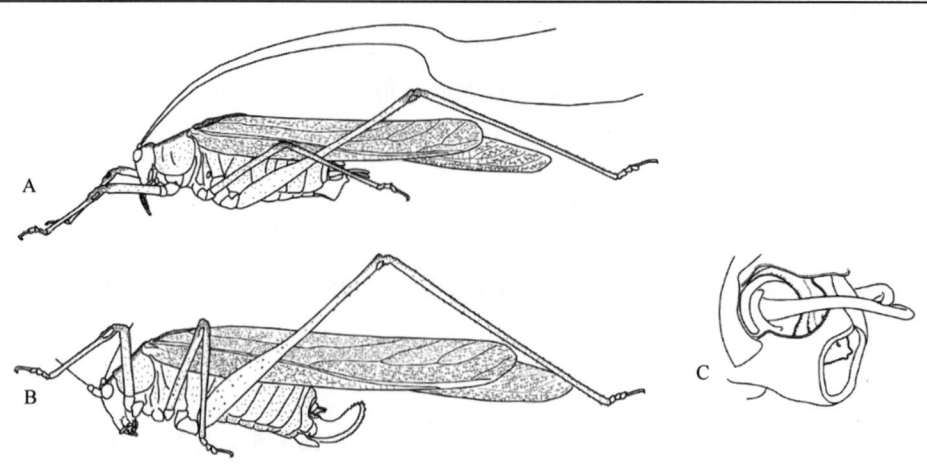

图 18-201　褐环螽 *Letana rubescens* (Stål, 1861)（引自王刚和石福明，2014）
A. ♂整体侧面观；B. ♀整体侧面观；C. ♂腹部末端侧后观

366. 奇螽属 *Mirollia* Stål, 1873

Mirollia Stål, 1873a: 42. Type species: *Locusta carinata* Haan, 1843.

主要特征：头顶狭于触角柄节。前胸背板侧叶长与高几乎相等。前翅较狭，翅端钝圆；雄性发声区椭圆形，具大黑斑。后翅长于前翅。前足基节缺刺。前足胫节内侧听器封闭式、外侧听器开放式。雄性下生殖板狭长，端部纵裂，缺腹突。雌性产卵瓣边缘具细齿。

分布：古北区、东洋区。世界已知约 48 种，中国记录 21 种，浙江分布 4 种。

分种检索表（♂）

1. 阳茎骨片外叶具明显的刺	2
- 阳茎骨片外叶不具明显的刺	3
2. 阳茎骨片外叶末端尖，近端部腹缘具 1 刺指向腹面	双刺奇螽 *M. bispina*
- 阳茎骨片外叶端缘具 2 大刺，指向后方	台湾奇螽 *M. formosana*
3. 阳茎骨片内叶宽，呈双叶状	多齿奇螽 *M. multidentus*
- 阳茎骨片内叶宽，非双叶状，腹缘具缺口	缺点奇螽 *M. deficientis*

（756）双刺奇螽 *Mirollia bispina* Shi, Chang *et* Chen, 2005（图 18-202）

Mirollia bispina Shi, Chang *et* Chen, 2005: 956.

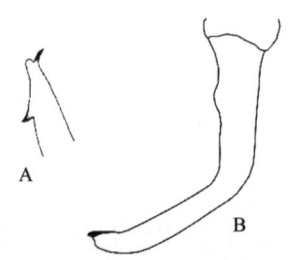

图 18-202　双刺奇螽 *Mirollia bispina* Shi, Chang *et* Chen, 2005（引自 Wang et al., 2015a）
A. ♂阳茎骨片端部侧面观；B. ♂尾须背面观

主要特征：体小型，体长 12.0–17.0 mm。体黄绿色。雄性肛上板小三角形。尾须端部 1/3 向内侧直角形弯曲，端齿稍扭曲。阳茎骨片外叶长，端部或呈刺状向背面弯曲，或具1个亚端刺且腹侧具1枚指向腹面的刺；内叶蝶形，端部背缘具齿。下生殖板后缘凹口锐角形，裂叶后缘斜截。雌性下生殖板近于梯形，后侧角突出、中央稍突。

分布：浙江（江山）、贵州。

（757）缺点奇螽 *Mirollia deficientis* Gorochov, 2005（图 18-203）

Mirollia deficientis Gorochov, 2005: 22.

主要特征：体中小型，体长 15.5–20.0 mm。体黄绿色。尾须长，到达下生殖板末端，内侧近基部稍膨胀，端部 1/3 向内弯曲，然后稍向背面扭曲，末端具 1 稍弯曲的硬刺。阳茎骨片外叶长，内叶短，腹缘具缺口。下生殖板端半部向背面弯曲，末端具凹口，侧叶向外。

分布：浙江（庆元、泰顺）、湖南、四川。

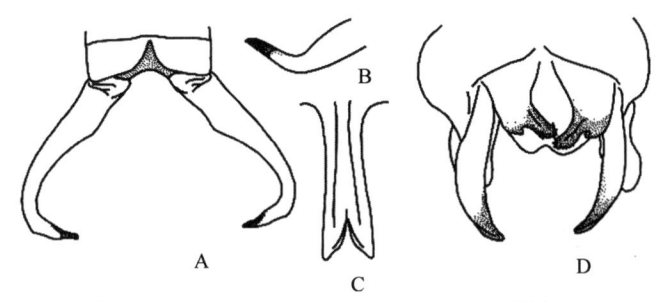

图 18-203　缺点奇螽 *Mirollia deficientis* Gorochov, 2005（引自 Gorochov，2005）
A.♂尾须背面观；B.♂尾须端面观；C.♂下生殖板；D. 阳茎骨片背面观

（758）台湾奇螽 *Mirollia formosana* Shiraki, 1930（图 18-204）

Mirollia formosana Shiraki, 1930a: 332.

主要特征：体小型，体长 14.5–16.5 mm。体黄绿色。第 10 腹节背板后缘凹；肛上板小三角形；尾须细长，内侧近基部稍膨胀，端部 1/3 向内呈直角形弯曲，末端具 1 小刺；下生殖板端部具锐角形凹口，端叶稍分开，端缘斜截形。阳茎骨片外叶具 2 端刺。雌性下生殖板横宽，后缘三叶形。

分布：浙江（临安）、陕西、上海、安徽、湖北、江西、湖南、福建、台湾、广东、海南、重庆、四川、贵州。

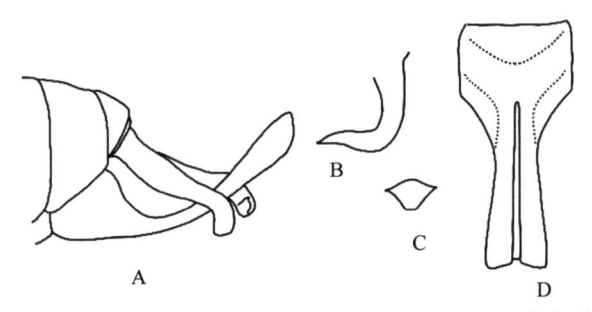

图 18-204　台湾奇螽 *Mirollia formosana* Shiraki, 1930（引自黄中道，2004）
A.♂腹部末端侧面观；B.♂尾须端部背面观；C.♂肛上板；D.♂下生殖板

（759）多齿奇螽 *Mirollia multidentus* Shi, Chang *et* Chen, 2005（图 18-205）

Mirollia multidentus Shi, Chang *et* Chen, 2005: 957.

主要特征：体小型，体长 15.5–16.0 mm。体绿色。雄性尾须内侧基部稍膨胀，端部 1/3 直角形内弯，并向背面扭曲，末端具 1 粗短的齿。阳茎骨片外叶端部狭窄，中部之后边缘内卷，端缘具小齿；内叶呈双叶状，背叶具小齿。下生殖板后缘凹口锐角形，裂叶端稍斜截。雌性下生殖板侧缘向后延伸成后侧角，后缘中央具小突。

分布：浙江（江山）、海南、广西。

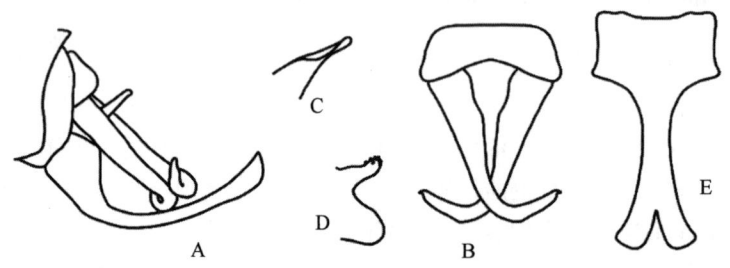

图 18-205　多齿奇螽 *Mirollia multidentus* Shi, Chang et Chen, 2005（引自石福明等，2005）
A.♂腹部末端侧面观；B.♂尾须背面观；C. 阳茎外骨片侧面观；D. 阳茎内骨片侧面观；E.♂下生殖板

367. 似褶缘螽属 *Paraxantia* Liu *et* Kang, 2009

Paraxantia Liu *et* Kang, 2009: 37. Type species: *Paraxantia tibetensis* Liu *et* Kang, 2009.

主要特征：体大型。头顶显著向前突出，约与触角柄节等宽，端部微凹，背面具纵沟；复眼长是宽的 2 倍。前胸背板背面粗糙，向后渐扩展，具侧隆线，前半部具小齿；侧叶高大于长。前足基节具刺；前足胫节缺刺；足股节腹面均具大刺，膝叶端具 1 刺。前足胫节内、外侧听器均为封闭式。前翅中部宽，向后渐狭，Rs 脉不分叉。雄性下生殖板具腹突；阳茎具复杂的骨片。

分布：东洋区。中国特有属，目前记录 8 种，浙江分布 1 种。

（760）中华似褶缘螽 *Paraxantia sinica* (Liu, 1993)（图 18-206）

Xantia sinica Liu, 1993: 47.
Paraxantia sinica: Liu & Kang, 2009: 41.

主要特征：体大型，体长 32.0–33.0 mm。体淡绿色。前胸背板背面从中部侧缘发出 2 条颗粒线，在后缘中部汇合。雄性肛上板长舌状；尾须圆柱形，端部 1/4 分为上、下叶，上叶窄，端部钝；下叶宽，端部平截，具尖的外侧角；下生殖板宽大于长，侧缘上折；后缘具锐角形凹，腹突小。阳茎骨片上臂长，下臂短，具齿。

分布：浙江（临安）、安徽、福建。

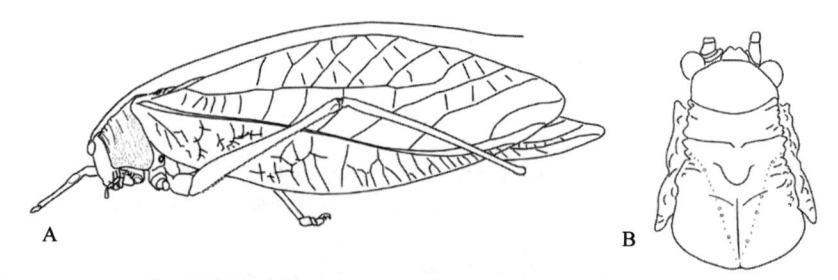

图 18-206　中华似褶缘螽 *Paraxantia sinica* (Liu, 1993)（引自王刚和石福明，2014）
A.♂整体侧面观；B.♂头和前胸背板背面观

368. 露螽属 *Phaneroptera* Serville, 1831

Phaneroptera Serville, 1831: 158. Type species: *Gryllus falcate* (Poda, 1761).

主要特征：头顶狭于触角柄节，背面具纵沟。前、后翅均狭长，后翅外露部分长于前翅的 1/4。前足基节缺刺；足股节腹面缺刺；前足胫节背面具纵沟，缺刺；前足胫节内、外侧听器均为开放式。雄性下生殖板缺腹突。雌性产卵瓣背、腹缘具钝的细齿。

分布：世界广布。世界已知 39 种，中国记录 8 种，浙江分布 3 种。

分种检索表（♂）

1. 尾须端部宽扁，镰刀形 ·· **镰尾露螽 *P. falcata***
- 尾须端部不宽扁 ··· 2
2. 肛上板舌形 ·· **瘦露螽 *P. gracilis***
- 肛上板方形，侧缘内凹 ·· **黑角露螽 *P. nigroantennata***

（761）镰尾露螽 *Phaneroptera falcata* (Poda, 1761)（图 18-207）

Gryllus falcate Poda, 1761: 52;
Phaneroptera falcate: Brunner v. W., 1878: 211.

主要特征：体中小型，细瘦，体长 13.0–18.0 mm。体绿色，具赤褐色斑点。雄性第 10 腹节背板后缘微凹；肛上板横宽，后缘近截形；尾须端半部向内弯，并向背面扭，呈镰刀形，端部尖；下生殖板较长，后缘凹口三角形，腹面中隆线窄片状。雌性产卵瓣显著向背面弯曲。

分布：浙江（临安、普陀山）、黑龙江、吉林、内蒙古、北京、河北、河南、陕西、甘肃、新疆、江苏、上海、安徽、湖北、湖南、福建、台湾、重庆、四川、贵州；俄罗斯、朝鲜、韩国、日本、中亚地区、西亚地区、欧洲。

图 18-207 镰尾露螽 *Phaneroptera falcata* (Poda, 1761)（引自王刚和石福明，2014）
A. ♂整体侧面观；B. ♂下生殖板；C. ♂尾须背面观

（762）瘦露螽 *Phaneroptera gracilis* Burmeister, 1838（图 18-208）

Phaneroptera gracilis Burmeister, 1838: 690.

主要特征：体中小型，体长 16.0–20.0 mm。体绿色，具赤褐色小斑点。雄性第 10 腹节背板后缘中央微凹；肛上板舌形；尾须细长，端部扁，末端尖；下生殖板狭长，端部具三角形凹口。雌性产卵瓣显著向背面弯曲。

分布：浙江（安吉）、河南、陕西、甘肃、江苏、湖北、福建、海南、广西、四川、贵州、西藏；巴基斯坦、印度、缅甸、越南、泰国、马来西亚、印度尼西亚、非洲。

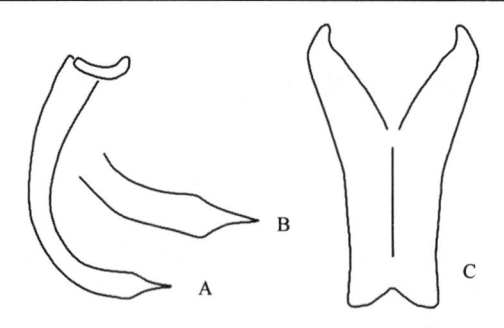

图 18-208　瘦露螽 *Phaneroptera gracilis* Burmeister, 1838（引自 Liu，2011）
A. ♂尾须背面观；B. ♂尾须端部；C. ♂下生殖板

（763）黑角露螽 *Phaneroptera nigroantennata* Brunner v. W., 1878（图 18-209）

Phaneroptera nigroantennata Brunner v. W., 1878: 215.

主要特征：体中小型，体长 12.0–13.0 mm。体墨绿色，触角黑色。雄性肛上板方形，两侧弧形内凹；尾须端部渐细，端刺明显；下生殖板较长，后缘凹口锐角。雌性产卵瓣显著向背面弯曲，下生殖板近梯形，基部稍宽，端部中央微凹。

分布：浙江（临安）、河南、陕西、安徽、湖北、湖南、台湾、四川、贵州；朝鲜，韩国，日本。

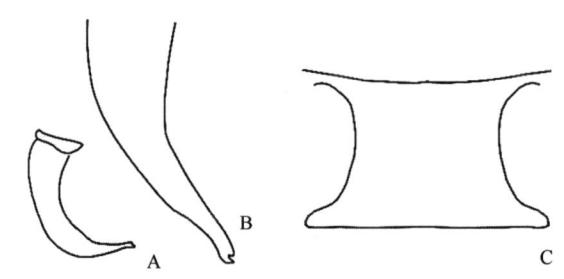

图 18-209　黑角露螽 *Phaneroptera nigroantennata* Brunner v. W., 1878（引自 Liu，2011）
A. ♂尾须背面观；B. ♂尾须端部；C. ♂肛上板背面观

369. 安螽属 *Prohimerta* Hebard, 1922

Prohimerta Hebard, 1922: 133. Type species: *Prohimerta annamensis* Hebard, 1922.

主要特征：头顶狭于触角柄节，背面具纵沟。前翅 Rs 脉极少分叉；后翅稍长于前翅。前足基节内、外听器均为开放式。雄性第 10 腹节背板不特化；尾须基部宽，端部窄，向内弯曲，具棱脊；下生殖板缺腹突，端裂深，裂叶宽。雌性产卵瓣发育完全，背缘和腹缘具细齿。

分布：古北区、东洋区。世界已知 11 种，中国记录 8 种，浙江分布 2 种。

（764）周氏安螽 *Prohimerta choui* (Kang *et* Yang, 1989)（图 18-210）

Anisotima choui Kang *et* Yang, 1989: 181.
Prohimerta (*Anisotima*) *choui*: Gorochov & Kang, 2002: 352.

主要特征：体中型，体长 23.0–24.0 mm。体绿色。前翅较宽，长宽比不超过 4∶1，R 脉具 5 条近平行的分支。雄性第 10 腹节背板发达，后缘中部明显凹、两端向后突出；尾须基部粗壮，中部细，端部形成尖矛状，端部内侧具明显的棱；肛上板小；下生殖板宽，在近基部平斜上翘，裂口深达基部，裂叶宽条形，端缘钝圆。雌性产卵瓣宽短。

分布：浙江（安吉、临安）、陕西、江西、福建。

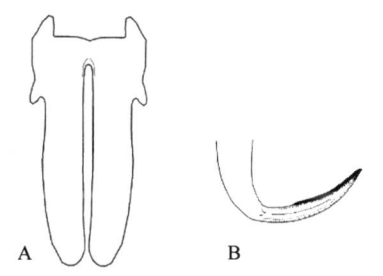

图 18-210　周氏安螽 *Prohimerta choui* (Kang *et* Yang, 1989)（引自王刚和石福明，2014）
A. ♂下生殖板；B. ♂尾须侧面观

（765）岐安螽 *Prohimerta* (*Anisotima*) *dispar* (Bey-Bienko, 1951)（图 18-211）

Anisotima dispar Bey-Bienko, 1951: 133.
Prohimerta (*Anisotima*) *dispar*: Gorochov & Kang, 2002: 350.

主要特征：体中型，体长 23.0–25.0 mm。体淡绿色，雄性前翅发声区暗色。前翅几乎到达后足股节端部，长约为宽的 4 倍。雄性肛上板半圆形；尾须基部较粗，其余部分显著向内弯曲，端部三棱形，末端尖；下生殖板端部 2/3 纵裂，裂叶宽，端部钝圆。雌性产卵瓣较长，约为前胸背板长的 1.8 倍，腹瓣稍短于背瓣。

分布：浙江、湖北、江西、湖南、四川、贵州。

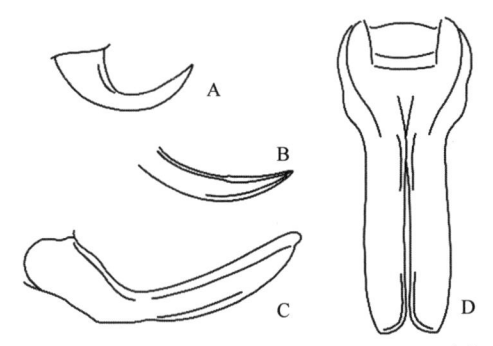

图 18-211　岐安螽 *Prohimerta* (*Anisotima*) *dispar* (Bey-Bienko, 1951)（引自 Gorochov and Kang，2002）
A. ♂尾须背面观；B. ♂尾须端部背面观；C. ♂下生殖板侧面观；D. ♂下生殖板腹面观

370. 秦岭螽属 *Qinlingea* Liu *et* Kang, 2007

Qinlingea Liu *et* Kang, 2007a: 25. Type species: *Isopsera brachystylata* Liu *et* Wang, 1998.

主要特征：体中小型。头顶稍窄于触角柄节，端部钝，不与颜顶相接，背面具纵沟。前胸背板沟前区光滑，缺侧隆线。前足基节具刺；前足胫节内、外侧听器均为开放式；足股节膝叶端具 2 枚刺。前翅中部宽，Rs 脉分叉。雄性下生殖板具粗的腹突。雌性产卵瓣背、腹缘具小齿。

分布：东洋区。中国特有属，目前记录 1 种，浙江分布 1 种。

（766）短突秦岭螽 *Qinlingea brachystylata* (Liu *et* Wang, 1998)（图 18-212）

Isopsera brachystylata Liu *et* Wang, 1998: 71.
Qinlingea brachystylata: Liu & Kang, 2007a: 27.

主要特征：体长 21.0–25.0 mm。体绿色。雄性腹部背面中央具较宽的黑色纵纹，第 10 腹节背板不特化，后缘截形，尾须端具 1 小尖刺，下生殖板具较短的、粗的腹突。雌性第 10 腹节背板后缘微凹，肛上板等边三角形，端圆，产卵瓣背、腹缘具小齿。

分布：浙江（临安）、河南、陕西。

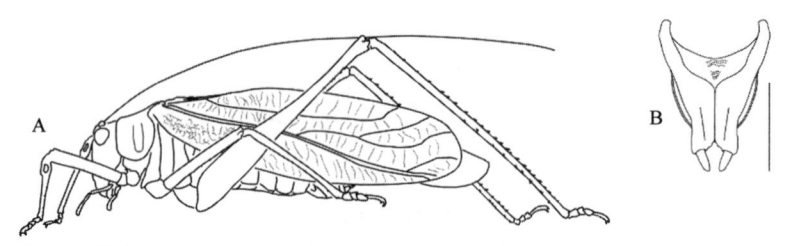

图 18-212　短突秦岭螽 *Qinlingea brachystylata* (Liu *et* Wang, 1998)（引自王刚和石福明，2014）
A. ♂整体侧面观；B. ♂下生殖板

371. 糙颈螽属 *Ruidocollaris* Liu, 1993

Ruidocollaris Liu, 1993: 54. Type species: *Sympaestria truncatolobata* Brunner von Wattenwyl, 1878.

主要特征：体中型或大型。头顶狭于触角柄节，背面具纵沟。前胸背板后缘呈钝三角形或圆角形突出；侧叶高大于长。前足基节具 1 枚刺；足股节腹面具刺，膝叶端钝圆；前足胫节内侧听器封闭式，外侧听器开放式。雄性下生殖板短，具腹突。产卵瓣腹缘端部斜截形，近端部表面具细齿。

分布：东洋区。中国特有属，目前记录 9 种，浙江分布 4 种。

分种检索表

1. 颜面赤褐色 ··· 凸翅糙颈螽 *R. convexipennis*
- 颜面非赤褐色 ··· 2
2. 颜面具刻点；前胸背板后缘宽圆形 ··· 污翅糙颈螽 *R. obscura*
- 颜面不具刻点；前胸背板后缘圆角形 ··· 3
3. 雄性下生殖板长宽近相等 ··· 截叶糙颈螽 *R. truncatolobata*
- 雄性下生殖板长大于宽 ··· 中华糙颈螽 *R. sinensis*

（767）凸翅糙颈螽 *Ruidocollaris convexipennis* (Caudell, 1935)（图 18-213）

Liotrachela convexipennis Caudell, 1935: 245.
Ruidocollaris convexipennis: Liu, 1993: 45.

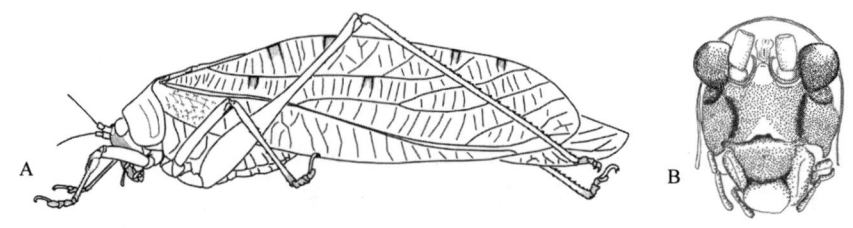

图 18-213　凸翅糙颈螽 *Ruidocollaris convexipennis* (Caudell, 1935)（引自王刚和石福明，2014）
A. ♂整体侧面观；B. ♂颜面前面观

主要特征：体中型，体长 22.0–27.2 mm。体黄绿色，颜面赤褐色，左前翅发声区具 1 黑斑，径脉域和中脉域具浅褐色矩形斑，外缘嵌黑边。雄性尾须圆柱形，末端具 1 小齿；下生殖板长大于宽，向端部渐趋狭，端缘具小凹口，腹突粗短。雌性下生殖板三角形，后缘具凹口。产卵瓣背瓣端部尖，腹瓣端部稍截形。

分布：浙江（安吉、临安、四明山、庆元、龙泉）、陕西、安徽、湖北、江西、湖南、福建、广东、海南、广西、四川、贵州、云南、西藏。

（768）污翅糙颈螽 *Ruidocollaris obscura* Liu *et* Jin, 1999（图 18-214）

Ruidocollaris obscura Liu *et* Jin, 1999: 125.

主要特征：体大型，体长 25.0–29.0 mm。体暗绿色，后头和前胸背板背面赤褐色。颜面和前胸背板具明显的粗刻点。前胸背板后缘宽的钝圆形。雄性尾须圆柱形，末端具 1 枚小刺；下生殖板延长，后缘具小的三角形凹口，腹突较短。雌性下生殖板三角形。产卵瓣侧面和端缘具细齿。

分布：浙江、湖南、福建、广东、广西、四川、贵州。

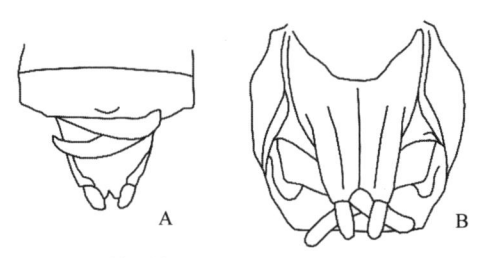

图 18-214 污翅糙颈螽 *Ruidocollaris obscura* Liu *et* Jin, 1999
A. ♂腹部末端背面观；B. ♂腹部末端腹面观

（769）中华糙颈螽 *Ruidocollaris sinensis* Liu *et* Kang, 2014（图 18-215）

Ruidocollaris sinensis Liu *et* Kang in Kang, Liu & Liu, 2014: 301.

主要特征：体大型，体长 25.0–38.0 mm。前胸背板背面后缘钝角形突出。雄性尾须圆柱形，端部 1/4 膨胀，内弯，渐变尖；下生殖板长，长大于宽，后缘具小凹口，腹突稍细长，约为下生殖板长的 1/3。雌性下生殖板三角形，端部具小凹口；产卵瓣背缘端部尖，腹缘端部截形。

分布：浙江（临安、鄞州、四明山、开化、龙泉、泰顺）、陕西、安徽、湖北、江西、湖南、福建、台湾、广东、海南、广西、四川、贵州、云南、西藏。

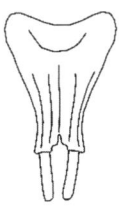

图 18-215 中华糙颈螽 *Ruidocollaris sinensis* Liu *et* Kang, 2014 雄性下生殖板

（770）截叶糙颈螽 *Ruidocollaris truncatolobata* (Brunner v. W., 1878)（图 18-216）

Sympaestria truncatolobata Brunner v. W., 1878: 186.
Ruidocollaris truncatolobata: Liu, 1993: 46.

主要特征：体大型，粗壮，体长 25.0–38.0 mm。体绿色。前胸背板后缘三角形突出。雄性尾须较短，圆柱形，向内弯曲，末端具 1 小齿；下生殖板长宽近相等，后缘具三角形小凹口，腹突粗短。雌性下生殖板近于三角形，端部钝圆；产卵瓣宽，腹瓣端部截形。

分布：浙江（安吉、平湖、临安、四明山、开化、江山、庆元、龙泉）、河南、陕西、甘肃、安徽、湖北、江西、湖南、福建、台湾、广东、海南、广西、重庆、四川、贵州、西藏；日本。

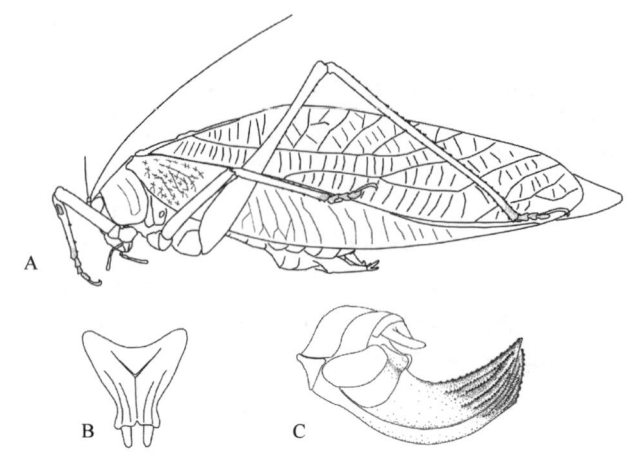

图 18-216　截叶糙颈螽 *Ruidocollaris truncatolobata* (Brunner v. W., 1878)
A. ♂整体侧面观；B. ♂下生殖板；C. ♀产卵瓣侧面观

372. 华绿螽属 *Sinochlora* Tinkham, 1945

Sinochlora Tinkham, 1945: 235. Type species: *Sinochlora kwangtungensis* Tinkham, 1945 = *Sinochlora szechwanensis* Tinkham, 1945.

主要特征：体大型。头顶狭于触角柄节。前翅 C 脉白色，其前缘具黑色纹；后翅长于前翅。前足基节具 1 枚刺；前足胫节内侧听器封闭式、外侧听器开放式；足股节膝叶具 2 枚刺。雄性第 10 腹节背板向后突；肛上板形状多样；下生殖板端部中央深裂，具小的腹突。产卵瓣背缘端部平截，平截处具小齿；下生殖板后缘具凹口。

分布：古北区、东洋区。世界已知 17 种，中国记录 16 种，浙江分布 4 种。

分种检索表（♂）

1. 第 10 腹节背板侧突不明显、中突延长 ·· 中国华绿螽 *S. sinensis*
- 第 10 腹节背板侧突明显、中突有或缺 ·· 2
2. 第 10 腹节背板中突不明显 ·· 四川华绿螽 *S. szechwanensis*
- 第 10 腹节背板具中突明显 ·· 3
3. 肛上板三角形，端缘具 1 齿突 ·· 端尖华绿螽 *S. apicalis*
- 肛上板宽板形，端缘具 2 齿突 ·· 长裂华绿螽 *S. longifissa*

（771）端尖华绿螽 *Sinochlora apicalis* Wang, Lu et Shi, 2012（图 18-217）

Sinochlora apicalis Wang, Lu et Shi, 2012a: 7.

主要特征：体大型，体长 23.5–30.0 mm。体绿色。雄性第 10 腹节背板后延，具 1 对钳状侧突和 1 个宽的中突；尾须端尖；肛上板三角形，中央部分下凹，末端背缘具 1 枚刺；下生殖板端部纵裂，裂叶内缘弓形，腹突短。

分布：浙江（临安）、台湾。

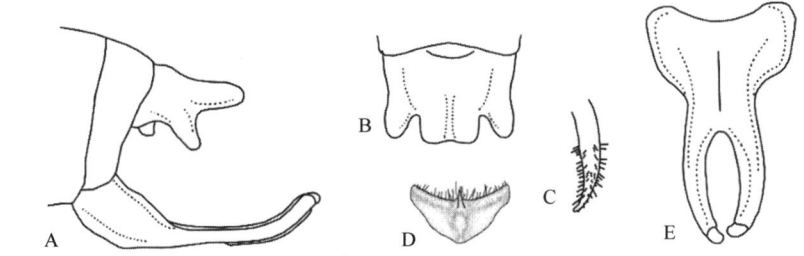

图 18-217 端尖华绿螽 Sinochlora apicalis Wang, Lu et Shi, 2012（引自 Wang et al., 2012a）
A. ♂腹部末端侧面观；B. ♂腹部末端背侧观；C. ♂尾须背面观；D. ♂肛上板；E. ♂下生殖板

（772）长裂华绿螽 Sinochlora longifissa (Matsumura et Shiraki, 1908)（图 18-218）

Holochlora longifissa Matsumura et Shiraki, 1908: 16.
Sinochlora longifissa: Xia & Liu, 1992a: 79.

主要特征：体大型，体长 22.0–30.0 mm。雄性第 10 腹节背板中突隆起，侧突钳状；尾须圆锥形，端部稍弯曲；肛上板宽板形，2 个后侧角粗刺状；下生殖板端部 1/4 纵裂，腹突短。雌性尾须圆锥形；下生殖板宽三角形，端缘具浅凹口；产卵瓣端部侧面具齿列，背缘端部平截、具齿。

分布：浙江（临安、四明山、开化、龙泉）、河南、陕西、安徽、江西、湖南、福建、台湾、广东、广西、四川、贵州、云南；韩国，日本。

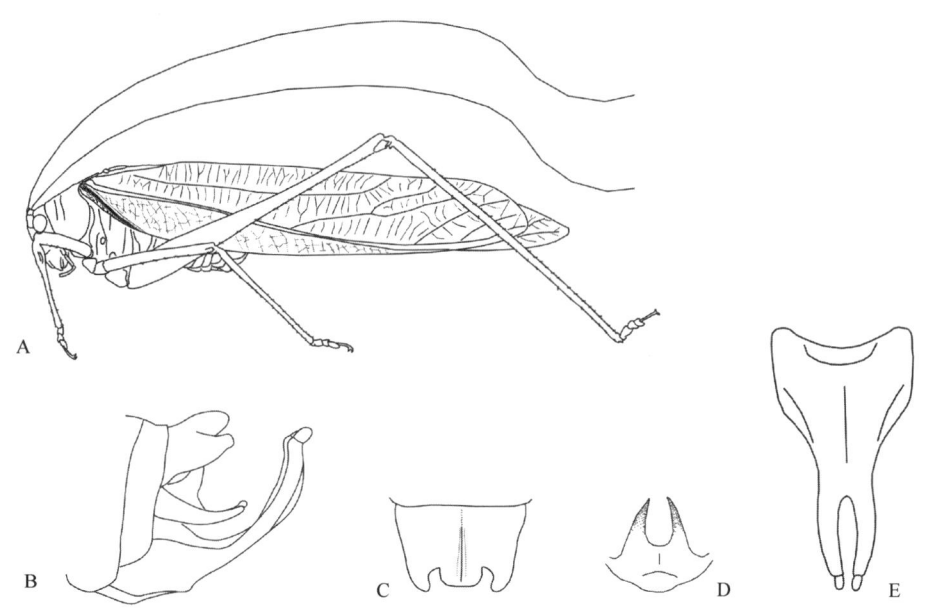

图 18-218 长裂华绿螽 Sinochlora longifissa (Matsumura et Shiraki, 1908)
A. ♂整体侧面观；B. ♂腹部末端侧面观；C. ♂第 10 腹节背板背面观；D. ♂肛上板端部观；E. ♂下生殖板

（773）中国华绿螽 Sinochlora sinensis Tinkham, 1945（图 18-219）

Sinochlora sinensis Tinkham, 1945: 243.

主要特征：体大型，体长 23.0–28.0 mm。雄性第 10 腹节背板向后延长，后缘近截形，侧突不明显；尾须圆锥形；肛上板长三角形，端部延长，具 2 小齿；下生殖板端部 1/2 纵裂，腹突短。雌性下生殖板四边形，后缘具三角形凹口；产卵瓣侧面具齿列，背缘端部平截、具齿。

分布：浙江（平湖、临安、庆元、泰顺）、河南、安徽、湖北、江西、湖南、福建、台湾、广东、广西、重庆、四川、贵州、云南。

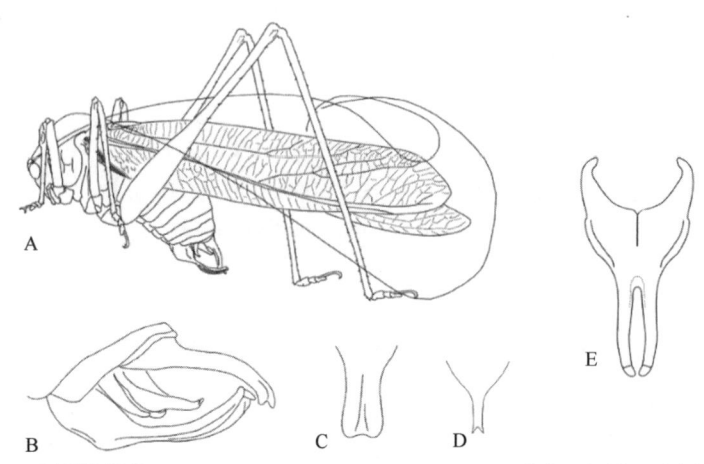

图 18-219　中国华绿螽 *Sinochlora sinensis* Tinkham, 1945（引自王刚和石福明, 2014）
A.♂整体侧面观；B.♂腹部末端侧面观；C.♂第 10 腹节背板端部背面观；D.♂肛上板端部背面观；E.♂下生殖板

（774）四川华绿螽 *Sinochlora szechwanensis* Tinkham, 1945（图 18-220）

Sinochlora szechwanensis Tinkham, 1945: 239.

主要特征：体大型，体长 22.0–27.5 mm。雄性第 10 腹节背板中突不明显，侧突短，末端稍弯曲；肛上板三角形状，端部后缘具 1 对粗刺向背面弯曲，腹面具鬃毛；尾须圆锥形；下生殖板端部 1/2 纵裂，腹突短粗。雌性下生殖板三角形，末端具三角形凹口。

分布：浙江（平湖、临安、四明山、舟山、开化、景宁、龙泉）、河南、陕西、甘肃、江苏、安徽、湖北、江西、湖南、福建、台湾、广西、重庆、四川、贵州、云南。

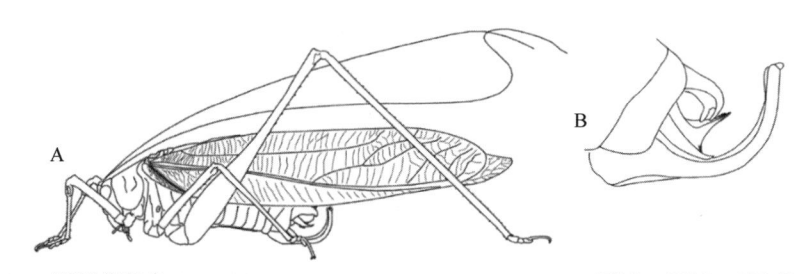

图 18-220　四川华绿螽 *Sinochlora szechwanensis* Tinkham, 1945（引自王刚和石福明, 2014）
A.♂整体侧面观；B.♂腹部末端侧面观

V. 沙螽总科 Stenopelmatoidea

主要特征：翅或多或少具近平行的纵脉，雄性前翅不具发声器，有的类群为后足股节-腹部侧缘摩擦发声，有的类群前足胫节具听器，有的缺听器。雄性尾须结构简单，较长。产卵器通常由背产卵瓣自基包裹其他产卵瓣。

生物学：不同科的习性差异较大，大多数为捕食性，上颚发达，端部细尖。通常白天隐藏，夜晚活动。

分布：主要分布于亚洲的热带地区，澳大利亚、南美洲与非洲也有分布。世界已知 4 科 172 属 1250 种，中国记录 2 科 26 属 131 种，浙江分布 1 科 7 属 12 种。

九十一、蟋螽科 Gryllacrididae

主要特征：体小至大型，细瘦或粗壮。触角显著长于体长；头顶为触角柄节宽的 1.5–3.0 倍。复眼卵形，单眼发达程度不同。翅为长翅型、短翅型，或缺翅，具翅类群前翅和后翅膜质；前翅不具发声器，大多数类群通过股节与腹部摩擦发声。足跗节柔软且扁平，前、中足胫节具刺，前足胫节缺听器。雄性第 10 腹节背板、肛上板、尾须和下生殖板形态多样。产卵瓣长，适度向背面弯曲，有的类群产卵瓣短，显著向背面弯曲。

生物学：蟋螽多为捕食性，以昆虫为食，少数种类为杂食性。通常夜间活动，白天隐藏于巢穴、腐木、树洞、灌木叶子背面，或缝隙中。蟋螽吐丝筑巢是直翅目中唯一的类群。

分布：世界广布，但不同区分布不同的类群。世界已知 2 亚科约 114 属 880 余种，中国记录 2 亚科 24 属 112 种，浙江分布 2 亚科 7 属 12 种。

分属检索表

1. 体小至大型（15–50 mm），通常细瘦；多数为长翅型，翅直，不飞行时前、后翅中后部不折叠于腹部背面；前翅长，近矩形；前、中足胫节刺通常发达；后足股节细长，为前胸背板长的 2.5–3.5 倍（长蟋螽亚科 Hyperbaeninae） ············ 2
- 体小至中型（5–30 mm），通常粗壮；多为短翅型，有的无翅，有的为长翅型；若具翅，则呈卵圆形，且折叠于腹部之上，若翅超过腹部末端，则覆盖于腹部背面；前、中足胫节刺发达程度不同，多数中等大小；后足股节粗壮，为前胸背板长的 1.5–2.5 倍（蟋螽亚科 Gryllacridinae） ············ 3
2. 雄性第 9 腹节背板后缘中央开裂，端部具 1 对高度骨化且左右交叉的刺状突起 ············ 烟蟋螽属 *Capnogryllacris*
- 雄性第 9 腹节背板钩状突位于两侧 ············ 杆蟋螽属 *Phryganogryllacris*
3. 无翅 ············ 4
- 具翅 ············ 5
4. 雄性下生殖板无腹突 ············ 缺翅原蟋螽属 *Apterolarnaca*
- 雄性下生殖板具腹突 ············ 黑蟋螽属 *Melaneremus*
5. 雄性下生殖板后缘中央显著凹入，凹口"U"形或裂缝状，侧叶向端部显著变狭，端部骨化，末端尖 ············ 叉蟋螽属 *Furcilarnaca*
- 雄性下生殖板后缘微凹，侧叶端部钝 ············ 6
6. 雄性第 9 腹节背板后缘直，或微凹；第 10 腹节背板具 1 对骨化的刺状突 ············ 同蟋螽属 *Homogryllacris*
- 雄性第 9 腹节背板后缘中央开裂，裂叶端部具 1 对小钩，其显著向腹面弯曲；第 10 腹节背板不具突起 ············ 真蟋螽属 *Eugryllacris*

373. 烟蟋螽属 *Capnogryllacris* Karny, 1937

Capnogryllacris Karny, 1937: 123. Type species: *Locusta fumigata* De Haan, 1842.

主要特征：体中至大型，较粗壮。头顶较宽，单眼小。翅通常超过后足股节端部，前翅通常透明到褐色；Rs 脉从 R 脉分出，在一定距离与 M 融合；M 脉通常从基部伸出，然后与 R 脉融合；CuA 脉前缘分为 MP 脉和 CuA$_1$ 脉，后缘为 CuA$_2$ 脉，CuP 脉不分支，具 4–5 条 An 脉。不具股节-腹部型发声器。雄性第 9 腹节背板后缘中央明显开裂，端部具 1 对骨化且左右交叉的刺状突，其基部隆起，可活动；第 10 腹节背板部分退化，不具任何钩状突。下生殖板具腹突。雌性下生殖板基部具 1 对交配孔，有时在近中部融合。产卵瓣较长，稍长于后足股节，直或稍弯，端部狭的钝圆形。

分布：东洋区。世界已知 53 种（亚种），中国记录 7 种，浙江分布 2 种。

（775）黑颊烟蟋螽 *Capnogryllacris melanocrania* (Karny, 1929)（图 18-221）

Gryllacris melanocrania Karny, 1929a: 177.

Capnogryllacris melanocrania: Cadena-Castañeda, 2019: 95.

主要特征：前翅超过腹部末端，Rs 脉从 R 脉近中部分出，近端部均分叉；M 脉由基部伸出，在中部分为 MA 脉和 MP 脉；CuA 脉和 CuP 脉均不分叉，具 4 条 An 脉。后翅稍长于前翅。雄性第 9 腹节背板显著向腹面弯曲，中央开裂，端部具 1 对刺状突；下生殖板横宽，后缘近截形，较直。雌性下生殖板盾形，基部较宽，向端部趋狭，基缘较直，后缘微凹，基部具 1 对交配孔。头部除颜面、上唇基部外均为黑色；前胸背板边缘黑色；足的刺和距黑色。

分布：浙江（临安、龙泉）、江苏、湖北、湖南、福建。

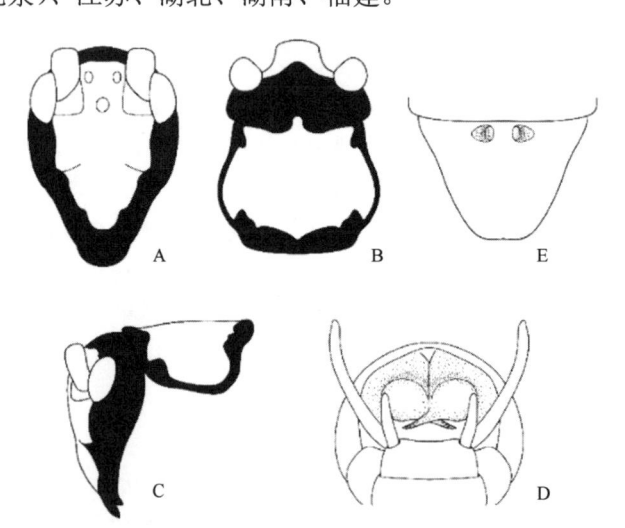

图 18-221　黑颊烟蟋螽 *Capnogryllacris melanocrania* (Karny, 1929)
A. ♂头部前面观；B. ♂头部和前胸背板背面观；C. ♂头部和前胸背板侧面观；D. ♂腹部末端腹面观；E. ♀下生殖板

（776）黑缘烟蟋螽 *Capnogryllacris nigromarginata* (Karny, 1928)（图 18-222）

Gryllacris nigromarginata Karny, 1928: 271.

Capnogryllacris nigromarginata: Cadena-Castañeda, 2019: 95.

主要特征：前翅远超过腹部末端，到达后足胫节中部，半透明。Rs 脉从 R 脉端部 1/3 处分出，近端部均分叉；M 脉于后缘基部 1/3 处分叉，MA 脉不分支，MP 脉随后分为 MP$_1$ 脉和 MP$_2$ 脉；CuA 脉和 CuP 脉均不分叉，具 4 条 An 脉。雄性第 9 腹节背板中央开裂，侧叶基部半球形，端部长刺状，骨化，左右交叉，指向外侧。尾须长圆锥形，中等长度，不弯曲。下生殖板后缘钝角形凹入，侧叶近三角形。雌性下生殖板短，近梯形，后缘微凹，基缘具 1 对交配孔。产卵瓣长，直，端部略狭。颊黄褐色。前胸背板边缘黑色，前缘与后缘黑色区域较宽。足膝部和胫节背缘黑色。

分布：浙江（龙泉、泰顺）、山东、湖南、广东、海南、广西、贵州。

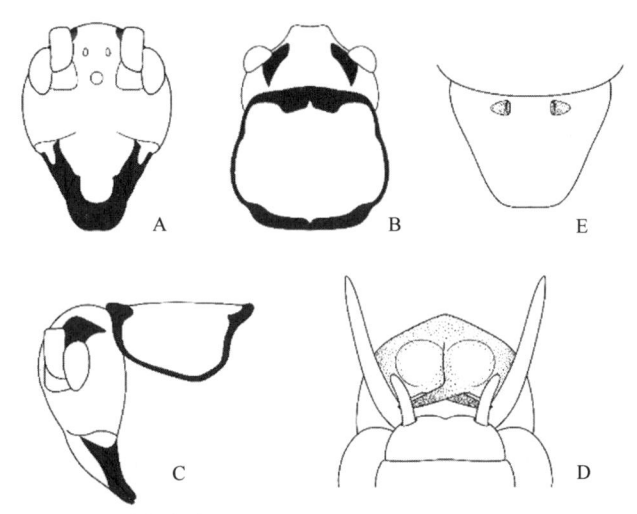

图 18-222　黑缘烟蟋螽 *Capnogryllacris nigromarginata* (Karny, 1928)
A. ♂头部前面观；B. ♂头部和前胸背板背面观；C. ♂头部和前胸背板侧面观；D. ♂腹部末端腹面观；E. ♀下生殖板

374. 真蟋螽属 *Eugryllacris* Karny, 1937

Eugryllacris Karny, 1937: 151. Type species: *Eugryllacris ruficeps* (Serville, 1831).

主要特征：体中型，粗壮。头顶较宽，颜面光滑。前、后翅发达，远超过腹部末端。M 脉从 R 脉中后部分出。第 2、3 腹节背板侧缘分别具 2 列发声齿。雄性第 9 腹节背板圆凸形，后缘明显向腹面弯，中央裂为 1 对叶状突，其端部具 1 小钩，指向内缘且稍向腹缘或在内侧交叉；尾须长，圆锥形；下生殖板具腹突。雌性第 7 腹节腹板具 1 小突或 1 宽叶，到达下生殖板基部或中部，指向后缘或后缘且稍向背缘，端部钝圆或中央微凹。下生殖板基部较宽，向端部趋狭，后缘中央微凹。产卵瓣与体近等长，向背方弯，镰刀形，端部背缘近斜截形。

分布：东洋区、日本。世界已知 40 种（亚种），中国记录 8 种，浙江分布 1 种。

（777）长尾真蟋螽 *Eugryllacris elongata* Bian et Shi, 2016（图 18-223）

Eugryllacris elongata Bian et Shi, 2016: 440.
Prosopogryllacris chinensis Li, Liu et Li, 2016b: 285. Synonymized by Shi, Du & Bian, 2017: 482.

主要特征：体中型，较粗壮。头顶约为触角柄节宽的 2 倍。中单眼近球形，侧单眼明显，卵形。前翅远超过后足股节端部，到达后足胫节中部；后翅稍长于前翅。雄性第 9 腹节背板纵裂为 2 叶，裂叶端部具 1 小钩，其端部尖；下生殖板宽大于长，基缘弧形凹入，后缘具 1 浅的钝角三角形凹；腹突圆锥形，稍向内弯，端部钝圆，着生于下生殖板端部两侧。雌性第 7 腹节腹板后缘具 1 长突，指向背缘，其端部具 1 小凹。下生殖板长大于宽，向端部趋狭，后缘中央三角形凹入，侧叶近三角形。产卵瓣与后足股节近等长，显著向背方弯，背瓣端部斜截形。

分布：浙江（临安、龙泉）、福建。

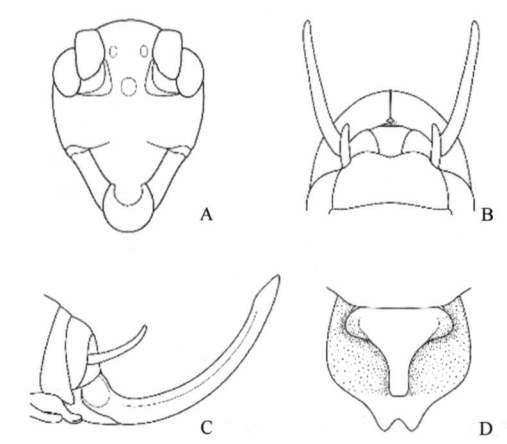

图 18-223 长尾真蟋螽 *Eugryllacris elongata* Bian et Shi, 2016
A. ♂头部前面观；B. ♂腹部末端腹面观；C. ♀产卵瓣侧面观；D. ♀下生殖板

375. 叉蟋螽属 *Furcilarnaca* Gorochov, 2004

Furcilarnaca Gorochov, 2004b: 907. Type species: *Furcilarnaca superfurca* Gorochov, 2004.

主要特征：体小型。前胸背板前缘稍突，后缘较直，肩凹弱。前翅至少长于前胸背板，M 脉与 R 脉基部不合并。第 2、3 腹节背板侧缘分别具 2 列发声齿。雄性第 9 腹节背板长，显著向后突出，端部中央具 1–2 对钩状突。第 10 腹节背板窄，带状，中间具 1 对小隆起，隆起上各具 1 枚钩状突起，突起指向腹面或腹面强弯曲指向前面，少数指向后方。下生殖板后缘中央显著内凹，形成 2 侧叶，侧叶由基部向端部变狭，端部不同程度的骨化。腹突较长，着生于下生殖板两侧近基部。肛上板和肛侧板简单，近膜质。雌性第 7 腹节腹板半膜质，具许多褶皱，中央具瘤状突起；下生殖板较短，端部不同程度分叉。产卵瓣较直，端部尖。

分布：东洋区。世界已知 17 种，中国记录 13 种，浙江分布 1 种。

（778）似叉蟋螽 *Furcilarnaca fallax* (Liu, Bi et Zhang, 2010)（图 18-224）

Metriogryllacris fallax Liu, Bi et Zhang, 2010: 62.
Furcilarnaca fallax: Li, Sun, Liu & Li, 2015: 419.

图 18-224 似叉蟋螽 *Furcilarnaca fallax* (Liu, Bi et Zhang, 2010)（引自 Liu et al., 2010）
A. ♂腹部末端侧面观；B. ♂腹部末端腹面观

主要特征：体型较小，头顶约为触角柄节宽的 1.5 倍。前胸背板前缘凸，后缘直。前翅远超出后足股节，Rs 脉从 R 脉中部之后分出，M 脉独立，CuA 脉具 3 分支，具 3 条 An 脉，第 2 和第 3 脉基部合并。前足和中足胫节腹面分别具 5 对距（包括端距），中足胫节背面具内端距，后足股节腹面外缘具 7 枚刺，内缘具 5 枚刺；后足胫节外缘具 6 枚刺，内缘具 4 枚刺。第 10 腹节背板近三角形，无端刺，下生殖板端部开裂成两尖叶，腹突生于近基部两侧。

分布：浙江（龙泉）。

376. 同蟋螽属 *Homogryllacris* Liu, 2007

Homogryllacris Liu, 2007: 1. Type species: *Homogryllacris gladiata* Liu, 2007.

主要特征：体中小型。头顶宽于触角柄节，端部钝圆，颜面光滑。复眼卵形，突出。单眼小或缺。前、中足胫节腹面分别具 4 对长刺和 1 对端距，中足胫节背面内缘具 1 枚端距。翅发达或退化，若具翅，前翅 M 脉基部与 R 脉分离；后翅透明。雄性第 9 腹节背板无后突；第 10 腹节背板窄，带状，具刺状突；下生殖板具腹突。产卵瓣通常长于后足股节，较直。

分布：东洋区。世界已知 15 种，中国记录 9 种，浙江分布 1 种。

（779）杂红同蟋螽 *Homogryllacris rufovaria* Liu, 2007（图 18-225）

Homogryllacris rufovaria Liu, 2007: 2.

主要特征：头顶约为触角柄节宽的 1.5 倍。前翅稍超过腹部末端，Rs 脉与 M 脉基部分离；后翅稍长于前翅。雄性第 10 腹节背板后缘中央具 1 对短刺，刺基部膨大，端部角形内弯，端部交叉。下生殖板矩形，后缘中央三角形凹入；腹突短，圆锥形，着生于下生殖板端部两侧。雌性下生殖板近梯形，后缘中央微凹。产卵瓣直，稍长于后足股节。体浅黄色，前胸背板具浅红色斑，腹节背板紫红色。

分布：浙江（临安、庆元、龙泉）。

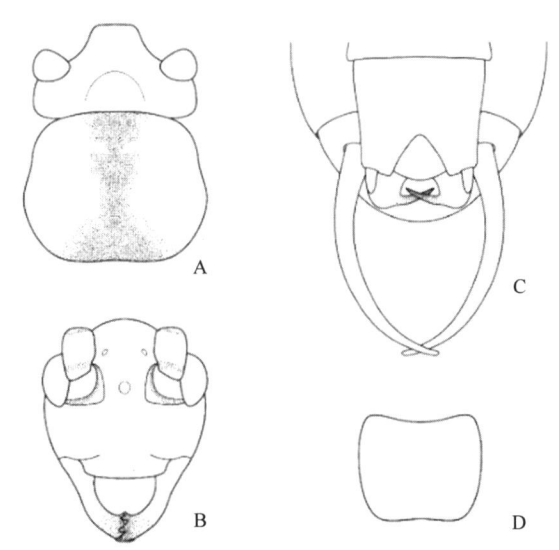

图 18-225 杂红同蟋螽 *Homogryllacris rufovaria* Liu, 2007
A. ♂头部和前胸背板背面观；B. ♂头部前面观；C. ♂腹部末端腹面观；D. ♀下生殖板

377. 黑蟋螽属 *Melaneremus* Karny, 1937

Melaneremus Karny, 1937: 148. Type species: *Melaneremus atrotectus* (Brunner von Wattenwyl, 1888).

主要特征：体小型。头与前胸背板近等宽，或稍窄。颜面淡黄色到黑色，为褐色时，具淡色斑，颜面光滑或近光滑（凹刻或横纹仅在显微镜下可见）。无翅或短翅，一般不超过 1.7 mm，短于前胸背板长的一半。后足股节腹面两侧缘刺多于 3 枚；后足胫节背面内缘具 2 枚长刺和 0–2 枚短刺。雄性第 9 腹节背板膨大，下生殖板具腹突。雌性下生殖板端部不向腹缘弯，基部与第 7 腹节背板相连处不具小的叶状突。产卵瓣长于或近等长于后足股节，背、腹缘光滑。

分布：东洋区。世界已知 20 种，中国记录 3 种，浙江分布 1 种。

（780）宽额黑蟋螽 *Melaneremus laticeps* (Karny, 1926)（图 18-226）

Neanius laticeps Karny, 1926a: 391.
Melaneremus laticeps: Karny, 1937: 150.

主要特征：体中小型，无翅。颜面光滑。头顶约为触角柄节宽的 2 倍，侧缘不明显隆起。雄性第 9 腹节背板后缘两侧角形突出，端部钝圆，其间较直，侧缘分别具 1 对钩状突起，其端部指向外缘；第 10 腹节背板极短，带状，中央具 1 瘤突；尾须短，圆锥形；下生殖板长大于宽，基半部近矩形，侧缘近平行，端半部近梯形，后缘中央微凹；腹突极短，着生于下生殖板中部两侧。雌性第 7 腹节腹板端部两侧具 1 对黑色交配孔；下生殖板横宽，极短，基部具皱褶，后缘弧形，中央微凹。产卵瓣与后足股节近等长，稍向背方弯，背、腹缘光滑，末端尖。体黄褐色。复眼和上颚端部黑色。胸节背板中央黄色，侧缘分别具 1 黑褐色纵纹，第 1 腹节背板后缘具淡褐色边，其后各腹节背板的黑色斑逐渐变大变暗。腹部末端褐色或黑褐色。

分布：浙江（临安、龙泉）、安徽、福建、广东。

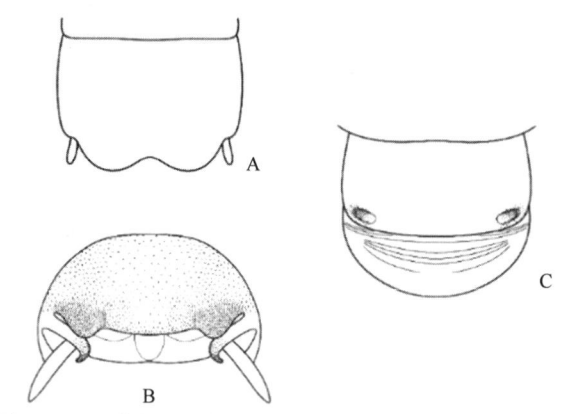

图 18-226　宽额黑蟋螽 *Melaneremus laticeps* (Karny, 1926)
A. ♂下生殖板；B. ♂腹部末端端面观；C. ♀下生殖板

378. 缺翅原蟋螽属 *Apterolarnaca* Gorochov, 2004

Apterolarnaca Gorochov, 2004b: 914. Type species: *Apterolarnaca ulla* Gorochov, 2004.

主要特征：体小到中型。头顶宽，为触角柄节宽的 2.5–3.0 倍，单眼不明显。前足基节具 1 枚小刺，前、中足胫节腹面具 4 对可活动的刺和 1 对端距。后足胫节向腹面弧形弯曲，或较直，背面内、外缘具小刺，有的刺不明显；具 1 对背端距与 2 对腹端距。无翅。第 2、3 腹节背板侧缘具发声齿。雄性第 9 腹节背板延长，后缘中央开裂；缺腹突；尾须短。雌性下生殖板宽且长。产卵瓣极短且狭，约为后足股节长的一半，背、腹缘光滑，向背面弯曲。

分布：中国和越南。世界已知 17 种，中国记录 15 种，浙江分布 2 种。

（781）双叶缺翅原蟋螽 *Apterolarnaca bilobus* (Guo et Shi, 2012)（图 18-227）

Apotrechus bilobus Guo et Shi, 2012: 53.
Bianigryllacris bilobus Cadena-Castañeda, 2019: 38.
Apterolarnaca (*Bianigryllacris*) *bilobus*: Lu, Zhang & Bian, 2022: 382, 387.

主要特征：雄性第8腹节背板稍长于第7腹节背板；第9腹节背板开裂为2叶，端部刺状，向腹面弯曲；下生殖板宽大于长，后缘显著凹，两侧叶状突出，其端部向内弯。雌性下生殖板宽稍大于长，后缘钝圆。产卵瓣短，约为后足股节长的一半，背、腹缘光滑，端部钝；腹瓣基部两侧分别具1指状叶。颜面光滑，侧缘分别具1淡黑色纵纹，后头具1半圆形黑色横纹，头顶具3黑斑。前胸背板周缘黑色，中央具1条宽的黑色纵纹，其中央具1条淡色细纹。

分布：浙江（临安）、安徽、湖北。

注：目前有研究结果表明，这个属分的2亚属是不能成立的（结果尚未发表）。

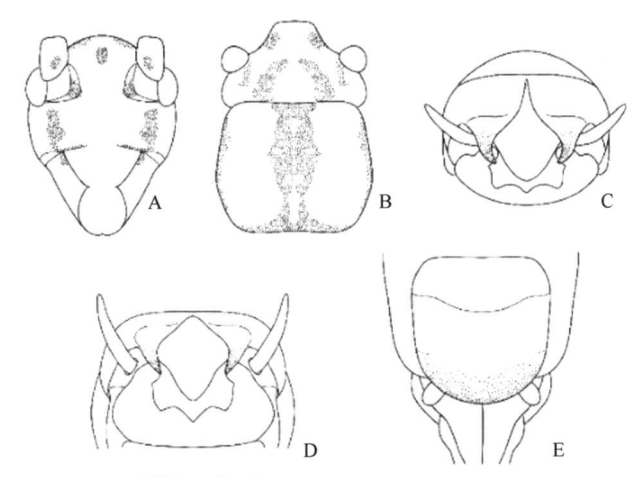

图 18-227　双叶缺翅原蟋螽 *Apterolarnaca bilobus* (Guo et Shi, 2012)
A.♂头部前面观；B.♂头部和前胸背板背面观；C.♂腹部末端端面观；D.♂腹部末端腹面观；E.♀下生殖板

（782）横板缺翅原蟋螽 *Apterolarnaca transversus* (Liu, Bi *et* Zhang, 2010)（图 18-228）

Apotrechus transversa Liu, Bi *et* Zhang, 2010: 65.

Apotrechus transversus Li, Liu *et* Li, 2015a: 152.

Bianigryllacris transversus: Cadena-Castañeda, 2019: 38.

Apterolarnaca (*Bianigryllacris*) *transversa*: Lu, Zhang & Bian, 2022: 382, 390.

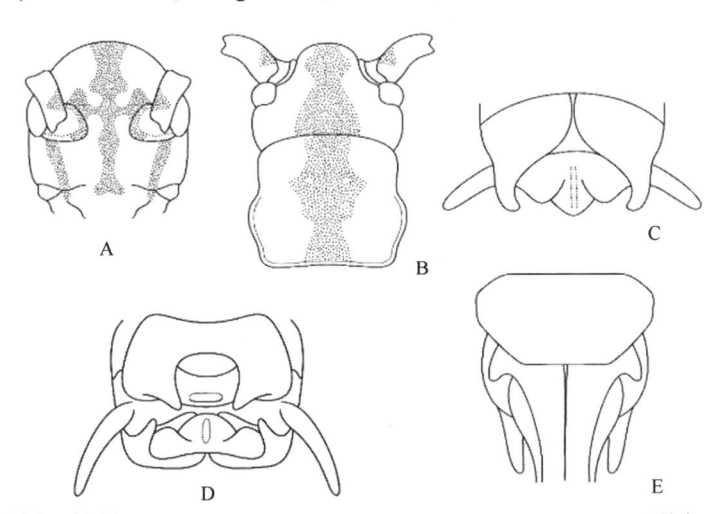

图 18-228　横板缺翅原蟋螽 *Apterolarnaca transversus* (Liu, Bi *et* Zhang, 2010)（引自 Li et al.，2015a）
A.♂头部前面观；B.♂头部和前胸背板背面观；C.♂腹部末端背面观；D.♂腹部端面观；E.♀下生殖板

主要特征：体中型。头顶钝圆，约为触角柄节宽的2倍。复眼肾形，单眼不明显。雄性第9腹节背板裂为2叶，端部刺状；尾须较短，圆锥形；下生殖板横宽，端部裂为2叶，侧叶端部稍尖。雌性下生殖板宽大于长，端部截形。产卵瓣短，稍向背面弯，端部钝，腹瓣基部具突出的侧叶。体黄褐色。头部背面具黑色纵纹，颜面中央具黑色纵纹，或两纵纹相连，触角窝内缘和触角柄节内侧具黑斑。前胸背板边缘黑色，背面中央具黑色纵纹，伸至腹部末端。胸足胫节基部和端部暗黑色。

分布：浙江（龙泉）。

379. 杆蟋螽属 *Phryganogryllacris* Karny, 1937

Phryganogryllacris Karny, 1937: 118. Type species: *Gryllacris phryganoides* De Haan, 1842.

主要特征：体小至大型，细瘦或稍粗壮。前翅长，超过腹部末端，前、后翅透明或半透明。后足胫节背缘刺等大。第2、3腹节背板侧缘分别具2列发声齿。雄性第9腹节背板具1对钩状突起，形态多样，其端部指向侧缘；第10腹节背板退化，呈条状，有的种具1对瘤突；下生殖板具腹突，有时退化；外生殖器膜质。雌性第7腹节腹板具1对交配孔，形状较为简单，有的稍复杂；下生殖板膜质或半膜质，具半圆形或横的皱纹使下生殖板与第7腹节腹板不明显分开，后缘钝圆、稍截形或中央微凹。产卵瓣约为体长的一半，或稍长，较直或稍向背方弯，端部钝圆。

分布：东洋区、旧热带区、新热带区、澳洲区。世界已知44种（亚种），中国记录18种，浙江分布4种。

分种检索表

1. 雄性第9腹节背板后缘具圆锥形突出 ··· 大角杆蟋螽 *P. superangulata*
- 雄性第9腹节背板后缘圆凸状 ··· 2
2. 雄性下生殖板后缘圆弧形，中央不向内凹 ·· 梅尔杆蟋螽 *P. mellii*
- 雄性下生殖板后缘中央向内凹 ··· 3
3. 颜面黄褐色，具10个黑色斑 ·· 十点杆蟋螽 *P. decempunctata*
- 颜面黄褐色，不具黑色斑 ·· 夏氏杆蟋螽 *P. xiai*

(783) 十点杆蟋螽 *Phryganogryllacris decempunctata* Liu, Bi et Zhang, 2010（图 18-229）

Phryganogryllacris decempunctata Liu, Bi *et* Zhang, 2010: 64.

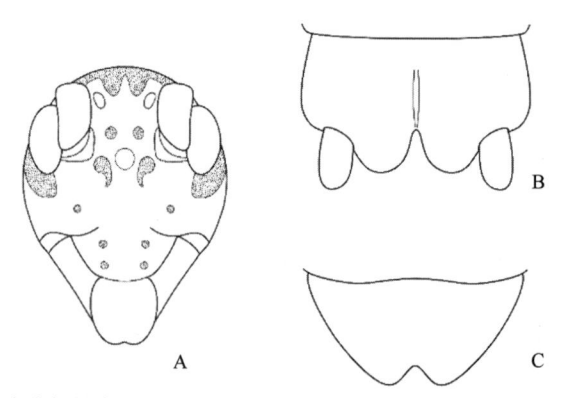

图 18-229　十点杆蟋螽 *Phryganogryllacris decempunctata* Liu, Bi *et* Zhang, 2010
A. ♂头部前面观；B. ♂下生殖板；C. ♀下生殖板

主要特征：雄性第9腹节背板后缘较直，侧缘分别具1枚刺，刺中部直角形弯向后下方，左、右两刺近平行，端部尖。下生殖板后缘中央明显凹，侧叶内、外缘近等长。雌性第7腹节腹板近梯形，后缘明显加宽，其与下生殖板间近膜质，腹面具许多横褶；下生殖板近半圆形，基缘较直，端部中央具1三角形凹。产卵瓣长于后足股节，端部稍尖。体黄褐色；后头黑色，具1条半圆形黄色横纹；颜面具10个小黑斑。

分布：浙江（龙泉）、江西、福建。

(784) 梅尔杆蟋螽 *Phryganogryllacris mellii* (Karny, 1926)（图 18-230）

Gryllacris mellii Karny, 1926a: 368.
Phryganogryllacris mellii: Karny, 1937: 119.

主要特征：前翅约为后足股节长的2倍。雄性第9腹节背板兜状，后缘显著向后突出，稍向腹面弯，其腹缘侧缘分别具1短的钩状突，端部直角形向外弯；下生殖板宽大于长，基缘较直，后缘宽的钝圆形；腹突近圆柱形，着生于下生殖板亚端部侧缘。雌性第7腹节腹板后缘中央具1深凹，侧叶长，侧叶间膜质；下生殖板近半圆形。产卵瓣与后足股节近等长，稍向背方弯，向端部渐趋狭，末端钝圆。体淡黄褐色。雄性第8、9腹节背板黑褐色。

分布：浙江（开化）、湖北、湖南、福建、广东、广西。

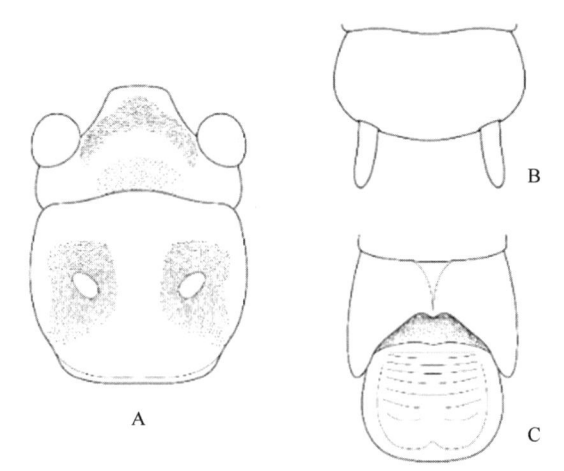

图 18-230 梅尔杆蟋螽 *Phryganogryllacris mellii* (Karny, 1926)
A. ♂头部和前胸背板背面观；B. ♂下生殖板；C. ♀下生殖板

(785) 大角杆蟋螽 *Phryganogryllacris superangulata* Gorochov, 2005（图 18-231）

Phryganogryllacris superangulata Gorochov, 2005: 811.

主要特征：雄性第8腹节背板长，约为第7腹节背板长的2倍；第9腹节背板后缘中央圆锥形突出，腹缘较直，两侧分别具1钩状突起，突起端部向外侧弯。下生殖板后缘微凹，侧叶端部钝圆；腹突圆柱形，着生于下生殖板端部两侧。雌性第7腹节腹板端部两侧具1对交配孔，后缘与下生殖板基部相连；下生殖板极短，腹面具横褶，后缘中央微凹。体黄绿色，腹部末端背面紫红色。

分布：浙江（临安）、湖北、湖南、福建、广东、广西、重庆、贵州；越南。

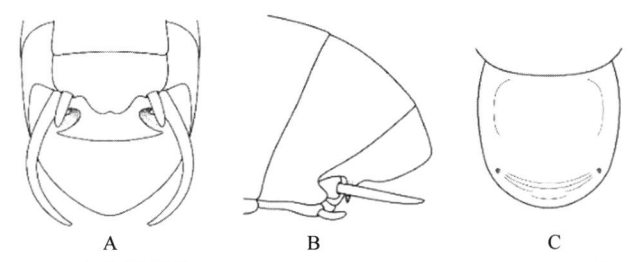

图 18-231 大角杆蟋螽 *Phryganogryllacris superangulata* Gorochov, 2005
A. ♂腹部末端腹面观；B. ♂腹部末端侧面观；C. ♀下生殖板

（786）夏氏杆蟋螽 *Phryganogryllacris xiai* Liu et Zhang, 2001（图 18-232）

Phryganogryllacris xiai Liu et Zhang, 2001: 99.

主要特征：雄性第 8 腹节背板长约为第 7 腹节背板长的 2 倍；第 9 腹节背板圆凸，后缘较直，基部两侧分别具 1 枚钩状突，端半部刺状，指向腹缘稍向外。下生殖板后缘中央开裂，2 侧叶钝圆；腹突稍扁，较短，着生于下生殖板亚端部侧缘。雌性第 7 腹节腹板后缘两侧近圆弧形向外突出。下生殖板后缘中央微凹。前胸背板背面两侧缘分别具 1 黑色纵纹，其沿着侧片后缘稍向下延伸至肩凹处，纵纹间褐色。

分布：浙江（临安）。

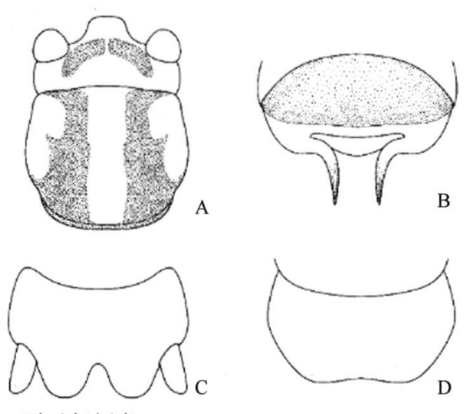

图 18-232　夏氏杆蟋螽 *Phryganogryllacris xiai* Liu et Zhang, 2001
A. ♂头部和前胸背板背面观；B. ♂腹部末端端面观；C. ♂下生殖板；D. ♀下生殖板

VI. 驼螽总科 Rhaphidophoroidea

主要特征：体侧扁。胸部显著隆起，呈驼背状，前胸背板宽大，中胸与后胸背板短，胸节腹板不具突起。无翅，不具发声器。足极长，前足基节具刺，前足胫节缺听器，跗节 4 节。雄性腹节背板具后突或无；雄性肛上板、肛侧板简单或特化；雄性外生殖器具膜质裂叶，有些具骨化结构。尾须细长，圆锥状，结构简单。产卵瓣刀状。

生物学：驼螽喜阴暗潮湿环境，白天通常隐藏，栖息于枯枝落叶层或松散树皮下，以分解的有机质为食，有些隐藏在岩石裂缝或土块构建的巢穴中，夜晚出来觅食或进行交配。也有一些种类栖息于天然洞穴中，在洞内岩壁或岩石裂缝中活动，以蝙蝠粪便或动、植物残骸为食。

分布：世界广布。仅包括驼螽科 1 个科。

九十二、驼螽科 Rhaphidophoridae

主要特征：同总科。
分布：世界广布。世界已知 90 属 900 余种，中国记录 19 属 210 余种，浙江分布 6 属 21 种。

分属检索表

1. 雄性第 7 腹节背板具后突；肛侧板多样；外生殖器膜质，具 8 片裂叶 ·········· 突灶螽属 *Diestramima*
- 雄性第 7 腹节背板后缘钝圆，不具任何后突；外生殖器具 6 片裂叶，具骨化背片 ·········· 2
2. 雄性外生殖器背侧叶膜质，圆柱状 ·········· 3
- 雄性外生殖器背侧叶宽大，端部骨化 ·········· 4
3. 后足胫节背面刺较少，排列稀疏；后足股节腹面仅内缘具刺或内、外缘均具刺 ·········· 芒灶螽属 *Diestrammena*
- 后足胫节背面刺较多，成簇排列；后足股节腹面仅内缘具刺或无刺 ·········· 疾灶螽属 *Tachycines*
4. 雄性肛上板和肛侧板中度发达，不特化；雄性外生殖器背中叶端部分裂为 2 枚小叶，背侧叶近等长于背中叶 ·········· 拟裸灶螽属 *Gymnaetoides*
- 雄性肛上板或肛侧板显著向后延伸；雄性外生殖器背中叶端部不分裂，背侧叶显著长于背中叶 ·········· 5
5. 雄性肛上板显著向后延伸，肛上板长于肛侧板；雄性外生殖器背侧叶显著骨化 ·········· 巨疾灶螽属 *Megatachycines*
- 雄性肛侧板显著向后延伸，肛上板长于肛上板；雄性外生殖器背侧叶略骨化 ·········· 拟疾灶螽属 *Pseudotachycines*

380. 突灶螽属 *Diestramima* Storozhenko, 1990

Diestramima Storozhenko, 1990: 835. Type species: *Diestrammena palpata* Rehn, 1906.

主要特征：体中型。雄性第 7 腹节背板后突长，自上方完全或几乎完全覆盖肛侧板。雄性肛侧板特化，形状多样；外生殖器完全膜质，具 8 片裂叶，腹侧叶分为 2 片大裂叶。雌性第 7 腹节背板后缘具三角状后突。
分布：古北区、东洋区。世界已知 42 种，中国记录 33 种，浙江分布 3 种。

分种检索表

1. 雄性第 7 腹节背板后突端部分叉，肛侧板基半部与端半部近等宽 ·········· 华南突灶螽 *D. austrosinensis*
- 雄性第 7 腹节背板后突端部不分叉，肛侧板端半部显著窄于基半部 ·········· 2

2. 雄性肛侧板自基部向端部渐趋窄，端部钝；雌性下生殖板端部稍窄，凹口较深 ·················· **短突灶螽 *D. brevis***
- 雄性肛侧板中部缢缩，其后扩展，端部稍尖；雌性下生殖板端部凹口稍宽且浅 ·················· **居中突灶螽 *D. intermedia***

（787）华南突灶螽 *Diestramima austrosinensis* Gorochov, 1998（图 18-233）

Diestramima austrosinensis Gorochov, 1998c: 86.

主要特征：体中型。雄性第 7 腹节背板后突长，自上方完全覆盖肛侧板，后突端部分叉。雄性肛侧板板状，四边形。雄性外生殖器完全膜质，具 8 片裂叶，背中叶端部平截。雌性第 7 腹节背板后缘具 1 小角突，端部钝。产卵瓣基部宽，向端部趋窄，背瓣光滑，腹瓣端部锯齿状。雌性下生殖板半圆形，基部两侧各具 1 小叶。

分布：浙江（鄞州、开化、江山、庆元、龙泉）、安徽、湖南、福建、广东。

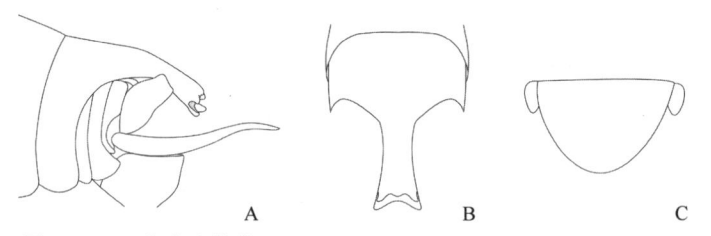

图 18-233　华南突灶螽 *Diestramima austrosinensis* Gorochov, 1998
A. ♂腹部末端侧面观；B. ♂腹部末端背面观；C. ♀下生殖板

（788）短突灶螽 *Diestramima brevis* Qin, Wang, Liu *et* Li, 2016（图 18-234）

Diestramima brevis Qin, Wang, Liu *et* Li, 2016: 527.

主要特征：体中型。雄性第 7 腹节背板后突长，显著超过肛侧板端部，后突基部宽，其后趋狭，端部钝圆，稍向腹面弯。雄性肛侧板基半部宽，中部缢缩，端部钝圆，指向上方。尾须细长，圆锥状。产卵瓣长于后足股节的一半，背瓣光滑，腹瓣端部锯齿状。雌性下生殖板近四边形，后缘凹。

分布：浙江（临安、开化、景宁、泰顺）、安徽、江西、福建。

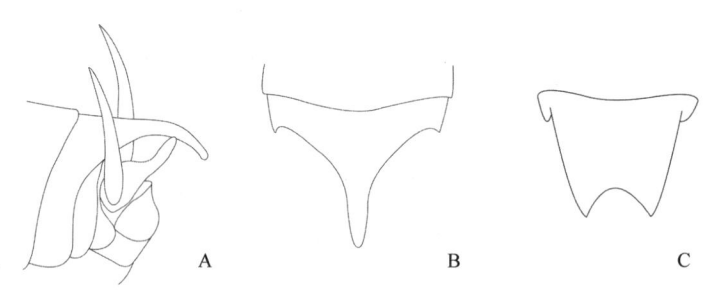

图 18-234　短突灶螽 *Diestramima brevis* Qin, Wang, Liu *et* Li, 2016
A. ♂腹部末端侧面观；B. ♂腹部末端背面观；C. ♀下生殖板

（789）居中突灶螽 *Diestramima intermedia* Liu *et* Zhang, 2001（图 18-235）

Diestramima intermedia Liu *et* Zhang, 2001: 96.

主要特征：体中型。雄性第 7 腹节背板后突长，显著超过肛侧板端部，后突基部稍宽，其后趋窄，端半部略向腹面弯，端部近球形。雄性肛侧板基部宽，中部缢缩，其后扩展，端部指向后背方。雄性外生殖器完全膜质，具 8 片裂叶。雌性第 7 腹节背板后缘角状突出。产卵瓣基部较宽，端部渐窄；背瓣光滑，腹瓣端部锯齿状。雌性下生殖板四边形，基部两侧具小叶，端部宽凹。

分布：浙江（临安）、湖北、湖南、广西、重庆、四川、贵州。

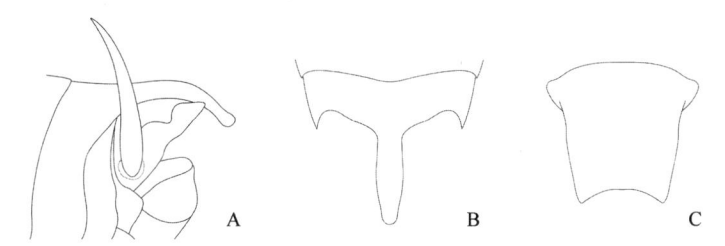

图 18-235　居中突灶螽 *Diestramima intermedia* Liu et Zhang, 2001
A. ♂腹部末端侧面观；B. ♂腹部末端背面观；C. ♀下生殖板

381. 芒灶螽属 *Diestrammena* Brunner von Wattenwyl, 1888

Diestrammena Brunner von Wattenwyl, 1888: 298. Type species: *Locusta marmorata* Haan, 1843.

主要特征：体中型。头顶具 2 枚突起。前足股节腹面无刺，内膝叶具 1 枚小刺；中足胫节端部成对腹刺间具 1 枚小刺；后足股节腹面仅内缘具刺或内、外缘均具刺，后足胫节背面刺数量较少，排列稀疏。腹节背板后缘直，不具后突。雄性肛上板舌状，肛侧板简单。雄性外生殖器具骨化背片，形状多样。

分布：古北区、东洋区。世界已知 25 种，中国记录 4 种，浙江分布 1 种。

（790）凤阳山亚灶螽 *Diestrammena* (*Aemodogryllus*) *fengyangshanica* Liu, Bi et Zhang, 2010（图 18-236, 图版 VII-1）

Diestrammena (*Aemodogryllus*) *fengyangshanica* Liu, Bi et Zhang, 2010: 57.

主要特征：体中型。前足股节腹面无刺；后足股节腹面仅内缘具 1–4 枚刺，后足胫节背面内、外缘分别具 27–38 枚刺，排列松散，内端刺短于基跗节；基跗节具 1 枚背端刺。雄性外生殖器背片基半部四边形，端半部梯形，显著宽于基半部。产卵瓣短于后足股节，腹瓣端部锯齿状。雌性下生殖板梯形。

分布：浙江（龙泉）、江西、福建。

图 18-236　凤阳山亚灶螽 *Diestrammena* (*Aemodogryllus*) *fengyangshanica* Liu, Bi et Zhang, 2010 雌性下生殖板

382. 拟裸灶螽属 *Gymnaetoides* Qin, Liu et Li, 2017

Gymnaetoides Qin, Liu et Li, 2017a: 186. Type species: *Gymnaetoides testaceus* Qin, Liu et Li, 2017.

主要特征：体型略小于灶螽族其他属。头顶具 2 枚圆锥状突起，端部分离。后足股节腹面具刺或无。腹节背板后缘直。雄性肛上板舌状，肛侧板简单。雄性外生殖器具骨化背片，形状多样；背中叶端部分为 2 小叶；背侧叶近等长于背中叶，端部骨化。

分布：中国特有属。世界已知 9 种，中国记录 9 种，浙江分布 1 种。

（791）黄褐拟裸灶螽 *Gymnaetoides testaceus* Qin, Liu *et* Li, 2017（图 18-237）

Gymnaetoides testaceus Qin, Liu *et* Li, 2017a: 188.

主要特征：体小型。后足股节腹面无刺；后足胫节背面具 30–39 枚内刺和 37–40 枚外刺，内背刺短于后足基跗节；后足基跗节背面具 1 枚端刺。腹节背板后缘直。雄性肛上板舌状；外生殖器具 6 片裂叶，背中叶端部分裂，具 2 枚小叶，侧片小，位于背中叶基部两侧；背侧叶近等长于背中叶，端部显著骨化；背片四边形，基部具凹口。产卵瓣长于后足股节的一半，背瓣光滑，腹瓣端部锯齿状。雌性下生殖板三角形，端部稍尖。

分布：浙江（临安、开化）。

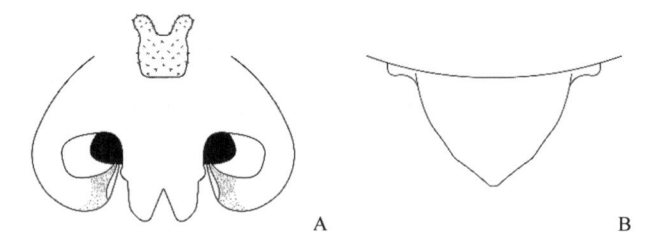

图 18-237 黄褐拟裸灶螽 *Gymnaetoides testaceus* Qin, Liu *et* Li, 2017
A. ♂外生殖器；B. ♀下生殖板

383. 巨疾灶螽属 *Megatachycines* Zhu, Shi *et* Zhou, 2022

Megatachycines Zhu, Shi *et* Zhou, 2022: 4. Type species: *Megatachycines pentus* Zhu, Shi *et* Zhou, 2022.

主要特征：体中型。头顶具 2 枚圆锥形突起。后足股节腹面仅内缘具刺。腹节背板不具后突。雄性肛上板向后延伸，显著长于肛侧板，四边形或五边形；雄性肛侧板稍扩展。雄性外生殖器背侧叶宽大，端部显著骨化。雄性下生殖板端部双叶状。雌性腹节背板不具后突。

分布：中国特有属。世界已知 4 种，中国记录 4 种，浙江分布 1 种。

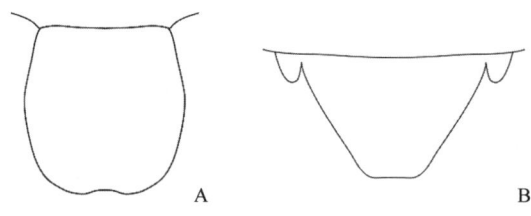

（792）长板巨疾灶螽 *Megatachycines elongatus* (Qin, Liu *et* Li, 2017)（图 18-238，图版 VII-2）

Microtachycines elongatus Qin, Liu *et* Li, 2017b: 597.
Megatachycines elongatus: Zhu, Shi & Zhou, 2022: 7.
Microtachycines fallax Qin, Liu *et* Li, 2017b: 600. Synonymized by Qin et al., 2020: 570.

图 18-238 长板巨疾灶螽 *Megatachycines elongatus* (Qin, Liu *et* Li, 2017)
A. ♂肛上板；B. ♀下生殖板

主要特征：体中型。后足股节腹面仅内缘具 4–9 枚刺；后足胫节背面具 60–66 枚内刺和 62–64 枚外刺，内背刺近等长于后足基跗节。雄性肛上板特化，四边形，显著长于肛侧板，后缘微凹；肛侧板扩展，端部平截。雄性外生殖器背中叶端部分为 2 裂叶；背侧叶宽大，端部显著骨化；背片梨形，基部具凹口。雌性下生殖板横宽，端部宽凹。产卵瓣短于后足股节的一半，背面光滑，腹面端部锯齿状。雌性下生殖板梯形。

分布：浙江（临安、开化）、安徽、湖北、江西、湖南、福建、重庆。

384. 拟疾灶螽属 *Pseudotachycines* Qin, Liu et Li, 2017

Pseudotachycines Qin, Liu *et* Li, 2017c: 482. Type species: *Pseudotachycines deformis* Qin, Liu *et* Li, 2017.

主要特征：体中型。头顶具2枚圆锥形突起，显著分离。前足股节内膝叶具1枚小刺；后足股节腹面具刺或无。雄性肛侧板特化，长于肛上板。雄性外生殖器具骨化背片，略小；背中叶端部不分裂；背侧叶宽大，具褶皱，显著长于背中叶，端部略骨化，与基部近等宽。

Qin等（2017c）建立了拟疾灶螽属，发表了5新种，提出此属主要鉴别特征为：雄性肛侧板特化，显著长于肛上板；雄性外生殖器背侧叶端部显著骨化。但是，通过检视模式标本，除卷枝拟疾灶螽 *Pseudotachycines volutus* 肛侧板显著长于肛上板之外，其他几种肛侧板并无显著延伸，仅根据雄性外生殖器背侧叶端部骨化这一特征不能将拟疾灶螽属 *Pseudotachycines* 与拟裸灶螽属 *Gymnaetoides* 区分开。Zhu等（2022）基于多基因联合数据重建了拟疾灶螽属和拟裸灶螽属的系统发育关系，结果表明拟疾灶螽属模式种异形拟疾灶螽 *Pseudotachycines deformis* 与拟裸灶螽属聚为一支，因涉及模式种地位变动及属名有效性等问题，故暂未进行修订，有待后续进一步探讨。

分布：中国特有属。世界已知8种，中国记录8种，浙江分布5种。

分种检索表

1. 雄性肛侧板简单，不特化；雄性外生殖器背中叶端部分为2小叶，背侧叶近等长于背中叶 ·········· 异形拟疾灶螽 *P. deformis*
- 雄性肛侧板特化，长于肛上板；雄性外生殖器背中叶端部不分裂，背侧叶显著长于背中叶 ··································· 2
2. 雄性外生殖器背片基部具凹口，端部宽凹 ·· 郑氏拟疾灶螽 *P. zhengi*
- 雄性外生殖器背片基部凹或端部凹或均不具凹口 ·· 3
3. 雄性外生殖器背片半圆形；背中叶侧片肾形 ·· 肾形拟疾灶螽 *P. nephrus*
- 雄性外生殖器背片基部凹或端部凹；背中叶侧片椭圆形 ·· 4
4. 雄性外生殖器背片基部微凹，端部平截 ··· 凤阳山拟疾灶螽 *P. fengyangshanensis*
- 雄性外生殖器背片基部钝圆，端部宽凹 ·· 卷枝拟疾灶螽 *P. volutus*

（793）异形拟疾灶螽 *Pseudotachycines deformis* Qin, Liu et Li, 2017（图18-239A，图版VII-3）

Pseudotachycines deformis Qin, Liu *et* Li, 2017c: 483.

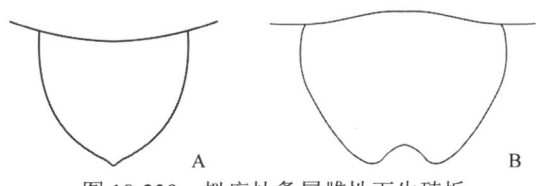

图18-239 拟疾灶螽属雌性下生殖板

A. 异形拟疾灶螽 *Pseudotachycines deformis* Qin, Liu *et* Li, 2017；B. 卷枝拟疾灶螽 *Pseudotachycines volutus* Qin, Liu *et* Li, 2017

主要特征：体中型。后足股节腹面仅内缘具1–3枚刺；后足胫节背面具52–64枚内刺和57–62枚外刺，内背刺等长于后足基跗节。雄性肛上板、肛侧板简单，不特化。雄性外生殖器背中叶端部分为2小叶；背侧叶近等长于背中叶，端部骨化；背片四边形，基部具凹口。产卵瓣长于后足股节的一半。雌性下生殖板近三角形，后缘微突。

通过检视模式标本，此种雄性外生殖器线条图误差较大，因此，提供了模式标本雄性外生殖器彩图。

此外，根据雄性外生殖器特征和分子证据，认为应将此种移至拟裸灶螽属。

分布：浙江（临安、江山）、安徽。

（794）凤阳山拟疾灶螽 *Pseudotachycines fengyangshanensis* Zhu et Shi, 2022（图版 VII-4）

Pseudotachycines fengyangshanensis Zhu et Shi in Zhu, Wang, Zhou & Shi, 2022: 23.

主要特征：体中型。后足股节腹面仅内缘具 0–4 枚刺；后足胫节背面具 51 枚内刺和 58 枚外刺，内背刺长于后足基跗节。雄性肛上板半圆形，肛侧板显著长于肛上板，侧面观长椭圆形。雄性外生殖器背中叶基部两侧具长椭圆形侧片，端部不分离；背侧叶宽大，具褶皱，显著长于背中叶，端部略骨化，与基部近等宽；背片半圆形，基部微凹，端部平截。雌性未知。

分布：浙江（龙泉）。

（795）肾形拟疾灶螽 *Pseudotachycines nephrus* Zhu et Shi, 2022（图版 VII-5）

Pseudotachycines nephrus Zhu et Shi in Zhu, Wang, Zhou & Shi, 2022: 20.

主要特征：体中型。后足股节腹面仅内缘具 3–5 枚内刺；后足胫节背面内缘和外缘各具 55–57 枚刺，内背刺长于后足基跗节。雄性肛侧板长于肛上板，侧面观近三角形。雄性外生殖器背中叶基部两侧具肾形侧片，端部不分裂；背侧叶宽大，具褶皱，显著长于背中叶，端部骨化弱，与基部近等宽；背片半圆形。雌性下生殖板四边形，端部具凹口。

分布：浙江（临安）。

（796）卷枝拟疾灶螽 *Pseudotachycines volutus* Qin, Liu et Li, 2017（图 18-239B，图版 VII-6）

Pseudotachycines volutus Qin, Liu et Li, 2017c: 486.

主要特征：体中型。后足股节腹面仅内缘具 2–5 枚内刺；后足胫节背面具 53–57 枚内刺和 55–58 枚外刺，内背刺略长于后足基跗节。雄性肛上板半圆形，端部钝；肛侧板向后延伸，显著长于肛上板。雄性外生殖器背中叶短；背侧叶显著长于背中叶，端部略骨化；背片近半圆形，端部微凹。雄性下生殖板横宽。产卵瓣长于后足股节的一半，背瓣光滑，腹瓣端部锯齿状。雌性下生殖板近四边形，后缘具凹口。

分布：浙江（临安）、湖南。

（797）郑氏拟疾灶螽 *Pseudotachycines zhengi* Zhu et Shi, 2022（图版 VII-7）

Pseudotachycines zhengi Zhu et Shi in Zhu, Wang, Zhou & Shi, 2022: 18.

主要特征：体中型。后足股节腹面仅内缘具 3 枚刺；后足胫节背面具 56–59 枚内刺和 59–62 枚外刺，内背刺长于后足基跗节。雄性肛上板舌状，肛侧板略长于肛上板，侧面观半圆形。雄性外生殖器背中叶基部两侧具长椭圆形侧片，端部不分裂；背侧叶宽大，具褶皱，显著长于背中叶，端部骨化弱，与基部近等宽；背片近半圆形，基部具凹口，端部宽凹。雌性下生殖板近半圆形。

分布：浙江（龙泉）、江西。

385. 疾灶螽属 *Tachycines* Adelung, 1902

Tachycines Adelung, 1902: 56. Type species: *Tachycines asynamorus* Adelung, 1902.

主要特征：体中型。头顶具 2 枚突起。前足股节腹面具刺或无，内膝叶具 1 枚小刺；中足胫节腹面成对端刺间具 1 枚小刺；后足股节腹面仅内缘具刺或无刺，后足胫节背面刺数量多，成组排列。腹节背板后缘直，不具后突。雄性肛上板舌状，肛侧板简单；雄性外生殖器具骨化背片，形状多样，具 6 片膜质裂叶。

分布：古北区、东洋区、新北区。世界已知 103 种，中国记录 94 种，浙江分布 10 种。

分种检索表

1. 后足股节腹面无刺 ··· 2
- 后足股节腹面内缘具刺 ··· 3
2. 雄性外生殖器背片"H"形；雌性下生殖板四边形，后缘微突 ························· 武夷山裸灶螽 *T. (G) wuyishanicus*
- 雄性外生殖器背片人字形；雌性下生殖板四边形，后缘具凹口 ····················· 贝氏裸灶螽 *T. (G) beresowskii*
3. 前足股节腹面具刺 ··· 4
- 前足股节腹面无刺 ··· 5
4. 雄性外生殖器背片近三角形，端部具凹口 ··· 庭疾灶螽 *T. (T.) asynamorus*
- 雄性外生殖器背片"H"形，基部和端部均具凹口 ··· 内陆疾灶螽 *T. (T.) meditationis*
5. 雄性外生殖器背中叶具刺，指向前方 ··· 6
- 雄性外生殖器背中叶膜质，不具刺 ··· 7
6. 雄性外生殖器背中叶刺较长；背片基部、端部均具凹口 ·· 白云尖疾灶螽 *T. (T.) baiyunjianensis*
- 雄性外生殖器背中叶刺短；背片基部平截，端部具凹口 ·· 卡氏疾灶螽 *T. (T.) karnyi*
7. 中足胫节腹面具 1 枚内刺和 1 枚外刺 ·· 横板疾灶螽 *T. (T.) transversus*
- 中足胫节腹面具 1–2 枚内刺和 2 枚外刺 ··· 8
8. 雄性外生殖器背片近四边形，端部宽 ·· 巨疾灶螽 *T. (T.) maximus*
- 雄性外生殖器背片塔状 ··· 夏氏疾灶螽 *T. (T.) xiai*

注：检索表主要依据雄性特征编制，突变裸灶螽仅已知雌性，故不列入检索表。

（798）贝氏裸灶螽 *Tachycines (Gymnaeta) beresowskii* Adelung, 1902（图 18-240）

Tachycines (*Gymnaeta*) *beresowskii* Adelung, 1902: 62.

Gymnaeta gansuicus Adelung, 1902: 64.

Tachycines (*Gymnaeta*) *tianmushanensis* Liu *et* Zhang, 2001: 98.

Diestrammena (*Gymnaeta*) *improvisa* Gorochov, 2010: 8.

主要特征：体中型。前足胫节腹面具 1 枚内刺和 2 枚外刺。中足胫节腹面具 1 枚内刺和 1 枚外刺。后足股节腹面无刺；后足胫节内、外缘分别具 58–82 枚背刺，成组排列；后足胫节内背刺短于后足基跗节。雄性外生殖器背片如图 18-240A 所示。雌性下生殖板四边形，后缘具凹口。产卵瓣近等长于后足股节。

分布：浙江（安吉、临安、天台）、宁夏、甘肃、湖北、四川。

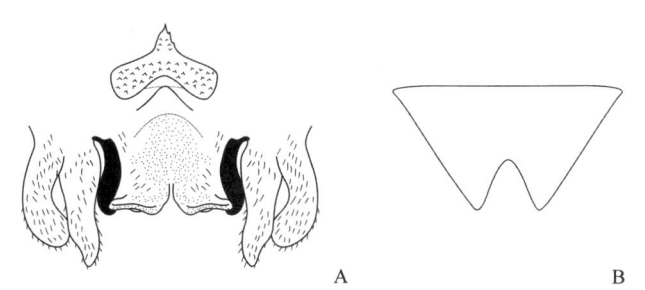

图 18-240　贝氏裸灶螽 *Tachycines* (*Gymnaeta*) *beresowskii* Adelung, 1902（引自 Qin et al., 2019）

A. ♂外生殖器；B. ♀下生殖板

（799）突变裸灶螽 *Tachycines* (*Gymnaeta*) *latus* (Zhang et Liu, 2009)（图 18-241）

Diestrammena (*Gymnaeta*) *lata* Zhang et Liu, 2009: 31.
Tachycines (*Gymnaeta*) *latus*: Qin, Liu & Li, 2019: 294.

主要特征：前足股节腹面无刺；后足股节腹面缺刺；后足胫节背面内、外缘分别具 65–70 枚刺，成组排列，内背刺短于后足基跗节。产卵瓣显著长于后足股节的一半。雌性下生殖板半圆形，基部两侧各具 1 枚小叶，端部尖。雄性未知。

分布：浙江（泰顺）。

图 18-241　突变裸灶螽 *Tachycines* (*Gymnaeta*) *latus* (Zhang et Liu, 2009)雌性下生殖板（引自 Zhang and Liu，2009）

（800）武夷山裸灶螽 *Tachycines* (*Gymnaeta*) *wuyishanicus* (Zhang et Liu, 2009)（图 18-242）

Diestrammena (*Gymnaeta*) *wuyishanica* Zhang et Liu, 2009: 24.
Tachycines (*Gymnaeta*) *wuyishanicus*: Qin, Liu & Li, 2019: 278.

主要特征：前足股节内膝叶无刺，前足胫节腹面具 1 枚内刺和 2 枚外刺；中足胫节腹面具 1 枚内刺和 1 枚外刺；后足胫节内、外缘分别具 61–67 枚背刺，内背刺短于后足基跗节；后足基跗节腹面具鬃毛。雄性外生殖器背片"H"形，宽。雌性下生殖板四边形。产卵瓣短，略长于后足股节的一半。

分布：浙江（江山、庆元、景宁）、安徽、江西、福建。

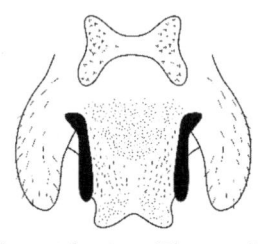

图 18-242　武夷山裸灶螽 *Tachycines* (*Gymnaeta*) *wuyishanicus* (Zhang et Liu, 2009)雄性外生殖器（引自 Qin et al.，2019）

（801）庭疾灶螽 *Tachycines* (*Tachycines*) *asynamorus* Adelung, 1902（图 18-243）

Tachycines asynamorus Adelung, 1902: 59.

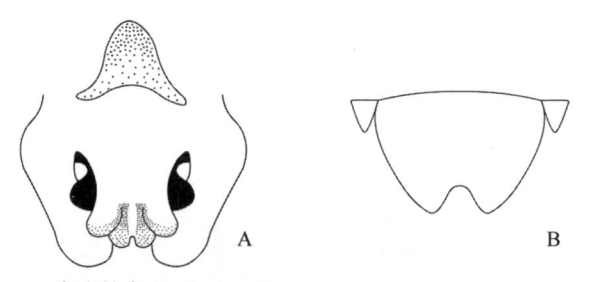

图 18-243　庭疾灶螽 *Tachycines* (*Tachycines*) *asynamorus* Adelung, 1902
A. ♂外生殖器；B. ♀下生殖板

主要特征：体中型。前足股节腹面具 10–16 枚内刺。后足股节腹面仅内缘具 3–5 枚刺；胫节背面具 64–66

枚内刺和 65–68 枚外刺，内背刺近等长于后足基跗节。雄性外生殖器具 6 片膜质裂叶，背中叶端部分为 4 枚小叶，侧片短，延伸至背中叶亚端部；背片近三角形，端部宽凹。产卵瓣长于后足股节的一半，背瓣光滑，腹瓣端部锯齿状。雌性下生殖板四边形，基部稍宽，端部具凹口。

分布：浙江（临安、开化）、河北、山东、河南、江苏、上海、湖南、福建、四川；朝鲜，日本，欧洲，北美洲。

（802）白云尖疾灶螽 *Tachycines* (*Tachycines*) *baiyunjianensis* Qin, Wang, Liu *et* Li, 2018（图 18-244A，图版 VII-8）

Tachycines (*Tachycines*) *baiyunjianensis* Qin, Wang, Liu *et* Li, 2018: 460.

主要特征：体中型。前足股节腹面无刺。后足股节腹面仅内缘具 2 枚刺；后足胫节背面内、外缘分别具 43–48 刺，成组排列，内背刺近等长于后足基跗节。雄性外生殖器背片四边形，基部微凹，端部深凹；背中叶具 1 枚三角形长刺，指向前方。产卵瓣短于后足股节的一半；雌性下生殖板后缘具深凹。

分布：浙江（庆元、景宁）、湖南、福建、广东。

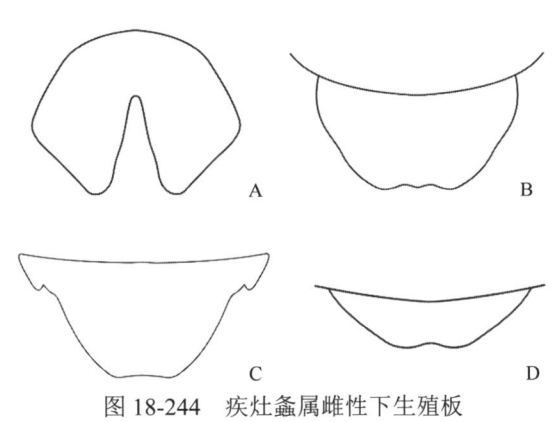

图 18-244 疾灶螽属雌性下生殖板

A. 白云尖疾灶螽 *Tachycines* (*Tachycines*) *baiyunjianensis* Qin, Wang, Liu *et* Li, 2018；B. 卡氏疾灶螽 *Tachycines* (*Tachycines*) *karnyi* Qin, Wang, Liu *et* Li, 2018；C. 巨疾灶螽 *Tachycines* (*Tachycines*) *maximus* Qin, Wang, Liu *et* Li, 2018；D. 横板疾灶螽 *Tachycines* (*Tachycines*) *transversus* Qin, Wang, Liu *et* Li, 2018

（803）卡氏疾灶螽 *Tachycines* (*Tachycines*) *karnyi* Qin, Wang, Liu *et* Li, 2018（图 18-244B，图版 VII-9）

Tachycines (*Tachycines*) *karnyi* Qin, Wang, Liu *et* Li, 2018: 460.

主要特征：体型比同属其他种稍大。前足股节腹面无刺。后足股节腹面仅内缘具 2–4 枚刺；后足胫节背面内、外缘分别具 49–56 枚刺，成组排列；内背刺近等长于后足基跗节。雄性外生殖器背片帽状，背中叶具小齿及 1 枚三角形短刺。产卵瓣短于后足股节的一半；雌性下生殖板四边形，后缘微突。

分布：浙江（临安、开化）。

（804）巨疾灶螽 *Tachycines* (*Tachycines*) *maximus* Qin, Wang, Liu *et* Li, 2018（图 18-244C，图版 VII-10）

Tachycines (*Tachycines*) *maximus* Qin, Wang, Liu *et* Li, 2018: 467.

主要特征：体型稍大于同属其他种。前足股节腹面无刺，内膝叶具 1 枚小刺。后足股节腹面仅具 5–6 枚内刺；后足胫节背面内、外缘分别具 63–67 枚刺，成组排列，内背刺近等长于后足基跗节。雄性外生殖器背片四边形，基部微凹，端部平截，稍宽。产卵瓣长于后足股节的一半。雌性下生殖板梯形。

分布：浙江（鄞州）。

（805）内陆疾灶螽 *Tachycines* (*Tachycines*) *meditationis* Würmli, 1973（图 18-245）

Tachycines meditationis Würmli, 1973: 1.

主要特征：体中型。前足股节腹面具 21–24 枚内刺。后足股节腹面具 0–4 枚内刺；后足胫节背面具 40–61 枚内刺和 44–65 枚外刺，内背刺近等长于后足基跗节。雄性肛上板舌状；雄性外生殖器具 6 片裂叶，背片"H"形，基部和端部具凹口。产卵瓣长于后足股节的一半，背瓣光滑，腹瓣端部锯齿状。雌性下生殖板三角形，端部稍尖。

分布：浙江（临安、鄞州、开化）、河南、江苏、上海、安徽、湖北、江西；俄罗斯，韩国。

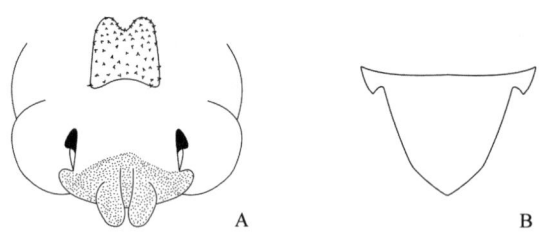

图 18-245　内陆疾灶螽 *Tachycines* (*Tachycines*) *meditationis* Würmli, 1973
A. ♂外生殖器；B. ♀下生殖板

（806）横板疾灶螽 *Tachycines* (*Tachycines*) *transversus* Qin, Wang, Liu et Li, 2018（图 18-244D，图版 VII-11）

Tachycines (*Tachycines*) *transversus* Qin, Wang, Liu et Li, 2018: 463.

主要特征：体中型。前足股节腹面无刺。后足股节腹面具 3 枚内刺；后足胫节背面内、外缘分别具 58–62 枚刺，成组排列，内背刺短于后足基跗节。雄性外生殖器背片端部具凹口。产卵瓣长于后足股节的一半；雌性下生殖板近梯形，后缘微凹。

分布：浙江（开化、庆元）。

（807）夏氏疾灶螽 *Tachycines* (*Tachycines*) *xiai* Qin, Wang, Liu et Li, 2018（图版 VII-12）

Tachycines (*Tachycines*) *xiai* Qin, Wang, Liu et Li, 2018: 462.

主要特征：体中型。前足股节腹面无刺。后足股节腹面仅内缘具 3 枚刺；后足胫节背面内、外缘各具 50–60 枚刺，内背刺短于后足基跗节背端刺。雄性外生殖器背片塔状，基部尖。雌性未知。

分布：浙江（临安）。

VII. 蟋蟀总科 Grylloidea

主要特征：体中型至大型，体通常黄褐色至黑色，部分类群呈绿色或黄色。头通常球形，触角丝状，长于体长；复眼较大，单眼3枚。前胸背板背片较宽，扁平或稍隆起，少部分种类两侧缘明显。前翅通常发达，部分种类前翅退化。前足听器位于胫节近基部，个别种类缺失；后足为跳跃足。雌性产卵瓣发达，呈刀状或矛状。

生物学：不同类群栖息地生境差别较大，可分为土栖类和非土栖类，土栖类大部分时间生活在洞穴中，或者土表的腐叶层下，或石块土块下；而非土栖类主要在草本植物、较小的灌木丛或树冠中。多数种类为夜间活动，其中有些种类趋光性较强，而斗蟋属种类好斗，此外，部分种类的雄虫则以善鸣著称。

分布：世界广布。世界已知现生7科700余属5900余种，中国记录4科83属350余种（亚种），浙江分布4科37属58种（亚种）。

分科检索表

1. 后足胫节背面两侧缺小刺，具发达背刺 ··· 2
- 后足胫节背面两侧具小刺，背刺有或无 ··· 3
2. 后足胫节背刺较粗短，无毛，后足第1跗节背面具刺；产卵瓣长矛状 ················· **蟋蟀科 Gryllidae**
- 后足胫节背刺细长，被毛，后足第1跗节背面无刺；产卵瓣弯刀状 ················· **蛉蟋科 Trigonidiidae**
3. 体或多或少被鳞片；后足胫节背面小刺间无背刺 ··································· **癞蟋科 Mogoplistidae**
- 体不被鳞片；后足胫节背面小刺间具背刺 ·· **蛛蟋科 Phalangopsidae**

九十三、蟋蟀科 Gryllidae

主要特征：体小型至大型，体通常黄褐色至黑色，部分类群呈绿色或黄色，缺鳞片。头通常球形，触角丝状，明显长于体长；复眼较大，单眼3枚。前胸背板背片较宽，扁平或稍隆起，少部分种类两侧缘明显；侧片一般较平。前翅通常发达，部分种类前翅退化或缺失，后翅呈尾状或缺失。前足听器位于胫节近基部，个别种类缺失；后足为跳跃足，胫节背面多具背刺。雌性产卵瓣发达，矛状。

生物学：不同亚科类群栖息地生境差异较大，生物学详见各亚科。

分布：世界广布。世界已知现生12亚科370余属3200余种，中国记录9亚科54属233种（亚种），浙江分布9亚科26属39种（亚种）。

分亚科检索表

1. 第2跗节背腹扁平，约呈心脏形 ··· 2
- 第2跗节左右侧扁，微小 ··· 4
2. 后足胫节中端距长于本侧上、下端距；额突宽于触角柄节，不向前延伸 ············· **蛣蟋亚科 Eneopterinae**
- 后足胫节外端距短且约等长；额突窄于触角柄节，向前延伸 ··· 3
3. 爪缺细齿；产卵瓣端部稍膨大 ··· **距蟋亚科 Podoscirtinae**
- 爪具细齿；产卵瓣端部不膨大 ··· **纤蟋亚科 Euscyrtinae**
4. 后足胫节背面两侧缘缺背刺，仅具小刺 ··· 5
- 后足胫节背面两侧缘具背刺 ··· 6
5. 前胸背板两侧缘具隆脊，缺刻点 ··· **额蟋亚科 Itarinae**

- 前胸背板两侧缘缺隆脊，具刻点 ·· 铁蟋亚科 Sclerogryllinae
6. 后足胫节背面两侧缘缺小刺 ··· 蟋蟀亚科 Gryllinae
- 后足胫节背面两侧缘具小刺 ··· 7
7. 头前口式；后足胫节背刺间具小刺 ·· 树蟋亚科 Oecanthinae
- 头下口式；后足胫节端半部具背刺，基半部具小刺 ·· 8
8. 前翅短，不超出腹端；雄性具发声器 ··· 兰蟋亚科 Landrevinae
- 前翅长，超出腹端；雄性缺发声器 ··· 长蟋亚科 Pentacentrinae

（一）蛣蟋亚科 Eneopterinae

主要特征：体较大，两侧缘近平行。头较大，额突较宽，两侧缘明显，复眼向侧面突出。前翅长，雄性镜膜较大，具分脉，部分类群镜膜不明显，斜脉一般不超过5条。足通常较长，后足胫节具尖锐背刺，其间具小钝刺；端部具6枚发达端距，中端距最长。雄性外生殖器骨化强。

生物学：主要栖息于草本植物、较小的灌木丛或树冠中。

分布：世界广布。世界已知26属255种，中国记录3属5种，浙江分布1属1种。

386. 金蟋属 *Xenogryllus* Bolívar, 1890

Xenogryllus Bolívar, 1890: 232. Type species: *Xenogryllus eneopteroides* Bolívar, 1890.

主要特征：体较大，额突较宽，端部近截状。前胸背板前缘窄，向后逐渐加宽，背区较扁平。雄性前翅明显长，镜膜大，内具分脉1条，端域较长。足较长，前足胫节外侧听器膜质、椭圆形，内侧听器裂缝状；后足胫节具尖锐背刺，其间具小钝刺，外端距明显长，内中端距达第1跗节端部。产卵瓣细长，剑状。

分布：东洋区、旧热带区。世界已知8种，中国记录2种，浙江分布1种。

（808）云斑金蟋 *Xenogryllus marmoratus* (Haan, 1844)（图18-246A）

Gryllus (*Phalangopsis*) *marmoratus* Haan, 1844: 235.
Xenogryllus marmoratus: Chopard, 1968: 350.

主要特征：体长17.0–19.5 mm。体黄褐色，头背面具黑褐色纵纹，前翅背区具不规则黑褐色小斑点。头较短，额突较宽，端部截状，稍宽于触角柄节。前胸背板前部较窄，向后渐变宽，前缘微凹，后缘向后凸。雄性前翅宽且长，镜膜大，长宽相等，内具1分脉，斜脉2条，端域较长；后翅明显长于前翅。前足胫节外侧听器小，椭圆形，内侧听器裂缝状。后足胫节背面具背刺，刺间具小刺。阳茎基背片向后明显变窄，后缘具1对长中叶且相互靠近。

分布：浙江（杭州）、陕西、上海、安徽、福建、台湾、广西；朝鲜，日本，印度，缅甸，越南。

（二）纤蟋亚科 Euscyrtinae

主要特征：体较狭长，两侧缘平行，背腹不扁平。头背面稍隆起；额突较长。雄性前翅缺镜膜，与雌性脉序近似，不规则。后胸背腺发达，个别种类缺失。前足胫节内、外侧具膜质听器；后足股节细长，胫节背面两侧缘具长刺，刺间具小刺，外端距3枚，较短，约等长，第1跗节较短；爪上具细齿。

生物学：主要栖息于禾本科杂草丛和灌木中，无趋光性。

分布：世界广布。世界已知12属65种，中国记录4属19种，浙江分布3属3种。

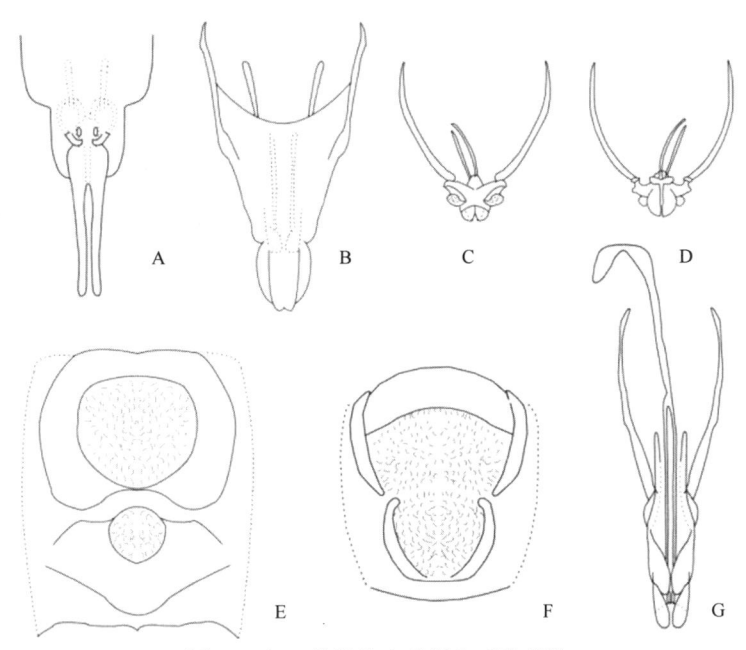

图 18-246 雄性外生殖器和后胸背腺

A. 云斑金蟋 *Xenogryllus marmoratus* (Haan, 1844); B, E. 台湾贝蟋 *Beybienkoana formosana* (Shiraki, 1930); C, D. 半翅纤蟋 *Euscyrtus (Osus) hemelytrus* (De Haan, 1842); F, G. 马来长额蟋 *Patiscus malayanus* Chopard, 1969
A, D, G.♂外生殖器腹面观；B, C.♂外生殖器背面观；E, F.♂后胸背腺背面观

分属检索表

1. 头宽明显大于长；缺后胸背腺 ··· 纤蟋属 *Euscyrtus*
- 头宽明显小于长或长宽几乎相等；具后胸背腺 ··· 2
2. 外生殖器阳茎基背片端部不分开；后胸背腺后窝距后胸小盾片较远 ··· 贝蟋属 *Beybienkoana*
- 外生殖器阳茎基背片端部明显分开；后胸背腺后窝距后胸小盾片较近 ··· 长额蟋属 *Patiscus*

387. 贝蟋属 *Beybienkoana* Gorochov, 1988

Beybienkoana Gorochov, 1988: 12. Type species: *Beybienkoana bakboensis* Gorochov, 1988.

主要特征：头部和前胸背板长，或较短。复眼相对较大，圆球形，或较小，长卵形。前翅缺镜膜，雌雄翅脉近似；后胸背腺通常由2个分离且具毛的腺窝组成，若不分离则具横向隆起，后胸窝距后胸小盾片较远。雄性阳茎基背片长，向端部渐变窄，末端不分裂成两部分；阳茎基外侧突分离，具伸出且强烈骨化的端部，远不到达阳茎基背片的端部。

分布：东洋区、澳洲区。世界已知15种，中国记录10种，浙江分布1种。

（809）台湾贝蟋 *Beybienkoana formosana* (Shiraki, 1930)（图 18-246B，E）

Euscyrtus formosanus Shiraki, 1930b: 247.
Beybienkoana formosana: Gorochov, 1988: 12.

主要特征：体长12.0–13.0 mm。体黄色。头背面具4条褐色纵带，复眼后下方具较宽褐色纵带。额突长，端部窄于柄节；复眼椭圆形，其上缘与头背面相平。前胸背板背片约呈正方形，前缘略凹。后胸背腺发达，2 腺窝分离，前窝大且深，后窝小且浅。前翅达不到腹端，较窄，背面具 5 条斜纵脉；后翅明显超过腹端。前足胫节基部稍扩展，内侧听器长于外侧。阳茎基背片长，背区凹，两侧隆起，端部稍窄且内凹；阳茎基外侧突极短，端部强烈骨化。

分布：浙江（杭州）、安徽、湖南、福建、台湾、广东、海南、广西、云南。

388. 纤蟋属 *Euscyrtus* Guérin-Méneville, 1844

Euscyrtus Guérin-Méneville, 1844: 334. Type species: *Euscyrtus bivittatus* Guérin-Méneville, 1844.

主要特征：体较狭长。头顶凸起，额突短，复眼凸出，单眼排列成三角形。雌、雄性前翅翅脉近似，不规则。后胸缺背腺。前足胫节内、外两侧均具膜质听器；前、中足股节短；后足股节细长，胫节刺间具小刺；外侧端距较短，约等长，内侧端距较长，中上端距最长，第 1 跗节较短，爪具细齿。雄性外生殖器纤弱，阳茎基背片和外侧突明显小。产卵瓣细长，端部较尖，下弯。

分布：东洋区、旧热带区。世界已知 23 种，中国记录 5 种，浙江分布 1 种。

(810) 半翅纤蟋 *Euscyrtus* (*Osus*) *hemelytrus* (Haan, 1844)（图 18-246C，D）

Gryllus (*Eneoptera*) *hemelytrus* Haan, 1844: 231.
Euscyrtus (*Osus*) *hemelytrus*: Gorochov, 1987: 9.

主要特征：体长 8.0–10.0 mm。体黄色。复眼后方具浅色纵带，头顶后部及后头区具 4 条纵向暗色斑纹，前胸背板背片黑褐色，两侧缘具浅色纵带，与复眼后方纵带相通。头短。额突短，头顶明显高于额突。前胸背板背片长方形，宽明显大于长，前缘几乎直。前翅短，不超过腹部第 4 节，翅脉较乱；后翅极度退化。缺后胸背腺。前足胫节内侧听器膜质，较长，外侧听器退化，仅有痕迹。骨化弱，阳茎基背片前缘凹，两侧具 1 向上的骨化突，侧片发达，远长于内侧突。

分布：浙江（杭州、丽水）、山东、江苏、江西、湖南、福建、海南、广西、四川、贵州、云南；朝鲜，日本，马来西亚，印度尼西亚。

389. 长额蟋属 *Patiscus* Stål, 1877

Patiscus Stål, 1877: 51. Type species: *Euscirtus dorsalis* Stål, 1877.

主要特征：体中型，细长。头较长，额突长，与头顶在同一个平面，复眼突出并纵向延伸。雌、雄性前翅翅脉近似，纵脉排列较规则且平行，横脉不规则。前足胫节两侧均具膜质听器，后足胫节第 1 跗节较短；爪具细齿。后胸背腺两腺窝相连接。雄性阳茎基背片的端部分为两部分，阳茎基外侧突相互靠近。雌性产卵瓣细长，端部较尖，下弯。

分布：东洋区、旧热带区。世界已知 11 种，中国记录 3 种，浙江分布 1 种。

(811) 马来长额蟋 *Patiscus malayanus* Chopard, 1969（图 18-246F，G）

Patiscus malayanus Chopard, 1969: 400.

主要特征：体长 10.0–17.5 mm。体黄褐色。头背面具 4 条淡褐色纵条纹，前胸背板背片 4 角各具 1 淡褐色斑点。额突长，端部明显窄于柄节，中单眼位于额突近端部，侧单眼位于额突两侧缘，复眼长卵圆形，纵向且平行。前胸背板横宽。前翅伸达近腹端，背区具 5 条斜纵脉，后翅超出腹端。后胸背腺长大于宽，腺窝相连，前窝大于后窝。前足胫节外侧听器小，内侧明显大。阳茎基背片长，端部呈深凹形，侧面具 1 对向下的片状突，端部超出阳茎基外侧突。

分布：浙江（杭州）、湖南、广西、贵州、云南。

（三）蟋蟀亚科 Gryllinae

主要特征：体通常褐色至黑色，大多数中至大型，粗壮。头大而圆，单眼明显。前胸背板横宽。雄性前翅通常发达，具发声器，极少数种类退化或缺失。前足胫节具发达听器，极少退化或缺失；后足胫节背刺粗壮，光滑，缺小刺；后足第 1 跗节背面具小刺。产卵瓣较长，矛状。

生物学：蟋蟀亚科主要为穴居性，以及在土表的腐叶层下或碎石之中栖息，少数类群树栖。

分布：世界广布。世界已知 162 属 1300 余种，中国记录 25 属 112 种，浙江分布 13 属 23 种（亚种）。

分属检索表

1. 体光滑，无翅或前翅极小；前足胫节无听器 ·· 哑蟋属 *Goniogryllus*
- 体或多或少具毛，且具翅；前足胫节具听器 ··· 2
2. 后足胫节具 3–4 对背刺 ·· 3
- 后足胫节具 5–8 对背刺 ·· 4
3. 前胸背板背区具侧脊；后足胫节具 3 对背刺 ··· 甲蟋属 *Acanthoplistus*
- 前胸背板背区无侧脊；后足胫节具 4 对背刺 ·· 拟姬蟋属 *Comidoblemmus*
4. 触角窝间距离等于其直径 ·· 灶蟋属 *Gryllodes*
- 触角窝间距离明显大于其直径 ··· 5
5. 前足胫节内侧听器凹坑状，鼓膜退化或消失 ··· 斗蟋属 *Velarifictorus*
- 前足胫节内侧听器具鼓膜，至少可见 ·· 6
6. 雄性头部颜面明显斜截形，雌性弱斜截形 ··· 棺头蟋属 *Loxoblemmus*
- 雌雄两性头部近球形 ·· 7
7. 体极大，后足股节明显短 ·· 大蟋属 *Tarbinskiellus*
- 体中小型或稍大，后足股节正常 ··· 8
8. 额唇基沟中部平直 ·· 9
- 额唇基沟中部或多或少弯曲 ·· 10
9. 前胸背板黑色，被白色短绒毛 ··· 油葫芦属 *Teleogryllus*
- 前胸背板亮黑色，无白色短绒毛 ··· 蟋蟀属 *Gryllus*
10. 头部复眼间无横带；生殖器精囊大 ··· 素蟋属 *Mitius*
- 头部复眼间具横带；生殖器精囊小 ··· 11
11. 体中型；阳茎基外侧突端部分叉 ··· 冷蟋属 *Svercacheta*
- 体小型；阳茎基外侧突端部不分叉 ··· 12
12. 额唇基沟圆角状弯曲；触角窝间距不小于其直径的 2 倍 ··································· 姬蟋属 *Modicogryllus*
- 额唇基沟尖角状弯曲；触角窝间距小于其直径的 2 倍 ······································· 真姬蟋属 *Eumodicogryllus*

390. 甲蟋属 *Acanthoplistus* Saussure, 1877

Acanthoplistus Saussure, 1877: 486. Type species: *Acanthoplistus carinatus* Saussure, 1877.

主要特征：体中型。头较短，头顶平，光滑。前胸背板近矩形，前缘稍窄，向后加宽；两侧缘具侧脊。前翅较宽，镜膜横向，内具 1 条分脉；斜脉 2–3 条；端域极短。足较短，前足胫节外侧听器较大，圆形，内侧听器小，椭圆形；后足胫节粗壮，背面具 3 对刺。产卵瓣较短。

分布：东洋区、旧热带区。世界已知 9 种，中国记录 3 种，浙江分布 1 种。

（812）黑胫甲蟋 *Acanthoplistus nigritibia* Zheng et Woo, 1992（图 18-247A）

Acanthoplistus nigritibia Zheng et Woo, 1992: 209.

主要特征：体长 6.0–7.0 mm。体背腹扁平，两侧平行。体黑色，后头区具 3 条光滑纵带，后足股节端部和胫节基部黄色；额突宽约为触角柄节的 2 倍。前胸背板近方形，前缘略内凹，后缘平直，两侧缘明显，背片平坦密布刻点。雄性前翅达腹部末端，翅端截状，镜膜小，近端部，分脉 2 条于基部合并。前足胫节外听器卵圆形，内听器狭缝状；后足胫节内、外侧端距各 3 枚，内侧中、上端距和外中端距长，其余短；后足第 1 跗节具 5–6 对小刺。肛上板三角形，端部圆。

分布：浙江（丽水）。

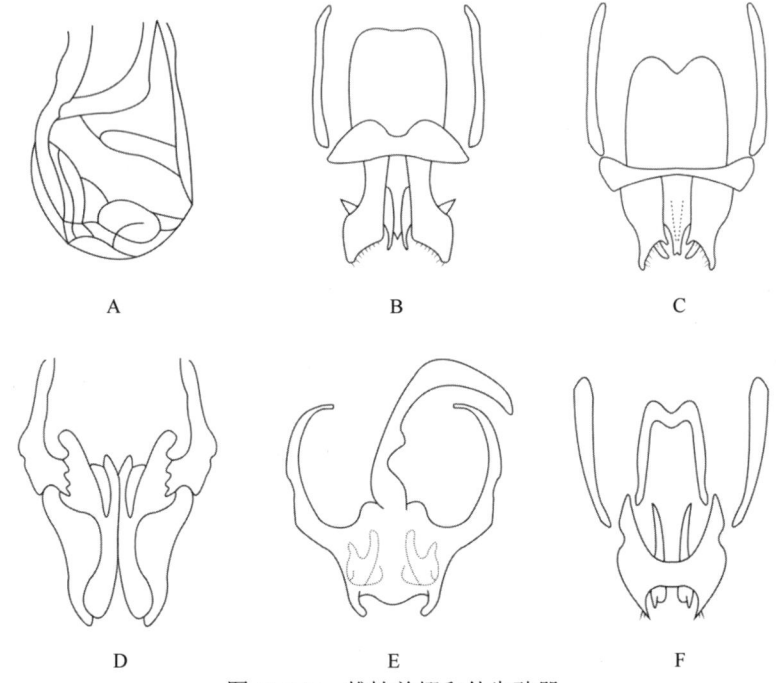

图 18-247　雄性前翅和外生殖器

A. 黑胫甲蟋 *Acanthoplistus nigritibia* Zheng et Woo, 1992；B. 粗点哑蟋 *Goniogryllus asperopunctatus* Wu et Wang, 1992；C. 刻点哑蟋 *Goniogryllus punctatus* Chopard, 1936；D. 布德真姬蟋 *Eumodicogryllus bordigalensis bordigalensis* (Latreille, 1804)；E. 姊妹拟姬蟋 *Comidoblemmus sororius* Liu et Shi, 2015；F. 短翅灶蟋 *Gryllodes sigillatus* (Walker, 1869)（A，D，F. 仿自殷海生和刘宪伟，1995）
A.♂前翅背面观；B，C，E，F.♂外生殖器背面观；D.♂外生殖器腹面观

391. 哑蟋属 *Goniogryllus* Chopard, 1936

Goniogryllus Chopard, 1936: 7. Type species: *Goniogryllus punctatus* Chopard, 1936.

主要特征：体中大型。体黑色，被刻点。前胸背板扁平，前、后缘内凹。完全无翅，或前翅呈小翅芽状。前足胫节基部无听器；后足股节较长，胫节背面两侧各具 3–6 枚长刺；端距内外侧各 3 枚，内侧上端距与中端距等长。产卵瓣较长，剑状。

分布：古北区、东洋区。世界已知 20 种，中国记录 19 种，浙江分布 2 种。

（813）粗点哑蟋 *Goniogryllus asperopunctatus* Wu et Wang, 1992（图 18-247B）

Goniogryllus asperopunctatus Wu et Wang, 1992: 231.

主要特征：体长 16.0–16.7 mm。体黑色，头两侧具黄色纵带，弱光泽。头部圆形，密布均匀刻点；触角柄节小，盾形，其宽明显小于额突的 1/2。前胸背板长约等于宽，布大而密的刻点，仅背区印痕处和端部 1/3 处区域平滑无刻点；前缘稍窄于后缘，两者强烈内凹。前足胫节无听器，前、中足生有大量软毛，后足股节光滑，仅外侧基部上方密布斜向平行的几列软毛；后足胫节背方背刺外侧 3 枚，内侧 4 枚。阳茎基背片明显横宽，外侧突端缘内侧无指状突。

分布：浙江（杭州、丽水）、湖南、广西、云南。

（814）刻点哑蟋 *Goniogryllus punctatus* Chopard, 1936（图 18-247C）

Goniogryllus punctatus Chopard, 1936: 7.

主要特征：体长 16.0–17.0 mm。体黑色。头背面两侧具黄色带，复眼上缘眉状线基部黄色，向后分叉为 2 支。前胸背板前缘黄褐色，背片两侧缘各具 1 条黄色纵带。头较大，后头宽圆；触角柄节小，其宽小于额突的 1/2；前胸背板较扁平，长与宽约相等，前、后缘内凹。前、后翅均缺失。前足胫节缺听器；后足股节较长，胫节内侧背刺 4 枚，外侧 3 枚；内、外侧端距各 3 枚，内侧上端距和中端距等长，外侧中端距最长。阳茎基背片明显横宽，外侧突端缘内侧具指状突。

分布：浙江（杭州）、湖南、福建、广西、四川、贵州、云南。

392. 真姬蟋属 *Eumodicogryllus* Gorochov, 1986

Modicogryllus (*Eumodicogryllus*) Gorochov, 1986: 3. Type species: *Gryllus bordigalensis* Latreille, 1804.
Eumodicogryllus: Defaut, 2001: 109.

主要特征：体中小型，黑褐色。头小，球形；额唇基沟尖角状弯曲；触角窝间距小于其直径的 2 倍。前胸背板横宽，宽约为长的 1.5 倍。前翅达腹部末端，具镜膜。前足胫节听器正常，后足胫节背面两侧各具 5–6 枚刺。雄性阳茎基背片桥部明显窄，阳茎基外侧突端部不分叉。

分布：古北区、东洋区。世界已知 3 种，中国记录 1 种，浙江分布 1 种（亚种）。

（815）布德真姬蟋 *Eumodicogryllus bordigalensis bordigalensis* (Latreille, 1804)（图 18-247D）

Gryllus bordigalensis Latreille, 1804: 124.
Eumodicogryllus bordigalensis bordigalensis: Massa et al., 2012: 348.

主要特征：体长 13.0–15.0 mm。体黑褐色。头小，黑褐色，后头区具不连续纵条纹；额唇基沟中部明显向上，呈尖角状弯曲；触角窝间距稍小于其直径的 2 倍。前胸背板横宽，宽约为长的 1.5 倍。前翅达腹部末端，镜膜纵向，分脉 1 条，端域较长；后翅较长。前足胫节内外侧听器正常，后足股节不膨大。雄性阳茎基背片向后变窄，后缘中部明显内凹；阳茎基外侧突长，端部不分叉。产卵瓣长且直，向背侧抬起。

分布：浙江（杭州、丽水）、内蒙古、河北、山东、新疆、江苏、湖南、福建、广东、广西、四川、云南；蒙古国，中亚地区，欧洲西部，非洲北部。

393. 拟姬蟋属 *Comidoblemmus* Storozhenko *et* Paik, 2009

Comidoblemmus Storozhenko *et* Paik, 2009: 61. Type species: *Gryllus nipponensis* Shiraki, 1930.

主要特征：体小型，黑褐色，具光泽。头小，圆形；触角窝间距离是其直径的 1.5–1.7 倍；额唇基沟明显长且直；上颚不发达。前胸背板横宽，长是宽的 1.3 倍。雄性前翅伸到腹部第 7–8 节，雌性伸到第 5 节；后翅退化。前足胫节外侧听器大，内侧小，椭圆形；后足胫节具 4 对背刺。雄性阳茎基背片具 1 对后侧叶，其间横宽，呈宽圆形。产卵瓣短于后足股节。

分布：古北区、东洋区。世界已知 5 种，中国记录 5 种，浙江分布 1 种。

（816）姊妹拟姬蟋 *Comidoblemmus sororius* Liu *et* Shi, 2015（图 18-247E）

Comidoblemmus sororius Liu *et* Shi, 2015b: 135.

主要特征：体长 7.0–8.1 mm。体黑褐色，侧单眼间具较细的黄色横带，后头区具较宽横带，口器黄色。头稍宽于前胸背板前缘，额突约为触角柄节的 1.8 倍。前胸背板横宽，向后稍加宽，前后缘直。雄性前翅到达腹端，具斜脉 3 条，镜膜大，端域短，后翅无；雌性前翅短，达腹部第 5 节。前足外侧听器大且长，内侧小、近圆形。肛上板向后稍变窄，端部圆形。阳茎基背片后缘具 2 侧叶，侧片间后缘明显宽圆形；侧叶端部尖，且向上弯曲。

分布：浙江（杭州）。

394. 灶蟋属 *Gryllodes* Saussure, 1874

Gryllodes Saussure, 1874: 409. Type species: *Gryllus sigillatus* Walker, 1869.

主要特征：体中型，略扁平。头较小，头顶较平，额突较窄，不宽于触角柄节。前胸背板两侧缘近平行，缺侧隆线；侧片下缘强倾斜。雄性前翅较短，不到达腹端，端域极短；后翅长或无。前足胫节具外听器；后足强壮。产卵瓣长，矛状，端部尖锐。

分布：世界广布。世界已知 3 种，中国记录 1 种，浙江分布 1 种。

（817）短翅灶蟋 *Gryllodes sigillatus* (Walker, 1869)（图 18-247F）

Gryllus sigillatus Walker, 1869a: 108.
Gryllodes sigillatus: Saussure, 1877: 378.

主要特征：体长 12.0–15.0 mm。头圆，复眼间具 1 条宽的褐色横带；中单眼黄色，上缘具 1 褐色斑纹且向下延伸；额突约与触角第 1 节等宽。前胸背板横宽，扁平，黄色，沿后缘具 1 暗色宽条纹，侧片下半部黑色，下缘明显向后提升。前翅不到达腹端，镜膜近翅端；斜脉 2 条；翅端呈截形。足黄色，散布稀疏的暗色斑点；前足胫节外侧听器卵圆形，较长，内侧听器退化，仅有痕迹；后足胫节背面两侧缘各具 5 枚距。雌性前翅很短，呈翅芽状，明显分开。

分布：浙江（丽水）、黑龙江、辽宁、北京、山东、陕西、江苏、上海、安徽、江西、湖南、福建、广东、海南、广西、贵州、云南；朝鲜，日本，巴基斯坦，印度，孟加拉国，马来西亚，北美洲，澳大利亚，非洲。

395. 蟋蟀属 *Gryllus* Linnaeus, 1758

Gryllus Linnaeus, 1758: 425. Type species: *Gryllus campestris* Linnaeus, 1758.

主要特征：体较大。头球形，单眼排列近线形。前胸背板光滑无毛，背片平。前翅发达，镜膜大且内具分脉；后翅长或退化。前足胫节内听器正常，第1跗节不短于第2–3跗节之和；后足股节粗壮，背刺长且粗。产卵瓣剑状，短于前胸背板。

分布：世界广布。世界已知85种，中国记录1种，浙江分布1种。

（818）双斑蟋 *Gryllus* (*Gryllus*) *bimaculatus* De Geer, 1773（图 18-248A）

Gryllus bimaculatus De Geer, 1773: 521.
Gryllus (*Gryllus*) *bimaculatus*: Nagy, 2005: 18.

主要特征：体长 26.0–30.0 mm。体黑褐色，前翅基部具1对浅色斑，不同种群体色及基部斑形状略有变化。头顶弱倾斜，复眼卵圆形，弱突起，触角柄节约为额突宽的1/2。前胸背板两侧近平行，背片宽平，印迹不明显；前缘稍内凹，后缘中部向后突。雄性前翅明显超过腹端，斜脉4条；镜膜长，近方圆形，分脉1条；后翅长于前翅，尾状。前足胫节外侧听器大，长卵形，内侧听器小，近圆形。阳茎基背片后缘具明显的中叶和侧叶，外侧突稍短于阳茎基背片中叶。

分布：浙江（衢州、丽水）、江西、福建、台湾、广东、海南、香港、广西、四川、云南、西藏；巴基斯坦，印度，斯里兰卡，新加坡，西亚地区，欧洲，非洲。

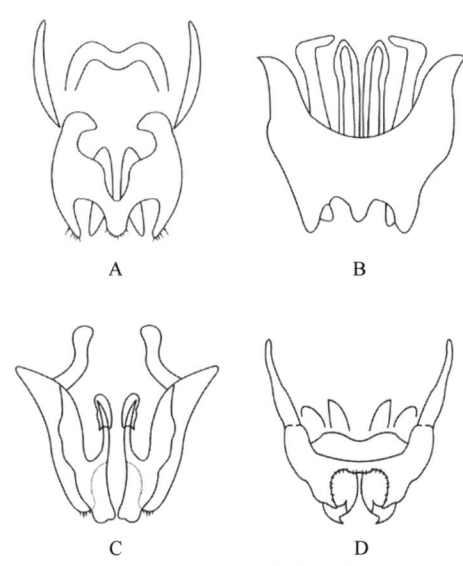

图 18-248　4种蟋蟀的雄性外生殖器
A. 双斑蟋 *Gryllus* (*Gryllus*) *bimaculatus* De Geer, 1773；B. 小素蟋 *Mitius minor* (Shiraki, 1911)；C. 曲脉姬蟋 *Modicogryllus* (*Modicogryllus*) *consobrinus* (Saussure, 1877)；D. 萨姆冷蟋 *Svercacheta siamensis* (Chopard, 1961)（A，B. 仿自殷海生和刘宪伟，1995；C. 仿自 Tan et al., 2019；D. 仿自 Storozhenko et al., 2015）
A，B，D. ♂生殖器背面观；C. ♂外生殖器腹面观

396. 素蟋属 *Mitius* Gorochov, 1985

Mitius Gorochov, 1985a: 95. Type species: *Gryllus flavipes* Chopard, 1928.

主要特征：体较小。头部球形，触角窝间距是其直径的 1.5–1.8 倍；额唇基沟明显长，弯曲；上颚不发达。前翅亮黑色，深达腹部中部；后翅退化。前足胫节外侧听器大，卵圆形，内侧听器小；后足胫节具 5 对背刺。阳茎基背片后缘具 3 个突起，中突小。

分布：古北区、东洋区。世界已知 7 种，中国记录 4 种，浙江分布 1 种。

（819）小素蟋 *Mitius minor* (Shiraki, 1911)（图 18-248B）

Gryllus minor Shiraki, 1911: 54.

Mitius minor: Chopard, 1961: 274.

主要特征：体长 9.0–12.0 mm。体黑褐色，前翅两侧和后翅黄色，足黄色，仅后足股节端部暗色；单眼黄色，下颚须和下唇须黄褐色。后头区稍凸，额突微凸，其宽约为触角柄节的 2 倍。前胸背板横宽，前端略窄，前后缘直。雄性前翅明显不到达腹端，斜脉 2 条，镜膜小，矩形，后缘不规则，端域短；后翅无或尾状。前足胫节外听器大，长卵圆形，内侧小，近圆形。阳茎基背片后缘具明显的中叶和侧叶，外侧突稍长于阳茎基背片中叶。

分布：浙江（丽水）、江苏、上海、台湾；朝鲜，日本。

397. 姬蟋属 *Modicogryllus* Chopard, 1961

Modicogryllus Chopard, 1961: 272. Type species: *Gryllus conspersus* Schaum, 1853.

主要特征：体较小，单一黑褐色或者颜色较浅具黑斑。头小，球形；触角窝间距通常不小于其直径的 2 倍；额唇基沟明显长，或者中部消失，弯曲。前胸背板横宽，宽是长的 1.4–1.7 倍。前翅长达腹部末端，后翅长或短于前翅。前足胫节外侧听器大，卵圆形，内侧听器小，有些种类消失。阳茎基背片后缘具 2 侧叶，前缘深凹状。

分布：世界广布。世界已知 80 余种，中国记录 4 种，浙江分布 1 种。

（820）曲脉姬蟋 *Modicogryllus* (*Modicogryllus*) *consobrinus* (Saussure, 1877)（图 18-248C）

Gryllus consobrinus Saussure, 1877: 356.

Modicogryllus (*Modicogryllus*) *consobrinus*: Shishodi, Chandra & Gupta, 2010: 222.

主要特征：体长 12.0–15.0 mm。体较小，褐色。头部单眼间具黄色横条纹，后头区具 6 条纵短纹。前胸背板横宽，前后缘近平直。前翅伸达腹部末端，镜膜发达具分脉，斜脉 2 条，端域极长；侧区翅脉分离，明显弯曲。前足胫节外侧听器大，卵圆形，内侧听器小；后足发达，胫节背侧各具 4–5 枚长刺。阳茎基背片后缘中部明显深凹状，两侧缘长；阳茎基外侧突长。

分布：浙江（杭州、丽水）、台湾、广西、云南；尼泊尔，泰国，菲律宾。

398. 冷蟋属 *Svercacheta* Gorochov, 1993

Svercacheta Gorochov, 1993c: 87. Type species: *Modicogryllus nigrivertex* Kaltenbach, 1979.

主要特征：体中型，黑褐色。头球形，单眼大；触角窝间距是其直径的 1.5–1.7 倍，额唇基沟明显长，明显弯曲。前胸背板横宽，宽是长的 2 倍。前翅伸达腹部末端，后翅明显长。前足胫节外侧听器大，卵圆形，内侧听器小；后足胫节背侧各具 5–6 枚长刺。阳茎基背片具 2 侧叶，后缘侧叶间几乎直；阳茎基外侧突短，端部分叉。

分布：古北区、东洋区。世界已知 1 种，中国记录 1 种，浙江分布 1 种。

（821）萨姆冷蟋 *Svercacheta siamensis* (Chopard, 1961)（图 18-248D）

Modicogryllus siamensis Chopard, 1961: 280.
Svercacheta siamensis: Gorochov, 2015: 112.

主要特征：体长 13.5–17.5 mm。体背侧黑褐色，腹侧浅褐色。头部亮黑色，复眼间具黄色窄横纹；后头区黑褐色，具 6 条浅色纵条纹。前胸背板与头部等宽，侧片具几乎直的下缘。雄性前翅伸达腹部第 8–9 节，斜脉 2–3 条，端域长且窄。后足胫节外侧具 5–6 枚背刺，内侧具 5 枚背刺。阳茎基背片具 2 侧叶，后缘侧叶间几乎直；阳茎基外侧突短，端部分叉。产卵瓣与后足股节近等长。

分布：浙江（杭州）、江西、福建、广东、广西、贵州、云南；朝鲜，日本，尼泊尔，泰国。

399. 棺头蟋属 *Loxoblemmus* Saussure, 1877

Loxoblemmus Saussure, 1877: 417. Type species: *Loxoblemmus equestris* Saussure, 1877.

主要特征：体中型。体浅褐色至黑褐色，被绒毛。头背侧水平，颜面斜截状，雄性尤明显；额突端缘呈角状或圆弧状；部分种类颊面具侧突；部分种类触角柄节外侧具齿状或长片状角突；中单眼位于颜面中部。雄性前翅具镜膜，雌性前翅较短。前足胫节内侧听器小，圆形，外侧听器较大，卵圆形；后足胫节背侧各具数枚发达长刺。产卵瓣较长，剑状。

分布：世界广布。世界已知 56 种，中国记录 16 种，浙江分布 5 种。

分种检索表

1. 触角柄节具突起 ···	石首棺头蟋 *L. eguestris*
- 触角柄节缺突起 ···	2
2. 颊面具侧突 ··	3
- 颊面缺侧突 ··	4
3. 颊面侧突明显超出复眼 ···	多伊棺头蟋 *L. doenitzi*
- 颊面侧突明显不超出复眼 ···	窃棺头蟋 *L. detectus*
4. 体较大，约 16 mm；颜面额部明显高 ··	台湾棺头蟋 *L. formosanus*
- 体较小，约 11 mm；颜面额部明显低 ··	小棺头蟋 *L. aomoriensis*

（822）小棺头蟋 *Loxoblemmus aomoriensis* Shiraki, 1930（图 18-249A）

Loxoblemmus aomoriensis Shiraki, 1930b: 204.

主要特征：体长 10.0–12.0 mm。体褐色，侧单眼间具横向黄带，后头区纵带短。复眼发达、近圆形；触角柄节无突起；额突较不明显，上缘较宽，弧形；颜面较窄，明显斜截状，颊侧突不发达，不超出复眼。前胸背板横宽，近矩形。前足胫节外侧听器较大，长椭圆形，内侧听器小，圆形；后足胫节背面两侧缘各具 4 枚长刺。雄性前翅略不到达腹端，镜膜近长方形，斜脉 2–3 条，端域较短；后翅缺失或呈明显尾状。阳茎基背片后缘具 1 对发达的中叶，中凹较深。

分布：浙江（杭州）、河南、陕西、安徽、湖北、湖南、福建、海南、广西、四川、云南；日本。

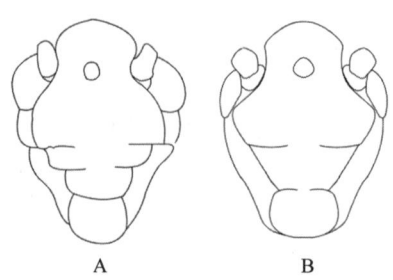

图 18-249 雄性头部正面观
A. 小棺头蟋 Loxoblemmus aomoriensis Shiraki, 1930；B. 台湾棺头蟋 Loxoblemmus formosanus Shiraki, 1930（A. 仿自殷海生和刘宪伟，1995）

（823）台湾棺头蟋 Loxoblemmus formosanus Shiraki, 1930（图 18-249B）

Loxoblemmus formosanus Shiraki, 1930b: 206.

主要特征：体长 15.0–17.0 mm。体褐色，侧单眼间具横向黄带，后头区具 6 条窄纵带；单眼处黄色，下颚须和下唇须颜色较浅。头部颜面明显斜截形，复眼卵圆形；触角柄节无突起，额突明显高于触角柄节端部，上缘较窄，弧形；颊面窄，缺侧突。前胸背板明显横宽，前、后缘平直且等宽。雄性前翅翅端达到腹端，镜膜近菱形，斜脉 2 条，端域较短，后翅缺失或呈尾状。前足胫节外侧听器较大，长椭圆形，内侧小，椭圆形。阳茎基背片后缘具 1 对发达的中叶。

分布：浙江（杭州）、台湾、海南、广西、云南。

（824）石首棺头蟋 Loxoblemmus eguestris Saussure, 1877（图 18-250A，D）

Loxoblemmus eguestris Saussure, 1877: 420.

主要特征：体长 13.0–16.0 mm。体褐色，额突后部单眼间具均匀横向黄带，后头区具 6 条窄的纵带，单眼处黄色，下颚须和下唇须白色。头部颜面明显斜截形，复眼卵圆形；触角柄节具三角形突起，额突稍超出触角柄节端部；额突宽弧形，上缘较平直；颊面窄，缺侧突。前胸背板明显横宽，前、后缘平直且等宽。雄性前翅窄，翅端约达到腹端，镜膜近方形，斜脉 2 条，后翅缺失或呈明显尾状。前足胫节外侧听器较大，长椭圆形，内侧小，椭圆形。阳茎基背片后缘具 1 对弱中叶。

分布：浙江（杭州、金华、衢州、丽水）、辽宁、北京、天津、河北、陕西、江苏、上海、安徽、湖北、江西、湖南、福建、海南、广西、四川、贵州、云南、西藏；朝鲜，日本，印度，缅甸，斯里兰卡，马来西亚，印度尼西亚。

（825）多伊棺头蟋 Loxoblemmus doenitzi Stein, 1881（图 18-250B，E）

Loxoblemmus doenitzi Stein, 1881: 95.

主要特征：体长 16.0–21.0 mm。体褐色，单眼间具横向黄带，后头区具 6 条宽纵带，单眼处黄色，下颚须和下唇须白色。前胸背板背片黄褐色具杂乱褐色斑。头部颜面明显斜截形，触角柄节无突起，额突宽弧形，明显超出触角柄节端部，上缘弧形；颊面侧突十分发达，向外明显超出复眼。前胸背板横宽，前、后缘平直。雄性前翅明显不达到腹端，镜膜近菱形，斜脉 2 条，后翅缺失或呈尾状。前足胫节外侧听器较大，长椭圆形，内侧小，圆形。阳茎基背片后缘具 1 对发达中叶。

分布：浙江（杭州）、辽宁、北京、河北、山西、山东、河南、陕西、江苏、上海、安徽、江西、湖南、广西、四川、贵州；朝鲜，韩国，日本。

（826）窃棺头蟋 *Loxoblemmus detectus* (Serville, 1838)（图 18-250C，F）

Platyblemmus detectus Serville, 1838: 356.
Loxoblemmus detectus: Saussure, 1877: 423.

主要特征：体长 14.5–17.0 mm。体褐色，单眼间具均匀横向黄带，后头区具 6 条窄纵带；单眼处黄色，下颚须和下唇须白色。前胸背板背片具不规则黄斑。头部颜面明显斜截形；触角柄节无突起，额突稍超出触角柄节，上缘窄弧形；颊面窄且具侧突，向外侧不超出复眼。前胸背板明显横宽，前、后缘平直且等宽。雄性前翅窄，稍不达到腹端，镜膜近方形，斜脉 2 条，后翅缺失或呈尾状。前足胫节外侧听器较大，长椭圆形，内侧小，椭圆形。阳茎基背片后缘具 1 对发达的中叶。

分布：浙江（杭州、衢州）、北京、陕西、江苏、安徽、江西、福建、广西、四川、贵州；巴基斯坦，印度尼西亚。

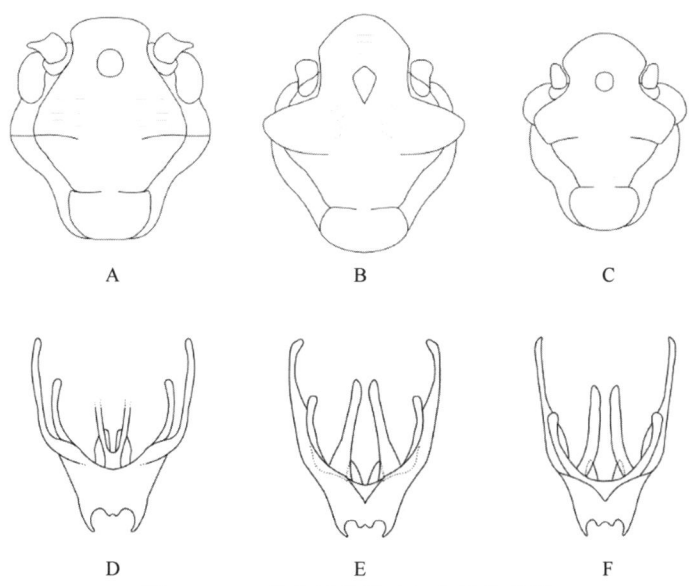

图 18-250　棺头蟋雄性头部和外生殖器
A，D. 石首棺头蟋 *Loxoblemmus eguestris* Saussure, 1877；B，E. 多伊棺头蟋 *Loxoblemmus doenitzi* Stein, 1881；C，F. 窃棺头蟋 *Loxoblemmus detectus* (Serville, 1838)
A–C. 头部颜面正面观；D–F. 外生殖器背面观

400. 大蟋属 *Tarbinskiellus* Gorochov, 1983

Tarbinskiellus Gorochov, 1983a: 320. Type species: *Acheta portentosa* Lichtenstein, 1796.

主要特征：体巨大且强壮，体长通常 24–35 mm。头顶凸出，单眼呈直线分布，上颚发达。前胸背板光滑，横宽。雄性前翅镜膜较大，内具分脉，端域长。前足胫节听器正常，第 1 跗节明显短于第 2–3 跗节之和；后足股节短粗，胫节背面刺粗短。阳茎基背片宽，侧叶短，无中叶。产卵瓣短。

分布：世界广布。世界已知 4 种，中国记录 2 种，浙江分布 1 种。

（827）花生大蟋 *Tarbinskiellus portentosus* (Lichtenstein, 1796)（图 18-251A）

Acheta portentosa Lichtenstein, 1796: 85.
Tarbinskiellus portentosus: Gorochov, 1983: 320.

主要特征：体长 35–42 mm。后头稍凸，额突较宽，约为触角柄节宽的 2.3 倍，额唇基沟平；中单眼月牙形，侧单眼圆形。前胸背板横宽，前缘明显后凹，后缘接近平直，前翅长，超过腹部末端，镜膜小，约方形，侧区 9 条斜脉；后翅长，尾状。前足胫节具听器，外听器大于内听器，外侧长，椭圆形，内侧小，卵圆形。后足股节粗短，后足胫节外侧具 4–5 枚背刺。阳茎基背片后缘具侧叶，中部呈角状内凹。

分布：浙江（湖州、金华、丽水）、陕西、青海、江西、福建、台湾、海南、云南、西藏；巴基斯坦，印度，缅甸，越南，泰国，马来西亚。

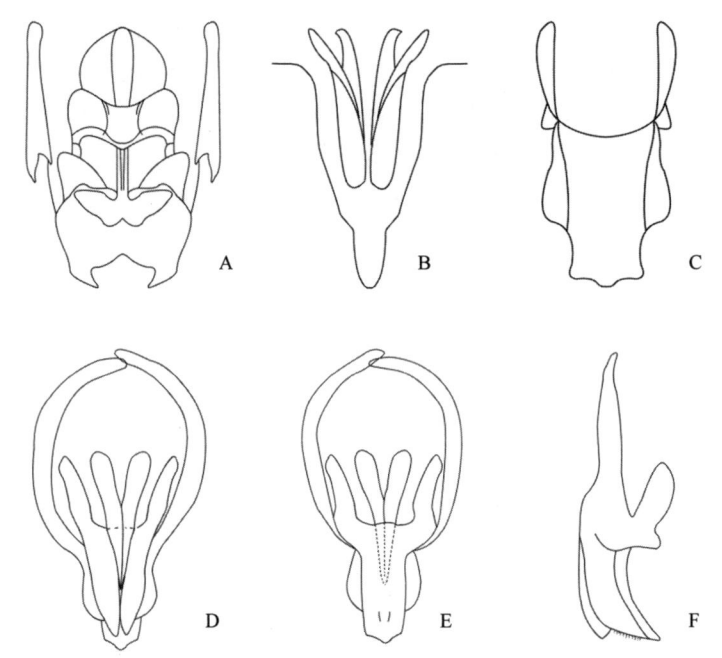

图 18-251　大蟋属和油葫芦属雄性外生殖器

A. 花生大蟋 *Tarbinskiellus portentosus* (Lichtenstein, 1796)；B. 污褐油葫芦 *Teleogryllus* (*Macroteleogryllus*) *mitratus* (Burmeister, 1838)；C. 黑脸油葫芦 *Teleogryllus* (*Brachyteleogryllus*) *occipitalis* (Serville, 1838)；D–F. 黄脸油葫芦 *Teleogryllus* (*Brachyteleogryllus*) *emma* (Ohmachi et Matsumura, 1951)（A. 仿自 Vasanth，1993；B. 仿自 Lu et al.，2018；C. 仿自王音和吴福桢，1992b）

A，B，E.♂外生殖器背面观；C，D.♂外生殖器腹面观；F.♂外生殖器侧面观

401. 油葫芦属 *Teleogryllus* Chopard, 1961

Teleogryllus Chopard, 1961 [1960]: 277. Type species: *Teleogryllus clarus* Gorochov, 1988.

主要特征：体大型，粗壮。头部圆形，复眼内缘或多或少具浅色眉状斑纹，单眼呈三角形排列，侧单眼间缺淡色横条纹。前胸背板近单色，被绒毛。雄虫前翅具 4–6 条斜脉，镜膜内具分脉，端域发达。前足胫节听器正常，后足胫节内侧背刺 5–6 枚，外侧背刺 5–7 枚。产卵瓣较长，剑状。

分布：世界广布。世界已知 52 种，中国记录 7 种，浙江分布 3 种。

分种检索表

1. 头部眼复眼内缘缺明显淡色斑纹 ··· 污褐油葫芦 *T. (M.) mitratus*
- 头部眼复眼内缘具明显淡色斑纹 ·· 2
2. 头部颜面黑色；雄性阳茎基背片端部侧缘角状 ································· 黑脸油葫芦 *T. (B.) occipitalis*
- 头部颜面黄色；雄性阳茎基背片端部侧缘弧状 ·· 黄脸油葫芦 *T. (B.) emma*

(828) 污褐油葫芦 *Teleogryllus* (*Macroteleogryllus*) *mitratus* (Burmeister, 1838)（图 18-251B）

Gryllus mitratus Burmeister, 1838: 734.

Teleogryllus (*Macroteleogryllus*) *mitratus*: Gorochov, 1985b: 11.

主要特征：体长 18.0–26.0 mm。体红褐色，头部眼复眼内缘缺明显淡色斑纹。头部颜面圆形，复眼卵圆形，不突起；单眼 3 枚，呈半月形，宽扁；触角柄节横宽，明显小于额突宽。前胸背板两侧近平行，前后缘较直。雄性前翅基部宽，逐渐向后收缩；斜脉 3 或 4 条；镜膜长宽近相等。前足胫节外侧听器大，略呈长椭圆形，内侧小，近圆形。阳茎基背片长，中部两侧近平行，端部变窄，呈圆形突，外侧突粗壮。

分布：浙江（湖州、金华、丽水）、福建、台湾、广东、海南、广西、云南；印度，缅甸，越南，泰国，斯里兰卡，印度尼西亚。

(829) 黑脸油葫芦 *Teleogryllus* (*Brachyteleogryllus*) *occipitalis* (Serville, 1838)（图 18-251C）

Gryllus occipitalis Serville, 1838: 339.

Teleogryllus (*Brachyteleogryllus*) *occipitalis*: Gorochov, 1985b: 13.

主要特征：体长 22.8–24.5 mm。体强壮，黑褐色。头部颜面黑褐色，额突及复眼内缘黄褐色；头部颜色和斑纹随海拔不同略有变化。前胸背板横宽，后缘略波浪形，中部微凸，侧片下缘向后略提升。足粗壮，前足胫节内侧听器较小，圆形，外侧听器较大，椭圆形。雄性前翅发达，向后略不到达腹端；镜膜较小，略呈长方形，分脉 1 条；斜脉 3 条，后翅明显伸出腹端，呈尾状。阳茎基背片明显长，顶端中央呈角状突出，两侧角略突出。

分布：浙江（杭州）、河北、山东、陕西、湖北、江西、湖南、福建、广东、海南、广西、四川、贵州、云南；日本，缅甸，越南，泰国，斯里兰卡，菲律宾，马来西亚，印度尼西亚。

(830) 黄脸油葫芦 *Teleogryllus* (*Brachyteleogryllus*) *emma* (Ohmachi *et* Matsumura, 1951)（图 18-251D–F）

Gryllus emma Ohmachi *et* Matsumura, 1951: 68.

Teleogryllus (*Brachyteleogryllus*) *emma*: Storozhenko & Paik, 2007: 97.

主要特征：体长 16.5–26.5 mm。体色从褐色至黑褐色，颜面和颊部黄色，但随海拔的变化颜色有变化。头部颜面圆形，复眼卵圆形，不突起；单眼 3 枚，呈半月形，宽扁；触角柄节横宽，明显小于额突宽。前胸背板两侧近平行，背片宽平、具 1 对大的三角形印迹；前缘较直，后缘波浪状。雄性前翅基部宽，逐渐向后收缩；斜脉 3 或 4 条；镜膜略呈方形。前足胫节外侧听器大，略呈长椭圆形，内侧小，近圆形。阳茎基背片长，端部呈圆形突，两侧缺尖角状突，外侧突粗壮。

分布：浙江（杭州、宁波、金华、衢州、丽水）、北京、河北、山西、山东、陕西、江苏、上海、安徽、湖北、湖南、福建、广东、海南、香港、广西、四川、贵州、云南；朝鲜，日本。

402. 斗蟋属 *Velarifictorus* Randell, 1964

Velarifictorus Randell, 1964: 1586. Type species: *Gryllus diminuens* Walker, 1869.

主要特征：体中型，褐色。头部侧面观，头顶弱倾斜，颜面上部明显圆凸。雄性前翅具镜膜，斜脉 2 条。前足胫节内侧听器呈凹坑状；后足胫节背面内、外侧各具数枚长刺。阳茎基背片后缘具中叶，外侧突向后明显超出阳茎基背片后缘。产卵瓣剑状。

分布：世界广布。世界已知108种，中国记录15种，浙江分布4种。

分种检索表

1. 侧单眼间缺黄色横带 ·· 2
- 侧单眼间具黄色横带 ·· 3
2. 复眼内侧不凹陷 ·· 丽斗蟋 *V. (V.) ornatus*
- 复眼内侧凹陷 ··· 卡西斗蟋 *V. (V.) khasiensis*
3. 上颚明显长，颜面中部明显凹坑状 ·· 长颚斗蟋 *V. (V.) asperses*
- 上颚正常，颜面中部稍凹状 ·· 迷卡斗蟋 *V. (V.) micado*

（831）长颚斗蟋 *Velarifictorus (Velarifictorus) asperses* (Walker, 1869)（图18-252A）

Gryllus aspersus Walker, 1869a: 39.

Velarifictorus (Velarifictorus) asperses: Shishodia, Gupta & Chandra, 2010: 211.

主要特征：体长13.0–17.5 mm。体黑褐色，侧单眼间具1条黄色横条纹，中部稍弱；中单眼与唇基间缺三角形淡黄斑；后头区具6条纵条纹。头部颜面略扁平，上唇基部中央具明显凹陷；上颚甚长且粗壮。前胸背板明显横宽，前缘略凹，后缘直。雄性前翅略达腹端，镜膜近长方形，斜脉2条，端域较短；后翅缺。前足胫节外侧听器较大，长椭圆形，内侧听器仅有退化的痕迹。阳茎基背片具1对发达的中叶；外侧突明显超出背片后缘，端部急剧变尖成钩状。

分布：浙江（杭州、衢州）、河北、河南、陕西、江苏、安徽、江西、福建、广东、海南、广西、四川、贵州、云南；巴基斯坦，印度，泰国，斯里兰卡，马来西亚。

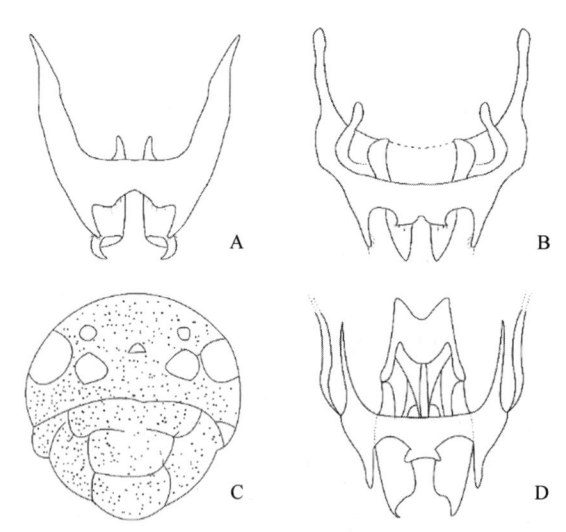

图18-252 斗蟋属雄性头部和外生殖器

A. 长颚斗蟋 *Velarifictorus (Velarifictorus) asperses* (Walker, 1869); B. 迷卡斗蟋 *Velarifictorus (Velarifictorus) micado* (Saussure, 1877); C. 丽斗蟋 *Velarifictorus (Velarifictorus) ornatus* (Shiraki, 1911); D. 卡西斗蟋 *Velarifictorus (Velarifictorus) khasiensis* Vasanth et Ghosh, 1975（B. 仿Vasanth, 1993；C, D. 仿自殷海生和刘宪伟, 1995）

A，B，D. ♂外生殖器背面观；C. 头部正面观

（832）迷卡斗蟋 *Velarifictorus (Velarifictorus) micado* (Saussure, 1877)（图18-252B）

Scapsipedus micado Saussure, 1877: 415.

Velarifictorus (Velarifictorus) micado: Storozhenko, 2004: 206.

主要特征：体长 12.0–18.5 mm。体黑褐色，单侧眼间具黄色横条纹，中部稍弱，中单眼与唇基间缺三角形淡黄斑，后头区具 6 条纵条纹。头部颜面略扁平，上唇基部中央稍凹陷；上颚正常；中单眼圆形，侧单眼近半圆形。前胸背板横向，前缘略凹，后缘微呈波形。雄性前翅略不到达腹端，镜膜近长方形，斜脉 2 条，端域较短；后翅缺。前足胫节外侧听器较大，长椭圆形，内侧仅有退化痕迹。阳茎基背片后缘具 1 对发达的中叶；外侧突粗长，明显超出背片后缘。

分布：浙江（杭州、丽水）、北京、河北、山西、山东、陕西、江苏、上海、江西、湖南、福建、台湾、广东、广西、四川、贵州、西藏；日本，印度，斯里兰卡，印度尼西亚。

（833）丽斗蟋 *Velarifictorus* (*Velarifictorus*) *ornatus* (Shiraki, 1911)（图 18-252C）

Gryllus ornatus Shiraki, 1911: 52.
Velarifictorus (*Velarifictorus*) *ornatus*: Kim, 2013: 298.

主要特征：体长 11.0–12.5 mm。体黑褐色，单侧眼间无横条纹，仅中单眼与唇基间具三角形淡黄斑，后头区具 6 条纵条纹，外侧稍短。头部颜面略扁平，上唇基部中央稍凹陷；上颚正常。前胸背板横向，前缘略凹，后缘微呈波形。雄性前翅明显不到达腹端，镜膜近长方形，角圆，斜脉 2 条，端域稍短，约与镜膜等长；后翅缺。前足胫节外侧听器较大，长椭圆形，内侧小而圆，稍内凹。阳茎基背片后缘具 1 对发达的中叶；外侧突粗长，明显超出背片后缘。

分布：浙江（杭州）、山东、河南、江苏、上海、湖北、江西、湖南、福建、台湾、四川、贵州、云南；朝鲜，日本。

（834）卡西斗蟋 *Velarifictorus* (*Velarifictorus*) *khasiensis* Vasanth et Ghosh, 1975（图 18-252D）

Velarifictorus khasiensis Vasanth et Ghosh in Vasanth et al., 1975: 224.
Velarifictorus (*Velarifictorus*) *khasiensis*: Shishodia, Gupta & Chandra, 2010: 213.

主要特征：体长 11.0–12.5 mm。体褐色，侧单眼间无横条纹。头部颜面略扁平，额唇基沟平直，复眼内侧具凹陷；上颚较长。前胸背板明显横宽，前缘略凹，后缘直。雄性前翅长达腹端，镜膜宽大于长，端域较长，呈不规则网状。前足胫节外侧听器较大，长椭圆形，内侧听器小，退化成凹坑状。阳茎基背片具 1 对发达的中叶；外侧突明显超出背片后缘。

分布：浙江（丽水）、河南、江苏、湖南、福建、海南、广西、贵州、云南；印度。

（四）树蟋亚科 Oecanthinae

主要特征：体浅黄色至绿色，中型，纤弱。头部前口式。前胸背板较长；雄性前翅宽大，镜膜甚大，斜脉 2 条以上，雌性前翅窄；后翅长于前翅。足细长，前足胫节内、外侧均具发达膜质听器；后足胫节背面具背刺和小刺。产卵瓣较长，矛状，端部具齿。

生物学：多生活在禾本科杂草和灌木丛中。

分布：世界广布。世界已知 9 属 172 种，中国记录 2 属 12 种，浙江分布 1 属 3 种。

403. 树蟋属 *Oecanthus* Serville, 1831

Oecanthus Serville, 1831: 134. Type species: *Acheta italica* Fabricius, 1763.

主要特征：体细长，纤弱，灰白色、淡绿色或淡黄色。前胸背板狭长，向后稍扩展；雄性后胸背板具明显的圆形腺窝。雄性前翅几乎透明，镜膜甚大，内具1分脉。足细长，前足胫节内、外侧均具较大的长卵形听器；后足胫节背面具刺，刺间具小刺；爪基部具齿突。产卵瓣端部不膨大，具齿。

分布：世界广布。世界已知72种，中国记录20种，浙江分布3种。

分种检索表

1. 体腹面具黑色条纹 ··· 长瓣树蟋 *O. longicaudus*
- 体腹面单色 ··· 2
2. 雄性外生殖器阳茎基背片较窄；产卵瓣长于9 mm ··································· 姊妹树蟋 *O. similator*
- 雄性外生殖器阳茎基背片较宽；产卵瓣短于8 mm ···································· 黄树蟋 *O. rufescens*

（835）黄树蟋 *Oecanthus rufescens* Serville, 1838（图 18-253A，B）

Oecanthus rufescens Serville, 1838: 361.

主要特征：体长 10.5–14.5 mm。体细长，纤弱，呈浅绿色；复眼褐色；腹部黄褐色至黑褐色。头背面平坦，触角柄节宽大，宽于额突；复眼较大，向后延伸。前胸背板狭长，向后稍扩展，前缘略弧状凸，后缘近平直；后胸背腺腺窝明显，内具扁平状小突。雄性前翅发达，向后较弱扩展，镜膜甚大，长大于宽，分脉1条；斜脉3条；后翅略长于前翅。足细长，前足胫节基部侧扁，内、外侧各具大的长椭圆形听器。外生殖器纤弱，阳茎基背片基部宽，向端部明显变窄。

分布：浙江（杭州、丽水）、北京、河北、江苏、上海、安徽、湖北、湖南、福建、广东、海南、广西、四川、贵州、云南；印度，越南，斯里兰卡，马来西亚，澳大利亚。

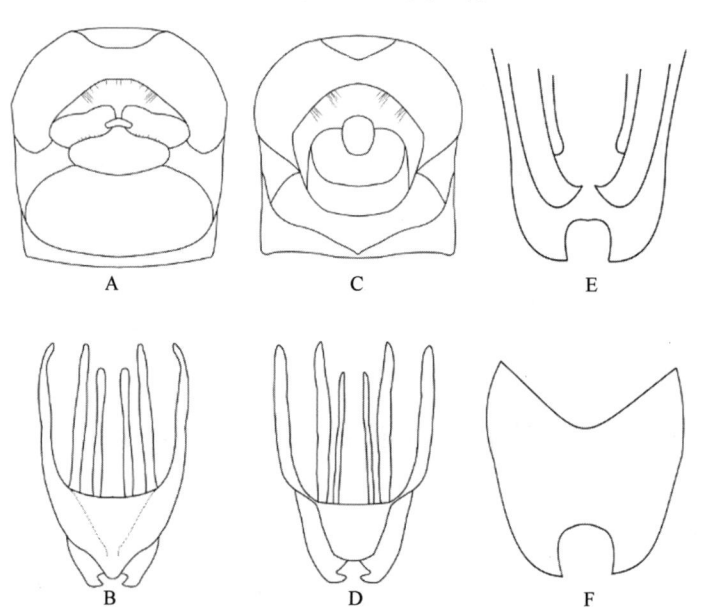

图 18-253 树蟋属雄性后胸背腺和外生殖器
A，B. 黄树蟋 *Oecanthus rufescens* Serville, 1838；C，D. 长瓣树蟋 *Oecanthus longicaudus* Matsumura, 1904；E，F. 姊妹树蟋 *Oecanthus similator* Ichikawa, 2001（E，F. 仿自 Ichikawa, 2001）
A，C. 后胸背腺背面观；B，D，F. ♂外生殖器背面观；E. ♂外生殖器腹面观

（836）长瓣树蟋 *Oecanthus longicaudus* Matsumura, 1904（图 18-253C，D）

Oecanthus longicaudus Matsumura, 1904: 136.

主要特征：体长 10.5–14.5 mm。体细长，纤弱，呈浅绿色；复眼褐色；腹部通常黑褐色。头背面与额突在同一平面，稍凹陷，触角柄节宽大，宽于额突；口器为前口式。前胸背板狭长，向后稍扩展，前缘略弧状凸，后缘近平直；后胸背腺腺窝明显，内具瘤状小突。雄性前翅发达，向后较弱扩展，稍超过腹端，镜膜甚大，长大于宽，分脉 1 条；斜脉 3 条。足细长，前足胫节基部侧扁，内、外侧各具大的长椭圆形听器，内侧稍大。外生殖器纤弱，阳茎基背片基部宽，向端部渐变窄。

分布：浙江（杭州）、黑龙江、吉林、北京、河北、山西、陕西、江西、湖南、福建、广西、四川、贵州、云南；俄罗斯，朝鲜，日本。

（837）姊妹树蟋 *Oecanthus similator* Ichikawa, 2001（图 18-253E，F）

Oecanthus similator Ichikawa, 2001: 49.

主要特征：体长 10.5–12.5 mm。体细长，纤弱，单一绿色，无黑色斑纹。头背面稍凹陷，触角柄节宽大，宽于额突。前胸背板狭长，向后稍扩展，前缘略弧状凸，后缘近平直；后胸背腺腺窝明显，内具瘤状小突。雄性前翅稍短，向后较弱扩展，镜膜甚大，长明显大于宽，分脉 1 条；斜脉 2 条。足细长，前足胫节基部侧扁，内、外侧各具大的长椭圆形听器，内侧稍大。外生殖器纤弱，阳茎基背片前缘"V"状，向端部渐变窄；后缘具较宽侧叶，无中叶。

分布：浙江（杭州、丽水）、陕西；日本。

（五）长蟋亚科 Pentacentrinae

主要特征：体中至大型。头背面平，复眼发达。雄性前翅发达，超过腹端，通常缺镜膜，翅脉与雌性近似。前足胫节至少内侧具膜质听器；后足胫节背面两侧缘基半部具小刺，端半部具长刺。

生物学：主要栖息于较高大的草本植物、灌木丛及乔木林中，弱趋光性。

分布：世界广布。世界已知 15 属 80 余种，中国记录 1 属 12 种，浙江分布 1 属 1 种。

404. 长蟋属 *Pentacentrus* Saussure, 1878

Pentacentrus Saussure, 1878: 539. Type species: *Pentacentrus pulchellus* Saussure, 1878.

主要特征：体窄且长。头顶倾斜，额突不明显，颊部短。前翅细长，具明显长纵脉，横脉较少，雄性缺镜膜，发声脉可见，雌雄性间翅脉近似。足短，前足胫节仅内侧具听器；后足胫节背面两侧缘长刺各 3 枚，端距外侧 3 枚，内侧 2 枚。产卵瓣剑状。

分布：东洋区、澳洲区。世界已知 37 种，中国记录 12 种，浙江分布 1 种。

（838）大长蟋 *Pentacentrus transverses* Liu et Shi, 2015（图 18-254A）

Pentacentrus transverses Liu et Shi, 2015a: 19.

主要特征：体长 8.3–9.0 mm。体褐色，前翅浅褐色并具不规则褐色斑，侧区黑褐色。头短，额突明显宽于触角柄节；单眼圆形，较大。前胸背板明显横宽，背片前缘直，后缘中部向后凸。前翅稍超过腹端，背区具 4 条纵脉，后翅明显超过前翅，呈尾状。前足胫节内侧具较大的膜质听器，约为胫节的一半，外侧缺听器。腹部第 1 腹节背面具 1 对稍隆起的小突起，第 2 腹节背面中央具 1 个向前的锥体。阳茎基背片明显横宽，中叶小且尖齿状，侧叶明显弯曲，端部和内侧具长毛。

分布：浙江（杭州）、广西。

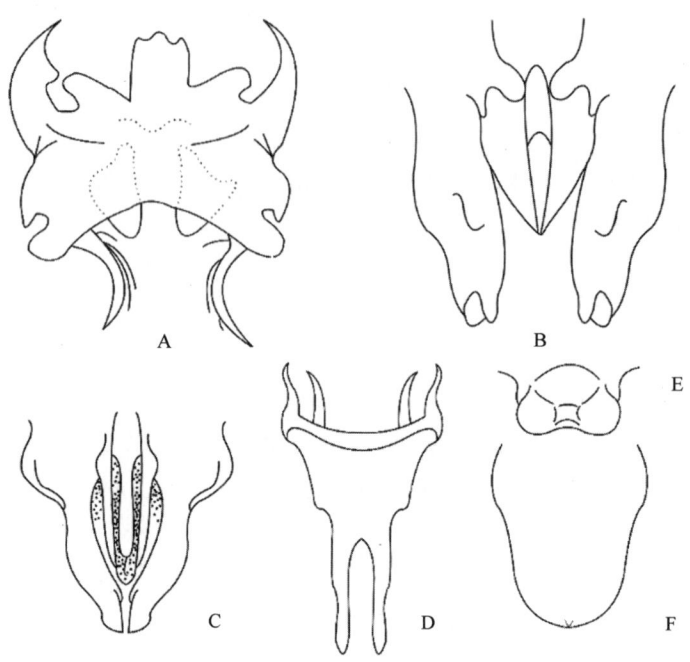

图 18-254　雄性外生殖器、肛上板和下生殖板
A. 大长蟋 *Pentacentrus transverses* Liu et Shi, 2015；B. 暗黑杜兰蟋 *Duolandrevus* (*Eulandrevus*) *infuscatus* Liu et Bi, 2010；C. 克拉兰蟋 *Landreva clarus* (Walker, 1869)；D. 台湾拟长蟋 *Parapentacentrus formosanus* Shiraki, 1930；E，F. 褐额匣须蟋 *Zamunda fuscirostris* (Chopard, 1969) (B. 仿自刘宪伟和毕文烜, 2010；C. 仿自殷海生和刘宪伟, 1995；D. 仿自 Chopard, 1969；E, F. 仿自 Gorochov, 2007)
A, D. 外生殖器腹面观；B, C. 外生殖器背面观；E. 肛上板背面观；F. 下生殖板

（六）兰蟋亚科 Landrevinae

主要特征：体中型，较扁平，具光泽。头较平，额突倾斜，突出，侧单眼大，中单眼较小。前胸背板光滑，横宽。雄性前翅短，未达腹部末端，镜膜有些种类退化，端域极短；雌性较雄性短，或呈鳞片状。前足胫节至少外侧具听器，后足胫节背侧具长刺和小刺。产卵瓣剑状。

生物学：主要栖息于热带和亚热带灌木丛和乔木林中，在地表及枯枝落叶层活动。

分布：世界广布。世界已知 40 属 193 种，中国记录 2 属 13 种，浙江分布 2 属 2 种。

405. 杜兰蟋属 *Duolandrevus* Kirby, 1906

Duolandrevus Kirby, 1906: 50. Type species: *Duolandrevus intermedius* Chopard, 1969.

主要特征：体中型，较扁平，强壮。头球形，后头凸，额突突出，侧单眼大，中单眼较小。前胸背板光滑，具较发达的后胸背腺。雄性前翅短，明显未达腹部末端，镜膜有些种类退化，端域极短。阳茎基背片侧叶长，外侧突粗壮。

分布：世界广布。世界已知 85 种，中国记录 12 种，浙江分布 1 种。

（839）暗黑杜兰蟋 *Duolandrevus* (*Eulandrevus*) *infuscatus* Liu et Bi, 2010（图 18-254B）

Duolandrevus (*Duolandrevus*) *infuscatus* Liu et Bi, 2010: 94.
Duolandrevus (*Eulandrevus*) *infuscatus*: Zhang, Liu & Shi, 2017: 314.

主要特征：体长 22.0–23.0 mm。体褐色，头部颜色略深；前翅浅褐色，中部和端部各具 1 黑褐色斑。头稍宽于前胸背板，额突与触角柄节等宽，后头稍凸，额突顶部平坦。前胸背板明显横宽，前缘中部稍内凹，约与后缘等宽，后缘平直；中央有纵行凹陷。后胸背腺发达，内具密毛。前翅伸达腹部的第 6 节，纵脉 6 条，镜膜不规则菱形，端域短。前足胫节具内外听器，卵圆形，等大。阳茎基背片较宽，具有 1 对非常小的中叶；阳茎基侧叶发达，向端部明显变窄。

分布：浙江（丽水）。

406. 兰蟋属 *Landreva* Walker, 1869

Landreva Walker, 1869a: 55. Type species: *Gryllus clarus* Walker, 1869.

主要特征：体扁平，被毛。头较平，额突略宽于触角柄节，侧单眼较大。雄性前翅不超出腹端，具镜膜，斜脉 5 条以上，端域极短；雌性前翅较短或呈鳞片状，背区具近平行纵脉。前足胫节仅外侧具较小的椭圆形听器，后足胫节背面基半部刺短，端半部较长。阳茎基背片侧叶具突起。

分布：世界广布。世界已知 12 种，中国记录 1 种，浙江分布 1 种。

（840）克拉兰蟋 *Landreva clarus* (Walker, 1869)（图 18-254C）

Gryllus clarus Walker, 1869a: 39.
Landreva clarus: Karny, 1915: 71.

主要特征：体长 18.0–20.0 mm。体褐色，被毛。头较平，额突略宽于触角柄节，侧单眼较大。雄性前翅不超出腹端，具镜膜，斜脉 6 条，端域极短，截状；雌性前翅较短，侧置，背区纵脉 5 条，近平行，缺横脉。前足胫节仅外侧具听器，小，膜质。后足胫节背面基半部刺短，端半部较长。阳茎基背片发达，向后逐渐变窄，后缘具长侧叶；阳茎基外侧突突，明显短于背片外侧叶。产卵瓣剑状。

分布：浙江（金华）、安徽、福建、台湾。

（七）额蟋亚科 Itarinae

主要特征：体中型，背腹明显扁平。大多数类群雄性前翅非常宽，具发达的镜膜，斜脉 5 条以上；少部分类群不具镜膜，雌雄翅脉近似。后胸背腺通常发达。后足胫节背面具长刺和小刺。

生物学：主要栖息于热带和亚热带较高大的灌木丛和乔木林中，部分种类有较强的趋光性。

分布：东洋区。世界已知 2 属 59 种，中国记录 2 属 12 种，浙江分布 1 属 1 种。

407. 拟长蟋属 *Parapentacentrus* Shiraki, 1930

Parapentacentrus Shiraki, 1930b: 222. Type species: *Parapentacentrus formosanus* Shiraki, 1930.

主要特征：体长，头稍背腹扁平。雄性前翅缺发声器，雌雄性翅脉相似，后胸背腺发达。前足胫节膨大，内、外侧分别具听器，内侧听器明显大且稍凹；后足胫节背面两侧缘各具 3 枚长刺，端距内外侧各 3 枚。雄性肛上板具 1 对特殊的侧突。种间雄性外生殖器变化较小。雌性产卵瓣剑状。

分布：东洋区。世界已知 2 种，中国记录 2 种，浙江分布 1 种。

(841) 台湾拟长蟋 *Parapentacentrus formosanus* Shiraki, 1930（图 18-254D）

Parapentacentrus formosanus Shiraki, 1930b: 224.

主要特征：体长 13.0–15.0 mm。体黄褐色，头红褐色，背面具 3 对黄色纵带，最外侧 1 对非常细且不到达复眼后缘，后头区具 1 对细带，触角黑褐色，基部 2 节浅黄色。前胸背板前缘直，后缘中部向后稍突，两侧缘不明显。前翅稍超过腹端，背区翅脉杂乱，后翅明显长于前翅；后胸背腺较长，两侧具小突起，后部突起较大。前足胫节内侧听器巨大，长约为胫节的一半，外侧听器小，卵圆形。阳茎基背片短，端部凹，侧叶长，端部钩状；阳茎基外侧突长，端部具数个小突起。

分布：浙江（杭州）、江西、福建、广西、四川、云南；缅甸，越南。

（八）距蟋亚科 Podoscirtinae

主要特征：体大型，背腹较扁平。雄性前翅发达，大多数类群具发达镜膜，斜脉较多。后胸背腺通常发达。后足胫节背面具长刺，刺间具小刺，外端距 3 枚，极短，约等长；第 1 跗节较短，背面具刺；第 2 跗节背腹扁平，爪上缺细齿。产卵瓣端部稍膨大。

生物学：主要栖息于较高大的草本植物、灌木丛及乔木林中，部分种类有较强的趋光性。

分布：世界广布。世界已知 101 属 770 余种（亚种），中国记录 14 属 45 种，浙江分布 3 属 4 种（亚种）。

分属检索表

1. 雄性前翅缺镜膜，脉序与雌性近似 ··· 匝须蟋属 *Zamunda*
- 雄性前翅具镜膜，脉序明显不同于雌性 ··· 2
2. 前胸背板黑色或具黑斑；雄性阳茎基背片端部不对称 ·································· 维蟋属 *Valiatrella*
- 前胸背板为单一绿色；雄性阳茎基背片端部对称 ······································· 片蟋属 *Truljalia*

408. 匝须蟋属 *Zamunda* Gorochov, 2007

Zamunda Gorochov, 2007: 256. Type species: *Aphonoides fuscirostris* Chopard, 1969.

主要特征：体细长，灰色或者淡褐色。头圆形，触角柄节粗大，柱状，复眼较小。前胸背板前缘略窄，背区无侧脊。雄性前翅不分区，与雌性翅脉相似；后翅长于前翅。前足胫节不膨大，内侧听器膜质，卵圆形。后足胫节背面具刺，刺间具小刺。外生殖器长稍大于宽，阳茎基背片侧叶长。

分布：东洋区。世界已知 2 种，中国记录 1 种，浙江分布 1 种。

(842) 褐额匝须蟋 *Zamunda fuscirostris* (Chopard, 1969)（图 18-254E，F）

Aphonoides fuscirostris Chopard, 1969: 388.
Zamunda fuscirostris: Gorochov, 2007: 256.

主要特征：体长 10.0–17.5 mm。体黄色，头仅复眼内角之前至额突端部黑褐色，触角基部约 20 节深褐色。额突与触角柄节约等宽，下颚须第 5 节与第 3 节约等长，端部膨大成斜截形。前胸背板稍横向，前缘直，后缘波浪状。前翅背区纵脉几乎平行，后翅稍超出前翅，雌性翅脉近似。前足胫节基部稍膨大，仅内侧具长的卵圆形听器。下生殖板大，端部圆形。肛上板端部截形。阳茎基背片宽，端部凹口状；阳茎基外侧突较细，钩状。

分布：浙江（杭州）、福建；马来西亚。

409. 片蟋属 *Truljalia* Gorochov, 1985

Truljalia Gorochov, 1985a: 99. Type species: *Calyptotrypus citri* Bey-Bienko, 1956.

主要特征：体中型，明显扁平，绿色至黄绿色。头扁平，触角柄节宽于额突。前胸背板前缘窄，向后加宽，两侧缘明显。前翅超出腹端，雄性斜脉较多，镜膜发达，长大于宽。前足胫节外侧听器卵圆形，内侧裂缝状。雄性肛上板呈裂叶状，沿两侧叶内缘具大量粗短的硬毛，下生殖板后缘平截或具凹口。阳茎基背片具1对沟状突和片状的导向杆，阳茎基外侧突发达。雌性产卵瓣端部齿状。

分布：古北区、东洋区。世界已知19种，中国记录13种，浙江分布2种（亚种）。

（843）梨片蟋 *Truljalia hibinonis hibinonis* (Matsumura, 1919)（图 18-255A，B）

Madasumma hibinonis Matsumura, 1917: 279.
Truljalia hibinonis hibinonis: Gorochov, 2002: 326.

主要特征：体长 19.0–20.5 mm。体绿色，复眼褐色，其后方具眼后带。头扁平，中单眼较大，卵圆形，侧单眼小。前胸背板前缘窄，凹状，向后加宽，后缘宽，两侧缘不明显；后胸背腺腺窝不明显。前足胫节基部膨大，外侧听器卵圆形，内侧听器裂缝状。雄性前翅斜脉6-7条，镜膜发达，长稍大于宽，内具1条分脉。肛上板两侧叶明显分裂，侧叶内侧下缘具1对附叶。阳茎基背片具1对向上的大钩，导向杆下面的端部具1对小突起，阳茎基外侧突端部稍窄，稍长于导向杆。

分布：浙江（杭州）、江苏、上海、江西、湖南、福建、广西、四川、云南；朝鲜，日本。

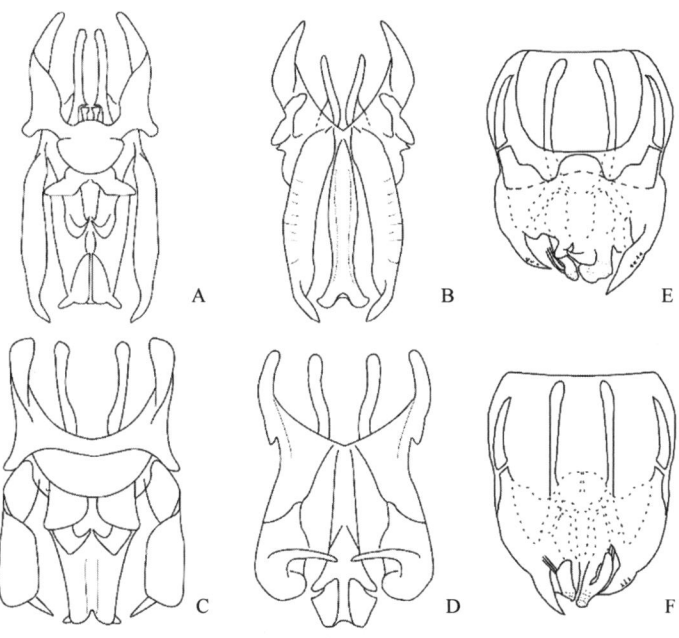

图 18-255 片蟋属和维蟋属雄性外生殖器
A，B. 梨片蟋 *Truljalia hibinonis hibinonis* (Matsumura, 1919); C, D. 瘤突片蟋 *Truljalia tylacantha* Wang et Woo, 1992; E, F. 姊妹维蟋 *Valiatrella sororia sororia* (Gorochov, 2002)
A，C，E. ♂外生殖器背面观；B，D，F. ♂外生殖器腹面观

（844）瘤突片蟋 *Truljalia tylacantha* Wang et Woo, 1992（图 18-255C，D）

Truljalia tylacantha Wang et Woo, 1992a: 242.

主要特征：体长 18.5–24.0 mm。体绿色，后头区具不规则相连黑斑，复眼后方具纵向横带，横带下缘具黑条纹。头背面平，单眼不明显，触角柄节宽明显大于额突。前胸背板前缘窄且凹，后缘宽且向后凸；后胸背腺腺窝不发达。雄性前翅发达，斜脉 6 条，镜膜发达，长稍大于宽，分脉 1 条。前足胫节基部膨大，内侧听器裂缝状，外侧听器卵圆形。肛上板两侧叶完全分离，侧叶内缘下侧具附侧叶。阳茎基背片上具 1 对端钩和 1 对膜质片状突，阳茎基外侧突呈钩状，近末端瘤状膨大，末端缢缩为刺状。

分布：浙江（杭州）、河南、安徽、湖北、湖南、福建、广西、四川、贵州。

410. 维蟋属 *Valiatrella* Gorochov, 2005

Valiatrella Gorochov, 2005b: 202. Type species: *Valia pulchra* Gorochov, 1985.

主要特征：体中型，扁平。头小，单眼稍凹陷，触角柄节明显宽于额突。前胸背板前端窄，向后逐渐加宽，背片两侧缘明显。前翅镜膜宽，端区较长。雄性肛上板或多或少分开成裂叶状。外生殖器端部不对称，阳茎基端部背面具 1 对小的向上的尖锐的端钩，腹面具 1 对大的向下的腹钩，腹钩端部膨大且有 1 簇明显长毛，阳茎基外侧突稍骨化，囊形，位于阳茎基背片近端部。

分布：东洋区。世界已知 7 种，中国记录 6 种，浙江分布 1 种（亚种）。

（845）姊妹维蟋 *Valiatrella sororia sororia* (Gorochov, 2002)（图 18-255E，F）

Valia sororia Gorochov, 2002: 332.
Valiatrella sororia sororia: Gorochov, 2006: 37.

主要特征：体长 15.8–17.7 mm。头部黄褐色，仅后头区具较大横向椭圆形黑斑，触角基部数节黑色，之后为黄褐色；复眼后具浅黄色窄纵带；前翅背区大部分浅褐色，基区、对角脉基部和索区具浅黄色斑。额突明显窄于触角柄节，中单眼略凹，侧单眼小，不明显。雄性前翅明显超过腹端，镜膜宽，斜脉 4–6 条，后翅明显长于前翅；后胸具较发达的背腺。前足胫节稍膨大，内侧听器裂缝状，外侧卵圆形。肛上板具较短的裂叶，基部未完全分离，内侧具大量粗刚毛。外生殖器端部稍不对称。

分布：浙江（丽水）、广东、贵州；越南。

（九）铁蟋亚科 Sclerogryllinae

主要特征：体型较小，粗短，无毛。颜面宽，扁平，额突较宽。雌雄翅都很发达，雌性翅角质，雄性前翅具发达的镜膜。前足胫节具听器，后足胫节背面具小刺，其第 1 跗节背面具 2 排小刺。产卵瓣较长，矛状。

生物学：主要栖息于热带、亚热带及温带森林枯枝落叶层中。

分布：古北区、东洋区。世界已知 2 属 6 种（亚种），中国记录 1 属 3 种，浙江分布 1 属 1 种。

411. 铁蟋属 *Sclerogryllus* Gorochov, 1985

Sclerogryllus Gorochov, 1985b: 15. Type species: *Gryllus coriaceus* Haan, 1844.

主要特征：头小，球形。前胸背板长，前缘较窄，背区隆起，无侧隆线，密布刻点，后缘圆弧形。雄性前翅背区平，膜质，镜膜大，分脉1条；雌性隆起，革质，具纵脉和横脉。前足胫节具膜质听器，后足胫节背面两侧缘具小细刺，无长刺。

分布：古北区、东洋区。世界已知5种，中国记录3种，浙江分布1种。

（846）刻点铁蟋 *Sclerogryllus punctatus* (Brunner von Wattenwyl, 1893)（图 18-256A）

Scleropterus punctatus Brunner von Wattenwyl, 1893: 204.
Sclerogryllus punctatus: Gorochov, 1985b: 15.

主要特征：体长 11.0–14.0 mm。体明显背腹扁平，黑褐色。头小，触角第1、2节黑色，相连的数节黄褐色，中段白色，端部黑褐色；额突甚窄，腹面具1黄褐色纵带。前胸背板前缘明显窄于后缘，背片中央凹陷具1黄斑，其后缘具5黄色斑点。雄性前翅明显超过腹部末端，镜膜大致呈矩形，宽略大于长，分脉2条；斜脉8条；端域不发达，网状。足股节端部2/3黑色，胫节端部黑色，其余部位黄色至黄褐色；后足胫节内、外侧端距各3枚，内侧中端距最长，外侧上、中端距约等长且长于下端距。

分布：浙江（杭州）、北京、山东、江苏、上海、湖南、福建、台湾、海南、广西、四川、贵州；日本，印度。

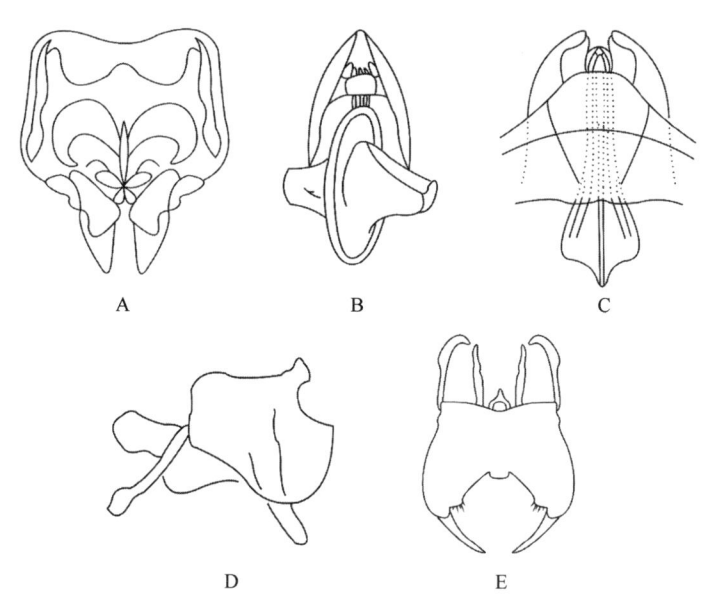

图 18-256 4种蟋蟀的雄性外生殖器

A. 刻点铁蟋 *Sclerogryllus punctatus* (Brunner von Wattenwyl, 1893); B. 台湾奥蟋 *Ornebius formosanus* (Shiraki, 1911); C. 凯纳奥蟋 *Ornebius kanetataki* (Matsumura, 1904); D, E. 日本似芜蟋 *Meloimorpha japonica japonica* (De Haan, 1844)（A. 仿自 Gorochov, 1985b; B, C. 仿自 Yang and Yen, 2001; D, E. 仿自 Storozhenko et al., 2015）
A, B, C, E. 外生殖器背面观; D. 外生殖器侧面观

九十四、癞蟋科 Mogoplistidae

主要特征：体较小，被鳞片，背腹扁平，通常红色至黑色。头圆形，额突较宽，唇基明显突出。前胸背板长，向后略或明显加宽。雄性通常具短翅，具较大镜膜，雌性通常缺翅。后足胫节背面两侧缘缺明显长刺，仅具小刺。产卵瓣剑状。

生物学：主要生活在矮小灌木丛中，以热带地区种类最为丰富。雄性多善鸣，尤其是奥蟋属种类。

分布：世界广布。世界已知 35 属 390 余种，中国记录 5 属 15 种，浙江分布 1 属 3 种。

（一）癞蟋亚科 Mogoplistinae

主要特征：体较小，或多或少被鳞片，背腹较扁平，红色、褐色或黑色。头圆形，额突较宽，唇基明显突出。前胸背板长，向后明显加宽。雄性前翅较宽，具较大镜膜，雌性通常缺翅。后足胫节背面两侧缘缺明显长刺，仅具小刺。产卵瓣剑状。

生物学：主要栖息于热带和亚热带地区的矮小灌木丛中。

分布：世界广布。世界已知 33 属 370 余种，中国记录 5 属 15 种，浙江分布 1 属 3 种。

412. 奥蟋属 *Ornebius* Guérin-Méneville, 1844

Ornebius Guérin-Méneville, 1844: 331. Type species: *Ornebius xanthopterus* Guérin-Méneville, 1844.

主要特征：体扁平，具绒毛和鳞片。额突窄或稍宽于触角柄节，具沟。前胸背板向后延伸遮住大部分的翅，翅宽。前足胫节内侧具听器，小，圆形；后足第 1 跗节短于胫节的一半，背侧具小刺。

分布：世界广布。世界已知 110 余种，中国记录 9 种，浙江分布 3 种。

分种检索表

1. 前翅橘黄色，后足具明显暗斑 ·· 台湾奥蟋 *O. formosanus*
- 前翅褐色或杂色，后足无明显暗斑 ··· 2
2. 前翅不到达腹部中部，尾须白黑相间 ··· 凯纳奥蟋 *O. kanetataki*
- 前翅稍超出腹部中部，尾须单色 ··· 多毛奥蟋 *O. polycomus*

（847）台湾奥蟋 *Ornebius formosanus* (Shiraki, 1911)（图 18-256B）

Ectatoderus formosanus Shiraki, 1911: 26.
Ornebius formosanus: Chopard, 1968: 223.

主要特征：体长 10.0–12.0 mm。体黄褐色至红褐色，扁平，具毛，被鳞片。复眼卵圆形，黑褐色；额突窄，具沟。前胸背板向后稍延伸，后部明显宽，后缘圆形。前翅大部分裸露，约达腹部的一半，橘黄色，后缘颜色略深；镜膜发达，近圆形。前足胫节内侧听器膜质，小圆形，后足具明显黑斑；胫节背面两侧缘具小刺，第 1 跗节稍短于胫节的一半。肛侧突明显小，呈水平状。

分布：浙江（丽水）、台湾、广西。

（848）凯纳奥蟋 *Ornebius kanetataki* (Matsumura, 1904)（图 18-256C）

Ectatoderus kanetataki Matsumura, 1904: 131.
Ornebius kanetataki: Chopard, 1968: 223.

主要特征：体长 7.0–9.0 mm。体浅褐色至褐色，扁平，具毛，被鳞片。复眼近圆形，灰色；额突较宽，具沟。前胸背板向后稍延伸，后部明显宽，后缘白色，圆形。前翅大部分裸露，稍不到达腹部的一半，黄褐色，具颜色略深的边缘；镜膜稍小，近三角状。足具杂斑，前足胫节内侧听器膜质，圆形小；胫节背面两侧缘具小刺，第 1 跗节稍短于胫节的一半。肛侧突较明显，向上翘起。

分布：浙江（宁波）、江苏、上海、安徽。

（849）多毛奥蟋 *Ornebius polycomus* He, 2017

Ornebius polycomus He in He et al., 2017: 447.

主要特征：体长 7.0–9.0 mm。体浅褐色至褐色，扁平，具明显毛，被鳞片。头小，额突稍宽于柄节；复眼卵圆形，黑色，明显突出。前胸背板向后部明显宽，两侧缘具弱脊，后缘圆形。前翅大部分裸露，稍超出腹部的一半，褐色，后缘颜色略深；翅脉明显，镜膜内杂脉较多。足具黑褐色杂斑，且具明显的刚毛；前足胫节内侧听器圆形，小，膜质；胫节背面两侧缘具小刺。腹部背面具 4 排长毛刷。

分布：浙江（丽水）。

九十五、蛛蟋科 Phalangopsidae

主要特征：体大型，背腹较扁平。头较小，下口式。翅发达，雄性镜膜内至少具2条分脉。足较长，后足胫节背面两侧缘具长刺，刺间具小刺；跗节第1节较长，第2节甚短。产卵瓣剑状。

生物学：主要生活在枯枝落叶层、石块朽木下，部分生活在洞穴中，有些栖息在树干上。以热带地区种类最为丰富。雄性多善鸣，多数类群夜间活动。

分布：世界广布。世界已知177属1000余种，中国记录5属10种，浙江分布1属1种（亚种）。

（一）扩胸蟋亚科 Cachoplistinae

主要特征：体大型，背腹扁平。头较小，复眼突出；额突明显宽于触角第1节。前胸背板背区凹陷，前缘内凹，侧缘有或缺隆脊。雄性前翅较宽，镜膜宽，内具分脉，斜脉较多。足较短，前足胫节具膜质听器；后足纤弱，胫节背面两侧缘具小刺。产卵瓣剑状。

生物学：主要生活在枯枝落叶层、石块朽木下，部分生活在洞穴中，还有些栖息在树干上。

分布：世界广布。世界已知3属28种，中国记录2属5种，浙江分布1属1种（亚种）。

413. 似芫蟋属 *Meloimorpha* Walker, 1870

Meloimorpha Walker, 1870: 468. Type species: *Meloimorpha cincticornis* Walker, 1870.

主要特征：体较大，扁平。头小，额突窄于触角第1节，触角极长。前胸背板前缘较窄，背片无隆脊。雄性前翅宽，镜膜大，长大于宽，斜脉5–7条。足细长，前足胫节内外侧均具椭圆形膜质听器，后足胫节背面两侧具长刺和小刺。阳茎基背片具骨化的部分，中部突起；阳茎基外侧突大。

分布：古北区、东洋区。世界已知4种，中国记录2种，浙江分布1种（亚种）。

（850）日本似芫蟋 *Meloimorpha japonica japonica* (De Haan, 1844)（图18-256D，E）

Gryllus (*Phalangopsis*) *japonicus* De Haan, 1844: 236.
Meloimorpha japonica japonica: Storozhenko & Paik, 2007: 112.

主要特征：体长11.0–14.0 mm。体明显背腹扁平，头小，触角第1、2节黑色，相连的数节黄褐色，中段白色，端部黑褐色；额突甚窄，腹面具1黄褐色纵带；下颚须和下唇须黑色。前胸背板前缘明显窄于后缘，背片中央凹陷具1黄斑，其后缘具5黄色斑点。雄性前翅明显超过腹部末端，镜膜大致呈矩形，宽略大于长，分脉2条；斜脉8条；端域不发达，网状。足细长，被短绒毛，3对足股节端部2/3黑色，胫节端部黑色；后足胫节背面两侧缘各具3枚长刺。

分布：浙江（杭州）、北京、河北、山东、江苏、上海、湖南、福建、台湾、海南、广西、四川、贵州；日本，印度。

九十六、蛉蟋科 Trigonidiidae

主要特征：体小型，一般不超过 10 mm。额突较短，宽于触角第 1 节，复眼突出。雄性前翅通常具发声器，如缺发声器，则雌、雄前翅脉序相似，或角质化，或退化。足较长，后足胫节背面侧缘背刺细长，具毛，后足第 1 跗节背面两侧缘缺刺。雌性产卵瓣弯刀状，端部尖锐，背缘一般具细齿。

分布：世界广布。世界已知 109 属 1000 余种，中国记录 19 属 91 种，浙江分布 9 属 15 种（亚种）。

（一）针蟋亚科 Nemobiinae

主要特征：体小型，被绒毛和黑色刚毛。头圆球形，额突短，约与触角柄节等宽；复眼大，卵圆形。前胸背板横宽，或稍长。雄性前翅镜膜较小，具分脉；斜脉 1 条，端区退化。前足胫节具听器；后足胫节背面两侧各具 3–4 枚长刺，第 1 跗节背面缺小刺，第 2 跗节侧扁，腹面光滑缺短毛。产卵瓣较直，端部尖，背缘具细齿。

生物学：多栖息于杂草间地表和枯枝落叶下，喜爱潮湿，少数种类善鸣。

分布：世界广布。世界已知 63 属 341 种，中国记录 9 属 38 种，浙江分布 4 属 6 种（亚种）。

分属检索表

1. 后足胫节端距内侧 2 枚，外侧 3 枚 ·· 奇针蟋属 *Speonemobius*
- 后足胫节端距内、外侧各 3 枚 ··· 2
2. 后足胫节背刺内、外侧各 4 枚；雄性内侧第 4 枚基部膨大且弯曲 ·· 异针蟋属 *Pteronemobius*
- 后足胫节背刺内侧 3–4 枚，外侧 3 枚；雄性内侧第 4 枚基部正常 ·· 3
3. 后足股节缺暗色横条纹；雄性阳茎基侧叶超过中叶 ·· 灰针蟋属 *Polionemobius*
- 后足股节具暗色横条纹；雄性阳茎基侧叶不超过中叶 ·· 双针蟋属 *Dianemobius*

414. 双针蟋属 *Dianemobius* Vickery, 1973

Dianemobius (*Dianemobius*) Vickery, 1973: 421. Type species: *Eneoptera fascipes* Walker, 1869.
Dianemobius: Yin & Liu, 1995: 181.

主要特征：体细小。头不光滑，复眼发达，额突宽于触角柄节。前胸背板横宽，后缘为其长的 1.4–1.7 倍。前翅发达，后翅明显长于腹端，或缺后翅。前足胫节外侧具大的椭圆形听器；后足胫节背面外侧长刺 3 枚，内侧 3–4 枚，内侧下端距短于外侧下端距；后足股节外侧具斑纹。阳茎基背片端部具 1 对明显的不分开的中叶，伸达侧叶端部。产卵瓣短于后足股节。

分布：古北区、东洋区。世界已知 12 种，中国记录 10 种，浙江分布 2 种（亚种）。

（851）斑腿双针蟋 *Dianemobius fascipes fascipes* (Walker, 1869)（图 18-257A）

Eneoptera fascipes Walker, 1869a: 67.
Dianemobius fascipes fascipes: Kim & Pham, 2014: 62.

主要特征：体长 4.9–5.3 mm。头背面黄色至黄褐色，具 6 条浅褐色纵带，触角基部 2 节深褐色，其余褐色；额突短，其宽约为触角柄节宽的 1.5 倍。前胸背板梯形，前缘较直，后缘向后微凸。前翅稍不到达腹端，较宽；斜脉 1 条，较长；镜膜宽，呈不规则五边形。前足胫节仅外侧具膜质听器，椭圆形，长约为宽的 1.8 倍；后足胫节背面长刺外侧 3 枚，内侧 4 枚，其内侧第 1 枚极短，瘤状。阳茎基背片较窄，其后缘中叶较长，片状；阳茎基外侧突端部达中叶端部，其中部具不明显向内的片状突。

分布：浙江（杭州、金华、丽水）、上海、湖北、江西、福建、台湾、广东、海南、云南；印度，缅甸，斯里兰卡，新加坡，印度尼西亚。

（852）白须双针蟋 *Dianemobius furumagiensis* (Ohmachi *et* Furukawa, 1929)（图 18-257B）

Nemobius furumagiensis Ohmachi *et* Furukawa, 1929: 374.
Dianemobius furumagiensis: Gorochov, 1981: 21.

主要特征：体长 6.0–7.3 mm。头不明显窄于前胸背板，后头区黑色，具 6–7 条纵带；额突宽为触角柄节的 1.2–1.3 倍；下唇须末节三角形，其长约为前 2 节之和。前胸背板横宽，前、后缘近平直，前缘略窄于后缘。前翅达到或几乎达到腹端，镜膜缺分脉；后翅缺或明显尾状。前足胫节内侧听器退化，外侧听器卵圆形；后足胫节背面外侧长刺 3 枚，内侧 4 枚，最后 1 枚刺基部不膨大；阳茎基背片窄，端部中央具窄的凹刻，且稍超出外侧突端部。

分布：浙江（杭州）、内蒙古、山东、台湾、广西、四川；俄罗斯，日本，西亚地区。

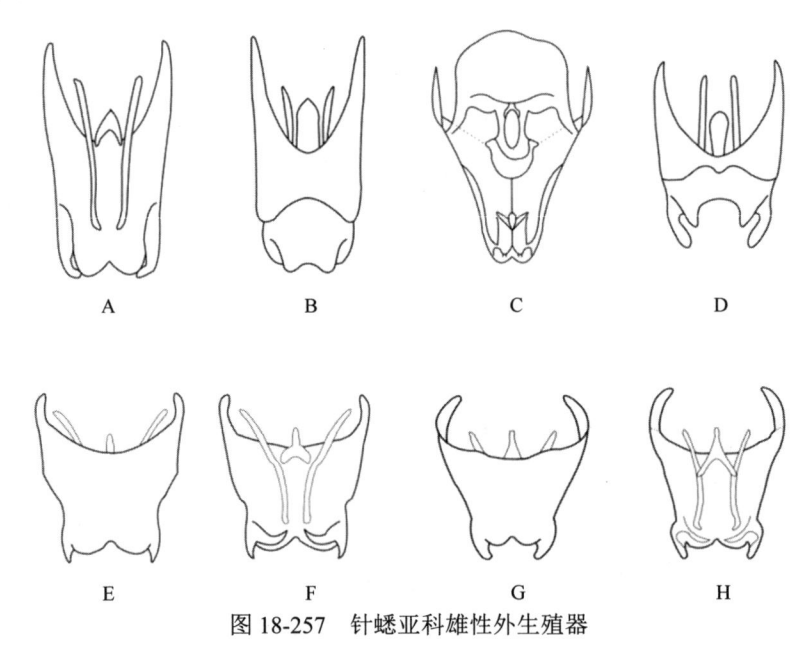

图 18-257 针蟋亚科雄性外生殖器
A. 斑腿双针蟋 *Dianemobius fascipes fascipes* (Walker, 1869)；B. 白须双针蟋 *Dianemobius furumagiensis* (Ohmachi *et* Furukawa, 1929)；C. 中华奇针蟋 *Speonemobius sinensis* Li, He *et* Liu, 2010；D. 亮褐异针蟋 *Pteronemobius* (*Pteronemobius*) *nitidus* (Bolívar, 1901)；E, F. 黄角灰针蟋 *Polionemobius flavoantennalis* (Shiraki, 1911)；G, H. 斑翅灰针蟋 *Polionemobius taprobanensis* (Walker, 1869)（C. 仿自 Li et al., 2010）
A, F, H. ♂外生殖器腹面观；B–E, G. ♂外生殖器背面观

415. 奇针蟋属 *Speonemobius* Chopard, 1924

Speonemobius Chopard, 1924: 84. Type species: *Speonemobius decoloratus* Chopard, 1924.

主要特征：体小型。头球形，较大。额突与触角第 1 节等宽；单眼 3 枚，呈倒三角排列。足稍长，前足胫节外侧具听器；后足胫节具背刺，端距 5 枚。雄性前翅略不到达腹端，端域较短。雌性产卵瓣狭而尖。

分布：世界广布。世界已知 8 种，中国记录 3 种，浙江分布 1 种。

（853）中华奇针蟋 *Speonemobius sinensis* Li, He *et* Liu, 2010（图 18-257C）

Speonemobius sinensis Li, He *et* Liu, 2010: 60.

主要特征：体长 6.0–6.5 mm。体褐色，侧面颜色较深，被短柔毛和刚毛。头背区浅褐色，具 5 条褐色条带；额突与第 1 节触角等宽；下颚触角第 5 节最长。前胸背板横宽。前翅较短，翅脉弱，无镜膜；后翅缺失。前足胫节缺听器，后足胫节具 3 对背刺，端距 5 枚，2 枚内端距长，3 枚外端距短。肛上板梯形，端缘平直。下生殖板短，锥形，后缘具凹刻。外生殖器端部柱状，端部尖。

分布：浙江（杭州）。

416. 异针蟋属 *Pteronemobius* Jacobson, 1904

Pteronemobius Jacobson, 1904: 450. Type species: *Nemobius tartarus* Saussure, 1874.

主要特征：体小型，粗壮。头粗糙，复眼发达，额突宽约等于触角柄节。前胸背板横宽，后缘宽约为长的 1.5 倍。长翅型前翅伸达腹部末端，短翅型前翅不明显缩短，具较发达镜膜；雌性后翅伸达后足股节中部。前足胫节外侧具听器；后足胫节背面长刺两侧各 4 枚，内侧第 1 枚具腺窝，稍远于外侧第 1 枚。阳茎基背片与外侧突相接，外侧突中部具明显片状突；内侧突具短且弯曲的侧突，导向杆短或长。

分布：世界广布。世界已知 106 种，中国记录 16 种，浙江分布 1 种。

（854）亮褐异针蟋 *Pteronemobius* (*Pteronemobius*) *nitidus* (Bolívar, 1901)（图 18-257D）

Nemobius nitidus Bolívar, 1901: 242.
Pteronemobius (*Pteronemobius*) *nitidus*: Storozhenko, Kim & Jeon, 2015: 129.

主要特征：体长 6.5–8.0 mm。头部浅褐黄色，后头区具模糊的褐色纵纹；额突约与触角第 1 节等宽。前胸背板与头部等宽，横宽，前、后缘较直，被较多刚毛。前翅略不到达腹端，斜脉 1 条，端域较退化，后翅明显长于前翅，明显尾状或缺失。前足胫节仅外侧具长椭圆形的听器，后足股节内外侧各具 4 枚背距，内侧第 1 枚较粗短，第 4 枚基部膨大和弯曲。阳茎基背片后缘明显弧状内凹，外侧突发达，明显超出阳茎基背片后侧叶。

分布：浙江（杭州、金华、丽水）、北京、河北、山东、宁夏、江苏、湖南、福建、广东、广西、四川、云南；俄罗斯，日本。

417. 灰针蟋属 *Polionemobius* Gorochov, 1983

Dianemobius (*Polionemobius*) Gorochov, 1983b: 44. Type species: *Trigonidium taprobanense* Walker, 1869.
Polionemobius: Storozhenko, 2004: 218.

主要特征：体小型，纤细。头不光滑，复眼发达，额突明显宽于触角柄节。前胸背板横宽，后缘约为其长的 1.5 倍。雄性前翅几乎盖住腹部，镜膜退化，后翅明显超过腹端或缺失。前足胫节仅外侧具较大的椭圆形听器，后足胫节背面外侧具 3 枚刺，内侧具 3–4 枚刺，第 1 跗节内侧下端距明显超过第 3 跗节中部。阳茎基背片端部具 1 对较弱的中叶，其明显短于侧叶；阳茎基背片和阳茎基外侧突连接。

分布：古北区、东洋区。世界已知 10 种，中国记录 4 种，浙江分布 2 种。

(855) 黄角灰针蟋 *Polionemobius flavoantennalis* (Shiraki, 1911)（图 18-257E，F）

Nemobius flavoantennalis Shiraki, 1911: 84.

Polionemobius flavoantennalis: Ichikawa, Murai & Honda, 2000: 292.

主要特征：体长 4.9–5.3 mm。头被长刚毛和小细毛；触角基部 4 或 5 节和端半部褐色，其间白色；下颚须和下唇须褐色，仅下颚须第 4 节白色；额突短，不明显，其宽约为触角柄节的 2 倍。前胸背板横宽，具刚毛，前、后缘较直。前翅略达到腹端，斜脉 1 条，长弧形，镜膜退化，端区极短；后翅缺。前足胫节外侧具较长的膜质听器，其长约为胫节的 1/4，后足胫节背面外侧具 3 枚长刺，内侧 4 枚，其中第 1 枚极短，稍细，瘤状。阳茎基背片后侧叶明显与中叶分离，中叶后缘呈明显的弧状。

分布：浙江（杭州）、山东、江苏、上海、江西、台湾、贵州；日本。

(856) 斑翅灰针蟋 *Polionemobius taprobanensis* (Walker, 1869)（图 18-257G，H）

Trigonidium taprobanense Walker, 1869a: 102.

Polionemobius taprobanensis: Ichikawa, Murai & Honda, 2000: 292.

主要特征：体长 4.7–5.9 mm。头背面浅黄色，具 3 对不明显的淡褐色纵条纹；额突短，宽于触角柄节。前胸背板梯形，向后加宽，前、后缘较直，背片被黑色刚毛和小细毛，近前缘刚毛 2 排，横向。前翅约到达腹端，斜脉 1 条，镜膜呈不规则四边形，端区短。前足胫节基部外侧具椭圆形听器，较大；后足胫节背面长刺外侧 3 枚，内侧 4 枚，其中第 1 枚较短，瘤状，第 4 枚长，基部稍弯曲。阳茎基背片较宽，后侧叶短，中侧叶微凸，不明显；阳茎基外侧突短且明显，不超过阳茎基背片中叶。

分布：浙江（杭州、金华、丽水）、黑龙江、吉林、辽宁、内蒙古、北京、河北、山东、河南、江苏、上海、湖北、江西、福建、海南、广西、四川、贵州、云南；日本，巴基斯坦，印度，孟加拉国，缅甸，斯里兰卡，马来西亚，印度尼西亚，马尔代夫。

（二）蛉蟋亚科 Trigonidiinae

主要特征：体小型。头圆，背面隆起；额突较短，宽于触角柄节；复眼较大，突起。前胸背板横宽，或长稍大于宽，被毛；部分类群雄性翅脉缺镜膜，与雌性近似，前翅若具镜膜则较发达且缺分脉。第 2 跗节背腹扁平，腹面具明显短毛；后足胫节背面具长刺，第 1 跗节背面缺小刺。产卵瓣弯刀状，端部尖。

生物学：多生活在杂草丛、灌木丛中，多数种类善鸣，有趋光性。

分布：世界广布。世界已知 46 属 664 种，中国记录 10 属 53 种，浙江分布 5 属 9 种。

分属检索表

1. 雄性前翅缺镜膜，与雌性翅脉近似 ··· 2
- 雄性前翅具镜膜，与雌性翅脉差异较大 ·· 3
2. 前翅光滑，缺绒毛 ·· 斜蛉蟋属 *Metioche*
- 前翅被明显绒毛 ·· 突蛉蟋属 *Amusurgus*
3. 头后部和前胸背板前部明显窄；雌性前翅纵脉间具伪脉 ·· 墨蛉蟋属 *Homoeoxipha*
- 头后部和前胸背板前部稍窄；雌性前翅纵脉间缺伪脉 ·· 4
4. 雄性前翅较狭长，镜膜长明显大于宽；雌性前翅膜质（拟蛉蟋亚属 *Paratrigonidium*） ········ 蛉蟋属 *Trigonidium*
- 雄性前翅较宽，镜膜长稍大于宽；雌性前翅角质 ··· 斯蛉蟋属 *Svistella*

418. 突蛉蟋属 *Amusurgus* Brunner von Wattenwyl, 1893

Amusurgus Brunner von Wattenwyl, 1893: 212. Type species: *Amusurgus fulvus* Brunner von Wattenwyl, 1893.

主要特征：体小型。头顶较凸，复眼非水平延伸，下颚须末节细长。前胸背板横宽。前翅被细毛，雄性发声脉和端区不发达，缺镜膜，背区纵脉或多或少融合，与雌性翅脉近似，个别种类呈简单的镜膜状。雌性产卵瓣弯刀状。

分布：世界广布。世界已知21种，中国记录7种，浙江分布2种。

（857）福建突蛉蟋 *Amusurgus* (*Paranaxipha*) *fujianensis* Wang, Zheng *et* Woo, 1999（图18-258A）

Amusurgus fujianensis Wang, Zheng *et* Woo, 1999: 114.
Amusurgus (*Paranaxipha*) *fujianensis*: He et al., 2010: 60.

主要特征：体长 4.7–5.2 mm。头较短，背面扁平，浅黄色，分布7个锈红色斑；触角淡黄色，基部2节暗褐色；复眼大，突出，稍纵向延伸；颜面暗褐色，唇基基部乳白色。前胸背板横宽，前缘略前突，后缘波状；背片茶褐色，两侧各具1淡黄色纵纹至背片中部。前翅稍超出腹端，纵脉不规则，侧区颜色稍深，具3条规则纵脉；后翅长，尾状。前足胫节白色，基部稍膨大，内侧听器大，卵圆形，外侧很小；后足股节浅褐色，外侧中部具大的暗斑，端部具斜斑。

分布：浙江（金华）、福建、云南。

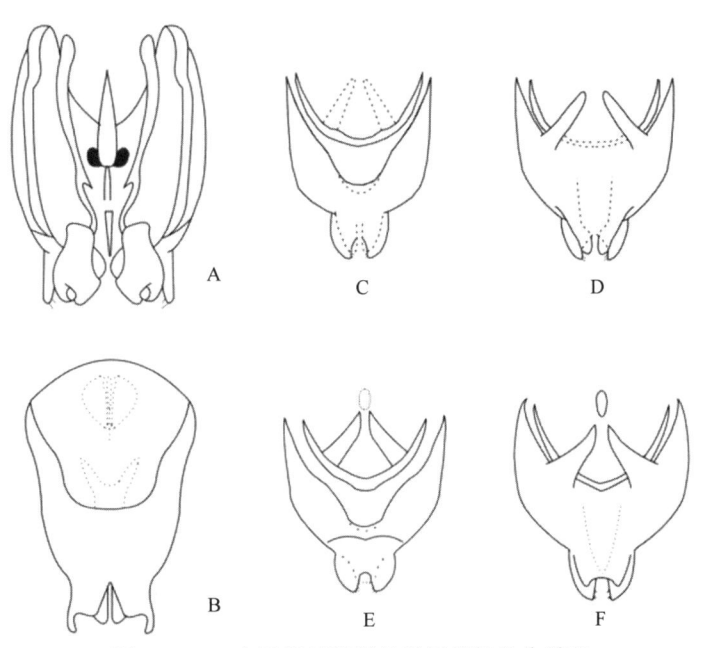

图 18-258 突蛉蟋属和墨蛉蟋属雄性外生殖器
A. 福建突蛉蟋 *Amusurgus* (*Paranaxipha*) *fujianensis* Wang, Zheng *et* Woo, 1999；B. 黄褐突蛉蟋 *Amusurgus* (*Amusurgus*) *fulvus* Brunner von Wattenwyl, 1893；C, D. 赤胸墨蛉蟋 *Homoeoxipha lycoides* (Walker, 1869)；E, F. 黑足墨蛉蟋 *Homoeoxipha nigripes* Xia *et* Liu, 1992（A, B. 仿自 He et al., 2010）
A, D, F. ♂外生殖器腹面观；B, C, E. ♂外生殖器背面观

（858）黄褐突蛉蟋 *Amusurgus* (*Amusurgus*) *fulvus* Brunner von Wattenwyl, 1893（图18-258B）

Amusurgus fulvus Brunner von Wattenwyl, 1893: 212.
Amusurgus (*Amusurgus*) *fulvus*: He et al., 2010: 68.

主要特征：体长 5.5–6.4 mm。头顶微凹，复眼间深褐色，额突与触角基节等宽。前胸背板侧片颜色暗，下缘黄色；背片稍前凸，略窄于后缘，后缘波浪形。前翅膜质，长且具毛，缺发音器；后翅长，约为体长的一半。前足胫节内侧听器长，约为胫节的 1/3，外侧听器较小，卵圆形；后足胫节具 3 对背刺。阳茎基背片较长，后侧叶端部具较长的细突，且细突端部具小突起，后侧叶基部呈宽叶状。产卵瓣弯刀状。

分布：浙江（衢州）、海南、云南；尼泊尔，缅甸，斯里兰卡。

419. 墨蛉蟋属 *Homoeoxipha* Saussure, 1874

Homoeoxipha Saussure, 1874: 363. Type species: *Phyllopalpus lycoides* Walker, 1869.

主要特征：体小型。头较宽，复眼突出，较圆。前胸背板前缘明显狭窄，向前呈弧形。前翅长，光滑；雄性前翅斜脉 1 条，镜膜较大，长明显大于宽，后翅尾状或缺失。前足胫节内外侧均具椭圆形听器，或内侧退化；后足胫节背面两侧缘各具 3 枚长刺。产卵瓣弯刀状。

分布：古北区、东洋区。世界已知 11 种，中国记录 4 种，浙江分布 2 种。

（859）赤胸墨蛉蟋 *Homoeoxipha lycoides* (Walker, 1869)（图 18-258C，D）

Phyllopalpus lycoides Walker, 1869a: 71.
Homoeoxipha lycoides: Saussure, 1874: 363.

主要特征：体长 4.8–5.7 mm。头背面黄褐色至褐色；额突约与触角柄节等宽；颜面上半部黄色，向下颜色加深至黑褐色。前胸背板橙色，背面观呈梯形，前缘窄，前后缘具长毛。雄性前翅稍宽，斜脉 1 条，镜膜发达，长明显大于宽，缺分脉；前翅半透明，基区微红色，索区、索区与对角脉之间，以及镜膜基半部具明显黑斑；侧区褐色。前足胫节基部内、外侧各具 1 枚听器，外侧稍大；后足胫节背面长刺两侧缘各 3 枚。产卵瓣马刀形，端部尖，具细齿。

分布：浙江（金华）、江苏、上海、安徽、江西、福建、台湾、广东、海南、四川、云南、西藏；巴基斯坦，印度，缅甸，越南，泰国，斯里兰卡，马来西亚，新加坡，印度尼西亚，马尔代夫，澳大利亚。

（860）黑足墨蛉蟋 *Homoeoxipha nigripes* Xia et Liu, 1992（图 18-258E，F）

Homoeoxipha nigripes Xia et Liu, 1992a: 104.

主要特征：体长 4.9–5.5 mm。头部暗褐色，后头区狭窄。前胸背板暗褐色，被刚毛，前缘明显窄于后缘，前缘略突出，后缘较直。雄性前翅稍超过腹端，镜膜甚大，长明显大于宽，缺分脉，索脉 3 条，斜脉 1 条，端域退化。前足胫节外侧听器椭圆形，膜质，内侧听器退化，呈凹窝状，股节、胫节黑色，跗节黄褐色；后足股节端部 2/3 黑色，其余部分黄褐色，胫节背面两侧缘具 3 对长刺。产卵瓣弯刀状，具细齿。

分布：浙江（杭州）、湖南、海南、广西、四川、贵州、云南；日本。

420. 斜蛉蟋属 *Metioche* Stål, 1877

Trigonidium (*Metioche*) Stål, 1877: 48. Type species: *Trigonidium vittaticolle* Stål, 1861.
Metioche: Storozhenko & Paik, 2007: 111.

主要特征：体小型。头较大，复眼突出；额突短，较宽。前翅光滑，缺毛，雌、雄性间翅脉相似或较近似，翅脉基部部分合并，纵脉发达，纵脉间无伪脉，横脉不明显。足长，后足胫节背面两侧各具 3 枚长刺；外侧端距 3 枚较短，内侧 2 枚较长。产卵瓣弯刀状。

分布：世界广布。世界已知 42 种，中国记录 9 种，浙江分布 1 种。

（861）哈尼斜蛉蟋 *Metioche* (*Metioche*) *haanii* (Saussure, 1878)（图 18-259A）

Trigonidium haanii Saussure, 1878: 466.
Metioche (*Metioche*) *haanii*: He, 2018: 527.

主要特征：体长 4.0–5.0 mm。头部背面与额突在同一平面，具细长毛；触角柄节褐色，其余白色；额突凸，约与触角柄节等宽；额唇基沟中间呈弧形上凸；颊下部宽，约为复眼处宽的 1/2。前胸背板密被长毛，宽约等于长，近筒状，前、后缘平直，两侧缘平行。前翅短，略不到达腹端，长卵圆形，中部强烈隆起；纵脉 7 条，且平行。前足胫节听器退化；后足背面两侧各具 3 枚长刺，外侧端距 3 枚，内侧 2 枚。阳茎基背片较宽短，前缘明显内凹，后缘中部内凹，呈二裂叶状，裂叶短，端部尖，内缘齿状。

分布：浙江（杭州）、上海、湖北、江西、湖南、台湾、四川、贵州；印度尼西亚。

421. 斯蛉蟋属 *Svistella* Gorochov, 1987

Svistella Gorochov, 1987: 12. Type species: *Paratrigonidium bifasciatum* Shiraki, 1911.

主要特征：体小型，颜色通常较浅，具斑纹。前胸背板向前稍收缩，通常浅色具许多暗色斑点。雄性具发达的发声器，前翅相当宽，镜膜几乎圆形或稍长。前足胫节纤细，具听器。雄性阳茎基背片后缘中部呈强烈凹状，后侧片端部具长且窄的突起，横桥窄且弧状；导向杆长且细，阳茎基外侧突形状特殊，且与阳茎基背片不完全分离。

分布：古北区、东洋区。世界已知 8 种，中国记录 7 种，浙江分布 2 种。

（862）双带斯蛉蟋 *Svistella bifasciata* (Shiraki, 1911)（图 18-259B，C）

Paratrigonidium bifasciatum Shiraki, 1911: 108.
Svistella bifasciata: Gorochov, 1987: 14.

主要特征：体长 5.5–6.2 mm，稍宽。头背面黄色，复眼间具褐色横斑；额突前面具 1 对弧形黑褐色纵条纹，背面具 3 个褐色斑，稍宽于触角柄节。前胸背板横宽，前、后缘较直；背片黄色，各边缘均具黑褐色带，背片中央具 2 对褐色横纹。前翅伸达腹端，镜膜发达，长稍大于宽，端区极短。前足胫节内侧听器退化，外侧听器膜质，较小，椭圆形；后足胫节背面两侧各具 3 枚长刺。阳茎基背片后侧叶长，端半部急剧收缩成细柱状，端部具小突起。

分布：浙江（杭州）、江苏、上海、安徽、江西、湖南、台湾、海南、四川、贵州；朝鲜，日本。

（863）红胸斯蛉蟋 *Svistella rufonotata* (Chopard, 1932)（图 18-259D–F）

Anaxipha rufonotata Chopard, 1932: 12.
Svistella rufonotata: Gorochov, 1987: 14.

主要特征：体长 5.4–7.4 mm。头部黄色，背面具 2 条微红色纵条纹；额突宽明显长于触角柄节，单眼不明显。前胸背板几乎为黄色，具许多不明显的微红色杂斑，前缘直，后缘略凸，多毛，两侧缘不明显。前翅黄色，稍不到达腹端，镜膜长明显大于宽；后翅黄色，明显超出腹端，约为前翅的 2 倍。前足胫节基部稍膨大，内、外侧听器均为椭圆形，几乎相等；后足胫节背面各具 3 枚长刺。阳茎基背片长，后侧叶基半部向端部逐渐收缩，端半部细柱形；外侧突非常短。

分布：浙江（杭州）、安徽、湖南、广东、广西、贵州、云南、西藏；印度，越南，印度尼西亚。

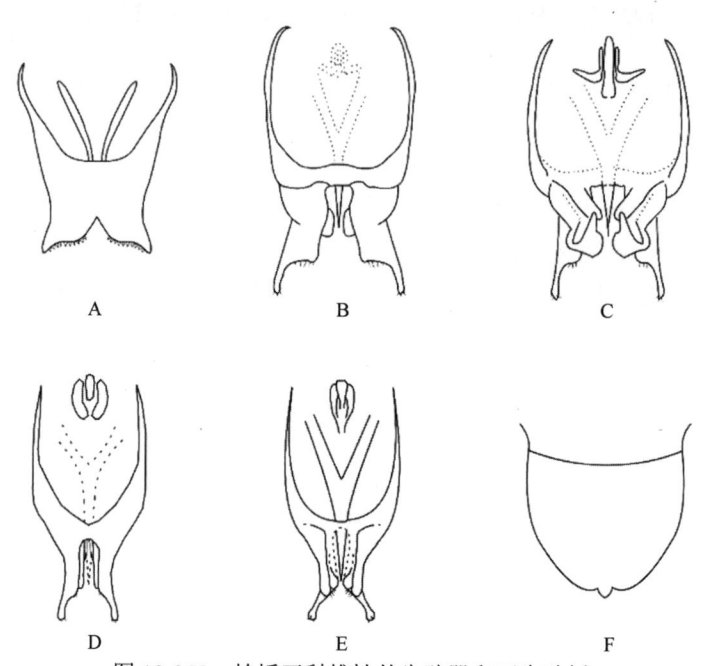

图 18-259 蛉蟋亚科雄性外生殖器和下生殖板
A. 哈尼斜蛉蟋 *Metioche* (*Metioche*) *haanii* (Saussure, 1878)；B，C. 双带斯蛉蟋 *Svistella bifasciata* (Shiraki, 1911)；D–F. 红胸斯蛉蟋 *Svistella rufonotata* (Chopard, 1932)
A，C，D. ♂外生殖器背面观；B，E. ♂外生殖器腹面观；F. ♂下生殖板腹面观

422. 蛉蟋属 *Trigonidium* Rambur, 1838

Trigonidium Rambur, 1838: 39. Type species: *Balamara marroo* Otte *et* Alexander, 1983.

主要特征：体小型。头较大，额突短，较宽；触角细长，复眼突出。前翅光滑，缺毛；雄性前翅无镜膜，则雌、雄性间翅脉相似，如具镜膜，则前翅较宽，镜膜稍长。足长，后足胫节背面两侧各具 3 枚长刺。产卵瓣弯刀状。

分布：世界广布。世界已知 52 种，中国记录 7 种，浙江分布 2 种。

（864）虎甲蛉蟋 *Trigonidium* (*Trigonidium*) *cicindeloides* Rambur, 1838（图 18-260A，B）

Trigonidium cicindeloides Rambur, 1838: 39.
Trigonidium (*Trigonidium*) *cicindeloides*: Gorochov, 1987: 10.

主要特征：体长 3.9–5.3 mm，似甲虫。头黑色，多毛；额突短，约与触角柄节等宽，触角丝状，基部 4 节黑色，其余黄色。前胸背板完全黑色，背片宽稍大于长，前、后缘较直，两侧缘具较多的长毛。前翅角质，黑色，背区较强隆起且具弯曲的纵脉，侧区具 3 条斜纵脉；后翅缺。前、中足黑色，后足几乎黄色；前足胫节缺听器，后足胫节背面两侧缘各具 3 枚长刺，端距 5 枚。阳茎基背片后侧叶较短，内缘具细齿。
雌性：前翅脉序与雄性相似，下生殖板基部宽，两侧缘向上隆起，呈三角形。产卵瓣短，弯刀形，端部上、下缘具细齿。

分布：浙江（丽水）、江苏、福建、台湾、广东、海南、广西、四川、贵州、云南；印度，越南，斯里兰卡，欧洲，非洲。

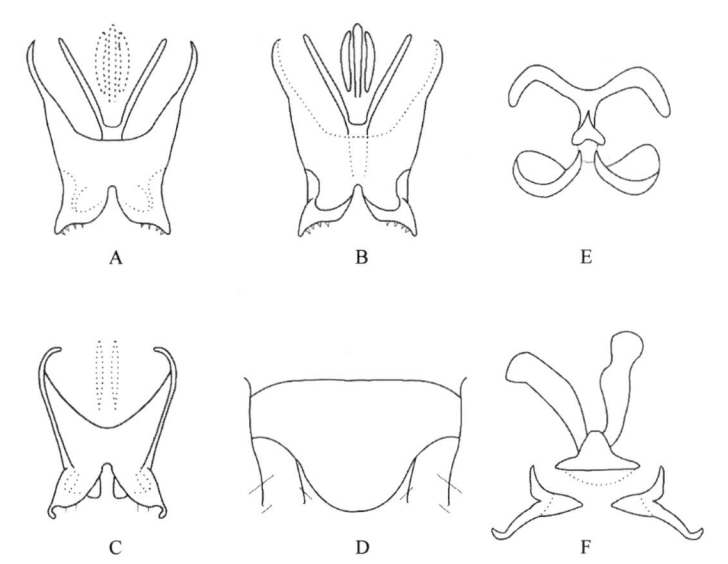

图 18-260 蛉蟋属和蝼蛄属雄性外生殖器和肛上板

A，B. 虎甲蛉蟋 *Trigonidium (Trigonidium) cicindeloides* Rambur, 1838；C，D. 亮黑拟蛉蟋 *Paratrigonidium nitidum* (Brunner von Wattenwyl, 1893)；E. 东方蝼蛄 *Gryllotalpa orientalis* Burmeister, 1838；F. 圆翅蝼蛄 *Gryllotalpa cycloptera* Ma et Zhang, 2011（F. 仿自 Ma and Zhang, 2011）

A，C，E，F. ♂外生殖器腹面观；B. 外生殖器背面观；D. ♂肛上板背面观

（865）亮黑拟蛉蟋 *Trigonidium (Paratrigonidium) nitidum* (Brunner von Wattenwyl, 1893)（图 18-260C，D）

Paratrigonidium nitidum Brunner von Wattenwyl, 1893: 209.
Trigonidium (Paratrigonidium) nitidum: Gorochov, 1987: 10.

主要特征：体长 5.3–5.7 mm，黑色。额突与触角柄节等宽，较短，背面具黑色刚毛；触角黄色，仅基部 2 节黑色。前胸背板黑色，前、后缘较直，宽稍大于长。前翅黑色，背区稍浅；斜脉 1 条，较长，镜膜发达，长稍大于宽，端区不发达。前足胫节基部外侧具卵圆形膜质听器，内侧消失，后足胫节背面两侧缘各具 3 枚长刺；后足股节外侧具 1 纵向黑条纹。阳茎基背片后侧叶明显长于阳茎基外侧突。

分布：浙江（金华）、安徽、福建、云南；缅甸，越南，泰国。

VIII. 蝼蛄总科 Gryllotalpoidea

主要特征：包括蝼蛄和蚁蟋两类，前者中大型，前口式，复眼突出，单眼2枚；前胸背板卵形，较强隆起；具翅；雄性具发声器；前足为挖掘足；产卵瓣退化。后者小型，下口式，复眼退化，缺翅；前足步行足，后者明显粗大；产卵瓣端部分叉。

分布：世界广布。世界已知2科22属220余种，中国记录2科2属14种，浙江分布1科1属2种。

九十七、蝼蛄科 Gryllotalpidae

主要特征：体中大型，具短绒毛。头较小，前口式，触角较短，复眼突出，单眼2枚。前胸背板卵形，较强隆起，前缘内凹。前、后翅发达或退化；雄性具发声器。前足为挖掘足，胫节具2-4个趾状突，后足较短；跗节3节。产卵瓣退化。

生物学：春秋季节多为发生期，昼伏夜出，喜欢取食植物种子和幼苗，是重要的农业害虫。成虫栖息于较潮湿且土质肥沃的沙土中，部分类群具有明显的趋光性。

分布：世界广布。世界已知13属125种，中国记录1属11种，浙江分布1属2种。

（一）蝼蛄亚科 Gryllotalpinae

主要特征：体中大型，褐色至黑褐色，强壮。口器前口式，单眼2枚，额部较强地隆起至唇基部。前胸背板卵形，前缘内凹；雄性通常具发达的发声器。前足的基距源于股节，前足胫节具听器，具3-4枚趾状突；后足较短，非跳跃足。产卵瓣退化。

分布：世界广布。世界已知6属92种，中国记录1属11种，浙江分布1属2种。

423. 蝼蛄属 *Gryllotalpa* Latreille, 1802

Gryllotalpa Latreille, 1802: 275. Type species: *Gryllus gryllotalpa* Linnaeus, 1758.

主要特征：体中大型。头较小，明显窄于前胸背板，额突较强烈隆起；单眼2枚，较突出，缺中单眼；触角较短。前胸背板长明显大于宽，背片强烈隆起，中央具光滑条纹。前翅不到达腹端，具发声器。跗节3节，前足为挖掘足，胫节具4片状趾突，仅内侧具封闭式听器，跗节前2节呈片状趾突，后足较短，胫节背面内缘具刺，近端部外缘端距1枚，内端距3枚，上端距最长，下端距最短。雌性产卵瓣退化。

分布：世界广布。世界已知75种，中国记录11种，浙江分布2种。

(866) 东方蝼蛄 *Gryllotalpa orientalis* Burmeister, 1838（图18-260E）

Gryllotalpa orientalis Burmeister, 1838: 739.

主要特征：体长25.0-35.0 mm，强壮。头明显小，额部至唇基较强的突起；触角短于体长；侧单眼明显大，稍隆起，无中单眼。前胸背板明显宽于头部，明显长卵形，背面明显隆起且具短绒毛。前翅约达腹部中部，约为前胸背板长的 1.4 倍，具发声器；后翅发达，超过腹端。前足胫节具 4 个片状趾突，第 1 个最长，向后依次变短，仅内侧具封闭式听器；胫节外侧背刺 1 枚，内侧背刺 4 枚。阳茎基背片垂直，基部宽，向端部明显变窄，端部较尖；阳茎外侧突窄且短；横桥向端部加宽。

分布：浙江（杭州、金华、丽水）、黑龙江、吉林、辽宁、内蒙古、北京、天津、河北、山东、青海、江苏、上海、湖北、江西、湖南、福建、广东、海南、广西、四川、贵州、云南、西藏；俄罗斯，朝鲜，韩国，日本，尼泊尔，菲律宾，印度尼西亚。

（867）圆翅蝼蛄 *Gryllotalpa cycloptera* Ma et Zhang, 2011（图 18-260F）

Gryllotalpa cycloptera Ma et Zhang, 2011: 47.

主要特征：体长 26.5–27.5 mm，强壮。头明显小，额部至唇基较强的突起；触角短于体长；侧单眼明显大，圆形，稍隆起。前胸背板明显宽于头部，明显长卵形，长约为宽的 1.2 倍。前翅非常小，近圆形；后翅退化。前足胫节具 4 个片状趾突，仅内侧具封闭式听器；胫节内侧背刺 3 枚，外侧无背刺。阳茎基背片盾状，端部前面观平直，背面观呈三角形；横桥宽且强壮，中部"V"形深凹。

分布：浙江（杭州）、江西。

第十九章　革翅目 Dermaptera

革翅目昆虫俗称蠼螋或球螋，成虫体中型，少数种类体大型或很小，身体较长而扁平（图 19-1、图 19-2、图 19-3）。体褐色或黑色，有些种具褐色或黄色斑纹，少数种铜绿色。口器咀嚼式，触角细长，丝状，无单眼，复眼大。翅 2 对，前翅短小，革质覆盖第 1 腹节，后翅膜质，宽大扇形，休止时折叠于前翅下。尾须铗形，雄性弯曲或不对称，雌性简单，向后直伸。蠼螋类喜潮湿，生活在树皮缝隙里、枯叶间、石块下。昼伏夜出，一些蠼螋的第 2–7 腹节具防卫臭腺，能喷射难闻液体。尾须用于防卫和助折叠膜翅。多数蠼螋杂食性，

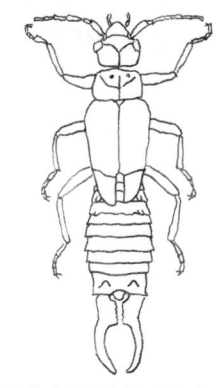

图 19-1　蠼螋成虫背面观（引自 Essig，1942）

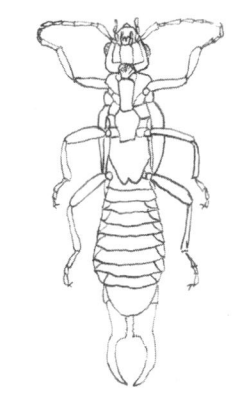

图 19-2　蠼螋成虫腹面观（引自 Essig，1942）

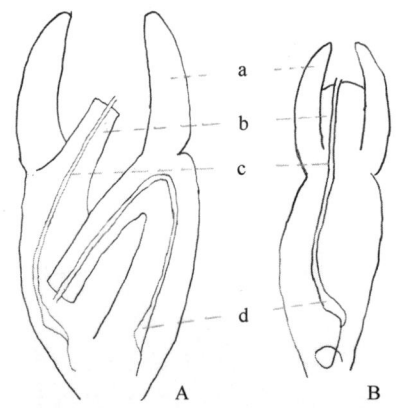

图 19-3　蠼螋成虫雄性外生殖器（引自陈一心和马文珍，2004）
A. 双阳茎叶类；B. 单阳茎叶类；a. 阳茎基侧突；b. 阳茎叶；c. 阳茎端刺；d. 基囊

亦有植食性、肉食性和食尸。鼠蠼类食巨鼠的皮屑，蝠蠼类食皮脂腺的分泌物和食尸。雌性蠼螋对卵及孵化的若虫有保护照料的特性。

若虫发育成熟，进入成虫期后的若干天即可交尾。一般雌虫在交尾后不久便可产卵。越冬的雌虫，常常在次年春天才产卵，雌虫产卵多在栖息处。卵通常椭圆形或圆形，白色、浅黄色或浅红黄色，有光泽，半透明或有小斑点，各种类的卵大小不一，小的约 0.5 mm，大的可达 3 mm。卵表面有圆孔和隆脊。

革翅目昆虫属于不完全变态，若虫除了尾铗较简单，形态与成虫相似，只是体较小，无翅，生活环境也相同。一般尾须也不分节但较直，有的尾须则呈丝状细长而分节。若虫蜕皮的次数因种类不同而异，一般蜕皮 3–4 次，多的达 5–6 次。性二型，雄虫的尾铗大而弯，雌虫则短而直。

革翅目分 4 亚目：原蠼亚目 Archidermaptera，以 10 个侏罗纪的化石种为代表，成虫尾须分节，跗节 4–5 节；蠼螋亚目 Forficulina 种类最多，包含 180 属 1800 余种，成虫尾须不分节、铗形，若虫除原始类群外，尾须不分节；蝠蠼亚目 Arixeniina 包含 2 属 5 种；鼠蠼亚目 Diploglassata 包含 1 属 10 种，无翅，尾须细长。有学者把鼠蠼亚目作为独立目，称重舌目。

革翅目昆虫世界广布，但大多数分布于热带和亚热带地区。目前世界已知现生革翅目 3 亚目 4 总科 10 科 219 属 2028 种，中国记录 4 总科 8 科 59 属 233 种 2 亚种，浙江分布 3 总科 7 科 20 属 33 种，均属蠼螋亚目。

分总科检索表

1. 颈隐蔽，颈骨片在前胸腹板前分开，但后骨片的后缘与前胸腹板前缘分开或融合；雄性外生殖器具 2 阳茎叶 ·················
·· **大尾蠼总科 Pygidicranoidea**
- 颈外露，颈骨片融合，前胸腹板前缘与颈骨片的后缘合并；雄性外生殖器通常具 2 个阳茎叶，有时其中 1 个短缩或退化 ······ 2
2. 尾铗短粗，尾铗基部三棱形，后半部圆柱形；臀板后缘垂直，后缘不分裂；雄性外生殖器有 2 个阳茎 ·····················
··· **肥蠼总科 Anisolabidoidea**
- 尾铗的形状变化较大，基部内缘常扩宽或扩成齿突；雄性外生殖器具 1 个阳茎 ···················· **球蠼总科 Forficuloidea**

I. 大尾蠼总科 Pygidicranoidea

主要特征：身体背腹稍扁平，体表长有较短或较长的柔毛，暗淡色、无光泽。头宽，稍呈三角形。触角粗壮，长有许多毛，15–30 节。前胸背板近椭圆形、圆形，具中沟。前后翅发达。腹部长大而粗，稍扁或狭长，近圆柱形。尾铗稍短或长而扁。雄性外生殖器发达，阳茎端刺成对，足粗壮或细长。

分布：世界广布。世界已知 2 科 30 属 368 种，中国记录 2 科 8 属 46 种，浙江分布 2 科 3 属 4 种。

九十八、大尾蠼科 Pygidicranidae

主要特征：体形长大、粗壮、稍扁平。复眼小；触角 15–30 节，4–6 节横宽。腹部长大或较宽扁，末腹背板发达，足粗壮。

分布：古北区、东洋区、旧热带区、新热带区、澳洲区。世界已知 2 属 202 种，中国记录 4 属 13 种，浙江分布 1 属 1 种。

424. 瘤蠼属 *Challia* Burr, 1904

Challia Burr, 1904: 286. Type species: *Challia fletcheri* Burr, 1904.

主要特征：体狭长，褐色，头大而扁，复眼小，触角细长，前胸背板长大于宽，无前、后翅，中胸背板短宽，具侧脊，后胸背板短宽，后缘弧凹形。腹部狭长，圆柱形，末腹背板具 4 个瘤突，尾铗较扁长，足细长。雌虫与雄虫近似，但尾铗细长，后部内缘具大齿突。足稍粗。

分布：古北区、东洋区。世界已知 3 种，中国记录 1 种，浙江分布 1 种。

(868) 瘤螋 *Challia fletcheri* Burr, 1904（图 19-4）

Challia fletcheri Burr, 1904: 286.

主要特征：体长 20–21.5 mm，尾铗长 5.5–6.5 mm。体形狭长，身体遍布颗粒状刻点和黄色绒毛。头和前胸背板黄色、具暗褐色斑纹，腹部红褐色，末腹背板和尾铗褐黑色，股节具暗黑色纵带，尾铗端部红色。头部长大而扁，头缝较深；复眼小；触角细长，16 节。前胸背板长稍大于宽，前角稍圆，两侧平行，后缘弧形，中沟较深，前部中沟两侧各具 1 小短沟；中胸背板短宽，宽于前胸背板，两侧具全长纵隆脊，后胸背板宽短，后部宽于中胸背板，无翅。腹部细长，稍扁平，最后 3 节稍膨扩，末腹背板长宽几乎相等，背面前部中央具较深的纵向小沟，后部中央有小圆形瘤凸，两侧各有 2 个较大圆形瘤凸。尾铗长而扁，基部 1/4 为平伸，2 支内缘接近，内缘具 1 对齿突，中部内缘弧形，末端尖，向内方弯曲，端部内缘有 1 齿突。足较长，股节具 4 条纵肋。雄性外生殖器卵圆形，前方中央深裂，阳茎叶发达，阳茎端刺长，阳基侧突狭，在末端内方具 1 指状突起。雌性与雄性相似，但腹部圆筒形，尾铗简单，直，圆锥形，端部尖细，向内方弯曲，内缘具 1 列细齿突。

分布：浙江（湖州、杭州、衢州、丽水）、吉林、山东、江西、湖南、西藏；朝鲜。

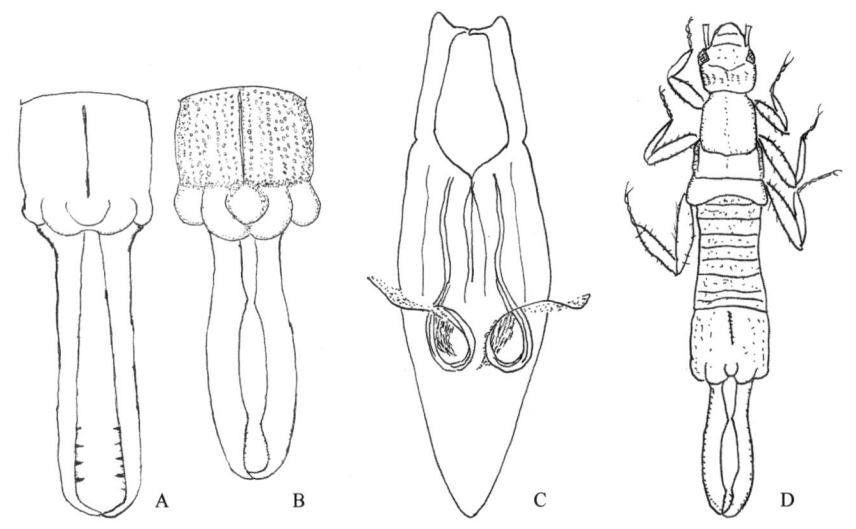

图 19-4 瘤螋 *Challia fletcheri* Burr, 1904
A. ♀末腹背板和尾铗；B. ♂末腹背板和尾铗；C. ♂外生殖器；D. ♂背面观

九十九、丝尾螋科 Diplatyidae

主要特征：体小而细长。头部较宽；复眼大而突出；触角 15–25 节，4–6 节长大于宽。前胸背板椭圆形；前后翅发达。腹部圆柱形、细长；尾铗较短，若虫尾须细长分节。

分布：亚洲的东洋区，非洲的热带和亚热带区；我国主要分布于江南各省市。世界已知 8 属 166 种，中国记录 4 属 33 种，浙江分布 2 属 3 种。

425. 单突丝尾螋属 *Haplodiplatys* Hincks, 1955

Haplodiplatys Hincks, 1955:17. Type species: *Haplodiplatys niger* Hincks, 1955.

主要特征：体形狭长，头部的中部较宽，复眼相对较小，触角细长、17–23 节。前胸背板接近椭圆形，前、后翅发达，腹部细长、圆柱形。雄虫末腹背板较宽，雌虫的末腹背板和亚腹背板均窄而简单，尾铗短而扁，足细长。雄性外生殖器的阳茎基侧突简单，顶端不分裂或分裂不深，内缘较直，无齿突。

分布：东洋区。世界已知 50 种，中国记录 12 种，浙江分布 1 种。

（869）凤阳单突丝尾螋 *Haplodiplatys fenpyangensis* (Zhou, 1985)（图 19-5）

Diplatys fenpyangensis Zhou, 1985: 49.
Haplodiplatys fenpyangensis: Zhou, 1996: 79.

主要特征：体长 12–13 mm，尾铗长 1–1.5 mm。雄性：体细长，深红褐色，被密的黄褐色短毛和稀疏的褐色粗毛。唇基淡黄色，额缝缺乏，冠缝明显，短，额突起；眼中等大，稍突出，颊稍长于眼。触角约 20 节，第 1 节粗且长，约等于第 3 与第 4 节之和，第 2 节很短。前胸背板长稍大于宽，前翅淡褐色，后翅和足正常。腹部细长，呈圆筒形。尾铗直，基部宽，向端部渐锐，末端尖端，向内钩曲。倒末第 2 腹节侧面稍斜，后边缘凹陷。外生殖器阳茎基侧突较短，末端稍尖。雌性：体色与雄性相似，腹部稍平扁，倒末第 2 腹节侧面斜，后边缘宽圆。

分布：浙江（丽水）。

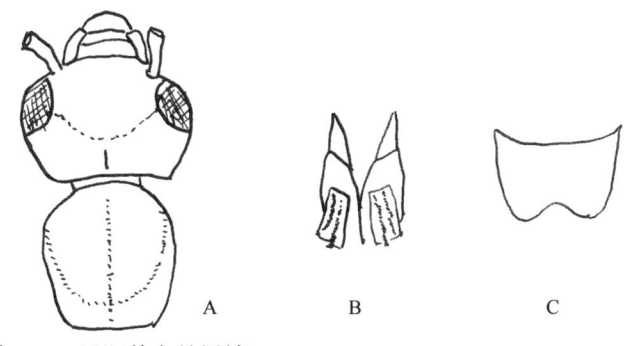

图 19-5 凤阳单突丝尾螋 *Haplodiplatys fenpyangensis* (Zhou, 1985)
A. ♂头部和前胸背板，背面观；B. ♂外生殖器；C. ♂腹部倒末第 2 节

426. 丝尾螋属 *Diplatys* Serville, 1831

Diplatys Serville, 1831: 28, 134. Type species: *Forficula macrocephalus* Palisot de Eauvois, 1805.

主要特征：体型小而狭长，头部长小于宽，复眼相对较大而突出，触角细长、16–23 节。前胸背板相对较小，窄于头部，鞘翅长大，腹部细长，圆柱形，尾铗简单，短而扁宽，足细长。雄性外生殖器接近椭圆形，阳基侧突顶端不深裂，通常顶端尖，有时具 1 延长齿突，内缘具刺突或突起。

分布：东洋区。世界已知 30 种，中国记录 12 种，浙江分布 2 种。

（870）黄色丝尾螋 *Diplatys flavicollis* Shiraki, 1907（图 19-6）

Diplatys flavicollis Shiraki, 1907: 104.

主要特征：体长 11.5–15 mm，尾铗长 1.6–1.8 mm。体型中等或稍大。雄性：一般黑色；触角、股节的基部和亚末腹板褐黑色，前胸背板和鞘翅端部红黄色。头部长大于宽，有光泽，头缝明显，复眼大，凸出；触角长，约 20 节，基节较长大，圆锥形。前胸背板长稍大于宽，具中央纵沟，侧缘圆弧形，后缘平截；鞘翅较短，两侧平行，后外侧角圆弧形，表面具刻点和绒毛，后翅翅柄较短，后端较尖。腹部狭长，圆柱形，向后方稍膨大增宽，末腹背板长稍大于宽，两侧平行，后部稍狭，亚末腹板特殊，两侧稍呈弧形，后角稍尖，中部有 2 个尖角突，形成 3 个内凹；尾铗直，简单，较细长，圆锥形。雄性外生殖器卵圆形，侧缘圆弧形，前缘中央纵裂深，阳茎叶起点在外生殖器的中央部分，阳基侧突细长，端部稍尖，外侧有 1 小角突。雌性：与雄性相似，但股节、腹部和尾铗褐色，眼稍小，腹末背板简单，后缘圆弧形，亚末腹板近似三角形，端部圆。

分布：浙江（湖州、杭州）、江苏、江西、台湾、海南、四川。

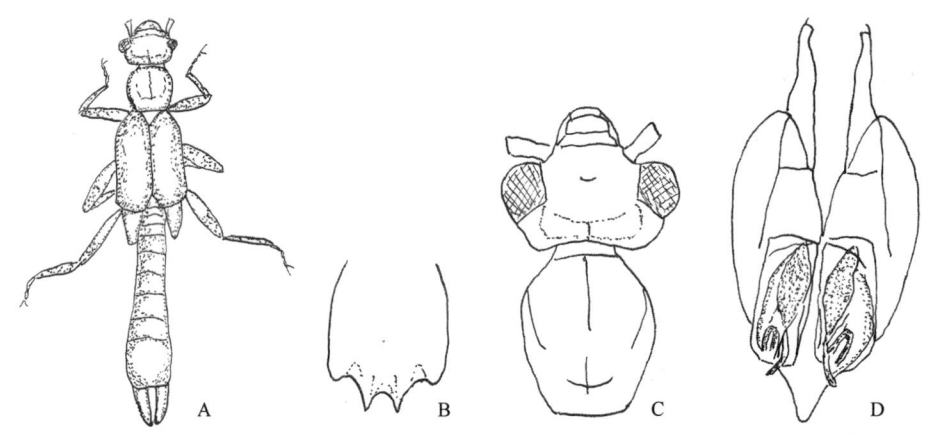

图 19-6　黄色丝尾螋 *Diplatys flavicollis* Shiraki, 1907
A. ♂背面观；B. 亚末腹板；C. 头部和前胸背板；D. ♂外生殖器

（871）隐丝尾螋 *Diplatys reconditus* Hincks, 1955（图 19-7）

Diplatys reconditus Hincks, 1955: 108.

主要特征：体长 10–12 mm，尾铗长 1.2–1.5 mm。体形狭长。雄性：一般深褐色，足、鞘翅的基部和口器褐黄色。头宽扁，额稍圆隆，冠缝明显但短，额缝不明显，后头皱纹弱；复眼大而凸出，明显大于面颊；触角细长，约 17 节。前胸背板长明显大于宽，两侧平行，后缘圆弧形，中央纵沟明显。鞘翅长大，肩脊突出，两侧平行，后缘圆弧形，密布小刻点和黄褐色短绒毛，后翅翅柄约为前翅长的 1/3。腹部细长，圆柱形，密布小刻点和黄褐色短绒毛；腹末背板长宽几乎相等，亚末腹板两后角圆弧形，后缘中央呈弧凹形。尾铗简单，短小，向后直伸，基部宽，外缘向后变细，末端尖。足稍细长。雄性外生殖器椭圆形，阳茎叶较长，起点在生殖板的基部，端部包含分叉的阳茎端刺在内呈马蹄形；阳基侧突细长，外缘中部稍弯，末端尖，向内缘微弯，内缘后方有 1 小齿突。雌性：与雄性相似，但复眼小，鞘翅宽，腹部宽扁，不呈圆柱形，两侧稍弧形，末腹背板两侧向后强度变狭窄。

分布：浙江（湖州、杭州、衢州、丽水）、江苏、江西、台湾、广西、四川。

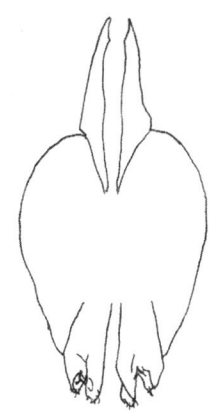

图 19-7　隐丝尾螋 *Diplatys reconditus* Hincks, 1955 雄性外生殖器

II. 肥螋总科 Anisolabidoidea

主要特征：体小至大型，身体或多或少扁平或圆筒形。尾须较粗大，通常不对称。臀板弯曲，朝下方在尾须之间，尾节减缩。头部稍圆隆，复眼小，触角 15–36 节，前胸背板近方形。前、后翅发达或不发育，末腹背板发达。雄性外生殖器具有 2 个发达的阳茎叶和阳茎端刺。足短粗。

分布：世界广布，以热带、亚热带的种类最为丰富。世界已知 2 科 45 属 483 种，中国记录 2 科 11 属 39 种，浙江分布 2 科 6 属 12 种。

一〇〇、肥螋科 Anisolabididae

主要特征：体小至中型、甚肥厚。头部稍圆隆，触角 15–30 节。通常前、后翅不发育。腹部稍扁平、宽阔，尾铗短粗。

分布：世界广布，但以热带和亚热带的种类最为丰富。世界已知 37 属 407 种，中国记录 8 属 30 种，浙江分布 3 属 7 种。

分属检索表

1. 雄性阳茎基侧突长为宽的 3–4 倍 ·· 肥螋属 *Anisolabis*
- 雄性阳茎基侧突长为宽的 2 倍，最多不超过 3 倍 ··· 2
2. 阳茎基侧突后外侧通常为截形 ·· 殖肥螋属 *Gonolabis*
- 阳茎基侧突后外侧非平截形或长不超过宽的 2 倍 ··· 小肥螋属 *Euborellia*

427. 小肥螋属 *Euborellia* Burr, 1910

Euborellia Burr, 1910b: 448. Type species: *Anisolabis mossta* Gene, 1839.

主要特征：体型相对狭小，头部较小，前胸背板接近长方形，通常无前、后翅，腹部第 9 节后缘正常，阳茎叶端部呈脚形。

分布：世界广布。世界已知 47 种，中国记录 7 种，浙江分布 4 种。

分种检索表

1. 前翅和后翅均退化 ··· 2
- 前翅和后翅均发达或仅具前翅 ·· 3
2. 阳茎基侧突外缘为弧形或稍呈钝角形，内缘几不弯曲；触角褐色，端部几节呈灰白色；足黄色，股节具暗褐色环斑 ··· 环纹小肥螋 *E. annulipes*
- 阳茎基侧突顶端较钝，内缘明显弯曲；触角褐红色、第 12–13 节灰白色；胫节和跗节黄色 ··· 密点小肥螋 *E. punctata*
3. 亚末腹板后缘圆弧形；阳茎基侧突端部钝 ··· 袋小肥螋 *E. annulata*
- 亚末腹板两侧向内弯曲，后圆弧形；阳茎基侧突顶端稍尖 ··· 贝小肥螋 *E. plebeja*

（872）密点小肥螋 *Euborellia punctata* Borelli, 1927（图 19-8）

Euborellia punctata Borelli, 1927: 62.

主要特征：雄性体长 11.5–12.5 mm，尾铗长 1.6–1.9 mm；雌性体长 13–14.5 mm，尾铗长 2–2.4 mm。体型稍狭小，黑褐色，股节和胫节具深暗色环斑。头部三角形，额部圆隆，冠缝和额缝显著；复眼小，稍突出；触角细长，褐红色，念珠状，16 节。前胸背板长稍大于宽，约与头宽相等，中央具纵向小沟，无前翅和后翅；中胸和后胸背板短宽，两侧向后方逐渐变宽，后缘呈弧凹形。腹部狭长，两侧向后方逐渐增宽，第 3–4 节背板两侧具瘤凸，末腹背板两侧向后逐渐狭窄，背中具沟，亚末腹板宽大于长，后缘圆弧形。尾铗较短小，雄性两支尾铗不对称，远离，基部宽，后端向内方弧形弯曲，末端尖。足较细长。雄性外生殖器宽大，阳基侧突宽大于长，外侧角呈钝角，顶端钝，阳茎叶大，具暗色骨化斑。雌性与雄性相似，两支尾铗对称。

分布：浙江（湖州、杭州）、江苏、广东、香港、广西。

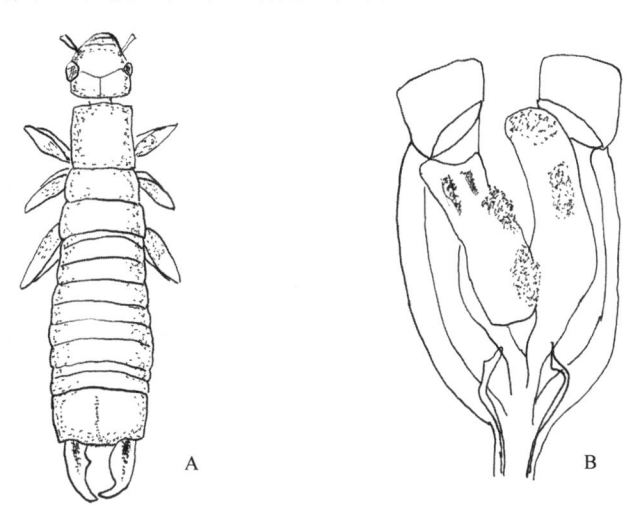

图 19-8　密点小肥螋 *Euborellia punctata* Borelli, 1927
A. ♂背面观；B. ♂外生殖器

（873）贝小肥螋 *Euborellia plebeja* (Dohrn, 1863)（图 19-9）

Labidura plebeja Dohrn, 1863: 322.
Euborellia plebeja: Hincks, 1947: 520, 522.

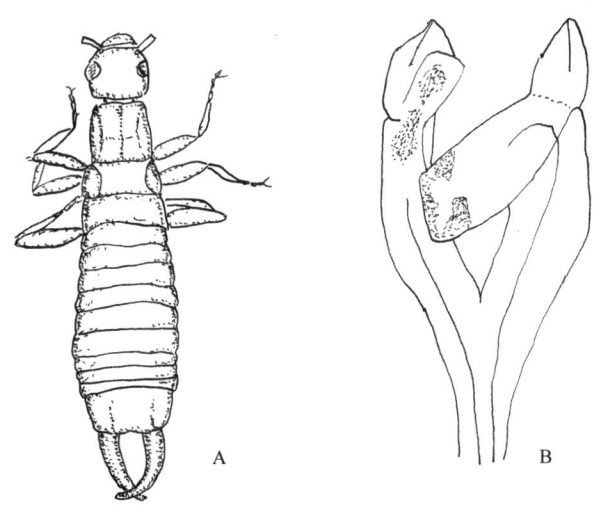

图 19-9　贝小肥螋 *Euborellia plebeja* (Dohrn, 1863)
A. ♂背面观；B. ♂外生殖器

主要特征：雄性体长 10–12.5 mm，尾铗长 1.5–2 mm；雌性体长 9–11.5 mm，尾铗长 1.5–3 mm。体中型，狭长，黑色或黑褐色，有光泽；口器和触角褐色，额和前胸背板的侧缘及足黄色，股节和胫节的基部色深。头部宽大，头缝微显，复眼小，稍突出；触角细长，16节。前胸背板长大于宽，中沟明显，前翅缩变成口袋盖，置于中胸背板的两侧，无后翅，后胸背板短宽，后缘弧凹形。腹部狭长，两侧稍呈弧形，第2–6节背板后缘具长的硬毛，第7–9节两侧具纵向隆脊，后角向后延伸成尖角状；末腹背板宽大于长，亚末腹板两侧向内方弯曲，后缘弧形。尾铗粗短，基部宽，向内方弯曲成弧形，末端尖，雄性两支不对称。足较细长。雄性外生殖器：阳基侧突较短小，两侧弧形弯曲，末端钝尖，阳茎叶具深色骨化斑。雌性与雄性相似，尾铗内缘直，向后直伸，末端尖，两支对称。

分布：浙江（湖州、杭州、丽水）、江苏、广东、云南。

(874) 环纹小肥螋 *Euborellia annulipes* (Lucas, 1847)（图19-10）

Forficesila annulipes Lucas, 1847: 84.
Euborellia annulipes: Sakai, 1987: 2389.

主要特征：体长10–15 mm，雄性尾铗长1.7–2 mm，雌性尾铗长2–3.5 mm。体型狭小，具光泽，暗褐色，前胸背板两侧和足的大部呈灰黄色。头部三角形，头缝明显；触角细长，18–19节，大多呈念珠状。前胸背板长大于宽，中沟明显；前、后翅均缺；中胸背板横宽，后胸背板短宽，后缘呈弧凹形；足细长，股节和胫节有暗褐色环斑。腹部狭长，遍布刻点和皱纹；末腹背板长短于宽；亚末腹板后缘宽圆形；雄性尾铗不对称，两支基部远离，基部粗，向后变细，向内方弧形弯曲，顶端尖；雌性尾铗向后直伸。雄性外生殖器的阳茎基侧突较短小，外侧弧形，端部钝，阳茎叶一长一短，具暗色骨化板。

分布：浙江（台州）、江苏、湖北、湖南、福建、广西、贵州、云南；世界广布。

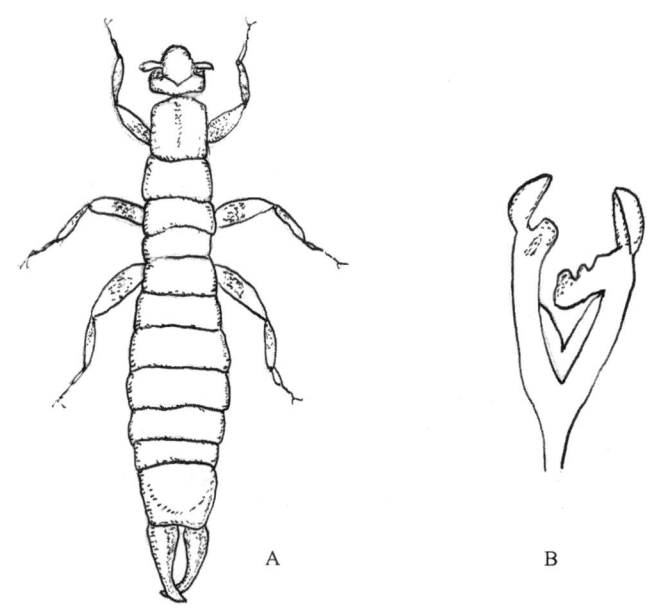

图19-10 环纹小肥螋 *Euborellia annulipes* (Lucas, 1847)
A. ♂背面观；B. ♂外生殖器

(875) 袋小肥螋 *Euborellia annulata* (Fabricius, 1793)（图19-11）

Forficula annulata Fabricius, 1793: 4.
Euborellia (*Euborellia*) *annulata*: Sakai, 1987: 2379.

主要特征：体长7–9 mm，雄性尾铗长1–1.5 mm，雌性尾铗长1 mm。体型狭小，暗褐色或褐红色，具光泽；股节具暗褐色或黑色环斑。头部短宽；复眼较小；触角细长，15–20节，触角近端部2–4节灰白色。

前胸背板侧边黄色，长宽几乎相等，中央沟明显；鞘翅窄小，退化，无后翅；足黄色、短粗，股节和胫节具浅灰色环形斑。腹部狭长，遍布刻点和皱纹；雄性尾铗粗大，弧形，末端钝；雌性尾铗两支内缘接近，弯度小或直形，顶端向内侧弯。雄性外生殖器的阳茎基侧突短小，外缘弧形，端部钝，阳茎叶较长，其中1个呈二突刺状。

分布：浙江（衢州）、江苏、湖北、湖南、福建、广东、海南；印度尼西亚。

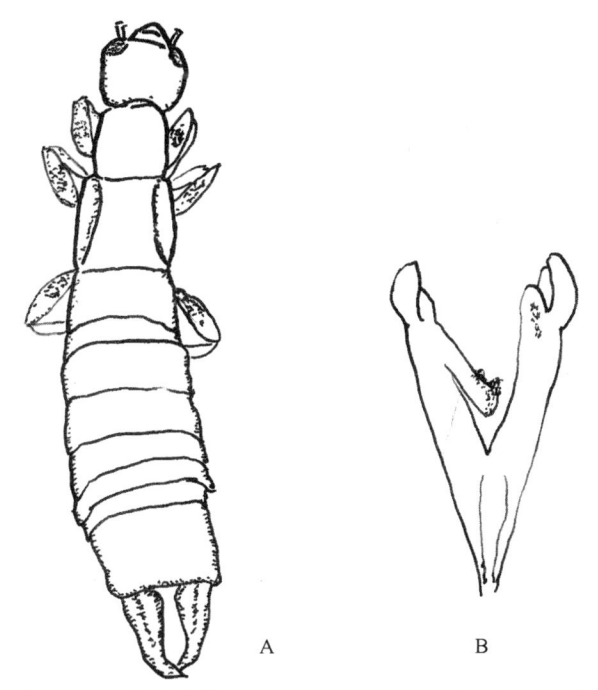

图 19-11　袋小肥螋 *Euborellia annulata* (Fabricius, 1793)
A. ♂背面观；B. ♂外生殖器

428. 殖肥螋属 *Gonolabis* Burr, 1900

Gonolabis Burr, 1900: 48. Type species: *Anisolabis javana* Bormans, 1883.

主要特征：体型中等，体表暗褐色到浅红褐色或浅黄褐色。头部圆隆，复眼较小，触角细长。前、后翅均缺，腹部狭长，末腹背板较宽，雄性尾铗短粗，两支不对称。

分布：世界广布。世界已知41种，中国记录9种，浙江分布2种。

（876）明殖肥螋 *Gonolabis distincta* (Nishikawa, 1969)（图 19-12）

Gelotolabis distincta Nishikawa, 1969: 47.
Gonolabis distincta: Steinmann, 1978: 168, 169.

主要特征：体长 13.5–20.2 mm，尾铗长 2.5–3.8 mm。体型较大，具光泽，褐色或红褐色。雄性头部长三角形，复眼较突出；触角细长，19–22 节，遍布黄色短毛。前胸背板长方形；无前、后翅。腹部狭长，密布小刻点和黄色短毛。足较长大，胫节和股节密布金黄色绒毛。尾铗不对称，基部呈三棱形，后部圆锥形，向内侧弯曲。雄性外生殖器宽大，阳茎基侧突中部较宽，左侧的阳茎叶端部呈小刺突。雌性体型较长大，尾铗对称，末端尖。

分布：浙江（台州）、江苏、福建、台湾、香港、广西、云南；日本。

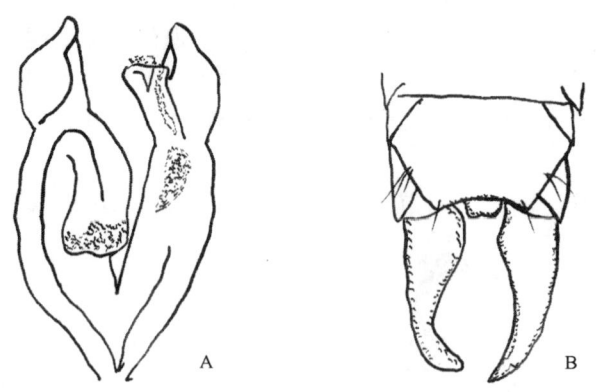

图 19-12　明殖肥蠼 *Gonolabis distincta* (Nishikawa, 1969)
A. ♂外生殖器；B. ♂亚末腹板

（877）卡殖肥蠼 *Gonolabis cavaleriei* (Borelli, 1921)（图 19-13）

Anisolabis cavaleriei Borelli, 1921: 158.
Gonolabis cavaleriei: Steinmann, 1978: 169, 170.

主要特征：体长 13.5–18.5 mm，雄性尾铗长 3 mm，雌性尾铗长 2.9 mm。体型相对长大，具光泽，暗褐色或褐红色，足有时褐黄色。头部长三角形，复眼较小；触角细长，15–21 节。前胸背板接近方形；前、后翅均缺；足细长。腹部狭长，雄性尾铗两支不对称，后部圆柱形，末端尖，向内侧弯曲。雌性尾铗两支接近，顶端尖。雄性外生殖器，阳茎叶一长一短，阳茎基侧突长稍大于宽，外侧角稍圆，呈钝角状。

分布：浙江（湖州）、山东、甘肃、江苏、安徽、湖南、福建、台湾、海南、广西、四川、贵州、云南。

图 19-13　卡殖肥蠼 *Gonolabis cavaleriei* (Borelli, 1921)雄性外生殖器

429. 肥蠼属 *Anisolabis* Fieber, 1853

Anisolabis Fieber, 1853: 257. Type species: *Forficula maritima* Gene, 1832.

主要特征：体型较长大，粗壮，通常黑褐色，具光泽。头部长大，复眼相对较大；触角细长，15–25 节。前胸背板近方形；前、后翅均退化，但个别种有前翅。腹部长大，雄性尾铗较短粗，基部宽，向后变细，弧形弯曲，两支不对称；雌性两支尾铗对称。雄性外生殖器长大，阳茎基侧突较长，一般为宽的 3–4 倍。

分布：世界广布。世界已知 100 种，中国记录 8 种，浙江分布 1 种。

（878）肥蠼 *Anisolabis* (*Anisolabis*) *maritima* (Borelli, 1832)（图 19-14）

Forficula maritima Borelli, 1832: 224.
Anisolabis (*Anisolabis*) *maritima*: Sakai, 1987: 2482.

主要特征：体长 14.5–23 mm，尾铗长 3–4.2 mm。体型较粗壮，黑色或暗褐色。头部三角形，较宽；触角细长，18–22 节。前胸背板长稍大于宽；前、后翅退化。中胸背板宽于前胸背板，后胸背板甚短。足细长，胫节和股节密被黄色短毛。腹部狭长，雄性尾铗短粗，两支不对称，基部较宽，向后变细，弧形弯曲，顶端尖。雌性尾铗向后直伸，顶端尖，向内侧弯曲。雄性外生殖器长大，阳茎叶细长，具阳茎端刺，阳茎基侧突长菜刀形。

分布：浙江（台州）、江苏、湖北、湖南、广西、四川、贵州；东南亚，非洲。

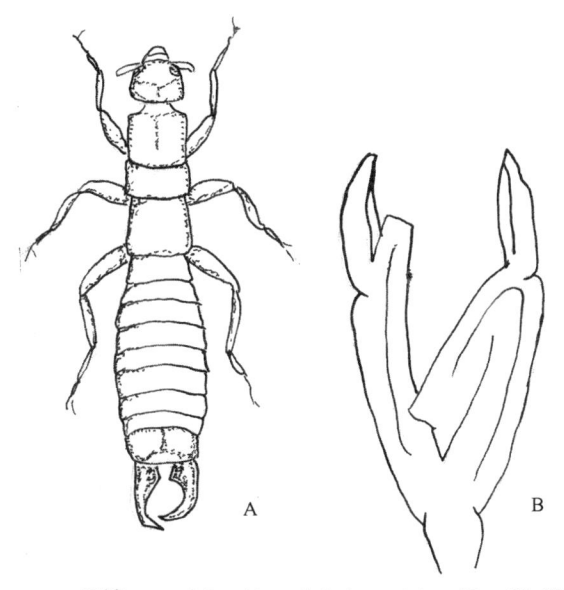

图 19-14　肥螋 *Anisolabis* (*Anisolabis*) *maritima* (Borelli, 1832)
A. ♂背面观；B. ♂外生殖器

一〇一、蠼螋科 Labiduridae

主要特征：体狭长，稍扁平。头部圆隆，触角15–36节；前翅和后翅发达，具侧纵脊；足发达，股节较粗。腹部狭长，尾铗中等长。雄性具阳茎端刺和基囊。

分布：世界广布，主要分布于古北区、东洋区。世界已知8属76种，中国记录3属9种，浙江分布3属5种。

分属检索表

1. 体型狭小，密布短绒毛；足短壮，后足股节短于前胸背板，跗节短粗；尾铗短 ················ **纳蠼螋属 Nala**
- 体型长大；足长大，后足股节长于前胸背板；尾铗长大 ··· 2
2. 腹部狭长，雄虫腹部两侧具齿突；雄虫尾铗细长，强度弯曲 ····································· **钳螋属 Forcipula**
- 腹部相对粗短，两侧无刺突；雄虫尾铗稍粗短，稍弯曲 ··· **蠼螋属 Labidura**

430. 钳螋属 *Forcipula* Bolívar, 1897

Forcipula Bolívar, 1897: 283. Type species: *Labidura quadrispinosa* Dohrn, 1863.

主要特征：体中至大型，甚狭长，褐色或褐红色。头部较宽，触角细长，20节以上，鞘翅狭长，后翅发达或缺，腹部狭长，背板两侧具刺突或突起，尾铗细长，足细长。

分布：世界广布。世界已知26种，中国记录6种，浙江分布2种。

（879）棒形钳螋 *Forcipula clavata* Liu, 1946（图19-15）

Forcipula clavata Liu, 1946: 22.

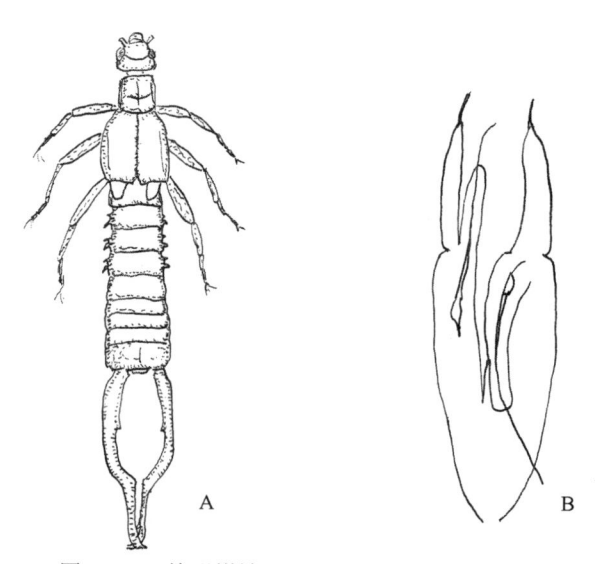

图19-15 棒形钳螋 *Forcipula clavata* Liu, 1946
A. ♂背面观；B. ♂外生殖器

主要特征：体长25–26 mm，雄性尾铗长15 mm，雌性尾铗长6–8 mm。体形长大，浅褐色或黑褐色；前胸背板的周边和足，以及翅端半部的内缘黄褐色，鞘翅和铗有时呈淡红色，身体密布浅黄色绒毛。头部较宽，宽于前胸背板，头缝明显；复眼大而突出；触角细长，30–32节。前胸背板长大于宽，具中央沟。鞘翅发达，后翅翅柄稍突出。腹部狭长，两侧向后逐渐扩展，第 3-8 节每节两侧各具 2 个刺突，第 3-5 节的刺突强大，向后方呈钩状弯曲；末腹背板横宽，中央沟明显，臀板短小，垂直三角形，背面不可见，亚末腹板横宽，后缘圆弧形，中央凹缘弱。尾铗长大，基部宽，三角形，尾铗基半部呈弧形弯曲，内缘密布小刺突，端半部较直，近末端部向内方弧形弯曲，顶端尖。足细长。雄性外生殖器的阳基侧突较细长，顶端尖细，阳茎端刺细长。雌性与雄性相似，但体型较大，腹部第 3-8 节两侧无刺突，末腹背板后方狭，尾铗短而直。

分布：浙江（湖州、杭州、衢州、丽水）、江西、四川；印度。

（880）素钳蠼 *Forcipula decolyi* Bormans, 1900（图 19-16）

Forcipula decolyi Bormans, 1900: 444.

主要特征：体长 20-26 mm，雄性尾铗长 8-17 mm，雌性尾铗长 5.5-8 mm。体形长大而扁平，呈暗黑褐色或红褐色，触角和足黄色，全身遍布黄色毛。头部短宽，复眼突出；触角细长，29 节。前胸背板近方形；鞘翅狭长，长为宽的 2 倍；后翅翅柄很短，近三角形。足稍细长。腹部狭长，第 2-5 节的每节背板两侧各有 2 个一上一下、大小不同、斜向排列的刺突。雄性尾铗弯曲，较长大，约与腹部等长，两支向后平伸，顶端尖，向内方弯曲，近基部的内侧缘呈锯齿状。雌性腹部的背板两侧无齿突，尾铗向后直伸，较短。雄性外生殖器的阳茎基侧突较细长，端部钝，顶端尖。

分布：浙江（湖州）、江西、四川；印度。

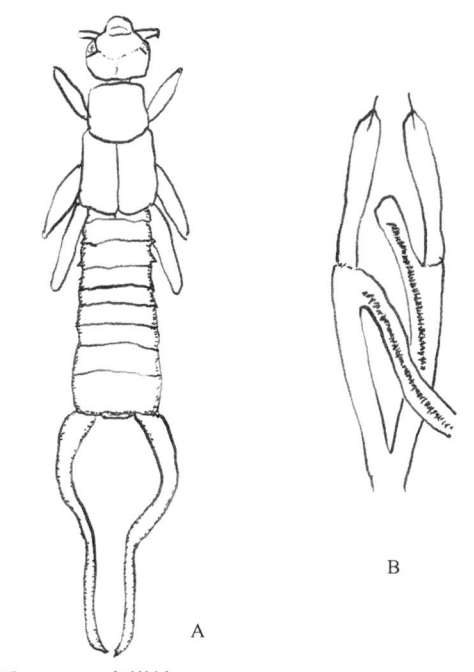

图 19-16 素钳蠼 *Forcipula decolyi* Bormans, 1900
A. ♂背面观；B. ♂外生殖器

431. 纳蠼螋属 *Nala* Zacher, 1910

Nala Zacher, 1910: 29. Type species: *Forficula lividipes* Dufour, 1910.

主要特征：体型狭小，暗黑色，头部较宽，触角细长、20 节以上，鞘翅和后翅发达，腹部狭长，尾铗弧形，足短壮，全身遍布短绒毛。

分布：世界广布。世界已知 12 种，中国记录 2 种，浙江分布 2 种。

(881) 纳蠼螋 *Nala lividipes* (Dufour, 1829)（图 19-17）

Forficula lividipes Dufour, 1829: 340
Nala lividipes: Burr, 1911a: 36.

主要特征：雄性体长 7–11 mm，尾铗长 1.5–3 mm；雌性体长 6.5–10 mm，尾铗长 1.5–2 mm。体型狭小，污栗色或褐色，头黑色，鞘翅黄褐色，足褐黄色，股节基部和端部具深色环纹。头部光滑，宽于前胸背板，额部圆隆，头缝不明显；复眼小而突出；触角细长，褐色，25–30 节。前胸背板长稍大于宽，中央沟明显；鞘翅和后翅发达，鞘翅具侧脊。腹部狭长，光滑，两侧向后方扩展，末腹背板横宽，后缘中央弧形凹陷，亚末腹板后缘圆弧形。尾铗短，向内方弧形弯曲，基部粗，向后方逐渐变细，顶端尖，内缘中部或中部之后具 1 个齿突。足粗短。雄性外生殖器的阳基侧突烛形，末端尖细。雌性与雄性相似，但尾铗简单，向后直伸，稍向内方弯曲。

分布：浙江（湖州、杭州、衢州、丽水）、海南、云南；亚洲，欧洲南部，非洲。

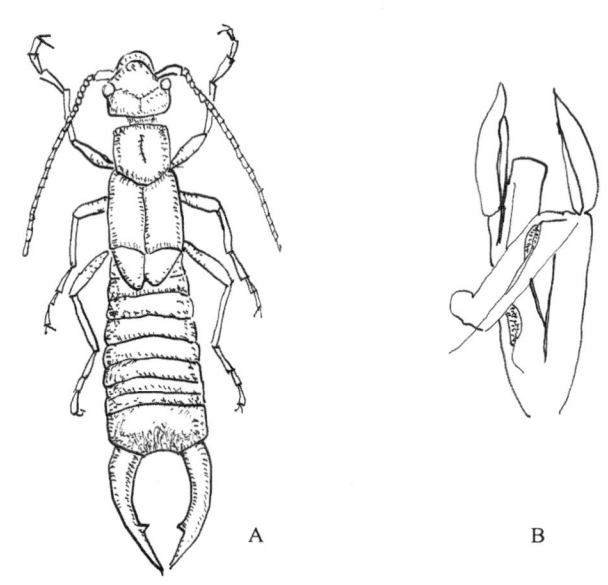

图 19-17　纳蠼螋 *Nala lividipes* (Dufour, 1829)
A. ♂背面观；B. ♂外生殖器

(882) 尼纳蠼螋 *Nala nepalensis* (Burr, 1907)（图 19-18）

Labidura nepalensis Burr, 1907a: 208.
Nala nepalensis: Burr, 1911b: 36.

主要特征：雄性体长 7.5–10 mm，尾铗长 3 mm；雌性体长 8.5–11 mm，尾铗长 1.7–2 mm。体型狭小，污黑色，末腹背板和尾铗红黑色，触角灰色，股节和胫节后半部为浅黄色。头部光滑圆隆，头缝不明显；复眼小，突出，触角细长，21 节。前胸背板长大于宽，鞘翅长，侧面具隆脊，翅柄短小，足细长。腹部光滑，遍布黄色短绒毛，两侧向后方稍扩展，末腹背板横宽，背面中央沟明显。尾铗基部 2/5 内缘扁扩，锯齿状，后内角较尖，后 3/5 近于弧形且向内方弯曲，末端尖。雄性外生殖器的阳基侧突较长，端部尖细。雌性与雄性相似，尾铗较短，圆锥形，基部内缘不扩展，末端尖。

分布：浙江（湖州、杭州、丽水）、湖北、湖南、福建、广东、广西、贵州、云南；印度，尼泊尔，马来西亚，阿富汗。

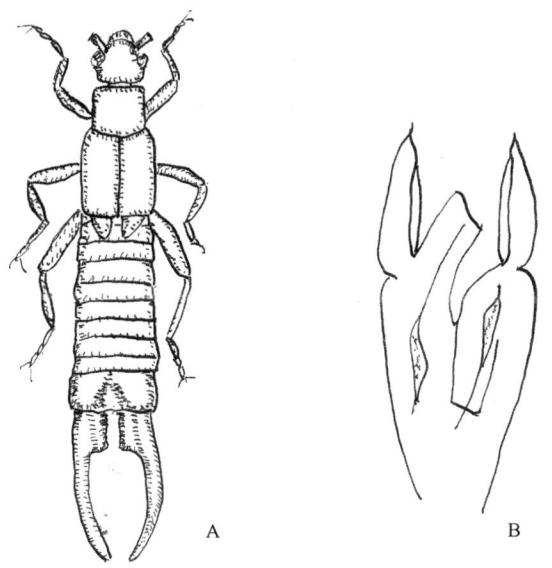

图 19-18 尼纳蠼螋 *Nala nepalensis* (Burr, 1907)
A. ♂背面观；B. ♂外生殖器

432. 蠼螋属 *Labidura* Lench, 1815

Labidura Lench, 1815: 118. Type species: *Forficula riparia* Pallas, 1773.

主要特征：体长大而扁，多为中到大型，头部较宽，触角细长、20–36 节，鞘翅发达，腹部狭长，尾铗长大，稍呈弧形。

分布：世界广布。世界已知 10 种，中国记录 1 种，浙江分布 1 种。

（883）蠼螋 *Labidura riparia* (Pallas, 1773)（图 19-19）

Forficula riparia Pallas, 1773: 727.
Labidura riparia eburnea: Semenov, 1938: 237.

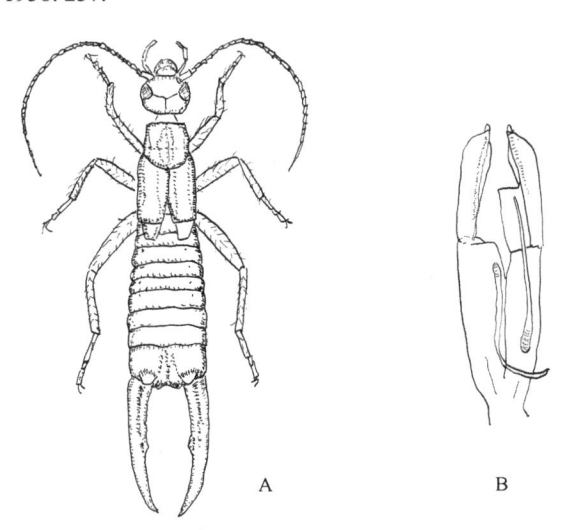

图 19-19 蠼螋 *Labidura riparia* (Pallas, 1773)
A. ♂背面观；B. ♂外生殖器

主要特征：体长 12–24 mm，雄性尾铗长 7–10 mm，雌性尾铗长 5–6 mm。体形长大，通常深褐色或黄色和红黄色。头部红色，触角黄色；前胸背板深褐色，侧缘黄色；鞘翅深褐色，翅外缘黄色；足黄色，腹深褐色，侧缘黄色；尾铗黄褐色。头部宽大，头缝明显；复眼小，触角细长，28节，圆筒形。前胸背板长大于宽，前缘平直，两侧平行，后缘圆弧形，中央纵沟明显；鞘翅长，两侧具全长纵侧脊，背面较平，遍布颗粒状皱纹。腹部宽而长大，由第1节向后逐节变宽，第4–8节背板后缘排列小瘤凸；末腹背板短宽，两侧平行，后缘中部具1对齿状突；亚末腹板近梯形，后缘中央微凹。尾铗基部分开较宽，向后弧形弯曲，基部较粗，三棱形，中部内缘各具1–2个小瘤突，末端尖细。雄性外生殖器长大，阳基侧突宽，外缘较直。雌性与雄性相似，尾铗直而尖。足正常。

分布：浙江（湖州、杭州、衢州、丽水）、黑龙江、吉林、辽宁、河北、山西、山东、河南、陕西、宁夏、甘肃、江苏、湖北、江西、湖南、四川；欧洲，北非。

III. 球蠼总科 Forficuloidea

主要特征：体形变异较大，尤其是尾铗的长度、粗细、弯曲度和分支的有无和多少等。雄性外生殖器仅有 1 个阳茎端叶。头部呈三角形，触角 12–22 节。前胸背板椭圆形、方形等。前翅和后翅发达，短缩或不发育。腹部狭长，背板第 3–4 节两侧各有 1 个明显瘤突。足细长，股节较发达，跗节细弱。

分布：世界广布，但以热带、亚热带的种类最为丰富，是革翅目中最大的类群。世界已知 3 科 121 属 1124 种，中国记录 3 科 38 属 146 种，浙江分布 3 科 11 属 17 种。

分科检索表

1. 腹部第 2–6 节背板前排刚毛 3 对（A1、2、5）；第 2 跗节简单，不扩展 ································ 苔蠼科 Spongiphoridae
- 第 2 跗节扩展或在第 3 节腹面具狭长的叶突 ·· 2
2. 触角 15–20 节；第 2 跗节腹面具狭长叶突，常延伸至第 3 节的中后部，仅从两侧可见 ············ 垫跗蠼科 Chelisochidae
- 触角 12–16 节；第 2 跗节叶状或肾形，从第 3 节的边缘可见 ·· 球蠼科 Forficulidae

一〇二、苔蠼科 Spongiphoridae

主要特征：体形多长而扁，头部较大，触角细长，15–20 节，鞘翅发达，腹部长而扁平，尾铗长而扁，雄性两支基部远离。

分布：热带和亚热带地区；我国主要分布在长江以南地区。世界已知 42 属 526 种，中国记录 8 属 15 种，浙江分布 1 属 1 种。

433. 姬苔蠼属 *Labia* Leach, 1815

Labia Leach, 1815: 118. Type species: *Forficula minor* Linnaeus, 1758.

主要特征：体小型，触角 10–15 节，鞘翅和后翅发达，腹部稍扁、中部较宽，尾铗弧形、两支基部远离。

分布：世界广布。世界已知 6 种，中国记录 1 种，浙江分布 1 种。

（884）米姬苔蠼 *Labia minor* (Linnaeus, 1758)（图 19–20）

Forficula minor Linnaeus, 1758: 423.
Labia minor: Linnaeus, 1758: 824.

主要特征：体长 4–5 mm，雄性尾铗长 0.75–1.25 mm，雌性尾铗长 0.5–0.75 mm。体型狭小，褐或深褐色；触角褐色，足黄色，腹部红褐色或深褐色，头部比前胸背板和鞘翅色深；身体表面有刻点和细柔毛，鞘翅和翅柄刻点和柔毛浓密。头横宽，两侧弧形，后缘中央凹陷，眼小。前胸背板横宽，两侧平直或稍弧形，朝向后方渐增宽，后缘中凸；前翅和后翅发达，足短小。腹部短，中部宽，末腹背板横宽，亚末腹板宽，后缘圆弧形，中央有 1 长的突起。尾铗基部三角形，端部圆锥形，稍向内方弯曲，尾铗基部内缘具 1 基齿。雄性外生殖器的阳基侧突分裂成两叉。雌性与雄性相似，尾铗短，向后方直伸。

分布：浙江（杭州）、江苏；世界广布。

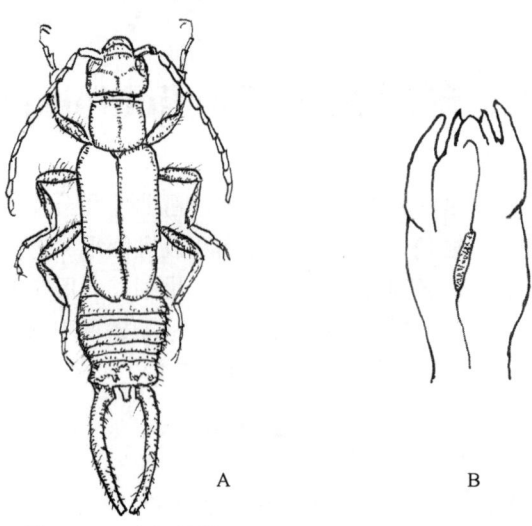

图 19-20　米姬苔蠼 *Labia minor* (Linnaeus, 1758)
A.♂背面观；B.♂外生殖器

一〇三、垫跗螋科 Chelisochidae

主要特征：体形狭长，稍扁平，额部稍圆隆，触角12–23节。前胸背板与头部几等宽，前翅和后翅发达。足较短，跗节第2节的基部有1长于本节、侧端可见的钉子形突。腹部狭长，尾铗扁平，两支远离，向后稍延长。

分布：主要分布于东洋区、澳洲区，非洲有2个属。世界已知15属98种，中国记录8属18种，浙江分布2属2种。

434. 首垫跗螋属 *Proreus* Burr, 1907

Proreus Burr, 1907b: 91. Type species: *Forficula simulans* Stål, 1860.

主要特征：体形较细长，属于较细小的类群；体色多为红褐色或褐色。头部圆，触角细长，15–20节；复眼小而突出。前胸背板长大于宽，鞘翅宽于前胸背板，后翅翅柄突出。足短粗。腹部狭长，尾铗长短不一，接近弧形，雌性尾铗较直，内缘大多具齿突。雄性阳茎基侧突顶端一般较细尖，有1对基囊。

分布：东洋区、澳洲区。世界已知22种，中国记录6种，浙江分布1种。

（885）首垫跗螋 *Proreus simulans* (Stål, 1860)（图 19-21）

Forficula simulans Stål, 1860: 302.
Proreus simulans: Burr, 1907b: 131.

主要特征：体长8–11 mm，尾铗长3–4.5 mm。体形狭长，褐色；头部褐红色或黄红色；触角、前胸背板、前后翅、尾铗和足为黄褐色，鞘翅和后翅翅柄具浅黄色中央纵向条纹。头部稍扁，复眼突出；触角细长，15–19节。前胸背板长大于宽，鞘翅狭长，后翅翅柄发达，端部圆。足粗短。腹部狭长，尾铗较细而尖。雄性阳茎基侧突外缘弧形，端部突然变细，顶端尖，阳茎端刺细长，基囊1对，较粗。

分布：浙江（丽水）、海南、广西、云南；印度，缅甸。

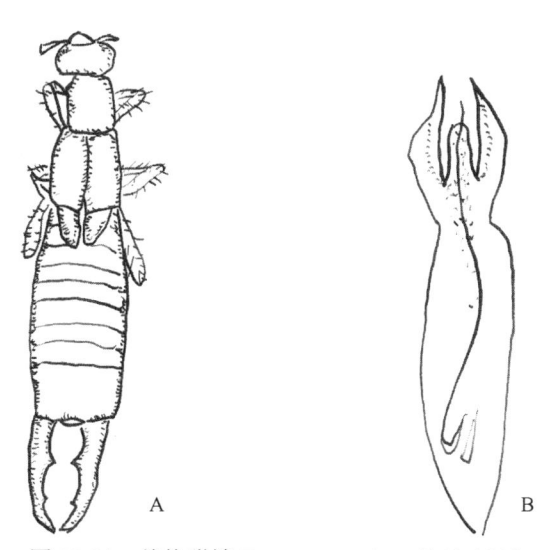

图 19-21 首垫跗螋 *Proreus simulans* (Stål, 1860)
A. ♂背面观；B. ♂外生殖器

435. 垫跗螋属 *Chelisoches* Scudder, 1876

Chelisoches Scudder, 1876: 295. Type species: *Forficula morio* Fabricius, 1775.

主要特征：体多中型。头圆隆，复眼较小，触角细长，12–23 节。前胸背板与头部几等宽，鞘翅和后翅发达。腹部两侧接近平行。雄性尾铗较长而扁平，两支基部远离，内缘具齿突。雌性尾铗较细长，顶端尖锐，内缘无齿突。

分布：世界广布。世界已知 15 种，中国记录 2 种，浙江分布 1 种。

（886）垫跗螋 *Chelisoches morio* (Fabricius, 1775)（图 19-22）

Forficula morio Fabricius, 1775: 270.
Chelisoches morio: Brindle, 1969: 85–87.

主要特征：体长 13–18.5 mm，尾铗长 3–8 mm。体形较宽，黑色或暗褐色，稍具光泽。头部较宽，头缝较深；复眼小；触角细长，18–21 节。前胸背板长大于宽，鞘翅发达，后翅翅柄通常短缩。腹部长大，两侧接近平行，末腹背板横宽，亚末腹板后缘弧形。尾铗短宽，向后方直伸，后端向内侧弯曲，内缘中部有 1–2 个齿突，有时基部扁扩，其边缘具小突起。足粗短，股节较宽，跗节相对亦短，第 1 跗节较长。雄性阳茎基侧突细长，弧形，顶端尖，基囊较短。雌性尾铗较细，内缘无齿。

分布：浙江（衢州）、湖南、海南、贵州、云南；越南，世界广布。

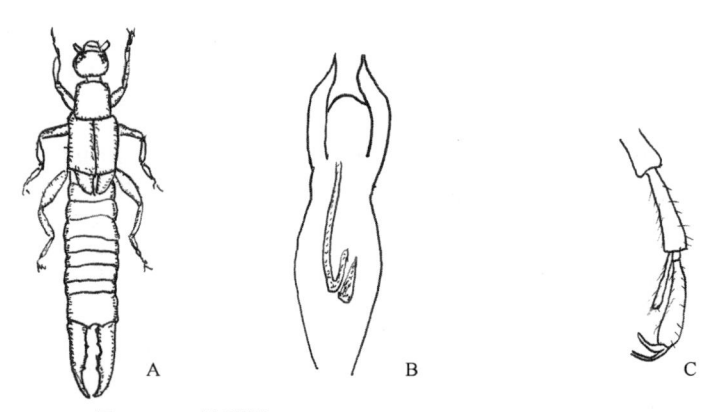

图 19-22 垫跗螋 *Chelisoches morio* (Fabricius, 1775)
A. ♂背面观；B. ♂外生殖器；C. 跗节侧面观

一〇四、球蠼科 Forficulidae

主要特征：体小至中型，多为褐色或褐黄色，头部接近三角形，鞘翅和后翅通常发达，腹部狭长，尾铗发达，形状变化大，跗节 3 节，第 2 节叶状或肾形。

分布：世界广布，主要分布于古北区、东洋区；我国主要分布于长江以南地区。该科是革翅目中最大的科，世界已知 64 属 500 余种，中国记录 22 属 113 种，浙江分布 8 属 14 种。

分属检索表

1. 触角节细长，第 4 节通常长于第 3 节或几等长 ··· 2
- 触角节短粗，有时端部几节细长或几乎与第 3 节等长，但第 4 节通常短宽 ······································· 4
2. 雄虫末腹背板狭长，后部强度收缩，表面明显倾斜，两铗基部接近，上缘具瘤突或刺突，内缘有时有刺突 ·· 慈蠼属 *Eparchus*
- 雄虫末腹背板横宽，表面较平，尾铗基部远离 ·· 3
3. 阳茎基侧突细而尖，通常阳茎叶的宽为阳茎基侧突长的 5 倍以上，雄虫尾铗常具内缘和上缘齿突或刺突 ·· 乔球蠼属 *Timomenus*
- 阳茎基侧突较宽，阳茎叶较窄 ·· 拟乔球蠼属 *Paratimomenus*
4. 中胸腹板短宽，腹部亦较宽 ·· 5
- 中胸腹板长宽相等，腹部较狭缩 ··· 7
5. 鞘翅具侧隆脊，表面具刻点或颗粒状瘤突 ·· 异蠼属 *Allodahlia*
- 鞘翅无侧隆脊，表面较平 ·· 6
6. 尾铗基部内缘具扁平内突，其余部分圆柱形，稍弯曲，内缘无齿突，末腹背板后部两侧各有 1 圆锥形角突 ·· 山球蠼属 *Oreasiobia*
- 尾铗基部内缘无扁平内突，通常呈强波弯形 ·· 张球蠼属 *Anechura*
7. 尾铗圆柱形，通常较细长 ··· 垂缘蠼属 *Eudohrnia*
- 尾铗基部宽而扁，内缘常扁扩 ·· 球蠼属 *Forficula*

436. 张球蠼属 *Anechura* Scudder, 1876

Anechura Scudder, 1876: 289. Type species: *Forficula bipunctata* Fabrcius, 1781.

主要特征：体中型，头部圆隆，触角 13 节，鞘翅长大或短缩，腹部扁平，第 3–4 节背面两侧各有 1 个瘤突，雄性尾铗基部两支远离，强度弯曲或波曲状。

分布：世界广布。世界已知 24 种，中国记录 16 种，浙江分布 2 种。

（887）日本张球蠼 *Anechura* (*Odontopsalis*) *japonica* (Bormans, 1880)（图 19-23）

Forficula japonica Bormans, 1880: 512.
Anechura (*Odontopsalis*) *japonica*: Sakai, 1995: 6592.

主要特征：体长 12–14 mm，雄性尾铗长 5–7 mm，雌性尾铗长 2.8–3 mm。体形较扁，体表暗褐色或红褐色。头部浅红色，前胸背板和后翅缘黄色或褐黄色。头部额圆隆，头缝可见，外后角稍圆，后缘平直；复眼小，触角较粗，12 节。前胸背板短宽，稍窄于头部，两侧近平行，后缘弧形，背面纵沟可见；鞘翅狭长，其长度为前胸背板长的 2 倍，侧脊前部明显，背面密布小刻点；后翅翅柄较短，约为前翅长的 1/3，表面有 1 大黄斑。腹部较扁，两侧向后逐渐变宽，5–6 节最宽，3–4 节背面两侧各有 1 瘤突，末节背板甚短宽，后缘弧凹形，背面近后缘两侧各有 1 瘤突；亚末腹节短宽，后缘弧形，密布横向皱纹。尾铗基部分开较宽，向后平伸，末端向内侧弯曲，内缘中部之前各有 1 宽齿突。足正常。雄性外生殖器的阳基侧突长大，阳茎端刺细长，基囊稍膨大。雌性与雄性近似，尾铗较直，内缘无刺突。

分布：浙江（湖州、杭州、衢州、丽水）、中国各地；俄罗斯，朝鲜，日本。

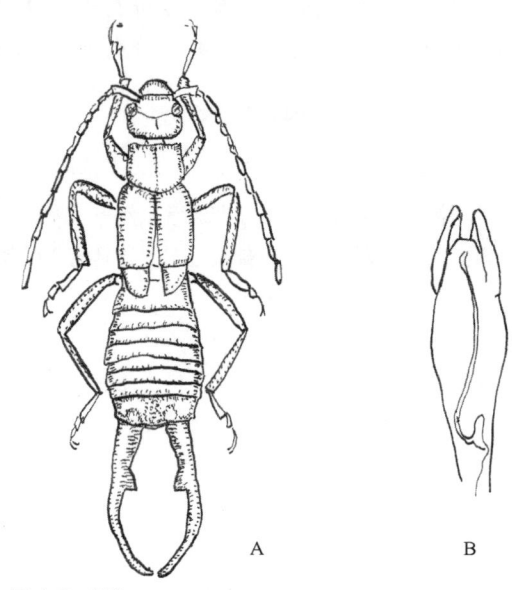

图 19-23　日本张球螋 *Anechura* (*Odontopsalis*) *japonica* (Bormans, 1880)
A. ♂背面观；B. ♂外生殖器

（888）三角臀张球螋 *Anechura* (*Odontopsalis*) *sakaii* Zhou *et* Sakai, 1996（图 19-24）

Anechura sakaii Zhou *et* Sakai, 1996: 252.

主要特征：体长 8.5 mm，尾铗长 4 mm。体型狭小，暗褐色，头部浅红褐色，前胸背板黄褐色，鞘翅和后翅翅柄黑色，尾铗褐色。头部隆起，额缝和冠缝明显，触角细长、10 节。前胸背板宽稍大于长，前翅长约为前胸背板的 1.5 倍，后翅翅柄短。足细长。腹部宽扁，末节背板横宽，臀板横宽，较强地突出，端角和两侧角呈三角形突起。尾铗较粗壮，弧形弯曲；基部远离，内侧缘具 2 齿突，其上方齿较尖锐，下方齿较钝。

分布：浙江（丽水）。

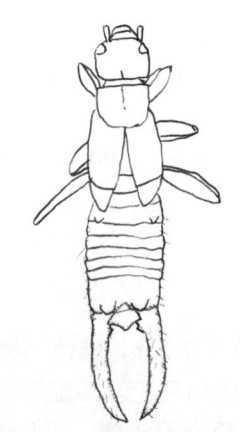

图 19-24　三角臀张球螋 *Anechura* (*Odontopsalis*) *sakaii* Zhou *et* Sakai, 1996 雄性背面观

437. 山球螋属 *Oreasiobia* Semenov, 1936

Oreasiobia Semenov, 1936: 158, 228. Type species: *Forficula fedtschenkoi* Saussure, 1874.

主要特征：体狭长，头部稍扁平，鞘翅发达；腹部狭长，末腹背板后缘两侧各具 1 个隆突；尾铗长大，弧形弯曲，基部内缘扩张；足细长。

分布：世界广布，主要分布于古北区、东洋区。世界已知 7 种，中国记录 4 种，浙江分布 1 种。

（889）中华山球螋 *Oreasiobia chinensis* Steinmann, 1974（图 19-25）

Oreasiobia chinensis Steinmann, 1974: 196.

主要特征：体长 12.5–15.5 mm，雄性尾铗长 7–9 mm，雌性尾铗长 3.5–4 mm。体形长大，较粗壮，褐色或褐黑色。头部暗红色，头缝可见；复眼较突出；触角细长，12 节。前胸背板近方形，两侧黄色，表面散布小刻点；后翅翅柄突出。腹部狭长，圆柱形，第 3–4 节背面两侧各有 1 瘤突，末腹背板近后缘两侧各有 1 向后方突出的圆锥形瘤突。臀板发达。尾铗长大，基部内缘扩大为齿状，顶端尖，向内弯曲。足较粗壮。阳基侧突较长。雌性与雄性近似，尾铗短小，无齿突。

分布：浙江（湖州、杭州、丽水）、陕西、甘肃、湖北、湖南、福建、四川、贵州。

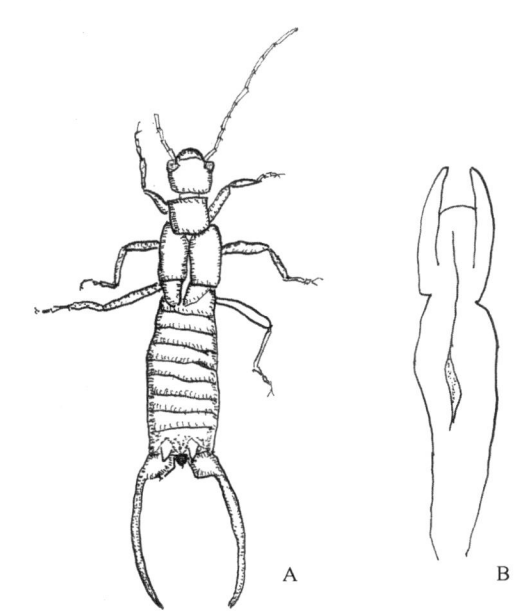

图 19-25 中华山球螋 *Oreasiobia chinensis* Steinmann, 1974
A. ♂背面观；B. ♂外生殖器

438. 异螋属 *Allodahlia* Verhoeff, 1902

Allodahlia Verhoeff, 1902: 194. Type species: *Forficula scabriuscula* Serville, 1839.

主要特征：体粗壮，稍扁平，头部较大，触角 12–13 节，前、后翅发达或短缩，鞘翅具侧隆脊。腹部宽而扁，末腹背板甚短宽。雄性尾铗甚发达，两支基部远离，强度弯曲，内缘具齿突。足细长。

分布：东南亚地区；我国主要分布在长江以南。世界已知 15 种，中国记录 9 种，浙江分布 1 种。

（890）中华异螋 *Allodahlia sinensis* (Chen, 1935)（图 19-26）

Liparura sinensis Chen, 1935: 219.
Allodahlia sinensis: Sakai, 1994: 5952.

主要特征：体长 12–13 mm，尾铗长 7–8.5 mm。体型大而狭长，暗栗红色，无光泽，体表有褐黄色短绒毛。头部大，头缝明显，遍布细小刻点；复眼小而突出；触角 13 节。前胸背板短宽，遍布刻点，前部中沟明显；鞘翅宽大，具全长侧缘脊，背面平，密布颗粒状刻点；翅柄短小。腹部扁宽，两侧弧形，瘤突明显，遍布小刻点，末腹背板短宽，后部两侧各有 1 隆起的瘤突。臀板三角形末端尖锐。尾铗细长，末端尖，向内侧弯曲，后部下缘有 1 小齿突。雌性尾铗向后平伸，末端向内弯曲。足细长。

分布：浙江（湖州、杭州）、广西。

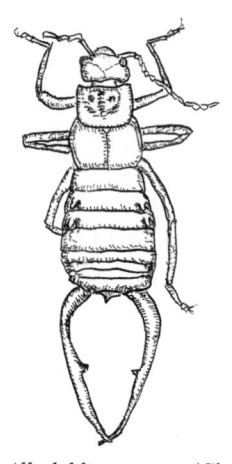

图 19-26　中华异螋 *Allodahlia sinensis* (Chen, 1935)雄性背面观

439. 拟乔球螋属 *Paratimomenus* Steinmann, 1974

Paratimomenus Steinmann, 1974: 200. Type species: *Opisthocosmia flavocapitatus* Shiraki, 1906.

主要特征：本属与乔球螋属 *Timomenus* 外形十分相像，主要区别在于雄性外生殖器的阳基侧突宽大，外缘弧形，顶端圆，阳茎叶正常。

分布：东洋区。世界已知 7 种，中国记录 3 种，浙江分布 1 种。

（891）拟乔球螋 *Paratimomenus flavocapitatus* (Shiraki, 1906)（图 19-27）

Apterygida flavocapitatus Shiraki, 1906: 192.
Paratimomenus flavocapitatus: Steinmann, 1974: 201.

主要特征：体长 12.5–17 mm，雄性尾铗长 10.5–15 mm，雌性尾铗长 3–5 mm。体型大而狭长，稍具光泽，暗红褐色，有的标本头部暗黄色。头部宽大，头缝可见；复眼小而突出；触角细长，12 节，基节长大。前胸背板长宽几相等，背面前部圆隆，中央有纵向沟；鞘翅发达，后翅翅柄宽。腹部狭长，基部宽，第 3–4 节背面两侧有 1 小瘤突，末腹背板短宽，后缘两侧有 1 瘤突。臀板短小。尾铗细而长，圆柱形，弧形弯曲，端部尖细，近基 1/3 处具 1 齿突，朝向内方。足细长。雄性外生殖器大，阳基侧突宽大，阳茎端刺细长。雌性与雄性相似，尾铗简单，无齿突。

分布：浙江（湖州、杭州、丽水）、福建、台湾；日本。

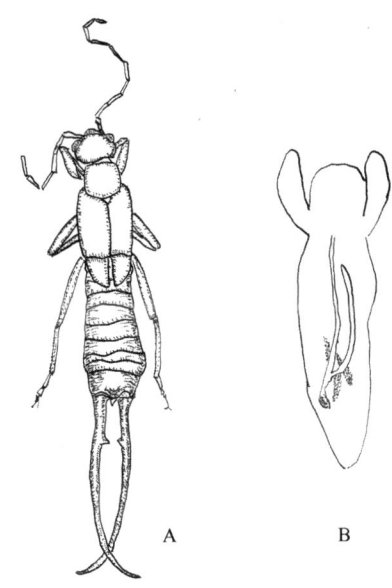

图 19-27　拟乔球蠼 *Paratimomenus flavocapitatus* (Shiraki, 1906)
A. ♂背面观；B. ♂外生殖器

440. 乔球蠼属 *Timomenus* Burr, 1907

Timomenus Burr, 1907b: 96. Type species: *Opisthocosmia oannes* Burr, 1900.

主要特征：体狭长，呈暗红褐色或黑褐色。头部宽大，触角细长，12–13 节；前、后翅发达；腹部狭长，圆柱形，第 3–4 腹节背面两侧各具 1 瘤突，末腹背板狭缩；尾铗细长或短粗，通常上缘和内缘具齿突，后部多呈弯曲，雌性尾铗简单；雄性阳基侧突细小，刺形或爪形。

分布：东洋区。世界已知 23 种，中国记录 14 种，浙江分布 4 种。

分种检索表

1. 雄性尾铗仅有 1 个上缘齿或内缘齿 ··· 2
- 雄性尾铗具 1 个以上的上缘齿和内缘齿 ··· 3
2. 尾铗的上缘齿位于中部，较长；鞘翅和后翅翅柄橘黄色 ·· 社乔球蠼 *T. shelfordi*
- 尾铗基部不直，内缘齿较小；体表黑色 ··· 空乔球蠼 *T. aeris*
3. 体型狭小，全体黑色；尾铗中部之前的上缘有 1 较大齿突，中部后的内缘有 1 小齿突 ·················· 素乔球蠼 *T. lugens*
- 体型较小；尾铗较粗，后部内缘齿较大 ··· 克乔球蠼 *T. komarovi*

（892）素乔球蠼 *Timomenus lugens* (Bormans, 1894)（图 19-28）

Opisthocosmia lugens Bormans, 1894: 308.
Timomenus lugens: Burr, 1910a: 93.

主要特征：体长 15.5–22.3 mm，尾铗长 5.8–9.5 mm。体中至大型，细长，黑色，具光泽。头部短宽，中缝不明显；复眼大，圆突；触角细长，13 节，末端二节色淡。前胸背板近方形，中央沟较深，密布小刻点；鞘翅长大，翅柄较短，内侧端角具黄色斑。腹部狭长，圆柱形，第 3–4 节背板两侧各具 1 瘤突，第 6–9 节两侧有 1 刺突；末腹背板短宽，后方具 1 对瘤突。臀板小。尾铗细长，基部二支接近，然后逐渐向外方呈弧形弯曲，末端尖，近中部有 1 向上齿突，中部之后内缘有 1 齿突。足发达。雄性阳基侧突细小，阳茎叶较宽，阳茎端刺长大，钩形。雌性与雄性相似，尾铗简单，较直，无齿突。

分布：浙江（杭州）、湖北、江西、广西、四川、云南、西藏；日本，印度，缅甸，马来西亚。

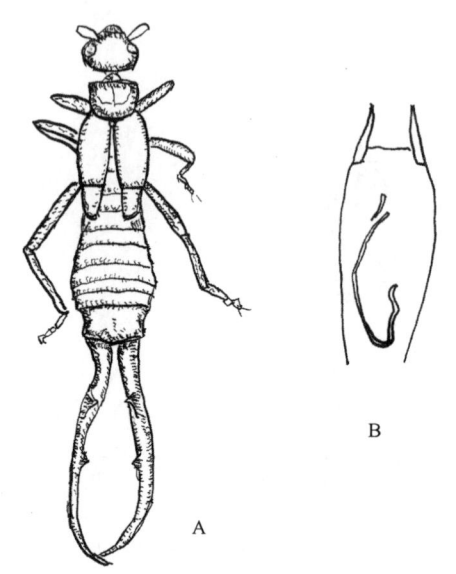

图 19-28　素乔球螋 *Timomenus lugens* (Bormans, 1894)
A.♂背面观；B.♂外生殖器

（893）克乔球螋 *Timomenus komarovi* (Semenov, 1901)（图 19-29）

Opisthocosmia komarovi Semenov, 1901: 98.
Timomenus komarovi: Burr, 1907b: 96.

主要特征：体长 13.5–18 mm，尾铗长 4.5–6 mm。体型较狭小，稍有光泽，头部和鞘翅黑色，其余部分红褐色，前胸背板两侧暗黄色。头部较宽，头缝可见；复眼大，突出；触角细长，13 节。前胸背板方形，中央纵沟深；鞘翅长大，翅柄较短。腹部狭长，第 3–4 节背面两侧各有 1 瘤突，末腹背板短宽。臀板较小。尾铗中等长，向后平伸，后部向内方弧形弯曲，末端尖，中部前上缘具 1 对齿突，中部后内缘有 1 对齿突。足细长。雄性阳基侧突尖刺形，阳茎叶宽大，阳茎端刺钩形，中部有齿轮状骨化物。雌性与雄性相似，尾铗简单，向后直伸，无齿突。

分布：浙江（湖州、杭州、丽水）、山东、安徽、湖北、湖南、福建、台湾、四川。

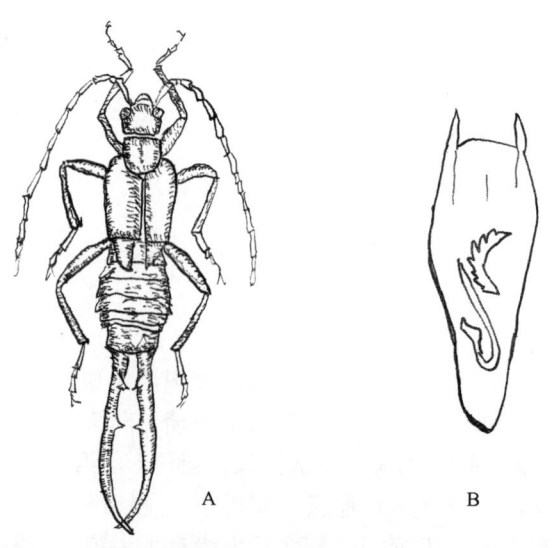

图 19-29　克乔球螋 *Timomenus komarovi* (Semenov, 1901)
A.♂背面观；B.♂外生殖器

（894）社乔球螋 *Timomenus shelfordi* (Burr, 1904)（图 19-30）

Opisthocosmia shelfordi Burr, 1904: 314.
Timomenus shelfordi: Burr, 1907b: 121.

主要特征：体长 7.3–9 mm，尾铗长 4.5–7.4 mm。体形细长，黑色或暗红褐色。鞘翅和后翅常为橘黄色，前胸背板侧缘黄色。头部较宽，复眼突出；触角细长。前胸背板长稍大于宽；鞘翅长大，后翅翅柄发达，内侧角较尖。腹部细长，圆柱形；末腹背板狭窄，长稍短于宽，亚末腹板后缘弧形。足细长。尾铗细长，基部粗，向后渐变细，圆柱形，后部呈弧形弯曲，顶端尖；中部或稍后处有 1 齿突。雄性阳茎基侧突细而尖，阳茎叶稍狭，阳茎端刺长。雌性尾铗较细而直，末端向内方弯曲。

分布：浙江（丽水）、江西、台湾、广东；越南，菲律宾，马来西亚。

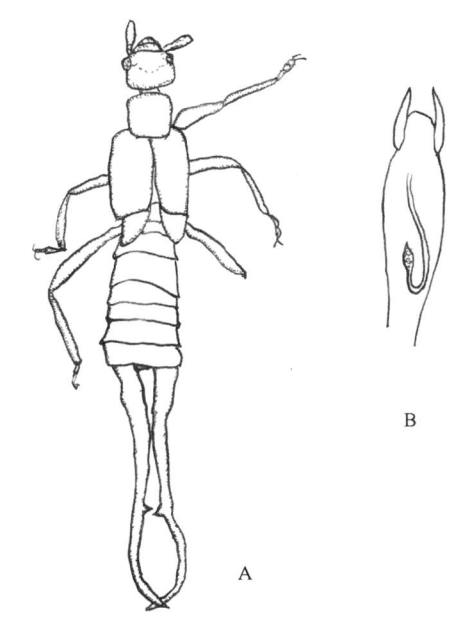

图 19-30 社乔球螋 *Timomenus shelfordi* (Burr, 1904)
A.♂背面观；B.♂外生殖器

（895）空乔球螋 *Timomenus aeris* (Shiraki, 1906)（图 19-31）

Apterygida aeris Shiraki, 1906: 9.
Timomenus aeris: Burr, 1911b: 93.

主要特征：体长 9.3–11.4 mm，尾铗长 4.2–6.1 mm。体型狭小，头部和前胸背板黑色，触角基节、尾铗和股节暗褐色，其余部分褐红色，前胸背板两侧暗黄色。头部圆隆，复眼小而突出；触角细长，13 节。前胸背板长宽几等，鞘翅长大，约为前胸背板长的 2 倍，后翅翅柄较短。足稍短粗。腹部狭长，末腹背板稍短宽，亚末腹板后缘圆弧形。尾铗细长，基部稍粗，后部弧形弯曲，末端尖，中部上缘有 1 对应齿突。雄性阳基侧突较短，尖刺形。雌性尾铗向后直伸，末端向内方弯曲。

分布：浙江（丽水）、湖南、福建、台湾、海南、广西；越南，印度尼西亚。

441. 慈螋属 *Eparchus* Burr, 1907

Eparchus Burr, 1907b: 120. Type species: *Forficula insignis* De Haan, 1841.

主要特征：体形细长，通常褐色。头部长宽几等，复眼大而突出；触角细长，12 节。前胸背板长宽几等，鞘翅发达，后翅翅柄长短不一。腹部纺锤形，尾铗细长，圆柱形，常具齿突。阳茎基侧突宽大。

分布：古北区、东洋区。世界已知 15 种，中国记录 5 种，浙江分布 1 种。

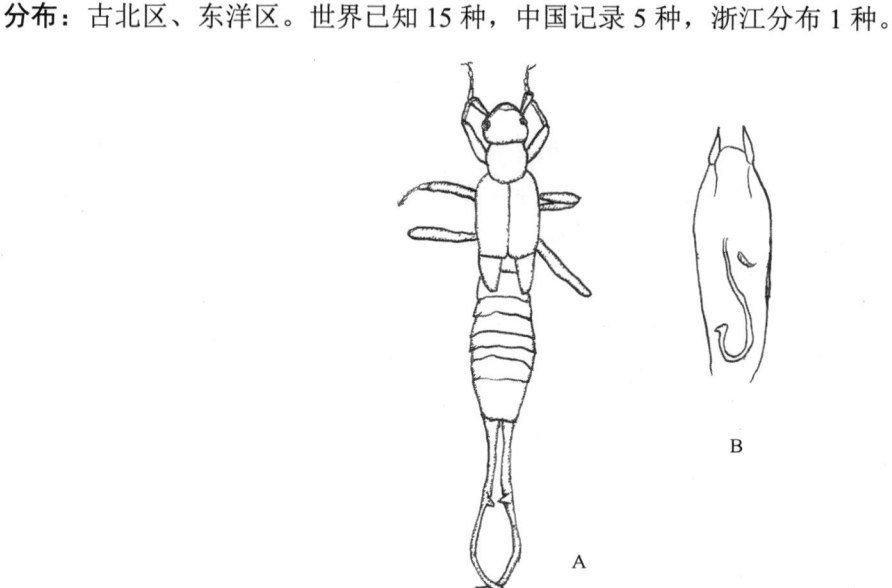

图 19-31　空乔球螋 *Timomenus aeris* (Shiraki, 1906)
A. ♂背面观；B. ♂外生殖器

（896）慈螋 *Eparchus insignis* **(De Haan, 1842)**（图 19-32）

Forficula insignis De Haan, 1842: 243.
Eparchus insignis: Burr, 1907b: 120.

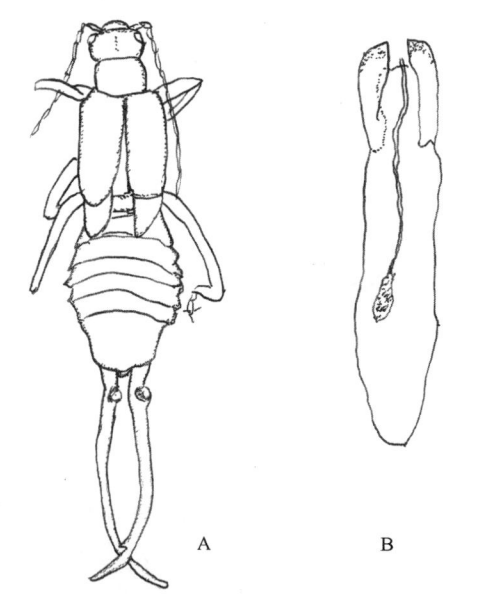

图 19-32　慈螋 *Eparchus insignis* (De Haan, 1842)
A. ♂背面观；B. ♂外生殖器

主要特征：体长 8–9.5 mm，尾铗长 5–7 mm。体型狭小，暗红褐色。头部较宽，复眼大而突出；触角细长，12 节。前胸背板长宽几等，鞘翅狭长，约为前胸背板长的 2 倍，后翅翅柄短小。足细长。腹部两侧圆弧形，末腹背板短宽。尾铗细长，圆柱形，基部之后呈弧形弯曲，接近端部内缘有 1 明显齿突，接近端部上缘有 1 光亮大瘤突。雄性外生殖器狭小，阳茎基侧突末端钝。雌性尾铗简单，向后直伸，无瘤突和齿突。

分布：浙江（丽水）、福建、广东、海南、广西、四川、云南、西藏；印度，缅甸，印度尼西亚。

442. 垂缘蠼属 *Eudohrnia* Burr, 1907

Eudohrnia Burr, 1907b: 97. Type species: *Forficula metallica* Dohrn, 1865.

主要特征：体甚狭长，接近圆柱形，具金属光泽。头部宽大，鞘翅发达，肩角具明显短脊，后翅翅柄发达；腹部狭长，圆柱形，遍布刻点和颗粒状突起，尾铗细长，向后直伸，顶端尖，向内方弯曲，内方常具齿突；足发达。

分布：东洋区。世界已知 5 种，中国记录 3 种，浙江分布 1 种。

（897）多毛垂缘蠼 *Eudohrnia hirsuta* Zhang, Ma *et* Chen, 1993（图 19-33）

Eudohrnia hirsuta Zhang, Ma *et* Chen, 1993: 116.

主要特征：雄性体长 13–19 mm，尾铗长 8–17 mm；雌性体长 12–16 mm，尾铗长 6–7 mm。体细长，被金黄色短毛，腹部有铜绿色光泽。头黑色，头缝不明显；复眼大；触角 12 节，暗褐色，末端二节淡黄色。前胸背板稍横宽，黑色，两侧色淡；前、后翅发达，鞘翅红褐色，翅柄黑色，端部淡黄色。腹部细长，黑色，第 3–4 节背面两侧有 1 小瘤突；末腹背板横宽，臀板短。尾铗细长，红褐色，基部二支远离，向后逐渐弯曲或伸直，基部内缘有 1–3 个小刺，近中部内缘有 1 大齿突。足较细弱。雄性阳基侧突较宽，阳茎叶狭长，阳茎端刺细长。雌性与雄性相似，尾铗简单，直伸，互相紧靠。

分布：浙江（杭州）、湖北、湖南、福建、四川。

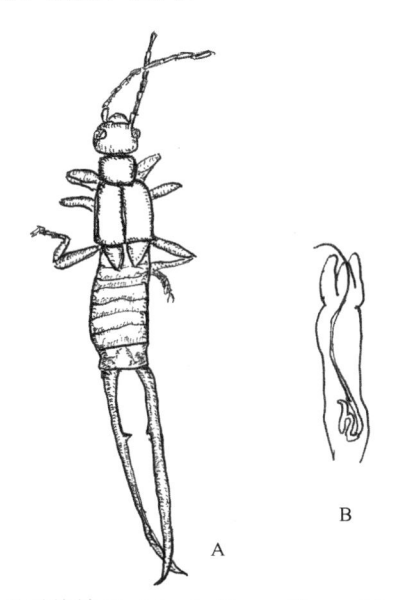

图 19-33　多毛垂缘蠼 *Eudohrnia hirsuta* Zhang, Ma *et* Chen, 1993
A. ♂背面观；B. ♂外生殖器

443. 球蠼属 *Forficula* Linnaeus, 1758

Forficula Linnaeus, 1758: 423. Type species: *Forficula auricularia* Linnaeus, 1758.

主要特征：体稍扁平，头部圆隆，触角 10–15 节，鞘翅发达，后翅突出，短缩或不发育。腹部稍扁，第 3–4 节背面两侧各有 1 瘤状突，雄性的末腹背板较短宽，接近后缘两侧各有 1 隆凸。雄性尾铗基部较宽，内缘扁扩，顶端尖，向内侧弯曲，内缘常具齿突。足较粗壮。

分布：世界广布。世界已知 90 种，中国记录 33 种，浙江分布 3 种。

分种检索表

1. 尾铗较短，基部内缘扁扩部分较短；体表红褐色，几乎全体遍布较密的黄色短绒毛 ·············· **桃源球螋 F. taoyuanensis**
- 不同上述 ··· 2
2. 尾铗基部内缘扁扩部分具规律性小齿突；体表呈暗褐红色，头部浅红色 ·························· **华球螋 F. sinica**
- 末腹背板接近后缘两侧的隆突强度隆起；体表褐色，头部褐红色 ································· **达球螋 F. davidi**

（898）桃源球螋 *Forficula taoyuanensis* Ma *et* Chen, 1992（图 19-34）

Forficula taoyuanensis Ma *et* Chen, 1992: 94.

主要特征：体长 9.5–10 mm，尾铗长 3–3.8 mm。体型狭小，红褐色，触角和鞘翅褐黄色，前胸背板两侧和足的胫节、跗节淡黄色，身密被黄色短毛。头大而圆隆，头缝可见；触角细长，12 节。前胸背板近方形，鞘翅肩部隆脊明显，翅柄短小。腹部狭长，第 3–4 节背面两侧各有 1 瘤突；末腹背板短宽，臀板半圆形。尾铗向后平伸，基部内缘扁扩，呈锯齿状，后部向内呈弧形弯曲。足短粗。雄性阳基侧突前部较宽，阳茎端刺细长。雌性同雄性，尾铗简单，直伸。

分布：浙江（杭州、丽水）、湖南、福建。

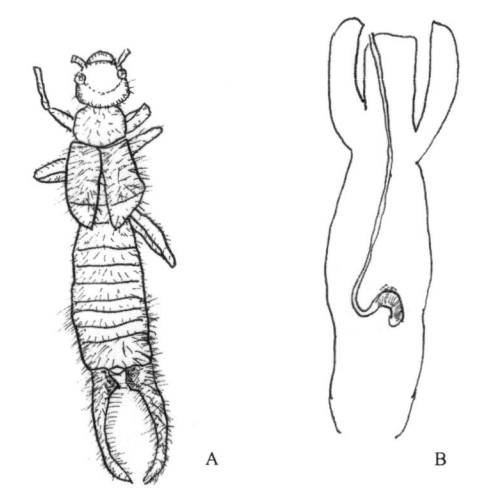

图 19-34 桃源球螋 *Forficula taoyuanensis* Ma *et* Chen, 1992
A.♂背面观；B.♂外生殖器

（899）达球螋 *Forficula davidi* Burr, 1905（图 19-35）

Forficula davidi Burr, 1905: 85.

主要特征：体长 9–15.5 mm，尾铗长 3.5–8 mm。体形狭长，暗红色或褐色。头较大，头缝明显；复眼小；触角细长，12 节。前胸背板近方形，两侧黄色，鞘翅长大，翅柄短。腹部狭长，第 3–4 节背板两侧各有 1 瘤突，末腹背板短宽，后缘有 1 对瘤突，臀板稍大。尾铗长短不一，基部内缘扁扩，以后部分直伸或向内弯曲。足稍粗壮。雄性阳茎侧突长大，阳茎端刺细长。雌性同雄性，尾铗简单，直伸。

分布：浙江（杭州、丽水）、河北、山西、山东、陕西、宁夏、甘肃、湖北、湖南、四川、云南、西藏。

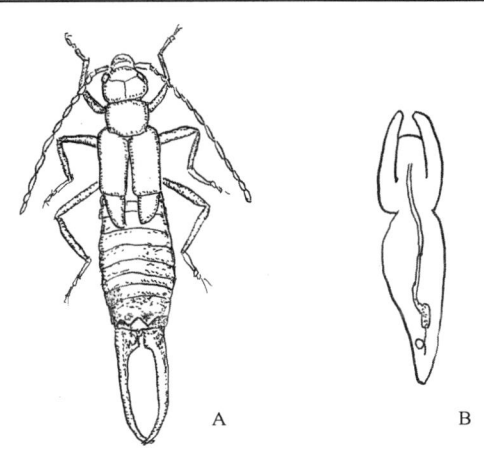

图 19-35　达球螋 *Forficula davidi* Burr, 1905
A. ♂背面观；B. ♂外生殖器

（900）华球螋 *Forficula sinica* (Bey-Bienko, 1933)（图 19-36）

Anechura sinica Bey-Bienko, 1933: 5.
Forficula sinica: Bey-Bienko, 1934: 421.

主要特征：雄性体长 8.5–9 mm，雌性体长 10–11.5 mm，尾铗长 2.5–3 mm。雄性体型较小，稍狭长，暗褐色或红褐色。头部圆隆，复眼稍突出；触角细长，12 节。前胸背板接近方形，鞘翅长约为前胸背板长的 2 倍；后翅翅柄长为前翅长的一半。足短粗。腹部狭长，尾铗基部内缘扁扩部分较短，其后部向内弧形弯曲。雄性阳茎基侧突端部较钝，基囊肾形。雌性较粗壮，尾铗简单。

分布：浙江（丽水）、江苏、安徽、湖北、湖南、广西、四川、贵州、云南。

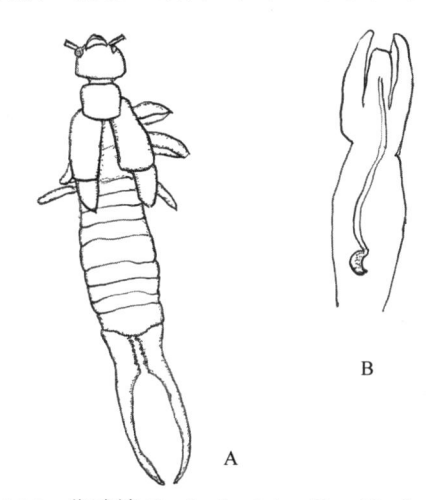

图 19-36　华球螋 *Forficula sinica* (Bey-Bienko, 1933)
A. ♂背面观；B. ♂外生殖器

参 考 文 献

毕道英. 1993. 螳目. 35-40. 见: 黄春梅. 龙栖山动物. 北京: 中国林业出版社, 1-1130.

毕道英. 2007. 螳目. 504-525. 见: 王治国, 张秀江. 河南直翅类昆虫志. 郑州: 河南科学技术出版社, 1-556.

毕道英, 陈树椿, 何允恒. 1993 [1992]. 螳目. 66-72. 见: 黄复生. 西南武陵山地区昆虫. 北京: 科学出版社, 1-777.

毕道英, 王治国. 1998. 河南省螳目昆虫三新种(螳目: 螳科, 异螳科). 9-13. 见: 申效诚, 时振亚. 伏牛山区昆虫. 第一卷. 河南昆虫分类区系研究 2. 北京: 中国农业科学技术出版社, 1-368.

卜云. 2008. 原尾虫系统分类学及低等六足动物 Hox 基因的结构和功能的初步研究. 北京: 中国科学院研究生院博士研究生学位论文, 1-171.

卜云, 高艳, 栾云霞, 尹文英. 2012. 低等六足动物系统学研究进展. 生命科学, 24(20): 130-138.

卜云, 栾云霞. 2014. 双尾纲. 35-36. 见: 王义平, 童彩亮. 浙江清凉峰昆虫. 北京: 中国林业出版社.

卜云, 尹文英. 2014a. 原尾纲. 1-35. 见: 尹文英, 周文豹, 石福明. 天目山动物志. 第三卷. 杭州: 浙江大学出版社.

卜云, 尹文英. 2014b. 原尾纲. 27-29. 见: 王义平, 童彩亮. 浙江清凉峰昆虫. 北京: 中国林业出版社.

蔡邦华. 2017. 昆虫分类学(修订版). 北京: 化工出版社.

蔡邦华, 陈宁生. 1963. 中国南部的新白蚁. 昆虫学报, 12(2): 167-198.

蔡邦华, 黄复生, 李桂祥. 1977. 中国的散白蚁属及新亚属新种. 昆虫学报, 20(4): 465-475.

蔡邦华, 黄复生, 李桂祥. 1985. 中国家白蚁属的新种和新亚种描述(等翅目: 鼻白蚁科: 家白蚁亚科). 动物学集刊, 3: 101-116.

蔡邦华, 黄复生, 彭建文, 童新旺. 1980. 湖南的散白蚁及其新种. 昆虫学报, 23(3): 298-302.

蔡保灵, 陈树椿. 1999. 螳目. 62-73. 见: 黄邦侃. 福建昆虫志. 第一卷. 福州: 福建科学技术出版社, 1-479.

陈镈尧, 刘宪伟. 1986. 中国平背蠡属一新种(直翅目: 蠡斯科: 露蠡亚科). 昆虫分类学报, 8(4): 321-324.

陈德良, 鲍新梅, 王必元. 1995. 蟋蟀科. 77-78. 见: 吴鸿. 华东百山祖昆虫. 北京: 中国林业出版社.

陈树椿. 1986. 中国华枝螳属一新种记述. 昆虫学报, 29(1): 85-88.

陈树椿. 1994. 我国竹节虫研究现状与今后工作建议. 森林病虫通讯, (3): 38-40.

陈树椿, 陈振耀. 2000. 广东省健螳属二新种. 中山大学学报, 39(1): 121-122.

陈树椿, 何允恒. 1991a. 危害我国林木的短肛螳属三新种(竹节虫目). 林业科学, 27(3): 229-233.

陈树椿, 何允恒. 1991b. 中国皮螳属四新种记述(竹节虫目 枝螳科). 北京林业大学学报, 13(1): 18-23.

陈树椿, 何允恒. 1992. 螳目: 异螳科, 螳科. 42-49. 见: 彭建文, 刘友樵. 湖南森林昆虫图鉴. 长沙: 湖南科学技术出版社, 1-1473.

陈树椿, 何允恒. 1994. 中国短肛棒螳属两新种(竹节虫目、螳科). 昆虫学报, 37(2): 196-198.

陈树椿, 何允恒. 1995a. 浙江天目山短肛螳属二新种(螳目、螳科). 林业科学, 31(3): 220-222.

陈树椿, 何允恒. 1995b. 螳目: 螳科, 异螳科. 63-68. 见: 吴鸿. 华东百山祖昆虫. 北京: 中国林业出版社, 1-586.

陈树椿, 何允恒. 1997. 螳目: 异螳科, 螳科. 113-121. 见: 杨星科. 长江三峡库区昆虫. 重庆: 重庆出版社, 1-974.

陈树椿, 何允恒. 1998. 螳目: 螳科, 异螳科. 47. 见: 吴鸿. 龙王山昆虫. 北京: 中国林业出版社, 1-404.

陈树椿, 何允恒. 2001. 竹节虫目: 异螳科, 螳科. 117-121. 见: 吴鸿, 潘承文. 天目山昆虫. 北京: 科学出版社, 1-764.

陈树椿, 何允恒. 2004. 螳目: 拟螳科, 螳科, 异螳科. 46-52. 见: 杨星科. 广西十万大山地区昆虫. 北京: 中国林业出版社, 1-668.

陈树椿, 何允恒. 2008. 中国螳目昆虫. 北京: 中国林业出版社, 1-476.

陈树椿, 何允恒, 徐芳玲. 2006. 螳目: 异螳科, 螳科. 94-102. 见: 李子忠, 金道超. 梵净山景观昆虫. 贵阳: 贵州科技出版社, 1-780.

陈树椿, 李岩. 1999. 鸡公山䗛目二新种(䗛目: 䗛科). 7-10, 47. 见: 申效诚, 邓桂芳. 鸡公山区昆虫. 河南昆虫分类区系研究 3. 北京: 中国农业科学技术出版社, 1-181.
陈树椿, 王洪建. 2005. 䗛目: 䗛科, 异䗛科. 95-101. 见: 杨星科. 秦岭西段及甘南地区昆虫. 北京: 科学出版社, 1-1055.
陈一心, 马文珍. 2004. 中国动物志. 第三十五卷. 北京: 科学出版社.
杜予州. 1999. 中国襀翅目分类研究. 杭州: 浙江大学博士后工作报告, 1-324.
杜予州. 2000. 中国钮蜻属种类记述. 昆虫分类学报, 22(2): 79-84.
杜予州, Sivec I, 赵展水. 2001. 襀翅目. 69-80. 见: 吴鸿, 潘承文. 天目山昆虫. 北京: 科学出版社.
杜予州, 周尧. 1998. 中国剑蜻属分类研究. 昆虫分类学报, 20(2): 100-110.
杜予州, 周尧. 1999. 中国襟蜻属分类研究. 昆虫分类学报, 21(1): 1-8.
杜志刚, 石福明. 2005. 中国寰螽属一新种记述(直翅目: 螽斯科). 动物分类学报, 30(3): 564-566.
范树德. 1983. 江西象蚻亚科的新属新种(等翅目). 昆虫学研究集刊, 3: 205-212.
范树德. 1987. 浙江土蚻属一新种(等翅目: 蚻科). 昆虫学研究集刊, 7: 165-168.
方志刚, 吴鸿. 2001. 浙江昆虫名录. 北京: 中国林业出版社, 1-452.
冯平章, 郭予元, 吴福桢. 1997. 中国蟑螂种类及防治. 北京: 中国科学技术出版社, 1-206.
高道蓉. 1988a. 中国龙王山奇象蚻属一新种. 白蚁科技, 5(4): 8-12.
高道蓉. 1988b. 中国天目山钝颚蚻属(*Ahmaditermes*)二新种. 白蚁科技, 5(2): 9-15.
高道蓉. 1989. 华扭蚻属(*Sinocapritermes*)一新种(等翅目: 蚻科). 白蚁科技, 6(2): 1-5.
高道蓉, 何秀松. 1988. 中国象蚻亚科一新属三新种. 昆虫学研究集刊, 8: 179-188.
高道蓉, 朱本忠. 1986. 土白蚁属一新种(等翅目: 白蚁科: 大白蚁亚科). 动物分类学报, 11(1): 97-99.
高道蓉, 朱本忠, 王新. 1982. 江苏省蚻类调查及网蚻属新种记述. 动物学研究, 3(增刊): 137-144.
归鸿, 周长发, 苏翠荣. 1999. 蜉蝣目. 324-346. 见: 黄邦侃. 福建昆虫志. 第一卷. 福州: 福建科学技术出版社, 1-479.
郭江莉, 刘宪伟, 方燕, 李恺. 2011. 浙江天目山蜚蠊分类研究. 动物分类学报, 36(3): 722-731.
韩美贞. 1982-1983. 楹蚻属一新种记述(等翅目: 木蚻科). 昆虫学研究集刊, 3: 199-204.
何秀松. 1987. 九连山象蚻亚科的一新属两新种(等翅目: 蚻科). 昆虫学研究集刊, 7: 169-176.
何秀松, 夏凯龄. 1982-1983. 浙江省蚻类两新种记述(等翅目: 木蚻科和蚻科). 昆虫学研究集刊, 3: 185-192.
胡经甫. 1962. 云南生物考察报告: 襀翅目. 昆虫学报, 11(Suppl.): 139-151.
胡经甫. 1973. 中国襀翅目新种. 昆虫学报, 16(2): 97-118.
黄复生, 朱世模, 平正明, 何秀松, 李桂祥, 高道蓉. 2000. 中国动物志: 昆虫纲. 第十七卷. 等翅目. 北京: 科学出版社, 1-961.
黄世富. 2002. 台湾的竹节虫: 采集与饲养图鉴. 台北: 大树文化, 1-142.
黄珍友, 刘炳荣, 曾文慧, 夏传国, 李志强. 2020. 铲头堆砂白蚁原始繁殖蚁形成的周期. 中国森林病虫, 39(1): 23-27.
黄中道. 2004. 台湾露螽亚科之分类研究. 台北: 台湾大学硕士学位论文, 1-118.
霍庆波. 2019. 江苏地区襀翅目区系调查与中国扁襀科分类研究. 扬州: 扬州大学硕士学位论文, 1-77.
康乐, 刘春香, 刘宪伟. 2014. 中国动物志: 昆虫纲. 第五十七. 直翅目: 螽斯科: 露螽亚科. 北京: 科学出版社, 1-574.
康乐, 杨集昆. 1989. 中国树螽亚科两新种(直翅目: 螽斯科). 昆虫分类学报, 11(3): 181-183.
康乐, 杨集昆. 1992. 中国平脉树螽属五新种记述(直翅目: 螽斯科: 树螽亚科). 动物分类学报, 17(3): 325-332.
李参. 1979. 浙江省白蚁种类调查及三个新种描述. 浙江农业大学学报, 5(1): 63-72.
李桂祥. 1986. 中国南部家白蚁二新种(等翅目: 鼻白蚁科). 昆虫分类学报, 8(3): 225-230.
李桂祥, 黄复生. 1986. 福建省白蚁八新种描述(等翅目). 武夷科学, 6: 21-33.
李桂祥, 马兴国. 1983. 近歪白蚁属一新种和新记录. 昆虫学报, 26(3): 331-333.
李桂祥, 平正明. 1983. 中国蔡白蚁新属和三新种记述(等翅目: 鼻白蚁科: 异白蚁亚科). 昆虫分类学报, 5(3): 239-245.
李桂祥, 平正明. 1986. 中国象白蚁亚科华象白蚁新属及三新种(等翅目: 白蚁科). 动物学研究, 7(2): 89-98.
李桂祥, 肖维良. 1989. 广西白蚁八新种(等翅目: 鼻白蚁科, 白蚁科). 昆虫学报, 32(4): 465-476.
李鸿昌, 夏凯龄. 2006. 中国动物志: 昆虫纲. 第四十三卷. 直翅目: 蝗总科: 斑腿蝗科. 北京: 科学出版社, 1-736.

李晓庆, 程日光, 陈哲和. 1995. 螳螂目: 花螳科、长颈螳科、螳科. 18-19. 见: 朱延安. 浙江古田山昆虫和大型菌类. 杭州: 浙江科学技术出版社.

梁铬球, 郑哲民, 等. 1998. 中国动物志: 昆虫纲. 第十二卷. 直翅目: 蚱总科. 北京: 科学出版社, 1-278

林善祥, 石锦祥. 1982. 大白蚁属一新种(等翅目: 白蚁科). 动物分类学报, 7(3): 317-320.

刘浩宇, 石福明. 2014a. 蟋蟀总科. 339-360. 见: 尹文英, 周文豹, 石福明. 天目山动物志. 第三卷. 杭州: 浙江大学出版社.

刘浩宇, 石福明. 2014b. 蟋蟀总科. 83-88. 见: 王义平, 童彩亮. 浙江清凉峰昆虫. 北京: 中国林业出版社.

刘胜利. 1987. 我国华枝䗛属二新种(竹节虫目: 异䗛科, 长角枝䗛亚科). 天津自然博物馆集刊, 4: 1-4.

刘胜利, 蔡保灵. 1994. 中国小异䗛属三新种记述(竹节虫目: 异䗛科). 昆虫学报, 37(1): 87-90.

刘宪伟. 1993. 直翅目: 条螽斯总科、螽斯总科. 41-55. 见: 黄春梅. 龙栖山动物. 北京: 中国林业出版社.

刘宪伟. 1999. 直翅目: 条螽斯总科. 见: 黄邦侃. 福建昆虫志. 第一卷. 福州: 福建科学技术出版社, 174-181.

刘宪伟. 2000. 中国蛩螽族三新属七新种(直翅目: 螽斯总科, 蛩螽科). 动物学研究, 21(3): 218-226.

刘宪伟. 2009. 直翅目. 57-62. 见: 王义平, 等. 浙江乌岩岭昆虫及其森林健康评价. 北京: 科学出版社.

刘宪伟, 毕文烜. 2010. 蟋蟀科. 92-97. 见: 徐华潮, 叶硕仙. 浙江凤阳山昆虫. 北京: 中国林业出版社.

刘宪伟, 毕文烜. 2014. 螽亚目 Tettigoniodea. 77-83. 见: 王义平, 童彩亮. 浙江清凉峰昆虫. 北京: 中国林业出版社.

刘宪伟, 毕文烜, 张丰. 2010. 直翅目: 沙螽总科. 53-68 见: 徐华潮, 叶硕仙. 浙江凤阳山昆虫. 北京: 中国林业出版社.

刘宪伟, 郭江莉, 方燕, 戴莉. 2012. 中国锥头螽属(直翅目, 螽斯总科, 草螽科)分类研究及一新种描述. 动物分类学报, 37(1): 111-118.

刘宪伟, 金杏宝. 1994. 中国螽斯名录. 昆虫学研究集刊, 11: 99-118.

刘宪伟, 金杏宝. 1997. 直翅目: 螽斯总科: 露螽科 拟叶螽科 蛩螽科 草螽科 螽斯科. 145-171. 见: 杨星科. 长江三峡库区昆虫(上册). 重庆: 重庆出版社.

刘宪伟, 金杏宝. 1999. 螽斯科. 119-174. 见: 黄邦侃. 福建昆虫志. 第一卷. 福州: 福建科学技术出版社.

刘宪伟, 王瀚强. 2014. 螳螂目 Mantodea. 248-258. 见: 尹文英, 周文豹, 石福明. 天目山动物志. 第三卷. 杭州: 浙江大学出版社.

刘宪伟, 王治国. 1998. 河南省螽斯类初步调查(直翅目). 河南科学, 16(1): 66-76.

刘宪伟, 殷海生. 2004. 直翅目: 螽斯总科, 沙螽总科. 90-110. 见: 杨星科. 广西十万大山地区昆虫. 北京: 中国林业出版社.

刘宪伟, 殷海生, 夏凯龄. 1994. 中国树蟋属的研究(直翅目: 树蟋科). 昆虫分类学报, 16(3): 165-169.

刘宪伟, 张鼎杰. 2007. 中国草螽属的研究及两新种记述(直翅目: 草螽科). 动物分类学报, 32(2): 438-444.

刘宪伟, 章伟年. 2000. 中国螽斯的分类研究 I. 中国蛩螽族十新种(直翅目: 螽斯总科: 蛩螽科). 昆虫分类学报, 22(3): 157-170.

刘宪伟, 章伟年. 2001. 直翅目: 螽斯总科驼螽总科蟋螽总科. 90-102. 见: 吴鸿, 潘承文. 天目山昆虫. 北京: 科学出版社.

刘宪伟, 章伟年. 2005. 直翅目: 螽斯总科, 沙螽总科. 87-94. 见: 杨星科. 秦岭西段及甘南地区昆虫. 北京: 科学出版社.

刘宪伟, 周敏. 2007. 中国涤螽属的分类研究(直翅目: 螽斯总科, 蛩螽科). 昆虫学报, 50(6): 610-615.

刘宪伟, 周敏, 毕文烜. 2008. 中国异饰肛螽属四新种记述(直翅目, 螽斯总科, 蛩螽科). 动物分类学报, 33(4): 761-767.

刘宪伟, 周敏, 毕文烜. 2010. 直翅目: 螽斯总科. 68-91. 见: 徐华潮, 叶硕仙. 浙江凤阳山昆虫. 北京: 中国林业出版社.

刘宪伟, 周顺. 2007. 中国异饰肛螽属的修订(直翅目, 螽斯总科, 蛩螽科). 动物分类学报, 32(1): 190-195.

刘宪伟, 朱爱国. 2001. 蜚蠊目. 80-85. 见: 吴鸿, 潘承文. 天目山昆虫. 北京: 科学出版社.

栾云霞, 卜云. 2014. 双尾纲. 63-71. 见: 尹文英, 周文豹, 石福明. 天目山动物志. 杭州: 浙江大学出版社.

栾云霞, 卜云, 谢荣栋. 2007. 基于形态和分子数据订正黄副铗䖴的一个异名(双尾纲, 副铗䖴科). 动物分类学报, 32(4): 1006-1007.

马文珍, 陈一心. 1992. 湖南森林昆虫图鉴. 革翅目: 大尾螋科、丝尾螋科、肥螋科、蠼螋科、垫跗螋科、球螋科. 长沙: 湖南科学技术出版社, 87-96.

慕芳红, 贺同利, 王裕文. 1999. 中国掩耳螽属二新种论述(直翅目: 螽斯总科: 露螽科). 山东大学学报(自然科学版), 34(1): 94-97.

慕芳红, 贺同利, 王裕文. 2000. 中国蛩螽科三新种(直翅目: 螽斯总科). 动物分类学报, 25(3): 315-319.

慕芳红, 贺同利, 王裕文. 2002. 中国掩耳螽属二新种记述(直翅目: 螽斯总科, 露螽科). 昆虫学报, 45(增刊): 25-27.
平正明, 徐月莉. 1986. 中国钩扭白蚁属、马扭白蚁属和华扭白蚁属白蚁记述(等翅目: 白蚁科). 武夷科学, 6: 1-20.
平正明, 忻争平. 1993. 天童山钝象白蚁属一新种. 白蚁科技, 10(3): 1-2.
平正明, 徐月莉, 董兆梁. 1994. 浙江省等翅目两新种(等翅目: 白蚁科). 动物分类学报, 19(1): 108-112.
平正明, 徐月莉, 黄熙盛. 1991. 中国华象白蚁属的分类(等翅目: 白蚁科: 象白蚁亚科). 白蚁科技, 8(3): 1-16.
平正明, 徐月莉, 李参. 1982. 散白蚁属的两新种(等翅目: 鼻白蚁科). 动物分类学报, 7(4): 419-424.
平正明, 徐月莉, 徐春贵, 龚才. 1988. 贵州和广西的等翅目11新种. 西南林学院学报, 8(1): 88-106.
钱昱含, 薛海洋, 孙海涛, 杜予州. 2010. 襀翅目: 卷襀科、叉襀科、刺襀科、绿襀科、襀科. 见: 徐华潮, 叶碇仙. 浙江凤阳山昆虫. 北京: 中国林业出版社.
余书生, 归鸿, 尤大寿. 1995. 海南岛蜉蝣研究. 南京师范大学学报, 18: 72-82.
石福明. 2002. 螽斯科 纺织娘科 蛩螽科 露螽科 草螽科 拟叶螽科. 136-145. 见: 李子忠, 金道超. 茂兰景观昆虫. 贵阳: 贵州科技出版社.
石福明, 常岩林. 2004. 中国斜缘螽属的研究及两新种记述(直翅目: 露螽科). 动物分类学报, 29(3): 464-467.
石福明, 常岩林. 2005. 露螽科 拟叶螽科 蛩螽科 纺织娘科 草螽科. 116-131. 见: 金道超, 李子忠. 习水景观昆虫. 贵阳: 贵州科技出版社.
石福明, 常岩林. 2006. 拟叶螽科 露螽科 纺织娘科 蛩螽科 草螽科 螽斯科. 97-110. 见: 金道超, 李子忠. 赤水桫椤景观昆虫. 贵阳: 贵州科技出版社.
石福明, 常岩林, 陈会明. 2005. 中国奇螽属的分类研究(直翅目: 露螽科). 昆虫学报, 48(6): 954-959.
石福明, 常岩林, 毛少利. 2007. 拟叶螽科 露螽科 纺织娘科 螽斯科 草螽科 蛩螽科. 110-120. 见: 李子忠, 杨茂发, 金道超. 雷公山景观昆虫. 贵阳: 贵州科技出版社.
石福明, 杜喜翠. 2006. 拟叶螽科 露螽科 纺织娘科 蛩螽科 草螽科 螽斯科. 115-129. 见: 李子忠, 金道超. 梵净山景观昆虫. 贵阳: 贵州科技出版社.
石福明, 冯晓丽. 2009. 中国云南草螽属一新种(直翅目: 螽斯科). 动物分类学报, 34(2): 343-345.
石福明, 王剑峰. 2005. 直翅目: 螽斯总科. 64-75. 见: 杨茂发, 金道超. 贵州大沙河昆虫. 贵阳: 贵州人民出版社.
石福明, 王剑峰, 傅鹏. 2005. 锥尾螽属的修订及两新种记述(直翅目, 螽斯总科, 草螽科). 动物分类学报, 30(1): 84-86.
石福明, 郑哲民. 1994a. 四川螽斯二新种(直翅目: 螽斯总科). 山西师大学报, 8(1): 4-46.
石福明, 郑哲民. 1994b. 中国螽斯总科二新种(直翅目: 螽斯总科). 陕西师大学报, 22(4): 64-66.
石福明, 郑哲民. 1996. 中国剑螽属一新种记述(直翅目: 螽斯总科, 蛩螽科). 动物分类学报, 21(3): 332-334.
石福明, 郑哲民. 1998. 螽斯总科. 54-57. 见: 吴鸿. 龙王山昆虫. 北京: 中国林业出版社.
隋敬之, 孙洪国. 1984. 中国习见蜻蜓. 北京: 农业出版社.
汪良仲. 2000. 台湾的蜻蛉. 台北: 人人出版股份有限公司.
王刚, 石福明. 2014. 露螽亚科. 311-330. 见: 吴鸿, 王义平, 杨星科, 杨淑贞. 天目山动物志. 第三卷. 昆虫纲 直翅目 螽斯科. 杭州: 浙江大学出版社, 1-400.
王瀚强, 刘宪伟. 2018. 螽斯总科. 439-483. 见: 廉振民. 秦岭昆虫志. 第一卷. 低等昆虫及直翅类. 西安: 世界图书出版西安有限公司.
王锦锦, 王宗庆, 车艳丽. 2014. 蜚蠊目. 209-236. 见: 尹文英, 周文豹, 石福明. 天目山动物志. 第三卷. 昆虫纲. 杭州: 浙江大学出版社.
王天齐. 1993. 中国螳螂目分类概要. 上海: 上海科学技术出版社, 1-176.
王天齐. 1995. 中国大刀螳属研究(螳螂目: 螳科). 昆虫学报, 38(2): 191-195.
王天齐, 毕道英. 1992. 华小翅螳两新种(螳螂目: 螳科). 昆虫学研究集刊, 10: 125-127.
王洋, 周顺, 张雅林. 2020. 中国斧螳属修订(螳螂目: 螳科). 昆虫分类学报, 42(2): 81-100.
王音, 吴福桢. 1992a. 片蜢蛉属新种及新记录种(直翅目: 蟋蟀科). 昆虫分类学报, 14(4): 237-243.
王音, 吴福桢. 1992b. 我国油葫芦属种类识别及一中国新纪录种. 植物保护, 18(4): 37-39.
王音, 郑彦芬, 吴福桢. 1999. 蟋蟀总科. 见: 黄邦侃. 福建昆虫志(一). 福州: 福建科学技术出版社, 107-119.

王治国, 李东升. 1984. 河南省蜚类调查及新种记述. 河南科学院学报, 1: 67-81.

王治国, 张秀江. 2007. 河南直翅类昆虫. 郑州: 河南科学技术出版社.

王宗庆. 2006. 中国姬蠊科分类与系统发育研究. 北京: 中国农业科学院博士论文, 1-230.

吴钿, 尤大寿. 1986. 似动蜉属一新种记述(蜉蝣目: 扁蜉科). 动物分类学报, 11: 280-282.

吴钿, 尤大寿. 1989. 宽基蜉属两新种记述(蜉蝣目: 细裳蜉科). 动物分类学报, 14: 91-95.

吴钿, 尤大寿. 1992. 安徽宽基蜉属一新种(蜉蝣目: 细裳蜉科). 动物分类学报, 17: 64-66.

吴福桢, 王音. 1992. 哑蟋属六新种记述(直翅目: 蟋蟀科). 动物学研究, 13(3): 227-233.

吴鸿. 1998. 龙王山昆虫. 北京: 中国林业出版社, 1-404.

吴鸿, 吴敏. 1995. 螳螂目 Mantodea. 54-55. 见: 吴鸿. 华东百山祖昆虫. 北京: 中国林业出版社.

夏凯龄. 1994. 中国动物志: 昆虫纲. 第四卷. 直翅目: 蝗总科: 癞蝗科、瘤锥蝗科、锥头蝗科. 北京: 科学出版社, 1-340.

夏凯龄, 范树德. 1965. 中国网蟸属记述(等翅目: 犀蟸科). 昆虫学报, 14(4): 360-382.

夏凯龄, 范树德. 1981. 中国网蟸属新种记述. 昆虫学研究集刊, 2: 191-196.

夏凯龄, 何秀松. 1986. 中国乳蟸属的研究(等翅目: 鼻蟸科). 昆虫学研究集刊, 6: 157-182.

夏凯龄, 金杏宝. 1982. 中国雏蝗属的分类研究(直翅目: 蝗科). 昆虫分类学报, (3): 205-228.

夏凯龄, 刘宪伟. 1990. 剑螽属的新种记述(直翅目: 螽斯科). 昆虫学研究集刊, 8: 221-226.

夏凯龄, 刘宪伟. 1991. 条螽族一新属记述(直翅目: 螽斯总科, 露螽科). 昆虫学研究集刊, 10: 109-111.

夏凯龄, 刘宪伟. 1992a. 直翅目: 螽斯总科、蟋蟀总科. 87-113. 见: 黄复生. 西南武陵山地区昆虫. 北京: 科学出版社.

夏凯龄, 刘宪伟. 1992b. 中国草螽族的新种记述(直翅目: 螽斯科). 昆虫学研究集刊, 9: 162-166.

夏凯龄, 刘宪伟. 1993. 直翅目: 螽斯总科、蟋蟀总科. 见: 黄复生. 西南武陵山地区昆虫. 北京: 科学出版社, 87-113.

谢荣栋. 2000. 中国双尾虫的区系和分布. 287-293. 见: 尹文英, 等. 中国土壤动物. 北京: 科学出版社.

谢荣栋, 杨毅明. 1991. 中国康虮科两新属及三新种的记述(双尾目). 昆虫学研究集刊, 10: 95-102.

徐进. 2006. 中国竹节虫异螂科四属成虫分类及部分卵的初步研究. 北京: 北京林业大学硕士学位论文, 1-70.

薛鲁征, 尹文英. 1991. 天目山石蛃二新种 (石蛃目, 石蛃科). 昆虫学研究集刊, 10: 77-86.

杨兵, 朱世模, 黄复生. 1995. 云南白蚁二新种(等翅目: 白蚁科). 昆虫分类学报, 17(2): 79-83.

杨定, 李卫海, 祝芳. 2015. 中国动物志: 昆虫纲. 第五十八卷. 襀翅目: 叉襀总科. 北京: 科学出版社, 1-503.

杨定, 杨集昆. 1992. 襀翅目. 62-65. 见: 黄复生. 西南武陵山地区昆虫. 北京: 科学出版社.

杨定, 杨集昆. 1995a. 襀翅目. 20-24. 见: 朱廷安. 浙江古田山昆虫和大型真菌. 杭州: 浙江科学技术出版社.

杨定, 杨集昆. 1995b. 襀翅目. 61-62. 见: 吴鸿. 华东百山祖昆虫. 北京: 中国林业出版社.

杨定, 杨集昆. 1998. 襀翅目: 刺襀科、襀科、卷襀科. 见: 吴鸿. 龙王山昆虫. 北京: 中国林业出版社.

杨集昆, 康乐. 1990. 中国平背树螽属两新种(直翅目: 螽斯科, 树螽亚科). 北京农业大学学报, 16(4): 420-422.

杨集昆, 汪家社. 1999. 螳螂目 Mantodea. 74-106. 见: 黄邦侃. 福建昆虫志 第一卷. 福州: 福建科学技术出版社.

杨集昆, 杨定. 1990a. 江西刺襀属一新种记述(襀翅目: 刺襀科). 江西农业大学学报, 12(2): 45-46.

杨集昆, 杨定. 1990b. 贵州省襀翅目昆虫之一. 贵州科学, 8(4): 1-4.

杨集昆, 杨定. 1991a. 浙江诺襀属一新种. 浙江林学院学报, 8(1): 78-79.

杨集昆, 杨定. 1991b. 贵州省襀翅目昆虫之二. 贵州科学, 9(1): 48-50.

殷海生, 刘宪伟. 1995. 中国蟋蟀总科和蝼蛄总科分类概要. 上海: 上海科学技术文献出版社, 1-237.

殷海生, 刘宪伟, 章伟年. 2001. 直翅目: 蟋蟀总科、蝼蛄总科. 102-108. 见: 吴鸿, 潘承文. 天目山昆虫. 北京: 科学出版社.

尹文英. 1963. 中国原尾目昆虫的两新种. 昆虫学报, 12(3): 268-275.

尹文英, 1965a. 中国原尾虫的研究 II. 有管亚目的一新科. 昆虫学报, 14(2): 186-195.

尹文英. 1965b. 中国原尾虫的研究 I. 沪宁一带的十种古蚖. 昆虫学报, 14(1): 71-92.

尹文英. 1977a. 原尾目昆虫的两新属. 昆虫学报, 20(1): 85-94.

尹文英. 1977b. 中国原尾虫的研究——始蚖科的三新种及幼虫期的记述. 昆虫学报, 20(4): 431-439.

尹文英. 1979. 中国原尾虫的研究——上海地区古蚖科的一新属和六新种. 昆虫学报, 22(1): 77-89.

尹文英. 1980. 中国原尾虫的研究——蚖科的一新属: 多腺蚖属. 昆虫学报, 23(4): 408-412.

尹文英. 1983. 肯蚖属(原尾目, 檗蚖科)的五新种和一新记录. 动物学研究, 4(4): 363-372.
尹文英. 1987. 海南岛肯蚖属的四新种. 动物学研究, 8(2): 149-157.
尹文英. 1990. 古蚖科四新种的记述(原尾目). 昆虫学研究集刊, 9: 107-115.
尹文英. 1992. 中国亚热带土壤动物. 北京: 科学出版社, 1-618.
尹文英. 1998. 中国土壤动物检索图鉴. 北京: 科学出版社.
尹文英. 1999. 中国动物志: 节肢动物门 原尾纲. 北京: 科学出版社, 1-510.
尹文英, 张之沅. 1982. 广西地区古蚖属九新种. 昆虫分类学报, 4(1): 79-91.
尹文英, 周文豹, 石福明. 2014. 天目山动物志. 第三卷. 杭州: 浙江大学出版社, 1-423.
印象初, 夏凯龄. 2003. 中国动物志: 昆虫纲. 第三十二卷. 直翅目: 蝗总科: 槌角蝗科、剑角蝗科. 北京: 科学出版社, 1-280.
尤大寿, 归鸿. 1995. 中国经济昆虫志. 第48册. 蜉蝣目. 北京: 科学出版社, 1-152.
尤大寿, 苏翠荣. 1987. 越南蜉属一新种. 动物分类学报, 12: 176-180.
尤大寿, 吴钿, 归鸿, 徐荫祺. 1980. 似溪蜉属一新种记述(蜉蝣目: 溪蜉科). 南京师范学院学报, 2: 56-59.
尤大寿, 吴钿, 归鸿, 徐荫祺. 1981. 似动蜉属 Cinygmina 两新种和属的特征(蜉蝣目: 扁蜉科). 南京师范学院学报, 3: 26-30.
于昕. 2008. 中国蜻蜓目螅总科、丝螅总科分类学研究(蜻蜓目: 均翅亚目). 天津: 南开大学博士学位论文.
于昕. 2022. 蜻蜓学研究. https://www.china-odonata.top [2023-10-28].
于昕, 卜文俊. 2006. 天津地区蜻蜓研究. 南开大学学报(自然科学版), 39(4): 83-90.
俞立鹏, 卢庭高. 1998. 蟋蟀科和蛣蟋科. 58-59. 见: 吴鸿. 龙王山昆虫, 北京: 中国林业出版社.
张国忠. 1988a. 原螳属一新种记述(螳螂目: 螳螂科). 昆虫分类学报, 10(1-2): 103-105.
张国忠. 1988b. 屏顶螳螂属二新种及一雄性记述(螳螂目: 螳螂科). 昆虫分类学报, 10(3-4): 301-304.
张国忠. 1989. 中国螳螂科三新记录种. 昆虫分类学报, 11(3): 184.
张国忠, 李宗硕. 1983. 中国小刀螳属新种记述. 昆虫分类学报, 5(3): 251-254.
张加勇, 宋大祥, 周开亚. 2005. 中国跃蚼属一新种 (石蚼目, 石蚼科). 动物分类学报, 30(3): 549-554.
张俊, 归鸿, 尤大寿. 1995. 中国蜉蝣科研究. 南京师范大学学报, 18: 68-76.
张晓春, 马文珍, 陈一心. 1992. 革翅目. 114-118. 见: 黄复生. 西南武陵山地区昆虫. 北京: 科学出版社.
张之沅, 尹文英. 1981. 中国原尾虫的研究: 广西古蚖科六新种的记述. 昆虫学研究集刊, 2: 171-182.
张之沅, 尹文英. 1984. 异蚖亚科的研究(原尾目: 古蚖科). 昆虫分类学报, 6(1): 59-76.
张之源. 1987. 安徽的原尾虫初报. 昆虫分类学报, 9(2): 121-127.
赵修复. 1955. 中国棍腹春蜓分类研究. V. 昆虫学报, 5(1): 71-103.
赵修复. 1990. 中国春蜓分类. 福州: 福建科学技术出版社.
郑建中. 1985. 中国原螳属一新种及一新记录(螳螂目: 姬螳亚科). 昆虫学研究集刊, 5: 319-321.
郑彦芬, 吴福桢. 1992. 中国甲蟋属记述(直翅目: 蟋蟀科). 昆虫学报, 35(2): 208-210.
郑哲民. 1994. 中国刺翼蚱科一新属三新种记述(直翅目: 蚱总科). 湖北大学学报(自然科学版), (1): 1-5.
郑哲民. 2001. 直翅目: 蝗总科、蚱总科、蜢总科. 108-117. 见: 吴鸿, 潘承文. 天目山昆虫. 北京: 科学出版社.
郑哲民, 石福明. 1995. 直翅目: 螽斯总科. 30-33. 见: 朱延安. 浙江古田山昆虫和大型真菌. 杭州: 浙江科学技术出版社.
郑哲民, 夏凯龄. 1998. 中国动物志: 昆虫纲. 第十卷. 直翅目: 斑翅蝗科、网翅蝗科. 北京: 科学出版社, 1-616.
周伯锦, 徐月莉. 1993. 浙江省象白蚁一新种. 白蚁科技, 10(2): 6-7.
周文豹. 1985. 浙江丝尾蟋属一新种. 昆虫分类学报, 7(1): 49-50.
周文豹. 1986. 浙江西天目山的蜻蜓目. 杭州大学学报, 13(增刊): 64-67.
周文豹. 1996. 革翅目. 华东百山祖昆虫. 北京: 中国林业出版社: 79-83.
周文豹. 1997. 中国短肛棒䗛属一新种. 武夷科学, 13: 6-7.
周文豹. 2003. 中国扇山蟌属两新种记述(蜻蜓目 山蟌科). 武夷科学, 19: 95-98.
周文豹, 范忠勇. 1998. 螳螂目 Mantodea. 36-37. 见: 吴鸿. 龙王山昆虫. 北京: 中国林业出版社.
周文豹, 沈水根. 1992. 浙江云南螳螂目区系研究及二新种. 上海师范大学学报(自然科学版), 21(1): 62-67.
周昕, 周文豹. 2005. 云南丝尾蟋属一新种. 昆虫分类学报, 27(3): 171-172.

周尧. 1966a. 铗虮科昆虫的研究(I-III). 动物分类学报, 3(1): 51-66.

周尧. 1966b. 铗虮科昆虫的研究(IV). 中国的副铗虮亚科. 动物分类学报, 3(2): 115-119.

周尧. 2001. 周尧昆虫图集. 郑州: 河南科学技术出版社.

周长发, 苏翠荣, 归鸿. 2015. 中国蜉蝣概述. 北京: 科学出版社, 1-309.

周长发, 苏翠荣. 1997. 锯形蜉属一新种记述(蜉蝣目: 小蜉科). 南京师范大学学报, 20: 42-44.

周长发, 王艳霞, 周丹, 李丹. 2014. 蜉蝣目. 76-96. 见: 吴鸿. 天目山动物志. 第三卷. 杭州: 浙江大学出版社, 1-435.

周长发, 郑乐怡. 2003a. 拟细柔蜉属在我国的首次发现及新种描述. 动物分类学报, 28: 84-87.

周长发, 郑乐怡. 2003b. 中国似动蜉属 *Cinygmina* 及一新种记述(蜉蝣目: 扁蜉科). 昆虫学报, 46: 755-760.

周忠辉, 吴美芳. 2001. 螳螂目 Mantodea. 87-88. 见: 吴鸿, 潘承文. 天目山昆虫. 北京: 科学出版社.

朱检林, 马兴国, 李桂祥. 1982. 罗浮山散白蚁属的一新种(等翅目: 鼻白蚁科). 动物学研究, 3(4): 437-441.

朱廷安. 1995. 浙江古田山昆虫和大型真菌. 杭州: 浙江科学技术出版社, 27-28.

朱笑愚, 吴超, 袁勤. 2012. 中国螳螂. 北京: 西苑出版社, 1-331.

浜田康, 井上清. 1985. 日本産トンボ大図鑑. 日本东京: 讲谈社.

Absolon C. 1901. Weitere Nachricht uber europaische Hohlencollembolen und uber die Gattung *Aphorura* A. D. MacG. Zoologischer Anzeiger, 24: 375-381, 385-389.

Adelung N von. 1902. Beitrag zur kenntnis der paläarctischen Stenopelmatiden (Orthoptera, Locustodea). Annuaire du Musée Zoologique de l'Académie Impériale des Sciences de St.-Pétersbourg, 7: 55-75.

Adžic K, Deranja M, Franjevic D, Skejo J. 2020. Are Scelimeninae (Orthoptera: Tetrigidae) monophyletic and why it remains a question. Entomological News, 129(2): 134-138.

Agrell I. 1939. Ein Artproblem in der Collembolengattung *Folsomia*. Kungl Fysiografiska Sallskapets I Lund Forhandlingar, 9(13): 1-14.

Akhtar M S. 1975. Taxonomy and zoogeography of the termites (Isoptera) of Bangladesh. Bulletin of the Department of Zoology, University of the Panjab (N.S.), 7: 1-199.

Allen R K. 1971. New Asian *Ephemerella* with notes (Ephemeroptera: Ephemerellidae). Canadian Entomologist, 103: 512-528.

Allen R K. 1975. *Ephemerella* (*Cincticostella*): A revision of the nymphal stages (Ephemeroptera: Ephemerellidae). Pan-Pacific Entomologist, 51: 16-22.

Allen R K, Edmunds G F Jr. 1963. New and little known Ephemerellidae from southern Asian, Africa, and Madagascar (Ephemeroptera). Pacific Insects, 5: 11-22.

Anisyutkin L N. 2000. New cockroach species of the genus *Rhabdoblatta* Kirby (Dictyoptera, Blaberidae) from Southeast Asia. I. Entomological Review, 80(2): 190-208.

Anisyutkin L N. 2003. New and little known cockroaches of the genus *Rhabdoblatta* Kirby (Dictyoptera, Blaberidae) from Vietnam and Southern China. II. Entomologicheskoe Obozrenie, 82(3): 609-628.

Asahina S. 1967. Revision of the Asiatic species of the damselflies of the genus *Ceriagrion* (Odonata, Agrionidae). Japanese Journal of Zoology, 15: 255-334.

Asahina S. 1970. Notes on Chinese Odonata III. Kontyû, 38(3): 198-204.

Asahina S. 1973. Notes on Chinese Odonata IV. Kontyû, 41: 446-460.

Asahina S. 1976a. Notes on Chinese Odonata V. Some Odonata from Hunan and Hupei provinces. Kontyû, 44: 1-12.

Asahina S. 1976b. Taxonomic notes on Japanese Blattaria. VII. A new *Parcoblatta* species found in Kyoto. Japanese Journal of Sanitary Zoology, 27(2): 115-120.

Asahina S. 1978. Notes on Chinese Odonata VII. Further studies on the Graham collection preserved in the U. S. National Museum of Natural History, Suborder Anisoptera. Kontyû, 46: 1-252.

Asahina S. 1979. Taxonomic notes on Japanese Blattaria. XII. The species of the tribe Ischnopterites. II. (ind. Taiwanese species) Japanese Journal of Sanitary Zoology, 30: 335-353.

Asahina S. 1981. Notes on the *Blattella* species of Taiwan. II. What is "*Ischnoptera sauteri* Karny 1915"? Japanese Journal of

Sanitary Zoology, 32(4): 225-259.

Asahina S. 1985a. Further contributions to the taxonomy of Southasiatic Coeliccia species. Chô Chô, 8(2): 1-13.

Asahina S. 1985b. Taxonomic notes on Japanese Blattaria. XV. A revision of three Blattellid species. Chô Chô, 8(5): 1-10.

Askew R R. 2004. The dragonflies of Europe (revised edition). Colchester: Harley Books, 1-308.

Axelson W M. 1902. Diagnosen neuer Collembolen aus Finland und angrenzenden Teilen des nordwestlichen Russlands. Meddelanden af Societas pro Fauna et Flora Fennica, 28: 101-111.

Axelson W M. 1905. Einige neue Collembolen aus Finnland. Zoologischer Anzeiger, 28: 788-794.

Axelson W M. 1907. Die Apterygotenfauna Finnlands. Acta Societatis Scientiarum Fennicae, 7: 1-134.

Azim M N, Reshi S A. 2010. Taxonomic notes on the tribe *Acridini* Latreille (Acridinae: Acrididae: Orthoptera) of Kashmir, India. Acta Zoológica Mexicana (nueva serie), 26(1): 219-222.

Babenko A B, Chernova N M, Potapov M B, Stebaeva S K. 1994. Family Hypogastruridae. *In*: Chernova N M. Collembola of Russia and Adjacent Countries. Moscow: Nauka, 1-336.

Bae Y J, McCafferty W P. 1991. Phylogenetic systematics of the Potamanthidae (Ephemeroptera). Transactions of the American Entomological Society, 117: 1-143.

Bagnall R S. 1939. Notes on British Collembola. The Entomologists Monthly Magazine, London, 75: 21-28, 56-59, 91-102, 188-200.

Bagnall R S. 1940. Notes on British Collembola. The Entomologists Monthly Magazine, London, 76: 97-102, 163-174.

Bagnall R S. 1941. Notes on British Collembola. The Entomologists Monthly Magazine, London, 77: 217-226.

Bagnall R S. 1949a. Contributions toward a knowledge of the Onychiuroidea (Collembola-Onychiuroidea) V-X. Annals and Magazing of Natural History, 2: 498-511.

Bagnall R S. 1949b. Contributions toward a knowledge of the Isotomidae (Collembola) I-VI. Annals and Magazing of Natural History, 12: 529-541.

Bailey W J. 1975. A review of the African species of the genus *Ruspolia* Schulthess (Orthoptera Tettigonioidea). Bull Inst Fond Afrique Noire, (A)37A: 171-226.

Banks N. 1900. New genera and species of Nearctic Neuropteroid insect. Transactions of the American Entomological Society, 26: 239-259.

Banks N. 1903. A new species of *Habrophlebia*. Entomological News, 14: 235.

Banks N. 1906a. On the perlid genus *Chloroperla*. Entomological News, 17: 174-175.

Banks N. 1906b. Two new termites. Entomological News, 17(9): 336-337.

Banks N. 1937. Perlidae. *In*: Nanropteroid insects from Formosa. Philippine J Sci, 62: 269-275.

Banks N. 1939. New genera and species of *Neuropteroid* insects. Bulletin of the Museum of Comparative Zoology, 85(7): 439-504.

Banks N. 1947. Some characters in the Perlidae. Psyche: A Journal of Entomology, 54(4): 266-291.

Banks N. 1948. Notes on Perlidæ. Psyche: A Journal of Entomology, 55(3): 113-130.

Barra J A. 1968. Contribution a l'etude du genre *Isotomiella* Bagnall, 1939. Revue Décologie Et De Biologie Du Sol, 5: 93-98.

Bartenev A N. 1910. To the odonate fauna of the Kuban Oblast. Russkoye Entomologicheskoye Obozreniye, 12: 1-41.

Bartenev A N. 1911. Contributions to the knowledge of the Odonata from palearctic Asia in the Zoological Museum of Imp. Academy of sciences of St. Petersburg, 1. Ezheg Zool Muz Imp Akad Nauk, 16: 409-448.

Bartenev A N. 1912. To the fauna of dragonflies of Crimea. Annual of Zoological Museum of Academy of Sciences, 17: 281-298.

Baumann R W. 1975. Revision of the stonefly family Nemouridae (Plecoptera): a study of the world fauna at the generic level. Smithsonian Contributions to Zoology, 211: 1-74.

Bazyluk W. 1960. Die geographische Verbreitung und Variabilität von *Mantis religiosa* (L.) (Mantodea, Mantidae), sowie Beschreibungen neuer Unterarten. Annales Zoologici, Warszawa, 18: 231-272.

Beccaloni G W. 2014. Cockroach Species File Online. Version 5.0/5.0. World Wide Web electronic publication.

Beccaloni G W, Eggleton P. 2013. Order Blattodea. *In*: Zhang Z-Q. Animal Biodiversity: An Outline of Higher-level Classification and Survey of Taxonomic Richness (Addenda 2013). Zootaxa, 3703: 46-48.

Bedos A, Deharveng L. 1994. The *Isotomiella* of Thailand (Collembola: Isotomidae), with description of five new species. Insect Systematics & Evolution, 25(4): 451-460.

Beier M. 1933. Beiträge zur Fauna sinica. XIII. Die Mantodeen Chinas. Mitteilungen aus dem Zoologischen Museum in Berlin, 18(3): 322-337.

Beier M. 1944. Zur Kenntnis der Cymatomerini (Orthoptera: Pseudophyllinae). Stettiner Entomologische Zeitung, 105: 86-90.

Beier M. 1954. Revision der Pseudophyllinen. Madrid: Instituto Espanol De Entomologia, 1-479.

Beier M. 1962. Orthoptera, Tettigoniidae (Pseudophyllinae I). Das Tierreich, 73: 1-468.

Bellinger P F, Christiansen K A, Janssens F. 1996-2022. Checklist of the Collembola of the World. http://www.collembola.org. [2021-1-5].

Belov V V. 1979. A new mayfly genus (Ephemeroptera, Ephemerellidae) in the USSR fauna. Dopovidi Adadmeii Nauk Ukrainskoi RSR Seriya B. Geologichni Khimichni ta Biologichni Nauki, (7): 575-578.

Berlese A. 1908. Nuovi Acerentomidi. Redia, 5: 16-19.

Berlese A. 1909. Monografia dei Myrientomata. Redia, 6: 1-182.

Bey-Bienko G Ya. 1933. Schwedisch-chinesische wissenschaftliche Expedition nach den nordwestlichen Provinzen Chinas. Ank Zool, 25A(14): 5.

Bey-Bienko G Ya. 1934a. Schwedisch-chinesische wissenschaftliche Expedition nach den nordwestichen Provinzen Chinas unter Leitung von Dr. Sven Hedin und Prof. Sü Ping-chang. Insekten. 8. Orthoptera. 7. Forficulidae et Tetrigidae. Arkiv för Zoologi, 25A(20): 9.

Bey-Bienko G Ya. 1934b. Studies on the Dermaptera of the Province of Sechuan, China. Ann Mag Nat Hist, (10)13(76): 401-425, 12 figs.

Bey-Bienko G Ya. 1936. Nasekomye kochistokrylye (Dermaptera). Fauna de l'URSS, Leningrad, Dermapter: 1-239.

Bey-Bienko G Ya. 1941. New or little known Orthoptera discovered in U.S.S.R. (in Russian). Mem Inst Agron Leningrad, 4: 153, 156.

Bey-Bienko G Ya. 1950. Fauna of the U.S.S.R. Insects, Blattodea. Zoologicheskogo Instituta Akademija Nauk S.S.S.R, 40: 1-345.

Bey-Bienko G Ya. 1951. Studies on long-horned grasshoppers of the USSR and adjacent countries (Orthoptera, Tettigoniidae). Trudy Vsesojuznovo Entomologicheskovo Obshchestva, 43: 129-170.

Bey-Bienko G Ya. 1954. Studies on the Blattoidea of Southeastern China. Trudy Zoologicheskogo Instituta Rossijskaja Akademiya Nauk S.S.S.R, 15: 5-26.

Bey-Bienko G Ya. 1955. Faunistic observations on and systematics of the superfamily Tettigonioidea (Orthoptera) from China. Zoologicheskii Zhurnal, Moscow, 34: 125-1271.

Bey-Bienko G Ya. 1957. Results of Chinese-Soviet zoological-botanical expeditions to South-Western China 1955-1956. Entomologicheskoe Obozrenie, 36: 401-417.

Bey-Bienko G Ya. 1958. Results of the Chinese-Soviet Zoological-Botanical expeditions of 1955-1956 to southwestern China. Blattoidea of Szuchuan and Yunnan, Communication II. Entomologicheskoe Obozrenie, 37: 670-690.

Bey-Bienko G Ya. 1962. Results of the Chinese-Soviet zoological-botanical expeditions to south-western China 1955-1957. New or less known Tettigonioidea (Orthoptera) from Szechuan and Yunnan. Proceedings of the Zoological Institute, USSR Academy of Sciences, Leningrad, 30: 110-138.

Bey-Bienko G Ya. 1969. New genera and species of cockroaches (Blattoptera) from tropical and subtropical Asia. Entomologicheskoe Obozrenie, 48: 831-862.

Bey-Bienko G Ya. 1970. Blattoptera of northern Vietnam in the collection of the Zoological Institute in Warsaw. Zoologicheski Zhurnal, 49: 362-375.

Bey-Bienko G Ya. 1971. A revision of the bush-crickets of the genus *Xiphidiopsis* Redt. (Orthoptera: Tettigonioidea). Entomological Review, 50: 472-483.

Bey-Bienko G Ya, Mistshenko L L. 1951. Keys to the Fauna of the U.S.S.R. [1964 English translation no. 40]. Locusts and

Grasshoppers of the U.S.S.R. and Adjacent Countries, Zoological Inst. of the U.S.S.R. Academy of Sciences, Moscow/Leningrad, 2: 1-373.

Bi D. 1984. Studies on Chinese *Coptacrini* with descriptions of new genus and species (Orthoptera: Acridoidea). Contributions from the Shanghai Institute of Entomology, 4: 181-189.

Bi D, Xia K-L. 1980. Two new species of the genus *Fruhstorferiola* Willemse from China (Orthoptera: Acridoidea, Catantopidae) (in Chinese with English summary). Contributions from the Shanghai Institute of Entomology, 1: 187-190.

Bian X, Kou X-Y, Shi F-M. 2014. Notes on the genus *Acosmetura* Liu, 2000 (Orthoptera: Tettigoniidae: Meconematinae). Zootaxa, 3811(2): 239-250.

Bian X, Liu J, Yang Z-Z. 2021. Anotated Checklist of Chinese Ensifera: The Gryllacrididae. Zootaxa, 4969(2): 201-254.

Bian X, Shi F-M. 2015. New *Acosmetura* species (Orthoptera: Tettigoniidae: Meconematinae) from China, with notes on their distribution. Zootaxa, 4040 (4): 477-482.

Bian X, Shi F-M. 2016. Review of the genus *Eugryllacris* Karny, 1937 (Orthoptera: Gryllacridinae) from China. Zootaxa, 4066(4): 438-450.

Bian X, Shi F-M. 2018. New taxa of the genus *Phlugiolopsis* (Orthoptera: Tettigoniidae: Meconematinae) from Yunnan, China, with comments on the importance to taxonomy of the left tegmen. Zootaxa, 4532(3): 341-366.

Bian X, Shi F-M, Chang Y-L. 2012a. Review of the genus *Phlugiolopsis* Zeuner, 1940 (Orthoptera: Tettigoniidae: Meconematinae) from China. Zootaxa, 3281: 1-21.

Bian X, Shi F-M, Chang Y-L. 2012b. Supplement for the genus *Phlugiolopsis* Zeuner, 1940 (Orthoptera: Tettigoniidae: Meconematinae) from China. Zootaxa, 3411: 55-62.

Bian X, Shi F-M, Chang Y-L. 2013. Second supplement for the genus *Phlugiolopsis* Zeuner, 1940 (Orthoptera: Tettigoniidae: Meconematinae) from China, with eight new species. Zootaxa, 3701(2): 159-191.

Bian X, Shi F-M, Guo L-Y. 2013. Review of the genus *Furcilarnaca* Gorochov, 2004 (Orthoptera: Gryllacrididae, Gryllacridinae) from China. Far Eastern Entomologist, 268: 1-8.

Bian X, Wang S-Y, Shi F-M. 2014. One new species of the genus *Apotrechus* (Orthoptera: Gryllacrididae), with provided morphological photographs for five Chinese specie. Zootaxa, 3884(4): 379-386.

Bian X, Zhu Q-D, Shi F-M. 2017. New genus to science of Meconematinae (Orthoptera: Tettigoniidae) from China with description of two new species and proposal of one new combination. Zootaxa, 4317(1): 165-173.

Biswas S, Ghosh A K. 1975. Three new species of Gryllidae (Insecta: Orthoptera). Oriental Insects, 9: 221-228.

Bolívar I. 1879. Les Orthoptères de St. Joseph's College, à Trichinopoly, sud de l'Inde. Annales de la Societe Entomologique de France, 66: 282-316.

Bolívar I. 1887. Essai sur les Acridiens de la tribu des Tettigidae. Annales de la Société Entomologique de Belgique, 31: 175-313.

Bolívar I. 1889. Ortópteros de Africa del Museo de Lisboa (3). Jornal de sciências mathemáticas, physicas enaturaes (Ser. 2), 1: 150-173.

Bolívar I. 1890. Ortópteros de Africa del Museo de Lisboa. Jornal de sciências mathemáticas, physicas e naturaes (Ser. 2), 1(4): 211-232.

Bolívar I. 1898. Contributions à l'étude des Acridiens espèces de la Faune indo et austro-malaisienne du Museo Civico di Storia Naturale di Genova. Annali del Museo Civico di Storia Naturale di Genova, (2)19(39): 66-101.

Bolívar I. 1901. Zichy Jenő gróf harmadik ázsiai utazásának állattani eredményei//Zichy. Zoologische Ergebnisse der dritten Asiatischen Forschungsreise des Grafen Eugen Zichy. Budapest: Hornyánszky: 2: 223-243.

Bolívar I. 1902 [1901]. Les Orthoptères de St. Joseph's College, à Trichinopoly (Sud de l'Inde). 3me partie. Annales de la Société Entomologique de France, 70: 580-635.

Bolívar I. 1905. Notas sobre los pirgomórfidos (Pyrgomorphidae). X. Subfam. Atractomorphinae. Boletín de la Real Sociedad Española de Historia Natural, 5: 196-217.

Bolívar I. 1906. Rectificaciones y observaciones orthopterológicas. Boletín de la Real Sociedad Española de Historia Natural, 6:

384-393.

Bolívar I. 1914. Estudios entomológicos. Segunda parte. I. El grupo de los Euprepocnemes. II. Los Truxalinos del antiguo mundo. Trabajos del Museo de Ciencias Naturales (Serie Zoológica), 20: 93.

Bolívar I. 1918. Estudios entomológicos. Tercera parte. Sección Oxyae. Trabajos del Museo de Ciencias Naturales (Serie Zoológica), 34: 1-43.

Bonet F. 1930. Sur quelques Collembola de l'Inde. Eos, Revista Española De Enfermedades Digestivas: 249-273.

Bonet F. 1947. Monografia de la familia Neelidae (Collembola). Revista de la Sociedad Mexicana de Historia Natural. Tomo VIII, 1-4: 131-203.

Borelli A. 1832. In Géné G. Saggio di una Monographia del Forficula indigene. Annali delle Scienze del Regno Lombardo-Veneto, 2: 224.

Borelli A. 1921. Dermaptères nouveaux du Museum de Paris. Paris: Bulletin du Muséum national d'Histoire naturelle, 77-83, 153-161.

Borelli A. 1927. Dermatteri raccolti nell' Estremo Oriente dal Prof. Filippo Silverstri. Boll Lab Zool, Portici, 20: 60-78.

Bormans A de. 1880. Etude sur quelues dermaptères exotiques. Anales de la Sociedad Española de Historia Natural, 9: 505-515.

Bormans A de. 1894. Vaiggio di Leonardo Fea in Burmania e regioni vicine. LXI. Dermapteres (2de Partic). Annali del Museo Civico di Storia Naturale di Genova, 14(2): 371-409.

Bormans A de. 1900. Quelques Dermaptéres du Museum Civique de Genes. Annali del Museo Civico di Storia Naturale Giacomo Doria, Genova, 40: 441-467.

Börner C. 1901a. Über ein neues Achorutiden genus *Willemia*, sowie 4 weitere neue collembolenformen derselben familie. Zoologischer Anzeiger, 24: 422-432.

Börner C. 1901b. Vorläufige Mittheilung über einige neue Aphorurinen und zur Systematik der Collembola. Zoologischer Anzeiger, 24(3): 1-15.

Börner C. 1901c. Zur Kenntnis der Apterygoten-Fauna von Bremen und der Nachbardistrikte. Beitrag zu einer Apterygoten-Fauna Mitteleuropas. Abhandlungen herausgegeben vom Naturwissenschaftlichen Verein zu Bremen, 17: 1-140.

Börner C. 1903. Uber neue Altweltliche Collembolen, nebst Bemerkungen zur Systematik der Isotominen und Entomobryinen. Sitzungsberichte Der Gesellschaft Naturforschender Freunde Zu Berlin: 129-182.

Börner C. 1906. Das system der Collembolen nebst Beschreibung neuer Collembolen des Hamburger Naturhistorischen Museums. Mitteilungen aus den Naturhistorischen Museum in Hamburg, 23: 147-188.

Börner C. 1909. Japans Collembolenfauna (Vorläufige Mitteilung). Sitzungsberichte der Gesellschaft Naturforschender Freunde zu Berlin, 2: 99-135.

Börner C. 1932. Apterygota. *In*: Brohmer P. Fauna von Deutschland. Auflage 4. Leipzig: Queller & Meyer, 136-143.

Bourlet C. 1839. Mémoire sur les Podures. Mémoires de la Société Royale des Sciences, de l'Agriculture et des Arts, de Lille, Année, 1839: 377-418.

Bourlet C. 1842. Mémoire sur les Podurelles. Mémoires de la Société Royal de Douai: 1-78.

Brauer F. 1865. Dritter Bericht über die auf der Weltfahrt der kais. Fregatte Novara gesammelten Libellulinen. Verhandlungen der Zoologisch-Botanischen Gesellschaft in Wien, 15: 1-1312.

Brauer F. 1867. Die Einwendungen Dr. Gerstäcker's gegen die neue Eintheilung der Dipteren in zwei grosse Gruppen. Verhandlungen der kaiserlich-königlichen zoologisch-botanischen Gesellschaft in Wien, 17: 1-744.

Brauer F. 1868. Verzeichniss der bis jetzt bekannten Neuropteren im Sinne Linné's. na. 877 pp.

Brindle A. 1969. Dermaptera. Fauna de Madagascar, Paris, 30: 1-112.

Brook G. 1882. On a new genus of Collembola (*Sinella*) allied to Degeeria Nicolet. Journal of the Linnean Society of London, Zoology, 16: 541-545.

Bruggen A C van. 1957. On two species of mayflies from the Wissel Lakes, Central New Guinea (Ephemeroptera). Nova Guinea, New Series, 8: 31-39.

Bruijning C F A. 1948. Studies on Malayan Blattidae. Zoologische Mededelingen, 29: 1-174.

Bruner L. 1920. Orthoptera from Africa, being a report upon some Saltatoria mainly from Cameroon contained in the Carnegie Museum. Ann Carnegie Mus, 13[1919]: 92-142.

Brunner von Wattenwyl C. 1861. Orthopterologische Studien. I. Beiträge zu Darwin's Theorie über die Entstehung der Arten. Verhandlungen der Kaiserlich-Königlichen Zoologisch-Botanischen Gesellschaft in Wien, 11: 223.

Brunner von Wattenwyl C. 1865. Nouveau Système des Blattaires. Vienna: G. Braumüller, 1-426.

Brunner von Wattenwyl C. 1878. Monographie der Phaneropteriden. Wein: Mien (Brockhaus), 1-401.

Brunner von Wattenwyl C. 1882. Prodromus der europäischen Orthopteren. Leipzig: 8vo: I-XXXII + 1-466.

Brunner von Wattenwyl C. 1888. Monographie der Stenopelmatiden und Gryllacriden. Verhandlungen der Kaiserlich-Königlichen Zoologisch-Botanischen Gesellschaft in Wien, 38: 247-394.

Brunner von Wattenwyl C. 1891. Additamenta zur Monographie der Phaneropteriden. Verhandlungen der Kaiserlich-Königlichen Zoologisch-Botanischen Gesellschaft in Wien, 41: 1-196.

Brunner von Wattenwyl C. 1893. Révision du Système des Orthoptères et description des espèces rapportées par M. Leonardo Fea de Birmanie. Annali del Museo Civico di Storia Naturale Giacomo Doria, Genova, 33: 1-230.

Brunner von Wattenwyl C. 1895. Monographie der Pseudophylliden. Wien: Verhandlungen der Kaiserlich-Königlichen Zoologisch-Botanischen Gesellschaft, 45: 1-282.

Brunner von Wattenwyl C. 1898. Orthopteren des Malayischen Archipels, gesammelt von Prof. Dr. W. Kükenthal in den Jahren 1893 und 1894. Abhandlungen herausgeben von der Senckenbergischen Naturforschenden Gesellschaft. Frankfurt am Main, 24: 193-288.

Brunner von Wattenwyl C. 1907. Die Insektenfamilie der Phasmiden. Vol. 2. Phasmidae Anareolatae (Clitumnini, Lonchodini, Bacunculini). Leipzig: Wilhelm Engelmann, 181-340.

Bu Y, Gao Y, Potapov M B, Luan Y-X. 2012. Redescription of arenicolous dipluran *Parajapyx pauliani* (Diplura, Parajapygidae) and DNA barcoding analyses of *Parajapyx* from China. ZooKeys, 221: 19-29.

Burks B D. 1953. The mayflies, or Ephemeroptera, of Illinois. Bulletin of the Illinois Natural History Survey, 26 (Art. 1): 1-216.

Burmeister H. 1838a. Handbuch der Entomologie. Berlin: Reimer, II. 2: 482-517.

Burmeister H. 1838b. Kaukerfe, Gymnognatha (Erste Hälfte: Vulgo Orthoptera). Handbuch der Entomologie, 2, 2(I-VIII): 397-756.

Burmeister H. 1839. Handbuch der Entomologie, Band 2. Berlin: F. Enslin, 955 pp.

Burr M. 1899. Essai sur les Eumastacides tribu des Acridiodea. Anales de la Sociedad Española de Historia Natural, 28: 75-112, 253-304, 345-350.

Burr M. 1900. Forficules exotiques du Musee Royal d'Historie Naturelle de Bruxelles. Ann Soc Ent Belg, 44: 47-54.

Burr M. 1904. Observations on the Dermaptera, including revisions of several genera, and descriptions of new genera and species. Trans Entomol Soc London, 277-322.

Burr M. 1905. Descriptions of five new Dermaptera. Ent Mon Mag, 184(2): 84-86.

Burr M. 1907a. A third note on earwigs (Dermaptera) in the Indian Museum, with the description of a new species. Rec Indian Mus, 1: 207-210.

Burr M. 1907b. A preliminary revision of the Forficulidae (*Sensu Stricto*) and of the Chelisochidae, families of the Dermaptera. Trans Ent Soc London, 55: 91-134.

Burr M. 1910a. Fauna of British India, including Ceylon and Burma. Dermaptera. XVIII, 217 pp., 10 pls.

Burr M. 1910b. The Dermaptera (Earwigs) of the United States National Museum. Proc U. S. Nation Mus, 38: 443-467.

Burr M. 1911a. A Revision of the Genus *Diplatys* (Serv.) (Dermaptera). Trans Ent Soc Lond, 1911: 21-47.

Burr M. 1911b. Dermaptera. Ganera Insectorum, 122: 1-105.

Cadena-Castañeda O J. 2019. A proposal towards classification of the raspy crickets (Orthoptera: Stenopelmatoidea: Gryllacrididae) with zoogeographical comments: an initial contribution to the higher classification of the Gryllacridines. Zootaxa, 4605(1): 001-100.

Cai B-L, Liu S-L. 1990. Notes on *Entoria* (Phasmatodea: Phasmatidae) with descriptions of six new species from China. Oriental Insects, 24(1): 415-425.

Cao C-Q, Shi J, Yin Z. 2017. A new species of the genus *Chrysacris* Zheng, 1983 from China (Orthoptera: Acridoidea, Acrididae). Zootaxa, 4311(3): 443-446.

Carl J. 1914. Phasgonurides du Tonkin. Revue Suisse de Zoologie, 22: 541-555.

Carle F L. 1995. Evolution, taxonomy, and biogeography of ancient Gondwanian libelluloides, with comments on anisopteroid evolution and phylogenetic systematics (Anisoptera: Libelluloidea). Odonatologica, 24(4): 383-424.

Caroli E. 1912. Collembola. 1. Su di un nuovo genere di Neelidae. Annuario del Museeo Zoologico della R. Universita de Napoli, Nuova Serie, Supplemento, Fauna delgi Astroni, 4: 1-5.

Cassagnau P. 1983. Un nouveau modele phylogenetique chez les collemboles Neanurinae. Nouvelle Revue d'Entomologie, 13(1): 3-27.

Cassagnau P, Deharveng L. 1984. Collemboles des Philippines. I. Les lobelliens multicolores des montagnes de Luzon. Travaux du Laboratoird'Ecobiologie des Arthropodes Edaphiques, Toulouse, 5(1): 1-11.

Caudell A N. 1903. Notes on nomenclature of Blattidae. Entomological. Society of Washington, 5: 232-235.

Caudell A N. 1913. Notes on the Nearctic Orthopterous insects. I. Nonsaltatorial forms. Proceedings of the United States National Museum, 44: 600-601.

Caudell A N. 1921. Some new Orthoptera from Mokanshan, China. Proceedings of the Entomological Society of Washington, 23(2): 27-35.

Caudell A N. 1927. On a collection of Orthopteroid insects from Java made by Owen Bryant and William Palmer in 1909. Proceedings of the United States National Museum, 71(3): 14.

Chang K S F. 1934. Notes on some *Oxya* species from Chekiang province with the description of a new subspecies. China J Shanghai, 21(4): 185-192.

Chang K S F. 1935. Index of Chinese Tettigoniidae. Notes D'Entomologie Chinoise, 11: 25-77.

Chang K S F. 1937. Notes on the Eumasticinae (Orthoptera, Acrididae) from China, with description of one new genus and two new species. Notes Ent Chinoise, Mus Heude, 4(3): 35-46.

Chang K S F. 1939. Some new species of Chinese Acrididae (Orthoptera; Acrididae). Notes d'Entomologie Chinoise, Musée Heude, 6(1): 1-58.

Chang K S F. 1940. The group Podismae from China (Acrididae, Orthoptera). Notes d'Entomologie Chinoise, Musée Heude, 7: 31-97, 3 pls.

Chang L, Sun X. 2016. Two new species of *Allonychiurus* Yoshii, 1995 (Collembola, Onychiuridae) from eastern China, with a key to world species of the genus. Zootaxa, 4061(4): 429-437.

Chang Y-L, Bian X, Shi F-M. 2012. Remarks on the genus *Sinocyrtaspis* (Orthoptera: Tettigoniidae: Meconematinae) from China. Zootaxa, 3495: 83-87.

Chang Y-L, Shi F-M, Ran J-C. 2005. Descriptions of two new species of *Lipotactes* Brunner v. Watt. (Orthpotera: Tettiginiidae) from China. Oriental Insects, 39: 353-357.

Chao Hs-F. 1947. Two new species of stoneflies of the genus *Styloperla* Wu (Plecoptera: Perlidae). Biological Bulletin Fukien Christian University, 5: 93-96.

Chao Hs-F. 1953a. A new species of Mesopodagrion from Southwestern China (Odonata, Zygoptera, Megapodagriidae). Acta Entomologica Sinica, 5(5): 330-334.

Chao Hs-F. 1953b. The external morphology of the dragonfly Onychogomphus ardens Needham. Smithsonian Miscellaneous Collections.

Chao Hs-F. 1954a. Classification of Chinese dragonflies of the family Gomphidae (Odonata). Part II. Acta Entomologica Sinica, 4 (1): 23-82.

Chao Hs-F. 1954b. Classification of Chinese dragonflies of the family Gomphidae (Odonata). Part III. Acta Entomologica Sinica, 4

(3): 213-275.

Chao Hs-F. 1954c. Classification of Chinese dragonflies of the family Gomphidae (Odonata). Part IV. Acta Entomologica Sinica, 4 (4): 399-426.

Chao Hs-F. 1955. Classification of Chinese dragonflies of the family Gomphidae (Odonata). Part V. Acta Entomologica Sinica, 5 (1): 71-103.

Chao Hs-F. 1990. The gomphid dragonflies of China (Odonata: Gomphidae). Fuzhou: The Science and Technology Publishing House, 1-486.

Chao Hs-F. 1995. New or little-known Gomphid dragonflies from China, I (Odonata: Gomphidae). Wuyi Science Journal, 12: 1-7.

Charpentier T. 1840. Libellulinae europaeae descriptae e depictae. Lipsiae: Leopold Voss, 1-180.

Che Y-L, Chen L, Wang Z-Q. 2010. Six new species of the genus *Balta* Tepper (Blattaria, Pseudophyllodrominae) from China. Zootaxa, 2609: 55-67.

Chen B-R. 1985. Six new species of the family Isotomidae (Collembola). Contributions from Shanghai Institute of Entomology, 5: 183-193.

Chen B-R, Yin W-Y. 1983. A new Species of the Genus *Tuvia* (Collembola: Isotomidae). Contributions from Shanghai Institute of Entomology, 1982-83: 171-173.

Chen J-X, Christiansen K A. 1998. *Tomocoerus* (*s. s.*) *spinulus* (Collembola: Entomobryidae), a new species of chinese springtail. Entomological News, 109(1): 51-55.

Chen J-X, Li L-R. 1999. A new species of the genus *Homidia* (Collembola: Entomobryidae) from China. Entomologia Sinica, 6(1): 25-28.

Chen J-X, Lin R. 1998. A new Entomobryid species of the genus *Homidia* (Collembola: Entomobryidae) from Zhejiang, China. Entomotaxonomia, 20(1): 21-24.

Chen L-X, Cui P, Zhuo Z, Chang Y-L. 2020. Notes on the genus *Macroteratura* Gorochov, 1993 (Tettigoniidae: Meconematinae: Meconematini) with description of one new species from China. Zootaxa, 4857(1): 95-104.

Chen S H. 1935. A new speies of Dermaptera from Kwangsi. Sinensia, 6: 219-220, 1 fig.

Chen Z-T, Du Y-Z. 2016. A new species of *Neoperla* (Plecoptera: Perlidae) from Zhejiang Province of China. Zootaxa, 4093(4): 589-594.

Cheng K, Wang X-S, Liu C-X, Wu C. 2016. Description of two new species of the genus *Atlanticus* from Southern China and their songs (Orthoptera: Tettigoniidae; Tettigoniinae). Zootaxa, 4103(5): 473-480.

Chiu C-I, Yang M-M, Li H-F. 2016. Redescription of the soil-feeding termite *Sinocapritermes mushae* (Isoptera: Termitidae: Termitinae): the first step of genus revision. Annals of the Entomological Society of America, 109(1): 158-167.

Chopard L. 1924. On some cavernicolous Orthoptera and Dermaptera from Assam and Burma. Records of the Indian Museum, 26: 81-92.

Chopard L. 1929. Les Polyphagiens de la faune palearctigue (Orthoptera. Blattidae). Biogeosciences, 5: 223-358.

Chopard L. 1932. Dr. E. Mjoberg's Zoological Collections from Sumatra. Arkiv For Zoologi, 23A(9): 1-17.

Chopard L. 1936. Note sur les Gryllides de Chine. Notes d'Entomologie Chinoise, 3(1): 1-14.

Chopard L. 1961 [1960]. Les divisions du genre *Gryllus* basées sur l'étude de l'appareil copulateur (Orth. Gryllidae). Eos, Revista española de Entomología, 37(3): 267-287.

Chopard L. 1968. Fam. Gryllidae: Subfam. Mogoplistinae, Myrmecophilinae, Scleropterinae, Cachoplistinae, Pteroplistinae, Pentacentrinae, Phalangopsinae, Trigonidiinae, Eneopterinae; Fam. Oecanthidae, Gryllotalpidae. *In*: Beier M. Orthopterorum Catalogus. Gravenhage, 12: 213-500.

Chopard L. 1969. Orthoptera Volume 2 Grylloidea. *In*: Sewell R B S. The Fauna of India and the Adjacent Countries. Calcutta: Baptist Mission Press, 1-421.

Christiansen K, Bellinger P. 1980. The Collembola of North America moth of the Rio Grande. A taxonomic analysis. Grinnell, Iowa: Grinnell College, 1-1322.

Christiansen K, Bellinger P. 1992. Insects of Hawaii. Volume 15. Collembola. Hawaii: University of Hawaii Press, 1-455.

Christiansen K, Bellinger P. 1998. The Collembola of North America north of the Rio Grande. A taxonomic analysis. Grinnell, Iowa: Grinnell College, 1-1520.

Chu Y-T. 1928a. Description of a new species of *Leuctra* and notes on *Nemoura sinensis* from Hangchow. The China Journal, 9(2): 87-89.

Chu Y-T. 1928b. Description of a new nemourid stonefly from Hangchow. The China Journal of Science and Arts, 8: 332-333.

Chu Y-T. 1928c. Description of a new genus and three new species of stoneflies from Hangchow. China Journal, 9(4): 194-198.

Chu Y-T. 1929. Descriptions of four new species and one new genus of stoneflies in the family Perlidae from Hangchow. China Journal, 10: 88-92.

Cigliano M M, Braun H, Eades D C, Otte D. 2021. Orthoptera Species File Online. Version 5.0/5.0. Available from: http://Orthoptera.SpeciesFile.org [2021-10-1].

Claassen P W. 1936. New Names for Stoneflies (Plecoptera). Annals of the Entomological Society of America, 29(4): 622-623.

Coleman J-J, Hynes H B N. 1970. The vertical distribution of the invertebrate fauna in the bed of a stream. Limnology and Oceanography, 15: 31-41.

Condé B. 1948. Protoures de l'Afrique orientale britannique. Proceedings of the Zoological Society of London, 118: 748-751.

Cowley J. 1934. Changes in the generic names of the Odonata. Entomologist, 67: 1-285.

Curtis J. 1834. Descriptions of some nondescript British species of Mayflies of Anglers. The London and Edinburgh Philosophical Magazine and Journal of Science, 4: 120-122.

da Gama M M. 1959. Contribuicao para o estudo dos Colembolos do Arquipelago da Madeira. Memorias e Estudos do Museu Zoologico da Universidade de Coimbra, 257: 1-42.

Dalla Torre K W. 1895. Die Gattungen und Arten der Apterygogenea (Brauer). Programm des K. K. Staats-Gymnasiums Innsbruck, Nr. 46: 23.

Dalman J W. 1818. Vet Akad Handl, 1818: 77.

Davies D A L, Tobin P A. 1984. Synopsis of the extant genera of the Odonata, 1-2. Soc Inter, Odonata Rapid Comm.

Dawwrueng P, Tan M, Waengsothorn S. 2017. Species checklist of Orthoptera (Insecta) from Sakaerat Environmental Research Station, Thailand (Southeast Asia). Zootaxa, 4306(3): 301-324.

De Geer C. 1773. Mémoires pour servir à l'histoire des insectes. Tome troisième. Stockholm: Pierre Hesselberg, 1-696.

De Haan W. 1842. Bijdragen to de kennis der Orthoptera. *In*: Temminck C J. Verhandelingen over de Natuurlijke Geschiedenis der Nederlansche Overzeesche Bezittingen, 3: 45-243.

De Haan W. 1844. Bijdragen tot de kennis der Orthoptera. *In*: Temminck C J. Verhandelingen over de Natuurlijke Geschiedenis der Nederlansche Overzeesche Bezittingen. In commissie bij S. en J. Luchtmans, en C.C. van der Hoek, Leiden, 24: 229-248.

Defaut B. 2001. Actualisation taxonomique et nomenclaturale du "Synopsis des orthoptères de France". Matériaux Orthoptériques et Entomocénotiques, 6: 107-112.

Deharveng L. 1990. Fauna of Thai caves. II. New Entomobryoidea Collembola from Chiang Dao cave, Thailand. Occasional Papers Bernice P. Bishop Museum, 30: 279-287.

Deharveng L, Suhardjono Y R. 1994. *Isotomiella* Bagnall 1939 (Collembola Isotomidae) of Sumatra (Indonesia). Tropical Zoology, 7(2): 309-323.

Deng W-A. 2016. Taxonomic study of Tetrigoidea from China. Wuhan: Huazhong Agricultural University, 1-341.

Deng W-A. 2020. Taxonomic revision of the subfamily Cladonotinae (Orthoptera: Tetrigidae) from China with description of three new species. Zootaxa, 4789(2): 405-406.

Deng W-A, Wei S-Z, Lei X, Chen Y-Z. 2018. Taxonomic revision of the genus *Bolivaritettix* Günther, 1939 (Orthoptera: Tetrigoidea: Metrodorinae) from China, with the descriptions of two new species. Zootaxa, 4434(2): 303-326.

Denis J R. 1929. Notes sur les Collemboles récoltés dans ses voyages par le Prof. F. Silvestri (I). Seconde note sur les Collemboles D'Extrême-Orient. Bollettino del Laboratorio di zoologia generale e agraria della Facoltà agraria in Portici, 22: 166-171,

305-321.

Denis J R. 1931. Collemholes de Costa Rica avec une contribution au species [sic] de l'ordre. Bollettino del Laboratorio di zoologia generale e agraria della Facoltà agraria in Portici, 25: 69-170.

Descamps M. 1973. Révision des Eumastacoidea (Orthoptera) aux échelons des familles et des sous-familles (Genitalia, Répartition, Phylogénie). Acrida, 2: 196.

DeWalt R E, Stewart K W. 1995. Life histories of stoneflies (Plecoptera) in the Rio Conejos of southern Colorado. Great Basin Naturalist, 55: 1-18.

Di J-X, Bian X, Shi F-M. 2014. Four newly recorded species of Gryllacridinae (Orthoptera: Gryllacrididae) from China. Far Eastern Entomologist, 275: 17-20.

Di J-X, Bian X, Shi F-M, Chang Y-L. 2014. Notes on the genus *Pseudokuzicus* Gorochov, 1993 (Orthoptera: Tettigoniidae: Meconematinae: Meconematini) from China. Zootaxa, 3872(2): 154-166.

Dijkstra K D B, Kalkman V J, Dow R A, Stokvis F R, van Tol J. 2014. Redefining the damselfly families: the first comprehensive molecular phylogeny of Zygoptera (Odonata). Systematic Entomology, 39(1): 68-96.

Ding J-H, Wen T-C, Wu X-M. Boonmee S, Eungwanichayapant P D, Zha L-S. 2017. Species diversity of Tetrigidae (Orthoptera) in Guizhou, China with description of two new species. Journal of Natural History, 51(13-14): 741-760.

Dirsh V M. 1956. Preliminary revision of the genus *Catantops* Schaum and review of the group Catantopini (Orthoptera: Acrididae). Publicações Culturais da Companhia de Diamantes de Angola, 28: 11-151.

Dirsh V M. 1958 [1957]. Two new genera of Acridoidea (Orthoptera). Annals and Magazine of Natural History, London, 10[12]: 861.

Dirsh V M, Uvarov B P. 1953. Preliminary diagnoses of new genera and new synonymy in Acrididae. Tijdschrift voor Entomologie, 96: 231-237.

Djakonov A M. 1926. Drei neue Odonaten-Arten aus dem Paläarktischen Faunengebiet. Revue Russe d'Entomologie, 20: 228-234.

Dohrn H. 1863. Versuch einer Monographie der Dermapteren. Stett Entomol Z, 24: 309-322.

Drury D. 1770. Illustrations of Natural History; Wherein Are Exhibited Upwards of Two Hundred and Forty Figures of Exotic Insects, According to Their Different Genera. Vol. 1. London, 1-256.

Drury D. 1773. Illustrations of Natural History; Wherein Are Exhibited Upwards of Two Hundred and Forty Figures of Exotic Insects, According to Their Different Genera. Vol. 2. London, 1-203.

Du B-J, Bian X, Shi F-M. 2016. Notes on the genus *Homogryllacris* Liu, 2007 (Orthoptera: Gryllacrididae: Gryllacridinae) with description of two new species from China. Zootaxa, 4111(2): 187-193.

Du Y-Z, Chou I. 1999. Notes on Chinese species of the genus *Togoperla* Klapálek (Plecoptera: Perlidae: Perlinae). Entomotaxonomia, 21: 1-8.

Du Y-Z, Ji X-Y, Wang Z-J. 2015. Description of three new Chinese species of the genus *Mesonemoura* (Plecoptera: Nemouridae). The Florida Entomologist, 98(1): 130-134.

Du Y-Z, Sivec I, He J-H. 1999. A checklist of the Chinese species of the family Perlidae (Plecoptera: Perloidea). Acta Entomologica Slovenica, 7: 59-67.

Du Y-Z, Zhou P, Wang Z-J. 2008. Four new species of the genus *Nemoura* (Plecoptera: Nemouridae) from China. Entomological News, 119: 67-76.

Dudley P H. 1890. Termites of the Isthmus of Panama.-Part II. Transactions of the New York Academy of Sciences, 9: 157-180.

Dufour L. 1829. Recherches anatomiques sur les Labidoures. Ann Sci Nat, 13: 337-347, Tables 19-22.

Dumont H J. 2004. Distinguishing Between the East-Asiatic Representatives of *Paracercion* Weekers, Dumont (Zygoptera: Coenagrionidae). Odonatologica, 33(4): 361-370.

Dumont H J, Vanfleteren J R, de Jonckheere J F, Weekers H H P. 2005. Phylogenetic relationships, divergence time estimation, and global biogeographic patterns of calopterygoid damselflies (Odonata, Zygoptera) inferred from ribosomal DNA sequences. Systematic Biology, 54(3): 347-362.

Dunger W, Schlitt B. 2011. Synopses on Palaearctic Collembola: Tullbergiidae. Soil Organisms, 83(1): 1-168.

Eaton A E. 1868. An outline of a re-arrangement of the genera of Ephemeridae. Entomologist's Monthly Magazine, 5: 82-91.

Eaton A E. 1870. On some new British species of Ephemeridae. Transactions of the Entomological Society of London, (1): 1-8.

Eaton A E. 1871. A monograph on the Ephemeridae. Transactions of the Entomological Society of London, 7: 1-164.

Eaton A E. 1881. An announcement of new genera of the Ephemeridae. Entomologist's Monthly Magazine, 17: 191-197, 21-27.

Eaton A E. 1882. An announcement of new genera of the Ephemeridae. Entomologist's Monthly Magazine, 18: 207-208.

Eaton A E. 1883-1888. A revisional monograph of recent Ephemeridae or mayflies. Transactions of the Linnaeus Society of London, Second series, Zoology, 3: 1-352, 65 pls. 2nd Ser. Zool., pages 1-77 in 1883; pages 77-152 in 1884; pages 153-281 in 1885; pages 281-319 in 1887; pages 320-352 in 1888.

Ebner R. 1939. Tettigoniiden (Orthoptera) aus China. Lingnan Science Journal, 18: 293-302.

Enderlein G S. 1907. Über die segmental-apotome der Insekten und zur kenntnis der morphologie der Japygiden. Zoologischer Anzeiger, 31(19-20): 329-635.

Enderlein G. 1909. Plecopterologische Studien. II. Stettiner Entomologische Zeitung, 70: 324-352.

Enderlein G. 1910. Tropidogynoplax, eine neue Plecopterengattung. Stettiner Entomologische Zeitung, 71: 140-143.

Escherich K. 1905. Das System der Lepismatiden. Zoologica (Stuttgart), Series 43, 18: 1-164.

Essig E O. 1942. College Entomology. Journal of The New York Entomological Society, 50: 192.

Fabricius J C. 1775. Systema Entomologiae, Sistens Insectorum Classes, Ordines, Genera, Species, Adiectis Synonymis, Locis, Descriptionibus, Observationibus. Leipzig: Kortii, Flensburgi, xxxii+ 832 pp..

Fabricius J C. 1787a. Odonata. Mantissa Insectorum, 1787: 336-340.

Fabricius J C. 1787b. Mantissa insectorum exhibens species nuper in Etruria collectas a Ptro Rossio, Pisis. Polloni, 1: 239.

Fabricius J C. 1793. Entomologia Systematica Emendata Et Aucta: Secundum Classes, Ordines, Genera, Species Aadjectis Synonimis, Locis, Observationibus, Descriptionibus (Vol. 3, No. 1). Proft, 560 pp.

Fabricius J C. 1798. Supplementum Entomologiae Systematicae Suppl. Hafniae, apud Proft et Storch, 1-586.

Feng J-Y, Zhou Z-J, Chang Y-L, Shi F-M. 2017. Remarks on the genus *Lipotactes* Brunner v. W., 1898 (Orthoptera: Tettigoniidae: Lipotactinae) from China. Zootaxa, 4291(1): 183-191.

Fieber C. 1852. Orthoptera Oliv. (et omn. Auct.) Oberschlesiens. *In*: Kelch A. Grundlage zur Kenntnis der Orthopteren (Gradflügler) Oberschlesiens, und Grundlage zur Kenntnis der Käfer Oberschlesiens, erster Nachtrag (Schulprogr.). Orthoptera Oliv. (et omn. Auct.) Oberschlesiens. Ratibor, Bogner (publication series) (Ratibor), 1.

Fieber F X. 1853. Synopsis der europäischen Orthoptera mit besonderer Rücksicht auf die in Böhmen vorkommenden Arten. Lotos, Zeitschrift für Naturwissenschaften. Herausgegeben vom naturhistorischen Vereine Lotos in Prag, 3, 90-104, 115-129, 138-154, 168-176, 184-188, 201-207, 232-238, 252-261.

Fischer L. 1853. Orthoptera Europaea. Leipzig: sumtibus G. Engelmann, 1-297.

Fjellberg A. 1998. Corrections and Additions to: The Collembola of Fennoscandia and Denmark. Part I: Poduromorpha. Fauna Entomologica Scandinavia, 35: 1-186.

Fjellberg A. 2007. Corrections and Additions to: The Collembola of Fennoscandia and Denmark. Part II: Entomobryomorpha and Symphypleona. Fauna Entomologica Scandinavia, 42: 1-266.

Folsom J W. 1898. Japanese Collembola Part I. The Bulletin of the Essex Institute, 29: 51-57.

Folsom J W. 1899. Japanese Collembola Part II. Proceedings of the American Academy of Arts and Sciences, 34(9): 261-274.

Folsom J W. 1901. Review of the collembolan genus *Neelus* and description of *N. minutus* n. sp. Psyche, 9: 219-222.

Folsom J W. 1924. East Indian Collembola. Bulletin of the Museum of Comparative Zoology at Harvard College, 14: 505-517.

Fraser F C. 1922. New and rare Indian Odonata in the Pusa Collection. Memoirs of the Department of Agriculture in India. Entomological series, 7: 457 pp.

Fraser F C. 1926. A revision of the genus Idionyx Selys. Records Indian Museum, 28(3): 195-207.

Fraser F C. 1933. The Fauna of British India-Odonata. London: Taylor and Francis, 1: 1-423.

Fraser F C. 1939. A note on the generic characters of Ictinogomphus Cowley (Odonata). In Proceedings of the Royal Entomological

Society of London. Series B, Taxonomy. Oxford, UK: Blackwell Publishing Ltd., Vol. 8, No. 2: 21-23.

Fraser F C. 1949. A revision of the Chlorocyphidae with notes on the differentiation of the Selysian species, *rubida*, *glauca*, *cyanifrons* and *curta*. Bulletin de l'Institut r. des sciences naturelles de Belgique, 25(6): 1-50.

Frauenfeld G B. 1861. Dritter Beitrag zur Fauna Dalmatiens, nebst einer ornithologischen Notiz. Verhandlungen der Kaiserlich-Königlichen Zoologisch-Botanischen Gesellschaft in Wien, 11:97-110.

Fujitani T, Hirowatari T, Tanida K. 2005. *Labiobaetis* species of Japan, Taiwan[①], and Korea, with a new synonym of *L. atrebatinus* (Eaton, 1870) and reerection of the subspecies *L. atrebatinus orientalis* (Kluge, 1983) (Ephemeroptera, Baetidae). Limnology, 6: 141-147.

Furukawa H. 1941. A critical note on some species of *Hexacentrus* (Orthopt.). Zoological Magazine, Tokyo, 53(7): 367-370.

Gao D-R, Lam P K S, Owen P T. 1992. The taxonomy, ecology and management of economically important termites in China. Memoirs of the Hong Kong Natural History Society, 19: 15-50.

Gao Y, Potapov M. 2011. *Isotomiella* (Isotomidae: Collembola) of China. Annales de la Societe Entomologique de France, 47(3-4): 350-356.

Germar E F. 1817. Reise durch Oesterreich Tyrol nach Dalmatien und in das Gebiet von Ragusa. Brockhaus, Leipsig: 323 pp.

Germar E F. 1825. Fauna Insectorum Europae. Halae, Impensis Car. Aug. Kümmelii, 15.

Gervais P. 1841. Designation of type and description of genus *Onychiurus*. Echo Monde Sav: 372.

Giglio-Tos E. 1912. Mantidi esotici. V. Mantes, Tenoderae, Hierodulae *et* Rhomboderae. Bullettino della Società Entomologica Italiana, 43: 3-167.

Giglio-Tos E. 1915. Mantidi esotici. Generi e specie nuove. Bullettino della Società Entomologica Italiana, 46: 134-200.

Giglio-Tos E. 1927. Das Tierreich. 50. Lfg. Orthoptera Mantidae. Berlin & Leipzig: Walter de Gruyter & Co., XL + 707 pp.

Gillies M T. 1951. Further notes on Ephemeroptera from India and South East Asia. Proceedings of the Royal Society of London (B), 20: 121-130.

Gisin H. 1942. Materiallen zur Revision der Collembolen. I. Neue und verkannte Isotomiden. Revue suisse de Zoologie, 49: 283-298.

Gisin H. 1943. Okologie und Lebensgemeinschaften der Collembolen im Schweizerischen Exkursionsgebiet Basels. Revue Suisse de Zoologie, 4: 131-224.

Gorochov A V. 1981. Review of crickets of subfamily Nemobiinae (Orthoptera) of fauna of USSR [in Russian]. Vestnik Zoologii, 2: 21-26.

Gorochov A V. 1983a. To the knowledge of the cricket tribe Gryllini (Orthoptera, Gryllidae). Entomologicheskoe Obozrenie, 62(2): 314-330.

Gorochov A V. 1983b. Grylloidea (Orthoptera) of the Soviet Far East. *In*: BodrovaYu D, Soboleva R G, Meshcheryakov A A. Systematics and ecological-faunistic review of the various orders of Insecta of the Far East. Vladivostok: Academy of Sciences of the USSR Far-East Science Centre, 39-47.

Gorochov A V. 1985a. Contribution to the cricket fauna of China (Orthoptera, Grylloidea). (in Russian). Entomologicheskoe Obozrenie, 64(1): 89-109.

Gorochov A V. 1985b. On the Orthoptera subfamily of Gryllinae (Orthoptera, Gryllidae) from eastern Indochina. *In*: Medvedev L N. The Fauna and Ecology of Insects of Vietnam. Moscow: Nauka Publisher, 9-17.

Gorochov A V. 1986. New and little-known crickets (Orthoptera, Grylloidea) from the Middle Asia and adjacent territories. Proc Zool Inst, 140: 3-15.

Gorochov A V. 1987. On the fauna of Orthoptera subfamilies Euscyrtinae, Trigonidiinae and Oecanthinae (Orthopera, Gryllidae) from eastern Indochina. *In*: Medvedev L N. Insect fauna of Vietnam. Moscow: Academija Nauk SSSR, 5-17.

Gorochov A V. 1988. New and little-known crickets of the subfamilies Landrevinae and Podoscirtinae (Orthoptera, Gryllidae) from Vietnam and certain other territories. *In*: Medvedev L N, Striganova B R. The Fauna and Ecology of Insects of Vietnam.

① 本文献政治立场表述错误。台湾（Taiwan）是中国领土的一部分，不应与其他国家名称并列出现。本书因引用历史文献不便改动，但并不代表本书作者及科学出版社的政治立场。

Moscow: Nauka Publisher, 5-21.

Gorochov A V. 1990. New and little known taxa of orthopterans of the suborder Ensifera (Orthoptera) from tropics and subtropics. Entomologicheskoe Obozrenie, 69(4): 820-834.

Gorochov A V. 1992. News of systematics and faunistics of Vietnam insects Part 3. Proceedings of the Zoological Institute of the Russian Academy of Sciences, 245: 17-34.

Gorochov A V. 1993a. Two new species of the genus *Lipotactes* from Vietnam (Orthoptera: Tettigoniidae). Zoosystematica Rossica, 2(1): 59-62.

Gorochov A V. 1993b. A contribution to the knowledge of the tribe Meconematini (Orthoptera: Tettigoniidae). Zoosystematica Rossica, 2(1): 63-92.

Gorochov A V. 1993c. Grylloidea (Orthoptera) of Saudi Arabia and adjacent countries. Fauna of Saudi Arabia, 13: 79-97.

Gorochov A V. 1996. New and little-known species of the genus *Lipotactes* Bruuner v. W. (Orthoptera, Tettigoniidae) from Vietnam. Entomologicheskoe Obozrenie, 75(1): 32-38.

Gorochov A V. 1998a. A new species of the genus *Lipotactes* from Cambodia (Orthoptera: Tettigoniidae), Zoosystematica Rossica, 7(1): 132.

Gorochov A V. 1998b. New and little known Meconematinae of the tribes Meconematini and Phlugidini (Orthoptera: Tettigoniidae). Zoosystematica Rossica, 7(1): 101-131.

Gorochov A V. 1998c. Material on the fauna and systematics of the Stenopelmatoidea (Orthoptera) of Indochina and some other territories. 1. Entomologicheskoe Obozrenie, 77(1): 73-105.

Gorochov A V. 2001. A new species of the genus *Kuwayamaea* (Orthoptera: Tettigoniidae: Phaneropterinae). Zoosystematica Rossica, 9(1): 194.

Gorochov A V. 2002 [2001]. Taxonomy of Podoscirtinae (Orthoptera: Gryllidae). Part 1: the male genitalia and Indo-Malayan Podoscirtini. Zoosystematica Rossica, 10(2): 303-350.

Gorochov A V. 2003. Contribution to the knowledge of the fauna and systematics of the Stenopelmatoidea (Orthoptera) of Indochina and some other territories. IV [in Russian]. Entomologicheskoe Obozrenie, 82(3): 629-649.

Gorochov A V. 2004a. New and little known katydids of the genera *Hemielimaea*, *Deflorita*, and *Hueikaeana* (Orthoptera: Tettigoniidae: Phaneropterinae) from South-East Asia. Russian Entomological Journal, 12(4): 35-368.

Gorochov A V. 2004b. A contribution to the fauna and systematics of Stenopelmatoidea (Orthoptera) of Indochina and some other territories: V. Entomologicheskoe Obozrenie, 83: 816-841 [Russian; English translation in Entomological Review, 84(8): 900-921].

Gorochov A V. 2005a. A new species of *Mirollia* Stål from China (Orthoptera: Tettigoniidae: Phaneropterinae). Zoosystematica Rossica, 14(1): 22.

Gorochov A V. 2005b. Contribution to the fauna and systematics of the Stenopelmatoidea (Orthoptera) of Indochina and some other territories. VI. Entomologicheskoe Obozrenie, 84(4): 828-847 [In Russian; English translation: Contributions to the Fauna and Taxonomy of the Stenopelmatoidea (Orthoptera) of Indochina and Some Other Territories. Entomological Review, 85(8): 918-933].

Gorochov A V. 2005c. Taxonomy of Podoscirtinae (Orthoptera: Gryllidae). Part 4: African Podoscirtini and geography of the tribe. Zoosystematica Rossica, 13(2): 181-208.

Gorochov A V. 2006. Taxonomy of Podoscirtinae (Orthoptera: Gryllidae). Part 5: New Indo-Malayan and Madagascan Podoscirtini. Zoosystematica Rossica, 15(1): 33-46

Gorochov A V. 2007. Taxonomy of Podoscirtinae (Orthoptera: Gryllidae). Part 6: Indo-Malayan Aphonoidini. Zoosystematica Rossica, 15(2): 237-289.

Gorochov A V. 2009. New and little known katydids of the tribe Elimaeini (Orthoptera, Tettigoniidae, Phaneropterinae). Proceedings of the Russian Entomological Society, Sankt Petersburg, 80(1): 77-128.

Gorochov A V. 2010. New species of the families Anostostomatidae and Rhaphidophoridae (Orthoptera: Stenopelmatoidea) from

China. Far Eastern Entomologist, 206: 1-16.

Gorochov A V. 2015. New data on Grylloidea from United Arab Emirates. Arthropod Fauna of the United Arab Emirates, 6: 101-119.

Gorochov A V, Dawwrueng P, Artchawakom T. 2015. Study of Gryllacridinae (Orthoptera: Stenopelmatidae) from Thailand and adjacent countries: the genera *Ultragryllacris* gen. nov. and *Capnogryllacris*. Zootaxa, 4021(4): 565-577.

Gorochov A V, Kang L. 2002. Review of the Chinese species of Ducetiini (Orthoptera: Tettigoniidae: Phaneropterinae). Insect Systematics and Evolution, 33: 337-360.

Gorochov A V, Liu C-X, Kang L. 2005. Studies on the tribe Meconematini (Orthoptera: Tettigoniidae: Meconematinae) from China. Oriental Insects, 39: 6-88.

Gorochov A V, Voltshenkova N A. 2005. Katydids of the genus *Callimenellus* (Orthoptera, Tettigoniidae, Pseudophyllinae) from Indochina and China. Proceedings of the Russian Entomological Society. St. Petersburg, 76: 47-61.

Gose K. 1979-1981. The mayflies of Japanese. Key to families, genera and species.] (in Japanese). Aquabiology (Nara), (1979) 1(1): 38-44; 1(2): 40-45; 1(3): 58-60; 1(4): 43-47; 1(5): 51-53; (1980) 2(1): 76-79; 2(2): 122-123; 2(3): 211-215; 2(4): 286-288; 2(5): 366-368; 2(6): 454-457; (1981) 3(1): 58-62.

Grassi B. 1886. I progenitori degli Insetti e dei Miriapoda, I'Japyx e la Campodea. Atti della Accademia Gioenia di Scienze Naturali in Catania, 19: 1-83.

Grinbergs A. 1962. Über die Collembolenfauna der Sowjetunion. II. Neue Collembolen aus der Tuevischen ASSR. Latvijas Entomologs, Riga, 5: 59-67.

Gu J-X, Dai L, Huang J-H. 2018. Crickets (Orthoptera: Grylloidea) from Hunan province, China. Far Eastern Entomologist, 373: 8-18.

Guérin-Méneville F. 1844. Iconographie du règne animal de G. Cuvier. Paris: J. B. Baillière, 1829-1844: 1-576.

Guillou E J F Le. 1841. Description de 23 espèces nouvelles d'Orthoptères, recueillies pendant son Voyage autour du Monde sur la Zèlee. Rev Zool Soc Cuvierienne, 4: 291-295.

Günther K. 1938. Revision der Acrydiinae, I. Sectiones Tripetalocerae, Discotettigiae, Lophotettigiae, Cleostrateae, Bufonidae, Cladonotae, Scelimenae verae. Mitteilungen aus dem Zoologischen Museum in Berlin, 23: 299-437.

Günther K. 1940. Neue Stabheuschrecken (Phasmoiden) aus China. Decheniana, 99B: 237-248.

Guo J-J, Yang H-H, Chen Z-M, Pan Z-X. 2022. The most northern distribution record of the genus *Lepidodens* (Collembola: Entomobryidae) with description of a new species from Zhejiang Province. Entomotaxonomia, 44(2): 81-89.

Guo J-L, Liu X-W, Fang Y, Li K. 2011. Taxonomic study of Blattaria in Tianmu mountain, Zhejiang Province. Acta Zootaxonomica Sinica, 36(3): 722-731.

Guo L-Y, Shi F-M. 2012. Notes on the Genus *Apotrechus* (Orthoptera: Gryllacrididae: Gryllacridinae) from China. Zootaxa, 3177: 52-58.

Guo Y-Y, Feng P-Z. 1985. Descriptions of one new genus and two new species of Blattellidae (Blattodea). Entomotaxonomia, 333-336.

Gupta S K, Chandra K. 2017. A taxonomic study of the pygmygrasshopper (Orthoptera Tetrigidae) from India with description of a new species. Biodiversity Journal, 8(2): 739-748.

Hagen H A. 1858. Monographie der Termiten. Linnaea Entomologica, 12: 4-459.

Hagen H A. 1861. Synopsis of the Neuroptera of North America. Smithsonian Miscellaneous Collections. Smithsonian Institution, Washington, DC.

Hämäläinen M. 2004. Caloptera damselflies from Fujian (China), with description of a new species and taxonomic notes (Zygoptera: Calopterygoidea). Odonatologica, 33(4): 371-398.

Hämäläinen M. 2006. *Vestalaria vinnula* spec. nov. from southern Vietnam (Odonata: Calopterygidae). Zool Med Leiden, 80: 87-90.

Hämäläinen M, Yu X, Zhang H-M. 2011. Descriptions of *Matrona oreades* spec. nov. and *Matrona corephaea* spec. nov. from China (Odonata: Calopterygidae). Zootaxa, 2830: 20-28.

Han L, Di J-X, Chang Y-L, Shi F-M. 2015. Three new species of the genus *Xiphidiopsis* Redtenbacher, 1891 (Orthoptera:

Meconematinae) in China. Zootaxa, 4018(4): 553-562.

Han L, Liu H-Y, Shi F-M. 2015. The investigation of Orthoptera from Huagaoxi Nature Reserve of Sichuan, China. International Journal of Fauna and Biological Studies, 2(1): 17-24.

Han Y-K, Zhang W, Hu Z, Zhou C-F. 2016. The nymph and imago of Chinese mayfly *Siphlonurus davidi* (Navás, 1932). ZooKeys, 607: 37-48.

Hancock J L. 1904. The Tettigidae of Ceylon. Spolia Zeylanica, 2: 97-157.

Hancock J L. 1907. Orthoptera Fam. Acridiidae. Subfam. Tetriginae. Genera Insectorum, P. Wytsman [Ed.]. V. Verteneuil & L. Desmet, Bruxelles, 48: 1-79, pls. 1-4.

Hancock J L. 1912. Tetriginae (Acridiinae) in the Agricutural Research Institute Pusa, Bihar, with description of new species. Memoirs of the Department of Agriculture in India (Entomological Series), 4(2): 131-160.

Hancock J L. 1915. V. Indian Tetriginae (Acrydiinae). Records of the Indian Museum, 11: 55-137.

Handschin E. 1924. Die Collembolenfauna dee schweizerischen Nationalparkes. Neue Denkschriften Der Allgemeinen Schweizerischen Gesellschaft Fur Die Gesammten Naturwissenschaften, 60: 89-174.

Handschin E. 1925. Beitrage zur Collembolenfauna der Sundainseln. Treubia, Buitenzorg, 6: 225-270.

Hanitsch R. 1930. Über eine Sammlung malayischer Blattiden des Dresdner Museums. (Orthoptera). Stettiner Entomologische Zeitung, 91: 177-195.

Hanson J F. 1941. Studies on the Plecoptera of North America. Bulletin of the Brooklyn Entomological Society, 36: 57-66.

He J-J, Zheng Y-H, Qiu L, Che Y-L, Wang Z-Q. 2019. Two new species and a new combination of *Allacta* (Blattodea, Ectobiidae, Pseudophyllodromiinae) from China, with notes on their behavior in nature. ZooKeys, 836: 1-15.

He T L, Mu F, Wang Y-W. 1999. A new species of *Pedopodisma* Zheng (Orthoptera: Catantopidae) from Zhejiang Province, China. Entomotaxonomia, 21(1): 22-24.

He X-S, Gao D-R. 1993. A new genus of subfamily Nasutitermitinae attacking building timbers from China (Isoptera: Termitidae). Contributions from Shanghai Institute of Entomology, 11: 119-126.

He Z-Q. 2018. A checklist of Chinese crickets (Orthoptera: Gryllidea). Zootaxa, 4369(4): 515-535.

He Z-Q, Li K, Fang Y, Liu X-W. 2010. A taxonomic study of the genus *Amusurgus* Brunner von Wattenwyl from China (Orthoptera, Gryllidae, Trigonidiinae). Zootaxa, 2423: 55-62.

He Z-Q, Li K, Liu X-W. 2009. A taxonomic study of the genus *Svistella* Gorochov (Orthoptera, Gryllidae, Trigonidiinae). Zootaxa, 2288: 61-67.

He Z-Q, Lu H, Liu Y-Q, Wang H-Q, Li K. 2017. A new species of *Ornebius* Guérin-Méneville, 1844 from East China (Orthoptera: Mogoplistidae: Mogoplistinae). Zootaxa, 4303(3): 445-450.

Hebard M. 1920. Studies in Malayan, Papuan and Australian Mantidae. Proceedings of the Academy of Natural Sciences of Philadelphia, 72: 14-82.

Hebard M. 1922. Studies in Malayan, Melanesian and Australian Tettigoniidae (Orthoptera). Proceedings the Academy of Natural Sciences, Philadelphia, 74: 121-299.

Hebard M. 1929. Studies in Malayan Blattidae (Orthoptera). Proceedings of the Academy of Natural Sciences of Philadelphia, 81: 1-109.

Hebard M. 1930 [1929]. Acrydiinae (Orthoptera, Acrididae) of Southern India. Revue Suisse de Zoologie, 36: 565-592.

Hebard M. 1940. A new generic name to replace *Sigmoidella* Hebard, not of Cushman and Ozana (Orthoptera: Blattidae). Entomological News, 51: 236.

Heller K G, Baker E, Ingrisch S, Korsunovskaya O, Liu C-X, Riede K, Warchalowska-Sliwa E. 2021. Bioacoustics and systematics of Mecopoda (and related forms) from South East Asia and adjacent areas (Orthoptera, Tettigonioidea, Mecopodinae) including some chromosome data. Zootaxa, 5005(2): 101-144.

Hennemann F H, Conle O V, Zhang W-W, Liu Y. 2008. Descriptions of a new genus and three new species of Phasmatodea from Southwest China (Insecta: Phasmatodea). Zootaxa, 1701: 40-62.

Himmi S K, Yoshimura T, Yanase Y, Oya M, Torigoe T, Akada M, Imadzu S. 2016. Nest-gallery development and caste composition of isolated foraging groups of the drywood termite, *Incisitermes minor* (Isoptera: Kalotermitidae). Insects, 7(38): 1-14.

Hincks W D. 1947. Preliminary notes on Mauritian earwigs (Dermaptera). Ann Mag Nat Hist, London, 14: 517-540.

Hincks W D. 1955. A systematic monograph of the Dermaptera of the world based on material in the British Museum (Natural History). Part one. Phygidicranidae excluding Diplatyiae. London: British Museum (Nat Hist), 218 pp.

Ho W-C. 2012. Notes on the genera *Sinophasma* Günther, 1940 and *Pachyscia* Redtenbacher, 1908 (Phasmatodea: Diapheromeridae: Necrosciinae), with the description of four new species from China. Zootaxa, 3495: 57-72.

Ho W-C. 2013a. Contribution to the knowledge of Chinese Phasmatodea I: A review of Neohiraseini (Phasmatodea: Phasmatidae: Lonchodinae) from Hainan Province, China, with descriptions of one new genus, five new species and three new subspecies, and redescriptions of *Pseudocentema* Chen, He *et* Li and *Qiongphasma* Chen, He *et* Li. Zootaxa, 3620(3): 404-428.

Ho W-C. 2013b. Contribution to the knowledge of Chinese Phasmatodea II: Review of the Dataminae Rehn *et* Rehn, 1939 (Phasmatodea: Heteropterygidae) of China, with descriptions of one new genus and four new species. Zootaxa, 3669(3): 201-222.

Ho W-C. 2015. A review of the genus *Parasinophasma* Chen *et* He (Phasmida: Diapheromeridae: Necrosciinae), with descriptions of three new species. Acta Entomologica Sinica, 58(3): 329-334.

Ho W-C. 2016. Contribution to the knowledge of Chinese Phasmatodea III: Catalogue of the phasmids of Hainan Island, China, with descriptions of one new genus, one new species and two new subspecies and proposals of three new combinations. Zootaxa, 4150(3): 314-340.

Ho W-C. 2017a. Contribution to the knowledge of Chinese Phasmatodea IV: Taxonomy on Medaurini (Phasmatodea: Phasmatidae: Clitumninae) of China. Zootaxa, 4365(5): 501-546.

Ho W-C. 2017b. Contribution to the knowledge of Chinese Phasmatodea V: New taxa and new nomenclatures of the subfamilies Necrosciinae (Diapheromeridae) and Lonchodinae (Phasmatidae) from the Phasmatodea of China. Zootaxa, 4368(1): 1-72.

Hollis D. 1971. A preliminary revision of the genus *Oxya* Audinet-Serville (Orthoptera: Acridoidea). Bulletin of the British Museum (Natural History) Entomology, 26(7): 269-343.

Hollis D. 1975. A review of the subfamily Oxyinae (Orthoptera: Acridoidea). Bulletin of the British Museum (Natural History) Entomology, 31(6): 221-228.

Holmgren N. 1909. Termitenstudien. 1. Anatomische Untersuchungen. Kungliga Svenska Vetenskaps-Akademiens Handlingar, 44(3): 1-215.

Holmgren N. 1910. Das System der Termiten. Zoologischer Anzeiger, 35(9-10): 284-286.

Holmgren N. 1911. Termitenstudien. 2. Systematik der Termiten. Die Familien Mastotermitidae, Protermitidae und Mesotermitidae. Kungliga Svenska Vetenskaps-Akademiens Handlingar, 46(6): 1-86.

Holmgren N. 1912a. Die Termiten Japans. Annotationes Zoologicae Japonenses, 8(1): 107-136.

Holmgren N. 1912b. Termitenstudien. 3. Systematik der Termiten. Die Familie Metatermitidae. Kungliga Svenska Vetenskaps-Akademiens Handlingar, 48(4): 1-166.

Holmgren N. 1913. Termitenstudien. 4. Versuch einer systematischen Monographie der Termiten der orientalischen Region. Kungliga Svenska Vetenskaps-Akademiens Handlingar, 50(2): 1-276.

Hsia K L, Liu X-W. 1989. Descriptions of five new species of Eumastacoidea from China (Orthoptera). Entomotaxonomia, 11(4): 253-258.

Hsu Y C. 1936. New Chines mayflies from Kiangsi Province (Ephemeroptera). Peking Natural History Bulletin, 10: 319-325.

Hsu Y C. 1936-1938. The mayflies of China. Peking Natural History Bulletin, (1936) 11(2): 129-148; (1937) 11(3) 287-296; 11(4): 433-440; 12(1): 53-56; 12(2): 125-126; (1938) 12(3): 221-224.

Hua L Z. 2000. List of Chinese Insects. Vol. 1. Guangzhou: Sun Yat-Sen University Press, 448 pp.

Huang C-M. 2006. Orthoptera, Acridoidea, Catantopidae. *In*: Li H-C, Xia K-L, et al. Fauna Sinica, Insecta, 43. Beijing: Science Press, 318-703.

Huang C-T. 2004. Taxonomy of the subfamily Phaneropterinae of Taiwan (Orthoptera: Tettigoniidae). Taibei: Taiwan University Master' Thesis [In Chinese with English summary].

Huang C-W, Potapov M. 2012. Taxonomy of the *Proisotoma* complex. IV. Notes on chaetotaxy of femur and description of new species of *Scutisotoma* and *Weberacantha* from Asia. Zootaxa, 3333: 38-49.

Huo Q-B, Du Y-Z. 2018. A new species of the genus *Isoperla* (Plecoptera: Perlodidae) from Tianmu Mountain Nature Reserve, China. Zootaxa, 4504(2): 276-284.

Huo Q-B, Du Y-Z. 2020. A new genus and two new species of stoneflies (Plecoptera: Perlodidae) from Guizhou Province, China. Zootaxa, 4718(4): 470-480.

Huo Q-B, Du Y-Z, Zhu B-Q, Yu L. 2021. Notes on *Neoperla sinensis* Chu, 1928 and *Neoperla anjiensis* Yang *et* Yang, 1998, with descriptions of new species of *Neoperla* from China (Plecoptera: Perlidae). Zootaxa, 5004(2): 288-310.

Hynes H B N. 1940. The taxonomy and ecology of the nymphs of British Plecoptera with notes on the adults and eggs. Transactions of the Royal entomological Society of London, 91(10): 459-557.

Ichikawa A. 2001. New species of Japanese crickets (Orthoptera; Grylloidea) with notes on certain taxa. Tettigonia: Memoirs of the Orthopterological Society of Japan, 3: 45-58.

Ichikawa A, Murai T, E Honda E. 2000. Monograph of Japanese crickets (Orthoptera; Grylloidea). Bulletin of the Hoshizaki Green Foundation, 4: 257-332.

Ikonnikov N. 1913. Über die von P. Schmidt aus Korea mitgebrachten Acridiodeen.Russia, Kuznetzk: 1-21.

Illies J. 1966. Katalog der rezenten Plecoptera. Das Tierreich, Berlin, 82: 1-632.

Imadaté G. 1956. A new species and a new subspecies of Protura from Shikoku. Transactions of the Shikoku Entomological Society, 4: 103-106.

Imadaté G. 1961. Three new species of the genus *Acerentulus* Berlese (Protura) from Japan. Kontyû, 29: 226-233.

Imadaté G. 1964. Taxonomic arrangement of Japanese Protura (I). Bulletin of the National Science Museum, Tokyo, 7: 37-81.

Imadaté G. 1965. Proturans-fauna of Southeast Asia. Nature and Life in Southeast Asia, 4: 195-302.

Imadaté G. 1974. Protura (Insecta). Fauna Japonica. Tokyo: Keigaku Publishing Co., 1-351.

Imadaté G, Yin W-Y. 1979. Studies on the Chinese Protura: a new species of the genus *Condeellum*. Acta Entomologica Sinica, 22: 320-323.

Imadaté G, Yosii R. 1959. A synopsis of the Japanese species of Protura. Contributions from the Biological Laboratory Kyoto University, 6: 1-43.

Imanishi K. 1930. Mayflies from Japanese torrents. I. New mayflies of the genera *Acentrella* and *Ameletus*. Transactions of the Natural History Society of Formosa[①], 20: 263-267.

Imanishi K. 1937. Mayflies from Japanese torrents. VII. Notes on the genus *Ephemerella*. Annotationes Zoologicae Japonenses, 16: 321-329.

Ingrisch S. 1990a. Revision of the genus *Letana* Walker (Grylloptera: Tettigonioidea: Phaneropteridae). Entomologica Scandinavica, 21: 241-276.

Ingrisch S. 1990b. Zur Laubheuschrecken-Fauna von Thailand (Insecta: Saltatoria: Tettigoniidae). Senckenbergiana Biologica, 70: 89-138.

Ingrisch S. 1995. Revision of the Lipotactinae, a new subfamily of Tettigonioidea (Ensifera). Entomologica Scandinavica, 26: 273-320.

Ingrisch S. 1998a. Monograph of the Oriental Agraeciini (Insecta, Ensifera, Tettigoniidae): Taxonomic revision, phylogeny, stridulation, and development. Courier Forschungsinstitut Senckenberg, 206: 1-387.

Ingrisch S. 1998b. A review of the Elimaeini in Western Indonesia, Malay Peninsula and Thailand (Ensifera, Phaneropteridae). Tijdschrift voor Entomologie, 141: 65-108.

---

① 台湾是中国领土的一部分。Formosa（早期西方人对台湾岛的称呼）一般指台湾，具有殖民色彩。本书因引用历史文献不便改动，仍使用 Formosa 一词，但并不代表作者及科学出版社的政治立场。

Ingrisch S. 2018. New taxa and records of Gryllacrididae (Orthoptera, Stenopelmatoidea) from South East Asia and New Guinea with a key to the genera. Zootaxa, 4510(1): 1-278.

Ingrisch S, Gorochov A V. 2007. Review of the genus *Hemielimaea* Brunner von Wattenwyl, 1878 (Orthoptera, Tettigoniidae). Tijdschrift voor Entomologie, 150: 87-100.

Inward D, Beccaloni G, Eggleton P. 2007. Death of an order: A comprehensive molecular phylogenetic study confirms that termites are eusocial cockroaches. Biology Letters, 3(3): 331-335.

Itoh R, Yin W-Y. 2002. A new species of the genus *Sphyrotheca* (Collembola, Sminthuridae) from the Wu-yan-ling Nature Protective Area, East China. Special Bulletin of the Japanese Society for Coleopterology, 5: 61-65.

Itoh R, Zhao L-J. 1993. Two new species of Symphypleona (Collembola) from the Tian-mu Mountains in Eat China. Edaphologia, 50: 31-36.

Jacobson G G. 1904. Orthoptera. *In*: Jacobson G G, Bianchi V L. Orthopteroid and Pseudoneuropteroid Insects of Russian Empire and adjacent countries. St. Petersburg: Devrien Publ, 6-466.

Jacobus L M, McCafferty W P. 2008. Revision of Ephemerellidae genera (Ephemeroptera). Transactions of the American Entomological Society, 134(1): 185-274.

Jago N D. 1982. The African genus *Phaeocatantops* Dirsh and its allies in the Old World tropical genus *Xenocatantops* Dirsh, with description of a new species (Orth.: Acridoidea, Acrididae, Catantopinae). Transactions of the American Entomological Society, 108(4): 429-457.

Jaiswara R, Dong J-J, Ma L-B, Yin H-S, Robillard T. 2019. Taxonomic revision of the genus *Xenogryllus* Bolívar, 1890 (Orthoptera, Gryllidae, Eneopterinae, Xenogryllini). Zootaxa, 4545(3): 301-338.

Ji X-Y, Du Y-Z, Wang Z-J. 2014. Two new species of the stonefly genus *Amphinemura* (Insecta, Plecoptera, Nemouridae) from China. ZooKeys, 404: 23-30.

Jiang G, Zheng Z. 1998. Grasshoppers and Locusts from Guangxi. Guilin: Guangxi Normal University: 1-390.

Jiang J-G, Luan Y-X, Yin W-Y. 2012. *Paralobella palustris* sp. nov. (Collembola: Neanuridae: Neanurinae) from China, with remarks and key to species of the genus. Zootaxa, 3500: 70-76.

Jiang J-G, Wang W-B, Xia H. 2018. Two new species of *Lobellini* from Tianmu Mountain, China (Collembola, Neanuridae). ZooKeys, 726: 1-14.

Jin X-B, Liu X-W, Wang H-Q. 2020. New taxa of the tribe Meconematini from South-Pacific and Indo-Malayan Regions (Orthoptera, Tettigoniidae, Meconematinae). Zootaxa, 4772(1): 1-53.

Jin X-B, Xia K-L. 1994. An index-catalogue of Chinese Tettigoniodea (Orthopteroidea: Grylloptera). Journal of Orthoptera Research, 3: 15-41.

Jin X-B, Yamasaki T. 1995. Remarks on the *Leptoteratura* Yamasaki, 1982 and a new species from North Borneo (Grylloptera: Tettigonioidea: Meconematidae). Proceedings of the Japanese Society of Systematic Zoology, 53: 81-84.

Johannson B. 1763. In Linnaeus. Centurio insectorum rariorum. *Amoenitates* Academicae seu dissertationes variae Physicae, Medicae, Botanicae anthehac seorsim editae. 2nd ed. Erlanger, 6: 384-415.

Jordana R, Arbea J I, Sim¢n C, Lucianez M J. 1997. Collembola, Poduromorpha. *In*: Ramos M A. Fauna Ib, rica. Vol. 8. Madrid: Museo Nacional de Ciencas Naturales, CSIC, 807.

Kang S-C, Yang C-T. 1995. Ephemerellidae of Taiwan (Insecta, Ephemerellidae). Bulletin of the National Museum of Natural Science, 5: 95-116.

Karny H H. 1907. Revisio Conocephalidarum. Abhandlungen Zool-Botan Gesellschaft in Wien, 4(3): 1-114.

Karny H H. 1908. Expedition Filchner China und Tibet. Zoologische Sammlungen, 10(1): 18.

Karny H H. 1912a. Orthoptera Fam. Locustidae Subfam. Copiphorinae. *In*: Wytsman P. Genera Insectorum, 139: 1-50, pls. 1-7; Bruxelles (V. Verteneuil et L. Desmet).

Karny H H. 1912b. Orthoptera Fam. Locustidae Subfam. Agraeciinae. *In*: Wytsman P. Genera Insectorum, 141: 1-47, pls. 1-8; Bruxelles (V. Verteneuil et L. Desmet).

Karny H H. 1912c. Orthoptera Fam. Locustidae Subfam. Conocephalinae. *In*: Wytsman P. Genera Insectorum, 135: 1-17, pls. 1-2; Bruxelles (V. Verteneuil et L. Desmet).

Karny H H. 1915. H. Sauter's Formosa-Ausbeute. Orthoptera et Oothecaria. Supplementa Entomologica, 4: 56-108.

Karny H H. 1923. Zur Nomenklatur der Phasmoiden. Treubia, 3(2): 231-242.

Karny H H. 1924. Beiträge zur malayischen Orthopterenfauna. VIII. Die Mecopodinen des Buitenzorger Museums. treubia, 5: 137-160.

Karny H H. 1926a. Gryllacrididae (China-Ausbeute von R. Mell). Mitteilungen aus dem Zoologischen Museum, Berlin, 12: 357-394.

Karny H H. 1926b. On Malaysian katydids (Tettigoniidae). Journal of the Federal Malay States Museums, 13(2-3): 67-111.

Karny H H. 1928. Gryllacriden aus verschiedenen deutschen und österreichischen Sammlungen. Stettiner Entomologische Zeitung, 89: 247-312.

Karny H H. 1929a. On a collection of Gryllacrids and Tettigoniids (Orthoptera), chiefly Javanese. Annals of the Entomological Society of America, 22: 175-194.

Karny H H. 1929b. On the cricket-locusts (Gryllacrids) of China. Lingnan Sci J, 7: 721-756.

Karny H H. 1937. Orthoptera Fam. Gryllacrididae Subfamiliae Omnes. *In*: Wytsman P. Genera Insectorum, 206: 1-317.

Karsch F. 1891. Arachniden von Ceylon und von Minikoy gesammelt von den Herren Doctoren P. und F. Sarasin. Berliner Entomologische Zeitschrift, 36(2): 10-31.

Kemner N A. 1934. Systematische und biologische Studien uber die Termiten Javas und Celebes. Kungliga Svenska Vetenskaps-Akademiens Handlingar, (3)13(4): 1-241.

Khan M I, Usmani M K. 2016. Taxonomic studies on Acridinae (Orthoptera: Acridoidea: Acrididae) from the northeastern states of India. Journal of Threatened Taxa, 8(1): 8389-8397.

Kim J I, Kim T W. 2001 Taxonomic review of Korean Phaneropterinae (Orthoptera, Tettigoniidae). Korean Journal of Entomology, 31(3): 147-156.

Kim T W. 2013. A taxonomic study on the burrowing cricket genus *Velarifictorus* with morphologically resembled genus *Lepidogryllus* (Orthoptera: Gryllidae: Gryllinae) in Korea. Animal Systematics, Evolution and Diversity, 29(4): 294-307.

Kim T W, Jeong B, Shim J. 2014. A Contribution to the fauna of raspy crickets (Orthoptera: Gryllacrididae: Gryllacridinae) in Korea. Zootaxa, 3900(1): 95-106.

Kim T W, Pham H T. 2014. Checklist of Vietnamese Orthoptera (Saltatoria). Zootaxa, 3811(1): 53-82.

Kimmins D E. 1937. Some new Ephemeroptera. Annals and Magazine of Natural History, 10(19): 430-440.

Kimmins D E. 1947. New species of Indian Ephemeroptera. Proceedings of the Royal Entomological Society of London (B), 16: 92-100.

Kinoshita S. 1916. Honposan tobimushikwa ni tsuite. Dobuts. Z. Tokyo, 28: 451-460, 494-500.

Kirby W F. 1889. A Revision of the Subfamily Libellulinae: With Descriptions of New Genera and Species. Zoological Society: 901 pp.

Kirby W F. 1890. A Synonymic Catalogue of Neuroptera Odonata, or Dragonflies. With an Appendix of Fossil Species. London: Gurney & Jackson, ix + 202 pp.

Kirby W F. 1894. Catalogue of the described Neuroptera Odonata (Dragonflies) of Ceylon, with descriptions of new species. Journal of the Linnean Society (Zoology Series), 24: 1-563.

Kirby W F. 1903. Notes on Blattidae & C., with descriptions of new genera and species in the Collection of the British Museum, South Kensington. No. II. The Annals and Magazine of Natural History, 7(12): 273-280.

Kirby W F. 1904. A synonymic catalogue of Orthoptera. 1. Orthoptera Euplexoptera, Cursoria et Gressoria. (Forficulidae, Hemimeridae, Blattidae, Mantidae, Phasmidae). London, Printed by order of the Trustees [by Taylor and Francis], 1: 1-501.

Kirby W F. 1906. A Synonymic Catalogue of Orthoptera. Vol. II. Orthoptera Saltatoria. Part I. (Achetidae et Phasgonuridae). London: The Trustees of the British Museum, i-viii, 1-562, 1-25.

Kirby W F. 1910. A Synonymic Catalogue of Orthoptera (Orthoptera Saltatoria, Locustidae vel Acridiidae). British Museum (Natural

History), London, 3(2): 45-674.

Kirby W F. 1914. Fauna of British India, including Ceylon and Burma. Orthoptera (Acrididae). London, 1-276.

Klapálek F. 1907. Japonské druhy podčeledi Perlinae. Rozpravy České Akademie cisare Frantiska Jozefa, 16(31): 1-28.

Klapálek F. 1909a. Ephemeridae, Eintagsfliegen. *In*: Brauer A. Die Susserwasser Fauna Deutchlands, 8: 1-32.

Klapálek F. 1909b. Vorlaufiger Bericht ber exotische Plecopteren. Wien Ent Ztg, 28: 215-232.

Klapálek F. 1912a. H. Sauter's Formosa-Ausbeute. Plecoptera. Entomologische Mitteilungen, 1(11): 342-351.

Klapálek F. 1912b. Plecopterorum genus: Kamimuria Klp. Casopis Ceské Spolec Ent, 9: 84-110.

Klapálek F. 1913. Plecoptera II. *In*: H. Sauter's Formosa-Ausbeute. Suppl Ent, 2: 112-123.

Klapálek F. 1914. Berichtigung. Supplementa Entomologica, 3: 118.

Klapálek F. 1921. Plécoptères nouveaux. Annales de la Societe Entomologique de Belgique, 61: 57-67, 146-150, 320-327.

Klapálek F. 1923. Plécoptères II. Fam, Perlidae. Colls Zool Baron Edm de Selys Longchamps, 4: 1-194.

Kluge N Ju. 1983. New and little-known mayflies of the family Baetidae (Ephemeroptera) from Primorya. Entomologicheskoe Obozrenie, 61: 65-79.

Kolbe H J. 1885. Zur Naturgeschichte der Termiten Japans. Berliner Entomologische Zeitschrift, 29: 145-150.

Koshikawa S, Matsumoto T, Miura T. 2004. Soldier-like intercastes in the rotten-wood termite *Hodotermopsis sjostedti* (Isoptera: Termopsidae). Zoological Science, 21(5): 583-588.

Krauss H. 1877 [1878]. Orthoptera vom Senegal, gesammelt von Dr. Franz Steindachner. Sitzungsberichte der Österreichischen Akademie der Wissenschaften. Mathematisch-Naturwissenschaftliche Klasse (Abt. 1), 76(1): 29-63.

Krauss H A. 1902. Die Namen der ältesten Dermapteren- (Orthopteren-) Gattungen und ihre Verwendung für Familien- und Unterfamilien-Benennungen auf Grund der jetzigen Nomenclaturregeln. Zoologischer Anzeiger, 25: 530-543.

Krishna K. 1961. A generic revision and phylogenetic study of the family Kalotermitidae (Isoptera). Bulletin of the American Museum of Natural History, 122(4): 303-408.

Krishna K. 1965. Termites (Isoptera) of Burma. American Museum Novitates, 2210: 1-34.

Krishna K. 1968. Phylogeny and generic reclassification of the *Capritermes* complex (Isoptera, Termitidae, Termitinae). Bulletin of the American Museum of Natural History, 138(5): 261-323.

Krishna K, Grimaldi D A, Krishna V, Engel M S. 2013. Treatise on the Isoptera of the world. Bulletin of the American Museum of Natural History, 377(1): 1-2436.

Kumar H, Usmani M K. 2016. Taxonomic studies on Acrididae (Orthoptera: Acridoidea) of Gujarat region under Western Ghats of India. Munis Entomology & Zoology, 11(1): 77-86.

Laidlaw F F. 1922. A list of the Dragonflies Recorded from the Indian Empire with special Reference to the Collection of the Indian Museum. V. The Subfamily Gomphinae. Records of the Zoological Survey of India, 367-414.

Latreille P A. 1796. Névroptères. *In*: Précis des caractères génériques des Insectes, disposés dans un ordre naturel. Bordeaux: Brive, 96-104.

Latreille P A. 1802. Histoire Naturelle, genérale et particuliere, des Crustacés et des Insectes, 3. Paris: F. Dufart, 1-467.

Latreille P A. 1804. Histoire Naturelle, genérale et particuliere, des Crustacés et des Insectes. Paris: F. Dufart, an x-an xiii, 12: 1-424.

Leach W E. 1815. Entomology. *In*: Edinburgh Encyclopedia Brewster, Edinburgh, 57-172.

Lee B H. 1974. Étude De La Faune Coréenne Des Collemboles II. Description De Quatre Espéces Nouvelles De La Famille Hypogastruridae. Nouvelle Revue d'Entomologie, 2: 89-102.

Lee B H, Park K H. 1992. Collembola from North Korea II: Entomobryidae and Tomoceridae. Folia Entomology Hungarica Rovartani Kövlmények, 53: 93-111.

Legendre F, Whiting M F, Bordereau C, Cancello E M, Evans T A, Grandcolas P. 2008. The phylogeny of termites (Dictyoptera: Isoptera) based on mitochondrial and nuclear markers: implications for the evolution of the worker and pseudergate castes, and foraging behaviors. Molecular Phylogenetics and Evolution, 48: 615-627.

Lestage J A. 1917. Contribution á l'étude des larves des Ephéméres paléarctiques. Annales de Biologie Lacustre, 8(3-4): 213-459.

Lestage J A. 1921. Plecoptera. Bulletin de la Societe Entomologique Belgique, 4: 102.

Lestage J A. 1922. Notes sur le génre *Nirvius* Navas (= *Ephemera* L.) [Ephemeroptera]. Bulletin de la Société Entomolgique de France, 16: 253-254.

Lestage J A. 1924. Les Ephéméres de l'Afrique du Sud. Catalogue critique & systematique des espèces connues et description de trois genera nouveaux et de sept espèces nouvelles. Revue Zoologique Africaine, 12: 316-352.

Lestage J A. 1931. Contribution à l'étude des larves des Ephéméroptères. VII.-Le groupe Potamanthidien. Mémories de la Société Entomologique de Belgique, 23: 73-146.

Li J. 2008. Taxonomic study on the Order Symphypleona and eight Genera of five Families from China (Collembola: Symphypleona). Nanjing: Nanjing University Master's thesis.

Li K, He Z-Q, Liu X-W. 2010. Four new species of Nemobiinae from China (Orthoptera, Gryllidae, Nemobiinae). Zootaxa, 2540: 59-64.

Li M, Zhao Q-Y, Chen R, He J-J, Peng T, Deng W-B, Che Y-L, Wang Z-Q. 2020. Species diversity revealed in *Sigmella* Hebard, 1929 (Blattodea, Ectobiidae) based on morphology and four molecular species delimitation methods. PLoS One, 15(6): e0232821.

Li M-M, Fang Y, Liu X-W, Li K. 2014. Review of the species of the genus *Marthogryllacris* (Orthoptera, Gryllacrididae, Gryllacridinae). Zootaxa, 3889(2): 277-288.

Li M-M, Liu X-W, Li K. 2015a. Review of the genus *Apotrechus* in China (Orthoptera, Gryllacrididae, Gryllacridinae). ZooKeys, 482: 143-155.

Li M-M, Liu X-W, Li K. 2016a. Four new species of the genus *Phryganogryllacris* (Orthoptera, Gryllacrididae, Gryllacridinae) in China. Zootaxa, 4127(2): 376-382.

Li M-M, Liu X-W, Li K. 2016b. Four new species of the subfamily Gryllacridinae (Orthoptera: Gryllacrididae) from China. Zootaxa, 4161(2): 282-288.

Li M-M, Sun M-L, Liu X-W, Li K. 2015b. A taxonomic study on the species of the genus *Furcilarnaca* (Orthoptera, Gryllacrididae, Gryllacridinae). Zootaxa, 4039(3): 418-430.

Li W-H, Liang H-Y, Li W-L. 2013. Review of *Neoperla* (Plecoptera: Perlidae) from Zhejiang Province, China. Zootaxa, 3652(3): 353-369.

Li W-H, Lu W-Y, Yang D. 2010. A New Species of *Rhopalopsole vietnamica* Group (Plecoptera: Leuctridae) from China. Entomological News, 121(2): 163-164.

Li W-H, Mo R-R, Dong W-B, Yang D, Murányi D. 2018. Two new species of *Amphinemura* (Plecoptera, Nemouridae) from the southern Qinling Mountains of China, based on male, female and larvae. ZooKeys, 808: 1-21.

Li W-H, Muranyi D, Gamboa M, Yang D, Watanabe K. 2017. New species and records of Leuctridae (Plecoptera) from Guangxi, China, on the basis of morphological and molecular data, with emphasis on *Rhopalopsole*. Zootaxa, 4243(1): 165-176.

Li W-H, Wang Y-B, Yang D. 2010. Synopsis of the genus *Paraleuctra* (Plecoptera: Leuctridae) from China. Zootaxa, 2350: 46-52.

Li W-H, Yang D. 2005. Two new species of *Indonemoura* (Plecoptera: Nemouridae) from Fujian, China. Zootaxa, 1001: 59-63.

Li W-H, Yang D. 2006a. New species of *Nemoura* (Plecoptera: Nemouridae) from China. Zootaxa, 1137: 53-61.

Li W-H, Yang D. 2006b. The genus *Indonemoura* Baumann, 1975 (Plecoptera: Nemouridae) from China. Zootaxa, 1283: 47-61.

Li W-H, Yang D. 2007. Review of the genus *Amphinemura* (Plecoptera: Nemouridae) from Guangdong, China. Zootaxa, 1511: 55-64.

Li W-H, Yang D. 2008. New species of Nemouridae (Plecoptera) from China. Aquatic Insects, 30: 205-221.

Li W-H, Yang D. 2010. Two new species of *Rhopalopsole vietnamica* group (Plecoptera: Leuctridae: *Rhopalopsole*) from China. Zootaxa, 2614: 59-64.

Li W-H, Yang D. 2011. Two new species of *Amphinemura* (Plecoptera: Nemouridae) from China. Zootaxa, 2975: 29-34.

Li W-H, Yang D. 2012. A review of *Rhopalopsole magnicerca* group (Plecoptera: Leuctridae) from China. Zootaxa, 3582: 17-32.

Li W-H, Yang D, Sivec I. 2005a. A new species of *Amphinemura* (Plecoptera: Nemouridae) from China. Entomological News, 116: 93-96.

Li W-H, Yang D, Sivec I. 2005b. Two new species of *Amphinemura* (Plecoptera: Nemouridae) from Sichuan, China. Zootaxa, 1083:

63-68.

Li W-H, Yang D, Sivec I. 2005c. Two new species of *Indonemoura* (Plecoptera: Nemouridae) from China. Zootaxa, 893: 1-5.

Li X-R, Wang L-L, Wang Z-Q. 2018. Rediscovered and new perisphaerine cockroaches from SW China with a review of subfamilial diagnosis (Blattodea: Blaberidae). Zootaxa, 4410(2): 251-290.

Lichtenstein A A H. 1796. Catalogus musei zoologici ditissimi Hamburgi d. III. Februar 1796. Auctionislege distrahendi. Sectio tertia contines Insecta. Hamburg: Gottlieb Friedrich Schniebes, 224 pp.

Lieftinck M A. 1935. New and little known Odonata of the Oriental and Australian Regions. Zoöogisch Museum.

Lieftinck M A. 1939. Six new species of Gomphus from China. Temminckia, 4: 277-297.

Lieftinck M A. 1940. Revisional Notes on some Species of Copera Kirby, with notes on habits and larvae (Odon., Platycneminidae). Treubia, 17: 281-306.

Lieftinck M A. 1948. Description and records of south-east Asiatic Odonata. Part II. Treubia, 19(2): 1-266.

Lieftinck M A. 1955. Further inquiries into Old World species of Macromia Ranbur (Odonata). Zool Meded, 33(25): 251-277.

Lieftinck M A. 1984. Further notes on the specific characters of Calicnemia Strand, with a key to the males and remarks on some larval forms (Zygoptera: Platycnemididae). Odonatologica, 13(3): 351-375.

Light S F. 1924. The termites (white ants) of China, with descriptions of six new species. China Journal of Science and Arts, 2(1-4): 50-60, 140-142, 253-265, 354-358.

Light S F. 1931. Present status of our knowledge of the termites of China. Lingnan Science Journal, 7[1929]: 581-600.

Lin L-L, Zheng Z, Yang R, Xu S-Q. 2014. A review of the genus *Pielomastax* Chang (Orthoptera: Eumastacoidea) from China with description of a new species. Neotropical Entomology, 43(4): 350-356.

Linnaeus C. 1758. Podura (Insecta: Aptera). *In*: Tomus I. Systema Naturæ per Regna tria Naturæ, secundum Classes, Ordines, Genera, Species, cum Characteribus, Differentis, Synonymis, Locis. Decima, Reformata, Holmiæ, (Laurentii Salvii), 1-824.

Linnaeus C. 1761. Fauna Svecica sistens Animalia Sveciae regni: mammalia, aves, amphibia, pisces, insecta, vermes. Distributa per classes & ordines, genera & species, cum differentiis specierum, synonymis auctorum, nominibus incolarum, locis natalium, descriptionibus insectorum. Editio altera, auctior. Stockholmiae: Sumtu et Literis Direct. Laurentii Salvii, 1-578.

Linnaeus C. 1763. Centuria insectorum rariorum. Boas Johansson, Upsaliae.

Linnaeus C. 1767. Systema naturae, Tom. I. Pars II. Editio duodecima, reformata. Holmiae. (Laurentii Salvii): 533-1327.

Linnaniemi W M. 1907. Die Apterygotenfauna Finnlands I. Allgemeiner Teil. Acta Societatis Scientiarum Fennicae, 34(7): 1-134.

Liu C-X. 2011. *Phaneroptera* Serville and *Anormalous* gen. nov. (Orthoptera: Tettigoniidae: Phaneropterinae) from China, with description of two new species. Zootaxa, 2979: 60-68.

Liu C-X. 2013. Review of *Atlanticus* Scudder, 1894 (Orthoptera: Tettigoniidae: Tettigoniinae) from China, with description of 27 new species. Zootaxa, 3647(1): 1-42.

Liu C-X, Kang L. 2007a. New taxa and records of Phaneropterinae (Orthoptera: Tettigoniidae) from China. Zootaxa, 1624: 17-29.

Liu C-X, Kang L. 2007b. Revision of the genus *Sinochlora* Tinkham (Orthoptera: Tettigoniidae, Phaneropterinae). Journal of Natural History, 41(21-24): 1313-1341.

Liu C-X, Kang L. 2009. A new genus, *Paraxantia* gen. nov., with descriptions of four new species (Orthoptera: Tettigoniidae: Phaneropterinae) from China. Zootaxa, 2031: 36-52.

Liu C-X, Kang L. 2010. A review of the genus *Ruidocollaris* Liu (Orthoptera: Tettigoniidae), with description of six new species from China. Zootaxa, 2664: 36-60.

Liu C-X, Liu X-W. 2011. *Elimaea* Stål (Orthoptera: Tettigoniidae: Phaneropterinae) and its relative from China, with description of twenty-three new species. Zootaxa, 3020: 1-48.

Liu C-X, Liu X-W, Kang L. 2008. Review of the genus *Holochlora* Stål (Orthoptera, Tettigoniidae, Phaneropterinae) from China. Deutsche Entomologische Zeitschrift, 55(2): 223-240.

Liu H-Y, Li L-M, Shi F-M. 2016. Checklist of Nemobiinae from China (Orthoptera: Trigonidiidae). International Journal of Fauna and Biological Studies, 3(4): 103-108.

Liu H-Y, Shi F-M. 2011. Review of the genus *Truljalia* Gorochov (Orthoptera: Gryllidae; Podoscirtinae; Podoscirtini) from China. Zootaxa, 3021: 32-38.

Liu H-Y, Shi F-M. 2015a. New and little-known species of the genus *Pentacentrus* Saussure, 1878 (Orthoptera: Gryllidae) from Guangxi Zhuang Autonomous region, China. Far Eastern Entomologist, 303: 19-23.

Liu H-Y, Shi F-M. 2015b. Two new species of the genus *Comidoblemmus* Storozhenko et Paik from China (Orthoptera, Gryllidae). ZooKeys, 504: 133-139.

Liu X-T, Chen G-Y, Sun B-X, Qiu X-F, He Z-Q. 2018a. A systematic study of the genus *Atlanticus* Scudder, 1894 from Zhejiang, China (Orthoptera: Tettigoniidae: Tettigoniinae). Zootaxa, 4399(2): 170-180.

Liu X-T, Jing J, Xu Y, Liu Y-F, He Z-Q. 2018b. Revision of the tree crickets of China (Orthoptera: Gryllidae: Oecanthinae). Zootaxa, 4497(4): 535-546.

Liu X-W. 1998. Dermaptera. Fauna and Taxonomy of Insects in Henan, 2: 219.

Liu X-W. 2007. A new genus of the subfamily Gryllacrinae from China (Orthoptera: Stenopelmatidae: Gryllacridae). Scientific Research Monthly, 6(7): 1-2.

Liu Y-L. 1946. Observation on a small collection of Dermaptera from Szechwan. Journ W China Border Res Soc (B), 16: 17-28.

Lo N, Engel M S, Cameron S, Nalepa C A, Tokuda G, Grimaldi D, Kitade O, Krishna K, Klass K D, Maekawa K, Miura T, Thompson G J. 2007. Save Isoptera: a comment on Inward et al. Biology Letters, 3(5): 562-563.

Lu H, Wang H-Q, Li K, Liu X-W, He Z-Q. 2018. A taxonomic study of genus *Teleogryllus* from East Asia (Insecta: Orthoptera: Gryllidae). Journal of Asia-Pacific Entomology, 21: 667-675.

Lu X, Zhang Q-W, Bian X. 2022. Contribution to the knowledge of Chinese Gryllacrididae (Orthoptera) VII: Review the genus *Apterolarnaca* Gorochov, 2004. Zootaxa, 5115(3): 381-396.

Lu Y, Wang L-M, Ren B-Z. 2013. Genus *Gelastorhinus* Brunner-Wattenwyl (Orthoptera: Acridoidea) in China with description of a new species. Entomologica Fennica, 24(2): 117-121.

Lu Y-Z, Zha L. 2020. A new species of the genus *Lamellitettigodes* (Orthoptera: Tetrigidae) from PR China, with taxonomic notes on the genus. Zootaxa, 4851(2): 338-348.

Lucas H. 1847. Annales de la Société Entomologique de France. Paris, 5 (2): 84.

Luo Y-Z. 2010. Taxonomy on the Family Neanuidae of China (Collembola: Poduromorpha). Nanjing: Nanjing University, 1-225.

Luo Y-Z, Chen J-X. 2009. A new species of the genus *Crossodonthina* (Collembola: Neanuridae: Lobellini) from China. Zootaxa, 2121: 57-63.

Ma L-B, Zhang Y-L. 2011. Redescriptions of two incompletely described species of mole cricket genus *Gryllotalpa* (Grylloidea; Gryllotalpidae; Gryllotalpinae) from China with description of two new species and a key to the known Chinese species. Zootaxa, 2733: 41-48.

Ma Y-T, Christiansen K A. 1998. A new species of *Tomocerus* (*s. s*) (Collembola: Tomocerinae) from China. Entomological News, 109(1): 47-50.

Ma Z-X, Han N, Zhang W, Zhou C-F. 2018. Position and definition of the genus *Paegniodes* Eaton, 1881 based on redescription on the type species *Paegniodes cupulatus* (Eaton, 1871) (Ephemeroptera: Heptageniidae). Aquatic Insects, 39(4): 362-374.

MacGillivray A D. 1893. North American Thysanura. I-IV. Canadian Entomologist, 25: 127-128, 173-174, 218-220, 313-318.

MacGillivray A D. 1894. North American Thysanura-V. The Canadian Entomologist, 26(4): 105-110.

MacGillivray A D. 1896. The American species of *Isotoma*. Canadian Entomologist, 28: 47-58.

Mao S-L, Huang Y, Shi F-M. 2009. Review of the genus *Kuzicus* Gorochov, 1993 (Orthoptera: Tettigoniidae: Meconematinae) from China. Zootaxa, 2137: 35-42.

Mao S-L, Shi F-M. 2007. A review of the genus *Paraxizicus* Gorochov et Kang, 2005 (Orthoptera: Tettigoniidae: Meconematinae). Zootaxa, 1474: 63-68.

Mari Mutt J A, Bellinger P F. 1990. A catalog of the Neotropical Collembola, including Nearctic areas of Mexico. Flora et Fauna Handbook, 1-12: 1-237.

Martin R. 1904. Liste des Neuroptères de l'Indo-Chine: Odonates. Pavie, A. Mission Pavie Indo-Chine, 3: 1-1879.

Martin R. 1907. Bulletin de Théologie Spéculative. Revue des Sciences philosophiques et théologiques, 1(4): 78-81.

Martin R. 1908. Aeschnines. Selys-Longchamps, Edmond de, baron, 1813-1900. Collections zoologiques; catalogue systematique et descriptif, fasc.

Martin R. 1909. Note sur trois Odonates de Syrie [Nevropt.]. Bulletin de la Société entomologique de France, 14(12): 1-214.

Martynova E F. 1967. Materialy po faune nogochovostok (Collembola) Srednej Azii Izv Otd Biol Nauk, AN Tadj. SSR, 3: 32-46.

Massa B, Fontana P, Buzzetti F M, Kleukers R, Odé B. 2012. Fauna d'Italia. Orthoptera, 48: 1-563.

Massoud Z, Betsch J M. 1972. Étude sur les insectes Collemboles II.-Les caractères sexuels secondaires des antennes de Symphypléones. Revue D'ecologie et de Biologie du Sol, 9(1): 55-97.

Matsuki K, Saito Y. 1995. A new Zgonyx from Hong Kong. Tombo, 38: 19-23.

Matsumura S. 1904. Thousand Insects of Japan (Nippon Senchu Zukai, in Japanese). Tokyo: Keiseisha.

Matsumura S. 1917. Ao-matsumushi. Oyo Konchugaku, 1-731.

Matsumura S. 1931. 6000 illustrated insects of Japan Empire (Ephemerida). Tokyo: Tokoshoin, 1-1497.

Matsumura S, Ishida R. 1931. Nippon konchu dai zukan (Illustration of 6000 Japanese insects): 1490-1497.

Matsumura S, Shiraki T. 1908. Locustiden Japans. Journal of the College of Agriculture, Tohoku Imperial University, Sapporo, 3: 1-80, pls. 1-2.

May E. 1935. Odonatologische Mitteilungen, 8. Senckenbergiana, 17(5/6): 1-238.

Maynard E A. 1951. A Monograph of the Collembola or Springtail Insects of New York State. Ithaca, New York: Comstock Publishing Company Associated with Cornell University Press.

McLachlan R. 1884. A monographic revision and synopsis of the Trichoptera of the European fauna: Nature, 22:314-315.

McLachlan R. 1894. Some additions to the neuropterous fauna of New Zealand, with notes on certain described species. Entomologist's Monthly Magazine, 30: 197-469.

McLachlan R. 1896. On Odonata from the province of Szechuen, in Western China, and from Moupin in Eastern Tibet. Annals and Magazine of Natural History, (6)17: 1-456.

Meyen F J F. 1835. Reise um die Erde ausgeführt auf dem königlich preussischen Seehandlungs-Schiffe Prinzess Louise commandirt von Capitain W. Wendt in den Jahren 1830, 1831 und 1832. Historischer Bericht, 2: 197.

Mistshenko L L. 1952. Locusts and grasshoppers, Catantopinae. Fauna of the U.S.S.R., 4(2): 1-610.

Motshulsky V von. 1866. Catalogue des insectes recus du Japon. Bull Soc Nat Moscow, 39(1): 181.

Muhammad A A, Tan M K, Abdullah N A, Azirun M S, Bhaskar D, Skejo J. 2018. An annotated catalogue of the pygmy grasshoppers of the tribe Scelimenini Bolívar, 1887 (Orthoptera: Tetrigidae) with two new *Scelimena* species from the Malay Peninsula and Sumatra. Zootaxa, 4485(1): 1-70.

Müller O F. 1776. Zoologiae Danicae Prodromus, seu Animalium Daniae et Norvegiae Indegenarum Characteres, Nomina et Synonyma Imprimis Popularium. Havniae, 32: 1-274.

Murányi D, Li W-H. 2016. On the identity of some Oriental Acroneuriinae taxa (Plecoptera: Perlidae), with an annotated checklist of the subfamily in the realm. Opuscula Zoologica Budapest, 47(2): 173-196.

Nagy B. 2005. Orthoptera fauna of the Carpathian basin-recent status of knowledge and a revised checklist. Entomofauna Carpathica, 17: 14-22.

Najt J, Thibaud J M. 1987. Collemboles (Insecta) de l'Equateur. 1. Hypogastruridae, Neanuridae et Isotomidae. Bulletin du Museum National d'Histoire Naturelle Section A Zoologie Biologie et Ecologie Animales, 9(1): 201-209.

Navás L. 1922. Efemeropteros nuevos o poco conocidos. Boletin de la Sociedad Entomológica de España, 5: 54-63.

Navás L. 1931. Névroptères et insectes voisins. Chine et pays environnants. Deuxieme serie. Notes d'Entomologie Chinoise (Musée Heude), 1(7): 1-12.

Navás L. 1932. Insecta orientalia. X series. Memorie dell'Accademia Pontifica dei Nuovi Lincei, Rome, 2(16): 921-949.

Navás L. 1934. Névroptès et insectes voisins. Chine et pays environnants. Septième série. Notes d'Entomologie Chinoise, 2(1): 5.

Navás L. 1935. Névroptères et insectes voisins. Chine et pays environnants. Huitième série. Musée Heude, Notes d'entomologie chinoise, 2(5): 85-93.

Navás L. 1936. Névroptères et insectes voisins. Chine et pays environnants. 9e Série, suite. Notes d'Entomologie Chinoise, Musée Heude, 3(7): 37-62,117-132.

Navás R P L. 1933a. Insecta Orientalia. Series II. Memorie della Pontifica Accademia Romana dei Nuovi Lincei, 17: 75-108.

Navás R P L. 1933b. Névroptères et insectes voisins -Chine et pays environnants. Plécoptères. Notes Entomologiques Chin., Musée HEUDE Shanghai (Not Entomol Chin Mus HEUDE Shanghai), 9: 1-22.

Nawa U. 1911. On two Formosan termites, *Eutermes parvonasutus* Shiraki and *Eutermes takasagoensis* Shiraki. Konchu Sekai (Insect World), 15(10): 413-417.

Needham J G. 1905a. Ephemeridae. Bulletin of the New York State Museum 86 (Entomology 23), 343: 17-62.

Needham J G. 1905b. New genera and species of Perlidae. Proc Biol Soc Wash, 17: 107-110.

Needham J G. 1929. New Genus and Species of Odonata, Allied to Ortholestes. Bulletin Peking Society of Natural History, 2(4): 11-12.

Needham J G. 1930. A manual of the dragonflies of China. Zool Sin A, 11(1): 1-285.

Needham J G. 1931. Additions and corrections to the Manual of the Dragonflies of China. Peking Natural History Bulletin, 5(4): 221-230.

Needham J G. 1941. Life history studies on Progomphus and its nearest allies (Odonata: Aeschnidae). Transactions of the American Entomological Society (1890-), 67(3): 121-245.

Needham J G, Claassen P W. 1925. A Monograph of the Plecoptera or Stoneflies of America North of Mexico. The Thomas Say Foundation, II: 1-397.

Newman E. 1833. Osteology, or external anatomy of insects: I. On the primary parts of insects. Ent Mag, I: 394-513.

Newman E. 1853. Proposed division of Neuroptera into two classes. Zoologist, (11) (appendix): 181-204.

Nicolet H. 1841. Note sur la *Desoria saltans*, insecte de la famille des Podurelles. Bibl Univ Sci Genève S N, 32: 1-384.

Nicolet H. 1842. Recherches pour Servir à l'Histoire des Podurelles. Nouveaux Mémoires de la Société Helvétique des Sciences Naturelles, 6: 1-88.

Nishikawa W. 1969. Notes on the Carcinophorinae of Japan and Ryukyus. Kontyû, 37(1): 41-55.

Novikova E A, Kluge N Ju. 1987. Systematics of the genus *Baetis* (Ephemeroptera, Baetidae), with description of new species from Middle Asia. Vestnik Zoologii, 4: 8-19.

Oguma K. 1913. Japanese dragonflies of the Family Calopterygidae with the descriptions of three new species and one new subspecies. The Journal of the College of Agriculture, Tohoku Imperial University, Sapporo, Japan, 5(6): 149-163.

Oguma K. 1915. Japanese dragonflies of the subfamily Aeschninae. Entomological Magazine, 1(3): 120-151.

Oguma K. 1926. The Japanese Aeschnidae. Insecta Matsumurana, 1(2): 78-100.

Ohmachi F, Furukawa I. 1929. *Nemobius furumagiensis*, a new species of Grylloidea. Proceedings of the Imperial Academy of Japan, 5(8): 374-376.

Ohmachi F, Matsuura I. 1951. On the Japanese large field cricket and allied species [Japanese with English summary]. Bulletin of the Faculty of Agriculture, Mie University, 2: 63-72.

Okamoto H. 1912. Erster Beitrag zur Kenntnis der Japanischen Plecopteren. Transactions of the Sapporo Natural History Society, 4: 105-170.

Oshima M. 1911. On the difference between *Leucotermes flaviceps* n. sp. and *Leucotermes speratus* (Kolbe) and the specific name of the termites found in Japan proper. Konchu Sekai (Insect World), 15: 355-363.

Oshima M, Maki M. 1919. On a new species of termite from Taiwan. Dobutsugaku Zasshi (Zoological Magazine), 31: 313-316.

Otte D. 1997. Orthoptera Species File 7: Tettigonioidea. Philadelphia: The Orthopterists's Society at The Academy of Natural Sciences of Philadelphia, 1-373.

Otte D. 2000. Gryllacrididae, Stenopelmatidae, Cooloolidae, Schizodactylidae, Anastostomatidae and Rhaphidophoridae. Orthoptera

Species File. No. 8. Philadelphia: Orthopterists Society, 1-97.

Otte D, Brock P D. 2005. Phasmida Species File. Catalog of Stick and Leaf Insects of the world. The Insect Diversity Association and the Academy of Natural Sciences, Philadelphia, Cafe Press, 1-414.

Ôuchi Y. 1938a. A new soothsayer from Eastern China (Ortho., Mantidae). Journal of the Shanghai Science Institute (Sect. III), 4: 23-26.

Ôuchi Y. 1938b. On new generic name designated by me for a Chinese soothsayer. Journal of the Shanghai Science Institute (Sect. III), 4: 27.

Oudemans J T. 1890. Apterygota des Indischen Archipels. 73-92. In: Weber M. Zoologische Ergebnisse einer Reise in Niederlaändisch-Ostindien. Leiden: E. J. Brill.

Paclt J. 1957. *Diplura*. Genera Insectorum de P. Wytsman, fasc. 212E. Paris: Grainhen, 1-123.

Paclt J. 1994. *Ephacerella*, a replacement name for *Acerella* Allen, 1971 (Ephemeroptera), nec Berlese, 1909 (Protura). Entomological News, 105: 283-284.

Pallas P S. 1773. Reise durch verschiedene Provinzen des Russischen Reichs. Kaiserl. Akademie d. Wissenschaften. St. Petersburg, 2: 727.

Pan Z-X. 2015. Two new species of *Homidia* (Collembola, Entomobryidae) and a key to species in the genus from Zhejiang Province, China. Zootaxa, 4034(3): 515-530.

Pan Z-X, Shi S-D, Zhang F. 2010. A new species of genus *Homidia* Börner, 1906 (Collembola: Entomobryidae) from Zhejiang Province, China. Entomotaxonomia, 32(4): 241-247.

Pan Z-X, Shi S-D, Zhang F. 2011a. A new species of *Homidia* (Collembola: Entomobryidae) from Wenzhou, with a key to the *Homidia* species from Zhejiang Province. Entomotaxonomia, 33(3): 161-167.

Pan Z-X, Shi S-D, Zhang F. 2011b. New species of *Homidia* (Collembola, Entomobryidae) from eastern China with description of the first instar larvae. ZooKeys, 152: 21-42.

Pan Z-X, Shi S-D. 2012. Description of a new species of the genus *Homidia* (Collembola: Entomobryidae) from Dalei Mountain, Zhejiang Province. Entomotaxonomia, 34(2): 96-102.

Pan Z-X, Shi S-D. 2015. Description of a new *Homidia* species with labial chaetae expanded (Collembola: Entomobryidae). Entomotaxonomia, 37(3): 161-170

Pan Z-X, Yuan X-Q. 2013. A new species with 2+2 ommatidia in the genus *Sinella* (Collembola: Entomobryidae) from Dongbai Mountain in Zhejiang Province. Entomotaxonomia, 35(4): 249-255.

Percheron A C. 1835. Genera des Insectes ou exposition détailée de tous caractères propres à chacun des genres de cette classe d'animaux. Méquignon-Marvis 6 livr, Paris.

Peters W C H. 1867. Herpetologische Notizen. Monatsberichte der Königlichen Preussische Akademie des Wissenschaften zu Berlin, 1867: 13-37.

Pictet F J. 1843-1845. Histoire naturelle generale et particuliere des insectes neuropteres. Famille des Ephemerines. Geneva: Chez J. Kessmann et A. Cherbuliz, 1-300.

Ping Z-M, Xu Y-L. 1993. Notes on eight new termites from National Chebaling Nature Reserve. 431-444. In: Xu Y-Q. Collected Papers from Investigations in National Chebaling Nature Reserve. Guangzhou: Guangdong Science and Technology Press, 553 pp.

Pitkin L M. 1980. A revision of the Pacific species of *Conocephalus* Thunberg (Orthoptera: Tettigoniidae). Bulletin British Museum (Natural History) (Entomology), 41: 315-355.

Poda v N N. 1761. Insecta Musei Graecensis, quae in ordines, genera et species juxta Systema Naturae Caroli Linnaei Digessit, 1-127. [Orthoptera pp. 49-53]; Graecii [= Graz] [Facsimile edition W. Junk 1915, 1-140].

Pomorski R J. 2002. Review of the North American *Heteraphorura* Bagnall, 1948 (Collembola: Onychiuridae) with description of two new species. Insect Systematics and Evolution, 33: 457-470.

Popov G B, Fishpool L D C, Rowell C H F. 2019. A review of the Acridinae *s. str.* (Orthoptera: Acridoidea: Acrididae) of eastern

Africa with taxonomic changes and description of new taxa. Journal of Orthoptera Research, 28(1): 37-105.

Potapov M. 2001. Synopses on Palaearctic Collembola. Vol. 3. Isotomidae. Abhandlungen und Berichte des Naturkundemuseums Görlitz, 73(2): 1-603.

Potapov M, Dunger W. 2000. A redescription of *Folsomia diplophthalma* (Axelson, 1902) and two new species of the genus *Folsomia* from continental Asia (Insecta, Collembola). Abhandlungen und Berichte des Naturkundemuseums Görlitz, 72: 59-72.

Potapov M B, Stebaeva S K. 2002. New species and diagnosis of the genus *Isotomodella* (Collembola, Isotomidae). Zoologichesky Zhurnal, 81(4): 438-443.

Princis K. 1950. Entomological results from the Swedish Expedition 1934 to Burma and British India, Blattariae. Akiv for Zoological, I(16): 203-222.

Princis K. 1967. Blattariae: Suborbo [sic] Epilamproidea. Fam.: Nyctiboridae, Epilampridae. *In*: Beier M. Orthopterorum Catalogus. Pars 11. W. Junk's-Gravenhage, 617-710.

Princis K. 1969. Blattariae: Subordo Epilamproidea. Fam.: Blattellidae. *In*: Beier M. Orthopterorum Catalogus. Pars 13. W. Junk's-Gravenhage, 712-1038.

Puthz V. 1971. Namensänderung einer Heptageniidenart (Ephemeroptera). Mitteilungen der Deutschen Entomologischen Gesellschaft, 30(4): 44-45.

Qin Y-Y, Liu X-W, Li K. 2017a. A new genus of the tribe Aemodogryllini (Orthoptera, Rhaphidophoridae, Aemodogryllinae) from China. Zootaxa, 4250(2): 191-197.

Qin Y-Y, Liu X-W, Li K. 2017b. Review of the genus *Microtachycines* Gorochov with two new species (Orthoptera, Rhaphidophoridae, Aemodogryllinae) from China. Zootaxa, 4216(6): 596-600.

Qin Y-Y, Liu X-W, Li K. 2017c. A new genus and some new descriptions of the tribe Aemodogryllini (Orthoptera, Rhaphidophoridae, Aemodogryllinae, Aemodogryllini) from China. Zootaxa, 4303(4): 482-490.

Qin Y-Y, Liu X-W, Li K. 2019. Review of the subgenus *Tachycines* (*Gymnaeta*) Adelung, 1902 (Orthoptera, Rhaphidophoridae, Aemodogryllinae, Aemodogryllini). Zootaxa, 4560(2): 273-310.

Qin Y-Y, Liu X-W, Li K. 2020. Remarks on genus *Microtachycines* Gorochov, 1992 (Orthoptera: Rhaphidophoridae: Aemodogryllinae) from China. Zootaxa, 4801(3): 570-576.

Qin Y-Y, Wang H-Q, Liu X-W, Li K. 2016. A taxonomic study on the species of the genus *Diestramima* Storozhenko (Orthoptera: Rhaphidophoridae: Aemodogryllinae). Zootaxa, 4126(4): 514-532.

Qin Y-Y, Wang H-Q, Liu X-W, Li K. 2018. Divided the genus *Tachycines* Adelung (Orthoptera: Rhaphidophoridae: Aemodogryllinae: Aemodogryllini) from China. Zootaxa, 4374(4): 451-475.

Qiu L, Che Y-L, Wang Z-Q. 2017. Revision of *Eucorydia* Hebard, 1929 from China, with notes on the genus and species worldwide (Blattodea, Corydioidea, Corydiidae). ZooKeys, 709: 17-56.

Qiu L, Yang Z-B, Wang Z-Q, Che Y-L. 2019. Notes on some corydiid species from China, with the description of a new genus (Blattodea: Corydioidea: Corydiidae). International Journal of Entomology, 55(3): 261-273.

Qiu M, Shi F-M. 2010. Remarks on the species of the genus *Teratura* Redtenbacher, 1891 (Orthoptera: Meconematinae) from China. Zootaxa, 2543: 43-50.

Qu J-Q, Zhang F, Chen J-X. 2010. Two new species of the genus *Sinella* Brook, 1882 (Collembola: Entomobryidae) from East China. Journal of Natural History, 44(41): 2535-2541.

Ragge D R. 1980. A review of the African Phaneropterinae with open tympana (Orthoptera: Tettigoniidae). Bulletin of the British Museum (Natural History) Entomology, 40(2): 67-192.

Rambur J P. 1838. Orthoptères. Faune entomologique de l'Andalousie, 2: 12-94.

Rambur J P. 1842. Histoire naturelle des insectes: Névroptères. Ouvrage accompagné de Planches. Nouvelles Suites à Buffon. Roret.

Ramme W. 1939. Beiträge zur Kenntnis der palaearktischen Orthopterenfauna (Tettig. et Acrid.). III. Mitt. Mitteilungen aus dem Zoologischen Museum in Berlin, 24: 41-150.

Ramme W. 1941 [1940]. Beiträge zur Kenntnis der Acrididen-Fauna des indomalayischen und benachbarter Gebiete (Orth.). Mit besonderer Berücksichtigung der Tiergeographie von Celebes. Mitteilungen aus dem Zoologischen Museum in Berlin, 25: 1-243.

Randell R L. 1964. The male genitalia in Gryllinae (Orthoptera: Gryllidae) and a tribal revision. Canadian Entomologist, 96(12): 1565-1607.

Redtenbacher J. 1891. Monographie der Conocephaliden. Abhandlungen Zool-Botan Gesellschaft in Wien, 41: 315-562.

Redtenbacher J. 1906. Die Insektenfamilie der Phasmiden. Vol. 1. Phasmidae Areolatae. Leipzig: Wilhelm Engelmann, 1-180.

Redtenbacher J. 1908. Die Insektenfamilie der Phasmiden. Vol. 3. Phasmidae Anareolatae (Phibalosomini, Acrophyllini, Necrosciini). Leipzig: Wilhelm Engelmann, 341-589.

Rehn J A G. 1902. Contributions toward a knowledge of the Orthoptera of Japan and Korea. I. Acridiidae. Proceedings of the Academy of Natural Sciences of Philadelphia, 54: 629-637.

Rehn J A G. 1904. Studies in the Orthopterous family Phasmidae. Proceedings of the Academy of Natural Sciences of Philadelphia, 56: 38-107.

Rehn J A G. 1928. On the relationship of certain new or previously known genera of the Acridine group Chrysochraontes (Orthoptera, Acrididae). Proceedings of the Academy of Natural Sciences of Philadelphia, 80: 200.

Rehn J A G, Rehn J W H. 1939. Studies of certain Cyrtacanthacridoid genera (Orthoptera: Acrididae). Part I. The Podisma Complex. Transactions of the American Entomological Society, 65(2): 61-96.

Reuter O M. 1881. Meddelanden af Societas pro Fauna et Flora Fennica. Helsingfora J. Simelii Arfvingars Tryckeri, 6: 203-205.

Ricker W E. 1943. Stoneflies of Southwestern British Columbia. Annals of the Entomological Society of America, 36(3): 536.

Ris F. 1902. Die schweizerischen Arten der Perliden-Gattung Nemura. Mitteilungen der Schweizerischen Entomologischen Gesellschaft, 10(9): 378-405 + 6 Taf., 432.

Ris F. 1912. Neue Libellen von Formosa, Südchina, Tonkin und den Philippinen. Supplementa Entomologica, 1: 1-85.

Ris F. 1914. New dragonflies (Odonata) of the subfamily Libellulinæ from Sierra Leone, W. Africa. Journal of Natural History, 15(86): 223.

Ris F. 1916. H. Sauter's Formosa-Ausbeute. Odonata (Mit Notizen über andere ostasiatische Odonaten). Supplementa Entomologica, 5: 1-112.

Ritchie J M. 1981. A taxonomic revision of the genus *Oedaleus* Fieber (Orthoptera: Acrididae). Bulletin of the British Museum (Natural History) Entomology, 42: 83-183.

Rondani C. 1861. *Entomobrya* pro *Degeeria* Nic. In: Dipterologiae Italicae Prodromus. Parmae, Alexandr Stocche, 4: 40.

Roth L M. 1985. A taxonomic revision of the genus *Blattella* Caudell (Dictyoptera, Blattaria: Blattellidae). Entomologica Scandinavica, 22: 1-221.

Roth L M. 1991. The cockroach genera *Sigmella* Hebard and *Scalida* Hebard (Dictyoptera: Blattaria: Blattellidae). Entomologica Scandinavica, 22(1): 1-29.

Roth L M. 1996. The cockroach genera *Anaplecta, Anaplectella, Anaplectoidea,* and *Malaccina* (Blattaria, Blattellidae; Anaplectinae and Blattellinae). Oriental Insects, 30: 301-372.

Roth L M. 1998. The cockroach genera *Chorisoneura* Brunner von Wattenwyl, *Sorineuchora* Caudell, *Chorisoneurodes* Princis, and *Chorisoserrata* gen. nov. (Blattaria: Blattellidae: Pseudophyllodrmiinae). Oriental Insects, 32: 1-33.

Rusek J. 1967. Beitrag zur Kenntnis der Collembola (Apterygota) Chinas. Acta Entomologica Bohemoslovaca, 64: 184-194.

Rusek J. 1973. Zur Taxonomie der Tullberginae (Apterygota: Collembola). Věstník Československé Společnosti Zoologické, 38(1): 61-90.

Rusek J. 1974. Zur Taxonomie einiger Gattungen der Familie Acerentomidae (Insecta, Protura). Acta Entomologica Bohemoslovaca, 71: 260-281.

Sakai S. 1970-1973. Dermapterorum Catalogus. Praeliminaris. I-VII. Tokyo: Daito Bunka Univ.

Sakai S. 1987. Dermapterorum Catalogus. XIX-XX [1]: Iconographia IV-V. A Basic Survey for Integrated Taxonomy of the Dermaptera of the World. Tokyo: Ikegami Book Publ Co., 1081-2647.

Sakai S. 1994. Dermapterorum Catalogus. Praeliminaris. XXVI: Icong. X. Forficulidae. Tokyo: Daito Bunka Univ, 5286-6175.

Sakai S. 1995. Dermapterorum Catalogus. Praeliminaris. XXVIl: Icong. XI. Forficulidae. Tokyo: Daito Bunka Univ, 6176-7097.

Salmon J T. 1964. An Index to the Collembola.Vol. 2. Royal Society of New Zealand, 7: 145-644.

Sandberg J, Stewart K W. 2004. Capacity for extended egg diapause in six *Isogenoides* Klapalék species (Plecoptera: Perlodidae). Transactions of the American Entomological Society, 130: 411-423.

Sartori M, Peters J G. 2004. Redescription of the type of *Siphlonurus davidi* (Navás, 1932) (Ephemeroptera: Siphlonuridae). Zootaxa, 469: 1-6.

Saulcy F H C de. 1901. Catalogue synonymique et systématique des orthoptères de France. Miscellanea Entomologic, 9: 33-160.

Saussure H de. 1853. Ueber die von Peters mitgebrachten Orthoptera aus Mossambique. Uebersicht der von ihm in Mossambique beobachteten Orthopteren nebst Beschreibung der neu entdeckten Gattungen und Arten durch Herrn Dr. Hermann Schaum. Bericht über die zur Bekanntmachung geeigneten Verhandlungen der königlich Preussischen Akademie Wissenschaften zu Berlin, 2: 779.

Saussure H de. 1862 [1861]. Etudes sur quelques orthoptères du Musée de Genève. Annales de la Société Entomologique de France, 41: 469-494.

Saussure H de. 1868. Revue et magasin de zoologie pure et appliquée, 2(20): 355.

Saussure H de. 1869. Essai d'un système des mantides. Mittheilungen der Schweizerischen Entomologischen Gesellschaft, 3(2): 49-73.

Saussure H de. 1870. Additions au système des mantides. Mittheilungen der Schweizerischen Entomologischen Gesellschaft, 3(5): 221-244.

Saussure H de. 1871a. Mélanges orthoptérologiques. IIIme Fascicule. IV. Mantides. Mémoires de la Société de Physique et d'Histoire Naturelle de Genève, 21(1): 1-214.

Saussure H de. 1871b. Mélanges orthoptérologiques. Supplément au IIIme Fascicule. Mantides. Mémoires de la Société de Physique et d'Histoire Naturelle de Genève, 21(1): 239-337.

Saussure H de. 1874. Etudes sur les insectes orthoptères, famille des gryllides. Mission scientifique au Méxique et dans l'Amérique centrale, 6: 296-515.

Saussure H de. 1877. Mélanges orthoptérologiques V. fascicule Gryllides. Mémoires de la Société de Physique et d'Histoire Naturelle de Genève, 25(1): 169-504.

Saussure H de. 1878. Mélanges orthoptérologiques. VI. fascicule Gryllides. Mémoires de la Société de Physique et d'Histoire Naturelle de Genève, 25(2): 369-704.

Saussure H de. 1884. Prodromus *Oedipodiorum*, Insectorum ex Ordine Orthopterorum. Mémoires de la Société de Physique et d'Histoire Naturelle de Genève, 28(9): 1-254.

Saussure H de, Zehntner L. 1895. Revision de la tribu des Perisphaeriens (Insectes Orthoptéres de la famille des Blattides). Revue Suisse de Zoologie, 3: 1-59.

Schäffer C. 1896. Die Collembola der Umgebung von Hamburg und benachbarten Gebirge. Mitteilungen Aus Dem Naturhistorischen Museum Hamburg, 13: 149-216.

Schäffer C. 1900. Ueber Wurttembergische Collembola. Jahrb. Jahresber Ver F Vaterl Naturk I Wurttemberg, 56: 245-280.

Schaum H. 1853. Ueber die von Peters mitgebrachten Orthoptera aus Mossambique. Uebersicht der von ihm in Mossambique beobachteten Orthopteren nebst Beschreibung der neu entdeckten Gattungen und Arten durch Herrn Dr. Hermann Schaum. Bericht über die zur Bekanntmachung geeigneten Verhandlungen der königlich Preussischen Akademie Wissenschaften zu Berlin, 2: 775-780.

Schmidt E. 1931. Libellen aus Kiangsu und Tsche-kiang (Ost-China), nebst Beschreibung Zweier neuer Rhipidolestes aus Tsche-kiang und Canton. Konowia, 10: 177-190.

Schmidt E. 1948. *Libellula melli* n. sp nebst Beschreibung Zweier neuer Rhipidolestes aus Tsche-kiang und Canton. Konowia, 11: 119-124.

Schulthess A von. 1898. Orthoptères du pays des Somalis, recueillis par L. Robecchi-Brichetti en 1891 et par le Prince E. Ruspoli en 1892-93. Annali del Museo Civico di Storia Naturale di Genova, 19(2): 161-216, pl. 2.

Scudder S H. 1876. Critical and Historical Notes on Forficulidae. Proc Boston Soc Nat Hist, 18: 287-332.

Scudder S H. 1894. A preliminary review of the North American Decticidae. Canadian Entomologist, 26(7): 177-184.

Selys-Longchamps M E. 1839. Description de deux nouvelles espèces d'Œshno du sous-genre Anax (Leach.).

Selys-Longchamps M E. 1840. Monographie des Libellulidées d'Europe. Paris: Roret, 220 pp.

Selys-Longchamps M E. 1848. Observations sur les phénomènes périodiques du règne animal, et particulièrement sur les migrations des oiseaux en Belgique, de 1841 à 1846. Mémoires de l'Académie royale de Belgique, 21(1): 1-88.

Selys-Longchamps M E. 1853. Synopsis des Caloptérygines. Bulletins de l'Académie royale des sciences, des lettres et des beaux-arts de Belgique, 20 (Annexe): 1-73.

Selys-Longchamps M E. 1854. Synopsis des gomphines. Bull Acad Ent Belg, 21(2): 23-114.

Selys-Longchamps M E. 1858. Monographie de gomphines. 305 pp.

Selys-Longchamps M E. 1859. Synopsis des Agrionines. Demière legion: Protoneura. Bulletin de l'Académie r. de Belgique, 2(10): 431-462.

Selys-Longchamps M E. 1862. Synopsis des Agrionines. Troisieme legion: Podagrion. Bulletin de l'Académie r. de Belgique, (2)14: 1-331.

Selys-Longchamps M E. 1863. Synopsis des Agrionines. Quatrième legion: Pseudostigma. Bulletin de l'Académie r. de Belgique, 2(16): 147-176.

Selys-Longchamps M E. 1876. Synopsis des Agrionines, 5me légion: Agrion (suite). 598 pp.

Selys-Longchamps M E. 1877. Type-vacillans HAGEN. Distribution-Neotropical. Bull Acad Belg, 43(2): 1-189.

Selys-Longchamps M E. 1878. Quatrièmes additions au synopsis des Gomphines. Bulletin de l'Académie Royale des sciences, des lettres et des beaux-arts de Belgique, 46(2): 1-520.

Selys-Longchamps M E. 1883. Les Odonates du Japon. Annales de la Société entomologique de Belgique, 27: 82-143.

Selys-Longchamps M E. 1884. Diplax armeniaca SELYS LONGCHAMPS. Ann Soc Entom Belgique, XXVIII.

Selys-Longchamps M E. 1885. Programme d'une Révision des Agrionines. Compte rendu de la Sociéte entomologique de Belgique, 29: 145.

Selys-Longchamps M E. 1891. Odonates de Birmanie. Ann Mus Civ Stor Nat Glacomo Doria, Genovaa, 10: 433-518.

Semenov A. 1901. Russkoe Entomologicheskoe Obozrenie. St. Petersburg, 1: 98, 259.

Semenov A. 1936. Dermaptera. *In*: Bey-Bienko G Ya. Fauna de l'URSS, 5: 158, 228.

Semenov A. 1938. Notes sur quelques Dermapteres. Konowia, 16(3&4): 237-242.

Sendra A, Jiménez-Valverde A, Selfa J, Reboleira A S P S. 2021. Diversity, ecology, distribution and biogeography of Diplura. Insect Conservation and Diversity, 14: 415-425.

Seow-Choen F. 2016. A taxonomic guide to the stick insects of Borneo. Borneo: Natural History Publications, 1-454.

Serville J G A. 1831. Revue méthodique des insectes de l'ordre des Orthoptères. Annales des Sciences Naturelles -Zoologie et Biologie Animale, 22(86): 28-292.

Serville J G A. 1838. Histoire naturelle des Insectes. Orthoptères.-Librairie Encyclopédique de Roret [Collection des suites a Buffon]; Paris (Roret): xviii + 776 pp., pls. 1-14 [The publication date of this work is usually given 1839 but it was actually published in December 1838].

Serville J G A. 1839. Histoire naturelle des Insectes. Orthoptères. Paris: Librairie Encyclopédique de Roret, XVIII + 782 pp.

Shelford R. 1911. Preliminary diagnoses of some new genera of Blattidae. Entomologist's Monthly Magazine, (2)22: 154-156.

Shi F-M, Bian X. 2012. A revision of the genus *Pseudocosmetura* (Orthoptera: Tettigoniidae: Meconematinae). Zootaxa, 3545: 76-82.

Shi F-M, Bian X, Chang Y-L. 2011. Notes on the genus *Paraxizicus* Gorochov et Kang, 2007 (Orthoptera: Tettigoniidae: Meconematinae) from China. Zootaxa, 2896: 37-45.

Shi F-M, Bian X, Zhou Z-J. 2016. Comments on the status of *Xiphidiopsis quadrinotata* Bey-Bienko, 1971 and related species with one new genus and species (Orthoptera: Tettigoniidae: Meconematinae). Zootaxa, 4105(4): 353-367.

Shi F-M, Chang Y-L. 2004. Two new species of *Sinochlora* Tinkham (Orthoptera: Tettigonioidea: Phaneropteridae) from China. Oriental Insects, 38: 33-340.

Shi F-M, Du B-J, Bian X. 2017. Comments on the genus *Zalarnaca* Gorochov, 2005 (Orthoptera: Gryllacrididae: Gryllacridinae) with two new combination and two new synonym. Zootaxa, 4216(5): 482-486.

Shi F-M, Guo L-Y, Bian X. 2012. Remarks on the genus *Homogryllacris* Liu, 2007 (Orthoptera: Gryllacrididae: Gryllacridinae). Zootaxa, 3414: 58-68.

Shi F-M, Li R-L. 2009. A review of the genus *Lipotactes* Brunner v. W., 1898 (Orthoptera: Tettigoniidae: Lipotactinae) from China. Zootaxa, 2152: 36-42.

Shi F-M, Li R-L. 2010. Remarks on the genus *Alloxiphidiopsis* Liu et Zhang, 2007 (Orthoptera: Meconematinae) from Yunnan, China. Zootaxa, 2605: 63-8.

Shi F-M, Liang G-Q. 1997. Descriptions of two new species of the genus *Conocephalus* Thunberg (Orthoptera: Conocephalidae). Entomologia Sinica, 4(3): 211-214.

Shi F-M, Mao S-L, Chang Y-L. 2007. A review of the genus *Pseudokuzicus* Gorochov, 1993 (Orthoptera: Tettigoniidae: Meconematidae). Zootaxa, 1546: 23-30.

Shi F-M, Mao S-L, Ou X-H. 2008. A revision of the genus *Conanalus* Tinkham, 1943 (Orthoptera: Tettigoniidae). Zootaxa, 1949: 30-36.

Shi F-M, Wang P. 2015. The genus *Conocephalus* Thunberg (Orthoptera: Tettigoniidae: Conocephalinae) in Hainan, China with description of one new species. Zootaxa, 3994(1): 14-144.

Shi F-M, Zheng Z-M. 1999. A new species of the genus *Conocephalus* Thunberg (Orthoptera: Conocephalidae) from Sichuan, China. Entomologia Sinica, 6(3): 219-221.

Shi S-D, Jiang J-G, Pan Z-X. 2008. A new species of *Pseudachorutes* Tullberg (Collembola: Neanuridae) from China. Zootaxa, 1755: 57-80.

Shi S-D, Pan Z-X. 2015. A new species of *Coecobrya* (Entomobryidae: Collembola) from Dongtou Island, Zhejiang Province. Entomotaxonomia, 37(2): 81-87.

Shi S-D, Pan Z-X, Zhang F. 2010. A new species and a new record of genus *Homidia* Börner, 1906 from East China (Collembola: Entomobryidae). Zootaxa, 2351: 29-38.

Shiraki T. 1906. New Forficuliden and Blattiden Japans. Trans Sapporo Nat Hist Soc, 1: 192.

Shiraki T. 1907. New Blattiden und Forficuliden Japans. Trans Sapporo Nat Hist Soc, 2: 103-111.

Shiraki T. 1908. Nene Blattiden und Forficuliden Japans. Transaction of the Sapporo Natural History Society, 2: 103-111.

Shiraki T. 1909. On the termites of Japan. Transactions of the Entomological Society of Japan, 2(10): 229-242.

Shiraki T. 1910. Acrididen Japans. Yokohama: Fukuin Printing Co. Ltd., 57: 1-90.

Shiraki T. 1911. Monographie der Grylliden Formosa, mit der Uebersicht der Japanischen Arten. Taihoku: Generalgouvernment von Formosa, 1-129.

Shiraki T. 1911. Phasmiden und Mantiden Japans Annotationes Zoologicae Japonenses, 7(5): 291-331.

Shiraki T. 1930a. Some new species of Orthoptera. Transactions of the Natural History Society of Formosa, 20: 327-355.

Shiraki T. 1930b. Orthoptera of the Japanese Empire. Part I. (Gryllotalpidae and Gryllidae). Insecta Matsumurana, 4: 181-252.

Shiraki T. 1932. Orthoptera: Mantidae. *In*: Uchida S, et al. Iconographia Insectorum Japonicorum. Tokyo: Hokuryukan, 2049-2054.

Shiraki T. 1935. Orthoptera of the Japanese Empire (Part IV) Phasmidae. Memoirs of the Faculty of Science and Agriculture, Taihoku Imperial University, Formosa, 14(3): 23-88.

Shishodia M K, Gupta S K, Chandra K. 2010. An annotated checklist of Orthoptera (Insecta) from India. Records of the Zoological Survey of India, Miscellaneous Publication, Occasional Paper, 314: 1-366.

Shishodia M S. 1991. Taxonomy and zoogeography of the Tetrigidae (Orthoptera: Tetrigoidea) of northeastern India. Records of the Zoological Survey of India, Miscellaneous Publication, Occasional Paper, 140: 70.

Shoebotham J. 1917. Notes on the Collembola, part 4. The classification of the Collembola; with a list of genera known to occur in the British Isles. Annals and Magazine of Natural History, 8: 425-436.

Silvestri F. 1903. Descrizione di un nuovo genere di Projapygidae (Thysanura) trovato in Italia. Estratto dagli Annali della R. Scuola Sup. di Agricoltura in Portici, 5: 1-8.

Silvestri F. 1908. Materiali per lo studio dei Tisanuri. XI. Eleneo delle specie di Japygidae fino ad ora trovate in Italia con descrizione di una specie ed una varietà nuove. Bollettino del Laboratorio di Zoologia Generale e Agraria della Facolta Agraria in Portici, 2: 393-397.

Silvestri F. 1911a. Contributo alla conoscenza dei Machilidae dell'America settentrionale. Boll Lab Zool Gen Agr Portici, 5: 324-350.

Silvestri F. 1911b. Description d'une espèce et d'une variété nouvelles d'insectes de l'ordre des Thysanoures recueillies par M. Henri Gadeau de Kerville pendant son voyage zoologique en Syrie. Bulletin de la Société des Amis des Sciences Naturelles de Rouen, s. 5, 47: 14-17.

Silvestri F. 1912. Nuovi generi e nuove specie di Campodeidae (Thysanura) dell' America settentrionale. Bollettino del Laboratorio di Zoologia Generale e Agraria della R. Scuola superiore d'agricoltura in Portici, 6: 5-25.

Silvestri F. 1914a. Zoological results of the Abor Expedition, 1911-1912. Termitidae. Records of the Indian Museum, 8(5[32]): 425-435.

Silvestri F. 1914b. Contribuzione alla conoscenza dei Termitidi e Termitofili dell'Africa occidentale. I. Termitidi. Bollettino del Laboratorio di Zoologia Generale e Agraria della Reale Scoula Superiore d'Agricoltura, Portici, 9: 1-146.

Silvestri F. 1922. Descriptions of some Indo-Malayan species of *Capritermes* (Termitidae). Records of the Indian Museum, 24(4): 535-546.

Silvestri F. 1928. Japygidae dell' Estremo Oriente. Bollettino del Laboratorio di Zoologia Generale e Agraria della Facolta Agraria in Portici, 22: 49-80.

Silvestri F. 1931. Campodeidae (Insecta Thysanura) dell'estremo oriente. Bollettino del Laboratorio di Zoologia Generale e Agraria della Facolta Agraria in Portici, 25: 286-320.

Silvestri F. 1943. Conteibuto alla conscenza dei Machilidae (Insecta, Thysanura) del Giappone. Boll Lab Zool Gen Agr Portici, 32: 283-306.

Silvestri F. 1948. Descrizioni di alcuni Japyginae (Insecta Diplura) del Nord America. Bollettino del Laboratorio di entomologia agraria di Portici, 8: 118-136.

Sivec I, Harper P P, Shimizu T. 2008. Contribution to the study of the Oriental genus *Rhopalopsole* (Plecoptera: Leuctridae). Scopolia, 64: 1-122.

Sivec I, Stark B P, Uchida S. 1988. Synopsis of the world genera of Perlinae (Plecoptera: Perlidae). Scopolia, 16: 1-66.

Sivec I, Stark B P. 2020. Systematic notes on *Sinacroneuria* Yang & Yang, 1995 (Plecoptera: Perlidae), with descriptions of two new species from China. Zootaxa, 4732 (4): 580-584.

Snellen R K, Stewart K W. 1979. The life cycle and drumming behavior of *Zealeuctra claasseni* (Frison) and *Zealeuctra hitei* (Ricker and Ross) Plecoptera: Leuctridae in Texas, USA. Aquatic Insects, 1: 65-89.

Snyder T E. 1923. A new *Reticulitermes* from the Orient. Journal of the Washington Academy of Sciences, 13(6): 107-109.

Snyder T E. 1933. New termites from India. Proceedings of the United States National Museum, 82(16): 1-15.

Soto-Adames F N, Barra J A, Christiansen K A, Jordana R. 2008. Suprageneric Classification of Collembola Entomobryomorpha. Annals of the Entomoligical Society of America, 101: 501-513.

Stach J. 1922. Apterygoten aus dem nordwestlichen Ungarn. Annales Historico Naturales Musei Nationalis Hungarici, 19: 1-75.

Stach J. 1933. Zwei neue Arten von Onychiurus Gerv. (Collembola) aus Polen. Bulletin International de l'Academie des Sciences de Cracovie: 235-241.

Stach J. 1947. The Apterygotan fauna of Poland in relation to the world fauna of this group of insects. Family Isotomidae. Kraków: Acta Monographica Musei Historiae Naturalis, 1-488.

Stach J. 1949.The Apteryogotan Fauna of Poland in Relation to the World-Fauna of this Group of Insects Families: Neogastruridae and Brachystomellidae. Kraków: Acta Monographica Musei Historiae Naturalis, 1-341.

Stach J. 1954. The Apterygotan fauna of Poland in relation to the world fauna of this group of insects. Family: Onychiuridae. Kraków: Acta Monographica Musei Historiae Naturalis, 219: 1-27.

Stach J. 1964. Materials to the Knowledge of Chinese Collembolan Fauna. Acta Zoologica Cracoviensia, Tom IX, Nr 1, Kraków, 15(2): 1-26.

Stål C. 1860. Fregatten Eugenie's Resa omkring Jorden. Eugenies Resa. Orth.: 324.

Stål C. 1861 [1860]. Orthoptera species novas descripsit. Kongliga Svenska fregatten Eugenies Resa omkring jorden under befäl af C.A. Virgin åren 1851-1853 (Zoologi), Utgifna of K. Svenska Vetanskaps Akademien (P. A. Norstedt and Soner), Stockholm, 2(1): 299-350.

Stål C. 1873a. Orthoptera nova descripsit. Öfvers. K. Vetensk Akad Förh, 30(4): 39-53; Stockholm.

Stål C. 1873b. Recensio Orthopterorum. Revue critique des Orthoptères décrits par Linné, De Geer et Thunberg. 2. Locustina: 1-154.

Stål C. 1875a. Observations orthoptérologiques. 1. Sur une systématisation nouvelle des Phasmides. 2. Sur le système des Acridiides. 3. Diagnoses d'Orthoptères nouveaux. Bihang till Kungliga Svenska Vetenskaps-Akademiens Handlingar, 3(14): 1-43.

Stål C. 1875b. Recensio orthopterorum. Revue critique des Orthoptères décrits par Linné, DeGeer et Thunberg. 3. Öfversigt af Kongliga Vetenskaps-Akademiens Förhandlingar, 32: 1-105.

Stål C. 1877a. Orthoptera nova ex Insulis Philippinis descripsit. Öfversigt af Kongliga Vetenskaps-Akademiens Förhandlinger, 34(10): 33-58.

Stål C. 1877b. Systema Mantodeorum. Essai d'une systématisation nouvelle des Mantodées. Bihang till Kongliga Svenska Vetenskaps Akademiens Handlingar, 4(10): 1-91.

Stål C. 1878. Systema Acridiodeorum. Essai d'une systématisation des acridiodées. Bihang till Kungliga Svenska Vetenskaps-Akademiens Handlingar, 5(4): 1-100.

Stark B P, Sivec I. 2008. The genus *Togoperla* Klapálek (Plecoptera: Perlidae). Illiesia, 4: 208-225.

Stebaeva S K. 1966. New species of Collembola from the Western Sayans and adjoining areas-New aspects of the fauna of Siberia and adjoining regions. Akad Nauk SSSR, Nobosibirsk: 5-13.

Stein J P E F. 1881. Ein neuer Gryllide aus Japan. Berliner Entomologische Zeitschrift, 25: 95-96.

Steinmann H. 1963. New species of the genus *Acrida* L. (Orthoptera) from Africa and Asia. Acta Zoologica Academiae Scientiarum Hungaricae, 9: 403-427.

Steinmann H. 1974. A revision of the Dermaptera in the "A. Koening" Museum, Bonn. Folia Entomol Hung, 27(2): 187-204.

Steinmann H. 1978. Zoogeographical dispersity of Carcinophoridae (Dermaptera). Dtsch Entomol Z, 25(6-7): 169-170.

Stephens J F. 1835. Illustration of British Entomology. Mandibulata, 6: 54-70.

Stoll C. 1813. Représentation exactement colorée d'après nature des spectres, des mantes, des sauterelles, des grillons, des criquets et des blattes. Qui se trouvent dans les quatre parties du monde, l'Europe, l'Asie, l'Afrique et l'Amérique. J. C. Sepp, Amsterdam, 79 + 25 pp.

Storozhenko S Y. 1990. Review of the orthopteran subfamily Aemodogryllinae (Orthoptera, Rhaphidophoridae). Entomologicheskoe Obozrenie, 69(4): 835-849.

Storozhenko S Y. 2018. To the knowledge of pygmy grasshoppers (Orthoptera: Tetrigidae) from Cambodia. Far Eastern Entomologist, 362: 17-20.

Storozhenko S Y. 2004. Long-horned orthopterans (Orthoptera: Ensifera) of the Asiatic part of Russia. Vladivostok: Dalnauka, 190-249.

Storozhenko S Y, Kim T W, Jeon M J. 2015. Monograph of Korean Orthoptera. Incheon: National Institute of Biological Resource, 1-377.

Storozhenko S Y, Paik J C. 2007. Orthoptera of Korea. Vladivostok: Dalnauka Publ, 1-231.

Storozhenko S Y, Paik J C. 2009. A new genus of cricket (Orthoptera: Gryllidae; Gryllinae) from East Asia. Zootaxa, 2017: 61-64.

Strand E. 1928. Miscellanes nomenclatoria zoologica et palaeontologica. Archiv für Naturgeschichte, (A)92(8): 30-75.

参 考 文 献

Sun X, Arbea J. 2014. *Leeonychiurus*, a new genus from East Asia (Collembola: Onychiuridae: Onychiurini). Zootaxa, 3847(1): 115-124.

Sun X, Li Y. 2015. New Chinese species of the genus *Thalassaphorura* Bagnall, 1949 (Collembola: Onychiuridae). Zootaxa, 3931(2): 261-271.

Sun X, Zhang F. 2012. Two new species of *Onychiurus* (Collembola: Onychiuridae) from Eastern China. Journal of Natural History, 46(31-32): 1895-1904.

Sun Y, Liang A-P. 2009. One new species of the genus *Monodontocerus* (Collembola, Tomoceridae) from China. Acta Zootaxonomica Sinica, 34(1): 32-34.

Suzuki S. 2010. Japanese Stick Insects. The Phasmid Study Group Newsletter, 123-124: 4-8.

Szeptcki A. 1973. North Korean Collembola. I. The genus *Homidia* Borner 1906 (Entomobryidae). Acta Zoologica Cracoviensia, 2: 23-40.

Szeptycki A. 2007. Checklist of the world Protura. Acta Zoologica Cracoviensia, 50B(1): 1-210.

Tan M K. 2012. Orthoptera in the Bukit Timah and Central Catchment Nature Reserves (Part 2): Suborder Ensifera. Singapore: Raffles Museum of Biodiversity Research National University of Singapore, 1-70.

Tan M K, Baroga-Barbecho J B, Yap S A. 2019. An account on the Orthoptera from Siargao Island (Southeast Asia: Philippines: Mindanao). Zootaxa, 4609(1): 1-30.

Tandon S K. 1969. On the genus *Xenocatantops* Dirsch & Uvarov (Orthoptera). Records of the Zoological Survey of India, Calcutta, 67(1-4): 59-64.

Tarbinsky S P. 1927. New Asiatic grasshoppers of the genus *Chorthippus* Fieb. Konowia, Zeitschrift für Systematische Insektenkunde (Konowia), 6: 202.

Tepper J G O. 1893. The Blattariae of Australia and Polynesia. Transactions of the Royal Society of South Australia, 17: 25-126.

Thibaud J M. 1977. Intermoult and Lethal Temperature in Arthropleona Collembola Insecta. 2. Isotomidae, Entomobrydae and Tomoceridae. Revue D Ecologie et De Biologie Du Sol, 14(2): 267-278.

Thibaud J M, Lee B H. 1994. Three new species of interstitial Collembola (Insecta) from sand dunes of South Korea. Korean Journal of Systematic Zoology, 10(1): 39-46.

Thibaud J M, Weiner W M. 1994. *Psammophorura gedanica* gen. n., sp. n. et autres Collemboles interstitiels terrestres de Pologne (1). Polish Journal of Entomology, 63: 3-15.

Thibaud J M, Weiner W M. 1997. Collemboles interstitiels des sables de Nouvelle-Calédonie. *In*: Najt J, Matile L. Zoologia Neocaledonica. Vol. 4. Mémoires du Museum National d'histoire Naturelle, 171: 63-89.

Thunberg C P. 1784. Mantis. *In*: Dissertatio entomologica novam insectorum species, partem tertiam. J. Edman, Upsaliae, 53-68.

Thunberg C P. 1815. Hemipterorum maxillosorum genera illustrata plurimisque novis speciebus ditata ac descripta. Mémoires de l'Académie Impériale des Sciences de St. Pétersbour, 5: 211-301.

Thunberg C P. 1824. Grylli monographia, illustrata. Mémoires de l'Académie Impériale des Sciences de St. Pétersbourg, 3: 390-430.

Tinkham E R. 1936a. Notes on a small collection of Orthoptera from Hupeh et Kiangsi with a key to Mongolotettix Rehn. Lingnan Science Journal, 15: 201-218.

Tinkham E R. 1936b. *Spathosternum sinense* Uvarov considered to be a race of *S. prasiniferum* (Walker) (Orth. Acrididae). Lingnan Science Journal, 15(1): 47-54.

Tinkham E R. 1937a. Notes on the identity of Formosan Acrydiinae with descriptions of a new genus and two new species (Orth.: Acrid.). Transactions of the Natural History Society of Formosa, 27: 229-243.

Tinkham E R. 1937b. Studies in Chinese Mantidae (Orthoptera). Lingnan Science Journal, 16(3): 481-499; 16(4): 551-572.

Tinkham E R. 1940. Taxonomic and biological studies on the Cyrtacanthacrinae of South China. Lingnan Science Journal, 19(3): 269-382.

Tinkham E R. 1941. Zoogeographical notes on the genus *Atlanticus* with keys and descriptions of seven new Chinese species. Notes D'Entomologie Chinoise, 8(5): 189-243.

Tinkham E R. 1943. New species and records of Chinese Tettigoniidae from the Heude Museum, Shanghai. Notes D'Entomologie Chinoise, 10: 33-66.

Tinkham E R. 1944. Twelve new species of Chinese leaf-katydids of the genus *Xiphidiopsis*. Proceedings of the United States National Museum, 94: 505-527.

Tinkham E R. 1945. *Sinochlora*, a new tettigoniid genus from China with description of five new species. Transactions of the American Entomological Society, 70: 235-246.

Tinkham E R. 1956. Four new Chinese species of *Xiphidiopsis* (Tettigoniidae: Meconematinae). Transactions of the American Entomological Society, 82: 1-16.

Tsai P. 1929. Description of three new species of Acridiids from China, with a list of the species hitherto recorded. Journal of the College of Agriculture, Tohoku Imperial University, 10: 140.

Tsai P. 1931. Zwei neue Oxya-Arten aus China (Orth. Acrid.). Mitteilungen aus dem Zoologischen Museum in Berlin, 17: 436-440.

Tshernova O A. 1952. Mayflies (Ephemeroptera) of the Amur river basin and adjacentwaters and their role in the nutrition of Amur fishes. Trudy Amurskoy Ichtiologicheskogo Ekspeditsii, 3: 229-360.

Tshernova O A. 1972. Some new Asiatic species of mayflies (*Ephemera*, Heptageniidae, Ephemerellidae). Entomologicheskoe Obozrenie, 51: 604-614. (in Russian)

Tullberg T. 1869. Om skandinaviska Podurider af underfamiljen Lipurinae. Akad. Afhandling, Uppsala, 1869: 1-20.

Tullberg T. 1871. Förteckning öfver svenska Podurider. Oefv. K. Vetensk Akad Forhandl Stockh, 28: 143-155.

Tullberg T. 1872. Sveriges Podurider. Kungliga Svenska Vetenskaps Akademiens Handlingar, 10: 1-70.

Tullberg T. 1876. Collembola borealia (Nordiska Collembola). Oefv. K. Vetensk Akad Forhandl Stockh, 33: 23-42.

Tuxen S L. 1963. Art-und Gattungsmerkmale bei den Proturen. Entomologiske Meddelelser, 32: 84-98.

Tuxen S L. 1964. The Protura. A revision of the species of the world with keys for determination. Paris: Hermann, 1-360.

Tuxen S L. 1976. The Protura (Insecta) of Brazil, especially Amazonas. Amazoniana, 5: 417-463.

Tuxen S L. 1977. The genus *Berberentulus* (Insecta: Protura) with a key and phylogenetic considerations. Revue d'Écologie et de Biologie du Sol, 14: 597-611.

Tuxen S L. 1981. The systematic importance of "the striate band" and the abdominal legs in Acerentomidae (Insecta: Protura) with a tentative key to acerentomid genera. Entomologica Scandinavica, Suppl. 15: 125-140.

Tuxen S L, Yin W-Y. 1982. A revised subfamily classification of the genera of Protentomidae (Insecta: Protura) with description of a new genus and a new species. Steenstrupia, 8(9): 229-259.

Uchida H. 1943. On Some Collembola-Arthropleona f Nippon (in Japanese with English summary). Bulletin of the Tokyo Science Museum, 8: 1-20.

Uchida S, Isobe Y. 1989. Styloperlidae, stat. nov. and Microperlinae, subfam. nov. with a revised system of the family group Systellognatha (Plecoptera). Spixiana, 12: 145-182.

Uéno M. 1928. Some Japanese mayfly nymphs. Memoirs of the College of Science, Kyoto Imperial University, Series B, 4(1): 19-63, pls. 3-17.

Uéno M. 1931. Contributions to the knowledge of Japanese Ephemeroptera. Annotationes Zoologicae Japonenses, 13: 189-231.

Ulmer G. 1920. Neue Ephemeropteren. Archiv für Naturgeschichte (A), 85(11): 1-80.

Ulmer G. 1924. Einige alte und neue Ephemeropteren. Konowia, 3(1-2): 23-37.

Ulmer G. 1925. Trichopteren und Ephemeropteren. *In*: Beittage zur Fauna sinaica. Archiv für Naturgeschichte (A), 91(5): 19-110.

Ulmer G. 1939. Eintagsfliegen (Ephemeropteren) von den Sunda-Inseln. Archiv für Hydrobiologie, Supplement 16: 443-692.

Uvarov B P. 1923a. A revision of the Old World Cyrtacanthacrini (Orthoptera, Acrididae). I. Introduction and key to genera. Annals and Magazine of Natural History, London 9, 11: 130-144.

Uvarov B P. 1923b. A revision of the Old World Cyrtacanthacrini (Orthoptera, Acrididae). III. Genera Valanga to Patanga. Annals and Magazine of Natural History, London 9, 12: 345-367.

Uvarov B P. 1924. Notes on the Orthoptera in the British Museum. 3. Some less known or new genera and species of the subfamilies

Tettigoniinae and Decticinae. Transactions of the Royal Entomological Society of London, 3-4: 492-537.

Uvarov B P. 1925. A revision of the genus Ceracris Walk. (Orth. Acrid.). Entomologische Mitteilungen, 14: 15.

Uvarov B P. 1931. Some Acrididae from South China. Lingnan Science Journal, 10: 217-221.

Uvarov B P. 1933. Schwedisch-chinesische wissenschaftliche Expedition nach den nordwestlichen Provinzen Chinas, unter Leitung von Dr. Sven Hedin und Prof. Sü Ping-chang. 6. Orthoptera. 5. Tettigoniidae. Arkiv for Zoologi, Stockholm, Uppsala, 26A(1): 1-8.

Uvarov B P. 1940. Twenty-eight new generic names in Orthoptera. Annals and Magazine of Natural History, 11(5): 173-176.

Vasanth M. 1993. Gryllidae (Insecta: Orthoptera) from Javadi Hills, Tamil Nadu, India. Records of the Zoological Survey of India, Calcutta, 91(2): 139-146.

Vasanth M, Lahiri A R, Biswas S, Ghosh A K. 1975. Three new species of Gryllidae (Insecta: Orthoptera). Oriental Insects, 9: 221-228.

Verhoeff K W. 1902. Uber Dermapteren. Versuch eines neuen natürlicheren Systems auf vergleichend-morphologischer Grundlageund über den Mikrothorax der Insekten. Zool Anz, 25(665): 181-208.

Vickery V R. 1973. Notes on *Pteronemobius* and a new genus of the tribe Pteronemobiini (Orthoptera: Gryllidae: Nemobiinae). Canadian Entomologist, 105(1): 419-424.

Vickery V R, Kevan D K. 1983 A monograph of the orthopteroid insects of Canada and adjacent regions. Lyman Entomological Museum and Research Laboratory Memoir, 13: 1-1462.

Walker F. 1859. Characters of some apparently undescribed Ceylon Insects. Annals and Magazine of Natural History, London, 34: 223.

Walker F. 1868. Catalogue of the specimens of Blattariae in the collection of the British Museum. London: British Museum, 1-239.

Walker F. 1869a. Catalogue of the Specimens of Dermaptera Saltatoria in the Collection of the British Museum, Part I: 1-224.

Walker F. 1869b. Catalogue of the Specimens of Dermaptera Saltatoria in the Collection of the British Museum. Part II. Catalogue of Locustidae. London: British Museum of Natural History, iv + 225-423.

Walker F. 1869c. Catalogue of the specimens of Dermaptera Saltatoria and supplement to the Blattariae in the collection of the British Museum. London: British Museum, 119-157.

Walker F. 1870. Catalogue of the Specimens of Dermaptera Saltatoria in the Collection of the British Museum, London, 4: 606-809.

Walker F. 1871. Catalogue of the Specimens of Dermaptera Saltatoria in the Collection of the British Museum, London, 5: 1-825.

Walsh B D. 1863. Observations on certain N.A. Neuroptera, by H. Hagen, M. D., of Koenigsberg, Prussia; translated from the original French ms., and published by permission of the author, with notes and descriptions of about twenty new N. A. sp. of Pseudoneuroptera. Proceedings of the Entomological Society of Philadelphia, 2: 167-272.

Waltz R D, McCafferty W P. 1987. Systematics of *Pseudocloeon, Acentrella, Baetiella,* and *Liebebiella,* new genus (Ephemeroptera: Baetidae). Journal of the New York Entomological Society, 95(4): 553-568.

Wang G, Lu R-S, Shi F-M. 2012a. Remarks on the genus *Sinochlora* Tinkham (Orthoptera: Tettigoniidae: Phaneropterinae). Zootaxa, 3526: 1-16.

Wang G, Shi F-M. 2009. A review of the genus *Abaxisotima* Gorochov, 2005 (Orthoptera: Tettigoniidae: Phaneropterinae). Zootaxa, 2325: 29-34.

Wang G, Shi F-M. 2012. The genus *Abaxisotima* Gorochov (Orthoptera: Tettigoniidae: Phaneropterinae) from China. Journal of Natural History, 46: 41-42, 2537-2547.

Wang G, Shi F-M. 2017. New species of the genus *Elimaea* Stål, 1874 (Tettigoniidae: Phaneropterinae) from China. Zootaxa, 4294 (2): 209-225.

Wang G, Wang H-J, Shi F-M. 2015a. Remarks of the genus *Mirollia* (Orthoptera: Tettigoniidae: Phaneropterinae) from China. Zootaxa, 4021(2): 307-333.

Wang G, Zhou X-L, Shi F-M. 2010. A new record of the genus *Hueikaeana* (Tettigoniidae: Phaneropterinae) and a new species from China. Zootaxa, 2689: 57-62.

Wang H-Q, Jing J, Liu X-W, Li K. 2014a. Revision on genus *Xizicus* Gorochov (Orthoptera, Tettigoniidae, Meconematinae, Meconematini) with description of three new species from China. Zootaxa, 3861(4): 301-316.

Wang H-Q, Li K, Liu X-W. 2012b. A taxonomic study on the species of the genus *Phlugiolopsis* Zeuner (Orthoptera, Tet-tigoniidae, Meconematinae). Zootaxa, 3332: 27-48.

Wang H-Q, Liu X-W. 2018. Studies in Chinese Tettigoniidae: recent discoveries of Meconematinae katydids from Xizang, China (Tettigoniidae: Meconematinae). Zootaxa, 4441(2): 225-244.

Wang H-Q, Liu X-W, Li K. 2014b. A synoptic review of the genus *Thaumaspis* Bolívar (Orthoptera, Tettigoniidae, Meconematinae) with the description of a new genus and four new species. ZooKeys, 443: 11-33.

Wang H-Q, Liu X-W, Li K. 2015b. New taxa of Meconematini (Orthoptera: Tettigoniidae: Meconematinae) from Guangxi, China. Zootaxa, 3941(4): 509-541.

Wang H-Q, Qin Y-Y, Liu X-W, Li K. 2015c. Review of the genus *Cyrtopsis* Bey-Bienko with a new species, a new combination and some new descriptions. Zootaxa, 4057(3): 353-370.

Wang J F, Shi F-M, Ou X-H. 2011a. Review of the genus *Euconocephalus* Karny (Tettigoniidae: Conocephalinae: Copiphorini) from China. Zootaxa, 2790: 61-68.

Wang P, Bian X, Shi F-M. 2016. One new species of the genus *Acosmetura* (Tettigoniidae: Meconematinae) from Hubei, China. Zootaxa, 4171(2): 389-394.

Wang S-G, Zheng Z. 2000. A new species of the genus *Garyanda* [Caryanda] Stal (Orthoptera: Acridoidea: Catantopidae) from Zhejiang, China. Entomotaxonomia, 22(1): 14-16.

Wang T, Xin Y-R, Shi F-M. 2020. New interpretations of the genus *Sinocyrtaspis* Liu, 2000 (Orthoptera: Tettigoniidae: Meconematinae) from China. Zootaxa, 4718(4): 584-590.

Wang T-Q, McCafferty W P. 1995. Specific assignment in *Ephemerellina* and *Vietnamella* (Ephemeroptera: Ephemerellidae). Entomological News, 106(4): 193-194.

Wang Y-W. 1995. Two new species of the genus *Caryanda* Stal 1878 from Hubei Province, China (Orthoptera: Catantopidae). Acta Zootaxonomica Sinica, 20(1): 81-85.

Wang Y-Y, Qin J-Z, Chen P, Zhou C-F. 2011b. A new species of *Baetis* from China (Ephemeroptera: Baetidae). Oriental Insects, 45: 72-79.

Wang Z-J, Du Y-Z. 2009. Four new species of the genus *Indonemoura* (Plecoptera: Nemouridae) from China. Zootaxa, 1976: 56-62.

Wasmann E. 1896. Viaggio di Leonardo Fea in Birmania e regioni vicine LXXII. Neue Termitophilen und Termiten aus Indien. I-III. Annali del Museo Civico di Storia Naturale di Genova, 16(2): 613-630.

Weekers P H H, Dumont H J. 2004. A molecular study of the relationships between the coenagrionid genera *Erythromma* and *Cercion*, with the creation of *Paracercion* gen. nov. for the East Asiatic. Odonatologica, 33(2): 181-188.

Wei S-Z, Deng W-A, Lu X-Y. 2019. Pygmy grasshoppers of the genus *Formosatettix* Tinkham, 1937 (Orthoptera: Tetrigidae: Tetriginae). Journal of Natural History, 53(17-18): 1001-1022.

Weiner W M. 1986. Onychiurinae Bagn. of North Korea: *Formosanochiurus* g. n. problems concerning the status of the genus *Onychiurus* Gerv. In: Dallai R. 2nd International Seminar on Apterygota, Siena, Italy: 93-97.

Werner F. 1929. Über einige Mantiden aus China (Expedition Stötzner) und andere neue oder seltene Mantiden des Museum Dresden. Entomologische Zeitung, 90: 74-78.

Westwood J O. 1842. Description of a new genus of apterous hexapod insects found near London. Annals and Magazine of Natural History, 10: 71.

Westwood J O. 1859. Catalogue of the orthopterous insects in the collection of the British Museum. Part I. Phasmidae. London: Printed by Order of the Trustees, 1-196.

Westwood J O. 1889. Revisio insectorum familiae mantidarum, speciebus novis aut minus cognitis descriptis et delineates. London: Gurney & Jackson, 54 + III pp.

Willem V. 1902. Note préliminaire sur les Collemboles des grottes de Han et de Rochefort. Annales de la Société Entomologique de

Belgique, 46: 275-283.

Willemse C. 1922. Description de trois nouveaux genres d'Orthoptères Fam. Acridiens, sous-famille, Cyrtacanthacrinae de Borneo, de Celebes et de Tonkin. Entomologische Mitteilungen, 11(1): 3-8.

Willemse C. 1930. Fauna Sumatrensis (Bijdrage Nr. 62) Preliminary revision of the Acrididae (Orthoptera). Tijdschrift voor Entomologie, 73: 1-210.

Willemse C. 1932. Description of some new Acrididae (Orthoptera) chiefly from China from the Naturhistoriska Riksmuseum of Stockholm. Natuurhistorisch Maandblad, 21: 141-156.

Willemse C. 1933a. Description of new Indo-Malayan Acrididae (Orthoptera) Part III. Natuurhistorisch Maandblad, 22(11): 134.

Willemse C. 1933b. On a small collection of Orthoptera from the Chungking district, S. E. China. Natuurhistorisch Maandblad, 22: 15-18.

Willemse C. 1951. Synopsis of the Acridoidea of the Indo-Malayan and adjacent regions (Insecta, Orthotpera). Publicaties van het natuurhistorisch Genootschap in Limburg, 4: 65.

Willemse F M H. 1968. Revision of the genera *Stenocatantops* and *Xenocatantops* (Orthoptera: Acrididae, Catantopinae). Monografieën van de Nederlandse Entomologische Vereniging, 4: 1-77.

Willemse L P M, Kleukers R M J C, Baudewijn O. 2018. The grasshoppers of Greece. Leiden: EIS Kenniscentrum Insecten & Naturalis Biodiversity Center, 1-439.

Williamson E B. 1907. The dragonflies (Odonata) of Burma and Lower Siam. II. Subfamilies Cordulegasterinae, Chlorogomphinae, and Gomphinae. Proceedings of the United States National Museum.

Wilson K D P. 2003. Field guide to the dragonflies of Hong Kong. Agriculture, Fisheries and Conservation Department, Hong Kong.

Wilson K D P, Reels G T. 2003. Odonata of Guangxi Zhuang Autonomous Region, China, Part I: Zygoptera. Odonatologica, 32(3): 237-279.

Wilson K D P, Zhou W-B. 2000. *Sinocnemis yangbingi* gen. nov., sp. nov. and *Sinocnemis dumonti* sp. nov., new platycnemidids from south-west China (Odonata: Plactycnemididae). International Journal of Odonatology, 3(2): 173-177.

Womersley H. 1934. Collembola (spring-tails). Victoria Naturalist, Melbourne, 51: 159-165.

Woo F-Z, Guo Y-Y, Li Y C. 1985. Description of a new genus and a new species of Pseudomopidae (Blattaria). Acta Entomologica Sinica, 28(2): 215-218.

Wood-Mason J. 1877. Proceedings of the entomological society of London for 1877. Transactions of the Entomological Society of London for the year 1877, I-XCIII.

Wu C-F. 1926. Two new species of stoneflies from Nanking. The China Journal of Science and Arts, 5(6): 331-332.

Wu C-F. 1935a. Catalogus Insectorum Sinensium (Catalogue of Chinese Insects). Fan Memorial Institute of Biology.

Wu C-F. 1935b. New species of stoneflies from east and south China. Peking Natural History Bulletin, 9(3): 227-243.

Wu C-F. 1935c. Order IX. Plecoptera. 299-315. *In*: Wu C-F. Catalogus Insectorum Sinensium. Volume 1. Peiping: Fan Memorial Institute of Biology.

Wu C-F. 1938a. Plecopterorum Sinensium: A monograph of stoneflies of China (Order Plecoptera). Peiping: Yenching University, 1-225.

Wu C-F. 1938b. The stoneflies of China (Order Plecoptera). Bulletin of the Peking Society of Natural History, 12(4): 319-351.

Wu C-F. 1948. Fourth supplement to the stoneflies of China (Order Plecoptera). Peking Natural History Bulletin, 17(1): 75-80.

Wu C-F. 1962. Results of the Zoologico-Botanical expedition to southwest China, 1955-1957 (Plecoptera). Acta Entomologica Sinica, 11(Suppl.): 139-153.

Wu C-F, Claassen P W. 1934. Aquatic insects of China. Article XVIII. New species of Chinese stoneflies (Order Plecoptera). Peking Natural History Bulletin, 9: 111-129.

Wu J, Pan Z-X. 2016. One new species of the genus *Homidia* (Collembola: Entomobryidae) from Zhejiang Province, with a description of the second instar larvae. Entomotaxonomia, 38(2): 99-106.

Würmli M. 1973. Ergebnisse der Bhutan-expedition 1972 des Naturhistorischen Museums in Basel. Orthoptera: Gryllacridoidea.

Verhandlungen der Naturforschenden Gesellschaft in Basel, 83: 337-347.

Wygodzinsky P. 1972. A review of the silverfish (Lepismatidae, Thysanura) of the United States and the Caribbean Area. American Museum Novitates, 2481: 1-26.

Xia K-L. 1958. Principal Classification of Chinese Grasshoppers. Beijing: Science Press, 1-185.

Xiong Y, Chen L-Q, Yin W-Y. 2005. Two new species of the genus *Crossodonthina* (Collembola, Neanuridae) from China. Acta Zootaxonomica Sinica, 30(3): 545-548.

Xu G-L, Pan Z-X, Zhang F. 2013. First record of *Acrocyrtus* Yosii, 1959 (Collemobla, Entomobryidae) from Chinese mainland. ZooKeys, 260: 1-16.

Xuan R-Y, Dai Q-F, He C, Zhang D-Y, Pan C-Y. 2021. Synonymy of soil-feeding termites *Pseudocapritermes sowerbyi* and *Pseudocapritermes largus*, with evidence from morphology and genetics. Journal of Asia-Pacific Entomology, 24(1): 421-428.

Yamasaki T. 1981. The taxonomic status of "*Iridopteryx maculata*" (Mantodea, Mantidae), with notes on its distribution. Memoirs of the National Museum of Nature and Science, 14: 95-102.

Yamasaki T. 1982. Some new or little known species of the Meconematinae (Orthoptera, Tettigoniidae) from Japan. Bulletin Natural Science Museum. Tokyo, 8(3): 119-130.

Yamasaki T. 1986. Discovery of *Phlugiolopsis* (Orthoptera: Tettigoniidae: Meconematinae) in the Ryukyu Islands. Kontyû, Tokyo, 54(2): 353-358.

Yang C-K, Yang D. 1995. A new genus and new species of Plecoptera from east China (Perlidae: Acroneuriinae). Entomological Journal of East China, 4(1): 1-2.

Yang D, Li W-H, Zhu F. 2004. A new species of *Amphinemura* (Plecoptera: Nemouridae) from China. Entomological News, 115(4): 226-228.

Yang D, Li W-H, Zhu F. 2006. A new species of *Rhopalopsole* (Plecoptera: Leuctridae) from China. Entomological News, 117(4): 433-435.

Yang D, Shi L, Li W-H. 2009. A new species of *Rhopalopsole* from Oriental China (Plecoptera: Leuctridae). Transactions of American Entomological Society, 135(2): 193-195.

Yang D, Yang C-K. 1993. New and little-known species of Plecoptera from Guizhou Province (III). Entomotaxonomia, 15(4): 235-238.

Yang J-T, Yen F-S. 2001. Mogoplistidae (Orthoptera: Grylloidea) of Taiwan with lectotype designations of Shiraki's species. Oriental Insects, 35: 207-246.

Yang R, Wang Z-Z, Zhou Y-S, Wang Z-Q, Che Y-L. 2019. Establishment of six new *Rhabdoblatta* species (Blattodea, Blaberidae, Epilamprinae) from China. ZooKeys, 851: 27-69.

Yin W-Y, Imadaté G. 1979. A new species of the Genus *Gracilentulus* (Protura) from East China. Bulletin of the National Science Museum, Tokyo, 5(1): 1-5.

Yin W-Y, Imadaté G. 1991. A new species of Protura from China *Neocondeellum wuyanense* sp. nov. Edaphologia, 42: 1-5.

Yin X-C. 1984. Insects of Qinghai Tibetan Plateau. Beijing: Science Press, 1-287.

Yin X-C, Liu Z-W. 1987. A new subfamily of Catantopidae with a new genus and new species from China (Orthoptera: Acridoidea). Acta Zootaxonomica Sinica, 12(1): 66-72.

Yin X-C, Shi J, Yin Z. 1996. Synonymic Catalogue of Grasshoppers and their Allies of the World (Orthoptera: Caelifera). Beijing: China Forestry Publishing House, 1-1266.

Yin X-C, Su L, Yin Z. 2013. A new species of the genus *Ergatettix* Kirby from Zhejiang, China (Orthoptera, Tetrigoidea, Tetrigidae). Acta Zootaxonomica Sinica, 38(2): 293.

Ying X-L, Li W-J, Zhou C-F. 2021. A review of the genus *Cloeon* from Chinese Mainland (Ephemeroptera: Baetidae). Insects, 12: 1093: 1-17.

Ying X-L, Zhou C-F. 2021. The exact status and synonyms of three Chinese *Afronurus* Lestage, 1924 established by Navás in 1936 (Ephemeroptera: Heptageniidae). Zootaxa, 5082: 95-100.

Yoshii R. 1995. Identity of some Japanese Collembola II "Deuteraphorura" Group of Onychiurus. Ann Sepl Inst Japan (Iwaizumi), 13: 1-12.

Yoshii R, Suhardjono Y R. 1989. Notes on the collembolan fauna of Indonesia and its vicinities. I. Miscellaneous notes, with special references to Seirini and Lepidocyrtini. Acta Zoologica Asiae Orientalis, 1: 23-90.

Yosii R. 1939. Isotomid Collembola of Japan. Tenthredo, 2: 348-392.

Yosii R. 1953. Einige Japanische Collembola, die von der Quellen und Brunnen erbeutet waren. Annotationes Zoolgoicae Jappnenses, 26: 67-72.

Yosii R. 1954. Springschwänze des Ozé-Naturschutzgebietes. Scientific Researches of the Ozegahara Moor, 777-830.

Yosii R. 1955a. Hohlencollembolen Japans I. Kontyû, 20(3-4): 14-22.

Yosii R. 1955b. Meeresinsekten der Tokara Inseln. 4. Collembolen nebst beschreibungen terrestrischer formen. Publications of the Seto Marine Biological Laboratory, 4: 379-401.

Yosii R. 1956a. Monographie zur Höhlencollembolen Japans. Contributions from the Biological Laboratory Kyoto University, 3: 1-109.

Yosii R. 1956b. Höhlencollembolen Japans II. Japanese Journal of Zoology, 11(5): 609-627.

Yosii R. 1958. On some remarkable Collembola from Japan. Acta Zoologica Cracoviensia, 31: 681-705.

Yosii R. 1959. Studies on the Collembola fauna of Malay and Singapore. Contribution from the Biological Laboratory Kyoto University, 10: 1-65.

Yosii R. 1961. On some Collembola from Thailand. Reprinted from Nature and Life in Southeast Asia, 1: 171-197.

Yosii R. 1965. On some Collembola of Japan and adjacent Countries. Contribution from the Biological Laboratory Kyoto University, 19: 1-71.

Yosii R. 1967. Studies on the Collembola family Tomoceridae, with special reference to Japanese forms. Contributions from the Biological Laboratory Kyoto University, 20: 1-54.

Yosii R. 1970. On some Collembola of Japan and adjacent Countries II. Contributions from the Biological Laboratory Kyoto University, 23: 1-32.

Yosii R, Ashraf M. 1965. On some Collembola of west Pakistan-II. Pakistan Journal of Scientific Research, 17(2): 24-30.

Yu D-Y, Yao J, Hu F. 2016. Two new species of *Tomocerus ocreatus* complex (Collembola, Tomoceridae) from Nanjing, China. Zootaxa, 4048(1): 125-134.

Yu D-Y, Zhang F, Deharveng L. 2014. A remarkable new genus of Oncopoduridae (Collembola) from China. Journal of Natural History, 48(33-34): 1-14.

Yu X, Bu W-J. 2007. Two new species of *Coenagrion* Kirby, 1890, from China (Odonata: Zygoptera: Coenagrionidae). Zootaxa, 1664: 55-59.

Yu X, Bu W-J. 2011. Chinese damselflies of the genus *Coenagrion* (Zygoptera: Coenagrionidae). Zootaxa, 2808: 31-40.

Zacher F. 1910. Zur Morphologie und Systematick der Dermapteren. Ent Rdsch, 27: 24-30.

Zeuner F R. 1940. *Phlugiolopsis henryi*, n. g., n. sp., a new tettigonid, and other Saltaoria (Orthop.) from the Royal Botanic Garden. Journal of the Society for British Entomology, 2: 76-84.

Zha L, Wu X-M, Ding J-H. 2020. Two new species of the genus *Formosatettix* Tinkham, 1937 (Orthoptera, Tetrigidae) from Guizhou and Chongqing, PR China. ZooKeys, 936: 61-76.

Zha L, Zheng Z. 2014. Two new species of the genus *Formosatettixoides* Zheng (Orthoptera: Tetrigidae). Neotropical Entomology, 43: 541-546.

Zhang D-X, Liu H-Y, Shi F-M. 2017. Taxonomy of the subgenus *Duolandrevus* (*Eulandrevus*) Gorochov (Orthoptera: Gryllidae: Landrevinae: Landrevini) from China, with descriptions of three new species. Zootaxa, 4317(2): 310-320.

Zhang F. 2009. Systematics of Entomobryidae Schött 1891 and Paronellidae Börner 1913 (Collembola: Entomobryomorpha). Nanjing: Nanjing University Doctoral Dissertation.

Zhang F, Chen J-X, Deharveng L. 2011. New insight into the systematics of the *Willowsia* complex (Collembola: Entomobryidae).

Annales de la Societe Entomologique de France, 47(1-2): 1-20.

Zhang F, Liu X-W. 2009. A review of the subgenus *Diestrammena* (*Gymnaeta*) from China (Orthoptera: Rhaphidophoridae: Aemodogryllinae). Zootaxa, 2272: 21-36.

Zhang F, Pan Z-X, Wu J, Ding Y-H, Yu D-Y, Wang B-X. 2016. Dental scales could occur in all scaled subfamilies of Entomobryidae (Collembola): new definition of Entomobryinae with description of a new genus and three new species. Invertebrate Systematics, 30: 598-615.

Zhang M, Li W-J, Ying X-L, Zhou C-F. 2021. The Imaginal Characters of *Cincticostella gosei* (Allen, 1975) linking the genus *Cincticostella* Allen, 1971 to *Ephacerella* Paclt, 1994 (Ephemeroptera: Ephemerellidae). Zootaxa, 5081: 131-140.

Zhang S-N, Liu X-W, Li K. 2019. Eight new species of the genus *Episymploce* Bey-Bienko (Blattodea: Blattellinae) from China. Entomotaxonomia, 41(3): 198-213.

Zhang W, Han N, Zhang M, Wang Y-F, Zhou C-F. 2020. The imaginal and detailed nymphal characters of *Cincticostella fusca* (Kang & Yang, 1995) (Ephemeroptera: Ephemerellidae). Zootaxa, 4729(2): 277-285.

Zhang W, Lei Z-M, Li W-J, Zhou C-F. 2021. A contribution to the genus *Afronurus* Lestage, 1924 in China (Ephemeroptera: Heptageniidae, Ecdyonurinae). European Journal of Taxonomy, 767: 94-116.

Zhang Z-Q. 2000. Proturans of China. A faunistic Analysis and Distributional Checklist. Fauna of China Synopsis. Vol. 2. Bellevue, WA: Magnolia Press, 1-32.

Zhao L-J, Tamura H. 1992 Two new species of isotomid Collembola from Mt. Wuyan-ling, East China. Edaphologia, 48: 17-21.

Zhao M-Y, Du Y-Z. 2021. A new species and new synonym of *Amphinemura* (Plecoptera: Nemouridae) from Zhejiang province of China. Journal of Natural History, 55: 699-711.

Zhao M-Y, Huo Q-B, Du Y-Z. 2019. A new species of *Styloperla* (Plecoptera: Styloperlidae) from China, with supplementary illustrations for *Styloperla jiangxiensis*. Zootaxa, 4608(3): 555-571.

Zheng X-H-Y, Zhou C-F. 2021. First detailed description of adults and nymph of *Cincticostella femorata* (Tshernova, 1972) (Ephemeroptera: Ephemerellidae). Aquatic Insects, 44: 1-13.

Zheng Z. 1980. New genera and new species of grasshoppers from Sichuan, Shaanxi and Yunnan. Entomotaxonomia, 2(4): 335-350.

Zheng Z. 1982. A new species of Tetrigidae from Shaanxi (in Chinese with English summary). Entomotaxonomia, 4(1-2): 77-78.

Zheng Z. 1988. Two new species of grasshoppers from Zhejiang Province (Orthoptera: Catantopidae). (in Chinese with English summary.) Journal of Shaanxi Normal University (Natural Science Edition) (Suppl.): 24-27.

Zheng Z. 1992a. Orthoptera: Tetrigidae. *In*: Chen S-X. Insects of the Hengduan Mountains region. Vol. 1. Beijing: Science Press, 82-94.

Zheng Z. 1992b. Three new species of *Formosatettix* Tinkham from China (Orthoptera: Tetrigidae). Zoological Research, 13(4): 323-327.

Zheng Z. 1993a. A study on the genus *Teredorus* Hancock from China (Opthoptera [Orthoptera]: Tetrigidae: Tetriginae). Wuyi Science Journal, 10: 13-19.

Zheng Z. 1993b. Tetrigoidea. *In*: Huang C. Animals of Longqi Mountain. Beijing: China Forestry Publishing House, 79, 81-86.

Zheng Z. 1994. A new genus and new species of *Tetrigidae* from Zhejiang, China (Orthoptera). Acta Zootaxonomica Sinica, 19(1): 97-99.

Zheng Z. 1995. Orthoptera: Acridoidea, Eumastacoidea and Tetrigoidea. *In*: Zhu T. Insects and Macrofungi of Gutianshan, Zhejiang. Hangzhou: Zhejiang Science and Technology Publishing House, 27-29.

Zheng Z. 1998. Orthoptera: Acridoidea, Eumastacoidea and Tetrigiidea [Tetrigoidea]. *In*: Wu H. Insects of Longwangshan Nature Reserve. Beijing: China Forestry Publishing House, 48-53.

Zheng Z, Jiang G. 1993. A new genus and two new species of Tetriginae from Guangxi (Orthoptera: Tetrigidae). Journal of the Guangxi Academy of Sciences, 9(1): 29-33.

Zheng Z, Li H. 2001. Two new species of the family Tetrigidae (Orthoptera: Tetrigoidea) from China. Entomotaxonomia, 23(3): 164.

Zheng Z, Lian Z, Xi G. 1985. A preliminary survey of the grasshoppers fauna of Fujian Province (Orthoptera: Acridoidea). Wuyi

Science Journal, 5: 1-9.

Zheng Z, Ma E-B. 1999. Two new species of grasshoppers from Fujian Province (Orthoptera: Acridoidea). Entomological Journal of East China, 8(1): 9-11.

Zhiltzova L A. 1967. [New genus and three new species of stone-flies (Plecoptera) from Caucasus and Crimea]. Entomologicheskoe Obozrenie, 46(4): 850-857.

Zhou C-F. 2006. The status of *Cryptopenella gillies*, with description of a new species from southwestern China (Ephemeroptera: Leptophlebiidae). Oriental Insects, 40: 295-302.

Zhou C-F, Gui H, Su C-R. 1998. A new species of genus *Ephemera* (Ephemeroptera: Ephemeridae). Entomologia Sinica, 5(2): 139-142.

Zhou C-F, Peters J G. 2003. The nymph of *Siphluriscus chinensis* and additional imaginal description: a living mayfly with Jurassic origin (Siphluriscidae new family: Ephemeroptera). Florida Entomologist, 86: 345-352.

Zhou C-F, Wang S-L, Xie H. 2007. The nymph and additional imaginal description of *Epeorus melli* new combination from China (Ephemeroptera: Heptageniidae). Zootaxa, 1652: 49-55.

Zhou C-F, Zheng L-Y. 2000. *Rhithrogena trispina* sp. n., a new species from China (Ephemeroptera: Heptageniidae). Aquatic Insects, 23: 323-326.

Zhou M, Bi W-X, Liu X-W. 2010. The genus Conocephalus (Orthoptera, Tettigonioidea) in China. Zootaxa, 2527: 49-60.

Zhou W-B. 1981. A new species of the genus *Caconeura* from Chekiang (family Protoneuridae). Acta Entomologica Sinica, 24(1): 61-62.

Zhou W-B. 1982. A new species of the genus *Anisopleura* from Zhejiang, China (Odonata, Euphaeidae). Entomotaxonomia, (1-2): 65-66.

Zhou W-B. 1986. *Protosticta kiautai* spec. nov., a new Platystictid dragonfly from China (Zygoptera). Odonatologica, 15(4): 465-467.

Zhou W-B. 1996. Four new species of Dermaptera from China. XX International Congress of Entomology Proceedings Taxonomy of the Dermaptera Italy: 250-253.

Zhou W-B, Wei J-L. 1980. A new species of the genus *Planaeschna* from Zhejiang (Odonata: Aeschnidae). Entomotaxonomia, 2(3): 227-228.

Zhu Q-D, Shi F-M, Zhou Z-J. 2022. Notes on the genus *Microtachycines* Gorochov, 1992 and establishment of a new genus from China (Rhaphidophoridae: Aemodogryllinae). European Journal of Taxonomy, 817: 1-10.

Zhuo P-L, Si C-C, Shi S-D, Pan Z-X. 2018. Description of a new species and the first instar larvae of *Homidia* (Collembola: Entomobryidae) from Taizhou, Zhejiang Province. Entomotaxonomia, 40(2): 148-157.

Zwick P. 1973. Insecta: Plecoptera, Phylogenetisches System und Katalog. Das Tierreich, 94: 410.

Zwick P. 1996. Variable egg development of *Dinocras* spp. (Plecoptera, Perlidae) and the stonefly seed bank theory. Freshwater Biology, 35: 81-100.

中名索引

A

艾地突唇蜉 155
爱媚副鲼虮 128
安徽宽基蜉 170
安吉拟饰尾螽 562
安吉新蜻 293
安氏异春蜓 220
安螽属 608
暗黑杜兰蟋 654
暗色蟌属 180
暗色佛蝗 503
凹板东栖螽 576
凹额钝颚白蚁 346
凹刻剑螽 574
奥科特比蜢 537
奥蟋属 660
澳汉蚱属 510

B

八眼符蚖 84
巴东卵翅蝗 448
巴基斯坦羽圆蚖 78
巴里小等蚖 89
巴蠊属 362
巴蚖属 16
白斑全蠊 366
白符蚖 82
白腹小蟌 195
白角纤畸螽 583
白尾灰蜻 241
白尾卵翅蝗 450
白狭扇蟌 200
白须双针蟋 664
白蚁科 327
白原棘蚖 64
白云尖疾灶螽 633
百山祖诺蜻 258
百山祖印叉蜻 277
斑背螽属 581
斑翅草螽 545
斑翅蝗科 479
斑翅灰针蟋 666
斑蟌属 197
斑点古细足螳 387
斑角蔗蝗 452
斑丽翅蜻 247
斑腿蝗科 437
斑腿蝗属 472

斑腿双针蟋 663
斑伟蜓 211
斑小蜻属 248
斑异跳螳 391
板胸蝗属 453
半翅纤蟋 638
半黄赤蜻 245
半掩耳螽属 598
半圆掩耳螽 598
棒尾小蚤螽 583
棒形钳蠼 686
薄翅螳 392
宝岛蚖 65
宝岛蚖属 65
杯斑小蟌 194
北京小圆蚖 72
贝氏裸灶螽 631
贝氏掩耳螽 593
贝蟋属 637
贝小肥蠼 681
倍叉蜻属 266
倍叉蜻亚科 266
蹦蝗属 459
鼻白蚁科 313
鼻蟌属 189
鼻优草螽 549
比尔寰螽 543
比尔拟库螽 570
比蜢属 536
比氏蹦蝗 462
比氏卵翅蝗 449
比氏锥尾螽 548
碧伟蜓 210
边界尖瘤蚖 104
扁蟌科 206
扁蜉科 145
扁蜉属 149
扁蜻科 305
扁健蝸属 420
扁突诺蜻 260
扁腿带肋蜉 162
扁尾扁健蝸 420
扁尾华枝蝸 428
变色乌蜢 534
滨棘蚖属 61
并纹小叶春蜓 229
并叶蚖属 50
波氏蚱 515
波塔宁拟歪尾蠊 355
波蚱属 531

勃氏奇蚖　58
樊虼科　9
布德真姬蟋　641

C

蔡氏蹦蝗　460
苍白亚非蜉　146
糙颈螽属　610
草绿蝗　483
草绿蝗属　483
草螽属　544
草螽亚科　544
叉刺诺蜻　261
叉蜻科　266
叉蜻属　281
叉蜻亚科　281
叉尾刺膝螽　559
叉尾拟库螽　570
叉蟋螽属　618
叉亚非蜉　147
差翅亚目　209
铲头堆砂白蚁　311
铲状异饰尾螽　556
长板巨疾灶螽　628
长瓣树蟋　652
长鼻裂唇蜓　232
长翅板胸蝗　453
长翅稻蝗　443
长翅素木蝗　477
长刺拟歪尾蠊　360
长刺诺蜻　262
长带乳白蚁　315
长额负蝗　435
长额蟋属　638
长颚斗蟋　650
长跗新康虼　5
长腹春蜓　217
长腹春蜓属　217
长腹扇螅属　199
长肛蠦属　406
长钩日春蜓　225
长夹蝗　476
长夹蝗属　475
长角棒蜻科　410
长角棒蜻亚科　410
长角亚春蜓　216
长角蚖科　103
长角蚖目　79
长角蚖属　105
长角枝蜻亚科　417
长角直斑腿蝗　473
长茎蜉　175
长胫似河花蜉　173
长裂华绿螽　613
长裂掩耳螽　595
长片拟歪尾蠊　357
长泰乳白蚁　314

长突倍叉蜻　269
长尾黄螅　196
长尾蜓属　211
长尾异饰尾螽　557
长尾真蟋螽　617
长蟋属　653
长蟋亚科　653
长腺肯虼　12
长形襟蜻　298
长足春蜓属　224
朝比奈虹蜻　250
朝鲜威蚖　57
车蝗属　481
陈氏格螽　581
陈氏鳞蚖　100
陈氏拟亚蚖　52
陈氏掩耳螽　593
迟螽属　554
迟螽亚科　554
齿棘圆蚖科　74
齿棘圆蚖属　74
齿螳属　384
赤褐灰蜻　242
赤黄螅　196
赤基色螅　182
赤胫伪稻蝗　440
赤胫异距蝗　486
赤蜻属　244
赤胸墨蛉蟋　668
雏蝗属　496
垂缘螋属　703
春蜓科　215
春蜓亚科　215
纯蜻属　301
慈螋　702
慈螋属　701
刺齿蚖属　106
刺端针圆蚖　75
刺蜻科　307
刺蜻属　307
刺毛亮蜉　163
刺尾等节蚖　88
刺膝螽属　557
刺羊角蚱　528
刺翼蚱科　525
刺翼蚱属　525
螅科　191
螅属　197
粗点哑蟋　641
粗颚土白蚁　329
粗皮蜻　410
粗头拟矛螽　550
翠胸黄螅　196

D

达球螋　704
大白蚁属　330

大斑外斑腿蝗　471	顶瑕跳螳　390
大鼻象白蚁　340	鼎异色灰蜻　242
大别山散白蚁　320	东方古蚖　29
大长蟋　653	东方蝼蛄　672
大赤蜻　245	东方拟卷蜻　255
大刀螳属　394	东方凸额蝗　467
大东栖螽　575	东方小圆蚖　72
大光蠊属　372	东栖螽属　574
大畸螽属　572	东亚飞蝗　482
大角杆蟋螽　623	东亚异痣蟌　192
大近扭白蚁　336	斗蟋属　649
大蠊属　368	独角曦春蜓　219
大陆尾溪螅　185	杜兰蟋属　654
大青脊竹蝗　494	杜氏诺蜻　259
大蚤螽属　571	渡边针圆蚖　75
大鳃蜉属　159	端尖华绿螽　612
大蜓科　231	端尖斜缘螽　591
大头乳白蚁　314	端尖掩耳螽　595
大团扇春蜓　228	端异掩耳螽　598
大伪蜻科　252	短板拟歪尾蠊　361
大伪蜻属　252	短翅佛蝗　502
大尾蜉科　675	短翅腹露蝗　458
大尾蜉总科　675	短翅黑背蝗　477
大溪螅科　188	短翅华枝螐　429
大溪螅属　188	短翅灶蟋　642
大蟋属　647	短刺奇蚖　59
大眼古蚖　31	短额负蝗　436
大优角蚱　530	短跗新康蚖　4
大中国蚖　25	短肛螐属　401
带肋蜉属　160	短角棒螐亚科　400
带纹真鳖蠊　370	短角外斑腿蝗　470
袋小肥螋　682	短角蚖科　68
戴春蜓属　222	短角圆蚖目　68
戴氏短丝蜉　141	短角直斑腿蝗　474
丹徒散白蚁　323	短身古蚖　31
单齿鳞蚖属　101	短丝蜉科　141
单毟古蚖　28	短丝蜉属　141
单脉色蟌属　181	短螳亚科　388
单毛刺齿蚖　114	短突秦岭螽　609
单突丝尾螋属　677	短突灶螽　626
淡赤褐大蠊　368	短尾华穹螽　563
岛屿拟裸长角蚖　104	短尾黄蟌　197
稻蝗属　441	短尾蚖属　96
德拉等蚖属　92	短星翅蝗　475
德蚖属　80	短翼蚱科　531
等翅目　308	堆砂白蚁属　311
等蜉科　143	对称齿小等蚖　91
等蜉属　143	钝颚白蚁属　345
等节蚖科　79	多齿奇螽　605
等节蚖属　88	多棘蟌　197
低斑蜻　239	多棘蜓属　212
涤螽属　564	多毛奥蟋　661
地鳖蠊科　370	多毛垂缘螋　703
地鳖亚科　370	多毛栉衣鱼　136
垫跗螋　694	多纹蜻属　238
垫跗螋科　693	多纹针圆蚖　76
垫跗螋属　694	多腺蚖属　9

多型单齿蚖　102
多伊棺头蟋　646

E

峨眉腹露蝗　457
峨眉褶翅螋　378
额蟋亚科　655
颚毛蚖属　48
二斑悠背蚱　521
二齿颚毛蚖　48
二齿籼蝗　446
二翅蜉属　156
二刺花翅蜉　154
二色戛蝗　505
二眼符蚖　82

F

泛刺齿蚖　108
梵净山副华枝螳　424
方带溪蟌　187
方异距蝗　485
纺织娘属　588
纺织娘亚科　588
飞蝗属　482
蜚蠊科　368
蜚蠊目　349
蜚蠊亚科　368
肥螋　684
肥螋科　680
肥螋属　684
肥螋总科　680
翡螽属　587
凤阳单突丝尾螋　677
凤阳山东栖螽　576
凤阳山寰螽　543
凤阳山拟疾灶螽　630
凤阳山拟饰尾螽　562
凤阳山诺蜻　260
凤阳山亚灶螽　627
佛蝗属　502
弗鲁戴春蜓　222
符蚖属　81
蜉蝣科　175
蜉蝣目　138
蜉蝣属　175
福建大伪蜻　252
福建似河花蜉　173
福建突岭蟋　667
福临佩蜓　213
福州长肛蜢　407
斧螳属　396
负蝗属　435
副华枝螳属　423
副铗䖴科　127
副铗䖴属　127
副饰尾螽属　559
富阳土白蚁　328

富蚖科　21
富蚖属　21
腹露蝗属　454
覆翅螽属　585

G

盖宛色螽　184
杆蟋螽属　622
高绳线毛蚖　19
高翔蜉属　148
革翅目　674
格林伯格羽圆蚖　78
格尼优剑螽　567
格蚖属　10
格螽属　580
沟额草螽　547
钩顶螽属　551
钩蟌属　300
钩扭白蚁属　336
钩突诺蟌　262
钩尾春蜓亚科　224
古白蚁科　309
古猛螽属　549
古丝蜉科　140
古丝蜉属　140
古田近扭白蚁　335
古田诺蟌　261
古田山澳汉蚱　510
古细足螳属　387
古蚖科　25
古蚖目　25
古蚖属　26
牯岭腹露蝗　459
鼓鸣螽属　590
寡毛裸长角蚖　118
棺头蟋属　645
管鼻弧白蚁　337
管蜢属　421
冠螋属　376
光螋亚科　372
光泽小异螳　427
广东叉蟌　281
广东寰螽　542
广斧螳　398
广西突顶蚱　517
贵州尖顶蚱　513
贵州土白蚁　329
蝈螽属　541

H

哈贝齿棘圆蚖　74
哈春蜓亚科　229
哈尼斜岭蟋　669
哈氏二翅蜉　156
哈跳螳属　390
海南乳白蚁　315
海南纤柔螳　389

海神大伪蜻 253	红褐斑腿蝗 472
杭州叉蟌 282	红华蚖 23
杭州棘蚖 60	红胫小车蝗 488
何氏高翔蜉 149	红蜻 237
和平亚春蜓 216	红蜻属 237
河花蜉科 173	红小蜻属 248
河南副华枝螭 423	红胸斯蛉蟋 669
河南肯蚖 15	红柱四节蜉 153
贺氏东栖螽 577	虹翅螳科 388
贺氏竹蝗 493	虹蜻属 250
褐斑螽 197	弧白蚁属 337
褐斑大蠊 368	湖南散白蚁 320
褐斑异痣螽 192	虎甲蛉蟋 670
褐翅溪螽 187	沪蚖属 2
褐单脉色螽 182	花翅蜉属 154
褐顶赤蜻 245	花胫绿纹蝗 484
褐顶扇山螽 207	花生大蟋 647
褐额匹须蟋 656	花螳科 379
褐环螽 603	花螳亚科 383
褐肩灰蜻 241	花胸散白蚁 323
褐蜻属 249	华春蜓属 221
鹤立雏蝗 497	华顶鳞齿蚖 116
黑背蝗属 476	华丽灰蜻 243
黑背丘蠊 363	华丽扇螽 201
黑扁蜉 150	华绿螽属 612
黑长角蚖 105	华南突灶螽 626
黑翅土白蚁 328	华扭白蚁属 332
黑翅竹蝗 492	华钮蟌属 287
黑带大光蠊 374	华穹螽属 563
黑带胁蜉 162	华球蜚 705
黑顶色螽 181	华象白蚁属 342
黑多棘蜓 212	华斜痣蜻 247
黑额蜓属 212	华蚖科 23
黑高翔蜉 148	华蚖目 21
黑褐大光蠊 373	华蚖属 23
黑颊烟蟋螽 616	华枝螭属 427
黑角露螽 608	华综螽属 204
黑角平背螽 601	环节圆蚖属 77
黑胫钩顶螽 552	环尾春蜓属 225
黑胫甲蟋 640	环纹小肥蝼 682
黑丽翅蜻 247	环叶倍叉蟌 267
黑脸油葫芦 649	环螽属 603
黑色螽 180	寰螽属 541
黑色扣蟌 287	黄侧华春蜓 221
黑尾灰蜻 243	黄翅大白蚁 330
黑纹绿蜓 214	黄翅绿色螽 183
黑纹伟蜓 210	黄翅蜻 237
黑膝大蛩螽 571	黄翅蜻属 237
黑蟋螽属 619	黄翅踵蝗 480
黑胸散白蚁 319	黄螽属 195
黑异色灰蜻 241	黄副铗虮 127
黑缘烟蟋螽 616	黄腹绿综螽 205
黑足墨蛉蟋 668	黄褐拟裸灶螽 628
横板疾灶螽 634	黄褐突蛉蟋 667
横板缺翅原蟋螽 621	黄蟌属 285
横眼裸长角蚖 118	黄脊蝗属 465
红翅踵蝗 480	黄脊雷篦蝗 495

黄肩华综螽 204
黄角灰针蟋 666
黄胫腹露蝗 456
黄胫小车蝗 489
黄脸油葫芦 649
黄蜻 244
黄蜻属 244
黄色华钮蜡 288
黄色黄蜻 285
黄色丝尾鲭 678
黄山蹦蝗 461
黄山腹露蝗 456
黄山寰螽 541
黄树蟋 652
黄尾小螽 195
黄纹长腹扇螽 199
黄胸散白蚁 323
蝗亚目 434
蝗总科 434
灰蜻属 240
灰针蟋属 665
喙尾蜩 408
喙尾蜩属 408
豁兔草螽 545

J

蜻科 285
蜻亚科 292
姬蠊科 350
姬蠊亚科 350
姬苔鲭属 691
姬螳属 380
姬螳亚科 379
姬蟋属 644
基斑蜻 239
基黑诺蜡 259
基色螽属 182
吉井氏美土虫齐 66
吉井氏球角虫齐 57
吉氏小扁蜡 305
吉氏盐长虫齐 117
吉氏圆蛴属 70
疾灶螽属 630
棘白蚁属 337
棘类符䗛 87
棘皮蛴属 64
棘尾春蜓属 221
棘蛹属 418
棘蛴科 60
棘蛴属 60
脊蜢科 533
脊异伪蜻 234
襀翅目 254
戛蝗属 505
铗虮科 129
甲蟋属 639
尖鼻象白蚁 340

尖唇散白蚁 319
尖刺倍叉蜡 273
尖顶蚱属 512
尖瘤蛴属 103
尖尾春蜓属 222
间隔寰螽 543
肩波蚱 531
剑蜻属 299
剑角蝗科 500
剑角蝗属 506
剑螽属 573
舰掩耳螽 596
江苏寰螽 542
江苏亚非蜉 147
江西等蜉 143
江西棘白蚁 338
江浙长足春蜓 224
角头钝颚白蚁 346
角叶印叉蜡 278
角裔符䗛 85
捷尾螽 193
蛄蟋亚科 636
截斑脉蜻 249
截尾迟螽 554
截叶糙颈螽 611
金边刺齿蛴 109
金林巴蠊 362
金色新康蚖 6
金蟋属 636
襟蜻属 297
近华枝蜩 430
近黄胸散白蚁 324
近扭白蚁 335
近扭白蚁属 334
近丘额钝颚白蚁 347
京都亚蠊 353
晶拟歪尾蠊 357
颈尾库螽 568
静螳属 393
居中突灶螽 626
巨斑纯蜻 302
巨叉大畸螽 572
巨齿尾溪螽 185
巨刺异蚖 38
巨腹印叉蜡 279
巨疾灶螽 633
巨疾灶螽属 628
巨突寰螽 542
巨腿螳属 385
巨叶东栖螽 578
巨圆臀大蜓 231
具齿环节圆蛴 77
具齿泡角蛴 54
具瘤新蜻 297
具纹亚非蜉 146
距蟋亚科 656
卷蜻科 254

卷蟓亚科 255
卷枝拟疾灶螽 630
绢蜉 176
均翅亚目 179
俊俏绿螽 600

K

卡尖顶蚱 512
卡氏蜩蝗 461
卡氏疾灶螽 633
卡天圆蚴科 72
卡西斗蟋 651
卡殖肥螋 684
凯纳奥蟋 661
康蚖科 122
康蚖属 125
柯氏翡螽 587
柯氏寰螽 542
颗粒泡角蚴 55
颗粒皮蠋 413
克拉兰蟋 655
克乔球螋 700
克氏原扁螳 206
克氏中伪蜻 234
刻点铁蟋 659
刻点哑蟋 641
肯蚓属 11
空乔球螋 701
扣蟓属 286
枯叶大刀螳 395
库螽属 568
宽额黑蟋螽 620
宽腹蜻属 239
宽肛掩耳螽 595
宽基蜉属 169
昆虫纲 131
扩胸蟋亚科 662

L

莱氏小等蚴 90
癞蟋科 660
癞蟋亚科 660
兰蟋属 655
兰蟋亚科 654
蓝额疏脉蜻 236
蓝面尾蟌 194
蓝似等蚴 92
蓝纹尾蟌 194
乐清单齿鳞蚴 101
雷篦蝗属 495
类刺齿蚴 111
类符蚴属 87
冷蟋属 644
梨片蟋 657
李氏棘蚴属 63
丽翅蜻属 246
丽大伪蜻属 252

丽斗蟋 651
丽扇蟌属 200
丽宛色蟌 184
丽眼斑螳 384
丽叶螽属 586
利富滨棘蚴 61
联纹小叶春蜓 229
镰尾叉蟓 282
镰尾露螽 607
亮白蚁属 332
亮蜉属 162
亮褐异针蟋 665
亮黑拟蛉蟋 671
亮闪色蟌 183
裂唇蜓科 232
裂唇蜓属 232
裂涤螽 565
裂叶蚴属 49
林春蜓亚科 227
临安舟形蝗 451
鳞齿蚴属 116
鳞蚖属 122
鳞蚴科 99
鳞蚴属 99
铃木库螽 569
铃木裂唇蜓 232
蛉蟋科 663
蛉蟋属 670
蛉蟋亚科 666
领纹缅春蜓 218
瘤螋 676
瘤螋属 675
瘤突片蟋 658
柳蚴属 119
六斑曲缘蜻 249
六毛刺齿蚴 107
龙井微桥蟌 201
龙王山华钮蟓 288
龙王山奇象白蚁 344
龙王山台蚱 518
龙王山新蟓 295
隆板吟螽 560
隆叉小车蝗 487
蝼蛄科 672
蝼蛄属 672
蝼蛄亚科 672
蝼蛄总科 672
露螽科 585
露螽属 607
露螽亚科 589
卵翅蝗属 447
卵唇散白蚁 324
卵形倍叉蟓 272
罗浮散白蚁 321
罗坑大白蚁 331
罗晚蜉 166
裸长角蚴属 117

吕宋灰蜻 243
绿背覆翅螽 586
绿静螳 393
绿面蜓 211
绿色螽属 183
绿蜓属 214
绿腿腹露蝗 457
绿纹蝗属 484
绿眼细腰蜻 251
绿螽属 599
绿综螽属 204

M

麻粟叉蜻 283
马德拉小等蜥 90
马格佩蜓 213
马来长额蟋 638
马氏施春蜓 230
玛拉蠊属 354
玛蠊属 364
脉蜻属 248
芒灶螽属 627
毛背小蠊 351
毛萼肯蚖 14
毛伪蜻属 233
矛尾腹露蝗 455
梅尔杆蟋螽 623
梅花拟异蚖 41
梅氏刺翼蚱 525
梅坞格蚖 10
美丽高翔蜉 148
美虮属 123
美土蜥属 66
猛春蜓属 217
蜢总科 533
迷卡斗蟋 650
米姬苔螋 691
密点小肥螋 680
棉管螗 421
棉蝗 464
棉蝗属 464
缅春蜓属 218
面宽基蜉 170
闽春蜓属 220
闽黑冠蠊 376
敏感伪等蜥 95
明殖肥螋 683
鸣蝗属 501
莫干山倍叉蜻 272
莫干山皮螗 412
莫氏康蚖 125
墨蛉蟋属 668
木白蚁科 311
木下氏鳞蜥 100
幕螳秦蜢 533

N

纳蠷螋 688
纳蠷螋属 687
纳氏剑蜻 300
南方十字蝗 468
内陆疾灶螽 634
内眼符蜥 83
尼泊尔大鳃蜉 159
尼纳蠷螋 688
拟长蟋属 655
拟凤阳山寰螽 543
拟姬蟋属 642
拟疾灶螽属 629
拟角裔符蜥 86
拟卷蜻属 255
拟库螽属 570
拟裸长角蜥属 104
拟裸灶螽属 627
拟矛螽属 550
拟乔球螋 698
拟乔球螋属 698
拟饰尾螽属 561
拟四点斑背螽 582
拟台蚱属 520
拟同蜻属 304
拟歪尾蠊属 355
拟尾突臀螗 419
拟细裳蜉属 171
拟亚蜥属 52
拟叶蠊亚科 361
拟叶螽亚科 585
拟异蚖属 39
宁波稻蝗 445
柠黄散白蚁 319
扭尾曦春蜓 219
钮蜻亚科 285
诺蜻属 257

O

偶铗虮属 129

P

帕维长足春蜓 224
潘氏新蜻 296
泡角蜥属 54
佩蜓属 213
膨腹斑小蜻 248
皮氏倍叉蜻 274
皮螗属 410
片蟋属 657
平背螽属 600
平截戴春蜓 223
平利短肛螗 405
平阳堆砂白蚁 311

屏南钝颚白蚁　347
浦江土白蚁　329
普通古蚖　34

Q

栖北散白蚁　324
栖霞古蚖　32
岐安螽　609
奇齿蜉　80
奇刺蜉属　49
奇角李氏棘蜉　63
奇象白蚁属　343
奇蜉属　58
奇叶螳属　382
奇叶螳亚科　382
奇异拟细裳蜉　172
奇印丝蟌　203
奇针蟋属　664
奇螽属　604
歧尾鼓鸣螽　590
歧尾平背螽　601
前等蜉属　93
钳蟪属　686
钳尾溪螅　186
浅黄新蜻　294
浅绿二翅蜉　156
浅色小圆蜉　73
浅缘玛螽　365
蔷蛸属　422
乔顿刺齿蜉　108
乔球蟪属　699
翘尾古猛螽　549
翘尾拟同蜻　304
窃棺头蟋　647
秦岭台蚱　519
秦岭螽属　609
秦蟋属　533
秦氏鳞蜉　100
青脊竹蝗　494
清江散白蚁　322
蜻科　235
蜻属　238
蜻蜓目　179
庆界象白蚁　341
庆元新蜻　296
蛩螽亚科　555
丘螽属　363
秋掩耳螽　594
球角蜉科　54
球角蜉属　57
球螽亚科　376
球蟪科　695
球蟪属　703
球蟪总科　691
蠼螋　689
蠼螋科　686
蠼螋属　689

曲脉姬蟋　644
曲毛裸长角蜉　117
曲氏柳蜉　119
曲缘蜻属　249
全黑襟蜻　299
全蠊属　366
缺翅原蟋螽属　620
缺点奇螽　605

R

日本长尾蜓　212
日本稻蝗　443
日本纺织娘　588
日本黄脊蝗　465
日本姬螳　380
日本棘蝻　418
日本肯蚖　13
日本柳蜉　119
日本绿螽　599
日本偶铗虮　129
日本奇刺蜉　50
日本似芫蟋　662
日本似织螽　553
日本条螽　592
日本蚱　517
日本张球蟪　695
日春蜓属　225
柔裳蜉属　171
柔螳属　388
乳白蚁属　313
乳源蚱　516
若狭町前等蜉　94

S

萨姆冷蟋　645
三斑阳鼻螅　189
三齿伴鳄蚱　527
三刺德蜉　81
三刺泡角蜉　56
三刺溪颏蜉　152
三角斑刺齿蜉　113
三角臀张球蟪　696
三毛短尾蜉　96
三色襟蜻　298
三纹拟异蚖　44
三治肯蚖　13
散白蚁属　317
桑山美虮　123
桑螽属　602
色螅科　180
僧帽佛蝗　504
沙生土蜉属　67
沙螽总科　615
山螅科　207
山稻蝗　445
山林原白蚁　310
山陵丽叶螽　586

山球蜉属　697
闪蓝丽大伪蜻　252
闪绿宽腹蜻　239
闪色蟌属　182
扇蟌科　199
扇蟌属　200
扇山蟌属　207
上海古蚖　27
上海乳白蚁　316
勺尾优剑蟊　566
少疣蚴属　51
邵武日春蜓　225
舌叶倍叉蜻　271
佘山拟异蚖　40
蛇纹春蜓属　227
社乔球蜉　701
申氏乙蠊双斑亚种　352
深山闽春蜓　220
肾形拟疾灶蟊　630
施春蜓属　229
十点杆蟋蟊　622
十字蝗属　468
石蛾科　132
石蛾目　132
石氏弯握蜉　159
石首棺头蟋　646
食棘皮蚴　64
始蚖科　4
似叉蟋蟊　618
似等蚴属　92
似符蚴　84
似河花蜉属　173
似芫蟋属　662
似褶缘蟊属　606
似织蟊属　553
似织蟊亚科　552
饰凸额蝗　466
首垫跗蜉　693
首垫跗蜉属　693
瘦露蟊　607
瘦悠背蚱　522
疏齿短肛蜢　402
疏脉蜻属　236
树蟋属　651
树蟋亚科　651
竖眉赤蜻　246
双斑蟋　643
双刺奇蟊　604
双刺蔷蜢　422
双带丘蠊　364
双带斯蛉蟋　669
双峰弯尾春蜓　226
双瘤剑蟊　573
双色大光蠊　372
双色皮蜢　414
双突副栖蟊　580
双突新蜻　294

双尾纲　121
双尾目　122
双纹刺膝蟊　558
双纹小蠊　350
双腰富蚖　21
双叶缺翅原蟋蟊　620
双叶小异螭　425
双印玛蠊　365
双针蟋属　663
双枝异杉蟊　564
水鬼扇山蟌　207
硕蠊科　372
丝蟌科　203
丝尾蜉科　677
丝尾蜉属　677
斯蛉蟋属　669
斯氏刺蜻　307
斯氏桑蟊　603
四斑刺齿蚴　110
四斑华钮蜻　289
四川华绿蟊　614
四川简栖蟊　579
四刺泡角蚴　55
四节蜉科　153
四节蜉属　153
四毛刺齿蚴　110
苏州比螠　537
苏州乳白蚁　316
素木蝗属　477
素钳蜉　687
素乔球蜉　699
素色似织蟊　553
素蟋属　643
遂昌黑额蜓　213
隼蟌科　189
隼尾蟌　193
索氏刺齿蚴　111

T

T-纹刺膝蟊　558
台湾奥蟋　660
台湾贝蟋　637
台湾刺齿蚴　107
台湾斧蝗　398
台湾棺头蟋　646
台湾华扭白蚁　333
台湾环尾春蜓　226
台湾拟长蟋　656
台湾拟歪尾蠊　358
台湾皮螭　415
台湾奇蟊　605
台湾乳白蚁　314
台蚱属　518
苔蜉科　691
太平洋奇刺蚴　50
弹尾纲　46
螳科　390

螳螂目 379
螳属 392
螳亚科 392
桃源球蜚 704
天目并叶蚖 51
天目钝颚白蚁 348
天目华扭白蚁 334
天目奇象白蚁 345
天目山巴蚖 16
天目山倍叉蜻 275
天目山短肛蜉 402
天目山剑角蝗 507
天目山拟卷蜻 256
天目山诺蜻 264
天目山原螳 381
天目新异蚖 45
天目跃蚖 133
天台刺齿蚖 113
天台短肛蜉 404
天台夏氏白蚁 338
天童钝颚白蚁 348
天童山颚毛蚖 48
天童象白蚁 341
条蠊属 592
跳蚖属 134
跳螳亚科 390
铁蟋属 658
铁蟋亚科 658
庭疾灶螽 632
蜓科 209
蜓属 211
同蜻属 303
同蜻亚科 303
同蟋蠊属 619
铜长角蚖 105
桶形赞蜉 151
透顶单脉色蟌 181
凸翅糙颈螽 610
凸额蝗属 466
凸尾山蟌属 207
突变裸灶螽 632
突唇蜉属 155
突顶蚱属 517
突岭蟋属 667
突臀蜉属 419
突眼优角蚱 529
突眼蚱 523
突眼蚱属 523
突灶螽属 625
图蚖属 96
土白蚁属 327
土蚖科 66
土佐巴蚖 17
驼螽科 625
驼螽总科 625

W

瓦腹华枝螭 428
外斑腿蝗属 470
弯刺倍叉蜻 268
弯刺伴鳄蚱 527
弯颚散白蚁 325
弯尾春蜓属 226
弯尾皮蜉 416
弯握蜉属 158
宛色蟌属 183
晚蜉科 166
晚蜉属 166
皖拟异蚖 42
网翅蝗科 492
网蜻科 303
威蚖属 57
微桥蟌属 201
微尾倍叉蜻 271
微小等蚖 91
微小短蚖 68
微小原等蚖 95
韦氏鳞虮 122
维蟋属 658
伟蜓属 210
伪大光螊 375
伪稻蝗属 440
伪等蚖属 95
伪蜻科 233
尾蟌属 193
尾溪蟌属 185
乌蜢属 534
乌微桥蟌 202
乌岩类符蚖 87
乌岩岭美虮 124
乌岩岭小蹦蝗 463
乌岩新康蚖 7
污斑斧螳 396
污斑静螳 393
污翅糙颈螽 611
污褐油葫芦 649
无斑野蝗 438
无峰弯尾春蜓 226
吴氏华钮蜻 290
梧州蜉 176
武宫散白蚁 322
武夷长肛蜉 407
武夷山雏蝗 496
武夷山短肛蜉 404
武夷山裸灶螽 632

X

夕蚖科 2
西湖滨棘蚖 61

中名索引

希拉少疣蚖 52
稀疏钩蜻 301
犀尾优剑蠹 566
溪䗛科 185
溪䗛属 186
溪居缅春蜓 218
溪颏蜉属 151
蜈蚚蝗属 508
蟋蟀科 635
蟋蟀属 643
蟋蟀亚科 639
蟋蟀总科 635
蟋蠹科 615
曦春蜓属 219
栖蠹属 578
习见异翅溪䗛 186
细臂倍叉蜻 270
细齿平背蠹 600
细颚散白蚁 321
细蜉科 167
细蜉属 167
细腹绿综䗛 205
细裳蜉科 169
细腰蜻属 250
细足螳科 387
狭翅䗛属 191
狭翅大刀螳 395
狭腹灰蜻 242
狭扇䗛属 200
夏氏白蚁属 338
夏氏草蠹 547
夏氏大光蠊 375
夏氏杆蟋蠹 624
夏氏华象白蚁 342
夏氏疾灶蠹 634
夏氏剑角蝗 507
仙居刺齿蚖 114
纤春蜓属 223
纤畸蠹属 582
纤柔螳属 389
纤蟋属 638
纤蟋亚科 636
籼蝗属 446
显凹华枝螗 431
显凹简栖蠹 578
显沟平背蠹 602
显尾短肛螗 406
线剑角蝗 506
线毛蚖属 19
线纹鼻䗛 189
陷等蚖属 93
象白蚁属 339
肖若散白蚁 322
小蹦蝗属 463
小扁蜉 150
小扁蜻属 305
小扁蜻亚科 305

小车蝗属 486
小齿螳 384
小赤蜻 246
小翅螳亚科 387
小刺诺蜻 263
小䗛属 194
小稻蝗 442
小等蚖属 88
小点符蚖 83
小短蚖属 68
小肥螋属 680
小蜉科 158
小棺头蟋 645
小河蜉属 178
小黄尾绿综䗛 205
小蛗蝗 500
小蛗蝗属 500
小尖尾春蜓 222
小角短肛螗 403
小孔拟异蚖 43
小蠊属 350
小蚤蠹属 583
小散白蚁 321
小素蟋 644
小团扇春蜓 228
小象白蚁 341
小形新蜻 295
小掩耳蠹 597
小叶春蜓属 228
小异螗属 425
小裔符蚖 86
小吟蠹 561
小楹白蚁 312
小圆蚖属 72
小中华异齿蚖 98
小锥头蠹 551
晓褐蜻 250
斜翅蝗 470
斜翅蝗属 469
斜蛉蟋属 668
斜窝蝗属 498
斜缘蠹 591
斜缘蠹属 591
斜痣蜻属 247
新蜉科 178
新蜻属 292
新喀里多尼亚沙生土蚖 67
新康蚖属 4
新叶春蜓属 228
新异蚖属 44
星翅蝗属 474
凶猛春蜓 217
胸斑蝗属 468
蛹科 400
蛹目 400
旭光赤蜻 246

Y

哑蟋属 640
雅君诺蜻 264
雅小异蛸 426
雅州凸尾山螋 208
亚春蜓属 216
亚非蜉属 145
亚蠊属 353
亚洲小车蝗 488
烟蟋螽属 616
盐长蚖属 116
掩耳螽属 592
眼斑螳属 383
雁荡刺齿蚖 115
羊角蚱属 528
阳鼻螋属 189
杨氏同蜻 304
伴鳄蚱属 526
野蝗属 438
野居棘尾春蜓 221
叶春蜓属 227
叶肛掩耳螽 594
叶毛刺齿蚖 109
叶足扇螋 200
衣鱼科 136
衣鱼目 136
宜兴宽基蜉 170
宜章散白蚁 325
疑钩顶螽 552
乙蠊属 352
异齿奇象白蚁 343
异齿蚖科 98
异翅鸣蝗 501
异翅溪螋属 186
异春蜓属 220
异棘蚖属 62
异角胸斑蝗 469
异距蝗属 485
异毛异蚖 38
异色多纹蜻 238
异杉螽属 564
异饰尾螽属 556
异螇属 697
异跳螳属 391
异伪蜻属 234
异形古蚖 29
异形拟疾灶螽 629
异蚖属 36
异针蟋属 665
异痣螋属 192
裔符蚖属 85
茵他依小等蚖 90
吟螽属 560
鄞县夏氏白蚁 339
尹氏跃蚓 132
隐丝尾蝼 678

印叉蜻属 277
印度黄脊蝗 466
印丝螋属 203
樱花古蚖 35
楹白蚁属 312
硬毛小等蚖 89
优草螽属 548
优剑螽属 565
优角蚱属 529
优美纤春蜓 223
悠背蚱属 521
尤氏华钮蜻 291
尤氏华象白蚁 342
油葫芦属 648
疣蝗 490
疣蝗属 490
疣蚖科 47
羽圆蚖科 77
羽圆蚖属 77
玉带蜻 244
玉带蜻属 243
芋蝗 439
芋蝗属 439
御氏带肋蜉 161
愈腹目 70
愈疣裂叶蚖 49
原白蚁属 309
原扁螋属 206
原等蚖属 94
原棘蚖属 64
原螳属 380
原尾纲 1
原蚖目 47
蚖科 19
蚖目 2
圆翅蝼蛄 673
圆唇散白蚁 321
圆缺掩耳螽 596
圆臀大蜓属 231
圆囟钩扭白蚁 336
圆蚖科 70
圆蚖科 75
缘斑毛伪蜻 233
悦鸣草螽 546
跃蚓属 132
越南蜉科 164
越南蜉属 164
云斑车蝗 481
云斑金蟋 636
云南大畸螽 573
云南台蚱 520
云南蚱 515

Z

匝须蟋属 656
杂红同蟋螽 619
赞蜉属 150

灶蟋属　642
蚱科　512
蚱属　514
蚱总科　510
张球螋属　695
张氏刺齿蚰　115
爪哇斜窝蝗　498
沼生陷等蚰　93
沼泽并叶蚰　51
折尾施春蜓　230
褶翅蠊科　378
褶翅蠊属　378
褶爪沪蚖　2
浙江大白蚁　331
浙江德拉等蚰　92
浙江巨腿螳　385
浙江扣蜻　286
浙江亮白蚁　332
浙江卵翅蝗　448
浙江拟台蚱　520
浙江诺蜻　265
浙江跳蛃　134
浙江突眼蚱　524
浙江异棘蚰　62
蔗蝗属　452
针毛鳞蚰　101
针尾狭翅螳　191
针蟋亚科　663
针圆蚰属　75
真鳖蠊属　370
真姬蟋属　641
真蟋螽属　617
枕蜢科　536
疹点掩耳螽　597
郑氏拟疾灶螽　630
郑氏拟歪尾蠊　359
枝背蚱科　510
直斑腿蝗属　473
直翅目　433
直刺伴鳄蚱　526
殖肥螋属　683
栉衣鱼属　136
中叉蜻属　280
中国古丝蜉　140
中国华绿螽　613
中国华扭白蚁　333
中国图蚰　97
中国小河蜉　178
中国异蚖　37
中国蚖属　25
中华板胸蝗　454
中华半掩耳螽　599
中华倍叉蜻　274
中华糙颈螽　611
中华长钩春蜓　227
中华雏蝗　497
中华刺齿蚰　112

中华大刀螳　394
中华稻蝗　444
中华多腺蚖　9
中华翡螽　587
中华佛螳　503
中华斧螳　397
中华蝈螽　541
中华华钮蜻　289
中华吉氏圆蚰　70
中华剑角蝗　508
中华玛拉蠊　354
中华拟卷蜻　256
中华拟歪尾蠊　356
中华诺蜻　263
中华泡角蚰　56
中华皮蛸　411
中华奇叶螳　382
中华奇针蟋　665
中华柔螳　388
中华桑螽　602
中华山球螋　697
中华似褶缘螽　606
中华螇蚸蝗　509
中华细蜉　167
中华新蜻　296
中华异齿蚰属　98
中华异螋　698
中华优剑螽　566
中华原螳　381
中华越南蜉　164
中华螽斯　540
中伪蜻属　233
螽斯科　539
螽斯属　540
螽斯亚科　540
螽斯总科　539
螽亚目　539
踵蝗属　479
舟形蝗属　451
周氏安螽　608
周氏倍叉蜻　276
朱氏倍叉蜻　268
侏红小蜻　248
珠目古蚖　33
诸暨尖瘤蚰　103
蛛蟋科　662
竹副饰尾螽　560
竹蝗属　492
柱突卵翅蝗　450
柱尾比蜢　536
壮大溪螽　188
锥腹蜻　236
锥腹蜻属　236
锥头蝗科　435
锥头螽属　551
锥尾螽属　548
卓拟歪尾蠊　360

姊妹拟姬蟋 642
姊妹树蟋 653
姊妹维蟋 658
紫金柔裳蜉 171
紫鳞蚋 99

综螋科 204
棕色带肋蜉 162
纵纹刺齿虮 112
钻形蚱 514
左曲中叉蜻 280

学 名 索 引

A

Acanthoplistus　639
Acanthoplistus nigritibia　640
Acerentomata　2
Acerentomidae　19
Aciagrion　191
Aciagrion migratum　191
Acisoma　236
Acisoma panorpoides　236
Acosmetura　556
Acosmetura listrica　556
Acosmetura longicercata　557
Acrida　506
Acrida cinerea　508
Acrida hsiai　507
Acrida lineata　506
Acrida tjiamuica　507
Acrididae　500
Acridoidea　434
Acrocyrtus　103
Acrocyrtus finis　104
Acrocyrtus zhujiensis　103
Acromantinae　379
Acromantis　380
Acromantis japonica　380
Acroneuriinae　285
Aeschnophlebia　214
Aeschnophlebia anisoptera　214
Aeshna　211
Aeshna athalia　211
Aeshnidae　209
Afronurus　145
Afronurus costatus　146
Afronurus furcatus　147
Afronurus kiangsuensis　147
Afronurus pallescens　146
Agnetina　299
Agnetina navasi　300
Agriocnemis　194
Agriocnemis femina　194
Agriocnemis lacteola　195
Agriocnemis pygmaea　195
Ahmaditermes　345
Ahmaditermes deltocephalus　346
Ahmaditermes foveafrons　346
Ahmaditermes perisinuosus　347
Ahmaditermes pingnanensis　347
Ahmaditermes tianmuensis　348
Ahmaditermes tiantongensis　348

Aiolopus　484
Aiolopus tamulus　484
Allacta　366
Allacta alba　366
Allodahlia　697
Allodahlia sinensis　698
Allonychiurus　62
Allonychiurus zhejiangensis　62
Amantis　391
Amantis maculata　391
Amelinae　390
Amphinemura　266
Amphinemura annulata　267
Amphinemura chui　268
Amphinemura curvispina　268
Amphinemura elongata　269
Amphinemura filarmia　270
Amphinemura lingulata　271
Amphinemura microcercia　271
Amphinemura mokanshanensis　272
Amphinemura ovalis　272
Amphinemura oxyacantha　273
Amphinemura pieli　274
Amphinemura sinensis　274
Amphinemura tianmushana　275
Amphinemura zhoui　276
Amphinemurinae　266
Amusurgus　667
Amusurgus (*Amusurgus*) *fulvus*　667
Amusurgus (*Paranaxipha*) *fujianensis*　667
Anaplecta　378
Anaplecta omei　378
Anaplectidae　378
Anax　210
Anax guttatus　211
Anax nigrofasciatus　210
Anax parthenope　210
Anaxarcha　380
Anaxarcha sinensis　381
Anaxarcha tianmushanensis　381
Anechura　695
Anechura (*Odontopsalis*) *japonica*　695
Anechura (*Odontopsalis*) *sakaii*　696
Anisentomon　36
Anisentomon chinensis　37
Anisentomon heterochaitum　38
Anisentomon magnispinosum　38
Anisogomphus　220
Anisogomphus anderi　220
Anisolabididae　680
Anisolabidoidea　680

Anisolabis　684
Anisolabis (*Anisolabis*) *maritima*　684
Anisopleura　186
Anisopleura qingyuanensis　186
Anisoptera　209
Anotogaster　231
Anotogaster sieboldii　231
Apalacris　468
Apalacris varicornis　469
Apterolarnaca　620
Apterolarnaca bilobus　620
Apterolarnaca transversus　621
Archineura　182
Archineura incarnata　182
Archotermopsidae　309
Arcotermes　337
Arcotermes tubus　337
Arcypteridae　492
Arrhopalites　74
Arrhopalites habei　74
Arrhopalitidae　74
Asceles　422
Asceles bispinus　422
Asiablatta　353
Asiablatta kyotensis　353
Asiagomphus　216
Asiagomphus cuneatus　216
Asiagomphus pacificus　216
Athaumaspis　564
Athaumaspis bifurcatus　564
Atlanticus　541
Atlanticus (*Atlanticus*) *huangshanensis*　541
Atlanticus (*Sinpacificus*) *fallax*　543
Atlanticus (*Sinpacificus*) *fengyangensis*　543
Atlanticus (*Sinpacificus*) *interval*　543
Atlanticus (*Sinpacificus*) *karnyi*　542
Atlanticus (*Sinpacificus*) *kiangsu*　542
Atlanticus (*Sinpacificus*) *kwangtungensis*　542
Atlanticus (*Sinpacificus*) *magnificus*　542
Atlanticus (*Sinpacificus*) *pieli*　543
Atractomorpha　435
Atractomorpha lata　435
Atractomorpha sinensis　436
Atrocalopteryx　180
Atrocalopteryx atrata　180
Atrocalopteryx melli　181
Austrohancockia　510
Austrohancockia gutianshanensis　510

B

Baculentulus　16
Baculentulus tienmushanensis　16
Baculentulus tosanus　17
Baetidae　153
Baetiella　154
Baetiella bispinosa　154
Baetis　153
Baetis rutilocylindratus　153
Balta　362

Balta jinlinorum　362
Bayadera　185
Bayadera continentalis　185
Bayadera forcipata　186
Bayadera melanopteryx　185
Berberentulidae　9
Beybienkoana　637
Beybienkoana formosana　637
Blaberidae　372
Blattella　350
Blattella bisignata　350
Blattella sauteri　351
Blattellinae　350
Blattidae　368
Blattinae　368
Blattodea　349
Bolivaritettix　531
Bolivaritettix humeralis　531
Brachydiplax　236
Brachydiplax chalybea　236
Brachythemis　237
Brachythemis contaminata　237
Bulbistridulous　590
Bulbistridulous furcatus　590
Burmagomphus　218
Burmagomphus collaris　218
Burmagomphus intinctus　218

C

Cachoplistinae　662
Caelifera　434
Caenidae　167
Caenis　167
Caenis sinensis　167
Calicnemia　200
Calicnemia sinensis　201
Caliphaea　182
Caliphaea nitens　183
Calliptamus　474
Calliptamus abbreviatus　475
Calopterygidae　180
Campodea　125
Campodea mondainii　125
Campodeidae　122
Capnogryllacris　616
Capnogryllacris melanocrania　616
Capnogryllacris nigromarginata　616
Caryanda　447
Caryanda albufurcula　450
Caryanda badongensis　448
Caryanda haii　450
Caryanda pieli　449
Caryanda zhejiangensis　448
Catantopidae　437
Catantops　472
Catantops pinguis pinguis　472
Ceracris　492
Ceracris fasciata fasciata　492
Ceracris hoffmanni　493

Ceracris nigricornis laeta 494
Ceracris nigricornis nigricornis 494
Ceratophysella 54
Ceratophysella denticulata 54
Ceratophysella duplicispinosa 55
Ceratophysella granulata 55
Ceratophysella liguladorsi 56
Ceratophysella sinensis 56
Ceriagrion 195
Ceriagrion auranticum 196
Ceriagrion fallax 196
Ceriagrion melanurum 197
Ceriagrion nipponicum 196
Challia 675
Challia fletcheri 676
Chelisoches 694
Chelisoches morio 694
Chelisochidae 693
China 533
China mantispoides 533
Chlorocyphidae 189
Chlorogomphidae 232
Chlorogomphus 232
Chlorogomphus nasutus 232
Chlorogomphus suzukii 232
Chondracris 464
Chondracris rosea rosea 464
Choroedocus 475
Choroedocus capensis 476
Choroterpes 169
Choroterpes anhuiensis 170
Choroterpes facialis 170
Choroterpes yixingensis 170
Chorotypidae 533
Chorthippus 496
Chorthippus chinensis 497
Chorthippus fuscipennis 497
Chorthippus wuyishanensis 496
Cincticostella 160
Cincticostella femorata 162
Cincticostella fusca 162
Cincticostella gosei 161
Cincticostella nigra 162
Cladonotidae 510
Clitumninae 400
Cloeon 156
Cloeon harveyi 156
Cloeon viridulum 156
Coecobrya 104
Coecobrya islandica 104
Coeliccia 199
Coeliccia cyanomelas 199
Coenagrion 197
Coenagrion aculeatum 197
Coenagrionidae 191
COLLEMBOLA 46
Comidoblemmus 642
Comidoblemmus sororius 642
Conanalus 548

Conanalus pieli 548
Conocephalinae 544
Conocephalus 544
Conocephalus (Anisoptera) exemptus 545
Conocephalus (Anisoptera) maculatus 545
Conocephalus (Anisoptera) melaenus 546
Conocephalus (Conocephalus) sulcifrontis 547
Conocephalus (Conocephalus) xiai 547
Copera 200
Copera annulata 200
Coptotermes 313
Coptotermes changtaiensis 314
Coptotermes formosanus 314
Coptotermes grandis 314
Coptotermes hainanensis 315
Coptotermes longistriatus 315
Coptotermes shanghaiensis 316
Coptotermes suzhouensis 316
Cordulegastridae 231
Corduliidae 233
Corydiidae 370
Corydiinae 370
Creobroter 383
Creobroter gemmata 384
Criotettix 528
Criotettix bispinosus 528
Crocothemis 237
Crocothemis servilia 237
Crossodonthina 48
Crossodonthina bidentata 48
Crossodonthina tiantongshana 48
Cryptotermes 311
Cryptotermes declivis 311
Cryptotermes pingyangensis 311
Ctenolepisma 136
Ctenolepisma villosa 136
Cyrtopsis 557
Cyrtopsis bivittata 558
Cyrtopsis t-sigillata 558
Cyrtopsis furcicerca 559

D

Davidius 222
Davidius fruhstorferi 222
Davidius truncus 223
Decma 564
Decma (Decma) fissa 565
Deflorita 591
Deflorita apicalis 591
Deflorita deflorita 591
Deielia 238
Deielia phaon 238
Dermaptera 674
Desoria 80
Desoria imparidentata 80
Desoria trispinata 81
Dianemobius 663
Dianemobius fascipes fascipes 663
Dianemobius furumagiensis 664

Dicyrtoma 77
Dicyrtoma grinbergsi 78
Dicyrtoma pakistanica 78
Dicyrtomidae 77
Diestramima 625
Diestramima austrosinensis 626
Diestramima brevis 626
Diestramima intermedia 626
Diestrammena 627
Diestrammena (Aemodogryllus) fengyangshanica 627
Diplatyidae 677
Diplatys 677
Diplatys flavicollis 678
Diplatys reconditus 678
DIPLURA 121
Diplura 122
Drunella 158
Drunella ishiyamana 159
Ducetia 592
Ducetia japonica 592
Duolandrevus 654
Duolandrevus (Eulandrevus) infuscatus 654

E

Ectobiidae 350
Elimaea 592
Elimaea berezovskii 593
Elimaea cheni 593
Elimaea fallax 594
Elimaea foliata 594
Elimaea longifissa 595
Elimaea megalpygmaea 595
Elimaea mucronatis 595
Elimaea nautica 596
Elimaea obtusilota 596
Elimaea parva 597
Elimaea punctifera 597
Elimaea semicirculata 598
Elimaea terminalis 598
Eneopterinae 636
Ensentomata 25
Ensifera 539
Entomobrya 105
Entomobrya aino 105
Entomobrya proxima 105
Entomobryidae 103
Entomobryomorpha 79
Entoria 406
Entoria fuzhouensis 407
Entoria wuyiensis 407
Eosentomidae 25
Eosentomon 26
Eosentomon brevicorpusculum 31
Eosentomon chishiaense 32
Eosentomon commune 34
Eosentomon dissimilis 29
Eosentomon margarops 33
Eosentomon megaglenum 31
Eosentomon orientale 29

Eosentomon sakura 35
Eosentomon shanghaiense 27
Eosentomon unirecessum 28
Eoxizicus 574
Eoxizicus (Eoxizicus) concavilaminus 576
Eoxizicus (Eoxizicus) fengyangshanensis 576
Eoxizicus (Eoxizicus) howardi 577
Eoxizicus (Eoxizicus) magnus 575
Eoxizicus (Eoxizicus) megalobatus 578
Epacromiacris 498
Epacromiacris javana 498
Eparchus 701
Eparchus insignis 702
Epeorus 148
Epeorus herklotsi 149
Epeorus melli 148
Epeorus ngi 148
Ephemera 175
Ephemera pictipennis 175
Ephemera serica 176
Ephemera wuchowensis 176
Ephemerellidae 158
Ephemeridae 175
Ephemeroptera 138
Epilamprinae 372
Episactidae 536
Epistaurus 468
Epistaurus meridionalis 468
Episymploce 355
Episymploce brevilamina 361
Episymploce conspicua 360
Episymploce formosana 358
Episymploce longilamina 357
Episymploce longistylata 360
Episymploce potanini 355
Episymploce sinensis 356
Episymploce vicina 357
Episymploce zhengi 359
Epitheca 233
Epitheca marginata 233
Epophthalmia 252
Epophthalmia elegans 252
Ergatettix 523
Ergatettix dorsifera 523
Ergatettix zhejiangensis 524
Erianthus 534
Erianthus versicolor 534
Euborellia 680
Euborellia annulata 682
Euborellia annulipes 682
Euborellia plebeja 681
Euborellia punctata 680
Euconocephalus 548
Euconocephalus nasutus 549
Eucoptacra 469
Eucoptacra praemorsa 470
Eucorydia 370
Eucorydia dasytoides 370
Eucriotettix 529

Eucriotettix grandis 530
Eucriotettix oculatus 529
Eudohrnia 703
Eudohrnia hirsuta 703
Eugryllacris 617
Eugryllacris elongata 617
Euhamitermes 332
Euhamitermes zhejianensis 332
Eumastacoidea 533
Eumodicogryllus 641
Eumodicogryllus bordigalensis bordigalensis 641
Euparatettix 521
Euparatettix bimaculatus 521
Euparatettix variabilis 522
Euphaea 186
Euphaea decorata 187
Euphaea opaca 187
Euphaeidae 185
Euscyrtinae 636
Euscyrtus 638
Euscyrtus (*Osus*) *hemelytrus* 638
Euxiphidiopsis 565
Euxiphidiopsis capricercus 566
Euxiphidiopsis gurneyi 567
Euxiphidiopsis sinensis 566
Euxiphidiopsis spathulata 566
Exothotettix 517
Exothotettix guangxiensis 517
Eyprepocnemis 476
Eyprepocnemis hokutensis 477

F

Fer 438
Fer nonmaculiformis 438
Filientomon 19
Filientomon takanawanum 19
Flavoperla 285
Flavoperla biocellata 285
Folsomia 81
Folsomia candida 82
Folsomia diplophthalma 82
Folsomia inoculata 83
Folsomia minipunctata 83
Folsomia octoculata 84
Folsomia similis 84
Folsomides 85
Folsomides angularis 85
Folsomides parvulus 86
Folsomides pseudangularis 86
Folsomina 87
Folsomina onychiurina 87
Folsomina wuyanensis 87
Forcipula 686
Forcipula clavata 686
Forcipula decolyi 687
Forficula 703
Forficula davidi 704
Forficula sinica 705
Forficula taoyuanensis 704

Forficulidae 695
Forficuloidea 691
Formosanonychiurus 65
Formosanonychiurus formosanus 65
Formosatettix 518
Formosatettix longwangshanensis 518
Formosatettix qinlingensis 519
Formosatettix yunnanensis 520
Formosatettixoides 520
Formosatettixoides zhejiangensis 520
Friesea 49
Friesea japonica 50
Friesea pacifica 50
Fruhstorferiola 454
Fruhstorferiola brachyptera 458
Fruhstorferiola cerinitibia 456
Fruhstorferiola huangshanensis 456
Fruhstorferiola kulinga 459
Fruhstorferiola omei 457
Fruhstorferiola sibynecerca 455
Fruhstorferiola viridifemorata 457
Fujientomidae 21
Fujientomon 21
Fujientomon dicestum 21
Fukienogomphus 220
Fukienogomphus prometheus 220
Furcilarnaca 618
Furcilarnaca fallax 618

G

Gampsocleis 541
Gampsocleis sinensis 541
Gastrimargus 481
Gastrimargus marmoratus 481
Gastrogomphus 217
Gastrogomphus abdominalis 217
Gelastorhinus 508
Gelastorhinus chinensis 509
Gesonula 439
Gesonula punctifrons 439
Gomphidae 215
Gomphidia 228
Gomphidia confluens 229
Gomphidia kruegeri 229
Gomphinae 215
Goniogryllus 640
Goniogryllus asperopunctatus 641
Goniogryllus punctatus 641
Gonista 505
Gonista bicolor 505
Gonolabis 683
Gonolabis cavaleriei 684
Gonolabis distincta 683
Gracilentulus 10
Gracilentulus meijiawensis 10
Grigoriora 580
Grigoriora cheni 581
Gryllacrididae 615
Gryllidae 635

Gryllinae 639
Gryllodes 642
Gryllodes sigillatus 642
Grylloidea 635
Gryllotalpa 672
Gryllotalpa cycloptera 673
Gryllotalpa orientalis 672
Gryllotalpidae 672
Gryllotalpinae 672
Gryllotalpoidea 672
Gryllus 643
Gryllus (*Gryllus*) *bimaculatus* 643
Gymnaetoides 627
Gymnaetoides testaceus 628
Gynacantha 211
Gynacantha japonica 212

H

Habrophlebiodes 171
Habrophlebiodes zijinensis 171
Hageniinae 229
Hapalopeza 390
Hapalopeza (*Spilomantis*) *occipitalis* 390
Haplodiplatys 677
Haplodiplatys fenpyangensis 677
Heliocypha 189
Heliocypha perforata 189
Heliogomphus 219
Heliogomphus retroflexus 219
Heliogomphus scorpio 219
Hemielimaea 598
Hemielimaea chinensis 599
Heptagenia 149
Heptagenia minor 150
Heptagenia ngi 150
Heptageniidae 145
Hesperentomidae 2
Hestiasula 385
Hestiasula zhejiangensis 385
Heteropternis 485
Heteropternis respondens 485
Heteropternis rufipes 486
Hexacentrinae 552
Hexacentrus 553
Hexacentrus japonicus 553
Hexacentrus unicolor 553
Hierodula 396
Hierodula chinensis 397
Hierodula formosana 398
Hierodula maculata 396
Hierodula patellifera 398
Hieroglyphus 452
Hieroglyphus annulicornis 452
Hodotermopsis 309
Hodotermopsis sjostedti 310
Holochlora 599
Holochlora japonica 599
Holochlora venusta 600
Homidia 106

Homidia formosana 107
Homidia hexaseta 107
Homidia jordanai 108
Homidia laha 108
Homidia latifolia 109
Homidia phjongjangica 109
Homidia quadrimaculata 110
Homidia quadriseta 110
Homidia sauteri 111
Homidia similis 111
Homidia sinensis 112
Homidia socia 112
Homidia tiantaiensis 113
Homidia triangulimacula 113
Homidia unichaeta 114
Homidia xianjuensis 114
Homidia yandangensis 115
Homidia zhangi 115
Homoeoxipha 668
Homoeoxipha lycoides 668
Homoeoxipha nigripes 668
Homogryllacris 619
Homogryllacris rufovaria 619
Huhentomon 2
Huhentomon plicatunguis 2
Hymenopodidae 379
Hymenopodinae 383
Hypogastrura 57
Hypogastrura yosii 57
Hypogastruridae 54

I

Ictinogomphus 227
Ictinogomphus rapax 228
Idionyx 234
Idionyx carinata 234
Incisitermes 312
Incisitermes minor 312
Indolestes 203
Indolestes peregrinus 203
Indonemoura 277
Indonemoura baishanzuensis 277
Indonemoura curvicornia 278
Indonemoura macrolamellata 279
INSECTA 131
Iridopterygidae 388
Ischnura 192
Ischnura asiatica 192
Ischnura senegalensis 192
Isonychia 143
Isonychia kiangsinensis 143
Isonychiidae 143
Isoperla 303
Isoperla yangi 304
Isoperlinae 303
Isopsera 600
Isopsera denticulata 600
Isopsera furcocerca 601
Isopsera nigroantennata 601

Isopsera sulcata　602
Isoptera　308
Isotoma　88
Isotoma spinicauda　88
Isotomidae　79
Isotomiella　88
Isotomiella barisan　89
Isotomiella hirsuta　89
Isotomiella inthanonensis　90
Isotomiella leksawasdii　90
Isotomiella madeirensis　90
Isotomiella minor　91
Isotomiella symetrimucronata　91
Isotomodella　92
Isotomodella zhejiangensis　92
Isotomodes　92
Isotomodes fiscus　92
Isotomurus　93
Isotomurus palustris　93
Itarinae　655

J

Japygidae　129

K

Kalotermitidae　311
Kamimuria　300
Kamimuria sparsula　301
Katiannidae　72
Kenyentulus　11
Kenyentulus ciliciocalyci　14
Kenyentulus dolichadeni　12
Kenyentulus henanensis　15
Kenyentulus japonicus　13
Kenyentulus sanjianus　13
Kiotina　286
Kiotina chekiangensis　286
Kiotina nigra　287
Kuwayamaea　602
Kuwayamaea chinensis　602
Kuwayamaea sergeji　603
Kuzicus　568
Kuzicus (*Kuzicus*) *cervicercus*　568
Kuzicus (*Kuzicus*) *suzukii*　569

L

Labia　691
Labia minor　691
Labidura　689
Labidura riparia　689
Labiduridae　686
Labiobaetis　155
Labiobaetis atrebatinus　155
Labrogomphus　217
Labrogomphus torvus　217
Lamelligomphus　225
Lamelligomphus formosanus　226
Landreva　655

Landreva clarus　655
Landrevinae　654
Leeonychiurus　63
Leeonychiurus antennalis　63
Lemba　451
Lemba tianmushanensis　451
Lepidocampa　122
Lepidocampa weberi　122
Lepidodens　116
Lepidodens huadingensis　116
Lepismatidae　136
Leptogomphus　223
Leptogomphus elegans　223
Leptomantella　389
Leptomantella hainanae　389
Leptophlebiidae　169
Leptoteratura　582
Leptoteratura (*Leptoteratura*) *albicornis*　583
Lestidae　203
Letana　603
Letana rubescens　603
Leuctridae　254
Leuctrinae　255
Libellula　238
Libellula angelina　239
Libellula melli　239
Libellulidae　235
Lindeniinae　227
Lipotactes　554
Lipotactes truncatus　554
Lipotactinae　554
Lobellina　49
Lobellina fusa　49
Locusta　482
Locusta migratoria manilensis　482
Lonchodidae　410
Lonchodinae　410
Loxoblemmus　645
Loxoblemmus aomoriensis　645
Loxoblemmus detectus　647
Loxoblemmus doenitzi　646
Loxoblemmus eguestris　646
Loxoblemmus formosanus　646
Lyriothemis　239
Lyriothemis pachygastra　239

M

Machilidae　132
Macromia　252
Macromia clio　253
Macromia malleifera　252
Macromidia　233
Macromidia kelloggi　234
Macromiidae　252
Macroteratura　572
Macroteratura (*Macroteratura*) *megafurcula*　572
Macroteratura (*Stenoteratura*) *yunnanea*　573
Macrotermes　330
Macrotermes barneyi　330

Macrotermes luokengensis 331
Macrotermes zhejiangensis 331
Malaccina 354
Malaccina sinica 354
Mantidae 390
Mantinae 392
Mantis 392
Mantis religiosa 392
Mantodea 379
Margattea 364
Margattea bisignata 365
Margattea limbata 365
Matrona 181
Matrona basilaris 181
Matrona corephaea 182
Meconematinae 555
Mecopoda 588
Mecopoda niponensis niponensis 588
Mecopodinae 588
Megaconema 571
Megaconema geniculata 571
Megalestes 204
Megalestes heros 205
Megalestes micans 205
Megalestes riccii 205
Megapodagrionidae 207
Megatachycines 628
Megatachycines elongatus 628
Melaneremus 619
Melaneremus laticeps 620
Melligomphus 226
Melligomphus ardens 226
Melligomphus ludens 226
Meloimorpha 662
Meloimorpha japonica japonica 662
Merogomphus 224
Merogomphus paviei 224
Merogomphus vandykei 224
Mesaphorura 66
Mesaphorura yosiii 66
Mesonemoura 280
Mesonemoura sinistracurva 280
Mesopodagrion 207
Mesopodagrion yachowensis 208
Metioche 668
Metioche (*Metioche*) *haanii* 669
Metriocampa 123
Metriocampa kuwayamae 123
Metriocampa wuyanlingensis 124
Metrodoridae 531
Micadina 425
Micadina bilobata 425
Micadina involuta 427
Micadina yasumatsui 426
Microconema 583
Microconema clavata 583
Microcoryphia 132
Microperla 305
Microperla geei 305

Microperlinae 305
Mirollia 604
Mirollia bispina 604
Mirollia deficientis 605
Mirollia formosana 605
Mirollia multidentus 605
Mironasutitermes 343
Mironasutitermes heterodon 343
Mironasutitermes longwangshanensis 344
Mironasutitermes tianmuensis 345
Mitius 643
Mitius minor 644
Mnais 183
Mnais tenuis 183
Modicogryllus 644
Modicogryllus (*Modicogryllus*) *consobrinus* 644
Mogoplistidae 660
Mogoplistinae 660
Mongolotettix 501
Mongolotettix anomopterus 501
Monodontocerus 101
Monodontocerus leqingensis 101
Monodontocerus modificatus 102

N

Nala 687
Nala lividipes 688
Nala nepalensis 688
Nannophya 248
Nannophya pygmaea 248
Nannophyopsis 248
Nannophyopsis clara 248
Nanomantinae 388
Nasopilotermes 337
Nasopilotermes jiangxiensis 338
Nasutitermes 339
Nasutitermes gardneri 340
Nasutitermes grandinasus 340
Nasutitermes parvonasutus 341
Nasutitermes qingjiensis 341
Nasutitermes tiantongensis 341
Neanisentomon 44
Neanisentomon tienmunicum 45
Neanuridae 47
Necrosciinae 417
Neelidae 68
Neelides 68
Neelides minutus 68
Neelipleona 68
Nemobiinae 663
Nemoura 281
Nemoura guangdongensis 281
Nemoura hangchowensis 282
Nemoura janeti 282
Nemoura masuensis 283
Nemouridae 266
Nemourinae 281
Neocondeellum 4
Neocondeellum brachytarsum 4

Neocondeellum chrysallis 6
Neocondeellum dolichotarsum 5
Neocondeellum wuyanense 7
Neoephemeridae 178
Neohirasea 418
Neohirasea japonica 418
Neoperla 292
Neoperla anjiensis 293
Neoperla biprojecta 294
Neoperla flavescens 294
Neoperla longwangshana 295
Neoperla minor 295
Neoperla pani 296
Neoperla qingyuanensis 296
Neoperla sinensis 296
Neoperla tuberculata 297
Neurothemis 248
Neurothemis tullia 249
Nigrimacula 581
Nigrimacula paraquadrinotata 582
Nihonogomphus 225
Nihonogomphus semanticus 225
Nihonogomphus shaowuensis 225

O

Occasjapyx 129
Occasjapyx japonicus 129
Odonata 179
Odontomantis 384
Odontomantis parva 384
Odontotermes 327
Odontotermes formosanus 328
Odontotermes fuyangensis 328
Odontotermes gravelyi 329
Odontotermes guizhouensis 329
Odontotermes pujiangensis 329
Oecanthinae 651
Oecanthus 651
Oecanthus longicaudus 652
Oecanthus rufescens 652
Oecanthus similator 653
Oedaleus 486
Oedaleus abruptus 487
Oedaleus decorus asiaticus 488
Oedaleus infernalis 489
Oedaleus manjius 488
Oedipodidae 479
Oncopoduridae 98
Onychiuridae 60
Onychiurus 60
Onychiurus hangchowensis 60
Onychogomphinae 224
Ophiogomphus 227
Ophiogomphus sinicus 227
Oreasiobia 697
Oreasiobia chinensis 697
Ornebius 660
Ornebius formosanus 660
Ornebius kanetataki 661

Ornebius polycomus 661
Orophyllus 586
Orophyllus montanus 586
Orthetrum 240
Orthetrum albistylum 241
Orthetrum chrysis 243
Orthetrum glaucum 243
Orthetrum internum 241
Orthetrum luzonicum 243
Orthetrum melania 241
Orthetrum pruinosum 242
Orthetrum sabina 242
Orthetrum triangulare 242
Orthonychiurus 64
Orthonychiurus folsomi 64
Orthoptera 433
Oxya 441
Oxya agavisa 445
Oxya chinensis 444
Oxya intricata 442
Oxya japonica 443
Oxya ningpoensis 445
Oxya velox 443
Oxyina 446
Oxyina sinobidentata 446

P

Paegniodes 150
Paegniodes cupulatus 151
Palaeoagraecia 549
Palaeoagraecia ascenda 549
Palaeothespis 387
Palaeothespis stictus 387
Palpopleura 249
Palpopleura sexmaculata 249
Pantala 244
Pantala flavescens 244
Paracercion 193
Paracercion calamorum 194
Paracercion hieroglyphicum 193
Paracercion melanotum 194
Paracercion v-nigrum 193
Paracosmetura 559
Paracosmetura bambusa 560
Paragavialidium 526
Paragavialidium curvispinum 527
Paragavialidium orthacanum 526
Paragavialidium tridentatum 527
Paragnetina 301
Paragnetina pieli 302
Paragonista 500
Paragonista infunata 500
Parajapygidae 127
Parajapyx 127
Parajapyx emeryanus 128
Parajapyx isabellae 127
Paraleptophlebia 171
Paraleptophlebia magica 172
Paraleuctra 255

Paraleuctra orientalis 255
Paraleuctra sinica 256
Paraleuctra tianmushana 256
Paralobella 50
Paralobella palustris 51
Paralobella tianmuna 51
Parapentacentrus 655
Parapentacentrus formosanus 656
Parapleurus 483
Parapleurus alliaceus 483
Parasinophasma 423
Parasinophasma fanjingshanense 424
Parasinophasma henanensis 423
Paratimomenus 698
Paratimomenus flavocapitatus 698
Paraxantia 606
Paraxantia sinica 606
Parisoperla 304
Parisoperla oncocauda 304
Parisotoma 93
Parisotoma hyonosenensis 94
Patanga 465
Patanga japonica 465
Patanga succincta 466
Patiscus 638
Patiscus malayanus 638
Pedetontinus 132
Pedetontinus tianmuensis 133
Pedetontinus yinae 132
Pedetontus (*Verheffilis*) *zhejiangensis* 134
Pedetontus s. s. 134
Pedopodisma 463
Pedopodisma wuyanlingensis 463
Peltoperlidae 305
Pentacentrinae 653
Pentacentrus 653
Pentacentrus transverses 653
Periaeschna 213
Periaeschna flinti 213
Periaeschna magdalena 213
Pericapritermes 334
Pericapritermes gutianensis 335
Pericapritermes nitobei 335
Pericapritermes tetraphilus 336
Periplaneta 368
Periplaneta brunnea 368
Periplaneta ceylonica 368
Perisphaerinae 376
Perlidae 285
Perlinae 292
Perlodidae 303
Phalangopsidae 662
Phaneroptera 607
Phaneroptera falcata 607
Phaneroptera gracilis 607
Phaneroptera nigroantennata 608
Phaneropteridae 585
Phaneropterinae 589
Phasmatidae 400

Phasmida 400
Philoganga 188
Philoganga robusta 188
Philogangidae 188
Phlaeoba 502
Phlaeoba angusidorsis 502
Phlaeoba infumata 504
Phlaeoba sinensis 503
Phlaeoba tenebrosa 503
Phlugiolopsis 560
Phlugiolopsis carinata 560
Phlugiolopsis minuta 561
Phraortes 410
Phraortes bicolor 414
Phraortes chinensis 411
Phraortes confucius 410
Phraortes curvicaudatus 416
Phraortes formosanus 415
Phraortes granulatus 413
Phraortes moganshanensis 412
Phryganogryllacris 622
Phryganogryllacris decempunctata 622
Phryganogryllacris mellii 623
Phryganogryllacris superangulata 623
Phryganogryllacris xiai 624
Phyllomimus 587
Phyllomimus (*Phyllomimus*) *klapperichi* 587
Phyllomimus (*Phyllomimus*) *sinicus* 587
Phyllothelyinae 382
Phyllothelys 382
Phyllothelys sinensae 382
Pielomastax 536
Pielomastax cylindrocerca 536
Pielomastax octavii 537
Pielomastax soochowensis 537
Planaeschna 212
Planaeschna suichangensis 213
Planososibia 420
Planososibia platycerca 420
Platycnemididae 199
Platycnemis 200
Platycnemis phyllopoda 200
Platystictidae 206
Plecoptera 254
Podoscirtinae 656
Poduromorpha 47
Polionemobius 665
Polionemobius flavoantennalis 666
Polionemobius taprobanensis 666
Polyadenum 9
Polyadenum sinensis 9
Polycanthagyna 212
Polycanthagyna melanictera 212
Potamanthellus 178
Potamanthellus chinensis 178
Potamanthidae 173
Potamanthodes 173
Potamanthodes fujianensis 173
Potamanthodes longitibius 173

Prodasineura 201
Prodasineura autumnalis 202
Prodasineura longjingensis 201
Prohimerta 608
Prohimerta (*Anisotima*) *dispar* 609
Prohimerta choui 608
Proisotoma 94
Proisotoma minuta 95
Proreus 693
Proreus simulans 693
Protaphorura 64
Protaphorura armata 64
Protentomidae 4
Protosticta 206
Protosticta kiautai 206
PROTURA 1
Psammophorura 67
Psammophorura neocaledonica 67
Pseudachorutes 52
Pseudachorutes cheni 52
Pseudagrion 197
Pseudagrion spencei 197
Pseudanisentomon 39
Pseudanisentomon meihwa 41
Pseudanisentomon minystigmum 43
Pseudanisentomon sheshanense 40
Pseudanisentomon trilinum 44
Pseudanisentomon wanense 42
Pseudisotoma 95
Pseudisotoma sensibilis 95
Pseudocapritermes 336
Pseudocapritermes sowerbyi 336
Pseudocosmetura 561
Pseudocosmetura anjiensis 562
Pseudocosmetura fengyangshanensis 562
Pseudoglomeris 376
Pseudoglomeris fallax 376
Pseudokuzicus 570
Pseudokuzicus (*Pseudokuzicus*) *furcicauda* 570
Pseudokuzicus (*Pseudokuzicus*) *pieli* 570
Pseudomiopteriginae 387
Pseudophyllinae 585
Pseudophyllodromiinae 361
Pseudorhynchus 550
Pseudorhynchus crassiceps 550
Pseudotachycines 629
Pseudotachycines deformis 629
Pseudotachycines fengyangshanensis 630
Pseudotachycines nephrus 630
Pseudotachycines volutus 630
Pseudotachycines zhengi 630
Pseudothemis 243
Pseudothemis zonata 244
Pseudoxya 440
Pseudoxya diminuta 440
Ptenothrix 77
Ptenothrix denticulata 77
Pternoscirta 479
Pternoscirta caliginosa 480

Pternoscirta sauteri 480
Pteronemobius 665
Pteronemobius (*Pteronemobius*) *nitidus* 665
Pygidicranidae 675
Pygidicranoidea 675
Pyrgocorypha 551
Pyrgocorypha parvus 551
Pyrgomorphidae 435

Q

Qinlingea 609
Qinlingea brachystylata 609

R

Rammeacris 495
Rammeacris kiangsu 495
Ramulus 401
Ramulus apicalis 406
Ramulus brachycerus 403
Ramulus pingliense 405
Ramulus sparsidentatus 402
Ramulus tianmushanense 402
Ramulus tiantaiensis 404
Ramulus wuyishanense 404
Reticulitermes 317
Reticulitermes aculabialis 319
Reticulitermes affinis 322
Reticulitermes chinensis 319
Reticulitermes citrinus 319
Reticulitermes curvatus 325
Reticulitermes dabieshanensis 320
Reticulitermes dantuensis 323
Reticulitermes flaviceps 323
Reticulitermes fukienensis 323
Reticulitermes hunanensis 320
Reticulitermes labralis 321
Reticulitermes leptomandibularis 321
Reticulitermes luofunicus 321
Reticulitermes ovatilabrum 324
Reticulitermes parvus 321
Reticulitermes periflaviceps 324
Reticulitermes qingjiangensis 322
Reticulitermes speratus 324
Reticulitermes wugongensis 322
Reticulitermes yizhangensis 325
Rhabdoblatta 372
Rhabdoblatta bicolor 372
Rhabdoblatta melancholica 373
Rhabdoblatta mentiens 375
Rhabdoblatta nigrovittata 374
Rhabdoblatta xiai 375
Rhamphophasma 408
Rhamphophasma modestum 408
Rhaphidophoridae 625
Rhaphidophoroidea 625
Rhinocypha 189
Rhinocypha drusilla 189
Rhinotermitidae 313
Rhipidolestes 207

Rhipidolestes nectans 207
Rhipidolestes truncatidens 207
Rhithrogena 151
Rhithrogena trispina 152
Rhopalopsole 257
Rhopalopsole baishanzuensis 258
Rhopalopsole basinigra 259
Rhopalopsole duyuzhoui 259
Rhopalopsole fengyangshanensis 260
Rhopalopsole flata 260
Rhopalopsole furcospina 261
Rhopalopsole gutianensis 261
Rhopalopsole hamata 262
Rhopalopsole longispina 262
Rhopalopsole minutospina 263
Rhopalopsole sinensis 263
Rhopalopsole tianmuana 264
Rhopalopsole yajunae 264
Rhopalopsole zhejiangensis 265
Rhyothemis 246
Rhyothemis fuliginosa 247
Rhyothemis variegata 247
Ruidocollaris 610
Ruidocollaris convexipennis 610
Ruidocollaris obscura 611
Ruidocollaris sinensis 611
Ruidocollaris truncatolobata 611
Ruspolia 551
Ruspolia dubia 552
Ruspolia lineosa 552

S

Salina 116
Salina yosii 117
Scelimena 525
Scelimena melli 525
Scelimenidae 525
Sceptuchus 388
Sceptuchus sinecus 388
Scionecra 419
Scionecra pseudocerca 419
Sclerogryllinae 658
Sclerogryllus 658
Sclerogryllus punctatus 659
Scutisotoma 96
Scutisotoma trichaetosa 96
Shirakiacris 477
Shirakiacris shirakii 477
Sieboldius 229
Sieboldius deflexus 230
Sieboldius maai 230
Sigmella 352
Sigmella schenklingi biguttata 352
Sinacroneuria 287
Sinacroneuria flavata 288
Sinacroneuria longwangshana 288
Sinacroneuria quadriplagiata 289
Sinacroneuria sinica 289
Sinacroneuria wui 290

Sinacroneuria yiui 291
Sinella 117
Sinella curviseta 117
Sinella pauciseta 118
Sinella transoculata 118
Sinentomata 21
Sinentomidae 23
Sinentomon 23
Sinentomon erythranum 23
Sinictinogomphus 228
Sinictinogomphus clavatus 228
Sinocapritermes 332
Sinocapritermes mushae 333
Sinocapritermes sinicus 333
Sinocapritermes tianmuensis 334
Sinochlora 612
Sinochlora apicalis 612
Sinochlora longifissa 613
Sinochlora sinensis 613
Sinochlora szechwanensis 614
Sinocyrtaspis 563
Sinocyrtaspis huangshanensis brachycerca 563
Sinogomphus 221
Sinogomphus peleus 221
Sinolestes 204
Sinolestes edita 204
Sinonasutitermes 342
Sinonasutitermes xiai 342
Sinonasutitermes yui 342
Sinoncopodura 98
Sinoncopodura nana 98
Sinophasma 427
Sinophasma brevipenne 429
Sinophasma hoenei 428
Sinophasma incisum 431
Sinophasma mirabile 428
Sinophasma obvium 430
Sinopodisma 459
Sinopodisma huangshana 461
Sinopodisma kelloggii 461
Sinopodisma pieli 462
Sinopodisma tsaii 460
Siphlonuridae 141
Siphlonurus 141
Siphlonurus davidi 141
Siphluriscidae 140
Siphluriscus 140
Siphluriscus chinensis 140
Sipyloidea 421
Sipyloidea sipylus 421
Sminthuridae 75
Sminthurididae 70
Sminthurinus 72
Sminthurinus orientalis 72
Sminthurinus pallescens 73
Sminthurinus pekinensis 72
Sorineuchora 363
Sorineuchora bivitta 364
Sorineuchora nigra 363

Spathosternum 453
Spathosternum prasiniferum prasiniferum 453
Spathosternum prasiniferum sinense 454
Speonemobius 664
Speonemobius sinensis 665
Sphyrotheca 75
Sphyrotheca multifasciata 76
Sphyrotheca spinimucronata 75
Sphyrotheca watanabei 75
Spongiphoridae 691
Statilia 393
Statilia maculata 393
Statilia nemoralis 393
Stenocatantops 473
Stenocatantops mistshenkoi 474
Stenocatantops splendens 473
Stenopelmatoidea 615
Stylogomphus 222
Stylogomphus tantulus 222
Styloperla 307
Styloperla starki 307
Styloperlidae 307
Svercacheta 644
Svercacheta siamensis 645
Svistella 669
Svistella bifasciata 669
Svistella rufonotata 669
Sympetrum 244
Sympetrum baccha 245
Sympetrum croceolum 245
Sympetrum eroticum 246
Sympetrum infuscatum 245
Sympetrum parvulum 246
Sympetrum speciosum 246
Symphypleona 70
Synlestidae 204

T

Tachycines 630
Tachycines (Gymnaeta) beresowskii 631
Tachycines (Gymnaeta) latus 632
Tachycines (Gymnaeta) wuyishanicus 632
Tachycines (Tachycines) asynamorus 632
Tachycines (Tachycines) baiyunjianensis 633
Tachycines (Tachycines) karnyi 633
Tachycines (Tachycines) maximus 633
Tachycines (Tachycines) meditationis 634
Tachycines (Tachycines) transversus 634
Tachycines (Tachycines) xiai 634
Tarbinskiellus 647
Tarbinskiellus portentosus 647
Tegra 585
Tegra novaehollandiae viridinotata 586
Teleogryllus 648
Teleogryllus (Brachyteleogryllus) emma 649
Teleogryllus (Brachyteleogryllus) occipitalis 649
Teleogryllus (Macroteleogryllus) mitratus 649
Teloganodes 166
Teloganodes lugens 166

Teloganodidae 166
Teloganopsis 162
Teloganopsis punctisetae 163
Tenodera 394
Tenodera angustipennis 395
Tenodera aridifolia 395
Tenodera sinensis 394
Teredorus 512
Teredorus carmichaeli 512
Teredorus guizhouensis 513
Termitidae 327
Tetrigidae 512
Tetrigoidea 510
Tetrix 514
Tetrix bolivari 515
Tetrix japonica 517
Tetrix ruyuanensis 516
Tetrix subulata 514
Tetrix yunnanensis 515
Tettigonia 540
Tettigonia chinensis 540
Tettigoniidae 539
Tettigoniinae 540
Tettigonioidea 539
Thalassaphorura 61
Thalassaphorura lifouensis 61
Thalassaphorura xihuensis 61
Thespidae 387
Timomenus 699
Timomenus aeris 701
Timomenus komarovi 700
Timomenus lugens 699
Timomenus shelfordi 701
Togoperla 297
Togoperla perpicta 298
Togoperla totanigra 299
Togoperla tricolor 298
Tomoceridae 99
Tomocerus 99
Tomocerus cheni 100
Tomocerus kinoshitai 100
Tomocerus qinae 100
Tomocerus spinulus 101
Tomocerus violaceus 99
Torleya 159
Torleya nepalica 159
Tramea 247
Tramea virginia 247
Traulia 466
Traulia orientalis 467
Traulia ornata 466
Trigomphus 221
Trigomphus agricola 221
Trigonidiidae 663
Trigonidiinae 666
Trigonidium 670
Trigonidium (Trigonidium) cicindeloides 670
Trigonidium (Paratrigonidium) nitidum 671
Trilophidia 490

Trilophidia annulata 490
Trithemis 249
Trithemis aurora 250
Truljalia 657
Truljalia hibinonis hibinonis 657
Truljalia tylacantha 658
Tullbergiidae 66
Tuvia 96
Tuvia chinensis 97

V

Valiatrella 658
Valiatrella sororia sororia 658
Velarifictorus 649
Velarifictorus (Velarifictorus) asperses 650
Velarifictorus (Velarifictorus) khasiensis 651
Velarifictorus (Velarifictorus) micado 650
Velarifictorus (Velarifictorus) ornatus 651
Vestalaria 183
Vestalaria velata 184
Vestalaria venusta 184
Vietnamella 164
Vietnamella sinensis 164
Vietnamellidae 164

W

Willemia 57
Willemia koreana 57
Willowsia 119
Willowsia japonica 119
Willowsia qui 119

X

Xenocatantops 470
Xenocatantops brachycerus 470
Xenocatantops humilis 471
Xenogryllus 636
Xenogryllus marmoratus 636
Xenylla 58
Xenylla boerneri 58
Xenylla brevispina 59
Xiaitermes 338
Xiaitermes tiantaiensis 338
Xiaitermes yinxianensis 339
Xiphidiopsis 573
Xiphidiopsis (Xiphidiopsis) bituberculata 573
Xiphidiopsis (Xiphidiopsis) minorincisus 574
Xizicus 578
Xizicus (Haploxizicus) incisus 578
Xizicus (Haploxizicus) szechwanensis 579
Xizicus (Paraxizicus) biprocerus 580

Y

Yosiides 70
Yosiides chinensis 70

Yuukianura 51
Yuukianura aphoruroides 52

Z

Zamunda 656
Zamunda fuscirostris 656
Zhongguohentomon 25
Zhongguohentomon magnum 25
Zygentoma 136
Zygonyx 250
Zygonyx asahinai 250
Zygoptera 179
Zyxomma 250
Zyxomma petiolatum 251

图版 I

1. 秦氏鳞䖴 *Tomocerus qinae* Yu, 2016；2. 诸暨尖瘤䖴 *Acrocyrtus zhujiensis* Xu, Pan *et* Zhang, 2013；3. 边界尖瘤䖴 *Acrocyrtus finis* Xu, Pan *et* Zhang, 2013；4. 岛屿拟裸长角䖴 *Coecobrya islandica* Shi *et* Pan, 2015；5. 黑长角䖴 *Entomobrya proxima* Folsom, 1924；6. 台湾刺齿䖴 *Homidia formosana* Uchida, 1943；7. 乔顿刺齿䖴 *Homidia jordanai* Pan, Shi *et* Zhang, 2011；8. 泛刺齿䖴 *Homidia laha* Christiansen *et* Bellinger, 1992；9. 金边刺齿䖴 *Homidia phjongjangica* Szeptycki, 1973；10. 四斑刺齿䖴 *Homidia quadrimaculata* Pan, 2015；11. 四毛刺齿䖴 *Homidia quadriseta* Pan, 2018；12. 索氏刺齿䖴 *Homidia sauteri* (Börner, 1909)

图版 II

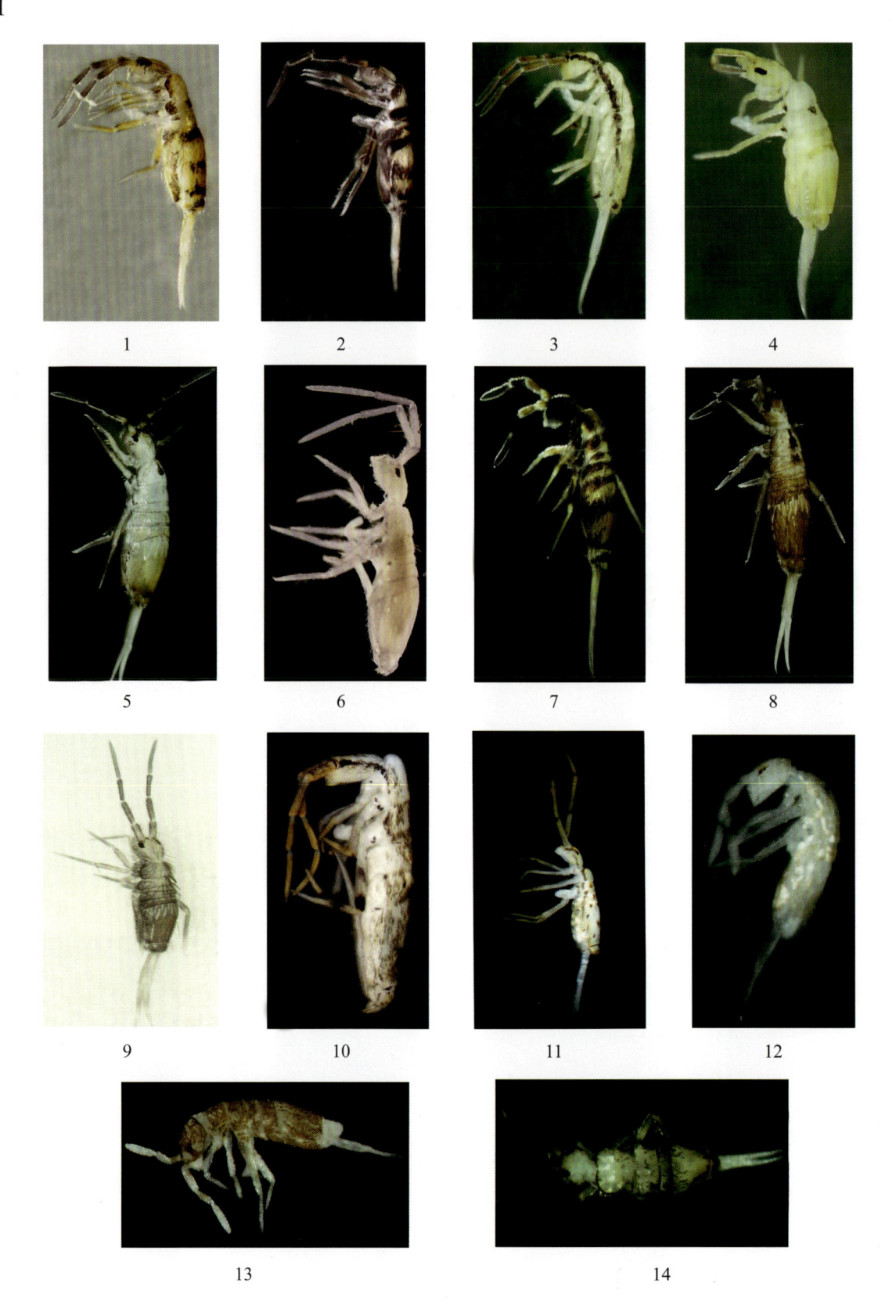

1. 类刺齿䖴 *Homidia similis* Szeptycki, 1973; 2. 中华刺齿䖴 *Homidia sinensis* Denis, 1929; 3. 纵纹刺齿䖴 *Homidia socia* Denis, 1929; 4. 天台刺齿䖴 *Homidia tiantaiensis* Chen et Lin, 1998; 5. 三角斑刺齿䖴 *Homidia triangulimacula* Pan et Shi, 2015; 6. 单毛刺齿䖴 *Homidia unichaeta* Pan, Shi et Zhang, 2010; 7. 仙居刺齿䖴 *Homidia xianjuensis* Wu et Pan, 2016; 8. 雁荡刺齿䖴 *Homidia yandangensis* Pan, 2015; 9. 张氏刺齿䖴 *Homidia zhangi* Pan et Shi, 2012; 10. 华顶鳞齿䖴 *Lepidodens huadingensis* Guo et Pan, 2022; 11. 吉氏盐长䖴 *Salina yosii* Salmon, 1964; 12. 曲毛裸长角䖴 *Sinella curviseta* Brook, 1882; 13. 横眼裸长角䖴 *Sinella transoculata* Pan et Yuan, 2013; 14. 日本柳䖴 *Willowsia japonica* (Folsom, 1898)

图版 III

1. 中国古丝蜉 *Siphluriscus chinensis* Ulmer, 1920；2. 江西等蜉 *Isonychia kiangsinensis* Hsu, 1936；3. 苍白亚非蜉 *Afronurus pallescens* (Navás, 1936)；4. 美丽高翔蜉 *Epeorus melli* (Ulmer, 1925)；5. 石氏弯握蜉 *Drunella ishiyamana* Matsumura, 1931；6. 扁腿带肋蜉 *Cincticostella femorata* (Tshernova, 1972)；7. 中华越南蜉 *Vietnamella sinensis* (Hsu, 1936)；8. 中华细蜉 *Caenis sinensis* Gui, Zhou et Su, 1999；9. 安徽宽基蜉 *Choroterpes anhuiensis* Wu et You, 1992；10. 长胫似河花蜉 *Potamanthodes longitibius* Bae et McCafferty, 1991；11. 绢蜉 *Ephemera serica* Eaton, 1871；12. 中国小河蜉 *Potamanthellus chinensis* Hsu, 1936

图版 IV

1. 黑色蟌 *Atrocalopteryx atrata* (Selys, 1853)

2. 黑顶色蟌 *Atrocalopteryx melli* (Ris, 1912)

3. 透顶单脉色蟌 *Matrona basilaris* Selys, 1853

4. 褐单脉色蟌 *Matrona corephaea* Hämäläinen, Yu *et* Zhang, 2011

5. 赤基色蟌 *Archineura incarnata* (Karsch, 1891)

6. 亮闪色蟌 *Caliphaea nitens* Navás, 1934

图版 IV

7. 黄翅绿色蟌 *Mnais tenuis* Oguma, 1913

8. 盖宛色蟌 *Vestalaria velata* (Ris, 1912)

9. 丽宛色蟌 *Vestalaria venusta* (Hämäläinen, 2004)

10. 巨齿尾溪蟌 *Bayadera melanopteryx* Ris, 1912

11. 习见异翅溪蟌 *Anisopleura qingyuanensis* Zhou, 1982

12. 方带溪蟌 *Euphaea decorata* Hagen in Selys, 1853

图版 IV

13. 褐翅溪蟌 *Euphaea opaca* Selys, 1853

14. 壮大溪蟌 *Philoganga robusta* Navás, 1936

15. 三斑阳鼻蟌 *Heliocypha perforata* (Percheron, 1835)

16. 线纹鼻蟌 *Rhinocypha drusilla* Needham, 1930

17. 东亚异痣蟌 *Ischnura asiatica* (Brauer, 1865)

18. 褐斑异痣蟌 *Ischnura senegalensis* (Rambur, 1842)

19. 隼尾蟌 *Paracercion hieroglyphicum* (Brauer, 1865)

20. 捷尾蟌 *Paracercion v-nigrum* (Needham, 1930)

21. 蓝纹尾蟌 *Paracercion calamorum* (Ris, 1916)

22. 蓝面尾蟌 *Paracercion melanotum* (Selys, 1876)

23. 杯斑小蟌 *Agriocnemis femina* (Brauer, 1868)

24. 白腹小蟌 *Agriocnemis lacteola* Selys, 1877

图版 IV

图版 IV

25. 黄尾小蟌 *Agriocnemis pygmaea* (Rambur, 1842)

26. 赤黄蟌 *Ceriagrion nipponicum* Asahina, 1967

27. 翠胸黄蟌 *Ceriagrion auranticum* Fraser, 1922

28. 长尾黄蟌 *Ceriagrion fallax* Ris, 1914

29. 短尾黄蟌 *Ceriagrion melanurum* Selys, 1876

30. 多棘蟌 *Coenagrion aculeatum* Yu *et* Bu, 2007

图版 IV

31. 褐斑螅 *Pseudagrion spencei* Fraser, 1922

32. 黄纹长腹扇螅 *Coeliccia cyanomelas* Ris, 1912

33. 白狭扇螅 *Copera annulata* (Selys, 1863)

34. 叶足扇螅 *Platycnemis phyllopoda* Djakonov, 1926

35. 华丽扇螅 *Calicnemia sinensis* Lieftinck, 1984

36. 乌微桥螅 *Prodasineura autumnalis* (Fraser, 1922)

图版 IV

37. 黄肩华综蟌 *Sinolestes edita* Needham, 1930

38. 黄腹绿综蟌 *Megalestes heros* Needham, 1930

39. 小黄尾绿综蟌 *Megalestes riccii* Navás, 1935

40. 水鬼扇山蟌 *Rhipidolestes nectans* (Needham, 1929)

41. 雅州凸尾山蟌 *Mesopodagrion yachowensis* Chao, 1953

42. 黑纹伟蜓 *Anax nigrofasciatus* Oguma, 1915

图版 IV

43. 碧伟蜓 *Anax parthenope* (Selys, 1839)

44. 日本长尾蜓 *Gynacantha japonica* Bartenev, 1910

45. 黑多棘蜓 *Polycanthagyna melanictera* (Selys, 1883)

46. 福临佩蜓 *Periaeschna flinti* Asahina, 1978

47. 凶猛春蜓 *Labrogomphus torvus* Needham, 1931

48. 弗鲁戴春蜓 *Davidius fruhstorferi* Martin, 1904

图版 IV

49. 帕维长足春蜓 *Merogomphus paviei* Martin, 1904

50. 中华长钩春蜓 *Ophiogomphus sinicus* (Chao, 1954)

51. 小团扇春蜓 *Ictinogomphus rapax* (Rambur, 1842)

52. 大团扇春蜓 *Sinictinogomphus clavatus* (Fabricius, 1775)

53. 联纹小叶春蜓 *Gomphidia confluens* Selys, 1878

54. 巨圆臀大蜓 *Anotogaster sieboldii* (Selys, 1854)

图版 IV

55. 缘斑毛伪蜻 *Epitheca marginata* (Selys, 1883)

56. 锥腹蜻 *Acisoma panorpoides* Rambur, 1842

57. 蓝额疏脉蜻 *Brachydiplax chalybea* Brauer, 1868

58. 黄翅蜻 *Brachythemis contaminata* (Fabricius, 1793)

59. 红蜻 *Crocothemis servilia* (Drury, 1773)

60. 异色多纹蜻 *Deielia phaon* (Selys, 1883)

图版 IV

61. 闪绿宽腹蜻 *Lyriothemis pachygastra* (Selys, 1878)

62. 白尾灰蜻 *Orthetrum albistylum* (Selys, 1848)

63. 黑异色灰蜻 *Orthetrum melania* (Selys, 1883)

64. 赤褐灰蜻 *Orthetrum pruinosum* (Burmeister, 1839)

65. 狭腹灰蜻 *Orthetrum sabina* (Drury, 1770)

66. 鼎异色灰蜻 *Orthetrum triangulare* (Selys, 1878)

图版 IV

67. 华丽灰蜻 *Orthetrum chrysis* (Selys, 1891)

68. 黑尾灰蜻 *Orthetrum glaucum* (Brauer, 1865)

69. 吕宋灰蜻 *Orthetrum luzonicum* (Brauer, 1868)

70. 玉带蜻 *Pseudothemis zonata* (Burmeister, 1839)

71. 黄蜻 *Pantala flavescens* (Fabricius, 1798)

72. 大赤蜻 *Sympetrum baccha* (Selys, 1884)

图版 IV

73. 半黄赤蜻 *Sympetrum croceolum* (Selys, 1883)

74. 褐顶赤蜻 *Sympetrum infuscatum* (Selys, 1883)

75. 竖眉赤蜻 *Sympetrum eroticum* (Selys, 1883)

76. 小赤蜻 *Sympetrum parvulum* (Bartenev, 1912)

77. 旭光赤蜻 *Sympetrum speciosum* Oguma, 1915

78. 黑丽翅蜻 *Rhyothemis fuliginosa* Selys, 1883

图版 IV

79. 华斜痣蜻 *Tramea virginia* (Rambur, 1842)

80. 侏红小蜻 *Nannophya pygmaea* Rambur, 1842

81. 六斑曲缘蜻 *Palpopleura sexmaculata* (Fabricius, 1787)

82. 晓褐蜻 *Trithemis aurora* (Burmeister, 1839)

83. 闪蓝丽大伪蜻 *Epophthalmia elegans* (Brauer, 1865)

图版 V

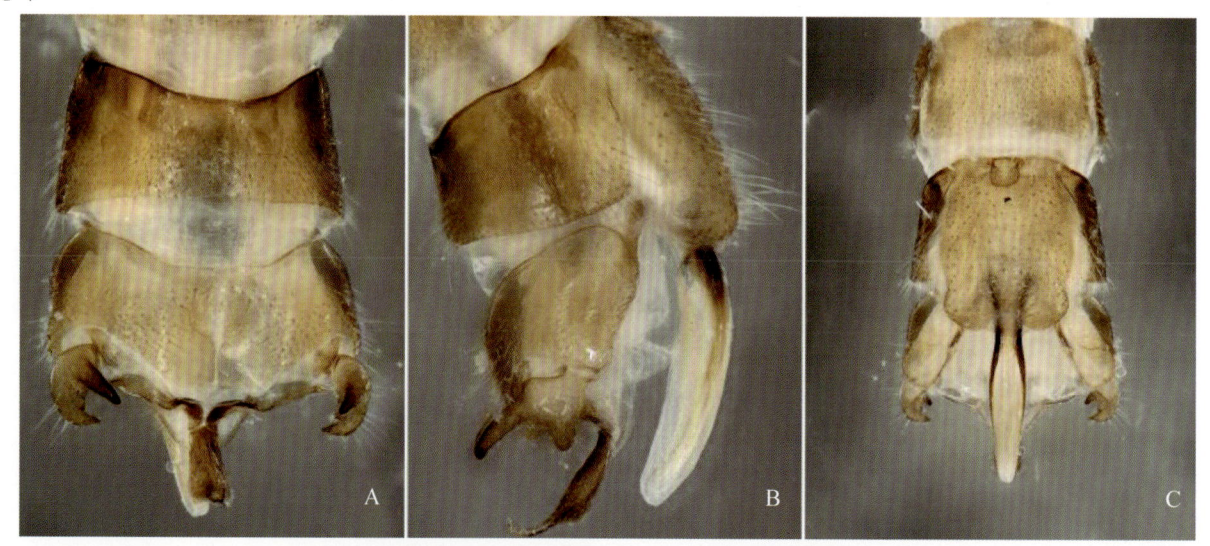

1. 东方拟卷蜻 *Paraleuctra orientalis* (Chu, 1928)
A. 雄虫腹末，背视；B. 雄虫腹末，侧视；C. 雄虫腹末，腹视

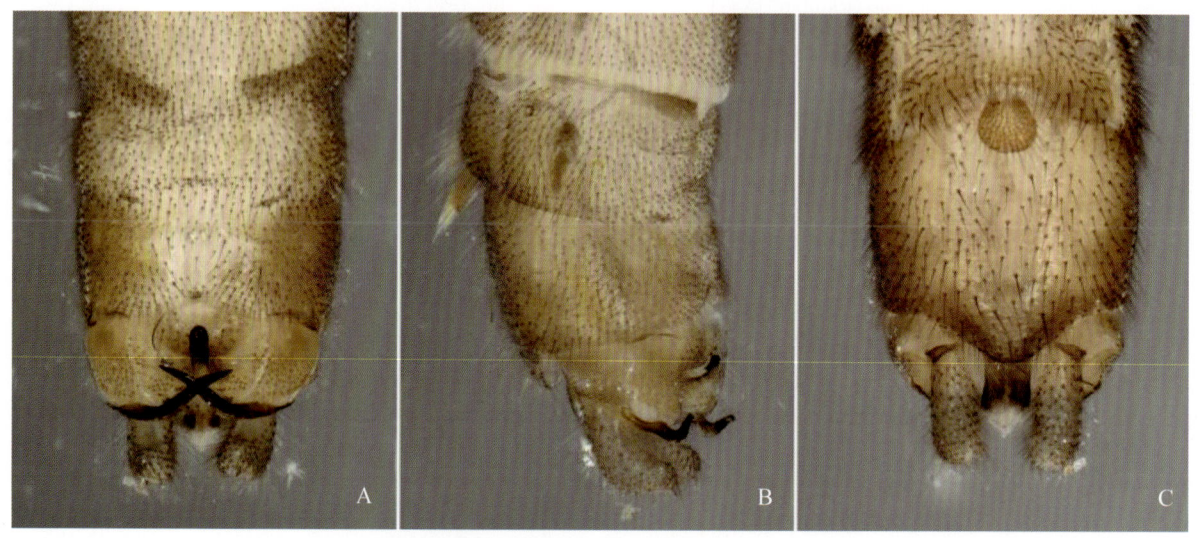

2. 钩突诺蜻 *Rhopalopsole hamata* Yang et Yang, 1995
A. 雄虫腹末，背视；B. 雄虫腹末，侧视；C. 雄虫腹末，腹视

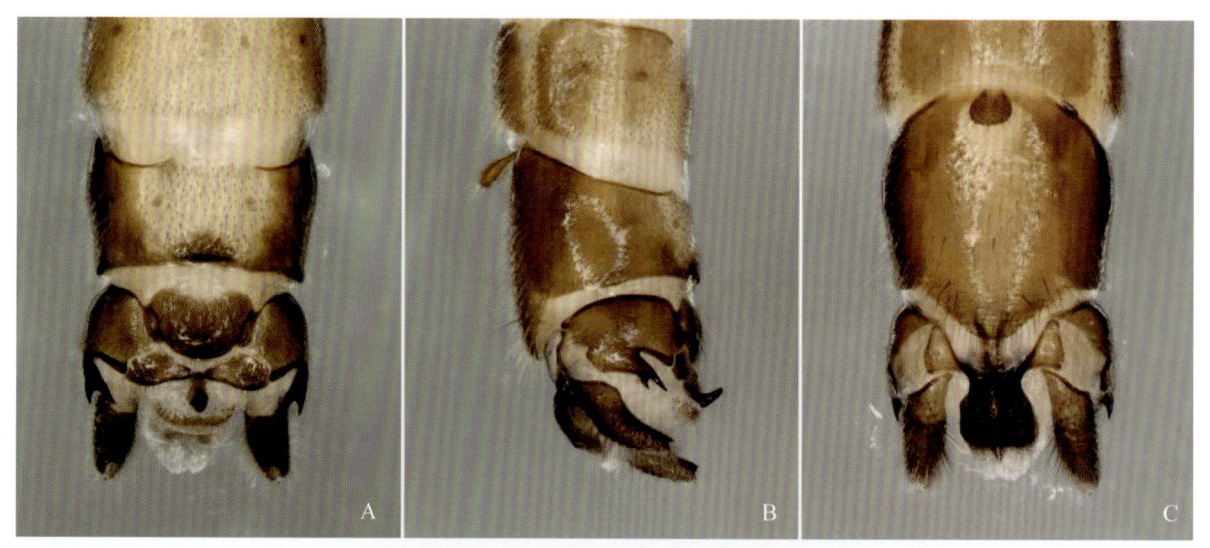

3. 中华诺蜻 *Rhopalopsole sinensis* Yang et Yang, 1993
A. 雄虫腹末，背视；B. 雄虫腹末，侧视；C. 雄虫腹末，腹视

图版 V

4. 朱氏倍叉䗛 *Amphinemura chui* (Wu, 1935)（引自 Zhao and Du, 2021）
A. 雄虫腹末，腹视；B. 雄虫腹末，背视；C. 雄虫腹末，侧视

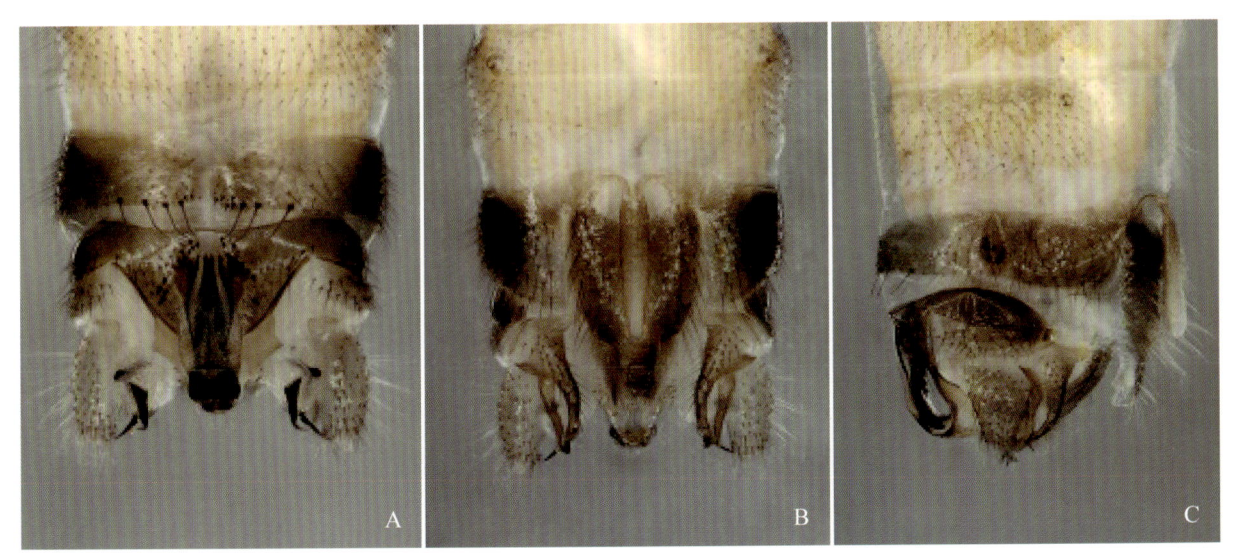

5. 弯刺倍叉䗛 *Amphinemura curvispina* (Wu, 1973)
A. 雄虫腹末，背视；B. 雄虫腹末，腹视；C. 雄虫腹末，侧视

6. 舌叶倍叉䗛 *Amphinemura lingulata* Du et Wang, 2014
A. 雄虫腹末，背视；B. 雄虫腹末，腹视

图版 V

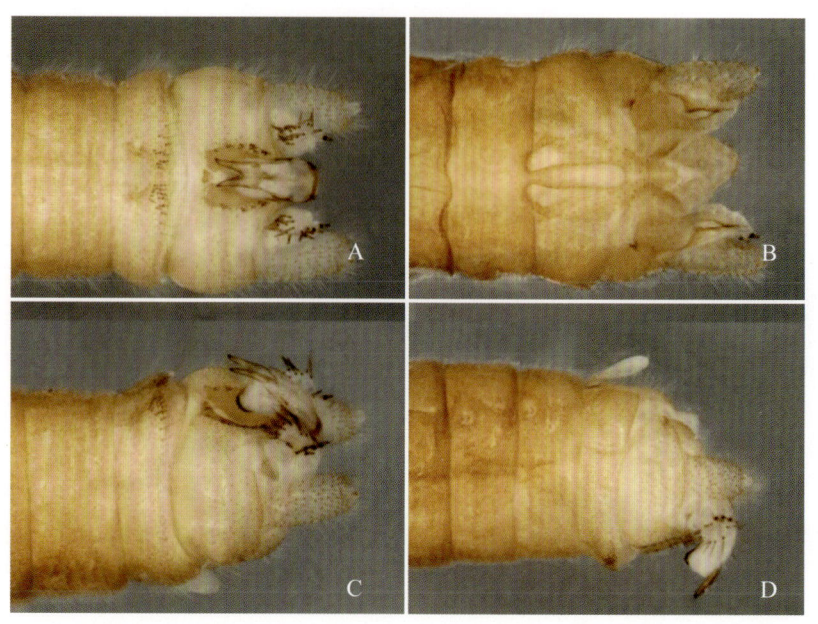

7. 尖刺倍叉䗛 *Amphinemura oxyacantha* Zhao *et* Du, 2021 （引自 Zhao and Du, 2021）
A. 雄虫腹末，背视；B. 雄虫腹末，腹视；C. 雄虫腹末，斜侧视；D. 雄虫腹末，侧视

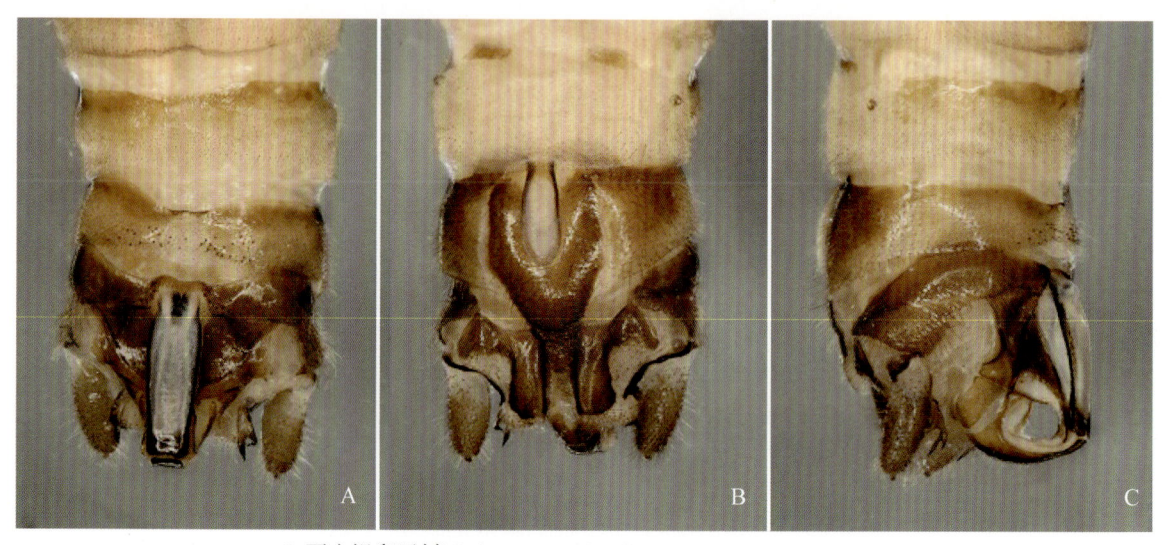

8. 百山祖印叉䗛 *Indonemoura baishanzuensis* Li *et* Yang, 2006
A. 雄虫腹末，背视；B. 雄虫腹末，腹视；C. 雄虫腹末，侧视

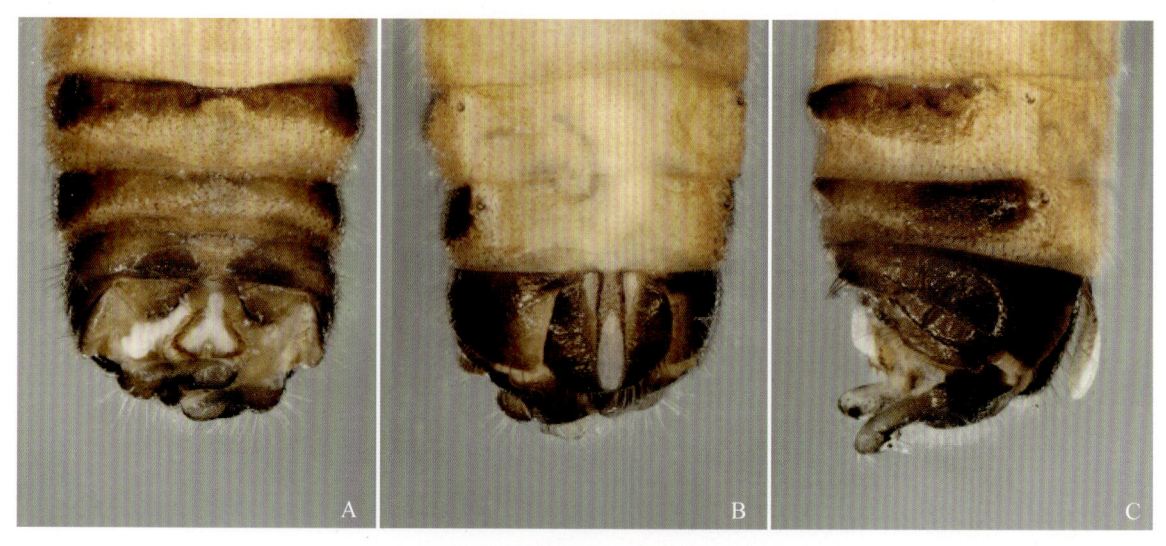

9. 广东叉䗛 *Nemoura guangdongensis* Li *et* Yang, 2006
A. 雄虫腹末，背视；B. 雄虫腹末，腹视；C. 雄虫腹末，侧视

图版 V

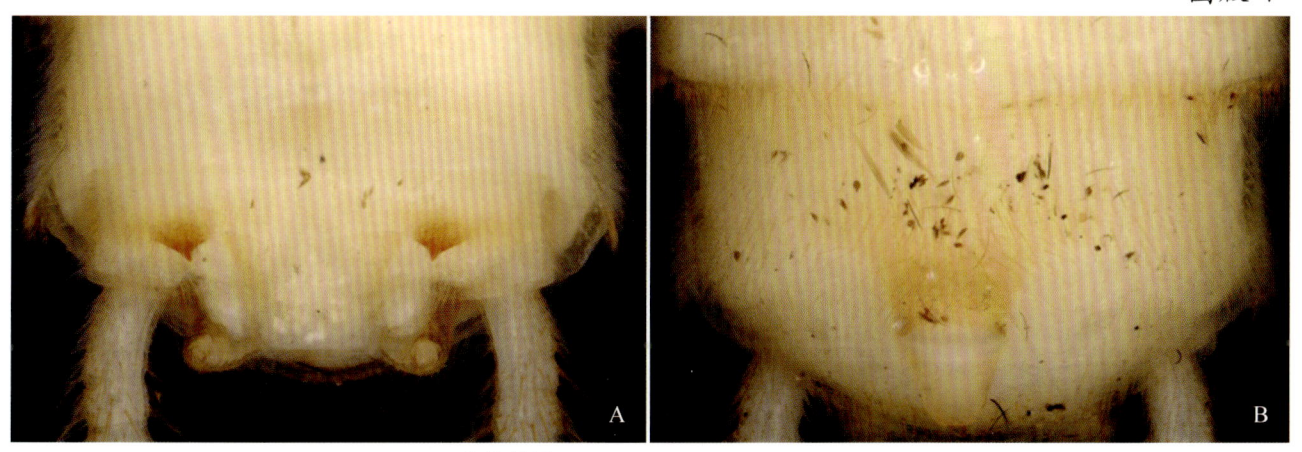

10. 黄色黄䗛 *Flavoperla biocellata* (Chu, 1929)
A. 雄虫腹末，背视；B. 雄虫腹末，腹视

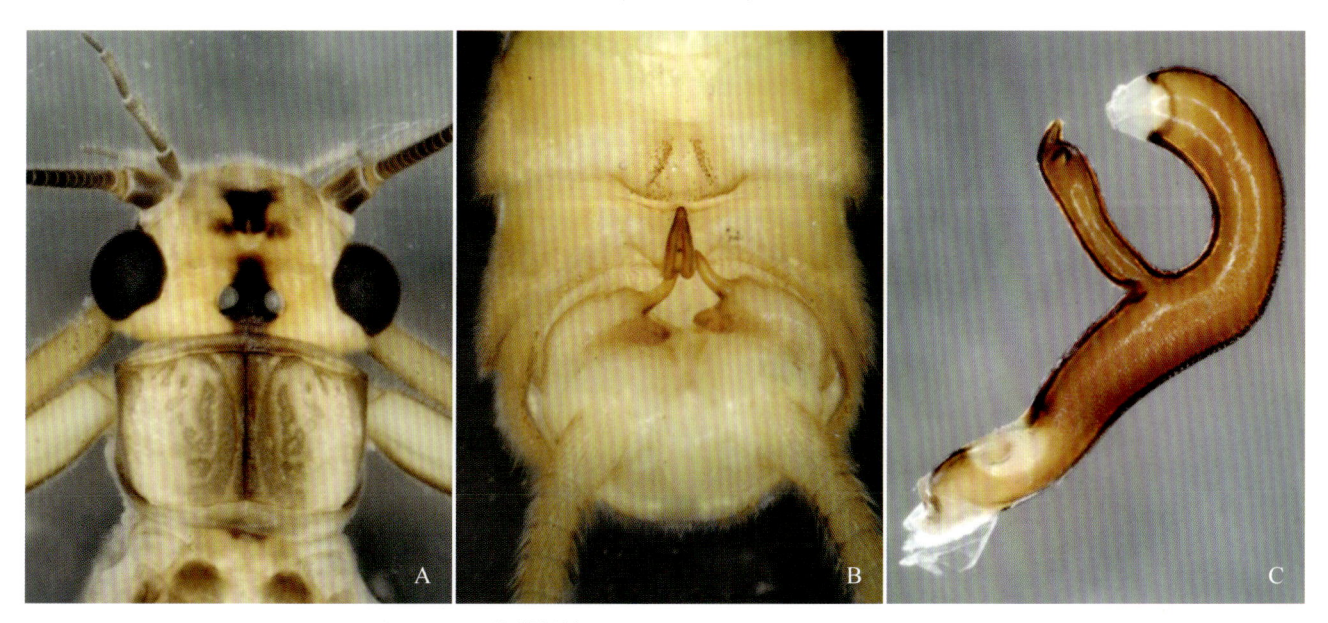

11. 浅黄新䗛 *Neoperla flavescens* Chu, 1929
A. 雄虫头和前胸，背视；B. 雄虫腹末，背视；C. 雄虫阳茎，侧视

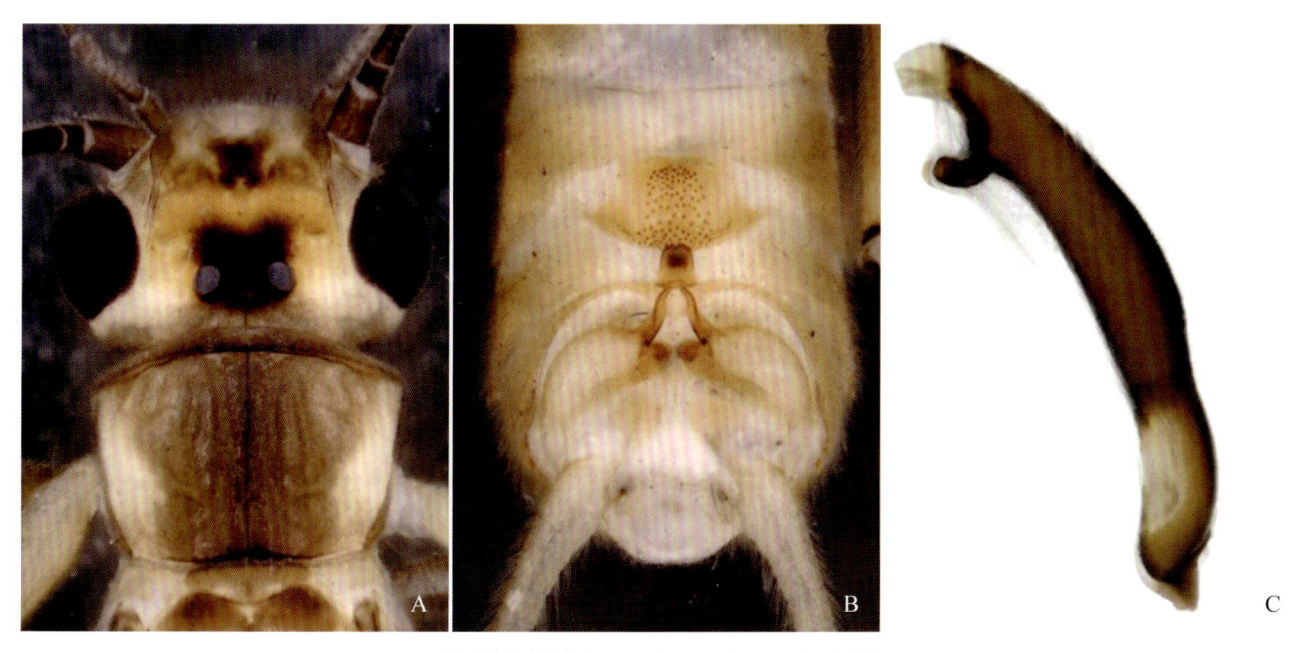

12. 潘氏新䗛 *Neoperla pani* Chen et Du, 2016
A. 雄虫头和前胸，背视；B. 雄虫腹末，背视；C. 雄虫阳茎，侧视

图版 V

13. 全黑襟䗛 *Togoperla totanigra* Du et Chou, 1999
A. 雄虫头和前胸，背视；B. 雄虫腹部，背视；C. 雄虫阳茎，背视；D. 雄虫阳茎，腹视

14. 翘尾拟同䗛 *Parisoperla oncocauda* (Huo et Du, 2018)（引自 Huo and Du，2018）
A. 雄虫腹末，背视；B. 雌虫腹末，背视

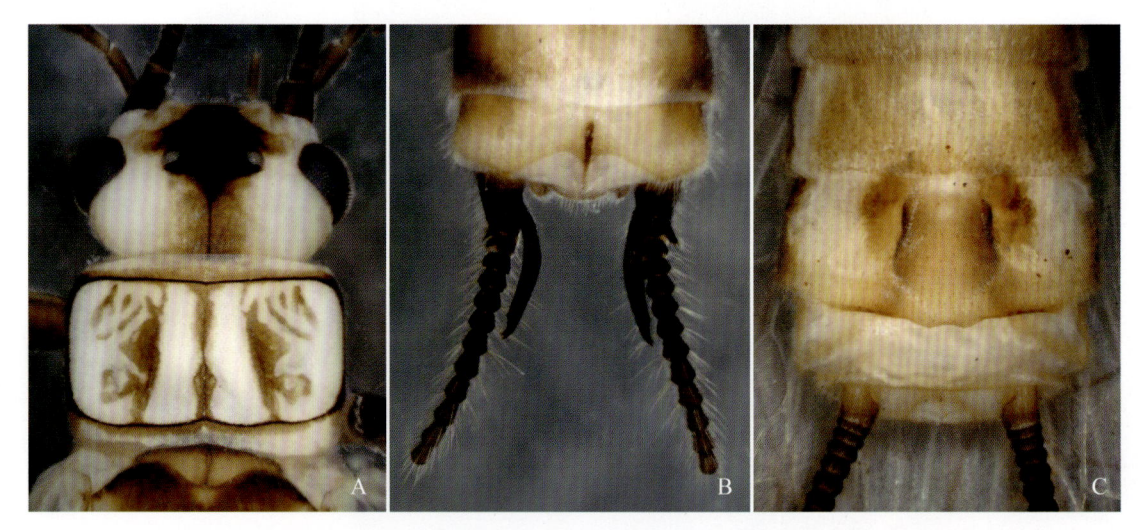

15. 斯氏刺䗛 *Styloperla starki* Zhao, Huo et Du, 2019（引自 Zhao et al., 2019）
A. 雄虫头和前胸，背视；B. 雄虫腹末，背视；C. 雌虫腹末，腹视

图版 VI

1. 山林原白蚁 *Hodotermopsis sjostedti* Holmgren, 1911
A. 兵蚁和拟工蚁；B. 兵蚁头部，背视（引自 Koshikawa et al.，2004）

2. 铲头堆砂白蚁 *Cryptotermes declivis* Tsai *et* Chen, 1963 群体（引自黄珍友等，2020）
A. 拟工蚁；B. 兵蚁；C. 脱翅繁殖蚁

3. 小楹白蚁 *Incisitermes minor* (Hagen, 1858)（引自 Himmi et al.，2016）
A. 拟工蚁，背视；B. 兵蚁，背视

图版 VI

4. 台湾乳白蚁 *Coptotermes formosanus* Shiraki, 1909
A. 兵蚁，背视；B. 兵蚁头部，示囟孔，前视

5. 黑胸散白蚁 *Reticulitermes chinensis* Snyder, 1923 兵蚁，背视   6. 湖南散白蚁 *Reticulitermes hunanensis* Tsai *et* Peng, 1980 兵蚁，背视

7. 圆唇散白蚁 *Reticulitermes labralis* Hsia *et* Fan, 1965 兵蚁，背视   8. 细颚散白蚁 *Reticulitermes leptomandibularis* Hsia *et* Fan, 1965 兵蚁，背视

图版 VI

9. 罗浮散白蚁 Reticulitermes luofunicus Zhu, Ma et Li, 1982 兵蚁，背视

10. 小散白蚁 Reticulitermes parvus Li, 1979 兵蚁，背视

11. 清江散白蚁 Reticulitermes qingjiangensis Gao et Wang, 1982 兵蚁，背视

12. 武宫散白蚁 Reticulitermes wugongensis Li et Huang, 1986 兵蚁，背视

13. 丹徒散白蚁 Reticulitermes dantuensis Gao et Zhu, 1982
A. 兵蚁，背视；B. 雄性繁殖蚁，背视

14. 黄胸散白蚁 Reticulitermes flaviceps (Oshima, 1911) 兵蚁，背视

图版 VI

15. 花胸散白蚁 Reticulitermes fukienensis Light, 1924
兵蚁，背视

16. 近黄胸散白蚁 Reticulitermes periflaviceps Ping et Xu, 1993
兵蚁，背视

17. 黑翅土白蚁 Odontotermes formosanus (Shiraki, 1909)
兵蚁，背视

18. 黄翅大白蚁 Macrotermes barneyi Light, 1924 大兵蚁及工蚁

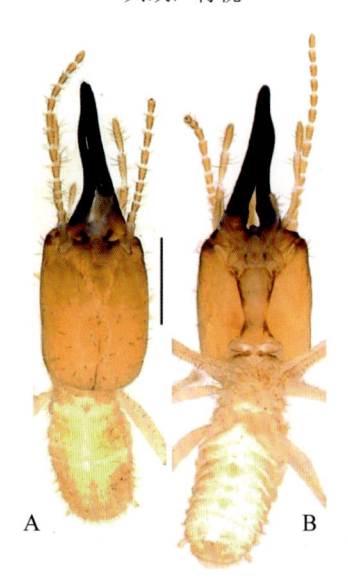

19. 台湾华扭白蚁 Sinocapritermes mushae (Oshima et Maki, 1919)
兵蚁（引自 Chiu et al., 2016）
A. 背视；B. 腹视

20. 近扭白蚁 Pericapritermes nitobei (Shiraki, 1909) 兵蚁及工蚁

图版 VI

21. 圆囟钩扭白蚁 *Pseudocapritermes sowerbyi* (Light, 1924)（引自 Xuan et al., 2021）
A. 兵蚁, 背视；B. 兵蚁头部, 侧视；C. 兵蚁左、右上颚；D. 兵蚁胸部, 背视

22. 小象白蚁 *Nasutitermes parvonasutus* (Nawa, 1911) 兵蚁, 背视

图版 VII

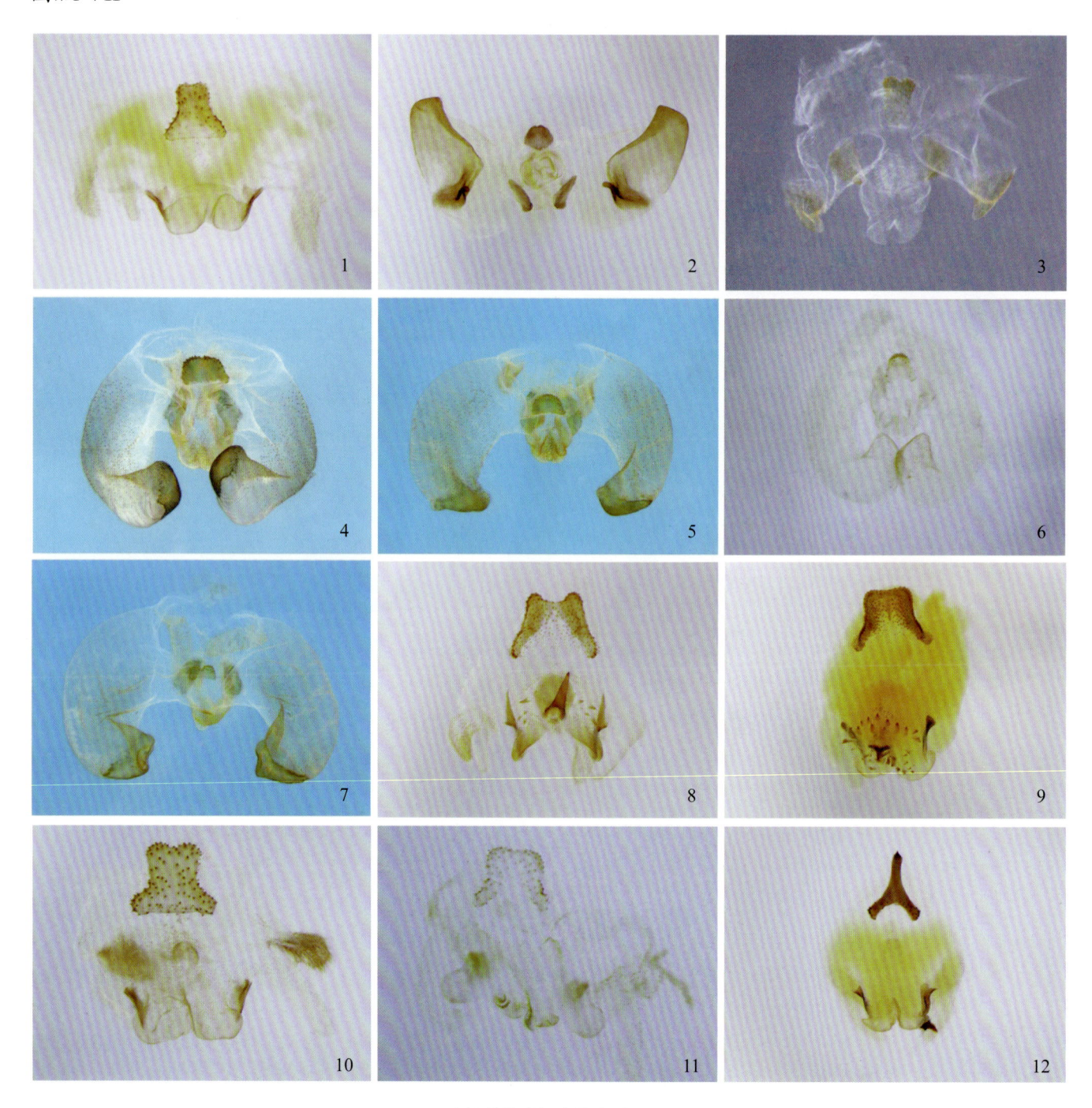

驼螽科模式标本外生殖器

1. 凤阳山亚灶螽 *Diestrammena (Aemodogryllus) fengyangshanica* Liu, Bi et Zhang, 2010；2. 长板巨疾灶螽 *Megatachycines elongatus* (Qin, Liu et Li, 2017)；3. 异形拟疾灶螽 *Pseudotachycines deformis* Qin, Liu et Li, 2017；4. 凤阳山拟疾灶螽 *Pseudotachycines fengyangshanensis* Zhu et Shi, 2022；5. 肾形拟疾灶螽 *Pseudotachycines nephrus* Zhu et Shi, 2022；6. 卷枝拟疾灶螽 *Pseudotachycines volutus* Qin, Liu et Li, 2017；7. 郑氏拟疾灶螽 *Pseudotachycines zhengi* Zhu et Shi, 2022；8. 白云尖疾灶螽 *Tachycines (Tachycines) baiyunjianensis* Qin, Wang, Liu et Li, 2018；9. 卡氏疾灶螽 *Tachycines (Tachycines) karnyi* Qin, Wang, Liu et Li, 2018；10. 巨疾灶螽 *Tachycines (Tachycines) maximus* Qin, Wang, Liu et Li, 2018；11. 横板疾灶螽 *Tachycines (Tachycines) transversus* Qin, Wang, Liu et Li, 2018；12. 夏氏疾灶螽 *Tachycines (Tachycines) xiai* Qin, Wang, Liu et Li, 2018